喜马拉雅造山动力学

许志琴　杨经绥

李海兵　张泽明　王　勤　胡修棉　彭　淼　张进江　李广伟　李忠海　易治宇　董汉文　马绪宣　梁凤华　杨胜标　著

参加此项调查和研究的其他人员：

向　华　刘　飞　曹　汇　蔡志慧　李化启　薛伟伟　赖　文　王建刚　安　慰　李　娟　等

地质出版社

·北　京·

内 容 提 要

喜马拉雅山脉是世界上最高、最年轻、最雄伟的山脉，是印度大陆板块和亚洲大陆板块碰撞的产物。本专著以大陆动力学理论为指导，通过20余年来对喜马拉雅的缝合带边界、主要断裂活动、变形事件、变质深熔、岩浆侵位和深部结构等多学科研究，重建了喜马拉雅的构造格架，探究了东、西构造结及片麻岩穹窿形成机理。通过对碰撞过程和喜马拉雅造山过程中的沉积-变形-变质-岩浆事件的年代学制约，重塑了碰撞时限，复原了喜马拉雅早期造山过程，从而建立了喜马拉雅造山全过程和新的造山动力学模式。本书可供从事喜马拉雅造山带大陆动力学研究的相关人员参考使用。

图书在版编目（CIP）数据

喜马拉雅造山动力学 / 许志琴等著. -- 北京：地质出版社，2024. 11

ISBN 978-7-116-13925-1

Ⅰ. ①喜… Ⅱ. ①许… Ⅲ. ①喜马拉雅山脉-造山运动 Ⅳ. ①P548. 275

中国国家版本馆 CIP 数据核字（2023）第 252058 号

XIMALAYA ZAOSHAN DONGLIXUE

责任编辑：肖竣文　韩　博　于春林
责任校对：关风云
出版发行：地质出版社
社址邮编：北京市海淀区学院路 31 号，100083
电　　话：（010）66554528（邮购部）；（010）66554625（编辑室）
网　　址：https://www. gph. clmpg. com
传　　真：（010）66554686
印　　刷：北京地大彩印有限公司
开　　本：889 mm×1194 mm　1/16
印　　张：34. 25
字　　数：1100 千字
版　　次：2024 年 11 月北京第 1 版
印　　次：2024 年 11 月北京第 1 次印刷
审 图 号：GS 京（2024）2159 号
定　　价：360. 00 元
书　　号：ISBN 978-7-116-13925-1

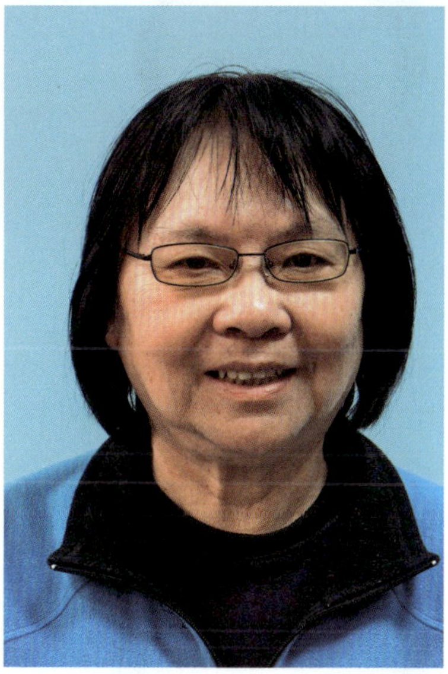

许志琴，女，1964年毕业于北京大学地质地理系构造专业，1987年获法国蒙贝利耶大学构造地质博士学位，现为南京大学教授。1995年当选中国科学院院士，2007年当选发展中国家科学院院士。是我国微观与宏观构造结合和中国大陆科学钻探事业的开拓者之一。从事青藏高原和中国造山带的野外实践和研究50余年，提出了青藏高原为造山的高原以及喜马拉雅三维造山动力学的新模式；厘定了大陆造山带中的60余条大型韧性剪切带和大量的片麻岩穹窿构造，为造山带构造格架的建立奠定了基础。

发表论文460余篇，连续多年为我国地球科学领域的高引学者。出版专著15部，科普画册1部。

获李四光科技奖、何梁何利科学奖和全国野外科技工作突出贡献奖。科研成果分别获国家科技进步二等奖、国家自然科学二等奖和国土资源科学技术一等奖（两项）。

杨经绥，男，1977年毕业于长春地质学院，1992年博士毕业于加拿大Dalhousie 大学，现为南京大学教授，美国地质学会会士和美国矿物学会会士。2017年当选中国科学院院士。长期从事青藏高原和造山带的岩石学与大地构造研究，在蛇绿岩铬铁矿中发现原位金刚石，证明其是自然界中一种新的产出类型，命名为“蛇绿岩型金刚石”；在全球多个蛇绿岩地幔橄榄岩和铬铁矿中发现金刚石等超高压和强还原的矿物组合，提出俯冲物质深地幔循环和铬铁矿深部成因模式，开启了研究深地幔物质的一个重要窗口，得到国际学者的高度重视。

发表论文500余篇，引用过万次，连续多年为我国地球科学领域的高引学者。获李四光科技奖、何梁何利科学奖。科研成果分别获国家科技进步二等奖、国家自然科学二等奖和国土资源科学技术一等奖。

李海兵　中国地质科学院
地质研究所研究员

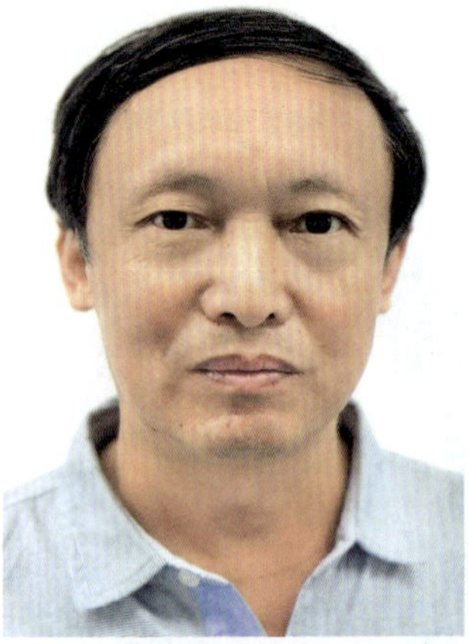

张泽明　中国地质科学院
地质研究所研究员

王勤　南京大学
地球科学与工程学院教授

胡修棉　南京大学
地球科学与工程学院教授

彭淼　中国地质大学（北京）副教授

张进江　北京大学教授

李广伟　南京大学
地球科学与工程学院教授

李忠海　中国科学院大学教授

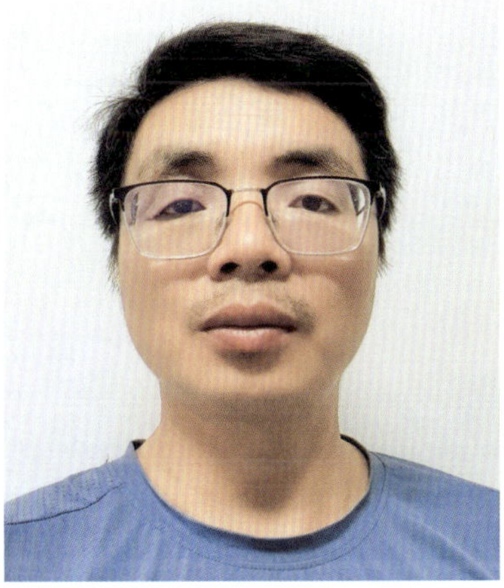

易治宇　中山大学
大气科学学院副教授

董汉文　中国地质科学院
地质研究所副研究员

马绪宣　中国地质科学院
地质研究所副研究员

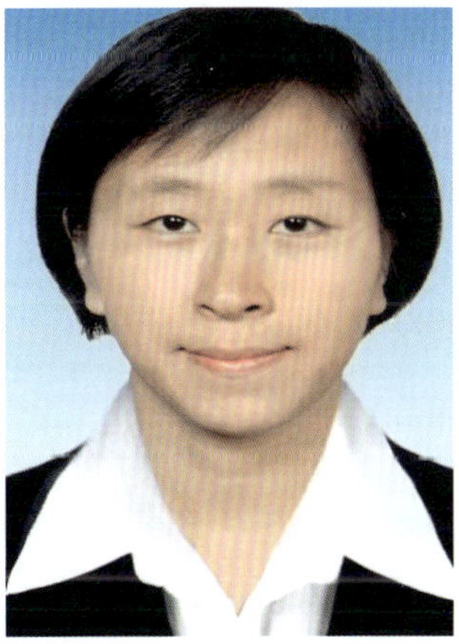

梁凤华　中国地质科学院
地质研究所副研究员

杨胜标　中国科学院
地球化学研究所博士后

序

喜马拉雅山脉位于青藏高原南缘，是世界上最高、最年轻和最雄伟的山脉，10 座 8000 m 以上的高峰横空拔起，挺立在地球之巅！其主峰——珠穆朗玛峰（Qomolangma），意译作“圣母峰”，又称“埃非勒斯峰”（Everest），终年积雪，海拔 8848.86 m，屹立天际，俯视人间。

1981 年 8 月，我随着中法喜马拉雅科考队第一次来到喜马拉雅山脉，即刻就被她磅礴雄伟的气势和无与伦比的风采所震撼和吸引。继后，我和我的伙伴们无数次穿越和攀登，观察和思考，喜马拉雅，这座神奇的山脉，究竟是如何生成的？人类对于喜马拉雅的研究已达 200 年之久，地学家们致力于揭开喜马拉雅的“诺亚方舟”，就如同登山者把地球之巅的珠穆朗玛峰，作为极具吸引力的攀登目标。如今，喜马拉雅已经成为全球碰撞造山带的经典，成为基于大洋岩石圈形成和消亡的板块构造理论和大陆动力学研究的绝妙窗口。然而，进行喜马拉雅的再研究、完善喜马拉雅的构造格架、穿越历史的隧道、追索喜马拉雅山脉的造山动力学，依然是我们不断寻求的科学真谛！这也是我们撰写本书的目的！

本书以大陆动力学为指导，微观构造与宏观构造结合，定性与定量结合，几何学-运动学-动力学结合，变形-变质-岩浆深熔的多学科综合，围绕喜马拉雅造山带现存的主要关键科学问题展开研究，囊括了“雅鲁藏布江蛇绿岩与新特提斯洋盆的演化”（杨经绥、杨胜标编写）、“雅鲁藏布江缝合带蛇绿岩在地幔循环中的流变”（王勤、梁凤华编写）、“新特提斯洋盆消减与冈底斯增生造山”（马绪宣编写）、“特提斯喜马拉雅滑脱带”（许志琴、王勤等编写）、“高喜马拉雅的双层结构”（许志琴、王勤等编写）、“喜马拉雅东、西构造结的嵌入系统及对比”（许志琴、董汉文编写）、“喜马拉雅大反转逆冲断层及雅鲁藏布江蛇绿岩的侵位机制”（许志琴、董汉文编写）、“喜马拉雅大型走滑断裂系及其构造意义”（李海兵等编写）、“喜马拉雅片麻岩穹窿群”（张进江、许志琴、董汉文等编写）、“印度-亚洲大陆碰撞的喜马拉雅沉积印记”（胡修棉等编写）、“印度-亚洲大陆碰撞的古地磁印证”（易治宇编写）、“喜马拉雅造山带的变质作用与构造演化”（张泽明编写）、“喜马拉雅大地震及地震机制”（李海兵编写）、“喜马拉雅的隆升与剥蚀”（李广伟编写）、“喜马拉雅造山带深部结构与物理状态”（彭淼等编写）、“印度-亚洲大陆碰撞动力学数值模拟”（李忠海等编写）和“喜马拉雅造山动力学”（许志琴、杨经绥等编写）等章节，以新的思路、发现和突破，进一步再造喜马拉雅的构造格架，探讨喜马拉雅形成与演化的全过程和造山动力学，以此献给一切关心、热爱和献身喜马拉雅的人们！

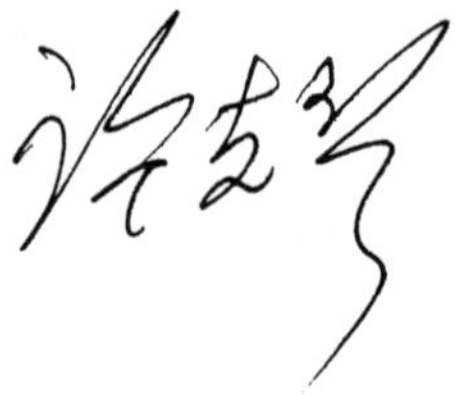

2023 年 2 月 5 日

目　录

绪论　喜马拉雅造山带再研究
——构造格架重建与造山动力学

一、造山带概述

占全球大陆面积的40%的大陆造山带（图0-1），是地球科学经久不衰的研究主题。造山带的经典定义是，大陆地壳岩石在板块俯冲-汇聚-碰撞的巨大挤压应力下，遭受强烈变形-变质-熔融的自组织作用，随着能量的聚集和耗散，地壳发生大规模缩短、加厚和隆升的地壳活动地带。

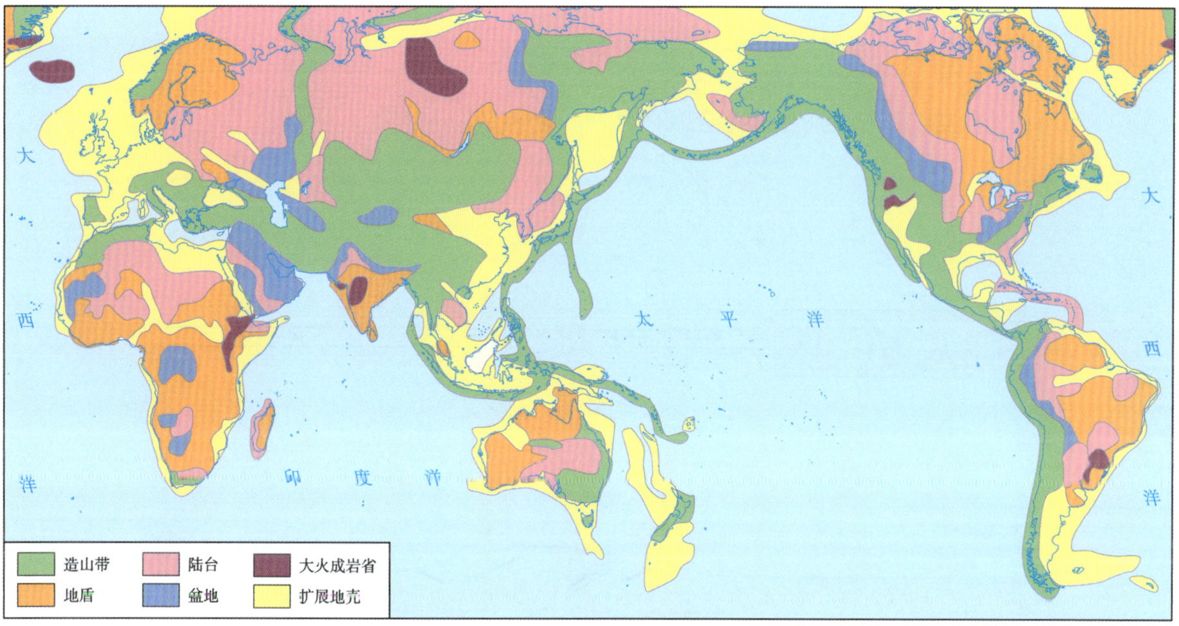

图0-1　全球造山带的分布图

大陆造山带广瀚博大、风采瑰丽、类型多样，造山过程和机制十分复杂。造山运动威力巨大：它可以产生岩石的变形奇观、形成大规模的褶皱断裂带；可以造成地壳的强烈缩短和增厚；可以使地壳深部局部熔融和高温岩浆注入；也可以使一个板块的表壳岩俯冲到另一个板块之下100~200 km，形成超高压变质岩，继后又快速折返地表。

板块构造理论认为，板块离散与板块汇聚总是相伴而生，从板块离散到板块汇聚，经历了洋壳扩张、洋-陆俯冲、陆-陆碰撞和陆内造山的过程（图0-2），形成“增生型”“碰撞型”和“陆内型”造山带（Cawood et al.，2009）（图0-3）。现代世界上的两大巨型山系包括“环（东、西）太平洋周缘造山系”和“特提斯-喜马拉雅造山系”（图0-4）。前者为增生型造山带，后者为碰撞型造山带。从地质历史角度审视中国大陆众多的造山带，诸如天山-兴安造山带、松潘-甘孜造山带、秦岭-大别造山带、羌塘造山带、冈底斯造山带、祁连造山带、昆仑造山带、滇西造山带、喜马拉雅造山带和华南造山带等，它们不仅以不同的物质组成、结构特征和造山类型为特征，并且具有造山形式的多样性、造山过程的复合性和叠置性，造山过程中岩浆作用、变质反应、变形样式、深熔作用和成矿作用

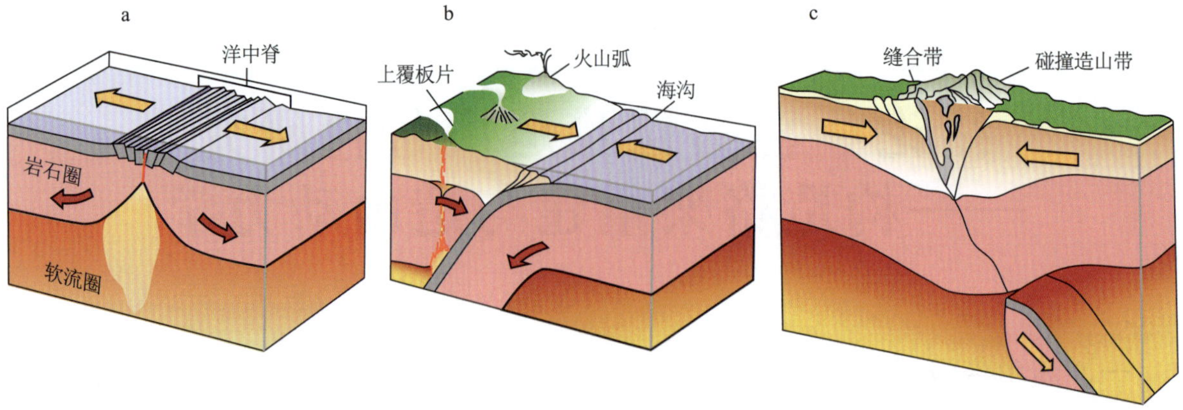

图 0-2 从洋壳扩张、洋-陆俯冲到陆-陆碰撞的造山过程

a—在离散边界，两板块以洋中脊为轴，做相反方向运动，形成新的大洋岩石圈；b—在汇聚边界，两板块做相向运动，下沉板块俯冲于上伏板块之下；c—碰撞后，大洋岩石圈拆离并沉入地幔，在碰撞带中形成的岩石发生破裂、弯曲、压扁和折返，形成山脉

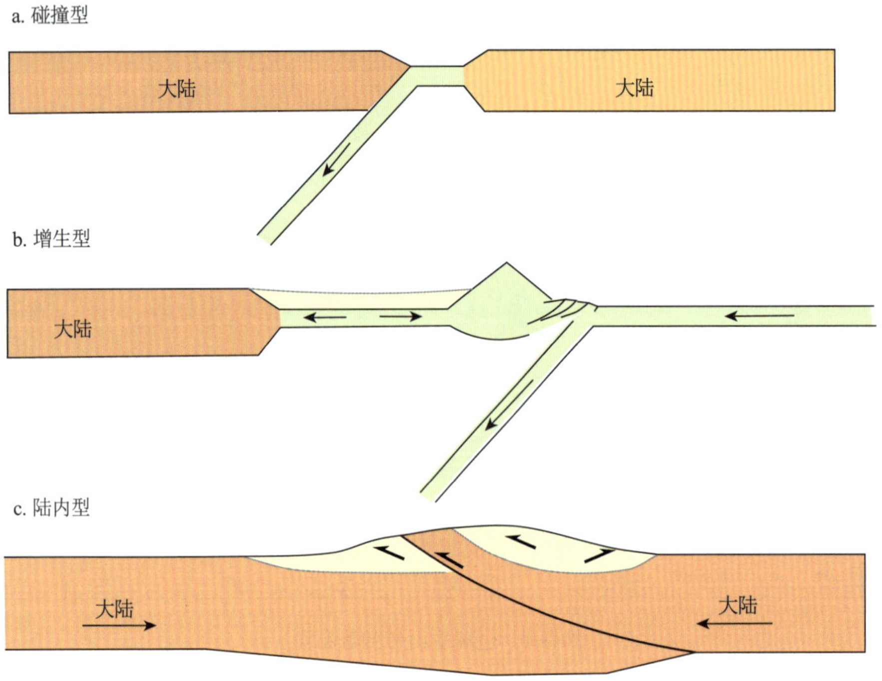

图 0-3 造山带的三种主要类型

（据 Cawood et al.，2009）

的依存性和多期性，以及造山动力学机制的复杂性（Tapponnier et al.，2001；许志琴等，2016；2018；图 0-5）。而喜马拉雅造山带则是中国大陆乃至全球范围最特殊、最奇特的碰撞型造山带。

穿梭地质历史的时间隧道，从三叠纪开始，自冈瓦纳超大陆离散的印度次大陆向北漂移，形成中生代广阔的特提斯洋，在约 60 Ma 与亚洲大陆开始碰撞（Hu et al.，2015），导致了喜马拉雅山崛起，青藏高原隆升，青藏高原物质向东、向东南和向西的大逃逸，以及 2000 km 范围亚洲大陆内部的巨大弥散变形和 70 km 巨厚地壳的形成（Tapponnier et al.，2001）。印度-亚洲大陆碰撞是地球上新生代最壮观的地质事件之一，最终构成了青藏高原——太阳系行星中最高、最新、最厚的高原，青藏高原南缘的喜马拉雅山脉就此成为地球上山脉之最。

喜马拉雅造山带是由陆-陆碰撞形成的一个经典造山带系统（Dewey et al.，1973）。喜马拉雅形

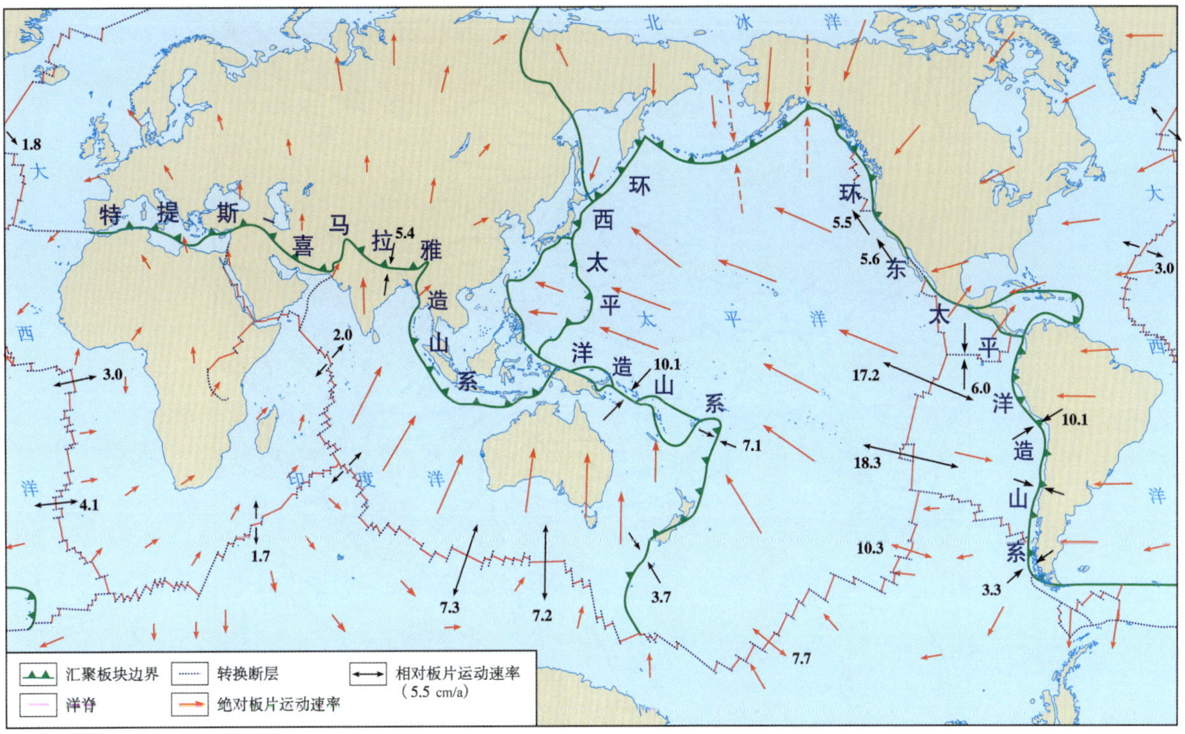

图 0-4 现代世界上两大造山系（环东、西太平洋造山系和特提斯-喜马拉雅造山系）展布图

成时代较新且具有大规模的露头，使之成为人们研究造山全过程的理想窗口，成为解释岩石圈变形和大气圈循环反馈过程的向导，特别是激发了有关青藏高原-喜马拉雅造山带的历史、对全球气候变化所起作用及其对侵蚀作用影响的研究热情（Harrison et al.，1992，1998；Molnar et al.，1993；Royden et al.，1997；Ramstein et al.，1997；Tapponnier et al.，2001；Beaumont et al.，2001；Yin et al.，2000）。

二、喜马拉雅研究史

喜马拉雅的研究已经有200多年的历史，一直走在世界造山带研究的前列。1802年，威廉·兰姆顿和他的继任者乔治·埃佛勒斯特在喜马拉雅进行大地测量，第一次发现了喜马拉雅山脉，确定了喜马拉雅山和喀喇昆仑山的最高峰，并发现了重力异常，提出重力均衡理论。1907年，Trigono地质调查所负责人Burrardh和印度地质调查所负责人Hayden联合出版了4卷喜马拉雅山脉地质和地理专著。1917年，奥尔德姆在阿萨姆邦1879年发生的大地震记录上，发现了地震纵波、横波和面波。自19世纪开始至20世纪50年代，有Medlicott（1864），Stoliczska（1865），Oldham（1883），Middlemiss（1887，1910），Griesbach（1891），Diener（1898），Suess（1888，1901，1909，1911），de Launay（1911），Leuchs（1913，1916），Argand（1924），Fromaget（1927），Dainelli（1933，1934），Uhlig（1903～1910），Hayden（1907），Pilgrim（1928），Wadia（1928），Auden（1935），de Terra（1935），Heim et al.（1939），Norin（1946）和Berthelsen（1953）等先驱涉足、探索和研究喜马拉雅。Medlicott（1864）、Middlemiss（1887）和Oldham（1883）等首先在西喜马拉雅发现了反向变质作用，海姆和甘塞尔（1964）发现了西藏西南部的蛇绿岩残片。国外大面积喜马拉雅调查和地质图（如乔戈里峰、喀喇昆仑、科希斯坦和巴基斯坦等地区）的编制，以及在20世纪50年代完成的喜马拉雅专著问世，都表明了先驱者对喜马拉雅的贡献。然而，这些先驱者竟无一国人，占喜马拉雅大片地域的中国在喜马拉雅固体地球科学研究上一直处于落后地位。值得一提的是，继1924年Argand提出喜马拉雅-青藏高原的地壳模式之后，又有Carey（1955）、Holmes（1965）、Dewey et al.（1973）和Chang et al.（1973）提出了不同的构造模式（图0-6），常承法等（Chang et al.，1973）提出位于亚洲南缘

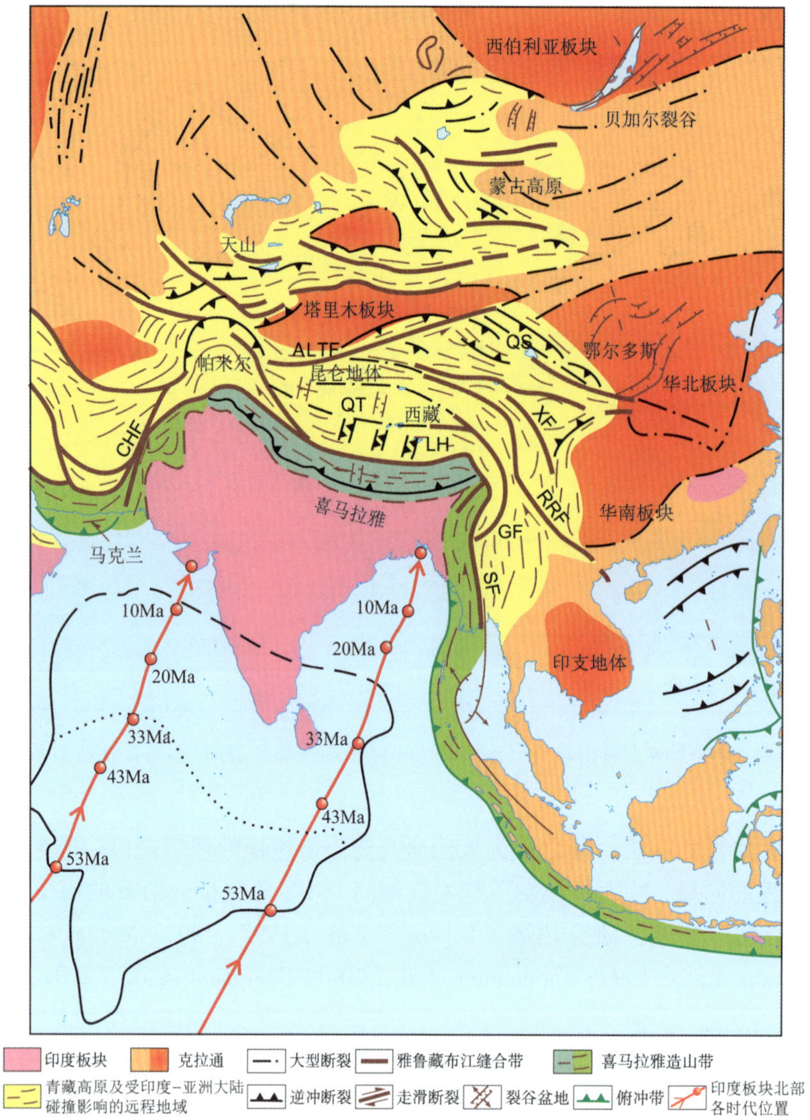

图 0-5　亚洲板块构造背景图

RRF—红河走滑断裂；CHF—恰曼走滑断裂；ALTF—阿尔金断裂；QS—祁连地体；QT—羌塘地体；GF—高黎贡断裂；SF—实皆断裂

的小板块通过逐渐碰撞引起的俯冲断层造成地壳缩短的模式（图 0-6e），引起国际地学界的高度重视。应该说，常承法先生是中国研究喜马拉雅-青藏高原构造并取得成就的第一人。

半个世纪以来，在我国大面积区域地质调查基础上，特别是大陆动力学研究开展以来，中国科学家在中国大陆造山带研究中取得长足进步。造山带基本构架的建立、造山带中沉积-变形-岩浆-变质事件记录的确认、地球早期演化的揭示、深部地球物理状态的展现、年代学大数据的提供、动力学机制探讨以及与全球造山带对比等方面均取得了大量的数据和重大进展。

在板块构造走上大陆动力学发展的今天，运用大陆动力学理论，审视和诠释大陆造山带的物质组成、结构、造山类型、流变学、造山过程及造山动力学，是大陆动力学研究的重心，也是为最终解决板块构造“上陆”至今未解之难题——“板块驱动力”开辟新的路径。20 世纪 80 年代，中国改革开放的实行开启了喜马拉雅研究的春天，广泛的基础地质调查、矿产资源勘查工作和地球物理调查在喜马拉雅和广阔的青藏高原陆续展开，特别是 1980~1986 年，中国以肖序常和李廷栋教授为首、法国以阿列格尔和马托耶教授为首的中法喜马拉雅联合考察队挺进中国境内的喜马拉雅，第一次用板块构

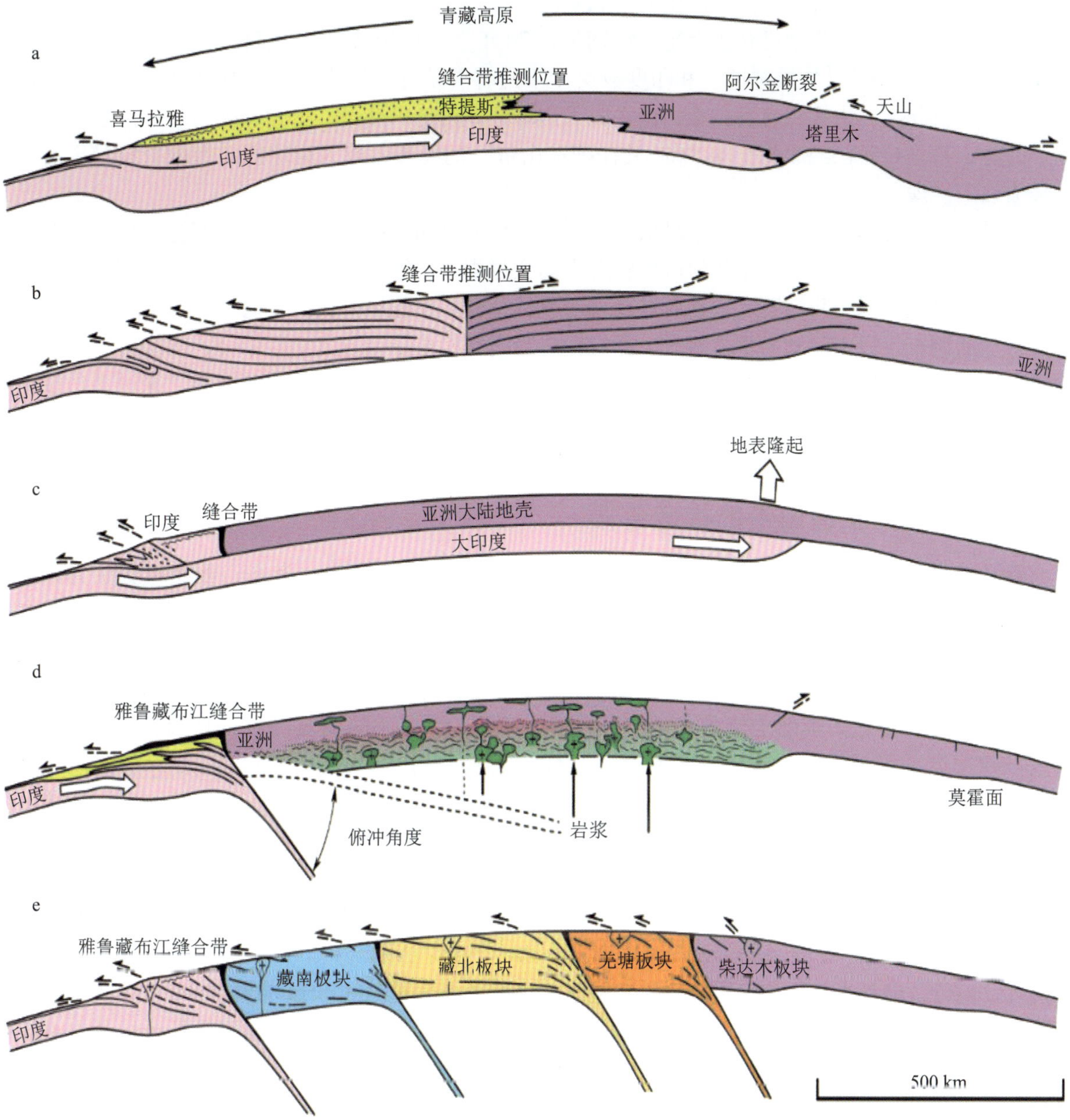

图 0-6 喜马拉雅与青藏高原的地壳构造剖面

（据 Powell et al.，1975）

剖面 a 据 Argand，1924；b 据 Carey，1955；c 据 Holmes，1965；d 据 Dewey et al.，1973；e 据 Chang et al.，1973

造理论建立了喜马拉雅构造格架，重塑了喜马拉雅造山过程，还初步揭示了青藏高原地壳、岩石圈及深地幔结构的基本构架。1992~2012 年的中美 INDEPTH 合作，确定了喜马拉雅的基本构造单元和边界，还在喜马拉雅北坡（帕里-萨玛达）实施了 100 km 深反射地震剖面，发现了主喜马拉雅逆冲断层（Main Himalayan Thrust，MHT）（Zhao et al.，1993）是控制喜马拉雅生长的主要深部断裂，推动了对喜马拉雅和青藏高原南部深部地球物理状态的了解和动力学探索的进程。继后，中方许志琴和法国以 Tapponnier 教授为首的中法考察队深入青藏高原腹地和外缘，在羌塘、阿尔金、秦岭、松潘-甘孜和滇西等地区进行了 10 年的联合地质考察。在此期间，还开展了中外联合的喜马拉雅和青藏高原关键地区的地球物理深部探测的合作计划。众多的中外地学家的合作加速了研究喜马拉雅的进程，为喜马拉雅构造格架的建立奠定了基础。这些工作不仅揭示了喜马拉雅和青藏高原所显示的复杂镶嵌结构，示踪了地质历史上诸地体的多次离散、聚敛、碰撞、移置、增生及联合，还揭示了约 60 Ma 以来印度板块与欧亚大陆南部碰撞及其产生的巨大效应。

至今，喜马拉雅的构架已初步奠定。特别是近20年来“构造挤出”“楔状挤出”“隧道流”“纵向伸展”“变质活化”“物质逃逸”和印度板块“不同时空深俯冲”等碰撞造山的理论（或论点）的推出，全球目光又一次聚焦喜马拉雅，使之成为国际地学讨论的热点，大大超越阿尔卑斯造山带的影响。因此，喜马拉雅已经成为全球“陆-陆碰撞造山带”的经典，成为全球造山带中资料最丰富、研究最成熟的宝库。

但是，对于喜马拉雅而言，一个最根本的未解难题就是印度板块和亚洲板块究竟如何汇聚？什么时候碰撞？如何碰撞？喜马拉雅如何造山？造山的全过程、三维运动学以及造山动力学怎样？前人的海量数据及研究成果为我们奠定了基石以及再研究的基础。在这里，我们将通过长期对喜马拉雅地质科技长廊的调查，以大陆动力学为指导，微观构造与宏观构造结合，多学科综合，围绕喜马拉雅造山带现存的关键科学问题，以新的思路、发现和突破，试图重塑喜马拉雅的构造格架，探讨喜马拉雅形成与演化的全过程和三维造山动力学，从而为改变我国在喜马拉雅“固体地球科学领域研究滞后”的现状，在喜马拉雅国际地学舞台做出新贡献！

三、喜马拉雅造山带的构造背景

喜马拉雅造山带主带总体为长约1800 km、向南突出的弧形几何体，其东、西两端分别为向北突出的南迦巴瓦东构造结和南特巴赫特西构造结，构造结的外侧以挤压转换带形式分别向南延伸至东侧的安达曼海和西侧的阿拉伯海（图0-7）。

1. 喜马拉雅基底

构成喜马拉雅造山带的主体是在140 Ma前脱离冈瓦纳超大陆向北漂移的印度陆块上建立的。印度陆块出露的前震旦纪变质岩属印度地台北缘结晶基底的一部分，其演化经历3500~3000 Ma、2400~2600 Ma、1700~1500 Ma和1000~1200 Ma的变质事件后，又遭受了泛非裂谷-岛弧-碰撞造山事件（650~550 Ma）的影响（Sengör et al.，1996）。喜马拉雅造山带主带出露的前震旦纪变质岩称“聂拉木群”，为一套高角闪岩相富铝变质岩系，局部发生过混合岩化，原岩可能是砂岩及砂质泥岩，总厚度达6000~9000 m。前人曾认为喜马拉雅变质基底岩石形成的年龄为古元古代晚期—新元古代晚期（1800~728 Ma）（Krummenacher，1961；Xu et al.，1985；Acharyya，1977；Thakur，1980；Gehrels et al.，2003）。但是喜马拉雅东构造结的南迦巴瓦岩群的原岩记录了2500 Ma、1800 Ma、1650 Ma和1000 Ma发生的多期构造热事件（张泽明等，2008a），这些年代可以与整个高喜马拉雅结晶岩系以及印度陆块中所获的多期前寒武纪年龄相对应。因此，高喜马拉雅结晶杂岩的原岩是在太古宙印度变质基底之上形成的，并作为印度陆块的一部分先后经历了哥伦比亚、罗迪尼亚和冈瓦纳等超大陆的形成与裂解的过程。研究表明，在印度-阿拉伯陆块北缘发育530~470 Ma的晚泛非期造山带（Cawood et al.，2007），此一事件影响范围可达高喜马拉雅（529~457 Ma）（Gehrels et al.，2003；周志广等，2004；许志琴等，2005；Liu et al.，2007a）、特提斯喜马拉雅（562±4 Ma，Schärer et al.，1986；504~528 Ma，许志琴等，2005）、南迦巴瓦构造结（514~489 Ma）（Liu et al.，2007b；张泽明等，2008a，2008b）、拉萨地体（470~540 Ma）（张泽明等，2008b）和三江地区（505~520 Ma）（许志琴，未刊资料）。

2. 喜马拉雅构造单元

在印度大陆北缘变质基底和沉积盖层基础上构筑的喜马拉雅造山带，与北面的亚洲南缘的拉萨地体以印度河-雅鲁藏布江新特提斯蛇绿岩带相隔。喜马拉雅造山带普遍被认为是由4个构造单元组成的断裂叠置岩片，从北至南包括“特提斯喜马拉雅”（Tethyan Himalayan Sequence，THS）、“高喜马拉雅”（Greater Himalayan Sequence，GHS）、“低喜马拉雅”（Lesser Himalayan Sequence，LHS）和“次喜马拉雅”（Sub-Himalayan Sequence，SHS）（图0-8）。构造岩片之间分别以“藏南拆离系”（South Tibet Detachment，STD）、“主中央逆冲断层”（Main Central Thrust，MCT）、“主边界逆冲断层”（Main Boundary Thrust，MBT）和“主前锋逆冲断层”（Main Frontal Thrust，MFT）4条断裂（剪

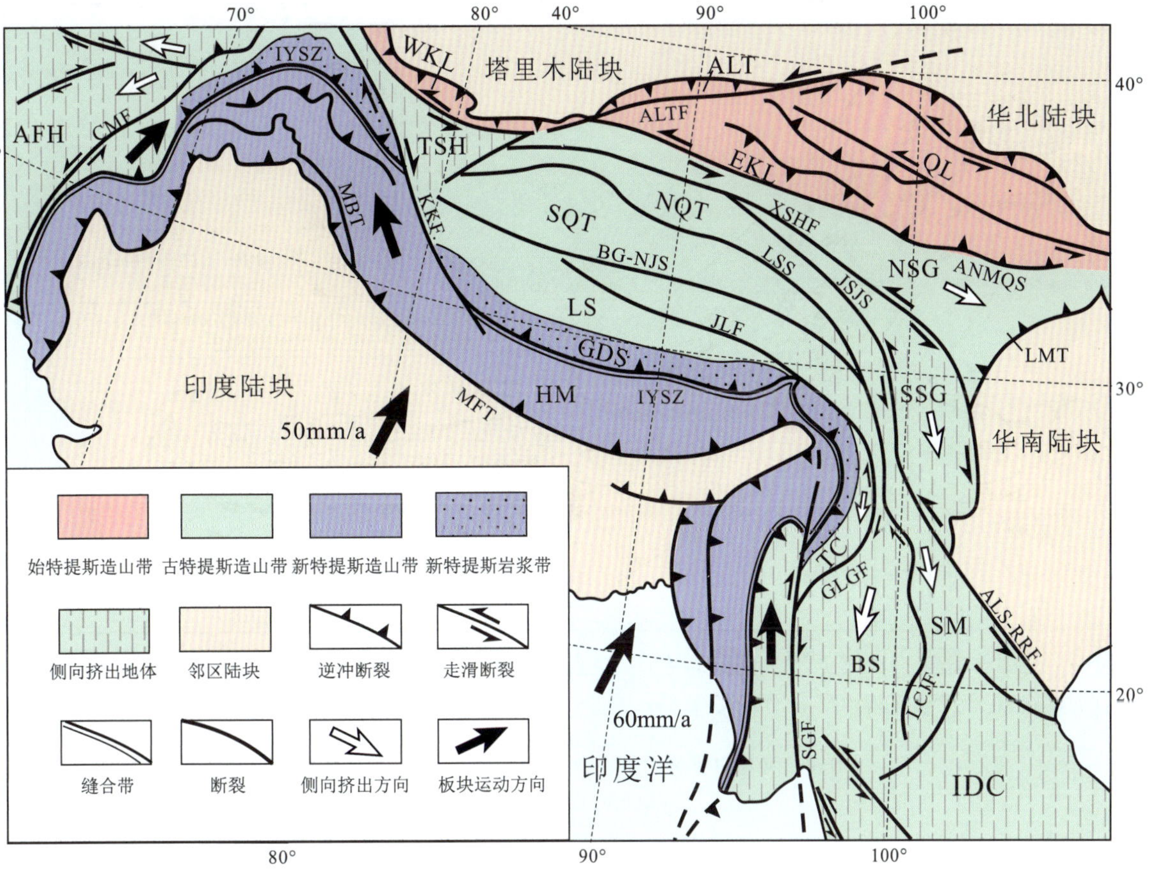

图 0-7　青藏高原构造格架图

（据 Xu et al.，2016，有修改）

QL—祁连地体；ALT—阿尔金地体；EKL—东昆仑地体；WKL—西昆仑地体；TSH—甜水海地体；NSG—北松潘-甘孜亚地体；SSG—南北松潘-甘孜亚地体；NQT—北羌塘地体；SQT—南羌塘地体；LS—拉萨地体；GDS—冈底斯地体；IDC—印支地体；HM—喜马拉雅地体；SM—思茅地体；BS—保山地体；TC　腾冲地体；AFH—阿富汗地体；ANMQS—阿尼玛卿缝合带；JSJS—金沙江缝合带；LCJS—澜沧江缝合带；LSS—龙木措-双湖缝合带；BG-NJS—班公湖-怒江缝合带；IYSZ—印度河-雅鲁藏布江缝合带；CMF—恰曼断裂；KKF—喀喇昆仑断裂；MFT—主前锋逆冲断层；MBT—主边界逆冲断层；SGF—实皆断裂；GLGF—高黎贡断裂；LCJF—澜沧江断裂；ALS-RRF—哀牢山-红河断裂；JSJF—金沙江断裂；XSHF—鲜水河断裂；ALTF—阿尔金断裂；LMT—龙门山逆冲断裂

切带）为界（Burg et al.，1984；Burchfiel et al.，1985，1992；崔军文等，1992，1996；Brookfield，1993；Le Fort，1996；Yin et al.，2000；Yin，2006；许志琴等，2007）。

“特提斯喜马拉雅”构造单元的北界为印度河-雅鲁藏布江缝合带（Indus-Yarlung Zangbo Suture Zone，IYSZ）和早中新世形成的大反转逆冲断层（Greater Himalayan sequence，GCT）（Ratschbacher et al.，1994；Yin et al.，1999；Yin，2006）。特提斯喜马拉雅主要由前寒武纪—新生代地层组成，发育北倾叠覆的褶皱冲断带（Murphy et al.，2003；Li et al.，2010）。特提斯喜马拉雅的北部发育不连续的拉轨岗日片麻岩穹窿群，又称北喜马拉雅片麻岩穹窿群（North Himalayan gneiss comes，NHGD），由 45~10 Ma 的花岗岩核、高级变质基底和中-高级变质沉积岩组成（Burg et al.，1984；Hodges 2000；Lee et al.，2000；Zeng et al.，2012），位于拉轨冈日片麻岩穹窿群东段的雅拉香波（Yardoi）片麻岩穹窿的核部二云母花岗岩的形成年龄约为 43 Ma（Zeng et al.，2012）。

“高喜马拉雅”是喜马拉雅造山带的变质核，北界为藏南拆离系，南界为主中央逆冲断层，构成夹于特提斯喜马拉雅和低喜马拉雅之间的三明治构造（Le Fort，1996；Yin et al.，2000；Yin，2006；Guillot et al.，2008）（图 0-8）。GHS 厚度可达 7~9 km，由中-下地壳折返上来的低角闪岩相-麻粒岩

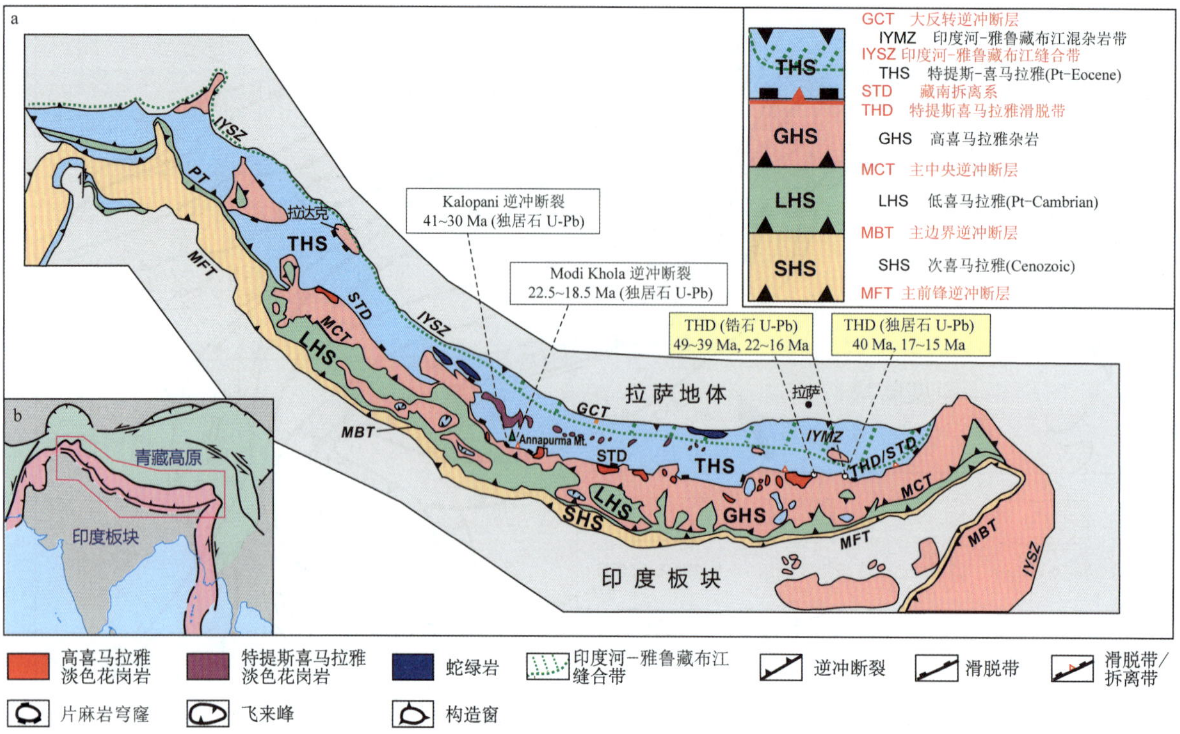

图 0-8 喜马拉雅造山带主带构造图（a）和构造背景图（b）
（据 Yin，2006，有修改）

相组成，具有来自深熔过程的普遍混合岩化和韧性变形特征。在 GHS 中的变质作用显示了麻粒岩相在上部和角闪岩相在下部的倒转变质相序列（Law et al.，2006），即下部含石榴子石-十字石，中部含蓝晶石-矽线石，顶部为混合岩化岩石（Vannay et al.，1998），并被 2~3 km 厚上部局部熔融的花岗岩浆物质侵位。说明高喜马拉雅的变质-深熔作用与主中央逆冲断层具有耦合性。一些学者提出在高喜马拉雅中的变质、深熔和变形事件从 45 km 深度折返至 18 km，可以从 44 Ma 延续至 16~13 Ma（Daniel et al.，2003；Cottle et al.，2009），预示一个热的、弱的、低黏度的剪切层存在于碰撞造山带中，并具有韧性挤出的特征。

“低喜马拉雅”由新元古代—寒武纪和中生代地层组成，盖在太古宙—古元古代变质沉积岩组合、花岗闪长岩和片麻岩之上（Pêcher，1989；DeCelles et al.，2001；Hodges，2001）。次喜马拉雅一般由新生代前陆盆地沉积物组成，受主边界逆冲断层和主前锋逆冲断层的制约（Yin，2006）。

3. 喜马拉雅大型断裂

在喜马拉雅造山带与冈底斯造山带之间以及喜马拉雅各构造单元之间，自北而南展布 5 条平行造山的断裂带（剪切带）：大反转逆冲断层、藏南拆离系、主中央逆冲断层、主边界逆冲断层和主前锋逆冲断层；伸入喜马拉雅的走滑断层有：西喜马拉雅的北西—南东向喀喇昆仑右行走滑断层，以及伴随印度板块楔入造成喜马拉雅东端大量物质向南侧向逃逸而形成的穿越喜马拉雅东侧的南北向实皆右行走滑断层（图 0-8）。

（1）大反转逆冲断层

“特提斯喜马拉雅”单元的北界为印度河-雅鲁藏布江缝合带和早中新世形成的大反转逆冲断层（Ratschbacher et al.，1994；Yin et al.，1999；Yin，2006）。GCT 与印度河-雅鲁藏布江缝合带平行分布，自西向东全长约 1500 km，向南倾斜（Heim et al.，1939；Ratschbachere et al.，1994；Yin et al.，1993，1999），使喜马拉雅地体向北逆冲至冈底斯地体之上。大反转逆冲断层是 Heim et al.（1939）在西藏西南部乔戈里峰地区研究中首次提出的，目前已有多处被识别出来，如藏东南地区的仁布-泽当逆冲断层（Yin et al.，1999；Quidelleur et al.，1997；Harrison et al.，2000）、藏中南地区的喜马拉雅反向冲断层（Ratschbachere et al.，1994）以及印度西北部的主 Zanskar 反向冲断层（Corfield et al.，2000）。大反转逆冲断层西段的活动年龄为 20～13 Ma，结束于 9 Ma；中段活动在 18 Ma，东段的泽当活动在 25～10 Ma、朗县活动在 19～9 Ma。沿大反转逆冲断层断断续续出露一套砾岩质的“磨拉石”单元——渐新世—早中新世的“冈仁波齐砾岩”（Aitchison et al.，2002）西起乔戈里峰，东至喜马拉雅东构造结的南迦巴瓦峰，自西向东砾岩地层单元包括卡拉斯组、秋乌组、大竹曲组、罗布莎组以及朗县组砾岩（Gansser，1964；Aitchison et al.，2002），这套砾岩记录了印度板块-亚洲板块碰撞和青藏高原形成的历史演化（Aitchison et al.，2002；DeCelles et al.，2011；Wang et al.，2013）。

（2）藏南拆离系

藏南拆离系是一条向北缓倾的正向滑移的断裂系，致使北侧低级变质或未变质的元古宙—古新世的特提斯喜马拉雅沉积系向南覆盖在高喜马拉雅的高级变质岩石之上（Burg et al.，1984；Burchfiel et al.，1992）。作为喜马拉雅造山楔折返的顶部边界，或者从中下地壳折返的 GHS 的上部边界，STD 一直被解释为一条被动的滑脱构造（Beaumont et al.，2001；Godin et al.，2006；Grujic，2011）。STD 的活动受到 23～19 Ma 淡色花岗岩侵位的制约，但是也有一些 13～11 Ma 年轻的年龄（如东喜马拉雅的 Wagye 和 Khula Kangri 花岗岩）。在洛扎地区的 Khula Kangri 花岗岩被解释为在 STD 面上的运动造成的最后一期花岗岩侵位（Burchfiel et al.，1992；Edwards et al.，1996）。

（3）主中央逆冲断层

MCT 是一条以倒转变质相和上盘向南的剪切组构为特征的韧性逆冲剪切带（Pêcher，1989；Harrison et al.，1997；Searle et al.，2008）。值得注意的是，在西喜马拉雅 MCT 直接位于 LHS 之上，这很可能是由于 MCT 和 STD 向南合并造成（Webb et al.，2011）。沿着 MCT 通过大量矿物的 Ar-Ar 冷却年龄所测定 23～12 Ma 折返年龄，显示与 STD 同时活动的特征（Hodges et al.，1996；Coleman，1998；Grujic et al.，2002；Harris et al.，2004）。

（4）主边界逆冲断层和主前锋逆冲断层

主边界逆冲断层是将 LHS 位于新生代沉积层之上的逆冲断裂，年龄大于 11 Ma 或小于 5 Ma（Yin，2006）。主前锋逆冲断层是一条至今仍在活动的断裂，它使西瓦里克磨拉石沉积覆盖在第四纪沉积之上（Lavé et al.，2000）。

四、喜马拉雅造山模式

高喜马拉雅变质杂岩的形成机制受到地学家广泛关注。30 年来，人们把注意力集中在高喜马拉雅的两条边界断裂（藏南拆离断裂和主中央逆冲断层）的变形、变质及局部熔融之上，提出的构造模式有（图 0-9）：

1）隧道流所导致的高级变质岩从下地壳快速上升到现在位置的挤出机制（Nelson et al.，1996；Beaumont et al.，2001，2004；Grujic et al.，2002）；

2）刚性或韧性变形楔被挤出的机制（Burchfiel et al.，1985；Hodges et al.，1992；Burchfiel et al.，1992；Grujic et al.，1996；Grasemann et al.，1999；Vannay et al.，2001）；

3）陆内深俯冲造成陆壳板片从下伏地幔岩石圈中拆离，楔形板片往上挤出的机制（Chemenda et al.，1995，2000）；

4）挤出后的隧道流模式（Godin et al.，2006；Cotte et al.，2015）；

5）构造楔插入模式（Webb et al.，2007）；

6）临界楔模式（Kohn，2008）；

7）韧性剪切模式（Jain et al.，1993）；

8）向南扩展的韧性逆冲模式。

研究表明，制约高喜马拉雅岩片的两条边界断裂几乎是同时存在和一同活动的，被地学界广泛接

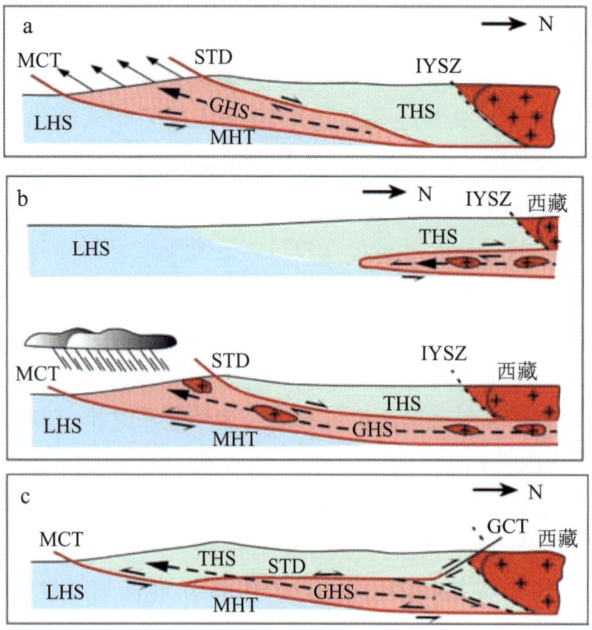

图 0-9　喜马拉雅构造模式图

（据 Webb et al.，2011）

a—中新世早期—中期的楔形挤出模型（Burchfiel et al.，1985；Grujic et al.，1996）；b—隧道流/集中剥蚀模型：始新世—渐新世的早期隧道阶段，中新世早期—中期的集中折返阶段（Royden，1997；Beaumont et al.，2001；Grujic et al.，2002）；c—中新世早期—中期的构造楔模式（Yin A，2006；Webb et al.，2007）。GHS—高喜马拉雅；THS—特提斯喜马拉雅；LHS—低喜马拉雅；MCT—主中央逆冲断层；MHT—主喜马拉雅逆冲断层；GCT—大反转逆冲断层；STD—藏南拆离系；IYSZ—印度河-雅鲁藏布江缝合带

受的高喜马拉雅崛起的机制是“牙膏式的向上挤出”（Chemenda et al.，1996，2000）或“隧道流”（Beaumont et al.，2001；Jamieson et al.，2006）。上述构造模式假说的高喜马拉雅挤出岩片夹持于MCT和STD之间，来自增厚地壳的中下部，主要为长英质成分，且富含流体，在中、下地壳的温度和流体联合作用下岩石发生了部分熔融，因而岩石的密度和流变强度不仅比其上覆（即STD之上）的岩石要低，而且比其下伏的即MCT之下的岩石还要小，在区域近南北向挤压应力和垂向浮力的联合作用下，位于MCT和STD之间的角闪岩相至麻粒岩相变质岩向上挤出，而MCT和STD就像这个流动隧道的上、下两壁。

隧道流构造模式还隐含三层意思：①挤出体中必然出现淡色花岗岩，其为中、下地壳脱水部分熔融的产物。高喜马拉雅岩片中淡色花岗岩的U-Th-Pb年龄主要为22~23 Ma（Harrison et al.，1995；Hodges et al.，1996）到12~13 Ma（Wu et al.，1998；Liu et al.，2007a）。在东、西构造结还发现更年轻的淡色花岗岩，其年龄甚至不到4 Ma（Zeitler et al.，1993；Booth et al.，2004，2009）。②MCT和STD必然是高梯度的应变带，事实表明MCT和STD均为强变形的韧性剪切带。在尼泊尔，MCT厚达6 km，STD的厚度约1 km。大部分STD和一部分MCT在中国境内出露。研究表明，STD向北延伸至特提斯喜马拉雅单元之下，并在拉轨岗日变质穹窿带中出现（Chen et al.，1990；崔军文等，1997；李德威等，2003；许志琴等，2007），STD开始活动的时间为24~12 Ma（Hodges et al.，1992，1993）。③MCT和STD必须同时活动。MCT中淡色花岗岩的角闪石$^{40}Ar/^{39}Ar$及U-Pb测年表明MCT形成早于23~20 Ma（Hubbard，1989；Hodges et al.，1996），在晚中新世—上新世时还在继续活动（Harrison et al.，1997；Liu et al.，2007a），并显示了全新世活动的证据（Hodges et al.，未发表）。这些研究成果表明MCT和STD的形成与活动时限大致相当。

关于高喜马拉雅变质杂岩如何从下地壳就位到现在的位置有几种代表性的侵位模式：①GHS

作为刚性或韧性变形楔被挤出（Burchfiel et al.，1985，1992；Hodges et al.，1992；Grujic et al.，1996；Grasemann et al.，1999；Vannay et al.，2001）；②陆内深俯冲先造成陆壳板片从下伏地幔岩石圈中拆离，然后楔形板片往上挤出达到现在位置（Chemenda et al.，1995，2000）等；③隧道流作用既可以发生在喜马拉雅的下地壳，也可以从拉萨地体通过中地壳的流动转运到喜马拉雅，并在喜马拉雅造成高原地貌的垮塌效应（Nelson et al.，1996；Beaumont et al.，2001，2004；Grujic et al.，2002）。

特提斯喜马拉雅拉轨岗日片麻岩穹窿带中康马变质杂岩体的基底和盖层之间的拆离剪切带，被认为是藏南拆离系的北延部分，其黑云母和白云母$^{40}Ar/^{39}Ar$ 年龄分别为 20.4±0.6 Ma 和 15.5 Ma（Chen et al.，1990），属中新世。年代学测定发现拉轨岗日片麻岩穹窿带东部的雅拉香波穹窿中代表局部熔融的花岗闪长岩年龄为 43~35 Ma（戚学祥等，2008；曾令森等，2009），可能代表高喜马拉雅变质杂岩的挤出作用开始于 43~35 Ma（始新世）的深部局部熔融和地壳加厚，促进了高喜马拉雅下地壳物质的流动及后来的挤出。

自 1996 年以来，喜马拉雅-青藏高原构造的新解释“隧道流和韧性挤出”引起了广泛的关注。这一理论是利用中-下地壳的隧道流来解释青藏高原的向外生长（Ryden，1996；Clark et al.，2000；Shen et al.，2001；Beaument et al.，2001），并根据夹持高喜马拉雅的藏南拆离系和主中央逆冲断层形成的同时性，以及低黏度的隧道造成的韧性挤出作为基础（Grujic et al.，1996；Wu et al.，1998；Vannay et al.，2001，Jamieson et al.，2004）。2004 年 12 月在伯灵顿召开了由伦敦地质学会主办的“大陆碰撞带中-下地壳的隧道流、挤出和折返”大会，着重讨论了喜马拉雅碰撞造山带新生代地壳隧道流问题。有关高喜马拉雅中地壳岩石的隧道流或韧性剪切挤出方面的证据（Grujic et al.，1996，2002；Hodges et al.，2001；Searle et al.，2005）以及与之相关的模型（Beaumont et al.，2001，2004，2006；Godin et al.，2006；Jamieson et al.，2004，2006）已经得到了充分的阐述和研究。

但是，喜马拉雅隧道流是否合适，能否普遍运用于喜马拉雅造山带和世界其他山脉，尚需要进一步研究。隧道流的理论也遭到许多地学家的质疑和反对，表现为另两个高喜马拉雅挤出模式——“楔形挤出”和“构造楔”的提出。

“楔形挤出”的模式将高喜马拉雅看成为一个刚性的楔体（Burchfiel et al.，1985，Grujic et al.，1996）（图 0-9），而“构造楔”模式认为 STD 早期为 MCT 分支逆冲断裂，高喜马拉雅的前缘曾在 15~20 km 被剥蚀，使之呈楔形体（Yin，2006；Webb et al.，2007，2011）。最新研究进展表明，喜马拉雅大陆动力学的研究已经步入以热碰撞造山为核心、韧性挤出机制为目标的研究阶段。这不仅对于喜马拉雅造山带的形成和演化，而且对于全球的碰撞造山带均具有示范和启迪的意义。

参考文献

崔军文. 1992. 青藏高原岩石圈变形及其动力学. 北京：地质出版社.

崔军文. 1997. 喜马拉雅碰撞带的构造演化. 地质学报，(2)：105~112.

李德威，刘德民，廖群安，等. 2003. 藏南萨加拉轨岗日变质核杂岩的厘定及其成因. 地质通报，22(5)：303~307.

戚学祥，曾令森，孟祥金，等. 2008. 特提斯喜马拉雅打拉花岗岩的锆石 SHRIMP U-Pb 定年及其地质意义. 岩石学报，7(24)：1501~1509.

许志琴，付小方，马绪宣，等. 2016. 青藏高原片麻岩穹窿与找矿前景. 地质学报，90(11)：2971~2981.

许志琴，王汝成，赵中宝，等. 2018. 试论中国大陆“硬岩型”大型锂矿带的构造背景. 地质学报，92(6)：1091~1106.

许志琴，杨经绥，李海兵，等. 2007. 造山的高原——青藏高原的地体拼合、碰撞造山及隆升机制. 北京：地质出版社.

许志琴，杨经绥，梁凤华，等. 2005. 喜马拉雅地体的泛非-早古生代造山事件年龄记录. 岩石学报，21(1)：1~12.

曾令森，刘静，高利娥，等. 2009. 藏南也拉香波穹窿早渐新世地壳深熔作用及其地质意义. 科学通报，54(3)：373~381.

张泽明，王金丽，赵国春，等. 2008a. 喜马拉雅造山带东构造结南迦巴瓦岩群地质年代学和前寒武纪构造演化. 岩石学报，24(7)：11.

张泽明，王金丽，沈昆，等. 2008b. 环东冈瓦纳大陆周缘的古生代造山作用：东喜马拉雅构造结南迦巴瓦岩群的岩石学和年代学证据.

岩石学报, 24(7): 1627~1637.

周志广, 刘文灿, 梁定益. 2004. 藏南康马奥陶系及其底砾岩的发现并初论喜马拉雅沉积盖层与统一变质基底的关系. 地质通报, 23(7): 655~663.

Acharyya S K, Ghosh S, Mandal N, et al. 2017. Pre-Himalayan tectono-magmatic imprints in the Darjeeling-Sikkim Himalaya(DSH) constrained by $^{40}Ar/^{39}Ar$ dating of muscovite. Journal of Asian Earth Sciences, 146: 211~220.

Aitchison J C, Davis A M, Badengzhu, et al. 2002. New constraints on the India Asia collision: The Lower Miocene Gangrinboche conglomerates, Yarlung Tsangpo suture zone, SE Tibet. Journal of Asian Earth Sciences, 21: 251~263.

Argand E. 1924. Latectonique de l'Asie: Congrés Géologiques International, Comptes Rendus de la XIIme session, Premier Fascicule. Liége: H. Vaillant-Carmanne, 171~372.

Auden J B. 1935. Traverses in the Himalaya. Records of Geological Survey of India, 69: 123~67.

Beaumont C, Jamieson R A, Nguyen M H, et al. 2001. Midcrustal channel flow in large hot orogens: Results from coupled thermalmechanical models, in Slave-Northern Cordillera Lithospheric Evolution(SNORCLE) and Cordilleran Tectonics Workshop; Report of 2001 Combined Meeting, compiled by F Cook and P Erdmer, Lithoprobe Rep, 79: 112~170.

Beaumont C, Jamieson R A, Nguyen M H, et al. 2004. Crustal channel flows: 1. Numerical models with applications to the tectonics of the Himalayan-Tibetan orogen. Journal of Geophysical Research, 109: B06406.

Beaumont C, Nguyen M H, Jamieson R A, et al. 2006. Crustal flow modes in large hot orogens. In: R D Law, M P Searle and L Godin(Editors). Channel Flow, Ductile Extrusion and Exhumation in Continental Collision Zones. Geological Society, London, Special Publications (2007), 268(1): 91.

Berthelsen A. 1953. On the Geology of the Rupshu District, Northwest Himalaya. Medd. Dansk. Geol. Foren, 12: 351~414.

Booth A L, Zeitler P K, Kidd W S F, et al. 2004. U-Pb zircon constraints on the tectonic evolution of southeastern Tibet, Namche Barwa area. American Journal of Sciences, 304: 889~929.

Brookfield M E. 1993. The Himalayan passive margin from Precambrian to Cretaceous times. Sedimentary Geology, 84: 1~35.

Burchfiel B C, Chen Z, Hodges K V, et al. 1992. The South Tibetan Detachment System, Himalayan orogen: Extension contemporaneous with and parallel to shortening in a collisional mountain. Geological Society of America Special papers, 269: 1~41.

Burchfiel B C, Royden B C. 1985. North-south extension within the convergent Himalayan region. Geology, 13: 679~682.

Burg J P, Chen G M. 1984. Tectonics and structural formation of isouthern Tibet, China. Nature, 311: 219~223.

Carey S W. 1955. The orocline concept in geotectonics: Royal Soc. Tasmania, Pap. Proc., 89: 255~288.

Cawood P A C, Kröner A, Collins W J, et al. 2009. Accretionary orogens through time. Earth Accretionary Systems in Space and Time: London, Geological Society London, Special Publication, London, p. 318.

Cawood P A, Johnson M R W, Nemchin A A. 2007. Early Palaeozoic orogenesis along the Indian margin of Gondwana: Tectonic response to Gondwana assembly. Earth and Planetary Science Letters, 255(1): 70~84.

Chang C F, Cheng H L. 1973. Some tectonic features of the Mt. Jolmo Lungma area, southern Tibet, China. Sci. Sinica, 16: 257~265.

Chemenda A I, Burg J P, Mattauer M. 2000. Evolutionary model of the Himalaya-Tibet system: Geopoem based on new modelling, geological and geophysical data. Earth and Planetary Science Letters, 174(3~4): 397~409.

Chemenda A I, Mattauer M, Bokun A N. 1996. Continental subductionand a mechanism for exhumation of high-pressure metamorphicrocks: New modeling and field data from Oman. Earth and Planetary Science Letters, 143: 173~182.

Chemenda A I, Mattauer M, Malavielle J, et al. 1995. A mechanism for syn-collisional rock exhumation and associated normal faulting: Results from physical modeling. Earth and Planetary Science Letters, 132: 225~232.

Chen Z, Liu Y, Hodges K V, et al. 1990. The Kangmar dome: A metamorphicco recomplex in southern Xizang(Tibet). Science, 250: 1552~1555.

Clark M K, Royden L H. 2000. Topographic ooze: Building the eastern margin of Tibet by lower crustal flow. Geology, 28(8): 703~706.

Coleman M E, Hodges K V. 1998. Contrastingoligocene and miocene thermal histories from thehanging wall and footwall of the South Tibetan detachment in the central Himalaya from Ar^{40}/Ar^{39} thermochronology, Marsyandi Valley, central Nepal. Tectonics, 17: 726~740.

Corfield R L, Seale M P. 2000. Crustal shortening across the north Indian continental margin, Ladakh, India in M A Khan, P J Treloar, M P Searle, M Q Jan(Eds.), Tectonics of the Nanga Parbat syntaxis and the Western Himalaya. The Geological Society Special Publication, 170: 395~410.

Cottle J M, Larson K P, Kellett D A. 2015. How does the mid-crust accommodate deformation in large, hot collisional orogens? A review of recent research in the Himalayan orogeny. Journal of Structural Geology, 78: 119~133.

Cottle J M, Searle M P, Horstwood M S A, et al. 2009. Timing of Midcrustal Metamorphism, Melting, and Deformation in the Mount Everest Region of Southern Tibet Revealed by U(-Th)-Pb Geochronology. The Journal of Geology, 117(6): 643~664.

Dainelli G. 1933. Buddhists and Glaciers of Western Tibet(1st ed.). Routledge.

Dainelli G. 1934. La esplorazione delta regione fra l'Himalaya occidentale e il Caracorum. La serie dei Terreni, I & II. Spedizione Italiana de Fillipi nell′ Himalaya, Caracorum e Turchestan Cinese(1913~1914): 430.

Daniel C G, Hollister L S, Parrish R R, et al. 2003. Exhumation of the Main Central Thrust from Lower Crustal Depths, Eastern Bhutan Himalaya. Journal of Metamorphic Geology, 21: 317~334.

de Launay L. 1911. Lerôle de l′Asie dans l′industrie minérale. Revue de Métallurgie, 8(2): 109~116.

de Terra H. 1935. Geological studies in the Northwest Himalaya between the Kashmir and Indus Valleys. Memoirs Connecticut Acadamy of Arts and Science, 8(2): 18~76.

DeCelles P G, Kapp P, Quade J, et al. 2011. Oligocene-Miocene Kailas basin, southwestern Tibet: Record of postcollisional upper-plate extension in the Indus-Yarlung suture zone. Geological Society of America Bulletin, 123: 1337~1362.

DeCelles P G, Robinson D M, Quade J, et al. 2001. Stratigraphy, structure, and tectonic evolution of the Himalayan fold-thrust belt in western Nepal. Tectonics, 20(4): 487~509.

Dewey J F, Burke K C A. 1973. Tibetan, Variscan, and Pre-cambrian basement reactivation: Products of continental collision. Jour Geology, 81: 683~692.

Diener C. 1898. Notes on the geological structure of the Chitichum Region. Memoirs Geological Survey of India, 28: 1~27.

Edwards M A, Kidd W S F, Li J, et al. 1996. Multi-stage development of the southern Tibet detachment system near Khula Kangri. New data from Gonto La. Tectonophysics, 260: 1~19.

Fromaget J. 1927. Etude géologique sur le nord de L′Indochine centrale. Bul. Fr. Serv. Géol. Indochine, 16(2): 141~164.

Gansser A. 1964. Geology of the Himalayas. Wiley InterScience, New York, 289.

Gehrels G E, DeCelles P G, Martin A, et al. 2003. Initiation of the Himalayan orogen as an early Paleozoic thin-skinned thrust belt. GSA Today, 13(9): 4~9.

Godin L, Grujic D, Law R D, et al. 2006. Channel flow, ductile extrusion and exhumation in continental collision zones; an introduction. In: Law R D, Searle M P, Godin L (eds). Channel Flow, Ductile Extrusion, and Exhumation of Lower-Middle Crust in Continental Collision Zones. Geological Society, London, Special Publications, 268: 1~23.

Grasemann B, Vannay J C. 1999. Flow controlled inverted metamorphism in shear zones. Journal of Structural Geology, 21: 743~50.

Griesbach C L. 1891. Geology of the Central Himalayas. Memoirs of the Geological Survey of India, 9(6): 268~271.

Grujic D, Casey M, Davidson C, et al. 1996. Ductile extrusion of the Higher Himalayan crystalline in Bhutan: Evidence from quartz microfabrics. Tectonophysics, 260: 21~43.

Grujic D, Hollister L S, Parrish R R. 2002. Himalayan metamorphic sequence as an orogenic channel: Insight from Bhutan. Earth and Planetary Science Letters, 198: 177~191.

Grujic D, Warren C J, Wooden J L. 2011. Rapid synconvergent exhumation of Miocene-aged lower orogenic crust in the eastern Himalaya. Lithosphere, 3(5): 346~366.

Guillot S, Mahéo G, de Sigoyer J, et al. 2008. Tethyan and Indian subduction viewed from the Himalayan high-to ultrahigh-pressure metamorphic rocks. Tectonophysics, 451(1): 225~241.

Harris N B W, Caddick M, Kosler J, et al. 2004. The pressure-temperature-time path of migmatites from the Sikkim Himalaya. Journal of Metamorphic Geology, 22: 249~264.

Harrison T M, Copeland P, Kidd W S F, et al. 1992. Raising Tibet. Science, 255: 1663~1670.

Harrison T M, Ryerson F J, Le Fort P, et al. 1997. A late Miocene Pliocene progin for the central Himalayaninverted metamorphism. Earth and Planetary Science Letters, 146: E1~E7.

Harrison T M, Yin A, Grove M, et al. 2000. The Zedong window: A record of superposed tertiary convergence in southeastern Tibet. Journal of Geophysical Research, 105: 19211~19230.

Harrison T M, Yin A, Ryerson F J. 1998. Orographic evolution of the Himalaya and Tibetan plateau. In: Crowley T(Ed.) Boundary conditions for climate changes. New York: Oxford University Press: 38~72.

Harrison T, Copeland P, Kidd W. 1995. Activation of the Nyainquentanghla shear zone: Implications for uplift of the southern Tibetan Plateau. Tectonics, 14: 658~676.

Hayden H H. 1907. The Geology of the Province of Tsang and U in Central Tibet. Memoirs Geological Survey of India, 36: 122~201.

Heim A, Gansser A. 1939. Central Himalaya, geological observations of the Swiss expedition 1936. Memoires de la Societe Helvetique des Sciences Naturelles, 63: 245.

Hodges K V. 2000. Tectonics of the Himalaya and southern Tibet from two perspectives. Geological Society of America Bulletin, 112: 428~432.

Hodges K V, Burchfiel B C, Royden L H, et al. 1993. The metamorphic signature of contemporaneous extension and shortening in the central Himalayan orogen: Data from the Nyalam transect, southern Tibet. Journal of Metamorphic Geology, 11(5): 721~737.

Hodges K V, Hurtado J M, Whipple K X. 2001. Southward extrusion of Tibetan crust and its effect on Himalayan tectonics. Tectonics, 20(6): 799~809.

Hodges K V, Parrish R R, Searle M P. 1996. Tectonic evolution of the central Annapurna Range, Nepalese Himalayas. Tectonics, 15:

1264~1291.

Hodges K V, Parrish R R, Housh T B, et al. 1992. Simultaneous Miocene extension and shortening in the Himalayan Orogen. Science, 258: 1466~1469.

Holmes A. 1965. Principles of physical geology: London, Nelson(2nd rev. ed.), 1288.

Hu X, Garzanti E, Moore T, et al. 2015. Direct stratigraphic dating of India-Asia collision onset at the Selandian(middle Paleocene, 59±1 Ma). Geology, 43(10): 859~862.

Hubbard M S, Harrison T M. 1989. $^{40}Ar/^{39}Ar$ age constraints on deformation and metamorphism in the MCT Zone and Tibetan Slab, eastern Nepal Himalaya. Tectonics, 8: 865~880.

Jain A K, Manickavasagam R M. 1993. Inverted metamorphism in the intracontinental ductile shear zone during Himalayan collision tectonics. Geology, 21(5): 407~410.

Jamieson R A, Beaumont C, Medvedev S, et al. 2004. Crustal channel flows: 2. Numerical models with implications for metamorphism in the Himalayan-Tibetan orogen. Journal of Geophysical Research: Solid Earth, 109(B06407).

Jamieson R A, Beaumont C, Nguyen M H, et al. 2006. Provenance of the Greater Himalayan Sequence and associated rocks: Predictions of channel flow models. Geological Society, London, Special Publications, 268: 165~182.

Kohn M J, Fremd T J. 2008. PTt data from central Nepal support critical taper and repudiate large-scale channel flow of the Greater Himalayan Sequence. Geological Society of America Bulletin, 120(3~4): 259~273.

Krummenacher D. 1961. Déterminations d´âge isotopique faites sur quelques roches de l´Himalaya du Nepal par la méthode potassium-argon. Schweizerische mineralogische und petrographische Mitteilungen, 41(2): 273~283.

Lavé J Avouac, J P. 2000. Active folding of fluvial terraces across the Siwaliks Hills, Himalayas of central Nepal. Journal of Geophysical Research: Solid Earth, 105(B3): 5735~5770.

Law R D, Searle M P, Godin L. 2006. Channel Cow, ductile extrusion and exhumation in continental collision zones. Geological Society of London Special Publication, 268: 1~613.

Le Fort P. 1996. Evolution of the Himalaya, in the Tectonics of Asia. Scha Cambridge University Press, New York, 95~106.

Lee J Hacker B R, Dinklage W S, Wang Y, et al. 2000. Evolution of the Kangmar Dome, southern Tibet: Structural, petrologic, and thermochronologic constraints. Tectonics, 19(5): 872~895.

Leuchs K. 1913. Beiträge zur Geologie des. westlichen Kwenlun und Westtibets, nach Zugmayers Beobachtungen. Zeitschrift der Deutschen Geologischen Gesellschaft, 173~185.

Leuchs K. 1916. Handbuch der regionalen Geologie(Vol. 5). C. Winter.

Li G, Liu X, Pullen A, et al. 2010. In-situ detrital zircon geochronology and Hf isotopic analyses from Upper Triassic Tethys sequence strata. Earth and Planetary Science Letters, 297(3): 461~470.

Liu Y, Siebel W, Massonne H J, et al. 2007a. Geochronological and petrological constraints for tectonic evolution of the central Greater Himalayan Sequencein the Kharta area, southern Tibet. Journal of Geology, 115: 215~230.

Liu Y, Yang Z, Wang M. 2007b. History of zircon growth in a high-pressure granulite within the eastern Himalayan syntaxis, and tectonic implications. International Geology Review, 49: 861~872.

Medlicott H B. 1864. On the geological structure and relations of the southern portion of the Himalayan ranges between rivers Ganges and the Ravi. Memoirs Geological Survey of India, 3(2): 122.

Middlemiss C S. 1887. Physical Geology of West British Garhwal with a Note on a Route Traverse through Jaunsar, Barwar and Tiri Garhwal. Records of the Geological Survey of India, 20: 26~40.

Middlemiss C S. 1910. The Kangra Earthquake of 4th April, 1905. Memoirs Geological Survey of India, 38: 1~409.

Molnar P, England P, Martinod J. 1993. Mantle dynamics, the uplift of the Tibetan plateau, and the Indian monsoon. Reviews of Geophysics, 31: 357~396.

Murphy M A, Yin A. 2003. Structural evolution and sequence of thrusting in the Tethyan fold-thrust belt and Indus-Yalu suture zone, southwest Tibet. Geological Society of America Bulletin, 115: 21~34.

Nelson K D, Zhao W J, Brown L D, et al. 1996. Partially molten middle crust beneath southern Tibet: synthesis of project INDEPTH result. Science, 274(5293): 1684~1688.

Norin E. 1946. Geological exploration in western Tibet: Report on Sino-Swedish expedition, Stockholm, Sweden. Sweden Aktiebolaget Thule, 29: 1~214.

Oldham T. 1883. A Catalogue of Indian Earthquakes from the Earlier Time to the End of A. D. 1869. Memoirs of the Geological Survey of India, 19: 163~215.

Pêcher A. 1989. The metamorphism in the Central Himalaya. Journal of Metamorphic Geology, 7: 31~41.

Pilgrim G E, West W D. 1928. The structure and correlation of the of the Simla rocks: Geological Survey of India Memoirs, 53.

Powell C M,Conaghan P J. 1975. Tectonic models of the Tibetan plateau. Geology, 3(12): 727~731.

Quidelleur X, Grove M, Lovera O M, et al. 1997. Thermal evolution and slip history of the Renbu Zedong Thrust, southeastern Tibet. Journal of Geophysical Research, 102(B2): 2659~2679.

Ramstein G, Fluteau F, Besse J, et al. 1997. Effect of orogeny, plate motion and land-sea distribution on Eurasian climate change over the past 30 million years. Nature, 386(6627): 788~795.

Ratschbacher L, Frisch W, Liu G, et al. 1994. Distributed deformation in southern and western Tibet during and after the India-Asia collision. Journal of Geophysical Research, 99: 19817~19945.

Royden L H. 1996. Coupling and decoupling of crust and mantle in convergent orogens: Implications for strain partitioning in the crust. Journal Geophysics Research, 101: 17679~17705.

Royden L H, Burchfiel B C, King R W, et al. 1997. Surface deformation and lower crustal flow in eastern Tibet. Science. 276: 788~90.

Schärer U, Xu R, Allègre C J. 1986. U(Th)Pb systematics and ages of Himalayan leucogranites, South Tibet. Earth and Planetary Science Letters, 77(1): 35~48.

Searle M P, Szulc A G. 2005. Channel flow and ductile extrusion of the high Himalayan slab-the Kangchenjunga-Darjeeling profile, Sikkim Himalaya. Journal of Asian Earth Sciences, 25: 173~185.

Searle M P, et al. 2008. Defining the Himalayan Main Central Thrust in Nepal. Journal of the Geological Society, 165: 523~534.

Sengör A M C, Natal'in B A. 1996. Paleotectonics of Asia: Fragments of a synthesis. In the Tectonics of Asia, ed. A Yin, TM Harrison, 486~640. New York: Cambridge Univ. Press.

Shen F, Royden L H, Burchfiel B C. 2001. Large-scale crustal deformation of the Tibetan Plateau. Journal of Geophysical Research: Solid Earth, 106(B4): 6793~6816.

Stoliczka F. 1865. Geological Sections Across the Himalayan Mountains, from Wang-Tu-Bridge on the River Sutlej to Sungdo on the Indus: With an Account of the Formations in Spiti: Accompanied by a Revision of All Known Fossils from that District. Memoirs of the Geological Survey of India, 5(1): 172.

Suess E. 1888. DasAntlitz der Erder, Volume 2(English Translation by Sollas, 1906). Oxford: Clarendon Press, 1~254.

Suess E. 1901. DasAntlitz der Erde. Volume 3, part 1.

Suess E. 1909. DasAntlitz der Erde. Volume 3, part 2.

Suess E. 1911. La Face de la Terre (DasAntlitz der Erde). Tome iii, 2e partie. 8vo; pp. xii, 531~956.

Tapponnier P, Xu Z Q, Roger F, et al. 2001. Oblique stepwise rise and growth of the Tibet plateau. Science, 294: 1671~1677.

Thakur V C. 1980. Tectonics of the Central Crystallines of western Himalaya. Tectonophysics, 62(1): 141~154.

Uhlig V. 1903~1910. The fauna of the Spiti Shales. Palaeontologia Indica, 15, 4: 133~306.

Vannay J, Grasemann B. 1998. Inverted metamorphism in the High Himalaya of Himachal Pradesh(NW India): phase equilibria versus thermobarometry. Schweizerische Mineralogische und Petrographische Mitteilungen, 78: 107~132.

Vannay J C, Grasemann B. 2001. Himalayan inverted metamorphismand syn-convergence extension as a consequence of a general shearextrusion. Geological Magazine, 138(3): 253~276.

Wadia D N. 1928. Geology of the Poonch State(Kashmir) and adjacent portions of the Punjab. Memoirs Geological Survey of India, 51(2): 185~370.

Wang J, Hu X, Garzanti E, et al. 2013. Upper Oligocene-Lower Miocene Gangrinboche Conglomerate in the Xigaze Area, Southern Tibet: Implications for Himalayan Uplift and Paleo-Yarlung-Zangbo Initiation. The Journal of Geology, 121(4): 425~444.

Webb A A G, Schmitt A K, He D, et al. 2011. Structural and geochronological evidence for leading edge of the Greater Himalayan crystalline complex in the central Nepal Himalaya. Earth and Planetary Science Letters, 304: 483~495.

Webb A A G, Yin A, Harrison T M, et al. 2007. The leading edge of the Greater Himalayan Crystalline complex revealed in the NW Indian Himalaya: Implications for the evolution of the Himalayan orogen. Geology, 35(10): 955~958.

Wu C, Nelson K D, Wortman G, et al. 1998. Yadong cross structure and South Tibetan detachment in the east central Himalaya(898-908E). Tectonics, 17: 28~45.

Xu Ronghua, Urs Schärer, Claude J Allègre. 1985. Magmatism and Metamorphism in the Lhasa Block(Tibet): A Geochronological Study. The Journal of Geology 93(1): 41~57.

Xu Z Q, Wang Q, Li Z H, et al. 2016. Indo-Asian Collision: Tectonic Transition from Compression to Strike Slip. Acta Geologica Sinica, 90(1): 1~23(In Chinese with English abstract).

Yin A. 2006. Cenozoic tectonic evolution of the Himalayan orogen as constrained by along-strike variation of structural geometry, exhumation history, and foreland sedimentation. Earth-Science Reviews, 76: 1~131.

Yin A, Harrison T M. 2000. Geological evolution of the Himalayan Tuibetan orogen. Annual Review of Earth and Planetary Sciences, 28: 211~280.

Yin A, Harrison T, Murphy M. 1999. Tertiary deformation history of southeastern and southwestern Tibet during the Indo-Asian collision. Geological Society of America Bulletin, 111: 1644~1664.

Yin A, Parsons T, Thompson G A. 1993. Does magmatism influence low-angle normal faulting? Comment and Reply. Geology, 21(10): 956~958.

Zeitler P K, Chamberlain C P, Smith H A. 1993. Synchronous anatexis, metamorphism, and rapid denudation at Nanga Parbat(Pakistan Himalaya). Geology, 21(4): 347~350.

Zeng L S, Gao L E, Dong C Y, Tang S H. 2012. High-pressure melting of metapelite and the formation of Ca-rich granitic melts in the Namche Barwa Massif, southern Tibet. Gondwana Research, 21: 138~151.

Zhao W J, Nelson K D, Project INDEPTH Team. 1993. Deep seismic reflection evidence for continental underthrusting beneath southern Tibet. Nature, 366: 557~559.

第一篇

印度-亚洲大陆碰撞前夜：
新特提斯洋盆的开启及闭合

第一章　雅鲁藏布江蛇绿岩与新特提斯洋盆的演化

全球板块构造格局重建工作表明，潘吉亚（Pangea）超大陆在200 Ma时，由南半球的冈瓦纳大陆和北半球的劳亚大陆组成，整体呈“C”字形结构，外侧被泛大洋（Panthalassic Ocean）俯冲，内侧横亘着向东延伸的喇叭状海湾，被称为特提斯洋（Tethys Ocean）（Seton et al.，2012；Müller et al.，2016；Metcalfe，2021）（图1-1）。追踪古洋盆的开启和闭合时代，特提斯洋可分为原特提斯（Proto-Tethys，新元古代—志留纪）、古特提斯（Paleo-Tethys，中泥盆世—晚三叠世）、中特提斯（Mid-Tethys，中二叠世—晚白垩世）和新特提斯（Neo-Tethys，晚三叠世—始新世）洋盆（Metcalfe，2013，2017，2021）。当今欧亚大陆南缘的构造格局被认为是从冈瓦纳裂解的陆块经特提斯向北方劳亚大陆持续拼贴、增生和碰撞的结果（吴福元等，2020；Metcalfe，2021）。新特提斯缝合带西起非洲西北的博提克（Betic），经皮埃蒙特-利古里亚（Piemont-Ligurian）、地中海-中东、青藏高原抵达东南亚沿线，长约15000 km。主要出露的岩石单元包括土耳其南部安塔基亚推覆体和塞浦路斯蛇绿岩、中东阿拉伯周边蛇绿岩和阿曼塞迈尔蛇绿岩、巴基斯坦西部蛇绿岩及弧岩浆岩（贝拉蛇绿岩和瓦济里斯坦蛇绿岩）、喜马拉雅西部印度河蛇绿岩和科希斯坦-拉达克弧、雅鲁藏布江蛇绿岩和弧前盆地沉积、安达曼群岛-苏门答腊蛇绿岩和岩浆弧（沃伊拉弧）等，这些近东西向弧形分布的地质体标志着新特提斯洋盆的闭合位置（Bouilhol et al.，2013；Şengör et al.，2014；Dilek et al.，2011）。

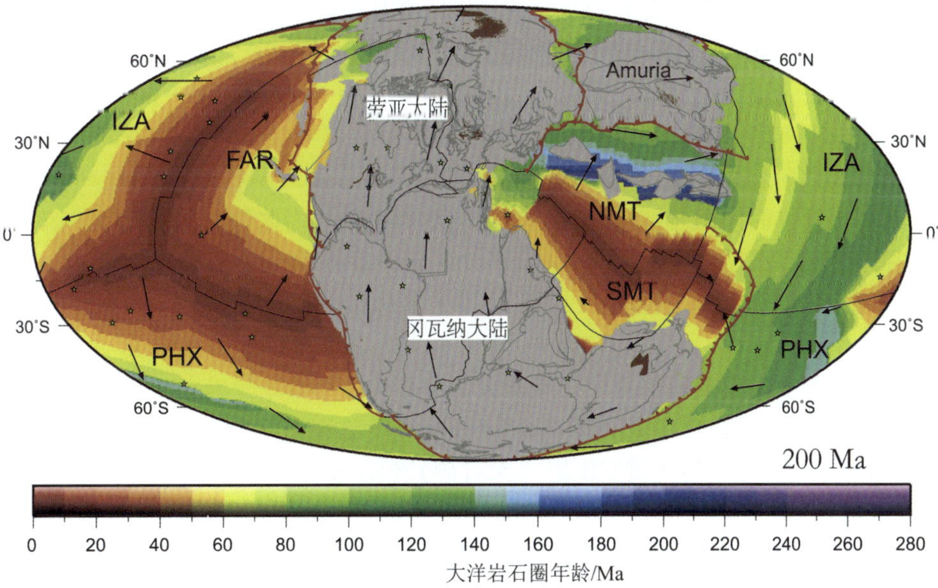

图1-1　200 Ma时期全球板块构造格局

（据Seton et al.，2012）

IZA—Izanagi板块；PHX—Phoenix板块；FAR—Farallon板块；Amuria—Amuria板块；NMT—北中特提斯洋；SMT—南中特提斯洋

青藏高原由多个地体组成，自北向南分布的阿尼玛卿-昆仑、金沙江、班公-怒江和雅鲁藏布江等缝合带将高原分成昆仑-祁连、松潘-甘孜、羌塘和拉萨等地体（Pan et al.，2012）。雅鲁藏布江缝合带分布在拉萨地体南缘冈底斯岩浆弧和印度被动大陆北缘的特提斯喜马拉雅地体之间，以北侧冈底斯逆冲断层（Gangdese Thrust，GT）和南侧大反转逆冲断层为界，是青藏高原最年轻的缝合带，代表了新特提斯洋闭合之后印度-欧亚大陆的俯冲-碰撞界线（Tapponnier et al.，1981；Allégre et al.，1984）。

雅鲁藏布江蛇绿岩带产在新特提斯洋缝合带的中段，又称为印度河-雅鲁藏布江缝合带。自20世纪80年代以来，国内外学者对该蛇绿岩带开展了大量的研究，这些研究主要聚焦蛇绿岩形成的构造环境、形成时代和演化历史，旨在揭示蛇绿岩与新特提斯洋之间的关系（Pearce et al.，1988；Wang et al.，2000；Aitchison et al.，2003；Miller et al.，2003；Dai et al.，2013；刘飞等，2018；Guilmette et al.，2012；Hébert et al.，2012；Corfield et al.，2016）。另有一些研究揭示了蛇绿岩构造样式、壳幔属性、岩浆过程和成矿作用，试图还原现代大洋岩石圈演化的动力学过程（Nicolas et al.，1981；Girardeau et al.，1985a，1985b；Göpel et al.，1984；Liu et al.，2020；Zhang et al.，2020）。近年来，该地区地幔橄榄岩和铬铁矿中陆续发现多种高压矿物和壳源矿物，使得越来越多的学者开始关注新特提斯洋演化过程中岩石圈的深部动力学过程（杨经绥等，2013；Xu et al.，2009；Yamamoto et al.，2009；Robinson et al.，2015；Das et al.，2017；Griffin et al.，2016）。

本章主要总结雅鲁藏布江蛇绿岩的空间展布、岩石组合和年代学研究，揭示印度-欧亚大陆碰撞前新特提斯洋盆的演化历史，结合蛇绿岩地幔橄榄岩和铬铁矿中金刚石等深部矿物的特征，以及藏南新特提斯洋形成的深部构造背景，为进一步探讨特提斯洋演化的深部动力学提供重要支撑。

第一节　雅鲁藏布江蛇绿岩的地质背景

雅鲁藏布江缝合带西与克什米尔的印度河缝合带相连，南接印度、缅甸之间的纳加山缝合带，是青藏高原最年轻的缝合带（Tapponnier et al.，1981；Allègre et al.，1984）。雅鲁藏布江缝合带及其两侧的地质单元自北向南依次为拉萨地体南缘的冈底斯岩浆弧、陆缘山前磨拉石、弧前盆地、蛇绿岩与蛇绿混杂岩带、俯冲增生杂岩和印度大陆北缘的特提斯喜马拉雅单元（图1-2）（Burg et al.，1987；Ding et al.，2005；Xu et al.，2015）。

一、科希斯坦-拉达克-冈底斯岩浆弧

欧亚大陆南缘自西向东呈带状分布以花岗岩为主体的科希斯坦-拉达克-冈底斯岩浆弧，记录了早白垩世以来新特提斯洋北向俯冲到陆陆碰撞壮观的地质事件。岩浆弧整体轮廓呈向南凸出的弓形，由西向东分别在南迦帕尔巴特西构造结（Nanga Parbat Syntaxis）和南迦巴瓦东构造结（Namche Barwa Syntaxis）拐弯，呈近南北向延伸。东端经波密-察隅岩浆弧向南延伸至滇西-缅甸岩浆弧，西端对接喀喇昆仑地块（Karakoram）和印度大陆的科希斯坦（Kohistan）-拉达克（Ladakh）岩浆弧（图1-2）。冈底斯岩浆弧主要由晚三叠世—始新世俯冲相关的钙碱性深成岩（Ji et al.，2009；Zhu et al.，2011）、早-中侏罗世镁铁质和长英质火山碎屑岩（叶巴组）（Dong et al.，2006；Zhu et al.，2009）、晚侏罗世—早白垩世埃达克质安山岩（桑日群）（Kang et al.，2014）和白垩纪—新近纪林子宗火山岩组成（Mo et al.，2008；Lee et al.，2009）。已有资料表明，冈底斯岩浆弧为安第斯型大陆边缘弧，经历了与晚三叠世以来新特提斯洋闭合有关的多期岩浆作用（205~152 Ma，109~80 Ma，65~41 Ma和33~13 Ma）（Ji et al.，2009），除此之外，还识别出174~156 Ma、132~120 Ma和90~70 Ma为相对宁静的岩浆间歇期（Ji et al.，2009；Zhu et al.，2011；Kapp et al.，2019），被认为是新特提斯洋板块海沟不同时期向南跃迁的记录（Xiong et al.，2016；Kapp et al.，2019）。除上述构造单元外，拉萨地块南缘泽当镇附近还发育了晚侏罗世（160~155 Ma）的钙碱性岩浆，被称为泽当地体（Aitchison et al.，2000）。该地体位于雅鲁藏布江南岸，出露面积仅为25 km^2，与北侧渐新统—中新统罗布莎群砾岩和南侧雅鲁藏布江蛇绿岩均呈断层接触，出露岩石包括玄武岩、安山岩及少量埃达克质英安岩组成的火山岩和角闪石岩、辉长岩和花岗岩组成的深成岩（Aitchison et al.，2000；Aitchison

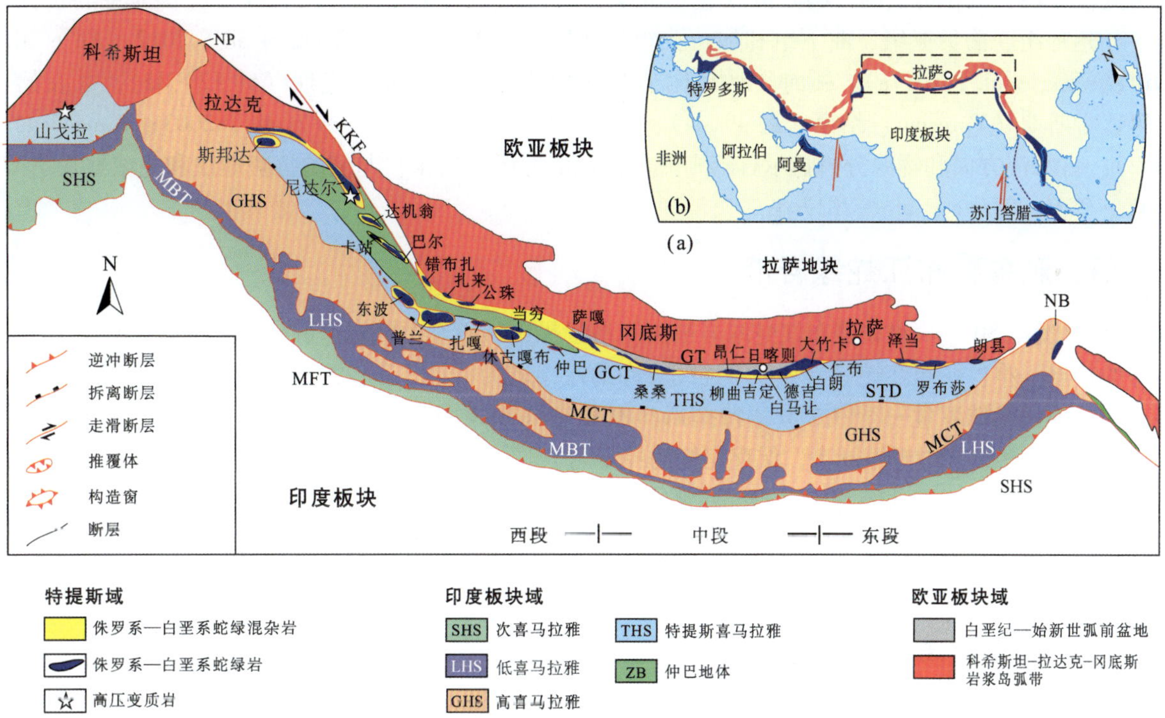

图 1-2　雅鲁藏布江缝合带构造单元划分（a）及其位置示意图（b）

（据刘飞等，2018，有修改）

KKF—喀喇昆仑断裂；NP—南迦帕尔巴特西构造结；NB—南迦巴瓦东构造结；GT—冈底斯逆冲断层；GCT—大反转逆冲断层；STD—藏南拆离系；MCT—主中央逆冲断层；MBT—主边界逆冲断层；MFT—主前锋逆冲断层

et al.，2007；Zhang et al.，2014）。早期研究认为其是新特提斯洋洋内弧的残余（Aitchison et al.，2000，2011）。但最近研究显示泽当地体火山岩的地球化学特征与拉萨地块叶巴组类似，可能代表了拉萨地块南缘的岩浆作用（Zhang et al.，2014；Hu et al.，2016；Kapp et al.，2019）。

二、陆缘山前磨拉石建造

沿雅鲁藏布江缝合带出露了两套时代不同的陆缘山前磨拉石建造。一套是覆盖在蛇绿岩和增生杂岩之上的古新世—始新世砾岩，称为柳曲砾岩（Aitchison et al.，2000，2011）。角砾的成分包括源自冈底斯岩基、日喀则弧前盆地、蛇绿岩、俯冲杂岩和特提斯喜马拉雅地层的石英砂岩、岩屑砂岩、板岩、放射虫硅质岩、玄武岩、辉长岩和蛇纹岩（Davis et al.，2002；Wang et al.，2010）。另一套是冈底斯南缘的渐新世—中新世磨拉石建造。这套砾岩在不同地区有不同的称谓，自西向东分别被称为冈仁波齐砾岩（冈仁波齐组）、恰布林组、秋乌砾岩（秋乌组）、大竹卡砾岩（大竹卡组）和罗布莎砾岩（罗布莎群）（Aitchison et al.，2002）。主要岩性为紫红色、灰色砾岩、砂岩夹粉砂岩和泥岩，局部可见凝灰岩夹层。沉积物源包括冈底斯岩基（下部）和喜马拉雅造山带物质（上部）（Aitchison et al.，2002；Wang et al.，2013）。

三、日喀则弧前盆地

晚白垩世—始新世的日喀则弧前盆地沉积序列为近东西走向的复式向斜。盆地主体位于日喀则市，往东延伸至仁布地区，向西延伸至仲巴地区，长约 550 km，南北最宽处达 20~22 km（图 1-2）。盆地南侧与雅鲁藏布江蛇绿岩带呈沉积接触关系，北侧与冈底斯岩浆弧呈断层接触（王成善等，1999；王建刚，2011），从南至北的沉积相由远洋沉积和深海浊积岩组成的向上变浅序列逐渐转变为滨海大陆架和陆相沉积（Wang et al.，2012；An et al.，2014；Wang et al.，2017a），自底部向上依次出露以复理石沉积为主的日喀则群（包括冲堆组、昂仁组和桑珠岗组）和浅海沉积为主的错江顶群（帕达那组、曲贝亚组、曲下组和加拉孜组）（Wu et al.，2010；Wang et al.，2012；An et al.，2014；Wang et al.，2017a）。弧前盆地始于白垩纪阿普第期（Aptian）晚期（约 120 Ma），并在始新世伊普雷斯期（Ypresian）结束（约 49 Ma），持续时间约 71 Ma（Ziabrev et al.，2003；Wang et al.，2012）。古水流方向和物源分析显示日喀则弧前盆地的源区主要来自北侧的拉萨地块和羌塘地块（Wu et al.，2010；Wang et al.，2017a）。

四、雅鲁藏布江蛇绿岩带

自 20 世纪 80 年代雅鲁藏布江蛇绿岩被国际地学界确认以来，蛇绿岩的研究和成因探讨一直是国内外的热点。雅鲁藏布江蛇绿岩带以不连续分布的蛇绿岩为特征，不仅规模巨大，而且所赋存岩体众多，被认为是晚侏罗世—早白垩世新特提斯洋的残迹（图 1-2）（Aitchison et al.，2000；Hébert et al.，2012）。有的岩块规模巨大，保存完好的蛇绿岩岩层序（如日喀则蛇绿岩），有的认为是逆冲的飞来峰就位在印度大陆北缘深水沉积层序上（如东波蛇绿岩），有的在造山作用下蛇绿岩层序发生倒转（如罗布莎蛇绿岩），也有的被强烈肢解，呈串珠状构造透镜体断续分布在俯冲增生杂岩内（如仲巴蛇绿岩）（Gansser，1980；Xu et al.，2015）。详见本章第二节。

五、俯冲增生杂岩

藏南俯冲增生杂岩以乃东-曲松-白露逆冲断层（大反转逆冲断层）为北界，仁布-张达-隆子逆冲断层为南界，东边被藏南拆离系的错那-米林断层围限（Li et al.，2010；Cai et al.，2016）。它们总体呈近东西向展布，西起拉孜，向东经白朗、仁布、贡嘎、曲松至米林，东西长约 400 km，由一套低绿片岩相浅变质类复理石浊积岩夹火山岩系组成，具有典型的“基质-岩块”构造（图 1-2）。不同的地区和文献中，对它们的表述各有不同，使用的名称包括白朗地体、沉积质混杂岩、野复理石、羊卓雍错混杂岩、仁布混杂岩、山南地体、修康混杂岩、洛林岩群、修康群或朗杰学群等（Metcalf et al.，2019）。根据地层岩石组合变化，Metcalf et al.（2019）将俯冲增生杂岩又细分为沉积时代逐渐年轻的 3 个次级单元：①白朗地体；②沉积质混杂岩；③海沟盆地。白朗地体与相邻构造单元均为断层接触，基质由带状分布的三叠纪—白垩纪含放射虫硅质岩和半远洋的泥页岩组成，岩块包括玄武岩、放射虫硅质岩和硅质泥页岩（Ziabrev et al.，2004）。根据沉积基质中泥页岩的比例，白朗地体可分为南北两个部分，北部以放射虫硅质岩和薄层硅质砂岩为主，向南构造变形逐渐增强，出露地层变为凝灰质泥页岩夹少量薄层硅质岩。典型的放射虫硅质岩主要出露于东哈、夏鲁、白朗和泽当地区，放射虫最早时代为三叠纪晚诺利期/瑞替期（227～201 Ma），最晚为白垩纪阿普第期（125～113 Ma）（Ziabrev et al.，2004）；沉积质混杂岩是一套由砂岩与泥页岩组成的浊积岩序列。它们以拉孜-邛多江-扎日断层为界，分为北部的朗杰学群和南部的涅如组两个沉积单元。朗杰学群夹于泽当-罗布莎-朗县蛇绿岩带和卡堆-玉门蛇绿混杂岩带之间，自西向东可分为宋热岩组、江雄组、杰德秀组和章村组。它们具有明显的“基质-岩块”构造。基质包含了三叠纪—古新世互层产出的砂岩、粉砂岩、板岩和千枚岩组合，其中，砂岩以中-薄层长石石英砂岩或岩屑石英砂岩为主，发育鲍马序列的块状层理、粒序层理、包卷层理、水平层理、平行层理，以及槽模和沟模构造。外来岩块为二叠纪纪—白垩纪的玄武岩、硅质岩和灰岩，其中，玄武质岩石类型包括 N-MORB、E-MORB 和 OIB（Zhu et al.，2009；Wang et al.，2017；Ao et al.，2018；Liu et al.，2019）。涅如组分布于朗杰学群南侧，由砂岩、粉砂岩、泥岩、泥质板岩和千枚岩组成。近年研究显示，涅如组成分、化石和物源与朗杰学群相近，可能是朗杰学群的一部分（Li et al.，2010；Li. et al.，2016；Cai et al.，2016；Zhang et al.，2016）。目前这套沉积质混杂岩的构造属性还存在很大的争议。Aitchison et al.（2000）将白朗地体理解为俯冲增生杂岩，将这套沉积质混杂岩理解为印度被动陆缘末端的变形域。但多数研究者认为，白朗地体和沉积质混杂岩是缝合带中的俯冲增生杂岩（Cai et al.，2012；Metcalf et al.，2017，2019；Wang et al.，2017），其物源可能包括印度板块（Liu et al.，1994；Cao et al.，2018）、拉萨地块（Li et al., 2010; Ao et al., 2018), 澳大利亚北部和新几内亚岛西部等 (Cai et al., 2016; Meng et al., 2019); 海沟盆地与沉积质混杂岩呈断层接触, 以具有滑塌堆积向上变粗的沉积序列 (远洋沉积-粉砂岩及半远洋泥岩-浊积岩) 为特征, 出露的岩石类型包括硅质岩、硅质页岩、粉砂质和砂质浊积岩 (Metcalf et al., 2019; 胡修棉等, 2020)。目前缝合带中报道的海沟盆地包括晚白垩世新特提斯洋壳俯冲阶段形成的甲查拉组、荣马瓦组、罗岗错组和古近纪印度-亚洲大陆初始碰撞阶段形成的桑单林组—者雅组 (Cai et al., 2012; Wang et al., 2017b; An et al., 2018, 胡修棉等, 2020)。

六、特提斯喜马拉雅单元

特提斯喜马拉雅位于雅鲁藏布江缝合带以南, 南侧沿藏南拆离系盖在高喜马拉雅之上, 由元古宙—始新世碎屑岩和碳酸盐岩以及二叠纪、三叠纪和早白垩世岩浆岩组成, 是印度大陆北缘的组成部分 (图 1-2) (Hodges, 2000; Martin, 2017; Goscombe et al., 2018)。该单元以定日-定结-岗巴大断裂 (又称吉隆-康马断裂) 为界, 分为南北两个亚带, 北亚带以发育中生代—古近纪外陆棚、陆坡和陆隆相碎屑岩为特征, 南亚带则由元古宙—始新世的碳酸盐岩和碎屑岩组成 (Liu et al., 1994)。地层至少记录了早二叠世和晚侏罗世—早白垩世 (147~130 Ma) 两期板内岩浆活动, 分别对应新特提斯洋的打开和措美-班伯里大火成岩省喷发的时限 (Garzanti et al., 1999; Zhu et al., 2010; Huang et al., 2018; Zhu et al., 2008; Zhu et al., 2009)。

第二节　雅鲁藏布江蛇绿岩特征

雅鲁藏布江缝合带西连克什米尔南部拉达克地区的印度河缝合带, 向东依次沿着札达、普兰、仲巴、萨嘎、日喀则、乃东、加查和米林等地区出露, 经喜马拉雅东构造结——南迦巴瓦构造结 (Nanga Barwa syntaxis) 向南延伸到印度、缅甸之间的纳加山缝合带 (Naga suture), 全长约 2000 km, 是印度河-雅鲁藏布江缝合带的重要组成。考虑到印度河-雅鲁藏布江蛇绿岩和蛇绿混杂岩岩石组合和构造样式的多样性, 为便于读者了解雅鲁藏布江蛇绿岩带的全貌, 本章除了介绍雅鲁藏布江蛇绿岩带的展布和岩石单元特征, 还对该带西延的印度河缝合带和东延的纳加山缝合带的蛇绿岩予以概括介绍。

一、印度河缝合带蛇绿岩

位于雅鲁藏布江缝合带西延的印度河缝合带, 标志着欧亚大陆喀喇昆仑地块和印度大陆之间的缝合界线。在巴基斯坦地区, 两大板块被南侧印度河缝合带和北侧的什约克缝合带围限的科希斯坦-拉达克岩浆弧阻隔 (Jagoutz et al., 2019)。印度河缝合带蛇绿岩呈线状出露于科希斯坦-拉达克弧之南麓, 构造上属于中生代新特提斯蛇绿岩 (Moores et al., 2000)。它们包括西喜马拉雅构造结以西巴基斯坦北部的德尔盖 (Dargai)、山戈拉-明戈拉 (Shangla-Mingora)、吉加 (Jijal)、斯巴特 (Sapat), 西构造结以东的印度查谟, 克什米尔的德拉斯 (Dras)、斯邦达 (Spontang) 和尼达尔-卡佐格蛇绿岩 (Nidar-Karzog) (Mahéo et al., 2004; Arif et al., 2006; Hébert et al., 2012)。在这些岩体中尤其以科希斯坦南麓的吉加和斯巴特蛇绿岩, 以及拉达克喜马拉雅的斯邦达和尼达尔蛇绿岩最具代表性, 研究程度也相对较高 (Bouilhol et al., 2009; Burg, 2011; Jan et al., 1993; Bouilhol et al., 2009, Bouilhol et al., 2015; Corfield et al., 2016)。

吉加和斯巴特蛇绿岩由底部超基性-基性岩杂岩和上覆的地壳岩石组成, 两者的接触部位被认为是莫霍面 (图 1-3) (Burg et al., 1998; Dhuime et al., 2007; Jagoutz et al., 2011; Jan et al., 1981)。这两个岩体的地幔橄榄岩包含透镜状变质方辉橄榄岩、含铬铁矿的纯橄岩和单斜辉石岩 (Burg et al., 1998; Dhuime et al., 2007; Garrido et al., 2007; Jan et al., 1981; Ullah et al., 2020; Yamamoto et al., 1998), 但它们的地壳岩石却大相径庭。吉加岩体上部地壳岩石为麻粒岩相的石榴子石辉长岩、角闪岩和角闪辉长苏长岩, 是含水的镁铁质岩浆在高压条件下形成的堆晶岩, 代表了在科希斯坦弧的陆壳；而斯巴特岩体的地壳岩石为变质辉长岩和侵入其中的石英闪长岩-奥长花岗岩和单斜辉石岩，形成压力更低（700~800 MPa），代表了弧前洋壳（Bouilhol et al.，2009；Burg et al.，1998；Jan et al.，1993；Bouilhol et al.，2015）。

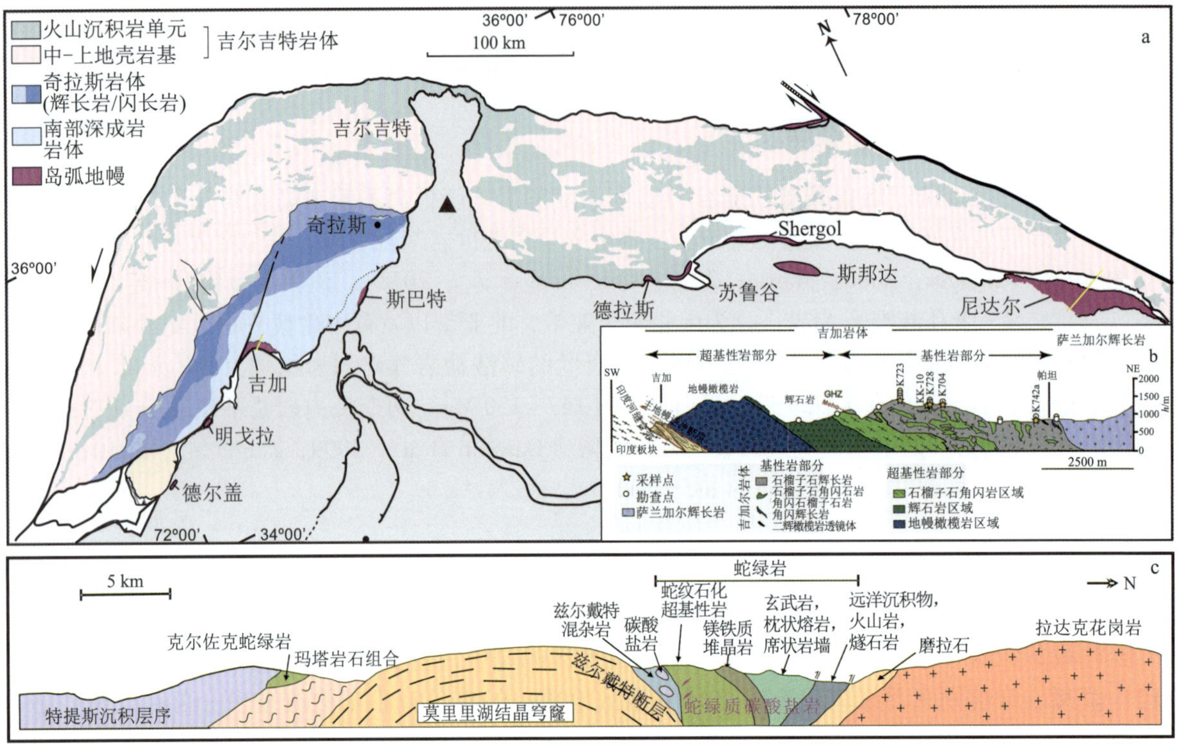

图 1-3　雅鲁藏布江西段印度河缝合带与科希斯坦-拉达克岩浆弧

（据 Ewing et al.，2018，有修改）

斯邦达蛇绿岩具有完整的层序，自下而上包括地幔橄榄岩、辉长岩和超镁铁质堆晶岩、块状辉长岩，高度变形的席状岩墙群，上覆的枕状熔岩和少量斜长花岗岩（Maheo et al.，2004；Chatterjee et al.，2013；Corfield et al.，2001）（图 1-4）。尤为难得的是，莫霍面呈水平状产在上部的辉长岩与下部的超镁铁质堆晶岩及地幔橄榄岩之间（Corfield et al.，2001）。斯邦达蛇绿岩壳层岩石兼具洋中脊玄武岩（mid-ocean ridge basalt，MORB）和岛弧亲缘性，被认为形成于洋内俯冲带（Hébert et al.，2012）。尼达尔蛇绿岩的洋壳由枕状玄武岩、席状岩墙群和基性堆晶岩组成，厚度约 3 km，洋壳顶部沉积岩由海相转为陆相，时代由白垩纪至始新世。岩石地球化学证据表明蛇绿岩形成于洋中脊构造背景下（Das et al.，2015；Das et al.，2017；Das et al.，2020）。辉长岩的 Sm-Nd 同位素定年获得 140±32 Ma 的等时线年龄，认为其代表印度蛇绿岩的时代（Ahmad et al.，2008）。厚度约 7 km 的超镁铁质地幔岩，包括了 100~200 m 厚的含铬铁矿纯橄岩和方辉橄榄岩（图 1-4a、c），其中有辉长岩和辉绿岩的侵入体。方辉橄榄岩中发现了金刚石和柯石英等超高压（ultrahigh-pressure，UHP）矿物，以及矿物的出溶结构和包裹体等深部矿物特征，认为它们形成于地幔过渡带深度（410~660 km），被快速返回到浅部地幔（Das et al.，2015，2017）。

二、雅鲁藏布江蛇绿岩

根据雅鲁藏布江缝合带的蛇绿岩空间分布特征，可将其分为三段：西段从萨嘎以西至中印边境，中段从昂仁到仁布，东段由曲水到墨脱（潘桂棠等，1997）。

1. 雅鲁藏布江缝合带西段蛇绿岩

雅鲁藏布江缝合带西段在地理上可分为南北两条亚带，北亚带称为达机翁-萨嘎蛇绿岩带，南亚

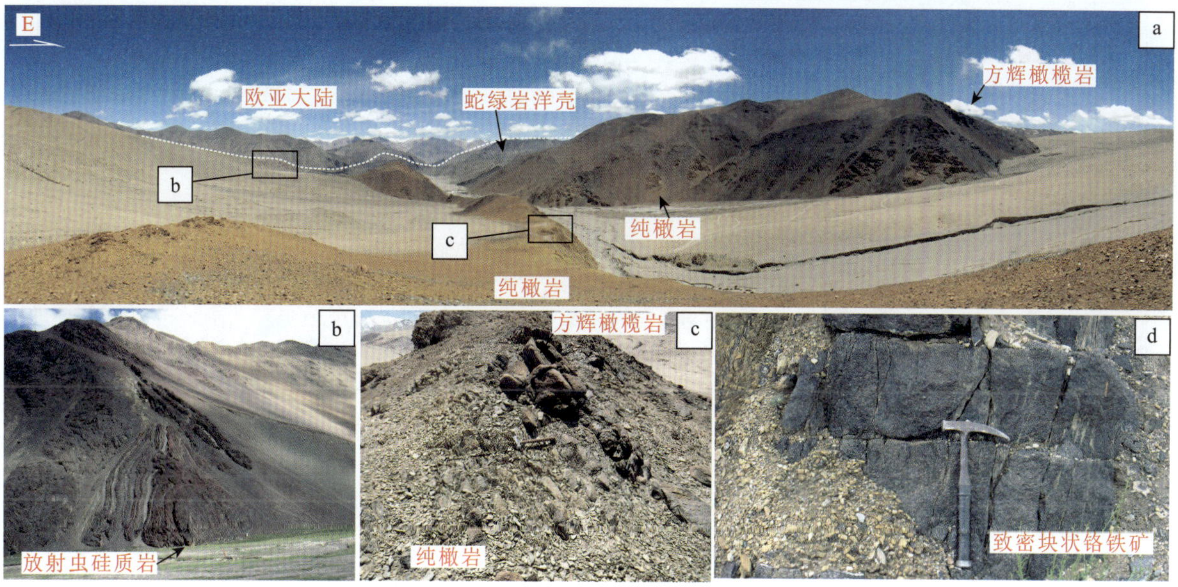

图 1-4　印度河缝合带蛇绿岩组合
（据 Das et al.，2015，2017）

带为达巴-休古嘎布蛇绿岩带，南、北亚带之间被宽约 60 km 呈北北西向展布的震旦纪—寒武纪札达-仲巴微陆块分隔。

北亚带蛇绿岩带西起达机翁、巴尔，沿冈仁波齐南坡向东经马攸木延至萨嘎一带，东西长约 420 km，南北宽约 15 km（刘飞等，2015；Liu et al.，2018），蛇绿岩北侧为冈底斯岩浆弧，两者之间被冈仁波齐砾岩覆盖；南侧与札达-仲巴微地体呈断层接触（Liu et al.，2015）。自西向东依次为达机翁（Dajiweng）、卡站-巴尔（Kazhan-Baer）、错布扎-加纳崩（Cuobuzha-Jianabeng）、扎来（Zhalai）和萨嘎（Saga）等岩体（图 1-5）。这些呈北西—北西西向展布的长条状蛇绿岩链出露于阿依拉山南倾的逆冲断裂上盘。与南亚带相比，北亚带蛇绿岩体面积普遍较小，通常为几十平方千米至近百平方千米，仅扎来蛇绿岩和萨嘎蛇绿岩面积超过 100 km^2。蛇绿岩主要由蛇纹石化橄榄岩，少量的辉长岩、辉绿岩墙以及玄武岩组成（图 1-6a~d），中生代以来的多期构造事件将这些蛇绿岩肢解成条带状断续分布的构造岩片，导致蛇绿岩内部彼此的接触关系并不清楚（Bezard et al.，2011；李源等，2011；Liu et al.，2015；Lian et al.，2016）。研究显示，北亚带铬铁矿规模较少，仅在达机翁、巴尔、日康巴和错布扎蛇绿岩体中发现铬铁矿矿化点（图 1-6e、f；连东洋等，2015；赵慧，2018）。北亚带的地幔橄榄岩经历了不同程度的熔体抽取和熔岩反应过程，具有 U 型 REE 配分型态，豆荚状铬铁矿为高铬型，洋壳岩石以拉斑玄武质岩石为主，全岩富集 LILE，亏损 HFSE 和轻稀土元素（light rare earth elements，LREE）（李源等，2012；冯光英等，2015；Lian et al.，2016，2017b；Feng et al.，2018；刘飞等，2015；Liu et al.，2018；Zhong et al.，2019）。

雅鲁藏布江缝合带西段的南亚带蛇绿岩带西起札达县达巴乡，经普兰达拉昂错至仲巴县休古嘎布，自西而东出露有东波、普兰、公珠错、当穷和休古嘎布等蛇绿岩体（图 1-5；Bezard et al.，2011；Xu et al.，2011；Yang et al.，2011）。其南侧与晚三叠世—白垩纪的海相沉积呈断层接触（图 1-7a），北侧被新近纪—第四纪的沉积岩覆盖（Xu et al.，2006；Hodges，2000；Searle et al.，1988）。蛇绿岩以地幔橄榄岩为主，大规模的堆晶岩出露较少，少量的辉石岩、辉长岩和辉绿岩呈岩脉侵入地幔橄榄岩和上覆的玄武岩中（图 1-7；Bezard et al.，2011；Chen et al.，2019；Zhong et al.，2019）。地幔橄榄岩兼具深海橄榄岩和弧前橄榄岩的特征，并且同时存在高铬和高铝型铬铁矿（图 1-7h、i），由于多种深部矿物和壳源矿物以及石榴子石后成合晶现象的发现，指示南亚带的地幔橄榄岩和铬铁矿经历了深部过程（熊发挥，2013；周文达等，2014；Guo et al.，2016；Xiong et al.，2020；Gong et

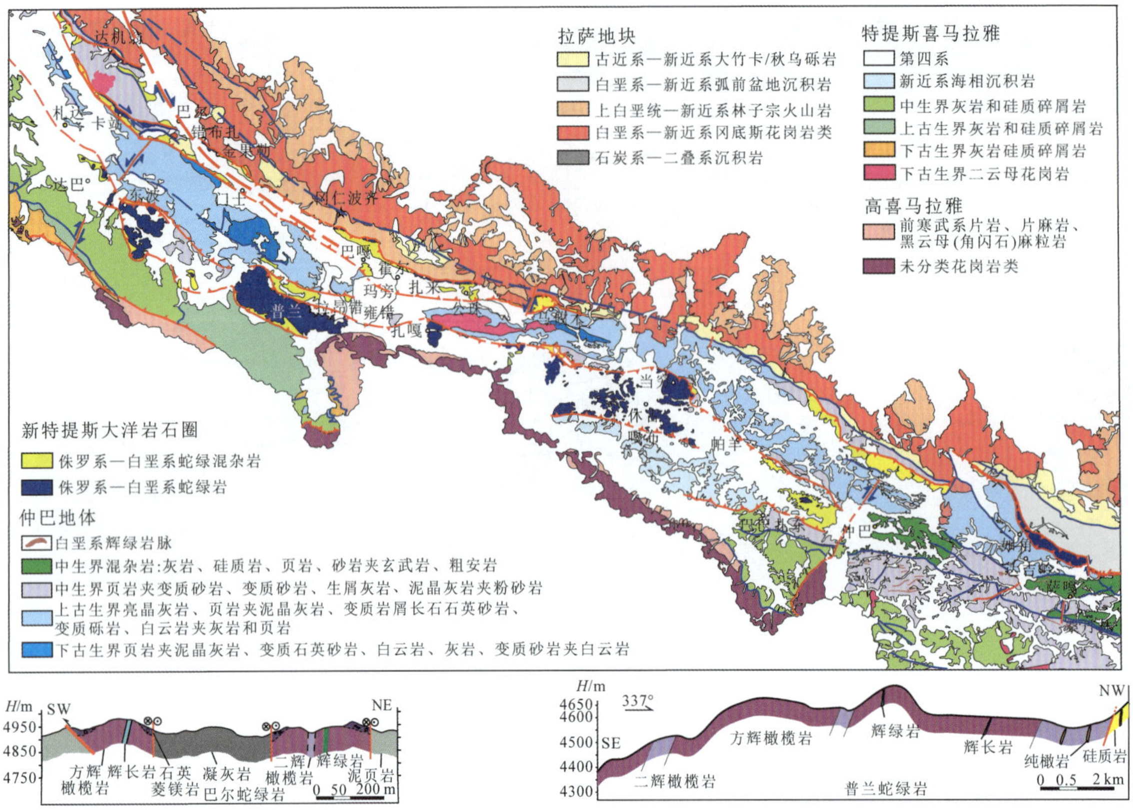

图 1-5 雅鲁藏布江缝合带西段蛇绿岩

（据 Liu et al.，2021）

图 1-6 雅鲁藏布江缝合带西段北亚带达机翁蛇绿岩

al.，2016，2020；Xu et al.，2018）。

蛇绿岩洋壳单元的岩石以拉斑质岩石为主，具有 LILE 正异常以及 HFSE 和 LEE 负异常（Liu et al.，2015；Xiong et al.，2020），少量为具有 U 型 REE 配分曲线的辉长苏长岩，但有的学者认为它们是沿拆离断层海水下渗导致方辉橄榄岩重熔所致（Liu et al.，2014）。

以上不难看出，虽然南、北亚带蛇绿岩在构造样式上存在诸多差异，但是它们岩石地球化学特征

图 1-7　雅鲁藏布江缝合带西段南亚带东波和普兰蛇绿岩岩石组合

和形成时代大抵相近。早期的研究发现札达-仲巴微地体具有大体中间老、两侧新的特征，将其视为构造属性未明的陆块（徐德明等，2007；Dai et al.，2012；李祥辉等，2014）。碎屑锆石和构造研究表明札达-仲巴微陆块由震旦系—白垩系组成，一些人认为它们并非是独立的陆块，而可能是特提斯喜马拉雅地层的一部分（Xu et al.，2015；孙高远等，2012）。考虑到雅鲁藏布江缝合带西段南北两带蛇绿岩之间存在的诸多共性，认为它们的起源可能一致，地理位置以及产状方面的差异可能是受到构造侵位的影响，认为南亚带的东波和普兰蛇绿岩体呈等轴状飞来峰产出，北亚带可能为其根部（Xu et al.，2015），札达-仲巴微地体的构造归属仍需开展更详尽的工作加以约束。

2. 雅鲁藏布江缝合带中段蛇绿岩

雅鲁藏布江缝合带中段蛇绿岩北侧被弧前盆地的复理石（日喀则群）整合覆盖或呈断层接触（Liu et al.，2012；Wang et al.，2012；An et al.，2014；Wang et al.，2017），南侧仰冲在上侏罗统—下白垩统的增生杂岩（嘎学群）之上，局部地区被碰撞后形成的山前磨拉石建造（柳区砾岩）不整合覆盖（Aitchison et al.，2000）（图 1-8）。蛇绿岩西起仲巴县北罗波峰，东至曲水县一带，全长近 700 km，出露面积达 2700 km^2。该地区岩体众多，规模巨大，岩石新鲜，保存完好，自下而上依次出露蛇纹石化的地幔橄榄岩、辉长岩、辉绿岩床和玄武岩（图 1-9）。与典型的彭罗斯型蛇绿岩相比，中段蛇绿岩具有相对较厚的地幔橄榄岩和较薄的洋壳，缺乏辉长岩层和辉绿岩墙群（Nicolas et al.，1981；Girardeau et al.，1985a）。

地幔橄榄岩以含单斜辉石的方辉橄榄岩为主，少量的二辉橄榄岩和纯橄岩以不规则的斑块状或脉状出现在寄主岩石中（图 1-9g、h），它们的端元组分存在很大的不均性，基本覆盖了弧前橄榄岩和深海橄榄岩，并且局部包含难熔的古老的大陆岩石圈地幔属性（Xiong et al.，2017；Zhang et al.，2017；Liu et al.，2019；Xu et al.，2021）。蛇绿岩核部的地幔橄榄岩通常比较新鲜，边部由变辉长岩、异剥钙榴岩透镜和片理化蛇纹岩基质构成的糜棱岩化蛇纹岩带，被认为是与大西洋中脊大洋核杂

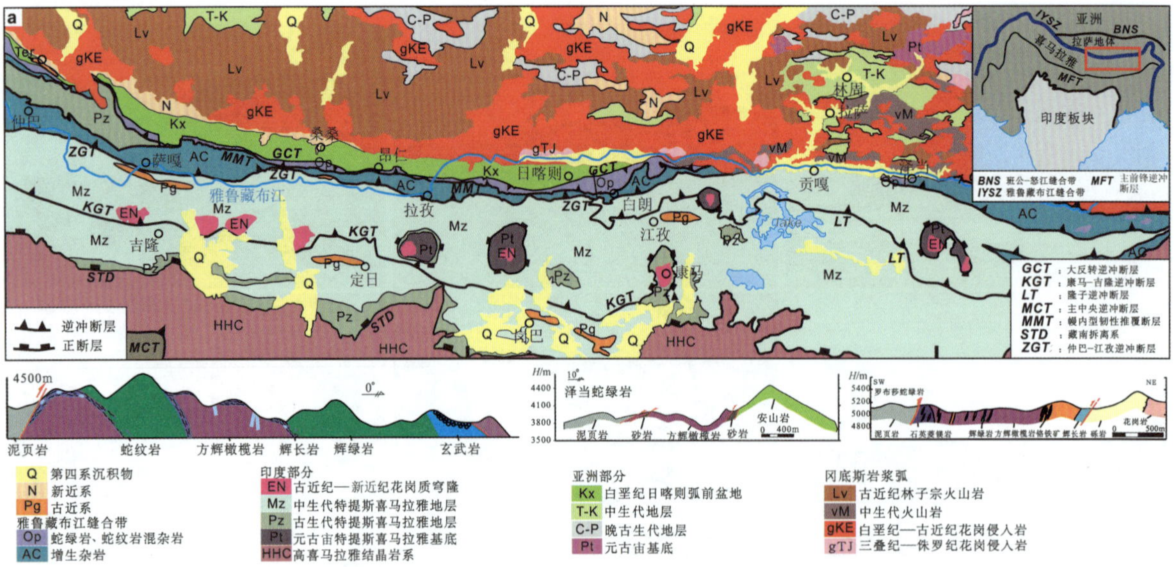

图 1-8　雅鲁藏布江缝合带中-东段蛇绿岩及相邻构造单元

（据 Wang et al.，2018，有修改）

岩拆离断层相似的脆-韧性剪切带（图 1-8b；Li et al.，2020）。豆荚状铬铁矿的出露相对较少，目前见于报道的矿化点或矿体包括日喀则、仁布的高铬型铬铁矿（图 1-9i、j；Xiong et al.，2017；杨胜标等，2021）和大竹曲高铝型铬铁矿（佘宇伟等，2018）。

中段蛇绿岩的洋壳序列主要包含辉绿岩床或岩墙和玄武质熔岩（图 1-9b～d）。岩床产状与上覆的玄武岩平行，是洋壳单元的主体。它们侵入强变形的糜棱岩化蛇纹岩带而自身没有受到太多的改造，指示其侵位时代很可能晚于糜棱岩化蛇纹岩带的活动时间。中段蛇绿岩另一个典型特征表现为少量的辉绿岩墙呈高角度切穿了整个蛇绿岩层序，指示在辉绿岩墙侵入之前蛇绿岩主体可能已经随着拆离断层的活动剥露海底。顶部的玄武质熔岩主要出露在蛇绿岩最北侧，常常与巴列姆阶—阿普第阶晚期的含放射虫硅质岩互层或被整合覆盖（Ziabrev et al.，2003）。

Pozzi et al.（1984）曾对比日喀则蛇绿岩、弧前盆地复理石和拉萨地块南缘的古地磁数据，发现它们的古纬度相近（10°～20°N），最近高精度古地磁数据支持了 Pozzi et al.（1984）的结果（Huang et al.，2015）。弧前盆地复理石与蛇绿岩套呈沉积接触，两者具有时空连续性，碎屑锆石的物源主要来自北侧的拉萨地体，指示蛇绿岩为弧前盆地的基底（Wang et al.，2012，An et al.，2014；Huang et al.，2015；Wang et al.，2017c）。

3. 雅鲁藏布江缝合带东段蛇绿岩

雅鲁藏布江缝合带东段蛇绿岩自西向东依次出露在泽当、贡巴、岑巴、桑日、豹子沟、罗布莎、康金拉、朗县和东构造结等地。由于 GCT 的制约，蛇绿岩南侧被晚三叠世巨厚的俯冲增生杂岩（朗杰学群）所逆掩，北侧完全逆冲在晚侏罗世—早白垩世泽当弧地体（玄武岩、玄武安山岩、角砾岩、凝灰岩、硅质凝灰岩、英安岩、流纹岩、辉长岩和闪长岩）和渐新世—中新世的罗布莎砾岩之上。与缝合带中其他蛇绿岩一样，泽当和罗布莎蛇绿岩主要由地幔橄榄岩和侵入其中的辉石岩岩脉、辉长岩、辉绿岩脉组成（图 1-10）。泽当蛇绿岩的辉长辉绿岩、玄武质熔岩和深海沉积物，主要出露在蛇绿岩的南缘。罗布莎的镁铁质岩体却呈南倾出露在橄榄岩的北侧，被认为是堆晶岩的辉长岩和厚层纯橄岩在构造上位于地幔橄榄岩之下，这种现象在豹子沟岩体尤为明显，因而蛇绿岩被认为向北倒转的南倾推覆体（王希斌等，1987；白文吉等，2001；Yamamoto et al.，2007；梁凤华等，2011），堆晶岩倒转在地幔橄榄岩之上并为罗布莎蛇绿岩科学钻探所证实（Xu et al.，2015）。但是，最近的研究认为这些堆晶岩仍然是侵入到橄榄岩中的辉长-辉绿岩体，罗布莎蛇绿岩并未发生倒转（吴福元等，2014）。

图 1-9 雅鲁藏布江缝合带中段日喀则周边蛇绿岩组合

这些蛇绿岩洋壳岩石具有拉斑玄武岩的成分，亏损 LREE，这与典型的 N-MORB 一致，但它们富集 LILE（Ba，U，Sr，Pb），亏损 HFSE（Nb、Ta 和 Ti）的特征却显著区别于 N-MORB，而与俯冲带环境的弧前玄武岩或弧后盆地玄武岩相近（Hébert et al.，2012；Bao et al.，2014；Chan et al.，2015；Xiong et al.，2016）。

地幔橄榄岩的矿物及化学成分变化介于深海橄榄岩和弧前橄榄岩之间，全岩富集 LILEs 和 U 型 REE 曲线的特征与俯冲带弧前橄榄岩或弧后橄榄岩相似，也明显区别于洋中脊环境的深海橄榄岩（Xu et al.，2011；Xiong et al.，2015，2017a、b；Li et al.，2017；Lai et al.，2017；Xiong et al.，2018；Xiong et al.，2020；Zhao et al.，2021）。此外，多数豆荚状铬铁矿也具有俯冲带的地球化学印记（Zhou et al.，1996，2014；Zhao et al.，2020；Xiong et al.，2015，2017a、b；2018；2020；Su et al.，2019；Zhang et al.，2019b），这些特征均指示蛇绿岩可能受到了起源于俯冲带环境流体的改造。

图 1-10 雅鲁藏布江缝合带东段罗布莎蛇绿岩组合

值得注意的是，罗布莎蛇绿岩出露了我国最大的豆荚状铬铁矿矿床，并且岩体中发现了多种异常矿物和新矿物，引发新的科学问题，相关内容和讨论在本章第四节介绍。

三、若开山岭缝合带蛇绿岩

雅鲁藏布江蛇绿岩带在经过喜马拉雅东构造结大拐弯之后转向南北向，往南至印缅边界的蛇绿岩称之为若开山岭缝合带蛇绿岩。在东喜马拉雅构造结区域，印度板块与欧亚板块的碰撞导致南迦巴瓦岩体东西两侧分别产生扎曲-旁辛-阿尼桥右行逆冲韧性剪切带和米林-鲁朗-排龙左行拆离韧性剪切带（Quanru et al.，2006；许志琴等，2008；Xu et al.，2012），雅鲁藏布江缝合带为分布在冈底斯岩浆弧和南迦巴瓦变质岩群之间的混杂岩，基质包含塑性变形十分强烈的绢云母石英片岩、二云母石英片岩、绿片岩等岩石组合，块体为超镁铁岩、辉长岩、辉绿岩、玄武岩、石英岩以及两侧老基底片麻岩等。雅鲁藏布江缝合带在东喜马拉雅构造结呈拱形展布并沿着南北向的右行走滑实皆断层延伸至分隔印度板块和泰缅地块的纳加山-安达曼缝合带。若开山岭东缘的纳加山蛇绿岩经爱麓客（Arakan）海岸向南可延伸至安达曼-尼科巴群岛，它们代表了晚白垩世—始新世期间西侧印度板块与东侧泰缅地块的新特提斯大洋岩石圈，也称为西带蛇绿岩（图 1-11，图 1-12）（Burg et al.，1998；Hodges，2000；Yin et al.，2000；Ghosh et al.，2009；Booth et al.，2009）。自北向南出露的蛇绿 要包括纳加山（Naga）蛇绿岩、吉灵庙（Kalaymyo）蛇绿岩、钦山（Chin Hills）蛇绿岩和安达曼（Andaman）蛇绿岩（Bandyopadhyay et al.，2021）。

西带蛇绿岩是一个蛇绿混杂岩带，包括地幔橄榄岩和枕状玄武岩等。与玄武岩伴生的有放射虫硅质岩、大洋深海沉积物、含放射虫和有孔虫的灰岩，指示其时代为侏罗纪的晚期至早始新世（Anon，

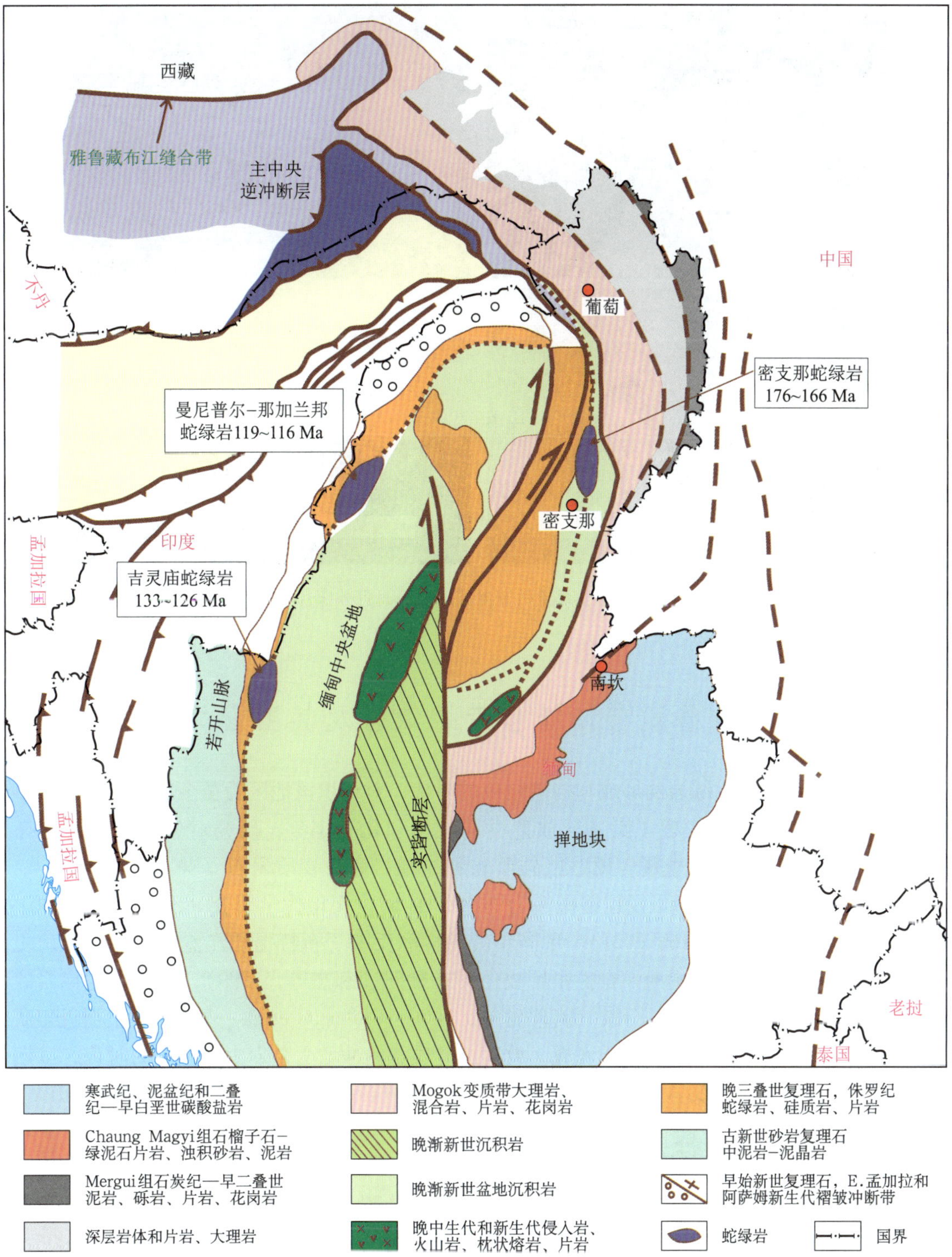

图 1-11　雅鲁藏布江缝合带南拐缅甸蛇绿岩

（据杨经绥等，2012；Niu et al.，2018，有修改）

1986）。蛇绿岩上部被三叠纪的大陆相复理石所超覆，并被早白垩世（Albian）灰岩不整合覆盖（Mitchell，1993），指示存在早白垩世的增生作用。与蛇绿岩伴生的有大量的陆壳变质岩，包括含石榴子石云母片岩、石英岩和片麻岩等变质碎屑岩和花岗片麻岩等。蛇绿岩中出露有含蓝闪石和硬玉的高压岩石组合，它们呈透镜体产在蛇绿混杂岩中（Mitchell，1981，1993；Acharyya et al.，1990；Sengupta et al.，1990）。这些高压相的变质组合与蛇绿岩的俯冲和增生作用有关。

图 1-12　缅甸西带吉灵庙蛇绿岩野外照片

第三节　雅鲁藏布江缝合带蛇绿岩及其围岩的年代学

雅鲁藏布江缝合带中蛇绿岩的形成和构造侵位的时代，对认识该地区乃至全球的板块构造事件和动力学背景甚为关键。前人发表了大量的放射性同位素和化石定年，研究对象有蛇绿岩洋壳岩石（堆晶岩、辉绿岩和玄武岩）、上覆含放射虫硅质岩和蛇绿岩底板变质岩石（吴福元等，2014；Qian et al.，2020；刘飞等，2021），以及地幔橄榄岩的 Re-Os 同位素年代学研究（Shi et al.，2007；Liu et al.，2012；Gong et al.，2016，2021）。不同年龄的样品反映了新特提斯洋盆长期的演化历史，蛇绿岩短暂的年龄能否代表新特提斯洋脊扩张历史还存在疑问（郝杰等，1999）；此外，蛇绿岩的形成与侵位时代是否一致也存在巨大的分歧（肖序常等，2000；Guilmette et al.，2012）。根据近年研究成果，本节总结了缝合带中蛇绿岩、变质底板、放射虫硅质和俯冲增生杂岩中基性岩的时代，以期勾勒出新特提斯洋构造演化的主线。

一、蛇绿岩洋壳基性岩浆岩年龄

雅鲁藏布江缝合带蛇绿岩基性岩浆岩定年方法包括全岩 Rb-Sr、Sm-Nd 等时线法和锆石 U-Pb 同位素定年法。东段泽当和罗布莎蛇绿岩主要形成于晚侏罗世（周肃等，2001；钟立峰等，2006；李建峰等，2008；Bao et al.，2014；Meng et al.，2019；Liu et al.，2020），而中段和西段蛇绿岩形成于晚白垩世（Dai et al.，2013；Liu et al.，2016），认为雅鲁藏布江缝合带蛇绿岩洋壳时代具有东早西晚的特征（李建峰等，2008，2009）。但近年来也有学者认为，缝合带自东向西表现出高度的一致性，主要集中在 120~130 Ma 的范围内（Hébert et al.，2012；吴福元等，2014）。

印度河缝合带发育了早白垩世和晚白垩世两套蛇绿岩，早白垩世蛇绿岩以西构造结以东的德拉斯、斯邦达和尼达尔-卡佐格蛇绿岩为代表，它们可与雅鲁藏布江缝合带蛇绿岩相连，而晚白垩世蛇绿岩则以西构造结以西的德尔盖、山戈拉-明戈拉、吉加和斯巴特蛇绿岩为代表，它们可能沿着瓦济里斯坦蛇绿岩、贝拉蛇绿岩向西一直延伸到阿曼和塞浦路斯的早白垩世蛇绿岩（Mahéo et al. 2004；

Arif et al.，2006；Hébert et al.，2012）。在印度河缝合带东部，早期研究获得斯邦达辉长岩中侏罗世锆石 U-Pb 年龄为 177±1 Ma（Pedersen et al. 2001），但近年发现辉长岩锆石 SHRIMP U-Pb 年龄为 136～133 Ma，与放射虫时代一致，指示它们为形成于早白垩世蛇绿岩（Buckman et al.，2018）。尼达尔蛇绿岩辉长岩的 Sm-Nd 同位素定年获得 140±32 Ma 的等时线年龄，代表印度河缝合带蛇绿岩的时代（Ahmad et al.，2008）。西部的吉加和斯巴特蛇绿岩洋壳则形成于 91～117 Ma（Bouilhol et al.，2009；Burg，2011；Jan et al.，1993；Bouilhol et al.，2015；Corfield et al.，2016）。

缝合带西段北亚带蛇绿岩洋壳时代较为均一，主要分布在早白垩世期间，而南亚带蛇绿岩洋壳年龄组包含了晚侏罗世和早白垩世两组。在北亚带，除最北端的达机翁蛇绿岩尚无准确的年代学数据，卡站-巴尔、错布扎-加纳崩、扎来-公珠错和萨嘎蛇绿岩中侵入地幔橄榄岩的辉绿岩和辉长岩锆石 U-Pb 年龄为 122. 1±0. 5～128. 2±1. 4 Ma，总体分布在 120～130 Ma 的范围内（Liu et al.，2018；Liu et al.，2015b；Zheng et al.，2017；Zhong et al.，2019；赵佳楠等，2017）。南亚带东波蛇绿岩侵入地幔橄榄岩的基性岩时代主要为 120. 6±1. 7～130±0. 5 Ma（Xiong et al.，2011；Chen et al.，2018）。Chan et al.（2015）报道了东波地幔橄榄岩中辉长苏长岩晚侏罗世的年龄（GCT-329，159. 7±0. 5 Ma），考虑到样品的数据量较少，年龄组成分散，该数据有待进一步验证。普兰和当穷-休古嘎布蛇绿岩洋壳时代也存在争议，Miller et al.（2003）利用 Sm-Nd 等时线获得了拉斑质基性岩 147±25 Ma 的年龄，但锆石 U-Pb 同位素年龄为 118. 8±1. 8～130±3 Ma（Li et al.，2008；Xia et al.，2011；Liu et al.，2011；Chan et al.，2015；Xiong et al.，2020）；仲巴蛇绿岩洋壳目前尚无年代学数据（图 1-13）。

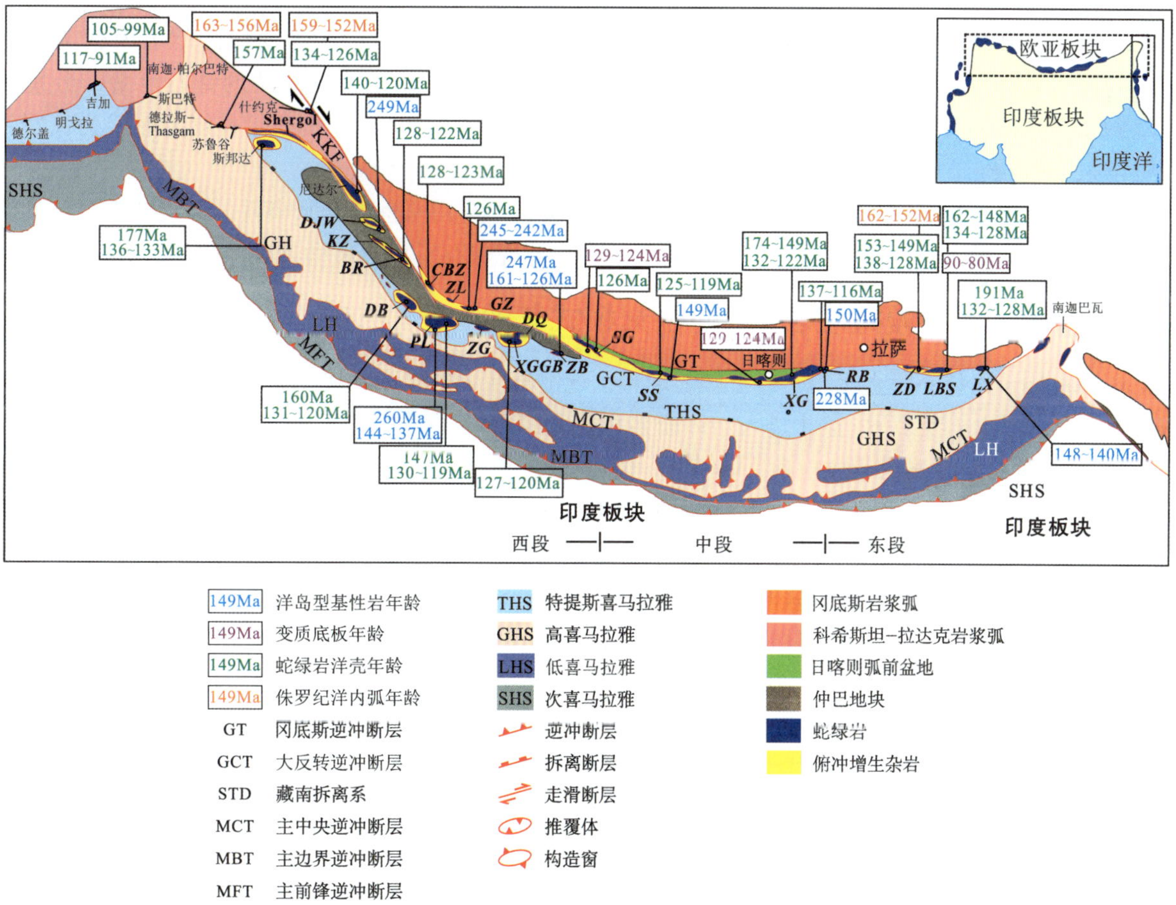

图 1-13　雅鲁藏布江缝合带蛇绿岩和有关岩石的年龄

（据 Xu et al.，2015；Bandyopadhyay et al.，2021）

雅鲁藏布江缝合带中段蛇绿岩洋壳时代主要为早白垩世，但也包含少量晚侏罗世样品。除了大竹卡辉长岩（169.1±1.9 Ma；Wang et al.，2017c）、白朗石榴子石辉石岩（149.0±3.1 Ma；赵佳楠等，2015）和吉定辉长岩（174.0±3.8 Ma；Wang et al.，2017）具有侏罗纪的锆石 U-Pb 年龄，中段蛇绿岩洋壳绝大多数锆石 U-Pb 年龄时代为早白垩世（Göpel et al.，1984；Guilmette et al.，2009；Zhang et al.，2019；Liu et al.，2016b；Dai et al.，2013；Chan et al.，2015；Wang et al.，2006；Bao et al.，2013；Li et al.，2009；Zhang et al.，2016a；Guilmette et al.，2009；Malpas et al.，2003），其中最年轻的样品为大竹卡蛇绿岩南侧的辉绿岩（116.4±1.4 Ma）（杨胜标，待发表）（图 1-13）。

雅鲁藏布江缝合带东段蛇绿岩时代组成最为复杂，争议也最大。早期研究通过全岩 Rb-Sr、Sm-Nd 等时线、角闪石 $^{40}Ar/^{39}Ar$ 以及锆石 U-Pb 同位素定年方法获得泽当和罗布莎蛇绿岩洋壳为晚侏罗世 150~160 Ma 的年龄（周肃等，2001；韦栋梁等，2006；钟立峰等，2006；刘维亮等，2013；McDermid et al.，2002；Chan et al.，2007；Zhong et al.，2006；Chan et al.，2015；Liu et al.，2020）。这些年龄中相当一部分还包括了泽当弧地块的时代，后来的研究指出泽当地块可能是独立于蛇绿岩代表洋内岛弧或大陆边缘弧的岩石构造单元（Aitchison et al.，2000，2011；Zhang et al.，2014），并从中识别出多个早白垩世年龄（Zhang et al.，2014；Liu et al.，2016a；Xiong et al.，2016），导致学者对该蛇绿岩的时代认知出现了巨大分歧。朗县蛇绿混杂岩也发现早侏罗世（191.4±3.7 Ma；张万平等，2011）和早白垩世（128.3±2.3 Ma，139.7±0.52 Ma；Ao et al.，2017）的 MORB-like 型基性岩，而近期研究团队在泽当蛇绿岩识别出锆石年龄为 194±10 Ma 的辉石岩、135.3±2.0 Ma 的辉长岩和 124.2±2.3 Ma 的斜长花岗岩，有力地证明了雅鲁藏布江缝合带蛇绿岩经历了多阶段的演化（Xu et al.，2022）。

若开山岭缝合带西带蛇绿岩中两个异剥钙榴岩样品中锆石获得 U-Pb 年龄分别为 126.6±1.0 Ma 和 125.8±1.7 Ma，角闪岩样品中的锆石获得 114.7±1.4 Ma 的年龄，认为西段蛇绿岩时代为白垩纪，与雅鲁藏布江缝合带相连。另获得东带密支那蛇绿岩中 3 个辉长岩样品的锆石年龄，分别为 172.8±2.2 Ma，171.6±1.5 Ma 和 173.0±1.5 Ma（Liu et al.，2016），证实东带蛇绿岩时代为侏罗纪（杨经绥，2012）。

总之，雅鲁藏布江缝合带蛇绿岩洋壳记录了早侏罗世—早白垩世的岩浆事件，而缝合带西部的印度河缝合带和东部若开山岭缝合带-安达曼群岛蛇绿岩洋壳保存了早白垩世到晚白垩世洋脊扩张记录。

二、蛇绿岩地幔橄榄岩 Re 同位素模式年龄

Re-Os 同位素体系可直接用于矿石矿物定年，近些年在金属矿床年代学研究中应用广泛。熔体抽取过程中的中等相容元素 Re 趋于进入熔体而强相容元素 Os 保存在残余地幔中，导致地幔橄榄岩 Re/Os 值低，随着时间的累积非放射性 $^{187}Os/^{188}Os$ 值发生变化。因此，残余地幔的 Re 含量可以计算 Re 亏损的模式年龄（T_{RD}）（Walker et al.，1989；Pearson et al.，1995），橄榄岩中非放射性同位素 $^{187}Os/^{188}Os$ 值可以反映更古老的部分熔融事件（Shirey et al.，1998；Luguet et al.，2019）。根据地幔和洋壳所限定的雅鲁藏布江蛇绿岩时代存在显著差异，地幔橄榄岩时代比蛇绿岩时代更老，反映了古老的熔体抽取历史，暗示古老大陆地幔存在的可能（Shi et al.，2007；Liu et al.，2012；Gong et al.，2016，2021）（图 1-14）。与原始地幔橄榄岩（PUM $^{187}Os/^{188}Os=0.1296$（Becker et al.，2006）相比，雅鲁藏布江蛇绿岩多数橄榄岩具有低的 $^{187}Os/^{188}Os$ 组成，$^{187}Os/^{188}Os$ 峰值在 0.126 附近，Re 亏损的模式年龄（T_{RD}）约为 0.25 Ga，这与代表贫瘠的 MORB 地幔全球深海橄榄岩相似（$^{187}Os/^{188}Os=0.1266$）（Day et al.，2017），指示熔体亏损事件形成于中生代（Day et al.，2017），同时地幔橄榄岩 T_{RD} 也包含中元古代和新元古代的年龄（1.0~2.2 Ga）的样品，反映了大陆岩石圈地幔的记录（Liu et al.，2015，Aulbach et al.，2016，Luguet et al.，2016）。值得注意的是，这些古老的大陆岩石圈地幔信息经常出现在年轻地幔内部（Zhang et al.，2018；Xu et al.，2020）。

西段南亚带中东波地幔橄榄岩 Re 亏损的模式年龄（T_{RD}）为 0.22~0.96 Ga（Niu et al.，2015）；普兰地幔橄榄岩 Re 亏损的模式年龄包含 0.07~0.92 Ga 和 1.00~2.16 Ga 两组（图 1-14）（Xu et al.，2021）；中段地幔橄榄岩 Re 亏损的模式年龄跨度较大，分布在 0.06~2.0 Ga 的范围内（Liu et al.，

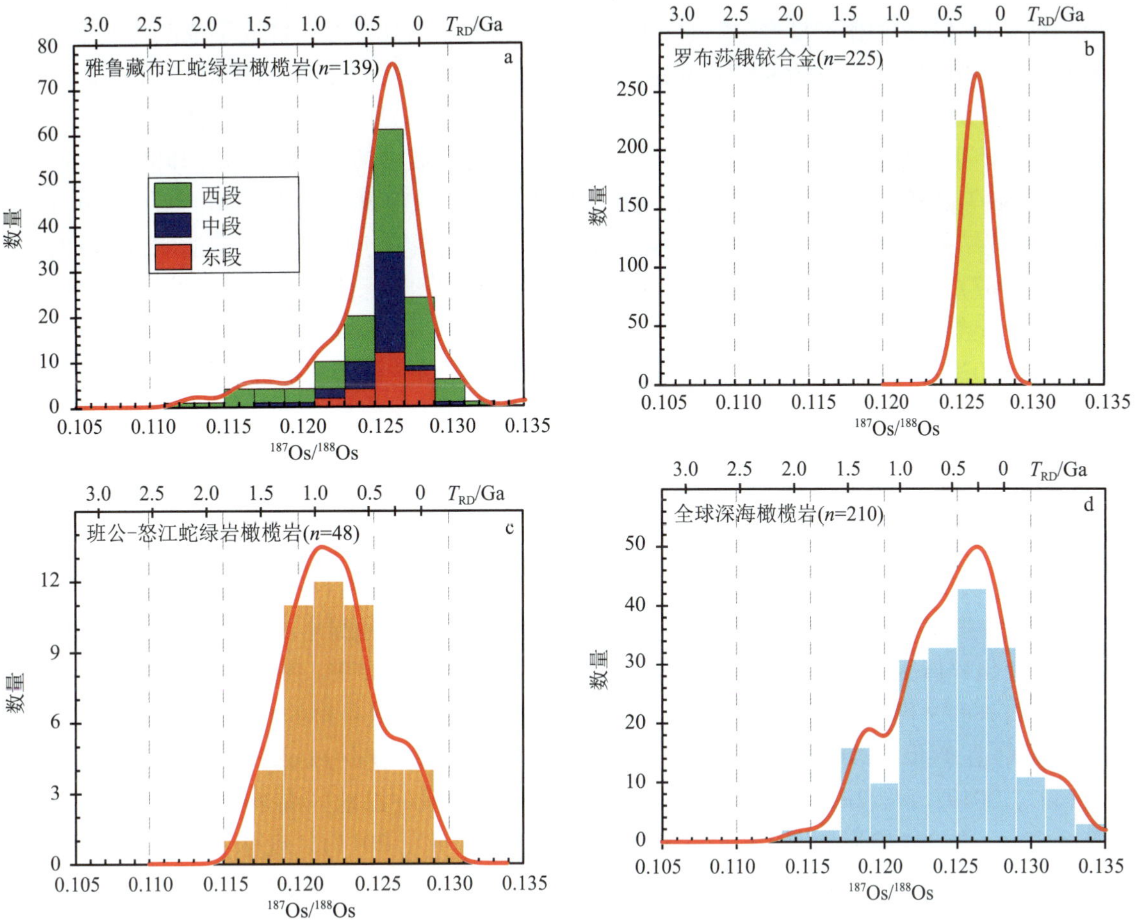

图 1-14 雅鲁藏布江蛇绿岩地幔橄榄岩 Re-Os 同位素组成和模式年龄

（据 Xu et al.，2021）

2019；Zhang et al.，2020；Xu et al.，2021），也明显早于蛇绿岩洋壳。早期的研究也表明，日喀则地幔橄榄岩 Pb 同位素指示的时代为 400 Ma 左右（Göpel et al.，1984），明显早于蛇绿岩洋壳的时代（Liu et al.，2012；Gong et al.，2016，2021）。东段泽当和罗布莎地幔橄榄岩 Re-Os 同位素资料 $^{187}Os/^{188}Os$ 较低，地幔橄榄岩 Re 亏损的模式年龄集中于 0.006～0.73 Ga（Xiong et al.，2016；Lai et al.，2018；Xu et al.，2021），峰值在 0.126 Ga 附近，与罗布莎 Os-Ir 合金 Re-Os 同位素组成一致（Shi et al.，2007；Xu et al.，2021）。

三、变质底板 Ar-Ar 同位素年龄

变质底板是与蛇绿岩构造侵位有关的热动力学的变质作用产物，对比变质底板和蛇绿岩的时代对于理解蛇绿岩形成就位历史具有重要意义。例如阿曼蛇绿岩基底的变质底板为经历了角闪相和绿片相变质沉积岩带，由角闪岩石英片岩和大理岩组成，橄榄岩之下变质底板的石榴子石+单斜辉石角闪岩指示变质温度约 850℃，压力为 11～14 kbar[1]（Gnos，1998），变质底板角闪石 $^{40}Ar/^{39}Ar$ 年龄和锆石 U-Pb 年龄为 96～95 Ma（图 1-13），被认为是俯冲早期与蛇绿岩洋壳近同时或稍晚形成的（<1～2 Ma）变质岩，可用于限定蛇绿岩就位时间（Wakabayashi et al.，2003）。然而 Guilmette et al.（2018）对阿曼 SSZ 型蛇绿岩及变质底板进行了精确的年代学研究，结果显示变质底板角闪岩中石榴子石具清

[1] 1 bar = 1×10^5 Pa。

晰的生长环带，石榴子石-全岩 Lu-Hf 等时线年龄为 103.7±0.7 Ma，表明石榴子石在约 104 Ma 就开始生长，对应蛇绿岩初始俯冲过程中的变质底板的埋藏过程，这比蛇绿岩洋壳形成时代要早约 8 Ma，不同于西太平洋俯冲带上自发俯冲的 IBM 系统，为诱发俯冲起始提供了直接的地质学证据。

雅鲁藏布江缝合带蛇绿岩变质底板的年代学研究始于 20 世纪 80 年代末，混杂岩中强烈变形的石榴子石-辉石角闪岩块体被认为是就位过程中形成的变质底板（Nicolas et al.，1981；Burg et al.，1987）。王希斌等（1987）曾报道了白马让地区角闪岩块体 87~70 Ma 的 $^{40}Ar/^{39}Ar$ 年龄，Malpas et al.（2003）的研究结果（88 Ma）与此相似，认为雅鲁藏布江蛇绿岩于晚白垩世构造就位。不同的是，Burg et al.（1987）获得的底板年龄为 110 Ma。最近研究显示萨嘎、日喀则和泽当蛇绿岩变质底板的角闪石 $^{40}Ar/^{39}Ar$ 年龄为 123.5±1~128.9±1.3 Ma（图 1-13）（Guilmette et al.，2008，2009，2012；Zhang et al.，2020），与早白垩世蛇绿岩洋壳的时代一致，指示蛇绿岩的形成和就位可能几乎同时发生（Guilmette et al.，2008，2009，2012）。

四、俯冲增生杂岩岩块年龄

雅鲁藏布江缝合带海山型基性岩或与蛇绿岩呈断层接触（Yang et al.，2015；Xiong et al.，2019），或呈岩块出露在构造混杂岩中（Wang et al.，2020），与蛇绿岩呈构造接触的地层中海山型玄武质岩石时代主要集中在晚侏罗世—早白垩世。缝合带西段北亚带蛇绿岩围岩的海山型大洋板块地层中的玄武质火山碎屑凝灰岩和玄武岩的锆石 U-Pb 年龄为 245.1±2.5 Ma 和 241.9±4.1 Ma，被认为是新特提斯洋打开的时代（Liu et al.，2021）。南亚带东波和普兰地区获得的 OIB 和 E-MORB 基性岩的时代主要为早白垩世（141 Ma；刘飞等，2013，2014；137 Ma，Liu et al.，2015；138.5±2.0 Ma，Zheng et al.，2019；144.2±2.1 Ma，Xiong et al.，2020）。中段仲巴地区混杂岩中的洋岛型基性岩的时代跨度较大，包含了晚泥盆世辉长岩（363.7±1.7；Dai et al.，2011）、晚侏罗世（160.5±1.3 Ma；He et al.，2016）和早白垩世（125.7±0.9 Ma；Dai et al.，2012）。尽管萨嘎、桑桑和仁布地区报道了海山型基性岩的地球化学数据，但它们的年代学数据相对较少，从桑桑混杂岩中的镁铁质片岩（148.7±4.6 Ma，149.2±2.2 Ma；Wang et al.，2020）和江孜地区的辉绿岩（150.3±0.8 Ma；杨胜标等，2021）来看，它们的时代主要集中分布在晚侏罗世。缝合带东段俯冲增生杂岩中洋岛型基性岩主要出露于朗县，时代分布在晚侏罗世—早白垩世的范围内（145.7±2.5~147.8±3.3 Ma；张万平等，2011 和 139.7±0.52 Ma；Ao et al.，2017）。

五、放射虫硅质岩年代学

硅质岩地层呈东西向断续分布在缝合带蛇绿岩的南、北两侧和特提斯喜马拉雅沉积区内。在这些硅质岩地层中发现的放射虫时代从中三叠世安尼期至晚古新世坦尼特期，揭示了特提斯洋盆经历了从中三叠世开始打开，早白垩世发展为成熟大洋，然后在晚古新世之后闭合的演化过程（图 1-15）（李鑫等，2020）。雅鲁藏布江缝合带西段南亚带的札达-仲巴地区放射虫时代主要为晚三叠世—早白垩世（Xu et al.，2009；Zhang et al.，2016；Shu et al.，2018）。札达乡附近的放射虫硅质岩时代被定为晚侏罗世—早白垩世（Cui et al.，2021），Chan（2008）在东波蛇绿混杂岩中识别出早白垩世的放射虫组合，而当穷-休古嘎布混杂岩中放射虫硅质岩时代为中侏罗世—早白垩世。萨嘎蛇绿岩顶部放射虫硅质岩时代为晚侏罗世—早白垩世（Zhang et al.，2005）。中段蛇绿岩围岩中放射虫硅质岩时代从晚三叠世至早白垩世均有分布，尤其以冲堆组、夏鲁嘎学群和白岗嘎学群的露头最具代表性（Matsuok et al.，2002；Ziabrev，et al.，2003，2004；Xu et al.，2019）。东段放射虫硅质岩在泽当的金鲁地区最为发育，其时代最早为中晚三叠世，最晚为早白垩世（王玉净等，2002；刘实佳等，2016；李鑫等，2020）。

通过对缝合带中出露的蛇绿岩、含放射虫硅质岩以及大洋板块层围岩中的基性岩时代进行系统梳理，不难得出以下结论：①雅鲁藏布江缝合带蛇绿岩洋壳年龄分布在早侏罗世—早白垩世期间

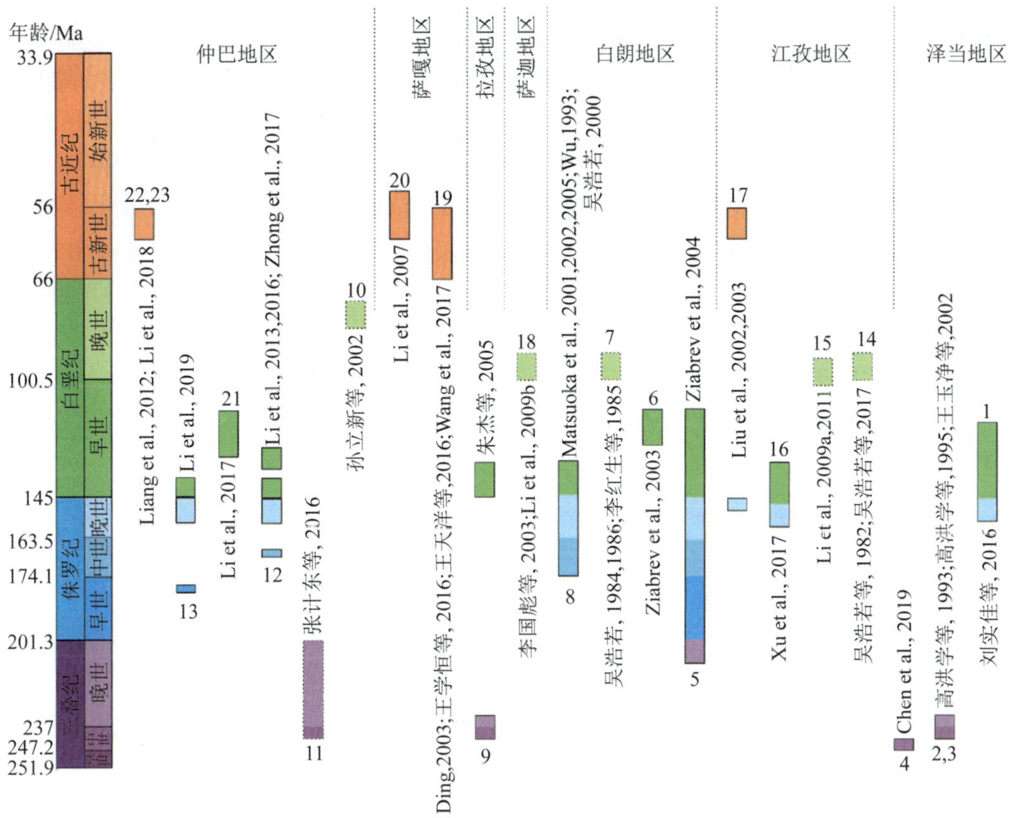

图 1-15　雅鲁藏布江缝合带中放射虫硅质岩年代学统计
（据李鑫等，2020）

（116~190 Ma），其中早白垩世的年龄占绝大多数，而侏罗纪的年龄零星出现；②地幔橄榄岩 Re 亏损的模式年龄包含中生代和更古老的时代（最老为 2.2 Ga）；③雅鲁藏布江缝合带变质底板的时代主要分布在白垩纪期间，蛇绿岩的洋壳形成与蛇绿岩就位时代相近；④蛇绿岩围岩地层中洋岛型基性岩时代主要为晚侏罗世—早白垩世，少量为中三叠世。蛇绿岩及其围岩的年龄可能记录了中三叠世新特提斯打开导致古老大陆岩石圈向大洋岩石圈转换以及洋盆闭合蛇绿岩就位的历史；⑤缝合带中含放射虫硅质岩的时代集中在中三叠世—早白垩世。

第四节　蛇绿岩地幔橄榄岩中金刚石等超高压矿物的发现

20 世纪 80 年代初，中国地质科学院科研人员白文吉、方青松和颜秉刚等在罗布莎蛇绿岩铬铁矿中最早发现了金刚石（中国地质科学院地质研究所金刚石组，1981；颜秉刚等，1987；Bai et al.，1993）。然而，国内外许多人认为，西藏蛇绿岩的地质背景不应该产出金刚石，因为金刚石是高压矿物，需要 150 km 以下深度形成，而经典板块理论认为，代表大洋残片的蛇绿岩形成在大洋软流圈之上的上地幔顶部，即高温、低压的浅部地幔环境（深度小于 60 km）（Coleman，1966；Proenza et al.，1999；Yumul et al.，2003）。英国金刚石专家 Taylor 教授等人到西藏实地考察取样，但并没有从中选出金刚石，他们认为西藏铬铁矿人工重砂样品中选出来的金刚石可能是外来样品混染的（Taylor et al.，1995；切切斯特钻石公司考察团，1997）。

一、雅鲁藏布江多个蛇绿岩地幔橄榄岩和铬铁矿中发现金刚石

在前人的研究基础上，近些年蛇绿岩中深地幔矿物研究取得了很大进展。在近 2000 km 长的雅鲁

藏布江缝合带中的罗布莎、泽当、日喀则、当穷、普兰和东波共6个地幔橄榄岩体中均发现了金刚石及伴生的特殊矿物组合，并在班公-怒江缝合带的丁青蛇绿岩、缅甸的密支那蛇绿岩、新疆的萨尔托海蛇绿岩，以及俄罗斯乌拉尔的Ray-Iz蛇绿岩等全球不同地区和不同时代的蛇绿岩中均找到了金刚石（图1-16）（杨经绥等，2014）。尤其是在西藏罗布莎-康金拉铬铁矿和俄罗斯乌拉尔Ray-Iz铬铁矿中找到了原位产出的金刚石，获得了金刚石为天然成因的关键证据，回答了此前的种种疑问，为探讨金刚石的形成和蛇绿岩铬铁矿的深部成因打开了通道（Yang et al.，2014，2015）。蛇绿岩金刚石的矿物包裹体中含有钙钛矿等其他超高压矿物和强还原矿物，表明它们形成于150~300 km的地幔深部，或可达到地幔过渡带（Bai et al.，2003；Yang et al.，2007，2014，2015a；Xu et al.，2009，2015；Dobrzhinetskaya et al.，2009；Trumbull et al.，2009；Robinson et al.，2004，2015）。这些金刚石等超高压矿物的成因和科学意义引起国内外同行的关注。著名蛇绿岩专家、美国科学院院士Robert Coleman教授认为这些新发现"开启了研究岩石圈中蛇绿岩地幔岩演化的一个全新的研究领域""给地球科学界提供了一个极具挑战性新的研究机遇"（Coleman，2014）。

图1-16　蛇绿岩型金刚石的分布图

（据杨经绥等，2014）

a—蛇绿岩型金刚石产地分布；b—俄罗斯乌拉尔蛇绿岩金刚石产地分布

蛇绿岩中的金刚石多为自形晶和半自形晶，以单晶为主，少数呈多晶或连晶体，粒度均匀，粒径多在0.2~0.5 mm之间（图1-17）。蛇绿岩中的金刚石和碳硅石（SiC）是两种主要的含碳的矿物，不同产地的蛇绿岩铬铁矿和地幔橄榄岩中的金刚石具有相似C同位素特征，$\delta^{13}C$变化于-18‰~-28‰之间（Yang et al.，2015a；Lian et al.，2018）（图1-18），与碳硅石的C同位素结果十分一致（Trumbull et al.，2009），不同于金伯利岩中来自地幔的金刚石（$\delta^{13}C$变化于-4‰~-8‰之间）和俯冲带变质榴辉岩中的金刚石（$\delta^{13}C$变化于-5‰~-18‰之间）（Cartigny et al.，2001；Cartigny，2005），表明蛇绿岩地幔橄榄岩和铬铁矿中金刚石的碳来源十分特殊，认为蛇绿岩地幔橄榄岩和铬铁矿中金刚石的碳来源于俯冲下去的壳源物质（Yang et al.，2015）。

透射电镜（TEM）研究在金刚石中发现了柯石英、钙钛矿等超高压矿物组合，尤其还发现了一些特殊的含锰的矿物包裹体，包括镍锰钴合金，锰尖晶石、锰橄榄石和锰石榴子石等系列矿物

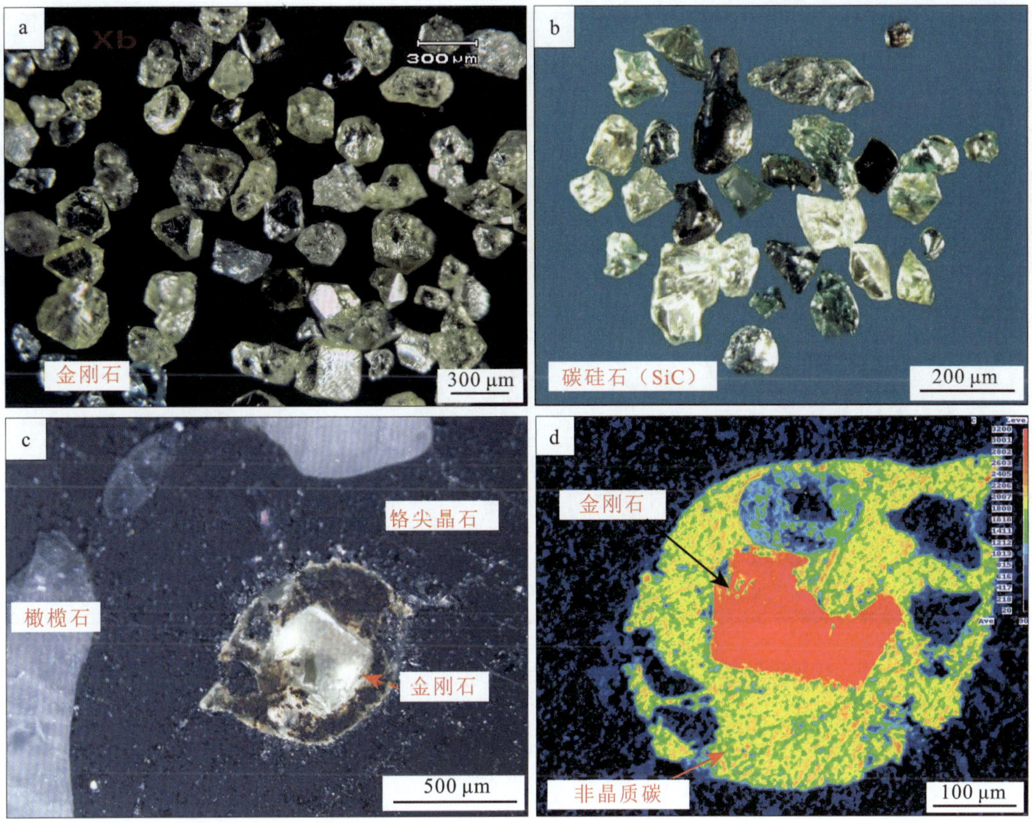

图 1-17 西藏蛇绿岩地幔橄榄岩和铬铁矿中的金刚石和碳硅石

a—地幔橄榄岩中的金刚石；b—地幔橄榄岩中的还原矿物碳硅石；c—罗布莎铬铁矿中的原位金刚石；d—金刚石的成分面扫描图，其中红色为金刚石，黄色为非晶质碳

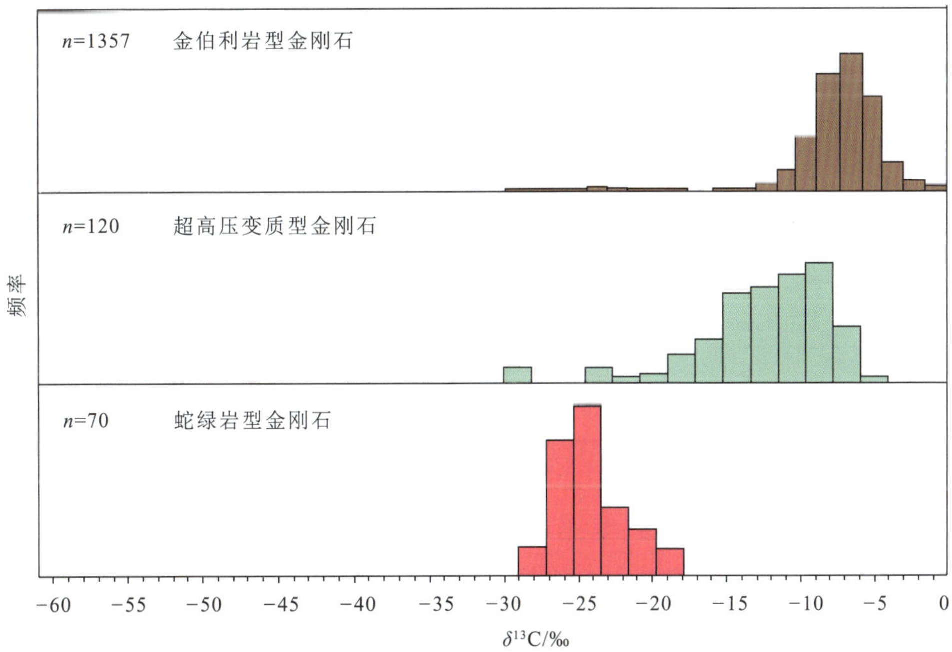

图 1-18 西藏和俄罗斯极地乌拉尔蛇绿岩铬铁矿中金刚石的 C 同位素特征

（据 Yang et al.，2014）

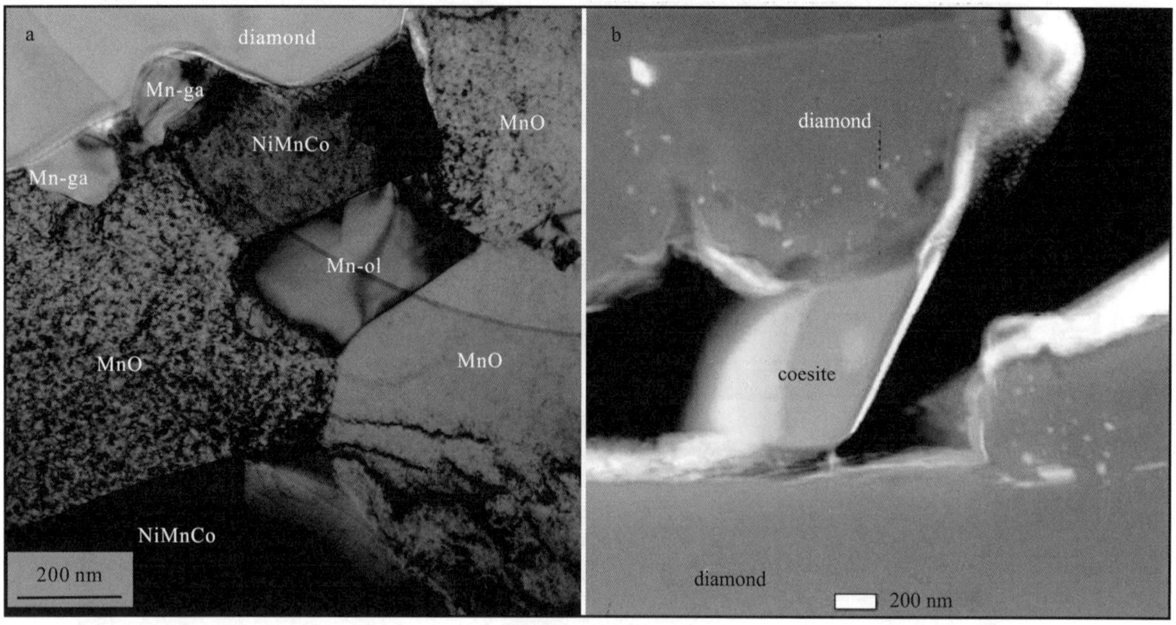

图 1-19　蛇绿岩铬铁矿金刚石中的矿物包裹体（在德国 GFZ 的 TEM 实验室完成）

a—罗布莎铬铁矿中金刚石中的高锰矿物包裹体；b—俄罗斯乌拉尔铬铁矿中金刚石中的柯石英（coesite）包裹体。Mn-ga—锰石榴子石；diamond—金刚石；Mn-ol—锰橄榄石；MnO—氧化锰；NiMnCo—锰金属合金

（Yang et al.，2015；Wu et al.，2020；Lian et al.，2019）（图 1-19）。它们不同于金伯利岩金刚石中的包裹体，后者以出现镁橄榄石、镁铝榴石和铬尖晶石为特征，也不同于超高压变质金刚石中的矿物组合，但与现代大洋和蛇绿岩锰矿床中的矿物组合可以对比（Nakagawa et al.，2011），表明它们可能代表洋壳俯冲物质的再循环（杨经绥等，2021）。此外，美国宝石学院（GIA）的研究人员还在金刚石中找到了流体和碳酸盐包裹体，为研究金刚石的形成条件提供了重要证据（Moe et al.，2018）。西藏雅鲁藏布江罗布莎蛇绿岩铬铁矿中发现的金刚石与金伯利岩和超高压变质带中产出的金刚石十分不同，尤其它们的地质背景也完全不同，认为蛇绿岩中产出金刚石可能是一个新的金刚石产出环境（表 1-1）（杨经绥等，2011，2014）。

表 1-1　蛇绿岩型金刚石与其他类型金刚石的对比

类型	蛇绿岩型金刚石	金伯利岩型金刚石	超高压变质型金刚石
赋存岩石	蛇绿岩中的地幔橄榄岩和铬铁矿	来自地幔的金伯利岩	榴辉岩和片麻岩等地壳岩石中
粒径大小	0.2～0.4 mm	宝石级（多为毫米级以上）	大多数小于 0.01 mm
包裹体类型	锰金属合金，锰橄榄石，锰石榴子石，锰尖晶石	镁石榴子石，镁橄榄石，硫化物，铬尖晶石等	与金刚石相伴的矿物有镁方解石，黑云母等壳源矿物
$\delta^{13}C$/‰	-18～-28	-5～-10	-7～-15
产出构造背景	大洋岩石圈	大陆克拉通	板块俯冲带

二、铬铁矿和地幔橄榄岩中的其他超高压证据

除了金刚石等超高压证据外，在罗布莎蛇绿岩铬铁矿床中还发现典型的超高压矿物柯石英和蓝晶石，二者呈针柱状集合体产在钛铁合金颗粒的边部（图 1-20）。对柯石英组构的研究表明，柱状柯石

英由不同排列方向的多晶柯石英组成，表明柯石英的柱状外形仅仅是个假象。实验岩石学表明柯石英的高压相变矿物是斯石英，其特点是具有柱状外形，形成条件 T=1000℃，P>9 GPa。由此推测该柯石英是由更高压相的斯石英在降压的环境中相变形成，不同于造山带中常见的由板块俯冲增压过程中形成的柯石英（Yang et al.，2007；Liou et al.，2002）。

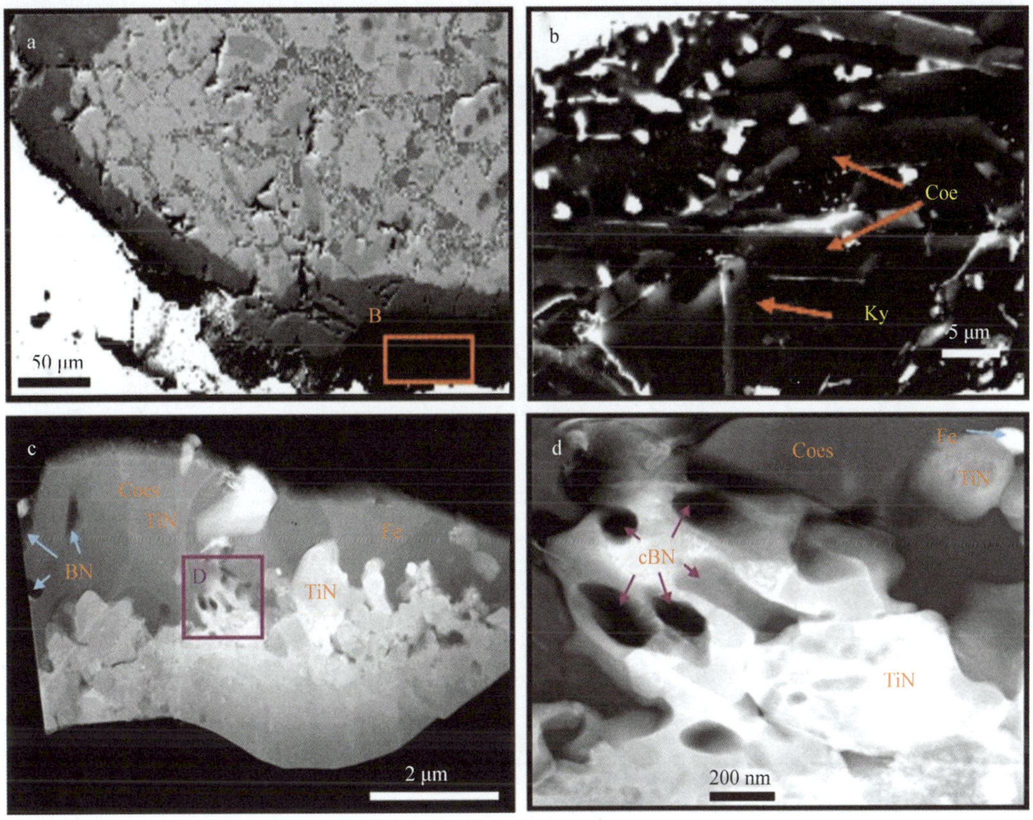

图 1-20　西藏罗布莎铬铁矿中产在铁钛合金边部呈斯石英假象的柯石英

（据 Yang et al.，2007；Dobrzhinetskaya et al.，2014）

柯石英（Coe）与蓝晶石（Ky）交生，纳米级的立方晶系青松矿（cBN）呈包裹体产在柯石英中，指示形成压力大于 10 GPa

进一步研究发现该柯石英中存在合金矿物氮化硼（BN），国际新矿物委员会 2013 年批准了该矿物为新矿物，命名为青松矿（Qingsongite）（批准号：IMA No. 2013-30）。青松矿是为了纪念中国地质科学院地质研究所的方青松研究员（1939—2010）而命名的新矿物，他在西藏罗布莎金刚石发现中做出了杰出贡献。实验结果表明，青松矿的形成温度为 1300℃，压力为 10~15 GPa，即形成深度大于 300 km（Dobrzhinetskaya et al.，2014）。

自蛇绿岩地幔橄榄岩和铬铁矿中发现金刚石等超高压矿物以来，引起了国内外同行的高度关注，国际上也有一些团队在开展有关的独立研究，并且也在罗布莎铬铁矿中独立发现了金刚石和其他超高压证据（Howell et al.，2015；Griffin et al.，2016）。日本学者通过透射电镜研究，在罗布莎铬铁矿中发现了出溶柯石英和透辉石组合，认为铬铁矿曾为超高压斯石英相（大于 14 GPa，约 420 km），经历了由高压到低压的减压过程（Yamamoto et al.，2009）。另据报道，在雅鲁藏布江缝合带西段印度境内的 Nidar 蛇绿岩地幔橄榄岩中，新发现了金刚石和柯石英等超高压矿物和其他深部成因证据，提出深部矿物来自地幔过渡带深度（Das et al.，2015，2017）。该成果不仅为蛇绿岩中产出金刚石等超高压矿物增添了一个新的产地，还佐证了雅鲁藏布江缝合带蛇绿岩中超高压矿物带的西延。尤其引起国际上许多学者兴趣的是有关蛇绿岩中金刚石和强还原矿物的成因及其侵位过程的讨论。许多人提出了不同的构造模式或计算机建模（Arai et al.，2013；Zhou et al.，2014；Liou et al.，2014；Griffin et al.，2016；Rollinson，2016；Butler et al.，2017），或通过相关的高温高压实验岩石学研究，探讨和限制深部矿物和铬铁矿形成的物理化学条件（Wu et al.，2016；Zhang et al.，2017）。

以上研究表明，蛇绿岩地幔橄榄岩中可能普遍含金刚石等深部矿物，它们的C同位素和成分特征表明，其物质可能来自早期俯冲到地幔过渡带（410~660 km）或更深部的壳源物质。另一方面，作为金刚石等超高压矿物的寄主岩石，地幔橄榄岩和铬铁矿也或多或少保留了曾经经历了来自地幔深部的超高压环境的证据（Yamamoto et al.，2009；Griffin et al.，2016；Das et al.，2017；Zhang et al.，2016，2017）。这些成果不仅质疑了蛇绿岩地幔橄榄岩（即大洋地幔橄榄岩）来自浅部地幔的经典板块构造理论，重要的是，由此打开了研究俯冲物质深地幔再循环的一个新窗口。这里，我们提出了一个蛇绿岩中超高压矿物形成和侵位模式（图1-21）。

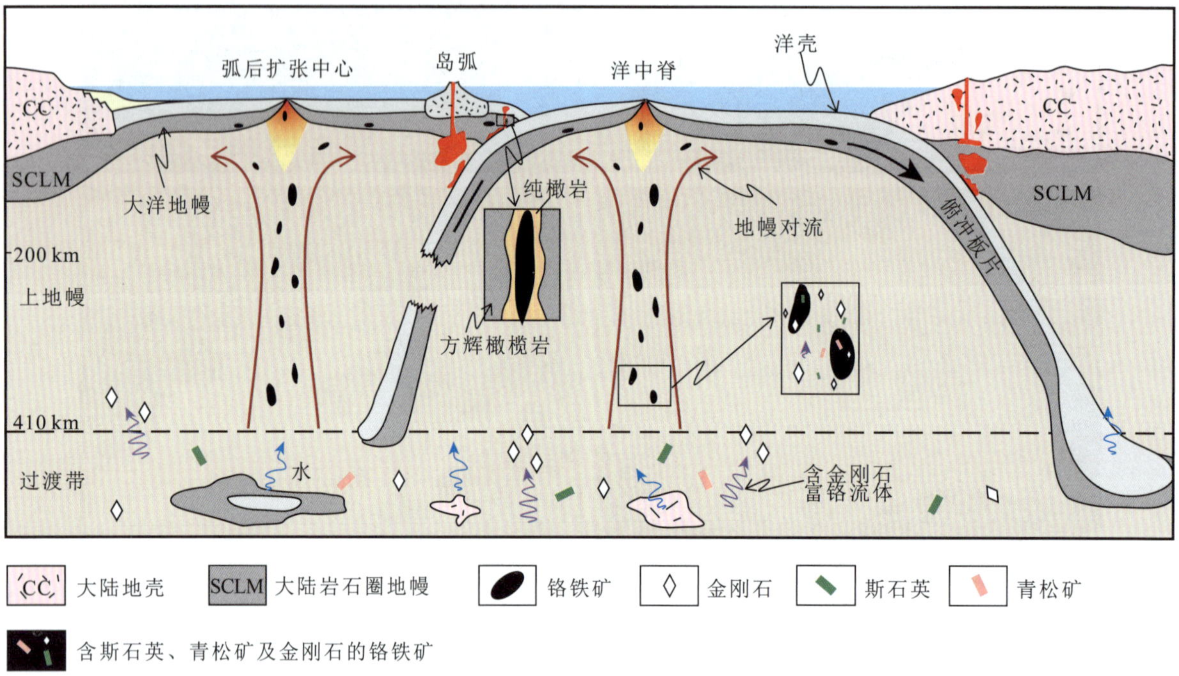

图1-21　蛇绿岩中超高压矿物形成和侵位模式

（据Yang et al.，2015b）

地幔对流和地幔柱上涌将深部形成的超高压和强还原矿物带回浅部地幔，

其中包括早期深俯冲的壳源物质形成的矿物组合

在板块的汇聚边界深海沟，向下俯冲的地壳物质会携带大量的流体和U、Th、Pb等放射性物质。在地幔过渡带（410~660 km）深度，由于放射性生热和流体的作用，俯冲岩片被肢解和熔融，加入周围的强还原熔体或流体中。与此同时，地幔物质在过渡带也将发生高度熔融，Cr等成矿元素从岩石矿物中释放。熔融物质上涌到过渡带顶部时，随温压等物理化学条件的改变，金刚石等超高压相矿物与铬铁矿纷纷开始结晶。之后，携带金刚石的铬铁矿和地幔岩石随地幔对流和地幔柱上涌至浅部地幔。该过程中，深部强还原环境下形成的矿物一部分被保留，如金刚石和青松矿等；另一部分发生改变，如斯石英被相对低压相的柯石英替代，柯石英从高压相的高硅铬铁矿中出溶（Yang et al.，2007；Yamamoto et al.，2009）。

第五节　新特提斯蛇绿岩形成的构造环境

蛇绿岩可以形成于洋中脊、俯冲带上方、边缘盆地和洋岛等多种构造背景（Pearce et al.，1984；

Dilek et al.，2011，2014）。俯冲带上方蛇绿岩具有岛弧的地球化学特征和洋壳的结构，被认为起源于俯冲大洋岩石圈之上的海底扩张环境（Pearce et al.，1984）。与洋中脊的环境相比，俯冲板片释放的含水流体在SSZ蛇绿岩岩浆形成和演化方面起到了至关重要的作用。它们不仅可以降低地幔橄榄岩的固相线温度，增加氧逸度，抑制岩浆中斜长石的结晶，而且将大离子亲石元素携带到地幔楔源区导致SSZ蛇绿岩在岩石组合、矿物结晶顺序和地球化学等方面显著区别于洋中脊蛇绿岩。国内外学者对雅鲁藏布江缝合带蛇绿岩形成的构造环境和演化历史取得了许多进展，通过蛇绿岩的构造样式、壳幔属性、岩浆过程和成矿作用的研究，揭示蛇绿岩与新特提斯洋之间的关系，还原现代大洋岩石圈演化的动力学过程（Nicolas et al.，1981；Girardeau et al.，1985a；1985b；Gopel et al.，1984）。但不同时期的学者提出了多种构造演化模型，至今分歧很大，已有的模型主要包括：①MOR环境；②SSZ环境；③早期MOR与晚期SSZ的多阶段演化；④多种构造背景拼贴；⑤地幔柱起源。

一、洋中脊环境

早期研究认为雅鲁藏布江缝合带蛇绿岩独特的岩石圈结构不同于岩浆供给充足的快速或中速扩张洋中脊，而与现代慢速-超慢速扩张洋脊相似，可能起源于新特提斯慢速扩张洋中脊（Nicolas et al.，1981；Girardeau et al.，1985a、b；王希斌，1987；Girardeau et al.，1988）。Pearce et al.（1988）认为雅鲁藏布江蛇绿岩洋壳以N-MORB为主，洋内混杂岩和不整合普遍发育，这些特征与慢速扩张洋脊与转换断层相交处相似，后续的研究支持了这种认识（吴福元等，2014；Liu et al.，2021）。Liu et al.（2014）认为普兰蛇绿岩与慢速扩张洋脊大洋核杂岩相似，富水的辉长苏长岩可能为洋中脊之下的软流圈地幔上涌触发蛇纹石化地幔橄榄岩熔融所致。拉孜、日喀则和罗布莎地区侵入地幔橄榄岩的洋壳岩石被认为是未经俯冲带流体改造的N-MORB，全岩LILE的富集是后期蚀变造成（Zhang et al.，2016；Zhang et al.，2019b）。在地幔橄榄岩方面，路曲、大竹曲和罗布莎蛇绿岩方辉橄榄岩被认为是无水条件下先后在石榴子石稳定域和尖晶石稳定域经历约8%和10%~20%分离熔融的残余（Zhang et al.，2016；Liu et al.，2019）。

二、俯冲带上方环境

雅鲁藏布江缝合带蛇绿岩洋壳岩石具有拉斑玄武岩的成分，亏损LREE，而中稀土元素（medium rare earth elements，MREE）和重稀土元素（heavy rare earth elements，HREE）分馏不明显，显示出平坦的REE分布型态，这与典型的N-MORB一致，但它们富集大离子亲石元素LILE（Ba，U，Sr，Pb），亏损高场强元素HFSE（Nb、Ta和Ti）的特征却显著区别于N-MORB，而与俯冲带环境的弧前玄武岩或弧后盆地玄武岩相似（Bédard et al.，2009；Dai et al.，2013；Hébert et al.，2012；Bao et al.，2013，2014；Chan et al.，2015；Xiong et al.，2016）。蛇绿岩中的地幔橄榄岩矿物化学成分变化介于深海橄榄岩和弧前橄榄岩之间，指示它们经历了有限的再饱满过程（Hébert et al.，2003；Dubois-Côté et al.，2005；Bédard et al.，2009），其全岩富集LILE和U型REE曲线的特征与俯冲带弧前橄榄岩或弧后橄榄岩相似，也明显区别于MOR环境的深海橄榄岩（Xu et al.，2011；Xiong et al.，2015，2017a、b；Li et al.，2017；Lai et al.，2017；Xiong et al.，2018；Xiong et al.，2020；Zhao et al.，2021）。此外，蛇绿岩中多数豆荚状铬铁矿也具有俯冲带的地球化学印记（Zhou et al.，1996，2014；连东洋等，2014；Zhao et al.，2020；Xiong et al.，2015，2017a、b，2018，2020；Su et al.，2019；Zhang et al.，2019），这些特征均指示蛇绿岩可能受到了起源于俯冲带环境流体的改造。有关雅鲁藏布江缝合带蛇绿岩形成地质背景以时间为脉络，先后出现如下有关SSZ构造背景的观点：①大陆边缘弧弧后盆地（Hsu et al.，1995；肖序常等，1998；刘小汉等，2009）；②洋内岛弧弧前或弧后盆地（Aitchison et al.，2000，2011）；③大陆边缘弧弧前盆地（Dai et al.，2013，2021；Maffione et al.，2015；Huang et al.，2015；Xiong et al.，2016，2017；Wang et al.，2017；Liu et al.，2020）。

1. 大陆边缘弧弧后盆地

20世纪90年代以来的多岛海模型认为，雅鲁藏布江缝合带蛇绿岩起源于陆间弧后代表喜马拉雅陆弧与拉萨地块之间的狭长弧后裂陷盆地，而特提斯喜马拉雅沉积岩系属于晚三叠世时从欧亚板块南缘拉分出去的大陆边缘弧（Hsu et al.，1995；肖序常等，1998）。刘小汉等（2009）通过详细的构造沉积研究发现雅鲁藏布江缝合带蛇绿岩带以狭窄的平行条带产出，其构造样式在南北剖面上总体呈现对称状，没有自南向北俯冲碰撞的统一构造极性，认为雅鲁藏布江缝合带蛇绿岩属于部分洋壳化的弧后裂陷盆地，真正的新特提斯洋可能伏于喜马拉雅南坡西瓦里克之下（刘小汉等，2009）。

2. 洋内岛弧弧前或弧后盆地

21世纪以来，藏南地区沟-弧-盆体系得以确立，缝合带中冈底斯岩浆弧和日喀则弧前盆地被认为是欧亚大陆边缘的组成部分，而泽当地块（泽当弧）、大竹曲地块（蛇绿岩）和白朗地块（嘎学群）分别被解释为洋内俯冲带的火山弧、弧前蛇绿岩和俯冲增生杂岩（Aitchison et al.，2000，2002，2007，2011；Aitchison et al.，2004；McDermid et al.，2002；Ziabrev et al.，2004）。有观点认为白垩纪—新近纪期间新特提斯至少包含两个近东西向展布、北倾的俯冲体系：一个是分布在北纬20°~30°附近沿欧亚大陆南缘呈东向延伸近13000 km的安第斯型俯冲带（喀喇昆仑-冈底斯弧）；另一个是当时广泛分布在新特提斯洋低纬度的跨特提斯俯冲系统（科希斯坦-拉达克弧和印度河-雅鲁藏布江缝合带蛇绿岩）。俯冲之前两者相距1500~3000 km，欧亚大陆和印度大陆拼合经历了弧-陆碰撞到陆-陆碰撞的转变，是两个俯冲带拼合的结果（Bédard et al.，2009；Aitchison et al.，2011；Bouilhol et al.，2013；Replumaz et al.，2014；Jagoutz et al.，2015；Burg et al.，2018）。这就意味着，雅鲁藏布江缝合带蛇绿岩可能保存了新特提斯完整的洋内俯冲记录。已有研究表明，雅鲁藏布江缝合带蛇绿岩岩石组合可以识别出两组类型。一组的洋壳全岩轻微亏损Nb和Ta、具有弧后盆地玄武岩亲缘性，地幔橄榄岩为亏损的MORB地幔经历低程度（7%~12%）部分熔融的残余，主要分布在吉定、路曲、群让、白朗和大竹曲岩体，西段的休古嘎布和萨嘎岩体也有出露（Dubois-Côté et al.，2005；Bédard et al.，2009；Bezard et al.，2011）。另一组洋壳富集LREE，明显亏损Ta和Nb，显示出岛弧的亲缘性，地幔橄榄岩是亏损的MORB地幔经历高程度（17%~40%）部分熔融的残余，主要出露于桑桑、群让、白岗、大竹曲和泽当金鲁地区（Dubois-Côté et al.，2005；Bédard et al.，2009）。Hébert et al.（2012）系统总结了缝合带沿线的蛇绿岩洋壳地球化学数据，认为雅鲁藏布江缝合带蛇绿岩是欧亚大陆南缘洋内岛弧多阶段演化的结果，可类比于现代小笠原-马里亚纳洋内俯冲带：①中晚侏罗世期间，蛇绿岩为早期洋内俯冲的产物，罗布莎被认为是初始岛弧的弧前盆地，而泽当、金鲁、东波和普兰岩体则源自洋内弧裂解形成的弧后盆地；②早白垩世期间，随着新特提斯俯冲板片后撤，洋内弧持续裂解，缝合带中最广泛的出露的蛇绿岩开始形成，其中普兰、东波、当穷-休古嘎布、仲巴、萨嘎、桑桑、拉孜、吉定、路曲、夏鲁、群让、白岗岩体为弧后盆地的产物，而大竹曲、大竹卡和罗布莎岩体可能保存了早白垩世的弧前伸展记录。

3. 大陆边缘弧弧前盆地

值得注意的是，近年来越来越多的古地磁和沉积岩证据似乎支持雅鲁藏布江缝合带蛇绿岩起源于欧亚大陆南缘。Pozzi et al.（1984）对比了日喀则蛇绿岩、弧前盆地复理石和拉萨地块南缘的古地磁数据，发现它们的古纬度相近（10°~20°N）。尽管Abrajevitch et al.（2005）后来报道的古地磁结果截然相反，其认为蛇绿岩顶部放射虫硅质岩、泥岩和火山碎屑岩起源于赤道附近（2.7°±3.08S，7.9°±2.78N，1.4°±5.78N），但最近的高精度古地磁数据支持了Pozzi et al.（1984）的结果（Huang et al.，2015）。弧前盆地复理石与蛇绿岩套呈沉积接触，两者具有时空连续性，碎屑锆石的物源主要来自北侧的拉萨和羌塘地体，指示蛇绿岩为弧前盆地的基底（Wang et al.，2012，An et al.，2014；Huang et al.，2015；Wang et al.，2017b）。随着初始俯冲定律（Subduction Initiation Rule，SIR）被广泛用于识别蛇绿岩的构造背景，越来越多的学者认为雅鲁藏布江缝合带蛇绿岩可能起源于安第斯型大陆边缘的弧前环境（Dai et al.，2012；Liu et al.，2020；Wang et al.，2017；Zhong et al.，2019；Zheng et al.，2019）。Whattam et al.（2011）将在岛弧形成过程中火山岩从底部到顶部构成MORB-like（MORB/弧前玄武岩）向Arc-like（玻安岩、高镁安山岩、岛弧拉斑玄武岩和钙碱性玄武岩）逐渐演化的岩石地球化学层序称为初始俯冲定律。而弧前玄武岩起因和N-MOR玄武岩与弧后盆地玄武岩类似，是软流圈地幔减压熔融的产物，它们的形成基本上没有俯冲板片物质的贡献，但它们低的 HFSE（TiO_2，P_2O_5，Zr）、Ni 和 REE 含量，以及低的强不相容元素和弱不相容元素比值（例如 Sm/Yb，Zr/Yb，Ce/Yb，Ti/V，Zr/Y，Zr/Sm，La/Yb）则不同于 N-MOR 玄武岩和弧后盆地玄武岩，反映源区可能存在更古老的熔体抽取事件（Reagan et al.，2010，2017；Shervais et al.，2018）。

玻安岩是一种高镁安山岩，其特征为高 SiO_2（>52%），高 MgO（>8%），低 TiO_2（<0.5%），包含橄榄石、斜方辉石和单斜辉石斑晶，但缺少斜长石和角闪石斑晶（Johannsen，1937；Cameron et al.，1979；Le Bas，2000，Reagan et al.，2010，2017；Kanayama et al.，2012；Umino et al.，2018；Woelki et al.，2018）。它是先期熔融的高度亏损的热地幔在俯冲带流体交代的作用下部分熔融形成的熔体，代表了最早的弧岩浆（Falloon et al.，2000；Flower，2003；Van der Laan et al.，1989；Umino et al.，1989）。俯冲带的富水流体交代热的、高度亏损的难熔方辉橄榄岩会导致玻安岩富集 LILE 和 Ni，Cr 等难熔元素，亏损 HFSE（例如 Ti，Zr，Y），形成独特的 U 型 REE 形态（Meijer，1980；Crawford，1989；Le Bas，2000）。有人根据雅鲁藏布江缝合带蛇绿岩中玻安岩的报道（张旗，1990；陈根文，2003），将 SIR 应用于雅鲁藏布江缝合带蛇绿岩形成（Dai et al.，2013；Liu et al.，2020；Wang et al.，2017；Zhong et al.，2019；Hu et al.，2020）。但该构造演化模型仍然具有诸多争议，许多人认为雅鲁藏布江缝合带蛇绿岩的玻安岩缺乏岩相学证据的支持，而且完整的蛇绿岩剖面从未厘定出 IBM 地区的地球化学层序（Zhang et al.，2016a；Bao et al.，2013）。Xiong 等人将泽当地区地幔橄榄岩分为冷的方辉橄榄岩域和热的二辉橄榄岩域，认为雅鲁藏布江缝合带蛇绿岩经历了两阶段初始俯冲作用：早侏罗世—早白垩世北向俯冲到拉萨地块之下新特提斯板片前锋向南后撤导致软流圈地幔上涌形成弧前方辉橄榄岩，而早白垩世的俯冲板片断离导致软流圈上涌形成饱满的二辉橄榄岩和 MORB-like 型的玄武质洋壳，同时也导致冈底斯进入了岩浆间歇期（Xiong et al.，2016，2017）。Xiong 发现的现象有待进一步证实，Kapp et al.（2019）也提出相似认识、他们认为欧亚板块和印度板块碰撞之前，俯冲到拉萨地块南缘的新特提斯板片多次向南迁移，造成了冈底斯弧 174~156 Ma、132~120 Ma 和 90~70 Ma 的岩浆宁静期。Maffione et al.（2015）的弧前过度伸展模型认为保存在蛇绿岩中的拆离断层调节了俯冲带上覆板片的伸展过程，导致活动大陆边缘的 SSZ 蛇绿岩也出现类似慢速扩张洋脊的构造样式。

二、早期 MOR 至晚期 SSZ 的多阶段演化

许多人认为雅鲁藏布江缝合带蛇绿岩的起源不是单一的 MOR 环境或 SSZ 环境，而是经历了 MOR 到 SSZ 的两阶段演化，这种 MOR 叠加 SSZ 印记在地幔橄榄岩地球化学成分中表现得尤为明显（Guo et al.，2015；Bao et al.，2013，2014）。地幔橄榄岩全岩亏损 CaO、Al_2O_3 和 REE，指示它们是 MOR 环境下经历了 10%~20%熔体抽取的残余，而全岩富集 LILE、LREE 以及 U 型稀土分布型态则反映了 SSZ 环境下的再饱满的过程（Zhou et al.，1996；Hébert et al.，2000，2001，2003，2012；McDermid et al.，2002；Malpas et al.，2003；Dubois-Côté，2005；Xu et al.，2011；Liu et al.，2010；Liu et al.，2012；Dai et al.，2012）。地幔橄榄岩 $^{187}Os/^{188}Os$ 同位素包含 0.126 Ga 和 1.0~2.2 Ga 两个峰值，分别对应中生代和元古宙的熔体亏损事件（Griffin et al.，2016；Gong et al.，2016，2021；Xu et al.，2020；Zhao et al.，2021），Xu et al.（2020）认为它们记录了比洋壳岩石更加复杂的早期演化历史。250 Ma 之前的俯冲或拆沉导致元古宙的大陆岩石圈地幔残片并入对流地幔，250 Ma 左右古特提斯向南俯冲导致东冈瓦纳大陆因弧后扩张作用裂解，新特提斯打开，软流圈上涌和致使老的大陆岩石圈地幔与新生地幔混合，随后的新特提斯俯冲促使硫过饱和的弧前玄武岩形成。

四、多种构造背景拼贴

持这种观点的人认为，尽管雅鲁藏布江缝合带蛇绿岩带具有诸多共性，但也可能是一系列不同构造属性、不同时代的岩石圈残片经构造叠置作用拼贴而成的，狭义的雅鲁藏布江缝合带蛇绿岩带出露位置可能不宜简单将其作为印度-欧亚大陆之间碰撞拼贴的最终几何界面（张旗等，2001；胡敬仁

等，2004；肖文交等，2017）。张旗等（2001）认为雅鲁藏布江蛇绿岩中大竹卡块体出露的堆晶岩系列为橄榄岩-橄长岩-辉长岩，壳层熔岩为 N-MORB，而德村-吉定块体和罗布莎堆晶岩系列为橄榄岩-辉石岩-辉长岩，壳层熔岩包括玻安岩、岛弧拉斑玄武岩和 MORB，表明不同地区蛇绿岩块体可能产自不同的构造背景。胡敬仁等（2004）在缝合带中解体出日喀则弧前蛇绿岩、白朗-联乡洋脊蛇绿岩、仁布岛弧蛇绿岩和卡堆板内蛇绿岩四种类型。李文霞等（2012）通过统计已发表的数据，认为雅鲁藏布江缝合带蛇绿岩至少存在大陆岛弧型、地幔柱-洋内热点型、洋中脊-大洋岛弧型和典型大洋岛弧型 4 种类型的洋壳。

五、洋岛玄武岩和地幔柱模式

在前人 MOR 型蛇绿岩和 SSZ 型蛇绿岩分类基础上，Dilek et al.（2011）增加了大陆边缘型（Continental Margin）和地幔柱型（Plume）蛇绿岩分类。其中的地幔柱蛇绿岩形成在地幔柱扩张和海底高原环境（如，加勒比高原）（Kerr et al.，2009），其特征是具 OIB 性质的深成岩和火山岩层序，显示亏损的到富集的微量元素特征（Pearce，2008；Dilek et al.，2011）。

前人在雅鲁藏布江缝合带从西至东，包括东波、普兰、达吉翁、休古嘎布、仲巴、加纳崩、巴尔、萨嘎、桑桑、吉定、仁布、白朗和东构造结等众多蛇绿岩中，均识别出 OIB 型的碱性玄武岩等基性岩类，时代为侏罗纪—早白垩世（165~125 Ma），认为这些基性岩组合是新特提斯大洋岩石圈的残余，它们曾发育在地幔柱附近的海底扩张系统中，它们的存在表明地幔柱在缝合带中的早期洋壳岩石形成过程中的贡献，包括洋脊的打开和驱动洋底的运移等（He et al.，2016；Zhang et al.，2005；Xia et al.，2008；Zhu et al.，2008；Geng et al.，2010；Dai et al.，2012；Liu et al.，2013b，2014）。这些 OIB 类岩石由西至东岩石地球化学和 Sr-Nd-Pb 同位素的印记一致，显示了相同的熔体演化特征，指示它们可能有一个共同的地幔柱（mantle plume）源区（Xu et al.，2015；Yang et al.，2015）。认为这些与地幔柱有关的 OIB 岩石没有洋壳俯冲作用的印记，比同带中与俯冲有关的蛇绿岩洋壳时代（主要在 130~120 Ma）略早或一致，后者随着洋盆的扩展，发育成为雅鲁藏布江蛇绿岩带中的洋壳主体，它们共同记录了新特提斯洋盆的复杂演化历史。

通常认为地幔柱的活动持续大于 100 Ma，它们可以影响到周围一个范围数百千米甚至更大的区域。例如在太平洋中出现的海山链，它们可以沿或穿过现代的洋中脊展布（He et al.，2016；Madge et al.，1995；Aberset al.，1988；Kearey et al.，2009），这些特征可能会有助于在雅鲁藏布江缝合带中识别更多地幔柱活动的证据。蛇绿岩地幔橄榄岩和铬铁矿中发现金刚石等超高压矿物后，Yang 等学者认为它们可能形成在地幔过渡带深度，其侵位与地幔柱密切相关（Yang et al.，2014，2015，2021；Doucet et al.，2021）。

第六节　新特提斯洋盆的演化：讨论与展望

自 20 世纪 80 年代中法合作考察点燃雅鲁藏布江蛇绿岩的研究热情以来，历时已 40 余载，研究重点也从对蛇绿岩单纯的构造背景识别转向新特提斯洋演化历史及其地球动力学研究。但总的来看，随着关于雅鲁藏布江蛇绿岩形成的构造环境的深入展开，不仅存在很多不同观点，甚至不同学者对藏南雅鲁藏布江蛇绿岩的基本事实的认识依然存在分歧。产生这种状况的原因可能是多方面的，讨论如下。

一、雅鲁藏布江缝合带蛇绿岩的空间展布规律

从宏观地质特征来看，雅鲁藏布江缝合带蛇绿岩包含巨型推覆体、准原位岩体和混杂岩残片 3 种构造样式，反映了不同的构造历史。其中巨型推覆体以缝合带西段东波、普兰、公珠错、当穷-休古嘎布岩体，中段的大竹卡岩体和东段的罗布莎岩体为代表，这些岩体虽然经历了构造移置，但除了岩

体边缘的接触带外，其内部接触关系保存完好，岩石新鲜。准原位岩体以日喀则弧前盆地限定的白马让、夏鲁、群让、得几和白朗蛇绿岩为代表。这类岩体与弧前盆地构成连续的整体，在形成和就位过程中几乎未被肢解，它们原始的接触关系基本没有改变，研究这类岩体能够最大限度地还原蛇绿岩的构造背景和岩浆过程。混杂岩残片以缝合带西段北亚带的达机翁、巴尔、错布扎岩体，中段的仁布岩体和东段的泽当岩体为代表，这类被肢解成大小不一的岩块经历多期构造作用，呈零星块体散布于周围的海相地层中，蛇绿岩层序难以恢复，这些小块体的构造属性判定对恢复新特提斯的演化历史也很重要。

基于蛇绿岩洋壳的研究，雅鲁藏布江缝合带蛇绿岩形成的构造背景涵盖了全球大洋岩石圈所有的已知构造背景。若基于对雅鲁藏布江缝合带地幔橄榄岩的研究，雅鲁藏布江缝合带主要分布两种类型蛇绿岩。其一以日喀则蛇绿岩（Dupuis et al.，2005；Guilmette et al.，2008）、萨嘎和桑桑蛇绿岩（Bédard et al.，2009）为代表，为典型的形成于 SSZ 环境的蛇绿岩，主要分布于雅鲁藏布江缝合带蛇绿岩带中段。其二以罗布莎蛇绿岩（Yang et al.，2007；Yamamoto et al.，2009；Xu et al.，2011）、普兰蛇绿岩（Liu et al.，2010；徐向珍等，2011）、休古噶布蛇绿岩（徐德明等，2007）、巴尔蛇绿岩（李源等，2012）、达机翁蛇绿岩（连东洋等，2014）为代表，主体形成于 MOR 环境，但受到了后期不同程度 SSZ 环境的改造，主要分布于雅鲁藏布江蛇绿岩带东段和西段。蛇绿岩洋壳岩石与地幔橄榄岩对蛇绿岩形成构造背景判别具有耦合性，但也会存在一些特殊情况（Yang et al.，2021）。

二、雅鲁藏布江缝合带蛇绿岩的层序问题

印度河-雅鲁藏布江缝合带蛇绿岩基本事实的认定仍然存在许多争议。彭罗斯层状模型被认为是现代大洋岩石圈的标准模型，主要源自 1963 年 Raitt 发表了莫霍面之上的大洋岩石圈具有 3 层结构的论述（Juteau et al.，1999）。彭罗斯会议认为大洋岩石圈中地震波速垂向上的变化反映了岩性的变化：第一层（v_p<3 km/s）为沉积层，第二层（3~5 km/s<v_p<6~7 km/s）为玄武岩和辉绿岩墙群，第三层为（6.7 km/s<v_p<7.7 km/s）辉长岩。随着深海钻探计划（Deep Sea Drilling Program，DSDP，1968—1983）、大洋钻探计划（Ocean Drilling Program，ODP，1983—2003）、综合大洋钻探计划（Integrated Ocean Drilling Program，IODP，2003—2013）和国际大洋发现计划（International Ocean Discovery Program，IODP，2013—2023）陆续展开，研究者对大洋岩石圈结构多样性的理解更加直观。1973—1974 年，DSDP Leg 34 和 DSDP Leg 37 钻孔岩芯首次获得浅部的玄武岩、辉长岩和橄榄岩样品，表明洋壳的侧向和纵向是不均一的，彭罗斯层状模型可能仅为大洋岩石圈的一个端元模型（Ildefonse et al.，2014）。

现代洋中脊按照洋中脊两侧板块运动速率被划分为快速（80 ~ 180 mm/a）、中速（55 ~ 70 mm/a）、慢速（<55 mm/a）和超慢速扩张洋脊（Dick et al.，2003）。彭罗斯模型类似东太平洋 Hess Deep 和 Cocos 板块等快速扩张洋脊系统，但并不适用于占全球洋中脊 80%长度的中速-超慢速扩张洋脊系统。慢速-超慢速扩张洋脊的大洋岩石圈有着区别于经典蛇绿岩的壳幔结构，表现在地幔橄榄岩常常直接剥露海底并被薄的玄武岩或深海沉积物直接覆盖，洋壳底部的辉长岩规模非常小，常常呈岩块挤入局部蛇纹石化的地幔橄榄岩、辉绿岩墙和熔岩壳中（Cannat，1996；Dick，1989；Tucholke et al.，1994）。更重要的是，地幔橄榄岩表层广泛分布着长期存在的、包含脆性和塑性变形的大型剪切带，被称为拆离断层，它们既可以将扩张脊下的深成岩基底抬升到海底的位置，又是海水下渗产生热液交代和洋底变质的主要通道，相应的拆离断层下盘穹窿状的地幔橄榄岩体被称为大洋核杂岩（oceanic core complex）（Escartín et al.，2008，2011；Hansen et al.，2013；Karson et al.，2006；MacLeod et al.，2002；Maffione et al.，2013；Smith et al.，2006；Tucholke et al.，2008）。

最初认为大洋核杂岩只出现在慢速扩张洋脊末端（Tucholke et al.，1998，2001；Ohara et al.，2001；Reston et al.，2002；Searle et al.，2003），但是目前已经发现大洋核杂岩的出露范围更加广泛（Smith et al.，2006，2008）。它们不仅广泛出露在全球慢速-超慢速扩张洋脊系统，也可以出现在俯冲带环境中（Tani et al.，2010；Maffione et al.，2015；Morris et al.，2017）。比如出露在菲律宾海弧

后盆地中的 Godzilla Megamullion 大洋核杂岩为目前全球已知最大的大洋核杂岩（Tani et al.，2010；Ohara，2016）。此外，造山带蛇绿岩中也陆续识别出慢速扩张洋脊的拆离断层，如加拿大阿巴拉契亚的 Thetford-Mine 蛇绿岩（Tremblay et al.，2009）、Josephine 蛇绿岩（Norrell et al.，1988），阿尔巴尼亚 Mirdita 蛇绿岩（Tremblay et al.，2009；Miranda et al.，2010；Maffione et al.，2013；Nicolas et al.，2017），西阿尔卑斯 Chenaillet 蛇绿岩（Manatschal et al.，2011），伊朗扎格罗斯造山带 Kermanshah 蛇绿岩和西藏普兰、日喀则蛇绿岩（Liu et al.，2014；Maffione et al.，2015；李源等，2016）。这些蛇绿岩都显示出构造化和不均一的海洋岩石圈，表现在蛇纹石化地幔橄榄岩和辉长岩常常沿着拆离断层直接出露在洋底，辉长岩和辉绿岩侵入地幔橄榄岩中，并发育一定规模的同伸展的蛇绿质角砾岩，玄武质熔岩较少，常常与深海沉积物（硅泥质岩或灰岩）一起直接覆盖在蛇纹石化地幔橄榄岩之上（敖松坚等，2016）。

雅鲁藏布江缝合带蛇绿岩包含多种产状，有的蛇绿岩规模巨大，保存了较完好的层序（如日喀则蛇绿岩），有的蛇绿岩呈逆冲的飞来峰就位在印度大陆北缘深水沉积层序上（如东波蛇绿岩），有的蛇绿岩在造山作用下逆冲推覆到欧亚活动大陆边缘（如罗布莎蛇绿岩），也有的蛇绿岩被强烈肢解，呈串珠状构造透镜体断续分布在俯冲增生杂岩内（如仲巴蛇绿岩）（Gansser，1980；Xu et al.，2015）。通过对印度河-雅鲁藏布江缝合带蛇绿岩岩石组合的梳理，印度河-雅鲁藏布江缝合带蛇绿岩主要特征归纳为：①发育大规模地幔橄榄岩，而洋壳单元较薄，壳幔之间缺乏明显的岩石学莫霍面，地幔橄榄岩和豆荚状铬铁矿的成分显示出明显的不均一性。②堆晶岩出露规模较小，且分布极不均一，多以岩床的形式分布在方辉橄榄岩内部或呈囊状、袋状或团块状的形式被辉绿岩床捕获。③岩墙群较少，取而代之的是顺层侵入的席状岩床，它们常见于玄武质熔岩和下伏蛇纹岩剪切带之间，且常常侵入蛇纹岩剪切带中。④玄武岩与底部席状岩床呈渐变接触关系，局部地区可见玄武岩直接覆盖在蛇纹岩之上，包含块状构造、枕状构造、气孔杏仁状构造和球颗状构造。⑤晚白垩世的辉绿岩脉自下而上贯穿了整个蛇绿岩层序。⑥晚白垩世含放射虫硅质岩与顶部玄武岩互层，局部直接覆盖到蛇纹石化地幔橄榄岩之上。

这里的问题是，印度河-雅鲁藏布江缝合带的超镁铁质-镁铁质岩体彭罗斯层序的缺失是蛇绿岩的原始状态还是后期构造肢解所致？我们知道，即使是保留最为完好的日喀则蛇绿岩，类似阿曼和塞浦路斯蛇绿岩那样完整的莫霍面也几乎无迹可寻，取而代之的是局部出露的透镜状堆晶岩（Liu et al.，2019，2020），说明大规模堆晶岩层序的缺失极可能为这些蛇绿岩的原始状态，毕竟规模如此巨大的蛇绿岩带选择性地肢解某一个岩石单元是极不寻常的，何况东波、普兰、日喀则和罗布莎蛇绿岩地幔橄榄岩足够新鲜，内部单元具有连续性，很可能作为一个整体仰冲就位到被动大陆边缘（Ding et al.，2005；Xu et al.，2015）。如果将印度河-雅鲁藏布江缝合带蛇绿岩放置到严苛的定义下进行审视，它们包含了具有深海橄榄岩和弧前橄榄岩的地幔橄榄岩单元，时代相近的堆晶橄长岩、辉长苏长岩和辉石岩、均质辉长岩、席状岩床和枕状熔岩，这些壳层岩均来自与洋中脊玄武岩类似的亏损地幔源区，而没有表现出任何陆壳混染的迹象，上覆地层为典型的深海含放射虫硅质岩（Nicolas et al.，1981；王希斌，1987；吴福元等，2014），因而把它们当作代表大洋岩石圈的蛇绿岩是可以接受的。

另一个涉及蛇绿岩层序的重要问题是罗布莎蛇绿岩层序是否倒转？罗布莎蛇绿岩平面略呈一平置的反“S”形向南倾斜的单斜块体，自北向南可划分出基性-超基性堆晶杂岩岩相带、纯橄岩岩相带、方辉橄榄岩夹纯橄岩岩相带（Zhou et al.，1996；Yang et al.，2007；Xu et al.，2015）。与雅鲁藏布江缝合带绝大多数蛇绿岩一样，罗布莎蛇绿岩层序均被 130~120 Ma 的辉绿岩脉侵入（吴福元等，2014；Zhang et al.，2016）。根据对日喀则地区的研究，蛇绿岩洋壳总是集中出现在岩体边缘，而地幔橄榄岩单元核部则较为少见（李源等，2016），详细的构造研究表明这些蛇绿岩洋壳基本是沿着地幔橄榄岩的拆离断层侧向侵位到浅表形成大规模的辉绿岩床（Li et al.，2021），这样的结果往往导致地幔橄榄岩与洋壳单元在空间上呈并置关系，而非彭罗斯型蛇绿岩的顶底关系（敖松坚等，2016）。这样一来，后期的构造侵位很容易导致蛇绿岩壳幔过渡的薄弱带因逆冲作用而分离，彼此之间相互错动进而产生“层序倒转”的现象。Xu et al.（2015）对泽当-罗布莎蛇绿岩及其深钻岩芯（LBSD-1，

1478.8 m）和（LBSD-2，1853.8 m）进行了详细的野外构造考察和室内组构研究工作研究，查明了蛇绿岩体的产出特征及与不同围岩的接触关系，确定了两条围限岩体的大型逆冲型韧性剪切带的性质，识别出蛇绿岩侵位过程中经历过早期由北而南仰冲和晚期由南而北倒转推覆两期构造运动。这种结构在桑桑和 Nidar 蛇绿岩也有报道（Guilmette et al.，2012；Mascle et al.，2012）。总的来看，可以认为蛇绿岩地幔单元和洋壳单元原始的空间关系是水平并置的，多期构造活动可能对蛇绿岩内部建造的调整影响不大。

三、雅鲁藏布江缝合带蛇绿岩的时代问题

雅鲁藏布江缝合带中蛇绿岩形成的时代，对认识该地区乃至全球的板块构造事件和动力学背景甚为关键。为此，前人多年来一直在开展多种方法的年代学探讨，积累了大量的数据。蛇绿岩洋壳岩石的同位素年龄为蛇绿岩的岩浆结晶时代提供最直接的证据，从已发表的数据来看，东段泽当和罗布莎蛇绿岩主要形成于晚侏罗世（周肃等，2002；钟立峰等，2006；李建峰等，2008；Bao et al.，2014；Liu et al.，2020），而中段和西段蛇绿岩形成于晚白垩世（Dai et al.，2013；Liu et al.，2016），有学者认为雅鲁藏布江缝合带蛇绿岩洋壳时代具有东早西晚的特征（李建峰等，2008，2009）。但随着数据的积累，人们逐渐认识到印度河-雅鲁藏布江缝合带洋壳年龄表现出高度的一致性，主要集中在120～130 Ma 的范围内（Hébert et al.，2012；吴福元等，2014），部分蛇绿岩显示了侏罗纪的年龄（160～170 Ma）。这些侏罗纪年龄的蛇绿岩有 Spongtang 蛇绿岩（177±1 Ma；Pedersen et al.，2001）、东波蛇绿岩地幔橄榄岩中的辉长苏长岩（GCT-329，159.7±0.5 Ma）、吉定和大竹卡蛇绿岩的辉长岩（174.0±3.8 Ma，169.1±1.9 Ma；Wang et al.，2017）、白朗石榴子石辉石岩（149.0±3.1 Ma；赵佳楠等，2015）、泽当和罗布莎蛇绿岩洋壳岩石（150～160 Ma；周肃等，2001；韦栋梁等，2006；钟立峰等，2006；刘维亮等，2013；McDermid et al.，2002；Chan et al.，2007；Zhong et al.，2006；Chan et al.，2015；Liu et al.，2020）。检查这些侏罗纪的洋壳年龄，发现其中大部分样品的产状并不明确，数据量也相对较少，与最广泛分布的白垩纪年龄相比，可能无法代表形成主洋盆的时代。但从地幔橄榄岩的 Re 同位素亏损的模式年龄来看，雅鲁藏布江蛇绿岩地幔和洋壳限定的蛇绿岩时代存在显著差异，地幔橄榄岩时代为比蛇绿岩洋壳更老的中生代（Day et al.，2017），同时地幔橄榄岩 Re 亏损的模式年龄也包含中元古代和新元古代的年龄（1.0～2.2 Ga）的样品，反映了岩石中存在大陆岩石圈地幔的记录（Liu et al.，2015，Aulbach et al.，2016，Luguet et al.，2016）。说明雅鲁藏布江蛇绿岩中记录了复杂的壳幔演化历史，而这些侏罗纪的洋壳可能源自早期局部的熔体亏损事件。研究显示萨嘎、日喀则和泽当变质底板角闪石矿物 $^{40}Ar/^{39}Ar$ 年龄为 123.5±1～128.9±1.3 Ma（Guilmette et al.，2008，2009，2012；Zhang et al.，2020），与早白垩世蛇绿岩洋壳的时代一致，指示蛇绿岩的形成和就位可能是同时的（Guilmette et al.，2008，2009，2012）。

基于上述研究，可以推测雅鲁藏布江缝合带蛇绿岩的地幔橄榄岩大规模的熔体亏损事件源自中生代新特提斯洋的打开，而蛇绿岩和泽当地体基性岩的侏罗纪年龄可能代表洋内初始裂解的时代，而蛇绿岩洋壳最广泛的基性岩年龄可能代表先期存在的洋内俯冲系统再次发生弧前伸展的时代。

四、印度河-雅鲁藏布江缝合带蛇绿岩的构造演化

围绕冈瓦纳大陆裂解、新特提斯洋关闭和青藏高原地体聚合的历史，目前已经取得较为清晰的认识。晚古生代期间，印度大陆位于冈瓦纳中心位置，拉萨地体位于冈瓦纳大陆北缘，即印度大陆北缘的大印度板块（Greater India）或澳大利亚西北部附近（Metcalfe et al.，2021；Zhu et al.，2009）。晚三叠世伊始，中特提斯洋向南俯冲诱发东冈瓦纳大陆弧后扩张，裂解的拉萨地体向北漂移，从此拉开了新特提斯洋演化的序幕（Zhu et al.，2011）。侏罗纪期间，Bouvet 地幔柱活动导致东冈瓦纳（澳大利亚、南极洲、印度和马达加斯加）和西冈瓦纳（非洲和南美洲）大陆裂解，新特提斯洋持续扩张，拉萨和羌塘地体不断向当时的欧亚大陆南缘汇聚；白垩纪期间，Kerguelen 和 Reunion 地幔柱活动驱使印度板块与西澳大利亚、南极洲和马达加斯加分离，印度洋逐渐打开，新特提斯洋在印度板块向北漂移的背景下急剧

萎缩，直到始新世晚期在印度大陆与拉萨地体碰撞的背景下最终关闭（Chatterjee et al.，2013）。据此提出新特提斯洋蛇绿岩构造演化历史如下（图1-22）。

随着拉萨地块在三叠纪向北漂移，新特提斯洋打开（Zhu et al.，2009，2011；Metcalfe，2013，2017，2021），海底初始扩张可能经历构造驱动转向岩浆驱动的过程（Gillard et al.，2017），位于拉萨地块一侧的洋陆转换带岩石圈形成的多个拆离断层系统诱发下伏地幔持续剥露，被动上涌软流圈在原来的基底之上形成MORB洋壳，导致饱满的地幔橄榄岩逐渐亏损。早侏罗世期间，新特提斯洋地幔柱活动驱使大洋岩石圈向北初始俯冲到拉萨地体之下形成安第斯型大陆边缘（Metcalfe，2021），并形成泽当洋内弧以及蛇绿岩中侏罗纪的基性岩。早白垩世期间，先期俯冲的新特提斯大洋岩石圈与上覆板片解耦并向南后撤，诱发冈底斯弧前伸展形成新生的蛇绿岩拆离断层，肢解了先期存在的侏罗纪基性岩，导致新的蛇绿岩洋壳主体就位到海底并在弧前岩石圈下盘形成变质底板；同时，新特提斯洋海山或洋底高原随大洋岩石圈一起被俯冲到拉萨地体之下，少量海山残片就位到弧前岩石圈南侧的俯冲增生杂岩中，在弧前岩石圈经历约7 Ma的饥饿期后，弧前伸展作用再次转变为陆壳缩短，导致活动大陆边缘的113~110 Ma的弧前盆地沉积并覆盖在蛇绿岩套之上（Wang et al.，2017a），并产生冈底斯晚白垩世的岩浆活动，直到55 Ma左右印度板块和欧亚板块发生陆陆碰撞（Xu et al.，2015）。在这个模型中，自新特提斯洋打开以来，蛇绿岩地幔橄榄岩自始至终分布在拉萨地体南缘，并经历多期改造，而泽当地体，侏罗纪的洋壳残余，蛇绿岩洋壳的形成，甚至是碰撞期侵入蛇绿岩的基性岩都是地幔楔软流圈上涌的幕式事件。

五、蛇绿岩形成环境判定的多样性问题

目前蛇绿岩形成构造背景的判定主要基于与现代大洋岩石圈的对比，例如日喀则蛇绿岩、西阿尔卑斯等蛇绿岩的岩石圈结构与慢速扩张洋脊相似基本得到确认。但是，这种岩石圈结构是否只出现在现代大洋中脊构造环境是一个值得思考的问题。例如，最初认为大洋核杂岩只出现在慢速扩张洋脊末端（Tucholke et al.，1998，2001；Ohara et al.，2001；Reston et al.，2002；Searle et al.，2003），但是目前已经发现大洋核杂岩的出露范围更加广泛（Smith et al.，2006，2008），它们不仅广泛出露在全球慢速-超慢速扩张洋脊系统，也可以出现在俯冲带环境中（Tani et al.，2010；Maffione et al.，2015；Morris et al.，2017），而出露在菲律宾海弧后盆地中Godzilla Megamullion是目前已知的全球最大的大洋核杂岩（Tani et al.，2010；Ohara，2016）。类似的岩石圈结构也出现在Mirdita（Nicolas et al.，2017）和Thetford-Mine蛇绿岩中（Tremblay et al.，2009），它们却被认为是典型的SSZ蛇绿岩（Dilek et al.，2008；Pagé et al.，2008）。或许蛇绿岩的壳幔结构并非是识别其构造背景的关键依据。随着蛇绿岩的定义拓展（Dilek et al.，2011，2014），缝合带中洋岛玄武岩和其他基性岩块是否是蛇绿岩的组成部分，也是具体研究过程中无法回避和极具争议的话题（张旗，2015），它直接牵涉到蛇绿岩的时代分布和洋盆闭合历史。现代大洋盆地包含N-MORB，E-MORB和OIB等多种成因的岩浆岩，局部地区还包括岛弧玄武岩，如智利三联点和北极洋中脊（Klein et al.，1995；Bach et al.，1996），如何鉴别它们与真正俯冲带岩浆岩的区别需要更加细致的研究。

另一方面，鉴于SSZ蛇绿岩存在多样性，使得对其判别也面临许多问题。首先，初始俯冲定律（Subduction Initiation Rule，SIR）是否能够视作SSZ蛇绿岩的标准范式就有很大争议。目前全球尚未发现转换断层变为俯冲带的实例；特提斯蛇绿岩多数保存了深海沉积，而IBM地区并未发现这种岩石组合，而IBM地幔橄榄岩有古老的Re亏损的模式年龄的地区岛弧有可能是活动大陆边缘裂解而来（吴福元等，2018）；全球多处SSZ蛇绿岩并没有保留类IBM完整的初始俯冲的层序，假若这些弧岩浆全部在构造侵位过程中被肢解掉了，何以其他单元得以保存？显然初始俯冲模型是否具有普适性目前还存在疑问。研究显示，玻安岩也并非初始俯冲带特有的火山岩，它也可以形成于洋内弧（Meijer，1980；Cooper et al.，2010）、陆内弧（Tatsumi，2006）、弧后盆地（Falloon et al.，1992；Resing et al.，2011）和大洋高原等多种构造背景（Golowin et al.，2017）。此外，多数SSZ蛇绿岩中也识别出MORB-like玄武岩具有N-MORB的源区，例如Troodos蛇绿岩洋壳的熔岩与弧前玄武岩相

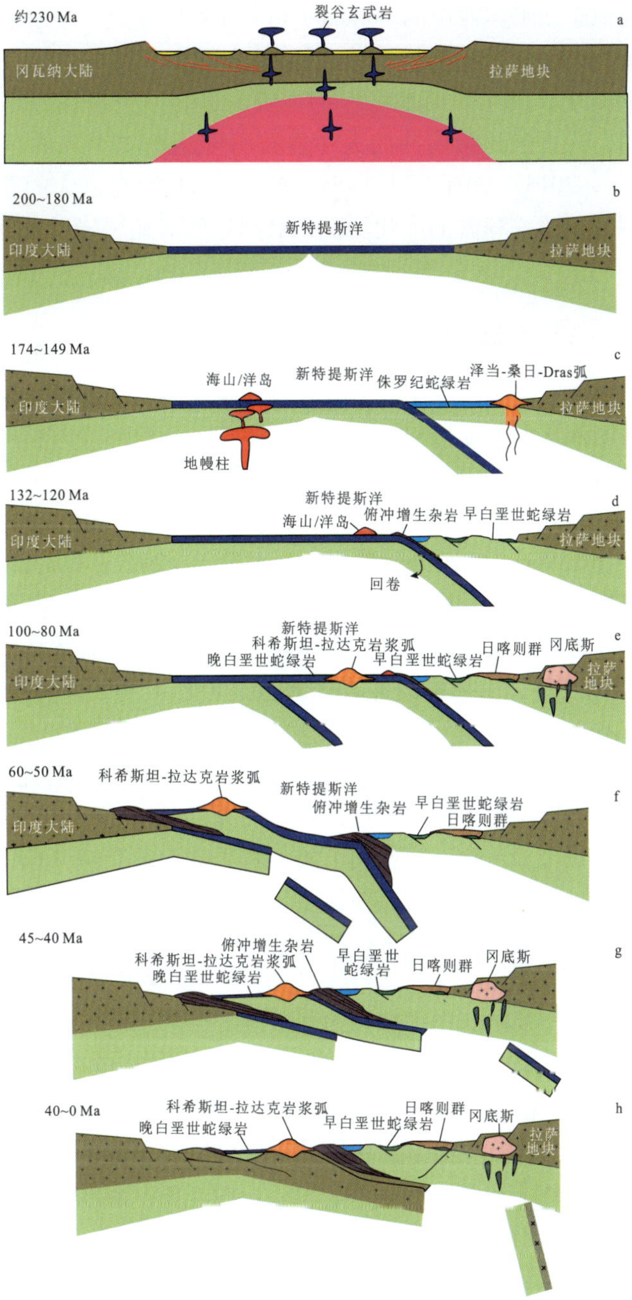

图 1-22 藏南新特提斯构造演化模式图

a—拉萨地块在晚三叠世之前一直与冈瓦纳大陆相连（Metcalfe，2006），晚三叠世在特提斯喜马拉雅、雅鲁藏布江缝合带以及澳大利亚西北缘的玄武岩指示了与新特提斯洋打开有关的区域性的裂谷事件（Huang et al.，2018；Lin et al.，2020；Meng et al.，2021）；b—早侏罗纪世东冈瓦纳（澳大利亚、南极洲、印度和马达加斯加）和西冈瓦纳（非洲和南美洲）大陆裂解，新特提斯洋持续扩张并发育为开阔的洋盆（Chatterjee et al.，2013；Gibbons et al.，2015），俯冲增生杂岩的并伴有侏罗纪的深海硅质岩；c—中-晚侏罗世新特提斯洋洋内热点形成（Yang et al.，2015；杨胜标等，2021），同时新特提斯板块沿拉萨地块南缘初始俯冲形成了欧亚大陆边缘的叶巴弧（Lang et al.，2019）、泽当-雄村-Dras-Matum、Das-Changmar 等地区的洋内弧（Aitchison et al.，2000；Saktura et al.，2020），以及雅鲁藏布江缝合带侏罗纪的弧前蛇绿岩（钟立峰等，2006；Liu et al.，2020）；d—早白垩世新特提斯洋板块向南后撤诱发广泛的弧前伸展，形成晚白垩世蛇绿岩，侏罗纪蛇绿岩洋壳被拆离断层肢解或被晚白垩世蛇绿岩洋壳置换，物源来自羌塘和拉萨的日喀则群沉积（Wu et al.，2010；Wang et al.，2012a）；e—晚白垩世新特提斯洋在赤道附近洋内俯冲形成晚白垩世科希斯坦-拉达克岩浆弧和晚白垩世蛇绿岩（印度河缝合带和安达曼群岛蛇绿岩；Bouilhol et al.，2011；Bandyopadhyay et al.，2021），拉萨地块南缘发育大规模的大陆边缘弧岩浆（Zhu et al.，2013；Dai et al.，2015）；f—始新世期间印度和欧亚大陆持续汇聚，晚白垩世的科希斯坦-拉达克岩浆弧和晚白垩世蛇绿岩向南与印度大陆相碰撞（弧陆碰撞；Jagoutz et al.，2015；Martin et al.，2020）；g—早白垩世蛇绿岩向南仰冲，西段的什约克蛇绿岩与科希斯坦-拉达克弧碰撞，雅鲁藏布江蛇绿岩直接推覆到印度被动陆缘之上（Jagoutz et al.，2015；Martin et al.，2020）；h—印度大陆与欧亚大陆直接碰撞，板片断离形成碰撞后花岗岩岩浆（Aitchison et al.，2002；Jagoutz et al.，2015；Martin et al.，2020）

比，其微量元素组成更类似于太平洋西南的 Fonualei 和 Lau 弧后盆地，暗示它们可能是弧后盆地扩张到岛弧或弧前洋脊-海沟-海沟或洋脊-海沟-转换断层的三联点，类似弧前玄武岩两阶段熔融模式可能只出现在 IBM 地区。再比如，阿尔卑斯地区保存了威尔逊旋回中裂谷、洋脊扩张和碰撞的岩浆记录，却没有岛弧岩浆作用，这反映初始俯冲的大洋岩石圈可能是“干”的，使得洋盆的闭合以机械作用为主（McCarthy et al.，2018）。由此可见，SSZ 蛇绿岩演化存在巨大的差异，将初始俯冲模型作为统一范式概括全球范围内 SSZ 蛇绿岩的演化历史，必然导致对蛇绿岩以及俯冲带的多样性和复杂性进行过度简化的诠释。

六、大洋岩石圈深部过程与浅部响应

随着地幔橄榄岩和铬铁矿中金刚石等深部矿物在全球越来越多的蛇绿岩中发现，许多学者开始从空间维度上考虑大洋岩石圈深部的活动过程，对蛇绿岩铬铁矿的深部成因和侵位机制提出新的模式。

基于蛇绿岩地幔橄榄岩和铬铁矿中金刚石等深部矿物的发现，杨经绥及其团队提出了铬铁矿在深部开始形成，经地幔柱和地幔对流携带到浅部的侵位模式（Yang et al.，2014，2015），并得到了许多国际同行的认可和支持（Rollinson，2015；Das et al.，2015，2017；Liou et al.，2014；Dilek et al.，2018）。认为深俯冲板片滞留在地幔过渡带后，其中的壳源放射性物质生热导致岩石熔融和脱水，元素从矿物中释放并随地幔柱上涌，在过渡带顶部由于物化条件的改变而结晶，结晶过程中则会包裹来自深部（>14 GPa）、低氧逸度环境中形成的超高压和强还原性矿物，并随地幔柱和地幔对流继续运移至浅部地幔。

日本学者较早接受了蛇绿岩中铬铁矿存在的超高压证据，并结合其对蛇绿岩铬铁矿的前期研究，提出了铬铁矿先在浅部形成，再深俯冲到地幔过渡带，经历了超高压环境改造后，再经地幔对流循环到浅部的成因模式（Arai et al.，2013），并得到了澳大利亚学者的支持（Griffin et al.，2016）。该模式认为，在地幔过渡带深度的含碳流体相的存在促使金刚石和碳硅石等含碳矿物的形成；铬铁矿中的柯石英和硅酸盐出溶可能来自浅部铬铁矿含水矿物和辉石溶解进入铬铁矿中后加压出溶；铂族元素和合金可能由于浅部铂族硫化物在深部高温下裂解脱硫形成。深部循环的铬铁矿保存有 UHP 的特征，可通过地幔对流与浅部成因的铬铁矿共存于洋脊、岛弧或者弧后盆地。

Zhou et al.（2014）除了认同洋中脊对流可以携带深部形成的金刚石等超高压强还原矿物到浅部地幔，还提出金刚石由深部到浅部的另外一个可能途径，可称之为板片断离侵位模式，即由于俯冲板片断裂，软流圈地幔通过断裂的缺口上涌，携带俯冲带中金刚石等超高压变质矿物进入 SSZ 地幔楔，加入浅部形成的铬铁矿，并得到了 Robinson et al.（2015）的支持。但以上无论何种构造演化模型，目前都仍然处于初步的探索阶段，仍然需要更多的地质学证据予以证实或证伪。

另一方面，蛇绿岩中金刚石的成因和超高压铬铁矿的形成和侵位机制也引起全球同行的关注，许多人开始思考和探讨这个新问题（Coleman，2014；Yamamoto et al.，2009；Moe et al.，2017），开展了高温高压的模拟实验和计算机数字模拟等多途径的探讨和提出新的解释模型（Wu et al.，2016；Zhang et al.，2017；Butler et al.，2017）。基于金刚石等超高压矿物在全球蛇绿岩中普遍存在，最近澳大利亚学者提出一个地幔柱模型，认为大洋岩石圈中的超高压矿物可能都源自地幔过渡带，由于地幔柱的上侵将它们携带至浅部洋壳（Doucet et al.，2021），支持了 Yang et al.（2014，2015，2021）提出的成因模型。该模式将雅鲁藏布江缝合带中发育的中三叠世和侏罗纪—白垩纪洋岛型玄武岩归因于新特提斯洋内保留的地幔柱岩浆活动（Yang et al.，2015；Liu et al.，2021），认为这些地幔柱活动可能改造了中生代以来的蛇绿岩地幔橄榄岩，导致深地幔的金刚石等异常矿物保存在蛇绿岩中，因此，铬铁矿的富集是否与这些地幔柱活动有关也成为一个新的科学问题。

参 考 文 献

切切斯特钻石公司考察团. 1997. 西藏罗布莎和东巧地幔橄榄岩中不存在原生或残留的金刚石. 西藏地质，(1)：103~109.

中国地质科学院地质研究所金刚石组. 1981. 西藏首次发现含金刚石的阿尔卑斯型岩体, 地质论评, 27(5): 455~457.

敖松坚, 肖文交, 杨磊, 等. 2017. 造山带中古洋壳核杂岩的识别与地质意义. 中国科学: 地球科学, 47: 1~22.

白文吉, 杨经绥, Robinson P T, 等. 2001. 西藏罗布莎蛇绿岩铬铁矿中金刚石的研究. 地质学报, 75(3): 404~409.

陈根文, 刘睿, 夏斌, 等. 2015. 西藏吉定蛇绿岩地球化学特征及其构造指示意义. 岩石学报, 31(9): 2495~2507.

冯光英, 杨经绥, 熊发挥, 等. 2015. 雅鲁藏布江蛇绿岩带西段错不扎地幔橄榄岩组成特征及岩石成因. 中国地质, 42(5): 1337~1353.

郝杰, 柴育成, 李继亮. 1999. 雅鲁藏布江蛇绿岩的形成与日喀则弧前盆地沉积演化. 地质科学, (1): 4~12.

胡敬仁, 孙中良, 陈国结, 等. 2004. 日喀则市幅地质调查新成果及主要进展. 地质通报, 23(5): 463~470.

胡修棉, 安慰, Eduardo Garzanti, 等. 2020. 碰撞造山带海沟盆地的识别——以雅鲁藏布缝合带为例. 中国科学: 地球科学, 50(12): 1893~1905.

李建峰, 夏斌, 刘立文, 等. 2008. 西藏普兰地区拉昂错蛇绿岩中辉绿岩的锆石 SHRIMP U-Pb 年龄及其地质意义. 地质通报, 27(10): 1739~1743.

李文霞, 赵志丹, 朱弟成, 等. 2012. 西藏雅鲁藏布蛇绿岩形成构造环境的地球化学鉴别. 岩石学报, (5): 1663~1673.

李祥辉, 王成善, 李亚林, 等. 2014. 仲巴微地体之定义及构成. 地质学报, 88(8): 1372~1381.

李鑫, 罗辉, 杨群, 等. 2020. 藏南雅鲁藏布江缝合带放射虫研究进展与问题. 微体古生物学报, (2): 159~174.

李源, 李瑞保, 董天赐, 等. 2016. 日喀则蛇绿岩白马让岩体的穹窿形结构及构造意义. 科学通报, 61(25): 2823~2833.

李源, 杨经绥, 刘钊, 等. 2011. 西藏雅鲁藏布江缝合带西段巴尔地幔橄榄岩成因及构造意义. 岩石学报, 27(11): 3239~3254.

连东洋, 杨经绥, 熊发挥, 等. 2014. 雅鲁藏布江蛇绿岩带西段达机翁地幔橄榄岩组成特征及其形成环境分析. 岩石学报, 30(8): 2164~2184.

连东洋, 杨经绥, 熊发挥, 等. 2015. 雅鲁藏布江缝合带西段达机翁地幔橄榄岩及铬铁矿的铂族元素特征. 中国地质, 42(2): 525~546.

梁凤华, 许志琴, 巴登珠, 等. 2011. 西藏罗布莎-泽当蛇绿岩体的构造产出与侵位机制探讨. 岩石学报, 27(11): 3255~3268.

刘飞, 连东洋, 牛晓露, 等. 2018. 雅鲁藏布江缝合带西段东波 MORB 型均质辉长岩的大洋核杂岩成因. 地球科学, 43(4): 952~974.

刘飞, 杨经绥, Yildirim Dilek, 等. 2014. 雅鲁藏布江缝合带西段普兰和东波蛇绿岩: 一种大陆边缘型蛇绿岩//中国地球物理学会, 全国岩石学与地球动力学研讨会组委会, 中国地质学会构造地质学与地球动力学专业委员会, 中国地质学会区域地质与成矿专业委员会. 2014 年中国地球科学联合学术年会——专题 62: 深部探测技术与实验——科学钻探与地球化学基准论文集. 中国地质科学院地质研究所地幔研究中心大陆构造与动力学国家重点实验室; Department of Geology, Miami University, Oxford, OH45056, USA; 中国地质大学地球科学学院, 15.

刘飞, 杨经绥, 陈松永, 等. 2013. 雅鲁藏布江缝合带西段东波蛇绿岩 OIB 型玄武岩的厘定及其形成环境. 岩石学报, 29(6): 1909~1932.

刘飞, 杨经绥, 牛晓露, 等. 2021. 西藏雅鲁藏布江缝合带西段东波蛇绿岩: 记录了地幔柱影响的超慢速伸展和洋内俯冲过程. 岩石学报, 37(10): 2971~2994.

刘实佳, 罗辉, 许波, 等. 2016. 藏南泽当金鲁地区晚侏罗世—早白垩世放射虫. 微体古生物学报, 33(3): 211~228.

刘维亮, 夏斌, 刘鸿飞, 等. 2013. 西藏泽当蛇绿岩玄武岩 SHRIMP 锆石 U-Pb 年龄及其地质意义. 地质通报, 32(9): 1356~1361.

刘小汉, 琚宜太, 韦利杰, 等. 2009. 再论雅鲁藏布江缝合带构造模型. 中国科学(D 辑), 39(4): 448~463.

潘桂棠, 陈智梁, 李兴振, 等. 1997. 东特提斯地质构造形成演化. 北京: 地质出版社.

佘宇伟, 朱祥坤, 何源, 等. 2018. 西藏日喀则蛇绿岩大竹曲豆荚状铬铁矿形成机制. 矿物岩石地球化学通报, 37(6): 1133~1141.

孙高远, 胡修棉. 2012. 仲巴地体的板块亲缘性: 来自碎屑锆石 U-Pb 年代学和 Hf 同位素的证据. 岩石学报, 28(5): 1635~1646.

王成善, 刘志飞, 何政伟. 1999. 西藏南部早白垩世雅鲁藏布江古蛇绿岩的识别与讨论. 地质学报, (1): 7~14.

王建刚. 2011. 西藏日喀则地区喜马拉雅造山带沉积记录与盆地演化. 南京大学.

王希斌, 鲍佩声, 邓万明, 等. 1987. 西藏蛇绿岩. 北京: 地质出版社.

王玉净, 王建平, 刘彦明, 等. 2002. 西藏丁青蛇绿岩特征、时代及其地质意义. 微体古生物学报, 19(4): 417~420.

韦栋梁, 夏斌, 周国庆, 等. 2006. 西藏泽当蛇绿岩的 Sm-Nd 等时线年龄及其意义. 地球学报, 27: 31~34.

吴福元, 刘传周, 张亮亮, 等. 2014. 雅鲁藏布蛇绿岩——事实与臆想. 岩石学报, 30(2): 293~325.

吴福元, 万博, 赵亮, 等. 2020. 特提斯地球动力学. 岩石学报, 36(6): 1627~1674.

肖文交, 敖松坚, 杨磊, 等. 2017. 喜马拉雅汇聚带结构-属性解剖及印度-欧亚大陆最终拼贴格局. 中国科学(地球科学), 47(6): 631~656.

肖序常, 李廷栋. 2000. 青藏高原的构造演化与隆升机制. 广州: 广东科技出版社.

肖序常, 王军. 1998. 青藏高原构造演化及隆升的简要评述. 地质论评, 44(4): 372~381.

熊发挥, 杨经绥, 刘钊. 2013. 豆荚状铬铁矿多阶段形成过程的讨论. 中国地质, 40(3): 521~541.

徐德明, 黄圭成, 雷义均. 2007. 西藏西南部休古嘎布蛇绿岩的成因: 岩石学和地球化学证据. 大地构造与成矿学, (4): 490~501.

徐向珍, 杨经绥, 郭国林, 等. 2011. 雅鲁藏布江缝合带西段普兰蛇绿岩中地幔橄榄岩的岩石学研究. 岩石学报, 27(11): 3179~3196.

许志琴, 蔡志慧, 张泽明, 等. 2008. 喜马拉雅东构造结——南迦巴瓦构造及组构运动学. 岩石学报, 24(7): 1463~1476.

颜秉刚, 梁日暄, 方青松, 等. 1987. 西藏巧西、红区金刚石和含金刚石超镁铁岩的基本特征. 中国地质科学院地质研究所所刊, 14: 61~123.

杨经绥，连东洋，吴魏伟，等. 2021. 俯冲物质深地幔循环——地球动力学研究的一个新方向. 地质学报，95(1)：42~63.
杨经绥，徐向珍，白文吉，等. 2014. 蛇绿岩型金刚石的特征. 岩石学报，30(8)：2113~2124.
杨经绥，徐向珍，李源，等. 2011. 西藏雅鲁藏布江缝合带的普兰地幔橄榄岩中发现金刚石：蛇绿岩型金刚石分类的提出. 岩石学报，27(11)：3171~3178.
杨经绥，徐向珍，张仲明，等. 2013. 蛇绿岩型金刚石和铬铁矿深部成因. 地球学报，34(6)：643~653.
杨经绥，许志琴，段向东，等. 2012. 缅甸密支那地区发现侏罗纪的 SSZ 型蛇绿岩. 岩石学报，28(6)：1710~1730.
杨胜标，杨经绥，李源，等. 2021. 新特提斯洋晚侏罗世岩浆作用：藏南白朗地体辉绿岩锆石 U-Pb 年龄和地球化学证据. 地质通报，40(8)：1231~1246.
张旗. 1990. 玻安岩和玻玄岩地球化学特征和成因的探讨. 地球化学，(3)：207~215.
张旗. 2015. 有关埃达克岩实验应用中几个问题的探讨. 岩石矿物学杂志，34(2)：257~270.
张旗，周国庆. 2001. 中国蛇绿岩. 北京：科学出版社.
张万平，莫宣学，朱弟成，等. 2011. 西藏朗县蛇绿混杂岩中变辉绿岩和变玄武岩的年代学和地球化学. 成都理工大学学报(自然科学版)，38(5)：538~548.
赵慧. 2018. 西藏雅鲁藏布江缝合带西段错不扎蛇绿岩中铬铁矿成因. 中国地质大学(北京).
赵佳楠，许志琴，梁凤华. 2015. 西藏日喀则地区白朗蛇绿岩中石榴辉石岩的岩石地球化学、年代学及其构造意义. 岩石学报，31(12)：3687~3700.
钟立峰，夏斌，周国庆，等. 2006. 藏南 罗布莎蛇绿岩辉绿岩中锆石 SHRIMP 测年. 地质论评，52(2)：224~229.
周肃，莫宣学，J J Mahoney，等. 2001. 西藏罗布莎蛇绿岩中辉长辉绿岩 Sm-Nd 定年及 Pb，Nd 同位素特征. 科学通报，46(16)：1387~1390.
周文达，杨经绥，赵军红，等. 2014. 西藏雅鲁藏布江缝合带西段普兰蛇绿岩地幔橄榄岩矿物学研究和成因探讨. 岩石学报，30(8)：2185~2203.
Abers G A, Parsons B, Weissel J K. 1988. Seamount abundances and distributions in the southeast Pacific. Earth Planet Sci Lett, 87(1): 137~151.
Abrajevitch A V, Ali J R, Aitchison J C, et al. 2005. Neotethys and the India-Asia collision: Insights from a palaeomagnetic study of the Dazhuqu ophiolite, southern Tibet. Earth and Planetary Science Letters, 233: 87~102.
Acharyya S K, Ray K K, Sengupta S. 1990. Tectonics of ophiolite belt from Naga Hills and Andaman Islands, India. In: Naha K, Ghosh SK and Mukhopadhyay D. (Eds.), Structure and Tectonics: The Indian Scene, 99. National Academy of Science India (Earth and Planetary Sciences), 187~199.
Ahmad T, Tanaka T, Sachan H K, et al. 2008. Geochemical and isotopic constraints on the age and origin of the Nidar Ophiolitic Complex, Ladakh, India: Implications for the Neo-Tethyan subduction along the Indus suture zone. Tectonophysics, 451(1): 206~224.
Aitchison J C, Ba D Z, Davis A M, et al. 2000. Remnants of a Cretaceous intra-oceanic subduction system within the Yarlung-Zangbo suture (southern Tibet). Earth and Planetary Science Letters, 183: 231~244.
Aitchison J C, Davis A M, Badengzhu, et al. 2002. New constraints on the India-Asia collision: The Lower Miocene Gangrinboche conglomerates, Yarlung Tsangpo suture zone, SE Tibet. J. Journal of Asian Earth Sciences, 21: 251~263.
Aitchison J C, Davis A M, Badengzhu, et al. 2003. The Gangdese thrust: a phantom structure that did not raise Tibet. Terra Nova, 15: 155~162.
Aitchison J C, Davis A M. 2004. Evidence for the multiphase nature of the India-Asia collision from the Yarlung Tsangpo suture zone, Tibet// Malpas J, Fletcher C J N, Ali J R, et al. Aspects of the Tectonic Evolution of China. Geological Society of London.
Aitchison J C, Mcdermid I R C, Ali J R, et al. 2007. Shoshonites in Southern Tibet Record Late Jurassic Rifting of a Tethyan Intraoceanic Island Arc. The Journal of Geology, 115(2): 197~213.
Aitchison J C, Xia X, Baxter A T, et al. 2011. Detrital zircon U-Pb ages along the Yarlung-Tsangpo suture zone, Tibet: Implications for oblique convergence and collision between India and Asia. Gondwana Res, 20(4): 691~709.
Allégre C J, Courtillot V, Tapponnier P, et al. 1984. Structure and evolution of the Himalaya-Tibet orogenic belt. Nature, 307: 17~22.
An W, Hu X M, Garzanti E. 2018. Discovery of Upper Cretaceous Neo-Tethyan trench deposits in south Tibet (Luogangcuo Formation). Lithosphere, 10(3): 446~459.
An W, Hu X, Garzanti E, et al. 2014. Xigaze forearc basin revisited (South Tibet): Provenance changes and origin of the Xigaze Ophiolite. Geological Society of America Bulletin, 126: 1595~1613.
Ao S J, Jafari M K, Xiao W J. 2017. U-Pb Zircon Age of The Piranshahr Ophiolite In Nw Iran: Enigmatic Relict Of An Arc In Neo-Tethys Before the Arabia and Eurasia Collision. GSA Annual Meeting in Seattle, Washington, USA, 49(6).
Ao S, Xiao W, Windley B F, et al. 2018. Components and structures of the eastern Tethyan Himalayan Sequence in SW China: Not a passive margin shelf but a mélange accretionary prism. Geological Journal, 53: 2665~2689.
Arai S. 2013. Conversion of low-pressurechromitites to ultrahigh-pressure chromitites by deep recycling: A good inference. Earth and Planetary Science Letters, 379: 81~87.

Arif M, Qasim Jan M. 2006. Petrotectonic significance of the chemistry of chromite in the ultramafic-mafic complexes of Pakistan. J Asian Earth Sci, 27(5): 628~646.

Aulbach S, Stagno V. 2016. Evidence for a reducing Archean ambient mantle and its effects on the carbon cycle. Geology, 44(9): 751~754.

Bach W, Erzinger J, Alt J C, et al. 1996. Chemistry of the lower sheeted dike complex, Hole 504B (Leg 148); influence of magmatic differentiation and hydrothermal alteration. In: Proceedings of the Ocean Drilling Project, Scientific Results. Alt, J. C., Kinoshita, H., Stokking, L. B., Michael, P. J. (Editors). 148: 39~55.

Bai W J, Zhou M F, Robinson P T. 1993. Possibly diamond-bearing mantle peridotites and podiformchromitites in the Luobusa and Donqiao ophiolites, Tibet. Canadian Journal of Earth Sciences, 30(8): 1650~1659.

Bandyopadhyay D, Ghosh B, Guilmette C, et al. 2021. Geochemical and geochronological record of the Andaman Ophiolite, SE Asia: From back-arc to forearc during subduction polarity reversal? Lithos, 380~381, 105853.

Bao P S, Su L, Wang J, et al. 2013. Study on the tectonic setting for the ophiolites in Xigaze, Tibet. Acta Geol. Sin., 87: 395~425.

Bao P S, Su L, Wang J, et al. 2014. Origin of the Zedang and Luobusa ophiolites, Tibet. Acta Geol. Sin. 88: 669~698.

Bezard R, Hébert R, Wang C, et al. 2011. Petrology and geochemistry of the Xiugugabu ophiolitic massif, western Yarlung Zangbo suture zone, Tibet. Lithos, 125: 347~367.

Booth A L, Chamberlain C P, Kidd W S F, et al. 2009. Constraints on the metamorphic evolution of the eastern Himalayan syntaxis from geochronologic and petrologic studies of Namche Barwa. GSA Bulletin, 121(3~4): 385~407.

Bouilhol P, Burg J P, Bodinier J L, et al. 2009. Magma and fluid percolation in arc to forearc mantle: Evidence from Sapat (Kohistan, Northern Pakistan). Lithos, 107(1): 17~37.

Bouilhol P, Jagoutz O, Hanchar J M, et al. 2013. Dating the India-Eurasia collision through arc magmatic records. Earth and Planetary Science Letters, 366: 163~175.

Bouilhol P, Schaltegger U, Chiaradia M, et al. 2011. Timing of juvenile arc crust formation and evolution in the Sapat Complex (Kohistan-Pakistan). Chem Geol, 280(3): 243~256.

Bouilhol P, Schmidt M W, Burg J P. 2015. Magma Transfer and Evolution in Channels within the Arc Crust: the Pyroxenitic Feeder Pipes of Sapat (Kohistan, Pakistan). J Petrol, 56(7): 1309~1342.

Burg J P. 2011. The Asia-Kohistan-India Collision: Review and Discussion//Brown D, Ryan P D. Arc-Continent Collision. Berlin, Heidelberg: 279~309.

Burg J P, Bouilhol P. 2018. Timeline of the South Tibet-Himalayan belt: The geochronological record of subduction, collision, and underthrusting from zircon and monazite U-Pb ages. Can J Earth Sci, 56(12): 1318~1332.

Burg J P, Leyreloup A, Girardeau J, et al. 1987. Structure and metamorphism of a tectonically thickened continental crust: The Yalu Tsangpo suture zone (Tibet) Philosophical Transactions of the Royal Society of London. Series A, Mathematical and Physical Sciences.

Burg J P, Bodinier J L, Chaudhry F, et al. 1998. Infra-arc mantle-crust transition and intra-arc mantle diapirs in the Kohistan Complex (Pakistani Himalaya): petro-structural evidence. Terra Nova, 10(2): 74~80.

Butler J P, Beaumont C. 2017. Subduction zone decoupling/retreat modeling explains south Tibet (Xigaze) and other supra-subduction zone ophiolites and their UHP mineral phases. Earth and Planetary Science Letters, 463: 101~117.

Bédard É, Hébert R, Guilmette C, et al. 2009. Petrology and geochemistry of the Saga andSangsang ophiolitic massifs, Yarlung Zangbo Suture Zone, Southern Tibet: Evidence for an arc-back-arc origin. Lithos, 113: 48~67.

Cai F L, Ding L, Laskowski A K, et al. 2016. Late Triassic paleogeographic reconstruction along the Neo-Tethyan Ocean margins, southern Tibet. Earth and Planetary Science Letters, 435: 105~114.

Cai F, Ding L, Leary R J, et al. 2012. Tectonostratigraphy and provenance of an accretionary complex within the Yarlung-Zangpo suture zone, southern Tibet: Insights into subduction-accretion processes in the Neo-Tethys. Tectonophysics, 574~575: 181~192.

Cameron W E, Nisbet E G, Dietrich V J. 1979. Boninites, komatiites and ophiolitic basalts. Nature, 280: 550~553.

Cannat M. 1996. How thick is the magmatic crust at slow spreading oceanic ridges?. Journal of Geophysical Research: Solid Earth, 101(B2): 2847~2857.

Cao H W, Huang Y, Li G M, et al. 2018. Late Triassic sedimentary records in the northern Tethyan Himalaya: Tectonic link with Greater India. Geoscience Frontiers, 9(1): 273~291.

Cartigny P. 2005. Stable Isotopes and the Origin of Diamond. Elements, 1(2): 79~84.

Cartigny P, Harris J W, Javoy M. 2001. Diamond genesis, mantle fractionations and mantle nitrogen content: a study of $\delta^{13}C$-N concentrations in diamonds. Earth Planet Sci Lett, 185(1): 85~98.

Chan G H N, Aitchison J C, Crowley Q G, et al. 2015. U-Pb zircon ages for Yarlung Tsangpo suture zone ophiolites, southwestern Tibet and their tectonic implications. Gond. Res., 27: 719~732.

Chan G H N, Malpas J, Xenophontos C, et al. 2007. Timing of subduction zone metamorphism during the formation and emplacement of Troodos and Baer-Bassit ophiolites: insights from ^{40}Ar-^{39}Ar geochronology. Geol Mag, 144(5): 797~810.

Chatterjee P, De S, Ranaivoson M, et al. 2013. A review of the ~1600 Ma sedimentation, volcanism, and tectono-thermal events in the Singhbhum craton, Eastern India. Geosci Front, 4(3): 277~287.

Chen L R, Xu W C, Zhang H F, et al. 2019. Origin and early evolution of the Lhasa Terrane, South Tibet: Constraints from the Bomi Gneiss Complex. Precambrian Research, 331: 105360.

Chen Y H, Yang J S, Xu Z Q, et al. 2018. Diamonds and other unusual minerals from peridotites of the Myitkyina ophiolite, Myanmar. Journal of Asian Earth Sciences, 164: 179~193.

Coleman R G. 1966. Dept. of Scientific and Industrial Research, New Zealand Geological Survey, [Wellington, N. Z.].

Coleman R G. 2014. The ophiolite concept evolves. Elements, 10(2): 82~84.

Cooper L B, Plank T, Arculus R, et al. 2010. High-Ca boninites from the active Tonga Arc. J. Geophys. Res. 115, B10206.

Corfield R I, Searle M P, Pedersen R B. 2001. Tectonic Setting, Origin, and Obduction History of the Spontang Ophiolite, Ladakh Himalaya, NW India. The Journal of Geology, 109(6): 715~736.

Crawford A J, Falloon T J, Green D H. 1989. Classification, petrogenesis and tectonic setting ofboninites. In: Crawford, A. J. (Ed.), Boninites. Unwin Hyman, London, 1~49.

Cui X, Luo H, Aitchison J C, et al. 2021. Middle Jurassic radiolarians and chert geochemistry, Dajiweng ophiolite, SW Tibet: Implications for Neotethyan Ocean evolution. Journal of Asian Earth Sciences, 221, 104947.

Dai J G, Wang C S, Hébert R, et al. 2011. Petrology and geochemistry of peridotites in the Zhongba ophiolite, Yarlung Zangbo Suture Zone: Implications for the Early Cretaceous intra-oceanic subduction zone within the Neo-Tethys. Chemical Geology, 288(3~4): 133~148.

Dai J G, Wang C S, Li Y L. 2012. Relicts of the Early Cretaceous seamounts in the central-westernYarlung Zangbo Suture Zone, southern Tibet. J. Asian Earth Sci. 53: 25~37.

Dai J G, Wang C S, Polat A, et al. 2013. Rapid forearc spreading between 130 and 120 Ma: Evidence from geochronology and geochemistry of the Xigaze ophiolite, southern Tibet. Lithos, 172~173: 1~16.

Dai J G, Wang C S, Stern R J, et al. 2021. Forearc magmatic evolution during subduction initiation: Insights from an Early Cretaceous Tibetan ophiolite and comparison with the Izu-Bonin-Mariana forearc. GSA Bulletin, 133(3~4): 753~776.

Dai J, Wang C, Zhu D, et al. 2015. Subduction Initiation and Generation of the Xigaze Ophiolite, Southern Tibet. Acta Geologica Sinica-English Edition, 89(s2).

Das S, Basu A R, Mukherjee B K, et al. 2020. Origin of Indus ophiolite-hostedophicarbonate veins: Isotopic evidence of mixing between seawater and continental crust-derived fluid during Neo-Tethys closure. Chemical Geology, 551, 119772.

Das S, Basu A R, Mukherjee B K. 2017. In situperidotitic diamond in Indus ophiolite sourced from hydrocarbon fluids in the mantle transition zone. Geology, 45(8): 755~758.

Das S, Mukherjee B K, Basu A R, et al. 2015. Peridotitic minerals of the Nidar Ophiolite in the NW Himalaya: Sourced from the depth of the mantle transition zone and above. Geological Society Special Publication, 412: 271~286.

Davis A M, Aitchison J C, Luo H, et al. 2002. Paleogene island arc collision-related conglomerates, Yarlung-Tsangpo suture zone, Tibet. Sedimentary Geology, 150(3): 247~273.

Day J M D, Walker R J, Warren J M. 2017. $^{186}Os-^{187}Os$ and highly siderophile element abundance systematics of the mantle revealed by abyssal peridotites and Os-rich alloys. Geochimica et Cosmochimica Acta, 200: 232~254.

Dhuime B, Bosch D, Bodinier J L, et al. 2007. Multistage evolution of the Jijal ultramafic-mafic complex (Kohistan, N Pakistan): Implications for building the roots of island arcs. Earth Planet Sci Lett, 261(1): 179~200.

Dick H J B. 1989. Abyssal peridotites, very slow spreading ridges and ocean ridge magmatism. Geological Society, London, Special Publications, 42: 71~105.

Dilek Y, Furnes H, Shallo M. 2008. Geochemistry of the JurassicMirdita ophiolite (Albania) and the MORB to SSZ evolution of a marginal basin oceanic crust. Lithos, 100: 174~209.

Dilek Y, Furnes H. 2011. Ophiolite genesis and global tectonics: Geochemical and tectonic fingerprinting of ancient oceanic lithosphere. Geol. Soc. Am. Bull., 123: 387~411.

Dilek Y, Furnes H. 2014. Ophiolites and their origins. Element, 10: 93~100.

Dilek Y, Thy P. 2009. Island arc tholeiite toboninitic melt evolution of the Cretaceous Kizildag (Turkey) ophiolite: Model for multi-stage early arc-forearc magmatism in Tethyan subduction factories. Lithos, 113: 68~87.

Dilek Y, Yang J. 2018. Ophiolites, diamonds, and ultrahigh-pressure minerals: New discoveries and concepts on upper mantle petrogenesis. Lithosphere, 10(1): 3~13.

Ding L, Kapp P, Wan X. 2005. Paleocene-Eocene record of ophiolite obduction and initial India-Asia collision, south central Tibet. Tectonics, 24: 1~18.

Dobrzhinetskaya L F, Wirth R, Yang J, et al. 2009. High-pressure highly reduced nitrides and oxides from chromitite of a Tibetan ophiolite. PANS, 106: 19233~19238.

Dobrzhinetskaya L F, Wirth R, Yang J, et al. 2014. Qingsongite, natural cubic boron nitride: The first boron mineral from the Earth's mantle. American Mineralogist, 99: 764~772.

Dong Y H, Xu J F, Zeng Q G, et al. 2006. Is there a Neo-Tethys' subduction record earlier than arc volcanic rocks in the Sangri Group?. Acta Petrologica Sinica, 22(3): 661~668.

Doucet L S, Li Z X, Gamal El Dien H. 2021. Oceanic and super-deep continental diamonds share a transition zone origin and mantle plume transportation. Scientific Reports, 11(1): 16958.

Dubois-Côté V, Hébert R, Dupuis C, et al. 2005. Petrological and geochemical evidence for the origin of the Yarlung Zangbo ophiolites, southern Tibet. Chem Geol, 214(3): 265~286.

Dupuis C, Hébert R, Dubois-Côté V, et al. 2005. The Yarlung Zangbo Suture Zone ophiolitic mélange (southern Tibet): New insights from geochemistry of ultramafic rocks. Journal of Asian Earth Sciences, 25(6): 937~960.

Escartín J, Canales J P. 2011. Detachments in oceanic lithosphere: deformation, magmatism, fluid flow, and ecosystems. Eos (Transactions, American Geophysical Union) 92, 31.

Escartín J, Smith D K, Cann J, et al. 2008. Central role of detachment faults in accretion of slow-spreading oceanic lithosphere. Nature, 455 (7214): 790~794.

Falloon T J, Danyushevsky L V. 2000. Melting of Refractory Mantle at 1.5, 2 and 2.5 GPa under Anhydrous and H_2O-undersaturated Conditions: Implications for the Petrogenesis of High-Ca Boninites and the Influence of Subduction Components on Mantle Melting. J Petrol, 41(2): 257~283.

Falloon T J, Malahoff A, Zonenshaina L P, et al. 1992. Petrology and geochemistry of back-arc basin basalts from Lau Basin spreading ridges at 15°, 18° and 19°S. Mineral Petrol, 47(1): 1~35.

Feng G Y, Yang J S, Dilek Y, et al. 2018. Petrological and Re-Os isotopic constraints on the origin and tectonic setting of the Cuobuzha peridotite, Yarlung Zangbo suture zone, Southwest Tibet, China. Lithosphere, 10(1): 95~108.

Flower M F J. 2003. Ophiolites, historical contingency, and the Wilson cycle, F.

Gansser A. 1980. The significance of the Himalayan suture zone. Tectonophysics, 62(1): 37~52.

Garrido C J, Bodinier J L, Dhuime B, et al. 2007. Origin of the island arc Moho transition zone via melt-rock reaction and its implications for intracrustal differentiation of island arcs: Evidence from the Jijal complex (Kohistan complex, northern Pakistan). Geology, 35(8): 683~686.

Garzanti E, Le Fort P, Sciunnach D. 1999. First report of Lower Permian basalts in South Tibet: Tholeiitic magmatism during break-up and incipient opening of Neotethys. Journal of Asian Earth Sciences, 17(4): 533~546.

Ghosh S K, Sinha S, Kumar R. 2009. Response of 10 Ma thrusting event in the Himalayan Foreland sediments, Kangra sub-basin, Himachal Pradesh, India. Himalayan Geology, 30(1): 1~15.

Gibbons A D, Zahirovic S, Müller R D, et al. 2015. A tectonic model reconciling evidence for the collisions between India, Eurasia and intra-oceanic arcs of the central-eastern Tethys. Gondwana Res, 28(2): 451~492.

Gillard M, Sauter D, Tugend J, et al. 2017. Birth of an oceanic spreading center at a magma-poor rift system. Scientific Reports, 7(1): 15072.

Girardeau J, Mercier J C C, Wang X B. 1985a. Petrology of the mafic rocks of the Xigaze ophiolite, Tibet. Contrib. Mineral. Petrol. 90: 309~321.

Girardeau J, Mercier J C C, Zao Y G. 1985b. Origin of the Xigaze ophiolite, Yarlung Zangbo suture zone, southern Tibet. Tectonophysics, 119: 407~433.

Girardeau J, Mercier J C C. 1988. Petrology and texture of the ultramafic rocks of the Xigaze ophiolite (Tibet): constraints for mantle structure beneath slow-spreading ridges. Tectonophysics, 147(1): 33~58.

Gnos E. 1998. Peak Metamorphic Conditions of Garnet Amphibolites Beneath the Semail Ophiolite: Implications for an Inverted Pressure Gradient. Int Geol Rev, 40(4): 281~304.

Golowin R, Portnyagin M, Hoernle K, et al. 2017. The role and conditions of second-stage mantle melting in the generation of low-Ti tholeiites and boninites: the case of the Manihiki Plateau and the Troodos ophiolite. Contrib Mineral Petrol, 172(11): 104.

Gong X H, Shi R D, Griffin W L, et al. 2016. Recycling of ancient subduction-modified mantle domains in the Purang ophiolite (southwestern Tibet). Lithos, 262: 11~26.

Gong X H, Shi R D, Xu J F, et al. 2020. "Garnet" Lherzolites in the Purang Ophiolite, Tibet: Evidence for Exhumation of Deep Oceanic Lithospheric Mantle. Geophys Res Lett, 47(1).

Gong X H, Xu J F, Shi R D, et al. 2021. Subduction initiation-induced rapid emplacement of garnet-bearing peridotites at a nascent forearc: Petrological and Os-Li isotopic evidence from the Purang ophiolite, Tibet. GSA Bulletin, 134(3~4): 722~738.

Goscombe B, Gray D, Foster D A. 2018. Metamorphic response to collision in the Central Himalayan Orogen. Gondwana Res, 57: 191~265.

Griffin W L, Afonso J C, Belousova E A, et al. 2016. Mantle Recycling: Transition zone metamorphism of Tibetan ophiolitic peridotites and its tectonic implications. Journal of Petrology, 57(4): 655~684.

Guilmette C, Hébert R, Dostal J, et al. 2012. Discovery of a dismembered metamorphic sole in the Saga ophiolitic mélange, South Tibet: Assessing an early cretaceous disruption of the Neo-Tethyan supra-subduction zone and consequences on basin closing. Gond. Res. 22: 398~414.

Guilmette C, Hébert R, Dupuis C, et al. 2008. Metamorphic history and geodynamic significance of high-grade metabasites from the ophiolitic mélange beneath the Yarlung Zangbo ophiolites, Xigaze area, Tibet. J. Asian Earth Sci. 32: 423~437.

Guilmette C, Hébert R, Wang C, et al. 2009. Geochemistry and geochronology of the metamorphic sole underlying the Xigaze Ophiolite, Yarlung

Zangbo Suture Zone, South Tibet. Lithos, 112: 149~162.

Guilmette C, Smit M A, Van Hinsbergen D J J, et al. 2018. Forced subduction initiation recorded in the sole and crust of the Semail ophiolite of Oman. Nat. Geosci.

Guo G, Yang J, Liu X, et al. 2015. Mid-ocean ridge (MOR) andsuprasubduction zone (SSZ) geological events in the Yarlung Zangbo suture zone: Evidence from the mineral record of mantle peridotites. Journal of Asian Earth Sciences, 110: 33~54.

Guolin G, Jingsui Y, Robinson P T, et al. 2016. Platinum-group Mineral (PGM) and Base-metal Sulphide (BMS) Inclusions in Chromitites of the Zedang Ophiolite, Southern Tibet, China and their Petrogenetic Significance. Acta Geologica Sinica-English Edition, 90(3): 900~912.

Göpel C, Allègre C J, Xu R H. 1984. Lead isotopic study of the Xigaze ophiolite (Tibet): the problem of the relationship between magmatites (gabbros, dolerites, lavas) and tectonites (harzburgites). Earth and Planetary Science Letters, 69: 301~310.

Hansen L N, Cheadle M J, John B E, et al. 2013. Mylonitic deformation at the Kane oceanic core complex: Implications for the rheological behavior of oceanic detachment faults. Geochemistry, Geophysics, Geosystems, 14: 3085~3108.

He J, Li Y L, Wang C S, et al. 2016. Plume-proximal mid-ocean ridge origin of Zhongba mafic rocks in the western Yarlung Zangbo suture zone, Southern Tibet. J. Asian Earth Sci., 121: 34~55.

Hodges K V. 2000. Tectonics of the Himalaya and southern Tibet from two perspectives. GSA Bulletin, 112(3): 324~350.

Howell D, Griffin W L, Yang J, et al. 2015. Diamonds in ophiolites: Contamination or a new diamond growth environment? Earth and Planetary Science Letters, 430: 284~295.

Hsü, Kenneth J, Guitang P, et al. 1995. Tectonic Evolution of the Tibetan Plateau: A Working Hypothesis Based on the Archipelago Model of Orogenesis. International Geology Review, 37(6): 473~508.

Hu H, Stern R J. 2020. Early Cretaceous subduction initiation beneath southern Tibet caused the northward flight of India. Geosci Front, 11(4): 1123~1131.

Huang W T, VanHinsbergen D J J, Maffione M, et al. 2015. Lower cretaceous Xigaze ophio-lites formed in the Gangdese forearc: Evidence from paleomagnetism, sediment provenance, and stratigraphy. Earth Planet. Sci. Lett., 415: 142~153.

Hu X M, Garzanti E, Wang J G, et al. 2016. The timing of India-Asia collision onset-Facts, theories, controversies. Earth-Science Reviews, 160: 264~299.

Huang Y, Cao H, Li G, et al. 2018. Middle-Late Triassic bimodal intrusive rocks from the Tethyan Himalaya in South Tibet: Geochronology, petrogenesis and tectonic implications. Lithos, 318~319: 78~90.

Hébert P C, Yetisir E, Martin C, et al. 2001. Is a low transfusion threshold safe in critically ill patients with cardiovascular diseases?. Crit Care Med, 29(2): 227~234.

Hébert R, Bezard R, Guilmette C, et al. 2012. The Indus-Yarlung Zangbo ophiolites from Nanga Parbat to Namche Barwa syntaxes, southern Tibet: First synthesis of petrology, geochemistry, and geochronology with incidences on geodynamic reconstructions of Neo-Tethys. Gond. Res., 22: 377~397.

Hébert R, Huot F, Wang C S, et al. 2003. Yarlung Zangbo ophiolites (Southern Tibet) revisited: Geodynamic implications from the mineral record. In: Dilek, Y., Robinson, P. T. (Eds.), Ophiolites in Earth History. Geol. Soc. Lond. Spec. Publ, 218: 165~190.

Hébert R, Lindsay J, Verreault R, et al. 2000. Vascular dementia : incidence and risk factors in the Canadian study of health and aging. Stroke, 31(7): 1487~1493.

Ildefonse, B Abe N. Godard. Morris, A. Teaale. D. A. H, Umino, S. 2014, Formation and evolution of oceanic lithosphere: New insights on crustal structure and igneous chemistry from ODP/ODP Sites 1256, U1309 and U1415. In Stein, R., Blackman, D., inagaki, F., and Larsen H. -C. (eds.), Earth and life processes discoveredfrom subseafloor environments, a decade of science achieved by the integrated Ocean Drilling Program (ODP). Developments in Marne Geology, 7: 449~505.

Jagoutz O, Bouilhol P, Schaltegger U, et al. 2019. The isotopic evolution of the Kohistan Ladakh arc from subduction initiation to continent arc collision//Treloar P J, Searle M P. Himalayan Tectonics: A Modern Synthesis. The Geological Society of London. 0.

Jagoutz O, Müntener O, Schmidt M W, et al. 2011. The roles of flux-and decompression melting and their respective fractionation lines for continental crust formation: Evidence from the Kohistan arc. Earth Planet Sci Lett, 303(1): 25~36.

Jagoutz O, Royden L, Holt A F, et al. 2015. Anomalously fast convergence of India and Eurasia caused by double subduction. Nature Geoscience, 8(6): 475~478.

Jan M Q, Howie R A. 1981. The Mineralogy and Geochemistry of the Metamorphosed Basic andUltrabasic Rocks of the Jijal Complex, Kohistan, NW Pakistan. J Petrol, 22(1): 85~126.

Jan M Q, Khan M A, Qazi M S. 1993. TheSapat mafic-ultramafic complex, Kohistan arc, North Pakistan. Geological Society, London, Special Publications, 74(1): 113~121.

Ji W Q, Wu F Y, Chung S L, et al. 2009. Zircon U-Pb geochronology and Hf isotopic constraints on petrogenesis of the Gangdese batholith, southern Tibet. Chemical Geology, 262(3~4): 229~245.

Johannsen A. 1937. A Descriptive Petrography of the Igneous Rocks, Vol. 3, Univ. chicago Press Chicago, L, 360.

Juteau T, Maury R. 2025. The Oceanic Crust, from Accretion to Mantle Recycling. Springer Praxis.

Kanayama K, Umino S, Ishizuka O. 2012. Eocene volcanism during the incipient stage of Izu-Ogasawara Arc: Geology and petrology of the Mukojima Island Group, the Ogasawara Islands. Isl Arc, 21(4): 288~316.

Kang Z Q, Xu J F, Wilde S A, et al. 2014. Geochronology and geochemistry of the Sangri Group volcanic rocks, Southern Lhasa Terrane: Implications for the early subduction history of the Neo-Tethys and Gangdese magmatic arc. Lithos, 200~201: 157~168.

Kapp P, DeCelles P G. 2019. Mesozoic-Cenozoic geological evolution of the Himalayan-Tibetan orogen and working tectonic hypotheses. Am. J. Sci., 319: 159~254.

Karson J A, Früh-Green G L, Kelley D S, et al. 2006. Detachment shear zone of the Atlantis Massif core complex, Mid-Atlantic Ridge, 30°N. Geochemistry Geophysics Geosystems 7, Q06016.

Kerr Andrew C, Pearson D G, Nowell Geoff M. 2009. Magma source evolution beneath the Caribbean oceanic plateau: new insights from elemental and Sr-Nd-Pb-Hf isotopic studies of ODP Leg 165 Site 1001 basalts. Geological Society, London, Special Publications, 328(1): 809~827.

Klein E M, Karsten J. 1995. Ocean-ridge basalts with convergent-margin geochemical affinities from the Chile Ridge. Nature, 374(6517), 52~57.

Lai S, Yang J, Dilek Y, et al. 2018. Petrological and Os Isotopic Characteristics of Zedong Peridotites in the Eastern Yarlung-Zangbo Suture in Tibet. Acta Geologica Sinica-English Edition, 92(2): 442~461.

Lai W, Hu X M, Zhu D C, et al. 2017. Discovery of the Early JurassicGajia mélange in the Bangong-Nujiang suture zone: Southward subduction of the Bangong-Nujiang Ocean?. International Journal of Earth Sciences, 106(4): 1277~1288.

Lang X, Wang X, Deng Y, et al. 2019. Early Jurassic volcanic rocks in the Xiongcun district, southern Lhasa subterrane, Tibet: Implications for the tectono-magmatic events associated with the early evolution of the Neo-Tethys Ocean. Lithos, 340~341: 166~180.

Le Bas M J. 2000. IUGS reclassification of the high-Mg and picritic volcanic rocks: Journal of Petrology, 41: 1467~1470.

Lee H, Chung S, Lo C, et al. 2009. EoceneNeotethyan slab breakoff in southern Tibet inferred from the Linzizong volcanic record. Tectonophysics, 477: 20~35.

Li G, Liu X, Alex P, et al. 2010. In-situ detrital zircon geochronology and Hf isotopic analyses from Upper Triassic Tethys sequence strata. Earth and Planetary Science Letters 297: 461~470.

Li H Q, Xu Z Q, Webb A A G, et al. 2017a. Early Jurassic tectonism occurred within the Basu metamorphic complex, eastern central Tibet: Implications for an archipelago-accretion orogenic model. Tectonophysics, 702: 29~41.

Li Q H, Zhang K J, Yan L L, et al. 2020. Contrasting latest Permian intracontinental gabbro and Late Triassic arc gabbro-diorite in the Gangdese constrain the subduction initiation of the Neo-Tethys. International Geology Review, 63(18): 1~20.

Li S, Ding L, Guilmette C, et al. 2017b. The subduction-accretion history of the Bangong-Nujiang Ocean: Constraints from pro-venance and geochronology of the Mesozoic strata near Gaize, central Tibet. Tectonophysics, 702: 42~60.

Li Y, Li R B, Robinson P T, et al. 2021. Detachment faulting in the Xigaze ophiolite southern Tibet: New constraints on its origin and implications. Gondwana Research, 94: 44~55.

Li Z Y, Ding L, Lippert P C, et al. 2016. Paleomagnetic constraints on the Mesozoic drift of the Lhasa terrane (Tibet) from Gondwana to Eurasia. Geology, 44(9): 727~730.

Lian D Y, Yang J S, Liu F, et al. 2017. Geochemistry and tectonic significance of the Gongzhu peridotites in the northern branch of the western Yarlung Zangbo ophiolitic belt, western Tibet. Mineralogy and Petrology, 111(5): 729~746.

Lian D Y, Yang J S, Robinson P T, et al. 2016. Tectonic evolution of the westernYarlung Zangbo Ophiolitic Belt, Tibet: Implications from the petrology, mineralogy, and geochemistry of the peridotites. The Journal of Geology, 124(3): 353~376.

Lian D, Yang J, Wiedenbeck M, et al. 2018. Carbon and nitrogen isotope, and mineral inclusion studies on the diamonds from the Pozanti-Karsanti chromitite, Turkey. Contributions to Mineralogy and Petrology, 173(9): 1~18.

Lian D, Yang J, Wiedenbeck M, et al. 2019. Carbon and Nitrogen Isotopic, and Mineral Inclusion Studies on the Diamonds from the Pozanti-Karsanti Chromitite, Turkey. Acta Geologica Sinica-English Edition, 93(S2): 16.

Lin C, Zhang J, Wang X, et al. 2020. Late Triassic back-arc spreading and initial opening of the Neo-Tethyan Ocean in the northern margin of Gondwana: Evidences from Late Triassic BABB-type basalts in the Tethyan Himalaya, Southern Tibet. Lithos, 358~359: 105408.

Liou J G, Ernst W G, Ogasawara Y. 2002. Petrochemical and Tectonic Processes of UHP/HP Terranes I: Preface. Int Geol Rev, 44(9): 765~769.

Liou J G, Tsujimori T, Yang J, et al. 2014. Recycling of crustal materials through study of ultrahigh-pressure minerals in collisional orogens, ophiolites, and mantle xenoliths: A review. J Asian Earth Sci, 96: 386~420.

Liu C Z, Wu F Y, Chu Z Y, et al. 2012. Preservation of ancientOs isotope signatures in the Yungbwa ophiolite (southwestern Tibet) after subduction modification. Journal of Asian Earth Sciences, 53: 38~50.

Liu C Z, Wu F Y, Wilde S A, et al. 2010. Anorthitic plagioclase and pargasitic amphibole in mantle peridotites from the Yungbwa ophiolite (southwestern Tibetan Plateau) formed by hydrous melt metasomatism. Lithos, 114(3): 413~422.

Liu C Z, Zhang C, Yang L Y, et al. 2014. Formation of gabbronorites in the Purang ophiolite (SW Tibet) through melting of hydrothermally altered mantle along a detachment fault. Lithos, 205: 127~141.

Liu F, Dilek Y, Xie Y X, et al. 2018. Melt evolution of upper mantle peridotites and mafic dikes in the northern ophiolite belt of the western Yarlung Zangbo Suture Zone (Southern Tibet). Lithosphere, 10(1): 109~132.

Liu F, Dilek Y, Yang J S, et al. 2021. A middle Triassic seamount within the western Yarlung Zangbo suture zone, Tibet: The earliest seafloor spreading record of Neotethys to the North of East Gondwana. Lithos, 388~389, 106062.

Liu F, Yang J S, Dilek Y, et al. 2015. Geochronology and geochemistry of basaltic lavas in the Dongbo and Purang ophiolites of the Yarlung-Zangbo Suture zone: Plume-influenced continental margin-type oceanic lithosphere in southern Tibet. Gondwana Research, 27(2): 701~718.

Liu G H, Einsele G. 1994. Sedimentary history of the Tethyan basin in the Tibetan Himalayas. Geologische Rundschau, 83: 32~61.

Liu T, Wu F Y, Liu C Z, et al. 2019. Reconsideration of Neo-Tethys evolution constrained from the nature of the Dazhuqu ophiolitic mantle, southern Tibet. Contrib. Mineral. Petrol. 174, 23.

Liu T, Wu F Y, Zhang L L, et al. 2016. Zircon U-Pb geochronological constraints on rapid exhumation of the mantle peridotite of the Xigaze ophiolite, southern Tibet. Chemical Geology, 443: 67~86.

Liu W L, Zhong Y, Sun Z L, et al. 2020. The Late Jurassic Zedong ophiolite: A remnant of subduction initiation within the Yarlung Zangbo Suture Zone (southern Tibet) and its tectonic implications. Gondwana Research, 78: 172~188.

Liu Z, Li Y, Xiong F H, et al. 2011. Petrology and Chronology ofPurang Ophiolite MOR Gabbro in Tibet Autonomous Region of China. Acta Petrologica Sinica, 27(11): 3269~3279.

Luguet A, Pearson D G. 2019. Dating mantle peridotites using Re-Os isotopes: The complex message from whole rocks, base metal sulfides, and platinum group minerals. 104(2): 165~189.

Luguet A, Reisberg L. 2016. Highly Siderophile Element and 187Os Signatures in Non-cratonic Basalt-hosted Peridotite Xenoliths: Unravelling the Origin and Evolution of the Post-Archean Lithospheric Mantle. Reviews in Mineralogy and Geochemistry, 81(1): 305~367.

MacLeod C J, Escartin J, Banerji D, et al. 2002. Direct geological evidence for oceanic detachment faulting: The Mid-Atlantic Ridge, 15°45′N. Geology, 30: 879~882.

Maffione M, Morris A, Anderson M W. 2013. Recognizing detachment-mode seafloor spreading in the deep geological past. Scientific Reports 3, 2336.

Maffione M, Thieulot C, Van Hinsbergen D J J, et al. 2015. Dynamics of intraoceanic subduction initiation: 1. Oceanic detachment fault inversion and the formation of supra-subduction zone ophiolites. Geochemistry, Geophysics, Geosystems, 16(6): 1753~1770.

Maffione M, VanHinsbergen D J J, Koornneef L M T, et al. 2015. Forearc hyperextension dis-membered the south Tibetan ophiolites. Geology, 43: 475~478.

Magde L S, D K Smith. 1995. Seamount volcanism at the Reykjanes Ridge: Relationship to the Iceland hot spot, J. Geophys. Res., 100(B5): 8449~8468.

Mahéo G, Bertrand H, Guillot S, et al. 2004. The South Ladakh ophiolites (NW Himalaya, India): an intra-oceanic tholeiitic arc origin with implication for the closure of the Neo-Tethys. Chem Geol, 203(3): 273~303.

Malpas J, Zhou M F, Robinson P T, et al. 2003. Geochemical and geochronological constraints on the origin and emplacement of the Yarlung Zangbo ophiolites, southern Tibet. In: Dilek YR and Obinsin PT(eds.). Ophiolites in Earth History. London: Geol. Soc. Spec. Publ., 218: 47~164.

Manatschal G, Sauter D, Karpoff A M, et al. 2011. The Chenaillet Ophiolite in the French/Italian Alps: An ancient analogue for an Oceanic Core Complex?. Lithos, 124(3): 169~184.

Martin A J. 2017. A review of Himalayan stratigraphy, magmatism, and structure. Gondwana Research, 49: 42~80.

Martin C R, Jagoutz O, Upadhyay R, et al. 2020. Paleocene latitude of the Kohistan-Ladakh arc indicates multistage India-Eurasia collision. PNAS, 117: 29487~29494.

Mascle G, Pêcher A, Guillot S, et al. 2012. The Himalaya-Tibet Collision.

Matsuoka A, Yang Q, Kobayashi K, et al. 2002. Jurassic-Cretaceous radiolarian biostratigraphy and sedimentary environments of the Ceno-Tethys: Records from the Xialu chert in the Yarlung-Zangbo Suture Zone, southern Tibet. Journal of Asian Earth Sciences, 20(3): 277~287.

McCarthy A, Chelle-Michou C, Müntener O, et al. 2018. Subduction initiation without magmatism: The case fo the missing Alpine magmatic arc. Geology, 46: 1059~1062.

McDermid I R C, Aitchison J C, Davis A M, et al. 2002. The Zedong terrane: A Late Jurassic intra-oceanic magmatic arc within the Yarlung-Tsangpo suture zone, southeastern Tibet. Chem. Geol., 187: 267~277.

Meijer A. 1980. In: Primitive arc volcanism and aboninite series: Examples from western Pacific island arcs. American Geophysical Union, Washington D. C. 23:2.

Meng Z Y, Wang J G, Ji W Q, et al. 2019. The Langjiexue Group is an in situ sedimentary sequence rather than an exotic block: Constraints from coeval Upper Triassic strata of the Tethys Himalaya (Qulonggongba Formation). Science China Earth Sciences, 62(5): 783~797.

Metcalf K, Kapp P. 2017. The Yarlung suture melange, Lopu Range, southern Tibet: Provenance of sandstone blocks and transition from oceanic subduction to continental collision. Gondwana Res, 48: 15~33.

Metcalf K, Kapp P. 2019. History of subduction erosion and accretion recorded in the Yarlung Suture Zone, southern Tibet. Geological Society London Special Publications, 483: 517~554.

Metcalf R V, Shervais J W. 2008. Suprasubduction-zone ophiolites: Is there really an ophiolite conundrum? In: Wright J E, Shervais, J W (Eds.), Ophiolites, Arcs and Batholiths: A Tribute to Cliff Hopson. Geol. Soc. Am. Spec. Paper, 438: 191~222.

Metcalfe I. 2006. Palaeozoic and Mesozoic tectonic evolution and palaeogeography of East Asian crustal fragments: The Korean Peninsula in context. Gondwana Res, 9(1): 24~46.

Metcalfe I. 2013. Gondwana dispersion and Asian accretion: Tectonic andpalaeogeographic evolution of eastern Tethys. Journal of Asian Earth Sciences, 66: 1~33.

Metcalfe I. 2017. Tectonic evolution ofSundaland. Bulletin of the Geological Society of Malaysia, 63: 27~60.

Metcalfe I. 2021. Multiple Tethyan Ocean basins and orogenic belts in Asia. Gondwana Research, 100: 87~130.

Miller C, Thöni M, Frank W, et al. 2003. Geochemistry and tectonomagmatic affinity of the Yungbwa ophiolite, SW Tibet. Lithos, 66(3~4): 155~172.

Miranda Elena A, Dilek Y. 2010. Oceanic Core Complex Development in Modern and Ancient Oceanic Lithosphere: Gabbro-Localized versus Peridotite-Localized Detachment Models. The Journal of Geology, 118(1): 95~109.

Mitchell A H G. 1981. Phanerozoic plate boundaries in mainland SE Asia, the Himalaya and Tibet. Journal of Geological Society of London, 138: 109~122.

Mitchell A H G. 1993. Cretaceous-Cenozoic tectonic events in the western Myanmar (Burma) Assam region. Journal of Geological Society of London, 150: 1089~1102.

Mo X X, Niu Y L, Dong G C, et al. 2008. Contribution of syncollisional felsic magmatism to continental crust growth: A case study of the Paleogene Linzizong volcanic Succession in southern Tibet. Chem Geol, 250(1): 49~67.

Moe K S, Yang J S, Johnson P, et al. 2017. Spectroscopic analysis of microdiamonds in ophioliticchromitite and peridotite. Lithosphere, 10(1): 133~141.

Moores E M, Kellogg L H, Dilek Y. 2000. Tethyan ophiolites, mantle convection, and tectonic "historical contingency": a resolution of the "ophiolite conundrum". In: Dilek Y, Moores E M, Elthon D, Nicolas A, (ed.), Ophiolites and Oceanic Crust: New Insights From Field Studies and the Ocean Drilling Program. Geological Society of America Special Paper, 349: 3~12.

Morgan J P. 2003. The ultraslow difference. Nature, 426(6965): 401.

Morris A, Anderson M W, Omer A, et al. 2017. Rapid fore-arc extension and detachment-mode spreading following subduction initiation. Earth and Planetary Science Letters, 478: 76~88.

Müller R D, Seton M, Zahirovic S, et al. 2016. Ocean basin evolution and global-scale plate reorganization events since Pangea breakup. Annu. Rev. Earth Planet. Sci., 44: 107~138.

Nakagawa M, Marasigan A R, Matsukawa T, et al. 2011. Experimental investigation on the effect of mixing length on the performance of two-phase ejector for CO_2 refrigeration cycle with and without heat exchanger. International Journal of Refrigeration, 34(7): 1604~1613.

Nicolas A, Girardeau J, Marcoux J, et al. 1981. The Xigaze ophiolite (Tibet): A peculiar oceanic lithosphere. Nature, 294: 414~417.

Nicolas A, Meshi A, Boudier F, et al. 2017. Mylonites in ophiolite of Mirdita (Albania): Oceanic detachment shear zone. Geosphere, 13(1): 136~154.

Niu X L, Yang J S, Dilek Y, et al. 2015. Petrological andOs isotopic constraints on the origin of the Dongbo peridotite massif, Yarlung Zangbo Suture Zone, Western Tibet. Journal of Asian Earth Sciences, 110: 72~84.

Niu X, Liu F, Yang J, et al. 2018. Mineralogy, geochemistry, and melt evolution of the Kalaymyo peridotite massif in the Indo-Myanmar Ranges (western Myanmar), and tectonic implications. Lithosphere, 10(1): 79~94.

Norrell G T, Harper G D. 1988. Detachment faulting and amagmatic extension at mid-ocean ridges: The Josephine ophiolite as an example. Geology, 16: 827~830.

Ohara Y, Yoshida T, Kato Y, et al. 2001. GiantMegamullion in the Parece Vela Backarc Basin. Marine Geophysical Researches, 22(1): 47~61.

Pagé P, Bédard J H, Schroetter J M, et al. 2008. Mantle petrology and mineralogy of the Thetford Mines Ophiolite Complex. Lithos, 100: 255~292.

Pan G, Wang L, Li R, et al. 2012. Tectonic evolution of the Qinghai-Tibet Plateau. Journal of Asian Earth Sciences, 53: 3~14.

Pearce J A, Deng W M. 1988. The ophiolites of the Tibetangeotraverses, Lhasa to Golmud (1985) and Lhasa to Kathmandu (1986). Philosophical Transactions of the Royal Society of London. Series A, Mathematical and Physical Sciences, 327(1594): 215~238.

Pearce J A, Lippard S J, Roberts S. 1984. Characteristics and tectonic significance of supra-subduction zone ophiolites. In: Kokelaar, B. P., Howells, M. F. (Eds.), Marginal Basin Geology: Volcanic and Associated Sedimentary and Tectonic Processes in Modern and Ancient Marginal Basins. Geol. Soc. Lond. Spec. Publ, 16: 77~94.

Pearce J A. 2008. Geochemical Tracing of Asthenosphere Flow. AGU Fall Meeting Abstracts. U43B-0048

Pearson D G, Shirey S B, Carlson R W, et al. 1995. Re+Os, Sm+Nd, and Rb+Sr isotope evidence for thick Archaean lithospheric mantle beneath the Siberian craton modified by multistage metasomatism. Geochim Cosmochim Acta, 59(5): 959~977.

PhilipKearey, Keith A. Klepeis, Frederick J. Vine. 2009. Global Tectonics, 3rd Edition. Wiley-Blackwell, Chichester.

Pozzi J P, Westphal M, Girardeau J, et al. 1984. Paleomagnetism of the Xigaze ophiolite and flysch (Yarlung Zangbo suture zone, southern Tibet): latitude and direction of spreading. Earth and Planetary Science Letters, 70: 383~394.

Proenza J A F, Gervilla J C, Melgarejo J L B. 1999. Al-and Cr-rich chromitites from the Mayarí-Baracoa Ophiolitic Belt, (eastern Cuba): Consequence of interaction between volatile-rich melts and peridotite in suprasubduction mantle. Economic Geology, 94(4): 547~566.

Qian Q, Hermann J, Dong F Y, et al. 2020. Episodic formation of Neotethyan ophiolites (Tibetan Plateau): Snapshots of abrupt global plate reorganizations during major episodes of supercontinent breakup?. Earth-Science Reviews, 203: 103144.

Quan-Ru G, Zhi-Min P, Zhang Z. 2010. Geochemical study on metamorphosed mafic rocks in ophiolitic zone in the Yarlung Zangpo Great Bend, eastern Tibet, China. Geological Bulletin of China, 29(12): 1781~1794.

Quanru G, et al. 2006. The Eastern Himalayan syntaxis: Major tectonic domains, ophiolitic mélanges and geologic evolution. J. Asian Earth Sci. 27: 265~285.

Reagan M K, Heywood L, Goff K, et al. 2017. Geodynamic implications of crustal lithologies from the southeast Mariana forearc. Geosphere, 14 (1): 1~22.

Reagan M K, Ishizuka O, Stern R L, et al. 2010. Fore-arc basalts and subduction initiation in the Izu-Bonin-Mariana system. Geochem. Geophys. Geosyst 11, Q03X12.

Replumaz A, Capitanio F A, Guillot S, et al. 2014. The coupling of Indian subduction and Asian continental tectonics. Gondwana Research, 26: 608~626.

Resing J A, Rubin K H, Embley R W, et al. 2011. Active submarine eruption of boninite in the northeastern Lau Basin. Nat. Geosci., 4: 799~806.

Reston T J, Weinrebe W, Grevemeyer I, et al. 2002. A rifted inside corner massif on the Mid-Atlantic Ridge at 5°S. Earth and Planetary Science Letters, 200(3~4): 255~269.

Robinson P T, Bai W J, Malpas J, et al. 2004. Ultra-high pressure minerals in the Luobusa Ophiolite, Tibet, and their tectonic implications// Malpas J, Fletcher C J N, Ali J R, et al. Aspects of the Tectonic Evolution of China. Geological Society of London. 0.

Robinson P T, Trumbull R B, Schmitt A, et al. 2015. The origin and significance of crustal minerals in ophioliticchromitites and peridotites. Gondwana Research, 27: 486~506.

Rollinson H. 2016. Surprises from the top of the mantle transition zone. Geology Today, 32(2): 58~64.

Saktura W M, Buckman S, Nutman A P, et al. 2020. Late Jurassic Changmar Complex from the Shyok ophiolite, NW Himalaya: A prelude to the Ladakh Arc. Geol Mag, 158(2): 239~260.

Searle M P, Cooper D J, Rex A J, et al. 1988. Collision tectonics of the Ladakh-Zanskar Himalaya. Philosophical Transactions of the Royal Society of London Series A, Mathematical and Physical Sciences, 326: 117~150.

Searle M P, Simpson R L, Law R D, et al. 2003. The structural geometry, metamorphic and magmatic evolution of the Everest massif, High Himalaya of Nepal-South Tibet. J Geol Soc, 160(3): 345~366.

Sengupta S, Ray K K, Acharyya S K, et al. 1990. Nature of Ophiolite occurrence along eastern margin of Indian plate and their tectonic significance. Geology, 18: 439~442.

Seton M, Müller R D, Zahirovic S, et al. 2012. Global continental and ocean basin reconstructions since 200 Ma. Earth-Sci. Rev., 113: 212~270.

Shervais J W, Reagan M, Haugen E, et al. 2019. Magmatic Response to Subduction Initiation: Part 1. Fore-arc Basalts of the Izu-Bonin Arc From IODP Expedition 352. Geochemistry, Geophysics, Geosystems, 20(1): 314~338.

Shi R D. 2007. SHRIMP dating of the Bangong Lake SSZ-type ophiolite: Constraints on the closure time of ocean in the Bangong Lake-Nujiang River, Northwestern Tibet. Chinese Science Bulletin, 936~941.

Shirey S B, Walker R J. 1998. The Re-Os isotope system in cosmochemistry and high-temperature geochemistry. Annual Review of Earth and Planetary Sciences, 26: 423~500.

Shu C, Long X, Yin C, et al. 2018. Continental crust growth induced by slab breakoff in collisional orogens: Evidence from the Eocene Gangdese granitoids and their mafic enclaves, South Tibet. Gondwana Res, 64: 35~49.

Smith A G. 2006. Tethyan ophiolite emplacement, Africa to Europe motions, and Atlantic spreading. In: Robertson, A. H. F., Mountrakis, D. (Eds.), Tectonic Development of the Eastern Mediterrenean Region. Geol. Soc. Lond. Spec. Publ, 260: 11~34.

Smith D K, Escartin J, Schouten H, et al. 2008. Fault rotation and core complex formation: Significant processes in seafloor formation at slow-spreading mid-ocean ridges (Mid-Atlantic Ridge, 13~25°N). Geochemistry, Geophysics, Geosystems, 9, Q03003.

Sonja Aulbach, Vincenzo Stagno. 2016. Evidence for a reducing Archean ambient mantle and its effects on the carbon cycle. Geology, 44(9): 751~754.

Su B, Zhou M, Jing J, et al. 2019. Distinctive melt activity and chromite mineralization inLuobusa and Purang ophiolites, southern Tibet: constraints from trace element compositions of chromite and olivine. Sci Bull, 64(2): 108~121.

Tani K, Dunkley D J, Ohara Y. 2010. Termination ofbackarc spreading: Zircon dating of a giant oceanic core complex. Geology, 39: 47~50.

Tapponnier P, Mercier J L, Proust F, et al. 1981. The Tibetan side of the India-Eurasia collision. Nature, 294: 405~410.

Tatsumi Y. 2006. High-Mg Andesites in the Setouchi Volcanic Belt, Southwestern Japan: Analogy to Archean Magmatism and Continental Crust Formation?. Annual Review of Earth and Planetary Sciences, 34: 467~499.

Taylor W R, Milledge H J, Griffin B J, et al. 1995. Characteristics of microdiamonds from ultramafic massifs in Tibet: Authentic ophiolitic diamonds or contamination? Sixth International Kimberlite Conference; Extended Abstracts. Proceedings of the International Kimberlite Conference, 6: 623~624.

Tremblay A, Meshi A, Bédard J H. 2009. Oceanic core complexes and ancient oceanic lithosphere: Insights fromIapetan and Tethyan ophiolites (Canada and Albania). Tectonophysics, 473: 36~52.

Trumbull R B, Yang J S, Robinson P T, et al. 2009. The carbon isotope composition of naturalSiC (moissanite) from the Earth's mantle: New discoveries from ophiolites. Lithos, 113(3): 612~620.

Tucholke B E, Behn M D, Buck W R, et al. 2008. Role of melt supply in oceanic detachment faulting and formation of megamullions. Geology, 36(6): 455~458.

Tucholke B E, Driscoll N W, Holbrook W S, et al. 2001. Drilling the Newfoundland Margin in the Newfoundland-Iberia Rift. AGU Fall Meeting Abstracts. T52C-0962.

Tucholke B E, Jian Lin. 1994. A geological model for the structure of ridge segments in slow spreading ocean crust. Journal of Geophysical Research, 99: 11937~11958.

Tucholke B E, Lin J, Kleinrock M C. 1998. Megamullions and mullion structure defining oceanic metamorphic core complexes on the Mid-Atlantic Ridge. Journal of Geophysical Research Solid Earth, 103: 9857~9866.

Ullah Z, Shah M T, Siddiqui R H, et al. 2020. Petrochemistry of High-Cr and High-Alchromitites occurrences of Dargai Complex along Indus Suture Zone, Northern Pakistan. Episodes.

Umino S, Kanayama K, Kitamura K, et al. 2018. Did boninite originate from the heterogeneous mantle with recycled ancient slab?. Isl Arc, 27 (1): e12221.

Umino S. 1989. Experimental studies on boninite petrogenesis. Boninites: 89~111

Van Der Laan S, Flower M, Koster Van Groos A. 1989. Experimental evidence for the origin ofboninites: near-liquidus phase relations to 7. 5 k-bar.

Wakabayashi J A, Dilek Y. 2003. What constitutes 'emplacement' of an ophiolite?: Mechanisms and relationship to subduction initiation and formation of metamorphic soles. In: Dilek, Y., Robinson, P. T. (Eds.), OPhiolites in Earth History. Geol. Soc. Lond. Spec. Publ, 218: 427~447.

Walker R J, Shirey S B, Hanson G N, et al. 1989. Re-Os, Rb-Sr, and O isotopic systematics of the Archean Kolar schist belt, Karnataka, India. Geochim Cosmochim Acta, 53(11): 3005~3013.

Wang C S, Li X H, Liu Z F, et al. 2012. Revision of the Cretaceous Paleogene stratigraphic framework, facies architecture and provenance of the Xigaze forearc basin along the Yarlung Zangbo suture zone. Gondwana Research, 22(2): 415~433.

Wang J G, Hu X M, Garzanti E, et al. 2013. Upper Oligocene-Lower Miocene Gangrinboche Conglomerate in the Xigaze Area, Southern Tibet: Implications for Himalayan Uplift and Paleo-Yarlung-Zangbo Initiation. The Journal of Geology, 121(4): 425~444.

Wang J G, Hu X M, Garzanti E, et al. 2017a. The birth of the Xigaze forearc basin in southern Tibet. Earth and Planetary Science Letters, 465: 38~47.

Wang J G, Hu X M, Wu F Y, et al. 2010. Provenance of the Liuqu Conglomerate in southern Tibet: A Paleogene erosional record of the Himalayan-Tibetan orogen. Sedimentary Geology, 231(3): 74~84.

Wang R, Xia B, Zhou G Q, et al. 2006. SHRIMP zircon U-Pb dating for gabbro from the Tiding ophiolite in Tibet. Chinese Science Bulletin, 51 (14): 1776~1779.

Wang T Y, Li G B, Li X F, et al. 2017b. Earlyeocene radiolarian fauna from the Sangdanlin, southern Tibet: Constraints on the timing of Initial India-Asia Collision. Acta Geologica Sinica, 91(6): 1964~1977

Wang X C, Liu W L, Zhong Y, et al. 2017c. Geochemical and zircon U-Pb age constraints on the origin of the Mesozoic Xigaze ophiolite, Yarlung Zangbo suture zone, SW China. Int. Geol. Rev. 60: 1267~1289.

Wang W, Wang M, Zhai Q G, et al. 2020. Transition from oceanic subduction to continental collision recorded in the Bangong-Nujiang suture zone: Insights from Early Cretaceous magmatic rocks in the north-central Tibet. Gondwana Research, 78: 77~91.

Whattam S A, Stern R J. 2011. The 'subduction initiation rule': A key for linking ophiolites, intra-oceanic forearcs, and subduction initiation. Contrib. Mineral. Petrol. 162: 1031~1045.

Woelki D, Regelous M, Haase K M, et al. 2018. Petrogenesis of boninitic lavas from the Troodos Ophiolite, and comparison with Izu-Bonin-Mariana fore-arc crust. Earth and Planetary Science Letters, 498: 203~214.

Wu F Y, Ji W Q, Liu C Z, et al. 2010. Detrital zircon U-Pb and Hf isotopic data from the Xigaze fore-arc basin: Constraints on Transhimalayan magmatic evolution in southern Tibet. Chemical Geology, 271: 13~25.

Wu Y, Xu M, Jin Z, et al. 2016. Experimental constraints on the formation of the Tibetan podiformchromitites. Lithos, 245: 109~117.

Xia B, Li J F, Xu L F, et al. 2011. Sensitive High Resolution Ion Microprobe U-Pb zircon geochronology and geochemistry of mafic rocks from the Pulan-Xiangquanhe ophiolite, Tibet: Constraints on the evolution of the Neo-tethys. Acta Geol. Sin. 85: 840~853.

Xiong F H, Liu Z, Kapsiotis A, et al. 2019. Petrogenesis of lherzolites from the Purang ophiolite, Yarlung-Zangbo suture zone, Tibet: Origin and significance of ultra-high pressure and other ′unusual′ minerals in the Neo-Tethyan lithospheric mantle. International Geology Review, 61(17): 2184~2210.

Xiong F H, Meng Y K, Yang J S, et al. 2020. Geochronology and petrogenesis of the mafic dykes from the Purang ophiolite: Implications for evolution of the western Yarlung-Tsangpo suture zone, southwestern Tibet. Geosci. Front. 11: 277~292.

Xiong F H, Yang J S, Dilek Y, et al. 2018. Origin and significance of diamonds and other exotic minerals in the Dingqing ophiolite peridotites, eastern Bangong-Nujiang suture zone, Tibet. Lithosphere, 10(1): 142~155.

Xiong F H, Yang J S, Liang F H, et al. 2011. Zircon U-Pb ages of the Dongbo ophiolite in the western Yarlung Zangbo Suture Zone, and their geological significance. Acta Petrologica Sinica, 27(11): 3223~3238.

Xiong F H, Yang J S, Robinson P T, et al. 2015. Origin of podiformchromitite, a new model based on the Luobusa ophiolite, Tibet. Gondwana Research, 27(2): 525~542.

Xiong F H, Yang J S, Robinson P T, et al. 2017a. Petrology and geochemistry of peridotites and podiformchromitite in the Xigaze ophiolite, Tibet: Implications for a suprasubduction zone origin. Journal of Asian Earth Sciences, 146: 56~75.

Xiong F H, Yang J S, Robinson P T, et al. 2017b. High-Al and high-Cr podiformchromitites from the western Yarlung-Zangbo suture zone, Tibet: Implications from mineralogy and geochemistry of chromian spinel, and platinum-group elements. Ore Geology Reviews, 80: 1020~1041.

Xiong Q, Griffin W L, Zheng J P, et al. 2016. Southward trench migration at −130~120 Ma caused accretion of the Neo-Tethyan forearc lithosphere in Tibetan ophiolites. Earth Planet. Sci. Lett. 438: 57~65.

Xiong Q, Henry H, Griffin W L, et al. 2017. High-and low-Cr chromitite and dunite in a Tibetan ophiolite: Evolution from mature subduction system to incipient forearc in the Neo-Tethyan Ocean. Contrib. Mineral. Petrol. 172, 45.

Xu W, Li C, Xu M J, et al. 2015. Petrology, geochemistry, and geochronology of boninitic dikes from the Kangqiong ophiolite: Implications for the Early Cretaceous evolution of Bangong-Nujiang Neo-Tethys Ocean in Tibet. Int. Geol. Rev. 57: 2028~2043.

Xu X Z, Yang J S, Chen S Y, et al. 2009. Unusual mantle mineral group fromchromitite orebody Cr-11 in Luobusa ophiolite of Yarlung-Zangbo suture zone, Tibet. Journal of Earth Science, 20(2): 284~302.

Xu X, Yang J, Ba D, et al. 2011. Petrogenesis of the Kangjinla peridotite in the Luobusa ophiolite, Southern Tibet. Journal of Asian Earth Sciences 42: 553~568.

Xu Y, Liu J G, Xiong Q, et al. 2020. The complex life cycle of oceanic lithosphere: A study of Yarlung-Zangbo ophiolitic peridotites, Tibet. Geochimica et Cosmochimica Acta, 277: 175~191.

Xu Z Q, Dilek Y, Yang J S, et al. 2015. Crustal structure of the Indus-Tsangpo suture zone and its ophiolites in southern Tibet. Gondwana Research, 27(2): 507~524.

Xu Z Q, Wang Q, Sun W D, et al. 2018. The spherical structure of the earth and across-sphere tectonics. Geological Review, 64(2): 261~282 (in Chinese with English abstract).

Xu Z Q, Zhao Z B, Ma X X, et al. 2019. From Andean orogen to Gangdese orogeny: From ocean continent subduction to continent-continent collision. Acta Geologica Sinica, 93(1): 1~11(in Chinese with English abstract).

Yamamoto H, Yamamoto S, Kaneko Y, et al. 2007. Imbricate structure of the Luobusa Ophiolite and surrounding rock units, southern Tibet. J Asian Earth Sci, 29(2): 296~304.

Yamamoto H, Yoshino T. 1998. Superposition of replacements in the maficgranulites of the Jijal complex of the Kohistan arc, northern Pakistan: dehydration and rehydration within deep arc crust. Lithos, 43(4): 219~234.

Yamamoto S, Komiya T, Hirose K, et al. 2009. Coesite and clinopyroxene exsolution lamellae in chromites: In-situ ultrahigh-pressure evidence from podiform chromitites in the Luobusa ophiolite, southern Tibet. Lithos, 109: 314~322.

Yang G X, Dilek Y. 2015. OIB-and P-type ophiolites along the Yarlung-Zangbo Suture Zone (YZSZ), Southern Tibet: PolyPhase melt history and mantle sources of the Neotethyan oceanic lithosphere. Episodes, 38(4): 250~265.

Yang J S, Dobrzhinetskaya L, Bai W J, et al. 2007. Diamond-and coesite-bearing chromitites from the Luobusa ophiolite, Tibet. Geology, 35 (10): 875~878.

Yang J S, Robinson P T, Dilek Y. 2014. Diamonds in ophiolites. Elements, 10(2): 127~130.

Yang J S, Robinson P T, Dilek Y. 2015. Diamond-bearing ophiolites and their geological occurrence. Episodes, 38(4): 344~364.

Yang J S, Wu W W, Lian D Y, et al. 2021. Peridotites, chromitites and diamonds in ophiolites. Nat Rev Earth Environ, 2(3): 198~212.

Yin A, Harrison T M. 2000. Geologic evolution of the Himalayan-Tibetan orogen. Annu. Rev. Earth Planet. Sci., 28: 211~280.

Yumul G P, Dimalanta C B, Maglambayan V B, et al. 2003. Mineralization Controls in Island Arc Settings: Insights from Philippine Metallic Deposits. Gondwana Res, 6(4): 767~776.

Zhang C, Liu C Z, Liu T, et al. 2020. Evolution of mantle peridotites from the Luobusa ophiolite in the Tibetan Plateau: Sr-Nd-Hf-Os isotope constraints. Lithos, 362~363: 105477.

Zhang C, Liu C Z, Wu F Y, et al. 2016a. Geochemistry andgeochronology of mafic rocks from the Luobusa ophiolite, South Tibet. Lithos, 245: 93~108.

Zhang C, Liu C Z, Wu F Y, et al. 2017. Ultra-refractory mantle domains in the Luqu ophiolite (Tibet): Petrology and tectonic setting. Lithos, 286~287: 252~263.

Zhang C, Liu C Z, Xu Y, et al. 2019a. Subduction re-initiation at dying ridge of Neo-Tethys: Inshights from mafic and metamafic rocks in Lhaze ophiolitic mélange, Yarlung-Tsangbo Suture Zone. Earth Planet. Sci., 523: 115707.

Zhang L L, Liu C Z, Wu F Y, et al. 2016b. Sr-Nd-Hf isotopes of the intrusive rocks in the Cretaceous Xigaze ophiolite, southern Tibet: Constraints on its formation setting. Lithos, 258~259: 133~148.

Zhang L L, Liu C Z, Wu F Y, et al. 2014. Rock assemblage, geochronology and genesis of the Zedong ophiolite. Joint Acad. Ann. Conf. Chin. Earth Sci. 1838(in Earth-Science Reviews 203(2020)103144 Chinese).

Zhang P F, Zhou M F, Robinson P T, et al. 2019b. Evolution of nascent mantle wedges during subduction initiation: Li-O isotopic evidence from the Luobusa ophiolite, Tibet. Geochim. Cosmochim. Acta, 245: 35~58.

Zhang R S, Zeng M. 2018. Mapping lithologic components of ophiolitic Mélanges based on ASTER spectral analysis: A case study from the Bangong-Nujiang Suture Zone (Tibet, China). ISPRS International Journal of Geo-Information, 7(1): 34.

Zhang S Q, Mahoney J J, Mo X X, et al. 2005. Evidence for a widespread Tethyan upper mantle with Indian-Ocean-type isotopic characteristics. Journal of Petrology, 46: 829~858.

Zhang X Z, Wang Q, Dong Y S, et al. 2017. High-pressure granulite facies overprinting during the exhumation of eclogites in the Bangong-Nujiang suture zone, Central Tibet: Link to flat-slab subduction. Tectonics, 36: 2918~2935.

Zhao H, Yang J, Liu F, et al. 2020. Mineralogy and Geochemistry of the High-Cr Podiform Chromitite from the Cuobuzha Ophiolite, Yarlung Zangbo Suture Zone, Western Tibet, China: Implication for its Origin. Acta Geologica Sinica (English Edition), 94: 75~89.

Zheng H, Huang Q T, Kapsiotis A, et al. 2017. Early Cretaceous ophiolites of the Yarlung Zangbo Suture Zone: Insights from dolerites and peridotites from the Baer upper mantle suite, SW Tibet (China). International Geology Review, 59(11): 1471~1489.

Zheng H, Huang Q T, Kapsiotis A, et al. 2019. Coexistence of MORB-and OIB like doleritc intrusions in the Purang ultramafic massif, SW Tibet: A paradigm of plume-influenced MOR-type magmatism prior to subduction initiation in the Neo-Tethyan lithospheric mantle. GSA Bulletin, 131(7~8): 1276~1294.

Zhong Y, Liu W L, Tang G J, et al. 2019. Origin of Mesozoic ophiolitic mélanges in the westernYarlung Zangbo suture zone, SW Tibet. Gondwana Research, 76: 204~223.

Zhou M F, Robinson P T, Malpas J, et al. 1996. Podiformchromitites in the Luobusa ophiolite (southern Tibet): Implications for melt-rock interaction and chromite segregation in the upper mantle. Journal of Petrology, 37(1): 3~21.

Zhou M F, Robinson P T, Su B X, et al. 2014. Compositions ofchromite, associated minerals, and parental magmas of podiform chromite deposits: The role of slab contamination of asthenospheric melts in suprasubduction zone environments. Gondwana Research, 26(1): 262~283.

Zhu D C, Chung S L, Mo X X, et al. 2009. The 132 MaComei-Bunbury large igneous province: Remnants identified in present-day southeastern Tibet and southwestern Australia. Geology, 37: 583~586.

Zhu D C, Mo X X, Pan G T, et al. 2008. Petrogenesis of the earliest Early Cretaceous mafic rocks from the Cona area of the eastern Tethyan Himalaya in south Tibet: Interaction between the incubating Kerguelen plume and the eastern Greater India lithosphere? Lithos, 100: 147~173.

Zhu D C, Mo X X, Zhao Z D, et al. 2010. Presence of Permian extension-and arc-type magmatism in southern Tibet: Paleogeographic implications. GSA Bulletin, 122(7~8): 979~993.

Zhu D C, Zhao Z D, Niu Y L, et al. 2011. The Lhasa Terrane: Record of a microcontinent and its histories of drift and growth. Earth and Planetary Science Letters, 301(1~2): 241~255.

Zhu D C, Zhao Z D, Niu Y L, et al. 2013. The origin and pre-Cenozoic evolution of the Tibetan Plateau. Gond. Res. 23: 1429~1454.

Ziabrev S V, Aitchison J C, Abrajevitch A V. 2004. Bainang Terrane, Yarlung-Tsangpo suture, southern Tibet (Xizang, China): A record of intra-Neotethyan subduction-accretion processes preserved on the roof of the world. Journal of the Geological Society, 161(3): 523~539

Ziabrev S, Aitchison J, Abrajevitch A, et al. 2003. Precise radiolarian age constraints on the timing of ophiolite generation and sedimentation in the Dazhuqu terrane, Yarlung-Tsangpo suture zone, Tibet. Journal of the Geological Society, 160(4): 591~599.

Şengör A C, Stock J. 2014. The Ayyubid Orogen: An Ophiolite Obduction-Driven Orogen in the Late Cretaceous of the Neo-Tethyan South Margin. Geoscience Canada, 41(2): 225~254.

第二章　雅鲁藏布江缝合带蛇绿岩在地幔循环中的流变

沿缝合带分布的蛇绿岩作为板块汇聚边界的标志，代表了消失的大洋岩石圈碎片，记录了大洋岩石圈在洋中脊形成、在海沟俯冲消减以及板块汇聚过程中通过构造侵位逆冲到大陆边缘的演化历史（Dilek et al.，2003，2014）。对来自蛇绿岩的橄榄岩样品研究表明：在快速扩张洋中脊（如阿曼蛇绿岩）（Boudier et al.，1995）和慢速扩张洋中脊（如阿尔卑斯 Lanzo 蛇绿岩）（Boudier，1978）形成的大洋岩石圈，都以位错蠕变为主控变形机制。从 20 世纪 70 年代开始，上地幔主要组成矿物（橄榄石、辉石和石榴子石）的变形机制成为实验岩石学和构造地质学的热点。由于橄榄石是上地幔最主要的矿物，而且橄榄石的流变强度常低于辉石，橄榄石的韧性变形和晶格优选定向（crystallographic preferred orientation，CPO）控制了上地幔的流变行为和地震波各向异性（Ben Ismaïl et al.，1998；Karato et al.，2008）。

Carter et al.（1970）在 1 GPa 压力下对含水和无水纯橄岩进行变形实验，发现温度和应变速率是控制橄榄石位错滑移系的主要因素：随着温度升高和应变速率降低，橄榄石的主控位错滑移系从［001］{110}（<900℃）转变为［100］{0*kl*}（900~1200℃），然后再变为［100］(010)（>1200℃）（图 2-1）。因此，在上地幔高温、低应变速率的环境下，橄榄石主要发育［100］(010)组构，表现为［100］轴平行于线理，(010) 面平行于面理（Ben Ismaïl et al.，1998；Tommasi et al.，2015；Michibayashi et al.，2016；Tommasi et al.，2016）。由于［100］是橄榄石中最快的 P 波传播方向，［010］是最慢的 P 波传播方向，因此橄榄石的［100］(010) 组构导致橄榄岩最快的 P 波速度近平行于线理，S 波快波的极化面平行于面理，最大的 S 波分裂方向平行于面理并垂直于线理，这一关系决

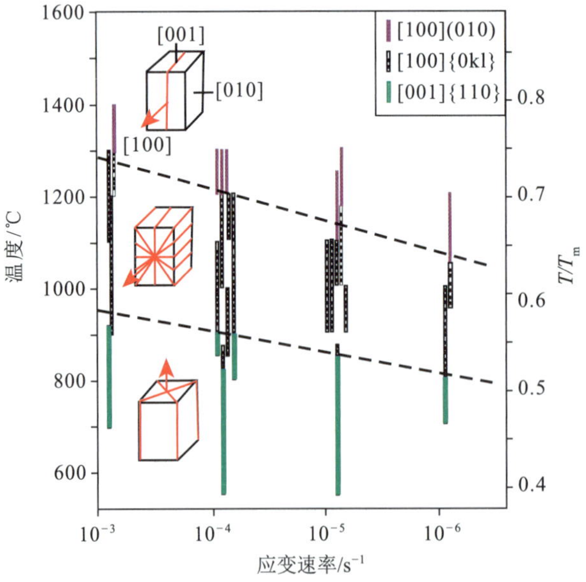

图 2-1　温度和应变速率对橄榄石组构的影响

（据 Carter et al.，1970，有修改）

T—绝对温度；T_m—熔点

定了上地幔流动与地震波各向异性的联系，成为通过地球物理观测和动力学模拟追踪上地幔动力学演化的重要基础（Park et al.，2002；Hu et al.，2017；Wang et al.，2019）。

但是，近二十年来的高温高压实验发现高含水量、高应力或超高压可导致橄榄石发育不同的组构，并改变橄榄岩的地震波各向异性，为解释不同构造单元的地震波各向异性提出了新机制。Jung et al.(2001) 通过 1127~1297℃和 0.5~2.2 GPa 下橄榄石多晶集合体的变形实验，发现水和应力可导致橄榄石组构转变：常见的 [100](010) 滑移系被称为 A 型组构，形成于低应力和低含水量的条件下；B 型组构以 [001](010) 为主控滑移系，形成于高含水量和高应力下；C 型组构以 [001](100) 为主控滑移系，形成在中等应力和高含水量条件下（图 2-2）。D 型组构发育在高应力和贫水情况下，{0*kl*} 面近平行于剪切面，[100] 轴近平行于剪切方向（Bystricky et al.，2000；Zhang et al.，2000）。橄榄石在中等含水量和低应力下，发育以 [100](001) 滑移系为特征的 E 型组构（Katayama et al.，2004；Jung et al.，2006）。此外，Mainprice（2007）将天然橄榄岩中出现的 [010] 轴向组构称为 AG 型组构，橄榄石的极图表现为 [010] 轴形成垂直面理的极密，而 [100] 轴和 [001] 轴形成平行面理的环带。AG 组构在单剪变形时需要 [100](010) 和 [001](010) 两组位错滑移系共同作用，而在轴向挤压时只需要 [100](010) 位错滑移系发育即可形成，可能与熔体存在时的应变分配或者先存组构的叠加有关（Holtzman et al.，2003；Michibayashi et al.，2004）。

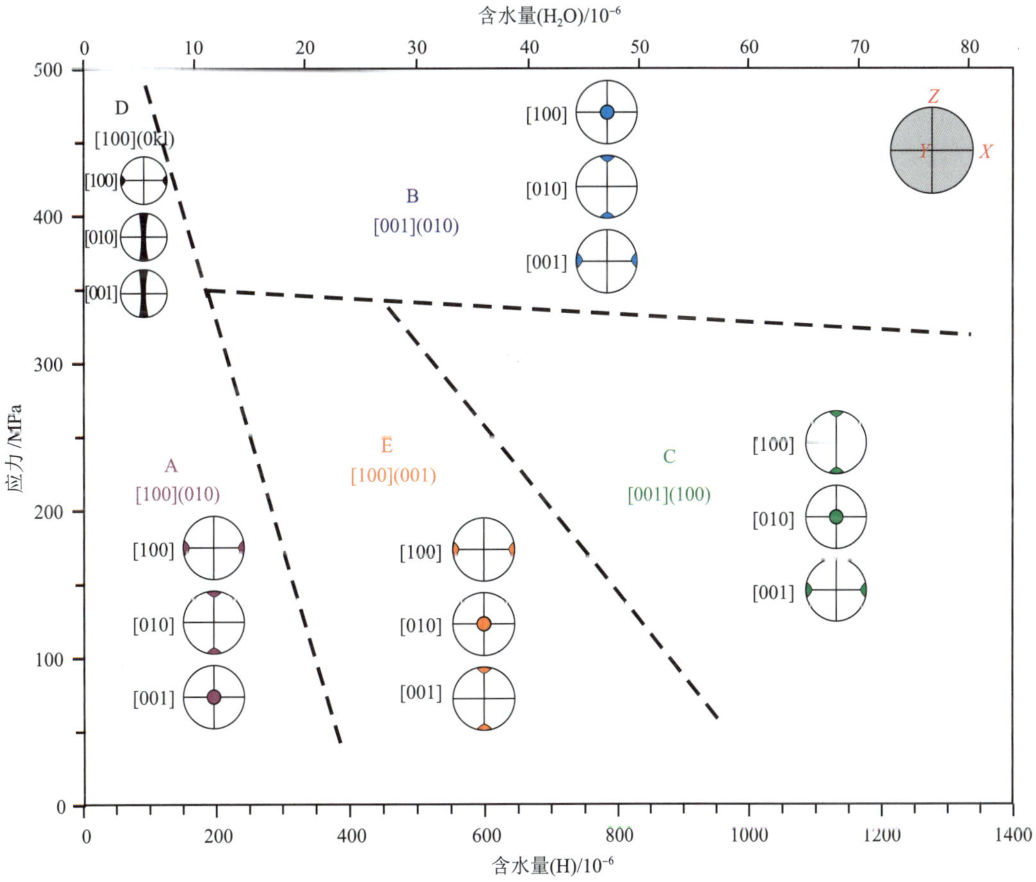

图 2-2　应力和含水量对橄榄石组构的影响

（据 Jung et al.，2001；Katayama et al.，2004，有修改）

橄榄石极图的下半球赤平投影中，*X*—平行线理，*XY*—面理，*Z*—垂直面理

除了水和应力，Mainprice et al.(2005) 使用黏弹性自洽模型模拟单剪应力下橄榄石多晶集合体的晶格优选定向，发现超高压下发育 [001](*hk*0) 位错滑移系所需的临界剪应力比 [100](010) 位错滑移系显著降低，因此，超高压也可以促进橄榄石 [001] 方向的位错滑移。在 7 GPa 和 1200~

1400℃，无水橄榄石单晶体的位错滑移矢量从［100］转变为［001］（Couvy et al.，2004；Raterron et al.，2007，2009）。在 8~9 GPa 和 500~1000℃下，无水或贫水的橄榄石多晶集合体的韧性变形以［001］位错蠕变为主（Li et al.，2003；Raterron et al.，2004）。贫水橄榄石多晶集合体在 7.6 GPa 和 1220℃从 A 型组构转变为 B 型组构，在 7.6 GPa 和 1400℃同时发育 B 型和 C 型组构，在 9.6 GPa 和 1400℃发育 C 型组构（Ohuchi et al.，2011）。这表明橄榄岩的［001］位错滑移所需的临界压力随温度升高而降低，而且 C 型组构发育所需的临界压力高于 B 型组构。在 7.2~11.1 GPa 和 1127~1500℃，富水橄榄石发育 A 型组构，中等含水量的橄榄石发育 B 型组构，而贫水橄榄石发育 C 型组构，表明超高压下橄榄石多晶集合体的组构与含水量的关系与 3 GPa 以下的实验结果完全不同（Ohuchi et al.，2013）。Bernard et al.（2019）对天然变形橄榄岩的组构和变形历史的统计也表明：贫水橄榄石可发育所有的组构类型，含水量与橄榄石的组构类型不存在明显的相关性，水对橄榄石流变的影响尚需进一步研究。

罗布莎蛇绿岩位于雅鲁藏布江缝合带的东段，代表了在俯冲带上方地幔楔的新特提斯大洋岩石圈的残片（图 2-3a）（Zhou et al.，1996，2005，2014；Xu et al.，2015；Dilik et al.，2018）。罗布莎铬铁矿是我国唯一的大型铬铁矿床，经典的板块构造理论中蛇绿岩及其伴生的铬铁矿都形成于洋中脊附近的低压环境，但是在罗布莎蛇绿岩的橄榄岩和铬铁矿中发现了金刚石、碳硅石、自然铁等超高压、超还原矿物（Bai et al.，1993；Robinson et al.，2004；Yang et al.，2007；Dobrzhinetskaya et al.，2009；Xu et al.，2015；Zhang et al.，2016）。因此，前人提出了地幔柱模型（Yang et al.，2014；Xiong et al.，2015）、板片断离（slab breakoff）引发的软流圈上涌模型（Zhou et al.，2014）、由板片回撤（slab rollback）引发的地幔上涌模型（Griffin et al.，2016）和俯冲隧道流模型（Dilek et al.，2018）来解释蛇绿岩中的深部物质循环。前人发现罗布莎露头的橄榄岩发育了橄榄石 A 型组构（徐梦婧等，2010；Sun et al.，2016），但没有开展含水量研究。

研究罗布莎蛇绿岩的形成与侵位机制不仅可以追溯新特提斯洋的构造演化，也为铬铁矿找矿突破

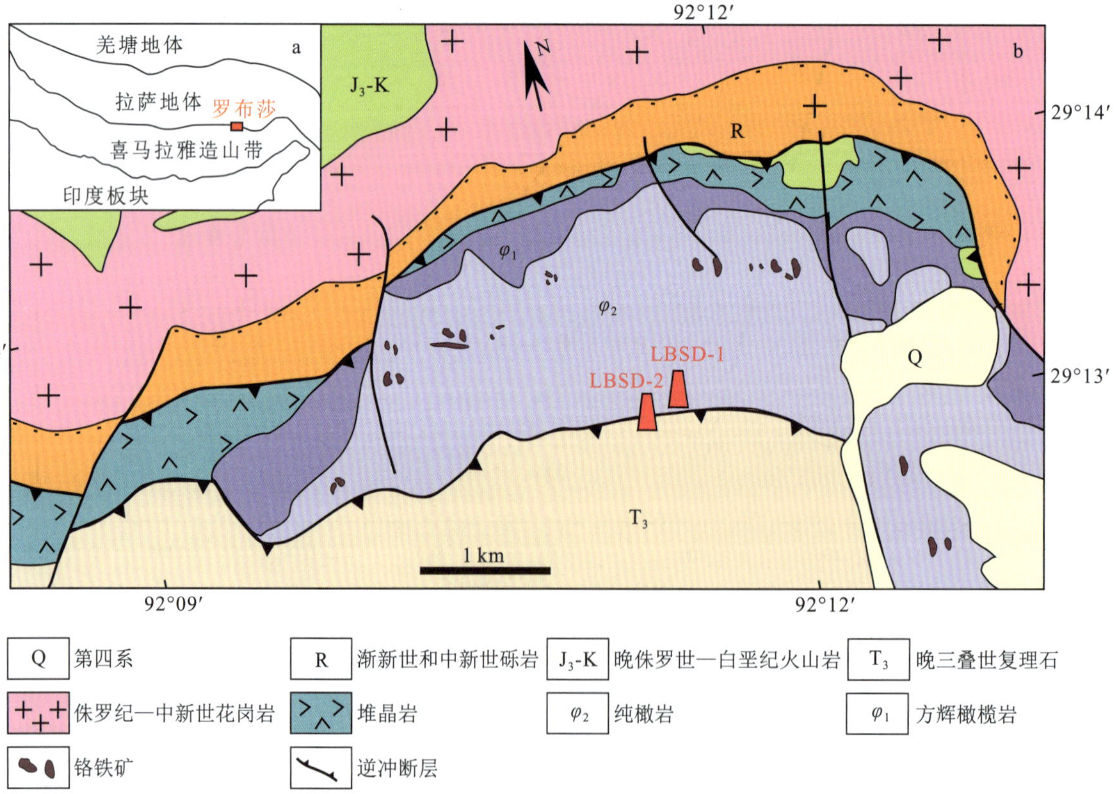

图 2-3　罗布莎铬铁矿区地质简图及 LBSD-1 和 LBSD-2 钻孔位置

（据 Xu et al.，2015，有修改）

提供理论支撑。罗布莎科学钻探计划在海拔 4378 m 的罗布莎铬铁矿区（29°13′14.19″N，92°11′36.33″E）打了两个钻孔：1479.8 m 深的 LBSD-1 和 1853.8 m 深的 LBSD-2（图 2-3b）。为揭示罗布莎橄榄岩的流变学特征和变形历史，本研究对 LBSD-1 和 LBSD-2 两个钻孔的橄榄岩进行了系统的显微结构和含水量研究，结合岩石地球化学特征，探讨罗布莎橄榄岩的变形机制和大洋俯冲隧道中的物质折返和水循环，从而建立地幔岩显微构造与板块构造的联系（Yu et al.，2019）。

第一节 罗布莎橄榄岩的流变学特征

一、罗布莎橄榄岩的显微构造

由于罗布莎地表露头的橄榄岩大多经历了强烈的蛇纹石化，故从罗布莎两个钻孔中选取了 17 个方辉橄榄岩和 7 个纯橄岩的新鲜样品（图 2-4）。这些样品具有粒状变晶结构或者残斑结构，方辉橄榄岩样品含橄榄石（65%～85%）、斜方辉石（10%～28%）和单斜辉石（1%～5%），并含少量金红石和蛇纹石，单斜辉石呈间隙颗粒或在斜方辉石中以出溶条纹的形式产出（图 2-5）。纯橄岩由 85%～95%的橄榄石，以及少量斜方辉石、单斜辉石和尖晶石组成，橄榄石粒径为 1～3 mm，有时可达

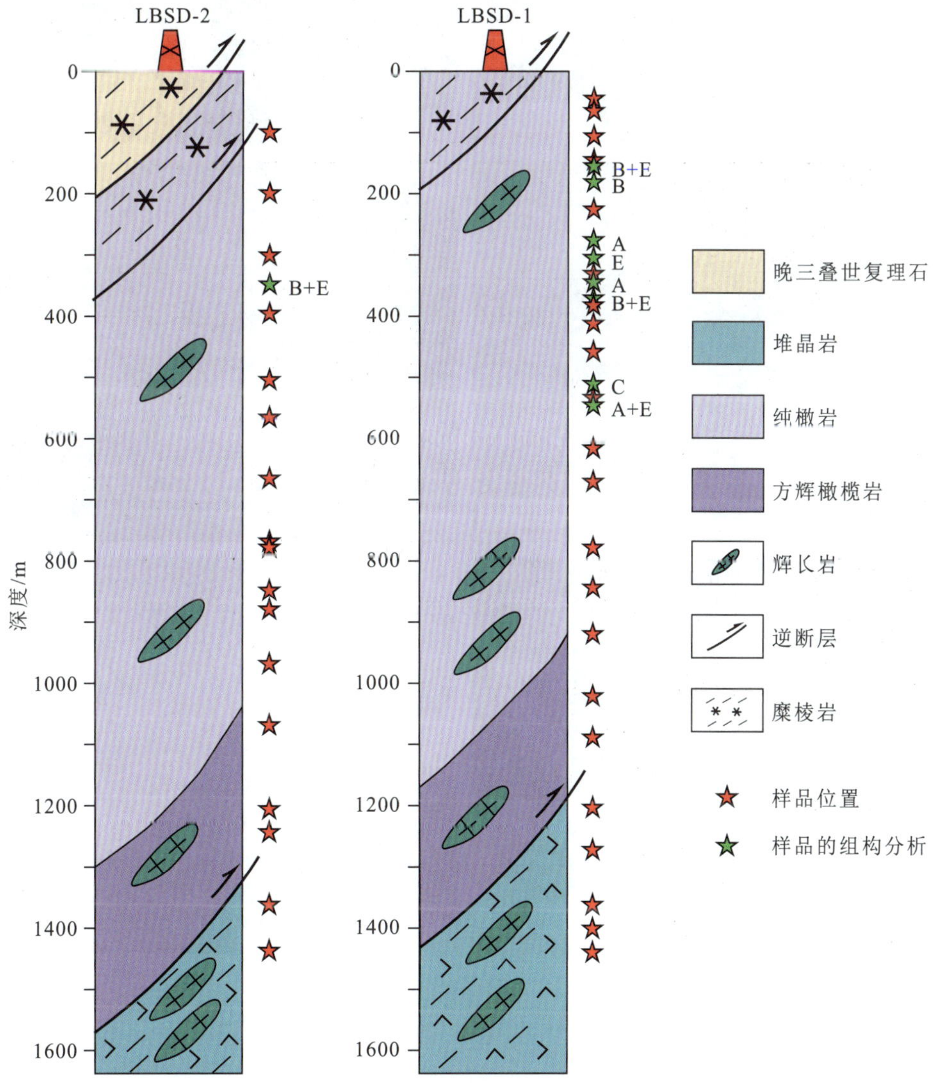

图 2-4 罗布莎科学钻探计划 LBSD-1 和 LBSD-2 钻孔的岩性剖面及采样位置图

（据 Xu et al.，2015；有修改）

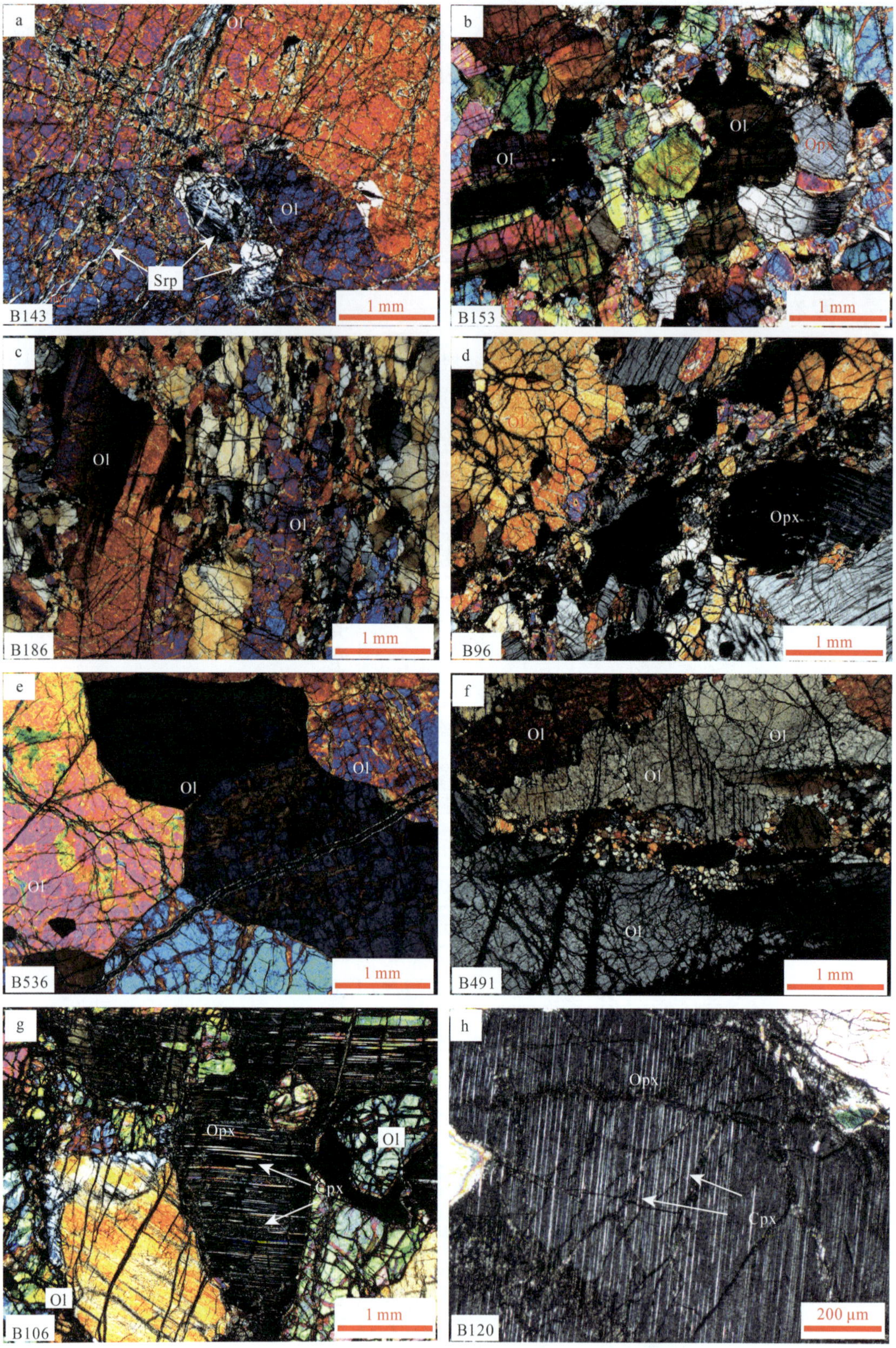

图 2-5　罗布莎科学钻孔橄榄岩样品的正交偏光显微照片

a—方辉橄榄岩中轻微蛇纹石化的橄榄石；b—含单斜辉石的方辉橄榄岩中橄榄石和斜方辉石的肯克带；c、d—方辉橄榄岩和纯橄岩中橄榄石的波状消光；e、f—面理化方辉橄榄岩中橄榄石的动态重结晶；g、h—方辉橄榄岩中斜方辉石里的单斜辉石出溶纹。Cpx—单斜辉石；Ol—橄榄石；Opx—斜方辉石；Srp—蛇纹石

8 mm。橄榄石和斜方辉石均经历了位错蠕变，发育不规则的颗粒边界，橄榄石中可见膝折和波状消光（图 2-5a~d），动态重结晶形成了细粒橄榄石（0.1~0.5 mm）（图 2-5e、f）。在斜方辉石中可见单斜辉石出溶条带（图 2-5g~h），部分方辉橄榄岩中可见“斜方辉石+铬铝尖晶石±单斜辉石”组成的蠕虫状后成合晶（图 2-6）。

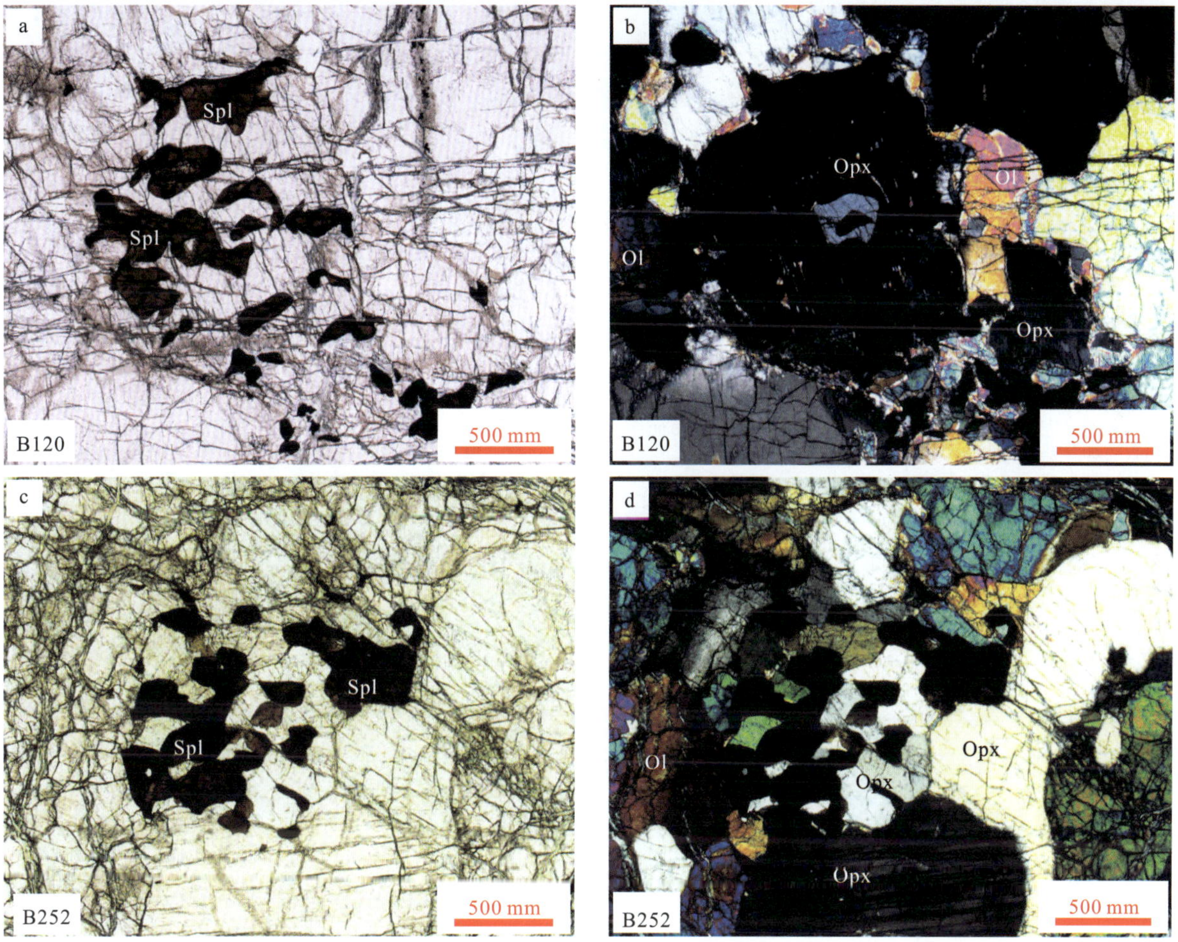

图 2-6　单偏光（a，c）和正交偏光（b，d）下铬铝尖晶石和斜方辉石的显微照片
Ol—橄榄石；Opx—斜方辉石；Spl—尖晶石

二、罗布莎橄榄岩的橄榄石组构

本研究使用电子背散射衍射（electron backscatter diffraction，EBSD）技术，测量了罗布莎科学钻孔的 8 块方辉橄榄岩样品、1 块纯橄岩样品的斜方辉石和橄榄石组构。实验在南京大学内生金属矿床成矿机制研究国家重点实验室完成，使用配有牛津 Nordlys S EBSD 探测器的 JEOL JSM-6490 扫描电镜，对精抛光的薄片倾斜 70°进行测试，工作电压 20 kV，放大倍率 200 倍，工作距离 14~23 mm，数据处理软件为 HKL Channel 5。样品 B106 和 B180 采用自动扫描测量，而其他 7 个样品采用手动进行测量。除了样品 B143，所有样品的橄榄石测试颗粒数不少于 100，斜方辉石测试颗粒数不少于 50，以确保统计分析的可靠性。EBSD 数据使用 Mainprice（1990）程序进行矿物极图的下半球赤平投影。

前人对斜方辉石的变形实验和天然样品测量发现：斜方辉石的晶格优选定向不受成分和含水量影响，一般都发育［001］(100) 型组构（Manthilake et al.，2013；Bystricky et al.，2016；Tommasi et al.，2016；Soustelle et al.，2017；Jung，2017）。由于罗布莎钻孔的岩芯样品难以鉴别面理和线理，因此，本研究首先对斜方辉石的极图进行旋转，使［001］轴的极密近平行于线理，（100）面近平行于面理，从而确定样品的应变参考坐标系，即线理和面理方向（图 2-7）。方辉橄榄岩样品 B143 中的斜方辉石粒径较大，测到的颗粒数只有 10，所以只是投点显示，这影响了样品应变参考坐标系的可信度。

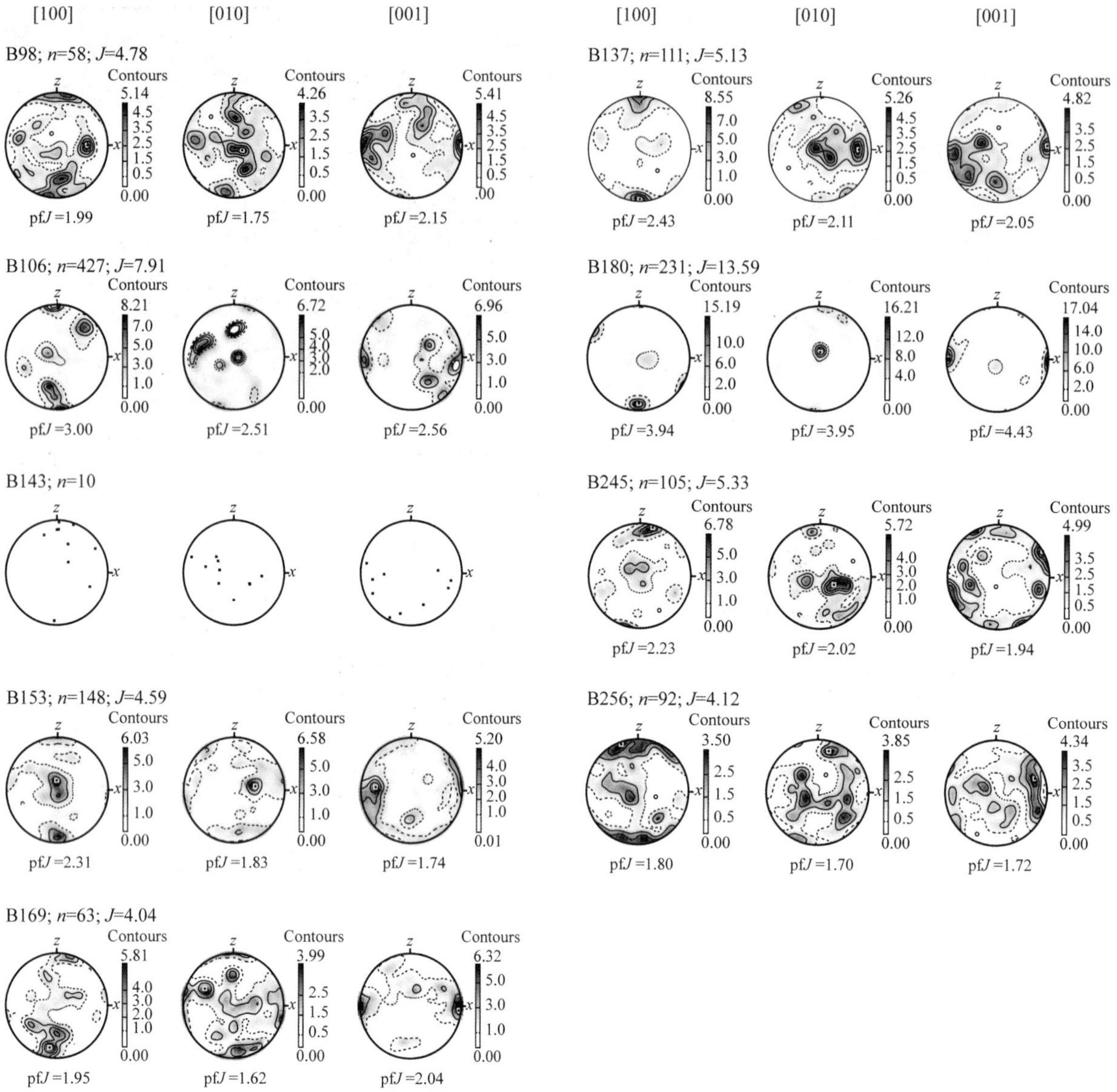

图 2-7　罗布莎橄榄岩样品的斜方辉石晶格优选定向

下半球等面积赤平投影，n—分析的颗粒数；J—矿物组构强度；pf$J$—晶轴的组构强度指数；x—平行线理；z—垂直于面理

使用旋转后的 EBSD 数据对橄榄石的空间取向进行下半球赤平投影，发现 8 块方辉橄榄岩和 1 块纯橄岩样品发育了多种橄榄石组构（图 2-8）。方辉橄榄岩样品 B143 和 B169 发育典型的橄榄石 A 型组构，［100］、［010］和［001］轴的极密分别近平行于 x、z 和 y 方向，表明主控位错滑移系为［100］(010)。方辉橄榄岩样品 B106 以橄榄石［001］轴的极密平行线理，［010］轴的极密垂直面理为特征，发育［001］(010) 为主控位错滑移系的 B 型组构。方辉橄榄岩样品 B153 为 E 型组构，主控位错滑移系为［100］(001)。而方辉橄榄岩样品 B245 则发育了 C 型组构，［001］轴的极密平行线理，［100］轴的极密垂直面理，说明主控位错滑移系为［001］(100)。

值得注意的是，其余样品的橄榄石组构呈现［100］轴的极密近平行于线理，［010］轴的极密近

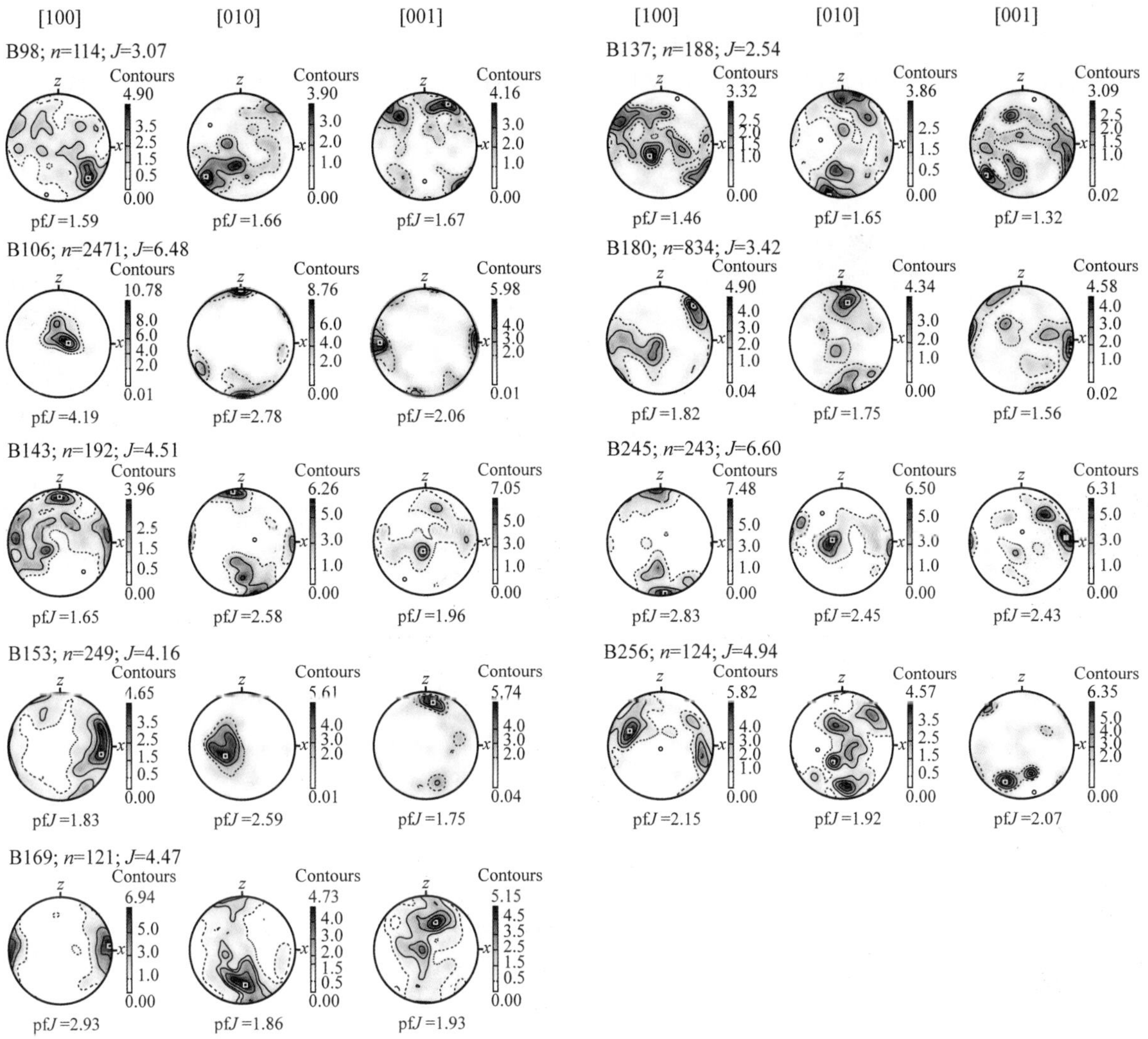

图 2-8　罗布莎橄榄岩样品的橄榄石晶格优选定向

下半球等面积赤平投影，n—分析的颗粒数；J—矿物组构强度；pfJ—晶轴的组构强度指数；x—平行线理；z—垂直于面理

垂直于面理，但是［001］轴并未像典型的 A 型组构那样沿 y 轴方向形成极密。对于纯橄岩样品 B256，橄榄石［001］轴极密近垂直于面理，表明［100］(010) 和［100］(001) 两组位错滑移系的共同作用，即 A 型和 E 型组构的结合。对于方辉橄榄岩样品 B98、B137 和 B180，橄榄石［001］轴形成了近平行线理和平行面理的两个极密，表明［001］(010) 和［100］(001) 两组位错滑移系的叠加，即 B 型和 E 型组构的结合（图 2-8）。

为了验证罗布莎科钻岩芯橄榄岩样品中的橄榄石位错滑移系，我们在中国科学院地质与地球物理研究所对部分 EBSD 样品的橄榄石进行了透射电镜（TEM）观察。TEM 样品首先使用卡尔·蔡司 Auriga Compact 系统进行聚焦离子束减薄，加速电压为 0.1～30 kV，束流为 1 pA 至 50 nA，分辨率为 5 nm（30 kV，1pA）。然后在 JEOL JEM-2100 透射电镜上进行了成像和电子衍射花样标定，电子枪使用六硼化镧（LaB_6）灯丝，加速电压为 80～200 kV。

橄榄石颗粒的 TEM 明场像可以用来推导其主滑移系，进而与 EBSD 测出的橄榄石组构进行对比。使用以下公式确定伯格斯矢量：$g \cdot b = 0$ 和 $g \cdot (b \wedge u) = 0$，其中 b 为伯格斯矢量，g 为衍射矢量，u 是沿位错线的单位矢量。位错方向通过样品中相应的选区电子衍射（selected-area electron diffraction，SAED）分析获得，SAED 花样中点的指数代表了倒易空间中相应指数的平面。表 2-1 总结了由 EBSD 确定的罗布莎橄榄岩中的橄榄石组构，以及由 TEM 观测到的橄榄石滑移系。从图 2-9 可见，几乎所有橄榄石样品的位错都呈直线型，说明橄榄石的主控变形机制是相对低温条件下（低温低压或高温超高压）的位错蠕变。高温变形或者通过位错交叉滑移发育的位错环很少见（Raterron et al.，2007，2009）（图 2-9a）。偶尔可观察到的似矩形结构（图 2-9c）和位错缠结（图 2-9d），指示了低温高压的变形环境（Raterron et al.，2004）。位错沿一定方向排列形成了亚晶粒边界（图 2-9c），直线型位错和亚晶界的保存表明 罗布莎橄榄岩经历了有限的退火过程，暗示了样品在相对低温下的快速折返。

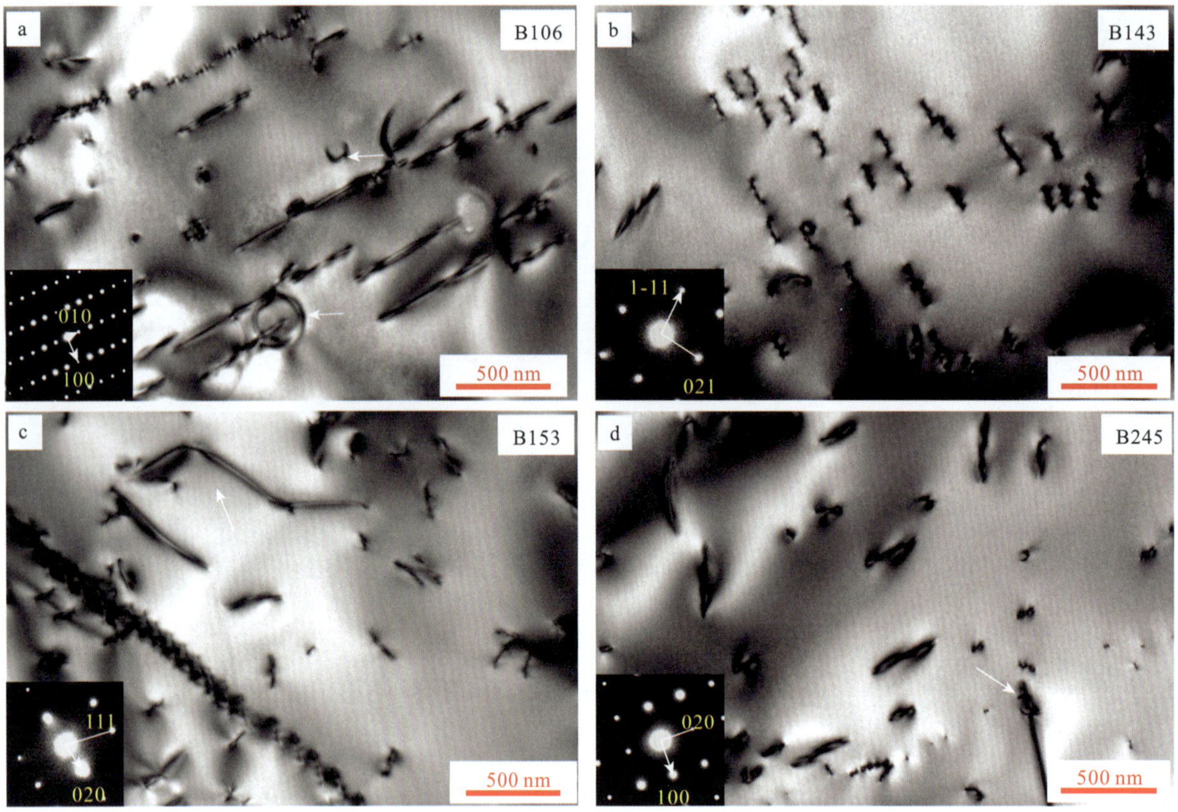

图 2-9 罗布莎橄榄岩中橄榄石的 TEM 明场相图和相应的衍射花样（小图）

a—样品 B106 橄榄石中的直线型位错，可见位错环；b—样品 B143 橄榄石中的短位错；c—样品 B153 中橄榄石的亚晶界和直线型位错；d—样品 B245 中橄榄石的直线型位错和垂直平面上的点状位错，可见位错缠结

表 2-1 罗布莎橄榄岩的橄榄石组构及主要矿物的含水量

样品号	深度/m	岩性	橄榄石		斜方辉石		单斜辉石		橄榄石组构	位错滑移系
			N	含水量/10^{-6}	*N*	含水量/10^{-6}	*N*	含水量/10^{-6}		
B98	164	Hz	10	15	13	114			B+E	[001]（100），[001]（010）
B106	188	Hz	14	19	25	99	8	563	B	[001]（100）
B143	284	Hz	13	13	24	77	4	500	A	[100]（010）
B153	303	Hz	10	23	26	94	8	1273	E	[001]（100），[001]（010）
B169	342	Hz	11	22	32	96			A	[001]（hk0），[100]（021）
B180	367	Hz	12	13	17	111	10	467	B+E	[100]（010），[100]（011）
B186	379	Hz	8	6	10	56	0			
B199	407	Hz	18	23	22	84	13	373		
B245	524	Hz	11	15	37	72	12	507	C	[001]（010），[001]（100）
B252	546	Hz	13	15	8	63				

续表

样品号	深度/m	岩性	橄榄石		斜方辉石		单斜辉石		橄榄石组构	位错滑移系
			N	含水量/10^{-6}	*N*	含水量/10^{-6}	*N*	含水量/10^{-6}		
B256	558	Dun	10	21	20	84			A+E	[100] (001)
B281	627	Hz	4	15	11	69				
B300	682	Dun	14	18						
B329	790	Hz	9	14	12	75				
B520	1370	Dun	7	18						
B120	316	Hz	11	8	20	93	12	479		
B137	354	Hz	9	25	10	141			B+E	[001] (hk0), [001] (010)
B155	398	Dun	10	23	19	95	2	557		
B196	504	Hz	10	8	11	70				
B226	572	Hz	7	21	10	90				
B368	897	Hz	7	16	10	122				
B269	673	Dun	3	13						
B512	1375	Dun	4	8						
B536	1450	Dun	10	14						

注：*N* 为颗粒数；Hz 为方辉橄榄岩，Dun 为纯橄岩。

第二节 罗布莎橄榄岩的地球化学特征

一、主量元素和微量元素特征

罗布莎橄榄岩样品中橄榄石、单斜辉石、斜方辉石、尖晶石的主量元素测定在中国科学技术大学壳幔物质与环境重点实验室和南京大学内生金属矿床成矿机制研究国家重点实验室完成，分别使用了 Shimadzu EPMA1600 电子探针和 JEOL JXA-8100 电子探针。测试电流 20 mA，加速电压 15 kV，采集束斑 1 μm。每个样品中的每种矿物的主量元素含量都来自 5~8 个颗粒的平均值。此外，使用 Agilent 7700 LA-ICP-MS 测量了 11 个方辉橄榄岩样品中单斜辉石的微量元素，能量密度 10 J·cm^{-2}，束斑 44 μm，频率 4 Hz，剥蚀时间 40 s，每个样品中测定 4~8 颗单斜辉石颗粒获取平均值。

矿物的 $Mg^{\#}$ = 100Mg/(Mg+Fe)，橄榄石的 $Mg^{\#}$在方辉橄榄岩岩芯样品中为 89.6~90.6，而在纯橄岩中为 87.7~92.5。除了样品 B520 中橄榄石的 $Mg^{\#}$只有 87.7 之外，其余纯橄岩样品中橄榄石的 $Mg^{\#}$平均值为 91.0，比方辉橄榄岩的平均值 90.1 高（图 2-10a）。罗布莎钻孔橄榄岩样品中的斜方辉石成分属于顽火辉石，方辉橄榄岩中斜方辉石的 $Mg^{\#}$为 89.8~90.8，显著低于纯橄岩中斜方辉石的 $Mg^{\#}$(91.4~94.1)。样品中单斜辉石的成分为透辉石，单斜辉石在方辉橄榄岩中的 $Mg^{\#}$为 92.4~94.1，在纯橄岩中为 94.2~95.0。无论是斜方辉石还是单斜辉石，$Mg^{\#}$都与 Al_2O_3 的含量呈负相关（图 2-10b、c）。尖晶石的 $Cr^{\#}$ = 100Cr/(Cr+Al)，尖晶石在方辉橄榄岩中的 $Cr^{\#}$为 20.4~37.1，而在纯橄岩中达到 54.9~78.1（图 2-10d）。与纯橄岩中的尖晶石相比，方辉橄榄岩中的尖晶石具有更高的 Al_2O_3 含量(35.56%~48.65%) 和 MgO 含量（13.84%~17.31%），尖晶石的 $Mg^{\#}$在方辉橄榄岩中为 58.0~68.9，而在纯橄岩中为 25.3~46.9。

根据橄榄岩样品中橄榄石的 $Mg^{\#}$与尖晶石的 $Cr^{\#}$相关性（图 2-11a）以及尖晶石中 $Mg^{\#}$与 $Cr^{\#}$的相

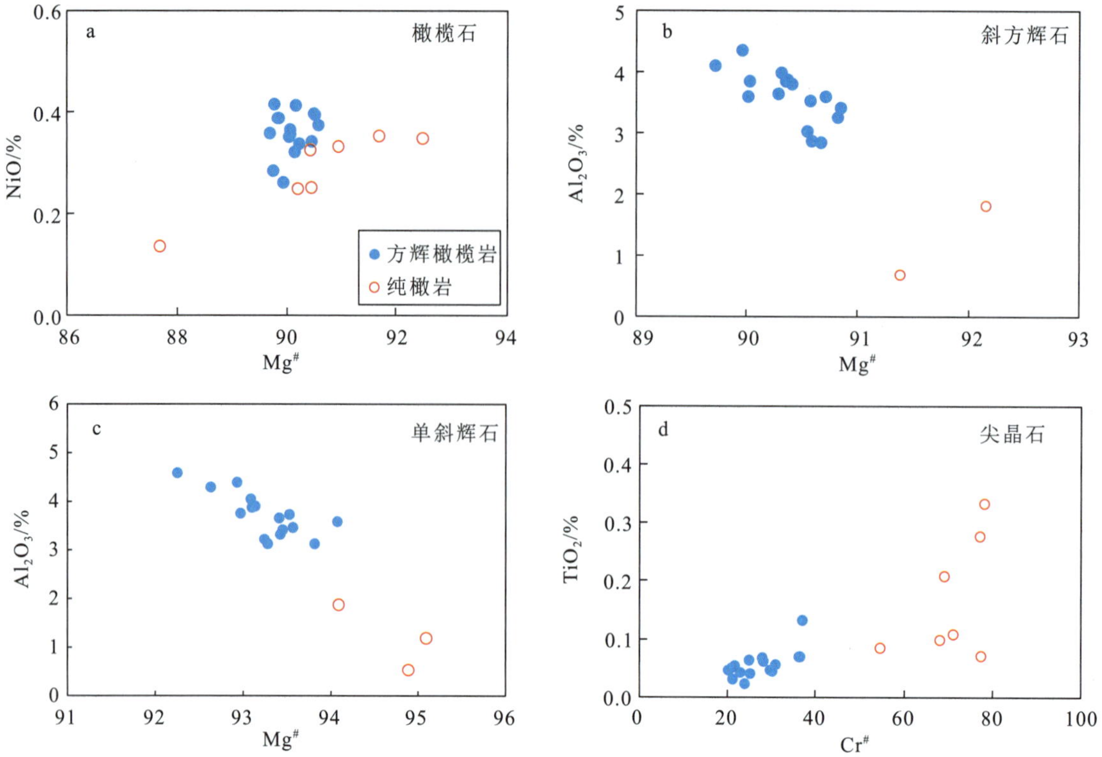

图 2-10　LBSD-1 和 LBSD-2 钻孔样品中主要矿物的成分相关图

a—橄榄石 NiO 含量与 Mg#；b—斜方辉石 Al_2O_3 含量与 Mg#；c—单斜辉石 Al_2O_3 含量与 Mg#；d—尖晶石 TiO_2 含量与 Cr#

关性（图 2-11b），罗布莎方辉橄榄岩属于经历了 10%～20%部分熔融的深海橄榄岩，而更为亏损的罗布莎纯橄岩属于 SSZ 型橄榄岩，部分熔融程度更高，并且被地幔楔的熔体-岩石反应改造，与前人的研究结论一致（Zhou et al.，1996，2005；Xiong et al.，2015）。此外，斜方辉石的 Al_2O_3 含量与尖晶石 Cr#的关系进一步证实了罗布莎方辉橄榄岩与纯橄岩具有不同的熔融程度和成因（图 2-11c）。

11 个方辉橄榄岩样品的单斜辉石均具有一致的稀土元素配分模式，从重稀土到中稀土（从 Yb 到 Eu）含量缓慢降低，轻稀土（从 Sm 到 Ce）含量快速降低（图 2-12a）。单斜辉石含有极低的不相容元素和 Sr、Zr、Ce 的负异常特征（图 2-12b），符合深海橄榄岩中的单斜辉石微量元素特征（Johnson et al.，1990），也与前人对罗布莎方辉橄榄岩的研究结果一致（Zhou et al.，1996，2005），这表明罗布莎方辉橄榄岩在部分熔融之后没有经历广泛的交代作用。

二、橄榄岩的平衡温度计算

由于罗布莎橄榄岩普遍含有尖晶石，假设橄榄岩样品的平衡压力为 1.5 GPa，进而采用 Brey et al.(1990) 的 Ca-in-Opx 温度计、Witt-Eickschen et al.(1991) 的 Al-in-Opx 温度计和 Taylor（1998）的二辉石温度计估算样品的平衡温度（表 2-2）。样品 B269、B512、B520 和 B536 由于缺少斜方辉石变斑晶，所以无法计算平衡温度。其他样品的斜方辉石变斑晶 CaO 含量相近（0.44%～1.11%），但 Al_2O_3 含量差异很大（方辉橄榄岩中为 2.96%～4.24%，纯橄岩中为 0.68%～1.83%）。

用 Al-in-Opx 温度计获得纯橄岩样品 B155 和 B256 的平衡温度为 776～896℃，比用 Ca-in-Opx 和二辉石温度算得的平衡温度低 100～250℃（表 2-2）。罗布莎纯橄岩中斜方辉石 Al 含量偏低被认为是玻安质熔体与橄榄岩发生反应的结果（Zhou et al.，2005）。考虑到对于橄榄岩来说，二辉石温度计的计算结果更可靠（Nimis et al.，2010），因此本研究采用 Taylor（1998）二辉石温度计的计算结果，方辉橄榄岩和纯橄岩样品的平衡温度为 950～1080℃。

值得注意的是方辉橄榄岩样品中的部分斜方辉石颗粒具有非常高的 CaO 含量，例如：样品 B120。

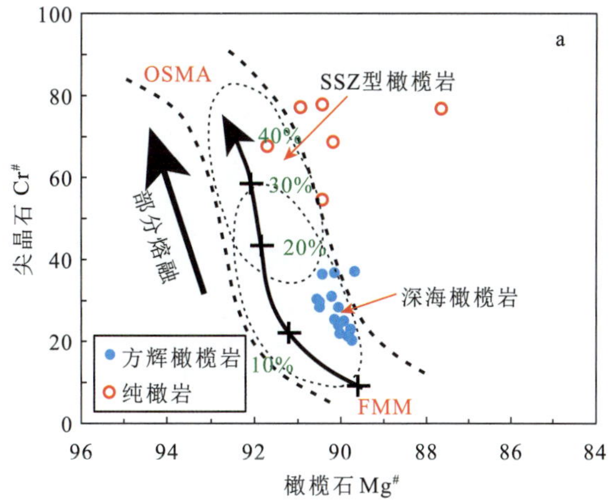

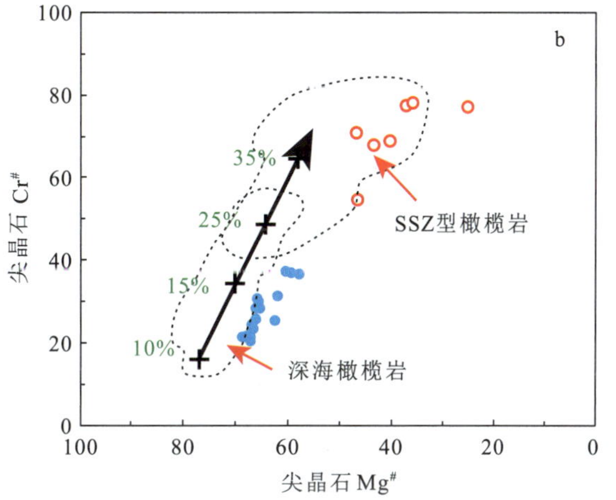

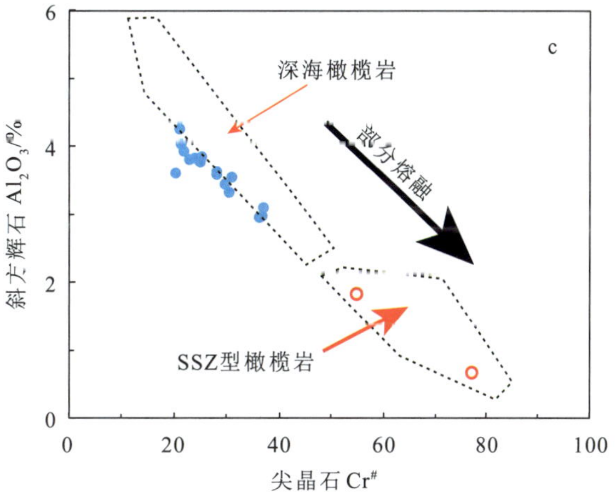

图 2-11 LBSD-1 和 LBSD-2 钻孔中方辉橄榄岩和纯橄岩样品中的橄榄石、尖晶石和斜方辉石的成分变化

深海橄榄岩（Dick et al.，1984）和 SSZ 型橄榄岩（Pearce et al.，2000）范围用虚线表示，部分熔融、分离结晶趋势线（Arai，1994）和部分熔融程度（Jaques et al.，1980）用黑色箭头表示；深海橄榄岩和 SSZ 型橄榄岩的范围来自 Bonatti et al.，（1989）。a—橄榄石的 Mg# 与尖晶石的 Cr# 关系；b—尖晶石 Mg# 与 Cr# 的关系；c—斜方辉石的 Al_2O_3 含量与尖晶石 Cr# 的关系。FMM—富集的洋中脊玄武岩地幔；OSMA—来自尖晶石橄榄岩残留体趋势线的橄榄石-尖晶石地幔组分（Arai，1994）

这些样品的斜方辉石中含有大量的单斜辉石出溶条带（图 2-5h），Zhang et al.（2017）在 LBSD-1 钻孔的方辉橄榄岩中也观察到这一现象并解释为高温斜方顽辉石在大于 7 GPa 下冷却转变成单斜顽辉石形成的。方辉橄榄岩样品 B120 的深部地幔成因也与粗粒蠕虫状“斜方辉石+铬铝尖晶石±单斜辉石”

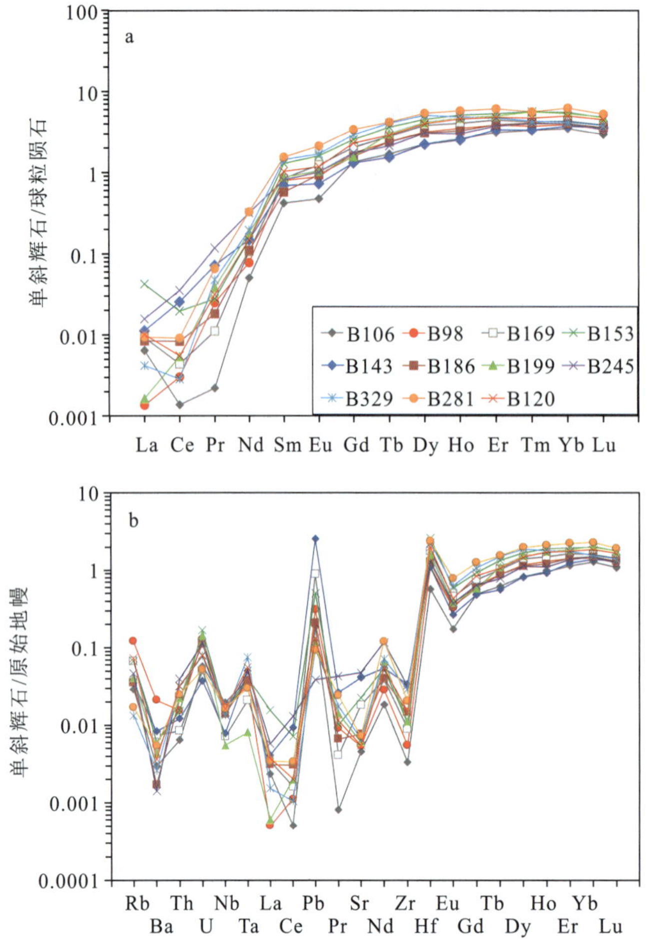

图 2-12 罗布莎钻孔方辉橄榄岩中单斜辉石的球粒陨石标准化稀土元素模式（a）和原始地幔标准化微量元素模式（b）

标准化值取自 McDonough et al.(1995)

后成合晶（图 2-6）相吻合，这类后成合晶被认为是超硅石榴子石在大于 13 GPa 下分解的产物(Griffin et al.，2016)。因此，基于平衡压力 1.5 GPa 计算的平衡温度只能限制罗布莎橄榄岩到达浅部地幔之后的平衡温度。

表 2-2 罗布莎科学钻孔橄榄岩样品的平衡温度

样品号	岩性	深度/m	温度/℃		
			Ca-in-Opx 温度计	Al-in-Opx 温度计	Two-Pyroxene 温度计
B98	Hz	164	932	1034	956
B106	Hz	188	1077	968	1021
B143	Hz	284	1044	993	1080
B153	Hz	303	1135	1028	1011
B120	Hz	316	998	1035	984
B169	Hz	342	1041	995	1059
B137	Hz	354	940	921	1061
B180	Hz	367	1032	891	1022
B186	Hz	379	971	1022	999

续表

样品号	岩性	深度/m	温度/℃		
			Ca-in-Opx 温度计	Al-in-Opx 温度计	Two-Pyroxene 温度计
B199	Hz	407	872	1024	973
B196	Hz	504	1039	1046	1012
B245	Hz	524	1148	990	1082
B226	Hz	572	915	1020	1002
B281	Hz	627	957	1021	1052
B329	Hz	790	1017	1051	963
B368	Hz	897	990	1032	982
B155	Dun	389	1128	896	975
B256	Dun	558	1067	776	987

注：Hz 为方辉橄榄岩；Dun 为纯橄岩。温度计：Ca-in-Opx 温度计据 Brey et al.（1990）；Al-in-Opx 温度计据 Witt-Eickschen et al.（1991）；Two-Pyroxene 温度计据 Taylor（1998）。

三、橄榄石和辉石的含水量

本研究选取了 17 个方辉橄榄岩和 7 个纯橄岩样品，使用傅立叶变换红外光谱仪（FTIR）测量橄榄石、斜方辉石和单斜辉石的结构水含量。在中国科学技术大学地球与空间科学学院的显微红外光谱实验室使用带 Continu 微米显微镜的 Nicolet 5700 型红外光谱仪，在南京大学内生金属矿床成矿机制研究国家重点实验室使用带 Hyperion 2000 红外显微镜的 Vertex 70 红外光谱仪。两套仪器的检测器均为液氮冷却的 MCT，都配备有 KBr 光束分流器和由液氮冷却的碲化镉探测器。含水量薄片经过两次精细抛光，薄片厚度为 150~300 μm。测试前，先将薄片置于 120℃ 的烤箱中烘烤至少 8 小时，以去除薄片表面和颗粒缝隙中的所有自由水。测试时使用非偏振红外光，光谱范围为 4000~2800 cm^{-1}，扫描次数为 128 次或 256 次，数据分辨率为 8 cm^{-1}。分析点选取于洁净透明颗粒，尽量避开包裹体和裂隙。一般情况下分析区域设置为 50 μm×50 μm，细颗粒的分析区域设置为 25 μm×25 μm，对一个样品不同的矿物分别测量 4~27 个颗粒。数据采集完毕后，使用 MATLAB 程序扣除基线。

使用修正后的 Beer-Lambert 公式计算矿物的含水量：$C_{H_2O}=A/(I \cdot t)$，其中 C_{H_2O} 是含水量（10^{-6}），A 是吸收峰面积（cm^{-1}），I 是吸收系数（10^6 cm^{-2}），t 为样品厚度（cm）。对羟基伸缩振动主导的 3325~3650 cm^{-1} 的红外光谱进行积分，获得吸收峰面积 A。斜方辉石和单斜辉石的吸收系数分别为 14.84×10^6 cm^{-2} 和 7.09×10^6 cm^{-2}（Bell et al.，1995）。对于橄榄石，吸收系数为 $1/0.188\times10^6$ cm^{-2}（Bell et al.，2003），该方法将是采用 Paterson（1982）校正方法获得的含水量的 3.5 倍。

图 2-13 展示了代表性的橄榄石和辉石红外光谱。橄榄石的羟基吸收峰范围为 3400~3570 cm^{-1}（图 2-13a），一些橄榄石颗粒出现 3720~3750 cm^{-1} 的吸收峰，这可能是由非氢键的 OH 引起的，例如片状硅酸盐的包裹体（Bell et al.，2003）。斜方辉石的红外光谱在 3410~3420 cm^{-1}、3515~3525 cm^{-1} 和 3560~3570 cm^{-1} 范围内有 3 个羟基吸收峰，而单斜辉石则在 3450~3465 cm^{-1}、3530~3535 cm^{-1} 和 3645~3648 cm^{-1}（图 2-13b）。3400 cm^{-1} 附近的宽吸收峰归因于分子水包裹体，而 3690 cm^{-1} 和 3717 cm^{-1} 附近的吸收峰是由蛇纹石的 OH 引起的。在 3594 cm^{-1} 处的吸收峰与含水矿物的 OH 相匹配，如蛭石类矿物（Khisina et al.，2001；Johnson et al.，2002；Beran et al.，2006；Aubaud et al.，2007）。最后用多个颗粒的平均含水量代表该样品中矿物的含水量，计算结果见表 2-1。橄榄石的含水量很低（6×10^{-6}~25×10^{-6}），平均为（16±5）$\times10^{-6}$。斜方辉石和单斜辉石的含水量很高，斜方辉石的含水量为 56×10^{-6}~141×10^{-6}，平均为（90±21）$\times10^{-6}$；而单斜辉石的含水量从 373×10^{-6} 到 1273×10^{-6}。如果排除方辉橄榄石样品 B153 中的含水量高达 1273×10^{-6} 的单斜辉石，单斜辉石的平均含水量为（492±64）$\times10^{-6}$。

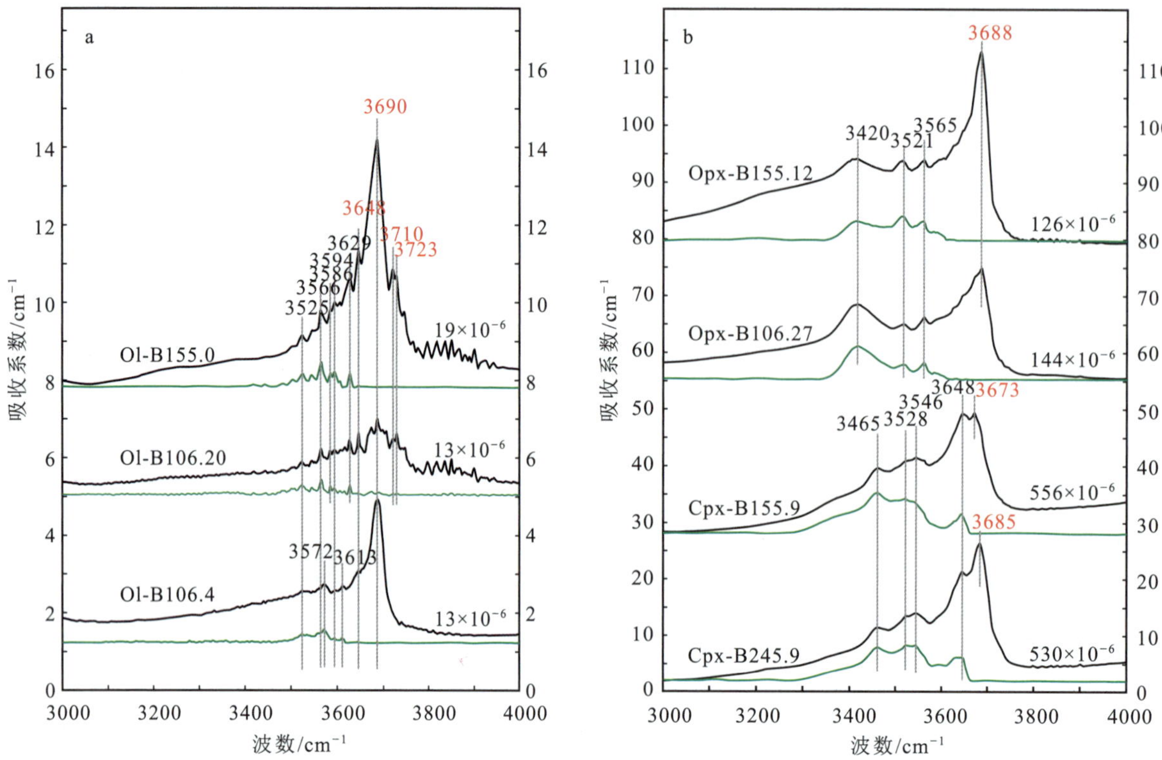

图 2-13　罗布莎橄榄岩中名义上无水矿物的傅立叶变换红外光谱和含水量

a—橄榄石（Ol）；b—斜方辉石（Opx）和单斜辉石（Cpx）。黑线为原始数据，
绿线为扣除背景后的谱图，所有谱图都归一化为厚度 1 cm 以便对比

第三节　雅鲁藏布江蛇绿岩在地幔循环中的流变

一、罗布莎橄榄岩含水量的地质意义

橄榄石、斜方辉石、单斜辉石中的结构水可以显著降低矿物的流变强度，因此，这些名义上无水矿物的含水量变化与上地幔流变密切相关（Bürgmann et al.，2008）。由于蛇纹石、滑石和绿泥石等含水矿物的不断分解，俯冲的大洋岩石圈在大于 200 km 深度已失去了大部分的水（Hacker et al.，2003）。而在大洋俯冲板片之上的地幔楔受到交代作用和流体渗透作用，含水量升高，熔点降低，导致弧岩浆作用。与前人对罗布莎蛇绿岩的研究一致（Zhou et al.，1996，2005；Dilek et al.，2011，2014；Xiong et al.，2015），罗布莎科钻方辉橄榄岩为经受了 10%~20%部分熔融的深海橄榄岩，而成分更亏损的纯橄岩是在地幔楔中经过熔体-岩石反应的 SSZ 型橄榄岩。根据氢在熔体和橄榄石之间的分配系数，部分熔融或者熔体-岩石反应都会导致橄榄石显著脱水（Hirschmann et al.，2009）。虽然两种岩性的部分熔融程度不同，来源不同，但是橄榄石的含水量都非常低，单斜辉石相对于橄榄石和斜方辉石极度富水（表 2-1）。单斜辉石的稀土配分模式表明罗布莎橄榄岩在部分熔融之后，并没有经历显著的交代作用。

氢在橄榄石中的扩散要比在辉石中快约 500 倍（Mackwell et al.，1990；Ingrin et al.，1995；Stalder et al.，2003）。考虑到氢的扩散与温度相关，橄榄石中极低的含水量表明罗布莎橄榄岩的广泛蛇纹石化发生在浅部。Xu et al.(2018) 对罗布莎橄榄岩中微粒金刚石的 $\delta^{13}C$ 和氮含量研究发现：这些微粒金刚石形成于一个较冷且很窄的温度范围（<950℃），在接近地幔转换带的深度进入了铬铁矿和橄榄岩中，在深部地幔高温条件下停留的时间很短（在几百万年之内）。假设微粒金刚石及其寄主

岩石从地幔转换带折返至浅部地幔的时间是 5 Ma，那么折返速率可达到 6~8 cm/a。根据氢的扩散速率和快速折返速率，罗布莎橄榄岩中的单斜辉石和斜方辉石在折返的过程中氢丢失的程度很小，但橄榄石可能在温度超过 1000℃时，即当橄榄岩俯冲深度超过 200 km（根据 5℃/km 地温梯度计算）或进入地幔转换带时，经历了强烈的脱水反应。

罗布莎橄榄岩的单斜辉石和斜方辉石之间氢的分配系数 $D_{H}^{Cpx/Opx}$ 是 5.56±0.96，显著高于其他天然橄榄岩中所测的 1.2~3.5（Bell et al.，1992；Bell et al.，2000；Peslier et al.，2002，2007，2008，2010，2012；Peslier et al.，2006；Grant et al.，2007；Li et al.，2008；Yang et al.，2008）（图 2-14）。实验研究表明，当压力超过 4 GPa 时，$D_{H}^{Cpx/Opx}$ 随压力增加而变大（图 2-14）（Aubaud et al.，2004；Hauri et al.，2006；Tenner et al.，2009；Kovács et al.，2012；Rosenthal et al.，2015；Demouchy et al.，2017）。罗布莎方辉橄榄岩的斜方辉石中含单斜辉石出溶条带的现象指示了大于 7 GPa 的压力（Zhang et al.，2017），这与方辉橄榄岩中 Opx+Cr-Al Sp±Cpx 蠕虫状后成合晶所指示的超硅石榴子石在压力大于 13 GPa 的分解（Griffin et al.，2016）一致。因此，罗布莎橄榄岩中极高的 $D_{H}^{Cpx/Opx}$ 可能继承自压力大于 7 GPa 深部地幔环境，在快速折返过程中，辉石的氢丢失很少而且单斜辉石的氢丢失比斜方辉石更少，导致样品中保留了异常高的 $D_{H}^{Cpx/Opx}$。罗布莎橄榄岩中单斜辉石和斜方辉石的高含水量说明俯冲大洋岩石圈可以通过辉石携带大量水进入地幔过渡带。虽然金刚石中的富水林伍德包裹体暗示了地幔过渡带的含水量很高（Pearson et al.，2014），鉴于罗布莎橄榄岩与铬铁矿之间的局部非平衡相，地幔过渡带无论成分还是含水量都可能很不均匀（Dilek et al.，2018）。

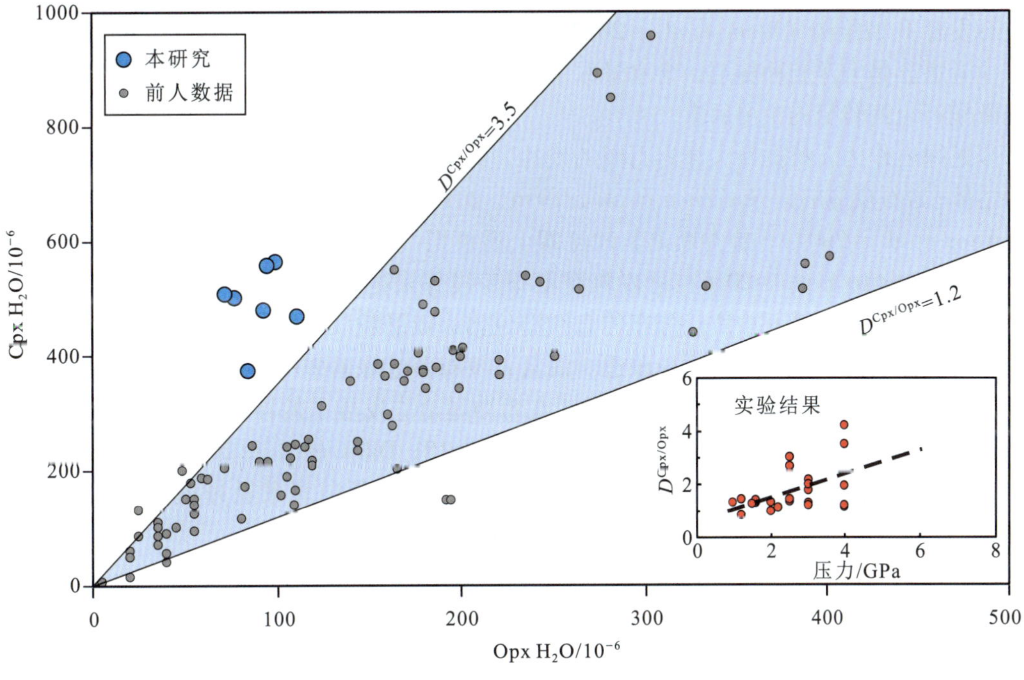

图 2-14 地幔橄榄岩和高压实验中单斜辉石和斜方辉石的含水量

（据 Xia et al.，2017，有修改）

灰色点为前人对天然橄榄岩的研究数据（Bell et al.，1992，2000；Peslier et al.，2002，2007，2008，2010，2012；Peslier et al.，2006；Grant et al.，2007；Li et al.，2008；Yang et al.，2008）。角图为实验测量的氢在单斜辉石和斜方辉石之间的分配系数与压力的关系（Aubaud et al.，2004；Hauri et al.，2006；Tenner et al.，2009；Kovács et al.，2012；Rosenthal et al.，2015；Demouchy et al.，2017）

二、雅鲁藏布江蛇绿岩在俯冲隧道中的折返

对地幔橄榄岩的组构统计表明：橄榄石以 A 型组构为主，但来自板块汇聚边界的橄榄岩中发现了各种橄榄石组构类型（Ben Ismail et al.，1998；Tommasi et al.，2015；Michibayashi et al.，2016；

Bernard et al., 2019)。例如：阿曼蛇绿岩的高温地幔剪切带发育橄榄石 AG 型组构，而低温地幔剪切带发育橄榄石 E 型组构（Michibayashi et al., 2004）。而在阿曼蛇绿岩的莫霍过渡带，富水的高温剪切带发育橄榄石 D 型组构和微弱的 E 型组构，但是低温剪切带发育 C 型组构（Michibayashi et al., 2013）。班公-怒江缝合带的东巧蛇绿岩是典型的 SSZ 型蛇绿岩，方辉橄榄岩经历了约 40%的部分熔融，强烈亏损，后期受到熔体交代作用，橄榄石和斜方辉石都发育了晶格优选定向，橄榄石贫水，发育 A 型组构，与前人认为的大洋岩石圈地幔发育橄榄石 A 型组构一致（Wang et al., 2016）。但是，SSZ 型橄榄岩可发育 B 型组构（西南日本 Sanbagawa 变质带；Mizukani et al., 2004；Tasaka et al., 2008）、A 型和 D 型组构（北祁连榆树沟橄榄岩；Cao et al., 2015），以及在熔体参与的颗粒边界滑移中形成 B 型和 C 型组构（秦岭造山带松树沟橄榄岩；Cao et al., 2017）。

Xu et al.(2006) 在苏鲁超高压变质带的芝麻房石榴子石橄榄岩中首次发现了超高压、低温、贫流体环境下形成的橄榄石 C 型组构，不同于前人提出的 C 型组构富水机制。Wang et al.(2013) 在苏鲁许沟石榴橄榄岩也发现了低含水量的橄榄石 C 型组构，将其归因于位错蠕变伴生的颗粒边界滑移。阿拉斯加中部 Talkeetna 岛弧地幔楔（Mehl et al., 2003）和日本北部 Hidaka 变质带（Sawaguchi, 2004）的造山带型橄榄岩发育了 E 型组构。中阿尔卑斯 Cima Di Gagnone（Frese et al., 2003；Skemer et al., 2006）、挪威加里东造山带（Katayama et al., 2005）和柴北缘超高压变质带（Jung et al., 2013）橄榄岩都在高含水量条件下发育橄榄石 C 型组构。值得注意的是，挪威西片麻岩省的石榴子石橄榄岩来自克拉通岩石圈地幔，在陆陆碰撞过程中经历了超高压变质作用和快速折返，橄榄石贫水并发育了多种组构，除了低压下的 A 型和 E 型组构，超高压-低温导致橄榄石发育 C 型组构，高应力导致橄榄石发育 B 型组构（Wang et al., 2013）。罗布莎科钴橄榄岩的组构和含水量研究证明了无论在大陆俯冲隧道还是大洋俯冲隧道，含水量并不是橄榄石组构转变的决定性因素，超高压和应力是导致俯冲带橄榄石组构转变的主要因素。

罗布莎蛇绿岩作为新特提斯大洋岩石圈的残片，纯橄岩和铬铁矿都保留了在俯冲带上方的弧前地幔楔经历熔体-岩石反应的记录（Zhou et al., 1996, 2014；Griffin et al., 2016；本研究）。尽管地幔柱模型（Yang et al., 2007）、板片断离和软流圈上涌模型（Zhou et al., 2014）、板片回撤和地幔上涌通道流模型（Griffin et al., 2016）可以解释罗布莎浅部未变质的橄榄岩和铬铁矿与超高压矿物共存的现象，却无法解释橄榄石中广泛分布的直线型位错、亚晶粒以及复杂的橄榄石组构，因为橄榄石的位错在地幔上涌的高温过程中极易被改造。而且，罗布莎蛇绿岩中的橄榄岩和铬铁矿中保存了壳源物质（如锆石、石英、刚玉和钾长石等），说明在俯冲隧道中发生了俯冲的陆壳物质与大洋岩石圈物质的机械混合（Yang et al., 2014；Robinson et al., 2015；Dilek et al., 2018）。因此，Dilek et al.(2018) 提出罗布莎蛇绿岩中的金刚石和其他超高压矿物是在弧前背景通过板片回撤造成的隧道流折返。

罗布莎科钴橄榄岩都具有等粒变晶或残斑状的粗粒结构（图 2-5），橄榄石含水量很低，可排除糜棱岩化橄榄岩中由应力导致的 B 型组构（Wang et al., 2013a）或者富水韧性剪切带中的 E 型组构（Michibayashi et al., 2013）。直线型位错的保存以及橄榄石组构和位错滑移系的一致性（表 2-1）表明橄榄石变形发生在贫水和相对低温的环境下，因为高含水量和高温都很容易改造位错。与橄榄石变形实验对比（Jung et al., 2001；Couvy et al., 2004；Raterron et al., 2007, 2009；Ohuchi et al., 2011；Ohuchi et al., 2013），罗布莎橄榄岩的橄榄石 B 型和 C 型组构可能分别形成于压力大于 7.6 GPa 和大于 9.6 GPa 的超高压环境，而 A 型和 E 型组构则可能形成于浅部地幔的动态重结晶过程中。

在印度-欧亚板块汇聚过程中，新特提斯大洋岩石圈的碎片会仰冲到印度板块的大陆边缘之上，或是仰冲到一系列洋内岛弧之上（Aitchisonet al., 2007；Hébert et al., 2012）。雅鲁藏布江缝合带蛇绿岩的基性岩有两期形成年龄：180~150 Ma 和 130~110 Ma（Hébert et al., 2012；Xu et al., 2015）。罗布莎蛇绿岩的辉长岩 Sm-Nd 等时线年龄（177±31 Ma；Zhou et al., 2002）和辉绿岩锆石 U-Pb 年龄（162.9±2.8 Ma；钟立峰等，2006）都表明罗布莎蛇绿岩形成于中侏罗世。但是，罗布莎蛇绿岩中还有一期辉长岩和角闪岩的锆石 U-Pb 年龄为 131~128 Ma（Zhang et al.，2016），在约 126 Ma 橄榄岩和铬铁矿在 SSZ 环境中与玻安质熔体发生反应（Malpas et al.，2003；Zhou et al.，2005，2014），与日喀则蛇绿岩中强烈面理化角闪岩中的角闪石 $^{40}Ar/^{39}Ar$ 冷却年龄（127~124 Ma；Guilmette et al.，2009）一致。而角闪石 $^{40}Ar/^{39}Ar$ 定年给出罗布莎角闪岩在 90~80 Ma 经历了角闪石相变质作用，被解释为是罗布莎蛇绿岩初始构造侵位的年龄（Malpas et al.，2003）。这表明在新特提斯洋关闭之前，雅鲁藏布江缝合带的蛇绿岩经历了至少两期构造侵位事件。因此，Xiong et al.（2016）提出在 130~120 Ma 俯冲板片回撤和海沟向南迁移，造成了新特提斯弧前岩石圈增生。

而在雅鲁藏布江缝合带西段的早白垩世普兰蛇绿岩，铬铁矿中也发现了微粒金刚石和超高压矿物包裹体，二辉橄榄岩中的斜方辉石和单斜辉石都发育了出溶条带，两期辉石的成分差异记录了早期富集地幔 10%~15%的部分熔融，以及后期在浅部地幔（约 75 km）形成的辉石出溶结构（Xiong et al.，2020）。这暗示了普兰蛇绿岩与罗布莎蛇绿岩的地幔单元（橄榄岩和铬铁矿）经历了类似的深俯冲和折返历史。值得注意的是，位于雅鲁藏布江缝合带北部的冈底斯岛弧形成于新特提斯洋盆向北俯冲的岛弧岩浆作用，并被印度-欧亚板块碰撞后加厚地壳的岩浆活动叠加改造，经历了四期岩浆作用：205~152 Ma，109~80 Ma，65~41 Ma 和 33~13 Ma（Mo et al.，2007；Wen et al.，2008；Chung et al.，2009；Ji et al.，2009；Zhang et al.，2014）。

基于上述蛇绿岩的矿物学、地球化学和年代学的限定和冈底斯岛弧的多期岩浆事件，我们提出板片回撤引发隧道流的模型来解释雅鲁藏布江缝合带橄榄岩和铬铁矿的构造演化。如图 2-15a 所示，新特提斯大洋岩石圈在早白垩世向北俯冲至地幔过渡带，130~120 Ma 板片回撤导致在原俯冲体系的南部形成了一个新的俯冲带，并使先前深俯冲的物质沿着俯冲板片和大地幔楔之间的俯冲隧道发生快速折返。大洋俯冲隧道中的回流使具有不同来源和组构类型的橄榄岩混合在一起，包括来自地幔过渡带的橄榄岩和铬铁矿，来自地幔楔的含超高压相的 SSZ 型橄榄岩和铬铁矿，以及被刮削下来进入俯冲隧道浅部的 SSZ 型橄榄岩（图 2-15b）。

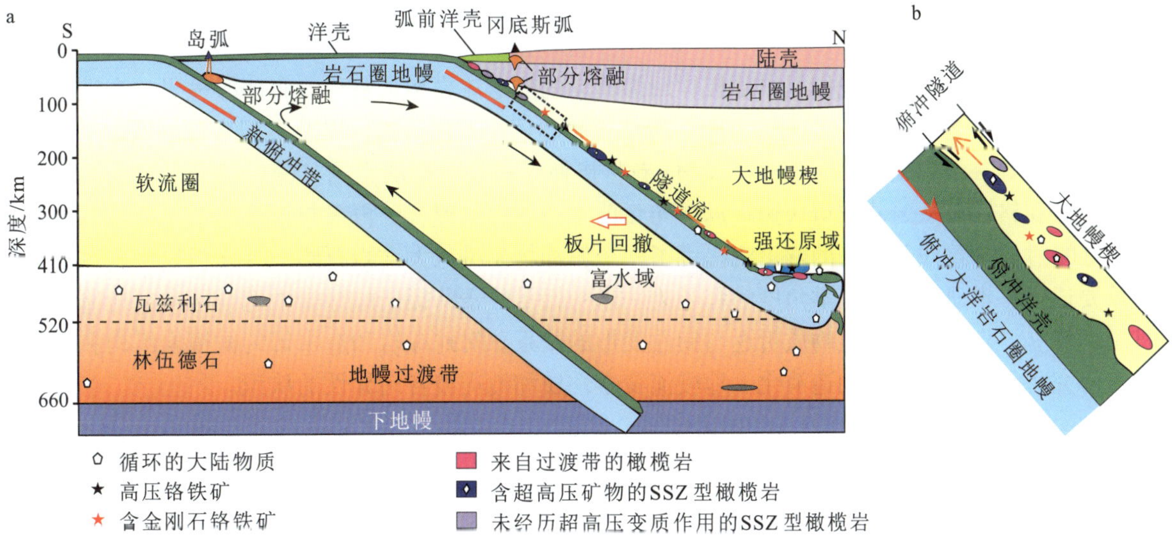

图 2-15　板片回撤引发隧道流模型

a—大洋板片回撤引发不同深度的橄榄岩在俯冲隧道中快速折返，导致多种来源和变形特征的橄榄岩在蛇绿岩混合；b—俯冲隧道结构（对应 a 中黑色虚线框部分）

与地幔柱模型（Yang et al.，2007）或者软流圈上涌模型（Zhou et al.，2014）相对比，罗布莎橄榄岩和铬铁矿在大洋俯冲隧道中的折返发生在相对低温和高折返速率的条件下，该模型可以很好地解释罗布莎橄榄岩和铬铁矿中超高压、超还原矿物和地壳物质的混入（Dilek et al.，2018）、微粒金刚石的 $\delta^{13}C$ 和 N 元素特征（Xu et al.，2018）以及橄榄石的多种组构类型和位错。此外，由于橄榄石的低含水量以及俯冲隧道中大于 200 km 深度缺乏含水矿物，在这些超高压变质岩折返过程中从俯冲隧道释放到地幔楔的水非常有限，这解释了冈底斯岛弧的岩浆活动在 130~120 Ma 处于间歇期。

大洋板片回撤引发隧道流模型可与大别-苏鲁地幔橄榄岩的双来源模型（Liou et al.，2000）以及大陆俯冲带超高压变质岩石的折返过程（Zheng，2012）相对比。但是，含金刚石蛇绿岩中的基性岩并没有榴辉岩化，这与大陆超高压变质带中广泛分布榴辉岩不同。罗布莎铬铁矿（Yang et al.，2007）和南阿尔金超高压榴辉岩（Liu et al.，2018）中都发现了斯石英假象，证明俯冲隧道是深俯冲的大洋和大陆物质从上地幔深部（>300 km）甚至地幔过渡带迁移至浅部的重要通道。近年来在其他地区蛇绿岩的橄榄岩和铬铁矿中也发现了微粒金刚石等超高压矿物（Yang et al.，2014；Dilek et al.，2018；Yang et al.，2021），这意味着大洋岩石圈的物质组成和构造演化比经典板块构造理论推断的更为复杂，大洋俯冲隧道中的深部物质循环具有普遍性。因此，有必要对不同时代、不同构造背景的蛇绿岩开展系统的显微结构和含水量研究，从而深化我们对大洋岩石圈的构造演化和流变特征、俯冲隧道的物质循环和水循环机制等问题的认识。

第四节　结　论

罗布莎科学钻孔橄榄岩岩芯样品的显微结构、含水量和地球化学特征揭示了含金刚石蛇绿岩的复杂变形历史。罗布莎纯橄岩保留了 SSZ 型橄榄岩的地球化学特征，而方辉橄榄岩属于经历了大于 7 GPa 变质作用的深海橄榄岩，在早期的部分熔融后没有经历显著的地幔交代作用。与前人报道的罗布莎橄榄岩只发育橄榄石 A 型组构不同，本研究发现虽然罗布莎纯橄岩和方辉橄榄岩具有不同的来源深度和成因，但是橄榄石普遍贫水（$(16\pm5)\times10^{-6}$），位错平直，发育了多种组构，B 型和 C 型组构形成于大于 200 km 的深度，而 A 型和 E 型组构形成于浅部地幔。单斜辉石和斜方辉石保留了高含水量，表明俯冲的大洋岩石圈可以通过辉石将大量的水运移至地幔过渡带。氢在辉石中异常高的分配系数（$D_{H}^{Cpx/Opx}=5.56\pm0.96$）可能反映了大于 7 GPa 氢在辉石中的平衡，暗示了罗布莎橄榄岩的快速折返。

结合前人的研究成果，我们提出由板片回撤驱动的隧道流模型来解释罗布莎橄榄岩的多种组构类型、异常高的 $D_{H}^{Cpx/Opx}$、橄榄岩和铬铁矿中的超高压和超还原矿物包裹体以及不同来源深度和不同成因橄榄岩的共存等一系列现象。受 120~130 Ma 新特提斯洋板片回撤的影响，深俯冲到地幔过渡带的罗布莎橄榄岩和铬铁矿从俯冲隧道快速折返并与弧前岩石圈地幔混合，再参与板块构造并仰冲到大陆边缘。从地幔过渡带到浅部地壳的隧道流提供了一个俯冲物质进入大洋岩石圈，并与板块构造过程相联系的重要通道。本研究从流变学角度解释了第一章中揭示的新特提斯蛇绿岩中超高压和超还原相的保存机制，建立了大洋俯冲隧道物质折返与韧性变形的联系。对蛇绿岩和造山带的橄榄岩组构和含水量的系统研究将促进对俯冲带构造演化、地幔流变学性质和地震波各向异性的认识。

参考文献

徐梦婧，金振民. 2010. 西藏罗布莎地幔橄榄岩变形显微构造特征及其地质意义. 地质通报，29：1795~1803.

钟立峰，夏斌，周国庆，等. 2006. 藏南罗布莎蛇绿岩辉绿岩中锆石 SHRIMP 测年. 地质论评，52：224~229.

Aitchison J C，Ali J R，Davis A M. 2007. When and where did India and Asia collide? Journal of Geophysical Research，112，B05423.

Arai S. 1994. Characterization of spinel peridotites by olivine-spinel compositional relationships：A review and interpretation. Chemical Geology，113：191~204.

Aubaud C，Hauri E H，Hirschmann M M. 2004. Hydrogen partition coefficients between nominally anhydrous minerals and basaltic melts. Geophysical Research Letters：Solid Earth，31，L20611.

Aubaud C，Withers A C，Hirschmann M M，et al. 2007. Intercalibration of FTIR and SIMS for hydrogen measurements in glasses and nominally anhydrous minerals. American Mineralogist，92：811~828.

Bai Wenji，Zhou Meifu，Robinson P T. 1993. Possibly diamond-bearing mantle peridotites and podiform chromitites in the Luobusa and Donqiao ophiolites, Tibet. Canadian Journal of Earth Sciences, 30: 1650~1659.

Bell D R, Ihinger P D, Rossman G R. 1995. Quantitative analysis of trace OH in garnet and pyroxenes. American Mineralogist, 80: 465~474.

Bell D R, Ihinger P D. 2000. The isotopic composition of hydrogen in nominally anhydrous mantle minerals. Geochimica et Cosmochimica Acta, 64: 2109~2118.

Bell D R, Rossman G R, Maldener J, et al. 2003. Hydroxide in olivine: A quantitative determination of the absolute amount and calibration of the IR spectrum. Journal of Geophysical Research, 108: 2105.

Bell D R, Rossman G R. 1992. Water in Earth's mantle: the role of nominally anhydrous minerals. Science, 255: 1391~1397.

Ben Ismaïl W, Mainprice D. 1998. An olivine fabric database: An overview of upper mantle fabrics and seismic anisotropy. Tectonophysics, 269: 145~157.

Beran A, Libowitzky E. 2006. Water in natural mantle minerals Ⅱ: olivine, garnet and accessory minerals. Reviews in Mineralogy and Geochemistry, 62: 169~191.

Bernard R E, Behr W M, Becker T W, et al. 2019. Relationships between olivine CPO and deformation parameters in naturally deformed rocks and implications for mantle seismic anisotropy. Geochemistry, Geophysics, Geosystems, 20: 3469~3494.

Bonatti E, Michael P J. 1989. Mantle peridotites from continental rifts to ocean basins to subduction zones. Earth and Planetary Science Letters, 91: 297~311.

Boudier F. 1978. Structure and petrology of Lanzo peridotite massif(Piedmont Alps). Geological Society of America Bulletin, 89: 1574~1591.

Boudier F, Nicolas A. 1995. Nature of the Moho transition zone in the Oman ophiolite. Journal of Petrology, 36: 777~796.

Brey G P, Köhler T. 1990. Geothermobarometry in four-phase lherzolites Ⅱ. New thermobarometers, and practical assessment of existing thermobarometers. Journal of Petrology, 31: 1353~1378.

Bürgmann R, Dresen G. 2008. Rheology of the lower crust and upper mantle: Evidence from rock mechanics, geodesy, and field observations. Annual Review of Earth and Planetary Science, 36: 531~567.

Bystricky M, Kunze K, Burlini L, et al. 2000. High shear strain of olivine aggregates: rheological and seismic consequences. Science, 290: 1564~1567.

Bystricky M, Lawlis J S, Mackwell S, et al. 2016. High-temperature deformation of enstatite aggregates. Journal of Geophysical Research: Solid Earth, 121: 6384~6400.

Cao Y, Jung H, Song S G, et al. 2015. Plastic deformation and seismic properties in fore-arc mantles: a petrofabric analysis of the Yushigou harzburgites, North Qilian suture zone, NW China. Journal of Petrology, 56: 1897~1944.

Cao Y, Jung H, Song S G. 2017. Olivine fabrics and tectonic evolution of fore-arc mantles: A natural perspective from the Songshugou dunite and harzburgite in the Qinling orogenic belt, central China, Geochemistry, Geophysics, Geosystem, 18: 907~934.

Carter N L, Avé Lallemant H G. 1970. High temperature flow of dunite and peridotite. Geological Society of American Bulletin, 81: 2181~2202.

Chung S L, Chu M F, et al. 2009. The nature and timing of crustal thickening in Southern Tibet: geochemical and zircon Hf isotopic constraints from postcollisional adakites. Tectonophysics, 477: 36~48.

Couvy H, Frost D J, Heidelbach F, et al. 2004. Shear deformation experiments of forsterite at 11 GPa and 1400℃ in the multianvil apparatus. European Journal of Mineralogy, 16: 877~889.

Demouchy S, Shcheka S, Denis C M, et al. 2017. Subsolidus hydrogen partitioning between nominally anhydrous minerals in garnetbearing peridotite. American Mineralogist, 102: 1822~1831.

Dick H J B, Bullen T. 1984. Chromium spinel as a petrogenetic indicator in abyssal and alpine-type peridotites and spatially associated lavas. Contributions to Mineralogy and Petrology, 86: 54~76.

Dilek Y, Furnes H. 2014. Ophiolites and their origins. Elements, 10: 93~100.

Dilek Y, Robinson P T. 2003. Ophiolites in Earth History: Introduction. In, Dilek, Y. and Robinson, P. T. (Eds.), Ophiolites in Earth History, Geological Society of London Special Publication, 218: 1~8.

Dilek Y, Yang J S. 2018. Ophiolites, diamonds, and ultrahigh-pressure minerals: new discoveries and concepts on upper mantle petrogenesis. Lithosphere, 10: 3~13.

Dilek, Y, Furnes H. 2011. Ophiolite genesis and global tectonics: Geochemical and tectonic fingerprinting of ancient oceanic lithosphere. Geological Society of America Bulletin, 123: 387~411.

Dobrzhinetskaya L F, Wirth R, Yang J S, et al. 2009. High-pressure highly reduced nitrides and oxides from chromitite of a Tibetan ophiolite. Proceedings of the National Academy of Sciences of the USA, 106: 19233~19238.

Frese K, Trommsdorf V, Kunze K. 2003. Olivine [100] normal to foliation: lattice preferred orientation in prograde garnet peridotite formed at high H_2O activity, Cima di Gagnone(Central Alps). Contributions to Mineralogy Petrology, 145: 73~86.

Grant K, Ingrin J, Lorand J P, et al. 2007. Water partitioning between mantle minerals from peridotite xenoliths. Contributions to Mineralogy and Petrology, 154: 15~34.

Griffin W L, Afonso J C. et al. 2016. Mantle recycling: transition zone metamorphism of Tibetan ophiolitic peridotites and its tectonic implications. Journal of Petrology, 57: 655~684.

Guilmette C, Hébert R, Wang C S, et al. 2009. Geochemistry and geochronology of the metamorphic sole underlying the Xigaze Ophiolite, Yarlung Zangbo Suture Zone, South Tibet. Lithos, 112: 149~162.

Hacker B R, Abers G A, Peacock S M. 2003. Subduction factory, 1. Theoretical mineralogy, densities, seismic wave speeds, and H_2O contents. Journal of Geophysical Research, 108, 2029.

Hauri E H, Gaetani G A, Green T H. 2006. Partitioning of water during melting of the Earth's upper mantle at H_2O-undersaturated conditions. Earth and Planetary Science Letters, 248: 715~734.

Hébert R, Bezard R, Guilmette C, et al. 2012. The Indus-Yarlung Zangbo ophiolites from Nanga Parbat to Namche Barwa syntaxes, southern Tibet: First synthesis of petrology, geochemistry, and geochronology with incidences on geodynamic reconstructions of Neo-Tethys. Gondwana Research, 22: 377~397.

Hirschmann M M, Tenner T, Aubaud C, et al. 2009. Dehydration melting of nominally anhydrous mantle: the primacy of partitioning. Physics of the Earth and Planetary Interiors, 176: 54~68.

Holtzman B, Kohlstedt D L, Zimmerman M E, et al. 2003. Melt segregation and strain partitioning: Implications for seismic anisotropy and mantle flow. Science, 301: 1227~1230.

Hu J S, Faccenda M, Liu L J. 2017. Subduction-controlled mantle flow and seismic anisotropy in South America. Earth and Planetary Science Letters, 470: 13~24.

Ingrin J, Hercule S, Charton T. 1995. Diffusion of hydrogen in diopside: results of dehydration experiments. Journal of Geophysical Research, 100: 15489~15499.

Jaques A L, Green D H. 1980. Anhydrous melting of peridotite at 0~15 kb pressure and the genesis of tholeiitic basalts. Contributions to Mineralogy and Petrology, 73: 287~310.

Ji W G, Wu F Y, Chung S L, et al. 2009. Zircon U-Pb geochronology and Hf isotopic constraints on petrogenesis of the Gangdese batholith, southern Tibet. Chemical Geology, 262: 229~245.

Johnson E A, Rossman G R, Dyar M D, et al. 2002. Correlation between OH concentration and oxygen isotope diffusion rate in diopsides from the Adirondack Mountains, New York. American Mineralogist, 87: 899~908.

Johnson K T M, Kick H J B, Shimizu N. 1990. Melting in the oceanic upper mantle: An ion microprobe study of diopsides in abyssal peridotites. Journal of Geophysical Research, 95: 2661~2678.

Jung H. 2017. Crystal preferred orientations of olivine, orthopyroxene, serpentine, chlorite, and amphibole, and implications for seismic anisotropy in subduction zones: A review. Geosciences Journal, 21: 985~1011.

Jung H, Karato S. 2001. Water-induced fabric transitions in olivine. Science, 293: 1460~1463.

Jung H, Katayama I, Jiang Z, et al. 2006. Effect of water and stress on the lattice-preferred orientation of olivine. Tectonophysics, 421: 1~22.

Jung H, Lee J, Ko B, et al. 2013. Natural type-C olivine fabrics in garnet peridotites in North Qaidam UHP collision belt, NW China. Tectonophysics, 594: 91~102.

Karato S I, Jung H, Katayama I, et al. 2008. Geodynamic Significance of Seismic Anisotropy of the Upper Mantle: New Insights from Laboratory Studies. Annual Review of Earth and Planetary Science, 36: 59~95.

Katayama I, Jung H, Karato S. 2004. New type of olivine fabric from deformation experiments at modest water content and low stress. Geology, 32: 1045~1048.

Katayama I, Karato S I, Brandon M. 2005. Evidence of high water content in the deep upper mantle inferred from deformation microstructures. Geology, 33: 613~616.

Khisina N R, Wirth R, Andrut M, et al. 2001. Extrinsic and intrinsic mode of hydrogen occurrence in natural olivines: FTIR and TEM investigation. Physics and Chemistry of Minerals, 28: 291~301.

Kovács I, Green D H, Rosenthal A, et al. 2012. An experimental study of water in nominally anhydrous minerals in the upper mantle near the water-saturated solidus. Journal of Petrology, 53: 2067~2093.

Li Li, Raterron P, Weidner D, et al. 2003. Olivine flow mechanism at 8 GPa. Phys Earth Planet Inter, 138: 113~129.

Li Z X A, Lee C T A, Peslier A H, et al. 2008. Water contents in mantle xenoliths from the Colorado Plateau and vicinity: Implications for the mantle rheology and hydration-induced thinning of continental lithosphere. Journal of Geophysical Research, 113, B09210.

Liou J G, Hacker B R, Zhang R Y. 2000. Into the forbidden zone. Science, 287: 1215~1216.

Mackwell S J, Kohlstedt D L. 1990. Diffusion of hydrogen in olivine: Implications for water in the mantle. Journal of Geophysical Research, 95: 5079~5088.

Mainprice D. 1990. A FORTRAN program to calculate seismic anisotropy from the lattice preferred orientation of minerals. Computers & Geosciences, 16: 385~393.

Mainprice D. 2007. Seismic anisotropy of the deep Earth from a mineral and rock physics perspective. In: Price, G. D. (Ed.), Mineral Physics. In: Schubert, G. (Ed.), Treatise on Geophysics, vol. 2.

Mainprice D, Tmooasi A, Couvy H, et al. 2005. Pressure sensitivity of olivine slip systems and seismic anisotropy of Earth' s upper mantle. Nature, 433: 731~733.

Malpas J, Zhou M F, Robinson P T, et al. 2003. Geochemical and geochronological constraints on the origin and emplacement of the Yarlung-Zangbo ophiolites, Southern Tibet. In Ophiolites in Geological History, Geological Society of London, Special Publication, 218: 191~206.

Manthilake M A G M, Miyajima N, Heidelbach F, et al. 2013. The effect of aluminum and water on the development of deformation fabrics of orthopyroxene. Contributions to Mineralogy and Petrology, 165: 495~505.

McDonough W F, Sun S S. 1995. The composition of the Earth. Chemical Geology, 120: 223~253.

Mehl L, Hacker B R, Hirth G. 2003. Arc-parallel flow within the mantle wedge: Evidence from the accreted Talkeetna arc, south central Alaska. Journal of Geophysical Research, 108(8): 2375.

Michibayashi K, Mainprice D, et al. 2016. Natural olivine crystal-fabrics in the western Pacific convergence region: Anew method to identify fabric type. Earth and Planetary Science Letters, 443: 70~80.

Michibayashi K, Mainprice D. 2004. The role of pre-existing mechanical anisotropy on shear zone development within oceanic mantle lithosphere: an example from the Oman ophiolite. Journal of Petrology, 45: 405~414.

Michibayashi K, Oohara, Y. 2013. Olivine fabric evolution in a hydrated ductile shear zone at the Moho Transition Zone, Oman Ophiolite. Earth and Planetary Science Letters, 377~378: 299~310.

Mizukami T, Wallis S R, Yamamoto J. 2004. Natural examples of olivine lattice preferred orientation patterns with a flow-normal a-axis maximum. Nature, 427: 432~436.

Mo X X, Hou Z Q, Niu Y L, et al. 2007. Mantle contributions to crustal thickening during continental collision: Evidence from Cenozoic igneous rocks in southern Tibet. Lithos, 96: 225~242.

Nimis P, Grütter H. 2010. Internally consistent geothermometers for garnet peridotites and pyroxenites. Contributions to Mineralogy and Petrology, 159: 411~427.

Ohuchi T, Irifune T. 2013. Development of A-type olivine fabric in water-rich deep upper mantle. Earth and Planetary Science Letters, 362: 20~30.

Ohuchi T, Kawazoe T, Nishihara Y, et al. 2011. High pressure and temperature fabric transitions in olivine and variations in upper mantle seismic anisotropy. Earth and Planetary Science Letters, 304: 55~63.

Park J, Levin V. 2002. Seismic anisotropy: tracing plate dynamics in the mantle. Science, 296: 485~489.

Paterson M S. 1982. The determination of hydroxyl by infrared absorption in quartz, silicate glasses and similar materials. Bulletin de Mineralogie, 105: 20~29.

Pearce J A, Barker P F, Edwards S J, et al. 2000. Geochemistry and tectonic significance of peridotites from the South Sandwich arc-basin system, South Atlantic. Contributions to Mineralogy and Petrology, 139: 36~53.

Pearson D G, Brenker F E, Nestola F, et al. 2014. Hydrous mantle transition zone indicated by ringwoodite included within diamond. Nature, 507: 221~224.

Peslier A H, Luhr J F, Post J. 2002. Low water contents in pyroxenes from spinel-peridotites of the oxidized, sub-arc mantle wedge. Earth and Planetary Science Letters, 201: 69~86.

Peslier A H, Luhr J F. 2006. Hydrogen loss from olivines in mantle xenoliths from Simcoe (USA) and Mexico: mafic alkalic magma ascent rates and water budget of the sub-continental lithosphere. Earth and Planetary Science Letters, 242: 302~319.

Peslier A H, Snow J E, Hellebrand E, et al. 2007. Low water contents in minerals from Gakkel ridge abyssal peridotites, Arctic Ocean. Geochimica et Cosmochimica Acta, 71, A779.

Peslier A H, Woodland A B, Bell D R, et al. 2012. Metasomatic control of water contents in the Kaapvaal cratonic mantle. Geochimica et Cosmochimica Acta, 97: 213~246.

Peslier A H, Woodland A B, Bell D R, et al. 2010. Olivine water contents in the continental lithosphere and the longevity of cratons. Nature, 467: 78~81.

Peslier A H, Woodland A B, Wolff J A. 2008. Fast kimberlite ascent rates estimated from hydrogen diffusion profiles in xenolithic olvines from southern Africa. Geochimica et Cosmochimica Acta, 72: 2711~2722.

Raterron P, Amiguet E, Chen J, et al. 2009. Experimental deformation of olivine single crystals at mantle pressures and temperatures. Physics of the Earth and Planetary Interiors, 172: 74~83.

Raterron P, Chen J, Li L, et al. 2007. Pressure-induced slip-system transition in forsterite: single-crystal rheological properties at mantle pressure and temperature. American Mineralogist, 92: 1436~1445.

Raterron P, Wu Y, Weidner D J, et al. 2004. Low-temperature olivine rheology at high pressure. Physics of the Earth and Planetary Interiors, 145: 149~159.

Robinson P T, Bai W J, et al. 2004. Ultra-high pressure minerals in the Luobusa Ophiolite, Tibet, and their tectonic implications. In: Malpas, J, Fletcher, C. J. N, Ali, J. R. & Aitchison, J. C. (eds). Aspects of the Tectonic Evolution of China. Geological Society, London, Special

Publications, 226: 247~271.

Robinson P T, Trumbull R B, et al. 2015. The origin and significance of crustal minerals in ophiolitic chromitites and peridotites. Gondwana Research, 27, 486~506.

Rosenthal A, Hauri E H, Hirschmann M M. 2015. Experimental determination of C, F, and H partitioning between mantle minerals and carbonated basalt, CO_2/Ba and CO_2/Nb systematics of partial melting, and the CO_2 contents of basaltic source regions. Earth and Planetary Science Letters, 412: 77~87.

Sawaguchi T. 2004. Deformation history and exhumation process of the Horoman peridotite complex, Hokkaido, Japan. Tectonophysics, 379: 109~126.

Skemer P, Katayama I, Karato S I. 2006. Deformation fabrics of the Cima di Gagnone peridotite massif, Central Alps, Switzerland: Evidence of deformation at low temperatures in the presence of water. Contributions to Mineralogy Petrology, 152: 43~51.

Soustelle V, Manthilake G. 2017. Deformation of olivine–orthopyroxene aggregates at high pressure and temperature: Implications for the seismic properties of the asthenosphere. Tectonophysics, 694: 385~399.

Stalder R, Skogby H. 2003. Hydrogen diffusion in natural and synthetic orthopyroxene. Physics and Chemistry of Minerals, 30: 12~19.

Sun Shengsi, Ji Shaocheng, Michibayashi K, et al. 2016. Effects of olivine fabric, melt–rock reaction and hydration on the seismic properties of peridotites: insight from the Luobusha ophiolite in the Tibetan Plateau. Journal of Geophysical Research, 121: 3300~3323.

Tasaka M, Michibayashi K, Mainprice D. 2008. B–type olivine fabrics developed in the fore–arc side of the mantle wedge along a subducting slab. Earth and Planetary Science Letters, 272: 747~757.

Taylor W R. 1998. An experimental test of some geothermometer and geobarometer formulations for upper mantle peridotites with application to the thermobarometry of fertile lherzolites and garnet websterite. Neues Jahrbuch für Mineralogie Abhandlungen, 172: 381~408.

Tenner T J, Hirschmann M M, Withers A C, et al. 2009. Hydrogen partitioning between nominally anhydrous upper mantle minerals and melt between 3 and 5 GPa and applications to hydrous peridotite partial melting. Chemical Geology, 262: 42~56.

Tommasi A, Baptiste V, Vauchez A, et al. 2016. Deformation, annealing, reactive melt percolation, and seismic anisotropy in the lithospheric mantle beneath the southeastern Ethiopian rift: constraints from mantle xenoliths from Mega. Tectonophysics, 682: 186~205.

Tommasi A, Vauchez A. 2015. Heterogeneity and anisotropy in the lithospheric mantle. Tectonophysics, 661: 11~37.

Wang Q, Xia Q K, O'Reilly S Y, et al. 2013. Pressure–and stress–induced fabric transition in olivine from peridotites in the Western Gneiss Region(Norway): Implications for mantle seismic anisotropy. Journal of Metamorphic Geology, 31:91~111.

Wang W Y, Becker T W. 2019. Upper mantle seismic anisotropy as a constraint for mantle flow and continental dynamics of the North American plate. Earth and Planetary Science Letters, 514: 143~155.

Wang Y F, Zhang J F, Shi F. 2013. The origin and geophysical implications of a weak C–type olivine fabric in the Xugou ultrahigh pressure garnet peridotite. Earth and Planetary Science Letters, 376: 63~73.

Wang Y F, Ren H P, Jin Z M. 2016. Water and fabric in an ophiolitic peridotite from a supra–subduction zone. Contribution to Mineralogy and Petrology, 171: 22.

Wen D R, Liu D Y, Chung S L, et al. 2008. Zircon SHRIMP U–Pb ages of the Gangdese Batholith and implications for Neotethyan subduction in southern Tibet. Chemical Geology, 252: 191~201.

Witt–Eickschen G, Seck H A. 1991. Solubility of Ca and Al in orthopyroxene from spinel peridotite: an improved version of an empirical geothermometer. Contributions to Mineralogy and Petrology, 106: 431~439.

Xia Q K, Liu J, Kovas I, et al. 2017. Water in the upper mantle and deep crust of eastern China: concentration, distribution and implications. National Science Review, 6.

Xiong F H, Dilek Y, Wirth R, et al. 2020. Opx–Cpx exsolution textures in lherzolites of the Cretaceous Purang Ophiolite(S. Tibet, China), and the deep mantle origin of Neotethyan abyssal peridotites. International Geology Review, 62: 665~682.

Xiong F H, Yang J S, et al. 2015. Origin of podiform chromitite, a new model based on the Luobusa ophiolite, Tibet. Gondwana Research, 27: 525~542.

Xiong Q, Griffin W L, Zheng J P, et al. 2016. Southward trench migration at~130–120 Ma caused accretion of the Neo–Tethyan forearc lithosphere in Tibetan ophiolites. Earth and Planetary Science Letters, 438: 57~65.

Xu X Z, Cartigny P, Yang J S, et al. 2018. Fourier transform infrared spectroscopy data and carbon isotope characteristics of the ophiolite hosted diamonds from the Luobusa ophiolite, Tibet, and Ray–Izophiolite, Polar Urals. Lithosphere, 10, 156~169.

Xu X Z, Yang J S, Robinson P T, et al. 2015. Origin of ultrahigh pressure and highly reduced minerals in podiform chromitites and associated mantle peridotites of the Luobusa ophiolite, Tibet. Gondwana Research, 27, 686~700.

Xu Z Q, Dilek Y, Yang J S, et al. 2015. Crustal structure of the Indus–Tsangpo suture zone and its ophiolites in southern Tibet. Gondwana Research, 27: 507~524.

Xu Z Q, Wang Q, Ji S C, et al. 2006. Petrofabrics and seismic properties of garnet peridotite from the UHP Sulu terrane(China): Implications for olivine deformation mechanism in a cold and dry subducting continental slab. Tectonophysics, 421: 111~127.

Yang J S, Dobrzhinetskaya L, Bai W J, et al. 2007. Diamond-and coesite-bearing chromitites from the Luobusa ophiolite, Tibet. Geology, 35: 875~878.

Yang J S, Robinson P T, Dilek Y. 2014. Diamonds in ophiolites. Elements, 10: 127~130.

Yang J S, Wu W W, Liang D Y, et al. 2021. Peridotites, chromitites and diamonds in ophiolites. Nature Reviews.

Yang X Z, Xia Q K, Deloule E, et al. 2008. Water in minerals of the continental lithospheric mantle and overlying lower crust: a comparative study of peridotite and granulite xenoliths from the North China Craton. Chemical Geology, 256: 33~45.

Yu M, Wang Q, Yang J S. 2019. Fabrics and water contents of peridotites in the Neotethyan Luobusa ophiolite, southern Tibet: Implications for mantle recycling in supra-subduction zones. Journal of Geological Society, 176: 975~991.

Zhang R Y, Shau Y H, Yang J S, et al. 2017. Discovery of clinoenstatite in the Luobusa ophiolitic mantle peridotite recovered from a drill hole, Tibet. Journal of Asian Earth Sciences, 145: 605~612.

Zhang R Y, Yang J S, Ernst W G, et al. 2016. Discovery of in situ super-reducing, ultrahigh-pressure phases in the Luobusa ophiolitic chromitites, Tibet: New insights into the deep upper mantle and mantle transition zone. American Mineralogist, 101: 1245~1251.

Zhang S Q, Karato S, Gerald J F, et al. 2000. Simple shear deformation of olivine aggregates. Tectonophysics, 316: 133~152.

Zhang Z M, Dong X, Xiang H, et al. 2014. Metagabbros of the Gangdese arc root, south Tibet: Implications for the growth of continental crust. Geochimica et Cosmochimica Acta, 143: 268~284.

Zhong L F, Xia B, Zhou G Q, et al. 2006. SHRIMP age determination of the diabase in Luobusa ophiolite, southern Xizang(Tibet)[in Chinese with English abstract]. Geological Review, 52: 224~229.

Zhou M F, Robinson P T, Malpas J, et al. 2005. REE and PGE geochemical constraints on the formation of dunites in the Luobusa ophiolite, Southern Tibet. Journal of Petrology, 46: 615~639.

Zhou M F, Robinson P T, Malpas J, et al. 1996. Podiform chromitites in the Luobusa ophiolite(Southern Tibet): Implications for melt-rock interaction and chromite segregation in the upper mantle. Journal of Petrology, 37: 3~21.

Zhou M F, Robinson P T, Su B X, et al. 2014. Compositions of chromite, associated minerals, and parental magmas of podiform chromite deposits: The role of slab contamination of asthenospheric melts in suprasubduction zone environments. Gondwana Research, 26: 262~283.

Zhou S, Mo X X, Mahoney J J, et al. 2002. Geochronology and Nd and Pb isotope characteristics of gabbro dikes in the Luobusha ophiolite, Tibet. Chinese Science Bulletin, 47: 143~146.

第三章　新特提斯洋盆消减与冈底斯增生造山

在晚石炭世—早二叠世期间潘吉亚（Pangea）超大陆形成，其主要由南部的冈瓦纳大陆（Gondwana landmass）和北部的劳亚大陆（Laurasia landmass）组成（Cawood et al.，2007）。与此同时或随后，基梅里（Cimmeria）陆块（包含现今的中伊朗地块、阿富汗地块、拉萨地块、羌塘地块、印支地块等）从冈瓦纳大陆北缘开始裂解，在冈瓦纳大陆的北缘形成新特提斯洋盆（Ueno，2003；Xu et al.，2015）。新特提斯洋分布范围西起欧洲西南部，向东经地中海、伊朗、喜马拉雅，向东南到东南亚、巴布亚新几内亚，延伸一万多千米（万博等，2021）。传统观点认为新特提斯洋打开时间在二叠纪—三叠纪期间，但越来越多的证据显示新特提斯洋打开时间可能更早一些（Ma et al.，2018，2020）。

拉萨地体南缘冈底斯岩浆带，位于青藏高原南部，雅鲁藏布江缝合带的北缘，属于印度-亚洲碰撞带的上盘（图 3-1 和图 3-2）。冈底斯弧岩浆形成始于中生代早期，记录了新特提斯洋盆的消减和闭合过程（Ji et al.，2009；许志琴等，2021）。其弧岩浆作用结束于早始新世，记录了新特提斯洋的闭合过程和印度-亚洲陆-陆碰撞过程（Zhu et al.，2015）。因此，冈底斯弧岩浆作用的研究对揭示潘吉亚超大陆的裂解，拉萨地体的古地理变迁，新特提斯洋的开启、俯冲启动、演化和闭合，印度-亚洲的陆-陆碰撞过程，青藏高原的形成和后期高原隆升及资源与环境效应等重大科学问题具有重要的学术、经济和社会意义（Hou et al.，2015；Molnar et al.，1993；Tang et al.，2015；Tapponnier et al.，2001）（图 3-3）。冈底斯岩浆弧整体保存完好，出露面积巨大，形成时代较为年轻，吸引着国内外同行的广泛关注。

然而，与北美西部的内华达岩基、海岸山岩基、大石岩基，以及南美西部的安第斯岩基等相比，无论在研究广度上，还是在研究深度上，冈底斯岩基的研究都还存在巨大差距。冈底斯岩基形成起始

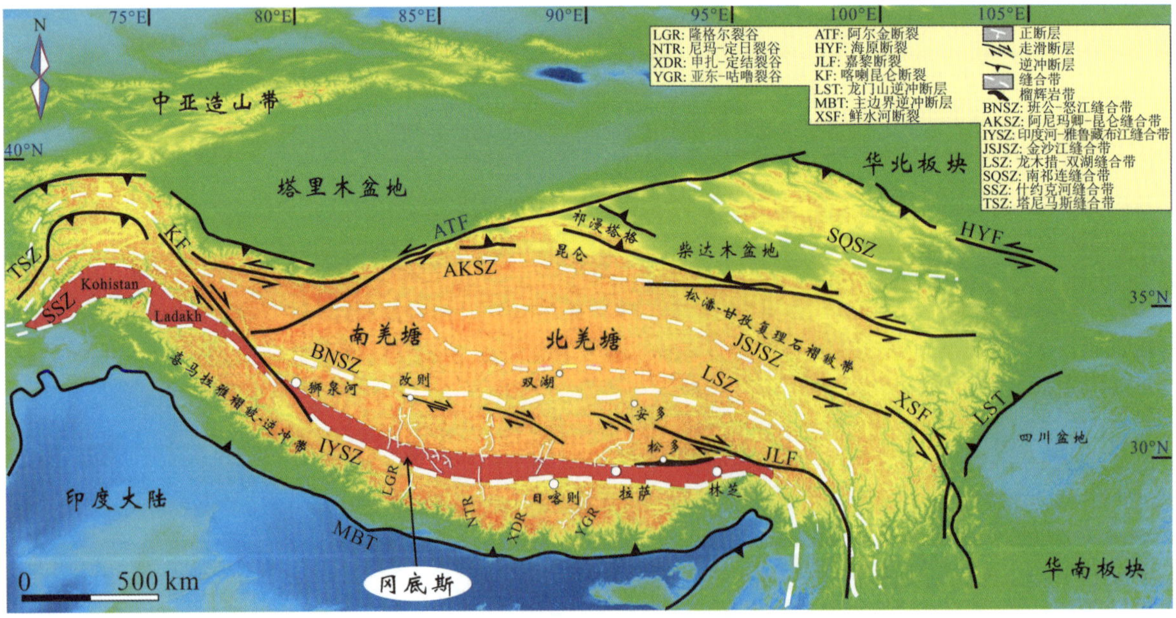

图 3-1　青藏高原大地构造格架图

（据马绪宣等，2021，有修改）

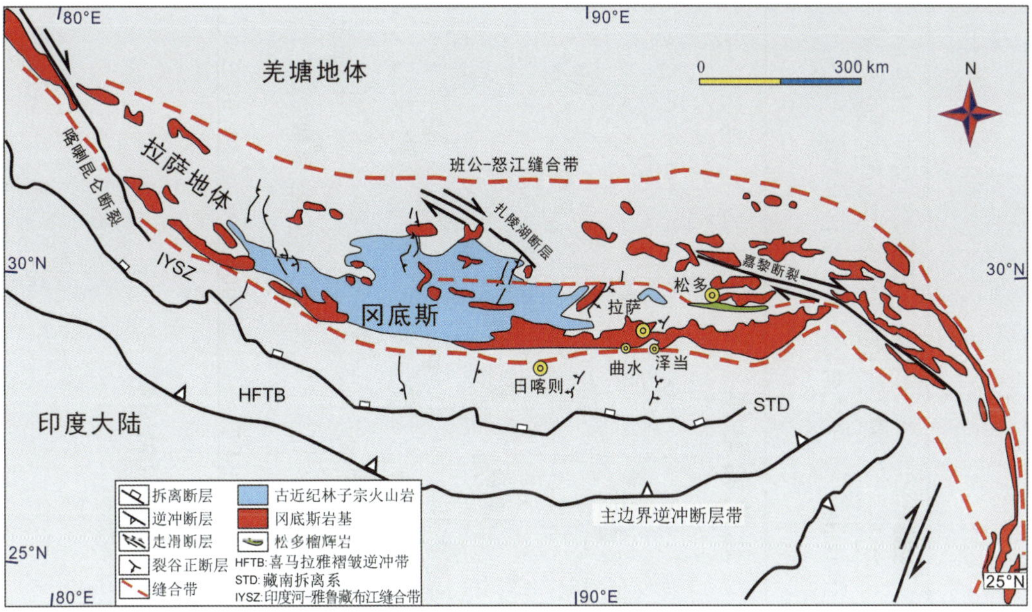

图 3-2　拉萨地体岩浆岩分布图

时间与美洲西部岩基起始时代较近，且保存完好，其形成的阶段性、峰期性特点如何，以及其对深部动力学的响应如何，值得我们进行深入的研究。

第一节　冈底斯弧岩浆的阶段性特征

早期冈底斯带的地理概念特指西起狮泉河，东至伯舒拉岭，南北分别被印度河-雅鲁藏布江缝合带和班公-怒江缝合带圈闭的，东西长约 2500 km、南北宽 100~300 km 的构造岩浆带，即拉萨地体（Mo et al.，2008）（图 3-2）。随着后期研究的不断深入，前人发现拉萨地体并非完整一块，内部存在多个残余缝合带（杨经绥等，2007）。拉萨地体南、中、北部基底性质和中、新生代岩浆岩出露特征存在显著差别。不同的研究团体不约而同地把冈底斯岩浆带的概念缩小为拉萨地体南缘或南拉萨次级地体了（图 3-3）。“冈底斯”这一概念的进一步收缩可能主要基于几个方面：①中拉萨地体存在老基底，而南拉萨地体基本没有老基底出露（朱弟成等，2008）；②中、南拉萨地体之间存在一个洛巴堆-米拉山断层，这一断层也可能是残存的蛇绿岩缝合带；③中拉萨地体出露岩浆岩主要是零星的三叠纪岩浆岩，并且这些三叠纪岩浆岩以造山期的、同位素较为富集为主要特征；④与新特提斯洋俯冲相关的弧型岩浆岩主要分布在南拉萨，相比之下，南拉萨地体弧岩浆岩时间跨度从三叠纪一直到早始新世（图 3-3），岩浆岩类型较为齐全，同位素较为亏损，地球化学成分偏钙碱性、准铝质，是典型的弧岩浆岩；⑤南拉萨广泛出露俯冲型斑岩型铜-金矿，具有找矿的重大潜力（马绪宣等，2021）。因此，现今的“冈底斯岩浆带”或“冈底斯岩基”特指拉萨地体南缘的巨型岩浆带，以出露大规模岩浆岩和巨大岩基为主要特征（图 3-2，图 3-3）。

冈底斯岩浆带主要由巨型岩基和复式岩体组成，并伴随有多期火山岩，如侏罗系叶巴组、比马组（Liu et al.，2018；Ma et al.，2017b），新生界林子宗群（Ding et al.，2003）。以印度-亚洲大陆初始碰撞时间为界（Hu et al.，2015），冈底斯岩浆作用可以划分为俯冲期（>60 Ma）、俯冲到碰撞转换期（60~45 Ma）和后碰撞期（<45 Ma）。俯冲期岩浆岩主要为辉长岩、闪长岩、花岗闪长岩及零星花岗岩为主，伴随有火山岩地层，如拉萨-墨竹工卡一带的侏罗系叶巴组火山岩，拉萨-日喀则一带的侏罗系比马组火山岩等。洋陆俯冲到陆陆碰撞转换期岩浆岩以曲水岩基和林子宗火山岩为典型代表。以曲水岩基为例，出露岩性从辉长岩到二长花岗岩等，并含有丰富的暗色岩浆包体（Ma et al.，

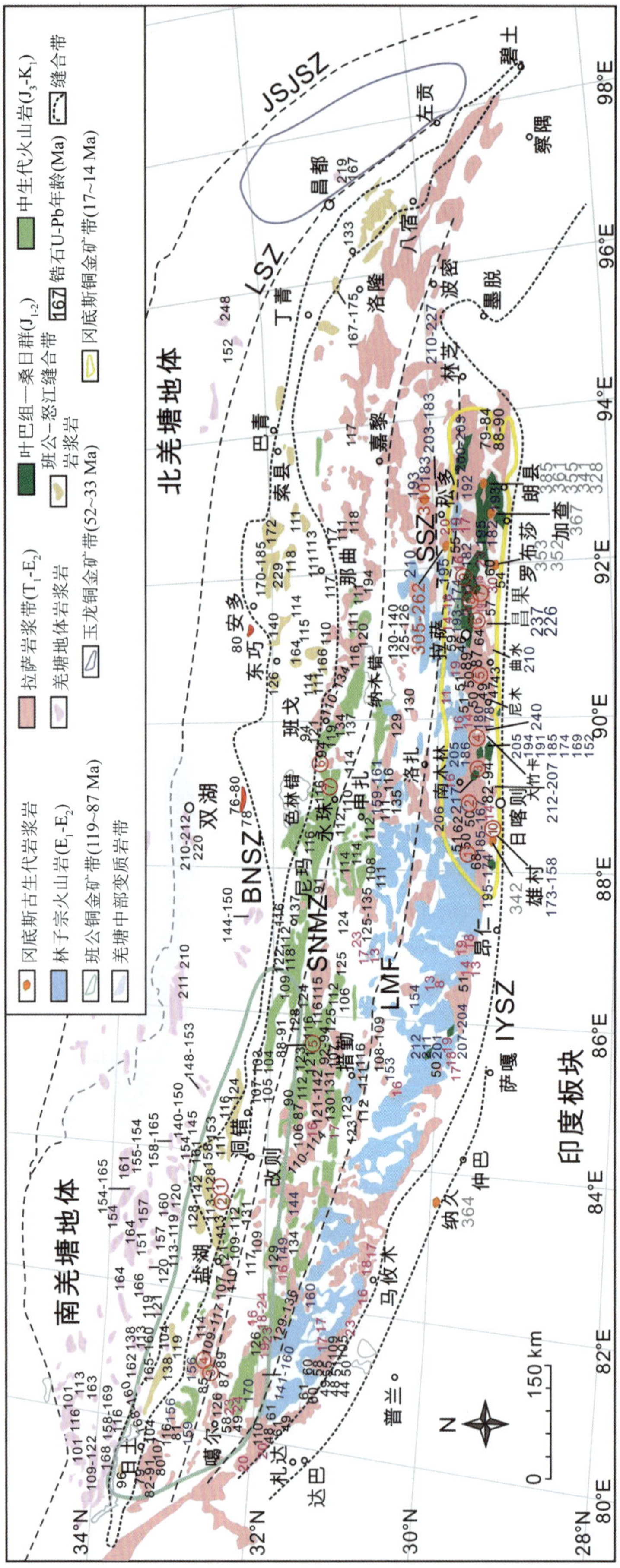

图 3-3 拉萨地体构造格架划分与岩浆岩结晶年龄统计图

IYSZ—印度河-雅鲁藏布江缝合带；BNSZ—班公-怒江缝合带；JSJSZ—金沙江缝合带；LSZ—龙木措-双湖缝合带；SSZ—什约克河缝合带；SNMZ—狮泉河-纳木错混杂岩带；LMF—洛巴堆-米拉山断层

2021；Mo et al.，2005）。林子宗火山岩主要分布在日喀则以西以及拉萨北部的林周盆地。在拉萨-林芝段，林子宗火山岩出露较为稀少，可能与冈底斯东西向差异性抬升有关（Cao et al.，2020）。后碰撞岩体以花岗斑岩为主，包括石英二长斑岩、二长花岗斑岩和正长花岗斑岩等，具有埃达克质岩石的地球化学特征（Zheng et al.，2012）。零星分布的钾质和超钾质火山岩和基性岩墙的分布则受南北向横贯青藏高原的多条深大断裂控制（Wang et al.，2010）。

第二节 新特提斯洋的俯冲启动与冈底斯弧岩浆记录

新特提斯洋的俯冲启动时间长期以来存在巨大争论。最早认为新特提斯洋的俯冲启动可能在早侏罗世—早白垩世，主要依据是新特提斯洋的打开时间可能在中-晚三叠世。但最新的研究发现，冈底斯出露众多中-晚三叠世的弧岩浆岩，且这些弧岩浆岩主要分布在冈底斯的最南缘，靠近雅鲁藏布江蛇绿岩缝合带。这些俯冲岛弧背景岩浆岩包括拉萨南昌果地区出露的火山-沉积地层，出露岩性主要为安山岩、玄武岩、流纹岩，有大理岩和板岩夹层。锆石 U-Pb 年代学显示这些火山岩的形成时代是 237~211 Ma，是俯冲背景的弧岩浆岩（Huang et al.，2021；Wang et al.，2016）。与喷出岩相对，同时代的侵入岩在冈底斯也有广泛分布，如曲水达嘎 220 Ma 富闪深成岩和 229 Ma 的花岗岩（Ma et al.，2018；Meng et al.，2016），仁布 245~238 Ma 的中-基性侵入岩（Ma et al.，2020），南木林卡孜乡 212~206 Ma 的花岗岩（Ma et al.，2017a），曲水县北西 226 Ma 的闪长岩（Wang et al.，2019），大竹卡北 205 Ma 的二长花岗岩（Ji et al.，2009），崔久 203 Ma 的角闪石岩等（Xu et al.，2019）。这些典型的中-晚三叠世弧岩浆岩表明新特提斯洋的俯冲启动不晚于中三叠世。

综合俯冲板片年龄、密度，上覆板块的热力学结构等因素，数值模拟结果显示：大洋的俯冲启动一般发生在大洋打开 30 Ma 之后，洋中脊两侧洋壳岩石圈板片有足够的密度差（Zhou et al.，2018）。冈底斯已经报道的最老弧岩浆岩石年龄为 245 Ma，据数值模拟结果推测，新特提斯洋的打开时间至少在 275 Ma 之前。这一结论得到了沉积学、古生物学方面的证实（Wu et al.，2021；Zhang et al.，2013）。

第三节 冈底斯弧岩浆的节律（arc tempos）

早先关于地球前寒武纪大陆地壳生长的研究发现，大陆地壳的生长并不是连续的过程，而是呈现阶段件和峰期性特点。比如前寒武纪主要的大陆地壳生长峰期分别为 2.7 Ga、1.9 Ga 和 1.2 Ga，而且具有全球性特点。这些前寒武纪大陆地壳生长的峰期与全球性的超大陆聚合事件密切相关（Cawood et al.，2007；Condie，1998）。超大陆的聚合主要是以大洋岩石圈俯冲消减并形成巨量弧型岩浆为主要特点。近年的研究发现，显生宙的大陆地壳生长，特别是以岛弧岩浆作用为代表的新生地壳生长也有类似前寒武纪地壳生长的特点，呈现阶段性和峰期性特征，如中国东北岛弧岩浆岩带（Wu et al.，2003），华南岛弧花岗岩带（Zhou et al.，2006），中亚造山带中的古生代弧岩浆作用（Jahn et al.，2000），南亚苏门答腊岛弧岩浆带（Zhang et al.，2019），新西兰中生代 Median 岩基（Schwartz et al.，2017），南美安第斯弧岩浆带（Jara et al.，2021），喜马拉雅西段喀喇昆仑、拉达克-科希斯坦岛弧（Burg et al.，2018）等。

关于冈底斯弧岩浆活动，前人做过大量的研究工作，并初步发现和提出了冈底斯幕式岩浆活动（Ji et al.，2009；Wu et al.，2010；Zhu et al.，2019）。图 3-4 中展示了冈底斯岩浆带已经报道的基岩（火山岩和侵入岩）的加权年龄分布，不难发现冈底斯经历了多期显著的岩浆事件，如 200~170 Ma，100~80 Ma 和 65~40 Ma 岩浆峰。200~150 Ma 的峰期暂不讨论，原因如下：①冈底斯侏罗系比马组火山岩形成背景不明，可能是大陆弧背景，也可能是大洋岛弧背景；②泽当弧岩浆地体属性不明，有学者认为其是大洋岛弧（McDermid et al.，2002；Wei et al.，2007），也有学者认为其是大陆边缘弧（Zhang et al.，2014）。此外，冈底斯弧前盆地、前陆盆地等碎屑锆石也被广泛搜集和整理，

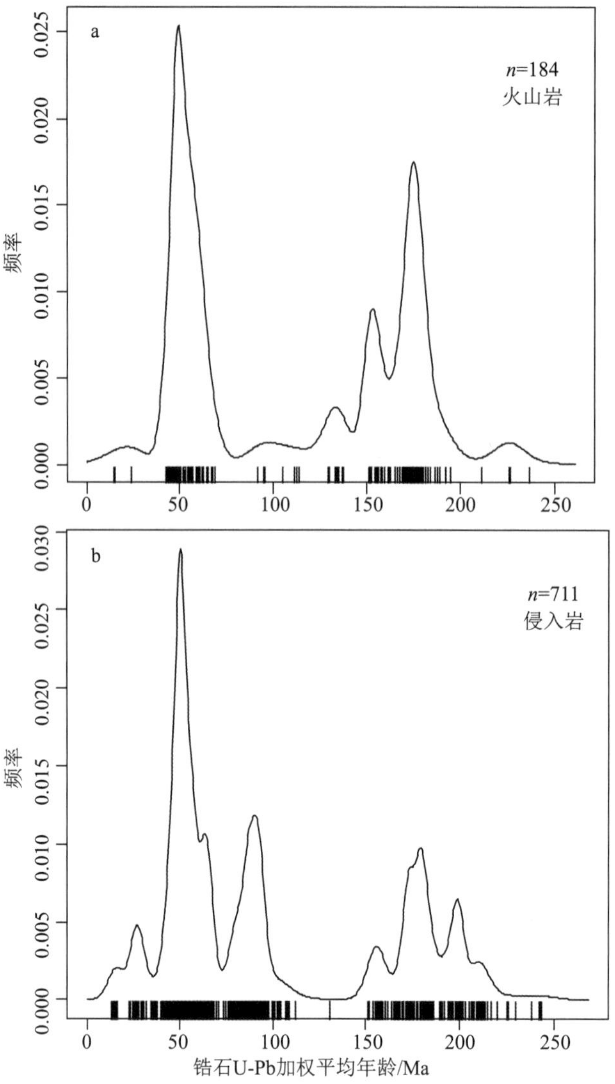

图 3-4　拉萨南缘冈底斯岩浆带岩浆岩结晶年龄锆石 U-Pb 数据统计图

碎屑锆石 U-Pb 年龄分布如图 3-5 所示。这些碎屑锆石物源主要来自冈底斯，其年龄分布在一定程度上能揭示冈底斯的弧岩浆强度。如图 3-5 所示，冈底斯弧岩浆作用经历两次显著的峰期，100~80 Ma（峰期在 90 Ma）和 65~40 Ma（峰期在 50 Ma），刚好与岩浆岩数据统计结果一致。

第四节　冈底斯晚白垩世的增生造山过程

汇聚板块边界最核心的就是俯冲岛弧体系，以巨大的岩基和各种类型岩浆岩出露为主要特征。研究岛弧体系对于揭示俯冲板片深部动力学过程、壳幔相互作用、岩浆形成过程以及岩浆房的生成和建立等有巨大的学术价值和意义。南美安第斯造山带是典型的俯冲-增生型造山作用的产物。全球最受瞩目的美洲西部科迪勒拉造山带发育大量岛弧岩浆岩，并以巨型岩基的形式展布，如巴哈岩基、半岛岩基、内华达岩基、海岸山岩基、凯斯凯特岩基、大石岩基、爱达荷岩基等（Chapman et al.，2021；Foster et al.，2001；Hildebrand，2013；Morton et al.，2014）。这些岩基展现非常好的阶段性、峰期性侵位特征，峰期岩浆侵位速率显著增强，其岩浆作用与深部动力学过程密切相关（DeCelles et al.，2015）。在弧岩浆峰期阶段，岩浆易于聚集形成大的侵位杂岩体，如内华达岩基中的 Tuolumne 侵位杂岩体（Schoene et al.，2020），半岛岩基中的 Box Springs 侵位杂岩体（Morton et al.，2014）。此外，

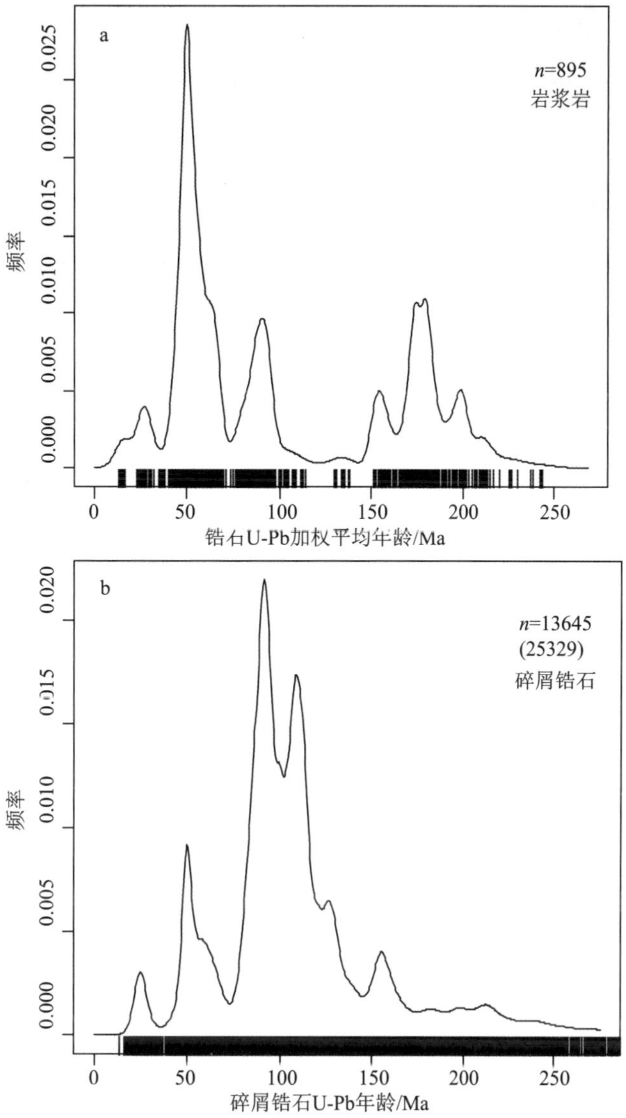

图 3-5　冈底斯岩浆带岩浆岩结晶年龄锆石 U-Pb 数据统计图（a）和冈底斯弧前、前陆盆地、河流砂等碎屑锆石 U-Pb 年龄数据统计图（b）

在岩浆峰期阶段，地幔源区物质参与比例明显提高，岩浆的同位素更为亏损，暗示峰期岩浆活动受到深部地幔活动的强烈控制（Attia et al.，2020；Martínez Ardila et al.，2019）。

如前文所述，藏南冈底斯岩浆带经历 100～80 Ma 和 65～40 Ma 两期峰期弧岩浆活动，在 80～65 Ma 期间为弧岩浆平静期（图 3-6a）。弧岩浆峰期与平静期交替进行，可能与深部俯冲板片俯冲过程有密切的关系，预示着深部动力学过程和构造背景的转变。为此，我们搜集了印度-欧亚大陆汇聚速率的数据（图 3-6b），查看岩浆峰期与汇聚速率的关系。遗憾的是，弧岩浆的节律性特征与印度-欧亚大陆汇聚速率并没有线性正相关或线性负相关关系。100～80 Ma 的弧岩浆峰期可能与 90 Ma 前后洋中脊俯冲到拉萨地体南缘之下有关（Ma et al.，2022）。此外，我们以冈底斯林芝杂岩体为典例，综合区域变质、变形及岩浆作用，发现冈底斯地壳在 90 Ma 前后有显著增厚，峰期岩浆作用可能对地壳加厚有显著贡献（图 3-7a，图 3-8a）。

洋中脊处由于洋壳年龄较轻，地壳厚度较厚，很容易引发平板俯冲效应（Huang et al.，2016）。晚白垩世新特提斯洋壳岩石圈板片的平板俯冲使得地幔楔被挤出，从而终止了弧岩浆作用的发生（Wen et al.，2008），并诱发俯冲板片上方的冈底斯处于挤压构造背景之下，从而形成弧前、弧后的

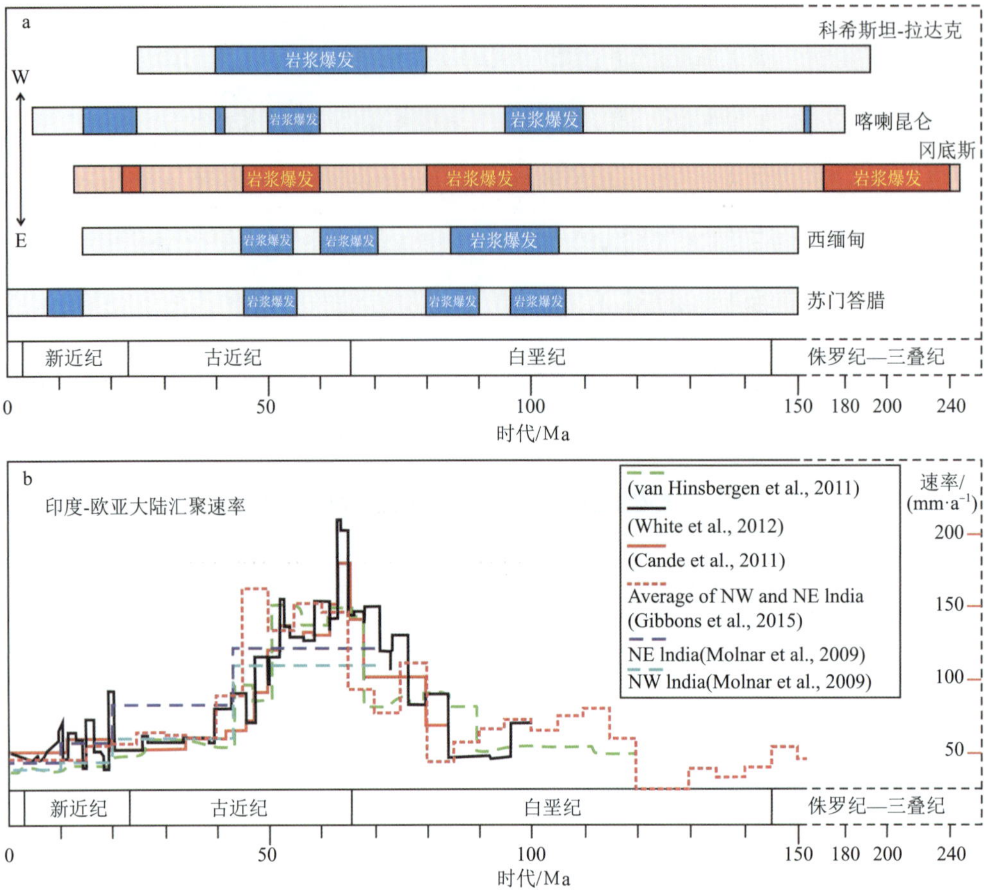

图 3-6　跨喜马拉雅岩基带主要地质单元岩浆峰期统计图（a）和印度-欧亚大陆汇聚速率统计图（b）

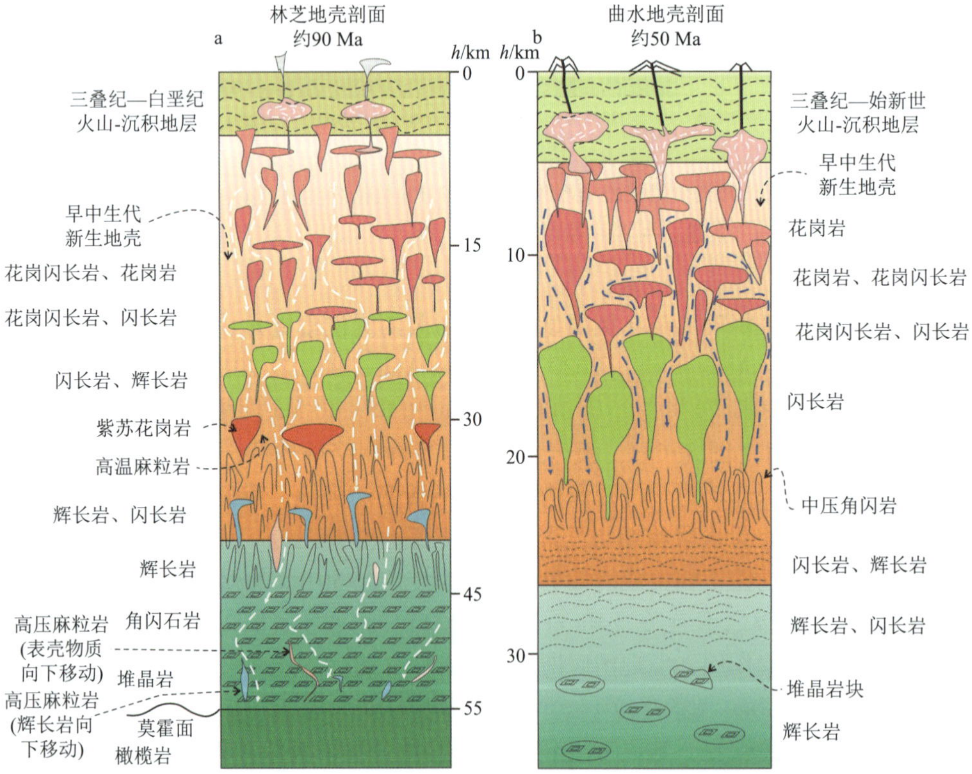

图 3-7　冈底斯约 90 Ma（a）和约 50 Ma（b）岩浆弧地壳剖面图

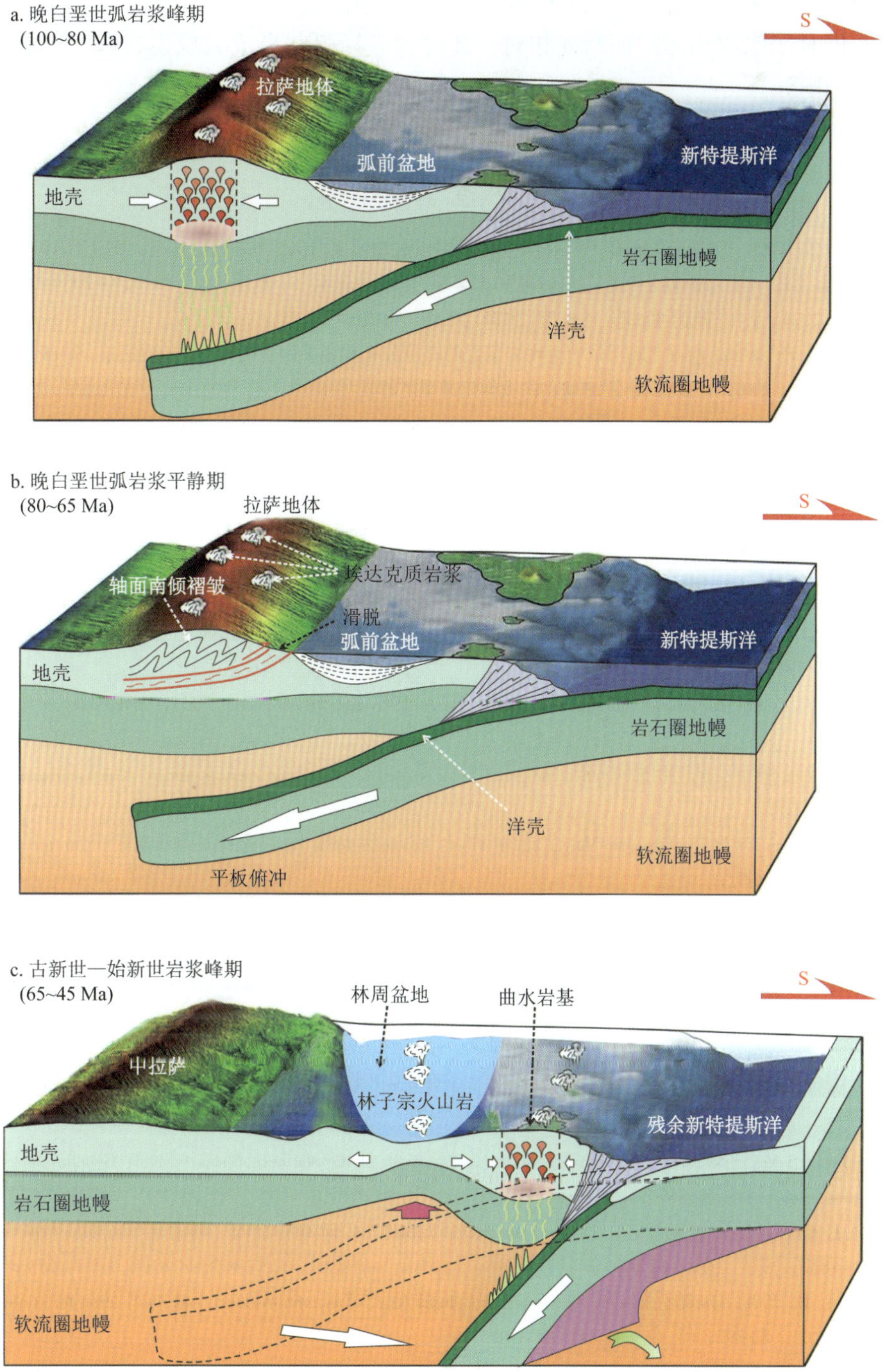

图 3-8　冈底斯晚白垩世以来构造背景及岩浆活动演化模式图

逆冲-褶皱系统和不整合覆盖现象（Zhu et al.，2019）。弧岩浆平静期可能对应于新特提斯洋壳岩石圈板片的低角度俯冲过程（图 3-8b）。相关证据如下：①冈底斯 90~65 Ma 的裂谷背景火山岩浆活动较弱；②弧岩浆作用在 83 Ma 基本停止，直到 65 Ma 左右弧岩浆作用才又启动；③冈底斯从 83~80 Ma 开始，出现埃达克质岩浆活动，可能与加厚地壳的重熔作用有关；④90~69 Ma 期间冈底斯弧前和弧后经历逆冲-褶皱变形活动，其形成过程类似于科迪勒拉造山带形成过程中平板俯冲的结果；⑤冈底斯弧后上白垩统塔克纳组在 90~80 Ma 期间沉积作用停止；⑥冈底斯记录到 85~69 Ma 的不整合，林子宗火山岩不整合覆盖在上白垩统设兴组沉积砂岩之上。

65~40 Ma 的岩浆峰期在冈底斯最显著的代表是冈底斯弧后盆地的林子宗火山岩和岩浆弧主体的

曲水岩基。平板俯冲的俯冲板片前缘从 65 Ma 开始发生板片回旋，在回旋板片的前缘形成大规模伸展背景岩浆作用，即林子宗火山岩。而与此相对，此时冈底斯弧却形成大规模岩基，可能与挤压背景有关（图 3-7b，图 3-8c）。

参 考 文 献

马绪宣，许志琴，刘飞，等. 2021. 大陆弧岩浆幕式作用与地壳加厚:以藏南冈底斯弧为例. 地质学报，95(1)：107~123.

万博，吴福元，陈凌，等. 2019. 重力驱动的特提斯单向裂解-聚合动力学. 中国科学：地球科学，49(12)：2004~2017.

许志琴，郑碧海，王勤. 2021. 从洋-陆俯冲到陆-陆碰撞：回眸与展望. 地质学报，95(1)：75~97.

朱弟成，潘桂棠，王立全，等. 2008. 西藏冈底斯带中生代岩浆岩的时空分布和相关问题的讨论. 地质通报，27(9)：1535~1550.

杨经绥，许志琴，李天福，等. 2007. 青藏高原拉萨地块中的大洋俯冲型榴辉岩：古特提斯洋盆的残留？地质通报，26(10)：1277~1287.

Attia S, Paterson S R, Cottle J M. 2020. Erupted zircon record of continental crust formation during mantle driven arc flare-ups. Geology, 48.

Burg J P, Bouilhol P. 2018. Timeline of the South-Tibet—Himalayan belt: The geochronological record of subduction, collision, and underthrusting from zircon and monazite U-Pb ages. Canadian Journal of Earth Sciences.

Cao W R, Yang J M, Zuza A V, et al. 2020. Crustal tilting and differential exhumation of Gangdese Batholith in southern Tibet revealed by bedrock pressures. Earth and Planetary Science Letters, 543: 116347.

Cawood P A, Buchan C. 2007. Linking accretionary orogenesis with supercontinent assembly. Earth-Science Reviews, 82: 217~256.

Chapman J B, Shields J E, Ducea M N, et al. 2021. The causes of continental arc flare ups and drivers of episodic magmatic activity in Cordilleran orogenic systems. Lithos, 398~399: 106307.

Condie K C. 1998. Episodic continental growth and supercontinents: a mantle avalanche connection? Earth and Planetary Science Letters, 163: 97~108.

DeCelles P G, Zandt G, Beck S L, et al. 2015. Cyclical orogenic processes in the Cenozoic central Andes. The Geological Society of America Memoir, 212: 459~490.

Ding L, Kapp P, Zhong D L, et al. 2003. Cenozoic Volcanism in Tibet: Evidence for a Transition from Oceanic to Continental Subduction. Journal of Petrology, 44: 1833~1865.

Foster D A, Schafer C, Fanning C M, et al. 2001. Relationships between crustal partial melting, plutonism, orogeny, and exhumation: Idaho-Bitterroot batholith. Tectonophysics, 342: 313~350.

Hildebrand R S. 2013. Mesozoic Assembly of the North American Cordillera. The Geological Society of America Special Paper, 495: 169.

Hou Z Q, Duan L F, Lu Y J, et al. 2015. Lithospheric Architecture of the Lhasa Terraneand Its Control on Ore Deposits in the Himalayan-Tibetan Orogen. Economic Geology, 110: 1541~1575.

Hu X M, Garzanti E, Moore T, et al. 2015. Direct stratigraphic dating of India-Asia collision onset at the Selandian(middle Paleocene, 59±1 Ma). Geology, 43: 859~862.

Huang Y, Ren M H, Jowitt S M, et al. 2021. Middle Triassic arc magmatism in the southern Lhasa terrane: Geochronology, petrogenesis and tectonic setting. Lithos, 380~381, 105857.

Huangfu P P, Wang Y J, Cawood P A, et al. 2016. Thermo-mechanical controls of flat subduction: Insights from numerical modeling. Gondwana Research, 40: 170~183.

Jahn B M, Wu F Y, Chen B. 2000. Massive granitoid generation in Central Asia Nd isotope evidence and implication for continental growth in the P-annotated. Episodes, 23: 82~92.

Jara J J, Barra F, Reich M, et al. 2021. Episodic construction of the early Andean Cordillera unravelled by zircon petrochronology. Nature communications, 12: 4930.

Ji W Q, Wu F Y, Chung S L, et al. 2009. Zircon U-Pb geochronology and Hf isotopic constraints on petrogenesis of the Gangdese batholith, southern Tibet. Chemical Geology, 262: 229~245.

Liu Z C, Ding L, Zhang L Y, et al. 2018. Sequence and petrogenesis of the Jurassic volcanic rocks(Yeba Formation) in the Gangdese arc, southern Tibet: Implications for the Neo-Tethyan subduction. Lithos, 312~313: 72~88.

Ma S W, Meng Y K, Xu Z Q, et al. 2017a. The discovery of late Triassic mylonitic granite and geologic significance in the middle Gangdese batholiths, southern Tibet. Journal of Geodynamics, 104: 49~64.

Ma X X, Attia S, Cawood T, et al. 2022. Arc tempos of the Gangdese batholith, southern Tibet. Journal of Geodynamics, 149: 101897.

Ma X X, Meert J G, Xu Z Q, et al. 2018. Late Triassic intra-oceanic arc system within Neotethys: Evidence from cumulate appinite in the Gangdese belt, southern Tibet. Lithosphere, 10: 545~565.

Ma X X, Xu Z Q, Meert J G, et al. 2017b. Early Jurassic intra-oceanic arc system of the Neotethys Ocean: Constraints from andesites in the Gangdese magmatic belt, south Tibet. Island Arc, 26: e12202.

Ma X X, Xu Z Q, Zhao Z B, et al. 2020. Identification of a new source for the Triassic Langjiexue Group: Evidence from a gabbro-diorite complex in the Gangdese magmatic belt and zircon microstructures from sandstones in the Tethyan Himalaya, southern Tibet. Geosphere, 16: 407~434.

Ma X X, Zhao Z B, Cao W R, et al. 2021. Mesoscopic and Microscopic Magmatic Structures in the Quxu Batholith of the Gangdese Belt, Southern Tibet: Implications for Multiple Hybridization Processes. Frontiers in Earth Science, 9: 772374.

Martínez Ardila A M, Paterson S R, Memeti V, et al. 2019. Mantle driven Cretaceous flare-ups in Cordilleran arcs. Lithos, 326~327: 19~27.

McDermid I R C, Aitchison J C, Davis A M, et al. 2002. The Zedongterrane: a Late Jurassic intra-oceanic magmatic arc within the Yarlung-Tsangpo suture zone, southeastern Tibet. Chemical Geology, 187: 267~277.

Meng Y K, Xu Z Q, Santosh M, et al. 2016. Late Triassic crustal growth in southern Tibet: Evidence from the Gangdese magmatic belt. Gondwana Research, 37: 449~464.

Mo X X, Dong G C, Zhao Z D, et al. 2005. Timing of magma mixing in the Gangdise magmatic belt during the India-Asia collision: zircon SHRIMP U-Pb dating. Acta Geologica Sinica(English Edition), 79: 66~76.

Mo X X, Niu Y L, Dong G C, et al. 2008. Contribution of syncollisional felsic magmatism to continental crust growth: A case study of the Paleogene Linzizong volcanic Succession in southern Tibet. Chemical Geology, 250: 49~67.

Molnar P, England P, Martinod J. 1993. Mantle dynamics, uplift of the Tibetan Plateau, and the Indian monsoon. Reviews of Geophysics, 31: 357~396.

Morton D M, Miller F K, Kistler R W, et al. 2014. Framework and petrogenesis of the northern Peninsular Ranges batholith, southern California, in Morton D M, and Miller F K, eds, Peninsular Ranges Batholith, Baja California and Southern California. Geological Society of America Memoir, 211: 61~143.

Schoene B, Eddy M P, Memeti V, et al. 2020. Half a million years of magmatic history recorded in a K-feldspar megacryst of the Tuolumne Intrusive Complex, California, USA. Geology, 48: 400~404.

Schwartz J J, Klepeis K A, Sadorski J F, et al. 2017. The tempo of continental arc construction in the Mesozoic Median Batholith, Fiordland, New Zealand. Lithosphere, 9: 343~365.

Tang J X, Lang X H, Xie F W, et al. 2015. Geological characteristics and genesis of the Jurassic No. I porphyry Cu-Au deposit in the Xiongcun district, Gangdese porphyry copper belt, Tibet. Ore Geology Reviews, 70: 438~456.

Tapponnier P, Xu Z Q, Roger F, et al. 2001. Oblique Stepwise Rise and Growth of the Tibet Plateau. Science, 294: 1671~1677.

Ueno K. 2003. The Permian fusulinoidean faunas of the Sibumasu and Baoshan blocks: their implications for the paleogeographic and paleoclimatologic reconstruction of the Cimmerian Continent. Palaeogeography, Palaeoclimatology, Palaeoecology, 193: 1~24.

Wang C, Ding L, Zhang L Y, et al. 2016. Petrogenesis of Middle-Late Triassic volcanic rocks from the Gangdese belt, southern Lhasa terrane: Implications for early subduction of Neo-Tethyan oceanic lithosphere. Lithos, 262: 320~333.

Wang C, Ding L, Zhang L Y, et al. 2019. Early Jurassic high-Mg andesites in the Quxu area, southern Lhasa terrane: Implications for magma evolution related to a slab rollback of the Neo-Tethyan Ocean. Geological Journal, 54: 2508~2524.

Wang Q, Wyman D A, Li Z X, et al. 2010. Eocene north-south trending dikes in central Tibet: New constraints on the timing of east-westextension with implications for early plateau uplift? Earth and Planetary Science Letters, 298: 205~216.

Wei D L, Xia B, Zhou G Q, et al. 2007. Geochemistry and Sr-Nd isotope characteristics of tonalites in Zetang, Tibet: New evidence for intra-Tethyan subduction. Science in China Series D: Earth Sciences, 50: 836~846.

Wen D R, Liu D Y, Chung S L, et al. 2008. Zircon SHRIMP U-Pb ages of the Gangdese Batholith and implications for Neotethyan subduction in southern Tibet. Chemical Geology, 252: 191~201.

Wu F Y, Jahn B M, Wilde S A, et al. 2003. Highly fractionated I-type granites in NE China(I): geochronology and petrogenesis. Lithos, 66: 241~273.

Wu F Y, Ji W Q, Liu C Z, et al. 2010. Detrital zircon U-Pb and Hf isotopic data from the Xigaze fore-arc basin: Constraints on Transhimalayan magmatic evolution in southern Tibet. Chemical Geology, 271: 13~25.

Wu G C, Ji Z S, Kolar-Jurkovšek T, et al. 2021. Early Triassic Pachycladina fauna newly found in the southern Lhasa Terrane of Tibet and its palaeogeographic implications. Palaeogeography, Palaeoclimatology, Palaeoecology, 562, 110030.

Xu W, Zhu D C, Wang Q, et al. 2019. Constructing the Early Mesozoic Gangdese Crust in Southern Tibet by Hornblende-dominated Magmatic Differentiation. Journal of Petrology, 60: 515~552.

Xu Z Q, Dilek Y, Cao H, et al. 2015. Paleo-Tethyan evolution of Tibet as recorded in the East Cimmerides and West Cathaysides. Journal of Asian Earth Sciences, 105: 320~337.

Zhang L L, Liu C Z, Wu F Y, et al. 2014. Zedong terrane revisited: An intra-oceanic arc within Neo-Tethys or a part of the Asian active continental margin? Journal of Asian Earth Sciences, 80: 34~55.

Zhang X R, Chung S L, Lai Y M, et al. 2019. A 6000-km-long Neo-Tethyan arc system with coherent magmatic flare-ups and lulls in South Asia. Geology, 47: 573~576.

Zhang Y C, Shi G R, Shen S Z. 2013. A review of Permian stratigraphy, palaeobiogeography and palaeogeography of the Qinghai–Tibet Plateau. Gondwana Research, 24: 55~76.

Zheng Y C, Hou Z Q, Li Q Y, et al. 2012. Origin of Late Oligocene adakitic intrusives in the southeastern Lhasa terrane: Evidence from in situ zircon U–Pb dating, Hf–O isotopes, and whole–rock geochemistry. Lithos, 148: 296~311.

Zhou X, Li Z H, Gerya T V, et al. 2018. Subduction initiation dynamics along a transform fault control trench curvature and ophiolite ages. Geology, 46: 607~610.

Zhou X M, Sun T, Shen W Z, et al. 2006. Petrogenesis of Mesozoic granitoids and volcanic rocks in South China: A response to tectonic evolution. Episodes, 29: 26~33.

Zhu D C, Wang Q, Chung S L, et al. 2019. Gangdese magmatism in southern Tibet and India–Asia convergence since 120 Ma in TRELOAR P J & SEARLE M P (eds) Himalayan Tectonics: A Modern Synthesis. Geological Society, London, Special Publications, 483: 583~604.

Zhu D C, Wang Q, Zhao Z D, et al. 2015. Magmatic record of India–Asia collision. Scientific reports, 5: 14289.

第二篇

喜马拉雅构造格架再造

第四章 特提斯喜马拉雅滑脱带

由于中新世以来广泛变形变质作用影响，喜马拉雅造山带早期的地壳缩短和造山过程并不清楚。近年来，我们在东喜马拉雅造山带中的特提斯褶皱-冲断带底部与高喜马拉雅的交界处发现一条大型缓倾韧性剪切带，将其定义为“特提斯喜马拉雅滑脱带”（Tethyan Himalayan Decollement，THD）。特提斯喜马拉雅滑脱带以 4 km 厚、上盘向南的剪切指向、巴罗-巴肯式变质作用和强烈的局部熔融为特征。来自 THD 的碎屑锆石的 U-Pb 年龄指示了 THD 的原岩为晚寒武世—早奥陶世，构造分析、锆石的 U-Pb 年龄、独居石的 U-Pb 年龄和云母的热年代学年龄表明，从 50～40 Ma 到 20～17 Ma，特提斯喜马拉雅经历了喜马拉雅早期持续的南北向地壳缩短阶段，THD 成为古新世—中新世的特提斯喜马拉雅与高喜马拉雅之间的向南剪切的滑脱构造带。从 20～17 Ma 开始，藏南拆离系由于受到喜马拉雅东部（比喜马拉雅中西部更年轻）的顶板坍塌而激活，并引发了北特提斯喜马拉雅片麻岩穹窿和 GHS 构造楔的快速折返。因此，下伏的 THD 成为 STD 的前身，并成为始新世至中新世早期 THS 淡色花岗质熔体的通道。从喜马拉雅早期古近纪 THD 控制的地壳增厚到喜马拉雅晚期中新世 STD 控制的挤压-伸展作用的转变，揭示了喜马拉雅新生代演化的一种新的综合构造楔模式。特提斯喜马拉雅滑脱带为喜马拉雅构造早期造山过程做出了贡献。

第一节 介 绍

目前，许多学者已经认同印度-亚洲大陆碰撞时限始于 60±5 Ma（Yin et al.，2000；Ding et al.，2005；Cai et al.，2011，2012；Ding et al.，2016；Hu et al.，2016），但是由于碰撞早期（古近纪）的变形记录在很大程度上被后来新的变形事件所叠加或抹去，因此中新世之前的藏南拆离系和主中央逆冲断层的早期演化依然了解较少（LeFort，1996；Hodges，2000；Yin，2006；Webb et al.，2011a，2017；Searle，2019；Hubbard et al.，2021；Soret et al.，2021）。一个关键问题是以始新世—渐新世巴罗型变质作用，随后是中新世巴肯型变质作用为特征的前中新世喜马拉雅造山过程的不确定性（Hodges 和 Silverberg，1988；Hodges et al.，1988）。

始新世—渐新世变质期曾被称为始喜马拉雅期，中新世及更年轻的变质期被称为新喜马拉雅期（Hodges et al.，1994；Hodges，2000）。最近的数值模拟将喜马拉雅造山事件与印度-亚洲大陆碰撞开始后的短暂海沟回撤过程联系起来（Kelley et al.，2022）。该模型预测，地幔物质沿着海沟突然回撤所形成的缺口上涌，导致印度北缘的地壳物质向南冲，形成了始喜马拉雅造山带。

始新世—渐新世的特提斯喜马拉雅褶皱-冲断带的薄皮构造发育表明，该冲断带沿特提斯喜马拉雅和高喜马拉雅的接触处可能有一条逆冲滑脱带（Ratschbacher et al.，1994；Wiesmayr et al.，2002；Murphy et al.，2003；Kellett et al.，2009；Kellett et al.，2019）。但有趣的是，THS 和 GHS 之间的接触带却是藏南拆离系，这是一个造山带尺度的构造，被许多人认为是一个上盘向北的正滑剪切带（Burg et al.，1984；Burchfiel et al.，1992；Yin，2006；Webb et al.，2007），这一矛盾从未在详细的实地研究中得到解决。在本研究中，我们通过喜马拉雅东部 THS-GHS 接触带的野外测绘、露头和薄片尺度的运动学指标分析、接触带的原岩和变形年龄测定等综合研究来解决这一问题。通过研究，我们在 THS-GHS 接触带内厘定出一条长达 60 km 的保留了一套上盘向南运动学指标的剪切带。温压计算、U-Pb 锆石定年、同构造的独居石 U-Th 定年以及 $^{40}Ar/^{39}Ar$ 热年代学数据表明，始新世—渐新世喜马拉雅造山带形成了上盘向南剪切的特提斯喜马拉雅滑脱带，该滑脱带被较年轻的上盘向北的剪切变形重新激活，导致中新世藏南拆离系的形成。

第二节　喜马拉雅地质背景

喜马拉雅造山带由4个主要的岩石构造单元组成，从北到南它们分别是特提斯喜马拉雅、高喜马拉雅、低喜马拉雅和次喜马拉雅单元，它们分别以4条造山带规模的剪切带（断层带）为边界，自北往南包括大反转逆冲断层、藏南拆离系、主中央逆冲断层、主边界逆冲断层和主前锋逆冲断层（见图0-8）（LeFort，1996；Hod-ges，2000；Yin，2006）。

特提斯喜马拉雅由新元古代至白垩纪的沉积岩和低级变质沉积岩组成，被始新世及更年轻的花岗岩侵入（Godin，2003；Lee et al.，2007；Aikman et al.，2008；Zeng et al.，2011；Hou et al.，2012）。高喜马拉雅主要由角闪岩-麻粒岩相岩石（0.8~1.5 GPa，650~800℃）（Le Fort，1996；Hodges，2000；Yin，2006；Guillot et al.，2008；Kellett et al.，2013；Zhang et al.，2018；Wu et al.，2022）和局部榴辉岩相岩石组成（Corrie et al.，2010；Kellett et al.，2014；Wang et al.，2017a；Ob-rien，2019）。GHS还包括一条24~10 Ma的淡色花岗带带（Xu et al.，2013；Searle，2019）。低喜马拉雅主要由元古宙千枚岩、大理岩、石英岩和火山碎屑岩组成，并局部伴有逆冲构造的正片麻岩（Upreti，1999；DeCelles et al.，2000；Yin，2006）。次喜马拉雅主要由古近系—新近系沉积岩组成（Yin，2006）。STD剪切带伴随有同构造的23~19 Ma淡色花岗岩（Yin，2006）和局部更古老的30~19 Ma变质构造（La Roche et al.，2016）。低温热年代学数据表明，喜马拉雅中部中新世中期沿STD运动（Schultz et al.，2017）。这一较年轻的冷却事件在沿Sutlej河的印度西北喜马拉雅地区似乎缺失（Vannay et al.，2004）。STD的运动终止于13~11 Ma（Webb et al.，2017）。虽然STD主要是上盘向北剪切的，但早期上盘向南的运动学指标的遗迹也有记录（Burg et al.，1984；Burchfiel et al.，1992；Patel et al.，1993；Vannay et al.，1996；Carosi et al.，1998；Godin et al.，2001；Grujic et al.，2002；Wiesmayr et al.，2002）。

特提斯喜马拉雅中的56~45 Ma的逆冲构造（Ratschbacher et al.，1994；Wiesmayr et al.，2002）早于45~10 Ma北喜马拉雅片麻岩穹窿核心的淡色花岗岩侵位（Burg et al.，1984；Hodges，2000；Lee et al.，2007；Zeng et al.，2011；Hou et al.，2012），这些构造以韧性剪切带为界，韧性剪切带环绕片麻岩穹窿，截断了特提斯喜马拉雅单元的褶皱-逆冲构造（Burchfield et al.，1992；Larso-net al.，2010）。

第三节　野外观察

一、东特提斯喜马拉雅构造单元

东特提斯喜马拉雅的洛扎-错那地区以向南陡倾的大反转逆冲断层与冈底斯弧隔开（Yin et al.，1999）（图4-1a），我们的野外调查主要沿着东特提斯喜马拉雅的两条近南北向道路：曲水-洛扎-拉康剖面（图4-1b）和泽当-亚多-错那东-错那剖面（图4-1c）进行。

东特提斯喜马拉雅地区自北而南可划分为3个构造单元：

单元（Ⅰ）为上三叠统的扇形褶皱-冲断体系，由南向北逆冲的GCT和北倾的隆子逆断层分别构成该单元的北界与南界（图4-1a）；沿着北界，出露长度达1000~2000 m的上三叠统砂岩、板岩和千枚岩，并含有大量外来玄武岩、辉长岩和大理岩块体，为印度河-雅鲁藏布江混杂岩带的东延。雅拉香波片麻岩穹窿出露在单元（Ⅰ）中。

单元（Ⅱ）由上三叠统砂岩、板岩和千枚岩，侏罗系的页岩夹砂岩、灰岩、砾岩、玄武岩及火山角砾岩，以及白垩系滑塌砾岩和泥岩夹层组成（图4-2）；该单元以发育铲式褶皱-逆冲断裂带为特征，表现为上部白垩系—上侏罗统的宽缓褶皱（图4-2b）、中部侏罗系中面理垂直的紧闭褶皱（图4-2c）

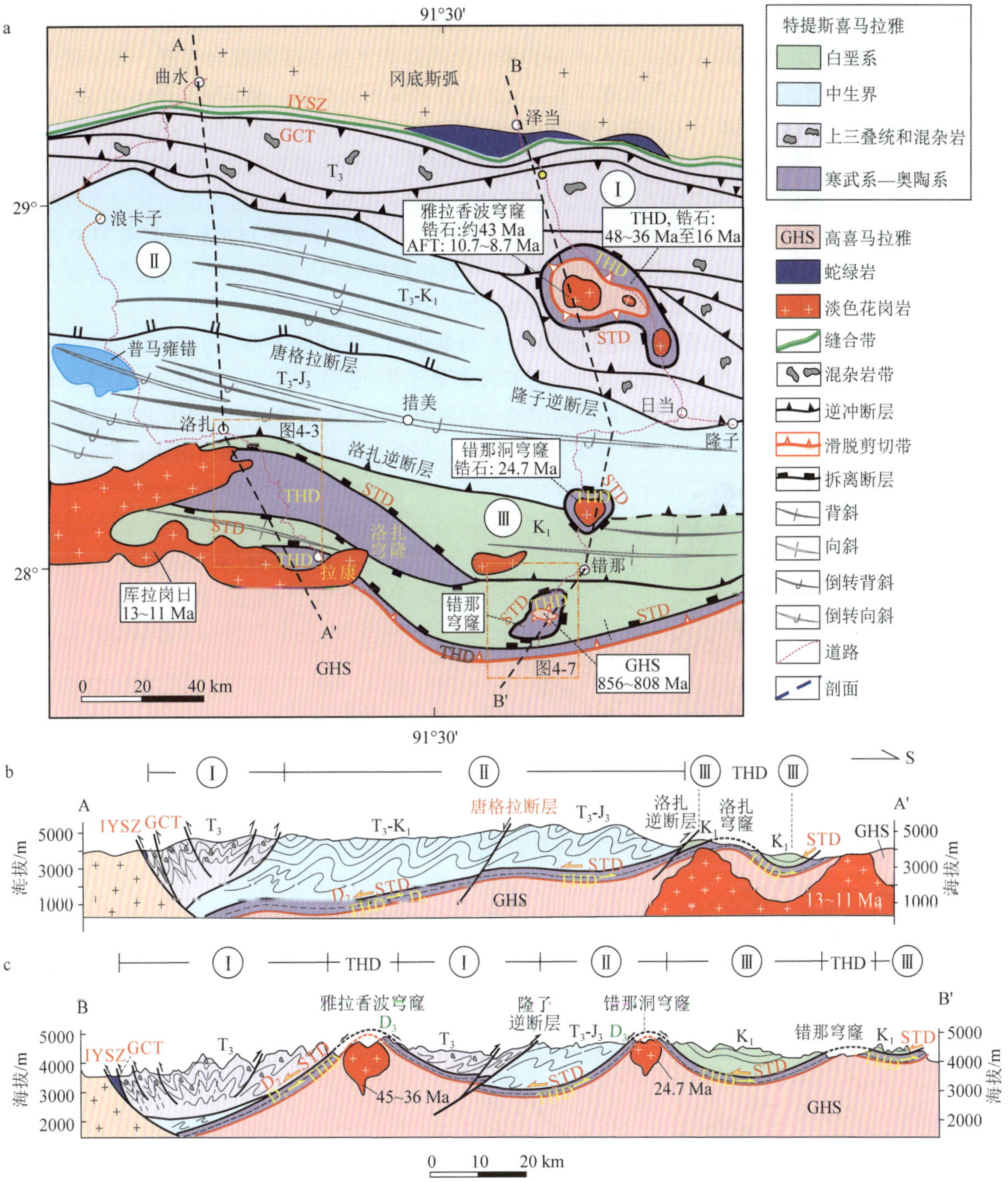

图 4-1　洛扎-错那地区地质图

（据 Zhong et al.，2004；Yin et al.，2005）

近南北向的曲水-洛扎-拉康剖面（b）和泽当-雅拉香波-错那洞-错那剖面（c）显示从北向南的3个构造单元：①由晚三叠世地层组成的向北倾斜的褶皱-逆冲带；②晚三叠世—早白垩世地层组成的向南倾伏的褶皱-逆冲带；③早白垩世地层，由强烈变形寒武纪—奥陶纪变质沉积岩和花岗片麻岩组成的上盘向南剪切的特提斯喜马拉雅滑脱带，被上盘向北剪切的藏南拆离系叠置。年龄数据来源：SHRIMP 锆石 U-Pb 年龄（Zeng et al.，2011），雅拉香波花岗岩磷灰石裂变径迹年龄（Li et al.，2015）；雅拉香波片麻岩穹窿幔部片岩的变质锆石 U-Pb 年龄（Zhang et al.，2012；Ding et al.，2016）；错那洞片麻岩穹窿的锆石 U-Pb 年龄（Xu et al.，2024）和库拉岗日花岗岩的独居石 Th-Pb 年龄（Edwards et al.，1997）。IYSZ—印度河-雅鲁藏布江缝合带；GCT—大反转逆冲断层和下部早侏罗世—晚三叠世地层中的轴面向南的倒转褶皱（轴面倾角约 30°）（图 4-2d）。近东西走向的、倾向北的唐格拉正断层将上盘白垩系砂岩和泥岩与下盘的侏罗系砂岩和黑色页岩分开（图 4-1）。

位于洛扎逆冲断层南部的单元（Ⅲ）由早白垩世黑色页岩夹少量碳酸盐岩组成。底部以下白垩统的中低级变质作用、南—北向拉伸线理和上盘向北的剪切作用为特征，被认作 STD 的标志，洛扎、错那和错那洞穹窿出露于该单元中。单元Ⅲ向南由正片麻岩和含矽线石-蓝晶石-石榴子石-黑云母片麻岩、含矽线石-石榴子石片麻岩、黑云母-石英片岩、红柱石-黑云母片岩、红柱石-黑云母片岩等巴罗/巴肯式变质岩组成，并以发育构造厚度约 4 km 的上盘向南的低角度韧性滑脱剪切带为特征，在这里我们定义其为特提斯喜马拉雅滑脱带（图 4-1，图 4-2）。锆石 U-Pb 年龄结果表明 THD 的原岩为寒武纪—早奥陶世（见本章第 6 节）。作为特提斯喜马拉雅褶皱-逆冲带的东西向延伸的基底滑脱剪切带，显示了强烈的变形、高级变质和局部熔融（图 4-1a）。

东特提斯喜马拉雅的构造剖面图（图 4-1b、c）清楚表明了上述的关系。在Ⅲ单元之下的 THD，呈现了 3 个穹窿构造样式：西部的洛扎穹窿、东部的错那穹窿和错那洞穹窿，并被 13~11 Ma 的拉轨岗日淡色花岗岩侵位。研究表明，作为特提斯褶皱-逆冲带底部的滑脱剪切带，THD 可以从洛扎向东不连续追踪 150 km 至错那（图 4-1）。沿着西部的曲水-洛扎-拉康剖面，THD 出露在洛扎县以南，

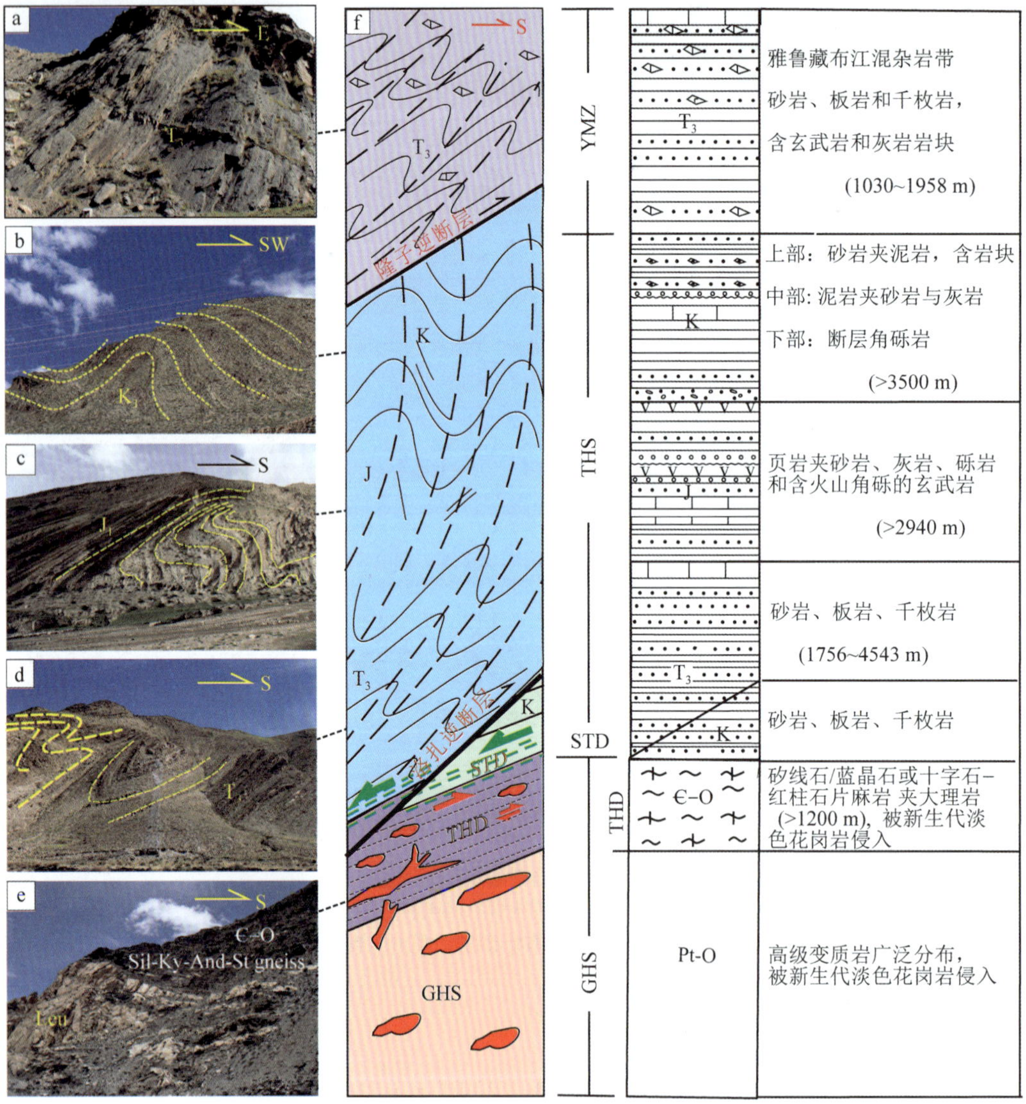

图 4-2　藏南洛扎-错那地区的露头照片（a~e）和构造岩性柱（f）

a—在隆子北西向北倾斜的叠置逆冲岩片；b—浪卡子以东褶皱的晚白垩世地层；c—褶皱的早侏罗世地层；d—普玛雍湖以东晚三叠世的向北缓倾的倒转褶皱；e—洛扎县以南 THD 中矽线石-石榴子石-黑云母片麻岩和淡色花岗岩脉（Leu）

被早白垩世地层覆盖，被拉轨岗日花岗岩侵位（图4-1b）；沿着东部的泽当-雅拉香波-错那洞-错那构造剖面，可见THD从错那以南向北延伸60 km，同样显示一条通过错那洞和雅拉香波片麻岩穹窿的上盘向南剪切的剪切带，后为STD叠置。

二、特提斯喜马拉雅滑脱带的厘定

（1）洛扎地区

沿着NW—SE向的曲水-洛扎-拉康剖面（图4-1中AA′，图4-3）的南段（洛扎-拉康段），位

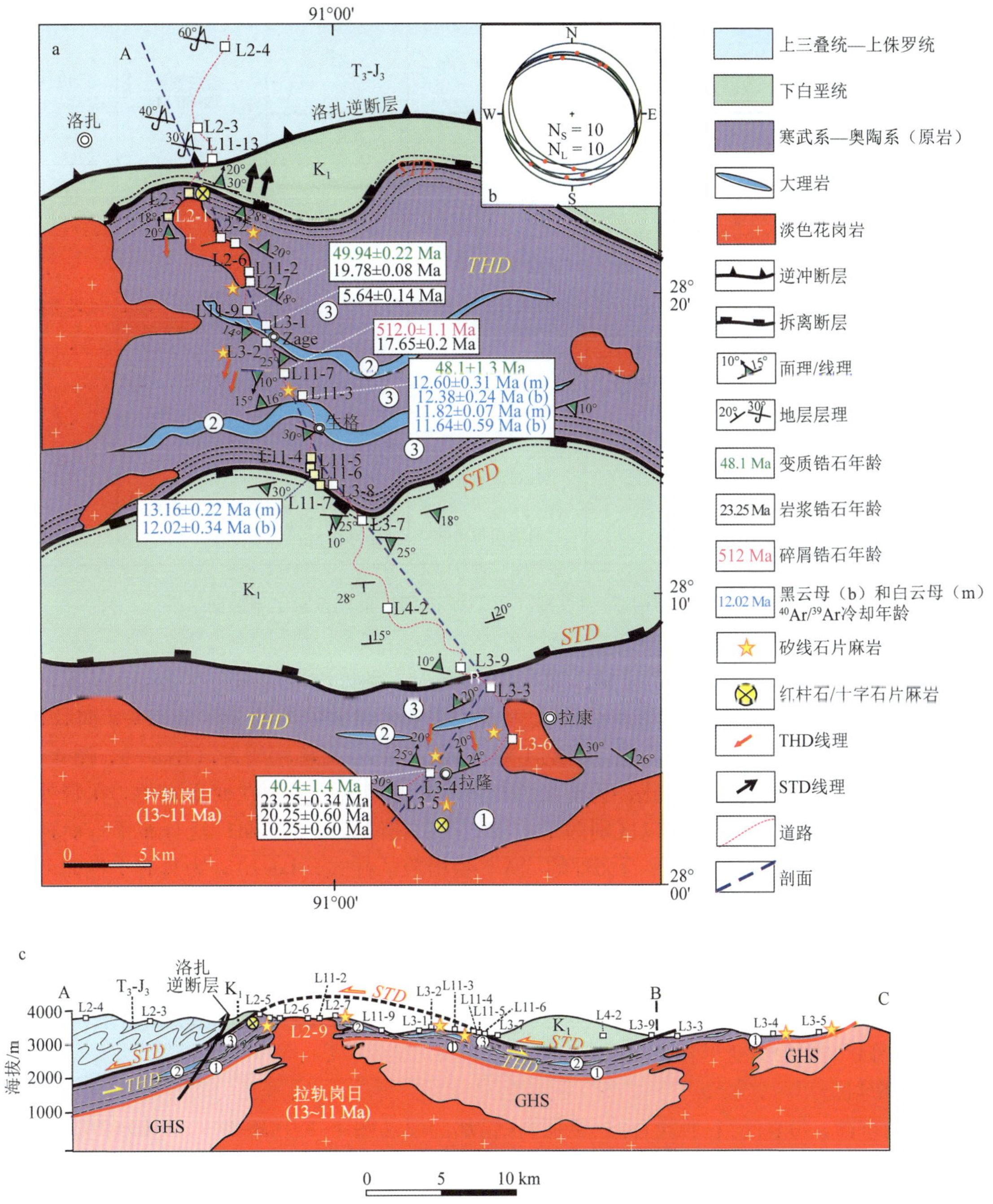

图4-3　洛扎地区地质简图（a）（据Zhong et al.，2004，有修改）及构造剖面图（c）

右上角显示THD中面理与线理的产状（Ns和N_L）在下半球的赤平投影（b）；来自本次研究样品的锆石U-Pb年龄和$^{40}Ar/^{39}Ar$的云母年龄给出不同颜色。数字表示在Ⅲb单元中不同岩性：①矽线石-石榴子石-黑云母片麻岩含有下部少量石榴子石-白云母-黑云母片岩；②中部大理岩夹石榴子石片岩；③上部石榴子石-二云母片麻岩和十字石-红柱石-石榴子石片岩

于Ⅲ单元之下的THD由早古生代变质地层组成，呈现开阔的背形和向形构造样式（图4-3b）。在洛扎地区的THD以强烈变形、高级变质作用和局部熔融为特征，并被拉轨岗日花岗岩（13~11 Ma）所侵位（图4-3）。THD由3个构造-岩石单元组成：下部为含矽线石-蓝晶石-石榴子石-黑云母的斜长片麻岩夹少量石榴子石-黑云母-石英片岩；中部为大理岩和石榴子石-黑云母-石英片岩，上部为含石榴子石-白云母-黑云母的斜长片麻岩（图4-3a、b和图4-4）。

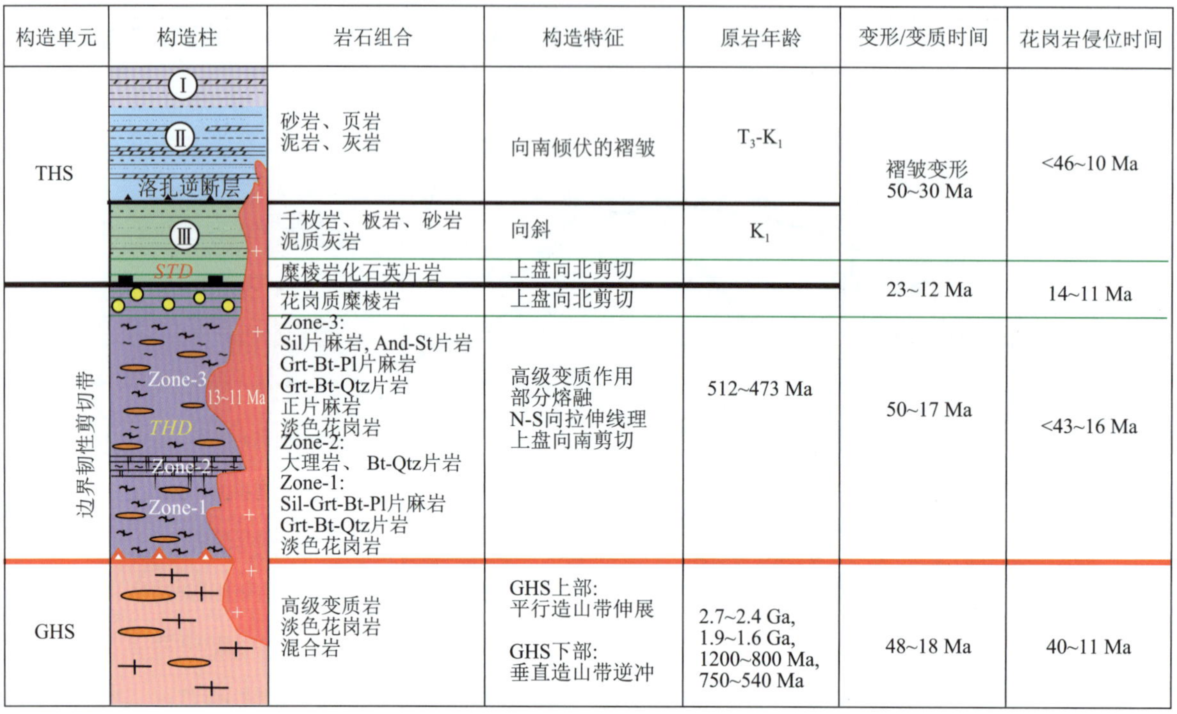

图4-4 洛扎地区的构造-岩性柱（含THS和GHS的同位素定年数据结果）

洛扎地区的野外露头和显微构造分析，确定THD是以一条以简单剪切为主要变形机制的上盘向南剪切的滑脱剪切带。如在片麻岩、片岩和大理岩中普遍发育渗透性面理、近S—N向拉伸线理、"σ"型的长英质布丁、S/C构造、石榴子石的不对称压力影和不对称褶皱等（图4-5，图4-6）。在THD中普遍发育局部熔融和混合岩化，大量淡色花岗岩岩席和岩墙侵位在变质岩中。在野外根据它们的变形程度和与围岩切割关系可以区别两个阶段的淡色花岗岩脉：早期广泛分布平行面理的变形的、以条带状、构造布丁状和轴面平行面理的"A"型褶皱的样式（Leu1），为具有上盘向南剪切的同构造淡色花岗岩脉；晚期以切穿面理的、不规则和未变形的淡色花岗岩岩墙（Leu2）及切割早期淡色花岗岩脉（Leu1）为特征（图4-5）。早期的淡色花岗岩出现在矽线石-石榴子石-黑云母片麻岩和片岩中，残留的矽线石-石榴子石-黑云母片麻岩可以作为包体，保存在淡色花岗岩中并强烈变形，表明这些淡色花岗岩脉是同构造的（图4-5）。强烈变形的淡色花岗岩可追索到切割周围矽线石-石榴子石-黑云母片麻岩的弱变形岩墙（图4-2c）。

（2）错那地区

在洛扎的东面，沿着泽当-雅拉香波-错那洞-错那剖面（图4-1中B-B′），THD作为错那穹窿、错那洞穹窿和雅拉香波片麻岩穹窿的上覆剪切带产出。在错那穹窿中的THD由Sil-Grt片麻岩、花岗片麻岩和无大理岩夹层的石榴子石-黑云母片岩组成。THD和下伏GHS的界限出露在错那麻玛-斯木乡之间，呈E—W向椭圆形的GHS（长15 km×宽20 km）由花岗片麻岩组成，其结晶年龄为856~808 Ma，变质年龄为约31 Ma（Ding et al.，2016；Ding et al.，2016；Wang et al.，2017b）。Ji et al.（2021）在麻玛村北面发现THD中的矽线石-蓝晶石片麻岩经历了从41~30 Ma的中地温梯度的巴罗式变质作用到26~15 Ma的高地温梯度的巴肯式变质作用。与洛扎一样，错那地区的THD是以缓倾

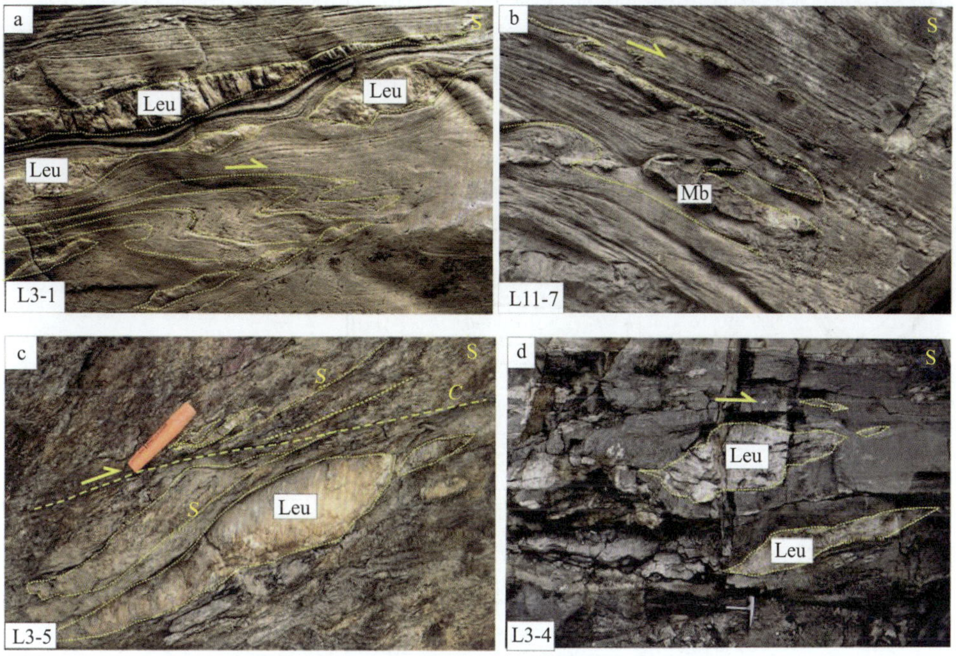

图 4-5 在洛扎地区特提斯喜马拉雅滑脱剪切带的野外露头观察

a—具有同构造淡色花岗岩脉（Leu）和不对称褶皱的矽线石-石榴子石-黑云母片麻岩，指示上盘向南的剪切；b—在大理岩中不对称褶皱指示上盘向南的剪切指向；c—具有平行周围矽线石-石榴子石-黑云母片麻岩面理和 S/C 构造的同构造淡色花岗岩布丁（Leu）显示了上盘向南的剪切指向；d—雁列状淡色花岗岩岩脉侵入在矽线石-石榴子石-黑云母片麻岩面理中

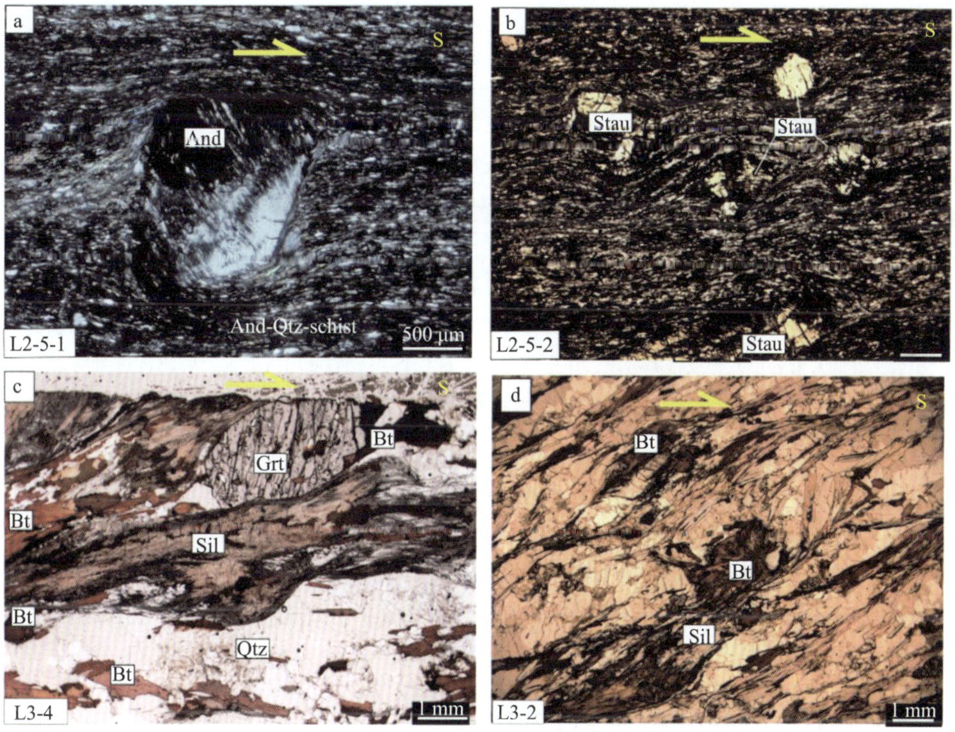

图 4-6 洛扎地区 THD 中变质沉积岩的显微构造

a～c—矽线石-红柱石-石榴子石-黑云母片麻岩中的红柱石、十字石和石榴子石碎斑体系；d—在矽线石-黑云母石英片岩中“σ”型的云母鱼和 S/C 构造显示上盘向南的剪切指向

(<30°)的面理和近南北向拉伸线理为特征(图 4-7a、b),在麻玛乡的南面 THD 和 GHS 显示了向北倾的面理,在 THD 的底部寒武纪—奥陶纪矽线石-石榴子石-黑云母片麻岩和糜棱岩中的拉伸线理倾向 NE,但是在 GHS 上部新元古代花岗片麻岩中拉伸线里转变为 ENE 方向(图 4-7),因而,我们将麻玛-斯木乡之间的 GHS 解释为 THD 中的构造窗。

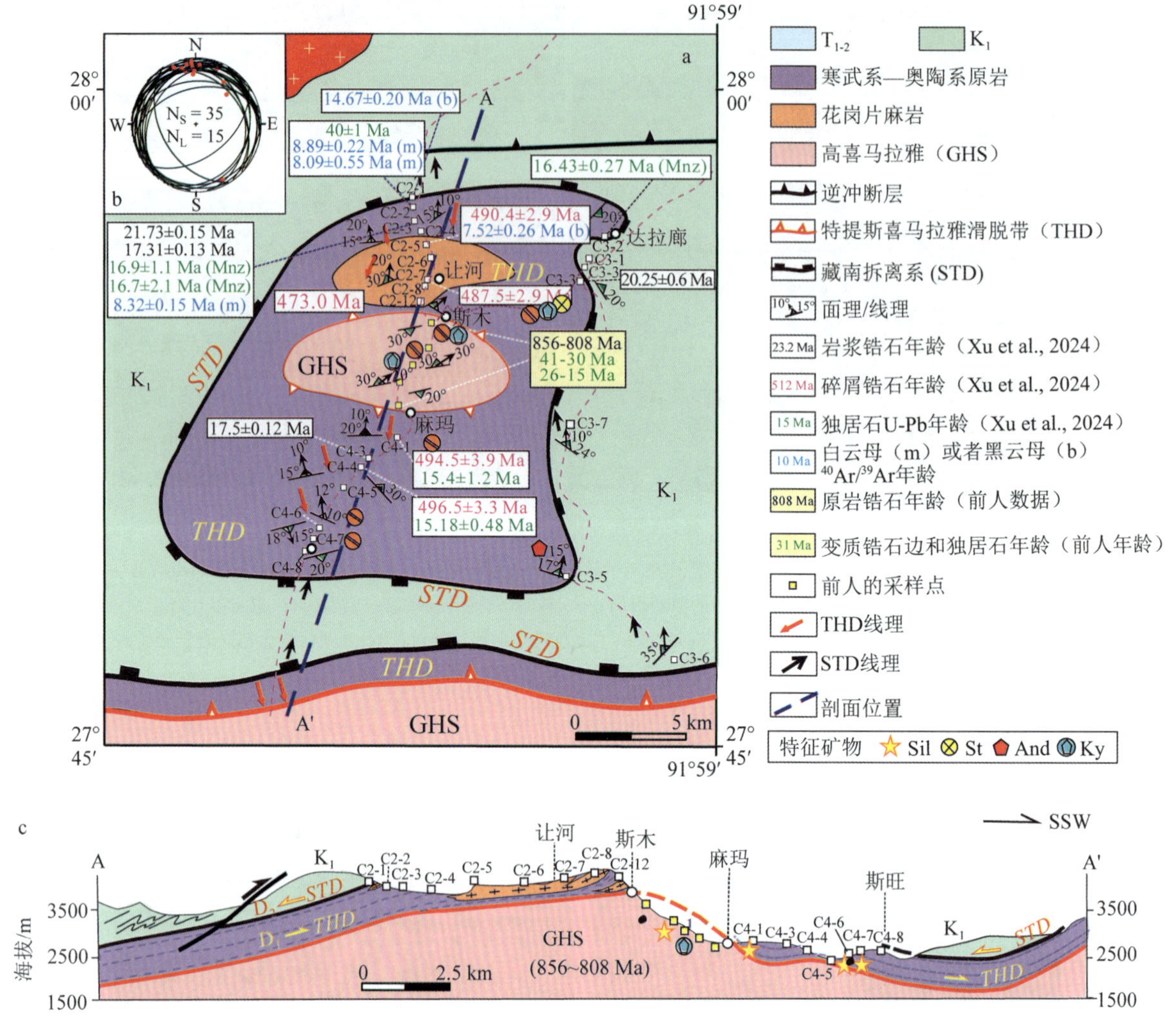

图 4-7 错那地区地质图(a)(据 Zhong et al.,2004,有修改)及构造剖面图(c)

THD 的面理和线理测量数据表现在下半球赤平投影的 Ns 和 N_L 中(b)。a 揭示早白垩世地层(K_1)下部代表 THD 的早古生代变质岩夹花岗片麻岩单元构成错那穹窿,在穹窿中部出露 GHS 组成的麻玛构造窗,麻玛构造窗的锆石年龄置在黄色框架中,显示原岩锆石 U-Pb 年龄(Ding et al.,2016;Wang et al.,2017b)、变质锆石边部的 U-Pb 年龄和两期变质减压的独居石 U-Th-Pb 年龄(Ji et al.,2021)。a 和 c 揭示位于 K_1 底部的向北剪切的 STD 叠置在向南剪切的 THD 之上

和洛扎地区的 THD 相似,在错那的矽线石-石榴子石-黑云母片麻岩中也包含大量平行面理的同构造淡色花岗岩岩床和布丁构造,并具有上盘向南的剪切指向(图 4-8),这一重要的剪切指向为沿剖面岩石中的显微构造,如矽线石-石榴子石-黑云母片麻岩中石榴子石斑晶周围的不对称压力影和 S/C 组构所确定(图 4-9)。

三、THS-GHS 边界的断层运动学

洛扎-错那地区的具有 0.5~1 km 厚的藏南拆离系出露在 THS-GHS 边界早白垩世地层底部(图 4-3 和图 4-7),由含有黑云母、白云母、绿泥石和石榴子石的糜棱岩化片岩和千枚岩组成(图 4-10)。STD 具有缓倾面理(10°~20°)南北向拉伸线理,观察点 L2-1,L2-5,L11-5,L11-6 和 C2-1

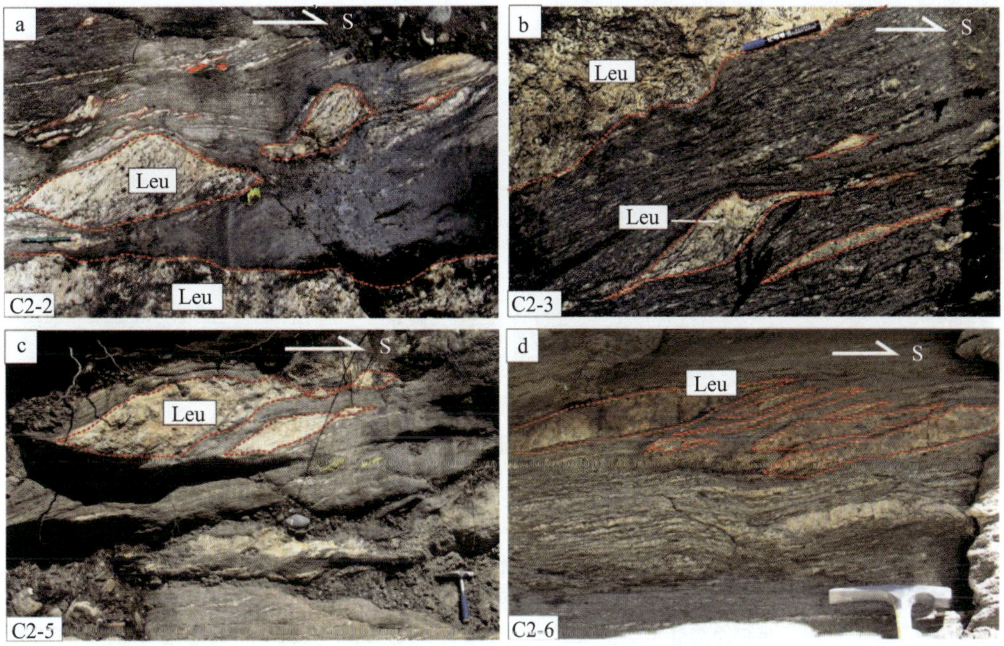

图 4-8　错那地区 THD 中的显微构造

平行矽线石-石榴子石-黑云母片麻岩面理的同构造淡色花岗岩脉（Leu）
呈不对称雁列状布丁构造，指示上盘向南的剪切指向

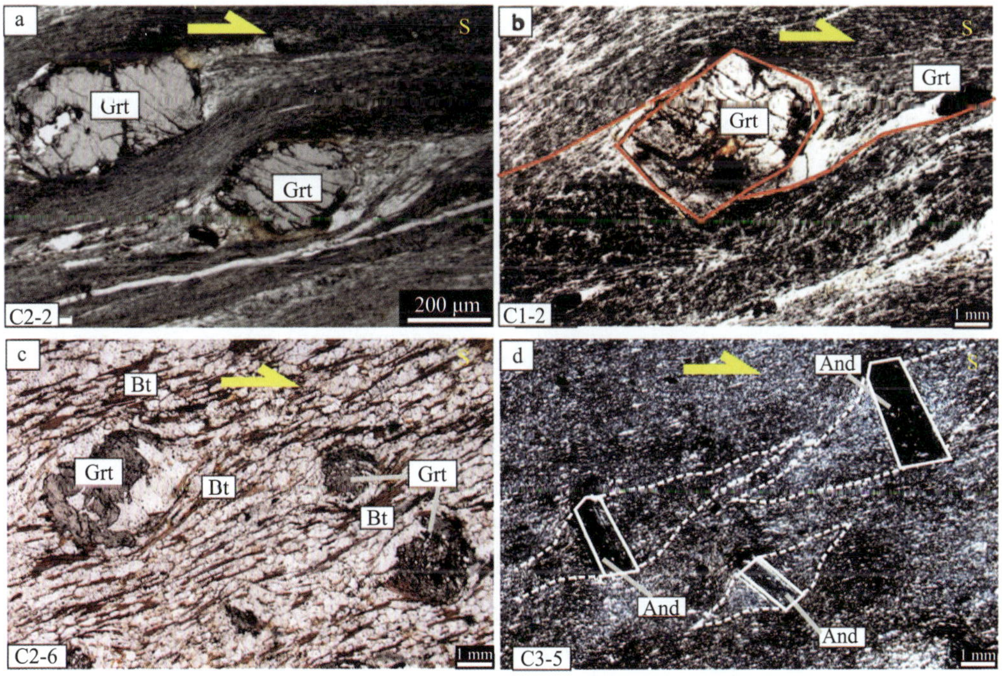

图 4-9　错那地区 THD 中矽线石-石榴子石-黑云母片麻岩的微观照片

不对称石榴子石和红柱石压力影和 S/C 构造指示上盘向南剪切指向

显示，露头上不对称褶皱（图 4-10b）、“σ”型和雁列式石英透镜体和 S/C 组构（图 4-10c~e），以及显微构造中石榴子石的不对称压力影（图 4-10g）、多米诺结构（图 4-10f）和云母鱼（图 4-10h）特征，可以判断 STD 具有上盘向北的剪切指向。

图 4-10　洛扎地区 STD 的野外（a~c）和显微构造（d~h）特征

a—向北缓倾的 STD 分割了早白垩世板岩和千枚岩与下伏的 THD；b—在 THD 上部石榴子石-黑云母-石英片岩的不对称褶皱显示上盘向北的剪切指向；c—在早白垩世板岩和千枚岩中雁列状的石英脉；d—在早白垩世黑云母-石英片岩中的“σ”型石英脉；e—在早白垩世黑云母-石英千枚岩中 S/C 组构；f—在 THD 顶部黑云母-石英片岩中的多米诺构造；g—在 THD 顶部石榴子石-黑云母片岩中石榴子石不对称压力影；h—二云母花岗质糜棱岩中的云母鱼。样品位置见图 4-3

同时发现，上盘向北剪切的 STD 叠置在上盘向南剪切的 THD 上部花岗质糜棱岩中（观察点 L11-4，L11-5，L11-6）（图 4-10a），揭示了 STD 和 THD 的关系。另外，在 STD 中包含大量的变形和不变形的石英脉，与 THD 中含大量花岗质脉完全不同，表明 STD 是在 THD 的抬升过程中形成的。

第四节　石英组构

石英的晶格优选定向已经广泛运用在韧性剪切带的变形条件中（Passchier et al.，2005；Xu et al.，2013）。这里我们从错那地区的 THD 中选择了 6 个糜棱岩化 Sil-Grt-Bt 片麻岩样品（图 4-7），在这些样品中石英的体积分数超过 30%，面理是通过定向的矽线石和黑云母确定，拉伸线理通过条带状石英或斜长石的拉伸方向而决定。大量动态恢复和重结晶特征，譬如石英和长石的不规则颗粒边界、条带状石英，平行线理拉长的矽线石，都表明韧性变形在高温下进行。石英的 CPO 在中国地质科学院地质研究所运用电子背散射衍射技术在透射电子显微镜 JEOL JSM-5610LV 进行。薄片平行于 *XY* 面和垂直 *Z* 轴，并使用粒径为 500 nm 的硅胶悬浮液仔细抛光 1~5 小时。将薄片以 70°倾斜角放入样品舱，在 20 kV 的加速电压和 17~18 mm 的工作距离下自动扫描，扫描步长为 20 μm。用 CHAN-

NEL5 软件对衍射图样进行了识别，用 Mainprice（1990）程序绘制极图，表明石英经历了高温 c-滑移和中温柱面滑移系｛m｝[a] 为主控滑移系的位错蠕变。

样品 C2-2-5，C2-2-6 和 C2-5-1 采自位于错那穹窿北部的 THD 中（图 4-7），石英的极密图表明石英组构具有不对称和多个位错滑移系，以及上盘向南的剪切指向（图 4-11）。样品 C2-2-5 的石英 c 轴在 *Y* 向附近出现最大的极密，c 轴的次级极密则近垂直于面理。结合石英 a 轴的排列，前者对应于中温柱面滑移系｛m｝[a]，而后者反映叠加了低温（<350℃）底面滑移系（0001）<a>。样品 C2-2-6 的石英 LPO 也显示出 c 轴的最大极密靠近 *Y* 方向，但 c 轴的次级极密与线理近平行，具有上盘向南的剪切。

样品 C2-5-1 中的石英 c 轴出现了两个不对称的最大极密：一个与线理近平行，另一个近垂直于面理，反映了底面低温 a-滑移叠加在高温 c-滑移之上。这些样品中柱面 c 滑移占优势的特征意味着形成在 *T*>650℃ 的变形条件（Mainprice et al.，1986）。c-滑移与滑移系｛m｝[a] 及（0001）<a>的共存表明，在自北向南的剪切过程中，THD 从高温到低温的变形过程的长期性。

样品 C4-1-6、C4-6-2 和 C4-6-3 采集于错那穹窿的南部的 THD 中（图 4-7）。这些样品中石英的不对称 CPO 的特征表现为 c 轴的极密接近 *X* 轴（图 4-11），表明 THD 在上盘向南剪切期间高温 c 滑移系被激活。因此，与露头和薄片上的观察结果一致，矽线石-石榴子石-黑云母片麻岩的石英组构记录了 THD 从高温到中温、并持续到低温的上盘向南剪切状态（例如样品 C2-5-1）（图 4-11）。

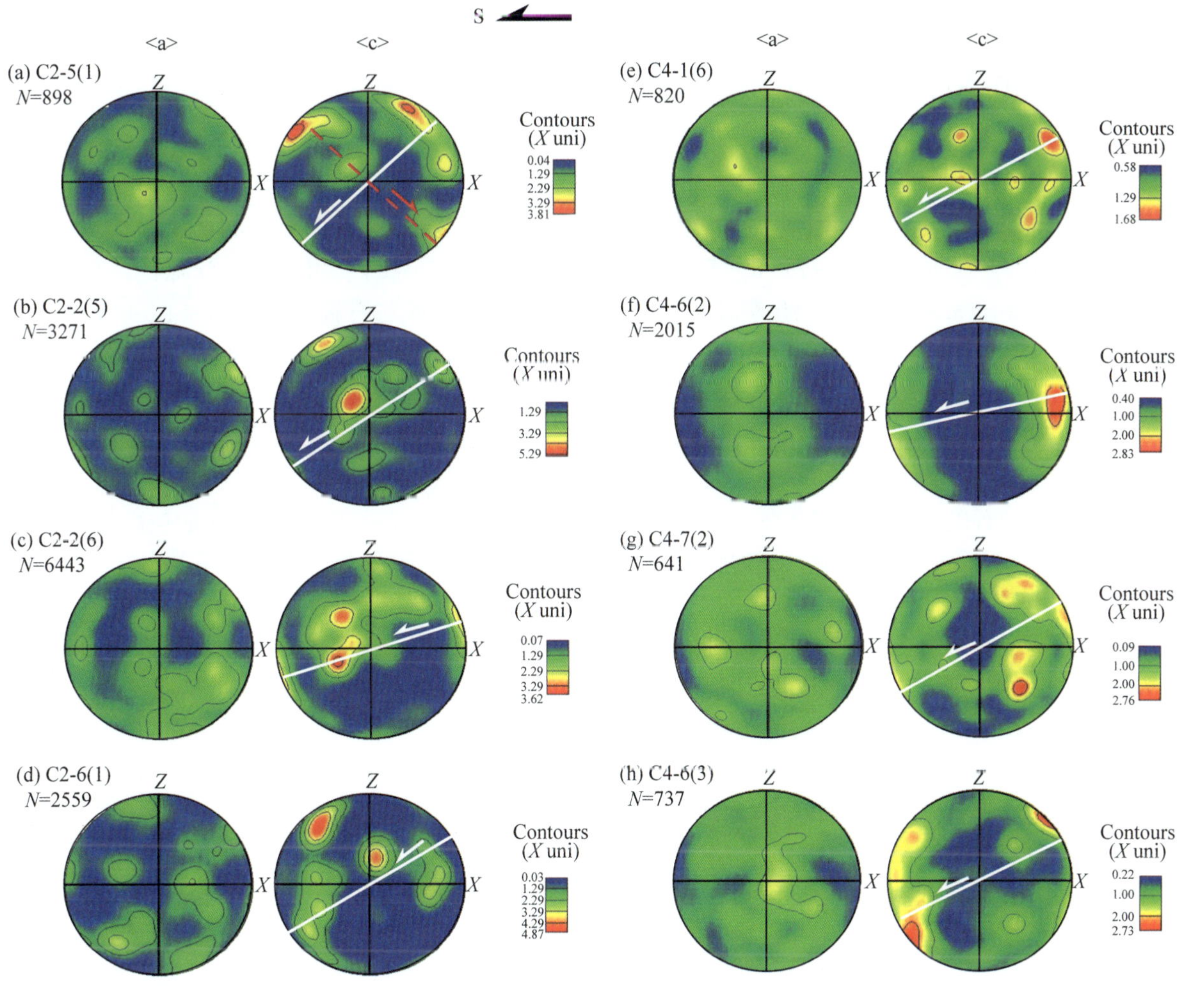

图 4-11 沿错那地区让河-麻妈剖面的 THD 糜棱岩化含矽线石片麻岩中石英的 EBSD 组构图

下半球等面积投影，绘制了均匀分布倍数的等值线。构造方向：*X*—平行于线理；*Z*—垂直于面理；*N*—测量的数量。白线和白色箭头分别表示推断的滑动面和剪切指向

第五节　THD 变质岩的 $P-T$ 条件

一、分析方法

利用中国地质科学院地质研究所的 JEOL JXA-8100 电子探针对矿物化学成分进行了分析。加速电压为 15 kV，电子束电流为 20 nA，除云母（5 μm）外，所有矿物束斑直径为 2 μm。大多数分析元素的元素计数和背景计数时间分别为 10 s 和 5 s。使用 ZAF 方法校正。主要元素的分析误差小于 3%。

石榴子石角闪岩在 MnNCKFMASHTO 体系中的 $P-T$ 相图剖面计算使用 GeoPS v3.2（Xiang et al.，2022）和 Holland et al.（2011）内部一致热力学数据库的更新版本（数据库 HP62）。其中石榴子石、斜方辉石、绿泥石、黑云母、钛铁矿和熔体的成分计算使用 White et al.（2014）的固溶体模型，绿帘石的计算使用 Holland et al.（2011）的固溶体模型，长石的计算使用 Holland et al.（2022）的固溶体模型。利用电子探针（EPMA）X 射线定量扫描分析得到的有效全岩化学组成，计算了 $MnO-Na_2O-CaO-K_2O-FeO-MgO-Al_2O_3-SiO_2-H_2O-TiO_2-O_2$ 体系的 $P-T$ 相图剖面。

矿物的化学成分通过 JEOL JXA-8100 电子探针在中国地质科学院地质研究所进行。操作条件为加速电压 15 kV，电子束电流 20 nA，除分析云母时使用的束斑直径为 5 μm 外，其余矿物分析时的束斑直径均为 2 μm。大部分分析元素的元素和背景计数时间分别为 10 s 和 5 s。使用 JEOL 提供的氧化-ZAF 校正程序回归数据。主要元素含量的分析误差通常小于 3%。

二、岩相学

错那地区 Sil/Ky-Grt-Bt 片麻岩的显微照片显示出一种带有斑状变晶结构，主要由钾长石（10%）、斜长石（25%）、石榴子石（10%）、石英（35%）和黑云母（约 15%）、矽线石（3%）、钛铁矿（1%）、蓝晶石（<1%）组成，副矿物为锆石和磷灰石。石榴子石以变斑晶形式存在，晶粒尺寸为 1~2 mm，含有部分 Qz+Bt+Pl+Ky+Rt+Ilm 包裹体（图 4-12a~c）。黑云母呈深棕色、半自形片状，粒度为 0.2~1 mm。蓝晶石以包裹体形式出现在石榴子石中或与石榴子石共生（图 4-12a、c），矽线石只存在基质中。由 Grt+Kf+Pl+Bt+Ky+Qz+Ilm+Rt 组成的矿物组合代表了峰期变质作用，而 Grt+Kf+Pl+Bt+Sil+Qz+Ilm 矿物组合代表高温退变质作用。

样品 C4-6 的 Sil-Grt-Bt 片麻岩主要由钾长石（8%）、斜长石（20%）、石榴子石（约 12%）、石英（约 30%）、白云母（约 3%）、黑云母（约 25%）、矽线石（2%）和副矿物钛铁矿、锆石、磷灰石组成。石榴子石以变斑晶形式存在，晶粒大小为 1~2 mm，含有一些 Qz+Bt+Pl+Ilm 包裹体（图 4-12d、e）；部分石榴子石颗粒的边部被黑云母+斜长石所取代。黑云母呈深棕色，呈半自形，粒度为 0.2~1 mm，部分黑云母被白云母所取代。原生矿物组合为 Grt+Kf+Pl+Sil+Bt+Ilm，记录麻粒岩相变质作用。弱的退变质作用叠置在麻粒岩相变质作用之上，导致部分黑云母被白云母所取代。Grt+Kf+Pl+Sil+Bt+Ms+Ilm 矿物组合代表角闪岩相退变质作用。

样品 C2-2 的 Grt-Ms-Bt 片岩为中粒鳞片变晶结构，含有钾长石（5%）、斜长石（10%）、石榴子石（10%）、石英（25%）、白云石（约 18%）、黑云母（约 30%）、矽线石（2%）和副矿物钛铁矿（图 4-12f），矽线石具有形状优选定向。早期高温变质矿物组合为 Grt+Pl+Kf+Sil+Bt+Qz，退变质矿物组合为 Grt+Pl+Sil+Ms+Bt+Qz。

三、矿物化学

（1）石榴子石

分析了矽线石带的 C4-7、C4-6 和 C2-2 样品中石榴子石的 3 条化学剖面，所分析的石榴子石颗粒组成相对均匀，含较低的锰铝榴石、钙铁榴石和镁铝榴石（图 4-12g~i）。C4-7 样品中石榴子石的组成为 $Alm_{73-78}Grs_{03-05}Pr_{p13-19}Sps_{03-06}$，C4-6 样品中石榴子石的组成为 $Alm_{62-72}Grs_{06-08}Prp_{15-22}Sps_{06-07}$，

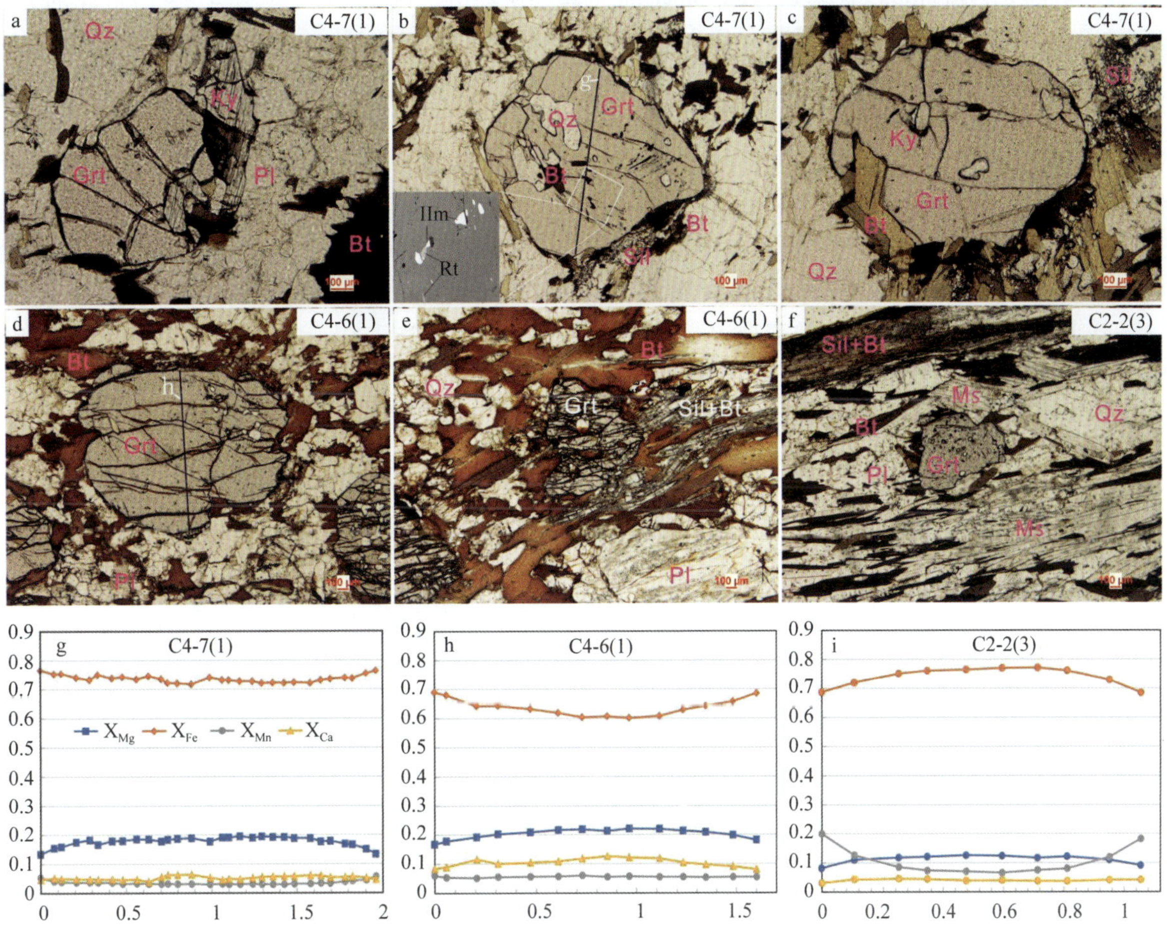

图 4-12 错那地区 THD 片麻岩和片岩的显微照片和组成剖面

C2-2 样品中石榴子石的组成为 $Alm_{60-77}Grs_{03-01}Prp_{08-13}Sps_{07-20}$。所有样品中大部分石榴子石边缘的 Ca、Fe、Mg 和 Mn 含量都有一定的变化（图 4-12g~i）。从幔部到边缘，Mg 含量减少，Fe 和 Mn 含量增加，表明石榴子石颗粒在冷却过程中存在再平衡导致的成分环带或元素扩散。

（2）云母

石榴子石中的黑云母包裹体中具有高 $Mg^{\#}$值（$Mg^{2+}/(Mg^{2+}+Fe^{2+})$ 为 0.50），TiO_2 含量为 4.50%~4.61%，高于基质中粗粒黑云母的 $Mg^{\#}$（0.41~0.43）和 TiO_2（3.67%~3.86%）的含量。C4-6 样品中黑云母的 $Mg^{\#}$为 0.47，TiO_2 含量为 4.0%，细粒黑云母的 $Mg^{\#}$为 0.59，TiO_2 含量为 1.87%。C2-2 样品中的黑云母颗粒 $Mg^{\#}$值较低，为 0.37~0.38，TiO_2 含量为 2.62%~3.20%。C4-6 样品中的白云母颗粒 FeO 含量为 2.45%~2.67%，高于 C2-2 样品中的 0.67%~0.95%。

（3）长石

在 Sil/Ky-Grt-Bt 片麻岩样品 C4-7 中的斜长石属于奥长石类，其 X_{An}（Ca/(Ca+Na+K)）值为 0.22~0.23。在 Sil-Grt-Bt 片麻岩样品 C4-6 中，基质中粗粒斜长石的 X_{An} 值为 0.23~0.30，较小晶粒的 X_{An} 值较高，为 0.37。在样品 C2-2 的 Grt-Ms-Bt 片岩的斜长石属于奥长石类，X_{An} 值为 0.23~0.24。所有样品中钾长石的组成均为 $Or_{81-88}Ab_{19-12}$。

四、Sil/Ky-Grt-Bt 片麻岩的 *P-T* 相图剖面

（1）Sil-Grt-Bt 片麻岩的 *P-T* 相图剖面（样品 C4-7（1））

样品 C4-7（1）的 *P-T* 相图剖面是在 2~12 kbar 和 550~900℃的 *P-T* 范围内计算的（图 4-13a）。

图中观察到的 Grt+Bt+Kf+Pl+Qz+Ilm+Ky/Sil+melt 的峰期矿物组合在 725～820℃和 4.7～10 kbar 的 $P-T$ 范围内是稳定的。早期的含 Ky 的矿物组合 Grt+Bt+Kf+Pl+Qz+Ilm+Rt+Ky+melt 在 760～795℃和 9.3～11.0 kbar 范围内稳定（图 4-13a）。石榴子石核部 $X_{Ca}=0.05$ 的等值线也在蓝晶石稳定域中绘制，表明峰值压力为 10～10.8 kbar（图 4-13b）。在 Grt+Bt±Kf+Pl+Qz+Ilm+Ky/Sil+melt（熔体）稳定域中，石榴子石的 X_{Mg} 等值线几乎垂直于温度坐标轴。而石榴子石核部 $X_{Mg}=0.21$ 等值线反映了 745～765℃的温度，略低于 Grt+Bt+Kf+Pl+Qz+Ilm+Rt+Ky+melt 稳定域的温度。石榴子石核部的 X_{Mg} 等值线的温度代表峰期温度的下限，这可能是由于冷却过程中 Fe-Mg 重新平衡或在石榴子石晶粒中的扩散。在 Grt+Bt+Kf+Pl+Qz+Ilm+Sil+melt 的稳定域内，6.5～7.3 kbar 和 720～730℃的石榴子石边缘的 X_{Mg} 为 0.13～0.15，X_{Ca} 为 0.03，代表退变质 $P-T$ 条件。因此，样品 C4-7（1）具有从 760～795℃和 10～10.8 kbar 到 720～730℃和 6.5～7.3 kbar 的减压冷却轨迹。

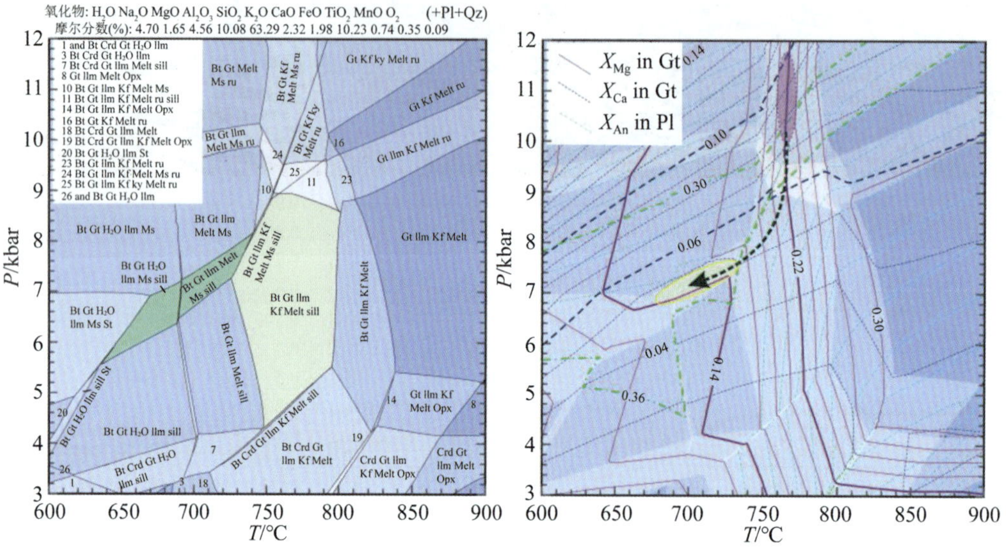

图 4-13 Sil/Ky-Grt-Bt 片麻岩 C4-7（1）构建的 $P-T$ 相图剖面

Sil—矽线石；Grt—石榴子石；Bt—黑云母；Ms—白云母；Pl—斜长石；Qz—石英；Ilm—钛铁矿；melt—熔体；Ky—蓝晶石

（2）Sil-Grt-Bt 片麻岩的 $P-T$ 相图剖面（样品 C4-6（1））

样品 C4-6（1）的 $P-T$ 相图剖面是在 3～12 kbar 和 600～900℃的 $P-T$ 范围内计算的（图 4-14a）。图中 Grt+Bt+Ms+Pl+Qz+Sill+Ilm±melt 的退变质矿物组合在 637～740℃和 5.5～8.1 kbar 稳定，早期含 Kf 组合在 725℃以上稳定。计算了石榴子石中 X_{Ca} 和 X_{Mg} 的等值线（图 4-14b）：石榴子石核部 $X_{Mg}=0.22$ 的等值线在>4.5 kbar 和 765～780℃范围内几乎垂直于温度坐标轴。石榴子石核部 $X_{Mg}=0.22$ 和 $X_{Ca}=0.08～0.11$ 的等值线在约 765℃和 10.5～11.7 kbar 条件下与 Grt+Bt+Kf+Pl+Qz+Rt+melt 域相交。石榴子石核部的成分可能记录了一些关于峰期变质条件的信息。样品在 682～732℃和 7.0～7.6 kbar 的温压条件下观察到的组合 Grt+Bt+Ms+Pl+Qz+Sill+Ilm±melt 的稳定域中，石榴子石边缘的等值线 X_{Mg} 为 0.15。石榴子石边缘的 X_{Ca} 和与白云母平衡的斜长石的 X_{an} 也限定在这个 $P-T$ 范围内。因此，C4-6 样品记录了约 765℃、10.5～11.7 kbar 的峰期变质条件和 682～732℃、7.0～7.6 kbar 的退变质条件。

五、Grt-Ms-Bt 片岩的 *P-T* 相图剖面（样品 C2-2（3））

Grt-Ms-Bt 片岩（样品 C2-2（3））的 $P-T$ 相图剖面是在 2～10 kbar 和 550～800℃的 $P-T$ 范围内计算的（图 4-15a）。图中观察到的 Grt+Bt+Ms+Pl+Qz+Ilm 退变质矿物组合在 540～740℃和 3.2～8.6 kbar 下稳定，早期的含 Kf 组合在 675℃以上稳定。计算了石榴子石中 X_{Ca} 和 X_{Mg} 的等值线（图 4-15b）。在 706～720℃和 6.1 kbar 的 Grt+Bt+Kf+Pl+Qz+Ilm 域中，石榴子石核部 $X_{Mg}=0.12～0.13$ 的等

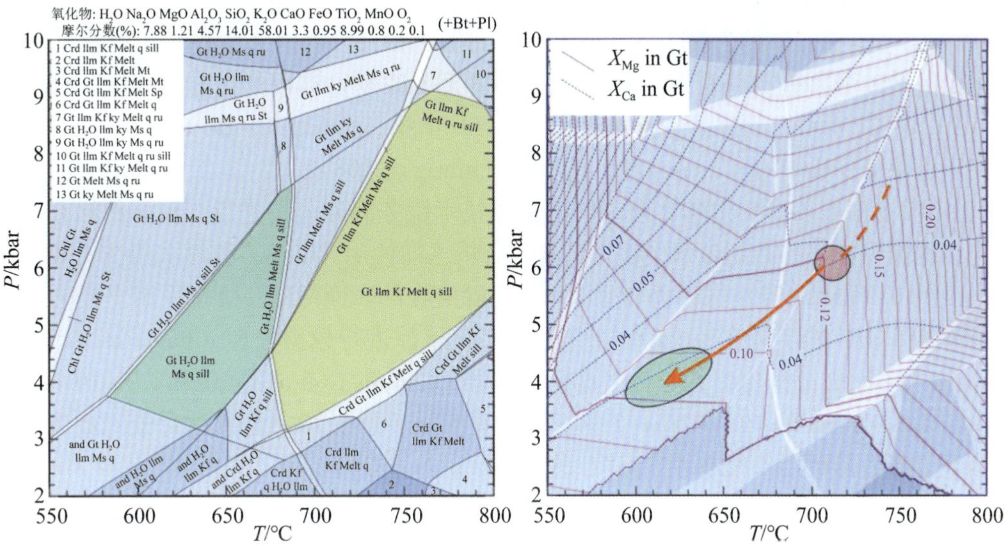

图 4-14　Sil-Grt-Bt 片麻岩 C4-6（1）构建的 $P-T$ 相图

Sil—矽线石；Grt—石榴子石；Bt—黑云母；Ms—白云母；Pl—斜长石；Qz—石英；Ilm—钛铁矿；melt—熔体

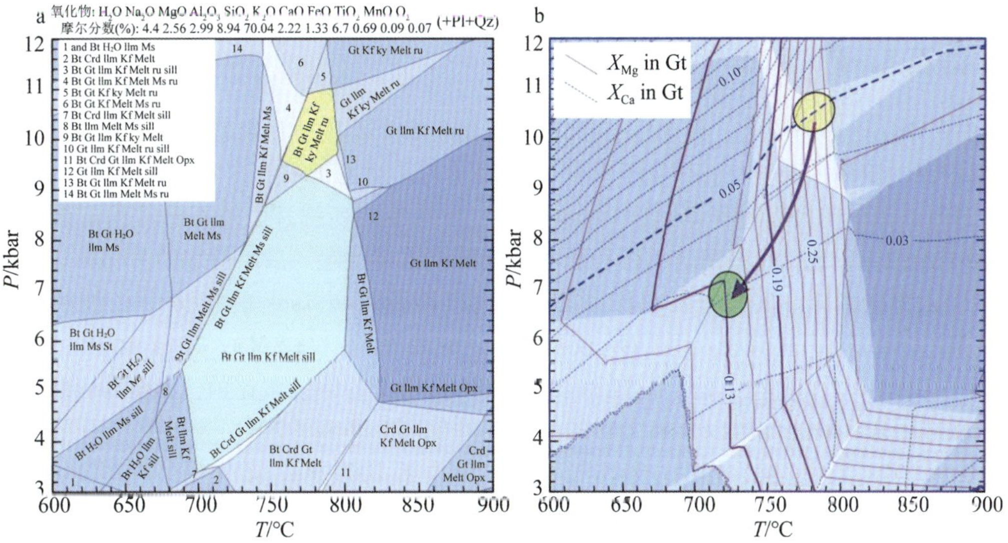

图 4-15　Grt-Ms-Bt 片岩 C2-2（3）构建的 $P-T$ 相图剖面

Sil—矽线石；Grt—石榴子石；Bt—黑云母；Ms—白云母；Pl—斜长石；Qz—石英；Ilm—钛铁矿；melt—熔体

值线和 X_{Ca}=0.04 的等值线相交。石榴子石边缘的 X_{Mg} 和 X_{Ca} 等值线分别为 0.09 和 0.03，在 590~635℃和 3.7~4.5 kbar 温压条件下在观察到的矿物组合的稳定域中相交。因此，样品 C2-2（3）记录了从 706~720℃和 6.1 kbar 到 590~635℃和 3.7~4.5 kbar 退变质 $P-T$ 轨迹。

第六节　锆石 U-Pb 年龄

为了限定 THD 岩浆作用、变质作用和变形时间，我们进行了锆石和独居石 U-Pb 年代学和云母 $^{40}Ar/^{39}Ar$ 年代学研究。LA-ICP-MS 锆石 U-Pb 定年在南京大学内生金属矿床成矿机制研究国家重点实验室进行。利用 Agillent 7500a ICP-MS 搭载 Geolas 193nm 激光烧蚀系统，采用 32 μm 的束斑和 5 Hz 的激光频率对锆石进行 U-Pb 测年。详细的分析技术流程见 Jackson et al.（2004）。GEMOC 锆石标准

GJ-1（$^{207}Pb/^{206}Pb$ 年龄为 608.5±1.5 Ma，Jackson et al.，2004）用以进行 U-Pb 分馏校正，并使用锆石标准 Mud Tank（上交点年龄为 732±5 Ma，Black et al.，1978）作为外标进行同位素校正。以 NIST 610 标准物质和 29Si 分别作为外标和内标，计算微量元素浓度。利用离线软件 GLITTER（ver. 4.4）（www.mq.edu.au/GEMOC）从原始信号数据计算 U-Pb 年龄。所有的 U-Th-Pb 年龄计算以及谐和图的绘制均使用程序 ISOPLOT/Ex（ver. 4.15）完成（Ludwig，2008）。

LA-ICP-MS 独居石 U-Pb 定年在南京宏创勘探技术服务有限公司进行。独居石粘在环氧树脂圆盘中，抛光以暴露颗粒，并在超纯水中超声清洗。分析之前使用 AR 级乙醇再次清洗。每个分析点使用 5 次激光（约 0.3 μm 深度）进行预烧蚀，用以去除潜在的表面污染。分析采用直径为 50 μm 的束斑，激光频率为 5 Hz，能量密度为 3 J/cm^2。使用 Iolite 软件进行数据处理（Paton et al.，2010）。独居石 Bananeira 和 Dia-2 分别作为首要和次要标准物质（Gonçalves et al.，2018）。每 10~12 个样品分析点间隔进行 2 次 Bananeira 和 1 次 Dia-2 分析。通常情况下，在 20 秒的气体背景测量后收集 35~40 秒的样品信号。指数函数用于校准井下分馏（Paton et al.，2010）。

在双筒显微镜下挑选黑云母和白云母单矿物，然后用磁选机提纯，在超声波乙醇浴中清洗。所分析颗粒的纯度大于 99%。样品在北京中国原子能研究所的核反应堆中辐照 24 小时，随后冷却约 3 个月。$^{40}Ar/^{39}Ar$ 分级加热分析采用中国地质科学院地质研究所 MM-1200B 质谱仪进行。衰变常数为 $5.543\times10^{-10}/a$（Steigerand Jäger，1977）。具体操作过程和年龄计算的细节见 Chen et al.（2006）。

一、锆石 U-Pb 测年

为了约束 THD 活动的历史，在洛扎-错那地区采集了 5 个花岗质片麻岩、副片麻岩、片岩以及淡色花岗岩脉样品。具体的采样位置详见于图 4-3 和图 4-7。锆石 U-Pb 定年在南京大学的 LA-ICP-MS 实验室进行，具体的操作过程详见于 Jackson et al.（2004）所描述。锆石颗粒内部多具有不同生长环带，激光剥蚀点位通常选择所选的锆石颗粒的核部或边部位置。采用恒定的 30 μm 束斑直径进行锆石 U-Pb 年龄分析测试。实验过程中获得的国际标准锆石 Mud Tank 的 $^{206}Pb/^{238}U$ 加权平均年龄为 726.7±5.4 Ma（n=17），这与前人用 TIMS 仪器所测试的数值（732±5 Ma；Black et al.，1978）是一致的。GLITTER 4.4 软件用来校正所需要的年龄以及计算相关的同位素比值（Jackson et al.，2004）。Isoplot 4.0 软件用来年龄的计算以及和谐图的制作和输出（Ludwig，2011）。如果锆石结晶年龄小于 1000 Ma，使用 $^{206}Pb/^{238}U$ 年龄。相反，若锆石结晶年龄大于 1000 Ma，则使用 $^{207}Pb/^{206}Pb$ 年龄。对于大于 200 Ma 的年龄，选取谐和度大于 90% 的测试点作为有效数据；而对于小于 200 Ma 的年龄，则选取谐和度大于 80% 的测试点作为有效数据。

（1）THD 的原岩锆石 U-Pb 年龄

在错那地区采集了 4 个花岗质片麻岩样品（C2-5-3、C2-7-3、C4-1-1、C4-4-1）和两个矽线石-石榴子石-黑云母片麻岩样品（C2-12-2、C3-5-5），以及在洛扎地区采集了一个花岗质片麻岩（L11-7-2）的样品，它们均在 THD 中。花岗质片麻岩样品大部分所选锆石颗粒在阴极发光（CL）图中显示出良好的晶体形态以及清晰的震荡环带结构（图 4-17），再结合锆石具有的 Th/U 值介于 0.01~1.38 之间，这些特征指示了岩浆锆石成因。采集让河村的样品 C2-5-3 和 C2-7-3 具有谐和的锆石 U-Pb 年龄，分别为 490.4±2.9 Ma（MSWD=0.39，n=22）和 487.5±2.9 Ma（MSWD=0.38，n=26）（图 4-16a、b）。采自麻玛村的两个样品 C4-1-1 和 C4-4-1 具有相似的锆石 U-Pb 年龄，分别为 494.5±3.9 Ma（MSWD=0.086，n=11）（图 4-16c）和 496.5±3.3 Ma（MSWD=0.13，n=15）（图 4-16d）。此外，这些花岗质片麻岩中的少量锆石具有灰色的核，结合较老的 U-Pb 年龄（672~1345 Ma）以及高 Th/U 值的特征，表明了这些锆石颗粒的核是继承的变质核。

花岗质片麻岩样品 L11-7-2 的锆石颗粒在阴极发光（CL）下显示出典型的核-边结构（图 4-17）。大部分锆石颗粒的核部在阴极发光（CL）图像中显示震荡环带结构，此外核部 Th/U 值为 0.41~

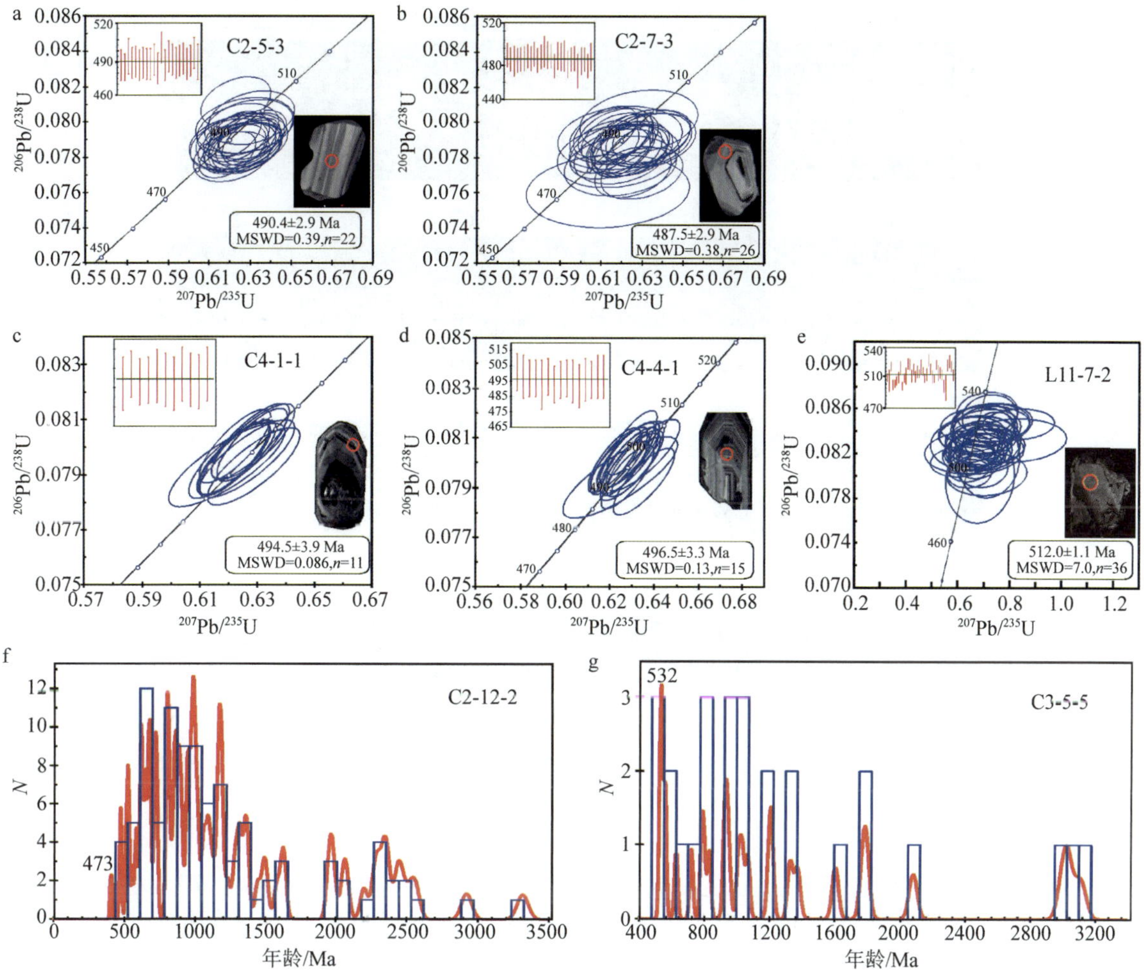

图 4-16　错那和洛扎地区 THD 原岩的锆石 U-Pb 年龄的 LA-ICP-MS 谐和图

除 L11-7-2 为洛扎 THD 样品外，其余均为错那 THD 样品。显示 THD 的原岩在 473～532 Ma 之后沉积

1.62。这些锆石核部具有谐和的锆石 U-Pb 年龄 512±1.1 Ma（MSWD=7.0，n=36）（图 4-16e）。然而，样品 L11-7-2 中的 10 个锆石幔边也产生了一致的 U-Pb 年龄 17.65±0.20 Ma，此外，这些锆石的边部分析点位具有非常低的 Th/U 值（<0.1）。同样，样品 C4-1-1 的锆石颗粒中 4 个边部分析点也具有的 U-Pb 年龄为 16.4～16.8 Ma 和低的 Th/U 值，这些特征指示了 THD 在中新世经历了高温的变质作用。因此，通过花岗质片麻岩来约束两组矽线石-石榴子石-黑云母片麻岩的样品 C2-12-2 和 C3-5-5 分别挑选出 100 颗和 27 颗半自形锆石用于 U-Pb 年龄的分析。所选锆石长 50～200 μm，大部分在阴极发光（CL）图中显示圆状形态以及震荡环带结构（图 4-17）。U-Pb 定年结果显示两组样品具有变化大的锆石 U-Pb 年龄，为 3318～407 Ma，对应的 Th/U 值为 0.04～2.71。年龄频谱曲线显示了样品 C2-12-2 中最年轻的年龄峰约为 473 Ma，样品 C3-5-5 中最年轻的年龄峰约为 532 Ma（图 4-16f、g）。结合前文花岗质片麻岩 512～487 Ma 的结晶年龄，矽线石-石榴子石-黑云母片麻岩的原岩是在 473～532 Ma 之后沉积的。

（2）THD 中变质作用以及岩浆作用的锆石 U-Pb 年龄

样品 L3-4（37）和 L3-4（40）采自洛扎地区 THD 底部的矽线石-石榴子石-黑云母片麻岩中的一条变形的淡色花岗岩脉，此外，还采集了在未变形的淡色花岗岩岩墙中的样品 L3-4（42）。样品 L3-4（37）（图 4-18a）和 L3-4（40）（图 4-18h）的锆石颗粒的阴极发光（CL）图像显示了具有典型震荡环带的内核和薄的环带组成的核-边结构，这些特征指示了锆石颗粒在深熔条件下的生长条

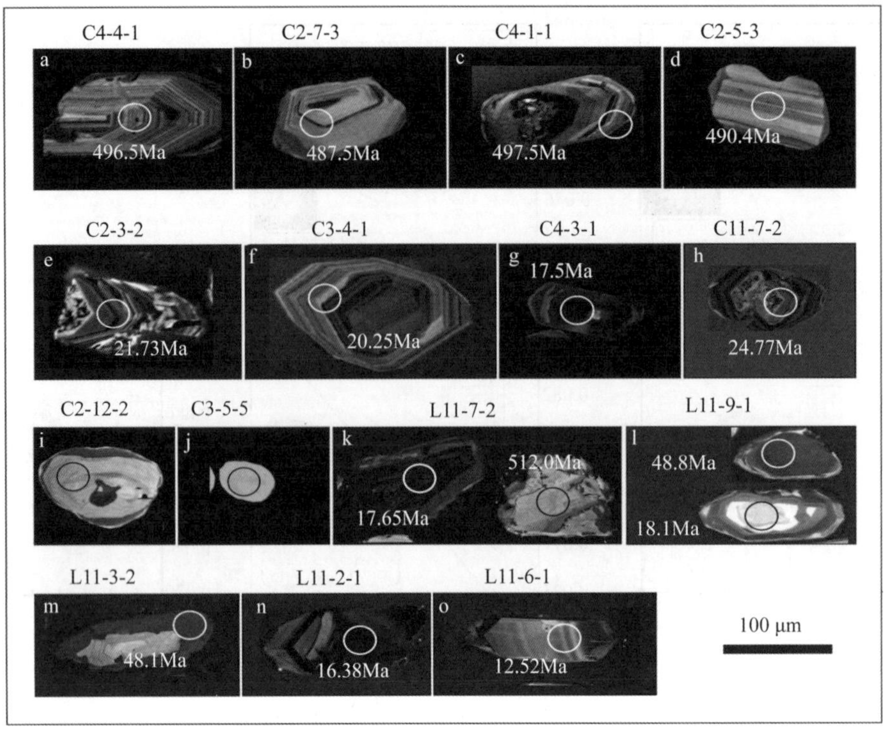

图 4-17　THD 原岩（a~d，k）、变质岩（l，m）和淡色花岗岩脉（其他）阴极发光（CL）图像

a~j—错那样品；k~o—洛扎样品

件。来自矽线石-石榴子石-黑云母片麻岩样品 L3-4（37）中锆石的 10 个边部分析点获得的$^{206}Pb/^{238}U$加权平均年龄为 39.5±1.2 Ma（MSWD=4.2，n=10）（图 4-18a），而其余的锆石颗粒分析点显示了分散的 U-Pb 年龄（17~35 Ma 和 43~1375 Ma）。变形的同构造淡色花岗岩样品 L3-4-40 中 54 个离散的锆石颗粒分析点的 U-Pb 年龄变化较大，为 20~1049 Ma，其中 11 个锆石颗粒的边部分析点具有一致的 U-Pb 年龄，为 23.42±0.26 Ma（MSWD=1.9，n=11）。

相反，未变形淡色花岗岩脉样品 L3-4-42 的锆石具有变化的 U-Pb 年龄。一些锆石颗粒在阴极发光（CL）图像中显示了良好的晶体形态以及清楚的震荡环带结构，同时具有低的 Th/U（<0.1）值，这些特征现象揭示了这些锆石颗粒是典型的岩浆源锆石。岩浆锆石中的 10 个分析点具有的谐和 U-Pb 年龄为 9.55±0.7 Ma（MSWD=0.68，n=10）（图 4-19b）。样品 L3-4-42 中的许多锆石颗粒显示了核-边结构以及分散的年龄数值（15~800 Ma），其峰值年龄为约 20 Ma（图 4-19c），这指示了这些锆石继承的变质核是来自未变形的淡色花岗岩的围岩。因此，THD 中的矽线石-石榴子石-黑云母片麻岩在约 39.5 Ma 经历了高温的变质事件，以及在约 23 Ma 经历了同构造的淡色花岗岩脉的侵入。未变形的淡色花岗岩锆石年龄揭示了沿着 THD 韧性剪切作用结束是在约 9.5 Ma 之前。

类似于样品 L3-4-37，石榴子石-白云母-黑云母样品 L11-3-2 中的锆石颗粒显示了典型的核-边结构。所分析的 19 个锆石变质边具有谐和的$^{206}Pb/^{238}U$年龄，为 48.1±1.3 Ma（MSWD=0.42，n=19）以及低 Th/U（<0.1）值（图 4-18b）。其余分析结果显示了离散的 U-Pb 年龄，其为 74~910 Ma。因此，自中元古代以来 THD 的矽线石-石榴子石-黑云母和石榴子石-白云母-黑云母片岩有复杂的起源，并且这些岩石在始新世经历了高温变质作用。

样品 L11-9-1 是采自洛扎地区的变形的淡色花岗岩脉（图 4-3）。对具有核-边结构的 25 锆石颗粒的核部进行分析，其具有低的 Th/U 值以及谐和的$^{206}Pb/^{238}U$年龄，为 49.94±0.22 Ma（MSWD=3.6），这个年龄结果是继承的变质年龄（图 4-18c）。相反，23 个无结构的锆石颗粒显示的谐和$^{206}Pb/^{238}U$年龄为 19.78±0.08 Ma（MSWD=4.7，n=23），该年龄为淡色花岗岩脉的结晶年龄（图 4-18f）。因此，样品 L11-9（1）记录了 THD 早始新世的高温变质作用以及中新世的部分熔融事

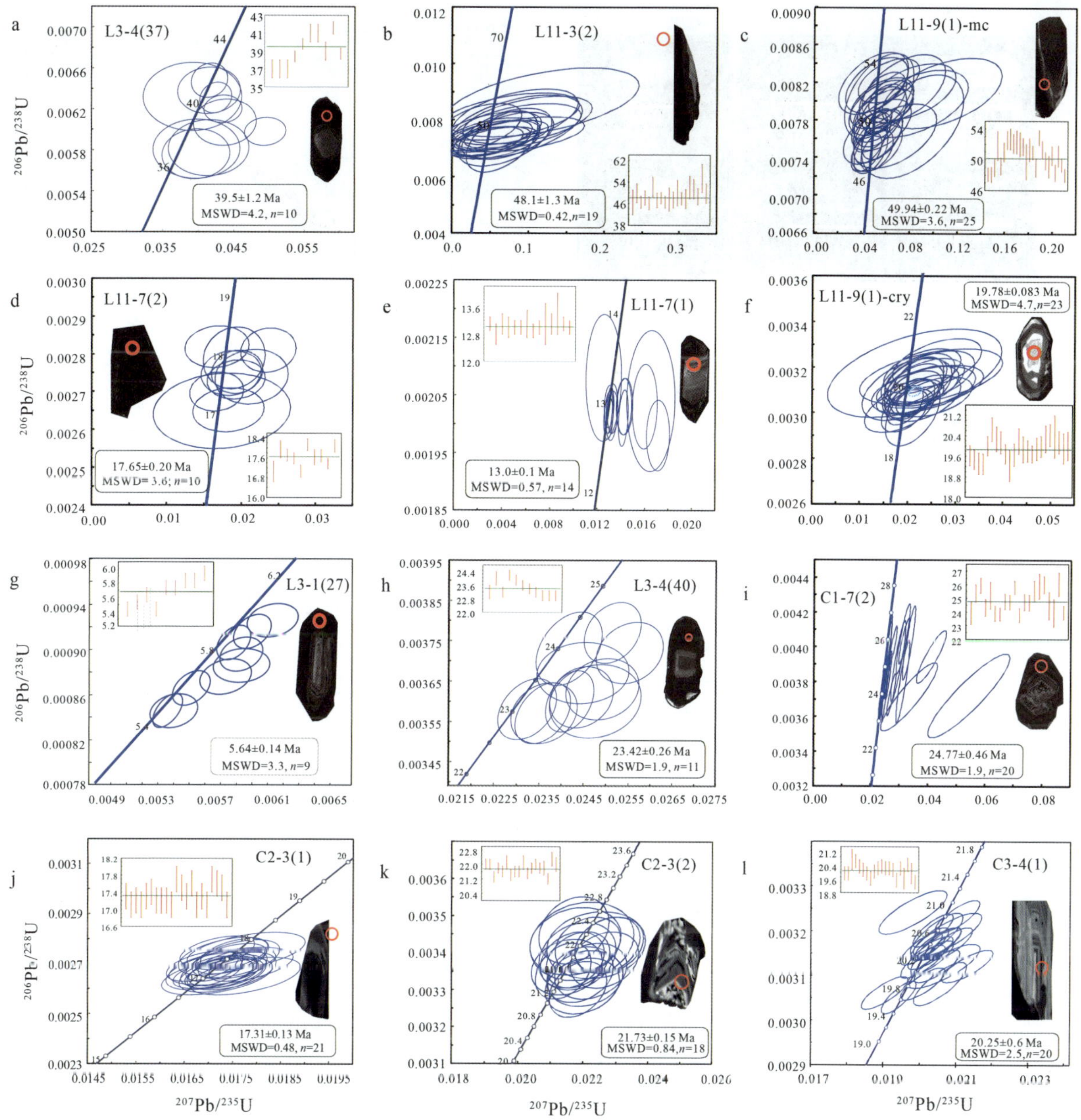

图 4-18　洛扎-错那地区的 THD 的花岗质片麻岩、片岩以及淡色花岗岩脉的 LA-ICP-MS 锆石 U-Pb 年龄谐和图

MSWD—加权平均偏差；*n*—分析的点位数量

件。此外，样品 L11-7（1）采自于一条切穿 THD 面理的变形淡色花岗岩脉。样品 L11-7（I）的锆石颗粒具有的$^{206}Pb/^{238}U$ 谐和年龄为 13.0±0.1 Ma（MSWD=0.57，n=14）（图 4-18e）。值得注意的是来自同区域的花岗片麻岩样品 L11-7（2）记录了中新世早期（17.65 Ma）的高温变质作用（图 4-18d）。然而，样品 L3-1（27）的锆石颗粒记录的结晶年龄为 5.64±0.1 Ma（MSWD=3.3，n=9），这个年龄代表了东特提斯喜马拉雅地区最年轻的岩浆年龄，剩余的锆石颗粒分析点具有变化的年龄，为 7~863 Ma（图 4-18g）。

为了对比研究，我们在错那洞片麻岩穹窿的含矽线石副片麻岩中采集了变形的淡色花岗岩脉样品 C1-7（2）（见图 4-1），同时在错那地区的 THD 中的变形淡色花岗岩脉中采集了 3 个样品（C2-3（1）、C2-3（2）和 C3-4（1））（图 4-7）。这些样品中的锆石颗粒均具有良好的晶体形态以及震荡环带特征，指示了锆石的岩浆成因。上述样品的锆石颗粒具有谐和的 U-Pb 年龄，分别为 24.77±0.46 Ma（C1-7（2）；MSWD=1.9，n=20）（图 4-18i），17.31±0.13 Ma（C2-3（1）；MSWD=0.48，n=

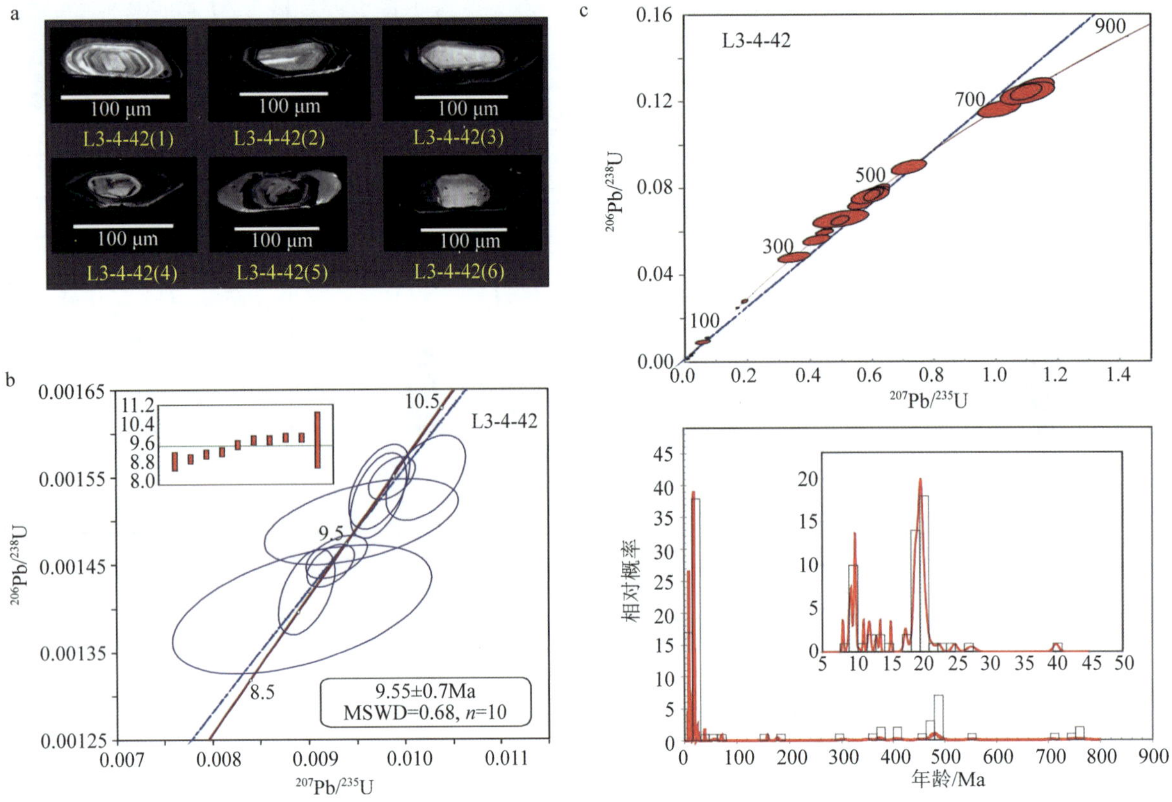

图 4-19　洛扎地区 THD 中未变形淡色花岗岩墙的 LA-ICP-MS 锆石 U-Pb 年龄谐和图

21)(图 4-18j), 21.73±0.15 Ma (C2-3 (2); MSWD=0.84, n=18)(图 4-18k), 以及 20.25±0.6 Ma (C3-4 (1); MSWD=2.5, n=20)(图 4-18l)。

二、独居石 U-Pb 测年

独居石能够记录变形年龄（Parrish, 1990; Williams et al., 2002; Dumond et al., 2008）和变质年龄（Spear et al., 2002, 2010; Spear, 2010）。前人曾利用独居石绝对年龄与变质反应或变形事件形成的特定化学域联系起来作为变形年龄的记录（Foster et al., 2000; Foster et al., 2003; Gibson et al., 2004）。为了限制 THD 的变质作用和变形时间，我们对含矽线石（蓝晶石）的变质岩中的独居石进行了测年。

在 THD 内采集了错那地区 THD 中的 6 个样品（C2-2 (6)、C2-3 (1)、C2-3 (6)、C3-1 (1)、C4-1 (8) 和 C4-4 (1)）。样品 C2-2 (6)、C2-3 (1) 和 C2-3 (6) 是由矽线石 Sil（蓝晶石 Ky）+Grt+Bt 组成的副片麻岩（图 4-7）。独居石在 CL 图像中是灰色且均匀的，对样品 C2-2 (6) 中的 41 颗独居石的分析得到的 Tera-Wasserburg 下交点年龄为 40±1 Ma（MSWD=7.5）（图 4-20f~h）。对样品 C2-3 (1) 和 C2-3 (6) 中的 33 和 38 颗独居石的分析得到 Tera-Wasserburg 下交点年龄分别为 16.9±1.1 Ma（MSWD=18）和 16.7±2.1 Ma（MSWD=8.0）（图 4-20b、c）。样品 C3-1 (1) 采集于错那 THD 北东侧的达拉郎地区。C4-1 (8) 和 C4-4 (1) 采于麻玛乡南部地区。它们是由 Sil+Grt+Bt 组成的副片麻岩。这些样品的独居石 Tera-Wasserburg 下交点年龄分别为 16.43±0.27 Ma（MSWD=9.4, n=35）（图 4-20e）、15.4±1.2 Ma（MSWD=4.1, n=18）（图 4-20a）和 15.18±0.48 Ma（MSWD=18, n=37）（图 4-20d）。

上述错那地区 THD 中独居石年龄可分为两组：约 40 Ma 和 15~17 Ma。它们比相同岩石的锆石生长边缘的 U-Pb 年龄稍年轻（41~49 Ma 和 17~21 Ma）。因此，这些独居石 U-Pb 年龄是对 THD 中变

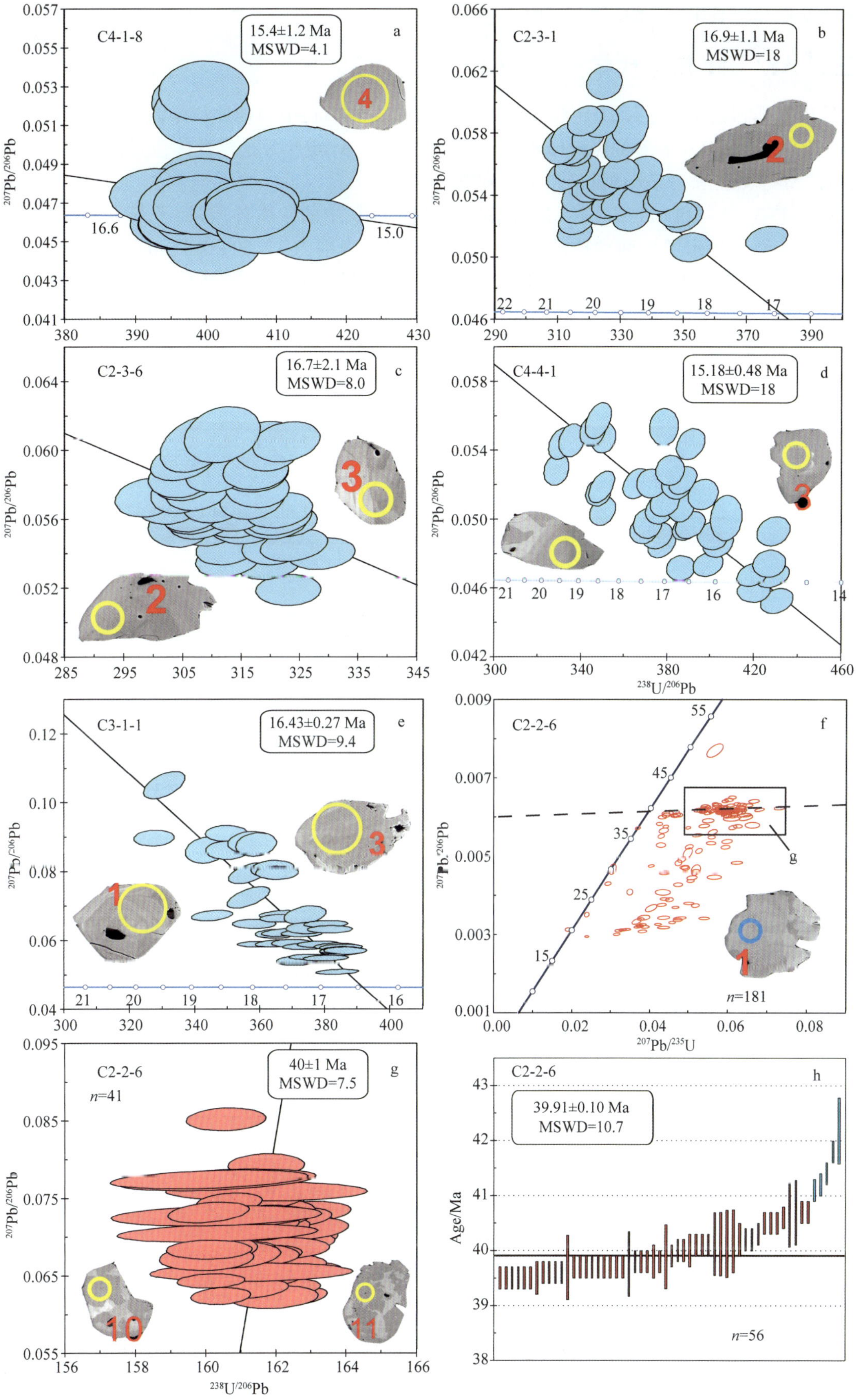

图 4-20 错那地区 THD 中变质岩的独居石 U-Pb Tera-Wasserburg 谐和图及加权平均年龄图

质沉积物变形和变质作用年龄的可靠约束。

三、$^{40}Ar/^{39}Ar$ 热年代学

为约束洛扎和错那两地区 THD 和 STD 的冷却历史，我们在中国地质科学院地质研究所（北京）对采自 THD 以及 STD 中岩石的黑云母和白云母进行$^{40}Ar/^{39}Ar$ 定年。采样具体位置以及 8 个研究样品中矿物的$^{40}Ar/^{39}Ar$ 年龄和 2σ 详见于图 4-3 和图 4-7。

样品 L11-3（1）和 L11-3（4）采自洛扎地区的 THD 中的矽线石-石榴子石-黑云母副片麻岩。$^{40}Ar/^{39}Ar$ 定年结果显示了这两件样品中的白云母坪年龄分别为 12.60±0.31 Ma（MSWD=3.7）和 11.82±0.07 Ma（MSWD=1.7）（图 4-21a、c），黑云母对应的年龄结果分别为 12.38±0.24 Ma（MSWD=1.9）和 11.64±0.59 Ma（MSWD=5.6）（图 4-21b、d）。样品 L11-6（8）采自于洛扎地区的 THD 的花岗质糜棱岩，样品中的白云母和黑云母分别给出的$^{40}Ar/^{39}Ar$ 年龄结果为 13.16±0.22 Ma（MSWD=2.1）（图 4-21e）和 12.02±0.34 Ma（MSWD=1.6）（图 4-21f）。

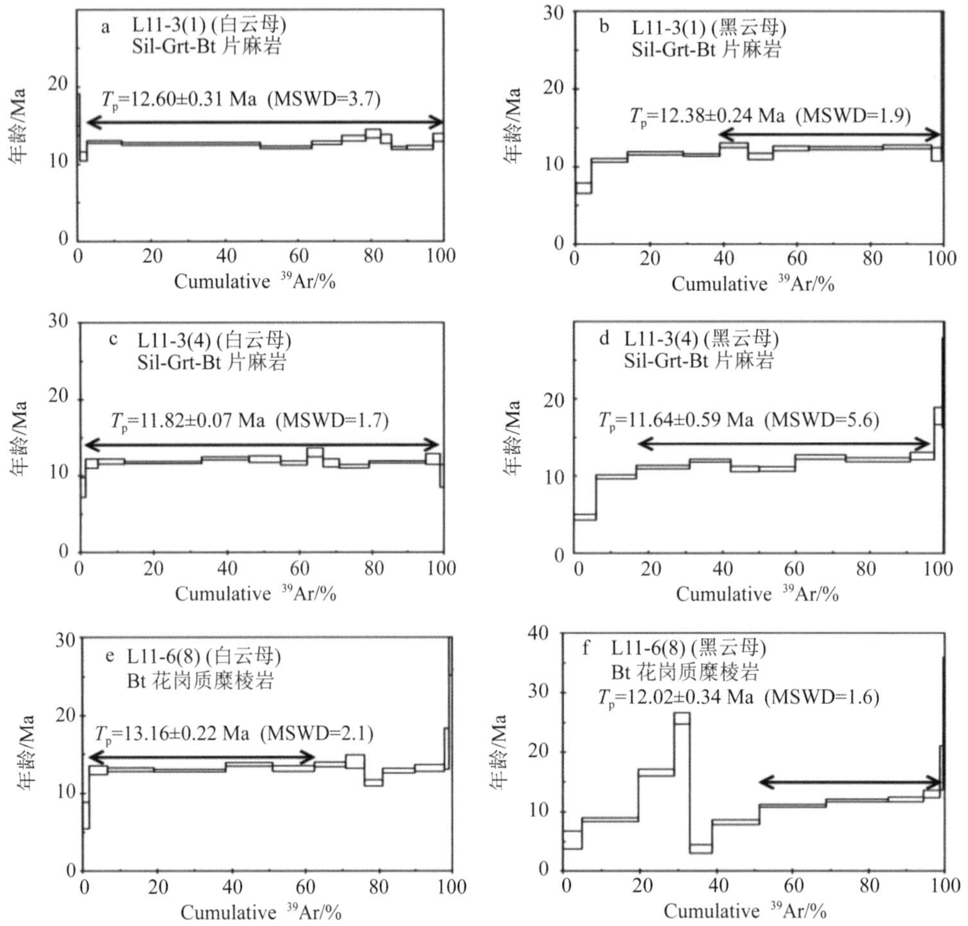

图 4-21　洛扎地区 THD 中黑云母和白云母的$^{40}Ar/^{39}Ar$ 年龄结果

这些结果指示了洛扎地区 THD 的冷却年龄

样品 C2-2（5）采自错那 THD 中矽线石-石榴子石-黑云母-白云母片麻岩，白云母给出的$^{40}Ar/^{39}Ar$ 定年结果为 8.09±0.55 Ma（MSWD=1.7）（图 4-22a），C2-2（2）和 C2-3（1）采自错那 THD 中的变形淡色花岗岩，白云母给出的$^{40}Ar/^{39}Ar$ 定年结果分别为 8.89±0.22 Ma（MSWD=1.4）和 8.32±0.15 Ma（MSWD=1.5）（图 4-22b、c）；C2-5（4）采自错那 GHS 构造窗的矽线石-石榴子石-黑云母副片麻岩，黑云母的$^{40}Ar/^{39}Ar$ 定年给出的结果为 7.52±0.26 Ma（MSWD=4.7）（图 4-22d）。

上述表明，采自洛扎地区的 THD 中的副片麻岩的黑云母和白云母$^{40}Ar/^{39}Ar$ 冷却年龄为 12～

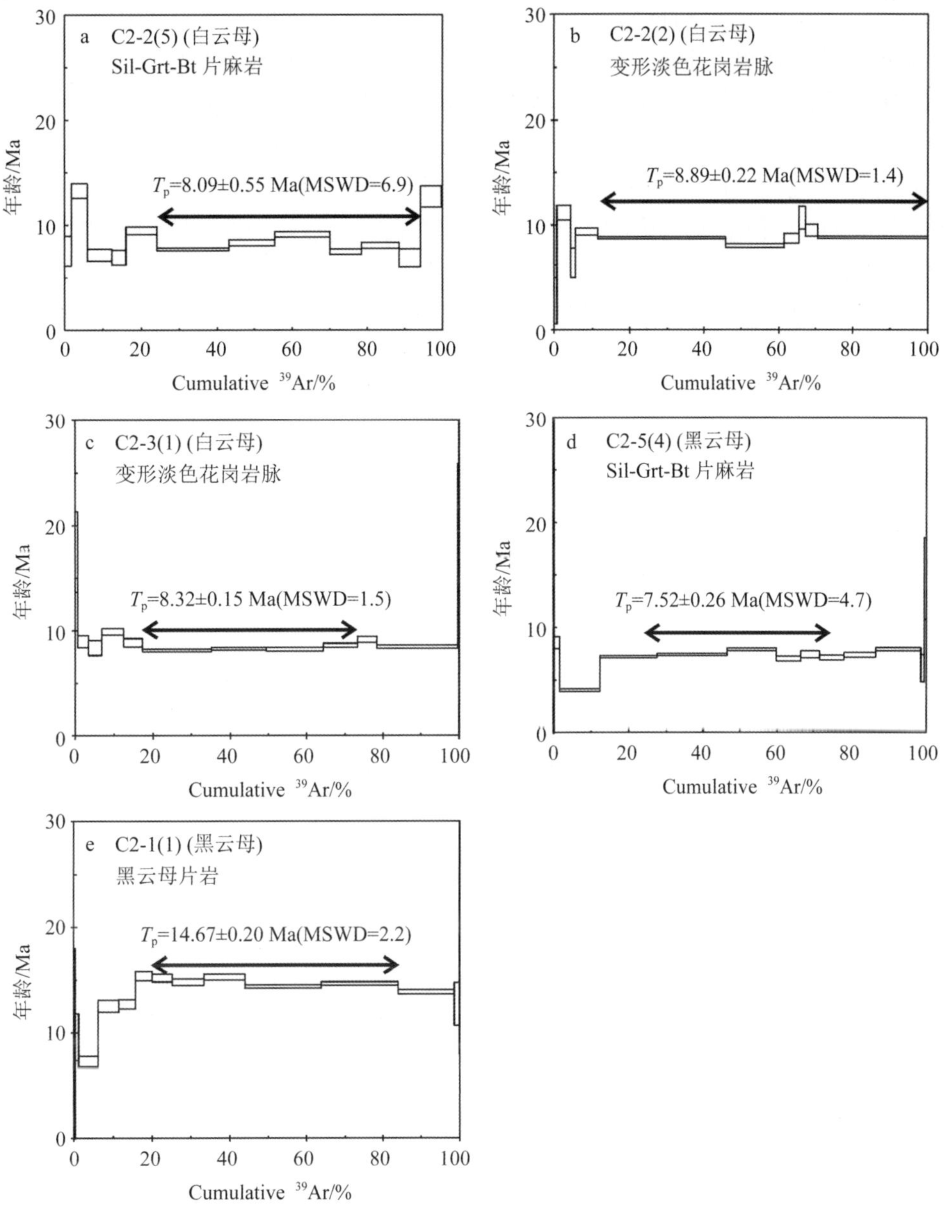

图4 22 错那地区 THD 和 GHS 中黑云母和白云母的^{40}Ar/^{39}Ar 年龄结果
这些结果指示了错那地区 THD 和 GHS 的冷却年龄

13 Ma，而 STD 中的花岗质糜棱岩中的黑云母和白云母^{40}Ar/^{39}Ar 冷却年龄也为 12~13 Ma，表明洛扎地区 THD 和 STD 在 12~13 Ma 共同经历了快速折返。而错那地区来自 STD 底部的黑云母片岩的黑云母^{40}Ar/^{39}Ar 冷却年龄约为 14.67 Ma（图 4-22e），THD 和 STD 中副片麻岩和变形淡色花岗岩脉的白云母和黑云母^{40}Ar/^{39}Ar 冷却年龄均为 8~9 Ma，表明错那地区的 THD 和 STD 经历了至少两期变形，STD 可能在约 15 Ma 经历了一次折返，之后 THD 和 STD 在 8~9 Ma 一起快速折返，但是比洛扎地区晚约 5 Ma。

第七节 讨论和结论

一、THD 的起始活动与重新活动

始新世—渐新世在特提斯喜马拉雅中的变形、角闪岩-麻粒岩相变质和深熔作用已经归因于早期的地壳缩短和加厚（Vannay et al.，1996；Godin et al.，2006；Aikman et al.，2008；Zeng et al.，

2011；Jessup et al.，2019）。与 STD 的运动学反转不同，我们在这里确定了 THD 作为始新世—渐新世的 THS 和 GHS 的力学边界，也就是特提斯褶皱-逆冲断裂带的底部低角度和向南剪切的逆冲断层（图 4-4）。THD 的早期活动伴随石英高温 c 滑移系以及在温度 760~800℃ 和压力 10~11 kbar 下的巴罗式变质作用（图 4-11，图 4-12）。矽线石-石榴子石-黑云母片麻岩中的同构造淡色花岗岩布丁的形成和在淡色花岗岩中残余的矽线石-石榴子石-黑云母片麻岩包体的存在（图 4-5a~d）证明了早期的淡色花岗岩脉（Leu1）稍早于或者同时于 THD 的韧性剪切变形。因此，THD 的初始活动时间为来自糜棱岩的变质锆石环带（样品 L11-3-2）（图 4-14d）和继承变质核（L11-9-1）（图 4-14e）的 U-Pb 年龄（48~50 Ma）所限定。在 THD 中变形的淡色花岗岩的结晶年龄（25~17 Ma）和未变形的淡色花岗岩脉的结晶年龄（13~6 Ma）表明 THD 的活化时间至少持续到 17~13 Ma。

有趣的是，在 THD 中具有短距离内组分的快速变化的特征。例如，Sil-Grt-Bt 片麻岩（L3-4-5）和 Grt-Mus-Bt 片岩（L3-4-35）均采自同一露头。含矽线石或蓝晶石片麻岩在峰期变质和退变质期间经历了比来自 THD 的石榴子石-二云母片岩更高的 P-T 条件（图 4-13，图 4-14）。在露头处，Sil-Grt-Bt 片麻岩更接近淡色花岗岩脉，并且通常一起变形，这意味着在 30~40 km 深处存在局部的热剪切作用。因此，正如先前 THS 运动学分析所预测的，THD 从约 50 Ma 到约 17 Ma 长期上盘向南的剪切作用驱动了特提斯喜马拉雅褶皱-逆冲带的发育（Ratschbacher et al.，1994；Wiesmayr et al.，2002；Kellett et al.，2009）。

在喜马拉雅西北部，THS 直接推覆在低喜马拉雅之上（即缺失 GHS），显示了 STD 和 MCT 在 GHS 前缘向南合并的构造楔模型（Webb et al.，2007）。根据沿 STD 走向的年代学数据，STD 的活动时间从西喜马拉雅（24~20 Ma）到中喜马拉雅东部（13~11 Ma）逐渐年轻化；并且 STD 的起始可能与 GHS 中的变质转换吻合，即在 27 Ma 之前的进变质转变为 26 Ma 后发生的退变质作用（Webb et al.，2017）。我们的野外填图表明，上盘向北剪切的 STD 叠置在上盘向南逆冲的 THD 之上，导致 STD 底部或 THD 出现剪切指向反转。因此，THD 可被视为 STD 的前身。这两个剪切带在 24~17 Ma 期间同时被激活。由 THD 到 STD 的构造转换可能由于特提斯喜马拉雅褶皱-逆冲断裂带的发育引起的地壳加厚转变为造山带重力垮塌引起的地壳伸展。这个模型可以更好地解释喜马拉雅其他地方记录的 STD 的"运动学反转"，例如印度西北部（Webb et al.，2007）和尼泊尔中部（Larson et al.，2010），并且可以与印度自 20 Ma 以来与欧亚大陆之间的汇聚速度减慢有关（Molnar et al.，2009）。

二、THD-GHS 边界带的组成和变质作用

喜马拉雅造山带前古近系碎屑锆石的年代学表明，GHS、THS 和低喜马拉雅上部的地层具有相似的年龄谱，年龄分布峰值在约 500 Ma、800~1200 Ma、1600~1900 Ma 和 2400~2700 Ma，大多数锆石年龄在 500~1200 Ma 之间（Decelles et al.，2000；Gehrels et al.，2011）。受碎屑锆石年龄制约的 GHS 原岩年龄小于 800~1200 Ma，受正片麻岩岩浆锆石年龄制约的 GHS 原岩年龄大于 470~550 Ma。这表明部分 GHS 可能只是更高变质级别的 THS，两个单元都经历了泛非造山事件。尽管 THS 通常由未变质到低级变质岩组成，但印度西北部 Zanskar 地区的 THS 石炭纪和三叠纪地层经历了角闪岩相变质作用，这意味着仅凭变质程度无法区分 THS 和 GHS（Yin，2006）。

在本研究中，来自 THD 花岗片麻岩的锆石年龄范围为 523 至 487 Ma，副片麻岩中最年轻的碎屑锆石年龄为 532 Ma 和 473 Ma（图 4-16）。这表明洛扎-错那地区的寒武系至早奥陶世时期花岗岩侵入印度大陆北部的基底，并由于局部隆起而发生沉积。碎屑锆石的分析表明，寒武纪—奥陶纪期间，沿喜马拉雅山脉出现了异常的沉积物搬运和混合，这主要是由于冈瓦纳大陆拼贴过程中形成的东非造山带和 Ross-Delamerian 造山带（Myrow et al.，2009；2010）。然而在错那村以南，在错那穹窿中的 GHS 构造窗是以结晶年龄 808~856 Ma 的新元古代花岗片麻岩为特征，巴罗式变质年龄为 41~30 Ma（Ding et al.，2016；Wang et al.，2017b；Ji et al.，2021）。

尽管 THD 和 GHS 都显示巴罗式变质作用，但其原岩年龄的差异和拉伸线理的趋势表明，两个单元之间存在力学的解耦。因此，我们认为东喜马拉雅造山带的 THS 和 GHS 之间的边界可以通过拉伸

线理的变化来标记（图 4-6a），从上盘向南剪切的 THD，向下转变为 SE 向拉伸线理，到 GHS 上部转换为 ENE 方向。

在错那以西的 GHS 上部，平行造山带走向的透入性面理从东到西在亚东、聂拉木、吉隆、马拉斯鲁和普兰地区出露（Xu et al.，2013）。Xu et al.（2013）提出，在 28～26 Ma 至 13～11 Ma 期间，由于加厚地壳中的侧向地壳厚度梯度和平行造山带走向的重力垮塌，在 GHS 上部产生一条缓倾的韧性拆离剪切带，根据野外边界、变形和变质作用的时间，THD 在始新世至中新世的活动对晚渐新世至中新世 GHS 的地壳增厚和平行造山带走向的韧性伸展起了关键作用。

三、喜马拉雅造山带的构造模式

基于 GHS-THS 之间藏南拆离系的不同解释，前人提出制约喜马拉雅中新世以来构造演化的模式包括“楔状挤出”模式（Burchfiel et al.，1985）、“向南的中地壳隧道流”模式（Nelson et al.，1996；Beaumont et al.，2001；Hodges et al.，2001）和“构造楔”模式（Webb et al.，2007，2011；Carosi et al.，2018，2019）。在楔状挤出模式中，中新世 GHS 在 MCT 和 STD 之间形成一个向北倾斜和向南挤出的构造楔，STD 在 GHS 的北界作为一条向北倾斜的正断层被激活（Burchfiel et al.，1985；Grujic et al.，1996）；在隧道流模式中，由于 GHS 的中下地壳在始新世—渐新世被局部熔融并向南侵位，STD 代表一个上盘向北的韧性剪切带，是隧道流的上边界；然后，由于中新世的地表侵蚀作用的加强，隧道被剥蚀至地表，使 STD 变成正断层（Beaumont et al.，2001）；在构造楔模式中，在中新世 STD 表现为一个双向滑移模式的边界断层，连接 MCT 南部和北部的逆冲断层（Yin et al.，2006；Webb et al.，2007，2011，2013；Carosi et al，2018，2019）。

将前人的数据与我们的新观察综合考虑，即喜马拉雅构造模型的时间框架应该可以追溯到始新世。在特提斯喜马拉雅北部的片麻岩穹窿群中，淡色花岗岩的侵位年龄在 50～10 Ma 之间，部分熔融和角闪岩-麻粒岩相变质作用发生在约 48 Ma 和约 36 Ma（Hodges et al.，2001；Aikman et al.，2008；Wang et al.，2018；Jessup et al.，2019）。雅拉香波片麻岩穹窿在约 43 Ma 受加厚下地壳的高压熔融的驱动（Zeng et al.，2011），并伴随局部的向南南东剪切的（D1）变形和 48～36 Ma 的进变质作用（Yan et al.，2012；Zhang et al.，2012；Wang et al.，2018）。在本研究中，我们发现 D1 是一个区域性的上盘向南的剪切事件，沿着从洛扎到错那地区至少 150 km 的走向可以追踪 THD 的形成。始新世—渐新世变形事件（D1）导致了特提斯喜马拉雅地壳的显著缩短和增厚，并诱发了高压深熔作用，这与尼泊尔和印度的记录相似（例如 Wiesmayr et al.，2002；Godin et al.，2006；Aikman et al.，2008）。

结合前人研究，我们提出喜马拉雅两阶段的造山过程（图 4-23）：

（一）第一阶段：始喜马拉雅阶段（50～30 Ma）

由于印度-亚洲板块碰撞造成地壳持续加厚和局部热力化的剪切作用，位于高喜马拉雅顶部的上盘向南剪切的 THD 伴随特提斯喜马拉雅褶皱-逆冲断裂带（Ratschbacher et al.，1994；Yin et al.，2000）而产生，因此在喜马拉雅造山运动早期（约 50 Ma），THS 构成了一个由褶皱-逆冲带与底部 THD 组成的热且弱的地壳楔状体。部分熔融在 46～36 Ma 沿 THD 运移（Aikman et al.，2008；Zeng et al.，2011），不对称的雁列状的淡色花岗岩脉记录了 50～36 Ma THD 上盘向南的逆冲作用和伴随的高温变质年龄（Hodges et al.，2001；Aikman et al.，2008；Yan et al.，2012；Zhang et al.，2012；Wang et al.，2018；Jessup et al.，2019）。在 THD 之下伴随 40～30 Ma 部分熔融的 GHS 以构造楔出现（Ding et al.，2016；Xu et al.，2024）。

（二）第二阶段：新喜马拉雅阶段（约 30 Ma 至今）

由于地壳持续缩短、广泛的中下地壳部分熔融（24～16 Ma）和变质作用（24～17 Ma），上盘向南剪切的 THD 朝上盘向北剪切的 STD 过渡，STD 和 MCT 同时的活动控制了 GHS 构造楔的隆升，随后出现了雅拉香波和错那洞片麻岩穹窿。与此同时，位于 THS 北缘的大反转逆冲断层开始活跃，导

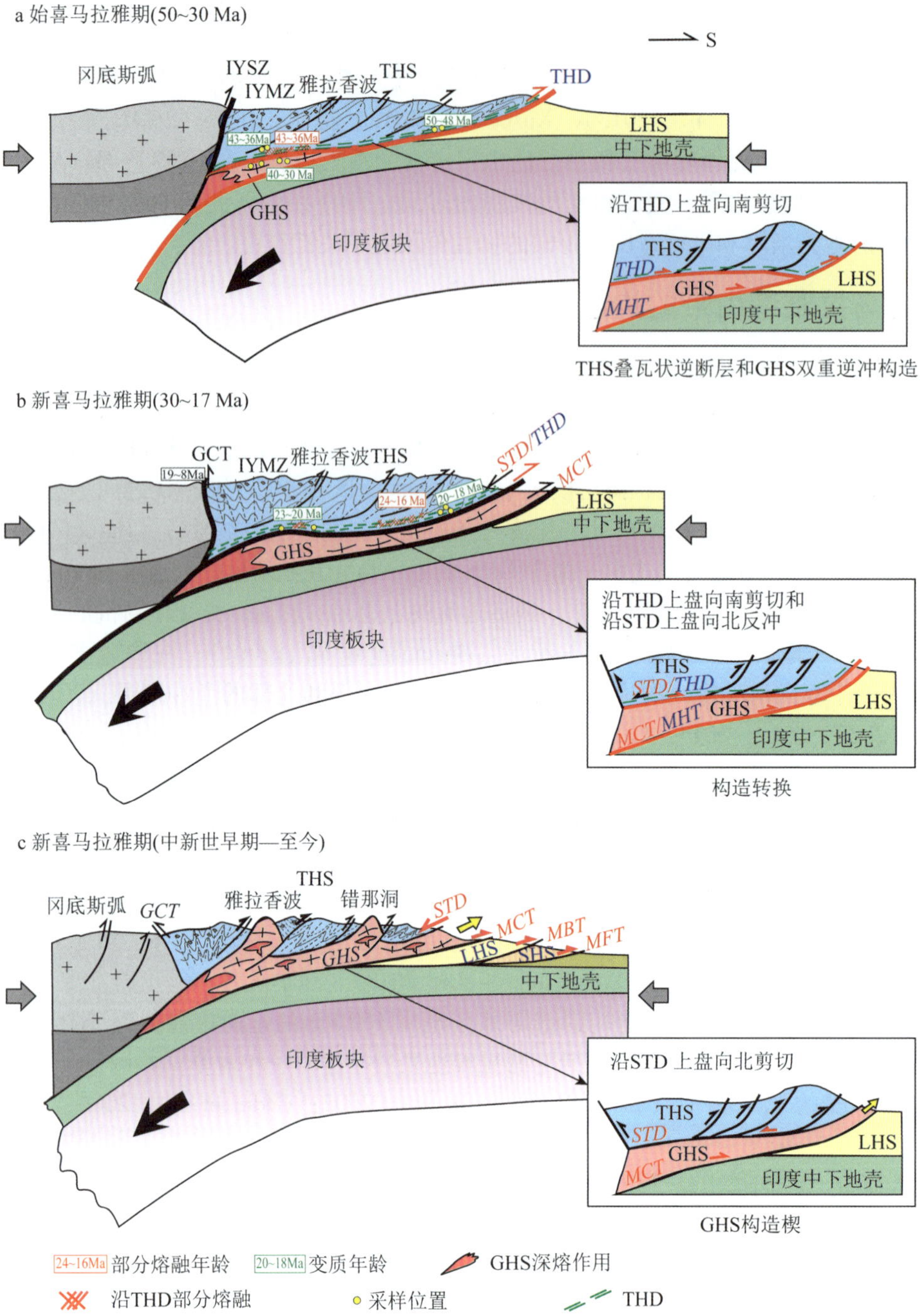

图 4-23　自 50 Ma 以来东喜马拉雅三阶段演化示意图，显示喜马拉雅新生代演化的一种新的综合构造楔模式

a—伴随高温变质作用和局部熔融的上盘向南剪切的 THD 活动，控制特提斯喜马拉雅的褶皱断裂带的生长；b—由于 THD 向 STD 的转换，STD 与 MCT 之间 GHS 的折返伴随中下地壳广泛局部熔融；c—STD 的活动和从 MCT 到 MBT 的逆冲断裂向南扩展，伴随 STD 的正断层和西瓦利克前陆盆地的形成。红色阴影代表中下地壳的局部熔融。IYSZ—印度河-雅鲁藏布江缝合带；IYMZ—印度河-雅鲁藏布江混杂岩带；GCT—大反转逆冲断层

致 THS 向北覆盖冈底斯岩浆带南缘之上（Yin et al.，1999；Harrison et al.，2000）。随后，一系列的北倾逆冲断层由 MCT 向 MBT 和 MFT 向南扩展。

MFT 代表了喜马拉雅变形前缘，活动年龄从约 11 Ma 到约 5 Ma（Yin，2006），其将西瓦里克沉积岩置于第四纪沉积之上（Lavé et al.，2000；Yin，2006；Burgess et al.，2012）（图 4-23）。

四、结论

我们在东喜马拉雅的洛扎-错那地区发现一条缓倾的上盘向南剪切的大型韧性滑脱剪切带，以特提斯喜马拉雅滑脱带命名，其伴随向南倾伏的特提斯喜马拉雅褶皱逆冲带，我们把 THD 看作是特提斯喜马拉雅褶皱冲断带的基底滑脱带。THD 于 50～17 Ma 活动并伴随深熔作用，与中 *T/P* 的巴罗式变质相系到高 *T/P* 的巴肯式变质相系有关。THD 控制喜马拉雅造山带始新世至中新世早期地壳增厚，较年轻的上盘向北的藏南拆离系在 THD 之上大约 17～13 Ma 被激活。我们认为，继印度-亚洲大陆碰撞后，从 50 Ma 到 30 Ma，特提斯喜马拉雅滑脱带作为 GHS 和 THS 之间的边界，调控了特提斯喜马拉雅中持续的南北缩短。从 30 Ma 到 17 Ma，由于喜马拉雅造山带顶部的伸展，引发了北特提斯喜马拉雅片麻岩穹窿和 GHS 的快速折返。因此，THD 是 STD 的前身。从始新世—渐新世，喜马拉雅的构造变形从 THD 控制地壳增厚过渡到中新世 STD 控制的 GHS 挤出可能与 20 Ma 以来印度-亚洲板块汇聚速度的放慢有关。

我们提出了一个三阶段演化模型来解释 THD 和 STD 系统。首先，在约 50 Ma 至 30 Ma 始喜马拉雅阶段，上盘向南剪切的 THD 控制了特提斯喜马拉雅的早期地壳增厚，伴随特提斯褶皱逆冲带、局部熔融和巴罗式变质作用，成为特提斯喜马拉雅与高喜马拉雅之间的 4 km 厚的韧性剪切带。并在 THD 之下形成 GHS 的构造楔，伴随 40～30 Ma 的局部熔融；在新喜马拉雅阶段（30～17 Ma），THD 上部发育了剪切方向反转的上盘向北剪切的 STD。在研究区沿 STD 的韧性剪切在 13 Ma 之前停止，随后由 MCT 到 MFT 的向南扩展。因此，THD 成为 50～17 Ma 期间 THS 和 GHS 之间重要的边界。THD 成为 STD 的前身，这一发现解决了前人在 STD 中发现反向剪切的疑虑。THD 在喜马拉雅造山带早期地壳增厚、变质和深熔作用的造山演化中起着关键作用。从 20～17 Ma 开始，藏南拆离系由于受到喜马拉雅东部（比喜马拉雅中西部更年轻）的顶板坍塌而激活，并引发了北特提斯喜马拉雅片麻岩穹窿和 GHS 的快速折返。THD 提供了始新世至中新世早期 THS 淡色花岗质熔体的通道。从古近纪 THD 控制的地壳增厚到中新世 STD 控制的挤出作用的转变，揭示了喜马拉雅新生代演化的一种新的综合构造楔模式。

参考文献

Aikman A B, Harrison T M, Ding L. 2008. Evidence for early(>44 Ma)Himalayan crustal thickening, Tethyan Himalaya, southeastern Tibet. Earth and Planetary Science Letters, 274: 14～23.

Antolín B, Godin L, Wemmer K, et al. 2013. Kinematics of the Dadeldhura klippe shear zones(W Nepal): Implications for the foreland evolution of the Himalayan metamorphic core. Terra Nova, 25: 282～291.

Barth N C, Hacker B R, Seward G G E, et al. 2010. Strain within the ultrahigh-pressure Western Gneiss region of Norway recorded by quartz CPOs. In: Law R D, Butler R W H, Holdsworth R E, et al(eds.). Continental Tectonics and Mountain Building: The Legacy of Peach and Horne. Geological Society, London, Special Publications, 335: 663～685.

Beaumont C, Jamieson R A, Nguyen M H, et al. 2001. Himalayan tectonics explained by extrusion of a low-viscosity crustal channel coupled to focus surface denudation. Nature, 414: 738～742.

Black L P, Gulson B L. 1978. The age of the Mud Tank carbonatite, Strangways Range, Northern Territory. Journal of Australian Geology and Geophysics, 3(3): 227～232.

Burchfiel B C, Chen Z, Hodges K V, et al. 1992. The South Tibetan Detachment System, Himalayan orogen: Extension contemporaneous with and parallel to shortening in a collisional mountain belt. Geological Society of America, Special Papers, 269: 1～41.

Burchfiel B C, Royden L H. 1985. North-south extension within the convergentHimalayan region. Geology, 13(10): 679～682.

Burg J P, Brunel M, Gapais D, et al. 1984. Deformation of leucogranites of the crystalline Main Central Sheet in southern Tibet(China). Journal of Structural Geology, 6(5): 535～542.

Burg J P, Chen G M. 1984. Tectonics and structural zonation of southern Tibet, China. Nature, 311: 219～223.

Burgess W P, Yin A, Dubey C S, et al. 2012. Holocene shortening across the Main Frontal Thrust zone in the eastern Himalaya. Earth and Planetary Science Letters, 357～358: 152～167.

Cai F, Ding L, Yue Y. 2011. Provenance analysis of upper Cretaceous strata in the Tethys Himalaya, southern Tibet: Implications for timing of

India-Asia collision. Earth and Planetary Science Letters, 305(1~2): 195~206.

Cai F, Ding L, Leary R J, et al. 2012. Tectonostratigraphy and provenance of an accretionary complex within the Yarlung-Zangpo suture zone, southern Tibet: Insights into subduction-accretion processes in the Neo-Tethys. Tectonophysics, 574: 181~192.

Carosi R, Lombardo B, Molli G, et al. 1998. The South Tibetan detachment system in the Rongbuk valley, Everest region. Deformation features and geological implications. Journal of Asian Earth Sciences, 16: 299~311.

Carosi R, Montomoli C, Iaccarino S, et al. 2016. Middle to late Eocene exhumation of the Greater Himalayan Sequence in the Central Himalayas: Progressive accretion from the Indian plate. Geological Society of America Bulletin.

Carosi R, Montomoli C, Iaccarino S, et al. 2019. Structural evolution, metamorphism and melting in the Greater Himalayan Sequence in Central-Western Nepal. Geological Society London Special Publications, 483: 305~323.

Carosi R, Montomoli C, Iaccarino S. 2018. 20 years of geological mapping of the metamorphic core across Central and Eastern Himalayas. Earth-Science Reviews, 177: 124~138.

Catlos E J, Harrison T M, Kohn M J, et al. 2001. Geochronologic and thermobarometric constraints on the evolution of the Main Central Thrust, central Nepal Himalaya. J. Geophys. Res., 106: 16177~16204.

Catlos E J, Harrison T M, Manning C E, et al. 2002. Records of the evolution of the Himalayan orogen from in situ Th-Pb ion microprobe dating of monazite: Eastern Nepal and Garhwal. J. Asian Earth Sci., 20: 459~479.

Cawood P A, Johnson M R W, Nemchin A A. 2007. Early Palaeozoic orogenesis along the Indian margin of Gondwana: Tectonic response to Gondwana assembly. Earth and Planetary Science Letters, 255: 70~84.

Chemenda A I, Burg J P, Mattauer M. 2000. Evolutionary model of the Himalaya-Tibet system: geopoem based on new modelling, geological and geophysical data. Earth and Planetary Science Letters, 174(3~4): 397~409.

Chen J, Carosi R, Cao H, et al. 2018. Structural setting of the Yalaxiangbo dome, SE Tibet (China). Italian Journal of Geosciences, 137(2): 330~347.

Chen W, Zhang Y, Zhang Y Q, et al. 2006. Late Cenozoic episodic uplifting in southeastern part of the Tibetan Plateau: evidence from Ar-Ar thermochronology. Acta Petrologica Sinica, 22: 867~872.

Coleman M E. 1996. Orogen-parallel and orogen-perpendicular extension in the central Nepalese Himalayas. Geo. Soc. Am. Bull., 108: 1594~1607.

Coleman M E. 1998. U-Pb constraints on Oligocene-Miocene deformation and anatexis within the central Himalaya, Marsyandi valley, Nepal. American Journal of Science, 298: 553~571.

Corrie S L, Kohn M J, Vervoort J D. 2010. Young eclogite from the Greater Himalayan Sequence, Arun Valley, eastern Nepal: P-T-t path and tectonic implications. Earth and Planetary Science Letters, 289: 406~416.

Cottle J M, Jessup M J, Newell D L, et al. 2007. Structural insights into the early stages of exhumation along an orogen-scale detachment: The South Tibetan Detachment System, Dzakaa Chu section, Eastern Himalaya. Journal of Structural Geology, 29(11): 1781~1797.

Cottle J M, Jessup M J, Newell D L, et al. 2009. Geochronology of granulitized eclogite from the Ama Drime Massif: Implications for the tectonic evolution of the South Tibetan Himalaya. Tectonics, 28(1): TC1002.

Cottle J M, Larson K P, Kellett D A. 2015. How does the mid-crust accommodate deformation in large, hot collisional orogens? A review of recent research in the Himalayan orogen. Journal of Structural Geology, 78: 119~133.

DeCelles P G, Gehrels G E, Quade J, et al. 2000. Tectonic implications of U-Pb zircon ages of the Himalayan orogenic belt in Nepal. Science, 288: 497~499.

Ding H X, Zhang Z M, Hu K M, et al. 2016a. P-T-t-D paths of the North Himalayan metamorphic rocks: Implications for the Himalayan orogeny. Tectonophysics, 683: 393~404.

Ding H X, Zhang Z M. 2016b. Neoproterozoic granitoids in the eastern Himalayan orogen and their tectonic implications. Precambrian Research, 285: 1~9.

Ding L, Kapp P, Wan X. 2005. Paleocene-Eocene record of ophiolite obduction and initial India-Asia collision, south central Tibet. Tectonics, 24, TC3001.

Ding L, Qasim M, Jadoon I A, et al. 2016. The India-Asia collision in north Pakistan: Insight from the U-Pb detrital zircon provenance of Cenozoic foreland basin. Earth and Planetary Science Letters, 455: 49~61.

Dunkl I, Antolin B, Wemmer K, et al. 2011. Metamorphic evolution of the Tethyan Himalayan flysch in SE Tibet. Geological Society, London, Special Publications, 353: 45~69.

Edwards M A, Harrison T M. 1997. When did the roof collapse? Late Miocene north-south extension in the High Himalaya revealed by Th-Pb monazite dating of the Khula Kangri granite. Geology, 25: 543~546.

Finch M, Hasalova P, Weinberg R F, et al. 2014. Switch from thrusting to normal shearing in the Zanskar shear zone, NW Himalaya: Implications for channel flow. Geological Society of America Bulletin, 126: 892~924.

Gansser A. 1964. The Geology of the Himalayas. Wiley Interscience, New York, 289.

Gehrels G E, DeCelles P G, Ojha T P, et al. 2006. Geologic and U-Th-Pb geochronologic evidence for early Paleozoic tectonism in the Kathmandu thrust sheet, central Nepal Himalaya. Geological Society of America Bulletin, 118: 185~198.

Gehrels G, Kapp P, DeCelles P, et al. 2011. Detrital zircon geochronology of pre-Tertiary strata in the Tibetan-Himalayan orogen. Tectonics, 30, TC5016.

Godin L. 2003. Structural evolution of the Tethyan sedimentary sequence in the Annapurna area, central Nepal Himalaya. Journal of Asian Earth Sciences, 22: 307~328.

Godin L, Grujic D, Law R D, et al. 2006. Channel flow, ductile extrusion and exhumation in continental collision zones: an introduction. Geol. Soc. Lond.)Spec. Publ, 268(1): 1~23.

Godin L, Parrish R R, Brown R L, et al. 2001. Crustal thickening leading to exhumation of the Himalayan Metamorphic core of central Nepal: insight from U-Pb geochronology and$^{40}Ar/^{39}Ar$ thermochronology. Tectonics, 20: 729~747.

Gonçalves G O, Lana C, Scholz R, et al. 2018. The Diamantina monazite: A new low-Th reference material for microanalysis. Geostandards and Geoanalytical Research, 42(1): 25~47.

Grujic D, Hollister L S, Parrish R R. 2002. Himalayan metamorphic sequence as an orogenic channel: Insight from Bhutan. Earth Planetary Science Letters, 198: 177~191.

Guillot S, Mahéo G, De Sigoyer J, et al. 2008. Tethyan and Indiansubduction viewed from the Himalayan high-to ultrahigh-pressure metamorphic rocks. Tectonophysics, 451: 225~241.

Harrison T M, Yin A, Grove M, et al. 2000. The Zedong Window: A record of superposed Tertiary convergence in southeastern Tibet. J. Geophys. Res., 105: 19211~19230.

He D, Webb A A G, Larson K P, et al. 2016. Extrusion vs. duplexing models of Himalayan mountain building 2: The South Tibet detachment at the Dadeldhura klippe. Tectonophysics, 667: 87~107.

Hodges K V. 2000. Tectonics of the Himalaya and southern Tibet from two perspectives. Geological Society America Bulletin, 112(3): 324~350.

Hodges K V, Hames W E, Olszewski W, et al. 1994. Thermobarometric and $^{40}Ar/^{39}Ar$ geochronologic constraints on Eohimalayan metamorphism in the Dinggyê area, southern Tibet. Contributions to Mineralogy and Petrology, 117(2): 151~163.

Hodges K V, Hubbard M S, Silverberg D S. 1988. Metamorphic constraints on the thermal evolution of the central Himalayan Orogen. Philosophical Transactions of the Royal Society of London. Series A, Mathematical and Physical Sciences, 326(1589): 257~280.

Hodges K V, Hurtado J M, Whipple K X. 2001. Southward extrusion of Tibetan crust and its effect on Himalayan tectonics. Tectonics, 20: 799~809.

Hodges K V, Parrish R R, Searle M P. 1996. Tectonic evolution of the central Annapurna Range, Nepalese Himalayas. Tectonics, 15: 1264~1291.

Hodges K V, Silverberg D S. 1988. Thermal evolution of the greater Himalaya, Garhwal, India. Tectonics, 7(3): 583~600.

Holdaway M J. 2000. Application of new experimental and garnet Margules data to the garnet-biotite geothermometer. American Mineralogist, 85: 881~892.

Holland T J B, Green E C R, Powell R. 2022. A thermodynamic model for feldspars in $KAlSi_3O_8$-$NaAlSi_3O_8$-$CaAl_2Si_2O_8$ for mineral equilibrium calculations. Journal of Metamorphic Geology, 40: 587~600.

Holland T, Powell R. 2011. An improved and extended internally consistent thermodynamic dataset for phases of petrological interest, involving a new equation of state for solids. Journal of Metamorphic Geology, 29: 333~383.

Hou Z Q, Zheng Y C, Zeng L S, et al. 2012. Eocene-Oligocene granitoids in southern Tibet: Constraints on crustal anatexis and tectonic evolution of the Himalayan orogen. Earth and Planetary Science Letters, 349~350: 38~52.

Hu X M, Garzanti E, Wang J G, et al. 2016. The timing of India-Asia collision onset-Facts, theories, controversies. Earth-Science Reviews, 160: 264~299.

Hubbard M, Mukul M, Gajurel A P, et al. 2021. Orogenic segmentation and its role in Himalayan mountain building. Frontiers in Earth Science, 9: 641~666.

Jackson S E, Pearson N J, Griffin W L, et al. 2004. The application of laser ablation-inductively coupled plasma-mass spectrometry to in situ U-Pb zircon geochronology. Chem. Geol, 211: 47~69.

Jessup M J, Langille J M, Diedesch T F, et al. 2019. Gneiss Dome Formation in the Himalaya and southern Tibet. Geological Society, London, Special Publications, 483: 483~515.

Ji M, Gao X Y, Zheng Y F, et al. 2021. Metapelites record two episodes of decompressional metamorphism in the Himalayan orogen. Lithos, 394~395: 106183.

Kapp P, DeCelles P G. 2019. Mesozoic-Cenozoic geological evolution of the Himalayan-Tibetan orogen and working tectonic hypotheses. American Journal of Science, 319 (3): 159~254.

Kellett D A, Cottle J M, Larson K P. 2019. The South Tibetan Detachment system: History, advances, definition and future directions. In: Treloar, P. J. & Searle, M. P. eds.), Himalayan Tectonics: A Modern Synthesis. Geological Society, London, Special Publications, 483: 377~400.

Kellett D A, Cottle J M, Smit M. 2014. Eocene deep crust at Ama Drime, Tibet: Early evolution of the Himalayan orogen. Lithosphere, 6: 220~229.

Kellett D A, Godin L. 2009. Pre-Miocene deformation of the Himalayan superstructure, Hidden valley, central Nepal. Journal of the Geological Society, London, 166: 261~275.

Kellett D A, Grujic D, Coutand I, et al. 2013. The South Tibetan detachment system facilitates ultra rapid cooling of granulite-facies rocks in Sikkim Himalaya. Tectonics, 32: 252~270.

La Roche R S, Godin L, Cottle J M, et al. 2016. Direct shear fabric dating constrains early Oligocene onset of the South Tibetan detachment in the western Nepal Himalaya. Geology, 44: 403~406.

Larson K P, Godin L, Price R A. 2010. Relationships between displacement and distortion in orogens: Linking the Himalayan foreland and hinterland in central Nepal. Geological Society of America Bulletin, 122(7/8): 1116~1134.

Lavé J, Avouac J P. 2000. Active folding of fluvial terraces across the Siwaliks Hills, Himalayas of central Nepal. Journal of Geophysical Research 105: 5735~5770.

Le Fort P. 1996. Evolution of the Himalaya. In A. Yin, T. M. Harrison(Eds.), The Tectonics of Asia(pp. 95-106). New York: Cambridge University Press.

Lee J, Dinklage W S, Hacker B R, et al. 2000. Evolution of the Kangmar Dome, southern Tibet: Structural, petrologic, and thermochronologic constraints. Tectonics, 19: 872~896.

Lee J, Whitehouse M J. 2007. Onset of mid-crustal extensional flow in southern Tibet: Evidence from U/Pb zircon ages. Geology, 35: 45~48.

Li G W, Tian Y, Kohn B P, et al. 2015. Cenozoic low temperature cooling history of the Northern Tethyan Himalaya in Zedang, SE Tibet and its implications. Tectonophysics, 643: 80~93.

Lister G S, Davis G A. 1989. The origin of metamorphic core complexes and detachment faults formed during Tertiary continental extension in the northern Colorado River region, U. S. A. Journal of Structural Geology, 11(1~2): 65~94.

Ludwig K R. 2008. ISOPLOT 4. 15: A Geochronological Toolkit for Microsoft Excel. Berkeley Geochronology Center, Special Publication, 4: 71.

Mainprice D, Bouchez J L, Blumenfeld P, et al. 1986. Dominant c slip in naturally deformed quartz: Implications for dramatic plastic softening at high temperature. Geology, 14: 819~822.

Mainprice D. 1990. A Fortran program to calculate seismic anisotropy from the lattice preferred orientation of minerals. Computer Geosciences, 16: 385~393.

Martin A J, Burgy K D, Kaufman A J, et al. 2011. Stratigraphic and tectonic implications of field and isotopic constraints on depositional ages of Proterozoic Lesser Himalayan rocks in central Nepal. Precambrian Research, 185: 1~17.

Martin A J, DeCelles P G, Gehrels G E, et al. 2005. Isotopic and structural constraints on the location of the Main Central Thrust in the Annapurna Range, central Nepal Himalaya. Geological Society of America Bulletin, 117: 926~944.

Molnar P, Stock J M. 2009. Slowing of India's convergence with Eurasia since 20 Ma and its implications for Tibetan mantle dynamics, Tectonics, 28, TC3001.

Montemagni C, Montomoli C, Iaccarino S, et al. 2019. Dating protracted fault activities: Microstructures, microchemistry and geochronology of the Vaikrita Thrust, Main Central Thrust zone, Garhwal Himalaya, NW India. Geological Society, London, Special Publications, 481(1): 127~146.

Montomoli C, Iaccarino S, Antolin B, et al. 2017. Tectono-metamorphic evolution of the Tethyan sedimentary sequence (Himalayas, SE Tibet). Italian Journal of Geosciences, 136(1): 73~88.

Murphy M A, Harrison T M. 1999. Relationship between leucogranites and the Qomolangma detachment in the Rongbuk Valley, south Tibet. Geology, 27: 831~834.

Murphy M A, Yin A. 2003. Structural evolution and sequence of thrusting in the Tethyan fold-thrust belt and Indus-Yalu suture zone, southwest Tibet. Geological Society of America Bulletin, 115: 21~34.

Myrow P M, Hughes N C, Goodge J W, et al. 2010. Extraordinary transport and mixing of sediment across Himalayan central Gondwana during the Cambrian-Ordovician. Geological Society of America Bulletin, 122: 1660~1670.

Nagy C, Godin L, Antolin B, et al. 2015. Mid-Miocene initiation of orogen-parallel extension, NW Nepal Himalaya. Lithosphere, 7: 483~502.

Nelson K D, Zhao W, Brown L D, et al. 1996. Partially molten middle crust beneath southern Tibet: Synthesis of Project INDEPTH results. Science, 274(5293): 1684~1688.

O'Brien P J. 2019. Eclogites and other high-pressure rocks in the Himalaya: a review. Geological Society, London, Special Publications, 483(1): 183~213.

Parrish R R, Hodges K V. 1996. Isotopic constraints on the age and provenance of the Lesser and Greater Himalayan sequences, Nepalese Himalaya. Geological Society of America Bulletin, 108: 904~911.

Parsons A J, Ferré E C, Law R D, et al. 2016a. Orogen-parallel deformation of the Himalayan midcrust: Insights from structural and magnetic fabric analyses of the Greater Himalayan Sequence, Annapurna-Dhaulagiri Himalaya, central Nepal. Tectonics, 35: 2515~2537.

Passchier C W, Trouw R S J. 2005. Microtectonics. Springer-Verlag. 1~294.

Patel R C, Singh S, Asokan A, et al. 1993. Extensional tectonics in the Himalayan orogen, Zanskar, NW India. In: Treloar, P. J, Searle, M.

P. eds), Himalayan Tectonics. The Geological Society Special Publication 74, 265~276: 445~459.

Paton C, Woodhead J D, Hellstrom J C, et al. 2010. Improved laser ablation U-Pb zircon geochronology through robust downhole fractionation correction. Geochemistry Geophysics Geosystems, 11: Q0AA06.

Pye A E, Hodges K V, Keller C B, et al. 2022. Prolonged Slip on the South Tibetan Detachment Constrains Tectonic Models for Synorogenic Extension in the Central Himalaya. Tectonic, 41: e2022TC007298.

Ratschbacher L, Frisch W, Liu G, et al. 1994. Distributed deformation in southern and western Tibet during and after the India-Asia collision. Journal of Geophysical Research, 99: 19817~19945.

Schultz M H, Hodges K V, Ehlers T A, et al. 2017. Thermochronologic constraints on the slip history of the South Tibetan detachment system in the Everest region, southern Tibet. Earth and Planetary Science Letters, 459: 105~117.

Searle M P. 2010. Low-angle normal faults in the compressional Himalayan orogen; evidence from the Annapurna-Dhaulagiri Himalaya, Nepal. Geosphere, 6(4): 296~315.

Searle M P, Godin L. 2003. The South Tibetan Detachment and the Manaslu Leucogranite: A structural reinterpretation and restoration of the Annapurna-Manaslu Himalaya, Nepal. The Journal of Geology, 111(5): 505~523.

Searle M P, Parrish R R, Hodges K V, et al. 1997. Shisha pangma leucogranite, south Tibetan Himalaya: Field relations, geochemistry, age, origin, and emplacement. The Journal of Geology, 105(3): 295~318.

Searle M P, Treloar P J. 2019. Introduction to Himalayan tectonics: a modern synthesis. Geological Society, London, Special Publications, 483 (1): 1~17.

Seeber L, Armbruster J G, Quittmeyer R C. 1981. Seismicity and continental subduction in the Himalayan arc. Zagros Hindu Kush Himalaya Geodynamic Evolution, 3: 215~242.

Simpson C, De Paor D G. 1993. Strain and kinematic analysis in general shear zones. Journal of Structural Geology, 15: 1~20.

Soret M, Larson K P, Cottle J, et al. 2021. How Himalayan collision stems from subduction. Geology, 49(8): 894~898.

Starnes J, Long S P, Gordon S M, et al. 2020. Using quartz fabric intensity parameters to delineate strain patterns across the Himalayan Main Central thrust. Journal of Structural Geology, 131(3): 103941.

Steiger R H, Jäger E. 1977. Subcommission on geochronology: Convention on the use of decay constants in geo-and cosmochronology. Earth and Planetary Science Letters, 36: 359~362.

Upreti B N. 1999. An overview of the stratigraphy and tectonics of the Nepal Himalaya. Journal of Asian Earth Sciences, 17: 577~606.

Vannay J C, Grasemann B, Rahn M, et al. 2004. Miocene to Holocene exhumation of metamorphic crustal wedges in the NW Himalaya: Evidence for tectonic extrusion coupled to fluvial erosion. Tectonics, 23: TC1014.

Vannay J C, Hodges K V. 1996. Tectonometamorphic evolution of the Himalayan metamorphic core between the Annapurna and Dhaulagiri, central Nepal. Journal of Metamorphic Geology, 14: 635~656.

Wang J M, Wu F Y, Rubatto D, et al. 2018. Early Miocene rapid exhumation in southern Tibet: Insights from P-T-t-D-magmatism path of Yardoi dome. Lithos, 304~307: 38~56.

Wang Y H, Zhang L F, Zhang J J, et al. 2017a. The youngest eclogite in central Himalaya: P-T path, U-Pb zircon age and its tectonic implication. Gondwana Research, 41: 188~206.

Wang Y, Zeng L, Gao L E, et al. 2017b. Neoproterozoic magmatism in eastern Himalayan terrane. Science Bulletin, 62: 415~424.

Wang Y, Zheng X. 1975. Imbricate structure in the northern slope of Jolmo Lungma and discussion on the uplift of the Himalaya, in Scientific exploration on Jolmo Lungma(1975): Beijing, Science Publishing.

Waters D. 2019. Metamorphic constraints on the tectonic evolution of the High Himalaya in Nepal: the art of the possible. Geological Society, London, Special Publications, 483: 325~375.

Webb A A G. 2013. Preliminary balanced palinspastic reconstruction of Cenozoic deformation across the Himachal Himalaya (northwestern India). Geosphere, 9(3): 572~587.

Webb A A G, Guo H, Clift P D, et al. 2017. The Himalaya in 3D: slab dynamics controlled mountain building and monsoon intensification. Lithosphere.

Webb A A G, Yin A, Harrison T M, et al. 2011a. Cenozoic tectonic history of the Himachal Himalaya(northwestern India) and its constraints on the formation mechanism of the Himalayan orogen. Geosphere, 7(4): 1013~1061.

Webb A A G, Schmitt A K, He D, et al. 2011b. Structural and geochronological evidence for the leading edge of the Greater Himalayan Crystalline complex in the central Nepal Himalaya. Earth and Planetary Science Letters, 304: 483~495.

Webb A A G, Yin A, Harrison T M, et al. 2007. The leading edge of the Great Himalayan Crystalline complex revealed in the NW Indian Himalaya: Implications for the evolution of the Himalayan Orogen. Geology, 35: 955~958.

Wiesmayr G, Grasemann B. 2002. Eohimalayan fold and thrust belt: Implications for the geodynamic evolution of the NW-Himalaya (India). Tectonics, 21: 1058.

Wu C M, Zhang J, Ren L D. 2004. Empirical garnet-biotite-plagioclase-quartz (GBPQ) geobarometry in medium-to high-grade metapelites. Journal of Petrology, 45: 1907~1921.

Wu Chenguang, Zhang Lifei, Li Qingyun, et al. 2022. Tectonothermal transition from continental collision to post-collision: Insights from eclogites overprinted in the ultrahigh-temperature granulite facies (Yadong region, central Himalaya). Journal of Metamorphic Geology, 40(5): 955~981.

Wu F Y, Ji W Q, Wang J G, et al. 2014. Zircon U-Pb and Hf isotopic constraints on the onset Time of India-Asia collision. American Journal of Science, 314: 548~579.

Xu Z Q, Wang Q, Dong H W, et al. 2021. Middle Eocene-Oligocene anatexis and exhumation of the Greater Himalayan Sequence in central Nepal. Terra Nova, 33: 590~601.

Xu Z Q, Wang Q, Pêcher A, et al. 2013. Orogen-parallel ductile extension and extrusion of the Greater Himalaya in the late Oligocene and Miocene. Tectonics, 32: 191~215.

Xu Z Q, Yin A, Xiang H, et al. 2024. Top-to-south shear at the base of the eastern Tethyan Himalayan Sequence during the Eocene-Oligocene Himalayan orogeny. Tectonophysics, 895: 230552.

Yan D P, Zhou M F, Robinson P, et al. 2012. Constraining the mid-crustal channel flow beneath the Tibetan Plateau: data from the Nielaxiongbo gneiss dome, SE Tibet. International Geology Review, 54: 615~632.

Yin A. 1989. Origin of regional, rooted low-angle normal faults: A mechanical model and its tectonic implications. Tectonics, 8(3): 469~482.

Yin A. 2006. Cenozoic tectonic evolution of the Himalayan orogen as constrained by along-strike variation of structural geometry, exhumation history, and foreland sedimentation. Earth-Science Reviews, 76: 1~131.

Yin A, Dubey C S, Kelty T K, et al. 2006. Structural evolution of the Arunachal Himalaya and implications for asymmetric development of the Himalayan orogen. Current Science, 90(2): 195~206.

Yin A, Dubey C S, Kelty T K, et al. 2010. Geologic correlation of the Himalayan orogen and Indian craton: Part 2. Structural geology, geochronology, and tectonic evolution of the Eastern Himalaya. Geological Society of America Bulletin, 122(3~4): 360~395.

Yin A, Harrison T M, Celerier J, et al. 2007. The leading edge of the Greater Himalayan Crystalline complex revealed in the NW Indian Himalaya: Implications for the evolution of the Himalayan Orogen. Geology, 35: 955~958.

Yin A, Harrison T M, Murphy M A, et al. 1999. Tertiary deformation history of southeastern and southwestern Tibet during the Indo-Asian collision. Geological Society of America Bulletin, 111: 1644~1664.

Yin A, Harrison T M, Ryerson F, et al. 1994. Tertiary structural evolution of the Gangdese thrust system, southeastern Tibet: Journal of Geophysical Research, 99(B9): 18175~18201.

Yin A, Harrison T M. 2000. Geologic evolution of the Himalayan-Tibetan orogen. Annual Review of Earth and Planetary Sciences, 28: 211~280.

Yin G H, Su X J. 2005. 1 : 250,000 Geological Map of Cuona Area in Tibet. Geological Survey Bureau of Yunnan Province, China.

Zeng L S, Gao L E, Xie K J, et al. 2011. Mid-Eocene high Sr/Y granites in the Northern Himalayan Gneiss Domes: Melting thickened lower continental crust. Earth Planetary Science Letters, 303: 251~266.

Zhang J J, Santosh M, Wang X, et al. 2012. Tectonics of the northern Himalaya since the India-Asia collision. Gondwana Research, 21: 939~960.

Zhang Z, Ding H, Dong X, et al. 2018. High-temperature metamorphism, anataxis and tectonic evolution of a mafic granulite from the Eastern Himalayan orogen. Journal of Earth Science, 29(5): 1010~1025.

Zhong H M, Xia J, Tong J S. 2004. 1 : 250,000 Geological Map of the Lhozag Area in Tibet. Geological Survey of Anhui Province, China.

第五章　高喜马拉雅的双层结构

被藏南拆离系和主中央逆冲断层夹持的高喜马拉雅（Burg et al.，1984；Burchfiel et al.，1992；Le Fort，1996；Garzanti，1999；Wyss et al.，1999；DeCelles et al.，2001；DiPietro et al.，2004；Yin，2006；Searle et al.，2008）位于喜马拉雅造山带的核部，主要由新太古代—早古生代角闪岩相-麻粒岩相的片麻岩、角闪岩、大理岩、麻粒岩和混合岩等组成，尤以藏南的聂拉木群（Zhang et al.，1981；Xu et al.，2005）和东构造结的南迦巴瓦群（Liu et al.，1997；Burg et al.，1998；Ding et al.，2001）为典型。此外，早-中中新世的淡色花岗岩广泛分布在高喜马拉雅，尤其是靠近 STD 的区域（Hodges et al.，1992；Searle et al.，1997；Guillot et al.，1999；Streule et al.，2010）。

高喜马拉雅变质核为俯冲的印度大陆北缘的中下地壳岩石折返的产物（Le Fort，1996；Yin et al.，2000；Yin，2006；Guillot et al.，2008；Yin et al.，2010a；Webb et al.，2011a）（图 5-1）。在始新世中期—渐新世时期，由于印度板块的俯冲作用（埋深/地壳增厚），高喜马拉雅结晶杂岩经历了高角闪岩相-麻粒岩相的进变质作用（Searle et al.，1992；Hodges et al.，1994；Vance et al.，

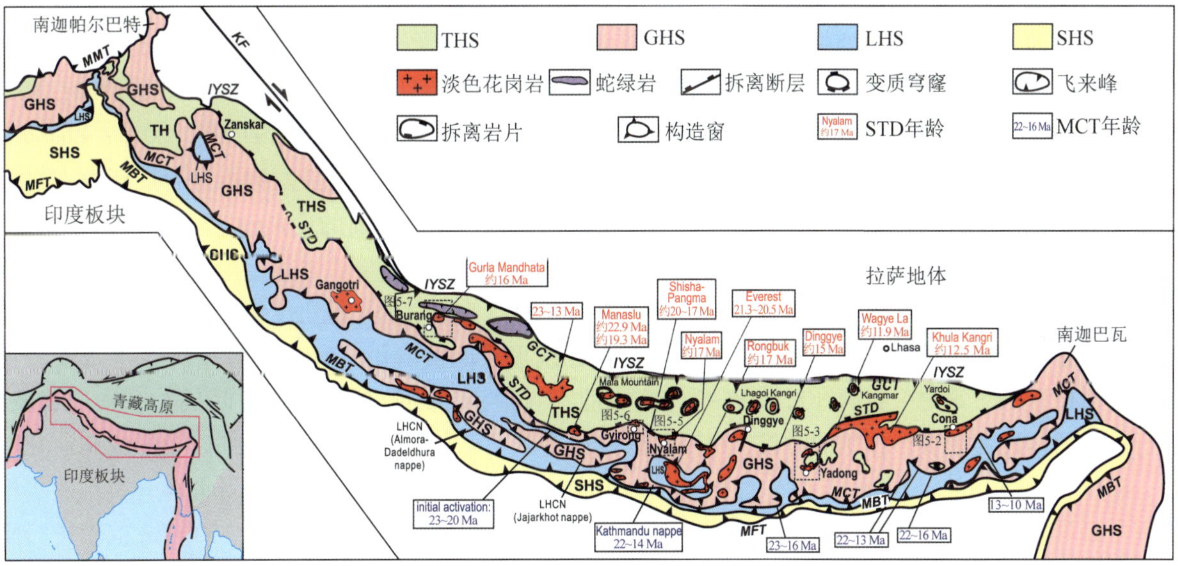

图 5-1　喜马拉雅造山带地质简图

（据 DiPietro et al.，2004，有修改；Yin，2006；Pêcher et al.，2008）

GHS—高喜马拉雅；LHS—低喜马拉雅；SHS—次喜马拉雅；THS—特提斯喜马拉雅；LHCN—低喜马拉雅结晶推覆体；IYSZ—印度河-雅鲁藏布江缝合带；GCT—大反转逆冲断层；KF—喀喇昆仑断层；MBT—主边界逆冲断层；MCT—主中央逆冲断层；MFT—主前锋逆冲断层；STD—藏南拆离系。虚线框表示研究区域。插图显示喜马拉雅造山带和青藏高原的主要边界断层。给出了 STD 下盘淡色花岗岩（红色）和 MCT 活动时间（深蓝色）的独居石 U-Th-Pb 年龄和云母 $^{40}Ar/^{39}Ar$ 冷却年龄。STD 的参考文献：Khula Kangri（Edwards et al.，1996；Edwards et al.，1997）；Wagye La（Wu et al.，1998）；Dinggye（Xu，1990；Leloup et al.，2010）；Rongbuk（Murphy et al.，1999）；Nyalam（Schärer et al.，1986；Xu，1990）；Everest（Simpson et al.，2000）；Shisha-Pangma（Searle et al.，1997）；Manaslu（Harrison et al.，1999）；Annapurna Range（Hodges et al.，1996）；Gurla Mandhata（Wang et al.，2005）。MCT 从东到西的参考文献：Arunachal Himalaya（Yin et al.，2010b）；不丹（Grujic et al.，2002）；锡金（Harris et al.，2004）；Kathmandu nappe（Metcalfe，1993；Stephenson et al.，2001）；安纳普尔纳山脉（Hodges et al.，1996）

1999；Ding et al.，1999；Zhang et al.，2010），在印度-亚洲板块碰撞过程中，高喜马拉雅的折返过程和机制成为理解喜马拉雅造山带整个演化过程的关键。在高喜马拉雅中，主要的拉伸线理呈 N-N30°E 方向（即垂直于造山带），是 STD 和 MCT 之间的中-下地壳物质向南折返的表征。前人曾用"楔状挤出"（Burchfiel et al.，1985；Grujic et al.，1996）、"隧道流挤出"（Beaumont et al.，2001；Hodges et al.，2001；Grujic et al.，2002）、"构造楔侵位"和"双重逆冲构造"模式（Yin，2006；Webb et al.，2007，2011a，2011b；Robinson et al.，2006）予以解释。但是这些模式都是建立在自中新世以来的南北向运动为基础的 STD 和 MCT 同时运动的基础上。也就是说，高喜马拉雅带的向南挤出与中新世以来 STD 和 MCT 夹持下高喜马拉雅岩片的向南折返或侵位有关。

第一节　高喜马拉雅平行造山带走向的韧性伸展构造

一、前言

事实上，在喜马拉雅的上部早已发现具有平行造山带拉伸线理（近于东西向）的低角度的拆离断层（Coleman，1996，1998），如藏南的聂拉木地区（Brun et al.，1985）、尼泊尔中部（Pêcher，1991；Pêcher et al.，1991；Coleman，1996）、喜马拉雅西段的 Garhwal（Pêcher et al.，1989）和 Ladakh 地区（Epard et al.，2004）。平行造山带的韧性拆离作用也在变形或横跨 STD 的穹窿顶部被发现，如藏西南的纳木那尼峰（Murphy et al.，2002）、印度西北的 Leo Pargil 穹窿（Thiede et al.，2006；Langille et al.，2012）、西藏-尼泊尔的 Ama Drime 地块（Jessup et al.，2008；Langille et al.，2010）等。而且在喜马拉雅的中东部，GHS 经历的角闪岩-麻粒岩相变质作用（0.8~1.5 GPa，600~800℃）、局部熔融和韧性变形可以追溯到始新世中期—渐新世（图 5-1）（Vanney et al.，1996；Martin et al.，2007；Carosi et al.，2010，2016；Montomoli et al.，2013；Iaccarino et al.，2015；Zhang et al.，2017；Soucy La Roche et al.，2018）。但是人们并没有注意平行造山带的构造是否广泛存在高喜马拉雅中，它们在喜马拉雅三维造山过程中的重要性，以及中新世之前的变形-变质作用在高喜马拉雅形成、特别是侧向流动的构造意义。

针对上述问题，我们在高喜马拉雅上部的野外调查中，普遍发现了低角度韧性剪切带，在剪切带中广泛发育平行造山带的透入性面理、近东西向拉伸线理及糜棱岩化。剪切带在 GHS 的上部保存良好，构造位置低于 STD。我们针对 GHS 折返造成的平行造山带的拉伸构造的空间展布和构造背景、平行造山的韧性伸展变形作用的时代、机制和区域构造意义、它们经历的温压条件以及形成和演化时代、GHS 的上下边界（STD、MCT）如何相互作用或相互关联以及伸展作用在中新世喜马拉雅的折返过程中是否发挥作用等重要问题，对错那、亚东、聂拉木、吉隆和普兰地区长达 1000 km 范围进行野外填图、显微结构和年代学等综合研究，在上述 5 个地区，均发现了 GHS 上部具缓倾面理和透入性东西向拉伸线理的韧性剪切带。基于石英的电子背散射衍射组构测量、锆石 U-Pb 测年及黑云母和白云母的 $^{40}Ar/^{39}Ar$ 测年，我们限定了这些平行造山带韧性伸展作用的变形条件和时限。这些结果也为喜马拉雅的挤出/伸展模式提供了新的见解。

二、野外观察：平行造山带韧性伸展构造的厘定

我们分别在高喜马拉雅上部自东向西考察了藏南的 5 个区域：错那（92°E）、亚东（89°E）、聂拉木（86°E）、吉隆（85.3°E）和普兰（Gurla Mandhata，81.2°E）（图 5-1）。根据统计的面理产状（变质面理或糜棱面理）、拉伸线理和剪切应变的研究，上述高喜马拉雅岩石中都识别出强应变（糜棱岩或糜棱岩化岩石）、缓倾面理和近东-西向拉伸线理的韧性剪切带。

（1）错那地区

错那县位于喜马拉雅造山带东部，这里造山带的走向为 ENE 方向（图 5-1）。该区的 GHS 由强烈变形的花岗质片麻岩、矽线石-石榴子石-黑云母片麻岩、大理岩及石榴子石-石墨片岩等组成。如图 5-2a 所示，在错那县城以南约 10 km 处，近东西走向的 STD 与其上盘的绿泥石-黑云母-石榴子石片岩、寒武纪灰岩及其下盘的元古宙 GHS 高级变质岩并存。STD 向北，一条北倾正断层将其上盘的上三叠统砂岩、板岩、玄武岩、凝灰岩与下盘的寒武纪沉积岩分隔开。年龄为 20.1～12.1 Ma（据 K-Ar 定年数据）的花岗岩体侵入上三叠统中，侵位可能与 STD 的活动有关（云南省地调报告，2005）。GHS 的强烈变形特征表现为缓倾面理和两组透入性拉伸线理（图 5-2b）。在错那-麻玛剖面的北半部，GHS 高级变质岩石的拉伸线理在接近 STD 时呈近南北向（图 5-2c、d）。但随着向南靠近麻玛村时，STD 的拉伸线理变为 NE 和 ENE 向（图 5-2e、f）。麻玛村附近的糜棱岩化不对称褶皱和其他一些剪切构造均指示了这些岩石上盘向 NE 或 ENE 的剪切指向。

（2）亚东地区

亚东地区位于错那县向西大约 250 km 处，如图 5-3 所示，在 STD 以南约 10 km 处的 GHS 高级变质岩基底之上覆盖着古生代的沉积地层。GHS 基底出露有石榴子石-矽线石角闪斜长片麻岩、角闪岩、大理岩和花岗质片麻岩。在结晶基底之上，特提斯喜马拉雅单元包含寒武纪含石榴子石黑云母片岩、绿泥石片岩和钙质片岩夹变砂岩，奥陶纪灰岩、钙硅质岩和千枚岩，志留纪砂岩、灰岩和页岩，泥盆系—三叠纪页岩夹灰岩和大理岩。值得注意的是，南侧的变沉积岩变质程度低于 STD 上盘的岩石。

STD 附近，GHS 的高级变质岩石呈现强剪切组构：近南北走向的拉伸线理和上盘向北的剪切指向（图 5-3a）。而往南，GHS 基底与低级变质沉积岩层的接触带，表现为低角度剪切带，并发生再褶皱形成宽缓的向斜（图 5-3b），我们称其为亚东剪切带。在东丽村以北，亚东剪切带的拉伸线理是东西走向（图 5-3c），且无论向下盘（糜棱岩、糜棱岩化片麻岩、混合岩）（图 5-4a～c）还是向上盘（千枚岩、灰岩的平卧褶皱），都逐渐发展成透入性拉伸线理（图 5-4d、e）。然而，在东丽村以南，拉伸线理转为 NW-SE 向（图 5-3d）。由于 STD 与亚东剪切带之间缺乏填图的连续性，因此两者之间的关系还并不清楚。亚东剪切带可能是 STD 向南的延伸，因为此处 STD 的几何形态与 Kula Kangri 地区（Edwards et al.，1999）或 Beas 地区（Wyss et al.，1999）观察到的非常相似。然而亚东地区的拉伸线理没有表现出自亚东剪切带向 STD 的递进转变（图 5-3c、d），表明亚东剪切带与 STD 是两个相互独立的构造。黑云母和白云母的 $^{40}Ar/^{39}Ar$ 冷却年龄给出亚东地区淡色花岗岩的侵位时间为 14.9～13.5 Ma（Liu et al.，2004）。由于淡色花岗岩切割了亚东剪切带的糜棱岩组构，因此说明亚东剪切带的变形时间早于 15 Ma。

在野外露头，大量的剪切指向判别特征（长石透镜体的几何形状、长英质脉体的不对称布丁构造、不对称平卧褶皱等）都指示了上盘向东或南东的剪切（图 5-4c、d），这与下盘糜棱岩化片麻岩（图 5-4f～h）和上盘片岩（图 5-4k）的显微结构特征（不对称石榴子石压力影、纤维状矽线石旋转、S-C 组构）是一致的。为了排除淡色花岗岩侵入可能造成的热效应，我们选取了东丽村南侧的样品来估算亚东剪切带的变形温度。根据矽线石-石榴子石-石英-黑云片麻岩中柱状矽线石和蠕英石的生长（图 5-4i）以及石英的波状消光特点推测，亚东剪切带的峰期变质温度可达 650～700 ℃。要注意的是横穿亚东剪切带的变形强度和变质程度越往北越低，表现为自下盘的高角闪岩相变质糜棱岩转变至上盘绿片岩相。

考虑到亚东和错那地区 GHS 岩石变形特征的相似性，我们认为具有东西向拉伸线理和上盘向东剪切指向的亚东剪切带可以向东延伸到错那地区，只是随着造山带走向的变化，到了错那地区，拉伸线理旋转成了 ENE 走向，剪切指向则转变成了 ENE 指向。这两个地区的野外观察都反映出东喜马拉雅地区平行造山带韧性伸展构造的重要性。

（3）聂拉木地区

位于中喜马拉雅的聂拉木地区的 GHS 岩石由角闪岩相片麻岩、大理岩和混合岩组成。在聂拉木

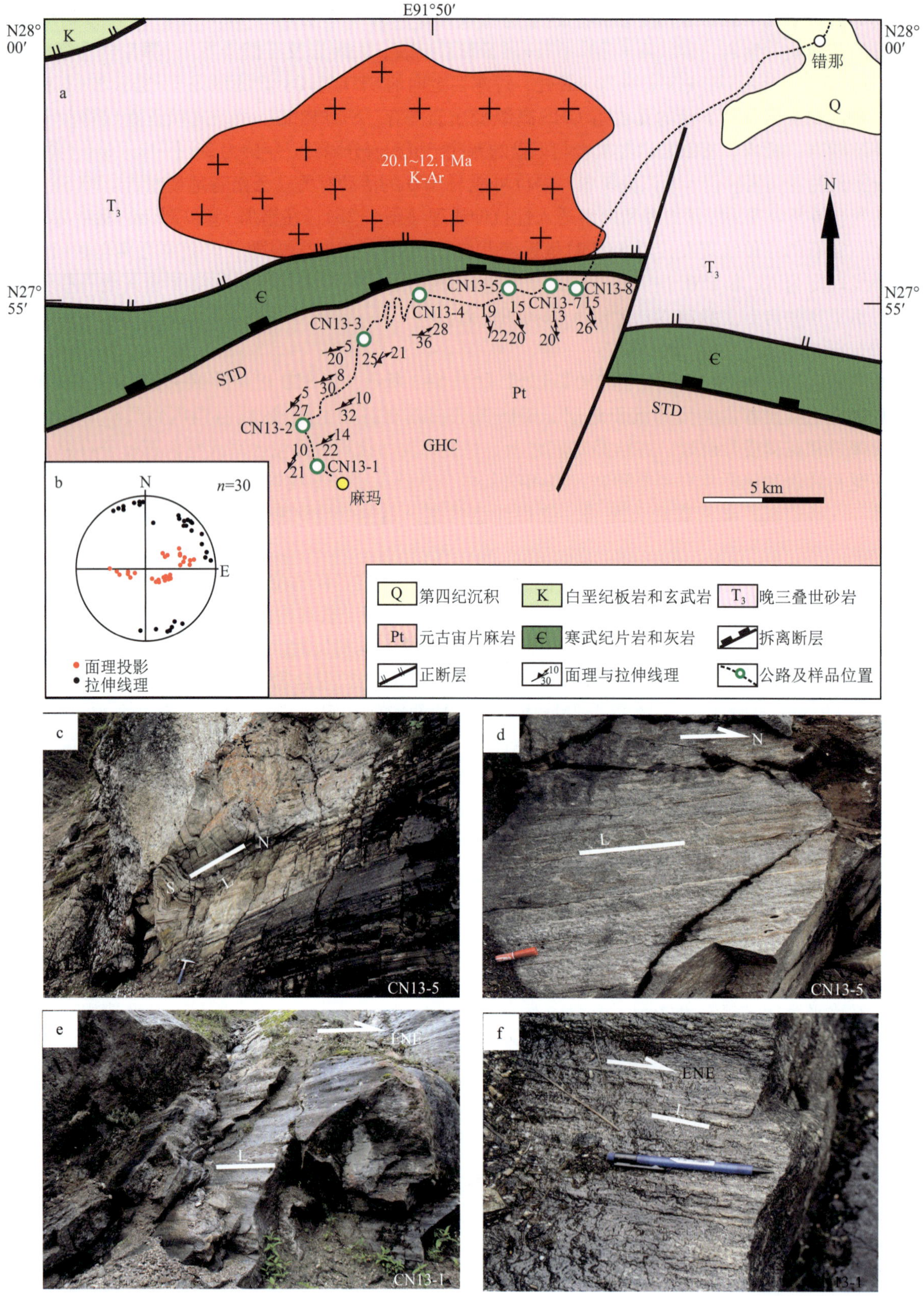

图 5-2　错那地区地质简图（a）（据错那（中国）1∶25 万地质图，云南省地质调查局，2005）；GHS 糜棱岩、片麻岩、片岩和大理岩的面理法线和拉伸线理的下半球赤平投影（b）；STD 下盘拉伸线理（c、d）；麻玛村附近的 ENE 向拉伸线理（e、f）

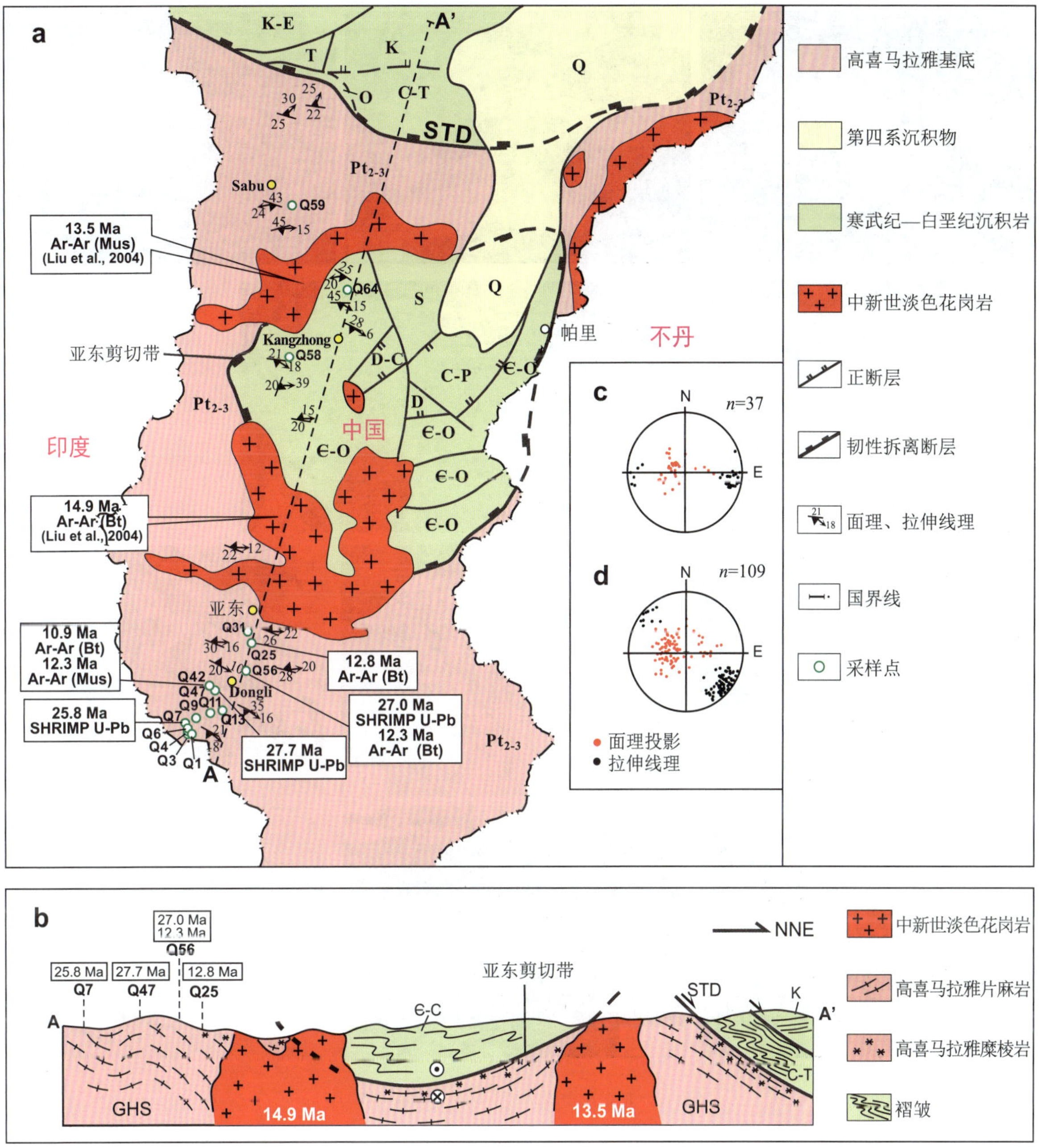

图 5-3 亚东地区地质简图（a）（据亚东县 1∶25 万地质图，中国地质大学，2005）和近南北向剖面（b）。亚东剪切带李村以北（c）和以南（d）的伸展线理和面理法线的下半球赤平投影

地区北部，近东西向的 STD 上盘为特提斯喜马拉雅的寒武纪—奥陶纪灰岩、板岩和千枚岩，下盘为 GHS（图 5-5a）。Brun et al.（1985）首次证明了聂拉木地区 GHS 的几个岩片都以高温糜棱岩带为边界，这些片麻岩构造岩片形成了一个宽阔背型。他们发现在两个下部岩片中，拉伸线理逐渐由 N10°~20°E 旋转为 N90°~100°E，而在两个上部岩片中则为 N90°E 为主，整个地区的平行造山带剪切指向都是上盘向西。Burchfiel et al.（1992）曾报道过聂拉木往北约 30 km 处，紧挨 STD 的上盘和下盘发育近南北向的拉伸线理。

通过系统的野外填图和应用 EBSD 技术进行的显微构造分析，本研究证实了之前聂拉木-樟木剖面的观测结果，聂拉木 GHS 的拉伸线理很规则的呈现 N110°E 走向（图 5-5b），尤其体现在矽线石和长石脉布丁的定向上（图 5-5c、d）。然而，剪切指向却并不规则，通过一些非共轴变形特征（例如

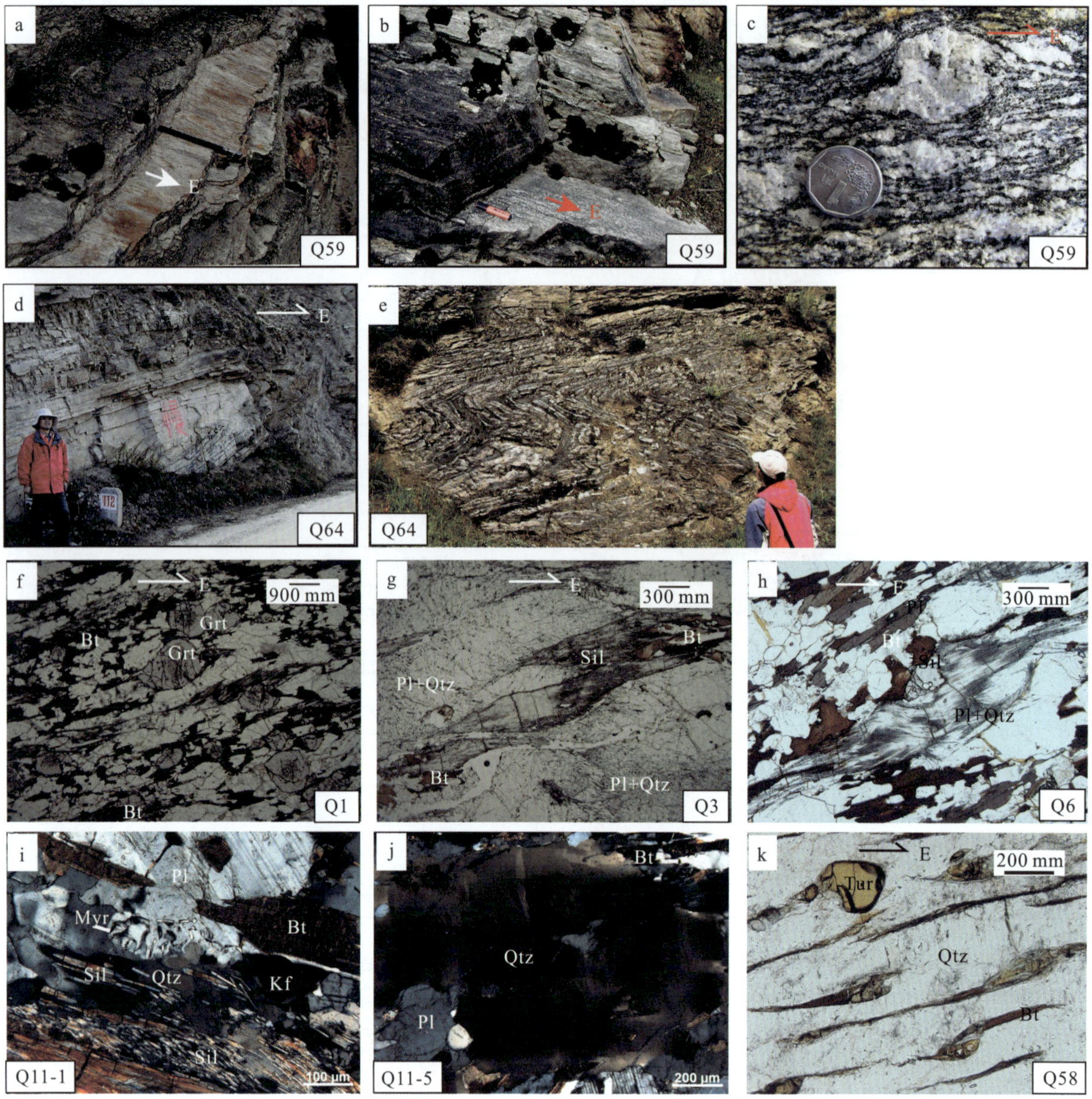

图 5-4　亚东剪切带的露头观测和显微照片

a—云母片岩中东西走向的拉伸线理；b—沙埠村附近下盘的长英质片麻岩中东西向拉伸线理；c—沙埠村附近下盘 GHS 眼球状片麻岩中的“σ”型长英质布丁构造；d—奥陶系石灰岩的平卧褶皱；e—志留系砂岩和页岩中的“A”型褶皱，其特征是拉伸线理平行于褶皱轴；f—糜棱岩化 Grt-Bt-Pl 片麻岩中石榴子石的不对称应变影；g、h—Grt-Sil-Bt-Pl 糜棱岩中的同构造的纤维状矽线石及 S/C 组构；i、j—东丽村附近下盘的 Sil-Grt-Qtz-Bt 片麻岩中的柱状矽线石、蠕英结构（i）和棋盘式石英消光（j）；k—在糜棱岩化 Qtz-Bt 片岩中电气石和具有黑云母拖尾的“σ”型蚀变斜长石碎斑。Bt—黑云母；Grt—石榴子石；Kf—钾长石；Pl—斜长石；Qtz—石英；Myr—糜棱岩；Sil—矽线石；Tur—电气石。薄片平行于拉伸线理并垂直于面理

不对称压力影、旋转石榴子石斑晶、拖曳褶皱、S 型碎斑晶、S-C 组构等）能识别出上盘向西的剪切，而更多的则是上盘向东的剪切（图 5-5d~f）。与 GHS 东部的亚东剪切带相对比，聂拉木 GHS 上盘最顶部的沉积盖层可能已被剥蚀了。因此，我们推测聂拉木剪切带是 GHS 基底与其沉积盖层之间具有东西向拉伸线理的残留的韧性剪切带。

（4）吉隆地区

中喜马拉雅的吉隆地区位于聂拉木往西约 60 km 处（图 5-1），吉隆地区的 GHS 与聂拉木地区相似，只是在 STD 附近被淡色花岗岩侵入（图 5-6）。来自 STD 及其下盘的糜棱岩中白云母和黑云母的

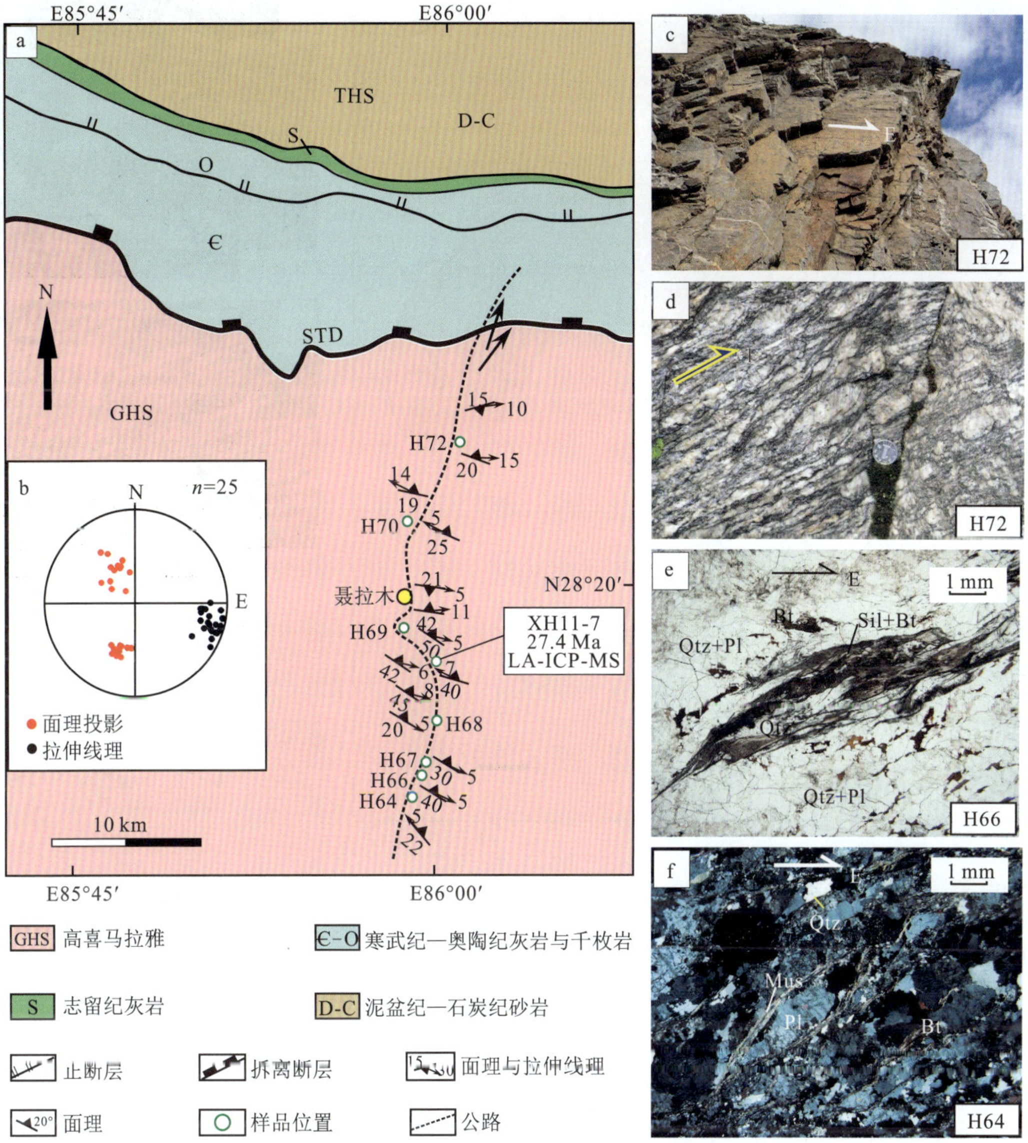

图 5-5　聂拉木地区地质简图

a—据聂拉木县 1∶25 万地质图（成都地质矿产研究所，2002）；b—聂拉木村附近拉伸线理和面理法线的下半球赤平投影；c、d—在大理岩(c)和在眼球状片麻岩(d)中的东西向拉伸线理；e—在糜棱岩化矽线石-黑云母-斜长石片麻岩中拉伸的矽线石；f—糜棱岩化白云母-黑云母-斜长石片麻岩中的“σ”型斜长石碎斑。显微构造照片平行于拉伸线理、垂直于面理

Ar-Ar 年龄记录了 GHS 在中新世中期（16～15 Ma）的快速折返（Wang et al.，2006）。STD 南侧，位于片麻岩穹窿下部的糜棱岩化片麻岩发育强烈的东西向拉伸线理，剪切指向同时有向东和向西两种。再往南，GHS 下部的拉伸线理转为 SSE 走向，可能与沿 MCT 的向南逆冲有关。长英质糜棱岩样品 H44-4 和 H44-5 的薄片中，可见斜长石的核幔结构和被强烈拉长的石英条带，反映了高温高应变速率下的韧性变形（图 5-6b、c）。聂拉木剪切带可能向西延伸至吉隆地区。

（5）普兰地区

最西边的研究区域是位于西喜马拉雅的 Gurla Mandhata（纳木那尼）穹窿西翼的普兰地区。前人对该地区的研究已经区分出 4 个主要的岩石构造单元：Yungbwa 蛇绿岩（又称普兰蛇绿岩推覆体）、特提斯喜马拉雅褶皱逆冲带、Gurla Mandhata 变质穹窿和南北走向由古近纪—第四纪沉积充填的普兰盆地（图 5-7）（Cheng et al.，1987，Murphy et al.，2002）。Murphy et al.（2002）提出，Gurla Mandhata 穹窿与普兰盆地的西侧接触带是一对西倾缓角度（<45°）的正断层：较老的 Gurla Mandhata

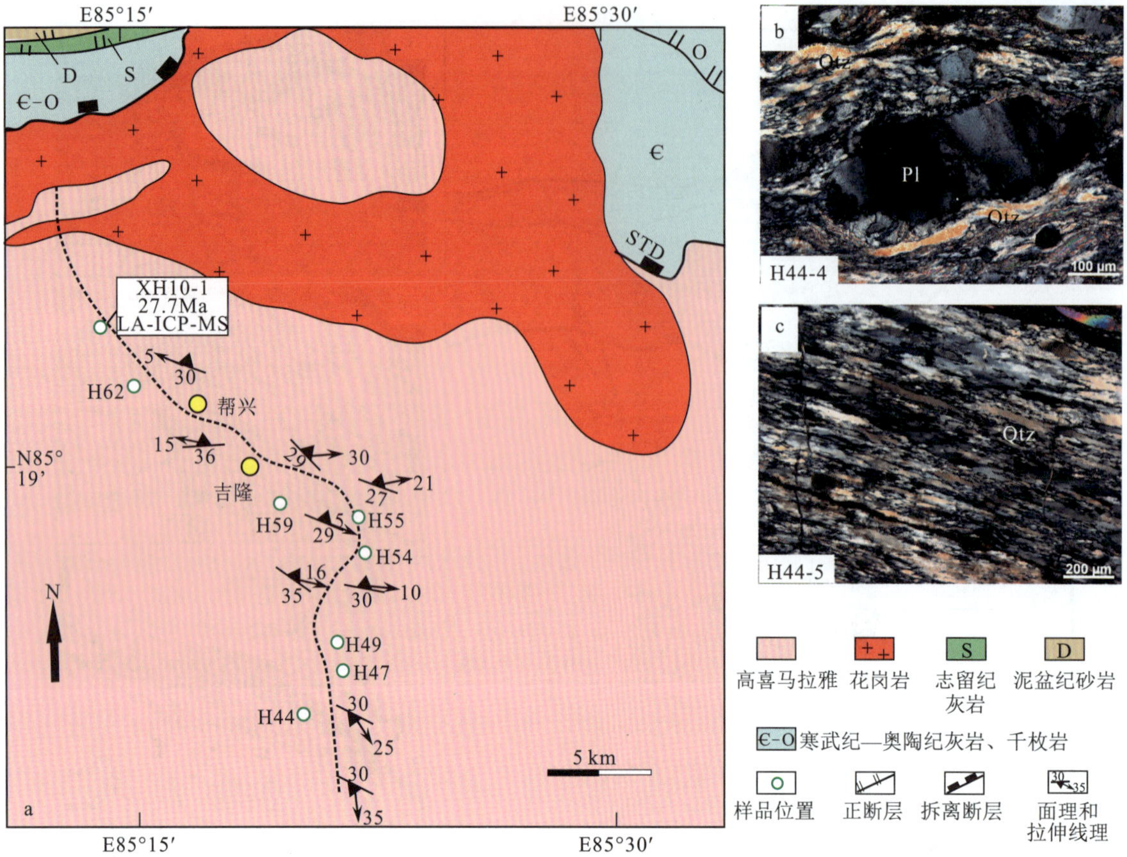

图 5-6　吉隆县 1∶25 万地质简图（a）（据河北省地质调查局，2002 简化），显示吉隆附近的东西向拉伸线理；吉隆剪切带长英质糜棱岩中被石英条带包围的具有波状消光的斜长石碎斑（b），注意斜长石碎斑的波状消光和石英条带中强烈拉长的单晶；吉隆剪切带长英质糜棱岩中强烈拉长的石英条带（c），可能主要由亚晶粒旋转重结晶形成

拆离断层 1（GMDF1）将弱变质的晚古生代千枚岩和大理岩叠置在厚度大于 2 km 的角闪岩相糜棱岩化片岩、片麻岩、大理岩和不同变形程度的淡色花岗岩层序之上；而较年轻的、构造位置上更高的脆性 Gurla Mandhata 拆离断层 2（GMDF2）则将上盘沉积地层与下盘奥陶纪千枚岩和大理岩分隔开，并切穿了 GMDF1。两个拆离断层在穹窿西翼都具有上盘向西的剪切指向。在尼泊尔西南部，GMDF1 和 GMDF2 一起融入 WNW 走向、正右旋走滑 Gurla Mandhata-Humla 断裂体系中，该断裂体系再往东又分裂为两个分支：北侧的分支切穿了尼泊尔西部的 GHS，可能转化成了 Karakorum 断层的一部分，并入 MCT；南侧的分支似乎切断了 STD，一直延伸到尼泊尔 Saipal 峰的南侧（Murphy et al.，2005）。

关于 Gurla Mandhata 穹窿，本研究提供了新的构造学和年代学数据。不同的高角闪岩相岩石（眼球状片麻岩、石榴角闪斜长片麻岩、矽线石-石榴子石黑云斜长片麻岩、石榴子石角闪岩、大理岩和混合岩）都被 16 Ma 的淡色花岗岩侵入（Wang et al.，2005），形成了 Gurla Mandhata 穹窿的核部。与 Murphy et al.（2002）在 GMDF1 的下盘岩石中观察到的野外现象一致，这些岩石构成了一个糜棱岩化的韧性剪切带，由于穹窿构造而呈现出 NNE 或 SSW 的缓倾面理。东西向的近水平拉伸线理（图 5-7c）可以很清晰地被鉴别出来，例如矽线石和角闪石的定向排列、平卧褶皱、长英质脉的布丁（图 5-8a、b）。根据野外露头中糜棱岩化大理岩的不对称褶皱和长英质片麻岩中的 S-C 构造（图 5-8a、b），薄片中“σ”型和“δ”型长石斑晶、平卧褶皱、多米诺构造等（图 5-8c～g）也可以清楚地判断向西的剪切指向。这一伸展韧性剪切带形成于高级变质条件下，温度可能高达 700 ℃，这也可以从波状消光、核幔结构、长石斑晶的亚颗粒构造（图 5-8e～g）、被强烈拉长的重结晶石英条带

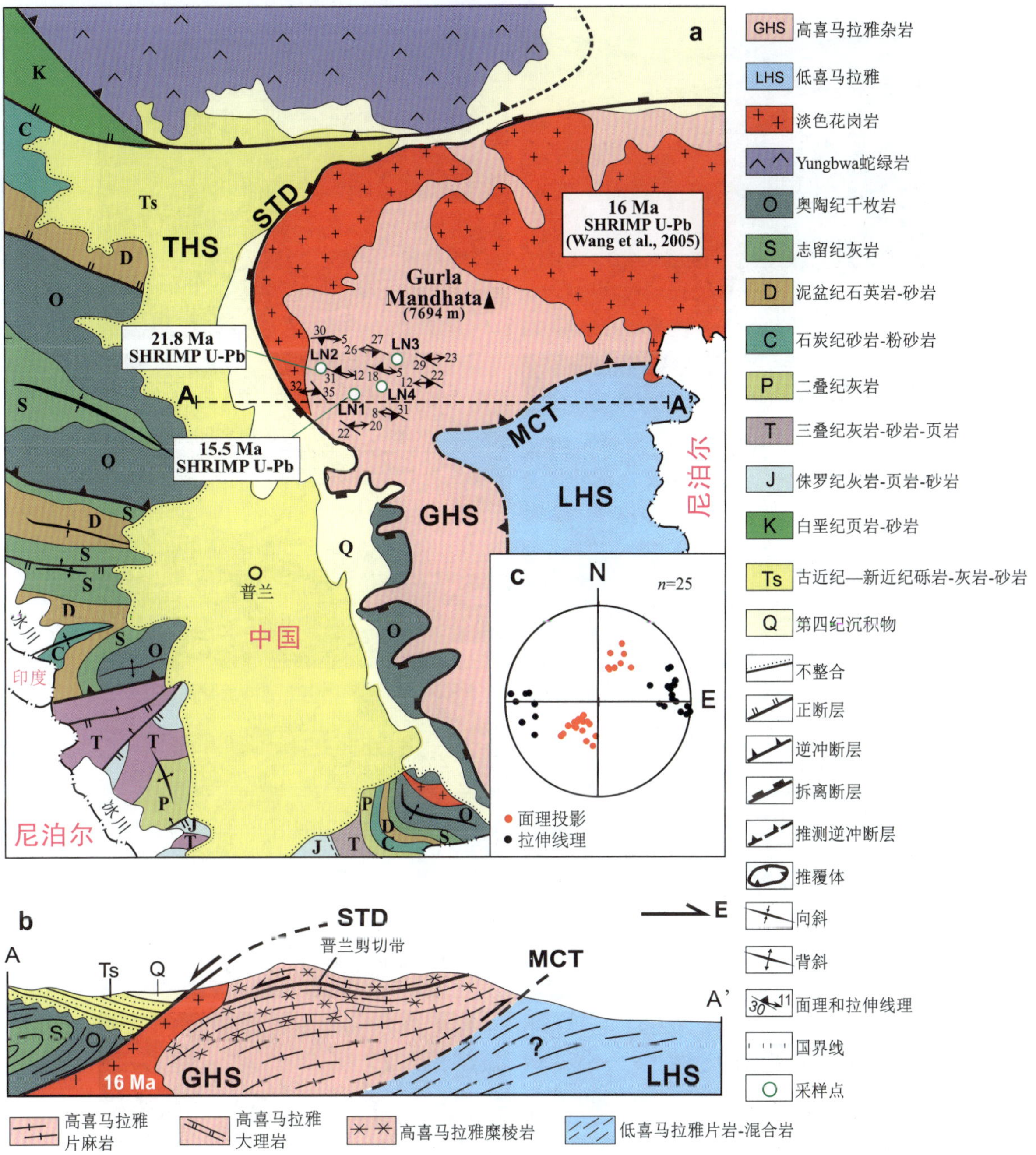

图 5-7 普兰地区的地质图（a）和东西剖面图（b）

为普兰县（中国）1∶25 万地质图（河北省地质调查局，2005）简化。我们解释了 Murphy et al.（2002）厘定的较老的 Gurla Mandhata detachment fault 1 和年轻的、脆性的 Gurla Mandhat detachment fault 2，分别作为普兰剪切带和 STD。Murphy（2007）给出的 GHS 与经历了高级变质和部分熔融的 LHS 之间的同位素边界，可能是该区域的 MCT。普兰剪切带拉伸线理和面理法线的下半球赤平投影（c）

（图 5-8g）、剪切带中蠕英石的生长（图 5-8h）等显微构造中得以佐证。

结合前人的研究和我们的野外观测、年代学数据等，我们提出了 Gurla Mandhata 穹窿的另一种可能的构造框架（图 5-7）。脆性的 GMDF2 改造了高级变质基底和弱变质古生代地层之间的韧性变形接触带，可以与喜马拉雅其他部分的 STD 相比较。为了避免混淆，我们将较老的、构造层位较低的具有上盘向西剪切指向的韧性拆离正断层称为普兰剪切带。那么，穹窿西翼的中新世晚期（8.7～6.8 Ma）侵位和剪切的淡色花岗岩可能与 STD 的活动有关，而不是与 Murphy et al.（2002）提出的

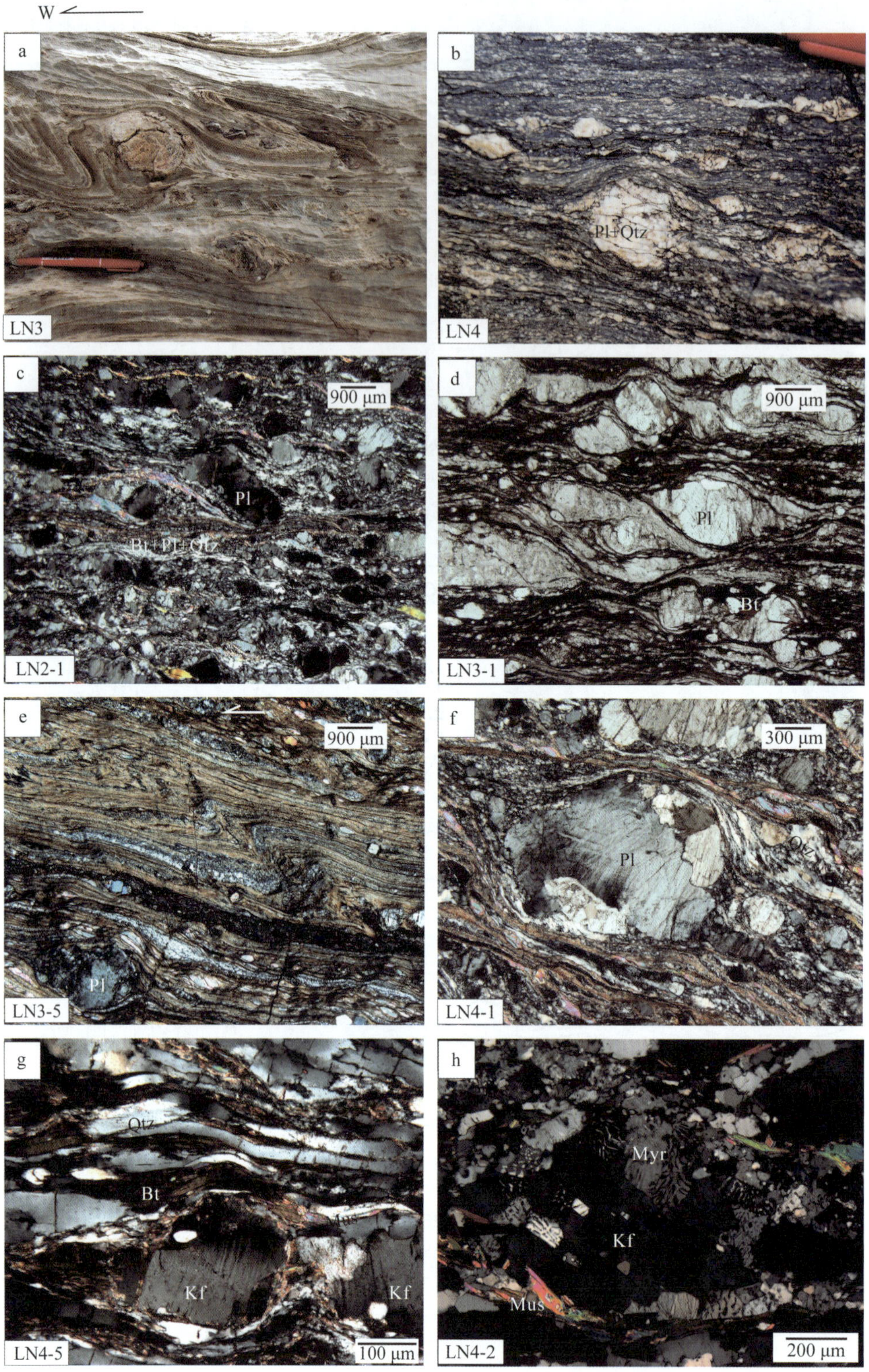

图 5-8　普兰剪切带的露头观测和显微照片，显示出上盘向西的剪切指向

a—糜棱岩化大理岩中的不对称平卧褶皱；b—糜棱岩化片麻岩中的 σ 型长英质脉；c、d—糜棱岩化黑云母-斜长石片麻岩中的 σ 型斜长石碎斑和 S/C 组构；e—石英-斜长石-黑云母岩化糜棱岩中夹细粒富斜长石层和富石英层的不对称褶皱，请注意斜长石（左下角）的 σ 型碎斑；f—斜长石碎斑具有波状消光和亚颗粒结构，周围是糜棱岩化石英-斜长石-黑云母片麻岩中的动态重结晶石英和斜长石；g—长英质片麻岩中强烈拉长的石英条带具有火苗状钠长石片晶的钾长石碎斑；f、g 中长石碎斑的不规则晶界由高温晶界迁移重结晶形成；h—长英质片麻岩中钾长石碎斑晶的边部被蠕石英取代。Bt—黑云母；Pl—斜长石；Kf—钾长石；Mus—白云母；Myr—蠕英石；Qtz—石英。薄片平行线理并垂直于面理

GMDF1 有关。另外，根据全岩 Sr-Nd 同位素特征，Murphy（2007）认为 Gurla Mandhata 变质核部是由高级变质的 GHS 岩石及高级变质和部分熔融的低喜马拉雅沉积岩组成。如果同位素边界对应的是由角闪岩相糜棱岩化片麻岩和侵位的淡色花岗岩组成的 MCT，那么根据 Murphy（2007）的推断，STD 和 MCT 的走向都将绕着 Gurla Mandhata 穹窿发生旋转，在北侧自东向西旋转，而在普兰盆地自北向南旋转，到了尼泊尔转为 WNW。然而事实上，同位素边界并不总是与构造边界匹配（Yin，2006；Webb et al.，2011b），因此想要证明这一假说还需要更多的工作和证据。

三、石英 EBSD 组构：运动学及形成温度的判别

不同 *P-T* 条件下的石英晶格优选定向表现为：在 300～400℃和更高的应变率下，最常见的是底面滑移（0001）<*a*>组构；而在 400～650℃和较低的应变率下，柱面滑移{*m*}<*a*>和菱面滑移{*r*}<*a*>和{*z*}<*a*>成为主导(Grujic et al.，1996；Stipp et al.，2002；Passchier et al.，2005)。占主导地位的晶界迁移重结晶将导致在 500℃时仅激活柱面滑移{*m*}<*a*>,而在 630±30℃以上将发生底面<*a*>和柱面[*c*]滑移，以棋盘格子消光为特征的亚晶界平行于柱面和底面（Stipp et al.，2002）。在高于 650℃条件下的柱面滑移{*m*}[*c*]在中等静水压力（350～400 MPa）和地质应变率下的高级变质岩和亚固相变形花岗岩中活跃（Blumenfeld et al.，1986；Mainprice et al.，1986）。后期静态再结晶可能会增加石英的晶粒尺寸并改变微观结构。然而，石英 CPO 即使在强烈退火后也显示出非常小的变化（Otani et al.，2006），这使我们能够使用石英组构来研究剪切带的变形历史并推断同构造古等温线的分布(Grujic et al.，1996；Law et al.，2011)。我们在中国地质科学院地质研究所大陆构造与动力学国家重点实验室的扫描电子显微镜 JEOL JSM-5610LV 上使用 EBSD 技术分析了石英的 CPO。用于 EBSD 分析的薄片平行于应变椭球体的 *XZ* 平面（*X* 平行于线理，*Y* 平行于面理和垂直于线理，*Z* 垂直于面理)。

对于 GHS 东部的亚东剪切带，我们选择了沿亚东-东里剖面的 8 个糜棱片麻岩样品（图 5-9a）。样品中石英的体积占 20%～50%。在薄片中观察到丰富的恢复和动态重结晶结构，如晶界迁移导致重结晶石英的不规则边界，平行于拉伸线理的石英条带，以及石英颗粒的棋盘格子状消光。石英 c 轴的极图表明样品 Q3、Q4、Q6、Q13 和 Q31 中不对称{*m*}[*c*]滑移系统的活动，其特征表现为上盘向东的剪切指向。这些样品中柱面[*c*]滑移的优势表明其变形在 *T*>650℃条件（Mainprice et al.，1986），这与样品中石英的微观结构和矽线石的存在一致。然而，样品 Q9 和 Q12 显示出不对称的底面滑移（0001）<*a*>，表明在低温（300～400℃）和高应变率条件下，出现垂直于面理的 c 轴的极密和上盘向东的剪切指向。根据石英的柱面{*m*}<*a*>滑移和底面<*a*>滑移的共存，样品 Q11 变形可能形成在 *T*=400～500℃。

在高喜马拉雅中部的聂拉木和吉隆拆离剪切带中的糜棱岩化片麻岩显示了复杂的石英组构，在图 5-9b 中，主要的{*m*}<*a*>柱面滑移叠加在{*m*}[*c*]柱面滑移上，并在样品 H67 中确定了上盘向西的剪切指向，相反，样品 H68 显示柱面[*c*]和底面<*a*>滑移，具有上盘向东剪切指向，表明在 *T*>630±30℃下主要的颗粒边界迁移再结晶（Stipp et al.，2002）。样品 H69 和 H72 显示了主要的柱面[*c*]和柱面<*a*>的两类滑移系。

对于来自吉隆南部地区的糜棱岩化片麻岩（图 5-9c），样品 H47 和 H55 显示柱面[*c*]和底面<*a*>滑移系的活动。然而，对于 H47 来说是表现了上盘向东的剪切，而对于 H55 来说则是上盘向西的剪切。在上盘向西的剪切过程中，样品 H59 和 H62 分别产生了底面<*a*>和柱面[*c*]滑移系。因此，与野外观察一致，聂拉木剪切带中的不对称石英组构表明了上盘向西和向东的两类剪切指向。石英 CPO 表明变形温度从>650℃到 300～400℃的变化。

我们从 GHS 西部的普兰剪切带中选择了 4 个糜棱岩和糜棱片麻岩样品（图 5-9d）。它们的 EBSD 测量显示样品 LN1 和 LN2 中的菱面滑移{*r*}<*a*>和样品 LN3 中的柱面滑移{*m*}<*a*>，表明形成在中高温条件以及上盘向西的剪切。样品 LN4 显示柱面[*c*]并具有上盘向西的剪切指向，反映形成在变形温度>650℃的条件。与样品的微观结构相比，石英 CPO 提供了关于剪切指向和变形温度相一致的

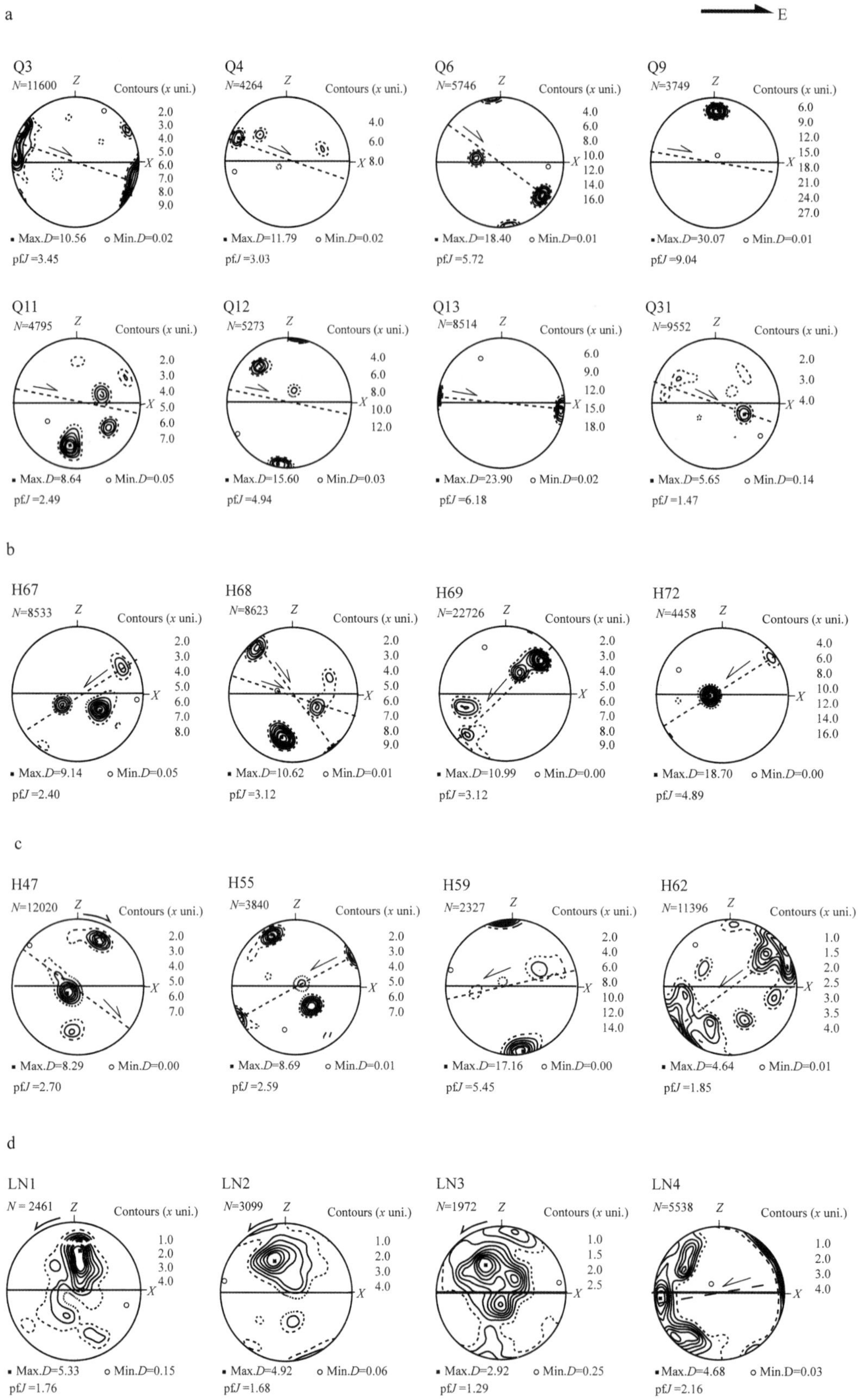

图 5-9 来自亚东地区（a）、聂拉木地区（b）、吉隆地区（c）和藏南普兰地区（d）的片麻岩中石英的 CPO

下半球等面积投影。等密线指示某个晶轴的定向程度。应变椭球体方向：X 平行于拉伸线理，垂直于面理。N—颗粒数；pf$J$—组构强度指数。极图上的虚线和细箭头分别代表推断的滑移面和剪切方向信息。不同的石英 CPO 图解涵盖了 300~400℃至 700℃的温度范围。然而，我们没有根据样品位置观察到剪切带的温度梯度。同一剪切带中不同样品的主要高温柱面［c］滑移和低温底面<a>滑移的共存，可能是由于在剪切带上运动期间从上部角闪岩到绿片岩相条件的快速折返造成的。

四、同位素地质年代学的约束

为了在高喜马拉雅地区获得伴随平行造山带的韧性变形的构造热事件的“绝对年龄”，我们对采自亚东、聂拉木以及普兰拆离断层中的糜棱岩和片麻岩应用离子探针质谱仪（SHRIMP）和激光剥蚀-等离子体质谱仪（LA-MC-ICP-MS）进行锆石原位 U-Pb 同位素定年、黑云母和白云母 Ar-Ar 同位素定年。

（1）锆石离子探针（SHRIMP）U-Pb 同位素测年

我们在 GHS 东部的亚东剪切带的下盘采集了 3 个糜棱岩化的石榴子石-矽线石-斜长石片麻岩（Q2-7、Q2-47 和 Q2-56）样品，同时也在 GHS 西部的普兰拆离断层中采集了 2 个长英质糜棱岩（LN-1-3 和 LN-2-3）。锆石的分选过程是用标准的重液和磁选技术。对所选样品的锆石颗粒进行手工挑选，其目的是获得透光性和完整性良好的锆石晶体颗粒。选取的锆石颗粒和两种常用的标准锆石都被固定在环氧树脂上，其中的一种标准锆石 M257 是作为主要的标准参考，这种锆石的结晶年龄为 561 Ma 以及具有的 U 元素的含量为约 840 μg/g，此标准锆石矿物 U 元素的含量是用来确定所研究锆石的 U 元素的含量。另一种次要的标准参考锆石为 Temora，这种标准的锆石 U-Pb 同位素年龄值为 417 Ma，其目的是用来校正研究的样品锆石的 U-Pb 同位素年龄。实验分析过程是在中国地质科学院北京离子探针中心的离子探针质谱仪（SHRIMP Ⅱ）上完成，具体实验过程采用的是 Williams（1998）论文中所描述的方法。用约 20 μm 直径的束斑对每个锆石颗粒中要所分析的点进行 5 次扫描。用实测的 ^{204}Pb 同位素值以及 Stacey-Kramers 模式铅成分对普通 Pb 进行校正（Stacey et al.，1975）。年龄的计算是用 Steiger et al.（1977）论文中的衰变常数，数据的处理过程是用 SQUID Excel Marco 软件完成（Ludwig，2001）。在图 5-11 中的加权平均年龄的误差为 2σ。

锆石阴极发光（CL）图像是通过应用 HITACHI S2250-N 型扫描电镜获得。Q2-7、Q2-47 和 Q-56 样品的锆石颗粒显示的特征为浅棕色、圆形到短柱形，部分锆石颗粒形态不规则，这些锆石颗粒在阴极发光（CL）图像中显示了典型的核-边结构（图 5-10a~l）。锆石颗粒的边部以及无核-边结构特性的锆石都具有低的 Th/U（<0.1）值，这些特征指示了这些锆石是典型的变质锆石。样品 Q2-7 的锆石颗粒边部以及无结构特征的锆石的 U-Pb 同位素年龄显示了明显的一致性（23.6~30.1 Ma），加权平均 ^{206}Pb/^{238}U 同位素年龄为 25.8±0.7 Ma（MSWD=1.7，n=9）。Q2-47 样品也具有明显一致的年龄为 25~29 Ma，加权平均 ^{206}Pb/^{238}U 同位素年龄为 27.7±0.7 Ma（MSWD=3.8，n=9），Q2-56 也是具有明显一致的年龄为 23.2~33.0 Ma，其加权平均 ^{206}Pb/^{238}U 同位素年龄为 27.0±0.4 Ma（MSWD=1.05，n=11）（图 5-11）。相反，8 个锆石颗粒的核部显示了平直的边界以及震荡环带结构特征，以及 Th/U 值为 0.16~0.33，这些特征指示了这些锆石的核部为岩浆成因。这些锆石的核部记录了古元古代和早古生代多期的热事件，但是主要年龄峰期集中在 560~457 Ma 之间。

来自普兰拆离断层中的两个糜棱岩化长英质片麻岩样品 LN-1-3 和 LN-2-3 的代表性锆石颗粒的阴极发光（CL）图像显示了清楚的核-边结构（图 5-10 m~t）。图 5-11d、e 展示了我们对样品 LN-1-3 中的锆石颗粒具有的变质边进行锆石 U-Pb 同位素测年结果，所分析的 11 个锆石点位具有一致的 ^{206}Pb/^{238}U（14.6~16.6 Ma）同位素年龄，其加权平均 ^{206}Pb/^{238}U 同位素年龄为 15.5±0.4 Ma（MSWD=1.12）。值得注意的是，样品 LN-1-3-2 的一个锆石颗粒的核部和边部显示了一致的 ^{206}Pb/^{238}U（约 14.6 Ma）同位素年龄结果。样品 LN-2-3 中锆石颗粒的变质边的 9 个分析数据点位给出了加权平均 ^{206}Pb/^{238}U 同位素年龄值为 21.8±0.6 Ma（MSWD=0.54）（图 5-11）。样品 LN-2-3 的锆石颗粒的核部的 ^{206}Pb/^{238}U 同位素年龄分别为 952 Ma、757 Ma、380 Ma 和 323.9 Ma，这些核部具有的 Th/U 值为 0.1~0.88。相比于先前对 GHS 片麻岩进行锆石离子探针质谱仪（SHRIMP）U-Pb 同位素年龄研究（Xu et al.，2005；Zhang et al.，2008），样品 LN-2-3 的锆石具有的 952 Ma U-Pb 同

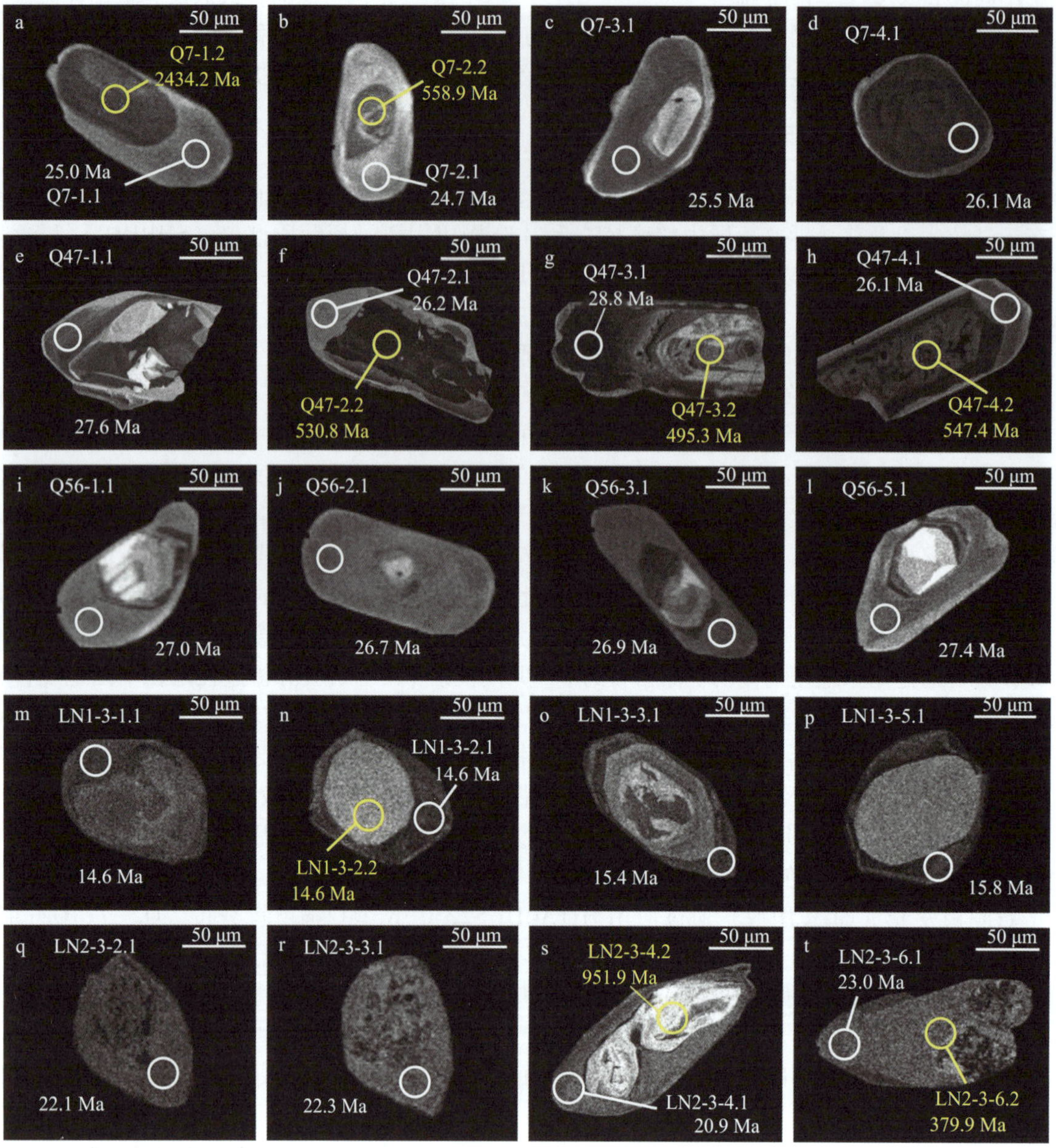

图 5-10 来自亚东剪切带（Q2-7、Q2-47 和 Q2-56）和普兰拆离断层（LN1-3 和 LN2-3）中的石榴子石-矽线石-斜长石片麻岩样品中分析的锆石颗粒的阴极发光（CL）图像

圆圈代表了分析的点的束斑直径为约 20 μm

位素年龄可能指示了早期岩浆结晶事件，然而锆石核部相对年轻的年龄则代表了混合年龄。

（2）锆石 LA-MC-ICP-MS U-Pb 年龄

高分辨率的激光剥蚀多接收器等离子质谱仪（LA-MC-ICP-MS）被用来对岩石样品的锆石进行 U-Pb 同位素年龄测定。为了约束 GHS 中部的聂拉木拆离断层的变质变形历史，我们在聂拉木和基隆两个地区分别采集了糜棱岩化石榴子石-矽线石-斜长石片麻岩样品 XH11-7（图 5-5）和 XH10-1（图 5-6）。我们在中国地质科学院地质矿产研究所（北京）应用 Thermo Finnigan Neptune 型号的多接收电感耦合等离子体质谱仪（MC-ICP-MS）结合 New Wave Research UP 213 型激光剥蚀系统来分析锆石的 U-Pb 同位素年龄，采用的激光剥蚀束斑的直径为 25 μm。每一个数据点的分析都包含了 20~30 s 的空白信号。对仪器灵敏度时间漂移以及锆石 U-Pb 同位素年龄的定量校正采用 ICPMSDataCal（Liu et al.，2010）软件完成。标准锆石 GJ1 样品被用作外标（Jackson et al.，2004）。根据标准锆石

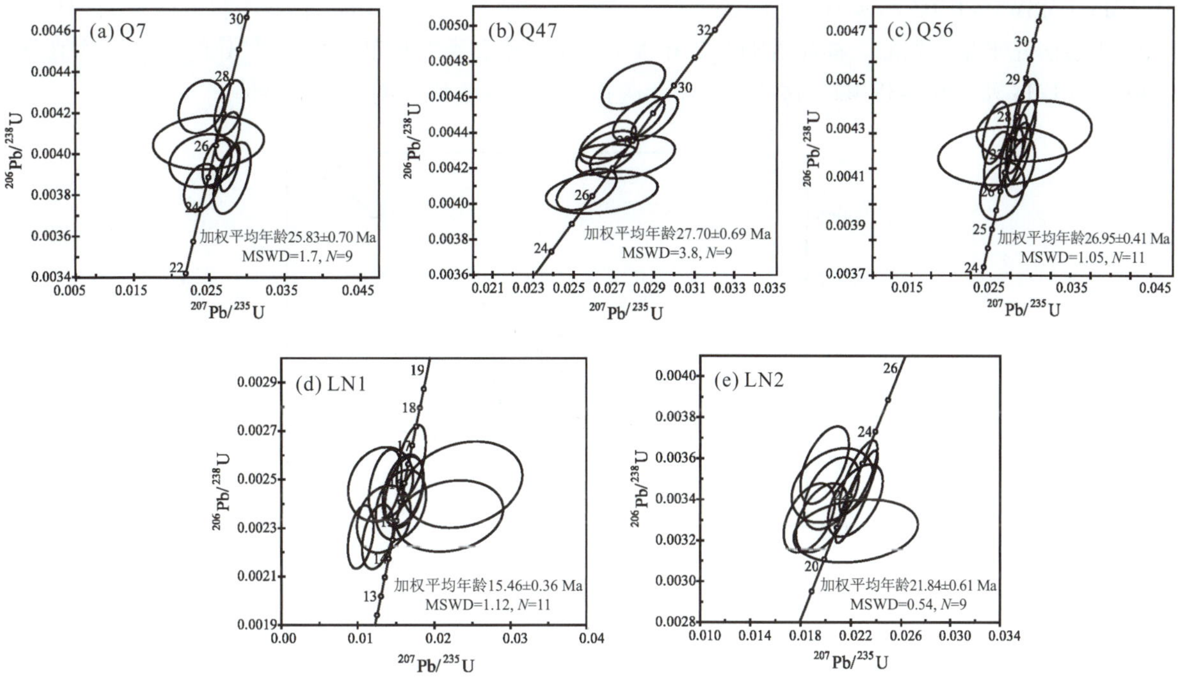

图 5-11　来自亚东剪切带和普兰拆离断层中的石榴子石-矽线石-斜长石片麻岩的 SHRIMP 测定的锆石 U-Pb 年龄谐和图

M127 样品（U 的含量：923×10^{-6}；Th 的含量：439×10^{-6}；Th/U 值：0.475）（Nasdala et al., 2008）的 Th 和 U 含量来校正所研究样品的锆石 Th 和 U 含量。Plesovice 锆石样品作为一个未知的样品被用来进行 U-Pb 同位素定年校正，这个锆石样品具有的加权平均的$^{206}Pb/^{238}U$ 同位素年龄值为 337 Ma（Sláma, 2008）。Hou et al.（2009）对仪器具体的细节以及运作的参数进行了详细的描述。在图 5-12 中展示的加权平均$^{206}Pb/^{238}U$ 同位素年龄以及本书中给的每个分析点的标准误差是 2σ。

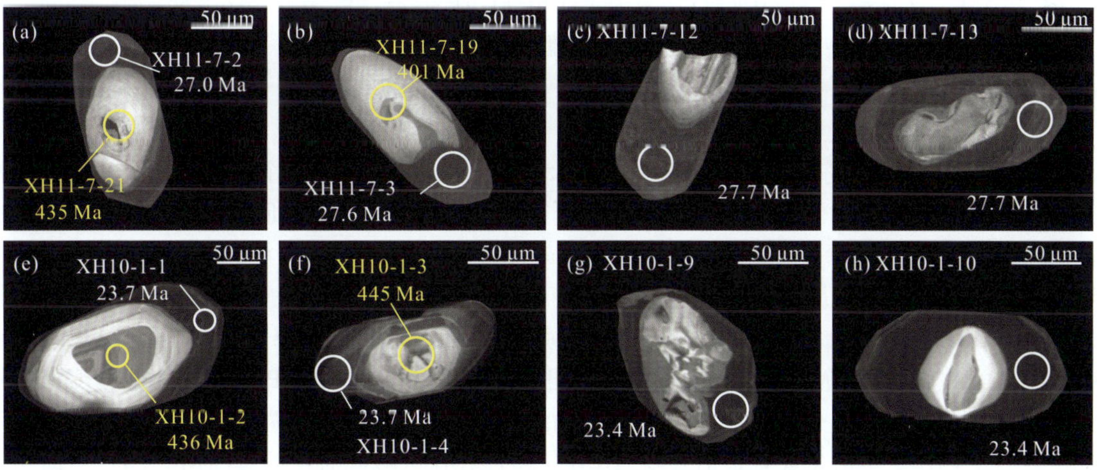

图 5-12　来自聂拉木地区（XH11-7）和吉隆地区（XH10-1）的矽线石-黑云母-斜长石片麻岩的锆石颗粒阴极发光（CL）图像

圆圈代表了分析的点的束斑直径为约 20 μm

来自聂拉木和吉隆拆离断层中的片麻岩的锆石颗粒具有相似的结构，样品 XH11-7 和 XH10-1 中的锆石颗粒都在阴极发光（CL）图像中显示了典型的核-边结构（图 5-12），边部的 Th/U 比值小于 0.1，其对应的加权平均$^{206}Pb/^{238}U$ 同位素年龄值分别为 27.4±0.4 Ma（MSWD=0.17，n=14）和 27.7

±0.7 Ma（MSWD=0.03，n=10）（图 5-13），这些年龄值与亚东剪切带中的片麻岩锆石的 SHRIMP U-Pb 年龄值几乎是一致的。样品 XH11-7 和 XH10-1 的锆石颗粒核部的$^{206}Pb/^{238}U$ 同位素年龄值分别为 460~418 Ma 和 516~435 Ma，这些同位素年龄指示了早古生代时期的岩浆事件。

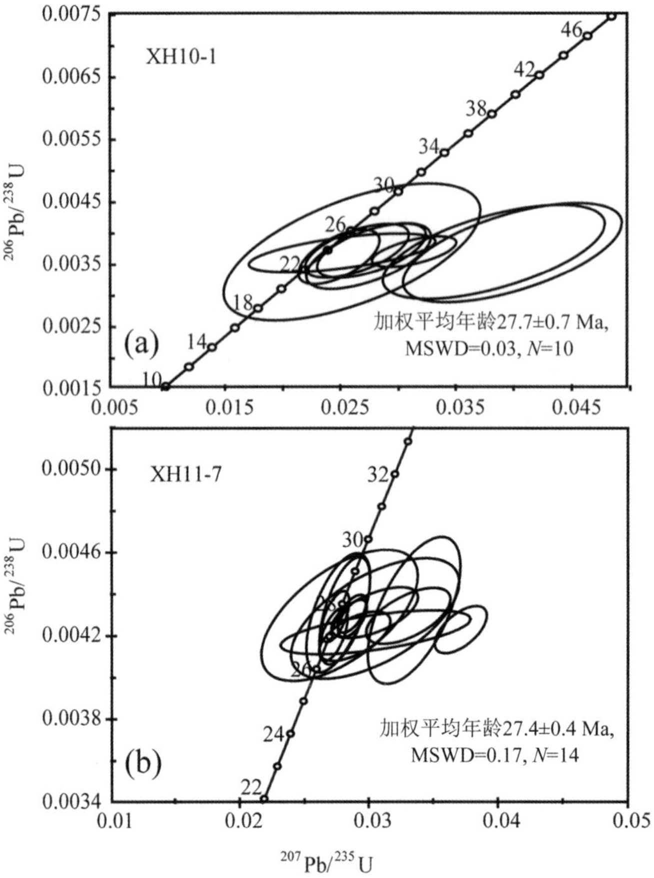

图 5-13　来自聂拉木（XH11-7）和吉隆（XH10-1）的矽线石-黑云母-斜长石片麻岩的锆石 LA-MC-ICP-MS 测定的锆石 U-Pb 年龄谐和图

(3) $^{40}Ar/^{39}Ar$ 同位素热年代学

我们在 GHS 东部的亚东剪切带中采集了 Q2-25、Q2-42 和 Q2-56 三个糜棱岩样品，对这些样品的黑云母和白云母进行$^{40}Ar/^{39}Ar$ 同位素热年代学研究。正如在图 5-14 中所显示，样品 Q2-42 中所选的白云母具有的$^{40}Ar/^{39}Ar$ 坪年龄值为 12.3±0.2 Ma（MSWD=0.56），这个年龄比黑云母的$^{40}Ar/^{39}Ar$ 坪年龄值（10.9±0.6 Ma；MSWD=1.7）要略微的老一些。两个糜棱岩化角闪石-斜长石片麻岩样品 Q2-25 和 Q2-56 中的黑云母的$^{40}Ar/^{39}Ar$ 坪年龄值分别为 12.8±0.7 Ma（MSWD=0.26）和 12.3±0.5 Ma（MSWD=1.6）。相对于亚东剪切带中片麻岩的离子探针质谱仪（SHRIMP）测定的锆石 U-Pb 年龄（28~26 Ma，图 5-11），亚东剪切带中的片麻岩中的年轻的黑云母和白云母$^{40}Ar/^{39}Ar$ 冷却年龄指示了其在 13~11 Ma 经历了再活化或者是抬升剥蚀作用，可能在这区域同时伴随着同期的 STD 活动。

五、讨论

(1) 平行造山带伸展的时代与变形条件

由于缺乏明确的野外标志，伸展形变的时间确定是一个具有挑战性的问题。对于岩浆和变质成因的锆石而言，U-Th-Pb 体系的封闭温度≥700℃，在具有核幔结构的锆石中，核通常继承自早期结晶事件，而锆石的再生长通常在随后的高温变质过程中发生。因此，糜棱岩中的锆石幔部（边部）可用于确定构造热事件的高温阶段。而热液锆石可以在较低温度下形成（Claoué-Long et al.，1990；

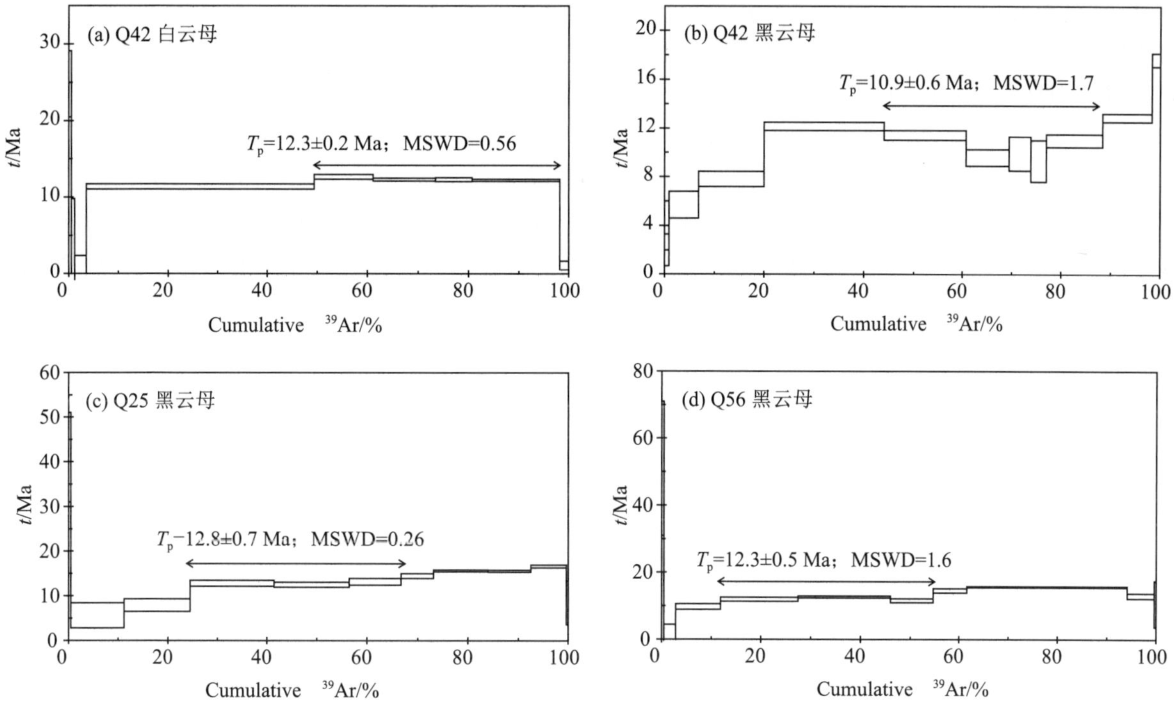

图 5-14　亚东剪切带中的糜棱岩化片麻岩的白云母和黑云母的 Ar-Ar 年龄谱图

Hoskin et al.，2003)。另一方面，由于黑云母中 K-Ar 系统的封闭温度为 300±50℃（Harrison et al.，1985），低于地壳中韧性/脆性转变的温度（300～450℃）（Scholz，2002；Passchier et al.，2005；Viganò et al.，2007）。因此，虽然变质锆石可能在韧性剪切开始之前的早期变质作用中生长，但如果样品没有后期热活化，变质锆石边缘的 U-Pb 年龄和云母的^{40}Ar/^{39}Ar 冷却年龄可以约束“最近一次构造热事件中从高级变质到低级变质条件的变形的绝对年龄”。

来自糜棱化石榴子石-矽线石-黑云母斜长片麻岩和长英质糜棱岩样品的锆石颗粒显示出核-边结构，且没有热液蚀变。尽管我们样品的锆石核部记录了从古元古代到早古生代的结晶和变质作用，但锆石边部的年龄非常一致，为 15～30 Ma。锆石边部结构均一，Th/U 值小于 0.1，表明锆石在最近的高温事件下发生变质生长。同时，石英高温 c-滑移和棋盘格子消光，斜长石核幔结构和亚晶粒，以及柱状矽线石的生长，表明在亚东、聂拉木和普兰剪切带的活动过程中变质峰期达到高角闪岩相条件（650~700℃），这与 GHS 中的峰期变质温度（650～775℃）相当（Law et al.，2004，Jessup et al.，2008；Corrie et al.，2011)。这意味着即使我们不能排除较早的锆石 U-Pb 体系平衡，所研究的锆石中 U-Th-Pb 系统的封闭很可能发生在高温糜棱岩化过程中。

始新世中期（>44 Ma）（Aikman et al.，2008）和始新世中晚期（45～30 Ma）沿原始喜马拉雅弧的藏南地区发生显著的地壳增厚（Chung et al.，2009)。由于藏南广泛分布南北向的地堑，根据在西藏中部地堑中岩墙的时代将地堑初始形成的时间限制在 47～38 Ma（Wang et al.，2010)。喜马拉雅西部和中部的中压麻粒岩相进变质作用时间估计为 45～23 Ma（Searle et al.，1992；Hodges et al.，1994；Vance et al.，1999），随后在中新世早期—中期（23～14 Ma）角闪岩相条件下，发生退变质作用（Searle et al.，1992；Walker et al.，1999；Hodges，2000)。在地壳增厚和南北向印度-亚洲板块汇聚作用下，中地壳物质将垂直于最大应力塑性流动（垂直压扁），并发育平行于造山带走向的拉伸线理。因此，我们样品的锆石变质边的 U-Pb 年龄可限定在糜棱岩化作用开始，更可能在高角闪岩相条件下平行造山带走向伸展事件开始的年龄，这一事件与 GHS 中地壳埋深增厚到折返的转变有关。

对于喜马拉雅东部的亚东剪切带，锆石边部的 SHRIMP U-Pb 年龄表明亚东剪切带是发生在 28～

26 Ma 的高温变形，而黑云母和白云母的$^{40}Ar/^{39}Ar$冷却年龄表明韧性变形在 13~11 Ma 已结束。与以往喜马拉雅东部 MCT 和 STD 年代学资料相比，亚东剪切带的活动时间应早于 MCT 和 STD。之后中新世 MCT、STD 和亚东剪切带的同步运动将促进亚东剪切带在 13~11 Ma 快速折返至韧-脆性变形转变深度。

类似地，LA-MC-LCP-MS 对锆石变质边的 U-Pb 年龄提供了 28~27 Ma 作为在 GHS 中部的聂拉木剪切带在高角闪岩相的活动时间。我们仍然缺乏聂拉木剪切带云母的$^{40}Ar/^{39}Ar$年龄。对来自 STD 内糜棱岩及其下盘的白云母和黑云母进行 Ar-Ar 测年，记录了中新世中期（16~15 Ma）中 GHS 的快速折返（Wang et al.，2006）。此外，聂拉木地区 STD 下盘变形淡色花岗岩的年龄约为 17 Ma（Schärer et al.，1986）。因此，聂拉木剪切带很可能与亚东剪切带同时开始运动，在 STD 的活动过程中，东西向剪切也持续到中新世中期。

在 GHS 西部的普兰地区，我们对锆石变质边的 SHRIMP U-Pb 定年确定了普兰剪切带上盘向西的剪切作用时限为 21.8~15.5 Ma。相对年轻的年龄与 16 Ma 的 Gurla Mandhata 穹窿中的淡色花岗岩侵入同期（Wang et al.，2005）。此外，淡色花岗岩的$^{232}Th/^{208}Pb$离子探针独居石年龄为 14.8~10.8 Ma，未变形的淡色花岗岩为 13.2~9.3 Ma，白云母和黑云母的$^{40}Ar/^{39}Ar$年龄表明普兰剪切带岩石在约 9 Ma 时冷却到 400℃以下（Murphy et al.，2002）。显然，锆石边 21.8 Ma 的 SHRIMP U-Pb 年龄太老，与 Murphy 等人的 STD 或脆性 Gurla Mandhata 拆离断层（GMDF2）不相关。锆石边的 SHRIMP U-Pb 年龄表明在高角闪岩相条件下普兰韧性剪切带的长时间活动历史，随后在 15~9 Ma 之间快速折返到绿片岩相条件。普兰韧性剪切带在 9 Ma 后停止运动，然后 STD 控制了该区域的东西向伸展。与 GHS 东部亚东剪切带和中部聂拉木剪切带相比，高角闪岩相条件下普兰剪切带的活动起始时间晚 4~6 Ma，但也早于 STD 剪切和淡色花岗岩的侵位。

（2）平行造山带伸展的可能机制

我们新的野外调查与前人的观察（Brun et al.，1985；Pêcher et al.，1991；Coleman，1996；Murphy et al.，2002；Epard et al.，2004；Jessup et al.，2008）相结合，证明了 GHS 上部平行造山带的拉伸和韧性剪切不限于少数几个地方，而可能在整个喜马拉雅普遍存在（图 5-15）。U-Pb 锆石测年结果表明，喜马拉雅东部和中部的平行造山带伸展（28~26 Ma）可能比喜马拉雅西部（约 22 Ma）更早开始。然而，它们的年龄、变形历史以及与 STD 和 MCT 的相互关系仍然存在争议。前人曾用几种机制来解释 GHS 中的平行造山带走向的伸展：①沿 STD 的右旋剪切与青藏高原向东挤出有关（Pêcher et al.，1991），②通过侧向地壳加厚梯度使应变集中（Coleman，1996），③在造山带背形构造顶部的拆离（Murphy et al.，2002），④以 MCT 和 STD 为边界的地壳隧道内弱的中地壳物质的流动（Jessup et al.，2006），⑤由于印度和亚洲之间的斜向会聚导致喜马拉雅弧的平行伸展（McCaffrey et al.，1998；Styron et al.，2011），⑥喜马拉雅造山带通过向前陆传播的断层系统向外放射状的扩展（Murphy et al.，2009）。

在喜马拉雅山脉的大部分地区，例如喜马拉雅东部的错那和亚东地区，聂拉木和吉隆地区（Brun et al.，1985），Annapurnas 和 Manaslu 剖面（Pêcher et al.，1991；Coleman，1996）、Gangotri 剖面（Pêcher et al.，1989）和喜马拉雅西部的 Gurla Mandhata 地区（Murphy et al.，2002）已经观察到拉伸线理的趋势性变化（图 5-15）。

此外，在 GHS 东部的片麻岩和糜棱岩的拉伸线理逐步旋转由向 E 向转为 NE 向（Xu et al.，2012）。Pêcher et al.（1991）提出，当从 MCT 向上抵达 GHS 时，沿 STD 的明显右旋剪切可能导致 MCT 的原始垂直造山带走向的拉伸线理逐渐旋转。尽管在马纳斯鲁峰，上盘向北的剪切运动和走滑运动在 STD 中在 25~15 Ma 之间叠加（Pêcher，1991；Pêcher et al.，1991），我们的实地观察表明，当接近 STD 时，GHS 中的主要拉伸线理方向变为垂直于造山带，这表明区域的伸展而不是沿着 STD 发生右旋走滑。此外，聂拉木剪切带中上盘向西和向东的剪切指向都需要在纯剪切状态下进行，而不是在 GHS 中部的简单剪切状态下发生走滑。因此，沿 STD 的右旋剪切假设难以解释野外观察。马纳

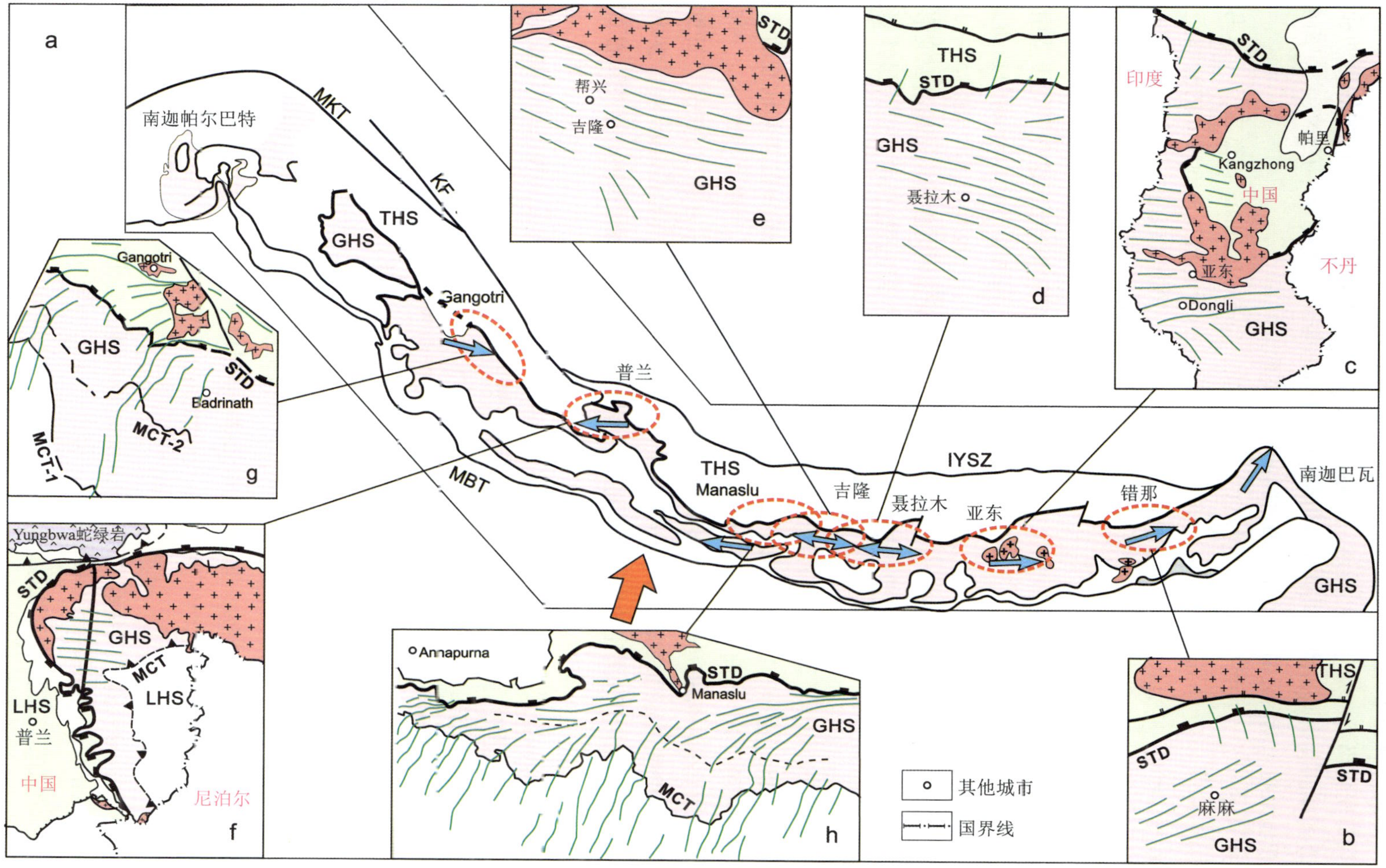

图 5-15　高喜马拉雅的拉伸线理展布图

(据Xu et al.,2013，有修改)

粉红色表示中新世淡色花岗岩，红圈表示高喜马拉雅上部的拉伸线理与造山带走向平行的区域，自东向西：b—错那；c—亚东；d—聂拉木；e—吉隆；f—Manaslu地区；g—普兰；h—Gangotri地区。蓝色箭头表示近水平拆离层上盘的剪切指向，橘色箭头为印度-亚洲板块的汇聚方向。特提斯喜马拉雅与高喜马拉雅之间的拆离导致高喜马拉雅拆离层的东部发育向东的剪切，西部发育向西的剪切，中部则两种剪切指向都存在。IYSZ—印度河-雅鲁藏布江缝合带；KF—喀喇昆仑断裂；MBT—主边界逆冲断层；MCT—主中央逆冲断层；MKT—喀喇昆仑主冲带；STD—藏南拆离系；THS—特提斯喜马拉雅；GHS—高喜马拉雅；LHS—低喜马拉雅斯鲁峰沿 STD 的明显右旋剪切可能是由中新世早期上盘向西剪切和 STD 的同时激活引起的。

Coleman（1996）观察到了同时代的 Marsyandi 地区的向西伸展和 Dudh Khola 地区的向北伸展，并将其归因于马纳斯鲁地区局部的横向地壳厚度梯度导致的应变分配。尽管自始新世中期以来在原始喜马拉雅弧和西藏南部确实发生了地壳增厚（Aikman et al.，2008；Chung et al.，2009），渐新世和中新世地壳厚度的局部变化仍然未知。如上所述，东西向伸展构造的形成早于 STD 的初始运动和淡色花岗岩的侵入。直到中新世中期，同期的平行造山带和垂直造山带的运动矢量才开始发育。因此，我们需要一些其他机制来解释两种不同的拉伸线理之间的年龄关系。

前人研究已发现 GHS 中发育横跨穹窿顶部的拆离变形。例如，Gurla Mandhata 拆离系统（本书中的普兰剪切带和 STD）可能导致 Gurla Mandhata 穹窿约 20 km 深度的折返和高达 60 km 的滑移距离（Murphy et al.，2002）。西藏-尼泊尔 Ama Drime 地块（Jessup et al.，2008；Cottle et al.，2009；Leloup et al.，2010）和印度西北部的 Leo Pargil 穹窿（Thiede et al.，2006；Langille et al.，2012）的折返在运动学上与平行造山带走向的伸展相关，沿其两个边界剪切带具有相反的剪切指向。在这种情况下，穹窿的整体几何形状类似于变质核杂岩，而穹窿两侧剪切带的剪切指向相反。这种平行于造山带的伸展可以在深部产生韧性拆离，但在浅部产生脆性正断层，并在局部地区驱动 GHS 的快速折返。然而，前人研究指出拆离层仅发生在脆性-韧性转变条件下的深度，并且可能晚于 STD 的活动（Jessup et al.，2008；Cottle et al.，2009；Langille et al.，2012），这与本研究中韧性剪切带的高温变形相反。事实上，这种晚期隆起过程可能会促进剪切带上盘的侵蚀，并使构造位置较低的剪切带最终暴露出来。

使用 2D 数值建模，Beaumont（2001）将喜马拉雅构造解释为在中地壳内低黏度的隧道流的挤出以及地表的局部剥蚀。GHS 广泛分布的韧性变形的特点是 GHS 核部具有非均质一般非共轴流动（同时具有简单剪切和纯剪切的分量），向 MCT 向下增加纯剪切分量，向 STD 增加简单剪切分量，而不是通过理想的简单剪切（Grasemann et al.，1999；Vannay et al.，2001；Jessup et al.，2006）。计算出的 GHS 岩石的运动涡度表明，大约 50%的纯剪切应变促进了中地壳的挤出（Larson et al.，2009）。在一般流动模型中，由 MCT 和 STD 界定的内部流动将协调 GHS 中的平行造山带拉伸，这意味着 GHS 边界断层的拉伸线理平行于造山带走向，而 GHS 核部也同时发育平行造山带走向的拉伸。显然，该模型没有考虑流动方向沿走向的变化，也不支持早于 STD 活动时间平行造山带走向伸展的开始。

McCaffrey et al.（1998）提出，平行喜马拉雅造山弧的伸展可以用印度和亚洲之间的斜向汇聚来解释。东部（喜马拉雅造山带的走向 N80°E）的斜向汇聚有利于喜马拉雅物质的向东转移，喜马拉雅中部（造山带的走向 N110°E）的正面汇聚有利于压缩，而在走向 NW 的西部板块斜向汇聚导致喜马拉雅物质的优先向西转移。如果现在的印度-亚洲碰撞方向为 N20～30°E，喜马拉雅造山带的弧形在渐新世晚期和中新世时期前就存在，那么该模型将预测 NS 地堑（或垂直弧的正断层）以及平行喜马拉雅的走滑断层的广泛形成。然而，正如 Styron et al.（2011）指出的那样，在 MCT 和 STD 的局部活动停止后，发生了同碰撞脆性伸展和走滑断层。鉴于在喜马拉雅两个构造结中地壳缩短和走滑断层的沿走向变化（Yin，2006），喜马拉雅造山带的弧可能直到中新世晚期才形成。需要指出的是，这个二维模型不能解释在 GHS 和 THS 之间的缓倾剪切带中所观察到的应变集中，也不能解释 GHS 中平行造山带和垂直造山带拉伸线理的共存。

Murphy et al.（2009）在藏西南扎达盆地发现晚中新世地貌反转，提出早中新世至中新世（25～13 Ma）垂直喜马拉雅弧方向地壳增厚后，向前陆传播的断层系统将调节喜马拉雅造山带的向外的放射状扩展，并导致平行造山带弧的伸展。然而，他们的模型需要 MCT 和 STD 在平行造山带伸展之前激活，这与我们在亚东、聂拉木和普兰韧性剪切带中的观察相反。

（3）GHS 的三维挤出运动学

根据我们新的数据和前人的研究，我们可以区分 GHS 折返过程中的 3 个变形阶段：①在渐新世晚期至中新世早期，在高角闪岩相条件下通过与 THS 解耦而进行的平行造山带走向的初始伸展；

②中新世早期 GHS 在高角闪岩到绿片岩相条件下经历平行造山带走向的伸展和向南的折返；③上新世—新近系平行造山带走向的脆性伸展和走滑断层。

在这里，我们提出了自渐新世晚期以来 GHS 的 3D 挤出模型。如图 5-15 所示，喜马拉雅东部剪切带的上盘向东（或 NE）剪切为主，但在喜马拉雅中部同时出现上盘向西和向东剪切，喜马拉雅山西部普兰地区上盘向西剪切以及甘戈特里地区又出现了上盘向东剪切。鉴于渐新世地壳增厚，这种变形模式意味着喜马拉雅中部有最厚的地壳或最高的地形，以及由于区域地壳厚度梯度引起的东西向重力坍塌。地壳增厚发生在西藏南部和始新世中晚期的始喜马拉雅，西藏中部埃达克岩和 N-S 向岩脉的同时侵入就是证明（Aikman et al.，2008；Chung et al.，2009）。印度和亚洲在喜马拉雅中部的大陆正向汇聚很可能在渐新世晚期产生了最厚的地壳和最高的地形。

造山带侧向压力梯度将驱动不同流变层之间（即中地壳中的韧性 GHS 基底和上覆的沉积盖层）的力学解耦，喜马拉雅东部的亚东剪切带提供了这种解耦过程的一个很好的例子。在喜马拉雅中西部，侧压梯度可能不规则且较小，N-S 挤压较强。弱的 GHS 岩石可以在整体垂直压扁状态中向任一方向流动。这种东西向的伸展将导致显著的构造剥蚀，继而引发并伴随着中地壳的部分熔融和位于 MCT 和 STD 之间的 GHS 向南挤出。因此，平行造山带的伸展构造的时代标志着区域埋藏/地壳增厚向折返的转变。

在 GHS 中，平行造山带的伸展和向南挤出同时进行表明构造剥蚀（由于侧向地壳厚度梯度引起的重力坍塌）可能是地壳中发育向南隧道流的重要驱动力（Beaumont et al.，2001）。这样的 3D 构造模型可以解释 GHS 上部普遍存在的拉伸变形，满足构造和年代学数据。然而，也提出了一些具有挑战性的问题：首先，虽然变质锆石边的 U-Pb 年龄表明亚东和聂拉木剪切带比普兰剪切带更早激活，但喜马拉雅西部侧向流动的滞后机制尚不清楚。其次，与造山带走向平行的重力坍塌是否在中新世晚期停止，仍然未知。在喜马拉雅西部的 Gangotri 地区，在 GHS 中观察到向东的剪切，可以解释为该地区位于喀喇昆仑断裂以西，而喀喇昆仑断裂并不是平行造山带伸展的西部边界。渐新世西构造结的嵌入可能是该地区向东伸展的原因。此外，巴基斯坦北部的 GHS 由低级和未变质沉积地层组成，中间夹有约 500 Ma 花岗岩，LHS、GHS 和 THS 单元似乎在变质后陆具有地层连续性特征（Pogue et al.，1999；DiPietro et al.，2004），表明该区域存在不同的变形历史（GHS 和 THS 的耦合）。显然，需要更多的构造和地质年代数据来验证和改进这个新模型。这些问题的答案有助于我们去追踪运移到喜马拉雅东、西这两个构造结的物质，以及沿着造山带走向的折返速率和剥蚀速率的变化。

六、结论

来自喜马拉雅造山带的构造和地质年代学数据表明，在 GHS 上部广泛存在以平行造山带的拉伸线理为标志的近水平韧性拆离层，与 GHS 高级变质岩与特提斯喜马拉雅之间的解耦有关，我们将其称为高喜马拉雅拆离带（Greater Himalayan Detachement）。野外构造和糜棱岩石英晶格优选定向揭示了东边的亚东剪切带上盘向东运动，西边的普兰剪切带上盘向西运动，中部聂拉木-吉隆剪切带同时存在上盘向东和向西的剪切。高喜马拉雅拆离层的变形发生在高角闪岩相至绿片岩相条件下，剪切过程中的峰期变质温度达到 650～700℃。变质锆石边的 U-Pb 年龄可能记录了平行造山带伸展的起始时间，在亚东和聂拉木-吉隆为 28～26 Ma，而在普兰为 22～15 Ma。黑云母和白云母的 Ar/Ar 测年结果显示亚东剪切带的韧性变形于 13～11 Ma 停止，与 STD 的活动结束时间一致。因此，我们认为晚渐新世—中新世随着喜马拉雅的碰撞造山作用，地壳加厚并沿造山带走向存在地形差异，中部最高，导致了平行造山带走向的重力垮塌，这标志高喜马拉雅从地壳加厚向快速折返的转变。这种构造剥蚀作用引发了中新世高喜马拉雅的部分熔融和韧性挤出。我们的新观测结果表明陆陆碰撞过程中造山带的物质既要向上折返又要侧向逃逸，从而有效地调节地壳物质沿着应力梯度发生塑性流动，这为喜马拉雅构造演化的 3D 建模提供了构造框架。

第二节 高喜马拉雅的双层结构

喜马拉雅造山带为研究陆陆碰撞造山带的山脉形成过程提供了一个自然博物馆。以 STD 为上界和 MCT 为下界的 GHS 代表了印度-亚洲大陆碰撞期间中下地壳折返的印度大陆边缘（Yin，2006）。GHS 的折返模式一般建立在中新世 STD 和 MCT 同时活动的南北向地质剖面上，如楔状挤出（Burchfiel et al.，1992）、隧道流（Beaumont et al.，2001；Godin et al.，2006）、构造楔或双重逆冲构造（Webb et al.，2007；Yin，2006）和前列或逆冲剪切作用（Carosi et al.，2016）。然而，平行造山（近东西向）的矿物拉伸线理已经在 GHS 上部普遍观察到（Coleman，1996；Nagy et al.，2015；Parsons et al.，2016；Pêcher et al.，1991；Xu et al.，2013），GHS 经历了始新世中期—渐新世的角闪岩相-麻粒岩相变质作用、深熔作用和韧性变形（Carosi et al.，2016；Soucy La Roche et al.，2018；Vannay et al.，1996；Waters，2019；Zhang et al.，2017）（图 5-16）。在这里，我们沿着尼泊尔中部安纳普尔纳山脉西部的高喜马拉雅的 Kali Gandaki 河谷进行了构造和年代学的调查。结合之前的研究，我们解决了两个关键问题：①前中新世变质作用、深熔作用和变形作用在喜马拉雅造山带的生长过程中起什么作用？②在地壳增厚和缩短过程中平行造山带走向的伸展与垂直造山带走向的上

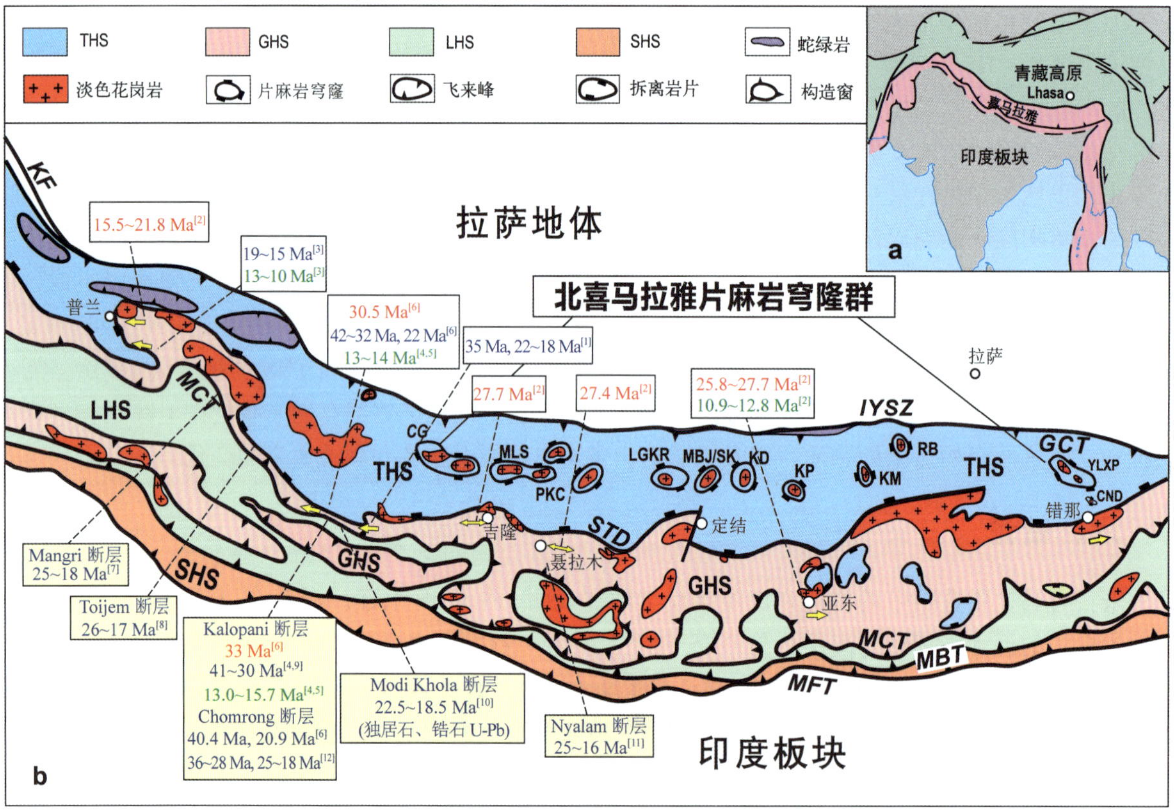

图 5-16 喜马拉雅造山带构造略图

（据 Xu et al.，2013；Yin，2006，有修改）

黄色箭头代表 GHS 上部的平行造山带走向的伸展，平行造山带走向伸展构造的时间（白色框：[1] Coleman，1998；[2] Xu et al.，2013；[3] Nagy et al.，2015；[4] Godin et al.，2001；[5] Vannay and Hodges，1996；[6] 本次研究和在 GHS 中的向南逆冲剪切带（黄色框：[7] Montomoli et al.，2013；[8] Carosi et al.，2010；[9] Carosi et al.，2016；[10] Hodges et al.，1996；[11] Wang et al.，2015；[12] Iaccarino et al.，2015）是通过锆石的 U-Pb 年龄、独居石 U-Th-Pb 年龄、白云母的 $^{40}Ar/^{39}Ar$ 同位素年代学的测定而确定。IYSZ—印度河-雅鲁藏布江缝合带；GCT—大反转逆冲断层；STD—藏南拆离系；MCT—主中央逆冲断层；MBT—主边界逆冲断层；MFT—主前锋逆冲断层；KF—喀喇昆仑断层；图 a 显示喜马拉雅和青藏高原的主要边界

盘向南推覆的关系？从而提出高喜马拉雅双层构造的新概念，并建立了高喜马拉雅的三维构造与运动学模式。

一、地质背景

喜马拉雅造山带从北往南由 4 个构造地层单元组成（Yin，2006）：特提斯喜马拉雅、高喜马拉雅、低喜马拉雅和次喜马拉雅。作为喜马拉雅造山带的核部——高喜马拉雅，由新元古代—奥陶纪中-高级变质岩石组成，并被中新世的淡色花岗岩侵位，特别是靠近 STD 的地方（Larson et al.，2009；Streule et al.，2010；Xu et al.，2013）。

在尼泊尔中部 Kali Gandaki 河谷，向北倾的 Annapurna 拆离断层将 THS 和 GHS 分开（Brown et al.，1993；Godin，2003），这条拆离断层的韧性变形在约 22 Ma 结束，并在 13～11 Ma 重新活动（脆性变形）（Godin et al.，2001）。GHS 从南往北可以划分为 3 个单元（Le Fort，1975；Upreti，1999；Vannay et al.，1996）：单元 1 以含蓝晶石的副片麻岩、片岩和混合片麻岩为主，单元 2 由钙硅酸质片麻岩、副片麻岩和大理岩组成，单元 3 包含正片麻岩、混合岩和少量大理岩、变质泥岩和钙硅酸岩（图 5-16，图 5-17）。在单元 3 中的 20～50 m 厚的上盘向 SW 剪切的 Kalopani 剪切带（Kalopani Shear zone，KSZ）经历了 41～30 Ma 的退变质作用（Carosi et al.，2016）并在 15～13 Ma 终止活动（Godin，2003；Vannay et al.，1996）。由于 GHS 的普遍变形，MCT 的位置依然是不清楚的。研究者一般将 MCT 定义为 Dana 村附近的 2～3 km 的剪切带，上盘向 SW 的位移主要沿着 Chomrong 逆冲断裂（Carosi，Gemignani，et al.，2014；Hodges et al.，1996；Vanney et al.，1996）。然而 Searle et al.（2008）将 MCT 向南移动到 Ramgarh 逆冲断裂的位置，而把 Chomrong 逆冲断裂看作在 GHS 中的构造变质不连续带，表现为变质温度从逆冲断裂上部 670±50℃ 突然变到下部 500±50℃（Larson et al.，2009；Parsons et al.，2016）。在尼泊尔中部，单元 1 的沉积年龄小于 600 Ma（Martin et al.，2005），LHS 上部的 Malekhu 组在约 1300 Ma 前发生沉积（Martin et al.，2011），Kuncha 组的 Ulleri 眼球状片麻岩结晶年龄在约 1.78 Ga（Kohn et al.，2010）（图 5-18）。LHS 上部的夹层大理岩和变质泥岩形成在 1.1 GPa 和 580℃（Vannay et al.，1996；Martin et al.，2010），并且经历了在 280～530℃ 上盘向 SW 的剪切变形（Larson et al.，2009；Parsons et al.，2016）。因此，我们遵循 MCT 的经典定义，将 Chomrong 逆冲断裂和 C 单元包含在 LHS 中（图 5-17、图 5-18）。Ramgarh 逆冲断裂是 LHS 内一个双重逆冲系统的顶板逆冲断裂，活动时间为 12～5 Ma（Pearson et al.，2005；Robinson et al.，2006）。

二、尼泊尔中部高喜马拉雅 Annapurna 地区的野外观察

（1）Annapurna 地区 Beni-Jomson 剖面

在尼泊尔中部的高喜马拉雅构造单元，沿着 Beni-Jomson 剖面系统地测量面理和拉伸线理，进行构造分析，样品位置和年龄结果表示在图 5-17 中。

上盘向 SW 剪切的含蓝晶石的 KSZ 以在正片麻岩和云母片岩中向 NE 倾伏的矿物拉伸线理为特征（图 5-18a）。在 KSZ 之下，GHS 上部由向 NE 缓倾的面理、ESE-E 倾伏的线理的眼球状片麻岩组成 2.5 km 厚的韧性拆离剪切带，根据野外露头和薄片上的 S/C 组构、云母鱼、“σ”型长石碎斑（图 5-19），确认这条韧性拆离剪切带具有上盘向 SW 剪切指向的特征。

在 GHS 下部的矽线石-石榴子石-云母片麻岩和钙硅酸质片麻岩、大理岩和片岩的夹层中，发育向北缓倾和 N-S 向拉伸线理，根据 S/C 组构、布丁化的淡色花岗岩脉、云母鱼和“σ”型蓝晶石和石榴子石碎斑，该剪切带具有上盘向 SW 的剪切指向（图 5-20）。上、下 GHS 之间的边界并不与单元 1 和单元 2 之间的岩石边界重合。MCT 显示 NNE 倾向的面理和 NNE 倾伏的线理，把 GHS 底部的蓝晶石-石榴子石片麻岩和石英片岩与 LHS 中的石英岩和千枚岩分开。

在达纳村（Dana）南部，MCT 将高喜马拉雅叠置在低喜马拉雅的元古宙至寒武纪低级变质岩上。

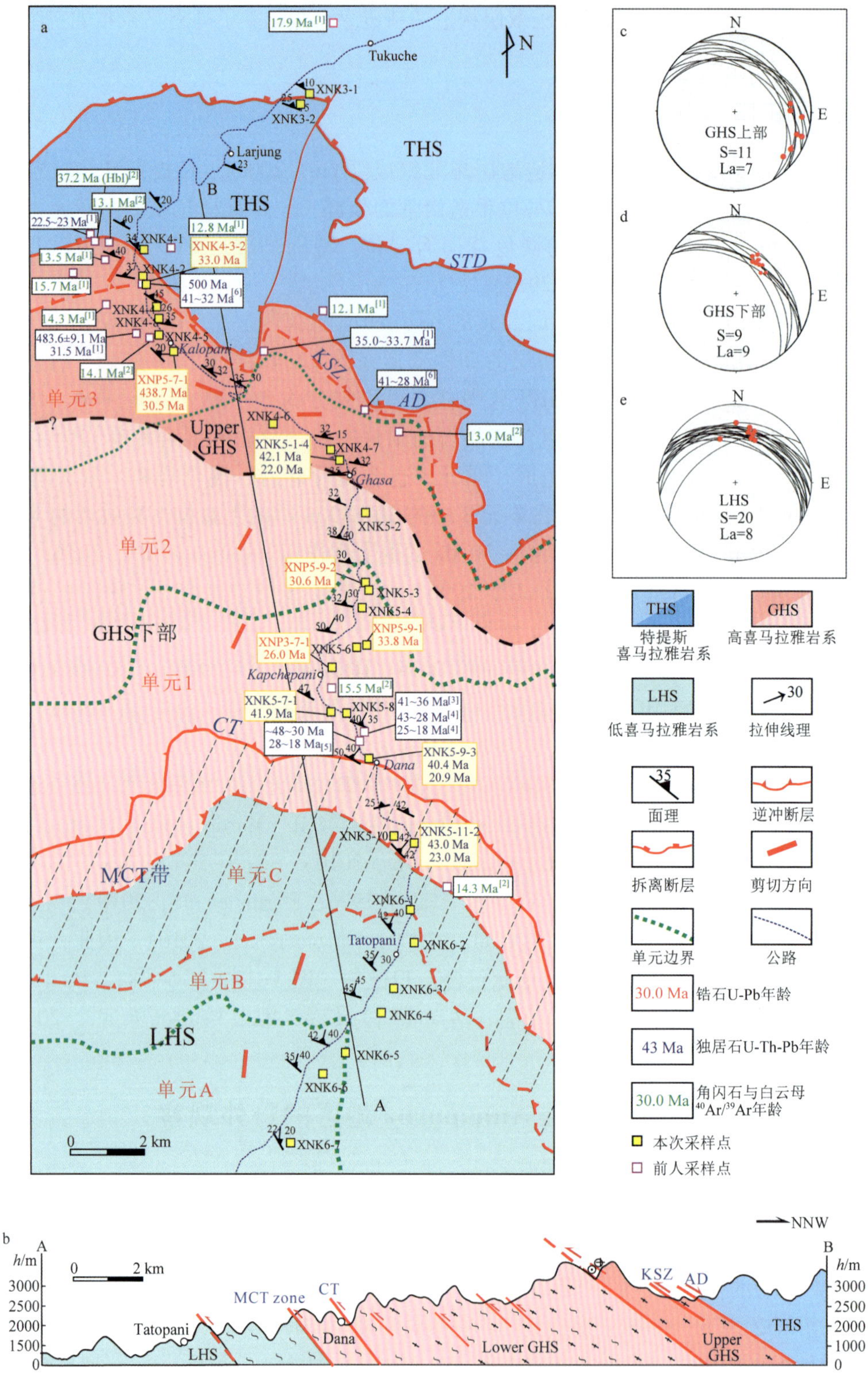

图 5-17　尼泊尔中部高喜马拉雅 Kali Gandaki 河谷的地质图（a）和剖面图（b）

（据 Larson et al., 2009；Parsons et al., 2016；Vannay et al., 1996，有修改）

从 GHS 上部到下部的矿物拉伸线理旋转从 ESE-NE-N 倾斜（c～e），U-Pb 同位素和样品位置$^{40}Ar/^{39}Ar$ 热年代学的样品位置：[1] Godin et al.(2001)；[2] Vannay et al. (1996)；[3] Carosi et al.(2014)；[4] Iaccarino et al.(2015)；[5] Larson et al.(2015)；[6] Carosi et al.(2016)。除了角闪石$^{40}Ar/^{39}Ar$冷却年龄（37.2±2.8 Ma）来自 GHS 最上部的钙硅酸盐片麻岩（Vannay et al., 1996）外，所有$^{40}Ar/^{39}Ar$冷却年龄来自白云母。本研究和前人研究的结果分别用黄色和白色框表示，GHS（单元 1，2，3）和 LHS（单元 A，B，C）的边界根据 Parsons et al.(2016)。地质图以绿色虚线表示；MCT 带包括 Chomrong 逆冲带和 C 单元；AD—Annapurna 拆离断层；CT—Chomrong 逆冲断层；KSZ—Kalopani 剪切带；MCT—主中央逆冲断层；STD—藏南拆离系

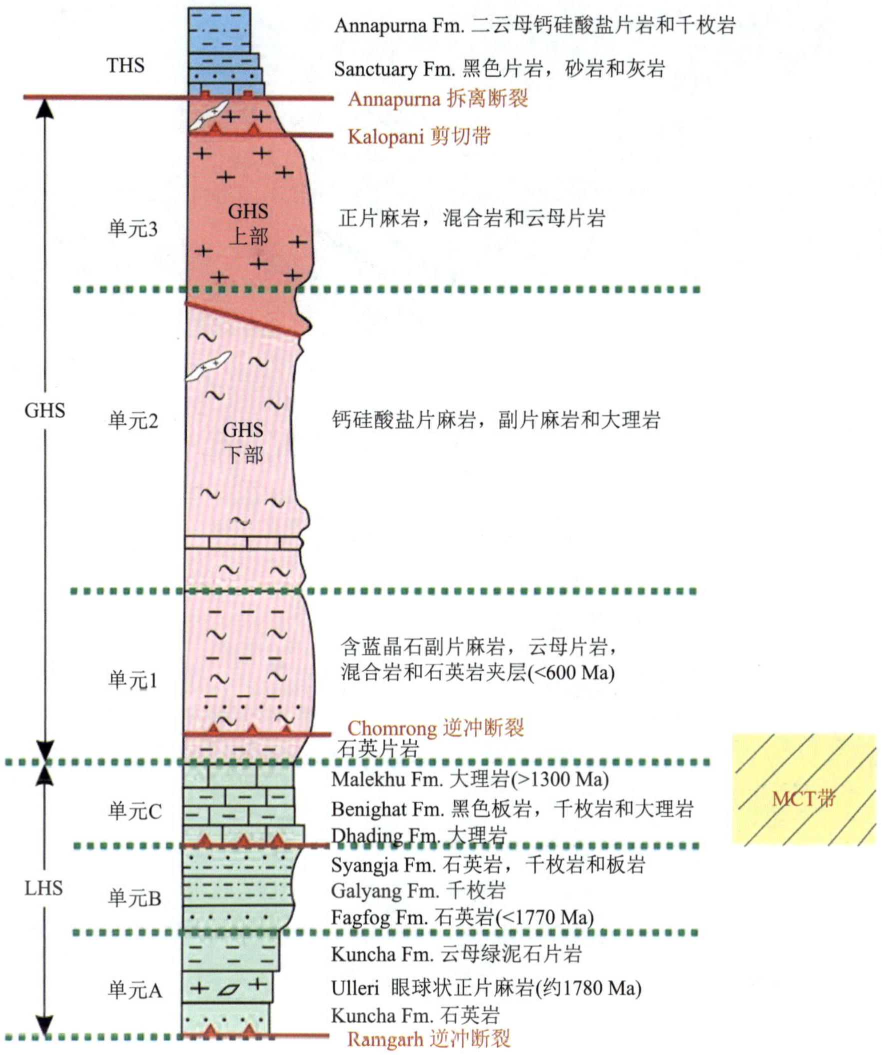

图 5-18　在 Kali-Gandaki 剖面中 GHS 和 LHS 的构造-地层柱状图

LHS 中的 Syangja 组和 Galyang 组（Martin et al.，2011）分别称为 Nourpul 组和 Dandagaon 组（Larson et al.，2009；Upreti，1999）。Ulleri 眼球状片麻岩的结晶年龄为 1780±29 Ma（Kohn et al.，2010），与 Kuncha 组的沉积年龄（1900~1856 Ma）和 Fagfog 组年龄（<1770 Ma）（Martin et al.，2011）之间年龄相当

MCT 显示为一条 6~7 km 厚的剪切带，由糜棱岩化片岩和千枚岩组成。MCT 经历了广泛的韧性变形，并形成了向北缓倾的面理和南北走向的拉伸线理。大量构造前或同构造淡色花岗岩脉侵入糜棱岩化片岩和千枚岩中。根据 S/C 组构、石榴子石的不对称压力影、“σ” 型旋转的长石碎斑、云母鱼和雁列长英质脉等，确定了 MCT 具有上盘向南的剪切方向（图 5-21）。

（2）尼泊尔 Menlamchi-Koradi-Barabic 剖面

在 Beni-Jomson 剖面以东 270 km 的 Menlamchi-Korada-Barabic 剖面是藏南聂拉木-樟木剖面的南延。沿着这条剖面的 GHS 是以具有向北缓倾的韧性逆冲体系和上盘向南剪切为特征（图 5-22）。

沿着聂拉木-樟木剖面，Xu et al.（2013）在角闪岩相片麻岩、大理岩和混合岩中观察到近水平面理和上盘向东或者西的剪切组构，根据 Beni-Jomson 和 Nyalam-Zham 剖面的观察表明平行造山带的伸展产生在 GHS 的北部。沿着 Nyalam-Zham 剖面的南段（Koradi-Zham 剖面），我们可以观察到向北倾的面理、南北向拉伸线理、“σ” 型长英质布丁构造、石榴子石-蓝晶石-黑云母片麻岩中的 S/C 构造以及不对称石榴子石压力影和云母鱼等微观构造判断上盘向南的剪切（图 5-22）。

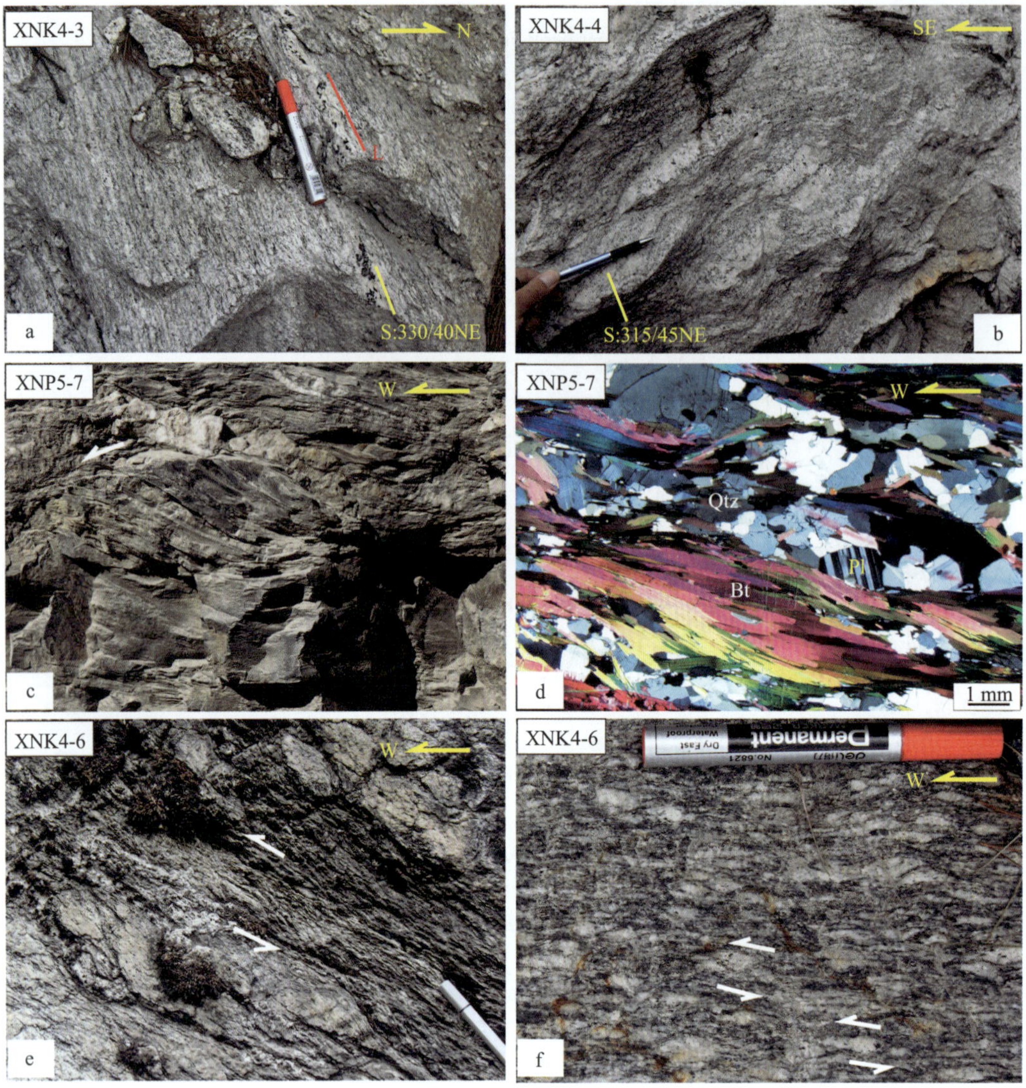

图 5-19　GHS 上部的糜棱岩化片麻岩的露头和薄片的 S/C 组构代表上盘向西的剪切指向，线理通过在 *XZ* 面上正交偏光下拉长的石英和黑云母、定向排列的电气石和蓝晶石而确定的

Bt—黑云母；Pl—斜长石；Qtz—石英

三、石英组构：运动学与变形温度的判别

石英组构曾被用以追踪喜马拉雅造山带韧性剪切带形成温度和剪切指向（Lawet et al.，2004；Larson et al.，2009；Xu et al.，2013；Parsons et al.，2016c）。我们选择 GHS 上部正片麻岩样品 XNP5-7-1 和 XNP5-7-2，以及 GHS 下部 4 个副片麻岩样品。6 个来自 GHS 的面理化样品被切成平行 *XZ* 的薄片（*X* 轴平行线理，*Y* 轴垂直面理上的线理，*Z* 轴垂直于面理）。石英的 CPO 是通过在 JEOL JSM-5610LV 扫描电子显微镜上使用 EBSD 技术进行单颗粒点人工分析。XNP5-7-1 的正片麻岩样品和 XNP5-9-1a 的副片麻岩样品是以石英 c-轴靠近 *Y* 方向为特点，表明在 450~600℃ 下柱面滑移 {*m*}[*a*] 为特征（Tokle et al.，2019）。

相比之下，样品 XNP5-7-2 的正片麻岩、XNP5-9-1b 和 XNK5-9-3 副片麻岩的石英 c 轴组构显示近平行线理排列，表明在 650℃ 以上 {*m*}<*c*>滑移系主控的位错蠕变（Mainprice et al.，1986）；副片麻岩样品 XNP5-9-2 显示 {*m*}<*c*>滑移和{*m*}[*a*]滑移的组合，代表>650℃ 到约 450℃ 温度下的变形。来自 GHS 上部样品 XNP5-7-2 的不对称石英组构的上盘向西剪切指向和来自 GHS 下部样品 XNP5-

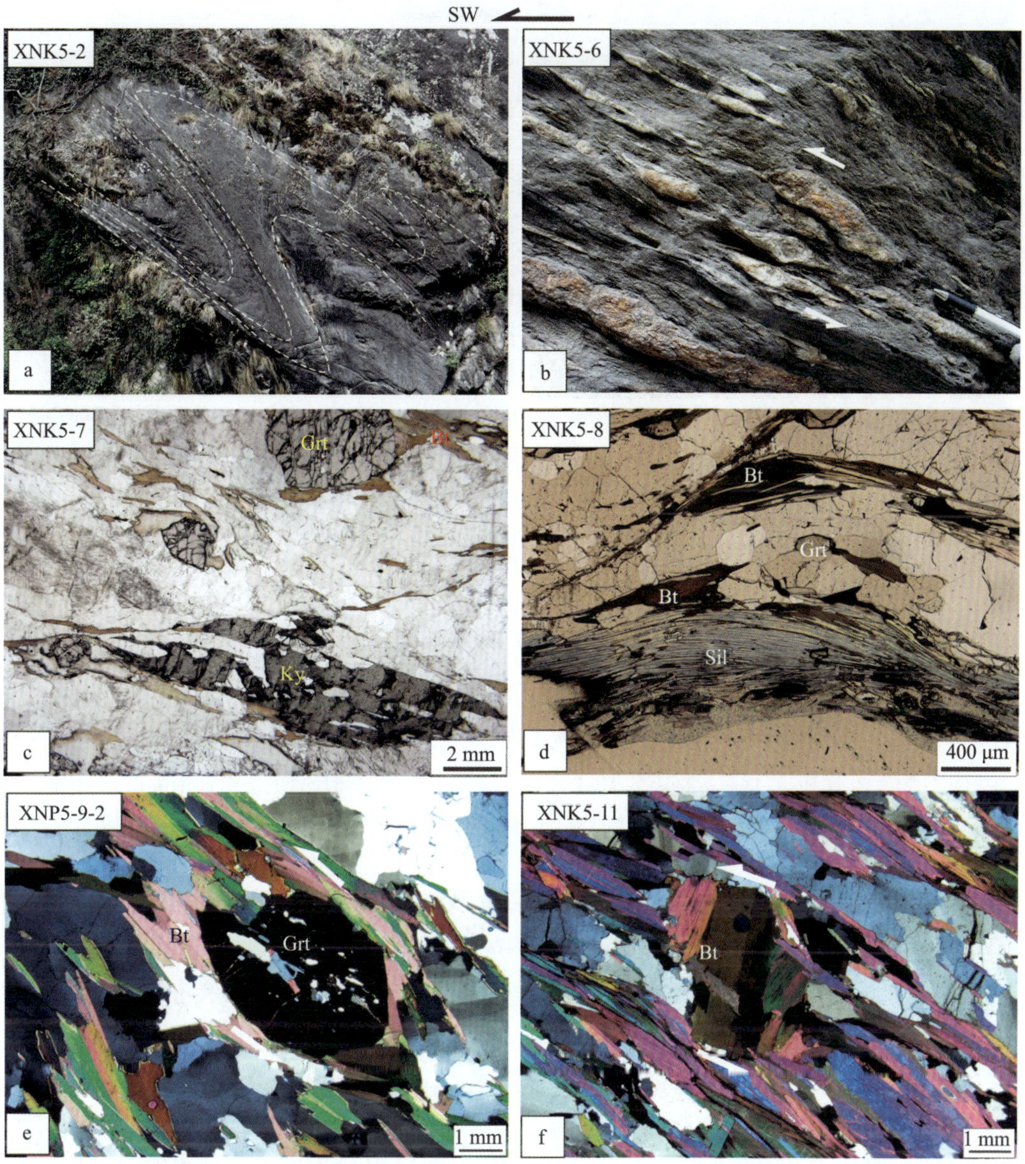

图 5-20 GHS 下部的露头（a、b）和显微构造（c~f）观察显示上盘向 SW 剪切指向

a—黑云母-斜长石-石榴子石片麻岩中不对称褶皱；b—黑云母-斜长石-石榴子石片麻岩的大理岩夹层中 S/C 组构；c—石榴子石-矽线石-黑云母-斜长石片麻岩中“σ”型石榴子石和蓝晶石碎斑；d~f—石榴子石-黑云母-石英片岩中的 S/C 组构

Bt—黑云母；Grt—石榴子石；Ky—蓝晶石；Pl—斜长石；Qtz—石英；Sil—矽线石

9-3 上盘向南西的剪切指向（图 5-23）与露头观察一样。

四、同位素年龄学结果

（1）锆石 U-Pb 年龄

5 个糜棱岩化片麻岩和片岩样品中锆石的阴极发光（CL）图像表现为典型的核-边结构，锆石边部 Th/U 值<0.1（表 S2），为典型的变质锆石（Yakymchuk et al.，2018）。利用 SHRIMP-Ⅱ离子探针对样品 XNP5-9-1 进行锆石 U-Pb 定年，而其他的样品运用 LA-ICP-MS 定年。根据 KSZ 的含石榴子石花岗质片麻岩（XNK4-3-2）和在 3 单元的花岗质片麻岩（XNP5-7-1）的锆石核部分带表明它们为岩浆成因，XNK4-3-2 和 XNP5-7-1 样品的变质锆石环带分别获得了 33.0±1.4 Ma 和 30.5±0.5 Ma 的 $^{206}Pb/^{238}U$ 加权平均年龄(图 5-24a、b)。XNP5-7-1 正片麻岩锆石的岩浆核具有 $^{206}Pb/^{238}U$ 加权平均年龄为 438.7±3.0 Ma（MSWD=0.49，n=16）（图 5-25a），比附近正片麻岩的独居石重结晶年龄

图 5-21　沿着 Beni-Jomson 剖面的 MCT 观察，显示在千枚岩和片岩的上盘向南的剪切指向

a—向北缓倾的面理；b—近南北的拉伸线理；c—不对称褶皱和长英质脉的布丁构造；d—S/C 组构

图 5-22　沿着 Koradi-Zham 剖面 GHS 下部逆冲剪切带的野外（a、b）和微观构造（c、d）观察

a—向北倾斜的面理和 N-S 向拉伸线理；b—石榴子石-蓝晶石-黑云母片麻岩中的“σ”型长英质脉布丁构造；c—蓝晶石、石榴子石的 S/C 构造；d—不对称石榴子石压力影和黑云母鱼。Ky—蓝晶石；Grt—石榴子石；Bt—黑云母

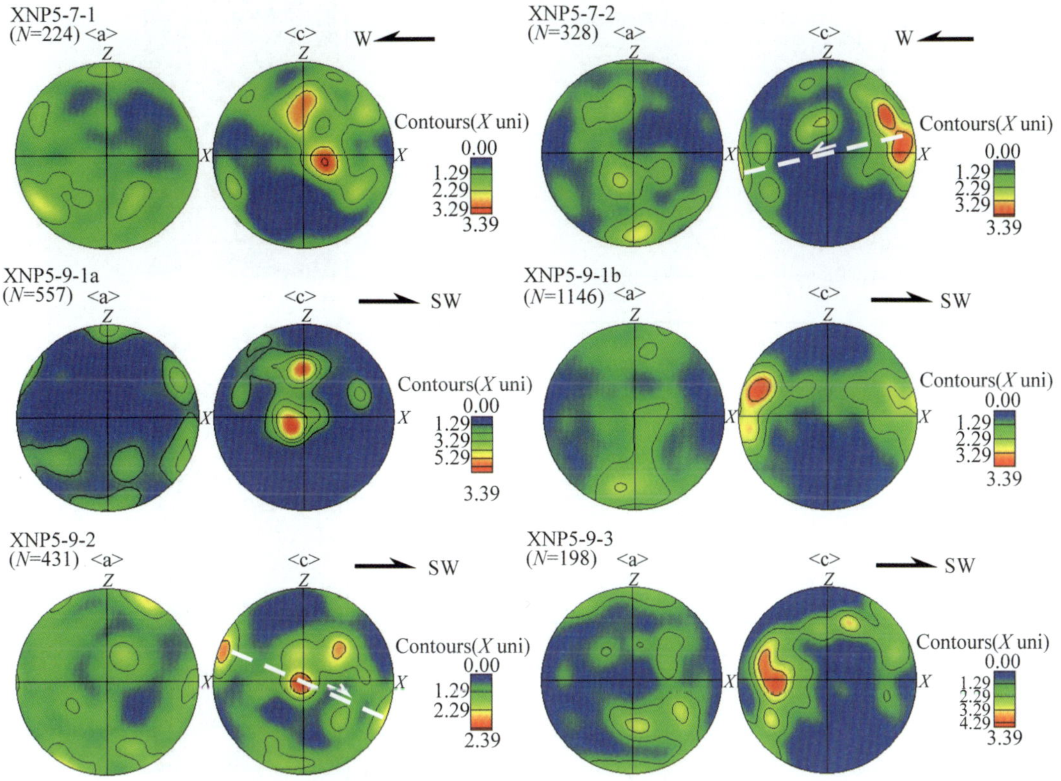

图 5-23 Kali Gandaki 山谷 GHS 糜棱片麻岩的石英组构图

下半球，等面积投影。等密线指示了石英晶轴的定向程度。应变椭球体方向：X—平行于线理，Z—垂直于面理。N—数据点数。白色虚线和极点图上的箭头分别表示推断的滑动面和剪切指向

484 Ma 和约 500 Ma 年轻得多（Carosi et al.，2016；Godin et al.，2001）。对于来自 Kalopani 剪切带的含石榴子石花岗质片麻岩样品 XNK4-3-2 以及 GHS 上部的正片麻岩样品 XNP5-7，它们的锆石颗粒核部具有火成岩锆石的振荡环带特征，指示其是岩浆起源（图 5-25）。

上述研究表明，在 GHS 上部曾经历多期的古生代岩浆事件。对于 GHS 上部单元 1 的糜棱岩化蓝晶石-云母片岩的样品 NP5-9-1 和 XNP5-9-2，锆石变质边显示 $^{206}Pb/^{238}U$ 加权平均年龄分别为 33. 8±0. 6 Ma 和 30. 6±0. 2 Ma（图 5-24c、d），这两个样品的锆石核的年龄分别为 2849～784 Ma 和 1769～796 Ma，XNP5-9-2 的原岩较 XNP5-9-1 年轻得多。在单元 1 中蓝晶石-矽线石-石榴子石片麻岩 XNP3-7-1 的锆石变质边的 $^{206}Pb/^{238}U$ 加权平均年龄为 26. 0±0. 5 Ma（图 5-24e）。

（2）独居石的 U-Th-Pb 年龄

在四个片麻岩和片岩样品中，我们选择了沿着面理和分布于石榴子石压力影中的独居石颗粒进行分析。我们在加利福尼亚大学圣芭芭拉分校应用激光剥蚀等离子质谱仪对独居石进行分析测试，具体的分析步骤详见于 Cottle et al.（2012，2013）和 Kylander-Clark et al.（2013）的程序。

与 Y 浓度相对应的 2σ 置信区误差椭圆被绘制在 Tera-Wasserburg 谐和图（Tera et al.，1972）上。对 GHS 上部方解石-石英片麻岩（XNK5-1（4）样品）中的独居石进行了 43 次分析，按 Y 浓度获得两组年龄：低 Y 浓度颗粒的下交点年龄为 42. 1±0. 3 Ma，高 Y 浓度颗粒的下交点年龄为 22. 0±0. 7 Ma（图 5-26a）。类似地，来自 Chomrong 逆冲断层的石榴子石黑云母片麻岩（低 Y 浓度的样品 XNK5-9（3））和近 GHS 底部的石英片岩（高浓度样品 XNK5-11（2））分别显示了始新世中期（40. 4±0. 3 Ma，43. 0±0. 5 Ma）和中新世早期（20. 9±0. 4 Ma，23. 0±0. 2 Ma）的年龄（图 5-26b、c）。三个样品显示拥有低 Y 浓度和贫重稀土元素的独居石颗粒从 43～28 Ma 的长时间的生长，而拥有高 Y 浓度和富重稀土元素的独居石颗粒仅在 25～21 Ma 发育（图 5-27）。对比之下，在单元 1 中从蓝晶石-石榴子

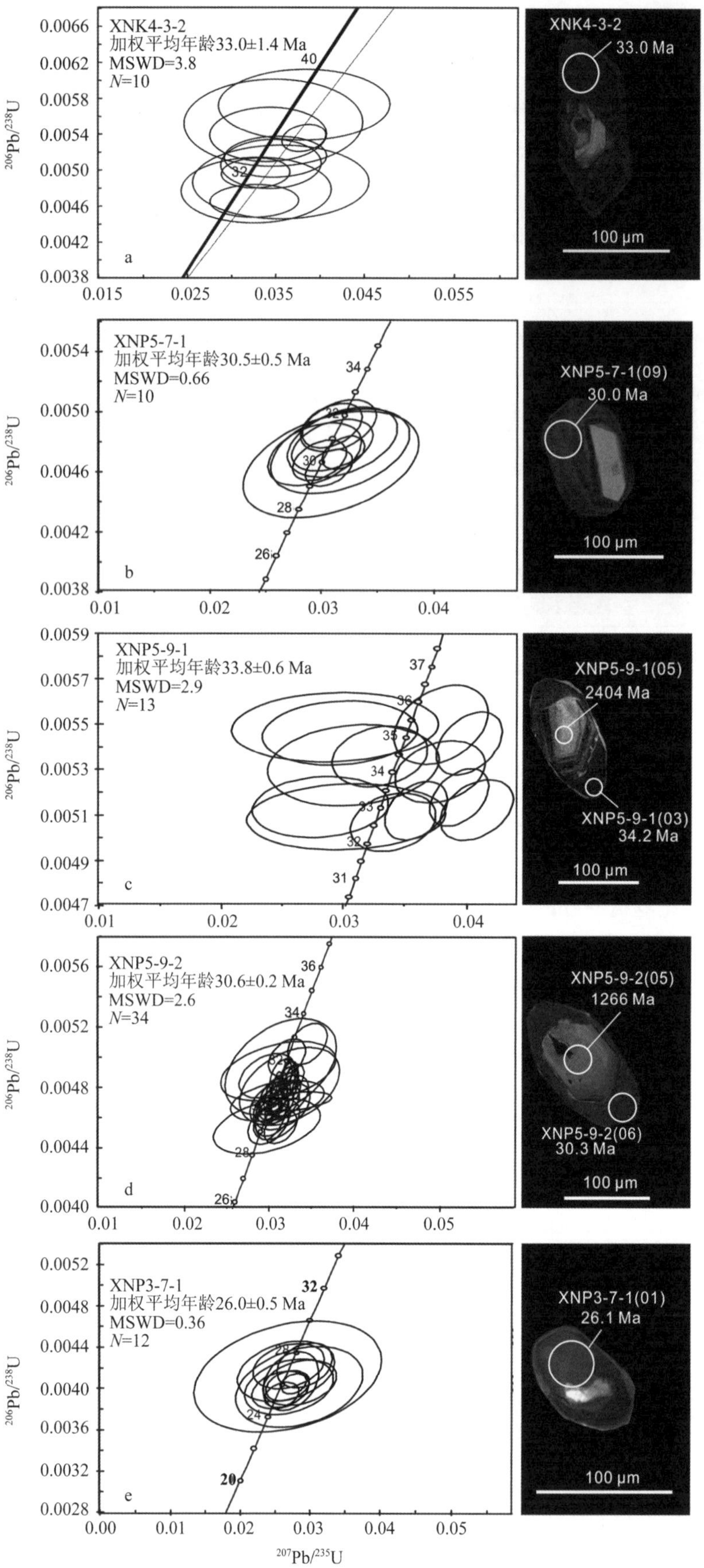

图 5-24 片麻岩和片岩的锆石 U-Pb 同位素谱和图以及典型锆石颗粒阴极发光（CL）图像

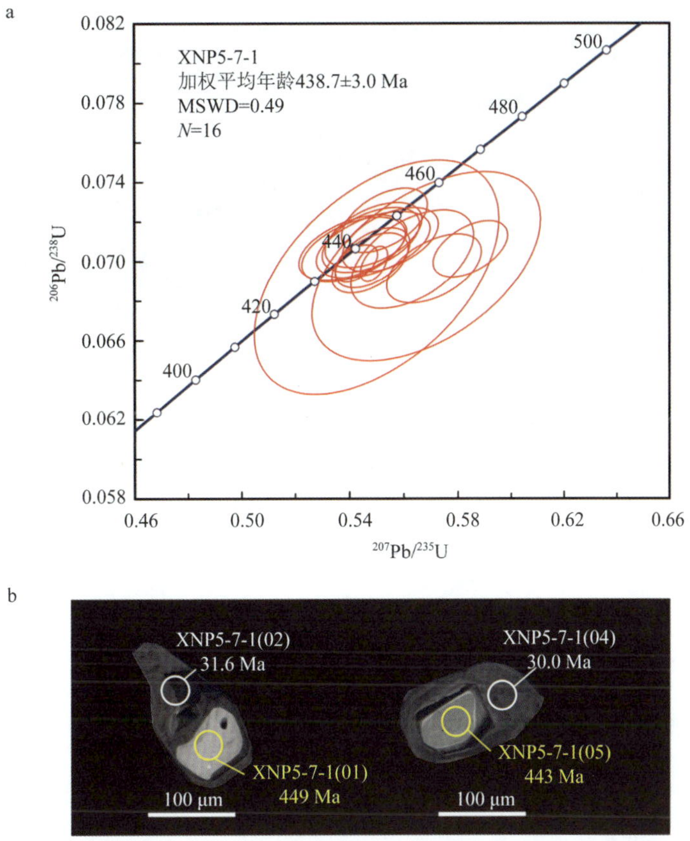

图 5-25　样品 XNP5-7-1 中的岩浆锆石核的 U-Pb 同位素年龄的谐和图以及代表性的锆石的阴极（CL）图像

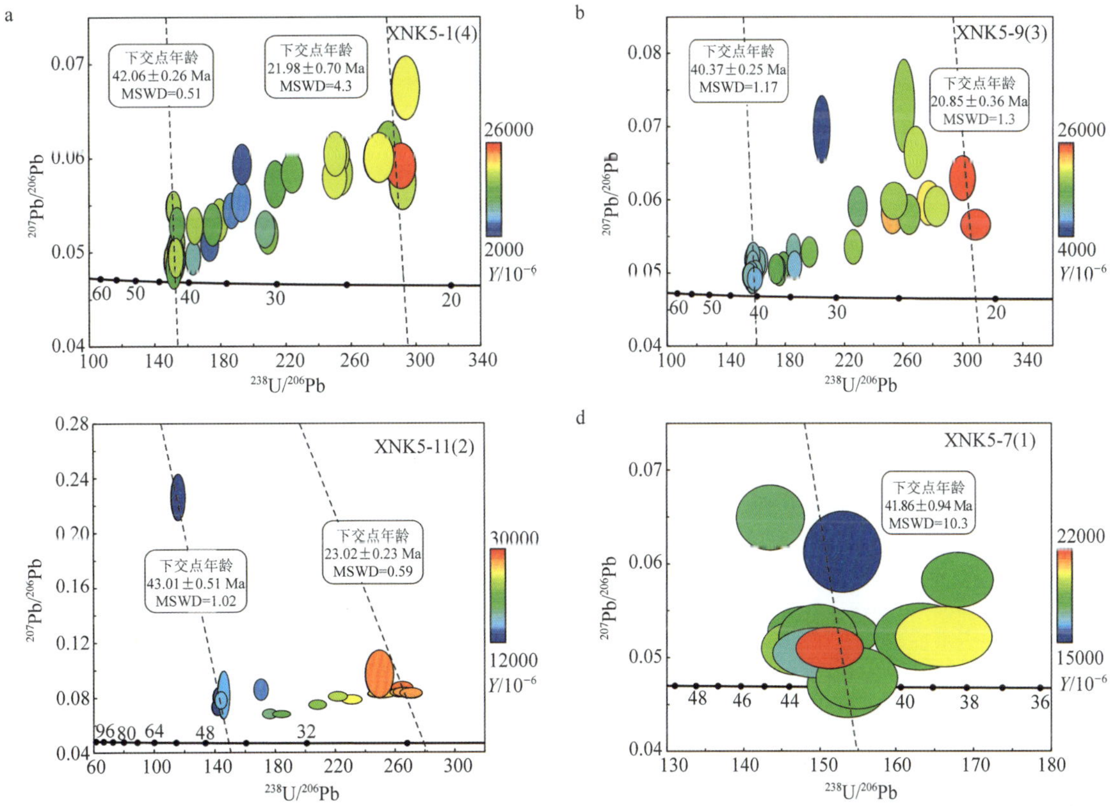

图 5-26　GHS 中片麻岩、片岩的独居石的 U-Th-Pb 同位素年龄 Tera-Wasserburg 谐和图

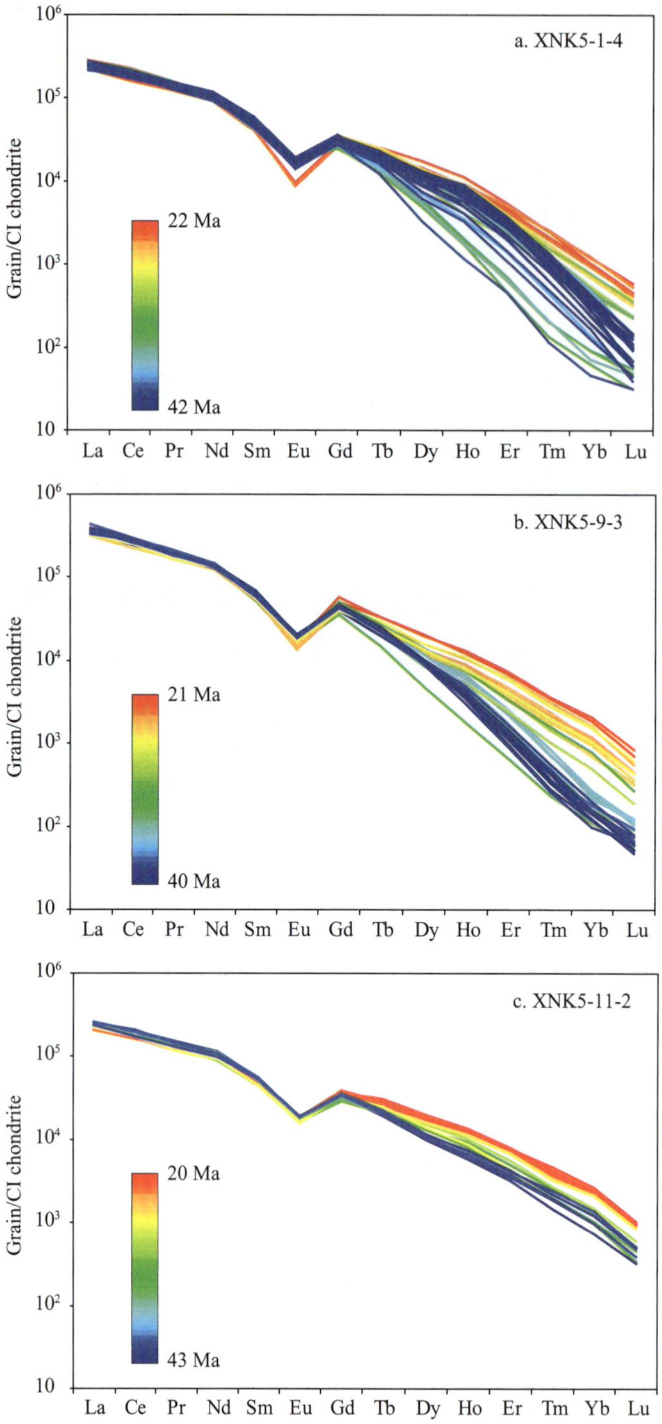

图 5-27　在 Kali Gandaki 河谷 GHS 和 MCT 的独居石稀土元素模型

稀土元素的浓度为归一化为球粒陨石丰度（McDonough et al.，1995），颜色带用来说明不同颗粒年代；
25～21 Ma 的独居石颗粒显示较高的重稀土元素浓度比古老的颗粒来得老

石-黑云母片麻岩（样品 XNK5-7（1））中提取的独居石（图 5-26c）显示了 Y 浓度的非均质性，但仅保留一个下交点年龄为 41. 9±0. 9 Ma 的热事件（图 5-26d）。

五、讨论

以往提出的喜马拉雅造山带的构造模型基本上基于南北向地质剖面。在 GHS 上部的近东西向线理已归因于晚渐新世至中新世的重力垮塌，导致 GHS 从深埋/地壳增厚到折返的转换（Xu et al.，2013），或者 20~10 Ma 期间从中地壳垂直于造山带走向的挤出到上地壳平行于造山带走向的伸展的转换（Nagy et al.，2015；Parsons et al.，2016）。沿着 Kali Gandaki 河谷的石英组构表明变形温度从 >650℃至 450℃（Larson et al.，2009；Parsons et al.，2016；本研究）。白云母$^{40}Ar/^{39}Ar$ 年龄证明在 15~13 Ma 期间整个 GHS 在 430℃均匀冷却（Godin et al.，2001；Vannay et al.，1996）。因此，GHS 普遍的韧性剪切在 15~13 Ma 结束。在地壳部分熔融阶段，锆石可以经受峰期变质作用和随后的减压过程，而独居石可能很容易被消耗（Yakymchuk et al.，2014）。Iaccarino et al.（2015）发现 GHS 下部的蓝晶石混合岩化副片麻岩的独居石可以分为 3 个生长阶段：独居石-1（43~36 Ma）与熔融之前的进变质作用有关；独居石-Ⅱ（36~28 Ma）形成在接近峰期的高压熔融阶段；独居石-Ⅲ（25~18 Ma）形成在折返阶段石榴子石在接近矽线石-蓝晶石转换温压条件时分解的过程中（图 5-28）。然而，在石榴子石中的独居石记录了在同一地方的初始熔融发生在 41~36 Ma（Carosi，Montomoli，et al.，2014），蓝晶石-石英脉中的独居石年龄代表记录了进度质作用时间 48~30 Ma 和深熔作用的时间 30~18 Ma（Larsen et al.，2015）。KSZ 的独居石年龄表明 GHS 上部的进变质作用发生在 48~41 Ma、折返事件在 41~30 Ma（Carosi et al.，2016）。

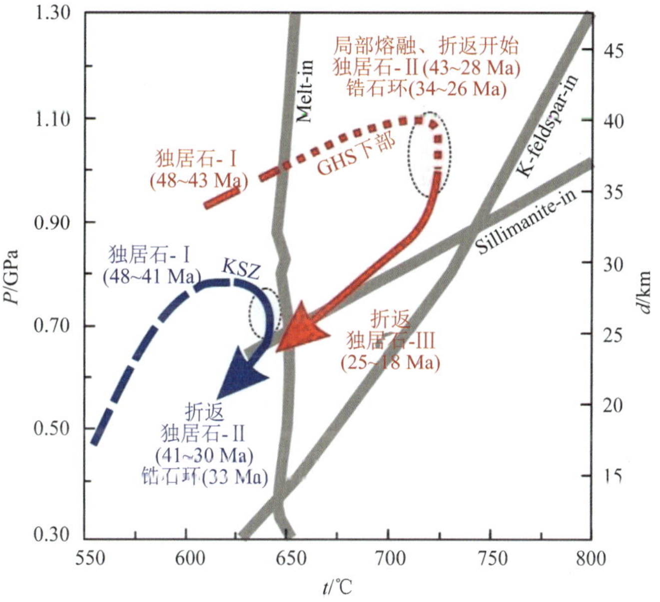

图 5-28 GHS 下部（Laccarino et al.，2015）和 Kalopani 剪切带（Larson et al.，2015）的 P-T-t 轨迹

在 GHS 下部，独居石的幕式生长的跨度是基于 Kali Gandaki 河谷的独居石和锆石年代学（Carosi et al.，2016；Carosi et al.，2014；Laccarino et al.，2015；Larson et al.，2015；本研究）。虚线表示 GHS 下部的前熔融级别的变质作用，虚线表示在 GHS 下部的部分熔融"接近峰值"的条件（710~720℃和 1.0~1.1℃）。本研究中锆石边缘的年龄在接近峰值条件下与独居石Ⅱ年龄一致，提供折返开始的时间限制

在本研究中，在基质中的独居石颗粒形成在面理发育过程中，根据 Y/HREE 低的独居石颗粒的 U-Pb 年龄为 43~28 Ma，以及 Y/HREE 高的独居石颗粒为 25~20 Ma（图 5-25，图 5-26），我们可以分别与独居石Ⅱ和独居石Ⅲ相比较（Iaccarino et al.，2015）。糜棱岩化片麻岩样品的锆石边的 U-Pb 年龄（34~26 Ma）与在峰期条件下的独居石Ⅱ的年龄一致，并约束折返的开始时间（图 5-28）。由于特提斯喜马拉雅褶皱-逆冲带在始新世开始变形（Wiesmayr et al.，2002），喜马拉雅造山带显著的地壳增厚是在约 43 Ma 时达到的。

在 43~30 Ma 时，GHS 俯冲在 THS 之下发生进变质作用并引发了 GHS 在大于 35 km 深度处广泛的深熔作用，GHS 上部沿 KSZ 发生折返（图 5-29a）。在 31~21 Ma，GHS 的折返由 KSZ 下面的一般剪切和深熔作用控制（图 5-29b）。沿 MCT 的同变质逆冲叠置在 GHS 和 LHS 原岩之间的边界，与在

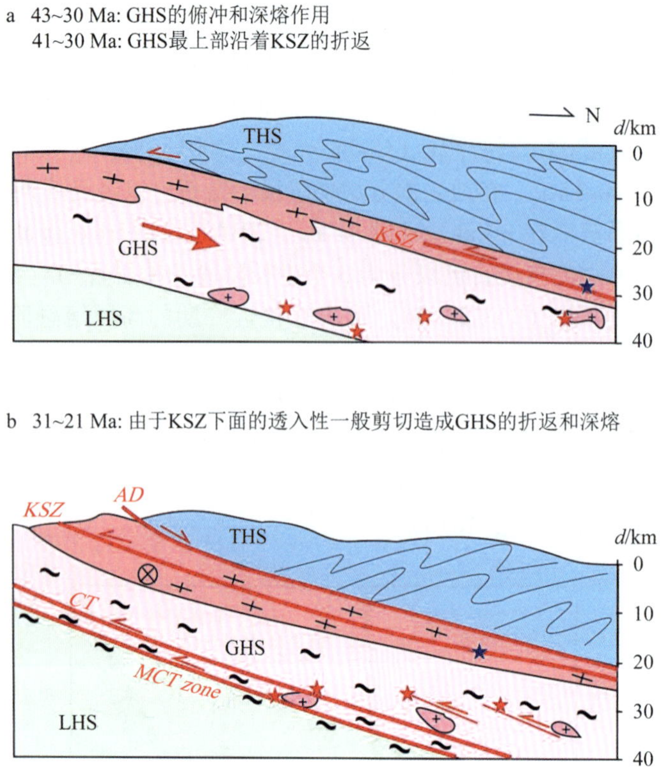

图 5-29　高喜马拉雅构造演化图

a—43~30 Ma：GHS 的下冲及深熔作用，41~30 Ma：GHS 最上部沿着 KSZ 的折返；
b—31~21 Ma：通过在 KSZ 下面的一般剪切，GHS 发生折返与深熔

31~21 Ma 之间 STD 初始活动相一致（Soucy La Rouche et al.，2016），一般剪切导致的弥散性应变分布使在 GHS 上部发育平行造山带的伸展，而 GHS 下部和 MCT 发育上盘向南西逆冲。该变形模式不同于中新世沿 STD 和 MCT 的应变集中。

由于在 43~30 Ma 的退变质作用造成了含蓝晶石 Kalopani 逆冲剪切带的活动（Carosi et al.，2016）。拉伸线理从在 GHS 上部的 E-W 向逆时针转变形成 MCT 的南北方向（图 5-29a）表明 GHS 的应变分布以剪切为主，在 Kalopani 剪切带附近具有增加的纯剪分量，而在 MCT 中以简单剪切为主。

THS 的平衡剖面预测在 10 km 深度的底板逆冲断层上方，有一个西南倒转的褶皱和上盘向西南的逆冲剪切带（Wiesmayr et al.，2002）。我们认为 Kalopani 剪切带可能参与控制了特提斯喜马拉雅褶皱冲断带在早期地壳增厚过程中的基底滑脱，我们在上述的东喜马拉雅洛扎-错那地区的 THD 是否可以自西延伸到喜马拉雅造山带中部还有待验证。

六、结论

根据高喜马拉雅上部 1500 km 平行造山带方向和尼泊尔中部高喜马拉雅 Kali Gandaki 河谷剖面的野外调查，大量样品的 U-Pb 锆石和独居石年代学、云母 Ar-Ar 热年代学以及构造分析，揭示了 GHS 上部的平行造山带走向伸展、下部的垂直造山带走向的挤出和 MCT 同时发生在 43~21 Ma。从 GHS 上部到 MCT，拉伸线理的逆时针旋转表明在早期地壳增厚下的剪切应变造成整个 GHS 在板块汇聚时发生折返。始新世中期和渐新世 GHS 的三维应变分布发生在中新世由 STD 和 MCT 限定的二维应变之前。从 GHS 上部到下部拉伸线理逆时针旋转的轨迹，体现了我们对喜马拉雅构造格架的思考从二维运动学向三维运动学的转换。

参 考 文 献

Aikman A B, T M Harrison, L Ding. 2008. Evidence for Early(>44 Ma) Himalayan Crustal Thickening, Tethyan Himalaya, southeastern Tibet, Earth Planet. Sci. Lett., 274: 14~23.

Arita K. 1983. Origin of the inverted metamorphism of the Lower Himalayas, Central Nepal. Tectonophysics, 95: 43~60.

Arita K R D, Dallmeyer, A Takasu. 1997. Tectonothermal evolution of the Lesser Himalaya, Nepal: Constraints from Ar/Ar ages from the Kathmandu Nappe, Island Arc, 6: 372~385.

Beaumont C G A, Jamieson M H, Nguy B Lee. 2001. Himalaya tectonics explained by extrusion of a low-viscosity crustal channel coupled to focused surface denudation. Nature, 414: 738~742.

Black L P, S L Kamo, C M Allen, et al. 2003. TEMORA 1: A new zircon standard for Phanerozoic U-Pb geochronology. Chem. Geol, 155~170.

Blumenfeld P D, Mainprice, J L Bouches. 1986. C-slip in quartz from subsolidus deformed granite. Tectonophysics, 127: 97~115.

Bollinger L, Avouac J P, Beyssac O, et al. 2004. Thermal structure and exhumation history of the Lesser Himalaya in central Nepal. Tectonics, 23, TC5015.

Brown R L, Nazarchuk J H. 1993. Annapurna detachment fault in the Greater Himalaya of central Nepal. In: Himalayan Tectonics(P. J. Treloar and M. P. Searle, eds.). Geological Society Special Publication, 74: 461~473.

Brun J P, J P Burg, C C Ming. 1985. Strain trajectories above the Main Central Thrust(Himalaya) in southern Tibet, Nature, 313: 388~390.

Burchfiel B C, Chen Z, Hodges K V, et al. 1992. The South Tibetan Detachment System, Himalayan orogen: Extension contemporaneous with and parallel to shortening in a collisional mountain belt. Geol. Soc. Am. Spec. Pap, 269: 1~41.

Burchfiel B C, L H Royden. 1985. North-south extension within the convergent Himalayan region. Geology, 13: 679~682.

Burg J P, Brunel M, Gapais D, et al. 1984. Deformation of leucogranites of the crystalline main central thrust sheet in southern Tibet(China). J. Struct. Geol., 6: 535~542.

Burg J P, Nievergelt P, Oberli F, et al. 1998. The Namche Barwa syntaxis: Evidence for exhumation related to compressional crustal folding. J. Asian Earth Sci., 16: 239~252.

Carosi R B, Lombardo G, Molli G, et al. 1998. The South Tibetan Detachment System in the Rongbuk valley, Everest region. Deformation features and geological implications. J. Asian Earth Sci., 16: 299~311.

Carosi R B, Lombardo G Musumeci, P C Pertusati. 1999. Geology of the Higher Himalayan Crystallines in Khumbu Himal(Eastern Nepal). J. Asian Earth Sci., 17: 785~803.

Carosi R, Gemignani R, Godin L, et al. 2014. A geological journey through the deepest gorge on Earth: The Kali Gandaki valley section, central Nepal. In: Geological Field Trips in the Himalaya, Karakoram and Tibet: Journal of the Virtual Explorer, Electronic Edition(C. Montomoli, R. Carosi, R. Law, S. Singh and S. M. Rai, eds.), 47, paper 9.

Carosi R, Montomoli C, Iaccarino S, et al. 2016. Middle to late Eocene exhumation of the Greater Himalayan Sequence in the Central Himalayas: Progressive accretion from the Indian plate. GSA Bulletin.

Carosi R, Montomoli C, Rubatto D, et al. 2010. Late Oligocene high-temperature shear zones in the core of the Higher Himalayan Crystallines (Lower Dolpo, western Nepal). Tectonics, 29, TC4029.

Catlos E J, Dubey C S, Harrison T M, et al. 2004. Late Miocene movement within the Himalayan Main Central Thrust shear zone, Sikkim, north-east India. J. Metamorphic Geol, 22: 207~226.

Chambers J M, Caddick T, Argles M, et al. 2009. Empirical constraints on extrusion mechanisms from the upper margin of an exhumed high-grade orogenic core, Sutlej valley, NW India, Tectonophysics, 477: 77~92.

Chemenda A I, Burg J P, Mattauer M. 2000. Evolution model of the Himalaya-Tibet system: geopoem based on new modeling, geological and geophysical data. Earth Planet. Sci. Lett, 174: 397~409.

Chemenda A I, Mattauer M, Malavieille J, et al. 1995. A mechanism for syn-collisional rock exhumation and associated normal faulting—results from physical modeling. Earth Planet. Sci. Lett., 132: 225~232.

Cheng J, Xu G. 1987. Geologic map of the Gerdake region at a scale of 1 : 1 000 000 and geologic report, Xizang Bureau of Geology and Mineral Resources, 363(in Chinese).

Chengdu Institute of Geology and Mineral Resources. 2002. The Geologic Map of Nyalam County, People's Republic of China, scale 1 : 250 000 (in Chinese).

China University of Geosciences. 2005. The Geologic Map of Yadong County, People's Republic of China, scale 1 : 250 000(in Chinese).

Chung S L, et al. 2009. The nature and timing of crustal thickening in Southern Tibet: Geochemical and zircon Hf isotopic constraints frompostcollisional adakites. Tectonophysics, 477: 36~48.

Claoué-Long J G, Compston W, Roberts J, et al. 1995. Two Carboniferous ages: A comparison of SHRIMP zircon dating with conventional zircon ages and $^{40}Ar/^{39}Ar$ analysis. in Berggren W A, Kent D V, Aubry M P, and Hardenbol J. (eds.), Geochronology, Time Scale and Global Stratigraphic Correlation. SEPM(Society for Sedimentary Geology) Special Publication, 4: 3~21.

Colchen M, Le Fort P, Pêcher A. 1986. In: Recherches géologiques dans l'Himalaya du Népal Annapurna Manaslu, Ganesh. Paris Editions du

Centre National de la Recherche Scientifique, Paris 136 pp.

Coleman M E. 1996. Orogen-parallel and orogen-perpendicular extension in the central Nepalese Himalayas. Geo. Soc. Am. Bull, 298: 553~571.

Coleman M E. 1998. U-Pb constraints on Oligocene-Miocene deformation and anatexis within the central Himalaya, Marsyandi valley, Nepal. Am. J. Sci., 298: 553~571.

Corrie S T, M J Kohn. 2011. Metamorphic history of the central Himalaya, Annapurna region, Nepal, and implications for tectonic models. GSA Bulletin, 123: 1863~1879.

Cottle J M, Burrows A J, Kylander-Clark A, et al. 2013. Enhanced sensitivity in laser ablation multi-collector inductively coupled plasma mass spectrometry. J. Anal. At. Spectrom, 28: 1700~1706.

Cottle J M, Jessup M J, Newell D L, et al. 2009. Geochronology of granulitized eclogite from the Ama Drime Massif: Implications for the tectonic evolution of the South Tibetan Himalaya, Tectonics, 28: TC1002.

Cottle J M, Kylander-Clark A R, Vrijmoed J C. 2012. U-Th/Pb geochronology of detrital zircon and monazite by single shot laser ablation inductively coupled plasma mass spectrometry(SS-LA-ICPMS). Chem. Geol, 332: 136~147.

Cottle J M, Waters D J, Riley D, et al. 2011. Metamorphic history of the South Tibetan Detachment System, Mt. Everest Region, revealed by RSCM thermometry and phase equilibria modeling. J. Metamorphic Geol., 29: 561~582.

Crouzet C, Dunkl I, Paudel L, et al. 2007. Temperature and age constraints on the metamorphism of the Tethyan Himalaya in Central Nepal: A multidisciplinary approach. J. Asian Earth Sci., 30: 113~130.

DeCelles P G, Robinson D M, Quade J, et al. 2001. Stratigraphy, structure and tectonic evolution of the Himalayan fold-thrust belt in western Nepal. Tectonics, 20: 487~509.

Ding L, Zhong D L, Yin A, et al. 2001. Cenozoic structural and metamorphic evolution of the eastern Himalayan syntaxis(Namche Barwa). Earth Planet. Sci. Lett., 192: 423~438.

Ding L, Zhong D. 1999. Metamorphic characteristics and geotectonic implications of the high-pressuregranulites from Namche Barwa, eastern Tibet. Sci. China, 42: 491~505.

DiPietro J A, Pogue K R. 2004. Tectonostratigraphic subdivisions of the Himalaya: a view from the west, Tectonics, 23, TC5001.

Donaldson D G, Webb A A G, Menold C A, et al. 2013. Petrochronology of Himalayan ultrahigh-pressure eclogite. Geology, 41: 835~838.

Edwards M A, Harrison T M. 1997. When did the roof collapse? Late Miocene north-south extension in the High Himalaya revealed by Th-Pb monazite dating of the Khula Kangri granite. Geology, 25: 543~546.

Edwards M A, Kidd W S F, Li J X, et al. 1996. Multi-stage development of the southern Tibet detachment system nearKhula Kangri. New data from Gonto La. Tectonophysics, 260: 1~19.

Edwards M A, Pêcher A, Kidd W S F, et al. 1999. Southern Tibet Detachment at Khula Kangri, Eastern Himalaya: A large-area, shallow detachment stretching in Bhutan? J. Geol., 107: 623~631.

Epard J L, Steck A. 2004. The Eastern prolongation of the Zanskar shear zone (Western Himalaya). Eclogae Geologicae Helvetiae, 97: 193~212.

Garzanti E. 1999. Stratigraphy and sedimentary history of the Nepal Tethys Himalaya passive margin. J. Asian Earth Sci., 17: 805~827.

Gehrels G E, Valencia V A, Ruiz J. 2008. Enhanced precision, accuracy, efficiency, and spatial resolution of U-Pb ages by laser ablation-multi-collector-inductively coupled plasma-mass spectrometry. Geochemistry, Geophysics, Geosystems, 9, 10. 1029/2007GC001805.

Gehrels G, Kapp P, DeCelles P, et al. 2011. Detrital zircon geochronology of pre-Tertiary strata in the Tibetan-Himalayan orogen. Tectonics, 30, TC5016.

Geological Survey of Hebei Province. 2002. The Geologic Map of Jilong County, People's Republic of China, scale 1 : 250 000(in Chinese).

Geological Survey of Hebei Province. 2005. The Geologic Map of Pulan County, People's Republic of China, scale 1 : 250 000. Geology Press, Beijing(in Chinese).

Geological Survey of Yunnan Province. 2005. The Geologic Map of Cuona County, People's Republic of China, scale 1 : 250 000(in Chinese).

Godin L. 2003. Structural evolution of the Tethyan sedimentary sequence in the Annapurna area, central Nepal Himalaya. J Asian Earth Sci., 22: 307~328.

Godin L, Brown R L, Hanmer S. 1999. High strain zone in the hanging wall of the Annapurna detachment, central Nepal Himalaya, in Himalaya and Tibet: Mountain Roots to Mountain Tops, GSA Special Papers, 328, edited by Macfarlane A, Sorkhabi R B, and Quade J, 199~210, Boulder, Colorado.

Godin L, Parrish R R, Brown R L, et al. 2001. Crustal thickening leading to exhumation of the Himalayan Metamorphic core of central Nepal: Insight from U-Pb geochronology and $^{40}Ar/^{39}Ar$ thermochronology. Tectonics, 20: 729~747.

Godin L D, Grujic R D, Searle M P. 2006. Channel flow, ductile extrusion and exhumation in continental collision zones: An introduction. Geol. Soc. Spec. Publ, vol. 268: 1~23.

Grasemann B H Fritz, J C Vannay. 1999. Quantitative kinematic flow analysis from the Main Central Thrust Zone(NW-Himalaya, India): implications for a decelerating strain path and the extrusion of orogenic wedges. Journal of Structural Geology, 21: 837~853.

Grujic D, Casey M, Davidson C, et al. 1996. Ductile extrusion of the Higher Himalayan Crystalline in Bhutan: Evidence from quartz micro-fabrics. Tectonophysics, 260: 21~43.

Grujic D, Hollister L S, Parrish R. 2002. Himalayan metamorphic sequence as an orogenic channel: Insight from Bhutan. Earth Planet. Sci. Lett, 198: 177~191.

Guillot S, Cosca M, Allemand P, et al. 1999. Contrasting metamorphic and geochronologic evolution along the Himalayan belt, in: Himalaya and Tibet: Mountain Roots to Mountain Tops. Geol. Soc. Am. Spec. Pap, vol. 328, edited by A. Macfarlane et al., 117~128, GSA.

Guillot S, Maheo G, de Sigoyer J, et al. 2008. Tethyan and Indian subduction viewed from the Himalayan high-to ultrahigh-pressure metamorphic rocks. Tectonophysics, 451: 225~241.

Harris N B W, Caddick M, Kosler J, et al. 2004. The pressure-temperature-time path of migmatites from the Sikkim Himalaya. J. Metamorphic Geol., 22: 249~264.

Harrison T M, Duncan I, McDougall I. 1985. Diffusion of ^{40}Ar in biotite: Temperature, pressure, and compositional effects. Geochim. Cosmochim. Acta, 49: 2461~2468.

Harrison T M, Grove M, McKeegan K D, et al. 1999. Origin and episodic emplacement of the Manaslu Intrusive Complex. Central Himalaya, J. Petrol, 40: 3~19.

Harrison T M, Ryerson F J, Le Fort P, et al. 1997. A Late Miocene-Pliocene origin for the Central Himalayan inverted metamorphism. Earth Planet. Sci. Lett., 146: E1-E8.

Henry P, Le Pichon X, Goffe B. 1997. Kinematic, thermal, and petrological model of the Himalayas: Constraints related to metamorphism within the underthrust Indian crust and topographic elevation. Tectonophysics, 273: 31~56.

Herren E. 1987. Zanskar shear zone: northeast-southwest extension within the Higher Himalayas (Ladakh, India). Geology, 15: 409~413.

Hodges K V, Hames W E, Olszewski W J, et al. 1994. Thermobarometric and ^{40}Ar/^{39}Ar geochronologic constraints on Eohimalayan metamorphism in the Dinggy area, southern Tibet. Contrib. Mineral. Petrol, 117: 151~163.

Hodges K V, Hurtado J M, Whipple K X. 2001. Southward extrusion of Tibetan crust and its effect on Himalayan tectonics. Tectonics, 20: 799~809.

Hodges K V, Parrish R R, Housh T B, et al. 1992. Simultaneous Miocene extension and shortening in the Himalayan orogen. Science, 258: 1446~1470.

Hodges K V, Parrish R R, Searle M P. 1996. Tectonic evolution of the central Annapurna Range, Nepalese Himalayas. Tectonics, 15: 1264~1291.

Hoskin P W O, Schaltegge U. 2003. The composition of zircon and igneous and metamorphic petrogenesis, in: Hanchar J M, Hoskin P W O (Eds.). Rev. Mineral. Geochem., 53. Mineralogical Society of America, Washington, D. C, 27~62.

Hou K J, Li Y H, Tian Y Y. 2009. In situ U-Pb zircon dating using laser ablation-multi ioncouting-ICP-MS. Mineral Deposits, 28: 481~492 (in Chinese with English abstract).

Hu X M, Garzanti E, Wang J, et al. 2016. The timing of India-Asia collision onset—Facts, theories, controversies. Earth Science Review, 160: 264~299.

Hubbard M S, Harrison T M. 1989. ^{40}Ar/^{39}Ar age constraints on deformation and metamorphism in the MCT Zone and Tibetan Slab, eastern Nepal Himalaya. Tectonics, 8: 865~880.

Hurtado J M, Hodges K V, Whipple K X. 2001. Neotectonics of the Thakkhola graben and implications for recent activity on the South Detachment fault system in the central Nepal Himalaya. GSA Bulletin, 113: 222~240.

Iaccarino S, Montomoli C, Carosi R, et al. 2015. Pressure-temperature-time-deformation path of kyanite-bearing migmatitic paragneiss in the Kali Gandaki valley (Central Nepal): Investigation of Late Eocene-Early Oligocene melting processes. Lithos, 231: 103~121.

Iaccarino S, Montomoli C, Carosi R, et al. 2017. Pressure-temperature-deformation-time constrains on the South Tibetan Detachment System in the Garhwal Himalaya (NW India). Tectonics, 36: 2281~2304.

Jackson S E, Pearson N J, Griffin W L, et al. 2004. The application of laser ablation-inductively coupled plasma-mass spectrometry to in situ U-Pb zircon geochronology. Chem. Geol., 211: 47~69.

Jessup M J, Law R D, Searle M P, et al. 2006. Structural evolution and vorticity of flow during extrusion and exhumation of the Greater Himalayan Slab, Mount Everest massif, Tibet/Nepal: implications for orogen-scale flow partitioning, in Channel Flow, Ductile Extrusion and Exhumation in Continental Collision Zones, edited by Law, R. D, Searle, M. P, and L. Godin. Geol. Soc. Spec. Publ, vol. 268: 379~414.

Jessup M J, Newell D L, Cottle J M, et al. 2008. Orogen-parallel extension and exhumation enhanced by denudation in the trans-Himalayan Arun River gorge, Ama Drime Massif, Tibet-Nepal. Geology, 36: 587~590.

Johnson M R W, Oliver G J H, Parrish R R, et al. 2001. Synthrusting metamorphism, cooling, and erosion of the Himalayan Kathmandu Complex. Nepal, Tectonics, 20: 394~415.

Johnson M R W, Rogers G. 1997. Rb-Sr ages of micas from the Kathmandu complex, Central Nepalese Himalaya: Implications for the evolution of the Main Central Thrust. J. Geol. Soc., 154: 863~869.

Kellett D A, Cottle J M, Larson K P. 2019. The South Tibetan Detachment System: History, advances, definition and future directions. In:

Himalayan Tectonics: A Modern Synthesis(P. J. Treloar and M. P. Searle, eds). Geological Society, London, Special Publications, 483: 377~400.

Kellett D A, Cottle J M, Smit M. 2014. Eocene deep crust at Ama Drime, Tibet: Early evolution of the Himalayan orogen. Lithosphere, 6: 220~229.

Kellett D A, Grujic D, Warren C, et al. 2010. Metamorphic history of a syn-convergent orogen-parallel detachment: the South Tibetan detachment system, Bhutan Himalaya. J. Metamorphic Geol., 28: 785~808.

Kellett D A, Grujic D. 2012. New insight into the South Tibetan detachment system: Not a single progressive deformation. Tectonics, 31, TC2007.

Kohn M J, Pau S K, Corrie S L. 2010. The lower Lesser Himalayan sequence: A Paleoproterozoic arc on the northern margin of the Indian plate. GSA Bull, 122: 323~335.

Kohn M J. 2008. P-T-t data from central Nepal support critical taper and repudiate large-scale channel flow of the Greater Himalayan Sequence. GSA Bulletin, 120.

Kylander-Clark A R, Hacker B R, Cottle J M. 2013. Laser ablation split-stream ICP petrochronology. Chem. Geol. 345: 99~112.

Langille J M, Jessup M J, Cottle J M, et al. 2010. Kinematic evolution of the Ama Drime detachment: Insights into orogen-parallel extension and exhumation of the Ama Drime Massif, Tibet-Nepal. J. Struct. Geol, 32: 900~919.

Langille J M, Jessup M J, Cottle J M, et al. 2012. Timing of metamorphism, melting and exhumation of the Leo Pargil dome, northwest India. J. Metamorphic Geol., 30: 769~791.

Larson K P, Cottle J M. 2015. Initiation of crustal shortening in the Himalaya. Terra Nova, 27: 169~174.

Larson K P, Godin L. 2009. Kinematics of the greater Himalayan Sequence, Dhaulagiri Himal: Implications for the structural framework of central Nepal. J. Geol. Soc. London, 166: 25~43.

Law R D, Jessup M J, Searle M P, et al. 2011. Telescoping of isotherms beneath the South Tibetan Detachment System, Mount Everest Massif. J. Struct. Geol., 33: 1569~1594.

Law R D, Searle M P, Simpson R L. 2004. Strain, deformation temperatures and vorticity of flow at the top of the Greater Himalayan Slab, Everest Massif, Tibet. J. Geol. Soc. London, 161: 305~320.

Le Fort P. 1975. Himalayas: The collided range, present knowledge of the continental arc. Am. J. Sci., 275-A, 1~44.

Le Fort P. 1996. Evolution of the Himalaya, in the Tectonics of Asia, edited by Yin A and T M Harrison, pp. 95~106. Cambridge University Press, New York.

Lee J, Whitehouse M J. 2007. Onset of mid-crustal extensional flow in southern Tibet: Evidence from U/Pb zircon ages. Geology, 35: 45~48.

Leloup P H, Mahéo G, Arnaud N, et al. 2010. The South Tibet detachment shear zone in the Dinggye area Time constraints on extrusion models of the Himalayas. Earth Planet. Sci. Lett. 292: 1~16.

Liu S W, Zhang J J, Shu G M, 2005. Mineral chemistry, P-T-t pathsandexhumation processes of mafic granulite in Dinggye, Southern Tibet. Science in China Series D: Earth Sciences, 48: 1870~1881(in Chinese with English abstract).

Liu W C, Wan X Q, Liang D Y. 2004. New achievements and main progress in geological survey of the Gyangze and Yadong sheets. Geol. Bull. China, 23: 444~450.

Liu Y S, Gao S, Hu Z C, et al. 2010. Continental and oceanic crust recycling-induced melt-peridotite interactions in the Trans-North China Orogen: U-Pb dating, Hf isotopes and trace elements in zircons from mantle xenoliths. J. Petrol, 51: 537~571.

Liu Y, Zhong D. 1997. Petrology of high-pressuregranulites from the eastern Himalayan syntaxis. J. Metamorphic Geol, 15: 451~466.

Long S, McQuarrie N. 2010. Placing limits on channel flow: Insights from the Bhutan Himalaya, Earth Planet. Sci. Lett, 290: 375~390.

Ludwig K R. 2001. Squid 1. 02: AUsers Manual, Special Publication 2, 19 pp, Berkeley Geochronology Center.

Mainprice D, Bouchez J L, Blumenfeld P, et al. 1986. Dominant c slip in naturally deformed quartz: implications for dramatic plastic softening at high temperature. Geology, 14: 819~822.

Martin A J, Gehrels G E, DeCelles P G. 2007. The tectonic significance of(U, Th)/Pb ages of monazite inclusions in garnet from the Himalaya of central Nepal. Chem. Geol, 244: 1~24.

McCaffrey R, Nabelek J. 1998. Role of oblique convergence in the active deformation of the Himalayas and Southern Tibet plateau. Geology, 26: 691~694.

Metcalfe R P. 1993. Pressure, temperature and time constraints on metamorphism across the Main Central Thrust zone and High Himalayan slab in the Garhwal Himalaya, In: Treloar P J, Searle M P. (Eds.), Himalayan Tectonics. Geol. Soc. Spec. Publ, 74: 485~509.

Montomoli C, Iaccarino S, Carosi R, et al. 2013. Tectonometamorphic discontinuities within the Greater Himalayan Sequence in Western Nepal (Central Himalaya): Insights on the exhumation of crystalline rocks. Tectonophysics, 608: 1349~1370.

Murphy M A. 2007. Isotopic characteristics of the Gurla Mandhata metamorphic core complex: Implications for the architecture of the Himalayan orogen. Geology, 35: 983~986.

Murphy M A, Copeland P. 2005. Transtensional deformation in the central Himalaya and its role in accommodating growth of the Himalayan orogen. Tectonics, 24: TC4012.

Murphy M A, Harrison T M. 1999. Relationship between leucogranites and the Qomolangma detachment in the Rongbuk Valley, south Tibet.

Geology, 27: 831~834.

Murphy M A, Saylor J E, Ling D. 2009. Late Miocene topographic inversion in southwest Tibet based on integratedpaleoelevation reconstructions and structural history. Earth Planet. Sci. Lett., 282: 1~9.

Murphy M A, Yin A, Kapp P, et al. 2002. Structural evolution of the Gurla Mandhata detachment system, southwest Tibet: Implications for the eastward extent of the Karakoram fault system. Geol. Soc. Am. Spec. Pap, 114: 428~447.

Nagy C, Godin L, Antolin B, et al. 2015. Mid-Miocene initiation of orogen-parallel extension, NW Nepal Himalaya. Lithosphere, 7: 483~502.

Najman Y, Appel E, Boudagher-Fadel M, et al. 2010. Timing of India-Asia collision: Geological, biostratigraphic, and palaeomagnetic constraints. J. Geophys. Res., 115: B12416.

Nasdala L, Hofmeister W, Norberg N, et al. 2008. Zircon M257-a homogeneous natural reference material for the ion microprobe U-Pb analysis of zircon. Geostandards and Geoanalytical Res, 32: 247~265.

Otani M, Wallis S. 2006. Quartz lattice preferred orientation patterns and static recrystallization: Natural examples from the Ryoke belt, Japan. Geology, 34: 561~564.

Parsons A J, Ferré E C, Law R D, et al. 2016a. Orogen-parallel deformation of the Himalayan midcrust: Insights from structural and magnetic fabric analyses of the Greater Himalayan Sequence, Annapurna-Dhaulagiri Himalaya, central Nepal. Tectonics, 35: 2515~2537.

Parsons A J, Phillips R J, Lloyd G E, et al. 2016b. Mid-crustal deformation of the Annapurna-Dhaulagiri Himalaya, central Nepal: An atypical example of channel flow during the Himalayan orogeny. Geosphere, 12: 1~31.

Parsons A J, Law R D, Lloyd G E, et al. 2016c. Thermo-kinematic evolution of the Annapurna-Dhaulagiri Himalaya, central Nepal: the composite orogenic system. Geochem. Geophys. Geosyst, 17: 1511~1539.

Passchier C W, Trouw R A J. 2005. Microtectonics, Springer, Germany.

Paton C, Hellstrom J, Paul B, et al. 2011. Iolite: Freeware for the visualisation and processing of mass spectrometric data. J. Anal. At. Spectrom., 26: 2508~2518.

Paudel L P, Arita K. 2000. Tectonic and polymetamorphic history of the Lesser Himalaya in central Nepal. J Asian Earth Sci, 18: 561~584.

Pogue K R, Hylland M D, Yeats R S, et al. 1999. Stratigraphic and structural framework of Himalayan foothills, northern Pakistan. in Himalaya and Tibet: Mountain Roots to Mountain Tops. Geol. Soc. Am. Spec. Pap., vol. 328, edited by A. Macfarlane et al, pp. 257~274.

Pêcher A. 1989. The metamorphism in the central Himalaya. J. Metamorphic Geol, 7: 31~41.

Pêcher A. 1991. The contact between the Higher Himalaya crystallines and the Tibetan sedimentary series: Miocene large scale dextral shearing. Tectonics, 10: 587~598.

Pêcher A, Bouchez J L, Le Fort P. 1991. Miocene dextral shearing between Himalaya and Tibet. Geology, 19: 683~685.

Pêcher A, Scaillet B. 1989. La structure du haut Himalaya au Garhwal. Eclogae Geologicae Helvetiae, 82/2: 655~668.

Pêcher A, Seeber L, Guillot S, et al. 2008. Stress field evolution in the Northwest Himalayan syntaxis, Northern Pakistan. Tectonics, 27: TC6005.

Robinson D M, DeCelles P G, Copeland P. 2006. Tectonic evolution of the Himalayan thrust belt in western Nepal: Implications for channel flow models. GSA Bull., 18: 865~885.

Robinson D M, DeCelles P G, Garzione C N, et al. 2003. Kinematic model for the Main Central thrust in Nepal. Geology, 31: 359~362.

Scholz C H. 2002. The Mechanics of Earthquakes and Faulting, University Press, Cambridge.

Schärer U, Xu R H, Allègre C J. 1986. U-(Th)-Pb systematic and ages of Himalayan leucogranites, south Tibet, Earth Planet. Sci. Lett., 77: 35~48.

Searle M P. 1999. Extensional and compressional faults in the Everest-Lhotse massif, Khumbu Himalaya, Nepal. J. Geol. Soc. London, 156: 227~240.

Searle M P, Godin L. 2003. The South Tibetan detachment and the Manaslu leucogranite: A structural reinterpretation and restoration of the Annapurna-Manaslu Himalaya. Nepal. J. Geol., 111: 505~523.

Searle M P, Law R D, Godin L, et al. 2008. Defining the Himalayan Main Central Thrust in Nepal. J. Geol. Soc. London, 165: 523~534.

Searle M P, Parrish R R, Hodges K V, et al. 1997. Shisha Pangma leucogranite, South Tibetan Himalaya: field relations, geochemistry, age, origin and emplacement. J. Geol, 105: 295~317.

Searle M P, Waters D J, Rex A J, et al. 1992. Pressure, temperature, and time constraints on Himalayan metamorphism from eastern Kashmir and western Zanskar. J. Geol. Soc, London, 149: 753~773.

Seeber L, Pêcher A. 1991, Strain partitioning along the Himalayan arc and the Nanga Parbat antiform. Geology, 26: 791~794.

Simpson R L, Parrish R R, Searle M P, et al. 2000. Two episodes of monazite crystallization during metamorphism and crustal melting in the Everest region of the Nepalese Himalaya. Geology, 28: 403~406.

Sláma J, Kosler J, Condon D J, et al. 2008. Plesovice zircon-A new natural reference material for U-Pb and Hf isotopic microanalysis. Chem. Geol, 249: 1~35.

Soucy La Roche R, Godin L, Cottle J M, et al. 2018. Preservation of the early evolution of the Himalayan middle crust in forelandklippen: Insights from the Karnali klippe, west Nepal. Tectonics, 37: 1161~1193.

Soucy LaRouche R, Cottle J M, et al. 2016. Direct shear fabric dating constrains early Oligocene onset of the South Tibetan detachment in the western Nepal Himalaya. Geology, 44: 403~406.

Stacey J S, Kramers J D. 1975. Approximation of terrestrial lead isotope evolution by a two-stage model. Earth Planet. Sci. Lett, 28: 207~221.

Steiger R H, Jäger E. 1977. Subcommission on geochronology: Convention on the use of decay constants in geo-and cosmochronology. Earth Planet. Sci. Lett, 36: 359~362.

Stephenson B J, Searle M P, Waters D J, et al. 2001. Structure of the Main Central Thrust zone and extrusion of the high Himalayan deep crustal wedge, Kishtwar-Zanskar Himalaya. J. Geol. Soc, 158: 637~652.

Stipp M, Stünitz H, Heilbronner R, et al. 2002. The eastern Tonale fault zone: a"natural laboratory"for crystal plastic deformation of quartz over a temperature range from 250 to 700℃. J. Strut. Geol. 24: 1861~1884.

Streule M J, Searle M P, Waters D J, et al. 2010. Metamorphism, melting, and channel flow in the Greater Himalayan Sequence and Makalu leucogranite: Constraints from thermobarometry, metamorphic modeling, and U-Pb geochronology. Tectonics, 29: TC5011.

Styron R H, Taylor M H, Murphy M A. 2011. Oblique convergence, arc-parallel extension, and the role of strike-slip faulting in the High Himalaya. Geosphere, 7: 582~596.

Tera F, Wasserburg G J. 1972. U-Th-Pb systematics in three Apollo 14 basalts and the problem of initial Pb in lunar rocks. Earth Planet. Sci. Lett. 14: 281~304.

Thiede R C. Arrowsmith J R, Bookhagen B, et al. 2005. From tectonically to erosionally controlled development of the Himalayan fold-and-thrust belt. Geology, 33: 689~692.

Thiede R C, Arrowsmith J R, Bookhagen B, et al. 2006. Dome formation and extension in the Tethyan Himalaya, Leo Pargil, northwest India. GSA Bull, 118: 635~650.

Tokle L, Hirth G, Behr W M. 2019. Flow laws and fabric transitions in wet quartzite. Earth Planet. Sci. Lett, 505: 152~161.

Upreti B N. 1999. An overview of the stratigraphy and tectonics of the Nepal Himalaya. J. Asian Earth Sci., 17: 577~606.

Upreti B N, Le Fort P. 1999. Lesser Himalayan crystalline nappes of Nepal: Problems of their origin. Special Paper, GSA, 328: 225~238.

Vance D, Harris N. 1999. Timing of prograde metamorphism in the Zanskar Himalaya. Geology, 27: 395~398.

Vannay J C, Grasemann B. 2001. Himalayan inverted metamorphism and syn-convergence extension as a consequence of a general shear extrusion. Geol. Magazine, 138: 253~276.

Vannay J C, Grasemann B, Rahn M, et al. 2004. Miocene to Holocene exhumation of metamorphic crustal wedges in the NW Himalaya: Evidence for tectonic extrusion coupled to fluvial erosion. Tectonics, 23: TC1014.

Vannay J C, Hodges K V. 1996. Tectonometamorphic evolution of the Himalayan metamorphic core between the Annapurna and Dhaulagiri, central Nepal. J Metamorph, Geol., 14: 635~656.

Viganò A, Martin S. 2007. Thermorheological model for the European Central Alps: brittle-ductile transition and lithospheric strength. Terra Nova, 19: 309~316.

Walker J D, Martin M W, Bowring S A, et al. 1999. Metamorphism, melting, and extension: Age constraints from the High Himalayan slab of southeast Zanskar and northwest Lahaul. J. Geol., 107: 473~495.

Wang J M, Rubatto D, Zhang J J. 2015. Timing of partial melting and cooling across the Greater Himalayan Crystalline Complex (Nyalam, Central Himalaya): In-sequence thrusting and its implications. J. Petrol, 56: 1677~1702.

Wang Q, Wyman D A, Li Z X, et al. 2010. Eocene north-south trending dikes in central Tibet: New constraints on the timing of east-west extension with implications for early plateau uplift? Earth Planet. Sci. Lett., 298: 205~216.

Wang Y C, Bin X, Zhang Y Q, et al. 2005. U-Pb SHRIMP zircon ages of the Cuoguonongba tourmaline two-mica granite in Pulan, southwest Tibet, Geotectonia et Metallogenia, 29: 517~521(in Chinese with English abstract).

Wang Y, Li Q, Qu G S. 2006. $^{40}Ar/^{39}Ar$ thermochronological constraints on the cooling and exhumation history of the South Tibetan Detachment System, Nyalam area, southern Tibet. In: Law R D, et al. (Eds.), Channel Flow, Ductile Extrusion and Exhumation in Continental Collision Zones. Geol. Soc. Spec. Publ., vol. 268: 327~354.

Webb A A G, Yin A, Harrison T M, et al. 2007. The leading edge of the Greater Himalayan Crystallines revealed in the NW Indian Himalaya: Implications for the evolution of the Himalayan Orogen. Geology, 35: 955~958.

Webb A A G, Yin A, Harrison T M, et al. 2011a. Cenozoic tectonic history of the Himachal Himalaya(northwestern India)and its constraints on the formation mechanism of the Himalayan orogen. Geosphere, 7: 1013~1061.

Webb A A G, Schmitt A K, He D, et al. 2011b. Structural and geochronological evidence for the leading edge of the Greater Himalayan Crystalline complex in the central Nepal Himalaya. Earth Planet. Sci. Lett, 304: 483~495.

Wiesmayr G, Grasemann B. 2002. Eohimalayan fold and thrust belt: Implications for the geodynamic evolution of the NW-Himalaya(India). Tectonics, 21: 1058.

Williams I S. 1998. U-Th-Pb geochronology by ion microprobe. In: McKibben, M. A, Shanks Ⅲ, W. C, Ridley, W. I. (Eds.), Applications of microanalytical techniques to understanding mineralizing processes. Rev. Econ. Geol., 1~35.

Wu C, Nelson K D, Wortman G, et al. 1998. Yadong cross structure and South Tibetan Detachment in the east central Himalaya(89-90°E).

Tectonics, 17: 28~45.

Wyss M, Hermann J, Steck A. 1999. Structural and metamorphic evolution of the northern Himachal Himalaya, NW India(Spiti-eastern Lahul-Parvati valley traverse). Eclogae Geol. Helv., 92: 3~44.

Xu R H. 1990. Age and geochemistry of granites and metamorphic rocks in south-central Xizang(Tibet). In: Igneous and Metamorphic Rocks of the Tibetan Plateau. Chinese Academy of Geological Sciences, Science Press, pp. 287~302.

Xu Z Q, Ji S C, Cai Z H, et al. 2012. Kinematics and dynamics of the Namche Barwa Syntaxis, eastern Himalaya: Constraints from deformation, fabrics and geochronology. Gondwana Res, 21: 19~36.

Xu Z Q, Wang Q, Pêche A, et al. 2013. Orogen-parallel ductile extension and extrusion of the Greater Himalaya in the late Oligocene and Miocene. Tectonics, 32: 191~215.

Xu Z Q, Wang Q, Tang Z M, et al. 2009. Fabric kinematics of ultrahigh-pressure metamorphic rocks from the main borehole of the Chinese Continental Scientific Drilling Project: implications for continental subduction and exhumation. Tectonophysics, 475: 235~250.

Xu Z Q, Yang J S, Liang F H, et al. 2005. Pan-African and early Paleozoic orogenic events in the Himalayan terrane: inference from SHRIMP U-Pb zircon ages. Acta Petrol. Sin., 21: 1~12.

Yin A, Harrison T M. 2000. Geologic evolution of the Himalayan-Tibetan orogen. Ann. Rev. Earth Planet. Sci, 28: 211~280.

Yin A, Dubey C S, Webb A A G, et al. 2010a. Geologic correlation of the Himalayan orogen and Indian craton: Part 1. Structural geology, U-Pb zircon geochronology, and tectonic evolution of the Shillong Plateau and its neighboring regions in NE India. GSA Bulletin, 122: 336~359.

Yin A, Dubey C S, Kelty T K, et al. 2010b. Geologic correlation of the Himalayan orogen and Indian craton: Part 2. Himalaya Structural geology, geochronology, and tectonic evolution of the Eastern Himalaya. GSA Bulletin, 122: 360~395.

Yin A. 2006. Cenozoic tectonic evolution of the Himalayan orogen as constrained byalong-strike variation of structural geometry, exhumation history, and foreland sedimentation. Earth Sci. Rev, 76: 1~131.

Zeng L S, Gao L E, Xie K J, et al. 2011. Mid-Eocene high Sr/Y granites in the Northern Himalayan Gneiss Domes: Melting thickened lower continental crust. Earth Planet Sci. Lett., 303: 251~266.

Zhang Q, Li S H. 1981. Magmatism and Metamorphism in Tibet. Science Press, Beijing(in Chinese with English abstract).

Zhang Z M, Wang J L, Zhao G C, et al. 2008. Geochronology and Precambrian tectonic evolution of the Namche Barwa complex from the eastern Himalayan syntaxis, Tibet. Acta Petrol. Sin., 24: 1477~1487.

Zhang Z M, Xiang H, Dong X, et al. 2017. Oligocene HP metamorphism and anatexis of the Higher Himalayan Crystalline Sequence in Yadong region, east-central Himalaya. Gondwana Res, 41: 173~187.

Zhang Z M, Zhao G C, Santosh M, et al. 2010. Two stages of granulite facies metamorphism in the eastern Himalayan syntaxis, south Tibet: petrology, zircon geochronology and implications for the subduction of Neo-Tethys and the Indian continent beneath Asia. J. Metamorphic Geol., 28: 719~733.

第六章　喜马拉雅东、西构造结的嵌入系统及对比

造山带的走向以及组成造山带的缝合带、断裂和褶皱均发生突然转折而未封闭的地区，我们称为“构造结”（Buttler et al.，2018）。这些地区往往经历了强烈的地壳折返，不仅为我们提供了研究构造与地表过程相关速率的机会，而且是推断地壳变形过程和局部化的理想场所，现今已普遍用于特提斯造山体系之中。

起源于欧亚大陆和印度大陆碰撞的喜马拉雅造山带（Argand，1924），为一条长约 2500 km 和宽 300～500 km 的近东西向往南凸出的弧形弯曲构造带。由于小印度板块的东西两个犄角的嵌入作用，在与欧亚板块碰撞和喜马拉雅造山带形成过程中，其东端和西端分别发育了东构造结，即南迦巴瓦构造结（Namche Barwa Syntaxis）（NBS）和西构造结，即南迦帕尔巴特构造结（即 Nanga Parbat Syntaxis）（NPS）（图 6-1）。喜马拉雅的东、西构造结是喜马拉雅山脉在东、西两端的地质界限、构造格架和地貌水系发生急剧转折的地区，也是构造应力最强、隆升和剥蚀最快以及新生代变质和深熔作用最强烈的地区。由于所处地理位置的特殊性，两大板块碰撞以来最精彩的变质-构造-岩浆活动和碰撞动力学记录保存在这两个特殊的构造结中，使之成为研究喜马拉雅造山动力学的绝妙窗口。

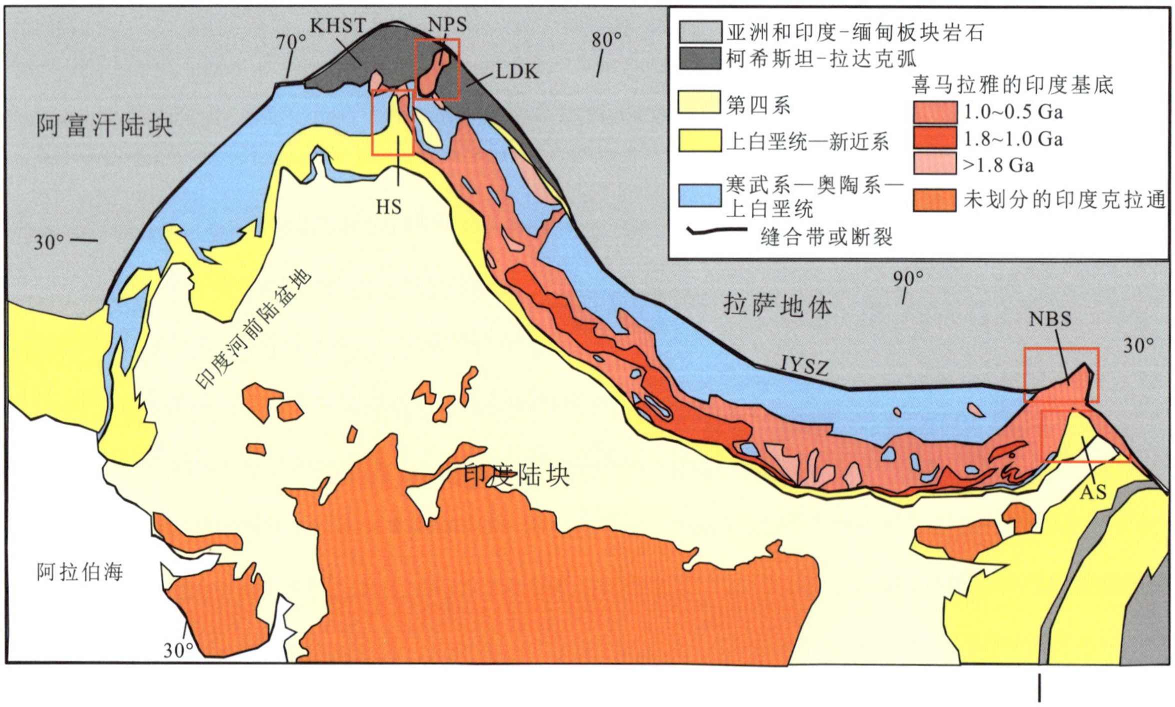

图 6-1　喜马拉雅构造结位置图

（据 Webb，2013，有修改）

KHST—柯希斯坦弧；LDK—拉达克弧；西构造结：NPS—南迦帕尔巴特构造结，HS—Hazara 次构造结；东构造结：NBS—南迦巴瓦构造结，AS—Assam 次构造结；IYSZ—印度河-雅鲁藏布江缝合带

对于喜马拉雅造山带的每一个构造结来说，在平行喜马拉雅的构造向东和向西之后均突然转换为横向（即南北向）的挤压转换带。如东构造结的东侧挤压转换带向南延伸约 2000 km，与南北向右旋走滑的“实皆断裂带”和“印缅褶皱冲断带”组成的“印度尼西亚弧形带”相连（Guzman-Speziale et al.，1996）；在东构造结东侧的广阔区域，亚洲大陆的地壳物质通过一系列大型走滑断裂带，如：“嘉里-高黎贡”“澜沧江”和“哀牢山-红河”等右行走滑剪切带的横向运动，使走滑剪切带之间的地体物质向东南方向侧向挤出和逃逸（Tapponnier et al.，1990；Leloup et al.，1995）。相应的西构造结外围的走滑系列也导致亚洲物质围绕西喜马拉雅结发生向南西方向的侧向挤出和逃逸；而西构造结的西侧挤压转换带向南延伸约 1000 km 进入阿拉伯海，由北北东—南南西走向的“恰曼左行走滑断裂带”和“Kirthar-Sulaiman 褶皱冲断带”（Wellman，1966；Abdullah，1979；Schelling，1999）组成。位于喜马拉雅东、西端的雅鲁藏布江和印度河分别向南和向北突拐，并直接穿过东、西构造结（Brookfield，1998），以快速剥露的高压和超高压变质岩（Liu et al.，1997；Guillot et al.，2008；Ding et al.，2001）以及叠加在印度结晶基底之上的强烈的新生代变形、变质和岩浆作用为特征（Burg et al.，1997；Seeber et al.，1998；Zeitler et al.，2001；DiPietro et al.，2004；Xu et al.，2007，2008；Booth et al.，2009）。对组成东、西构造结中特殊变质地体的详细研究，可以为它们在印度/欧亚碰撞以来的喜马拉雅形成和演化提供重要的运动学和动力学约束。

实际上，喜马拉雅构造带中还存在引人瞩目的另一类由环形（或半环形）构造形成的构造结，包括位于喜马拉雅西端“南迦帕尔巴特构造结”西南的“Hazare 构造结”（HS），是由主边界逆冲断层拐弯而形成的构造结；而喜马拉雅东端“南迦巴瓦构造结”东南部的“Assam 构造结”（AS），是由 MBT 和主前锋逆冲断层以及夹持的次喜马拉雅岩片的大拐弯形成的环形构造，喜马拉雅前陆盆地构成 Assam 构造结的核部。我们认为按照构造结的经典定义，应该把应力最强、强烈地壳折返的南迦帕尔巴特构造结（NPS）和南迦巴瓦构造结（NBS）视为典型“构造结”，而仅以环形构造显示的 Hazare 和 Assam 构造结为“次构造结”（图 6-1）。

本书的主要研究区域在东构造结，本章介绍了自 2012 年以来我们对东构造结及其邻区详细的地质学、岩石学和年代学研究的新成果，包括野外观测、构造重建、变形和组构运动学、新的锆石 SHRIMP、LA-ICP-MS U/Pb 和 $^{40}Ar/^{39}Ar$ 年龄数据。特别注重南迦巴瓦构造结与冈底斯带之间的印度河-雅鲁藏布江大拐弯缝合带的变形几何学、组构学、运动学、动力学及年代学的系统研究，重塑南迦巴瓦构造结的构造格架，提出了一种基于多学科约束的东构造结形成与演化模型，并以此与西构造结对比。

第一节 东构造结的构造格架再造

一、东喜马拉雅构造结（NBS）的构造背景

喜马拉雅东构造结位于喜马拉雅造山带的东端，处于欧亚、印度大陆及缅甸地块的交汇点（Holt et al.，1991；Zhang et al.，2004）。东构造结的腹地耸立两座高峰：南迦巴瓦峰（Namche Barwa）（7782 m）和高雅拉峰（Gyala）（7294 m），两峰之间的谷底流淌着雅鲁藏布江河水，因此，东构造结又称为“南迦巴瓦（Namche Barwa）构造结”（NBS）。雅鲁藏布江缝合带以北的冈底斯岩浆岛弧带宽达约 300 km，往东南方向延伸逐渐变窄（图 6-2），并围绕东构造结边缘的雅鲁藏布江大拐弯缝合带之南东与昌都-腾冲岩浆弧相接，因此，南迦巴瓦构造结成为由冈底斯-昌都-腾冲白垩纪岩浆弧包围的印度陆块的半个构造窗。东构造结在印度东犄角与欧亚板块碰撞以来发生了强烈的地壳缩短与物质的横向嵌入。

（1）东构造结（NBS）的组成

东构造结（NBS）主体由南迦巴瓦变质杂岩组成，是高喜马拉雅元古宙变质系“聂拉木群”的

东延部分。年代学资料显示，其经历了约 2.5 Ga、约 1.6 Ga 和约 1.0 Ga 的多期构造事件（Zhang et al.，2011），表明该地区是印度大陆重新改造的一部分，并具有漫长的复杂历史。

一般认为，南迦巴瓦变质杂岩的组成以片麻岩、角闪岩、片岩、大理岩、石英岩和麻粒岩为主，南迦巴瓦高压麻粒岩（1.7~1.8 GPa 和 870~897℃）的发现（Zhong et al.，1996；Liu et al.，1997），确定了南迦巴瓦变质体中高级变质岩的存在。南迦巴瓦杂岩中的长英质麻粒岩矿物组合包括石榴子石+矽线石和/或蓝晶石+辉长岩+石英+黑云母，基性麻粒岩中的矿物组合包括石榴子石+辉石+斜长石+石英组合。其中基性麻粒岩的峰期变质条件估算为 P=1.4~1.8 GPa，T=750~900℃（Zhong et al.，1996；Liu et al.，1997；Liu et al.，1998；Ding et al.，1999），对应形成深度为 50~60 km。石榴辉石岩和退变石榴角闪岩、含橄榄石大理岩和石榴子石片岩往往以透镜体或块体形式产在角闪岩相变质岩中，石榴辉石岩的原岩被认为是镁铁质和超镁铁质岩石，由富 Fe-Al 的石榴子石、透辉石、金红石和石英（无斜长石和角闪石）组成，表明榴辉岩相的高压变质作用形成在 2.6~2.8 GPa 和 800~900℃的温压条件，相当于 80~90 km 的形成深度（Zhang et al.，2007）。查明石榴子石角闪岩的变质条件为 0.7~1.0 GPa 和 600~800℃（Burg et al.，1998）。对东喜马拉雅构造结中的丹娘和派乡地区的 4 个典型的高压泥质麻粒岩中的锆石进行的年代学研究表明，锆石具有变质或深熔过程中形成的边部，获得了近谐和但变化的 U-Pb 年龄，分别为 39.5~23.8 Ma、35.6~16.3 Ma、43.9~19.4 Ma 和 24.8~7.2 Ma（Zhang et al.，2010，2015），并认为东喜马拉雅构造结的高压麻粒岩近峰期以及峰期变质发生在 40~30 Ma，而在麻粒岩相条件下的早期和晚期退变质分别发生在 25~15 Ma 和 11~7 Ma。

新的墨脱幅 1：25 万地质图（郑来林等，2005）将南迦巴瓦变质体的岩石命名为“南迦巴瓦群”，并将其自北向南划分为 3 套变质岩组合：派乡组角闪岩相变质岩、直白组麻粒岩相变质岩和多雄拉组混合岩化的角闪岩相变质岩。位于东构造结东南部的多雄拉组混合岩穹窿由原岩为元古宙的混合片麻岩和角闪岩组成（Liu et al.，1997；Burg et al.，1998；Ding et al.，1999），混合岩化作用的标志为呈肠状和不协调的褶皱、条带或透镜状产出的淡色花岗质脉的广泛分布，混合岩的峰期变质条件估算为 0.5~0.9 GPa 和 700~800℃（Booth et al.，2009）。由于在韧性变形过程中地壳缩短导致部分熔融和物质的流动，多雄拉片麻岩中的固熔体具有不同的流动强度，导致混合岩以半混沌的方式变形，因此结构分析提供的多雄拉片麻岩变形运动学信息很少。

南迦巴瓦构造结（NBS）与拉萨地体（LS）之间被新特提斯蛇绿岩残片组成的急剧弯曲的印度河-雅鲁藏布江缝合带所隔开（图 6-1，图 6-2）。雅鲁藏布江缝合带围绕南迦巴瓦构造结弯曲呈倒“U”形。前人曾认为南迦巴瓦变质体为背形构造（即南迦巴瓦背形构造）且插入雅鲁藏布江大拐弯缝合带之下（Burg et al.，1998；Ding et al；2001）（图 6-3），并认为背形轴向为 NE-SW，背形构造向北东方向陡倾（60°~90°）于冈底斯岛弧地体之下，被南迦巴瓦及其北端的大峡谷逆冲断裂系所逆掩。其背形两翼分别为派镇左行走滑断裂及阿尼桥右行走滑断裂。因而，认为南迦巴瓦背形是从冈底斯地块下剥露出来印度板块的构造窗。Ding et al.（1999，2001）还认为南迦巴瓦背形核部为高角闪岩相或麻粒岩相岩石，变质程度向两翼降低为角闪岩相或绿片岩相岩石。核部岩石为钾长石-矽线石片麻岩、二辉石麻粒岩、石榴子石-矽线石片麻岩等。北西翼岩石为石榴子石-蓝晶石片麻岩、石榴子石黑云母片麻岩、斜长角闪岩等。北东翼的岩石为石榴子石-蓝晶石片麻岩、斜长角闪岩，最外侧出现绿帘石角闪石片岩、二云母片岩等。

（2）印度河-雅鲁藏布江大拐弯缝合带及走滑剪切带

雅鲁藏布江缝合带大体沿雅鲁藏布江大拐弯展布，为一条宽 20~40 km 的复杂构造混杂带。蛇绿混杂带岩石糜棱岩化，变形强烈。耿全如等（2011）根据岩石组合、内部结构、变质变形特征和产状等将其分为岩块和基质两大类：岩块包括蛇绿岩套中的超镁铁岩、辉绿岩墙、辉长岩、变玄武岩类，还包括外来的石英（片）岩、大理岩和两侧老基底片麻岩等，基质是塑性变形十分强烈的绢云母石英片岩、二云母石英片岩、绿片岩等岩石组合。目前，已在研究区内多处发现基性、超基性岩体，如旁辛-当昂、易工白-希让、排龙、东久-鲁郎等地（郑锡澜等，1979；张旗等，1979；章振根等，1992；Geng et al.，2006；耿全如等，2010，2011）。

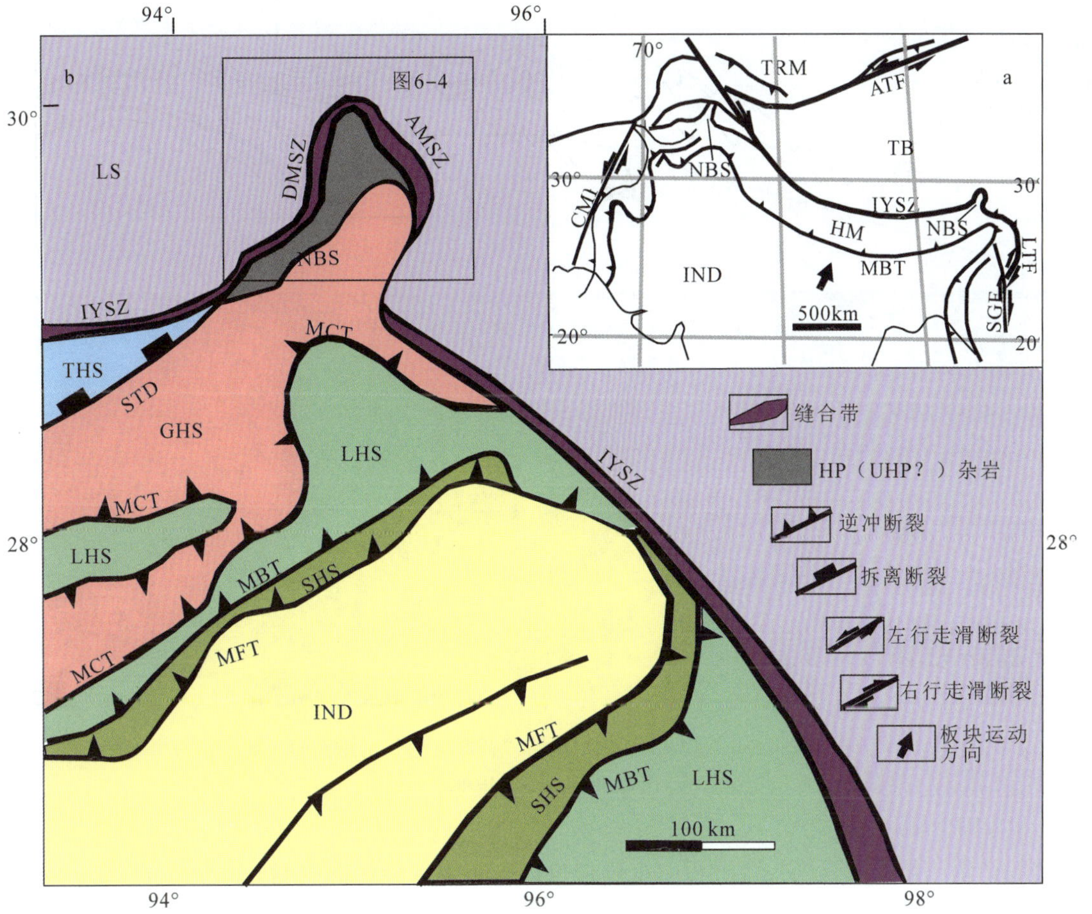

图 6-2　喜马拉雅（a）和南迦巴瓦构造结（NBS）及其周缘（b）构造简图

NPS—南迦帕尔巴特构造结；NBS—南迦巴瓦构造结；ATF—阿尔金断裂；IYSZ—印度河-雅鲁藏布江缝合带；HM—喜马拉雅；MBT—主边界逆冲断层；SGF—实皆断层；CMF—恰曼断层；THS—特提斯喜马拉雅；GHS—高喜马拉雅；LHS—低喜马拉雅；SHS—次喜马拉雅；STD—藏南拆离系；MCT—主中央逆冲断层；MFT—主前锋逆冲断层；DMSZ—东久-米林左行走滑剪切带；AMSZ—阿尼桥-墨脱右行走滑剪切带

对于由超镁铁质岩、变质辉绿岩、变质辉绿岩、变质玄武岩和石英岩（原放射虫硅质岩）组成的印度河-雅鲁藏布江缝合带，有两种不同的看法：一些学者示踪了围绕地块周围剪切的蛇纹岩和基性岩块，认为属于印度河-雅鲁藏布江缝合带（Burg et al.，1997，1998；Geng et al.，2000）；也有人认为它们属于特提斯喜马拉雅的早中生代序列，经历了低变质作用（Booth et al.，2009）。研究表明，这些岩石经历了强烈的糜棱岩化作用，表现为韧性变形和应变局部化，把蛇绿岩带变为强烈变形的蛇绿混杂岩带，其西缘和东缘被 NE-SW 向东久-米林左行走滑剪切带（DMSZ）和 NW-SE 向的阿尼桥-墨脱右行走滑断裂（AMSZ）分别制约（Zhang et al.，1992；Burg et al.，1998；Zheng et al.，2003a、b）。此外，印度河-雅鲁藏布江大拐弯缝合带东侧的阿尼桥-墨脱右行走滑断裂向南东沿着 NW-SE 向的 Tidding 缝合带（TSZ），与位于缅甸 NNE-SSW 向的 Mytkyian 缝合带相接，并被 N-S 向实皆右行走滑断裂带（SGF）所切割（图 6-3）。

（3）东构造结与喜马拉雅造山单元的关系

前人研究表明，印度板块碰撞前缘包括平行造山带分布的构造单元：特提斯喜马拉雅被动大陆边缘沉积、高喜马拉雅结晶岩系、低喜马拉雅变质沉积岩及次喜马拉雅西瓦利克磨拉石沉积等岩石地层单元，它们分别被藏南拆离系、主中央逆冲断层及主边界逆冲断层等近东西向向南突出的弧形断裂系所分隔。普遍认为，东构造结（NBS）的变质杂岩向西南延伸，即汇入高喜马拉雅结晶单元的大本营中（图 6-2）。而对于特提斯喜马拉雅的延伸情况有两种观点：一种观点认为东构造结为高喜马拉雅

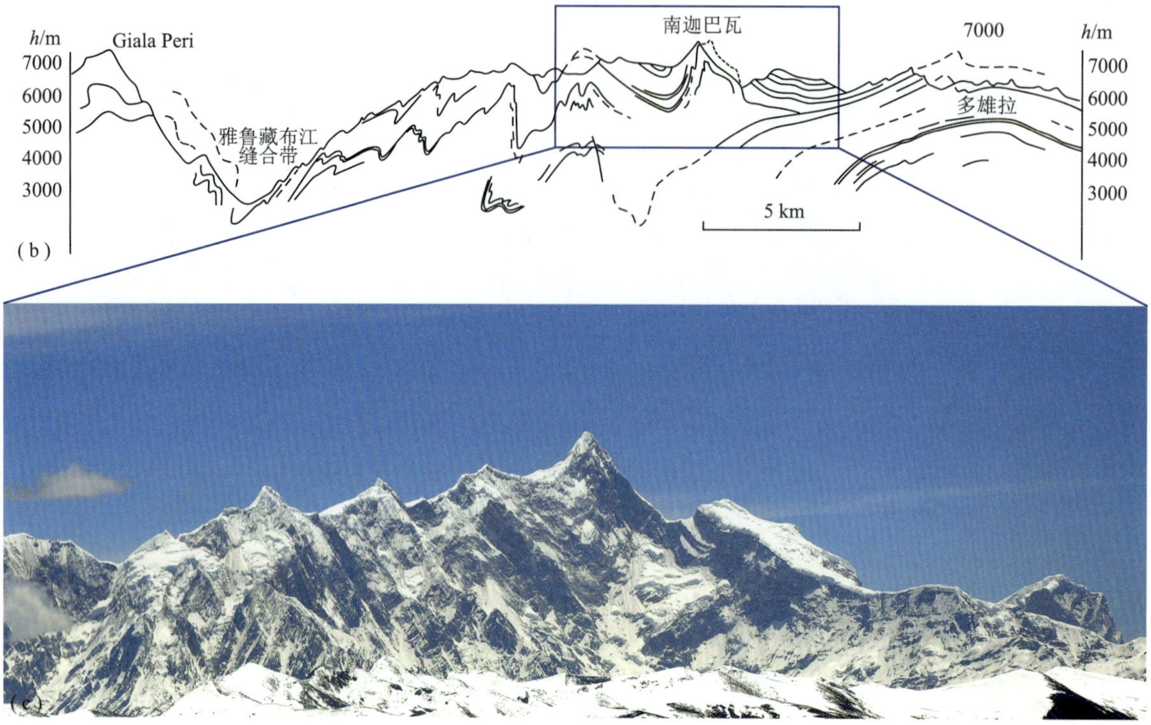

图 6-3　喜马拉雅东构造结“背形构造”示意剖面

（据 Burg et al.，1998）

结晶基底的产物，特提斯喜马拉雅沉积向东延伸也进入东构造结内部（常承法等，1982）；另外一种观点则认为特提斯喜马拉雅与高喜马拉雅结晶岩系的界线（藏南拆离系）出露在构造结西侧的米林附近（Burchfiel et al.，1992），发生变质及轻微变质的特提斯喜马拉雅沉积岩与含石榴子石-蓝晶石的高喜马拉雅结晶岩系接触，二者之间是宽达 1 km 的糜棱岩带，即东构造结内部仅出露高喜马拉雅结晶岩系，特提斯喜马拉雅沉积岩系并没有进入大拐弯缝合带内部，特提斯喜马拉雅沉积岩系可能在此被剥蚀殆尽，也有可能被俯冲到冈底斯岛弧之下（丁林等，2013）。

二、东构造结构造格架的再研究

东构造结的研究程度比西构造结要低得多，实际上，东构造结的构造格架、边界性质以及与喜马拉雅主带的连接关系、变形变质事件的过程与时代以及东构造结形成和演化过程与动力学机制，尚需进一步研究。本节在前人研究基础上，通过南迦巴瓦变质体内部的变质杂岩及印度河-雅鲁藏布江大拐弯缝合带的构造变形几何学、组构运动学的系统研究，建立南迦巴瓦构造结的新的构造格架，并探讨南迦巴瓦的构造演化和构造模式。

（1）东构造结构造单元的重新划分

东构造结的南迦巴瓦变质杂岩自 NW 向 SE 由“派乡组”角闪岩相变质岩、“直白组”麻粒岩相变质岩和“多雄拉组”强烈混合岩化的角闪岩相变质岩组成。多雄拉组混合岩化高角闪岩相带广泛出露于构造结东南部，北至南迦巴瓦峰以北，向南延至印度境内，占构造结整体面积 50%以上。派乡组角闪岩相带出露于北部和西北部，其 NW 侧与雅鲁藏布江大拐弯缝合带连接，SE 侧与多雄拉组呈断层接触；直白组高压麻粒岩相带呈 NE-SW 向“S”形带状展布，分布在派乡组中间并被两条断裂夹持，其西南部夹在派乡组角闪岩相带之中，东北部位于派乡组和多雄拉组之间，派乡组和直白组的分布面积占整体 50%。南迦巴瓦构造结的格架总体显示向 NW 倾伏的 NE-SW 向褶皱-断裂构造体系，而北西侧和南东侧分别向 NW 和 SE 陡倾，北侧在雅江大拐弯缝合带处向北倾伏于拉萨地体之下，总体组成“似背形构造”。但是由于南迦巴瓦变质体西北部的褶皱和断裂的发育，使南迦巴瓦构造结呈现十分复杂的构造样式。根据岩性、变质程度、变形特征及构造边界的性质，南迦巴瓦变质体是以NE-SW 走向分布、宽度 30~40 km 的构造岩片叠置为特征的构造格架。

许志琴等（2008）在前人的基础之上（墨脱幅 1：25 万地质图，郑来林等，2005），将南迦巴瓦变质体及邻区划分为 3 个单元：拉萨地体（Ⅰ）、雅鲁藏布江缝合带（Ⅱ）和南迦巴瓦变质体（Ⅲ）。根据南迦巴瓦岩群的原岩建造、变质程度的不同、变形样式的差异，又将（Ⅲ）进一步解构为 4 个构造单元（自 NW 至 SE）：北派乡构造岩片（Ⅲ-1）、直白构造岩片（Ⅲ-2）、南派乡构造岩片（Ⅲ-3）和多雄拉混合岩穹窿（Ⅲ-4）。比鲁（Ⅲ-1）和直白（Ⅲ-2）构造岩片之间的界线为一条向 NW 倾斜且下滑的韧性拆离剪切带（DF_1），直白（Ⅲ-2）和青青拉（Ⅲ-3）构造岩片之间界线为一条向 NW 倾斜和向 SE 逆冲的韧性逆冲剪切带（DF_2），而在南部向 NW 倾斜、向 NE 剪切的韧性逆冲剪切带（DF_3）则将青青拉（Ⅲ-3）岩片和多雄拉混合岩穹窿隔开（Ⅲ-4）（Xu et al.，2008；2012）（图 6-4）。

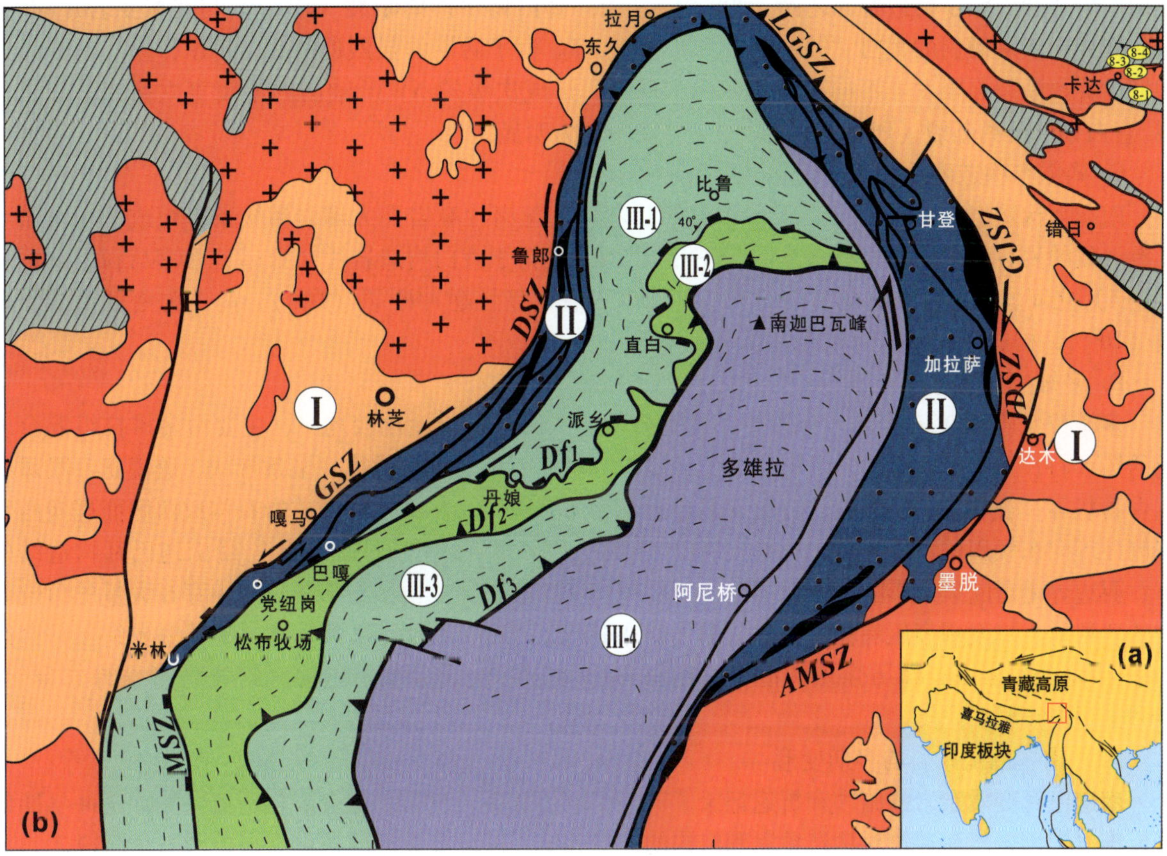

图 6-4　喜马拉雅南迦巴瓦构造结构造图

（据 Xu et al.，2008；2012；Dong et al.，2016）

Ⓘ拉萨地体；Ⓘⓘ雅鲁藏布江大拐弯缝合带；Ⓘⓘⓘ南迦巴瓦构造结；Ⅲ-1北派乡构造岩片；Ⅲ-2直白构造岩片；Ⅲ-3南派乡构造岩片；Ⅲ-4多雄拉混合岩穹窿；LGSZ—拉月-甘登逆冲剪切带；DSZ—东久左行走滑剪切带；GSZ—嘎马左行走滑+拆离剪切带；MSZ—米林拆离剪切带；GJSZ—甘登-加拉萨右行走滑剪切带；JDSZ—加拉萨-达木右行走滑+拆离剪切带；AMSZ—阿尼桥-墨脱拆离剪切带；南迦巴瓦构造结内部剪切带：Df_1—韧性拆离剪切带，Df_2 和 Df_3—韧性逆冲剪切带

A. 北派乡构造岩片（Ⅲ-1）

北派乡构造岩片（Ⅲ-1）位于南迦巴瓦变质体的西北部，为雅鲁藏布江大拐弯和直白挤出岩片（Ⅲ-2）所围限，平面形态呈向北突出的馒头形地质体（图 6-4）。北派乡构造岩片由派乡组角闪岩相变质岩石组成，主要成分为长英质片麻岩，伴随少量含透辉石和镁橄榄石的大理岩、单斜辉石岩和含方柱石的钙质片岩。岩片的西侧为东久-米林剪切带，东南侧以“直白-丹娘韧性拆离剪切带”（DF_1）将其与直白挤出岩片（Ⅲ-2）分开（图 6-4）。

B. 直白构造岩片（Ⅲ-2）

直白构造岩片（Ⅲ-2）由直白组高压麻粒岩相岩石组成，主要为富铝片麻岩及花岗片麻岩，片麻岩中发育大量石榴子石辉石岩、石榴子石角闪岩、蓝晶石石榴子石黑云母片岩、橄榄石大理岩和石榴子石（钙质）片岩的夹层和透镜体。高压基性麻粒岩的透镜体大小从几十厘米到几米不等，高压变质矿物组合为石榴子石+单斜辉石+石英，变质温压条件为 $T=750\sim890$℃，平均温度约为 800℃，$P=1.4\sim1.8$ GPa，相当于 50~60 km 深度的温压条件（钟大赉等，1995；Zhong et al.，1996；Liu et al.，1997；刘焰和钟大赉，1998；丁林等，1999）。张泽明等（2007）通过对研究区内石榴子石辉石岩的研究，发现其温压条件更高：$T=800\sim900$℃，$P=2.6\sim2.8$ GPa，至少达到 80~100 km 的深度，表明其经历了超高压变质和高温韧性变形作用。

直白构造岩片总体为 NE-SW 走向，呈“S”形带状展布，其 SE 侧为 DF_3 韧性逆冲断裂，位于直白构造岩片和南派乡构造岩片之间，NW 侧为丹娘-直白韧性拆离断裂（DF_1），与北派乡岩片相邻，从而构成向 NW 倾斜的直白“挤出岩片”（图 6-4）。由于后期的强烈近南北向挤压作用，韧性逆冲和韧性拆离断裂界限发生不同程度的弯曲和褶皱，形成次级的 NWW 轴向的紧闭直立褶皱，处于丹娘-直白韧性拆离断裂（DF_1）上盘的派乡岩片中尤为明显。

C. 南派乡构造岩片（Ⅲ-3）

南派乡构造岩片（Ⅲ-3）由派乡组富铝片麻岩及花岗片麻岩夹大理岩褶皱条带组成，与北派乡具有一致的岩石组合。该岩片总体呈 NE-SW 走向，夹持于直白构造岩片（Ⅲ-2）和多雄拉构造穹窿（Ⅲ-4）之间，向北东方向变窄并尖灭。其北侧为直白韧性逆冲断裂（DF_2），南侧为南派乡逆冲断裂（DF_3），构成南派乡逆冲构造岩片（图 6-4）。

D. 多雄拉变质穹窿（Ⅲ-4）

多雄拉变质穹窿（Ⅲ-4）为南迦巴瓦变质体的东南部，岩性比较均一，主要由多雄拉组混合岩化的黑云斜长角闪岩及富铝质片麻岩组成，岩石中发育大量长英质脉体，呈条带状、透镜状、眼球状或香肠状等，表明经历了强烈的变形、混合岩化和深熔作用。多雄拉组变质岩石构成西侧面理向西和东侧面理向东倾斜的背形构造，枢纽向 NEN 方向缓缓倾伏，倾伏角 20°~30°，受南迦巴瓦构造结的东、西边界走滑断裂的影响，使背形构造的两侧产状逐渐变陡。由于在多雄拉组中存在大量的角闪岩相的残留体，也发现高压麻粒岩的残留体（郑来林等，2003），因此原岩可能包含了派乡组和直白组的中/下地壳的岩石，经历强烈的混合岩化与重熔作用而生成多雄拉组混合岩类岩石（许志琴等，2008）（图 6-4）。

（2）南迦巴瓦杂岩的多期变形

南迦巴瓦变质杂岩的俯冲和折返记录了一个复杂的变形、变质和混合岩化历史。尽管俯冲早期的变形难以识别，然而通过对构造单元和组构的详细分析，可以将折返阶段的变形分为三个阶段。

A. 第一代变形（D_1）

如图 6-5 所示，DF_1、DF_2 和 DF_3 韧性剪切带构成 NBS 内部构造单元的边界。DF_1 为在地质图上呈 S 形的北派乡（Ⅲ-1）岩片与直白（Ⅲ-2）岩片的分界。派乡村西部（13 号点）的显微构造观察表明，DF_1 最初是一个韧性滑脱带，面理缓慢向 NW（<27°~46°）倾斜，具有 NW-SE 或 WNW-ESE 向的拉伸线理。该线理的标志是蓝晶石、矽线石和透辉石晶体的拉伸，以及糜棱状石榴子石-黑云母-斜长石片麻岩和石英片岩中的拉伸的长英质脉。不对称褶皱和旋转碎斑，使 DF_1 成为具有顶向 NW 或 WNW 的剪切指向的正滑或拆离剪切带（图 6-6a），并受后期褶皱叠加，使构造样式较为复杂。DF_2 和 DF_3 都是与逆冲作用有关的韧性剪切带，面理中具横向拉伸线理，略微向 N 或 NW 倾斜。这些剪切带发育糜棱岩，其运动学指标显示上盘向 S 剪切指向（图 6-6b~d、f）。上述特征表明，构造单元Ⅲ-2 和Ⅲ-3 和在Ⅲ单元之间为构造叠覆关系。

B. 第二代变形（D_2）

第二代变形（D_2）的标志是 DF_1 的重新折叠，并形成紧密的垂直褶皱，轴向面接近 EW 向（图 6-7），在弱能干流变学性质的岩石发育近垂直流动面理，在能干性强岩石中发育破劈理。这些构

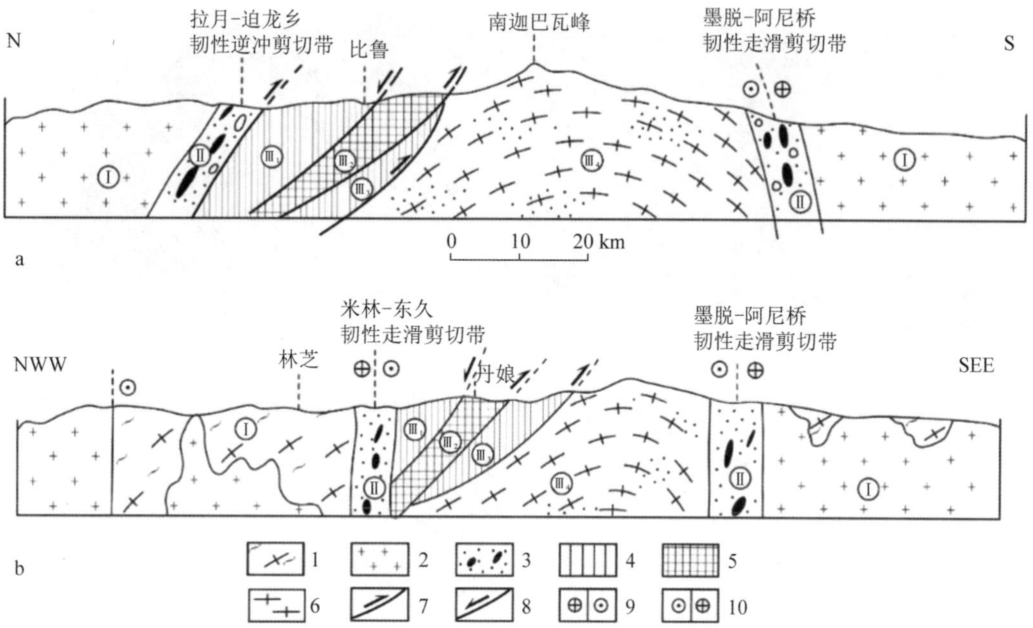

图 6-5　横穿喜马拉雅东构造结剖面图

（据 Xu et al.，2012）

a—横穿南迦巴瓦南北向构造剖面图；b—横穿南迦巴瓦东西向构造剖面图。①拉萨地体；Ⅱ雅鲁藏布江大拐弯缝合带；Ⅲ南迦巴瓦构造结；Ⅲa比鲁构造岩片；Ⅲb直白构造岩片；Ⅲc南派乡构造岩片；Ⅲd多雄拉变质穹窿。1—念青唐古拉群片麻岩；2—拉萨地体冈底斯花岗岩带；3—雅鲁藏布江缝合带；4—派乡组角闪岩相变质岩；5—直白组高压麻粒岩相带；6—多雄拉组混合岩化角闪岩相变质岩；7—逆冲断裂；8—拆离断裂；9—左行走滑断裂；10—右行走滑断裂

造是在第二期折返阶段中-浅层的地壳南北缩短而形成的，在直白地区尤为明显。

C. 第三代变形（D_3）

主要出现在丹娘地区，形成轴面近 NS 向、褶皱轴陡倾的平缓褶皱（图 6-7），反映了在后期折返阶段浅层地壳的近东西向缩短。

三、东构造结西侧的东久-米林剪切带

（1）东久-米林剪切带的变形特征

位于东构造结周围的呈倒“U”形的雅鲁藏布江大拐弯缝合带遭受强烈的变形，形成各段性质差异的剪切带，并具有逐渐演化的特征。雅鲁藏布江大拐弯缝合带北端的拉月韧性剪切带（LSZ），为向北突出的弧形逆冲剪切带，表明印度大陆的南迦巴瓦群变质岩石曾俯冲于拉萨地体之下；缝合带西侧总称“东久-米林剪切带”（DMSZ），宽 3~10 km，长约 100 km。其北段为近南北向的东久左行走滑剪切带（DSZ）；其中段为嘎马剪切带（GSZ），由 N-S 向转为 NE-SW 向，显示了左行伸展转换剪切带性质；南段为 NE-SW 向的米林拆离剪切带（MSZ）（许志琴等，2008；Xu et al.，2012）（图 6-8）。

A. 拉月剪切带（LSZ）

位于雅鲁藏布江大拐弯缝合带的北端，N 30°和 E 95°，呈向北突出的弧形几何学。外侧为拉萨地体的念青唐古拉群的斜长片麻岩；内测为南迦巴瓦群的派乡组长英质片麻岩、石英片岩、石英岩和角闪片岩。剪切带以发育面理、近南北向拉伸线理、强烈糜棱岩化为特征，剪切变形为“A”型褶皱、无根褶皱和自北向南的剪切应变为特征。显示了韧性逆冲剪切带的特征，其东西两端分别显示右行走滑和左行走滑的分量，与东久-米林左行走滑剪切带和阿尼桥-墨脱右行走滑剪切带相连接（图 6-3）。

B. 东久剪切带（DSZ）

位于雅鲁藏布江大拐弯缝合带西侧的东久-米林剪切带之北段-东久韧性剪切带，呈近南北走向，

图 6-6　南迦巴瓦构造结（NBS）中 DF_1、DF_2 和 DF_3 的变形岩石照片

每张照片都是在一个剖面上拍摄的，该剖面平行于线理。a—δ 型伟晶岩布丁指示沿 DF_1（13 号观察点）上盘向 WNW 滑脱；b、c—不对称石英岩布丁（26 号观察点）和糜棱状片麻岩（27 号观察点）中石榴子石压力影表明沿 DF_2 方向有一个从顶部到 ESE 剪切的逆冲断层；d—沿 DF_3（14 号观察点）将南迦巴瓦变质杂岩推覆在 DMD 之上；e—在石榴子石-矽线石-黑云母片麻岩中线理以细长矽线石为标志、不对称的石榴子石碎斑与黑云母鱼指示 DF_1（21 号观察点）为上盘向北西方向剪切的拆离剪切带；f—DF_2（26 号观察点）的石榴子石-黑云母片麻岩具有顶至 ESE 的逆冲剪切

其西侧为拉萨地体的念青唐古拉群的浅粒岩和黑云斜长片麻岩，面理 40°～30°（SE）∠70°，东侧为南迦巴瓦群的石榴子石-矽线石-蓝晶石-黑云母斜长片麻岩、石榴子石-黑云母斜长片麻岩及浅粒岩。剪切带的近直立的面理走向自北而南由 N0°渐变为 N35°E。带中岩石强烈糜棱岩化，在糜棱面理上发育南北向近水平拉伸线理，拉伸线理表现为矽线石和蓝晶石等矿物拉伸、石榴子石压力影，石英集合体的拉伸、截断和布丁化，显示了左行走滑带的特征（图 6-8，图 6-9，图 6-10）。

C. 嘎马剪切带（GSZ）

东久-米林剪切带之中段—嘎马韧性剪切带的密集透入性面理带呈 NE-SW 走向，北东宽（8 km）和南西窄（2 km），向 NW 陡倾（60°～70°），发育向 SW 倾伏的斜向拉伸线理，强烈糜棱岩化。显微构造分析表明具有斜向下滑的特征（图 6-9，图 6-10），代表了剪切带的左行拆离的运动学特征，属

图 6-7　DF_2 号观察点片麻岩中的叠加褶皱

与右侧剪切（a）相关的第一代平卧褶皱（D_1，a～d）被第二代直立褶皱叠置，区域南北缩短引起的褶皱（D_2，a～d）。第三代变形（D_3）的特征是褶皱的轴面接近 N-S 方向和陡倾（d）

干伸展转换剪切带性质。

D. 米林剪切带（MSZ）

东久-米林剪切带之南段——米林韧性剪切带宽度 2～8 km，具有南北走向和向西中等倾斜密集面理以及强烈糜棱岩化。面理上发育东西方向的横向拉伸线理，“σ”型斜长石碎斑指示上盘下滑的剪切指向（图 6-9，图 6-10），表明其性质为拆离剪切带。

上述表明，沿着大拐弯缝合带西侧的东久-米林剪切带的变形性质沿走向发生的变化，显示从北-南-南西，剪切应变由左行走滑—左行走滑+拆离—拆离转换，而南段的米林拆离剪切带与东喜马拉雅的 NEE-SWW 向的藏南拆离系相连接（图 6-11）。雅鲁藏布江大拐弯缝合带西侧沿东久-米林剪切带的剪切矢量（即拉伸线理）从平行—斜向—横向的转换（图 6-11），表明随着东构造结方向的扭转发生应力场的变化。

（2）东久 米林剪切带的组构运动学

采集雅鲁藏布江大拐弯缝合带西侧东久-米林走滑剪切带（DMSZ）自北向南的 11 个样品进行石英颗粒的电子背散射衍射技术测定，其中 6-6-3、6-6-6、6-7-1 和 6-7-2 采自北段东久剪切带（DSZ）；3-4、4-2、4-4 和 24-5 分别采自中段嘎马剪切带（GSZ）的糜棱岩化斜长角闪片麻岩、石英片岩和黑云角闪片麻岩；5-3、5-4 和 5-5 采自南段米林剪切带（MSZ）。另外，9-3、9-4、9-5 和 9-6 采自北端拉月逆冲剪切带（LSZ）。

所测数据点的范围为 892～7908。石英 EBSD 图显示了石英组构类型从中温（450～550℃）的柱面（$10\bar{1}0$）<a>组构→中低温（450～350℃）菱面（$10\bar{1}1$）<a>→低温（<350℃）、（0001）<a>的组构演化，剪切指向表明左行斜向伸展走滑的性质（图 6-12b_3-c_3）。石英的 EBSD 图（图 6-12a_3-d_3）

图 6-8　东久-米林剪切带（DMSZ）的野外照片

东久段（北段）（DSZ）糜棱岩化花岗质片麻岩（6-1 号观察点和 6-2 号观察点），显示近直立面理（a）和由拉伸长英质透镜脉组成的近水平拉伸线理（b、c）；嘎玛段（中段）（GSZ）糜棱岩化角闪片麻岩（3 号观察点和 4 号观察点），向 SW 陡倾的面理、斜向拉伸线理和 S/C 构造显示下滑兼左行走滑剪切指向（d、e）；米林段（南段）（MSZ）陡倾面理、横向拉伸线理和不对称褶皱，显示具有下滑性质的拆离剪切带（f~h）。La—拉伸线理；S—面理

显示了石英组构类型从高温（>650℃）柱面（$10\bar{1}0$）<c>组构→中温（450~550℃）的柱面（$10\bar{1}0$）<a>组构→中低温（450~350℃）菱面（$10\bar{1}1$）<a>→ 低温（<350℃）、（0001）<a>的组构演化，剪切指向显示了以左行走滑为主的剪切特征以及形成在高温-低温变化的条件。

（3）南迦巴瓦杂岩与东久-米林剪切带年代学

笔者采集了“东久-米林”剪切带的样品，进行锆石 U-Pb SHRIMP 和$^{40}Ar/^{39}Ar$ 黑云母和角闪石的测试。同时，对南迦巴瓦变质体内直白-丹娘拆离剪切带和多雄拉混合岩穹窿中的岩石样品，进行锆石 SHRIMP/U-Pb、LA-ICP-MS/U-Pb 和$^{40}Ar/^{39}Ar$ 的三种同位素年代学测试。

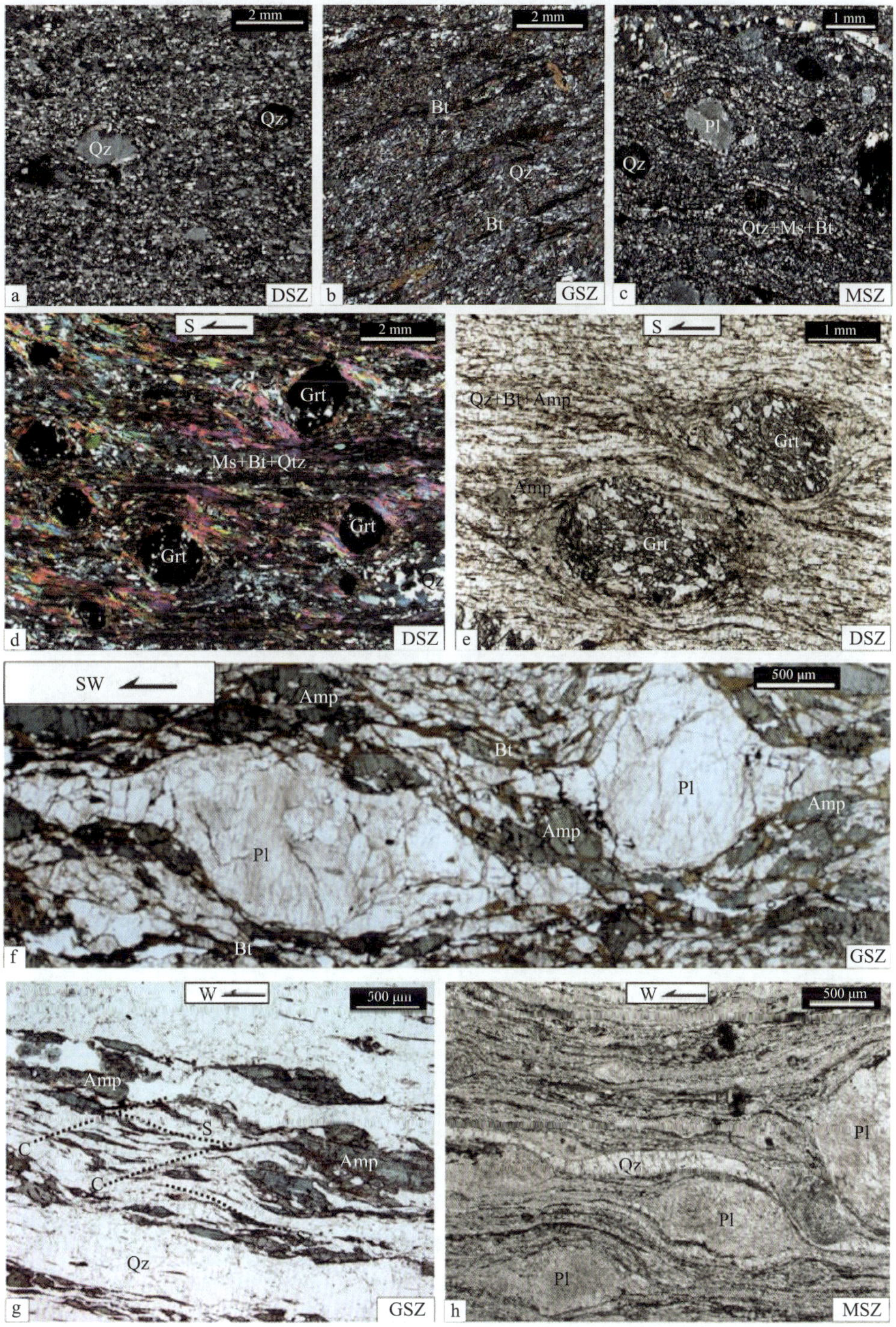

图 6-9　东久-米林剪切带分段显微照片

a~c—南北向东久剪切带（北段）（DSZ）糜棱岩（a）、北东-南西向嘎拉剪切带（中段）（GSZ）糜棱岩（b）和 NE-SW 转为南北向的米林剪切带（南西段）糜棱岩（c）；d、e—东久剪切带（北段）（DSZ）中石榴子石二云母石英片岩（d）和石榴子石-角闪片岩（e）中面理南北向西陡倾的不对称石榴子石压力影指示上盘向南的剪切指向，代表左行走滑剪切性质；f、g—嘎拉剪切带（GSZ）（中段）黑云母斜长角闪片岩中“σ”型斜长石碎斑和 S/C 构造，显示拆离兼左行走滑的剪切指向；h—米林剪切带（MSZ）（西南段）长英质片麻岩中“σ”型斜长石碎斑，指示上盘向西的拆离剪切指向

A. 锆石 U-Pb SHRIMP 测试结果

样品 6-1-3（黑云斜长角闪片麻岩）和 6-4-3（含石榴子石黑云斜长角闪片麻岩）分别采自东久-米林走滑剪切带北段中的鲁朗兵站和东久村，样品 48-4（含石榴子石片麻岩）采自东久-米林走

图 6-10　南迦巴瓦构造结西侧东久-米林剪切带南段米林拆离剪切带野外照片

图中 S/C 构造显示向西的下滑指向

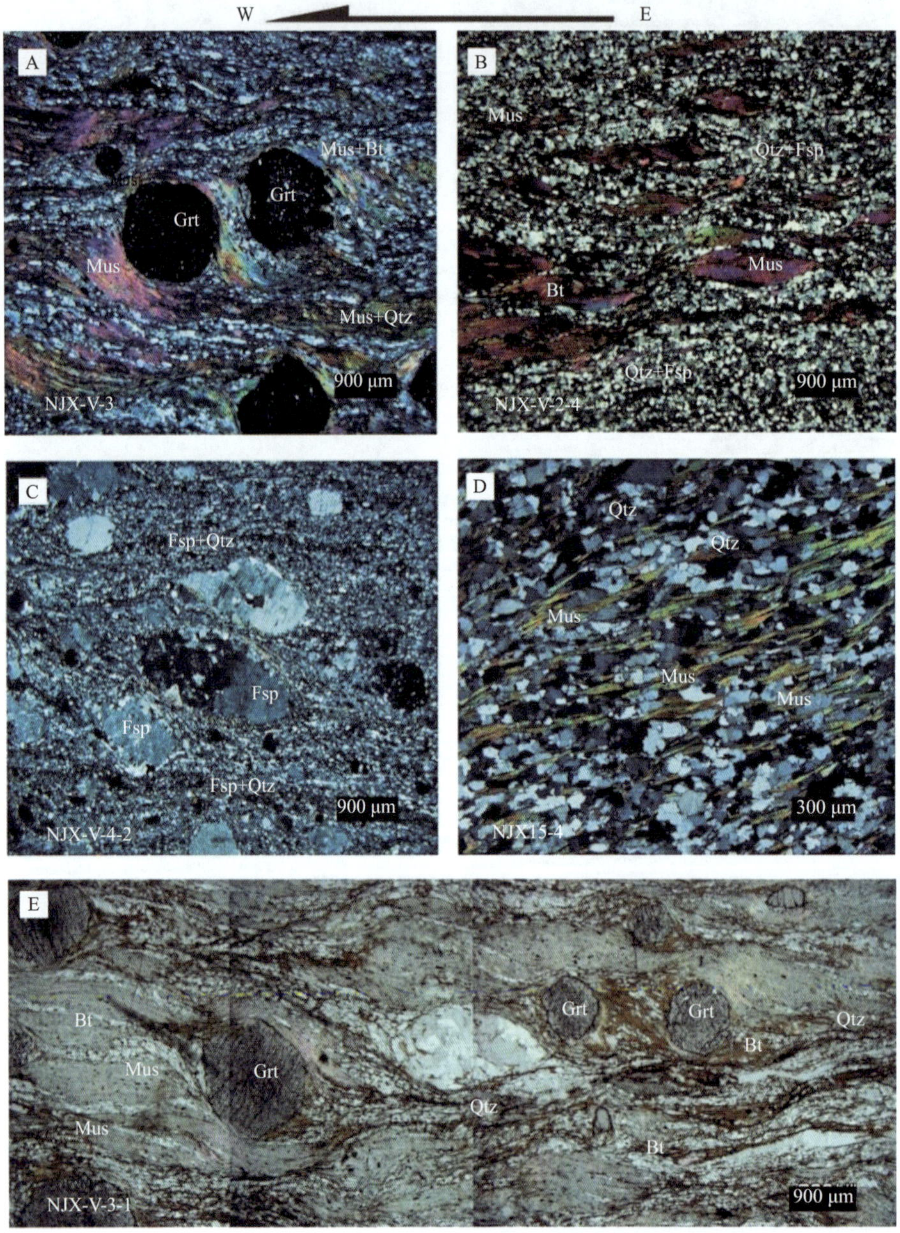

图 6-11　南迦巴瓦构造结西侧东久-米林剪切带南段米林拆离剪切带中糜棱岩的显微构造

A—不对称石榴子石压力影；B—云母鱼；C—“σ”型斜长石碎斑；D—S-C 构造；E—“σ”型石榴子石和石英集合体的碎斑体系

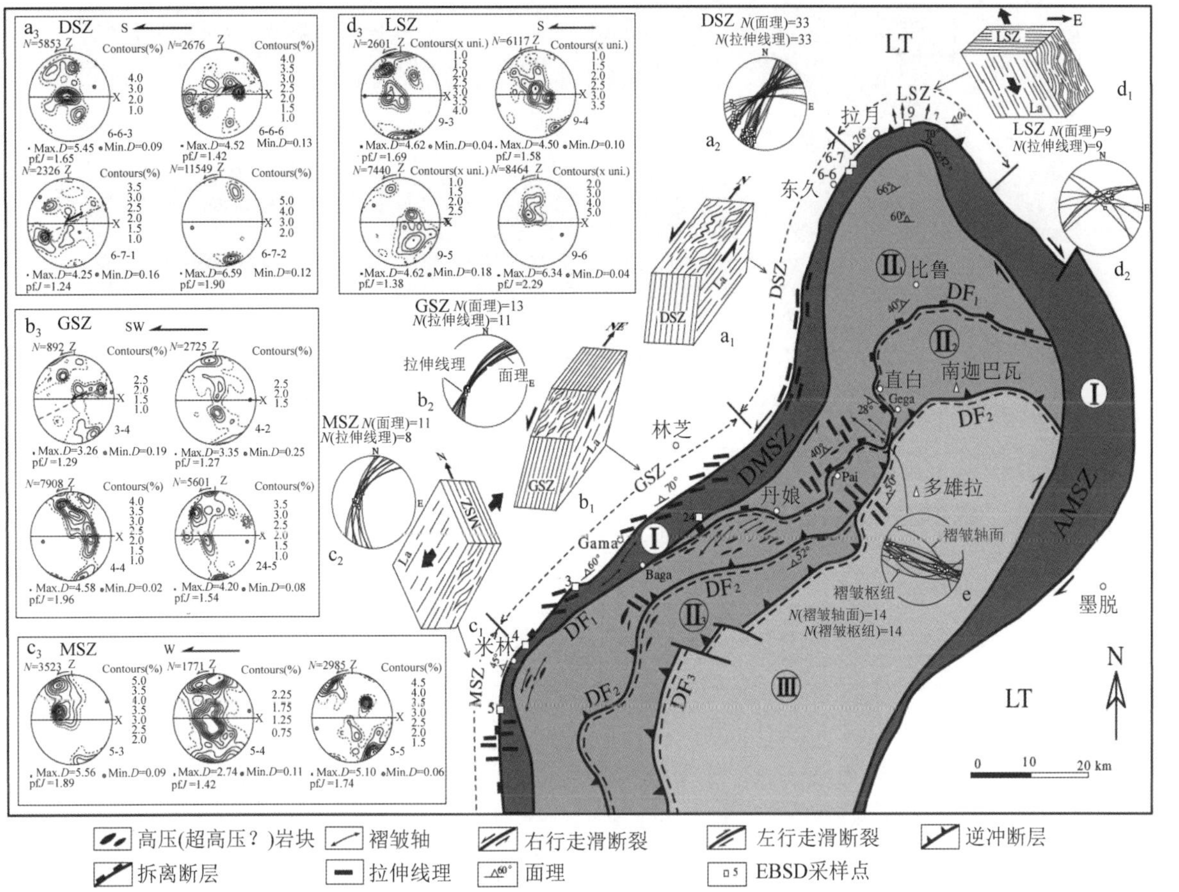

图 6-12　沿雅鲁藏布江大拐弯缝合带西侧的韧性剪切带组构特征的南迦巴瓦构造结简化构造图

（据 Xu et al.，2012，有修改）

南迦巴瓦构造结内部构造单元：①北派乡构造岩片；②直白构造岩片；③南派乡构造岩片；④多雄拉变质穹窿。DMSZ—东久-米林剪切带；东久-米林剪切带分段；DSZ—东久左行走滑剪切带，GSZ—嘎拉伸展转换剪切带，MSZ—米林拆离剪切带，LSZ—拉月逆冲剪切带；AMSZ—阿尼桥-墨脱剪切带；DF_1、DF_2、DF_3—南迦巴瓦构造结内部的单元界线。DF_1—拆离剪切带；DF_2、DF_3—逆冲剪切带。a_1、b_1、c_1 分别代表 DSZ、GSZ 和 MSZ 的三维应变模型；拉伸线理的方向自北向南由平行—斜向—横向转换；a_2、b_2、c_2、d_1（d_2）和 e 分别代表 DSZ、GSZ、MSZ、LSZ 和多雄拉穹窿内部构造要素的赤平投影（拉伸线理、糜棱面理、褶皱轴面和褶皱枢纽）的下半球等面积立体投影；a_3、b_3、c_3、d_3 分别代表 DSZ，GSZ，MSZ 和 LSZ（拉月逆冲剪切带）的石英 EBSD 组构图，分别显示了左行走滑、拆离+左行走滑、拆离以及逆冲的运动学转换特征（VI-1-1、VI-2-1、VI-3-1、VI-4-2、VI-6-1、VI-6-3、VI-6-4、VI-6-6、VI-7-1、VI-7-2-1 和 VI-7-2-2 为 EBSD 测试的样品）

滑剪切带中段的嘎马村，通过样品中锆石增生边类型的变质锆石（图 6-13）进行离子探针分析，获得以下的结果：

样品 6-1-3 在 SHRIMP U-Pb 谐和图中，12 个数据点落在 $^{207}Pb/^{235}U$ 和 $^{206}Pb/^{238}U$ 谐和线图上，部分落在谐和线附近，谐和线图主要显示一组年龄区间：25.5±0.6 Ma（MSWD=1.5）；6-4-3 样品等离子探针分析数据在锆石 SHRIMP U-Pb 谐和图中，14 个数据点落在 $^{207}Pb/^{235}U$ 和 $^{206}Pb/^{238}U$ 谐和线图附近，年龄为 53.9±1.1 Ma（MSWD=1.3）。据样品 48-4 变质锆石的离子探针分析，SHRIMP U-Pb 谐和图中 12 个数据点落在 $^{207}Pb/^{235}U$ 和 $^{206}Pb/^{238}U$ 谐和线图上，获得 1 组年龄：31.3±0.3 Ma（MSWD=1.06）；据样品 17-3 变质锆石的离子探针 SHRIMP U-Pb 分析结果，12 个数据点落在 $^{207}Pb/^{235}U$ 和 $^{206}Pb/^{238}U$ 谐和线附近，获得 1 组年龄：10.1±0.3 Ma（MSWD=2.0）。据样品 26-7 变质锆石的离子探针 SHRIMP U-Pb 分析结果，13 个数据点落在 $^{207}Pb/^{235}U$ 和 $^{206}Pb/^{238}U$ 谐和线附近，获得 1 组年龄：23.2±0.5 Ma（MSWD=1.7）（图 6-14）。

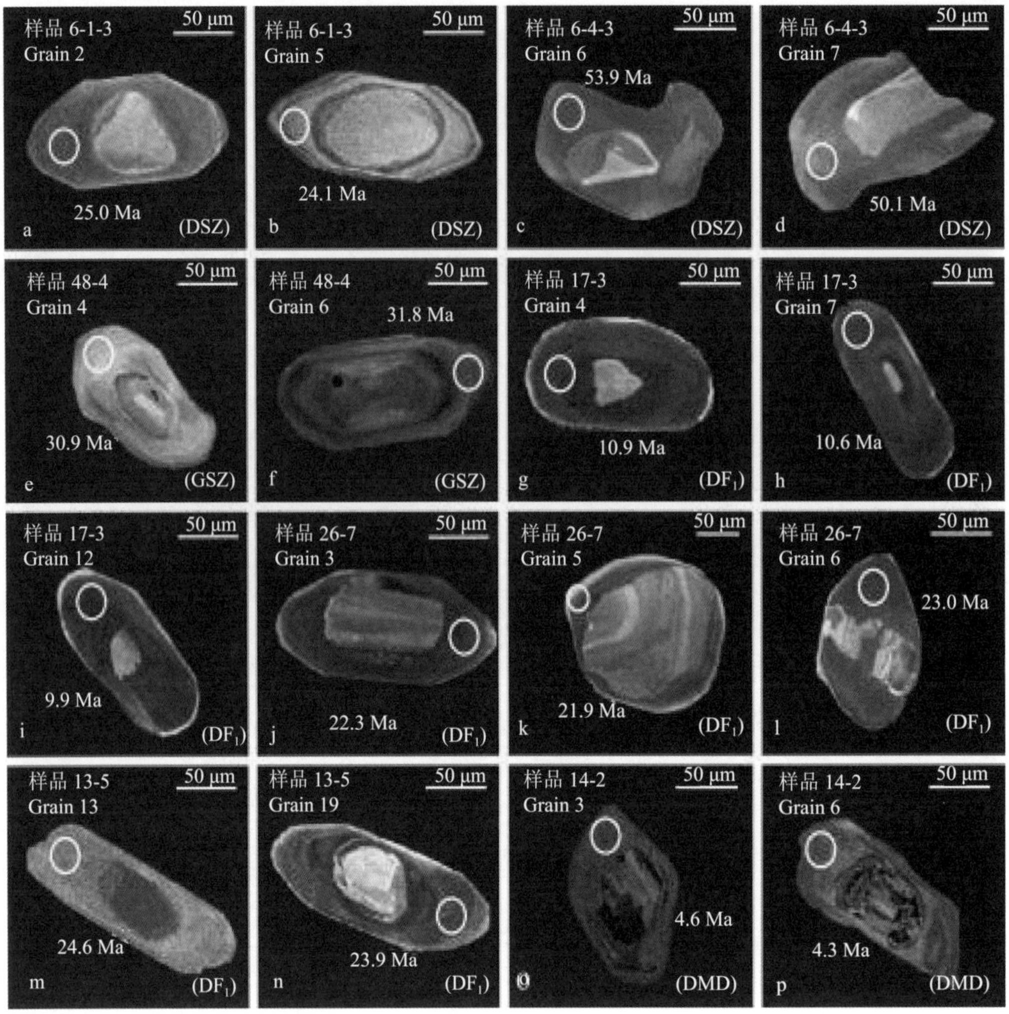

图 6-13　采自南迦巴瓦构造结（NBS）剪切带的 SHRIMP（a~l）和 LA-ICP-MS（m~p）的 U-Pb 测年的锆石颗粒边部的 CL 图像

a~d—来自东久剪切带（DSZ）的锆石颗粒；e、f—来自嘎马剪切带（GSZ）的锆石颗粒；g、h，m、n—来自 DF_1 的锆石颗粒；i~l—来自 DF_2 的锆石颗粒；o~p—来自多雄拉的锆石颗粒

B. 锆石的 LA-ICP-MS 的测试结果

样品 13-5 采自派乡对岸的直白-丹娘拆离剪切带（DF_1）的石榴子石黑云斜长角闪片麻岩。锆石核部 $^{206}Pb/^{238}U$ 年龄和边部 $^{206}Pb/^{238}U$ 年龄有明显的差别，核部的几个测点比较分散而且偏老，所对应的 Th/U 值绝大多数大于 0.4。而锆石边部的年龄大多数集中在 22~27 Ma 之间，其中有 19 个数据点十分集中，加权平均值为 23.3±0.4 Ma，Th/U<0.1；MSWD=1.9。样品 14-2 采自多雄拉的黑云斜长角闪片麻岩，锆石 LA-ICP-MS 测试结果表明 11 个测点显示 1 组集中年龄，$^{206}Pb/^{238}U$ 加权平均年龄是 4.8±0.4 Ma，MSWD=3.8（图 6-14）。

C. $^{40}Ar/^{39}Ar$ 黑云母和角闪石的测试结果

样品 NJX2-3（含石榴子石黑云斜长片麻岩）、2-7（含石榴子石黑云斜长角闪片麻岩）、2-8（含石榴子石黑云斜长片麻岩）及 4-7（角闪岩）采自东久-米林剪切带中的中南段米林和嘎马一带，通过对样品 4-7、2-7 和 2-8 中的黑云母以及样品 2-3 中的角闪石进行 $^{40}Ar/^{39}Ar$ 的测试，获得 4-7 黑云母的坪年龄 9.63±0.19 Ma，等时线年龄 9.77±0.45 Ma（MSWD=1.4）；样品 2-7 黑云母的坪年龄 19.7±0.3 Ma，等时线年龄 19.1±4.5 Ma（MSWD=3.1）；2-8 黑云母的坪年龄 22.0±0.4 Ma（MSWD=0.94）；2-3 角闪石的坪年龄 18.7±1.4 Ma 等时线年龄 20.2±3.3 Ma（MSWD=0.66）。样品 24-12

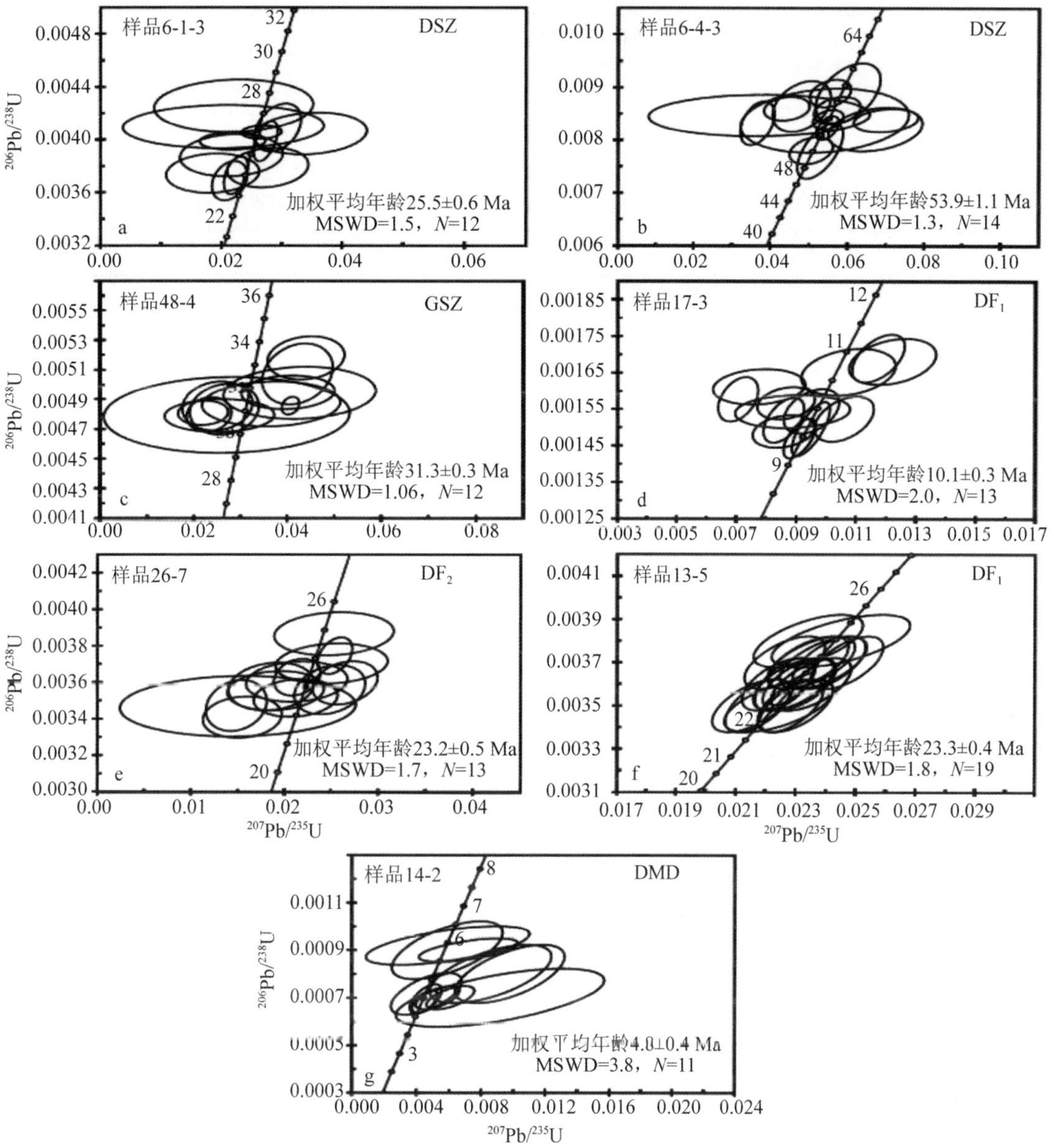

图 6-14　南迦巴瓦构造结的变质岩和东久-米林剪切带的 SHRIMP（a~e）和 LA-ICP-MS（f、g）U-Pb 定年锆石谐和图解

南迦巴瓦（NBS）样品 6-1-3（a）和 6-4-3（b）来自 DSZ，48-4（c）来自 GSZ，17-3（d）和 13-5（f）来自 DF_1，26-7（e）来自 DF_2；14-2（g）来自多雄拉

（角闪岩）采自雅江缝合带的内结合带的林芝南，通过对 24-12 的黑云母进行 $^{40}Ar/^{39}Ar$ 的测试，获得黑云母的坪年龄 5.4±0.3 Ma，等时线年龄 5.3±0.6 Ma（MSWD=0.7）（图 6-15）。

四、东构造结东侧的阿尼桥-墨脱走滑剪切带（AMSZ）

位于东构造结东侧的雅鲁藏布江大拐弯缝合带呈向东突出的“新月”形几何学，长达 60 km，两端较窄（3 km），中间较宽（约 25 km），称为阿尼桥-墨脱剪切带（AMSZ）。在喜马拉雅东端，在雄伟的南迦巴瓦峰和滚滚的雅鲁藏布江的怀抱里隐藏着一方神秘之地——墨脱，是我国最后通公路的县城。根据我们对墨脱地区的地质考察，发现阿尼桥-墨脱剪切带（AMSZ）与东久-米林剪切带（DMSZ）有一定相似性，断裂带不同部位的变形性质亦具有逐渐演化的特征。基于产状、变形性质及变质程度等的变化将该条脱剪切带从北至南分为三部分：NW-SE 向的甘登-加拉萨剪切带（GJSZ）、近

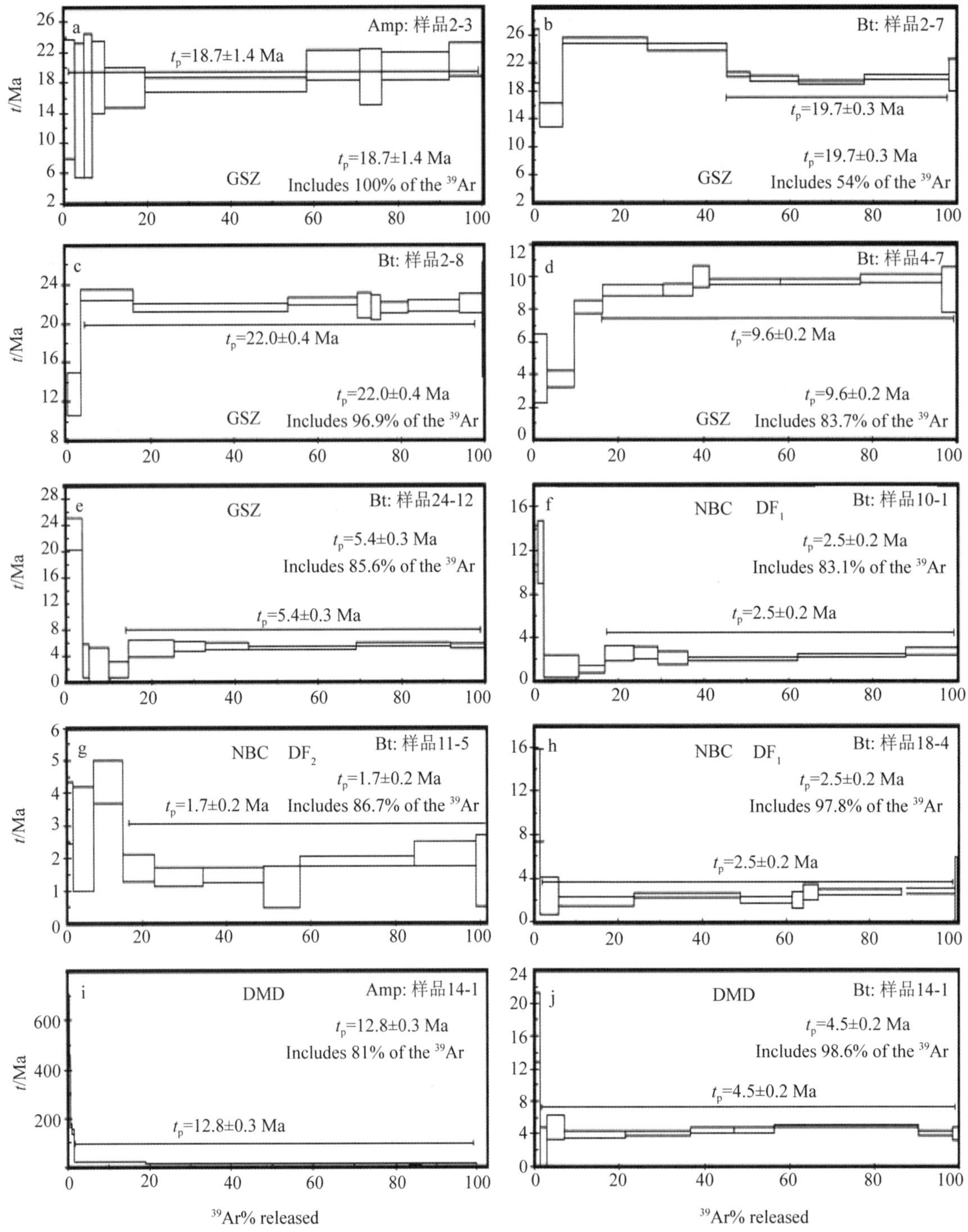

图 6-15 南迦巴瓦西侧与内部剪切带的角闪石和黑云母的$^{40}Ar/^{39}Ar$定年结果

样品来自南迦巴瓦构造结西侧的嘎马剪切带（GSZ）（a~e）和构造结内部的DF_1，DF_2（f~h）和多雄拉（DXL）（i、j）。分析采用增量加热实验。Amp—角闪石；Bt—黑云母

N-S 向的旁辛-达木剪切带（PDSZ）和 NE-SW 走向的阿尼桥-墨脱剪切带（AMSZ）（图 6-16）。

（1）阿尼桥-墨脱走滑剪切带变形特征

A. 阿尼桥-墨脱剪切带（南段）

该段为墨脱剪切带的最南端，主要由糜棱岩化的石英岩、云母石英片岩、石榴子石黑云角闪片岩和斜长片麻岩等组成（图 6-17），总体变质程度为绿片岩相，该套岩石发生强烈糜棱岩化而发育透入

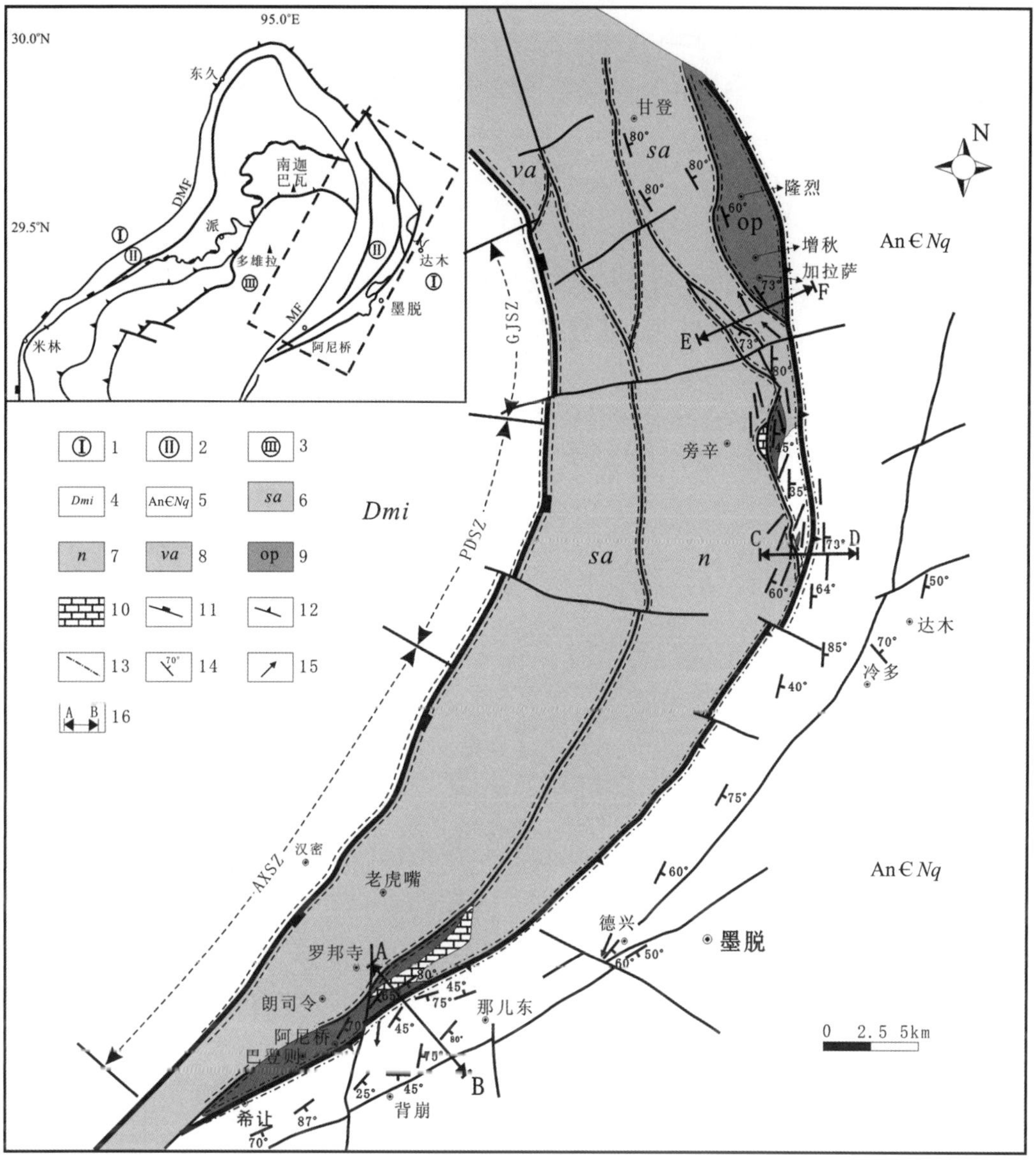

图 6-16 南迦巴瓦构造结东侧阿尼桥-墨脱剪切带位置图

南段：AXSZ—阿尼桥-希让韧性剪切带；中段：PDSZ—旁辛-达木韧性剪切带；北段：GJSZ—甘登-加拉萨韧性剪切带

1—冈底斯-拉萨陆块；2—雅鲁藏布江缝合带；3—南迦巴瓦变质体（印度陆块）；4—多雄拉混合岩；5—念青唐古拉岩群；6—石英片岩片；7—混杂带基质；8—火山弧岩片；9—蛇绿岩片；10—碳酸盐岩块；11—拆离断离；12—逆冲剪切；13—推测剪切；14—面理及产状；15—拉伸线理；16—构造剖面位置

性的线理和面理，面理上发育有 NE-SW 向的矿物拉伸线理，通常组成矿物是石英、黑云母或角闪石。剪切总体走向为 NE-SW 向，断层面倾向 SE，倾角 50°~70°，局部较缓，如：罗邦寺附近斜长角闪片麻岩产状为 150°∠25°，26 个面理测量数据的赤平投影结果略显分散（图 6-18a），但仍然能反映出一组 NE-SW 向的优势面理。翔实的野外观察显示，阿尼桥-希让剪切表现为 SE 盘（上盘）下滑的正断层。糜棱岩中发育的 S-C 面理、云母鱼及石榴子石旋转碎斑等运动学标志指示其为右行剪切带。沿着阿尼桥-希让剪切带，我们还观察到念青唐古拉岩群中的片麻岩发生了混合岩化，长英质条带拉长，运动学标志指示为右行运动。因此，阿尼桥-墨脱段为具有斜向正滑运动学特征的右行剪切带（图 6-19）。

B. 旁辛-达木剪切带（中段）

该段为墨脱剪切带中间最宽部位，近 S-N 走向。该段变形带的岩石组合为糜棱岩化的云母片岩、

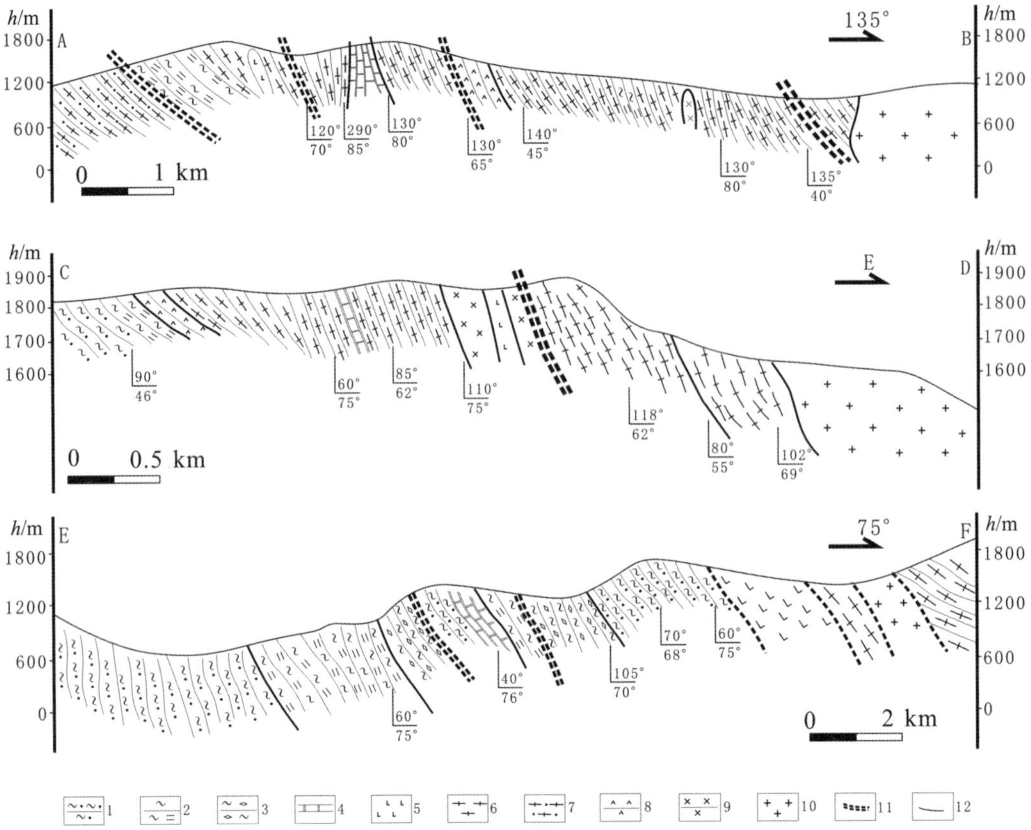

图 6-17　阿尼桥-墨脱剪切带构造剖面图（剖面位置见图 6-16）

AB—横穿阿尼桥-希让段东侧的构造剖面；CD—横穿旁辛-达木段东侧的构造剖面；EF—横穿甘登-加拉萨段东侧的构造剖面
1—黑云母石英片岩；2—二云母石英片岩；3—含石榴子石云母石英片岩；4—大理岩块；5—超基性岩；6—花岗片麻岩；7—斜长角闪片麻岩；8—角闪岩；9—辉长岩；10—花岗岩；11—韧性剪切带；12—岩层界线

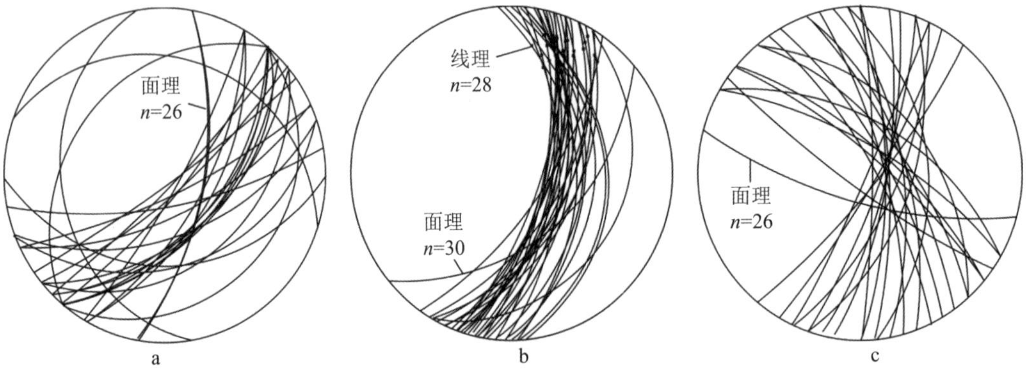

图 6-18　墨脱剪切带面理和拉伸线理统计赤平投影图

a—阿尼桥-墨脱段；b—旁辛-达木段；c—甘登-嘎拉萨段

石英岩、花岗岩片麻岩、混合岩及大理岩等（图 6-17），变质程度以角闪岩相-绿片岩相为主。发育透入性剪切面理和矿物拉伸线理，面理向东陡倾，拉伸线理近水平或略向北侧伏。图 6-18b 中 30 个面理数据赤平投影显示近 N-S 向的优势面理，28 个拉伸线理测量数据显示为近 N-S 向或 NNE-SSW 向，角度较小，说明该段以走滑运动性质为主。结合不对称眼球构造及面理褶皱等运动学标志指示该带为一右行走滑剪切带（图 6-19，图 6-20）。

C. 甘登-加拉萨剪切带（北段）

在甘登至加拉萨地区，该地区剪切带大致走向为 300°～345°，剪切带有糜棱岩化花岗岩、花岗质

图 6-19　阿尼桥-墨脱剪切带南段（AMSZ）的露头观察和显微照片

a—墨脱西 NE-SW 向长英质片麻岩面理向 SE 陡倾；b—片麻岩中长英质细脉不对称褶皱；c—石榴子石旋转形成的“σ”型碎斑，尾部充填黑云母颗粒；d—角闪云母片岩中旋转的云母鱼；e—石榴子石云母片岩中的“σ”型石榴子石压力影；f—云母长英质糜棱岩中的S-C构造；g、h—花岗片麻岩中角闪石的“σ”型碎斑结构及角闪石晶体中多米诺构造；i、j—云母石英片岩中不对称褶皱和云母鱼构造。上述显微构造指示剪切带上盘向 SE 的剪切指向，为右行走滑剪切特征。Qtz—石英；Pl—斜长石；Bt—黑云母；Mus—白云母；Amp—角闪石；Grt—石榴子石

混合岩、（长英质）片麻岩、角闪岩、薄层云母石英片岩、和大理岩等组成，面理倾向 NE，倾角 60°～75°，矿物拉伸线理向 NW 方向侧伏，在面理上最大侧伏角为东侧伏约 55°。图 6-18 中 26 个面理数据赤平投影显示 NW-SE 向的优势面理。结合面理褶皱及不对称“眼球”构造等运动学标志认为该带为一右行兼上盘逆冲运动的剪切带（图 6-21）。

（2）阿尼桥-墨脱剪切带组构运动学

分别采集阿尼桥-墨脱剪切带南段、中段及北段中的糜棱岩化和强烈变形的岩石进行石英组构的测量，获得不同类型的组构模式以及运动学特征。

A. 阿尼桥-墨脱剪切带-南段（AMSZ）

采自阿尼桥-墨脱剪切带南段的样品为：二云母花岗片麻岩（X2-12-3 和 X2-13-3）、黑云斜长角闪片麻岩（X2-8-2）和含石榴子石二云母长英质片麻岩（X4-13-1 和 X4-13-2）5 个样品。将上

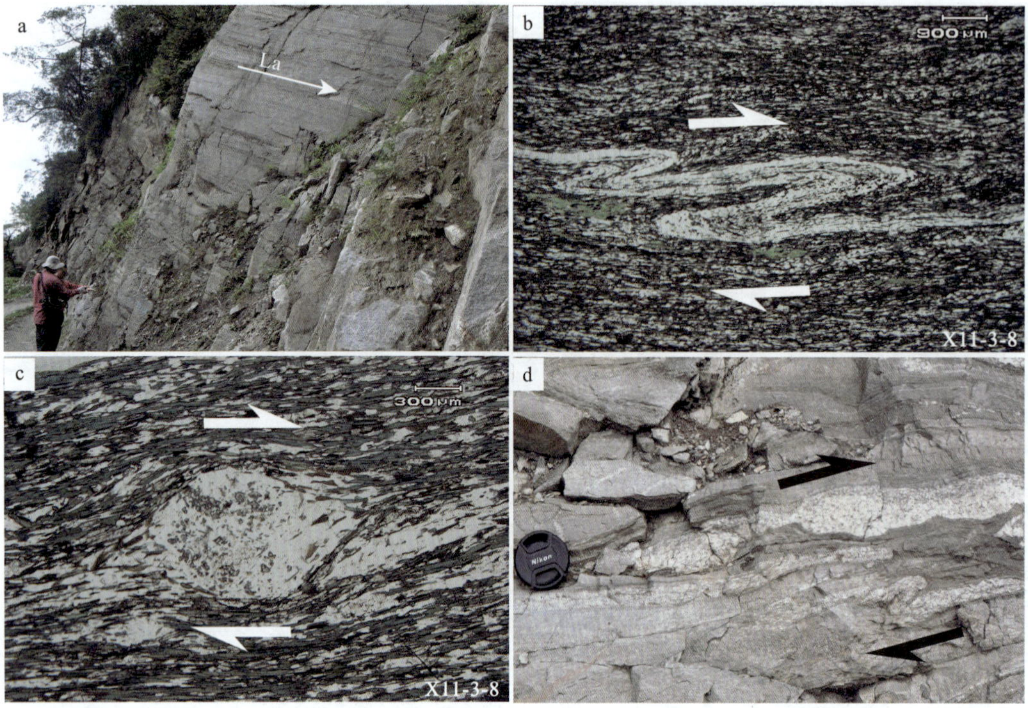

图 6-20 墨脱剪切带中段 旁辛-达木段（PDSZ）内宏观和微观构造样式

a—条带状片麻岩，旋转碎斑指示右行走滑运动；b—斜长角闪片麻岩中小褶曲指示为右行运动；c—斜长角闪片麻岩中旋转碎斑指示为右行运动；d—条带状混合片麻岩，面理褶皱指示为右行运动

图 6-21 墨脱剪切带北段甘登-加拉萨段宏观构造样式

a—糜棱面理倾向 NE，倾角 75°，矿物拉伸线理约 55°；b—条带状混合片麻岩中浅色条带变形强烈，面理褶皱发育，明显指示为逆冲运动性质；c—云母石英片岩中渗透性面理褶皱及旋转碎斑指示右行走滑性质；d—（云母）石英片岩向 N 向 E 陡倾，产状为 325°（NE）73°

述样品进行石英颗粒的 EBSD 技术测定，所测数据点的范围为 3814~26684。实验结果表明，石英组构主要可以分为两类：①在 Y 轴附近的点极密（如 X2-12-3 和 X2-13-3），主要为中温柱面滑移形成的组构，滑移系为｛$10\bar{1}0$｝<a>，对应的温度 550~650℃，属于角闪岩相；②基圆上的点极密（如 X4-13-1），主要为低温底面滑移形成的组构，滑移系为｛0001｝<a>，对应的温度小于 400℃。另外，在 X2-8-2 和 X4-13-2 出现多个点极密，尤其是 X2-8-2 的组构图在 X 轴附近出现非常弱的点极密，可能是残留的早期高温变形组构，即低温变形叠加在高温或者中高温变形之上特点（图 6-22A）。

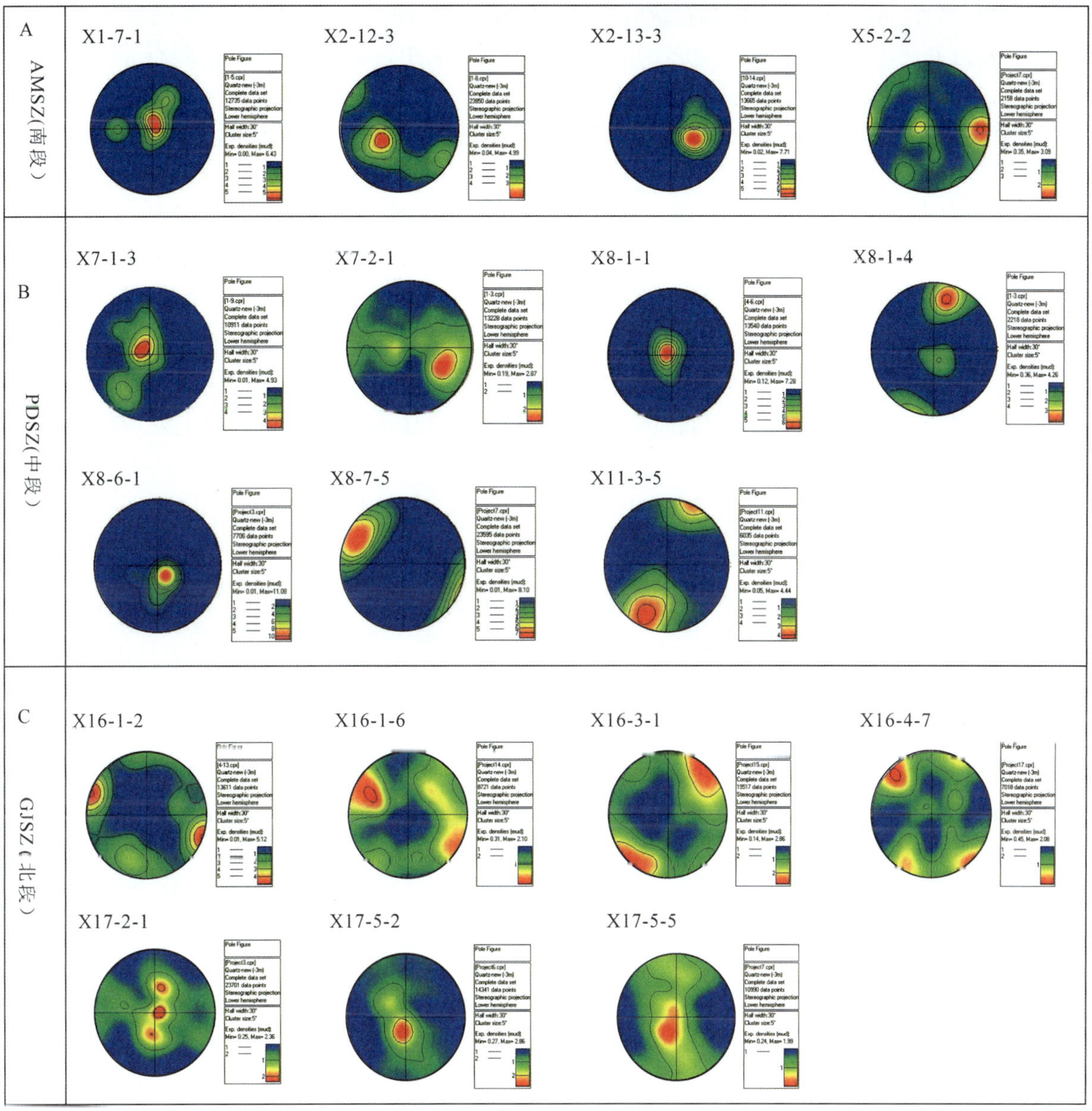

图 6-22 沿阿尼桥-墨脱剪切带南段（AMSZ）、中段（PDSZ）和北段（GJSZ）中糜棱岩的石英 EBSD 测量结果

B. 旁辛-达木剪切带-中段（PDSZ）

采自阿尼桥-墨脱剪切带中段旁辛-达木段（PDSZ）的样品为：混合岩化片麻岩（X7-1-3）、斜长角闪片麻岩（X7-2-1）、黑云斜长角闪片麻岩（X8-1-1）、含石榴子石黑云斜长角闪片麻岩（X8-7-5）、石英云母片岩（X11-3-2 和 X12-1-4）及糜棱岩化斜长角闪片麻岩（X11-3-8）7 个样品。将上述样品进行石英颗粒的 EBSD 技术测定，所测数据点的范围为 7103~28554。实验结果表明（图 6-22），石英组构主要可以分为三类：①在 X 轴附近的点极密（如 X7-2-1 和 X8-7-5），主要为

高温柱面滑移形成的组构，滑移系为 $\{10\bar{1}0\}$ $<c>$，对应的温度大于650℃；②在 Y 轴附近的点极密（如X7-1-3、X8-1-1、X11-3-2和X12-1-4），主要为中温柱面滑移形成的组构，滑移系为 $\{10\bar{1}0\}$ $<a>$，对应的温度为550~650℃，值得一提的是，在X12-1-4石英组构图上出现多个点极密，但 Y 轴附近的点极密明显比 X 轴上的点极密强；③在 Z 轴上的点极密（如X4-13-1），主要为中低温滑移形成的组构，滑移系为 $\{10\bar{1}1\}$ $<a>$，对应的温度为400~550℃（图6-22B）。

C. 甘登-加拉萨剪切带-北段（GJSZ）

阿尼桥-墨脱剪切带北段甘登-加拉萨剪切带（GJSZ）出露的岩石以石英岩、（云母）石英片岩或云母片岩为主，其间夹少量的角闪质岩石。其中在云母片岩中含有石榴子石、矽线石等特征变质矿物，因此，用于石英颗粒的EBSD技术测定的10个样品中除了3个强烈变形的云母片岩外（X17-5-1、X17-5-2及X17-5-5），其他均为（云母）石英片岩（X16-1-2、X16-1-6、X16-3-1、X16-4-7、X16-5-1、X17-2-1及X17-3-2）。上述样品所测数据点的范围为7018~29746。实验结果表明（图6-22），石英组构主要可以分为三类：①在 X 轴附近的点极密（如X16-1-2和X16-1-6），主要为高温柱面滑移形成的组构，滑移系为 $\{10\bar{1}0\}$ $<c>$，对应的温度大于650℃；②在 Y 轴附近的点极密（如X17-2-1、X17-3-2、X17-5-1、X17-5-2及X17-5-5），主要为中温柱面滑移形成的组构，滑移系为 $\{10\bar{1}0\}$ $<a>$，对应的温度为550~650℃，样品X17-2-1石英组构图上可见 Z 轴上有较弱的点极密，说明采样区域晚期变形对早期变形的改造不强烈；③在 Z 轴附近的点极密（如X16-3-1、X16-4-7及X16-5-1），主要为低温底面滑移形成的组构，滑移系为 $\{0001\}$ $<a>$，对应的温度小于400℃（图6-22C）。

综上，石英组构图显示墨脱剪切带阿尼桥-希让段经历了从中温、滑移系为 $\{10\bar{1}0\}$ $<a>$→低温、滑移系为 $\{0001\}$ $<a>$的组构演化；旁辛-达木段经历了从高温、滑移系为 $\{10\bar{1}0\}$ $<c>$→中温、滑移系为 $\{10\bar{1}0\}$ $<a>$→中低温、滑移系为 $\{10\bar{1}1\}$ $<a>$的组构演化，其中以中温（角闪岩相）变形为主；同样地，甘登-加拉萨段经历了从高温、滑移系为 $\{10\bar{1}0\}$ $<c>$→中温、滑移系为 $\{10\bar{1}0\}$ $<a>$→低温、滑移系为 $\{0001\}$ $<a>$的组构演化。

（3）阿尼桥-墨脱走滑剪切带的年代学结果

A. 锆石U-Pb定年测试结果

位于阿尼桥-墨脱剪切带南段的样品X2-3-1中锆石绝大多数为它形晶，边缘多呈港湾状，颗粒较大，为200~500 μm。从阴极发光图像特征可以明显看出，多数锆石具有明显的核-边结构，即弱发光效应的核和强发光效应的边，13个锆石测点Th/U的平均值为0.10~1.55，$^{206}Pb/^{238}U$ 年龄范围为29~29.9 Ma，在置信度95%时的 $^{206}Pb/^{238}U$ 加权平均年龄值为29.36±0.15 Ma（MSWD=2.2）（图6-23a）。

在X8-3-1样品中的锆石呈长柱状，为自形晶，从阴极发光图像特征可以明显看出，与X2-3-1和X7-4-2类似绝大多数锆石具有明显的核-边结构，即弱发光效应的核和强发光效应的边，部分边部和核部均显示清楚的韵律环带，23个测点的Th/U值介于0.23~0.70之间，$^{206}Pb/^{238}U$ 年龄范围为28~30.6 Ma，在置信度95%时的 $^{206}Pb/^{238}U$ 加权平均年龄值为28.63±0.24 Ma（MSWD=3.1）（图6-23b）。

样品X6-10-2中的锆石多为长柱状的自形晶形，长宽比为1.5∶1~4∶1。CL图像显示大多数锆石可见清楚的振荡环带特征，个别可见较窄的强阴极发光边，应为后期变质作用的结果。全部20个测点中14个测点的Th/U值介于0.25~0.44之间，锆石的结构和Th/U值均表明其为典型的岩浆锆石（Hoskin et al.，2003），这17个测点显示的 $^{206}Pb/^{238}U$ 年龄范围为60.3~68.9 Ma，在置信度95%时的 $^{206}Pb/^{238}U$ 加权平均年龄值为64.5±1.3 Ma（MSWD=2.6）（图6-23c）。

样品X19-4-1中的锆石显示长柱状自形晶形，长宽比为2.5∶1~7∶1，CL图像显示清楚的生长韵律或振荡环带。9个测点的Th/U值介于0.05~0.45之间，锆石的结构及Th/U值均表明其应为岩

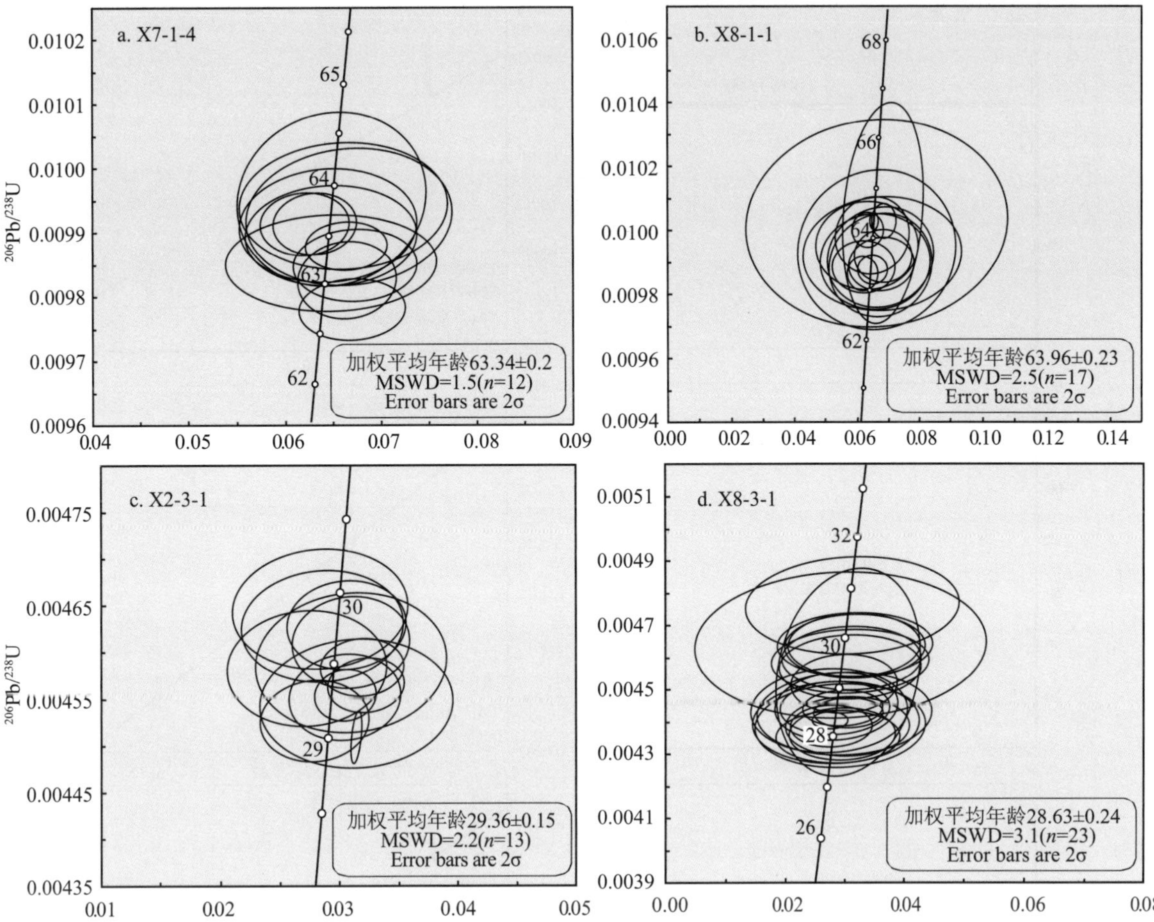

图 6-23 阿尼桥-墨脱剪切带 LA-ICP-MS 锆石 U-Pb 定年谐和图解

浆锆石（Hoskin et al.，2003），这 9 个测点显示的$^{206}Pb/^{238}U$ 年龄范围为 60.4～66.7 Ma，在置信度 95%时的$^{206}Pb/^{238}U$ 加权平均年龄值为 62.0±1.4 Ma（MSWD=3.3）（图 6-23d）。

B. Ar-Ar 测试结果

样品来自阿尼桥-墨脱走滑剪切带南段的二云母片麻岩（X2-12-3）、中段的含石榴子石角闪片麻岩（X7-4-2）和来自北段的石英云母片麻岩（X15-1-7 和 X6-4-7）。对 4 个样品进行了$^{40}Ar/^{39}Ar$ 阶段升温年龄分析，样品 X2-12-3 白云母的测试在 1100～1400℃的 4 个温度阶内形成了 1 个较好的年龄坪，坪年龄为 23.4±0.32 Ma（MSWD=2.0），4 个温度阶内^{39}Ar 的析出量为 62.2%，相应的$^{39}Ar/^{40}Ar-^{36}Ar/^{40}Ar$ 等时线年龄为 23.57±0.57 Ma，坪年龄和等时线年龄在误差范围内一致（图 6-24a）。

样品 X7-4-2 白云母的测试在 870～1060℃的 5 个温度阶内形成了 1 个较好的年龄坪，坪年龄为 16.94±0.26 Ma（MSWD=4.5），在 5 个温阶内^{39}Ar 的析出量为 52.8%，相应的$^{39}Ar/^{40}Ar-^{36}Ar/^{40}Ar$ 等时线年龄为 16.7±1.1 Ma，坪年龄和等时线年龄在误差范围内一致（图 6-24b）。

样品 X15-1-7 白云母的测试在 1100～1400℃的 7 个温度阶内形成了 1 个较好的年龄坪 12.6±0.2 Ma（MSWD=2.4），7 个温度阶内^{39}Ar 的析出量为 64.8%，相应的$^{39}Ar/^{40}Ar-^{36}Ar/^{40}Ar$ 等时线年龄为 12.58±0.74 Ma，坪年龄和等时线年龄在误差范围内一致（图 6-24c）。

样品 X16-4-7 白云母的测试在 1100～1400℃的 3 个温度阶内形成了一个较好的年龄坪，坪年龄 t_p=5.3±0.11 Ma，MSWD=3.5，相应的$^{39}Ar/^{40}Ar-^{36}Ar/^{40}Ar$ 等时线年龄为 5.29±0.62 Ma，坪年龄和等时线年龄在误差范围内一致（图 6-24d）。

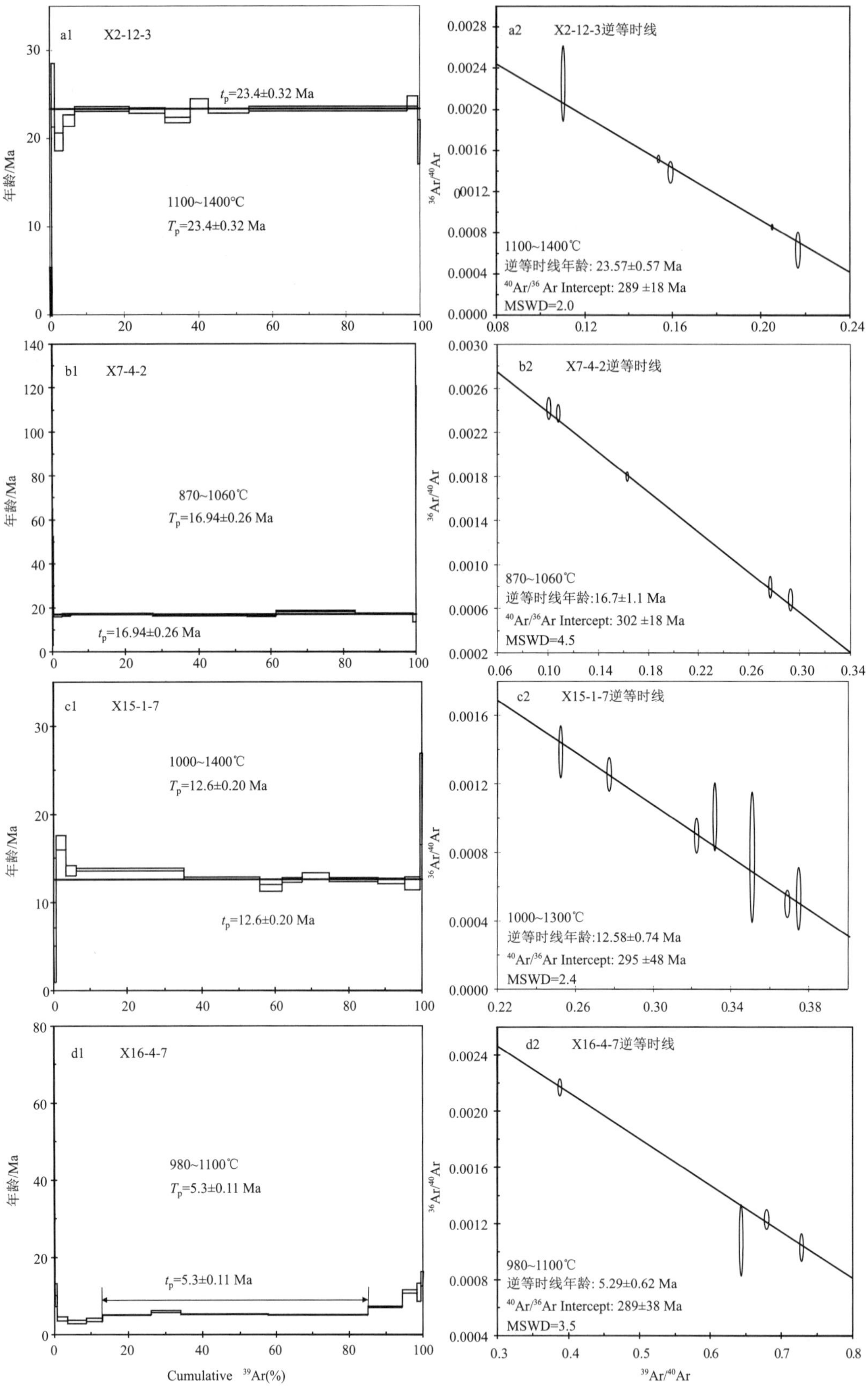

图 6-24 阿尼桥-墨脱剪切带白云母的$^{40}Ar/^{39}Ar$年龄谱和逆等时线图

（据 Dong et al.，2016）

样品来自南段 AMSZ 的二云母片麻岩（X2-12-3）、来自中段 PDSZ 的含石榴子石角闪片麻岩（X7-4-2）和来自北段的 GJSZ 的石英云母片麻岩（X15-1-7 和 X16-4-7）

五、南迦巴瓦构造结的演化历史

结合前人的资料，我们的年代学数据提供了以下的南迦巴瓦构造结演化历史的记录。

（1）印度-亚洲大陆初始碰撞的记录

位于东构造结的西缘“东久-米林剪切带”的糜棱岩化含石榴长英质片麻岩（样品6-6-6和6-4-3）的SHRIMP锆石U-Pb结晶年龄（53 Ma）以及东缘“阿尼桥-墨脱剪切带”的结晶锆石年龄为62 Ma。可以解释为印度板块东犄角和拉萨地体初始碰撞的时代是合理的。

（2）印度板块深俯冲的记录

南迦巴瓦内部麻粒岩相变质发生的时间仍有争论，有40 Ma或37~32 Ma等不同认识。但是，一些学者认为这些年龄可能是高压（超高压?）石榴辉石岩折返退变的年龄，而其峰期变质的时代则应对应于印度板片深俯冲到亚洲板块之下的年龄，即印度板片向亚洲板块之下俯冲的时代应早于40~37 Ma（Zhang et al.，2007）。

（3）南迦巴瓦杂岩（NBC）中变质、熔融和剪切应变的记录

南迦巴瓦中两条剪切带DF_1和DF_2活动的时代为23.3~23.2 Ma。Zeng et al.（2011）认为受到剪切和混合岩化作用的变泥质麻粒岩经历了24.5 Ma和21.8 Ma的变质作用。上述两者形成时代近于一致，表明该区麻粒岩相变质作用、部分熔融和剪切作用的发生基本是同时的。

多雄拉样品NJX14-2的锆石U-Pb年龄是4.8 Ma，而DF_1中样品17-3的锆石U-Pb年龄是10.8 Ma，它们的形成温度可达到700℃左右，对应于NBS快速折返晚期地壳减压熔融条件下淡色花岗岩脉的就位时间。上述锆石U-Pb年龄与变质岩和淡色花岗岩脉中独居石和榍石的测年结果（10~3 Ma）（Booth et al.，2009）一致（图6-25）。

（4）南迦巴瓦构造结向北位移的记录

锆石SHRIMP测年表明南迦巴瓦构造结西侧东久-米林剪切带（DMSZ）以左行走滑为特征，其中变形变质事件发生的年龄为31.3~25.5 Ma；东侧的阿尼桥-墨脱剪切带（AMSZ）中变形变质事件发生的年龄为31~17 Ma，与西侧剪切带发生时间近乎一致（图6-25）。南迦巴瓦高级变质体的隆升折返与两条反向走滑剪切带的活动有关，这两条剪切带也是南迦巴瓦地壳物质向北俯冲到拉萨地体之下的同生断裂。

（5）南迦巴瓦构造结快速折返的记录

利用Ar-Ar同位素年代学测定角闪石和黑云母得到了4组年龄，分别是：22.0~18.7 Ma、12.8~9.6 Ma、5.4~4.5 Ma及2.5~1.7 Ma，这些年龄应该是NBS变形折返过程的年龄记录（图6-25）。利用黑云母测得的2.5~1.7 Ma这组年龄代表了南迦巴瓦变质体最年轻的构造-变质事件的时代。由于黑云母的封闭温度为300℃左右，以造山带的地温梯度20℃/km计算，测年的样品当时应处于地表以下约15 km，由此可得2.5 Ma以来南迦巴瓦的剥蚀速率为6.0~8.8 mm/a。快速的剥蚀隆升造就了南迦巴瓦构造结陡峻的地形，其最高峰高达7756 m，并为周边河流提供了沉积物源（Singh et al.，2002；Garzanti et al.，2004）。同时，12.8 Ma和4.5 Ma这两组年龄是利用同一块样品中（样品14-1）的角闪石和黑云母分别测得，以造山带的地温梯度20℃/km计算，可得该区12.8~4.5 Ma之间的隆升速率约为0.9 mm/a，远低于2.5 Ma以后的隆升速度。因而，南迦巴瓦的快速折返隆升可能主要发生在12.8 Ma之前和2.5 Ma之后。

六、南迦巴瓦构造结的形成机制

上述研究表明，南迦巴瓦构造结两侧的剪切带的不同地段具有变形差异性质。西侧的东久-米林剪切带（DMSZ）从北东到南西，显示从左行走滑—拆离+左行走滑—拆离剪切带的转换，再向南西则在米林南侧与北东-南西向的藏南拆离系相连；东侧的阿尼桥-墨脱剪切带（AMSZ）从北西到南西，显示从右行走滑—拆离+右行走滑—拆离剪切带的转换，再向南东与缅甸西部的NW-SE向的Lihit逆冲断裂（剪切带）相连（图6-26）。

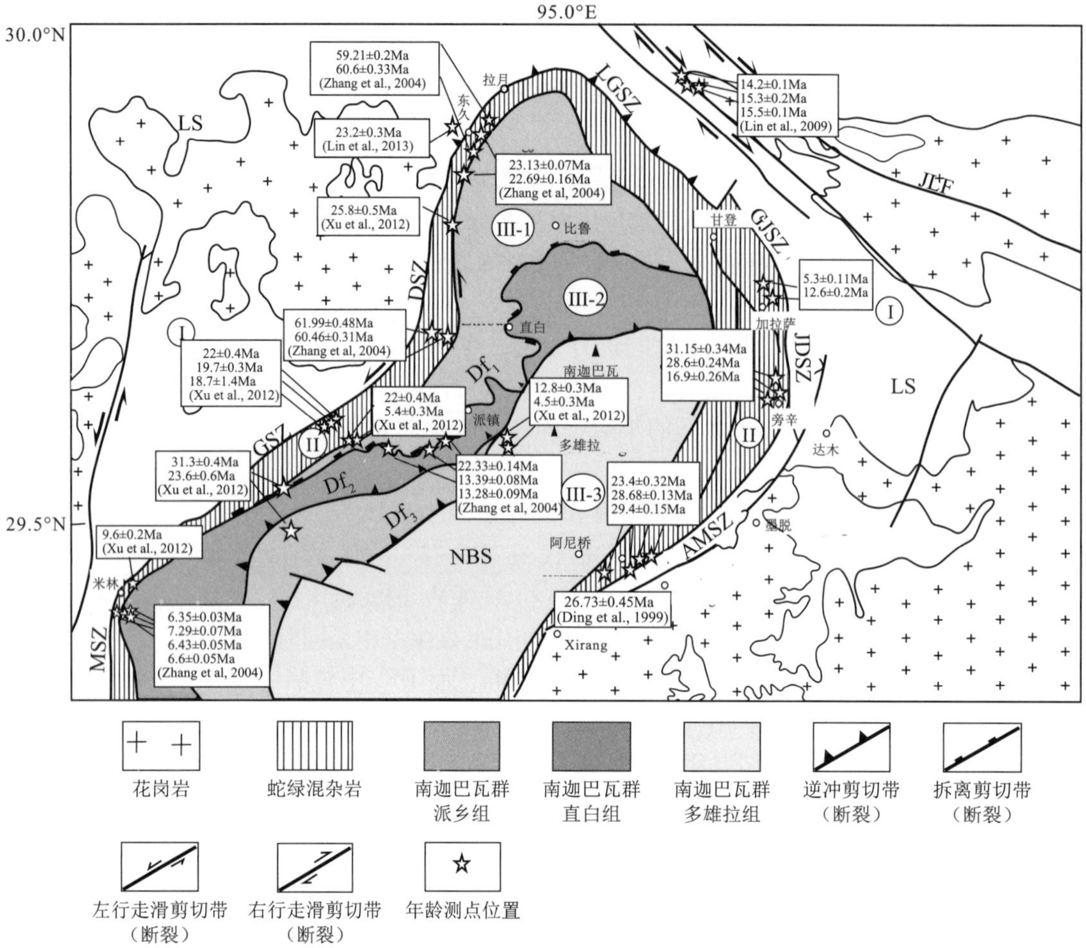

图 6-25　南迦巴瓦构造结与周缘剪切带的同位素年代学结果图示

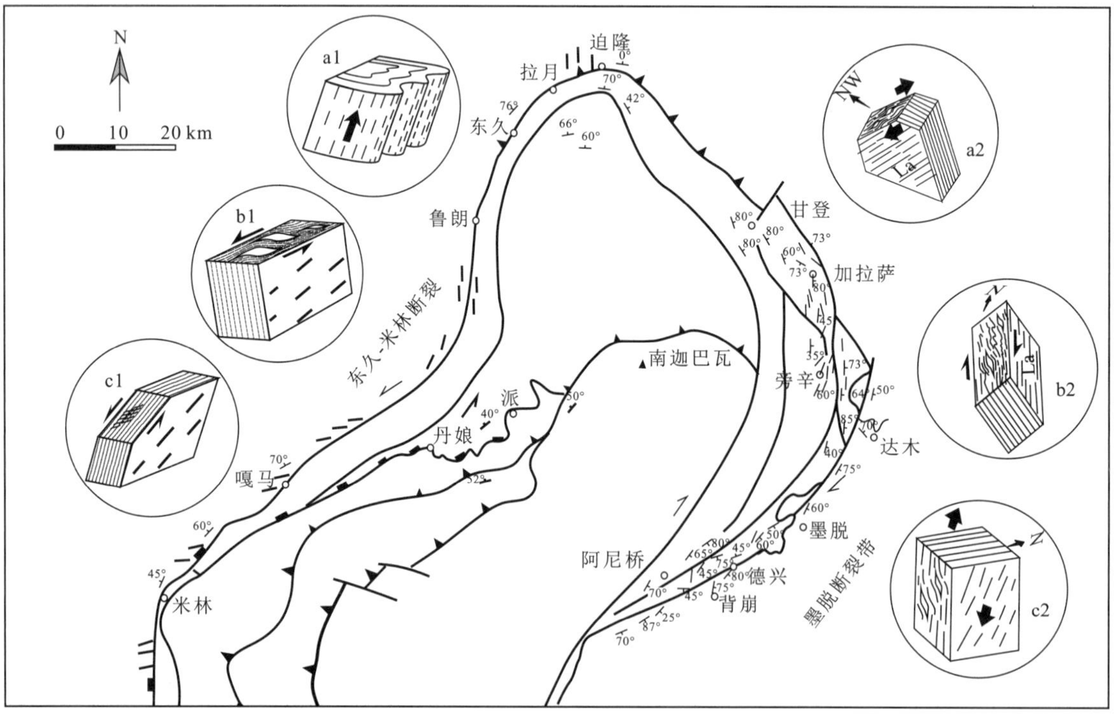

图 6-26　南迦巴瓦构造结西侧与东侧剪切带的三维变形模式

东构造结内部的缩短代表印度与亚洲板块碰撞后并随之楔入，边界剪切带的走滑运动代表楔入体的边界调节以及印度地壳的向北的运移。因此。东构造结内部缩短与边界剪切带的走滑运动是相匹配的，为同构造体系的反映。

在 23 Ma 左右，青藏高原处于一个变形高峰期，其中包括 MCT 的活动和印支地块的挤出（钟大赉等，1996；Tapponnier et al.，1990；Harrison et al.，1992；Yin et al.，2000；张进江等，2003）。而 16.9～12.6 Ma 期间，可能代表一次强烈挤压，因为在青藏高原及周围在此时期处于一个挤压期，同时高原内部开始出现东西向伸展（Coleman et al.，1995；Blisniuk et al.，2001），这种伸展可能是强烈挤压的变形分解（张进江等，2002）。东构造结后期构造表现为以南迦巴瓦峰为中心外倾同心状高角度韧脆性正断层体系，可能是快速隆升的垮塌构造（张进江等，2003），5.3 Ma 这组年龄代表了研究区内较年轻的构造-变质事件的时代，由于白云母的封闭温度为 370℃左右，以造山带的地温梯度 20℃/km 计算，用于测年的样品当时应处于地表以下约 19 km，由此可得 5.3 Ma 以来南迦巴瓦变质体的剥蚀速率约为 3.6 mm/a。快速的剥蚀隆升造就了南迦巴瓦构造结奇特的地形，其最高峰高达 7782 m，并为周边河流提供了沉积物源（Singh et al.，2002；Garzanti et al.，2004；Stewart et al.，2008；Enkelmann et al.，2011）。

第二节　喜马拉雅西构造结

喜马拉雅西构造结是由著名的 Nanga-Parbat-Haramosh（NPHM）变质地块组成，又称南迦帕尔巴特（Nanga-Parbat）构造结（NPS）。西构造结北部为喀喇昆仑地体和白垩纪岛弧带，在 60～50 Ma 前白垩纪岛弧带岩石被向南逆冲的主幔逆冲断裂（MMT）所掩盖（Smith et al.，1994）。白垩纪岛弧带之东侧为拉达克（LDK）白垩纪弧地体，西侧为科希斯坦（KHST）白垩纪弧地体（图 6-27）。西构造结（NPS）裸露的大部分为印度地台的元古宙基底，为高喜马拉雅单元的成分，实际上是一个印度克拉通基底的半个构造窗，由于西构造结的嵌入致使白垩纪岛弧岩石置于西构造结的东西两侧（图 6-27）。

一、西构造结的组成

西构造结的核部由大量混合岩化片麻岩组成，Wadia（1919）曾认为片麻岩形成于太古宙，认为它们的原岩为低级变质的沉积岩。后来 Misch（1949）证明混合片麻岩为强面理化的英云闪长质黑云母花岗片麻岩，含有堇青石-钾长石-矽线石矿物组合，在核心部位还出露了高级麻粒岩（Smith et al.，1992），因此 NPS 核部混合岩中的高温-低压变质作用成为显著的特征（图 6-27）。大部分片麻岩的继承性锆石的 U-Pb 年龄为约 1850 Ma（古元古代），而锆石的变质环带年龄为 11～2.3 Ma（Zeitler et al.，1989；Foster et al.，1999a），并被 600～500 Ma（Baig et al.，1988）和 470 Ma（Foster et al.，1999）的过铝质黑云母花岗岩侵位。地块边部主要为黑云母片岩，并夹有大理岩，没有黑云母花岗岩的侵入。地块的两侧为不均匀的钙质和泥质沉积物组成的低级变质岩。

二、西构造结的构造格架

西构造结和亚洲大陆白垩纪拉达克（Ladakh）-科希斯坦（Kohistan）弧地体界线显示了早期为角闪岩相的韧性断裂，具几百米宽，晚期叠加了脆性断裂。在剪切带上盘的出现变形的花岗岩岩席，这些岩系来自拉达克（Ladakh）或科希斯坦（Kohistan）弧地体，而不是来自印度大陆；它们组成的火成岩组合年龄为 50～32 Ma，和一套早中新世（Ca. 26 Ma）的富 Rb 的火成岩组合。Butler（1992）将这一套构造命名为 Phaparash 剪切带，作为弧地体和印度大陆的界线，现在保留在 NPS 中，但是其形成应该早于地块的折返；而远离剪切带的变形花岗岩脉呈布丁状、网络状及紧闭褶皱。主幔逆冲断裂（MMT）具有明显的向 SSE 的运动方向，而剪切带下盘的变形的变质沉积岩中，出现右行走滑剪切的转换（Argles，2000）（图 6-27）。

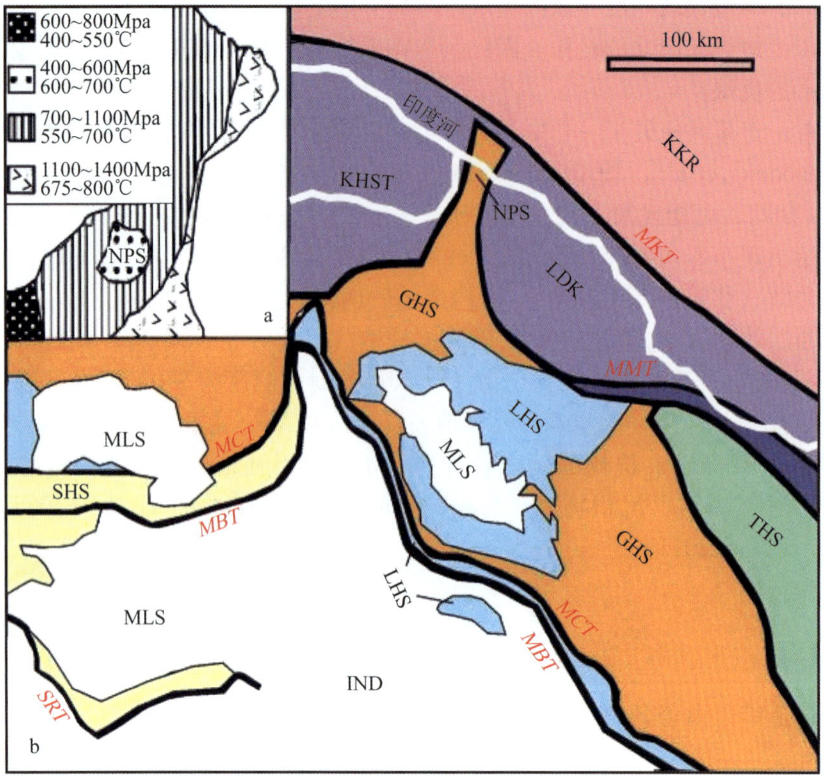

图 6-27　喜马拉雅西构造结（NPS）及邻区地质简图

（据 Koons，2002）

KKR—喀喇昆仑地体；LDK—拉达克弧；KHST—柯希斯坦弧；NPS—西构造结；GHS—高喜马拉雅；THS—特提斯喜马拉雅；LHS—低喜马拉雅；SHS—次喜马拉雅；IND—印度陆块；MLS—磨拉石盆地；MKT—主喀喇昆仑断层；MMT—主幔逆冲断层；MCT—主中央逆冲断层；MBT—主边界逆冲断层；SRT—盐山逆冲断层。图 a 显示 NPS 变质模式：中部为高温组合，西南边部为低温组合；东南边缘为高压高温组合（Poage et al.，2000；Zeitler et al.，2001a）

NPS 的详细地质填图和地质年代学的研究揭示了在西构造结西南部和东南部的两条逆冲型韧性剪切带的存在：位于西南侧的是近南北走向的向 SE 和 E 倾斜的 Diamir 逆冲剪切带，与 NE-SW 走向的 Liachar 逆冲剪切带相对应；位于地块东南侧的 NE-SW 走向的向 NW 倾斜的 Rupal 逆冲剪切带，因此这两条逆冲剪切带呈共轭产出（图 6-27），为此，把这一对共轭逆冲剪切带定义为地壳尺度的“挤出”结构（Pop-up）（Edwards et al.，1996）。根据剪切带中同构造花岗岩的结晶年龄（ca. 10 Ma）（Schneider et al.，1998，1999a，1999b）和白云母冷却年龄（Schneider et al.，1997，1999b，1999c）。该年龄与喜马拉雅平行弧的伸展年龄（ca. 8 Ma）相近（Harrison et al.，1995）。此外，在构造结的核部发育了大规模的南北向背形构造（Madin et al.，1989；Treloar et al.，1991）（图 6-28，图 6-29）。

在 NPHM 变质地块西缘发育的向 NNW 逆冲的 Liachar 剪切带中，出现同构造花岗岩的侵位。在 Liachar 剪切带（LSZ）下盘，眼球片麻状花岗岩侵位在混合岩化片麻岩中；显示了对称的长石眼球，代表近直立的对称纯剪切机制；在 Liachar 剪切带（LSZ）上盘，变质地块核部由大量混合岩化片麻岩组成，近直立的对称纯剪切机制以及同构造淡色花岗岩脉指示了 Liachar 剪切带（LSZ）的逆冲性质（图 6-28 至图 6-31）。

三、西构造结的变质作用与花岗岩

西构造结具有世界上最年轻的与碰撞有关的花岗岩（Zeitler et al.，1993；Whittington et al.，1999，2002），通常被解释为地壳大幅度弱化而导致（Zeitler et al.，2001b）。花岗岩由长石-石英-白云母-电气石组成，大者范围数千米。在地块中布满了淡色花岗岩岩片及伟晶岩脉，伟晶岩脉一般宽

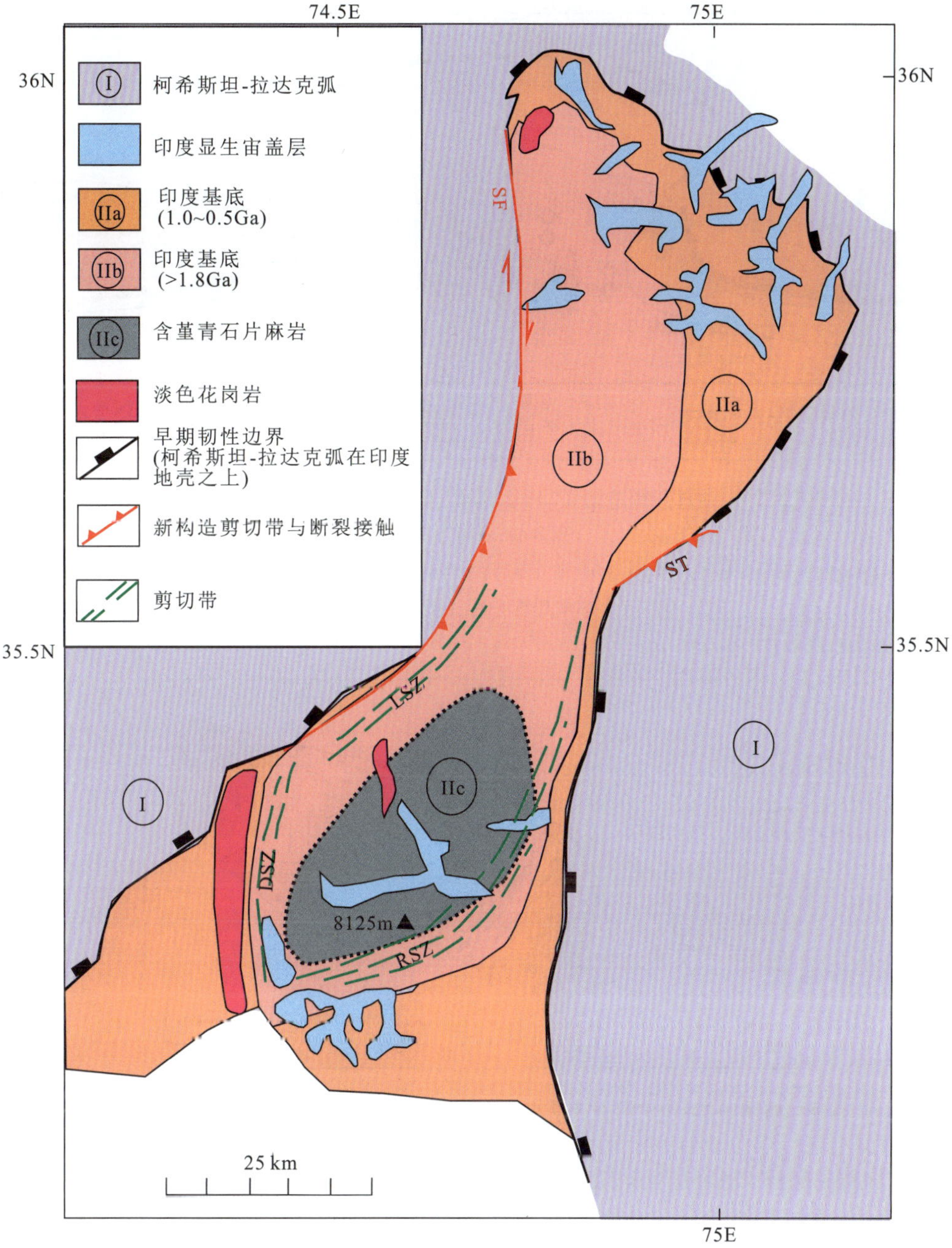

图 6-28 NPS 构造结地质简图

（据 Bulter et al.，1992，2000；Schneider et al.，2001，有修改）

DSZ—Diamir 剪切带；RSZ—Rupal 剪切带；LSZ—Liashar 剪切带；ST—Subsar 逆冲断裂；SF—Shahbatot 走滑断裂

度几米至几十米，伟晶岩的 Rb-Sr 含量较高，$^{87}Sr/^{86}Sr$ 值较高，表明白云母熔融源于变泥质岩，在靠近 Tato 村的一条伟晶岩的结晶年龄为 0.7 Ma（Butte et al.，1992）。Whittington et al.（2002）曾提出一个反应，即 22 白云母+7 斜长石+8 石英=25 熔体+3 钾长石+5 矽线石+2 黑云母，表明熔体的体积受到源区白云母比例的控制。Poage et al.(2000）根据地块的变泥质岩的 $P-T$ 轨迹由核部的高温峰期向边部的低温转换的特征，表明峰期的压力在核部较低，而边部增加。

西构造结核部的背形构造表明，保存在地块核部的岩石在折返前曾经比边部埋埋藏更深，地块的核部曾经历了较年轻的高温-低压变质作用的叠置（Poage et al.，2000）。然而，根据地块 Tato-Raikhot 地区显示的第二期混合岩化作用，Crowley et al.(2009）提出黑云母熔融的反应：黑云母+矽线石+

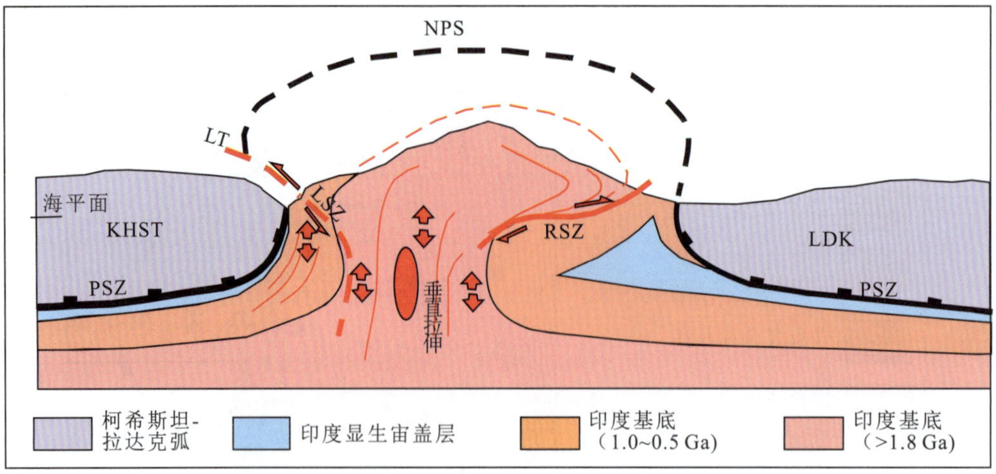

图 6-29　通过西构造结（NPS）剖面的综述（垂直和水平比例相等）

（据 Butler et al.，2018）

PSZ—Phuparash 拆离剪切带；LT—Liachar 逆冲断裂；LSZ—Liachar 逆冲剪切带；RSZ—Rupal 逆冲剪切带；KHST—柯希斯坦弧地体；LDK—拉达克弧地体

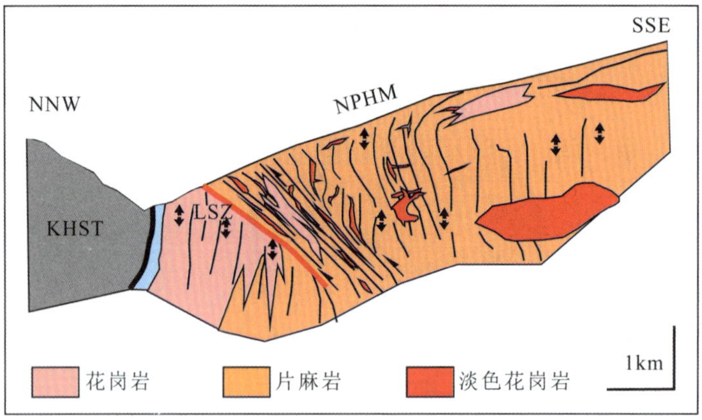

图 6-30　西构造结西缘的 Raikhot 河谷及周缘与折返有关的伴随岩浆活动的变形剖面显示变形运动学

（Butler，2018）

NPHM—南迦帕尔巴特-哈拉木什变质地块；KHST—柯希斯坦弧地体；LSZ—Liachar 逆冲剪切带

斜长石+石英=堇青石+石榴石+钾长石+熔体。这次混合岩化作用熔融的峰期温度 730℃（±30℃）、压力 350 MPa（±30 MPa），而堇青石-石榴子石熔体的形成的条件为 720℃（±20℃）、压力 500 MPa（±30 MPa），这些岩石的独居石结晶年龄为 1660±15 ka，解释为峰期的形成时间（Treloa，2002）。因此，西构造结存在两次局部熔融的作用，这两期的熔融作用都涉及减压，因此与 NPS 剥蚀有关的熔融作用与地块的折返有关。

然而，在西构造结北部的变沉积岩中保留了变基性岩中的榴辉岩组合，命名为“Stak 榴辉岩”，它们记录了 2.5 GPa 和 750℃的峰期变质条件（Lanari et al.，2013），并被 36~28 Ma 的角闪岩相的矿物组合所叠置（0.7 GPa 和 650℃）。Kouketsu et al.（2016）进一步研究了位于“Stak 榴辉岩”西南-100 km 的 Kaghan 含柯石英榴辉岩，其峰期变质为 3 GPa 和 700℃，形成于 47~45 Ma，折返到中地壳约 44 Ma，因此长时间在下地壳的西构造结变质体比在 Kaghan 榴辉岩更快地折返。Stak 榴辉岩保存在西构造结外部变质岩中，表明这些岩石所处的印度地壳曾深俯冲到柯希斯坦弧地体前缘之下，我们可以用相同的背景来解释 Stak 榴辉岩的深俯冲早在 47~45 Ma 与 Kaghan 榴辉岩的成因同步。

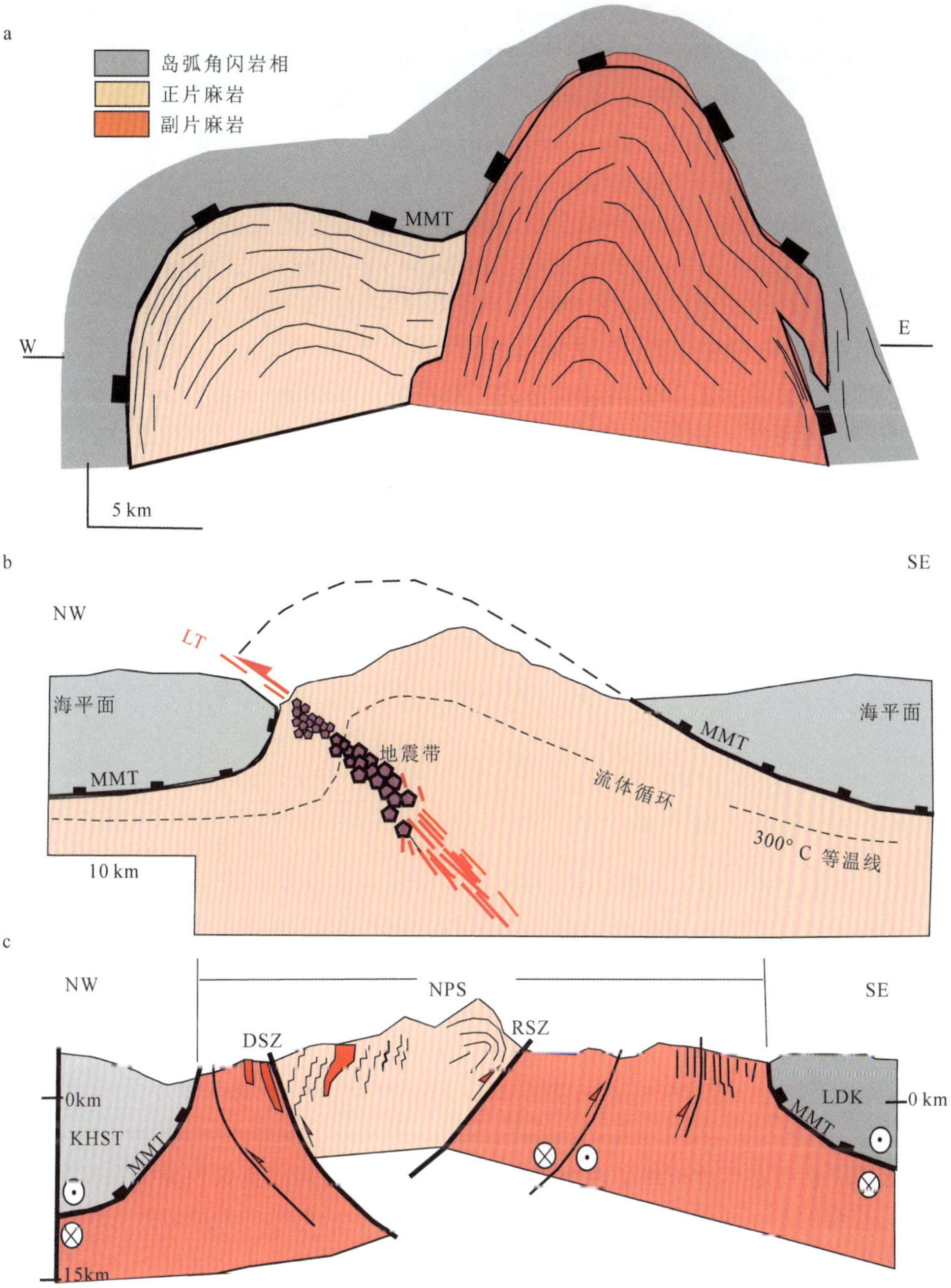

图 6-31 西构造结（NPS）内部构造的解释剖面

a—沿印度和 Gorge 缝合带保存的复合背形构造（Wheeler et al.，1995）；b—阐明 Liachar 逆冲断裂（LT）和剪切带的几何学（Butler et al.，1988）；c—通过 GPS 南部的剖面显示“弹出”构造（Schneider et al.，1999）

MMT—主幔逆冲断裂；LDK—拉达克弧；NPS—西构造结；KHST—柯希斯坦弧；RSZ—Rupal 剪切带

四、西构造结的活动构造、地貌与热年代学

西构造结（NPS）及周围剥蚀的关键是位于低海拔的印度河及其支流的侵蚀，在 Raikhot 地区的印度河谷海拔仅有 1100 m，离南迦帕尔巴特峰（8125 m）有 21 km 之远。由于冰川作用及受地势起伏的河流系统控制了岩石滑坡，并影响河流携带载荷释放到低处（Hewitt，2009）。运用热年代学和地貌学的方法对 NPS 的活动构造进行低温冷却量化的模式（Zeitler et al.，1982，1985）和使用宇宙成因（^{10}Be,^{26}Al）的暴露年龄来绘制印度河谷基岩剥蚀的图表（Leland et al.，1998），显示印度河切割

速度在4~6 m/ka的27~65 ka，到过去10~14 m/ka的7 ka，并且西部下切速度大于东部，这意味印度河峡谷冷却速度高达120℃/Ma，裂变径迹的数据指示在西端的河流下切速率更快。

NPS的活动变形主要显示在限于地表上部5 km的微震活动（Meltzer et al.，2001），并表现为地块西缘的右行走滑的震源机制和地块内部的正断裂一起发生（Mukhopadhyay et al.，2011）。GPS导出的速度场表示地块中心存在一个近东西向的聚敛（2~7 mm/a），而这一聚敛发生于地块西部，在地块东部没有显示。Jonanne et al.(2014）认为活动地震和大地应变代表了NPS相对周缘是以上升流动为主。最突出的活动似乎是Liachar逆冲剪切带（Butler et al.，1988b），因为该剪切带中片麻岩中所含的大量花岗岩岩席被印度河携带至河谷的松软沙土和砾石中，可能是地震活动的结果。

总之，包括NW-SE向收缩伴随右行走滑变形的一系列脆性变形是活动构造的主要特征。脆性变形主要表现在西部地块，显示了NPS活动构造的不对称特点（图6-32）。热年代学推测的最大的冷却下降幅度来自印度河河谷，该河谷的新构造为右行走滑，而不是逆冲，右行走滑的变形重叠在早期的收缩变形之上。

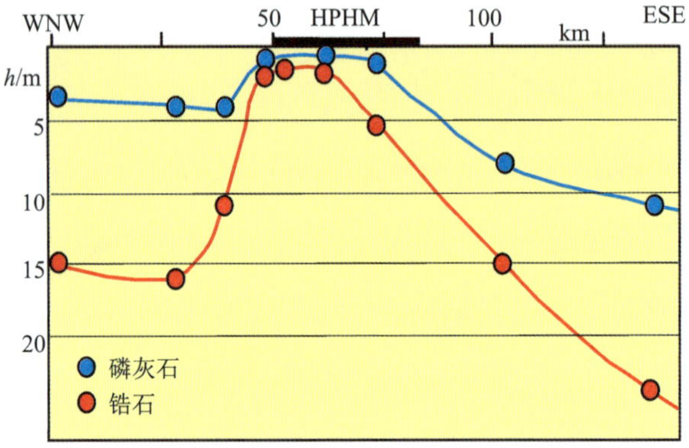

图6-32　印度河河谷剖面的热年代学轨迹

（据Bulter et al.，1989）

第三节　东、西构造结的对比

上述研究表明，由于小印度板块的两个犄角的嵌入作用，在与欧亚板块碰撞和喜马拉雅造山带形成过程中，喜马拉雅的东、西构造结成为喜马拉雅山脉在东、西两端的地质界线、构造格架和地貌水系发生急剧转折的地区，也是构造应力最强、隆升和剥蚀最快以及新生代变质和深熔作用最强烈的地区。但是，东西构造结的组成、构造变形及变质、深熔作用以及隆升剥蚀速率并不相同，因而两者的形成机制也有区别。

一、东、西构造结的构造单元组成

西构造结从北到南由喀喇昆仑板块、喀喇昆仑缝合带（向西延入印度河-雅鲁藏布江缝合带）、科希斯坦（Kohistan）-拉达克（Ladakh）岛弧、印度河-雅鲁藏布江缝合带和南迦帕尔巴特（Nanga Parbat）-哈拉木什（Haramosh）变质地块等构造单元组成；东构造结从北往南由冈底斯-拉萨陆块、雅鲁藏布江缝合带和南迦巴瓦变质地块组成。冈底斯-拉萨陆块以嘉黎-迫龙藏布断裂带为界可划分为北部的念青唐古拉-腾冲燕山晚期火山-岩浆弧和南部的冈底斯-下察隅晚燕山-喜马拉雅期火山-岩浆弧。嘉黎-迫龙藏布断裂带为一条以韧性剪切带和残留蛇绿混杂岩为标志的弧-弧碰撞带。

二、东、西构造结的变质基底的组成

东构造结的前震旦纪变质岩属印度地台北缘结晶基底的组分，在主带上称聂拉木群，为一套高角

闪岩相的富铝变质岩系，局部混合岩化，原岩是砂岩及砂质黏土岩，总厚度6000~9000 m。喜马拉雅地体变质基底岩石的形成年龄一般为古-中元古代（728~1800 Ma）（Krummenacher，1961；Xu et al.，1985；Acharyya，1977；Thakur，1980；Gehrels et al.，2003）。最近运用锆石SHRIMP U-Pb测年获得普兰片麻岩的最老年龄值1863.8 Ma，表明聂拉木群的时代应为古-中元古代。东构造结的南迦巴瓦群主要为麻粒岩相和角闪岩相变质岩，南迦巴瓦岩群的原岩记录了约2500 Ma，约1800 Ma，约1650 Ma和约1000 Ma发生的多期构造热事件（张泽明等，2008），因此认为，高喜马拉雅结晶杂岩的原岩是在太古宙印度变质基底之上形成的，并作为印度陆块的一部分经历了Columbia、Rodinia和Gondwana超大陆的形成与裂解的过程。在南迦巴瓦岩群中还获得约500 Ma的岩浆与变质热事件年代（张泽明等，2008b），证明高喜马拉雅经历了晚泛非期的环冈瓦纳大陆周缘的安第斯型造山作用。印度/亚洲大陆碰撞致使南迦巴瓦群的变质基底强烈活化，其原岩记录了40~20 Ma、12~9 Ma、5 Ma及2~1 Ma的多次构造变质事件。

西构造结从北到南由喀喇昆仑板块、喀喇昆仑缝合带（向西延入印度河-雅鲁藏布江缝合带）、科希斯坦（Kohistan）-拉达克（Ladakh）岛弧、印度河-雅鲁藏布江缝合带和南迦帕尔巴特（Nanga Parbat）-哈拉木什（Haramosh）地块等构造单元组成。喀喇昆仑板块出经历了复杂的同碰撞和碰撞后变质历史并被中生代和古近纪—新近纪深成岩所侵入的沉积岩组成。科希斯坦-拉达克岛弧活动于早白垩世，晚白垩世同欧亚板块相碰撞，它是在主碰撞之前最后一个增生于欧亚板块上的岛弧块体。同位素年代学研究表明科希斯坦同喀喇昆仑板块的碰撞时代早于76 Ma、晚于102 Ma。

三、东、西构造结的高压/超高压（HP/UHP）变质带

在喜马拉雅造山带中，HP蓝片岩只出露在西构造结。在巴基斯坦的Shangla地区，蓝片岩呈岩片产在蛇绿岩中（P=0.7 GPa，T=400℃），变质年龄为80 Ma（Anczkiewica et al.，2000）。蓝片岩还产在印度Ladakh（Maheo et al.，2004），峰期变质条件P=0.9~1.0 GPa，T=350~420℃（Maheo et al.，2004），变质年龄为100 Ma（Honegger et al.，1989）。上述高压变质岩的形成时间（约100~80 Ma）反映高压变质岩产生于新特提斯大洋岩石圈俯冲在亚洲板块之下的构造背景。但是在东构造结至今没有发现与新特提斯洋俯冲有关（即碰撞前）的高压变质带。

高压/超高压榴辉岩在东、西构造结均有出露。在西构造结Stak地区的印度河-雅鲁藏布江缝合带中，榴辉岩作为蛇绿岩包体榴闪岩的残片产出，P-T条件是P=1.3 GPa，T=610℃（Le Fort et al.，1997）。榴辉岩经历了角闪岩相的退变质。而在西构造结的喀格罕山谷、斯达克及东拉达克地区先后发现榴辉岩（Pognante et al.，1991；Guillot et al.，1995，1997；Le Fort et al.，1997），O'Brien et al.（1998）在喀格罕山谷榴辉岩中还发现了柯石英包裹体，计算了含柯石英的UHP榴辉岩的温压条件为770℃和3.0 GPa，超高压变质年龄为40~50 Ma（Tonarini et al.，1993；Spencer et al.，1996）和46±0.1 Ma（Kaneko et al.，2003；Parrish et al.，2006）。在Tso Morari地区的柯石英榴辉岩中还发现了微粒金刚石（Mukheerjee et al.，2005），其形成压力大于3.5 GPa，和温度为750℃，证明俯冲深度超过了120 km。在超高压变质岩的抬升过程中经历了角闪岩相和绿片岩相的退变质作用。大量同位素测年表明UHP变质作用发生在55±6 Ma（De Sigoyer et al.，2000）或53±0.7 Ma（Leech et al.，2005），角闪岩相退变质作用的时代是47±0.5 Ma（De Sigoyer et al.，2000；Leech et al.，2005），绿片岩相退变质作用发生在34±2~45±2 Ma之间。

在东构造结南迦巴瓦岩群中识别出石榴石辉石岩，是榴辉岩相高压变质作用的产物，其原岩相当于基性-超基性层状侵入体中的辉长岩，在后来的快速抬升过程中叠加了麻粒岩相和角闪岩相退变质作用。石榴子石辉石岩峰期变质作用的温-压条件是800~900℃和2.6~2.8 GPa，相当于俯冲深度80~90 km（Zhang et al.，2007）。这种石榴子石辉石岩呈透镜状产于麻粒岩相的长英质片麻岩和泥质片岩之中，麻粒岩相的变质条件为1.7~1.8 GPa和890℃（Zhong et al.，1996）。由于基性麻粒岩中出现斜方辉石，所以其变质压力应低于1.0 GPa，重新计算得到0.8~0.9 GPa和720~760℃，相当于典型的麻粒岩相变质作用（Burg et al.，1998）。基于锆石的U-Pb定年，麻粒岩相峰期变质作用很可

能发生在 40 Ma（Ding et al.，2001）或 37~32 Ma（Zhang et al.，2010）。然后在 22 Ma 和 9 Ma 经历了缓慢的退变质作用（张泽明等，2007；Zhang et al.，2010）。

上述资料表明，喜马拉雅东西两端的高压/超高压变质带形成于印度/亚洲板块的碰撞之后，是印度板块陆壳俯冲与深俯冲于亚洲板块之下、然后又折返回地表的产物。其中西构造结的超高压变质岩反映俯冲深度达到 120 km，俯冲时限约 50 Ma，超高压变质岩在抬升过程中并未经历麻粒岩变质作用阶段；东构造结中高压变质岩的俯冲深度为 80~90 km，俯冲时限应该早于麻粒岩相峰期变质时期（约 40 Ma）。因而估计东、西构造结的超高压-高压变质作用形成于近同期。

四、东、西构造结的构造格架和构造演化

（1）西构造结

西构造结中的变质杂岩体位于科希斯坦（Kohistan）-拉达克（Ladakh）弧地体之间，其西南侧发育近南北走向东倾的 Diamir 逆冲剪切带，并连接 NE-SW 走向的 Liachar 逆冲剪切带；东南侧为 NE-SW 走向 NW 倾斜的 Rupal 逆冲剪切带，因此地块两条相向倾斜的逆冲剪切带呈共轭产出，两者之间的核部变质体呈现南北向背形构造，因此把这一对共轭逆冲剪切带及夹持地块定义为地壳尺度的“挤出”结构（Edwards et al.，1996）。根据剪切带中同构造花岗岩的结晶年龄和白云母冷却年龄为约 10 Ma（Schneider et al.，1998，1999a，1999b）（Schneider et al.，1997，1999b，1999c），这个时间与喜马拉雅平行弧的伸展年龄（ca. 8 Ma）相近（Harrison et al.，1995）。

因此，西构造结的形成经历如下过程（Aschneider et al.，2001）：①中新世前，位于西构造结的印度板块岩石曾在构造结形成前遭受碰撞初期变质、熔融和变形的事件，以及伴随以碰撞相关的岛弧形成期间，作为中新世前的变质岩浆年龄和保存在印度盖层变质岩中的变质作用，表现为翼部为年轻、核部为较老的变质年龄；②晚中新世，随着喀喇昆仑走滑断裂的形成，形成受走滑断裂制约的地壳范围的穹窿构造，为继后的西构造结形成奠定基础；③上新世—更新世，西构造结核部产生麻粒岩相变质作用和深熔作用，变质地体在深部“垂向挤出”机制的制约下上隆，形成由两条共轭逆冲剪切带组成的“弹出”构造，叠置在中新世穹窿之上（图 6-33）。

（2）东构造结

变质杂岩体的构造格架表现为周边受雅鲁藏布江大拐弯缝合带的制约，与北侧的冈底斯白垩纪岩浆弧体隔开，并不像西构造结那样嵌入弧体的内部。由印度板块基底组成的东构造结变质杂岩内部由一系列 NE-SW 向逆冲岩片和挤出岩片组成，反映了近东-西向的高喜马拉雅带结构在东构造结转成 NE-SW 向。东构造结的最主要构造特征表现为，沿两侧边界的缝合带分别形成了伸展转换型的走滑剪切带：西侧的“东九-米林”左行剪切带和东侧的“阿尼桥-墨脱”右行剪切带。上述结构显示了印度板块基底在东构造结部位的嵌入形式显示了以向北的水平挤出为主，并制约了构造结内部的斜向（NW-SE 向）地壳缩短和加厚。这是与西构造结的“垂向挤出”完全不同的成因机制。锆石 SHRIMP 测年表明南迦巴瓦构造结西侧东久-米林左行走滑剪切带的变形变质事件的发生在 31.3~25.5 Ma；东侧的阿尼桥-墨脱剪切带（AMSZ）中变形变质事件的发生年龄为 31~17 Ma，表明西侧剪切带发生时间近乎一致。南迦巴瓦高级变质体的隆升折返与两条反向走滑剪切带的活动有关，也是南迦巴瓦地壳物质向北俯冲到拉萨地体之下的缘由（图 6-34）。

五、东、西构造结的构造模式

关于西构造结曾有以下构造模式的提出：①关于剥蚀和沉积物的“瘤状模式”，通过河流和疏散到折返增强，提高近地表的温度和引起变形的局部性（Zeitler et al.，2001b）；②块体的断裂模式，显示西构造结和早期逆冲断裂的关系以及它们的年轻的地下断裂的活动（Mukhopadhyay et al.，2011）；③分散式变形模式（Butler et al.，2002）；④从喜马拉雅主带从南而北和西构造结（NPS）之下的地壳剧烈增厚引起构造结的形成；⑤在逆冲汇聚的顶点形成背形构造的机制。自从发现西构造结的两条共轭的逆冲剪切带以及核部形成的同期背形褶皱构造，提出西构造结存在一个地壳范围的背形

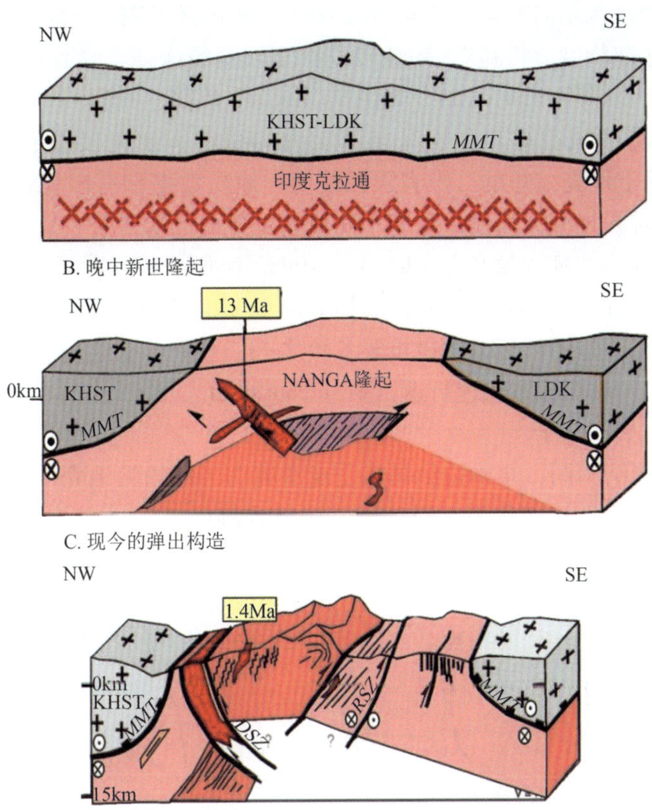

图 6-33 印度-亚洲初始碰撞以来西构造结的喜马拉雅演化

（据 Schneider et al.，2001）

MMT—主幔逆冲断裂；LDK—拉达克弧；NPS—西构造结；KHST—柯希斯坦弧；RSZ—Rupal 剪切带；DSZ—Diamir 剪切带

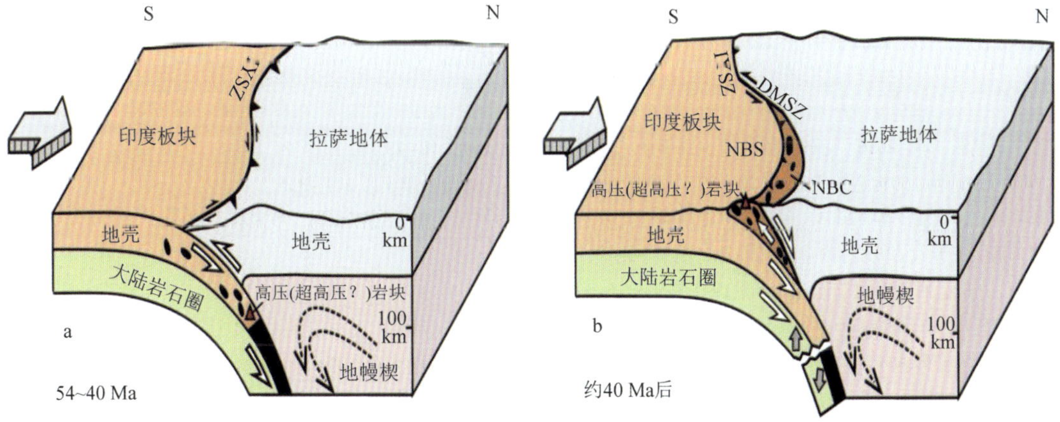

图 6-34 南迦巴瓦构造结（NBS）的形成与演化模型

分别在 54~40 Ma 和 40 Ma 之后的 NBS 的俯冲（a）和折返（b）。IYSZ—印度河-雅鲁藏布江缝合带

NBC—南迦巴瓦变质杂岩；DMSZ—东九-米林剪切带；NBS—南迦巴瓦构造结

“弹出”结构（Koons，1990）。这一结构适应西构造结的上隆位移、快速冷却、年轻的深成作用和深部基底的折返。这样的背形“挤出”结构是与双向收敛的造山模式是一致的，研究表明花岗岩与剪切带存在着变形带与局部熔融有关。

笔者认为，西构造结与周围的喜马拉雅平行造山的构造十分不同，而且比喜马拉雅的构造（形成于早中新世—中新世中期或更早）更晚。背形挤出结构表明构造结受到 W-E 或 NW-SE 向的地壳缩短影响，被认为是适应在NW喜马拉雅同轴弯曲的平行弧运动的差异结果。西构造结的挤出-背形结构以及广泛的深熔变质作用完全可以用向上流动“构造动脉瘤”来解释（图6-35a）。构造动脉瘤的重要使地壳物质的快速折返增加了热梯度，将脆性-韧性转变移至较浅的深度，导致减压部分熔融，并允许中、下地壳岩石快速挤压至地表（Zeitler et al.，2001b；Koons，2002；Booth et al.，2009）。

有关东构造结的构造模式曾提出如下几类：①大陆缩短下地壳尺度的褶皱作用（Burg et al.，1998；1999）：该模型基于地壳缩短的二维有限元模型，地质数据和有限元模拟结果的相似性使得作者认为地壳屈曲可能是对大规模大陆缩短的基本回应，是造山的有效过程。②插入犄角：东构造结被认为是印度板块东部边缘的“插入犄角”（Koons，1995）。强烈变形主要位于插入板块的原始犄角，并通过时间向北深入（Tapponnier et al.，1986；Royden et al.，1997；Enlow et al.，1998）。③构造动脉瘤：该模型假设侵蚀作用是驱动折返的最重要参数之一，当中、下地壳岩石足够脆弱时，可以产生侧向流动和/或向上流动，从而导致快速折返（Beaumont et al.，2001；Zeitler et al.，2001b；Koons et al.，2002；Royden et al.，2008）。

我们认为，与西构造结不同，东构造结具有受走滑剪切带制约的地壳挤压收缩并向北插入犄角的特征，同时伴随广泛的变质和深熔作用，因此可以用具有侧向流动（即向北斜向流动）的构造动脉瘤模式来解释（图6-35b）。

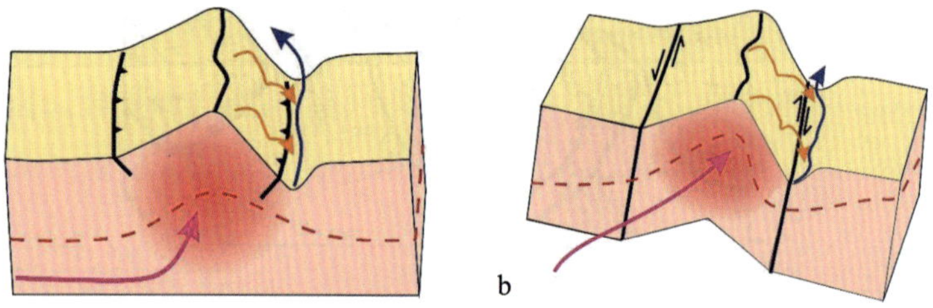

图6-35　垂向构造动脉瘤（a）（Zeitler et al.，2001b）和斜向构造动脉瘤模式（b）

a—垂向构造动脉瘤模式适合西构造结的“背形-挤出”结构；

b—斜向构造动脉瘤模式适合东构造结的“地壳缩短-走滑”结构

参 考 文 献

胡玲，刘俊来，纪沫，等. 2010. 变形显微构造识别手册. 北京：地质出版社，41~73.

嵇少丞. 1988. 部分熔融的构造地质意义(1)：变形机制转变的实验研究. 地质科学，4：247~356.

张进江，季建清，钟大赉，等. 2003. 东喜马拉雅南迦巴瓦构造结的构造格局及形成过程探讨. 中国科学(D辑)，33(4)：373~383.

章振根，刘玉海，王天武. 1992. 南迦巴瓦峰地区地质. 北京：科学出版社.

钟大赉，丁林. 1995. 西藏南迦巴瓦峰地区发现高压麻粒岩. 科学通报，40(14)：1343.

Abdullah S H. 1979. The Chaman-Moqur fault. Tectonophysics，52：345~346.

Allègre C J，Hart S R，Minster J F. 1983. Chemical structure and evolution of the mantle and continents determined by inversions of Nd and Sr isotopic data，I. Theoretical methods. Earth and Planetary Science Letters，66：177~190.

Argand E. 1924. La tectonique de l'Asie. In，Congrès Géologique International. Extrait du compte-rendu du XIIIe congrès géologique internationale，Brussels，171~372.

Argles T W. 2000. The evolution of the Main Mantle Thrust in the western syntaxis. In：Khan M A，Treloar P J，Searle M P，Jan M Q.(eds) Tectonics of the Nanga Parbat Syntaxis and the Western Himalaya. Geological Society，London，Special Publications，170：101~122.

Bald M S，Lawrence R D，Snee L W. 1988. Evidence for late Precambrian to early Cambrian orogeny in northwest Himalaya，Pakistan. Geological Magazine，125：83~86.

Barazangi M，Ni J. 1982. Velocities and propagation characteristics of Pn and Sn beneath the Himalayan arc and Tibetan plateau：Possible evidence for underthrusting of Indian continental lithosphere beneath Tibet. Geology，10：179~185.

Beaumont C，Jamieson R A，Nguyen M H，et al. 2001. Himalayan tectonics explained by extrusion of a low-viscosity crustal channel coupled to focused surface denudation. Nature，414：738~742.

Beghoul N，Barazangi M，Isacks B L I. 1993. Lithospheric Structure of Tibet and Western North America：Mechanisms of uplift and a comparative study. Journal of Geophysical research, 98: 1997~2016.

Bertrand G. 2001. Diachronous cooling along the Mogok metamorphic belt(Shan scarp, Myanmar): The trace of the northward migration of the Indian syntaxis. Journal of Asian Earth Sciences, 19: 649~659.

Blumenfeld P, Mainprice D, Bouchez J L. 1986. C-slip in quartz from subsolidus deformed granite. Tectonophysics, 127: 97~115.

Booth A L, Chamberlain C P, Kidd W S F, et al. 2009. Constraints on the metamorphic evolution of the eastern Himalayan syntaxis from geochronologic and petrologic studies of Namche Barwa. Geological Society of America Bulletin, 121: 385~407.

Booth A L, Zeitler P K, Kidd W S F, et al. 2004. U-Pb zircon constraints on the tectonic evolution of southeastern Tibet, Namche Barwa area. American Journal of Science, 304: 889~929.

Brookfield M E. 1993. The Himalayan passive margin from Precambrian to Cretaceous times. Sedimentary Geology, 84: 1~35.

Brookfield M E. 1998. The evolution of the great river systems of southern Asia during the Cenozoic India-Asia collision: rivers draining southwards. Geomorphology, 22: 285~312.

Brown M. 1994. The generation, segregation, ascent and emplacement of granite magma: The migmatite-to-crustally-derived granite connection in thickened orogens: Earth-Science Reviews, 36: 83~130.

Burchfiel B C, Chen Z, Hodges K V, et al. 1992. The South Tibetan Detachement System, Himalayan orogen, extension contemporaneous with and parallel to shortening in a collisional mountain belt. Geological Society of America, Special Paper, 269: 1~41.

Burchfiel B C, L H Royden. 1985. North-south extension within the convergent Himalayan region. Geology, 13(10): 679.

Burg J P, Chen G M. 1984. Tectonics and structural formation of southern Tibet, China. Nature, 311: 219~223.

Burg J P, Davy P, Nievergelt P, et al. 1997. Exhumation during crustal folding in the Namche-Barwa syntaxis. Terra Nova, 9: 53~56.

Burg J P, Nievergelt P, Oberli F, et al. 1998. The Namche Barwa syntaxis, evidence for exhumation related to compressional crustal folding. Journal of Asian Earth Sciences, 16: 239~252.

Burg J P, Podladchikov Y. 1999. Lithospheric scale folding, numerical modeling and application to the Himalayan syntaxes. International Journal of Earth Sciences, 88: 190~200.

Butler R W H, Casey M, Lloyd G E, et al. 2002. Vertical stretching and crustal thickening at Nanga Parbat, Pakistan Himalaya-a model for distributed continental deformation during mountain building. Tectonics, 21.

Butler R W H, George M, Harris N B W, et al. 1992. Geology of the northern part of the Nanga Parbat massif, northern Pakistan, and its plications for Himalayantectonics. Journal of the Geological Society, London, 149: 557~567.

Butler R W H, Priod D J. 1988a. Anatomy of a continental subduction zone: the Main Maintle thrust in Northern Pakistan. Eologische Rundschau, 77: 239~255.

Butler R W H, Prior D J. 1988b. Tectonic controls on the uplift of Nanga Parbat, Pakistan Himalayas. Nature, 333: 247~250.

Chemenda A I, Burg J P, Mattauer M. 2000. Evolutionary model of the himalaya-tibet system: geopoem: based on new modelling, geological and geophysical data. Earth Planet. sci. lett, 174(3~4): 397~409.

Chemenda A I, Mattauer M, Malavieille J, et al. 1995. A mechanism for syn collisional rock exhumation and associated normal faulting, results from physical modelling. Earth and Planetary Science Letters, 132(1~4): 225~232.

DeCelles P G, Grehrels G E, Quade J, et al. 2000. Tectonic implications of U-Pb zircon ages of the Himalayan orogenic belt in Nepal. Science, 288: 497~499.

DeCells P G, Robinson D M, Quade J, et al. 2001. Stratigraphy, structure, and tectonic evolution of the Himalayan fold-thrust belt in western Nepal. Tectonics, 20: 487~509.

Dewey J F, Burke K C A. 1973. Tibetan, Variscan and Precambrian basement reactivation: Products of continental collision. Journal of Geology, 81: 683~692.

Ding L, Zhong D L. 1999. Metaporphic characteristics and geotectonic implications of the high-pressure granulites from Namche Barwa Syntaxis, eastern Tibet. Science in China(Series D: Earth Sciences), 42: 491~505.

Ding L, Zhong D, Yin A, et al. 2001. Cenozoic structural and metamorphic evolution of the eastern Himalayan syntaxis(Namche Barwa). Earth and Planetary Science Letters, 192: 423~438.

DiPietro, Pogue. 2004. Tectonostratigraphic subdivisions of the Himalaya: A view from the west, Tectonics, 23: TC5001.

Edwards M A, Kidd W S F, Seeber L, et al. 1996, An upwardly mobile indentor? The Nanga Parbat-Haramosh massif viewed as a crustal scale popup structure: Eos(Transactions, American Geophysical Union), v. 236, p. F692. England, P, Houseman G A. 1988. The mechanics of the Tibetan Plateau, Philos. Trans. The royal society, London, A310: 301~320.

Enlow R L, Koons P O. 1998. Critical wedges in three dimensions, Analytical expressions from Mohr-Coulomb constrained perturbation analysis. Journal of Geophysical Research, 103: 4897~4914.

Foster G L, Kinney P, Vance D, et al. 1999. The preTertiary metamorphic history of the Nanga Parbat Haramosh massif, Pakistan Himalaya. Terra Nostra, 99: 44~45.

Garzanti E, Vezzoli G, Andò S, et al. 2004. Sand petrology and focused erosion in collision orogens, the Brahmaputra case. Earth and Planetary Science Letters, 220: 157~174.

Gansser A. 1964. The Geology of the Himalayas. London, Wiley Interscience, 1～289.

Geng Q, Pan G, Liu Y. 2000. Preliminary study on ophiolitic mélange in the area of Yanlung Tsangpo Grand Canyon, Tibet. Sedimentary Geology and Tethyan Geology, 20: 28～43(in Chinese with English Abstract).

Grasemann B, Fritz H, Vannay J C. 1999. Quantitative kinematic flow analysis from the Main Central Thrust Zone(NW–Himalaya, India): Implications for a decelerating strain path and the extrusion of orogenic wedges. Journal of Structural Geology, 21: 837～853.

Grujic D, Casey M, Davidson C, et al. 1996. Ductile extrusion of the Higher Himalayan crystal–line in Bhutan: Evidence from quartz microfabrics. Tectonophysics, 260: 21～43.

Grujic D, Hollister L, Parrish R R. 2002. Himalayan metamorphic sequence as an orogenic channel: insight from Bhutan. Earth and Planetary Science Letters, 198: 177～191.

Guillot S, Mahéo G, De Sigoyer J, et al. 2008. Tethyan and Indian subduction viewed from the Himalayan high–to ultrahigh–pressure metamorphic rocks. Tectonophysics.

Guzman–Speziale M, Ni J F. 1996. Seismicity and active tectonics of the Western Sunda Arc. In: Yin, A, Harrison, M. (Eds.), the tectonic evolution of Asia, Cambridge University: 63～84.

Harrison C G A. 1992. Rates of continental erosion and mountain building. Proceedings of the 21st IGC, Kyoto, Japan, 2.

Harrison T M, Copeland P, Kidd W S F, et al. 1995. Activation of the Nyainqentanghla Shear Zone: Implications for uplift of the southern Tibetan Plateau. Tectonics, 14: 658～676.

Harrison T M, Ryerson F J, LeFort P, et al. 1997. A late Miocene–Pliocene origin for the central Himalayan inverted metamorphism, Earth and Planetary Science Letters, 146: E1–E7.

Heim A, Gansser A. 1939. Central Himalaya Geological Obser–vations of Swiss, 1～246.

Hodges K V, Geissman J W E, Glazner A F E. 2000. Tectonics of the Himalaya and southern Tibet from two perspectives. Special focus on the Himalaya. Geological Society of America Bulletin, 112: 324～350.

Hodges K V, Parrish R R, Housh T B, et al. 1992. Simultaneous Miocene extension and shortening in the Himalayan orogen. Science, 258: 1446～1470.

Ji S, Wirth R, Rybacki E, Jiang Z T. 2000. High temperature plastic deformation of quartz–plagioclase multilayers by layer–normal compression. Journal of Geophysical Research, 105: B7, 16651～16664.

Koons P O. 1995. Modeling the topographic evolution of collisional mountain belts. Annual Review of Earth and Planetary Science, 23: 375～408.

Koons P O, Zeitler P K, Chamberlain C P, et al. 2002, Mechanical links between erosion and metamorphism in Nanga Parbat, Pakistan Himalaya. American Journal of Science, 302: 749～773.

Kouketsu Y, Hattori K, Guilloy S, et al. 2016. Eocene to Oligocene retrogression of the Stak eclogite in northwest Himalaya. Lithos, 240～243, 155～166.

Lanari P, Riel N, Guillot S, Vidal O, et al. 2013. Deciphering highpressure metamorphism in collisional context using microprobe mapping methods: Application to the Stak eclogitic massif(northwest Himalaya). Geology, 41: 111～114.

Law R D, 1990. Crystallographic fabrics: a selective review of their applications to research in structural geology. In Deformation Mechanisms, Rheology and Tectonics. Edited by R. J. Knipe and E. H. Rutter. Geological Society Special Publication(London), 54: 335～352.

Lee J, Whitehouse M J. 2007. Onset of middle crustal ductile flow in southern Tibet, evidence from U/Pb zircon ages. Geology, 35: 45～48.

Le Fort P. 1996. Evolution of the Himalaya. In: Yin, A, Harrison, T. M. (Ed.), The Tectonics of Asia. Cambridge University Press, New York, 95～106.

Le Fort P, Debon F, Sonet J. 1983. The lower Paleozoic? Lesser Himalayan? Granitic belt, Emphasis on the Simchar pluton of central Nepal. In: Shanm, F. A. (Ed.), Granites of the Himalaya Karakoram and Hindu Kush. Institute of Geology, Lahore, Punjab University, 235～256.

Leloup P H, Lacassin R, Tapponnier P, et al. 1995. The Ailao Shan–Red River shear zone(Yunnan, China), Tertiary transform boundary of Indochina. Tectonophysics, 251: 3～10.

Liu Y, Siebel W, Wang M. 2006. Intracontinental deformed processes of the Eastern Himalayan Syntaxis. Acta Geologica Sinica, 80(9):1274～1285(in Chinese with English abstract).

Liu Y, Zhong D L. 1997. Petrology of high–presser granulites from the eastern Himalayan syntaxis. Journal of Metamorphic Geology, 15(4): 451～466.

Liu Y, Zhong D L. 1998. Petrology of High–pressure Granulites From Eastern Himalaya: Implications to tectonic significance. Scientia Geologica Sinica, 33(3): 267～281(in Chinese with English abstract).

Liu Y H. 1985. Summary of geological structures in the Mt. Namjagbarwa Region. Mountain Research, 3(4): 325～326(in Chinese).

Liu Z, Liu Y, Zhong D. 1998. Tectonic framework of the eastern Himalayan syntaxis. Progress in Natural Science, 8: 366～370.

Madin I P, Lawrence R D, UR–Rehman S. 1989. The northwestern Nanga Parbat–Haramosh massif; evidence for crustal uplift of the northwestern corner of the Indian craton. In: Mailinconico, L. L. & Lillie, R. J. (eds) Tectonics of the Western Himalayas. Geological Society of America, Special Papers, 232: 169～182.

Mainprice D, Bouchez J L, Blumenfeld P, et al. 1986. Dominant *c* slip in naturally deformed quartz, implications for dramatic plastic softening at high temperature. Geology, 14: 819~822.

McCaffrey R, Nabalek J. 1998, Role of oblique convergence in the active deformation of the Himalaya and southern Tibet plateau: Geology, v. 26: 691~694.

McDougall I, Harrison T M. 1999, Geochronology and thermochronology by the $^{40}Ar/^{39}Ar$ method, Oxford University Press, Oxford, 1~269.

Misch P. 1949. Metasomatic granitization of batholithic dimensions. American Journal of Science, 247: 209~245.

Molnar P, England P, Martinod. 1993. Mantle dynamics, uplift of the Tibetan Plateau, and the Indian Monsoon, Reviews of Geophysics, 31(4): 357~396.

Nelson K D, Zhao W J, Brown L D, et al. 1996. Partially Molten Middle Crust Beneath Southern Tibet, Synthesis of Project INDEPTH Results. Science, 274: 1684~1688.

Prior D J, Mariani E, Wheeler J. 2009. EBSD in the Earth Sciences: applications, common practice and challenges. In: Electron Backscatter Diffraction in Materials Science: 2nd Edition. Editors Schwartz A J, Kumar M, Adams B L, Field D P, Springer. ISBN-13: 978-0387881355. 432p. 29: 345~357.

Powell C. McA, Conaghan P J. 1973. Plate tectonics and the Himalayas. Earth and Planetary Science Letters Letters, 20: 1~12.

Qi X X, Zeng L S, Meng X J. 2008. Zircon SHRIMP U-Pb dating for Dala granite in the Tethyan Himalaya and its geological implication. Acta Petrologica Sinica, 24: 1501~1507.

Replumaz A, Negredo A M, Guillot S, et al. 2010. Multiple episodes of continental subduction during India/Asia convergence, Insight from seismic tomography and tectonic reconstruction. Tectonophysics, 483: 125~134.

Royden L H, Burchfield B C, King R W, et al. 1997. Surface deformation and lower crustal flow in eastern Tibet, Science, 276: 788~790.

Royden L H, Burchfiel B C, van der Hilst R D. 2008. The Geological Evolution of the Tibetan Plateau. Science, 321: 1054~1058.

Searle M P, Treloar P J. 1993. Himalayan Tectonics, eds, Geol. Sot. London Spec. Publ., 74.

Searle M P. 1983. Stratigraphy, structure and evolution of the Tibetan-Tethys zone in Zanskar and the Indus suture zone in the Ladakh Himalaya. Transactions. Royal Society of Edinburgh Earth Sciences, 73: 205~219.

Schelling D. 1999. Frontal structural geometries and detachment tectonics of the northeastern Karachi arc, southernKirthar Range, Pakistan. In: Macfarlane A, Sorkhabi R B, Quade J. (Eds.), Himalaya and Tibet, Mountain Roots to Mountain Tops. Geological Society of America Special Papers, 328: 287~302.

Schneider D A, Edwards M A, Zeitler P K, et al. 1999a. Mazeno Pass Pluton and Jutial Granite, Pakistan Himalaya: Age and implications for entrapment mechanisms of two granites in the Himalaya: Contributions to Mineralogy and Petrology.

Schneider D A, Edwards M A, Kidd W S F, et al. 1999b. Tectonics of Nanga Parbat, western Himalaya: synkinematic plutonism within doubly vergent shear zones of a crustal-scale pop-up structure. Geology, 27: 999~1002.

Schneider D A, Edwards M A, Kidd W S F, et al. 1999c. Geochronologic summary and lithotectonic architecture of the Nanga Parbat-Haramosh Massif, NW Himalaya: Ettal, Germany, Himalayan-Karakorum-Tibetan Workshop Abstracts, 14: 137~138.

Schneider D A, Zeitler P K, Kidd W S F, et al. 2001. Geochronologic constraints on the tectonic evolution and exhumation of Nanga Parbat, Western Himalaya, revisited. Journal of Geology, 109: 563~583.

Seeber L, Pecher A. 1998. Strain partitioning along the Himalayan arc and the Nanga Parbat antiform. Geology, 26: 791~794.

Singh S K, France-Lanord C. 2002. Tracing the distribution of erosion in the Brahmaputra watershed from isotopic compositions of stream sediments. Earth and Planetary Science Letters, 202: 645~662.

Smith H A, Chamberlain C P, Zeitler P K. 1992. Documentation of Neogene regional metamorphism in the Himalayas of Pakistan using U-Pb in monazite. Earth and Planetary Science Letters, 113: 93~105.

Stern R A. 1997. The GSC Sensitive High Resolution Ion Microprobe(SHRIMP), analytical techniques of zircon U-Th-Pb age determinations and performance evaluation, In Radiogenic Age and Isotope Studies: Report 10. Geological Survey of Canada, Current Research, 1~31.

Thompson A B, Connelly J A D. 1995. Melting of the continental crust: some thermal and petrological constraints on anatexis in continental collision zones and other tectonic settings. Journal of Geophysical Research, 100: 15565~15579.

Treloar P J, Potts G J, Wheeler J, et al. 1991. Structural evolution and asymmetric uplift of the Nanga Parbat syntaxis, Pakistan Himalaya. Geologische Rundschau, 80: 411~428.

Winslow D M, Zeitler P K, Chamberlain C P, et al. 1996. Geochronologic constraints on syntaxial development in the NPHM, Pakistan. Tectonics, 15: 1292~1308.

Tapponnier P, Peltzer Armijo R. 1986. On the mechanics of the collision between India and Asia, in Collision Tectonics. Geological Society, London, Special Publication, 19: 115~157.

Tapponnier P, Lacassin R, Leloup P H. 1990. The Ailao Shan/Red River metamorphic belt, Tertiary left lateral shear between Indochina and South China. Nature, 343: 431~437.

Tapponnier P, Xu Z Q, Roger F, et al. 2001. Oblique stepwise rise and growth of the Tibet Plateau. Science, 52: 355~371.

Tapponnier P G, Pelter Y, Le Dain R, et al. 1982. Propagating extrusion tectonics in Asia, New insights from simple experiments with plasticine.

Geology, 10: 611.

Toy V, Prior D J, Norris R J. 2008. Quartz fabrics in the Alpine Faultmylonites: Influence of pre-existing preferred orientations on fabric development during progressive uplift. Journal of Structural Geology, 30: 602~621.

Wellman H W. 1966. Active wrench faults of Iran, Afghanistan, and Pakistan. Geologische Rundschau, 55: 716~735.

Wheeler J, Treloar P J, Potts G J. 1995. Structural and metamorphic evolution of the Nanga Parbat syntaxis, Pakistan Hima layas, on the Indus gorge transect: the importance of early event. Geological Journal, 30: 349~371.

Whitney D L, Evans B W. 2010. Abbreviations for names of rock-forming minerals. American Mineralogist, 95: 185~187.

Whitting A G. 1996. Exhumation over-rated at Nanga Parbat, northern Pakistan. Tectonophysics, 260: 215~226.

Xu Z Q, Cai Z H, Zhang Z M, et al. 2008. Tectonics and fabric kinematics of the Namche Barwa terrane, Eastern Himalayan Syntaxis. Acta Petrologica Sinica, 7: 1463~1477(in Chinese with English abstract).

Yin A, Harrison T M. 2000. Geologic evolution of the Himalayan-Tibetan Orogen. Annual Review of Earth and Planetary Sciences, 28: 211~228.

Zeitler P K, Coath C. 1999. Early Miocene anatexis identified in the western syntaxis, Pakistan Himalaya: Earth and Planetary Science Letters, 167: 121~129.

Zeitler P K, Koon P O, Bishop M P, et al. 2001a. Crustal reworking at Nanga Parbat, Pakistan: Metamorphic consequences of thermal-mechanical coupling facilitated by erosion. Tectonics, 20: 712~718.

Zeitler P K, Meltzer A S, Koons P O, et al. 2001b. Erosion, Himalayan geodynamics, and the geomorphology of metamorphism, GSA Today, 11: 4~8.

Zeng L S, Gao L E, Dong C Y, et al. 2011a. High pressure melting of metapelite and the formation of Ca-rich granitic melts in the Namche Barwa Massif, Southern Tibet. Gondwana Research, this issue

Zeng L S, Gao L E, Xie K J, et al. 2011b. Mid-Eocene high Sr/Y granites in the Northern Himalayan Gneiss Domes: Melting thickened lower continental crust. Earth and Planetary Science Letters, 303: 251~266.

Zeng L S, Liu J, Gao L E, et al. 2009. Early Oligocene anatexis in the Yardoi gneiss dome, southern Tibet and geological implications. Chinese Science Bulletin, 54: 104~112.

Zeitler P K, Sutter J F, Williams I S, et al. 1989. Geochronology and temperature history of the Nanga Parbat-Haramosh Massif, Pakistan. In: Malinconico L L, Lillie R J. (eds)Tectonics of the Western Himalaya. Geological Society of America, Special Papers, 232: 1~22.

Zeitler P K, Koons P O, Bishop M P. et al. 2001a. Crustal reworking at Nanga Parbat, Pakistan: Metamorphic consequences of thermo-mechanical coupling facilitated by erosion. Tectonics, 20: 712~728.

Zeitler P K, Meltzer A S. et al. 2001b. Erosion, Himalayan geodynamics and the geomorphology of metamorphism. GSA Today, 11: 4~9.

Zhang Z G, Liu Y H, Wang T W. 1992. Geology of Najabawa(Namjagbawa)Areas. Science Press, Beijing, 1~185(in Chinese).

Zhang Z M, Zheng L L, Wang J L, et al. 2007. Garnet pyroxenite in the Namjagbarwa Group-complex in the eastern Himalayan tectonic syntaxis, Tibet, China: Evidence for subduction of the Indian continent beneath the Eurasian plate at 80-100 km depth. Geological Bulletin of China, 26: 1~12(in Chinese with English abstract).

Zhang Z M, Zhao G C, Santosh M, et al. 2010a. Two-stages of granulite-facies metamorphism in the eastern Himalayan syntaxis, south Tibet: Petrology, zircon geochronology and implications for the subduction of Neo-Tethys and the Indian continent beneath Asia. Journal of Metamorphic Geology, 28: 719~733.

Zhang Z M, Zhao G C, Santosh M, et al. 2010b. Late Cretaceous charnockite with adakitic affinities from the Gangdese batholith, southeastern Tibet: Evidence for Neo-Tethyan mid-ocean ridge subduction? Gondwana Research, 17: 615~631.

Zhang Z M, Dong X, Santosh M, et al. 2011. Petrology and geochronology of the Namche Barwa Complex in the eastern Himalayan syntaxis, Tibet: Constraints on the origin and evolution of the north-eastern margin of the Indian Craton. Gondwana Research.

Zhang Z G, Liu Y H, Wang T W. 1992. Geology of Najabawa(Namjagbawa)Areas. Science Press, Beijing, pp. 1~185(in Chinese).

Zhao X, Ji S, Martignole J. 1997. Quartz c-axis fabrics and their tectonic implications for high temperature deformation of the Morin granulite complex, Grenville Province, Canadian Journal of Earth Sciences, 34: 819~832.

Zheng L L, Geng Q R, Qu C S, et al. 2003a. Geochemical characteristics and geological significance of Boninite in Yaluzangbujiang ophiolitic mélanges in Najiabawa. Geological Bulletin of China, 22: 908~911.

Zheng L L, Geng Q R, Dong H, et al. 2003b. The discovery and significance of the relicts of ophiolitic mélanges along the Parlung Zangbo in the Bomi region, eastern Xizang. Sedimentary Geology and Tethyan Geology, 23: 27~30.

Zhong D L, Ding L. 1996. Finding of the high-pressure granulite from the Namche Barwa, Southern Tibet. Chinese Science Bulletin, 40(1): 87~88.

第七章　喜马拉雅大反转逆冲断层及雅鲁藏布江蛇绿岩的侵位机制

新特提斯洋盆的标志——印度河-雅鲁藏布江蛇绿岩带，出露在白垩纪—古近纪花岗岩组成的冈底斯岩浆弧与喜马拉雅造山带之间，由三叠纪复理石、蛇纹石化的方辉橄榄岩和纯橄岩、火山玄武岩和英安岩（49~65 Ma）以及少量放射虫硅质岩组成。蛇绿岩带的超镁铁质岩向北逆冲在渐新世前陆磨拉石沉积之上，磨拉石又向北逆冲在冈底斯岩浆弧之上，构成喜马拉雅大反转逆冲断层（Yin et al.，2006）（图 7-1）。GCT 与印度河-雅鲁藏布江蛇绿岩带平行，全长 1500 km，具有向南倾

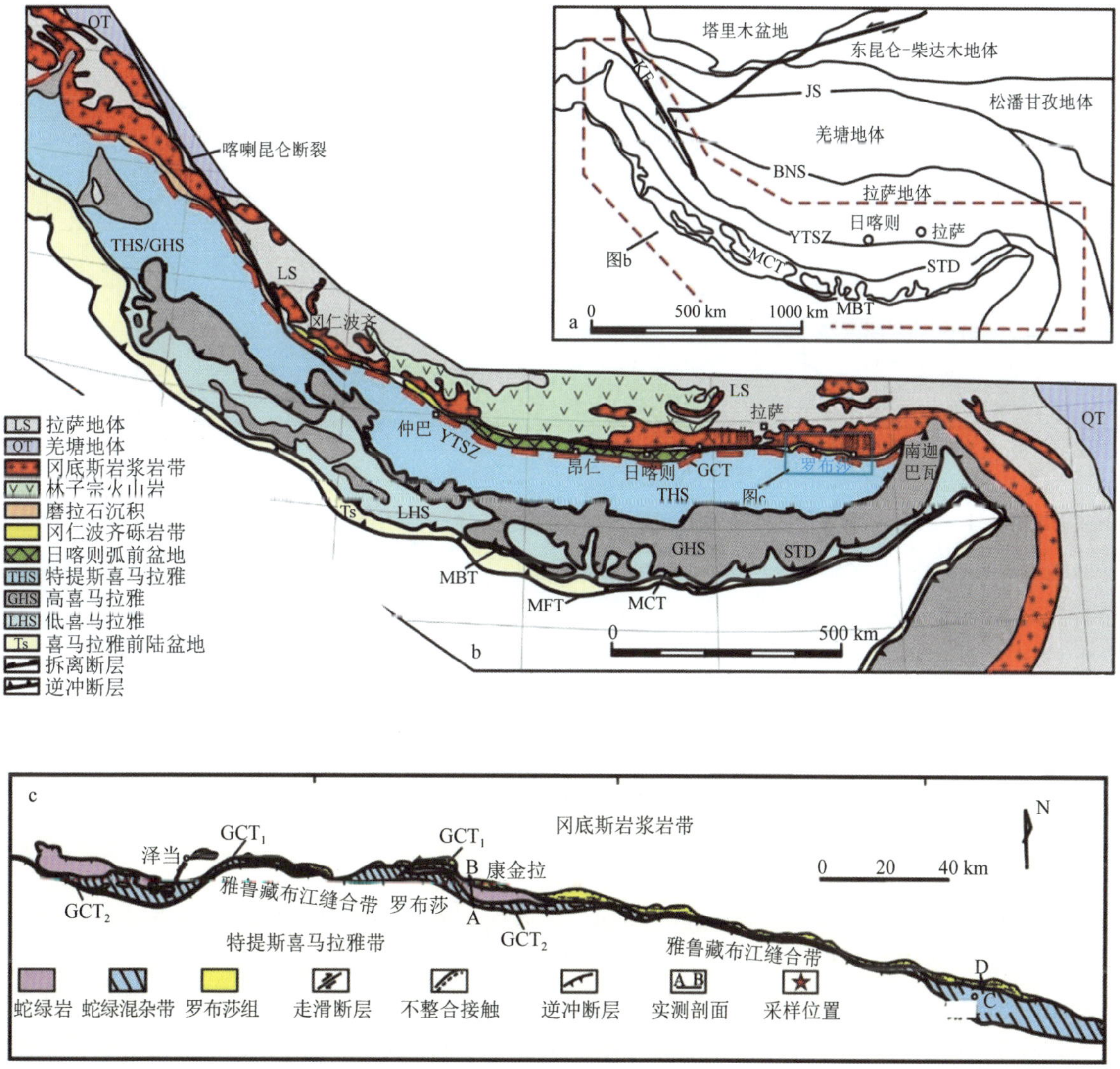

图 7-1　青藏高原构造格架图（a）；喜马拉雅造山带区域地质图（b）（据尹安，2006）；大反转逆冲断层东段地质简图（c）

KF—喀喇昆仑断裂；JS—金沙江缝合带；BNS—班公湖-怒江缝合带；YTSZ—雅鲁藏布江缝合带；GCT—大反转逆冲断层；STD—藏南拆离系；MCT—主中央逆冲断层；MBT—主边界逆冲断层；MFT—主前锋逆冲断层

斜（倾角 50°）和向北逆冲的特征（图 7-1）。大反转逆冲断层首先是 Heim 和 Gansser（1939）研究西藏南部凯拉斯（Kailas）峰地区时提出的，继后又在多处识别出仁布-泽当逆冲断层（Yin An et al.，1994，1996；Quidelleur et al.，1997；Harrison et al.，2000）、藏中南地区的喜马拉雅逆冲断层（Ratschbacher et al.，1994）、藏西南的南凯拉斯（Kailas）逆冲断层（Yin An et al.，1999，2003；Murphy et al.，2003）以及印度西北部的扎斯喀（Zanskar）逆冲断层（Corfield et al.，2000）等。研究表明，西喜马拉雅 GCT 活动年龄在 20~13 Ma，结束于 9 Ma；中段 GCT 活动年龄为 18 Ma，结束于 9 Ma；东段泽当和郎县活动时间分别在 25~10 Ma 和 19~9 Ma（Ratschbachere et al.，1994；Quidelleure et al.，1997；Yin An et al.，1994，1996，2006；Harrison et al.，2000）。但是，实际上大反转逆冲断层的确切起始时间、活动时限以及动力学机制并未解决，另外，沿着 GCT 自西向东控制的磨拉石砾岩的变形增强等问题以及沿着雅鲁藏布江缝合带的地壳加厚和折返的机制依然是个谜。Laskowski et al.(2018) 通过拉萨西 350 km 处的拉孜地区地质填图以及火成岩和碎屑 U-Pb 地质年代学数据，制约了侏罗纪—古新世的冈底斯岩浆弧为特提斯喜马拉雅和渐新世—中新世凯拉斯砾岩的物源，揭示了大反冲断层系由 5 条向北逆冲的平行断层和逆冲岩片单元组成，自南往北的依次为：①特提斯喜马拉雅，②早侏罗世—早白垩世婆母隆混杂岩和中新世柳曲砾岩，③早侏罗世—早白垩世坦噶混杂岩和雅鲁藏布江蛇绿混杂岩岩片，④白垩纪日喀则前陆盆地沉积、渐新世—中新世凯拉斯砾岩以及⑤侏罗纪—新近纪冈底斯岩浆弧（图 7-2）。伴随 GCT 活动的凯拉斯组和柳曲组砾岩的热年代学冷却年龄为 23~15 Ma，最小年龄约 10 Ma，比北部拉萨地体的始新世冷却的热年代学年龄年轻。

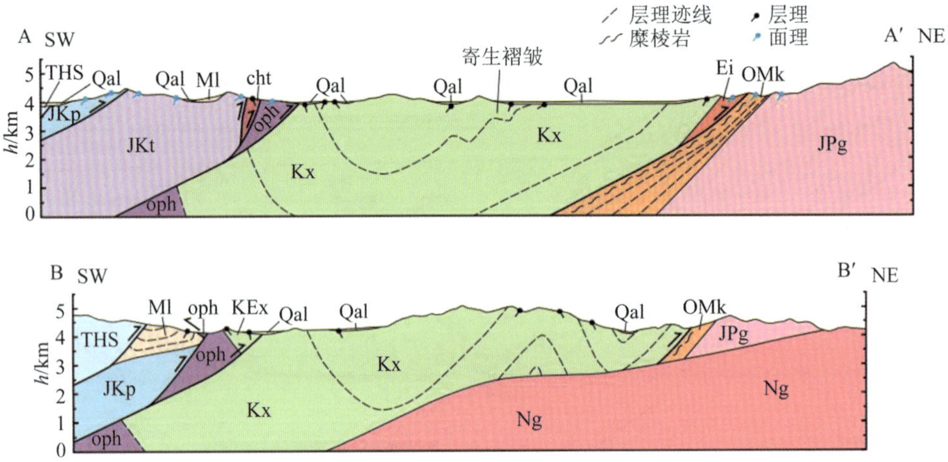

图 7-2　西喜马拉雅拉孜地区“冈底斯-雅鲁藏布江-特提斯喜马拉雅”构造图（上）与构造剖面图（下）

Kx—白垩纪日喀则弧前盆地；JPg—冈底斯侏罗纪—古近纪花岗岩；OMk—渐新世—中新世凯拉斯沉积；El—始新世长英质浅成侵入岩；Oph—蛇绿岩；cht—放射虫硅质岩块体；Ml—中新世柳曲组；JKt—早侏罗世—早白垩世坦噶混杂岩；JKp—早侏罗世—早白垩世婆母隆混杂岩；THS—特提斯喜马拉雅

GCT 制约了沿线的中新世一系列磨拉石盆地，自西向东有凯拉斯（Kailas）、秋乌、大竹曲、罗布莎以及朗县磨拉石盆地的发育。通过 GCT 东段“罗布莎-郎县砾岩”的研究，发现自西向东的磨拉石盆地中砾石变形逐渐增强，并获得罗布莎-朗县变形砾岩中的碎屑锆石沉积上限年龄为早渐新世(28.7~29.1 Ma)。罗布莎-郎县砾岩具有基质糜棱岩化、发育地震化石-假熔岩和向北剪切指向的特征，为一条形成在高温（>650℃）条件下的韧性逆冲剪切带，表明此处的 GCT 曾位于 10~15 km 深部，并受地震影响形成假熔岩，然后折返到地表的过程。因此有必要研究沿 GCT 变形不均匀性的原因以及机制。

第一节 喜马拉雅大反冲断裂的地质背景

沿大反转逆冲断层断断续续出露一套砾岩质的“磨拉石”单元，西起Kailas峰，东至喜马拉雅东构造结的南迦巴瓦峰，自西向东由几个砾岩地层单元组成，包括卡拉斯组、秋乌组、大竹曲组、罗布莎组以及朗县组砾岩（图7-2）（Gansser，1964；Aitchison et al.，2002），这套砾岩记录了印度-亚洲板块碰撞和青藏高原形成的历史演化（Aitchison et al.，2002；DeCelles et al.，2011；Wang et al.，2013）。Aitchison et al.（2002）将这套砾岩单元命名为“冈仁波齐砾岩”，也有学者称之为冈底斯砾岩（Gangdese Conglomerates；Li Shun et al.，2015）。早期人们将这套岩石单元划归始新世，随着研究的深入，不论是构造地质分析，还是层序地层学和化石对比，均显示这套砾岩是在渐新世—早中新世时期沉积的（Aitchison et al.，2002）。

罗布莎组砾岩出露在大反转逆冲断层东段（图7-1），为一套厚达1270 m的陆相粗碎屑沉积地层。从泽当经罗布莎、康金拉，于布朗、至朗县展布，长达350 km，宽1~1.5 km。值得注意的是，沿着大反转逆冲断层带的砾岩变形从西向东呈现出逐渐变强的趋势（Xu Zhiqin et al.，2015），朗县砾岩变形十分强烈，砾岩的基质强烈糜棱岩化。

在东喜马拉雅，GCT从泽当向东，经罗布沙、康金拉、与布朗、夹岔至郎县，延伸约长250 km，宽1.0~1.5 km。南部的特提斯喜马拉雅变形的三叠系复理石序列往北推覆至蛇绿岩之上。两者之间的前陆磨拉石沉积主要由花岗岩砾岩砾石和沉积岩基质组成。

一、喜马拉雅大反冲断裂东段：罗布莎-郎县砾岩构造变形特征

喜马拉雅大反转逆冲断层系的东段（罗布莎-郎县段）由两条分支逆冲断层（GCT_1 和 GCT_2）组成（图7-3，图7-4a）。GCT_1 为罗布莎组砾岩和蛇绿岩的接触边界，蛇绿岩位于断层上盘，向北逆冲在罗布莎组砾岩之上，砾岩强烈面理化，主体产状为走向120°，倾向SW，倾角60°~70°（图7-3）。各种成分砾石均定向拉长构成线理，局部发育与向北的逆冲推覆作用相关的不对称褶皱（Liang Fenghua et al.，2011；Xu Zhiqin et al.，2015）；GCT_2 为三叠纪朗杰学群复理石褶皱地层（T_3）与蛇绿岩的接触边界，T_3 砂板岩位于断层上盘，逆冲在蛇绿岩之上，并发生强烈的糜棱岩化，矿物定向排列，碎屑物被强烈拉长。

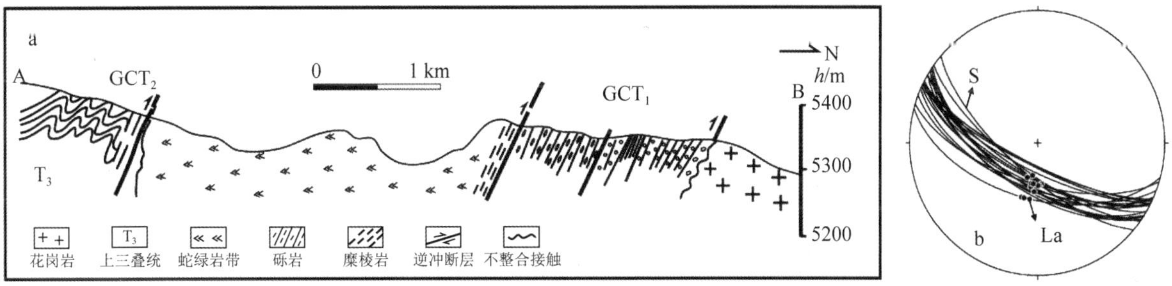

图7-3 罗布莎剖面图（a）及构造岩组构要素赤平投影图（b）

剖面位置见图7-1c。S—面理，La—拉伸线理

（1）罗布莎剖面

罗布莎组砾岩不整合于冈底斯花岗岩之上，从上到下可分为三段（图7-4a），其下部为未变形的砾岩（Lf_1）以及中上部的变形砾岩（Lf_2 和 Lf_3）（图7-4b、c、d）。下段的砾石成分主要有花岗岩、蛇纹岩、千枚岩和砂岩等砾石，其总厚度约180 m。中上段可见花岗岩、石英岩、硅质岩和蛇纹岩等砾石，这段砾岩厚约300 m，砾石呈现出条带状、片状或透镜状。砾石成分的多样性说明罗布莎组砾石既有来自北部的冈底斯地体，也有来自南部的蛇绿岩（图7-4c、d）。变形砾岩层内发育强烈的向

南陡倾的糜棱面理和线理，变质程度可达绿片岩相，矿物组合为：白云母+黑云母+钠长石+绿帘石+绿泥石。

图 7-4 罗布莎组砾岩野外特征

a—罗布莎组砾岩的组成，从上到下可分为三段：Lf_1、Lf_2、Lf_3，其下部为未变形的砾岩（Lf_1）以及中上部的变形砾岩（Lf_2 和 Lf_3）；b—罗布莎组砾岩下段（Lf_1），碎裂结构，碎屑物质无定向性；c—罗布莎组砾岩中段（Lf_2），砾石被拉长，具有明显的定向性；d—罗布莎组砾岩（Lf_3）上段，该段发生强烈的变形，发育大量假玄武玻璃。Gr—花岗岩；C—碎裂相关型假玄武玻璃；Pt—糜棱岩相关型假玄武玻璃糜棱岩带内发育大量假玄武玻璃，根据基质类型、岩脉以及变形特征，将假玄武玻璃分为两种类型：碎裂型和糜棱岩型（图 7-5）。这些假玄武玻璃被随后的糜棱岩化作用所改造，因此，假玄武玻璃细脉也伴随糜棱岩化作用形成了糜棱面理，继而转化为糜棱岩相关型的假玄武玻璃脉。在卷入围岩基质中的假玄武玻璃脉碎片大小变化范围较大，从几微米至几分米不等。镜下观察显示罗布莎组砾岩具有明显的流动构造，其中包含大量石英或长石碎斑，如长石的多米诺骨牌构造（图 7-5a）、长石旋转碎斑（图 7-5b、c）及长石斑晶的布丁构造（图 7-5d），表明罗布莎-朗县断层向北逆冲的运动学性质，并且经历了中低温变形条件（400~500℃）。

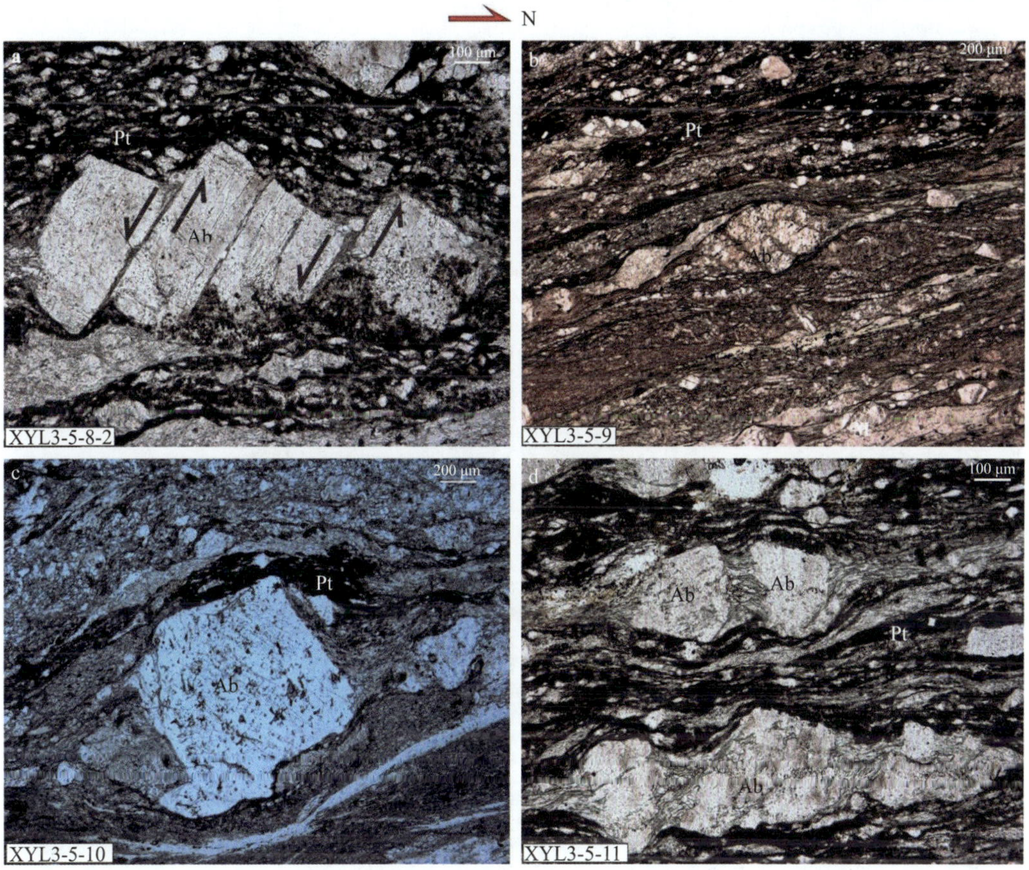

图 7-5　罗布莎组上段砾岩糜棱岩化及含假熔岩的显微构造特征

a—钠长石的多米诺骨牌构造，指示了向北的剪切运动，基质为含糜棱岩化的假熔岩；b—钠长石旋转碎斑，其中基质为糜棱岩化的假玄武玻璃；c—钠长石“σ”型旋转碎斑，指示了向北的剪切运动；d—钠长石晶发育布丁构造，周围被糜棱岩化假玄武玻璃所围绕。Ab—钠长石；Pt—糜棱岩化假玄武玻璃

（2）郎县剖面

在朗县剖面中，朗县组砾岩直接逆冲在（冈底斯）花岗岩之上，构造位置相当于罗布莎剖面中的 GCT_1。置于朗县组未变形砾岩之上的变形砾岩带由北向南由巨砾糜棱岩带、中小砾糜棱岩带及巨砾糜棱岩带组成（图 7-6a）。上下的巨砾糜棱岩带分别厚约 200 m 和 150 m，砾石主要由（冈底斯）花岗岩、火山岩、假玄武玻璃等组成，砾石颗粒较大，可达数米（图 7-7）；中小砾糜棱岩带与巨砾糜棱岩带在物质组成上没有区别，主要是砾石粒度较前者小一些，一般几厘米至几十厘米。砾岩经历强烈的变形，砾石均被定向拉长，呈透镜状，具有明显的向北逆冲的剪切指向。在砾石（如花岗岩或火山岩等）的周围主要为发生强烈糜棱岩化的假玄武玻璃（图 7-7）。砾岩带南为宽约 1000 m 的千枚岩层，走向近东西，向南陡倾（100°~120°∠70°~80°）（图 7-7b），变形强烈，千枚岩层内部发育大量的石英脉，这些石英脉进一步发生变形，呈透镜状、石香肠状（图 7-7a~d）等，所有这些构造现象均指示上盘向北的逆冲运动。镜下观察发现朗县组砾岩与罗布莎组砾岩经历了相同的变形变质条

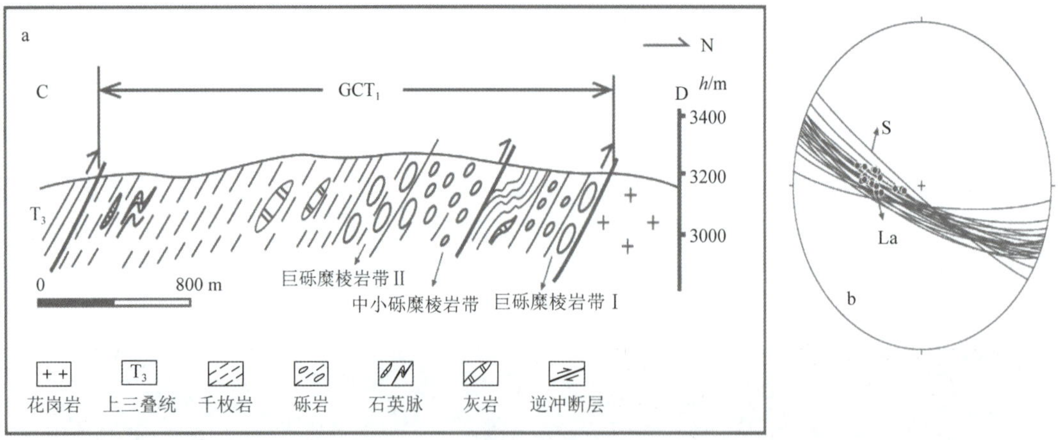

图 7-6 朗县剖面图（a）及构造岩组构要素赤平投影图（b）

剖面位置见图 7-1c。S—面理，La—拉伸线理

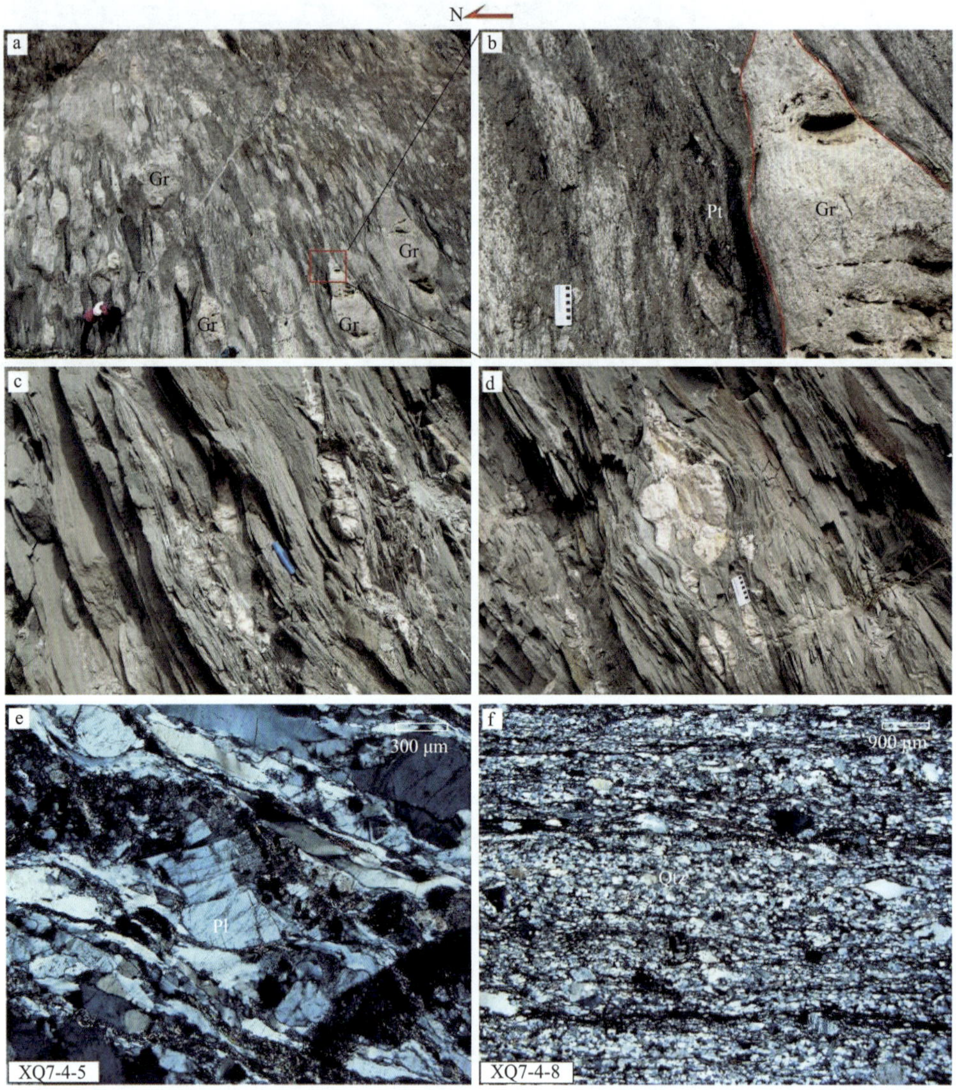

图 7-7 朗县组变形砾岩的野外特征和显微构造特征，显示大反转逆冲断层东段上盘向北的逆冲运动

a—朗县组砾岩巨砾糜棱岩带，砾石主要为花岗岩；b—花岗岩砾石周围为糜棱岩化假玄武玻璃；c—千枚岩层内发育大量石英脉，石英脉呈石香肠状；d—千枚岩层内发育大量石英脉，石英脉呈透镜状，指示向北逆冲运动；e—糜棱岩中的长石发育微裂隙；f—石英细粒重结晶颗粒。Gr—花岗岩；Pt—假玄武玻璃；La—拉伸线理；Pl—斜长石；Qtz—石英

件，如：糜棱岩中的长石发育微裂隙（图 7-7e），局部可见长石旋转碎斑，其边部为细粒的长石和石英集合体（图 7-7f）；石英主要表现为单晶颗粒的定向拉长（图 7-7f），或细小重结晶颗粒的集合体构成多晶石英条带，朗县组砾岩亦经历了中低温变形条件（400~500℃）（Hu Ling et al.，2010）。

（3）罗布莎-郎县砾岩中地震化石——假熔岩的发现

尽管印度河-雅鲁藏布江缝合带是大陆-大陆碰撞最壮观的逆冲系统，在世界范围内，关于其强度演变和变形行为转变的基本问题仍未得到解答。在这里，我们首次报道了强烈变形的长英质岩石中的摩擦熔融诱发的假熔岩沿 IYSZ 带的大反转逆冲断裂分布。这项研究表明，假熔岩引起板块边界的严重弱化，印度板块和亚洲板块之间的断层从摩擦结晶形成的微晶的固有低强度与周围的粗晶相比，表明发震深度处的假熔岩的脆性和半脆性状态足以解释剪切应变的局部化。假熔岩是一种含有少量难熔矿物或围岩碎屑的淬火熔体，出现在高速摩擦滑动产生的断层中。图 7-8 显示了加拿大魁北克 Grenville 花岗岩区一条断裂中的假熔岩以及中国大陆云南福贡高黎贡断裂、广东省新沂云开大山断裂和江苏连云港大陆科学钻探中超高压变质岩石断裂中发现的假熔岩。假熔岩的存在被认为是断层带脆性和/或半脆性行为以及古代地震活动的指标（Magloughlin et al.，1992；Lin，2007），并为断层的高强度提供了间接证据。众所周知，沿着海洋俯冲和大陆碰撞带的板块边界经常发生大地震，其贡献了全球 95%以上的地震（Scholz，2002）。然而，迄今为止，文献中报道的超过 95%的假熔岩却发生在板内断层带内（Lin，2007；Rowe et al.，2005）。尽管与印度和亚洲碰撞有关的现代逆冲断层大多具有极强的震源性，但在折返的断裂带中仍缺乏古地震活动的直接证据。

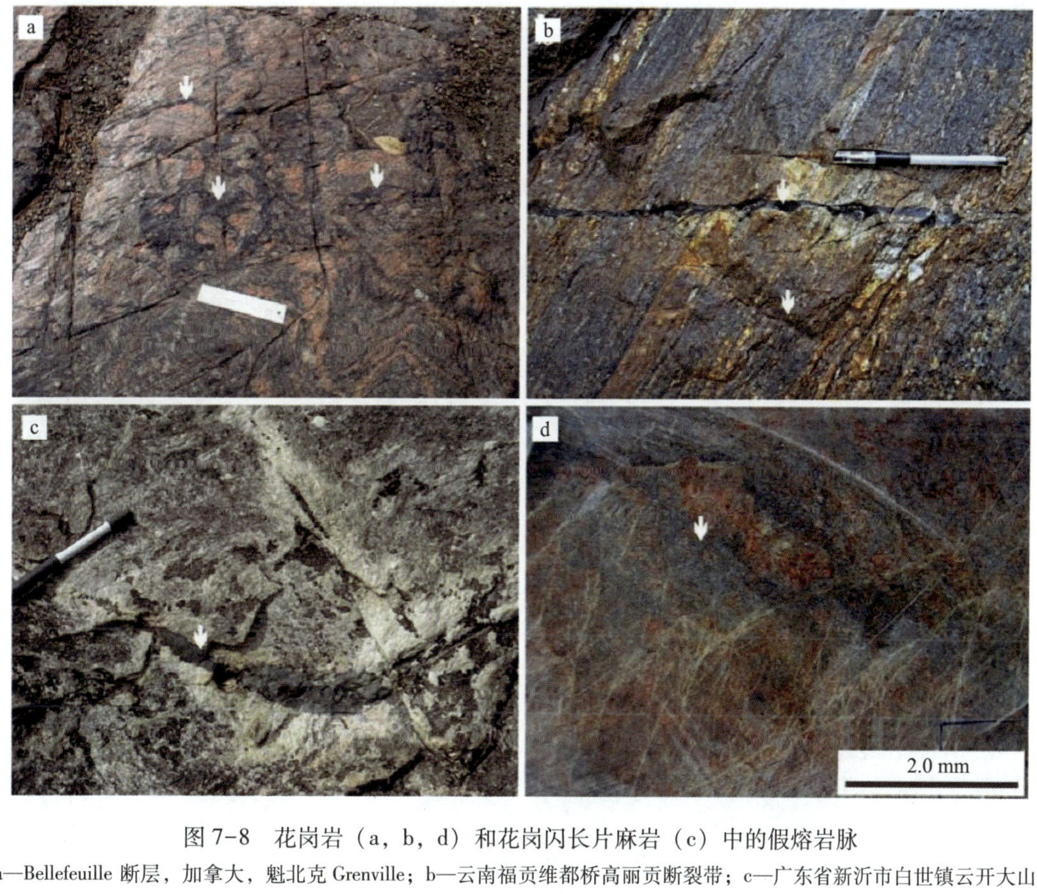

图 7-8　花岗岩（a，b，d）和花岗闪长片麻岩（c）中的假熔岩脉

a—Bellefeuille 断层，加拿大，魁北克 Grenville；b—云南福贡维都桥高丽贡断裂带；c—广东省新沂市白世镇云开大山；d—中国大陆科学钻探岩芯，江苏省东海

此外，在先前文献中记载的大多数假熔岩呈脉状形态，沿滑动形成沿裂隙空间填充。假熔岩脉广泛显示横切早期韧性叶理，表明摩擦熔化发生在断层岩折返后期而非主体变形时期。在这里我们报道了沿印度河-雅鲁藏布江缝合带（ITS）的 GCT 东段朗县变形砾岩中首次发现的假熔岩，假熔岩在形

成后又发生塑性变形。这项研究揭示了印度和亚洲之间的板块边界逆冲断层的弱化而诱导了地震的化石——假熔岩的产生，以及回应了断裂从强到弱的转化。

GCT 东段的罗布莎-朗县砾岩遭受了强烈的韧性变形，发育渗透性面理和拉伸线理（图 7-9）。假熔岩脉主要形成在由长石和石英组成的变形砾岩的基质中，而没有在非常脆弱导致抗震蠕变占优势的蛇纹石化的超基性岩中发现（Moore et al.，2007；Kirkpatrick et al.，2013）。在 GCT 中，假熔岩的颜色从中灰色、黄褐色或红棕色、棕绿色、棕黑色到深色不等，通常随着时间的增加或逐渐剪切而变浅（图 7-9），这反映了在变质条件下假熔岩中微晶（如绿泥石、黑云母、石英和钠长石）的含量和粒度随时间增加的事实。假熔岩呈深色是由于玻璃、极细粒黑云母和磁铁矿的存在。当磁铁矿转变为赤铁矿时，变成微红色调。糜棱岩先形成，然后被碎裂岩和假熔岩所叠置。之后，假熔岩又发生不同程度的糜棱岩或超糜棱岩化。许多未变形的假熔岩脉沿着面理或横切糜棱岩组构（图 7-9）。这种结构关系表明新形成的假熔岩脉侵入老的假熔岩脉中。重复的侵入表明强烈活动的断层发生同震摩擦的熔化事件，并在同一地点循环形成大量的假熔岩（5%~40%）。塑性变形和微晶的形成表明其可以发生在长期的地震间期（通常为 103~104 a）。石英和长石部分重结晶成细粒状，中间夹有富云母层（图 7-9）。大多数云母晶粒呈带状或拉长状，长宽比大于 15∶1。云母鱼和拉长的云母晶粒是以平行或近平行面理的（001）取向为特征，这表明带状云母晶粒在（001）面上滑移变形的。带状云母晶粒的边部没有被细粒云母包围，表明没有发生云母的动态重结晶，可能反映云母沿晶面滑移致使位错密度和位错弹性应变能不能累积到一个临界值以启动晶界迁移；对于云母中动力重结晶的缺乏的另一种解释可能是，在云母晶体边缘的低应力差降低了云母边部重结晶的趋势（Passchier et al.，2005）。

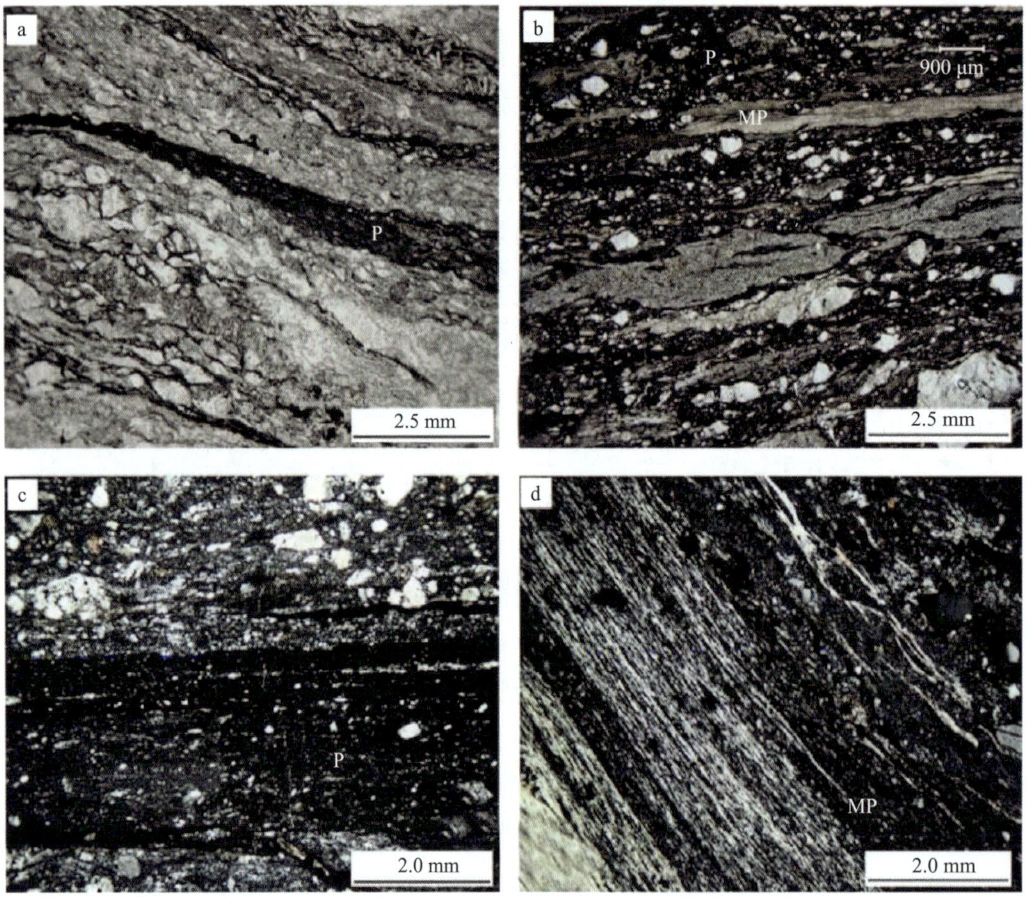

图 7-9　来自 GCT 带朗县砾岩的典型变形假熔岩（P）和糜棱岩化的假熔岩（MP）显微照片

在糜棱岩化假熔岩层中发育强烈拉伸与结晶优选方位

未变形假熔岩通常由互为穿插的长石和石英组成（图7-10a、b），矿物以具有针状、树枝状和骨骼形态的微晶形式出现，即使玻璃质基质在晚期转化为细粒绿泥石后，互穿的纹理仍然保留（图7-10）。球晶状结构（Lin，2007；Prante et al.，2015）偶尔会在未变形或变形较弱的假熔岩脉中观察到。球晶的中心，通常由超细粒（<15 μm）等粒石英、钠长石和绿泥石组成；在假熔岩中，长石和石英碎屑，无论其粒度大小，都显示出熔融的边缘（图7-10b）。在高倍镜下，不透明颗粒（例如磁铁矿、钛铁矿和黄铁矿）显示出强烈的纹理。化学分析表明，假熔岩的SiO_2含量（57%~65%）比它们的原岩（65%~80%）少。微量XRF（Micro-XRF）元素图解反映在糜棱岩化的假熔岩中的Fe、Al、K和Mg含量高于其原岩。上述的结构和组成特征表明，假熔岩由长英质岩石内摩擦加热诱导的熔化形成的，而不是由这些岩石的直接压碎和粉碎形成的（Wenk，1978；Lin，2008）。具有低熔点的矿物如云母（800℃）、角闪石和绿泥石首先熔融，而难熔矿物如石英（1700℃）和长石（1400℃）成为熔体结晶的极细粒基质中的残存碎屑。因此，假熔岩中缺乏石英，但富含黑云母（Jiang et al.，2015）。由于强烈的韧性变形叠置在大量假熔岩之上，最初切割糜棱岩面理的假熔岩脉又被剪切并最终转化为剪切应变强烈集中的糜棱岩和超糜棱岩流动层。糜棱岩化的假熔岩层覆盖在长石斑状碎屑周围，表明在脆性变形的长石和塑性变形的假熔岩之间存在一个较大的流变界线。

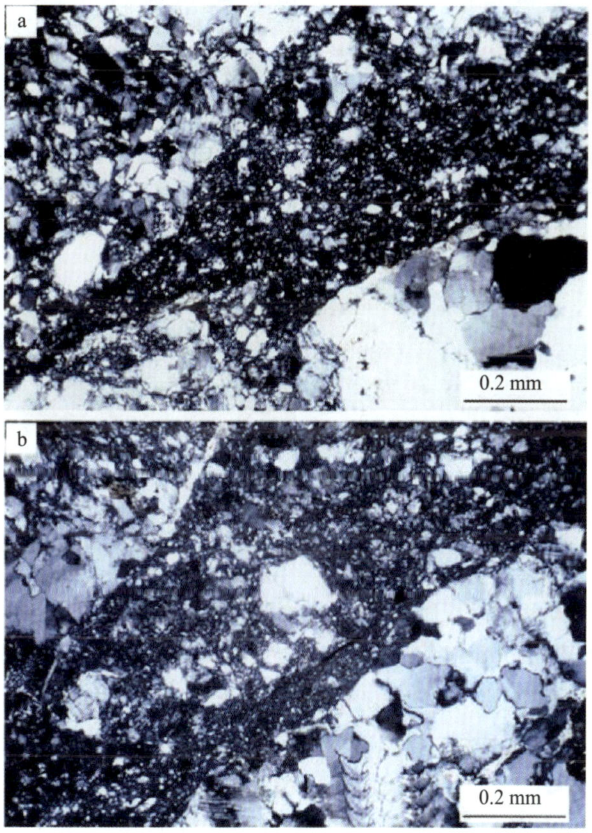

图7-10　沿GCT的朗县砾岩中未变形的假熔岩的显微构造照片

未变形的假熔岩主要由熔体或玻璃质结晶难熔的残余矿物小碎屑——钠长石、石英和绿泥石微晶组成

假熔岩脉的定向最初与面理成高角度，这是由于断层面发生平行地震滑动而产生摩擦熔体的注入或高剪切应力下破裂的减压形成。注入长石中微裂缝的假熔岩会从糜棱岩化叠印中溢出，因为假熔岩脉被强长石屏蔽，但会在碎片逐渐分离的过程中结晶于纤维应变条纹中。同运动黑云母、白云母、绿泥石、钠长石和绿帘石的存在表明假熔岩的变形发生在低绿片岩相条件下（<450℃）。需要强调的是，切割糜棱岩的假熔岩脉和假熔岩带的糜棱岩叠印在GCT中并存。观测结果证明了在长期（通常为103~104 a）的震间期，在同震滑动过程中韧性变形和糜棱岩化、脆性变形而引起的碎裂和摩擦熔

化以及假熔岩的韧性变形至糜棱岩化循环。在光学显微镜下可以观察到糜棱岩组构来自假熔岩、碎裂岩和糜棱岩的不同发育程度，图 7-11 显示了糜棱岩向碎裂岩转变的典型例子。在剪切带中绿片岩相糜棱岩转变为角砾碎屑岩，岩石内的暗带是具有弱面理的假熔岩，其中包含由假熔岩玻璃产生的糜棱岩、碎裂岩和微晶碎屑的小碎屑。图 7-11 显示大反转逆冲断层中热液方解石脉切割早期形成的面理化和糜棱岩化假熔岩（图 7-12a）以及强烈褶皱的热液石英脉置换在强烈变形的假熔岩中（图 7-12b、c）。

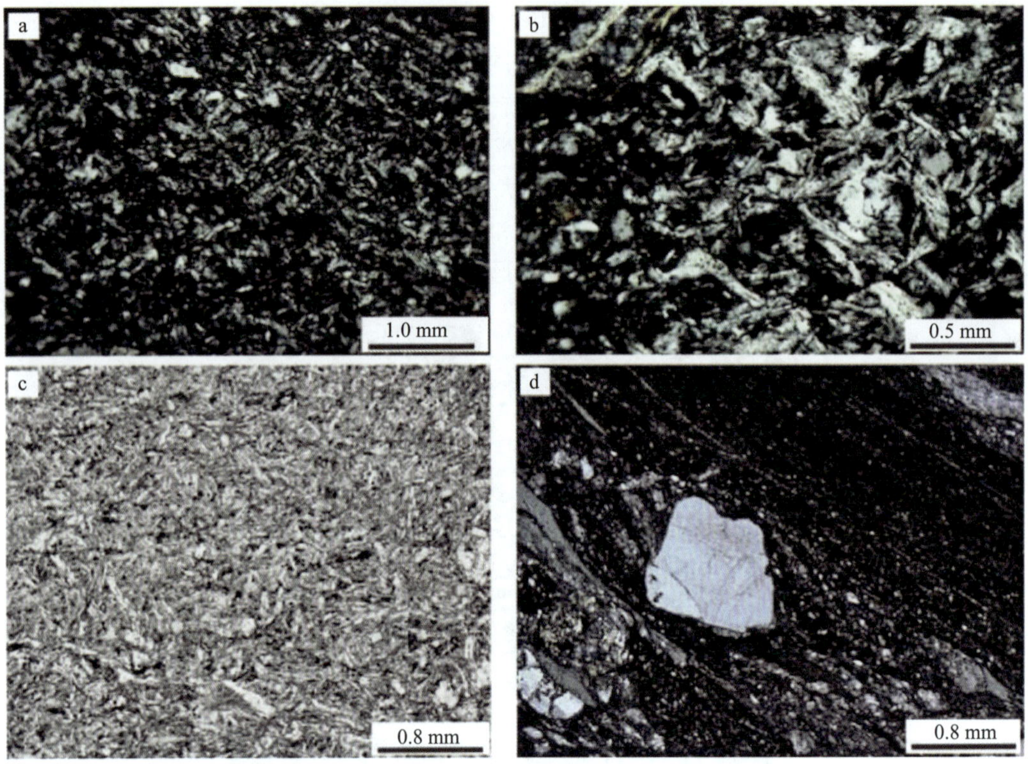

图 7-11　在 GCT 的长英质岩石中未变形假熔岩的显微构造图

由于在脆性变形过程中，渗入剪切带内的同震伸展裂缝促使石英或方解石的热液溶液的输送和沉淀，致使低温（<300°）石英或方解石脉的形成。随着韧性变形之后的侵位，脉体发生不同程度的褶皱和剪切，这取决于初始脉体的几何形状、体应变以及主岩石和假熔岩脉体物质之间的流变学对比。这些低温脉的存在为糜棱岩的破裂、愈合和随后的韧性变形的过程提供了明确的证据。淬火脉边缘、囊泡、杏仁核和岩浆流动引起的褶皱结构的存在通常被视为摩擦熔化的证据（Magloughlin et al., 1992；Lin, 2007；Kirkpatrick et al., 2013），一般认为当假熔岩在较浅的深度产生，并且自快速凝固以来没有变形。而在 GCT 中大多数假熔岩在绿片岩相变质条件（<450℃）下却经历了强韧性变形，而强韧性变形引起的压实和随后的晶粒生长、晶体塑性和再结晶使假熔岩的证据往往模糊或消失。印度与亚洲碰撞以来，沿 IYSZ 收敛速度从约 16 cm/a 减慢到约 5 cm/a（Molnar et al., 1975；Molnar et al., 2009；Jagoutz et al., 2015）。强烈的韧性变形叠覆在已经形成的大量假熔岩之上，这表明摩擦熔融在岩石中从强向弱断层的转变中起着至关重要的作用。

在绿片岩相条件下，长英质岩石为适应印度和亚洲之间每年几厘米的收敛而进行的韧性变形受到抑制，因而使高差异应力积累从而引发反复大地震，只要假熔岩的体积分数高于临界值（约 25%），便可以周期性地产生平行和切割断层面的假熔岩脉（Ji et al., 2002）。

围岩是以韧性变形开始的，剪切应变强烈地集中在极弱的假熔岩中。剪切应变的局部化基本上受制于假熔岩强度的急剧下降，这取决于其从熔体和玻璃中结晶的极细晶粒（微晶石）以及假熔岩中

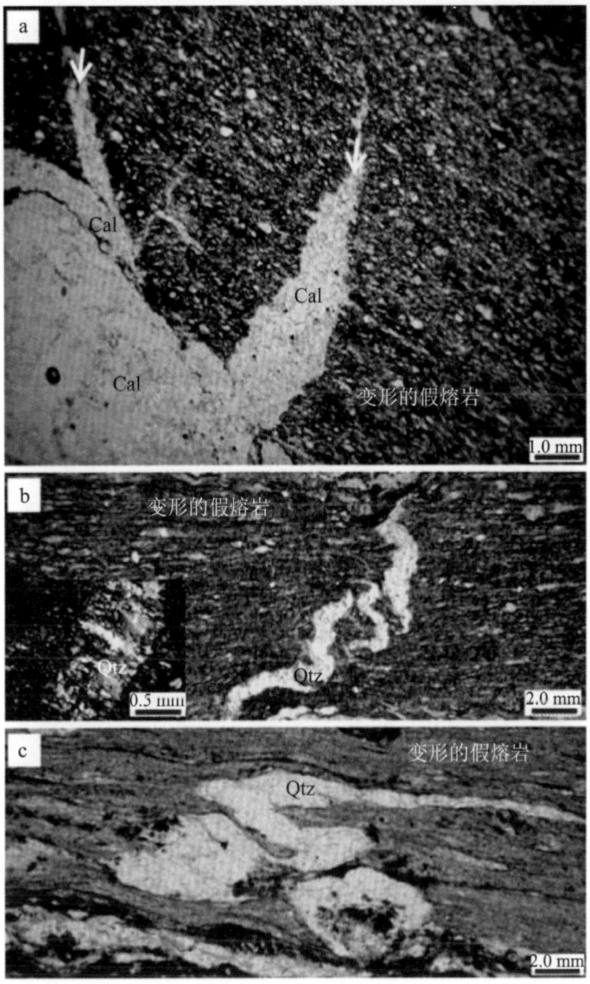

图 7-12　热液方解石脉切割早期形成的面理化和糜棱岩化假熔岩（a）；
强烈褶皱的热液石英脉置换在强烈变形的假熔岩中（b，c）

黑云母、白云母和绿泥石等层状硅酸盐的相对浓度。随着循环式的摩擦熔化增加其体积分数，假熔岩形成的网络增强了它们在平面和剪切方向上的连通性和连续性。在剪切作用下，石英、钠长石，特别是层状硅酸盐矿物（黑云母、白云母和绿泥石）的微晶石形成形态上的优先取向（SPO）和晶构优选定向，导致断裂带的进一步弱化。微观结构观察表明，与原岩相比，具有发育良好的面理的糜棱化假熔岩应该是非常弱的。

二、罗布莎-朗县砾岩的年代学

罗布莎组和朗县组砾岩的形成受控于大反转逆冲断层的演化，砾岩的形成时代可以用来限制罗布莎-郎县砾岩的活动时代。因此，本节主要对研究样品中的碎屑锆石进行了 LA-MC-ICP-MS U-Pb 年龄测定。

（1）U-Pb 测年方法

用于锆石年代学测试的代表性样品首先经过破碎，经浮选和电磁选等方法挑选出单颗粒锆石，然后在双目镜下挑纯，选样工作在河北省廊坊市大山地质矿业有限公司完成。手工挑出晶形完好、透明度和色泽度好的锆石，粘于环氧树脂表面，经抛光后进行透射光和反射光照相，在原位分析之前，通过双目镜和阴极发光（CL）图像详细研究锆石的晶体形貌和内部结构特征，以选择同位素分析的最佳点。CL 图像是在北京锆年领航科技有限公司电子探针实验室采用扫描电镜完成，加速电压为

15 kV。最后根据 CL 图像选择典型的岩浆锆石进行 LA-MC-ICP-MS 测年分析。锆石 U-Pb 同位素测年分析是在中国地质科学院地质研究所大陆构造与动力学实验室完成，所用仪器为 Neptune Plus 多接收等离子质谱和 Compex pro. 193 nm 紫外激光剥蚀系统（LA-MC-ICP-MS），实验过程中采用 He 作为剥蚀物质载气，将剥蚀物通过直径为 3 mm 的 PVC 塑料管传送到 ICP-MS，在进入 ICP-MS 前与 Ar 气进行混合，形成 He-Ar 混合气。本次实验的光斑直径为 35 μm，样品的处理采用 Glitter 软件，并且对 Pb 同位素进行普通 Pb 矫正，具体操作见 Jackson et al.（2004）和 Liu et al.（2010a、b）。锆石 U-Pb 年龄计算及谐和图均采用 ISOPLOT 3.0（Ludwig，2003）程序完成。

（2）数据结果

用于 LA-MC-ICP-MS 锆石 U-Pb 测年的两件样品（XKL-1 和 XKL-4）均采自大反转逆冲断裂东段罗布莎组砾岩：

样品 XKL-1 中的碎屑锆石呈自形或半自形，振荡环带发育，Th/U 值为 0.21～1.02，主要应为岩浆锆石来源。对 29 个锆石颗粒进行了 U-Pb 定年分析，年龄范围为 28.7±0.1～201±0.7 Ma（图 7-13a）。从其年龄分布谱系上可以分辨出三组年龄峰值，分别为 28.7～31.2 Ma（10 个）、49.2～58.6 Ma（3 个）、81.0～95.9 Ma（15 个）；此外有一个最老的年龄 201±0.7 Ma（图 7-13a）。

样品 XKL-4 中的碎屑锆石呈自形或半自形，振荡环带发育，Th/U 值为 0.09～1.1，主要应为岩浆锆石来源。对 35 个锆石颗粒进行了 U-Pb 定年分析，年龄范围为 29.1±0.1～119.6±2.1 Ma（图 7-14b）。年龄分布谱系特征与样品 XKL-1 一致，也可以分辨出三组年龄峰值，分别为 29.1～30.9 Ma（14 个）、50.3～53.4 Ma（5 个）、82.9～119.6 Ma（16 个）（图 7-14b）。

三、讨论

（1）大反转逆冲断层东段的活动时限

早前的研究认为罗布莎组砾岩形成于中新世（Aitchison et al.，2002），GCT 至少在藏南 19～10 Ma 和在冈仁波齐峰地区 13～10 Ma 期间（Yin et al.，1999）是活动的，但它的起始年龄没有受到很好的约束（Yin et al.，2006）。然而新的碎屑锆石 U-Pb 年龄显示最年轻的年龄峰值为早渐新世，样品 XKL-1 和 XYL-4 最小年龄分别为 28.7 Ma 和 29.1 Ma，该年龄确定了罗布莎组砾岩的最晚沉积时代，较好地限定了罗布莎-郎县砾岩初始活动时代的下限。

（2）罗布莎组-郎县组砾岩的物源分析

罗布莎组和朗县组砾岩作为"冈仁波齐砾岩"（冈底斯砾岩带）东部端元（Aitchison et al.，2002），经历了中低级变质变形作用，具有向南陡倾的糜棱面理和上盘向北的逆冲运动。与此截然不同的是，冈仁波齐砾岩带向西的延伸（例如卡拉斯组、秋乌组和大竹曲组砾岩）并没有遭受强烈的变形作用，而是只有地层轻微的倾斜。锆石 U-Pb 年代学研究表明，罗布莎组砾岩的碎屑锆石主要集中在 28.7～31.2 Ma、49.2～58.6 Ma 和 81.0～119.6 Ma。Ji et al.（2009）曾对冈底斯岩浆岩的活动进行了系统总结，认为中新生代以来冈底斯岩浆岩带主要经历了四期岩浆事件：205～152 Ma，109～80 Ma，65～41 Ma 以及 33～13 Ma，与本文所研究的罗布莎砾岩中碎屑锆石结果具有极好的对应性。朗县组砾岩包含有巨砾花岗岩，这些花岗岩砾石的年龄可以分为两期岩浆事件：369.5±2.2～365.1±2.8 Ma 和 126.7±1.2～104.54±0.78 Ma（尚未发表数据），这两期岩浆事件分别对应冈底斯泥盆纪岩浆事件（Dong et al.，2010，2014）和早白垩纪岩浆事件（Ji et al.，2009；Schwab et al.，2004；Zhu et al.，2009）。因此，罗布莎组砾岩和朗县组砾岩中的花岗岩砾石主要来自北部的冈底斯地体。

（3）大反转逆冲断层东段逆冲断层的演化

前已述及，在大反转逆冲断层东段的 GCT_1 和 GCT_2 两条分支断层，指示了特提斯喜马拉雅地体（三叠纪朗杰学群复理石褶皱地层）逆冲到雅鲁藏布江蛇绿混杂岩之上，由于喜马拉雅东构造结的快速抬升作用，可能促进了印度板块的东北角和相邻地体深部强变质变形的物质暴露于地表（Xu et al.，2012），GCT_1 和 GCT_2 从深部到浅部的折返作用发生在早渐新世到中中新世。与逆冲折返作用同期的假玄武玻璃脉发育在糜棱岩中，在渐新世到中新世期间，这些假玄武玻璃脉从脆-韧性转换带抬

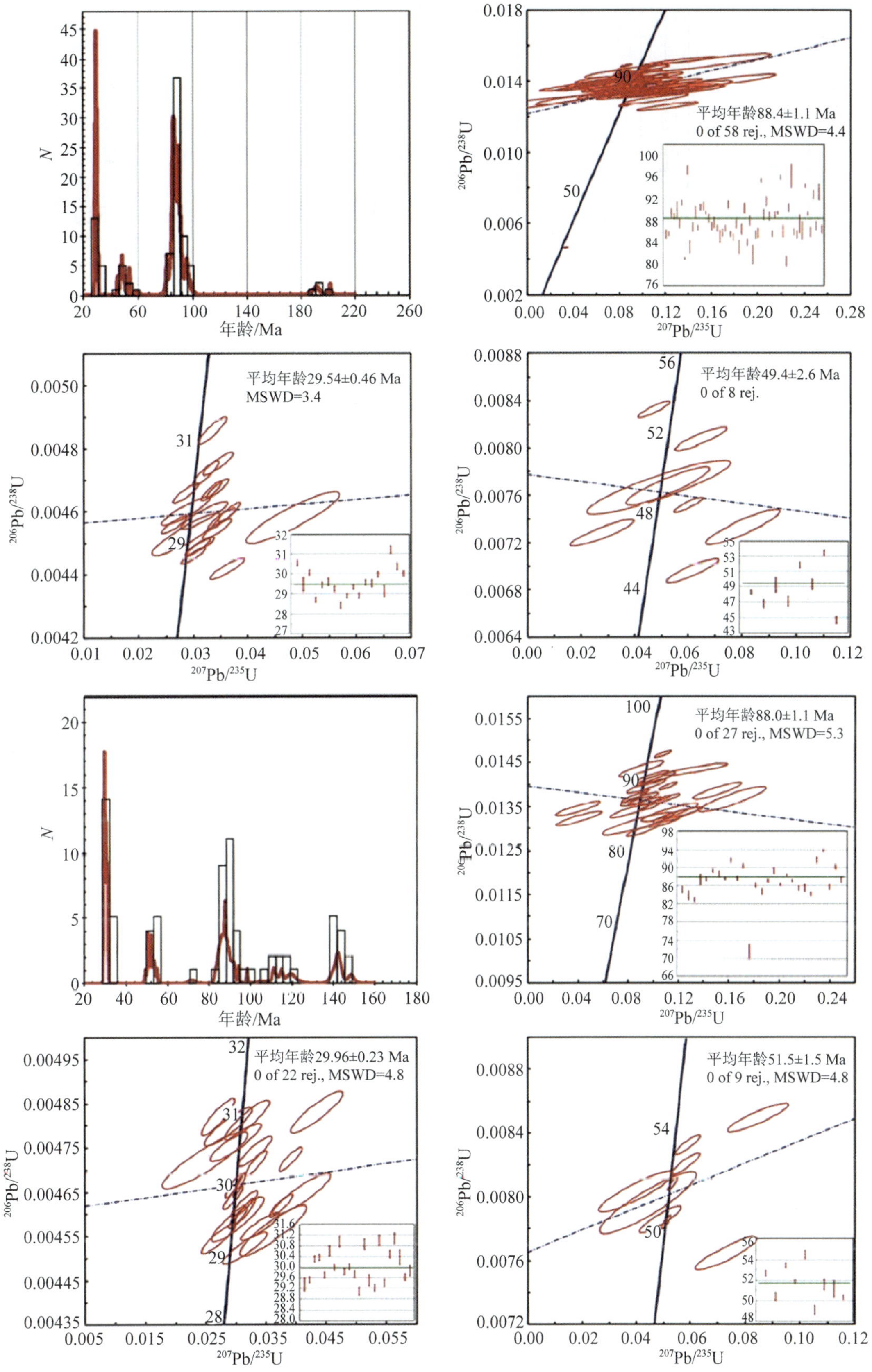

图 7-13　沿着印度河-雅鲁藏布江蛇绿岩带罗布莎变形砾岩的碎屑锆石 U-Pb 年龄直方图和谐和图

样品来自康金拉和于布朗

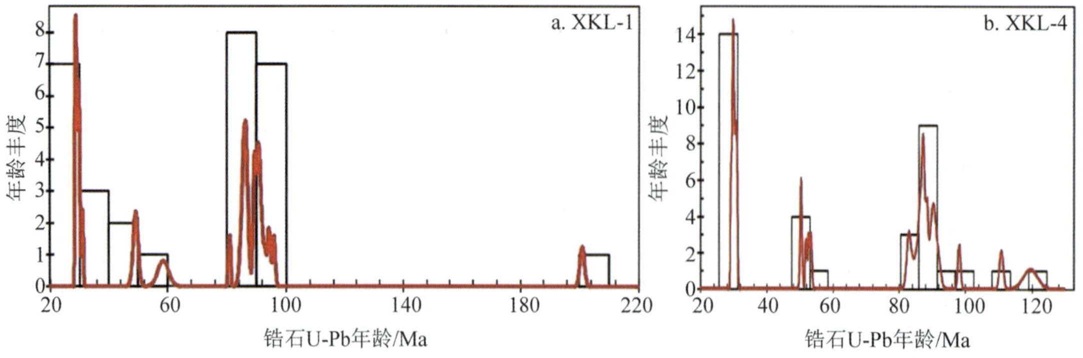

图 7-14　罗布莎组砾岩碎屑锆石年龄谱系图解

升到了小于 5 km 的浅地表，暗示了印度-亚洲大陆之间大反转逆冲断层东段的大型地震和同震滑移的反复发生。

因此，大反转逆冲断层东段逆冲断层的形成经历了以下几个阶段。

启动阶段：在浅地表的沉积阶段，向南微倾的罗布莎和朗县前陆盆地伴随有来自北部冈底斯物质的滑塌进入，大反转逆冲断层东段启动于早渐新世前陆盆地同沉积的阶段（<28.7~29.1 Ma）。

快速活动并形成砾岩盆地楔，伴随有大量的地震作用：由于喜马拉雅东构造结在 24 Ma 的快速高角度挤入到拉萨地体之下（Xu et al.，2012）导致的抬升作用，使得主要由三叠纪复理石和蛇绿岩组成的大反转逆冲断层上盘快速抬升，而其下盘的砾岩则被快速的掩埋至 12~16 km 的深处形成楔状砾岩体，并经历了绿片岩相的变质作用和糜棱岩化。在罗布莎-朗县砾岩透镜体形成的过程中，处于大反转逆冲断层东段下盘的楔体内大地震和同震滑移广泛发育，发育深度 12~16 km 的脆韧性转换带。

中新世的折返阶段：晚中新世沿着大反转逆冲断层，断裂下盘的砾岩楔在印度/亚洲板块连接部位的强烈挤压下，从 12~16 km 深处快速上升至地表。

四、结论

1）通过罗布莎组砾岩碎屑锆石 U-Pb 年代学分析，我们发现两个样品 XKL-1 和 XYL-4 最小年龄分别为 28.7 Ma 和 29.1 Ma，它们代表罗布莎组砾岩的最晚沉积时代，说明喜马拉雅北缘大反转逆冲断层东段的活动时限不早于早渐新世（28.7~29.1 Ma）；此外，碎屑锆石的年龄主要集中在 28.7~31.2 Ma、49.2~58.6 Ma 和 81.0~119.6 Ma 三个时间段，这一结果与前人报道的冈底斯所经历的多期岩浆事件具有极好的对应性，表明罗布莎组砾岩和朗县组砾岩中的花岗岩砾石主要来自北部的冈底斯地体。

2）大反转逆冲断层东段逆冲断层的形成经历早渐新世的启动阶段→快速活动并形成砾岩盆地楔，伴随有大量的地震作用→中新世的折返阶段，砾岩楔从 12~16 km 深处快速上升至地表。

3）我们首次发现了沿印度河-雅鲁藏布江缝合带的大反转逆冲断裂的摩擦熔化造成的强烈变形的假熔岩，这项研究揭示了印度和亚洲之间的板块边界逆冲断层的弱化而诱导了地震的化石——假熔岩的产生，以及回应了 GCT 断裂从强到弱的转化。

4）喜马拉雅大反转逆冲断裂带使特提斯喜马拉雅单元向北翻转在北部的冈底斯弧地体之上。由于印度板块和亚洲板块碰撞过程中印度板块东犄角的嵌入，低温年代学数据表示（Li et al.，2016，2018），沿雅鲁藏布江缝合带的 GCT 断裂带东端在 10 Ma 以来（特别是 5 Ma 以来）强烈隆起（见第十四章图 14-5），致使朗县一带 GCT 断裂带深部活动产生的古地震化石-假熔岩快速折返，因此，沿 GCT 断裂带砾岩的变形程度发生自东向西的变弱。

第二节　雅鲁藏布江蛇绿岩的侵位机制

印度河-雅鲁藏布江蛇绿岩是三叠纪至白垩纪源于印度板块和亚洲板块间海底扩张的新特提斯大洋岩石圈的残余（Nicolas et al.，1981；Allegre et al.，1984；Girardeau et al.，1985a，1985b;）。近东西向展布，延伸2000多千米。这条缝合带是欧亚板块和印度板块的主碰撞边界（图7-15）。从构造上看，印度河-雅鲁藏布江混杂岩带向南以印度河-雅鲁藏布江缝合带为界，向北以南倾大型反向逆冲断层为界（Yin，2006），该大型反向逆冲断层局部与印度河-雅鲁藏布江缝合带一致（Heim et al.，1939；Ratschbacher et al.，1994；Yin et al.，1994，1999）。印度河-雅鲁藏布江缝合带北部冈底斯岩浆岛弧带以北地区为大陆边缘弧环境，且由侏罗纪至古近纪的花岗岩类组成。印度河-雅鲁藏布江缝合带蛇绿岩分布不连续（Mascle，1985；Reuber，1986a，1986b），西部为东波-普兰-当雄-日喀则蛇绿岩，中部为萨嘎-桑桑-吉定-日喀则蛇绿岩，东部为泽当-罗布莎蛇绿岩（图7-15）。雅鲁藏布江缝合带中蛇绿岩一直向东延伸，经南迦巴瓦构造结，穿过NW-SE向罗西特（Lohit）蛇绿岩带，最终向南延伸至缅甸西部的曼尼普尔（Manipur）蛇绿岩。

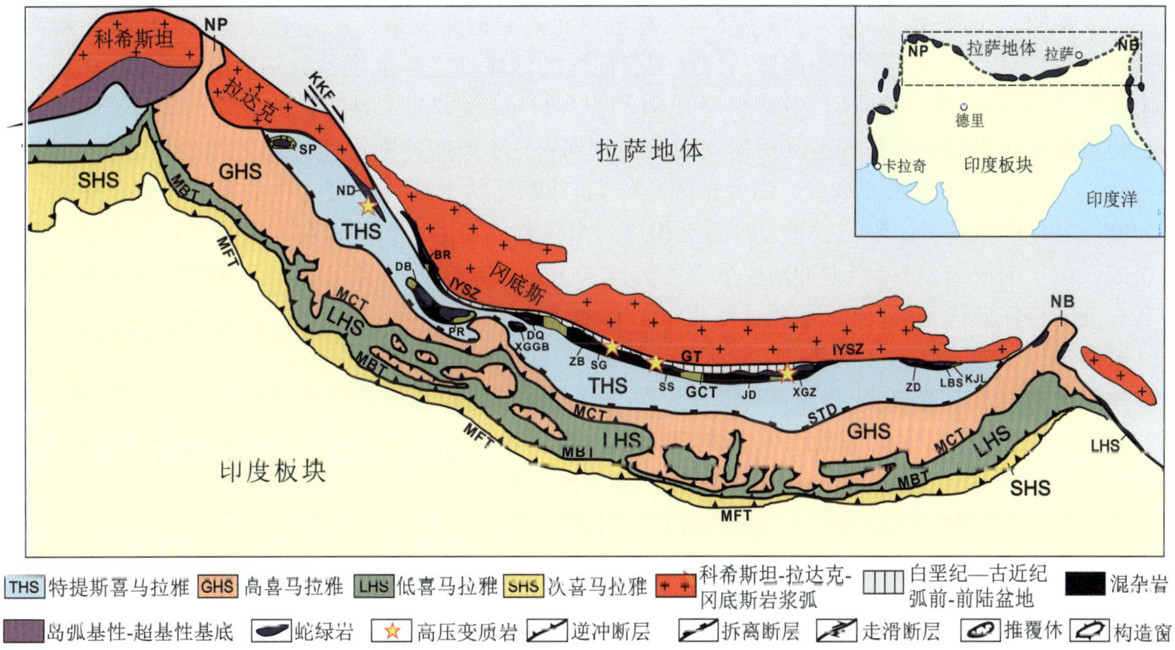

图7-15　喜马拉雅及其邻区印度河-雅鲁藏布江缝合带与蛇绿岩分布地质简图

（据Valdiya，1988；Jain et al.，1997；Burg et al.，1998；Vannay et al.，1998；Carosi et al.，1999；DiPietro et al.，2000；Steck，2003；Yin，2006，有修改）

其中蛇绿岩中辉长岩和辉绿岩墙的锆石U-Pb年龄源于Wang et al.，2006；Wei et al.，2006；Zhong et al.，2006；Chan et al.，2007；Li et al.，2008；Xia et al.，2008；Liu et al.，2011；Xiong et al.，2011；Dai et al.，2012，2013。NP—南迦帕尔巴特构造结；NB—南迦巴瓦构造结；KKF—喀喇昆仑断裂；GT—冈底斯逆冲断层；GCT—大型反向逆冲断层；STD—藏南拆离系；MCT—主中央逆冲断层；MBT—主边界逆冲断层；MFT—主前锋逆冲断层。蛇绿岩体：DB—东波；DQ—当雄；JD—吉定；KJL—康金拉；LBS—罗布莎；LH—洛西特；PR—普兰；SG—萨嘎；SS—桑桑；XGGB—休古嘎布；XGZ—日喀则；ZB—仲巴；ZD—泽当

目前研究表明印度河-雅鲁藏布江蛇绿岩可能形成于洋内弧或弧前系统（Huot et al.，2002；Hébert et al.，2003；Dubois-Cote et al.，2005；Dupuis et al.，2005；Bédard et al.，2009；Dilek et al.，2011），晚侏罗世—早白垩世，在俯冲带之上进行蛇绿岩的岩浆构造演化（Hébert et al.，2012），几乎所有模型将其视为外来大洋残片，并通过向南的逆冲断层侵位到印度大陆边缘之上。因此，印度河-雅鲁藏布江蛇绿岩带的构造特征和外来蛇绿岩的独特侵位模式是相当复杂的。大部分沿

着缝合带分布的蛇绿岩没有直接覆盖在特提斯喜马拉雅的地层之上，例如，印度大陆边缘的奥陶纪至始新世的化石沉积序列。

本研究通过对沿着藏南印度河-雅鲁藏布江缝合带分布的 5 处蛇绿岩露头（分别为罗布莎、泽当、日喀则、吉定和东波）的野外构造观察和罗布莎科学钻探岩芯样品的岩石组构分析，发现印度河-雅鲁藏布江缝合带经历了多期变形事件，具有复杂的构造特征，并在印度-亚洲大陆碰撞期间伴随后期蛇绿岩侵位叠加。结合前人对于印度河-雅鲁藏布江缝合带多处微粒金刚石的研究，本文提出一种新的印度河-雅鲁藏布江蛇绿岩带的演化模型。

一、罗布莎-泽当蛇绿岩带及其构造变形特征

（1）罗布莎-泽当蛇绿岩的野外地质特征及罗布莎科学钻探

罗布莎蛇绿岩带呈东西向展布，且分为 3 个部分，东部为康金拉、罗布莎、豹子沟蛇绿岩；中部为桑日、陈巴乡和贡巴蛇绿岩；西部为泽当蛇绿岩（图 7-16）。康金拉-罗布莎蛇绿岩宽 2~4 km，长 25 km，主要由橄榄岩组成，并含有豆荚状铬铁矿、堆晶岩、辉长岩墙、枕状熔岩和白垩纪中期远洋沉积岩。桑日、陈巴和贡巴蛇绿岩被数条逆冲断层错断，以数十个岩块的形式暴露在晚侏罗世至早白垩世火山沉积序列中。

为了探明罗布莎-泽当蛇绿岩带主要岩石构造单元间的构造关系，建立了近南北向横穿蛇绿岩带的剖面（图 7-17），厘定了两条南倾从韧性到脆韧性的区域性逆冲断层，分别为南罗布莎-泽当逆冲断层（SLZT）和北罗布莎-泽当逆冲断层（NLZT）（Liang et al.，2011），两者均为 200~300 m 宽。晚三叠世弱变质强变形的复理石沉积序列沿着南罗布莎-泽当逆冲断层逆冲到蛇绿岩体之上（图 7-17a、b）。在康金拉-罗布莎地区，南罗布莎-泽当逆冲断层的上部为糜棱岩化的复理石沉积序列，下部为糜棱岩化的橄榄岩。晚三叠世复理石沉积序列由页岩、粉砂岩、砂岩和大理岩、石英菱镁岩的岩块组成。位于南罗布莎-泽当逆冲断层下部的橄榄岩主要由方辉橄榄岩组成，且含纯橄岩、二辉橄榄岩和豆荚状铬铁矿体夹层（Liang et al.，2011；Li et al.，2012）。

罗布莎以西的陈巴乡（图 7-17c）、贡巴（图 7-17d）、泽当（图 7-18）蛇绿岩体含有晚侏罗世至白垩纪火山岩。南罗布莎-泽当逆冲断层使得上盘三叠纪复理石与下盘蛇绿混杂岩接触。在泽当地区的糜棱岩花砂岩和千枚岩发育 S/C 组构和牵引构造，并伴随向北剪切。此外，复理石沉积序列记录了两期变形，一期变形（D_1）具有透入性面理（S_1）和轴面低角度南倾的同斜褶皱的特征，且平行面理的石英脉切穿同斜褶皱，S/C 组构具向北剪切特征；另一期变形（D_2）与已发生褶皱的 S_1 面理有关，具垂直于面理的陡角度拉伸线理，因受南北向压力所致形成紧闭褶皱。

向南倾斜的北罗布莎-泽当逆冲断层是一条倾角 55°~75°的韧性剪切带，宽 200~300 m，不同岩性沿走向分布。在康金拉地区，橄榄岩沿着北罗布莎-泽当逆冲断层直接逆冲到古近纪砾岩之上（图 7-17），而在罗布莎地区，北罗布莎-泽当逆冲断层上盘地层变为 200 m 宽的堆晶岩（图 7-16）。

罗布莎西部蛇绿岩和古近纪砾岩的构造关系复杂。在陈巴乡和贡巴地区，蛇绿混杂岩沿着北罗布莎-泽当逆冲断层逆冲于古近纪砾岩之上（图 7-17c、d）。在贡巴地区，沿着南倾逆冲断层纯橄岩小岩块广泛出露（图 7-17d），表明贡巴蛇绿岩的侵位过程复杂。泽当蛇绿岩主要由橄榄岩、豆荚状铬铁矿、辉长岩、辉绿岩墙、中-晚白垩世砂岩、千枚岩和放射性硅质岩组成。泽当蛇绿岩以两条南倾韧性剪切带为界，它的南部位于晚三叠世复理石沉积序列之下，向北逆冲于晚白垩世安山岩之上。位于蛇绿岩逆冲岩片之下的晚白垩世安山岩以构造窗的形式出露地表，在泽当蛇绿岩的南部，三叠纪复理石沉积序列经南倾逆冲断层逆冲于泽当蛇绿岩之上。结合野外观察和岩芯样品研究，认为罗布莎-泽当蛇绿岩带是南倾构造岩片，北罗布莎-泽当逆冲断层（NLZT）和南罗布莎-泽当逆冲断层（SLZT）是大型反向逆冲断层的东部延伸（图 7-18）。

罗布莎科学钻探的两个钻孔位于海拔 4378 m 处，LBSD-1 钻深 1478.8 m，LBSD-2 钻深 1853.8 m（图 7-16a）。在 LBSD-1 钻孔和 LBSD-2 钻孔中 1000~1400 m 均为上地幔岩序列，顶部有 20 m 厚的蛇纹石化橄榄岩发生糜棱岩化，呈现向北剪切。在 LBSD-2 钻孔中 10~77 m 出露糜棱岩化

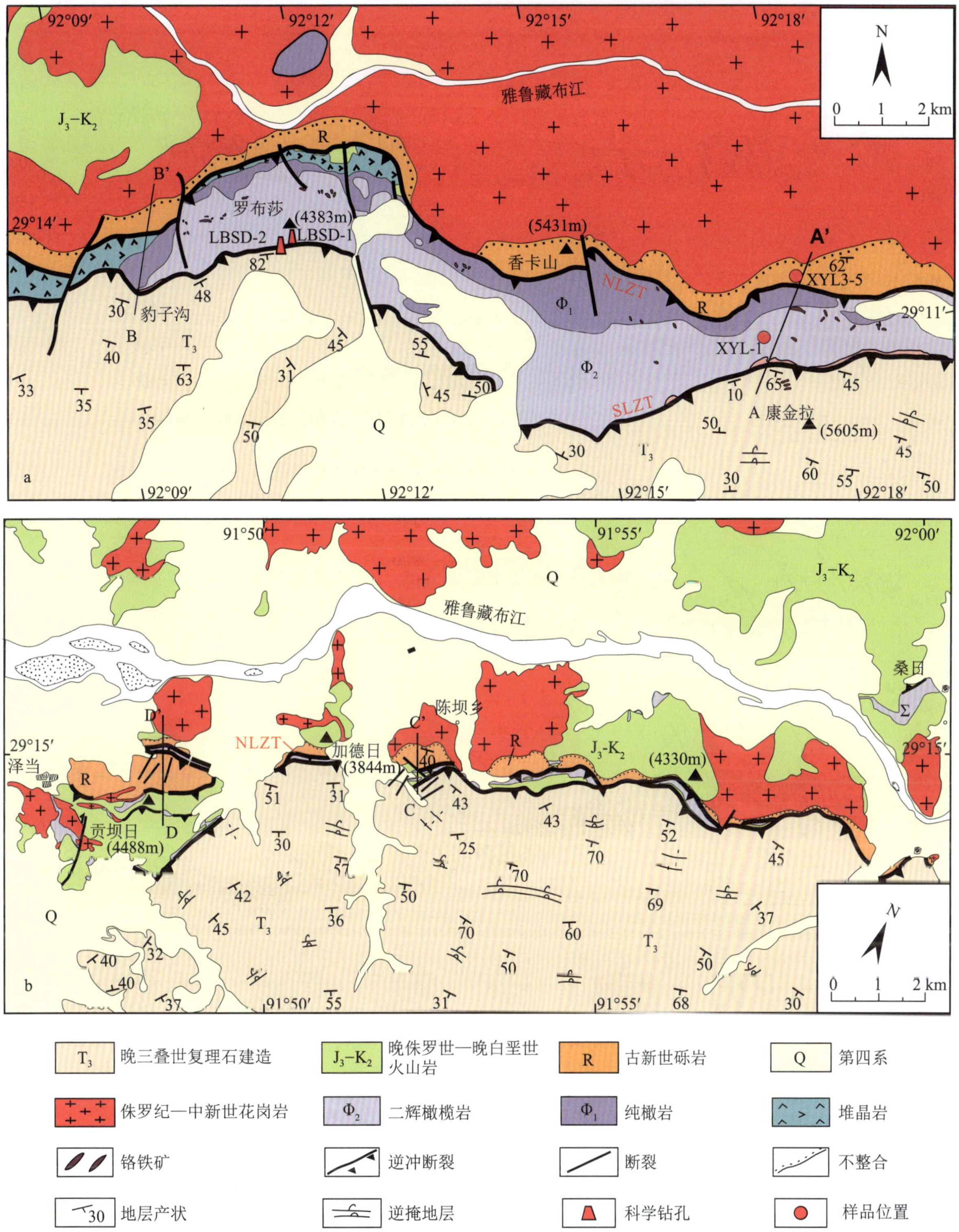

图 7-16　罗布莎-康金拉地质简图（a）和桑日-贡巴地区地质简图（b）

复理石序列。LBSD-2 钻孔岩芯揭示，在 1483～1635 m 处橄榄岩糜棱岩化且含面理化辉长岩和火山岩夹层（图 7-19），这种岩石通常发育 S/C 组构、C 型剪切带、牵引褶皱和 σ 旋转碎斑系，表明向北剪切。蛇绿岩的下部为古近纪砾岩，上部为强烈变形的碎屑岩，下部为弱变形到无变形的砾岩（图 7-20）。强烈变形的砾岩碎屑包括 70%橄榄岩、20%碳酸盐岩、5%千枚岩、3%砂岩和 2%花岗岩。在糜棱岩化和超糜棱岩化的砾岩中出现了多种不对称构造，包括压力影、S/C 组构、牵引构造、长石石英

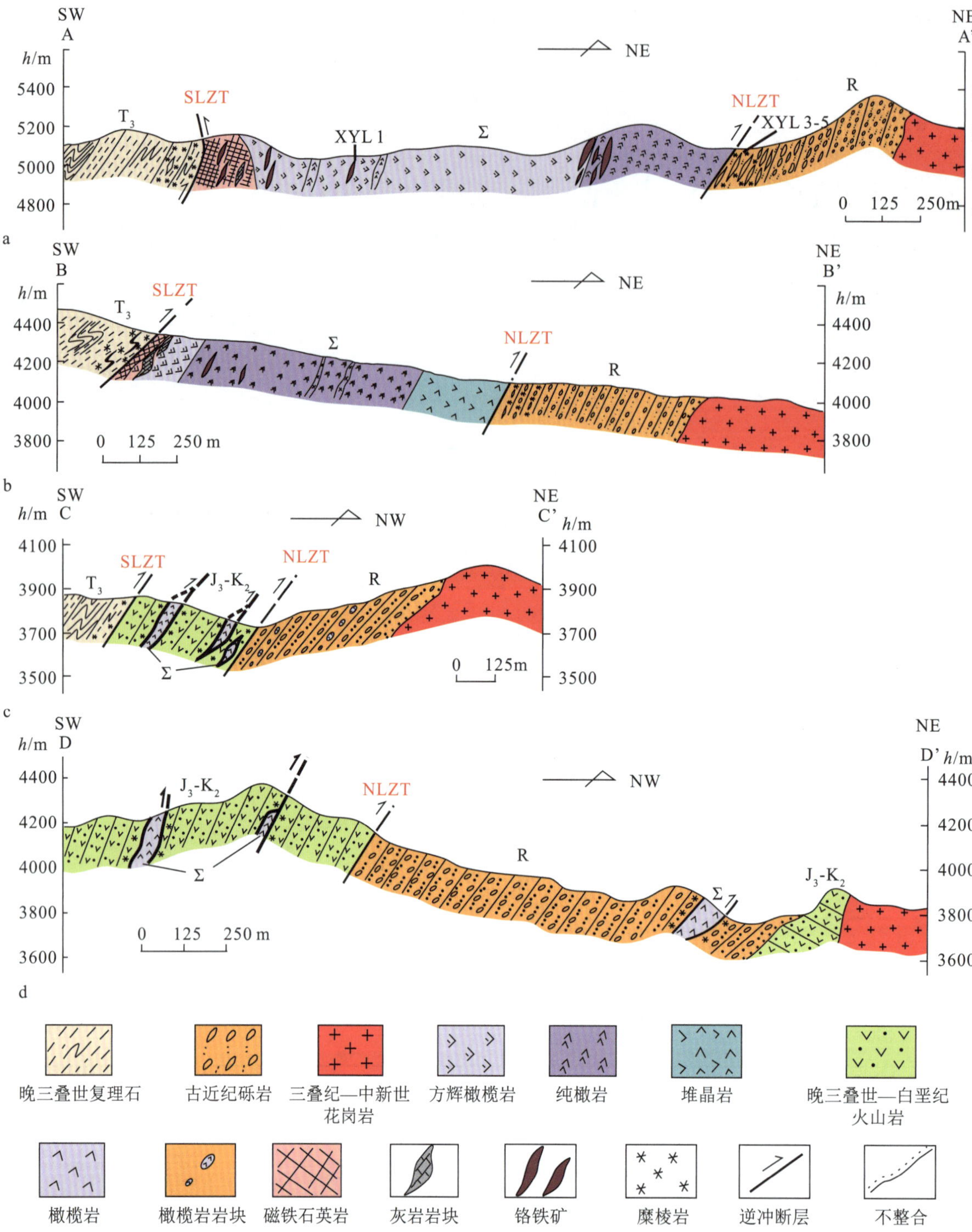

图 7-17　康金拉蛇绿岩构造剖面（a）；豹子沟蛇绿岩构造剖面（b）；陈巴乡蛇绿岩构造剖面（c）；贡巴蛇绿岩构造剖面（d），剖面位置在图 7-16 中标注

的 δ 型和 σ 型碎斑、长石的多米诺构造，表明与上伏蛇绿岩的剪切方向一致，均为向北剪切（图 7-21），而北罗布莎-泽当逆冲断层下部弱变形至无变形的古近纪砾岩和砂岩不整合于冈底斯花岗岩（图 7-20）。在罗布莎-泽当逆冲断层上部为强变形的晚三叠世复理石倒转岩系，显示了向北倒转的紧闭褶皱（D_1）以及后期遭受南北向挤压构造（D_3）（图 7-22）。

值得注意的是，LBSD-1 钻孔和 LBSD-2 钻孔中层状橄榄岩和豆荚状铬铁矿发育弱面理构造，这种组构的形成是由于矿物成层堆积的结果（Moores，1982）。在罗布莎堆晶岩剖面上，蛇纹石化基性

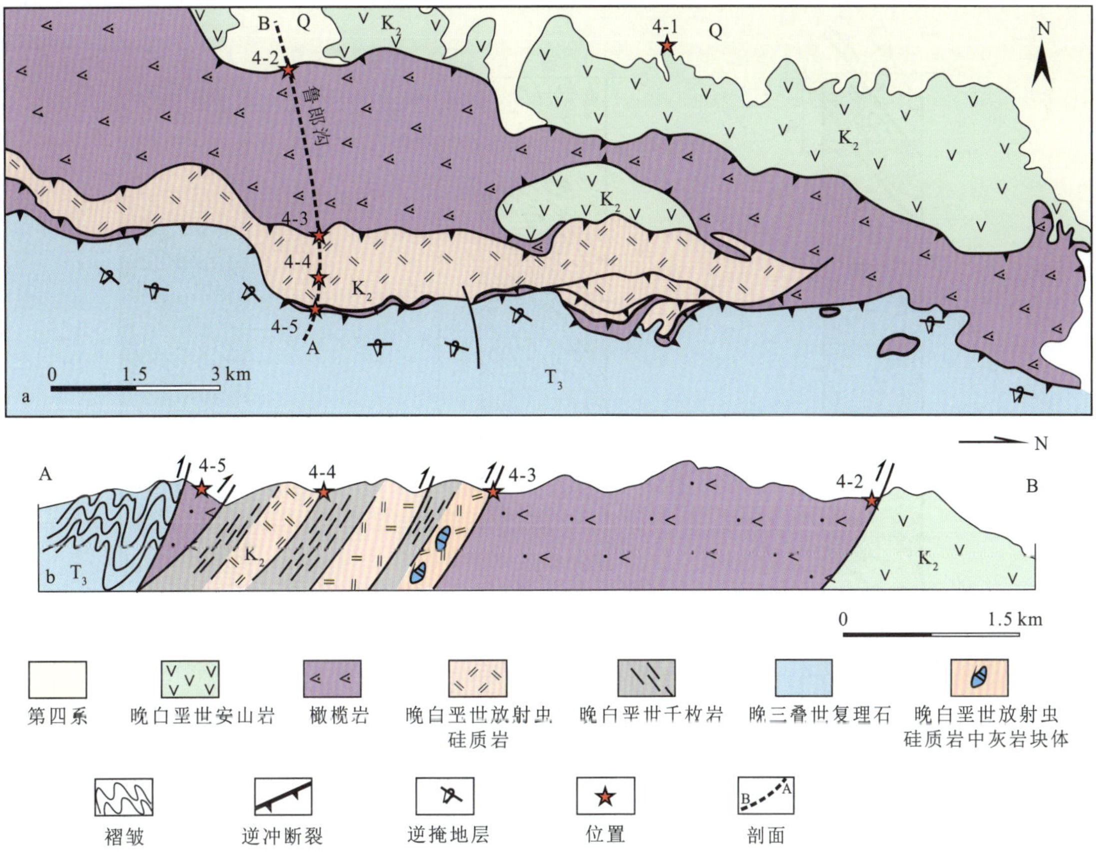

图 7-18　雅鲁藏布江东部泽当蛇绿岩地质简图（a）和雅鲁藏布江东部泽当蛇绿岩南北向剖面（b）

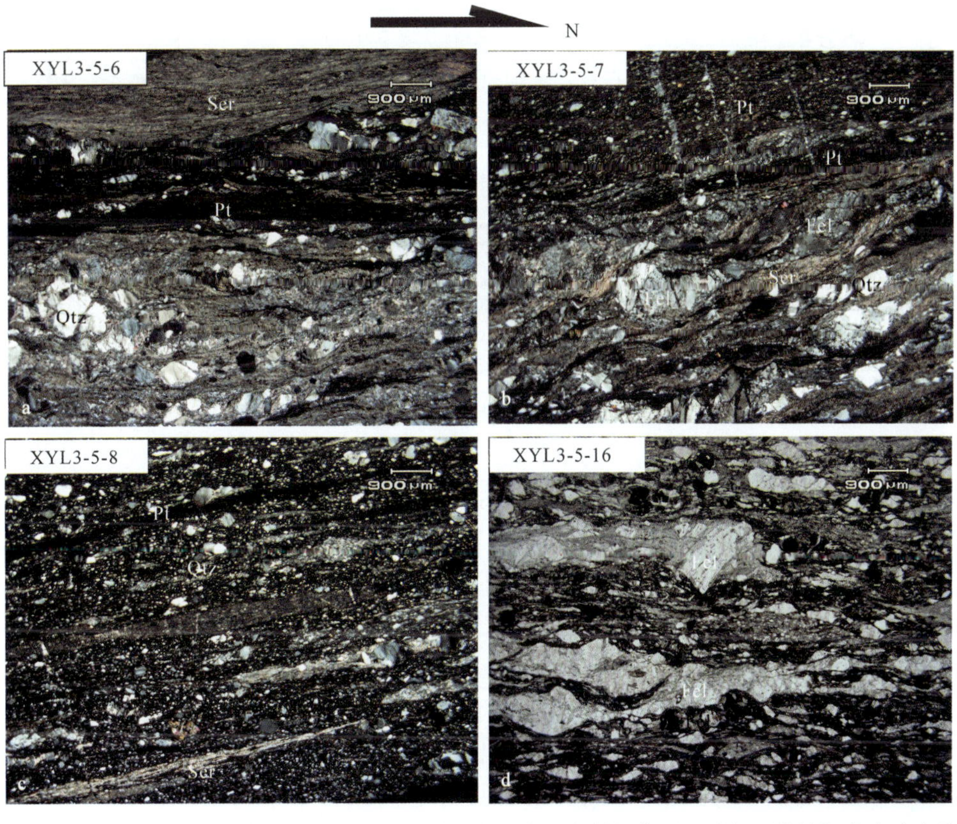

图 7-19　康金拉蛇绿岩糜棱岩化的显微照片，指示向北的剪切作用，暗色区域是假玄武玻璃脉

样品 XYL3-5 位置在图 7-16 中标出

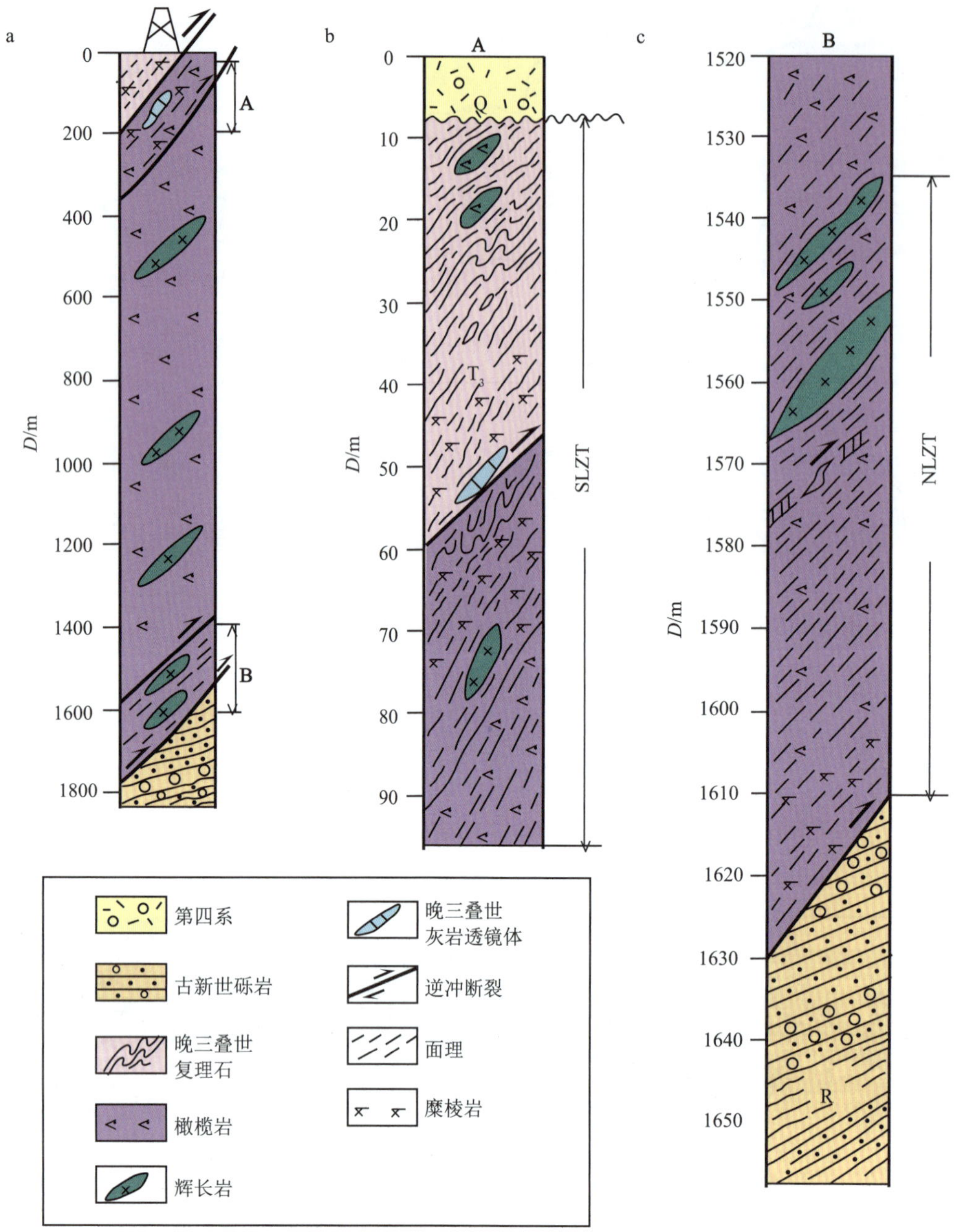

图 7-20　罗布莎科学钻探 LBSD-2 钻孔构造剖面

混杂岩由辉长岩、玄武岩和沉积岩组成（Yamamoto et al.，2007；Yang et al.，2008）。对康金拉豆荚状铬铁矿 XYL-1 样品进行应变分析，该样品中铬铁矿颗粒有微弱拉长，可视为应变椭球体（图 7-23a、b）。对 469 个铬铁矿颗粒进行统计分析，得出 X/Y 和 Y/Z' 分别为 1.66 和 1.68，X 代表面理上最大拉伸量，Y 代表面理上中等拉伸量，Z' 近垂直于面理。经校正，得出 Y/Z 为 1.63。通过 Flinn 图解，斜率 k 被定义为 $(X/Y-1)/(Y/Z-1)$，得出 k 为 1.05，表明该铬铁矿的形成处于近平面应力状态。在铬铁矿形成过程中，矿物组构反映低应力下的高温地幔流特征。

（2）北罗布莎-泽当逆冲断层（NLZT）石英组构

不同温度和应变速率下石英的 CPO 广泛被使用于推测剪切带的变形条件（Passchier et al.，2005）。为了确定北罗布莎-泽当逆冲断层的剪切性质和变形条件，对康金拉地区六个糜棱岩岩石样品进行分析研究（图 7-24），每个样品中石英的体积分数均达 50%，采用电子背散射衍射技术确定石

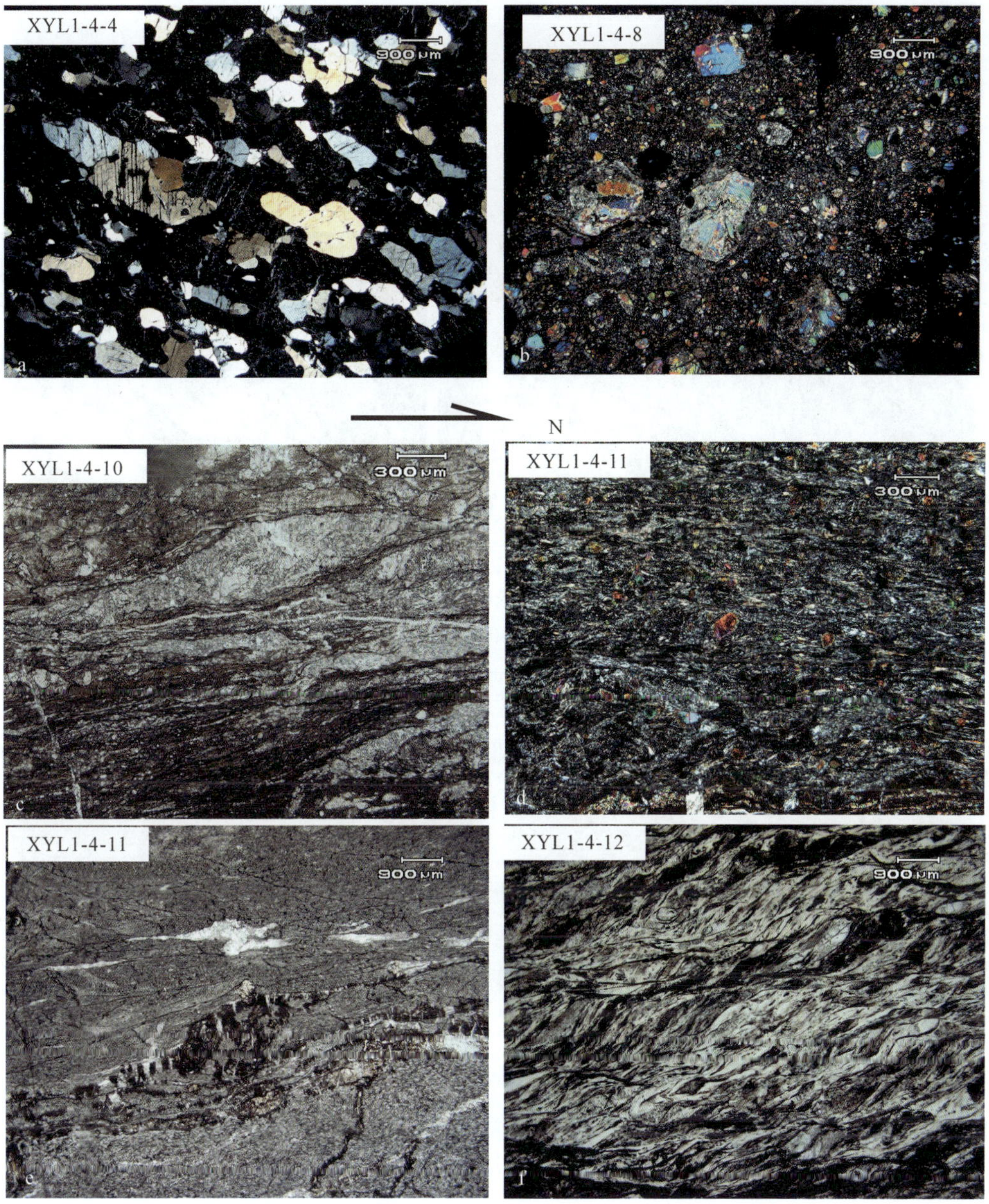

图 7-21 位于北罗布莎-泽当逆冲断层的 LBSD-2 钻孔岩芯样品显微照片

a—XYL-1-4-4 位于 1506.7 m 处辉长岩；b—XYL-1-4-8 位于 1514.3 m 处糜棱岩化橄榄岩；c—XYL-1-4-11 位于 1591.4 m 处糜棱岩化蛇纹石化橄榄岩向北剪切“σ”型旋转香肠构造；d—XYL-1-4-11 位于 1581.8 m 糜棱岩化蛇纹石化橄榄岩；e—XYL-1-4-11 位于 1582.0 m 糜棱岩化蛇纹石化橄榄岩向北剪切的牵引构造和“σ”型旋转香肠构造；f—XYL-1-4-12 位于 1591.3 m 蛇纹岩向北剪切的 S/C 组构

英的特征晶体优选方向，使用 JEOL JSM-5610LV 电子显微镜进行观察，本实验在中国地质科学院地质研究所大陆构造与动力学国家重点实验室完成，实验细节详见 Xu et al.(2009a)。

除了样品 XYL3-5-16-1，其余 5 个样品的石英 c 轴取向不对称，表明北罗布莎-泽当逆冲断层为向北剪切，此结果与野外露头观察一致。样品 XYL3-5-15-1 和 XYL3-5-11-2 具在拉伸线理附近的密度最大的特征。石英晶棱［*c*］滑移与高级变质岩在 650℃以上发生位错蠕变、在静水压力（350~400 MPa）下变形花岗岩的固相线和应变速率有关，可能伴随大量流体活动（Blumenfeld et al., 1986；Mainprice et al., 1986）。然而在样品 XYL3-5-15-1 和 XYL3-5-11-2 中没有找到发生过高级变质作用的证据，但是在康金拉蛇绿岩样品中发现了厘米级至毫米级的假玄武玻璃暗色脉相互交织，

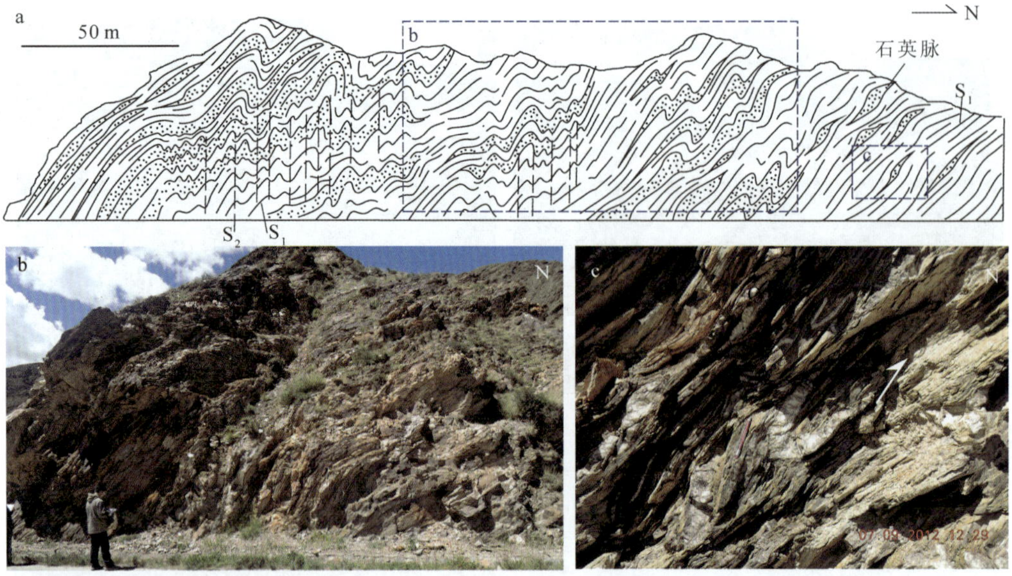

图 7-22　泽当蛇绿岩南缘晚三叠世复理石沉积序列

a—晚三叠世复理石沉积序列野外展布。S_1—轴面向南倾的透入性面理和向北 S/C 剪切面；S_2—伴随紧闭褶皱的东西向近垂直面理，与南北向挤压有关，褶皱枢纽缓倾。b，c—晚三叠世复理石沉积序列野外照片

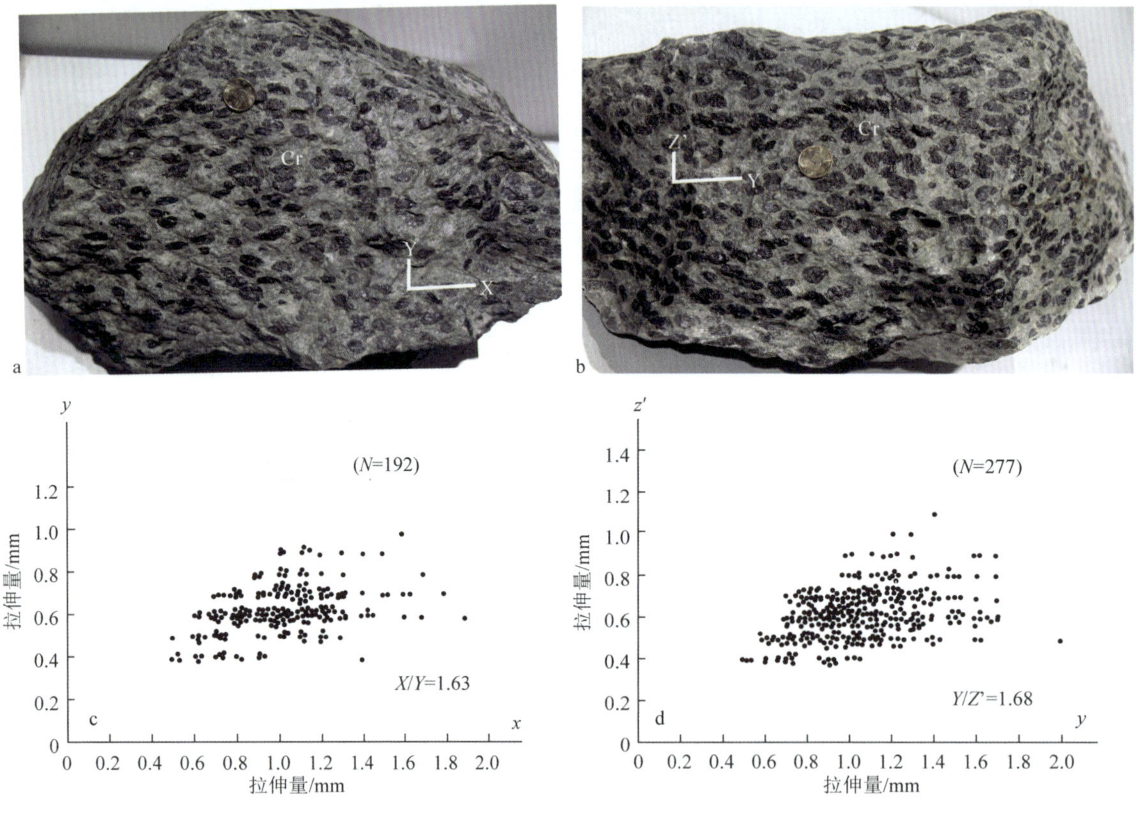

图 7-23　康金拉蛇绿岩样品 XYL-1 豆荚状铬铁矿 *XY* 面（a）；康金拉蛇绿岩样品 XYL-1 豆荚状铬铁矿 *YZ'* 面（b）；*XY* 面与 *YZ'* 面的轴比（c，d），其中，*X* 和 *Y* 分别代表面理中最大和中等拉伸方向，*Z'* 代表垂直于面理的方向

样品 XYL-1 位置在图 7-16 中标出

假玄武玻璃注入北罗布莎-泽当逆冲断层中，然后叠加因晚期韧性剪切作用形成的面理，假玄武玻璃由绢云母、绿泥石、方解石和绿帘石组成，指示低级变质作用。因此，认为样品 XYL3-5-15-1 和 XYL3-5-11-2 的 c 轴滑移是在旋转应变下源于假玄武玻璃中石英结晶的各向异性生长。在富流体的

断层带中，石英的 c 轴的生长率明显比 a 轴高。在震间期，石英发生韧性变形，源于假玄武玻璃的石英结晶且 c 轴平行于拉伸线理生长。石英组构的类型也可能是通过断层中溶液沉淀、纤维状脉或压力影形成，这种情况通常出现在半脆性变质岩中（Stallard et al.，1995；Speckbacher et al.，2013）。

样品 XYL3-5-8-1、XYL3-5-14-1 和 XYL3-5-18-1 的石英 c 轴组构表现为 c 轴近垂直于面理的密度最大，表明在低级变质条件（300~400℃）下（0001）<*a*>滑移的结果。样品 XYL3-5-16-1 石英 c 轴主要平行于面理且与线理正交，例如，Y 具有典型的中温石英组构，是由于晶棱<*a*>滑移系活化所致（Passchier et al.，2005）（图 7-24）。因此，北罗布莎-泽当逆冲断层在中低温条件下活化，伴随向北的剪切，从而导致糜棱岩中韧性-脆韧性的过渡变形。

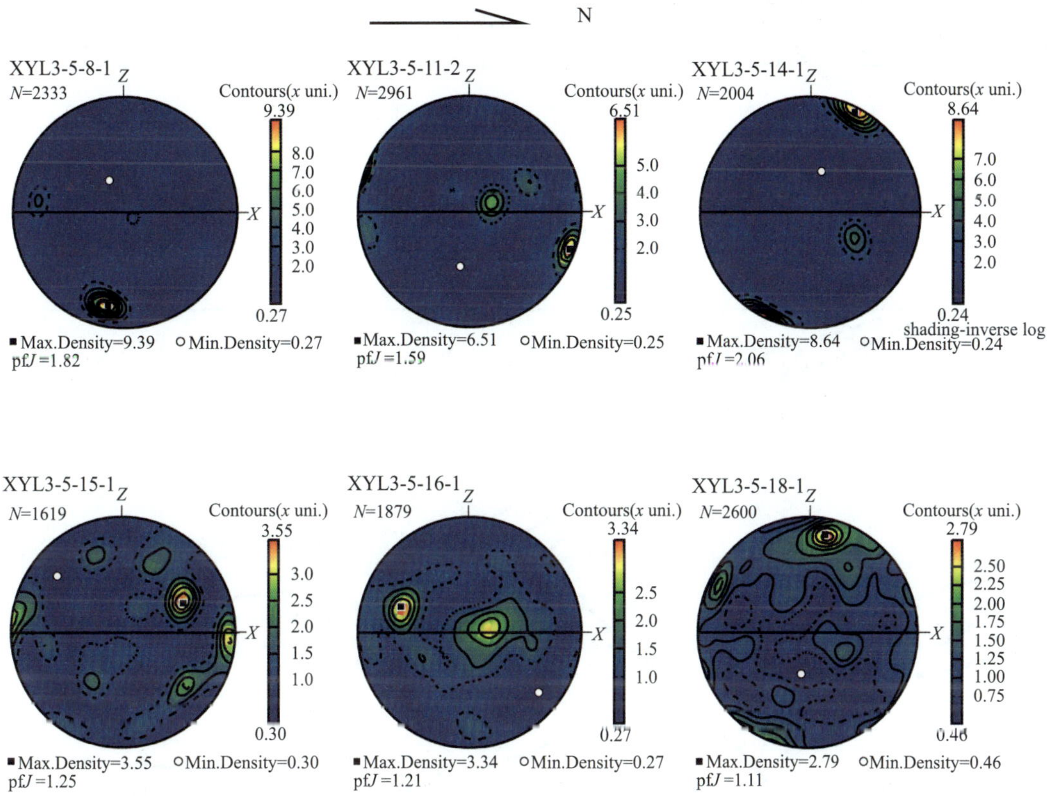

图 7-24　位于康金拉地区含有假玄武玻璃的糜棱岩中石英 c 轴优选方位

构造方向：*X* 平行于线理，*Y* 垂直于线理平行于面理，*Z* 垂直于面理；*N*—数据点的个数；pf*J*—晶轴的组构强度指数

二、印度河-雅鲁藏布江缝合带中西部的日喀则-吉定-东波蛇绿岩及其构造变形特征

印度河-雅鲁藏布江缝合带中部东西向日喀则蛇绿岩由保存完好的席状岩墙杂岩、超基性岩、基性堆晶岩和上地幔橄榄岩组成，其中上地幔橄榄岩主要由蛇纹石化方辉橄榄岩和二辉橄榄岩，夹少量纯橄岩组成（Chen et al.，2008；Bao et al.，2013）。印度板块北缘中生代复理石沉积序列逆冲于日喀则蛇绿岩之上（图 7-25）。蛇绿岩下伏放射虫硅质混杂岩含高压变质岩块（Guilmette et al.，2009）。从北向南岩性依次为日喀则蛇绿岩、晚侏罗世至早白垩世放射虫硅质岩和在晚白垩世日喀则群复理石序列之上由南倾逆冲岩片组成的沉积混杂岩（图 7-25）。

日喀则蛇绿岩以西近 100 km 的吉定蛇绿岩出露于逆冲断层中。吉定蛇绿岩自北向南依次是上层玄武岩、橄榄岩，下层玄武岩，上层放射虫硅质岩、橄榄岩，下层放射虫硅质岩。每一个蛇绿岩次级单元均以向北倾的韧脆性逆冲断层为界（图 7-26）。吉定逆冲岩片向南被北印度板块边缘晚三叠世复

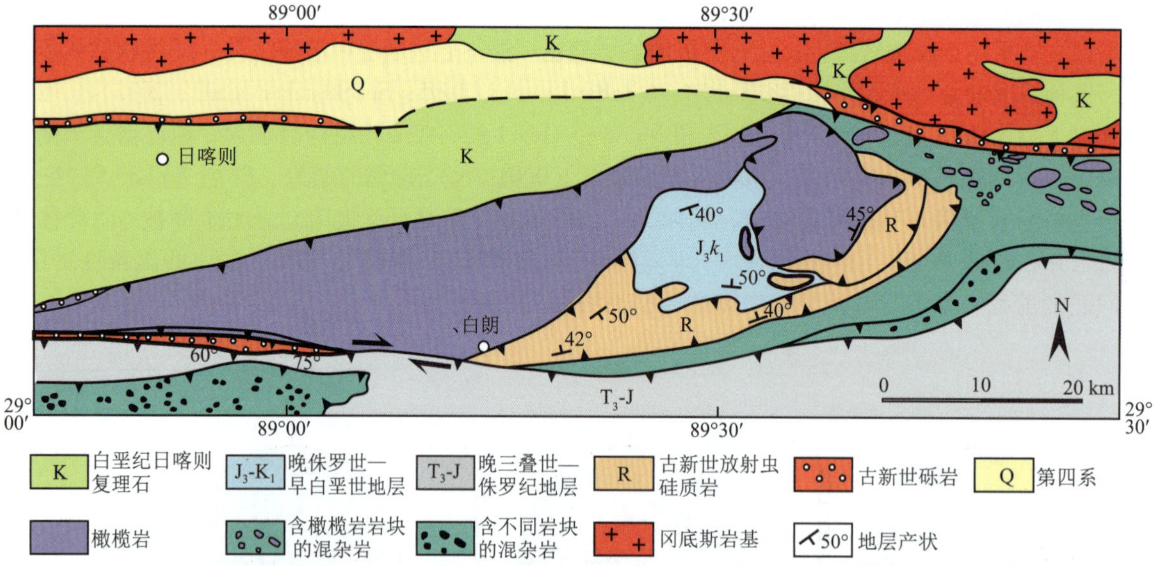

图 7-25　印度河-雅鲁藏布江缝合带中部日喀则蛇绿岩地质简图

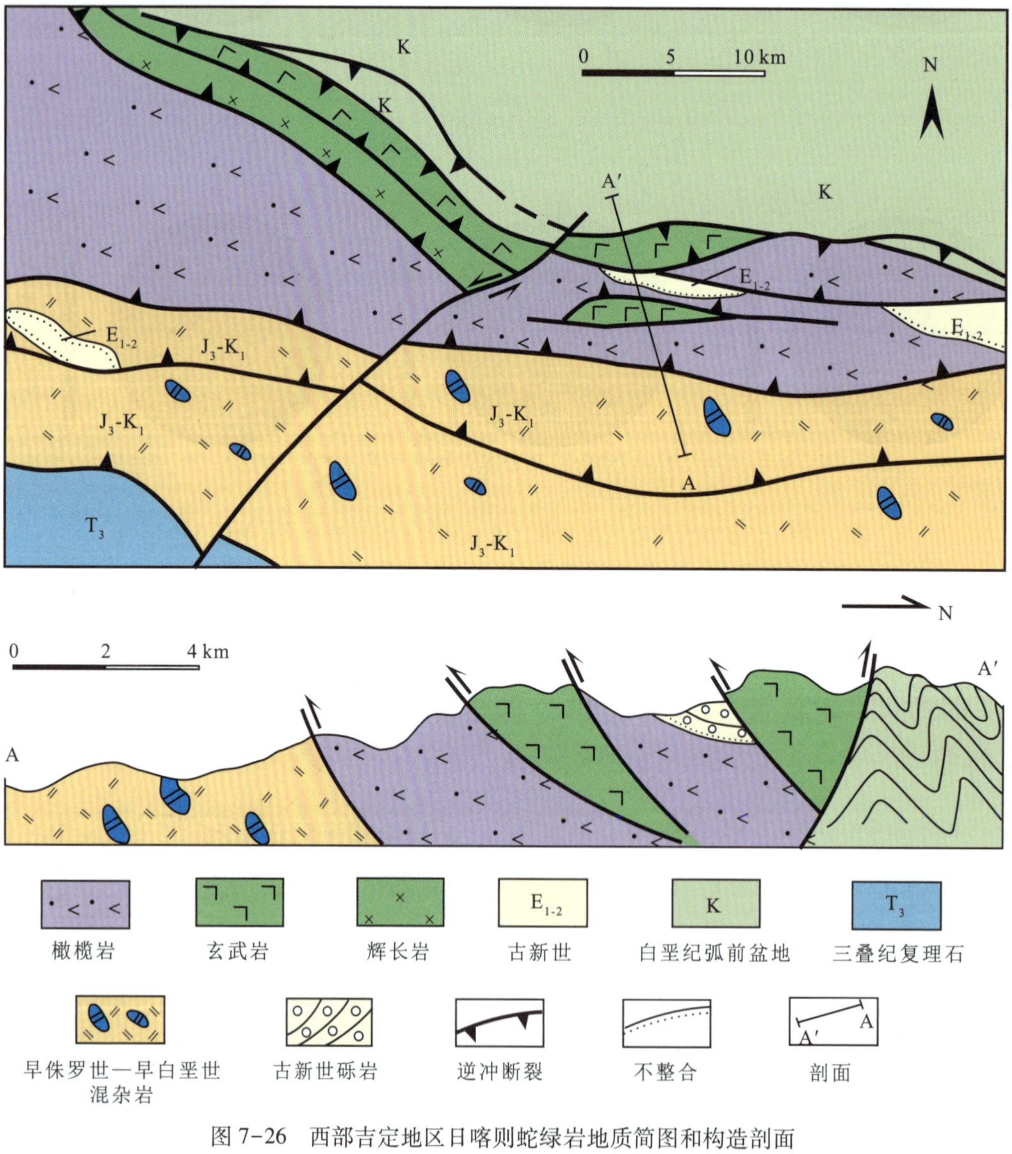

图 7-26　西部吉定地区日喀则蛇绿岩地质简图和构造剖面

理石序列覆盖。向北逆冲断层叠加在向南逆冲的吉定逆冲岩片之上，而在北部则叠加在早中白垩世复理石序列之上。吉定蛇绿岩具有连续分布的向南和向北的逆冲断层和脆韧性变形组构的构造格架特征。

位于阿里地区的普兰和东波蛇绿岩体处在印度河-雅鲁藏布江缝合带的西部（图 7-15），且均向南逆冲在印度板块北缘的古生代至中生代沉积岩之上（图 7-27）。普兰蛇绿岩以推覆体的形式产出，上伏晚白垩世混杂岩。在蛇绿岩体的南部，蛇绿岩和混杂岩逆冲于特提斯喜马拉雅古生代至中生代沉积序列之上（图 7-27）。普兰蛇绿岩以西的东波蛇绿岩体长 24 km，宽 12 km，由方辉橄榄岩夹纯橄岩、二辉橄榄岩、少量铬铁矿组成，含少量放射虫硅质岩和玄武质熔岩（图 7-28a）。辉长岩和辉石岩脉切穿方辉橄榄岩。根据拉长的辉石和尖晶石颗粒的方向，确定出橄榄岩呈现出北西向面理和南北向或 NNE-SSW 向拉伸线理，这代表东波蛇绿岩体的上部推覆体。东波蛇绿岩体中部推覆体由晚侏罗世至早白垩世红色放射虫硅质岩和蛇纹石化橄榄岩岩块组成（图 7-28b）。在推覆体的中部发现一条宽 1 km 向 S-SW 倾的脆韧性正断层，并存在灰岩岩脉的不对称褶皱，指示蛇绿岩推覆体向 SW 侵位（图 7-28c）。通过蛇绿岩、硅质岩和边界断层的构造特征对比，认为该正断层为经历褶皱作用改造的逆冲断层，并存在向南的剪切作用。

东波以南，橄榄岩中 NW 向面理和 N-S 向拉伸线理被下伏推覆体中部 NW-SE 向糜棱面理组构所截断，表明 SW 向推覆体的侵位与橄榄岩高温变形后产生的糜棱组构有关。此外，中部推覆体向南逆冲于下部外来混杂岩之上，该混杂岩由古近纪砂岩、石英砂岩组成，且含硅质岩、灰岩和砂岩岩块。

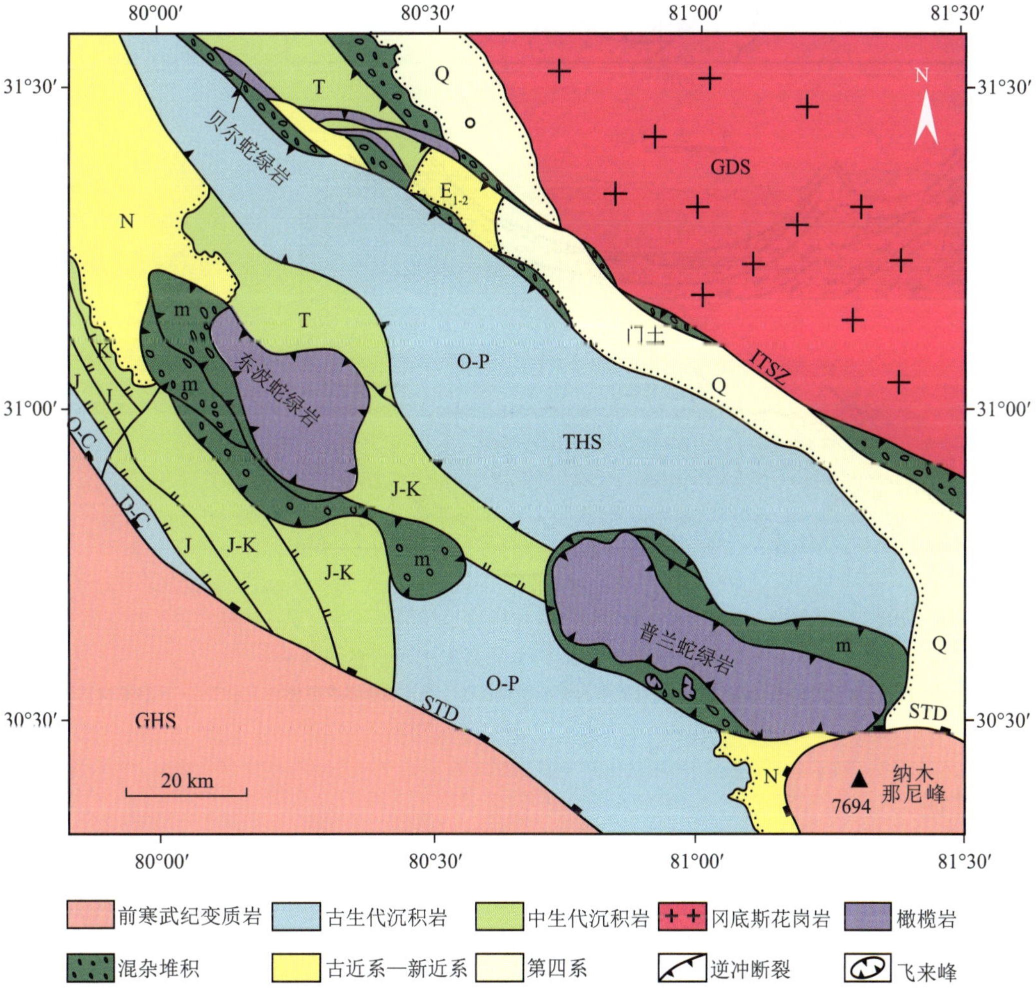

图 7-27　印度河-雅鲁藏布江缝合带西部东波-普兰蛇绿岩的地质简图

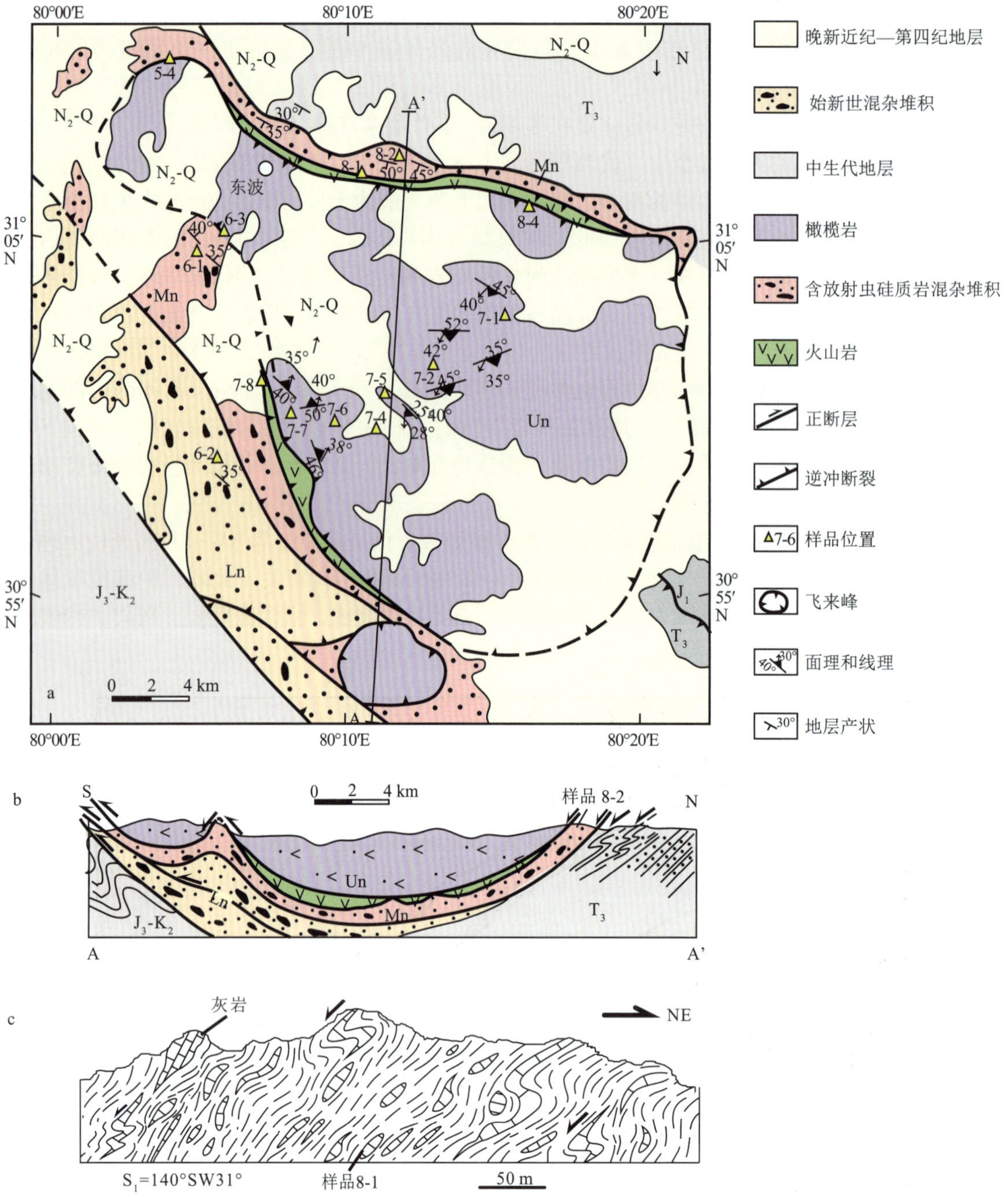

图 7-28 印度河-雅鲁藏布江缝合带西部的东波蛇绿岩地质简图（a）；A-A′南北向构造剖面（b）；中部推覆体北缘样品 8-1 的露头剖面示意图（c）

c 表示在放射虫硅质岩片中南倾正断层。Un—上部推覆体单元；Mn—中部推覆体单元；Ln—下部推覆体单元

三、讨论

（1）印度河-雅鲁藏布江蛇绿岩的年代学

通过 SHRIMP 和 LA-ICP MS 分析得出的锆石 U-Pb 年龄约束了印度河-雅鲁藏布江蛇绿岩的演化时限（Hébert et al.，2012）。位于印度河-雅鲁藏布江缝合带东部的罗布莎蛇绿岩的辉绿岩墙 SHRIMP 锆石 U-Pb 年龄为 162.9±3.8 Ma（Zhong et al.，2006）。这与前人所做辉长岩 Sm-Nd 同位素年龄 177±33 Ma 基本一致，但是，Malpas et al.（2003）获得的锆石年龄为 126±2 Ma，说明罗布莎蛇绿岩至少存在两个重要形成期。位于印度河-雅江缝合带中部日喀则蛇绿岩中侵入地幔橄榄岩的辉绿

岩墙形成的 LA-ICP MS 锆石年龄在 127-124 Ma 之间（Dai et al., 2013）。这与吉定蛇绿岩中辉长岩 SHRIMP 锆石 U-Pb 年龄 123±1.8 Ma 基本一致（Wang et al., 2006）。此外，桑桑蛇绿岩的年龄为 125.2±3.4 Ma（Xia et al., 2008），仲巴蛇绿岩的年龄为 127.2±1.1 Ma（Dai et al., 2012），当雄蛇绿岩的年龄在 126.7±0.4~123.4±0.8 Ma 之间（Chan et al., 2007），休古嘎布蛇绿岩的年龄为 122.3±2.4 Ma（Wei et al., 2006）。位于印度-雅鲁藏布江缝合带西部东波蛇绿岩的辉长岩锆石 U-Pb 年龄为 130±0.5 Ma 和 128±1.1 Ma（Xiong et al., 2011），普兰蛇绿岩的辉绿岩和辉长岩锆石 U-Pb 年龄分别为 122.3±2.4 Ma（Li et al., 2008）和 130±3.0 Ma（Liu et al., 2011）。位于拉达克的 Nidar 蛇绿岩的全岩 Sm-Nd 同位素年龄为 140±32 Ma（Ahmad et al., 2008），与上伏早白垩世放射虫硅质岩 132~112 Ma 的年龄一致（Kojima et al., 2001）。所以，除了罗布莎蛇绿岩，藏南许多蛇绿岩体均来源于早白垩世（122~130 Ma）新特提斯洋壳（图 7-1）。

（2）印度河-雅鲁藏布江缝合带中的斜长角闪岩和蓝片岩

位于一些雅鲁藏布江蛇绿岩之下的底板逆冲断层和混杂岩演化与高压变质作用有关，典型实例为雅鲁藏布江中部日喀则和桑桑蛇绿混杂岩。在雅鲁藏布江中部，强面理化石榴单斜辉石斜长角闪岩产出于经剪切作用改造的软弱蛇纹岩化基性岩体中，是变质作用的残余（Guilmette et al., 2009, 2012）。132~127 Ma 桑桑蛇绿岩的矿物温压计和角闪石 $^{40}Ar/^{39}Ar$ 测年反映高于 1.2 GPa 和 850℃ 的峰期变质条件，表明该蛇绿岩于早白垩世折返（Guilmette et al., 2012）。日喀则蛇绿岩中石榴单斜辉石斜长角闪岩经历了 1.3~1.5 GPa、750~875℃ 的峰期变质和后期高压变质（1.8 GPa、600℃）事件（Guilmette et al., 2008）。日喀则斜长角闪岩中角闪石 $^{40}Ar/^{39}Ar$ 年龄与斜长角闪岩的冷却年龄一致，说明日喀则蛇绿岩与桑桑蛇绿岩具有相似的折返期（Guilmette et al., 2009）。萨嘎、桑桑和日喀则蛇绿岩的地球化学特征与俯冲带之上的地球化学特征相似，其中的基性岩均指示正常型洋中脊玄武岩或弧后盆地玄武岩的地球化学特征（Bédard et al., 2009; Guilmette et al., 2009）。大洋岩石圈俯冲至 40 km 处，并在此经历了高压变质作用，最后折返到浅部地壳位置。

在雅鲁藏布江西部，位于 Ladakh 的 Shergol 蛇绿岩和位于巴基斯坦北部 Lower Swat 地区的 Shangla 蛇绿岩中发现含硬柱石、蓝闪石的蓝片岩（Honegger et al., 1989; Anczkiewicz et al., 2000）。Shergol 蛇绿岩的峰期变质条件为 0.9~1.1 GPa 和 350~420℃，K-Ar 年龄为白垩纪中期（Honegger et al., 1989）。Shangla 蛇绿岩与 Kohistan 古岛弧和印度板块北缘分离。Kohistan 古岛弧于中生代晚期岩浆作用形成，与新特提斯洋岩石圈洋内俯冲有关，随后在 102~75 Ma 之间与亚洲板块拼贴（Petterson et al., 1985; Treloar et al., 1989; Rehman et al., 2011）。在印度与科希斯坦弧碰撞期间，Shangla 蓝片岩于 80 Ma 经历了峰期变质作用，在最终侵位过程中叠加局部弱绿片岩相变质作用。

（3）印度河-雅鲁藏布江缝合带的侵位机制

印度河-雅鲁藏布江缝合带标志着原印度板块和欧亚板块的边界，由新特提斯洋岩石圈残余、蛇绿岩混杂岩、复理石沉积序列和陆源岩组成。图 7-29 展示雅鲁藏布江蛇绿岩沿走向的分布，其中罗布莎蛇绿岩位于雅江东部（图 7-29a）（Yamamoto et al., 2007; Liang et al., 2011; 本次研究），桑桑蛇绿岩位于雅江中部（图 7-29b）（Guilmette et al., 2012）。位于 Ladakh 南部的 Nidar 蛇绿岩（图 7-29c）以南倾的逆冲断层为界，向北侵位在古近纪—新近纪砾岩之上（Mascle et al., 2012）。位于雅江西部的 Baer-东波蛇绿岩（图 7-29d）和位于 Ladakh 地区的 Spongtang 蛇绿岩连同其中蛇绿混杂岩作为构造岩片一起向南逆冲于特提斯喜马拉雅地层之上。

沿着北罗布莎-泽当逆冲断层糜棱岩中的假玄武玻璃脉是证明存在通过韧脆性转换带的岩石通道的一个重要证据，且在剪切带内存在大地震。前人研究已经证明与断层有关的假玄武玻璃能导致共振高频摩擦，表现出复杂的构造、岩石、地球化学特征，这些特征取决于围岩的脆韧性（Lin et al., 2005; Sibson et al., 2007）、高流体压力（Sibson, 1975; Okamoto et al., 2006; Speckbacher et al., 2013）、地震的深度和震级（Ma et al., 2006）、断层面滑移速率（Chu, 1987; Sibson, 1975; Spray, 1993, 1995）、断层面附近摩擦熔融的程度（Magloughlin, 1992; Magloughlin et al., 1992; Sibson et al., 2007; Spray, 2010）、断层带的渗透性（Boullier et al., 2004; O'Hara et al., 2001; Uehara et

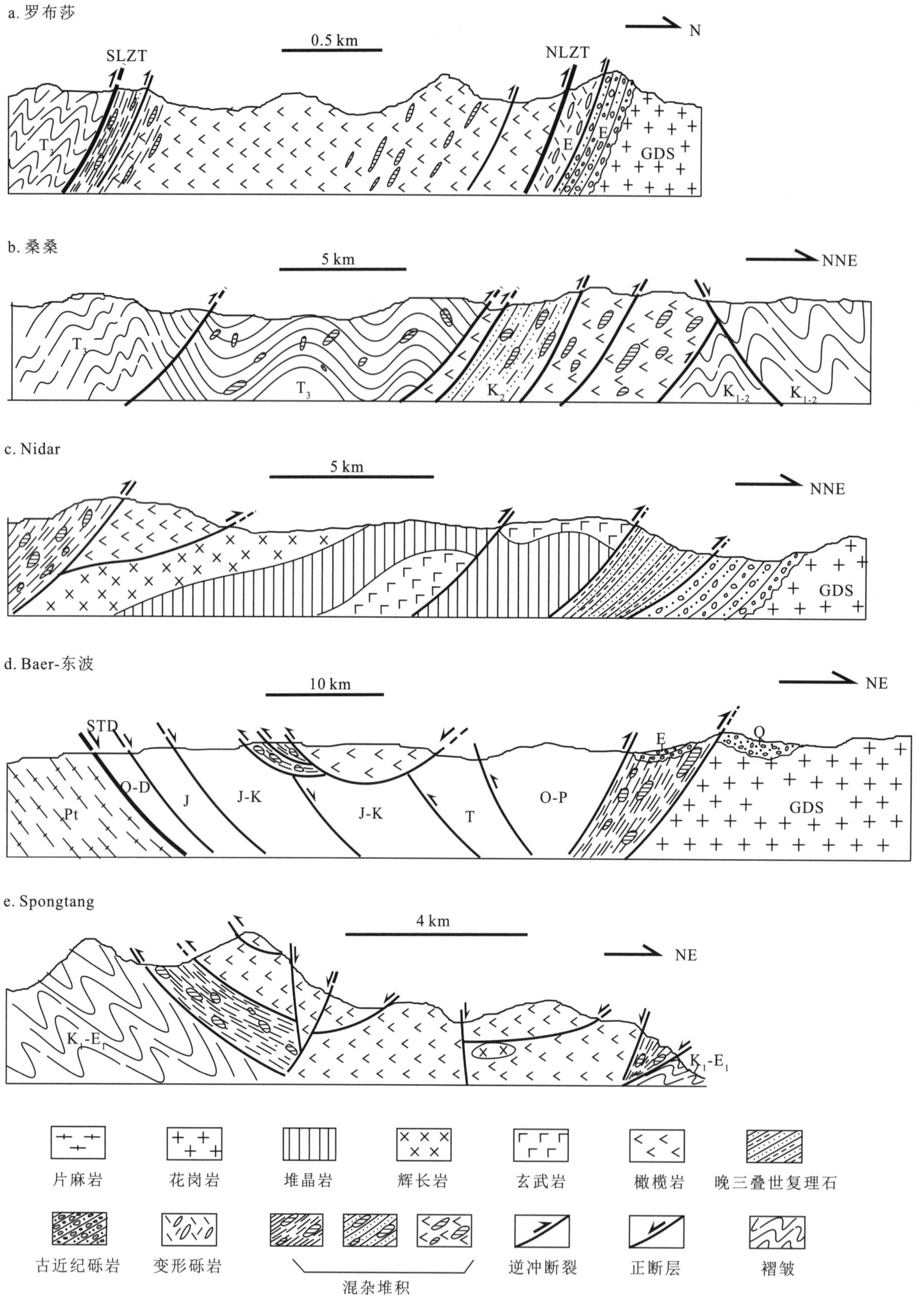

图 7-29　罗布莎蛇绿岩构造剖面（a），桑桑蛇绿岩构造剖面（b），Nidar 蛇绿岩构造剖面（c）(Mascle et al., 2012)，Baer-东波蛇绿岩构造剖面（d），Spongtang 蛇绿岩构造剖面（e）（Reuber，1986a）

SLZT—南罗布莎-泽当逆冲断层；NLZT—北罗布莎-泽当逆冲断层；GDS—冈底斯岩浆岛弧带；STD—藏南拆离系

al.，2004）。根据北罗布莎-泽当逆冲断层的糜棱岩中石英组构特征和假玄武玻璃的出现，说明康金拉北部的北罗布莎-泽当逆冲断层原形成于15～20 km处，而后在地壳折返期间于8～16 km处经历了由韧性变形到脆性变形的过渡。当发生在上地壳脆性育震带上的大型地震与地震滑移有关时，在折返期间，假玄武玻璃形成，并注入到糜棱岩带中。

印度河-雅鲁藏布江缝合带记录了白垩纪至古近纪期间多期碰撞事件。本书提出一个雅鲁藏布江蛇绿岩侵位的构造模型，并通过野外观察、构造研究和地质年代学研究对该模型进行检测。虽然许多雅鲁藏布江蛇绿岩形成于晚侏罗世至早白垩世俯冲带之上的环境下，同时主要的火成岩年龄在130～120 Ma之间（Hébert et al.，2012）（图7-30），但是根据罗布莎蛇绿岩铬铁矿和方辉橄榄岩中原位金

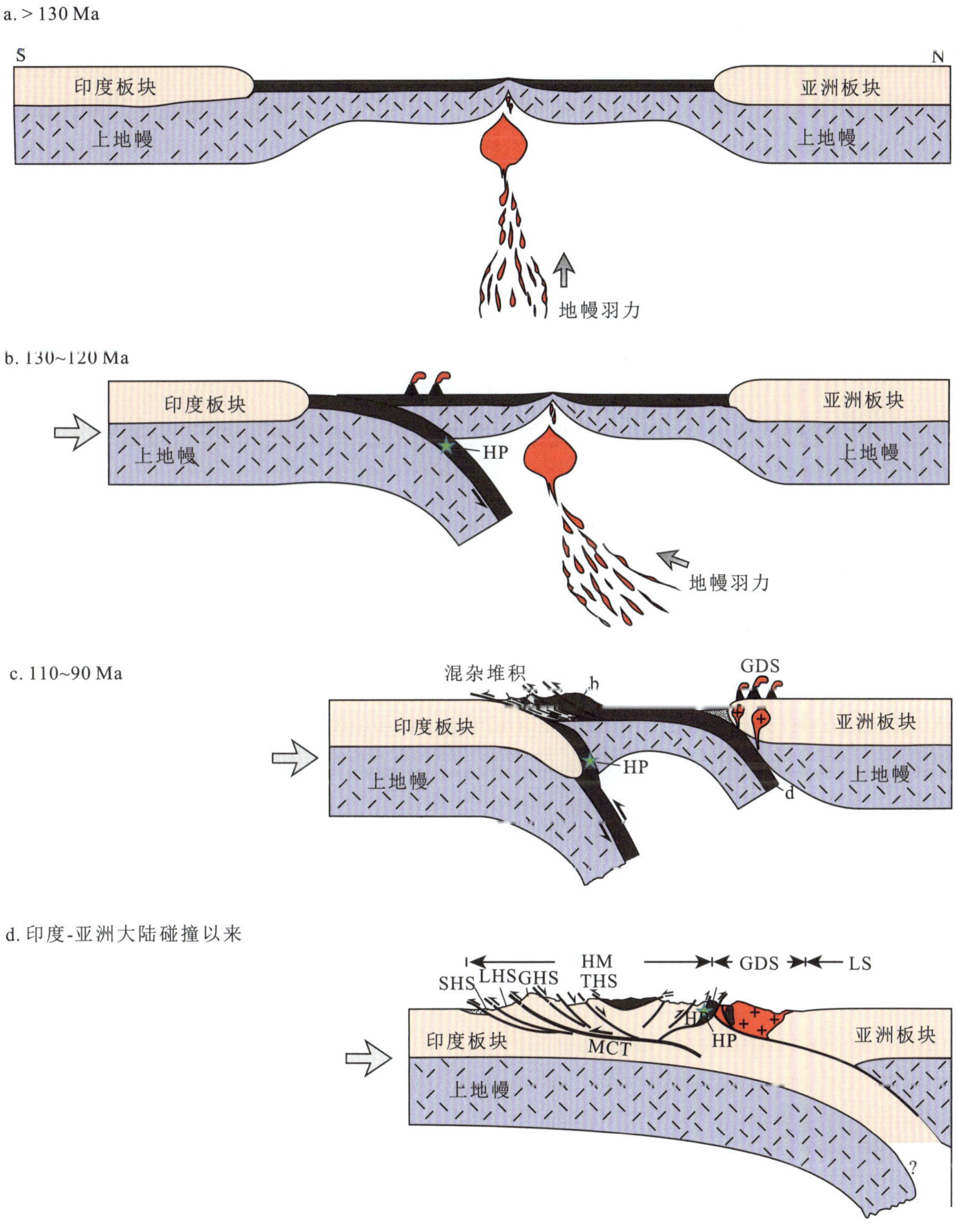

图7-30　印度河-雅鲁藏布江蛇绿岩的侵位构造模型

a—在新特提斯洋盆地中蛇绿岩形成，含有随地幔柱携带上来的含微晶金刚石包体的橄榄岩；b—俯冲大洋板片的洋内俯冲和高压变质作用；c—蛇绿岩向南仰冲于印度大陆边缘之上和通过俯冲通道的高压变质岩的折返；d—由于印度板块与亚洲板块碰撞，雅鲁藏布江蛇绿岩背冲到冈底斯岩基之上。HM—喜马拉雅地体；LS—拉萨地体；GDS—冈底斯岩浆岛弧带；THS—特提斯喜马拉雅；GHS—高喜马拉雅；LHS—低喜马拉雅；SHS—次喜马拉雅；MCT—主中央逆冲断层

刚石和其他超高压矿物的发现，认为一些蛇绿岩来源于下地幔高温高压环境（Yang et al.，2008a，2008b；Xu et al.，2009b）。含有超高压包体的铬铁矿和橄榄岩的早期高温变形可能通过原始地幔底辟作用在从下地幔上升到上地幔的过程中产生（图 7-30a）。

印度河-雅鲁藏布江缝合带出露许多形成于弧后盆地的 130~120 Ma 蛇绿岩体（图 7-30b），而高压斜长角闪岩发育在洋内俯冲带中（Guilmette et al.，2009，2012；Bédard et al.，2009；Bezard et al.，2011）。110~90 Ma，在新特提斯大洋岩石圈向南仰冲于原印度板块北缘的过程中，斜长角闪岩从 40 km（约 850℃，0.9 GPa）处折返到大约 10 km 处（图 7-30c）。位于雅鲁藏布江缝合带西部的 Spongtang 蛇绿岩、Nidar 蛇绿岩、东波蛇绿岩、普兰蛇绿岩和休古嘎布蛇绿岩没有高压变质作用的记录。Spongtang 和 Nidar 基性岩中角闪石 $^{39}Ar/^{40}Ar$ 得到 110~130 Ma 的冷却年龄（Mahéo et al.，2004），该蛇绿岩直接向南侵位于原印度陆壳之上，是新特提斯洋内大陆与海沟碰撞的结果，在印度板块北缘大陆与洋内海沟碰撞期间，该蛇绿岩以推覆体构造岩片产出，与此同时，因洋内俯冲的岩浆作用形成科希斯坦-拉达克岩浆弧，科希斯坦-拉达克岩浆弧与印度板块的碰撞导致 80 Ma 后蓝片岩折返，并且该蛇绿岩向南侵位于原印度板块北缘之上。

自约 55 Ma 印度板块与亚洲板块碰撞，蛇绿岩与含有高压变质岩的次级蛇绿混杂岩向北逆冲，形成叠瓦状推覆体（图 7-30d）。由于背冲作用，先前侵位的蛇绿混杂岩进一步向北移动于渐新世至中新世砾岩之上。与逃逸构造有关的同碰撞-后碰撞走滑变形制约着印度河-雅鲁藏布江缝合带和沿缝合带出露的蛇绿岩。并导致蛇绿岩体沿着右行断层侧向滑移和错断，所以，在冈底斯岩浆带内蛇绿岩残片以走滑双重构造和马鞍构造产出。

总之，对藏南 5 处典型蛇绿岩露头和罗布莎科学钻探岩芯样品进行的详细构造研究表明，各构造单元与印度河-雅鲁藏布江缝合带之间具有复杂的构造关系，并记录了蛇绿岩侵位和陆陆碰撞过程中的多期变形组构，先发生与蛇绿岩侵位有关的早期向南逆冲作用，而后发生向北的背冲作用，且外来蛇绿岩体作为推覆体向北移动。这种挤压作用导致沿印度河-雅鲁藏布江缝合带分布的构造单元的构造序列发生倒转，并使蛇绿岩体和混杂岩体向北移动到始新世和更年轻的前陆盆地地层之上。

沿印度河-雅鲁藏布江缝合带出露许多晚侏罗世至早白垩世蛇绿岩体，形成于 130~120 Ma 弧后盆地环境，是新特提斯大洋岩石圈残片。晚白垩世，俯冲带之上蛇绿岩体沿向南逆冲断层侵位到原印度板块北缘之上。高压斜长角闪岩和蓝片岩可能发育在洋内俯冲带的俯冲隧道中，这些高压变质岩折返到约 10 km 的地壳深度，并在晚白垩世与蛇绿岩一同侵位。负载蛇绿岩的原印度板块北缘在古新世早起与拉萨地体碰撞，导致印度河-雅鲁藏布江缝合带构造序列发生倒转，且产生背冲作用。蛇绿岩、蛇绿混杂岩和复理石沉积序列向北迁移至始新世和早-中白垩世前陆盆地地层之上。印度河-雅鲁藏布江缝合带具有明显的构造分异特征，既具有向南和向北的逆冲作用，又具有与韧脆性变形相关的组构特征。

参 考 文 献

Ahmad T，Tanaka T，Sachan H K，et al. 2008. Geochemical and isotopic constraints on the age and origin of the Nidar Ophiolitic Complex，Ladakh，India：Implications for the Neo-Tethyan subduction along the Indus suture zone. Tectonophysics，451：206~224.

Aitchison J C，Ali J R，Davis A M. 2007. When and where did India and Asia collide? Journal of Geophysical Research，112：B05423. http://dx. doi. org/10. 1029/2006JB004706.

Aitchison J C，Davis A M，Luo Hui. 2002. New constraints on the India-Asia collision：the lower MioceneGangrinboche conglomerates，Yarlung Tsangpo suture zone，SE Tibet. Journal of Asian Earth Sciences，21(3)：251~263.

Aitchison J C，Xia X，Baxter A T，et al. 2011. Detrital zircon U-Pb ages along the Yarlung-Tsangpo suture zone，Tibet：Implications for oblique convergence and collision between India and Asia. Gondwana Research，20：691~709.

Allegre C J，Courtillot V，Tapponnier P，et al. 1984. Structure and evolution of the Himalaya-Tibet orogenic belt. Nature，307：17~22.

Anczkiewicz R，Burg J P，Villa I，et al. 2000. Late Cretaceous blueschist metamorphism in the Indus suture zone，Shangla region，Pakistan Himalaya. Tectonophysics，324：111~134.

Bao P S，Su L，Wang J，et al. 2013. Study on the tectonic setting for the ophiolites in Xigaze，Tibet. Acta Geologica Sinica，87：395~425 (in

Chinese with English abstract).
Bezard R, Hébert R, Wang C S, et al. 2011. Petrology and geochemistry of the Xiugugabu ophiolitic massif, western Yarlung Zangbo suture zone, Tibet. Lithos, 125: 347~367.
Bi F K, Zhao Y P, Zhang Y Q, et al. 2002. 1 : 250 000 Zada Geological Survey Report. Hebei Geological Survey H44C001002 (in Chinese).
Blumenfeld P, Mainprice D, Bouches J L. 1986. C-slip in quartz from subsolidus deformed granite. Tectonophysics, 127: 97~115.
Boullier A M, Fujimoto K, Ohtani T, et al. 2004. Textural evidence for recent co-seismic circulation of fluids in the Nojima fault zone, Awaji island, Japan. ectonophysics, 378: 165~181.
Burg J P, Jagoutz O, Dawood H, et al. 2006. Precollision tilt of crustal blocks in rifted island arcs: Structural evidence from the Kohistan arc. Tectonics, 25: 1~13.
Burg J P, Nievergelt P, Oberli F, et al. 1998. The Namche Barwa syntaxis, evidence for exhumation related to compressional crustal folding. Journal of Asian Earth Sciences, 16: 239~252.
Bédard É, Hébert R, Guilmette C, et al. 2009. Petrology and geochemistry of the Saga and Sangsang ophiolitic massifs, Yarlung Zangbo Suture Zone, Southern Tibet: Evidence for an arc-back-arc origin. Lithos, 113: 48~67.
Carosi R, Lombardo B, Musumeci G, et al. 1999. Geology of the Higher Himalayan Crystallines in Khumbu Himal(Easterm Nepal). Journal of Asian Earth Sciences, 17: 785~803.
Chan G H N, Aitchison J C, Crowley Q G, et al. 2013. U-Pb zircon ages for Yarlung Tsangpo suture zone ophiolites, southwestern Tibet and their tectonic implications. Gondwana Research, 27: 719~732.
Chan G H N, Crowley Q, Searle M, et al. 2007. U-Pb zircon ages of the Yarlung Zangbo suture zone ophiolites, south Tibet, 22th Himalaya-Karakoram-Tibet Workshop 12. Workshop Abstract, Hong Kong, China.
Chen G W, Xia B. 2008. Platinum-group elemental geochemistry ofmafic and ultramafic rocks from the Xigaze ophiolite, southern Tibet. Journal of Asian Earth Sciences, 32: 406~422.
Chu H T. 1987. The origin of pseudotachylyte in the Shelburne area, Nova Scotia. Memoir of the Geological Society of China, 8: 135~146.
Chu M F, Chung S L, Song B A, et al. 2006. Zircon U-Pb and Hf isotope constraints on the Mesozoic tectonics and crustal evolution of southern Tibet. Geology, 34(9): 745~748.
Chung S L, Chu M F, Zhang Y Q, et al. 2005. Tibetan tectonic evolution inferred from spatial and temporal variations in post-collisional magmatism. Earth-Science Reviews, 68(3~4): 173~196.
Copley A, Avouac J P, Royer J Y. 2010. India-Asia collision and the Cenozoic slowdown of the Indian plate: Implications for the forces driving plate motions. Journal of Geophysical Research, 115: B03410.
Dai J G, Wang C S, Li Y. 2012. Relicts of the Early Cretaceous seamounts in the centralwestern Yarlung Zangbo Suture Zone, southern Tibet. Journal of Asian Earth Sciences, 53: 25~37.
Dai J G, Wang C S, Polat A, et al. 2013. Rapid forearc spreading between 130 and 120 Ma: Evidence from geochronology and geochemistry of the Xigaze ophiolite, southern Tibet. Lithos, 172~173, 1~16.
Davis A M, Aitchison J C, Ba D Z, et al. 2002. Paleogene island arc collisionrelated conglomerates, Yarlung-Tsangpo suture zone, Tibet. Sedimentary Geology, 150: 247~273.
DeCelles P G, Kapp P, Quade J, et al. 2011. Oligocene-Miocene Kailas basin, southwestern Tibet: Record of postcollisional upper-plate extension in the Indus-Yarlung suture zone. Geological Society of America Bulletin, 123: 1337~1362.
Diener C. 1898. Notes on the geological structure of the Chitichun region. Memoirs of the Geological Survey of India, 28: 1~27.
Dilek Y. 2006. Collision tectonics of the Eastern Mediterranean region: Causes and consequences. Geological Society of America, Special Paper, 409: 1~13.
Dilek Y, Flower M F J. 2003. Arc-trench rollback and forearc accretion: 2. Model template for Albania, Cyprus, and Oman. In: Dilek, Y, Robinson, P. T. (Eds.), Ophiolites in Earth History. Geological Society of London Special Publication, 218: 43~68.
Dilek Y, Furnes H, Shallo M. 2007. Suprasubduction zone ophiolite formation along the periphery of Mesozoic Gondwana. Gondwana Research, 11: 453~475.
Dilek Y, Furnes H. 2009. Structure and geochemistry of Tethyan ophiolites and their petrogenesis in subduction rollback systems. Lithos, 113: 1~20.
Dilek Y, Furnes H. 2011. Ophiolite genesis and global tectonics: Geochemical and tectonic fingerprinting of ancient oceanic lithosphere. Geological Society of America Bulletin, 123: 387~411.
Dilek Y, Furnes Y. 2014. Ophiolites and their origins. Elements, 10: 93~100.
Dilek Y, Robinson P T. 2003. Ophiolites in Earth History: Introduction. In: Dilek Y, Robinson, P T(Eds.), Ophiolites in Earth History. Geological Society of London Special Publication, 218: 1~8.
Dilek Y, Thy P. 2009. Island arc tholeiite to boninitic melt evolution of the Cretaceous Kizildag(Turkey)ophiolite: model for multi-stage early arc-forearc magmatism in Tethyan subduction factories. Lithos, 113: 68~87.
DiPietro J A, Hussain A, Ahmad I, et al. 2000. The MainMantle Thrust in Pakistan: Its character and extent. Geological Society of London Spe-

cial Publication, 170: 375~393.

Dong X, Zhang Z M, Geng G H, et al. 2010. Devonian magmatism from the southern Lhasa terrane, Tibetan Plateau. Acta Petrologica Sinica, 26(7): 2226~2232(in Chinese with English abstract).

Dong X, Zhang Z M, Liu F, et al. 2014. Late Paleozoic intrusive rocks from the southeastern Lhasa terrane, Tibetan Plateau, and their Late Mesozoic metamorphism and tectonic implications. Lithos, 198: 249~262.

Dubois C V, Hébert R, Dupuis C, et al. 2005. Petrological and geochemical evidence for the origin of the Yarlung Zangbo, ophiolines, southern Tibet. Chemical Geology, 214: 265~286.

Dupont N G, Lippert P C, van Hinsbergen D J J, et al. 2010. Palaeolatitude and age of the Indo-Asia collision: Palaeomagnetic constraints. Geophysical Journal International, 1189~1198.

Dupuis C, Hébert R, Dubois-Cote V, et al. 2005. Petrology and geochemistry of mafic rocks from melange and flysch units adjacent to the Yarlung Zangbo Suture Zone, southern Tibet. Chemical Geology, 214: 287~308.

Einsele G, Liu B, Duerr S, et al. 1994. The Xigaze forearc basin: Evolution and facies architecture(Cretaceous, Tibet). Sedimentary Geology, 90: 1~32.

Flower M F J, Dilek Y. 2003. Arc-trench rollback and forearc accretion: 1. A collisioninduced mantle flow model for Tethyan ophiolites. In: Dilek, Y, Robinson, P. T. (Eds.), Ophiolites in Earth History. Geological Society of London Special Publication., 218: 21~42.

Gansser A. 1964. Geology of the Himalayas. New York: Interscience Pub, John Wiley and Sons.

Girardeau J, Marcoux J, Fourcade E, et al. 1985a. Xainxa ultramafic rocks, central Tibet, China: tectonic environment and geodynamic significance. Geology, 13: 330~333.

Girardeau J, Mercier J C C, Zao Y G. 1985b. Structure of the Xigaze Ophiolite, Yarlung Zangbo Suture Zone, southern Tibet, China: genetic implications. Tectonics, 4: 267~341.

Green O R, Searle M P, Corfield R I, et al. 2008. Cretaceous-Tertiary carbonate platform evolution and the age of the India-Asia collision along the Ladakh Himalaya(Northwest India). Journal of Geology, 116: 331~353.

Guillot S, Mahéo G, de Sigoyer J, et al. 2008. Tethyan and Indian subduction viewed from the Himalayan high-to-ultrahigh pressure metamorphic rocks. Tectonophysics, 451: 225~241.

Guilmette C, Hébert R, Dostal J, et al. 2012. Discovery of a dismembered metamorphic sole in the Saga ophiolitic mélange, South Tibet: Assessing an Early Cretaceous disruption of the Neo-Tethyan supra-subduction zone and consequences on basin closing. Gondwana Research, 22: 398~414.

Guilmette C, Hébert R, Dupuis R, et al. 2008. Metamorphic history and geodynamic significance of high-grade metabasites from the ophiolitic mélange beneath the Yarlung Zangbo ophiolites, Xigaze area, Tibet. Journal of Asian Earth Sciences, 32: 423~437.

Guilmette C, Hébert R, Wang C S, et al. 2009. Geochemistry and geochronology of the metamorphic sole underlying the Xigaze Ophiolite, Yarlung Zangbo Suture Zone, South Tibet. Lithos, 112: 149~162.

Guo L, Zhang H F, Harris N, et al. 2011. Origin and evolution of multistage felsic melts in easternGangdese belt: constraints from U-Pb zircon dating and Hf isotopic composition. Lithos, 127: 54~67.

Harrison T M, Yin A, Grove M, et al. 2000. The Zedong Window: A record of superposed Tertiary convergence in southeastern Tibet. Journal of Geophysical Research: Solid Earth(1978-2012), 105: 19211~19230.

Heim A A, Gansser A. 1939. Central Himalaya Geological Observations of the Swiss Expedition, 1936. Hindustan Publishing, Delhi. Honegger, K, Le Fort, P, Mascle, G, Zimmermann, J. L, 1989. The blueschists along the Indus suture zone in Ladakh, NW Himalaya. Journal of Metamorphic Geology, 7: 57~72.

Hu J R, Chen G J, Liu R G, et al. 2002. 1∶250 000 Xigaze Geological Survey Report. Geological Survey H45C003004(in Chinese). Jain, A. K, Manickavasagam, R. M, 1997. Ductile shear as a cause of inverted metamorphism: Example from the Nepal Himalaya: A discussion. Journal of Geology, 105: 511~514.

Huot F, Hébert R, Varfalvy V, et al. 2002. The Beimarang melange(southern Tibet)brings additional constraints in assessing the origin, metamorphic evolution and obduction processes of the Yarlung Zangbo ophiolite. Journal of Asian Earth Sciences, 21: 307~322.

Hébert R, Bezard R, Guilmette C, et al. 2012. The Indus-Yarlung Zangbo ophiolites from Nanga Parbat to Namche Barwa syntaxes, southern Tibet: First synthesis of petrology, geochemistry, and geochronology with incidences on geodynamic reconstructions of Neo-Tethys. Gondwana Research, 22: 377~397.

Hébert R, Huot F, Wang C S, et al. 2003. Yarlung Zangbo ophiolites, southern Tibet revisited: Geodynamic implications from the mineral record. Geological Society of London, Special Publication, 218: 165~190.

Jackson S E, Pearson N J, Griffin W L, et al. 2004. The application of laser ablation-inductively coupled plasma-mass spectrometry to in situ U-Pb zircon geochronology. Chemical Geology, 211(1-2): 47~69.

Jagoutz O, Royden L, Holt A F, et al. 2015. Anomalously fast convergence of India and Eurasia caused by double subduction. Nature Geoscience, 8: 475~478.

Ji S, Xia B. 2002. Rheology of Polyphase Earth Materials. Montreal: Presses International Polytechnique, 259.

Ji W Q, Wu F Y, Chung S L, et al. 2009. Zircon U-Pb geochronology and Hf isotopic constraints on petrogenesis of the Gangdese batholith, southern Tibet. Chemical Geology, 262(3): 229~245.

Jiang H, Lee C T A, Morgan J K, et al. 2015. Geochemistry and thermodynamics of an earthquake: A case study ofpseudotachylites within mylonitic granitoid. Earth and Planetary Science Letters, 430: 235~248.

Jiang Z Q, Wang Q, Li Z X, et al. Late Cretaceous(ca. 90 Ma)adakitic intrusive rocks in the Kelu area, Gangdese Belt(southern Tibet): slab melting and implications for Cu-Au mineralization. Journal of Asian Earth Sciences, 53: 67~81.

Kirkpatrick J D, Rowe C D. 2013. Disappearing ink: Howpseudotachylytes are lost from the rock record. Journal of Structural Geoloy, 52: 183~198.

Klootwijk C T, Gee J S, Peirce J W, et al. 1992. An early India-Asia contact: paleomagnetic constraints from Ninetyeast Ridge, ODP Leg 121. Geology, 20: 395~398.

Kojima S, Ahmad T, Tanaka T, et al. 2001. Early Cretaceous radiolarians from the Indus suture zone, Ladakh, northern India. News of Osaka Micropaleontologists(NOM), Special Volume. 12: 257~270.

Li J F, Xia B, Liu L W, et al. 2008. SHRIMP U-Pb zircon dating of diabase in the Langa Co ophiolite, Burang, Tibet, China and its geological significance. Geological Bulletin of China, 27: 1739~1743(in Chinese with English abstract).

Li J Y, Yang J S, Ba D Z, et al. 2012. Origin of different dunites in the Luobusa ophiolite, Tibet. Acta Petrologica Sinica, 28: 1829~1845(in Chinese with English abstract).

Li S, Ding L, X Q, Wang H Q, et al. 2015. The evolution of Yarlung Tsangpo river: Constraints from the age and provenance of the gangdese conglomerates, southern tibet. Gondwana Research, In Press.

Liang F H, Xi Z Q, Ba D Z, et al. 2011. Tectonic occurrence and emplacement mechanism of ophiolites from Luobusha-Zedang, Tibet. Acta Petrologica Sinica, 27(11): 3255~3268(in Chinese with English abstract).

Lin A. 2007. Fossil earthquakes: The Formation and Preservation of Pseudotachylytes. Berlin Heidelberg, Springer, 348. Lockner, D. A, Morrow.

Lin A, Maruyama T, Stallard A, et al. 2005. Propagation of seismic slip from brittle to ductile crust: Evidence from pseudotachylyte of the Woodroffe thrust, Central Australia. Tectonophysics, 402: 21~35.

Liu Y S, Gao S, Hu Z C, et al. 2010. Continental and oceanic crust recycling-induced melt-peridotite interactions in the Trans-North China Orogen: U-Pb dating, Hf isotopes and trace elements in zircons from mantle xenoliths. Journal of Petrology, 51(1~2): 537~571.

Liu Z, Xiong F H, Wu D, et al. 2011. Petrology and geochronology of MOR gabbro in the Purang ophilite of western Tibet, China. Acta Petrologica Sinica, 27: 3269~3279(in Chinese with English abstract).

Ludwig K R. 2003. ISOPLOT 3. 00: A Geochronological Toolkit for Microsoft Excel. Berkeley: BerkeleyGeochromology Center, California.

Ma K F, Tanaka H, Song S R, et al. 2006. Slip zone and energetics of a large earthquake from the Taiwan Chelungpu-fault Drilling Project. Nature, 444: 437~476.

Magloughlin J F. 1992. Microstructural and chemical changes associated with cataclasis and frictional melting at shallow crustal levels: the cataclasite-pseudotachylyte connection. Tectonophysics, 204: 243~260.

Magloughlin J F, Spray J G. 1992. Frictional melting processes and products in geological materials: introduction and discussion. Tectonophysics, 204: 197~206.

Mainprice D, Bouchez J L, Blumenfeld P, et al. 1986. Dominant c slip in naturally deformed quartz: implications for dramatic plastic softening at high temperature. Geology, 14: 819~822.

Malpas J, Zhou M F, Robinson P T, et al. 2003. Geochemical and geochronological constraints on the origin and emplacement of the Yarlung Zangbo ophiolites, Southern Tibet. In: Dilek, Y, Robinson, P. T. (Eds.), Ophiolites in Earth History. Geological Society of London Special Publication. 218: 191~206.

Mascle G. 1985. L'Himalaya resulte-t-il du telescopage de trois chaines. Bulletin de la Societe Geologique de France, 1: 473~479.

Mascle G, Pecher A, Guillot S. 2012. The Himalayan-Tibet collision. Nepal Geological Society, 1~264.

McNulty B A. 1995. Pseudotachylyte generated in semi-brittle regimes, Bench Canyon shear zone, central Sierra Navada. Journal of Structural Geology, 11: 1507~1521.

Mitchell A H G. 1993. Cretaceous-Cenozoic tectonic events in the western Myanmar(Burma)-Assam region. Journal of the Geological Society, London, 150: 1089~1102.

Molnar P, Stock J M. 2009. Slowing of India's convergence with Eurasia since 20 Ma and its implications for Tibetan mantle dynamics. Tectonics, 28: TC3001.

Molnar P, Tapponnier P. 1975. Cenozoic tectonics of Asia: Effects of a continental collision. Science, 189: 419~426.

Moore D E, Lockner D A. 2007. Comparative deformation behavior of minerals in serpentinized ultramafic rock: Application to the slab-mantle interface in subduction zones. International Geology Review, 49: 401~415.

Najman Y, Appel E, Boudagher-Fadel M, et al. 2010. Timing of India-Asia collision: geological, biostratigraphic, and palaeomagnetic constraints. Journal of Geophysical Research, 115: B12416.

Nicolas A, Girardeau J, Marcoux J, et al. 1981. The Xigaze ophiolite(Tibet): A peculiar oceanic lithosphere. Nature, 294: 414~417.

Okamoto S, Kimura G, Takizawa S, et al. 2006. Earthquake fault rock indicating a coupled lubrication mechanism. Earth Discussions, 1: 23~28.

O'Hara K D, Sharp Z D. 2001. Chemical and oxygen isotope composition of natural and artificial pseudotachylyte: Role of water during frictional fusion. Earth and Planetary Science Letters, 184: 393~406.

Passchier C W, Trouw R A J. 2005. Microtectonics. Berlin Heidelberg: Springer, 366.

Petterson M G, Windley B F. 1985. Rb-Sr dating of the Kohistan arc-batholith in the Trans-Himalaya of North Pakistan, and tectonic implications. Earth and Planetary Science Letters, 74: 45~57.

Prante M R, Evans J P. 2015. Pseudotachylyte and Fluid Alteration at Seismogenic Depths(Glacier Lakes and Granite Pass Faults, Central Sierra Nevada, USA). Pure and Applied Geophysics, 172: 1203~1227.

Quidelleur X, Grove M, Lovera O M, et al. 1997. Thermal evolution and slip history of the Renbu Zedong Thrust, southeastern Tibet. Journal of Geophysical Research: Solid Earth(1978-2012)102: 2659~2679.

Ratschbacher L, Frisch W, Liu G, et al. 1994. Distributed deformation in southern and western Tibet during and after the India-Asia collision. Journal of Geophysical Research, 99: 19817~19945.

Rehman H U, Tetsuzo S, Hiroshi Y, et al. 2011. Timing of collision of the Kohistan-Ladakh Arc with India and Asia: Debate. Island Arc, 20: 308~328.

Replumaz A, Capitano F A, Guillot S, et al. 2014. The coupling of Indian subduction and Asian continental tectonics. Gondwana Research, 26: 608~626.

Reuber I. 1986a. Geometry of accretion and oceanic thrusting of the Spongtang ophiolite, Ladakh-Himalaya. Nature, 321: 592~596.

Reuber I. 1986b. Two peridotite units superposed by intra-oceanic thrusting in the Spongtang Klippe(Ladakh, Himalaya). Science Geological Bulletin, 39: 391~402.

Rowe C D, Moore J C, Meneghini F, et al. 2005. Large-scale pseudotachylytes and fluidized cataclasites from an ancient subduction thrust fault. Geology, 33: 937~940.

Rowley D B. 1996. Age of initiation of collision between India and Asia: A review of stratigraphic data. Earth and Planetary Science Letters, 145: 1~13.

Sankar C, Arghya G, Christopher R S. 2013. The longest voyage: Tectonic, magmatic, and paleoclimatic evolution of the Indian plate during its northward flight from Gonwana to Asia. Gondwana Research, 23: 238~267.

Scholz C H. 2002. The Mechanics of Earthquakes and Faulting. New York: Cambridge University Press.

Schwab M, Ratschbacher L, Siebel W, et al. 2004. Assembly of t he Pamirs: Age and origin of magmatic belts from southern Tien Shan to the southern Pamirs and their relation to Tibet. Tectonics, 23: TC4002.

Sibson R H. 1975. Generation ofpseudotachylyte by ancient seismic faulting. Geophysical Journal of the Royal Astronomical Society, 43: 775~794.

Sibson R H, Toy V G. 2007. The habitat of fault-generated pseudotachylyte: presence vs. absence of friction-melt. Earthquakes: radiated energy and the physics of faulting. Geophysical Monograph Series(B), 170: 153~166.

Speckbacher R, Stipp M, Behrmann J H, et al. 2013. Fluid-assisted fracturing, cataclasis, and resulting plastic flow in mylonites from the Moresby Seamount detachment, Woodlark Basin. Journal of Structural Geology, 56: 156~171.

Spray J G. 1993. Viscosity determinations of some frictionally generated silicate melts: implications for fault zone rheology at high strain rates. Journal of Geophysical Research, 98: 8053~8068.

Spray J G. 1995. Pseudotachylyte controversy: fact or friction? Geology, 23: 1119~1122.

Spray J G. 2010. Frictional melting processes in planetary materials: from hypervelocity impact to earthquakes. Annual Review of Earth and Planetary Sciences, 38: 221~254.

Stallard A, Shelley D. 1995. Quartz c-axes parallel to stretching directions in very lowgrade metamorphic rocks. Tectonophysics, 249: 31~40.

Steck A. 2003. Geology of the NW Indian Himalaya. Eclogae Geologicae Helvetiae, 96: 147~196.

Treloar P J, Rex D C, Guise P G, et al. 1989. K-Ar and Ar-Ar geochronology of the Himalayan collision in NW Pakistan, constraints on the timing of suturing, deformation, metamorphism and uplift. Tectonics, 8: 881~909.

Uehara S I, Shimamoto T. 2004. Gas permeability evolution of cataclasite and faultgouge in triaxial compression and implications for change in fault-zone permeability structure through the earthquake cycle. Tectonophysics, 378: 183~195.

Valdiya K S. 1988. Tectonics and evolution of the central sector of the Himalaya. Philosophical Transactions of the Royal Society of London, A326: 151~175.

van Hinsbergen D J J, Lippert P C, Dupont-Nivete G, McQuarrie N, Doubrovine P V, Spakman W, Torsvik T H. 2012. Greater India Basin hypothesis and a two-stage Cenozoic collision between India and Asia. Proceedings of the National Academy of Sciences of the United States of America, http://dx. doi. org/10. 1073/pnas. 1117262109.

Vannay J C, Grasemann B. 1998. Inverted metamorphism in the High Himalaya of Himachal Pradesh(NW India): phase equilibria versus thermobarometry. Schweizerische Mineralogische und Petrographische Mitteilungen, 78: 109~135.

Von K A. 1902. Notes on the exotic blocks ofMalla johar in the Bhot Mahals of Kumaon. Memoirs of the Geological Survey of India, 32: 127~183.

Wakabayashi J, Dilek Y. 2003. What constitutes"emplacement"of an ophiolite?: Mechanisms and relationship to subduction initiation and formation ofmetamorphic soles. In: Dilek, Y, Robinson, P. T. (Eds.), Ophiolites in Earth History. Geological Society of London Special Publication., 218: 427~448.

Wang C S, Li X H, Liu Z F, et al. 2012. Revision of the Cretaceous-Paleogene stratigraphic framework, facies architecture and provenance of the Xigaze forearc basin along the Yarlung Zangbo suture zone. Gondwana Research, 22: 415~433.

Wang C S, Liu Z F, Li X H, et al. 1999. Xigaze Forearc Basin and Yarlung-Zangbo Suture Zone, Tibet. Beijing Geological Publishing House, China.

Wang J G, Hu X M, Garzanti E, et al. 2013. Upper Oligocene-Lower Miocene Gangrinboche conglomerate in the Xigaze area, Southern Tibet: Implications for Himalayan uplift and paleo-Yarlung-Zangbo initiation. The Journal of Geology, 121: 425~444.

Wang J G, Hu X M, Wu F Y, et al. 2010. Provenance of the Liuqu Conglomerate in southern Tibet: a Paleogene erosional record of the Himalayan-Tibetan orogeny. Sedimentary Geology, 231: 74~84.

Wang R, Xia B, Zhou G Q, et al. 2006. SHRIMP zircon U-Pb dating for gabbro from the Tiding ophiolite in Tibet. Chinese Science Bulletin, 51: 1776~1779(in Chinese with English abstract).

Wei L J, Liu X H, Yan F H, et al. 2009. Discovery and preliminary study on palynofossils from the Paleogene Liuqu conglomerates in southern Xizang(Tibet). Acta Micropalaeontologica Sinica, 26: 249~260(in Chinese with English abstract).

Wei Z Q, Xia B, Zhang Y Q, et al. 2006. SHRIMP zircon dating of diabase in the Xiugugabu ophiolite in Tibet and its geological implications. Geotectonica et Metallogenia, 30: 93~97(in Chinese with English abstract).

Weinberg R F, Dunlap J. 2000. Growth and deformation of the Ladakh Batholith, Northwest Himalayas: implications for timing of continental collision and origin of calcalkaline batholith. Journal of Geology, 108: 303~320.

Wen D R, Liu D Y, Chung S L, et al. 2008a. Zircon SHRIMP U-Pb ages of the Gangdese Batholith and implications for Neotethyan subduction in southern Tibet. Chemical Geology, 252(3-4): 191~201.

Wen D R, Chung S L, Song B, et al. 2008b. Late Cretaceous Gangdese intrusions of adakitic geochemical characteristics, SE Tibet: petrogenesis and tectonic implications. Lithos, 105: 1~11.

Wenk H R. 1978. Are pseudotachylites products of fracture or fusion? Geology, 6: 507~511.

Xia B, Chen G W, Wang R, et al. 2008. Seamount volcanism associated with the Xigaze ophiolite, Southern Tibet. Journal of Asian Earth Sciences, 32: 396~405.

Xiong F H, Yang J S, Liang F H, et al. 2011. Zircon U-Pb ages of the Dongbo ophiolite in the western Yarlung Zangbo suture zone and their geological significance. Acta Petrologica Sinica, 27: 3223~3238(in Chinese with English abstract).

Xu X Z, Yang J S, Chen S Y, et al. 2009. Unusual mantle mineral group from chromitite ore body Cr-11 in Luobusa ophiolite of Yarlung-Zangbo suture zone, Tibet. Journal of Earth Science, 20: 284~302.

Xu Z Q, Dilek Y, Yang J S, et al. 2015. Crustal structure of the Indus Tsangpo suture zone and its ophiolites in southern Tibet. Gondwana Research, 27(2): 507~524.

Xu Z Q, Wang Q, Tang Z M, et al. 2009. Fabric kinematics of ultrahigh-pressure metamorphic rocks from themain borehole of the Chinese Continental Scientific Drilling Project: Implications for continental subduction and exhumation. Tectonophysics, 475: 235~250.

Xu Z Q, Yang J S, Li H B, et al. 2011. On the tectonics of the India-Asia collision. Acta Geologica Sinica. 85(1): 1~33(in Chinese with English abstract).

Xu Z Q, Ji S C, Cai Z H, et al. 2012a. Kinematics and dynamics of the Namche Barwa Syntaxis, eastern Himalaya: Constraints from deformation, fabrics and geochronology. Gondwana Research, 21(1): 19~36.

Xu Z Q, Yang J S, Li W C, et al. 2012b. Tectonic background of important metallogenic belts in the southern and southeastern Tibetan Plateau and ore prospecting. Acta Geologica Sinica. 86(12): 1857~1869(in Chinese with English abstract).

Yamamoto H, Yamamoto S, Kaneko Y, et al. 2007. Imbricate structure of the Luobusa ophiolite and surrounding rock units, southern Tibet. Journal of Asian Earth Sciences, 29: 296~304.

Yang J S, Bai W J, Fang Q S, et al. 2008a. Ultrahigh-pressure minerals and new minerals from the Luobusa ophiolitic chromitites in Tibet: A review. Acta Geoscientica Sinica, 29: 263~274(in Chinese with English abstract).

Yang J S, Zhang Z M, Li T F, et al. 2008b. Unusual minerals from harzburgite, the host rock of the Luobusa chromite deposit, Tibet. Acta Petrologica Sinica, 24: 1445~1452(in Chinese with English abstract).

Yang J S, Robinson P T, Dilek Y. 2014. Diamonds in ophiolites. Elements, 10: 127~130.

Yin A. 2006. Cenozoic tectonic evolution of the Himalayan orogen as constrained byalong-strike variation of structural geometry, exhumation history, and foreland sedimentation. Earth-Science Reviews, 76: 1~131.

Yin A, Harrison T M, Murphy M A, et al. 1999. Tertiary deformation history in southeastern and southwestern Tibet during the Indo-Asian collision. Geological Society of America Bulletin, 111: 1644~1664.

Yin A, Harrison T M, Ryerson F J, et al. 1994. Tertiary structural evolution of the Gangdese thrust system, southeastern Tibet. Journal of Geophysical Research, 99: 18175~18201.

Zhang Z, Zhao G, Santosh M, et al. 2010. Late Cretaceouscharnockite with adakitic affinities from the Gangdese batholith, southeastern Tibet: Evidence for Neo-Tethyan mid-ocean ridge subduction? Gondwana Research, 17: 615~631.

Zhong L F, Xia B, Zhou G Q, et al. 2006. SHRIMP age determination of the diabase in Luobusa ophiolite, southern Xizang(Tibet). Geological Review, 52: 224~229(in Chinese with English abstract).

Zhou S, Mo X X, Mahoney J J, et al. 2002. Geochronology and Nd and Pb isotope characteristics of gabbro dikes in the Luobusa ophiolite, Tibet. Chinese Science Bulletin, 47: 143~146.

Zhu D C, Zhao Z D, Niu Y L, et al. 2013. The origin and pre-Cenozoic evolution of the Tibetan Plateau. Gondwana Research, 23: 1429~1454.

Zhu D C, Zhao Z D, Pan G T, et al. 2009. Early Cretaceous subduction related adakite like rocks in the Gangdese, south Tibet: Products of slab melting and subsequent melt peridotite interaction? Journal of Asian Earth Sciences, 34: 298~309.

Zhu J, Gong Z Y, Liu Z X. 2002. 1 : 250 000 Lazi Geological Survey Report. Hubei Geological Survey H45C003003(in Chinese).

第八章 喜马拉雅大型走滑断裂系及其构造意义

走滑断裂作用和斜向碰撞是造山带的一个重要过程，由于在造山带中大量走滑断裂的出现，斜向碰撞的话题引起人们注视。如果造山带或者造山带的主体部分显示了两个刚性大陆的相对运动方向与俯冲带垂直，这是正向碰撞的结果，又称“硬碰撞”；但是很多情况下，大陆板块之间的碰撞为斜向碰撞，产生了“非硬碰撞”或者“软碰撞”的效应，也就形成了与斜向碰撞有关的走滑域，可以称为“挤压转换域”。诚然，大量平行造山带的走滑断裂应运而生，反映了平行造山走滑和垂直造山走滑矢量的伴随（Johnson et al.，2012）。

楔形的小印度板块与大欧亚洲板块的碰撞（包括远程碰撞）可以产生正向碰撞和斜向碰撞两类碰撞效应，伴随大型逆冲、挤出（逆冲+拆离）、走滑以及侧向挤出构造在青藏高原范围以及更远的亚洲大陆内的形成，成为研究印度/亚洲碰撞时限和过程以及近程或远程相对运动记录的最好参照物（图 8-1）。板块的正向碰撞导致地壳在垂直山链方向的最大缩短以及与挤压相伴随的褶皱逆冲构造和正向挤出构造，如喜马拉雅南缘的主中央逆冲断层、主边界逆冲断层和主前锋逆冲断层，以及 MCT 与藏南拆离系在中新世的同时生长形成的高喜马拉雅的挤出。由于印度板块的特殊几何学特征以及印度板块东西拐角的嵌入作用，在喜马拉雅造山带的东、西构造结以及外缘的大范围内受到斜向碰撞的影响，沿着滑移线形成一系列大规模的走滑剪切带（断裂）以及走滑构造之间的侧向挤出地体和物质流动的逃逸。

伴随喜马拉雅造山过程而形成的大型走滑断裂主要分布在喜马拉雅东、西两端。东构造结为雅鲁藏布江蛇绿岩带东端围绕的向北突出的嵌入体，其东、西两侧分别发育的围绕雅鲁藏布江大拐弯缝合带的“阿尼桥-墨脱右行走滑剪切带”和“东久-米林左行走滑剪切带”；在喜马拉雅东构造结东南翼的有实皆（Sagaing）右行走滑断裂以及青藏高原东南翼的嘉黎-高丽贡右行走滑断裂、澜沧江右行走滑断裂、金沙江-哀牢山-红河左行走滑断裂和鲜水河-小江左行走滑断裂，它们共同制约青藏高原东南部的印支地体群（印支、西甘孜、兰坪、保山及腾冲地体等）向东南和南方向的侧向挤出和逃逸。西构造结以喀喇昆仑右行走滑断裂和恰曼左行走滑断裂为代表，NW-SE 向喀喇昆仑右行走滑断裂和近南北向恰曼左行走滑断裂制约了西构造结的发育，并致使青藏高原南部物质绕过西构造结向南和南西的侧向挤出和物质逃逸，大型走滑断裂以其所夹侧向挤出地体群有甜水海地体、塔吉克地体、Farad 地体、Helmand 地体和阿富汗地体。上述表明：青藏高原物质在斜向碰撞的主导作用下物质的运移规律，其运移轨迹与 GPS 的滑移线相同；此外，侧向挤出的方式与制约地体两侧的走滑断裂的运动学有关。当两条走滑断裂具有反向运动学特征时（例如，一条为右行走滑，一条为左行走滑，且两条滑移速率近乎相同的话），则地体物质呈现直线式的方式快速挤出。相反，如果当两条走滑断裂做同向运动（例如，两条均为右行走滑或左行走滑）或速率截然不同的异向运动时，走滑断裂所夹地块必然呈旋转式的方式挤出（图 8-1）。

其实，印度板块的运动明显受制于该板块两侧的大型走滑断裂，即西界的恰曼（Chaman）左行走滑断裂和东界的实皆（Sagaing）右行走滑断裂，走滑的距离至少 1000 km。在楔形印度板块两端的大陆拐角处形成了喜马拉雅东、西两个构造结的事实表明，自 53~45 Ma 以来，沿恰曼和沙盖断裂的大规模走滑作用致使印度板块的东西犄角相对印支板块快速向北运动，并使该处的构造、地貌发生巨大的扭转，以及高压-超高压变质岩石快速折返到浅部地壳，形成现代的东、西构造结的构造地貌景

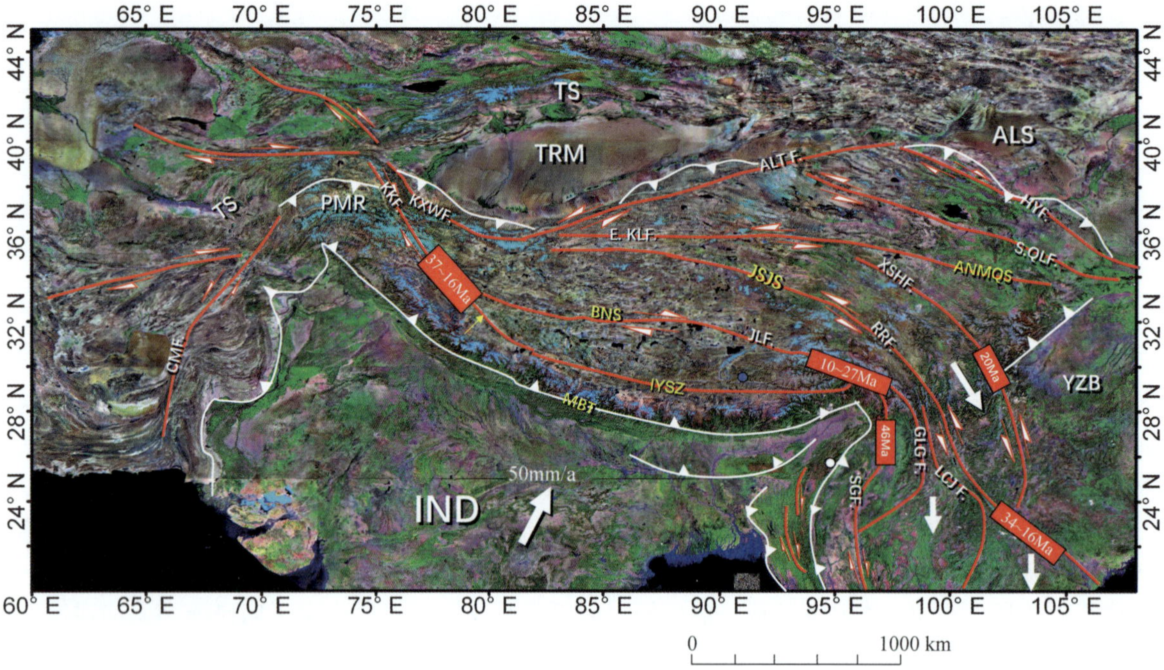

图 8-1 青藏高原大型走滑断裂位置图

HYF.—海源走滑断裂；S. QLF.—南祁连走滑断裂；ANMQS—阿尼玛卿缝合带；E. KLF.—东昆仑走滑断裂；ALTF.—阿尔金走滑断裂；XSHF.—鲜水河走滑断裂；JSJS—金沙江缝合带；RRF.—红河走滑断裂；LCJF.—澜沧江走滑断裂；GLGF.—高黎贡走滑断裂；JLF.—嘉黎走滑断裂；SGF.—实皆走滑断裂；BNS—班公湖缝合带；IYSZ—印度河-雅鲁藏布江缝合带；MBT—主边界逆冲断层；KXWF.—康西瓦走滑断裂；KKF.—喀喇昆仑走滑断裂；CMF.—恰曼走滑断裂。TS—天山；PMR—帕米尔；TRM—塔里木陆块；ALS—阿拉善陆块；IND—印度板块；YZB—扬子陆块

观。图 8-1 不仅显示了印度-欧亚大陆斜向碰撞造成的大型走滑断裂活动，而且激活了早期形成的走滑断裂，如中生代形成的阿尔金走滑断裂、东昆仑-阿尼玛卿走滑断裂和早古生代形成的南祁连走滑断裂的再活动（图 8-1）。

第一节 喀喇昆仑走滑断裂

一、概述

印度板块自约 60 Ma 与欧亚大陆碰撞以来向北移动约 2500 km（Molnar et al.，1975；Patriat et al.，1984；Besse et al.，1984，1988；Tapponnier et al.，1986；Le Pichon et al.，1992），使得欧亚大陆发生了巨大的变形，并在青藏高原内部形成大规模的走滑断裂。20 世纪 80 年代开始，青藏高原沿主要走滑断裂向东的挤出就开始被注意，并作为“大陆逃逸”地球动力学模型的重要依据而被提出（Tapponnier et al.，1986），认为在印度板块的推挤下，北以阿尔金断裂为界、南以喀喇昆仑和嘉黎走滑断裂为界的青藏高原内部，以刚性块体的形式向东“逃逸”，而且“逃逸”量至少占欧亚和印度板块相对运动的 50%以上（Molnar et al.，1975，1978；Tapponnier et al，1986，2001）。诚然，逃逸量明显受这些大型走滑断裂带的活动时代、累积走滑位移量以及走滑速率的制约。喀喇昆仑断裂位于青藏高原西南边缘（即喜马拉雅山脉西北部），在卫星影像上可以清楚看到有一狭窄的北西—南东向负地形，长约 1200 km，从布伦口、塔什库尔干、红其拉甫，经班公山、扎西岗、门士延至冈仁波齐（神山）一带（图 8-2，图 8-3，图 8-4），活动构造痕迹显著，并在多处有温泉出露，显示出一条大型活动断裂特征。由于帕米尔是印度板块与欧亚大陆碰撞变形强烈地带，成为国内外地质学家研究大

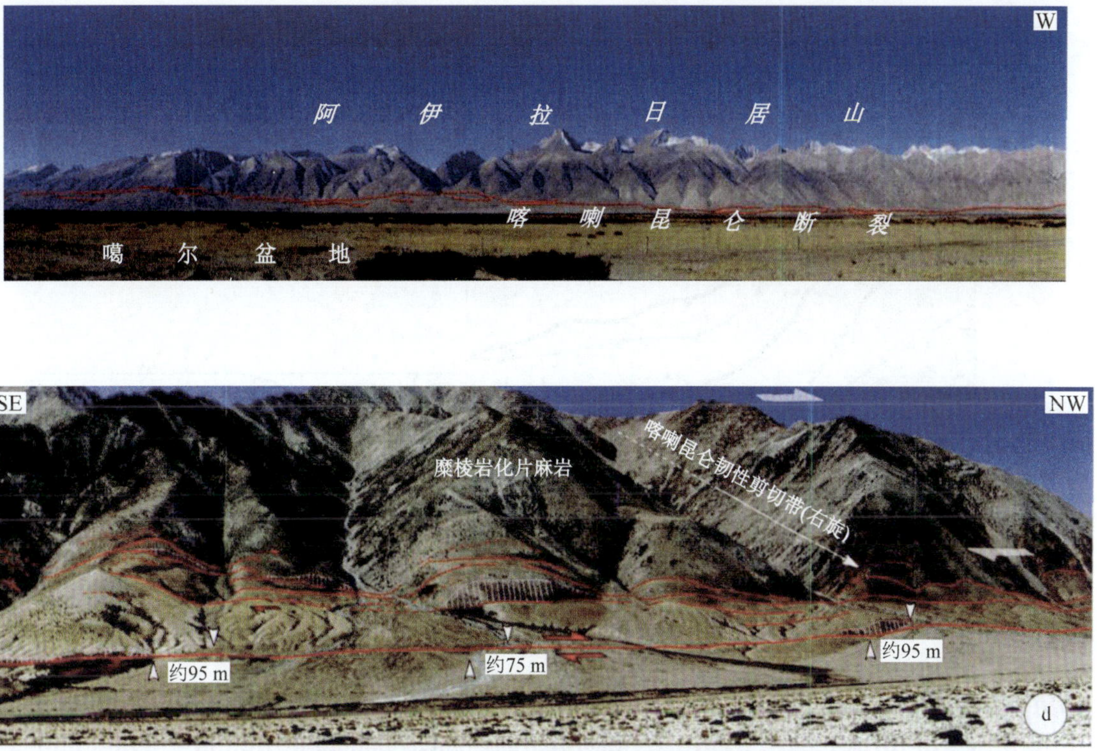

图 8-2 喀喇昆仑断裂野外景观

陆造山带构造的热点地区。在帕米尔地区的东南部，NW-SE 向的喀喇昆仑走滑断裂成为西侧喀喇昆仑地体和拉达克弧地体与东侧的甜水海和羌塘地体的界线（图 8-5）。横穿西喜马拉雅-拉塔克-喀喇昆仑-帕米尔地质剖面显示了喀喇昆仑断裂 SW 侧的喀喇昆仑地体为亚洲板块的组成部分，由一系列的向 SSW 挤出（正、逆断裂交替）的变质杂岩体组成，并有大型 Baltoro 花岗岩体侵位，地体南缘为拉达克弧岩浆地体；拉达克弧岩浆地体的南西部由印度板块的喜马拉雅地体组成，两者之间的界线为印度河缝合带（图 8-6）。由于喀喇昆仑断裂的西北部研究程度较高，而南东段相对薄弱。但从 20 世纪 90 年代以来，喀喇昆仑断裂南东段的研究工作获得了大量成果，但仍有许多问题没有得到解决，并且在以下四个方面存在争论和分歧：①喀喇昆仑断裂最初的活动时代：Matter et al.（1996）认为自约 11 Ma 以来喀喇昆仑断裂发生了右旋剪切；Searle 等根据同构造花岗岩的 SHRIMP U-Pb 年龄为 18.0±0.6 Ma，认为该年龄为断裂带起始活动年龄；Muphy et al.（2000）认为断裂带的活动时代为约 13 Ma；Zhou et al.（2001）认为在 6.88～8.75 Ma 期间喀喇昆仑断裂发生了强烈走滑变形，Lacassan et al.（2004）认为喀喇昆仑断裂的最早活动时代为 2～25 Ma，而 Phillips et al.（2004）获得喀喇昆仑韧性走剪切带中同构造淡色花岗岩年龄为 16～14 Ma，表明了该年龄为断裂带的最早活动时代。②累积位移量：不同学者通过断裂两侧不同标志物进行对比来估算断裂的累积位移量，因此获得了不同的结果，如约 1000 km（Peltzer et al.，1988）、约 300 km（Matte et al.，1996）、>250 km（Lacassin et al.，2004；Valli et al.，2005）、约 200 km（Ratschbacher et al.，1994）、>115 km（Liu et al.，1993；Gaudemer et al.，1989）、120～150 km（Parrish et al.，1989；Searle et al.，1992）、85～150 km（Searle et al.，1996；1998）、40～150 km（Phillips et al.，2004）和 66 km（Muphy et al.，2000；Zhou et al.，2001）等，表明累积位移量的估算存在较大分歧。③滑移速率：前人用不同的方法所取得的更新世和晚更新世以来的走滑速率差别较大，从 30～2.7 mm/a（Avouac et al.，1993；Ding et al.，2004）不等。④构造意义：斜向挤压使右行走滑不断积累，形成高原沿雅鲁藏布-嘉黎断裂一线向东的大规模挤出（Besse et al.，1984；Tapponnier et al.，1986；Armijo et al.，1989）；以及喀喇昆仑断裂的滑移速率很小，不存在甜水海地体、羌塘地体和拉萨地体的大规模向东挤出（Searle et al；1996）的两种意见。

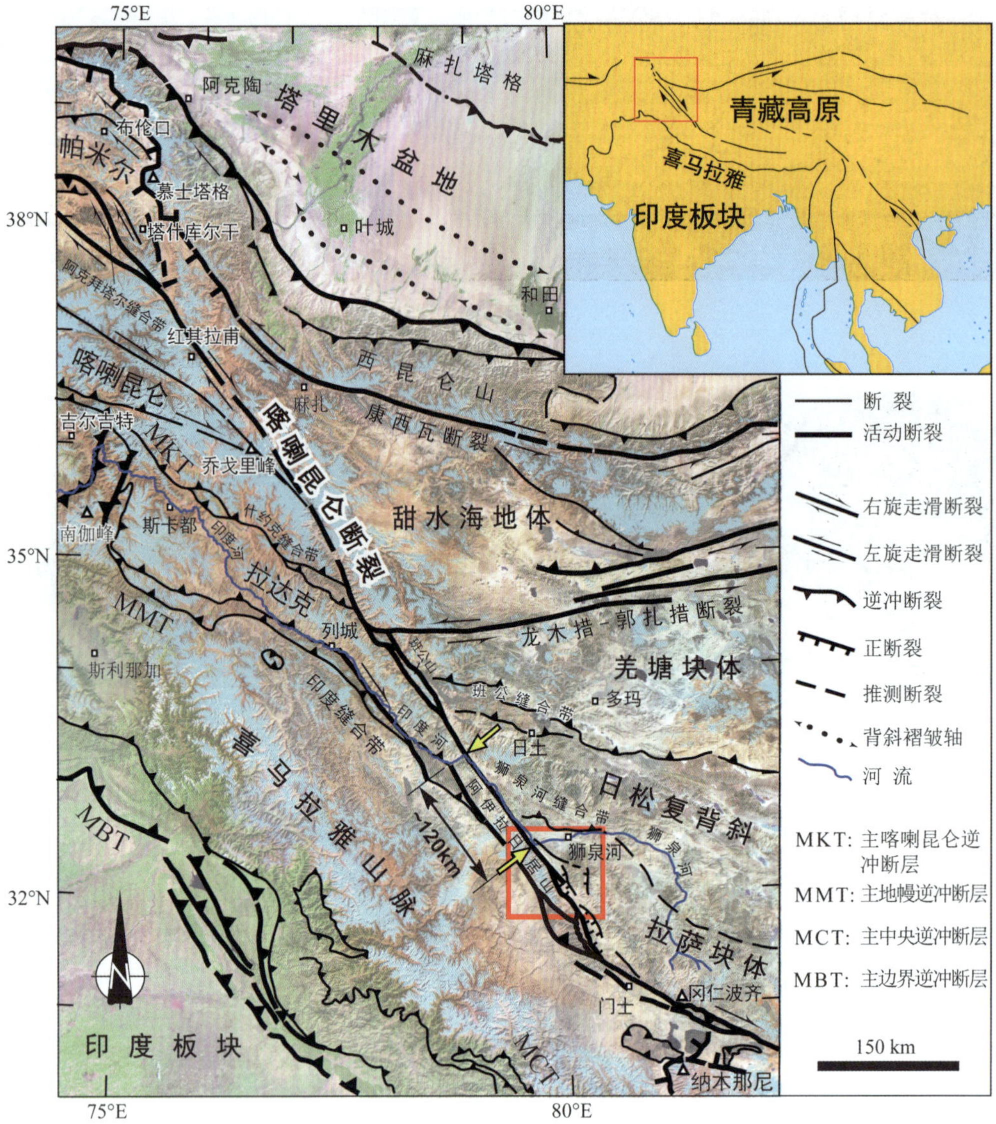

图 8-3　喀喇昆仑断裂带及其邻区构造略图

断裂据 Landsat 卫星影像图及前人研究（Brunel et al.，1994；Lacassin et al.，2004；Tapponnier et al.，2001）。红色方框为研究区位置

二、喀喇昆仑断裂的韧性变形和运动学特征

在靠近喀喇昆仑断裂东南段噶尔盆地一侧的阿伊拉日居山体中发育高温变形作用特征的花岗质糜棱岩以及糜棱岩化花岗片麻岩（图 8-4，图 8-5），属角闪岩相变质作用；在剪切带的东北边缘，也就是沿着盆地西南边缘存在一套绿片岩相花岗质糜棱岩（厚 30～50 m）（Valli，2005；李海兵等，2006）。后者与角闪岩相糜棱岩和糜棱岩化岩石有着不同的变形特征，为不同阶段的变形结果，并存在后期韧脆性伸展变形构造（Valli，2005；李海兵等，2006）。剪切带变形岩石面理产状总体为走向 140°～150°，倾向 NE，倾角 40°～70°，拉伸线理近水平，在剪切带中从 NE 向 SW 依次分布着绿片岩相花岗质糜棱岩、角闪岩相花岗质糜棱岩、糜棱岩化花岗片麻岩以及无变形或弱变形组构的花岗岩或淡色花岗岩，变形岩石中的 S/C 组构、剪切脉、不对称的碎斑体系等所有的旋转应变均指示了右旋剪切特征，表现出右旋韧性走滑剪切带的基本特征。脆性的活动走滑断裂则位于韧性走滑剪切带的北东侧（图 8-7），可能反映了韧性走滑剪切过程中后期伴随的隆升作用以及盆地的形成。

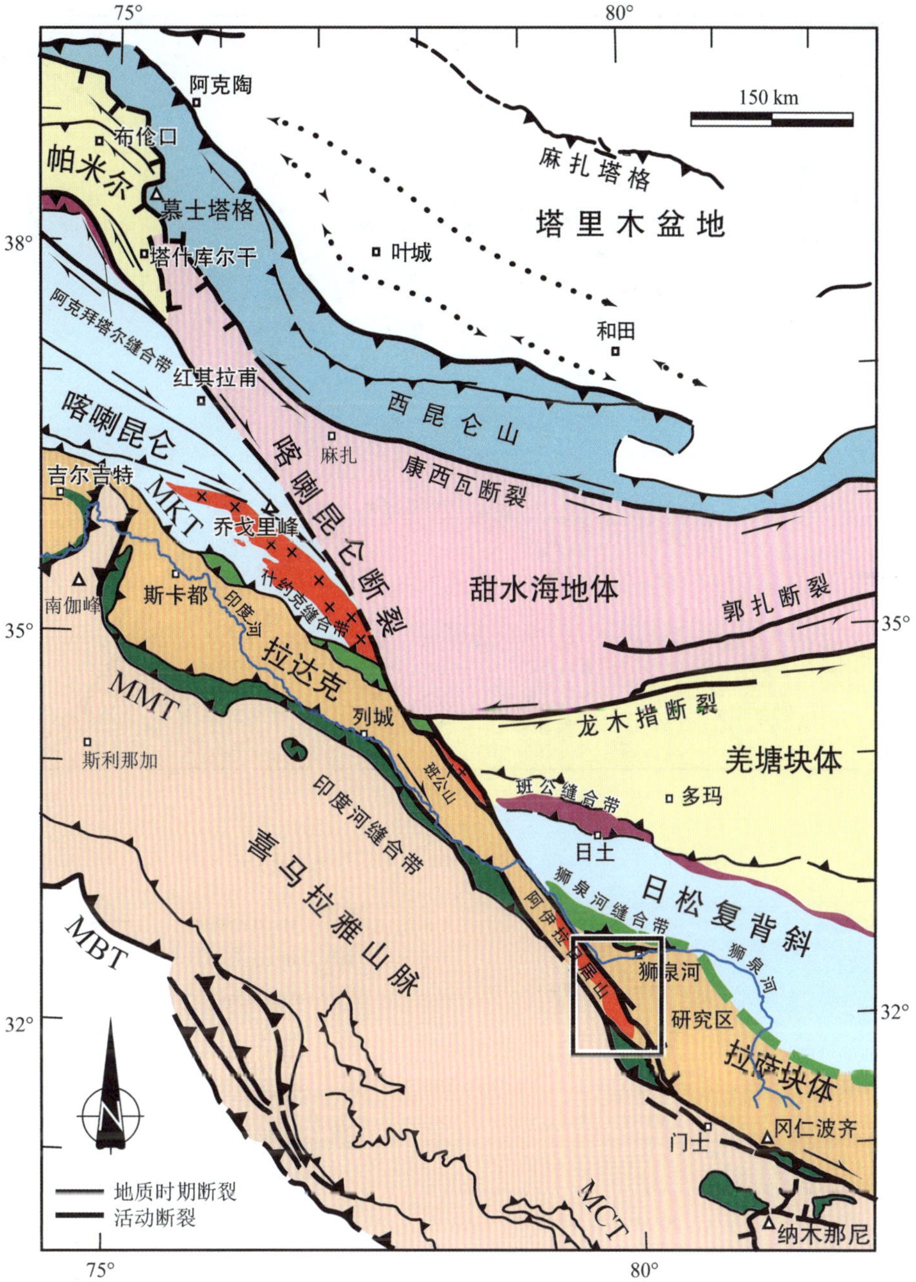

图 8-4　喀喇昆仑断裂及其邻区构造略图

（李海兵等，2006）

紫色、绿色和深绿色区域为蛇绿岩缝合带圈，红色区域为始新世以后的花岗岩浆带

三、喀喇昆仑剪切带的高温到低温变形作用

（1）高温变形作用

通过野外剖面观察，在靠近噶尔盆地一侧的阿伊拉日居山体中发育由糜棱岩和糜棱岩化岩石组成的韧性走滑剪切带，其面理产状总体为走向 N140°～150°E，倾向 NE，倾角 40°～70°，拉伸线理总体近水平。沿剪切带在远离山根的区域，以淡色矿物质为主要成分的熔融物质贯穿于糜棱岩化片麻岩中，有顺着面理和横穿切割面理组构，有的并成为糜棱岩化片麻岩的内部分层，但均呈现出不同程度的、与糜棱岩化片麻岩一致的右旋剪切应变。强烈的剪切纹理与周围的片麻理平行，在同一地区，可以观察到几组淡色矿物质为主要成分的熔融物质组成的纹理，很明显它们是强烈剪切时期的变形产物

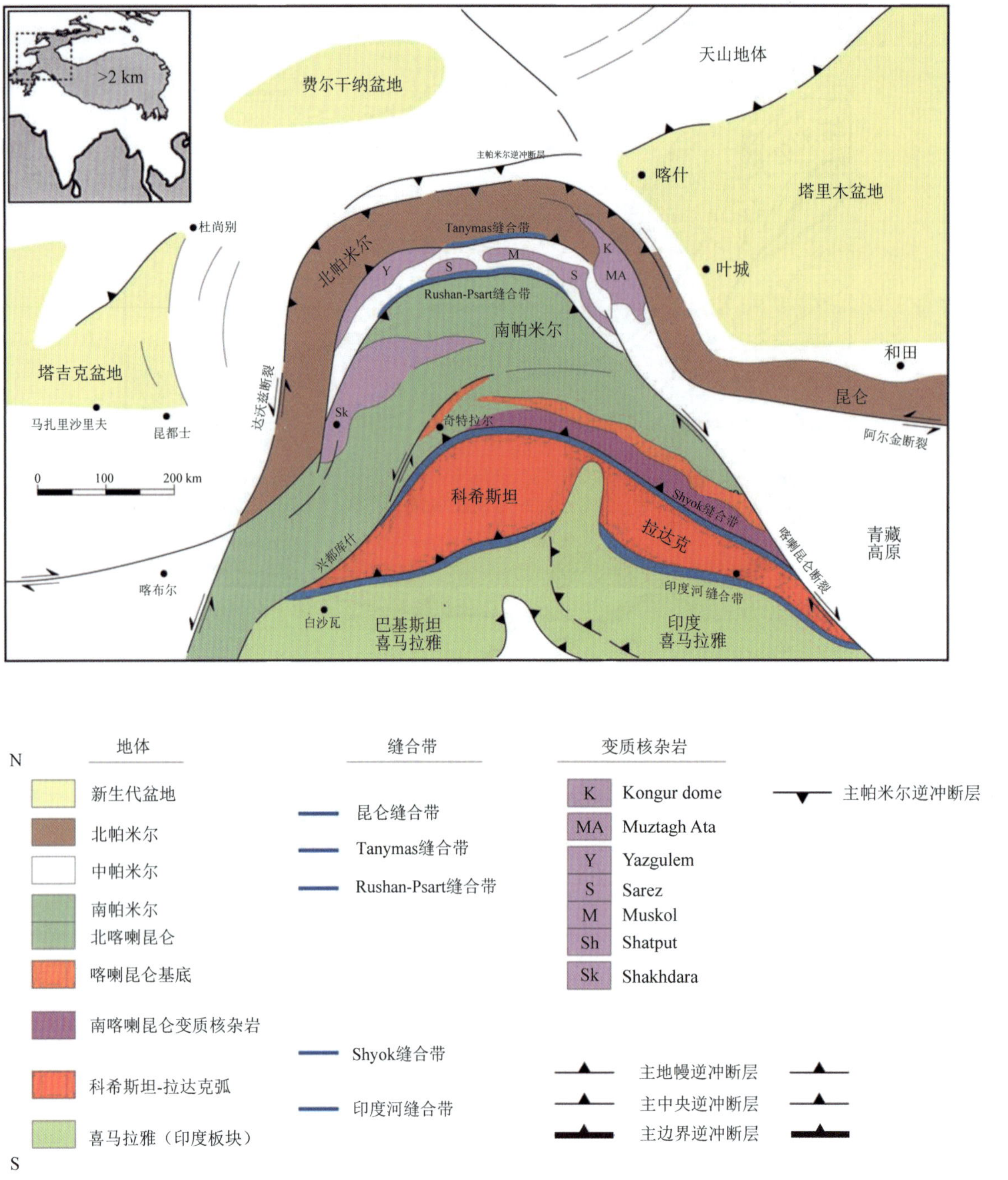

图 8-5　帕米尔-喀喇昆仑-西青藏地区地质示意图

（据 Shearle et al.，2018）

示意主要的地体、缝合带和断裂带

（李海兵等，2006）。尽管还能观察到一些混合岩化作用，但是这些淡色矿物质纹理的主要岩石来源很可能是位于西南方的熔融母岩体，并且由具右旋剪切痕迹的混合岩形成了山脉的核心（图 8-8）。在东南部的淡色花岗岩中仍有清晰的右旋剪切特征，表明强烈的右旋剪切过程中伴随熔融作用的产生，形成了同构造淡色花岗岩，以及糜棱岩化花岗质片麻岩和糜棱岩，反映了存在高温变形的右旋剪切特征（Valli，2005；李海兵等，2006）。

从显微构造特征来看，剪切带中长石的核-幔构造表明是在大于 500℃ 条件下的变形；钾长石斑晶周围边界上生长的动态蠕英石构造，暗示着在中、高温条件下（≥500℃）的空间位错攀移（Ga-

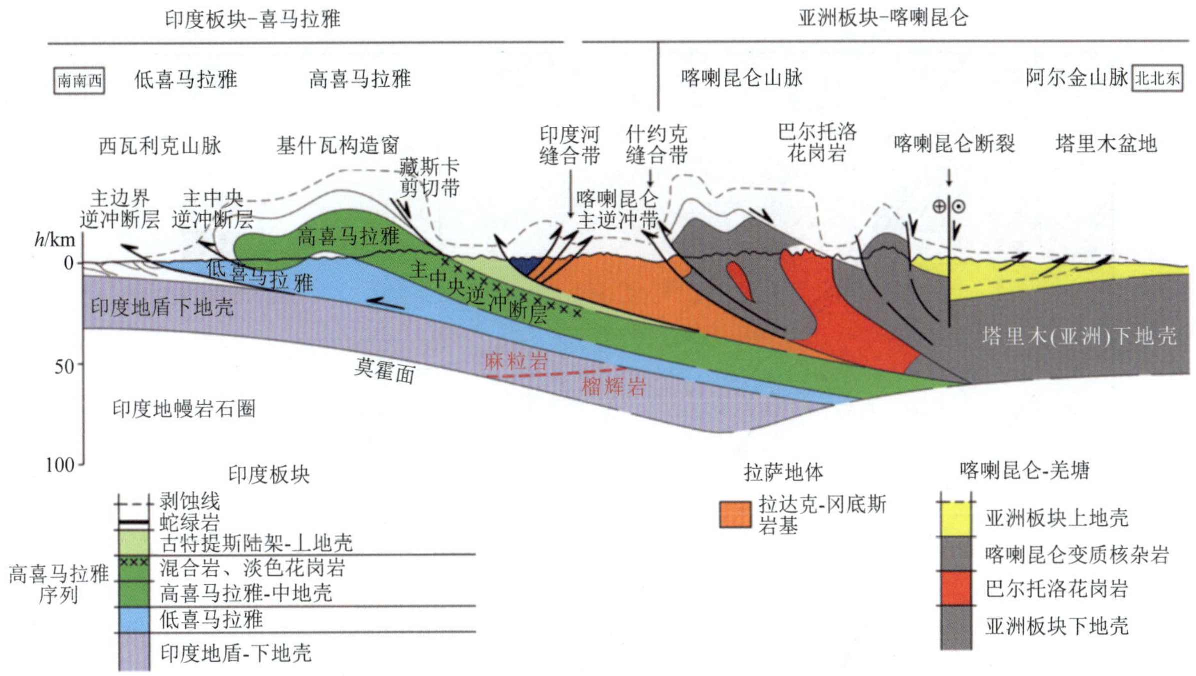

图 8-6　横穿西喜马拉雅-拉塔克-喀喇昆仑-帕米尔地质剖面

（据 Shearle et al.，2018）

喀喇昆仑断裂 SW 侧的喀喇昆仑地体为亚洲板块的组成部分，由一系列的向 SSW 挤出的变质杂岩体（正、逆断裂交替）组成，并有大型 Baltoro、花岗岩体侵位，地体南缘为拉达克弧岩浆地体；拉达克弧岩浆地体的南西部由印度板块的喜马拉雅地体组成，两者之间的界线为印度河缝合带

pais，1989；Leloup et al.，1995；Simpson et al.，1989；Passchier et al.，1996；Tsurumi et al.，2003）；长石明显的波状消光、膝折带等塑性变形也表明了高于 500℃ 的变形特征（Leloup et al.，1995；Olesen et al；1987；Gower et al.；1992），这些暗示着剪切带存在中、高温条件下（≥500℃）的变形作用。

在喀喇昆仑韧性走滑剪切带中的西南侧发育高温变形作用特征的花岗质糜棱岩以及糜棱岩化花岗片麻岩，普遍属角闪岩相变质作用。在剪切带的东北边缘，也就是沿着盆地西南缘存在一套绿片岩相花岗质糜棱岩（厚 30~50 m）（Valli，2005；李海兵等，2006），与角闪岩相糜棱岩和糜棱岩化岩石有着不同的变形特征，可视为不同阶段的变形结果，并存在后期韧脆性伸展变形构造，可能反映了韧性走滑剪切过程中后期伴随的隆升作用以及盆地的形成（Valli，2005；李海兵等，2006）。

另外，发现有沿山脉走向的似长条状穹窿山体以淡色花岗岩为主（图 8-5），山体东北侧发育淡色花岗质糜棱岩，并且在山的边缘出现一系列向北东陡倾的正断裂，靠近糜棱岩的正断裂为前全新世变形，而向北东稍远离的正断裂为全新世变形，并普遍带有不同程度的走滑分量。同时，在喀喇昆仑断裂的西南侧具有近平行走滑断裂的逆冲断裂（图 8-5）。这种走滑、逆冲和伸展的关系，反映出喀喇昆仑断裂带走滑变形过程中伴随的隆升作用。

（2）从高温到低温条件下的连续剪切变形作用

在靠近喀喇昆仑断裂带东南段噶尔盆地一侧的阿伊拉日居山体前缘，发育强烈的剪切碎裂作用，发现明显低温韧—脆性变形以及被称之为“地震化石”的假玄武玻璃。绿片岩相变质岩中绿泥石平行于活动断裂成层分布构成面理，总体走向 N123°~168°E，倾角 36°~45°，绿泥石定向生长构成斜向拉伸线理，其产状 35°~45°SE，也有近水平的拉伸线理，表明剪切作用为具有正滑分量的右旋走滑特征（图 8-9），有些部位为具右旋走滑分量的正断裂剪切特征，与沿活动断裂边缘运动的浅层次变形作用一致。

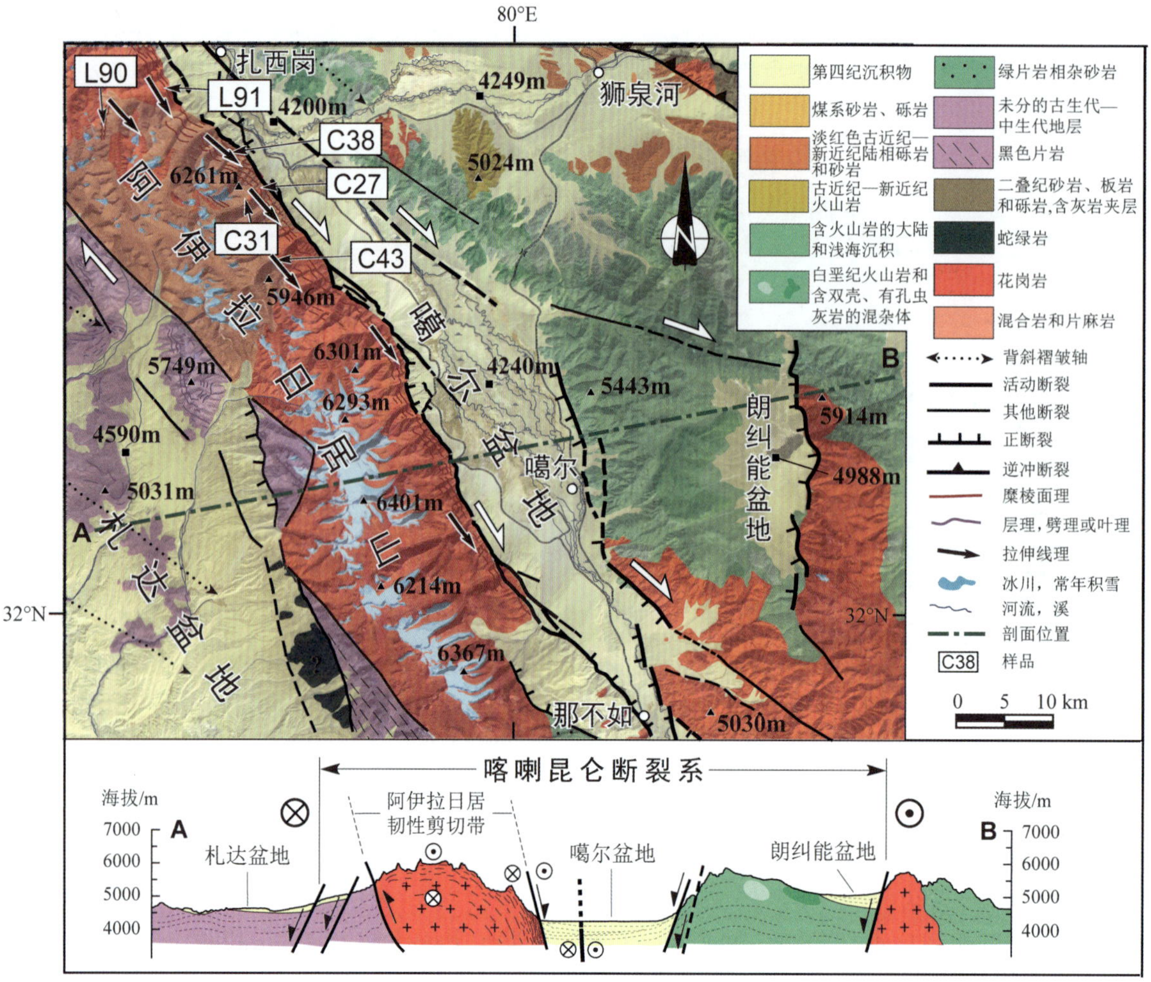

图 8-7 喀喇昆仑断裂带东南段阿伊拉日居山地区地质图和剖面图
（据 Li et al.，2008）

喀喇昆仑断裂带的高温到低温条件下的连续剪切变形表现为绿片岩相面理叠加在早期深层次变形的面理之上，绿片岩相变质岩仅出露在靠近噶尔盆地的山体边部，在其 SW 一侧，阿伊拉日居山体内侧出露具深层次变形作用的高级变质岩，拉长的长石和石英以及定向生长的云母构成近水平的拉伸线理，在整个山体内侧约 10 km 范围内稳定出露。面理走向基本为 N140°E（图 8-9），倾角从山前向山内侧约 3 km 范围内逐渐减小（由 60°NE 至 10°NE）（图 8-9），不同倾角的面理与喀喇昆仑剪切带右旋剪切有关。另外，可能还反映出剪切过程中伴随隆升作用的存在。

在韧性剪切带的显微构造中，长石斑晶周围边界上普遍出现细小的长石重结晶颗粒，组成典型的长石核-幔构造，这种构造通常认为是大于 500℃ 条件下的变形（Gappais，1989；Leloup et al.，1995；Passchier et al.，1996）。另外，在高应力部位钾长石斑晶周围边界上生长动态蠕英石构造，暗示着在中-高温条件下（>500℃）的空间位错攀移（Gappais，1989；Leloup et al.，1995；Passchier et al.，1996；Gates et al.，1989；Simpson et al.，1989；Tsurumi et al.，2003）。长石明显的波状消光、膝折带等塑性变形也表明了高于 400℃ 的变形特征（Passchier et al.，1996；Passchier，1986；Tullis et al.，1987）。长石斑晶的脆性变形-多米诺骨牌构造以及局部的波动消光指示长石的后期低温（300℃）条件下的变形特征（Passchier et al.，1996；Passchier，1982；Tullis et al.，1987）。石英的动态重结晶结构都是中-高温（400~700℃）条件下的典型变形结构，石英颗粒的波状消光表明后期为低温（<350℃）变形（Passchier et al.，1996）。沿剪切面发育不对称的云母鱼以及沿云母鱼中的

图 8-8 喀喇昆仑走滑断裂带的显微构造特征显示高温-中温具有韧性右行走滑剪切变形和局部熔融特征

a—同构造淡色熔融物质脉体，其脉体有平行和横穿切割片麻理组构；b—受剪切的混合岩化片麻岩；c—贯入黑云母片麻岩中的同构造淡色熔融物质脉体所反映出不同变形阶段；d—具右旋剪切特征的淡色熔融物质脉体和片麻岩；e—淡色熔融物质脉体褶皱脉体内、外面理一致；f、g—淡色熔融物质脉体具有“σ”型旋转应变构造组构，反映了右旋剪切特征；h—淡色熔融物质脉体内部面理（S）平行于脉体外部面理（S）

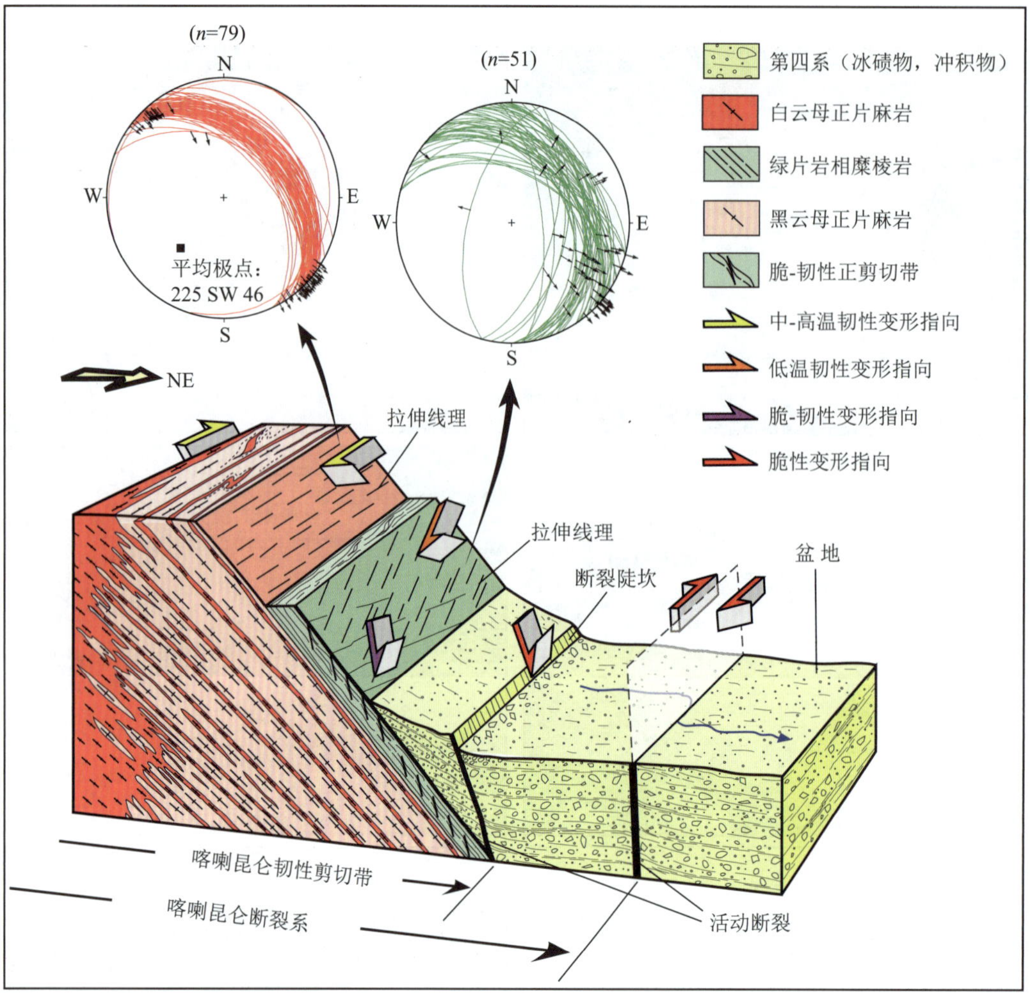

图 8-9 喀喇昆仑断裂系三维构造特征

剪切边缘有细小的重结晶云母，表明此时的变形机制为大于 250℃ 条件下的剪切机制（Stesky, 1978）。另外，云母的膝折反映出后期极低温变形（<200℃）。从上述所有显微构造来看，其变形机制为从高温（>500℃）到低温（<200℃）的连续右旋剪切机制，后期极低温变形作用伴随的正滑作用。

从阿伊拉日居山到噶尔盆地，喀喇昆仑断裂系总体构造特征为韧性右旋走滑变形及近水平和微倾伏的拉伸线理；韧-脆性右旋正滑和正滑变形及倾伏的拉伸线理和较陡的擦痕、脆性正滑和右旋走滑变形（图 8-9）。表现早期至后期以及到现在的演化过程中深层次、浅层次和地表变形特征，说明喀喇昆仑断裂带存在着随着隆升作用产生温度从高到低的连续剪切变形作用。因此，利用不同矿物的 $^{40}Ar/^{39}Ar$ 热年代学研究以及其不同的封闭温度可更好地认识喀喇昆仑断裂带走滑过程中伴随的隆升作用。

四、喀喇昆仑断裂形成时代及活动历史

（1）样品准备

三个样品采自阿伊拉日居山地区的喀喇昆仑韧性走滑剪切带中（采样点位置见图 8-5）。样品 P18 为糜棱岩化片麻岩，岩石中石英含量约 20%，长石含量约 40%，白云母含量约 20%，黑云母含量约 15%，其他矿物含量约 5%；样品 C43 为糜棱岩化淡色花岗质片麻岩，其中石英含量约 30%，长石含量约 55%，白云母含量约 10%，黑云母含量约 3%，其他矿物含量约 2%；样品 P34 为淡色花岗质

糜棱岩，其中石英含量约 40%，长石含量约 30%，白云母含量小于 30%，其他矿物含量小于 0.5%，基本不含黑云母。样品 P34 位于剪切带东北边部的糜棱岩带中，样品 P18 处在糜棱岩带西南侧的糜棱岩化片麻岩带中，样品 C43 处在远离糜棱岩带西南侧的糜棱岩化片麻岩带中，这三个样品基本代表了剪切带中不同部位和不同成分的变形岩石。由于高温右旋剪切变形伴随熔融作用的产生，同构造熔融型淡色花岗岩以及糜棱岩化淡色花岗质片麻岩和糜棱岩的形成时代直接反映了早期喀喇昆仑断裂带的活动时代。因此，通过对其变形岩石（花岗质糜棱岩化片麻岩和糜棱岩）中的锆石 SHRIMP U-Pb 测年，可制约喀喇昆仑断裂带的变形时代。由于早期为高温（>500℃）剪切作用，而白云母、黑云母的 $^{40}Ar/^{39}Ar$ 体系的封闭温度为（390±45）℃和（320±40）℃，因此，同构造生长的云母矿物的 $^{40}Ar/^{39}Ar$ 同位素定年所得到的年龄为断裂带中变形岩石的冷却年龄。所以，利用糜棱岩化（淡色）花岗质片麻岩及糜棱岩中的同构造生长锆石 U-Pb 同位素年代学研究来制约喀喇昆仑断裂右旋走滑作用的早期活动时代更为准确，尤其是对断裂带形成时代的制约。样品 P18，C43 和 P34 经重液分离和磁选后挑选锆石，最后在双目显微镜下挑纯，将代表性的锆石与数粒标样 TEM 置于环氧树脂中，然后磨至约一半，使锆石内部暴露，进行 SHRIMP U-Pb 测年。测试前进行了显微镜下的透、反射光分析，以及进行了背散射图像和阴极发光图像的分析，以确定锆石颗粒的晶体形态、内部结构以及标定测年点。锆石 SHRIMP U-Pb 分析是在中国地质科学院地质研究所北京离子探针中心 SHRIMP Ⅱ上完成，有关测年流程、技术和参数见文献（宋彪等，2002）。

（2）SHRIMP U-Pb 测年结果

A. 样品 P18

在样品 P18 中挑取了 10 颗具有代表性的锆石进行 SHRIMP U-Pb 测年。这些锆石外形特征主要呈长柱状或短柱状，无色、透明，内见细小的包裹体及裂纹，基本都有一个浑圆状到棱形的核，仅两颗锆石没有核-边构造，在它们中间部位 3 个测点的平均 $^{206}Pb/^{238}U$ 年龄为 34.5±1.9 Ma（图 8-9a）；对 9 颗锆石的边缘进行了 13 个点的分析，其年龄为 27.4±1.9~19.8±1.4 Ma（图 8-9a）；在 8 颗锆石中，一个棱形和 7 个次圆形的核得到的年龄为 1800~180 Ma（图 8-9b），其中 6 条谐和线上的 $^{206}Pb/^{238}U$ 年龄分布在 438±27~181±13 Ma 之间（图 8-9b）。

B. 样品 C43

在样品 C43 中挑取了具有代表性的 12 颗锆石进行 SHRIMP U-Pb 测年。这些锆石颗粒总体略小于样品 P18 中的锆石，外形特征主要呈长柱状或短柱状，无色、透明，内见细小的包裹体及裂纹，基本都具有圆形或棱形的核，10 个锆石边缘测点的 $^{206}Pb/^{238}U$ 年龄为 25.2±1.7~13.0±0.8 Ma（图 8-9c）；有一颗锆石的核部（z244-1）的年龄为 21.7±1.4 Ma，也在上述年龄范围之中。另外，10 个锆石核部测试点的年龄跨度较大，其范围为 3.0 Ga（$^{207}Pb/^{206}Pb$）至 170 Ma（$^{206}Pb/^{238}U$）（图 8-9d）。

C. 样品 P34

在样品 P34 中挑取了 9 颗具有代表意义的锆石进行 SHRIMP U-Pb 测年，锆石外形特征主要呈长柱状、短柱状及次浑圆状，无色、透明，部分锆石的核和边缘都有环带构造，只是常常较为杂乱。5 个锆石边缘的 $^{206}Pb/^{238}U$ 年龄为 26.9±1.6~18.2±1.2 Ma（图 8-9e）。有一个锆石边缘的年龄（点 z144-2）最年轻为 15.6±1.0 Ma（表 8-1）。另外，有一颗锆石核部（z120-1）没有得到可靠的 $^{207}Pb/^{235}U$ 年龄，但它的 $^{206}Pb/^{238}U$ 年龄为 20.9±2.2 Ma，3 个核部和 2 个边缘部分的谐和年龄约为 300 Ma（图 8-9f），另 6 个核部测试点的年龄（$^{207}Pb/^{206}Pb$）为 1.8~0.9 Ga。

（3）锆石成因及年龄分析

A. 样品 P18

当锆石中存在一个深色的边缘区域包围一个浑圆状-菱形的核时，其边缘反映出高 U 的特征（Hanchar et al.，1995；Rubatto et al.，1998）。本样品 P18 的主要特征为：①大部分锆石的核和边缘显示出清晰的振荡环带，其中两颗锆石整体显示均一的振荡环带，并且具有高 Th/U 值（0.21~1.40）特征，呈现出典型的岩浆成因（Rubatto et al.，1998；Gebauer，1996；Vavra et al.，1996），其平均 $^{206}Pb/^{238}U$ 年龄为 34.5±1.9 Ma（图 8-9a），表明新的岩浆成因锆石的结晶时代约为 35 Ma，它可能

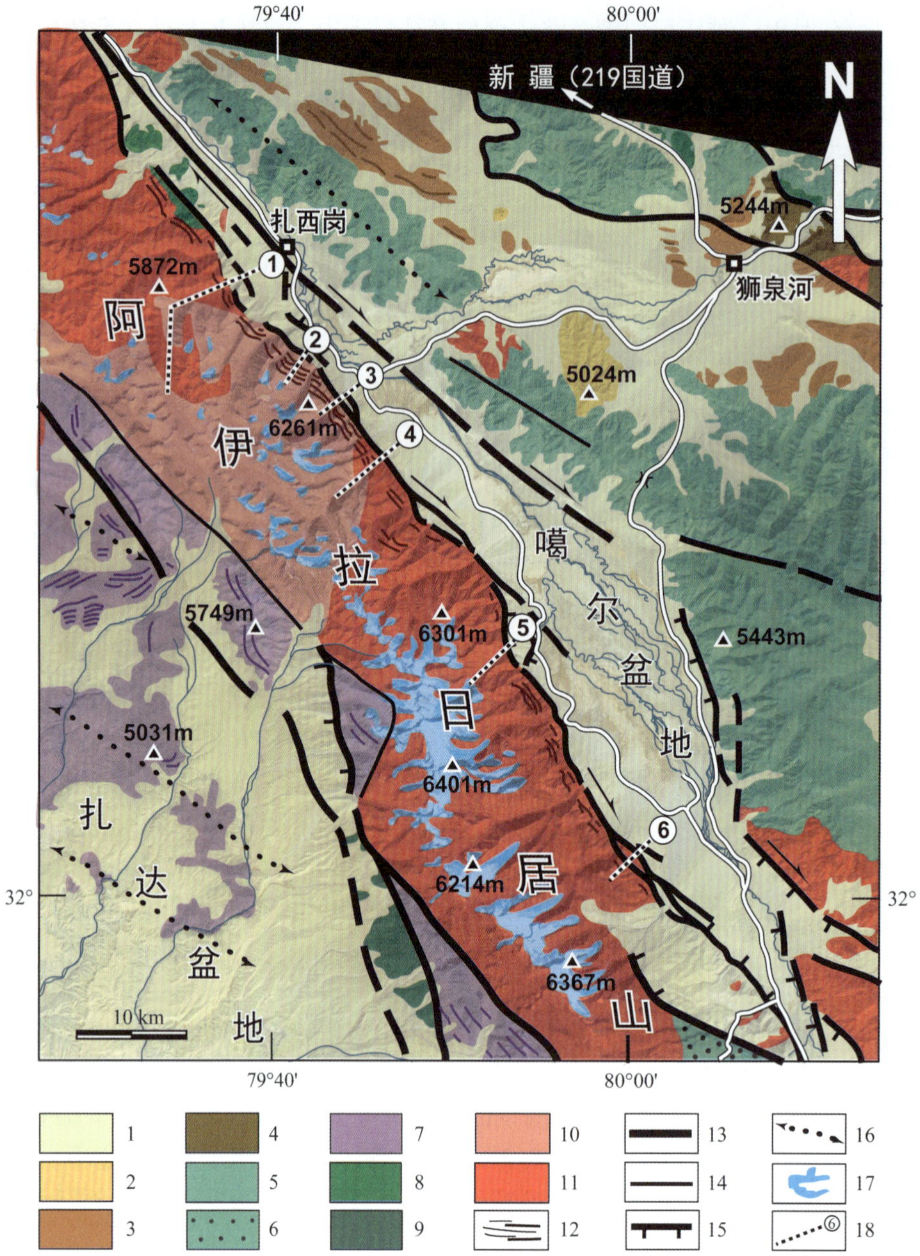

图 8-10　青藏高原西部狮泉河地区地质略图

地质略图据野外考察、卫星影像解译。浅色阴影为地形轮廓。1—第四纪沉积物；2—煤系砂岩，砾岩；3—新近纪淡红色陆相砾岩和砂岩；4—二叠纪砂岩、板岩和砾岩，含灰岩夹层；5—含火山岩的大陆和浅海沉积；6—绿片岩相杂砂岩（可能相当于白垩纪日喀则复理石沉积）；7—未分的古生代—中生代地层；8—由蛇纹岩-辉橄岩-放射虫硅质岩和二叠纪—三叠纪灰岩组成的走滑构造块体；9—蛇绿岩；10—混合岩和片麻岩；11—花岗岩（有时具叶理）；12—层理，劈理或叶理；13—活动断裂；14—其他断裂；15—具正滑分量的断裂；16—背斜褶皱轴；17—冰川；18—采样位置

是早期地壳加厚导致的局部熔融，也可能是在剪切过程中形成，这还有待于进一步研究；②这些锆石的边缘中，有 8 颗锆石 10 个点的 Th/U 值较高（0.10~0.41），可能为岩浆成因，其年龄为 27.4±1.9~20.3±1.7 Ma（图 8-9a）。另外，有 3 个 Th/U 值较低（0.01~0.05）点的年龄为 26.8±1.8~19.8±1.4 Ma，可能代表的是变质成因的增生锆石年龄。它们反映了剪切过程中的熔融作用和变质作用的时代；③这些锆石中的核，它们的 Th/U 值>0.1~0.2（0.27~0.75），结合阴极发光特征来看，可能为岩浆成因，因此，它们的年龄 1800~180 Ma 可能代表早期岩浆活动的时代。

B. 样品 C43

样品中的 12 颗锆石基本都具有浅色的圆形或菱形的核，外部被很深的灰黑色边缘包围，这些灰黑色的边缘表明相对于核部具有较高的 U 含量（Hanchar et al.，1995；Rubatto et al.，1998），部分锆石的核部和边缘具有明显的扇形或振荡环带现象：①10 个锆石边缘的 Th/U 值较低（0.01~0.05），以及根据阴极发光图像特征，它们反映出典型的变质成因（边缘部分），另外，它们具有相对于核部 U 含量特别富集（6800~20000 μg/g）的特征，这可能暗示锆石边缘的结晶过程中具有变质流体的介

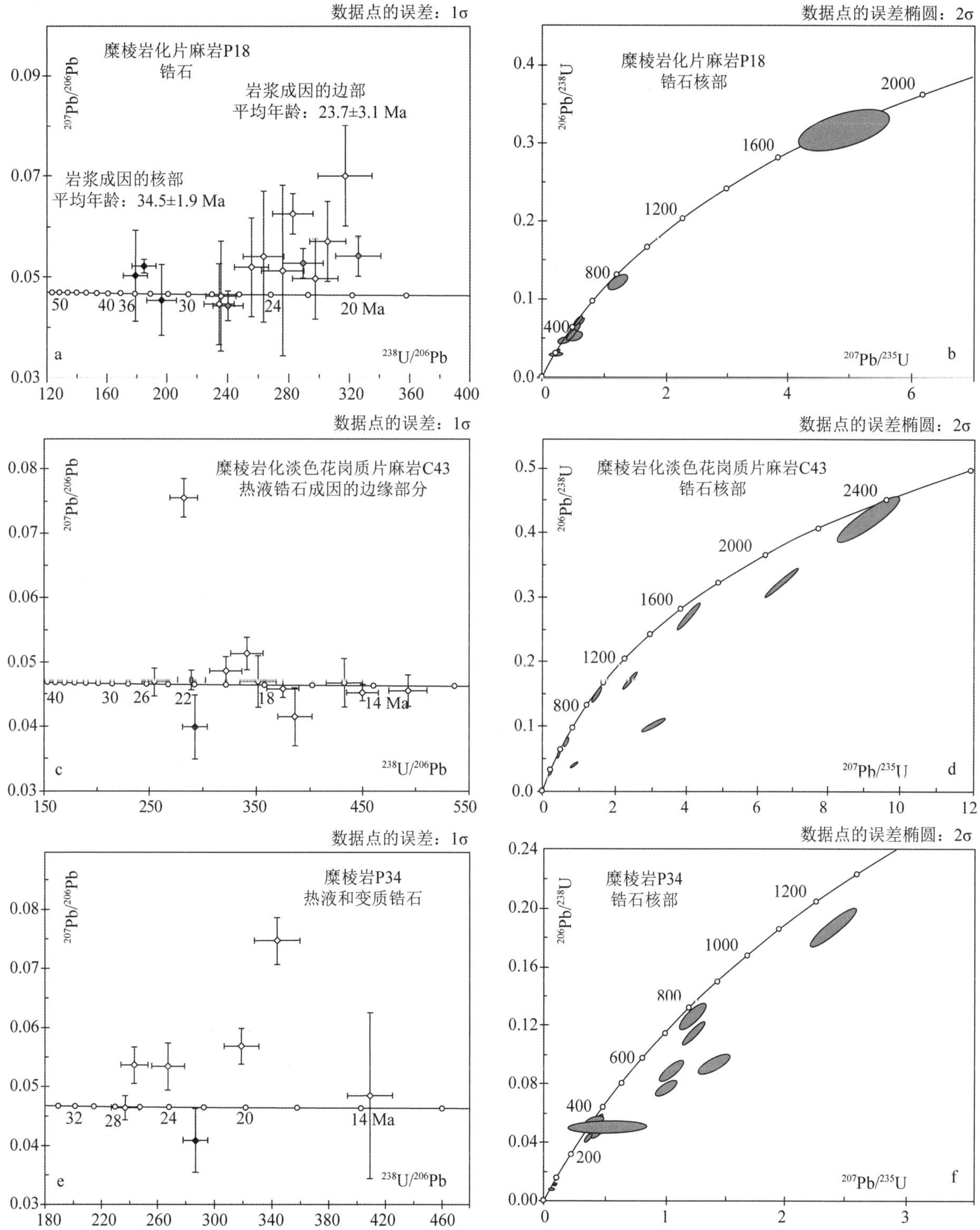

图 8-11　喀喇昆仑断裂带中糜棱岩化正片麻岩的岩浆锆石 SHRIMP U/Pb 年龄谱

入，因此，这些锆石的边缘部分的年龄25.2±1.7~13.0±0.8 Ma（图8-9c）可能反映的是热液活动过程中锆石生长（变质热液锆石）的年龄，应该是在富含流体的韧性剪切过程中生长；②有一颗锆石核部的年龄为21.7±1.4 Ma，它的Th/U值为0.09，可能为变质成因，是剪切过程中变质锆石的生长时代；③10个锆石核部的Th/U值为18~2.2，可能为岩浆成因，它们的年龄范围为3000~170 Ma（图8-9d），反映的是早期岩浆成因锆石的残留。

C. 样品P34

样品中大部分锆石的核和边缘都有环带构造：①5个锆石边缘的Th/U值较小（0.01~0.08），并根据阴极发光图像特征（图8-9c），可看出它们反映为变质成因锆石特征，这些锆石边缘部分U含量（1400~5400 μg/g）比具有岩浆特征的核部（Th/U值0.27~0.86）U含量（300~600 μg/g）更值得注意和重视。其$^{206}Pb/^{238}U$年龄为26.9±1.6~18.2±1.2 Ma（图8-9e）代表剪切过程中变质作用的时代；②有一颗锆石边缘的年龄（点z144-2）最年轻为15.6±1.0 Ma，从该颗粒的背散射图像中可看出，其边缘部分具有很多包裹体，阴极发光图像上反映出明、暗区域不规则交替，因此，该年龄可能是稍后的变质作用的记录，或者可能与放射性Pb的丢失有关；③有一颗具有较低Th/U值（0.01）的锆石核部只得到了它的$^{206}Pb/^{238}U$年龄为20.9±2.20 Ma，这可能反映了一个较老的岩浆结晶的半固态状态下的重结晶作用；④其他点的Th/U值较高（0.1~0.86），可能大部分为早期的岩浆成因，所测试年龄反映的是继承锆石的年龄，其中包括约为300 Ma的谐和年龄（图8-9f）和锆石核部的（$^{207}Pb/^{206}Pb$）1.8~0.9 Ga的年龄。

（4）喀喇昆仑韧性剪切带的活动时代

具有典型岩浆成因特征的锆石年龄为27~20 Ma（样品P18），代表了高温（>500℃）变形过程中同构造部分熔融环境下锆石结晶的年龄，该年龄也代表了糜棱岩化片麻岩的形成时代，其平均年龄为23.7±3.1 Ma（图8-9a）。具有变质成因特征的增生锆石年龄为27~20 Ma（样品P18），25~13 Ma（样品C43）以及27~18 Ma（样品P34）代表的是变质作用的时代，这期的变质作用时代与剪切熔融作用的时代一致，与喀喇昆仑断裂的右旋剪切活动有关，它们是在古近纪—新近纪的变形中表现出的再结晶。而3000~170 Ma的年龄反映的是继承锆石的年龄，代表早期阶段的岩浆活动时代。另外，样品P18中岩浆锆石的34.5±1.9 Ma的年龄，反映了阿伊拉日居山北东侧存在有约35 Ma岩浆事件，那么，可能说明27~20 Ma的高温变形作用的温度将不超过锆石U-Pb体系的封闭温度650~900℃（Searle，1996；Chernick et al.，2003；Lee et al.，1997），其变形温度可能介于500~750℃（或约为850℃）之间，否则约为35 Ma的岩浆作用年龄将被重置。从野外观测来看，约为35 Ma岩浆作用可能由于是地壳加厚产生部分熔融，它是否有可能代表最早的剪切熔融时代还值得进一步研究和讨论，因为在青藏高原和喜马拉雅地区有地壳规模的逆冲作用产生的早渐新世花岗岩，在帕米尔地区有35 Ma花岗岩脉（Fraser et al.，2001），另外，Lacassin et al.（2004）对扎西岗地区糜棱岩化淡色花岗质片麻岩中的锆石进行了ID-TIMS U-Pb分析，其上交点的年龄为1300±100 Ma，下交点的年龄为32±3 Ma，那么，距今约为35 Ma的岩浆作用似乎是沿喀喇昆仑剪切带局部剪切熔融的结果，无论是与否，应该值得重视。因此，我们推测喀喇昆仑断裂最早的形成时代至少在距今约27 Ma。

（5）讨论

1）喀喇昆仑韧性剪切带最早的活动时代至少在距今约27 Ma，并且发生高温右旋剪切变形，因此，喀喇昆仑断裂的形成时代至少为距今约27 Ma。

2）喀喇昆仑断裂发生大规模的高温右旋剪切活动至少在27~20 Ma期间，并且伴随淡色的同构造花岗岩的产生，比前人通常认为的喀喇昆仑断裂在18~11 Ma期间形成的观点要早约10 Ma。

3）沿喀喇昆仑断裂温泉的线形分布，表明沿断裂带存在着较强的热液作用。变质成因和热液成因特征锆石的U-Pb同位素年龄，暗示着喀喇昆仑断裂走滑剪切变形过程中伴随大量热液流体作用的时限至少在25~13 Ma期间。

4）由于糜棱岩的快速冷却时代约为12 Ma（Lacassin et al.，2004；Valli，2005），因此，喀喇昆

仑断裂的连续变形作用从约 27 Ma 至少持续到 12 Ma，而大量热液流体作用的时限与之相一致，之后伴随阿伊拉日居山的快速隆升以及噶尔盆地开始形成。

5）喀喇昆仑断裂的生长可能是由南东向北西扩展的过程，与印度板块与欧亚大陆持续的斜向碰撞挤压有关。

五、喀喇昆仑断裂走滑过程中伴随的快速隆升：热年代学证据

通过喀喇昆仑断裂带的东南段阿伊拉日居山-噶尔（拉分）盆地地区详细的岩石学、变形构造的研究基础上，对喀喇昆仑断裂带的韧性剪切带中变质岩石的同构造矿物进行$^{40}Ar/^{39}Ar$热年代学研究，探讨断裂带走滑过程中变质岩石的时间-温度演化过程，从而制约喀喇昆仑断裂带走滑变形过程中伴随的隆升作用以及噶尔拉分盆地的形成时限。

（1）$^{40}Ar/^{39}Ar$热年代学研究

样品采自阿伊拉日居山地区的喀喇昆仑韧性剪切带，主要位于扎西岗与噶尔之间，在每一条野外考察剖面中选取了具有代表性的典型样品进行$^{40}Ar/^{39}Ar$热年代学研究（图 8-4）。样品 L90、L91 分别为淡色花岗质脉体和受右旋剪切作用影响的淡色花岗质片麻岩，样品 C38 为绿片岩糜棱岩，样品 C27 和 C31 分别为绿片岩糜棱岩和二云母片麻岩中的淡色花岗质布丁；样品 C43 为糜棱岩化淡色花岗质片麻岩，这六个样品基本代表了剪切带中不同部位和不同成分的变形岩石。这些岩石经清洗烘干后破碎至 60~80 目，再通过重液和磁选分选出钾长石、黑云母和白云母矿物，并在美国密歇根大学核反应堆接受中子照射。28 Ma、48 Ma 的透长石作为监控样的标准样，被照射后的矿物样品进行$^{40}Ar/^{39}Ar$阶段升温测年。样品测试分析在法国 Blaise Pascal 大学同位素实验室进行，质谱分析是在 VG3600 质谱计上进，详细实验流程见文献（Arnaud et al.，2003）。

A. 钾长石

从分析结果来看，钾长石年龄谱的形状大体上存在两个阶段，在初始阶段升温过程中，温度为 700℃以下，^{39}Ar释放量 10%~40%时，出现初始低温（LT）假坪，当温度升高到高温（HT）状态时年龄迅速增长。此时，出现高温（HT）坪或假坪（图 8-12）。

从图 8-12 上看，最年轻的钾长石低温（LT）年龄（L90，L91，C27，C31，C38，C43），显示了最北边以及其他剖面的年龄集中区：剖面 I 中两个样品的年龄大约为 14~12 Ma，而其他剖面 2、3、4，这 6 个钾长石样品具有一致的较小范围的 LT 假的坪年龄：10~9 Ma；高温（HT）钾长石年龄坪（L90，L91，C31，C38，C43）或假的坪（C27），产生了相对宽的平均范围：从 21.2±1.0 Ma 到 14.3±0.6 Ma，这些年龄与样品的地理位置无关。

B. 云母

白云母和黑云母的年龄谱均存在一个较好的年龄坪（图 8-13），并对应了 90%~98%的^{39}Ar释放量。云母年龄从最北部剖面 I 到其他剖面的特征为：剖面 I 中白云母年龄为 14.5±0.6 Ma，而黑云母的年龄为 14.2±0.2 Ma；其他剖面中白云母的年龄为 12.6±0.2~12.1±0.2 Ma，而黑云母的年龄为 11.6±0.1 Ma，其中黑云母年龄稍小于白云母。

（2）讨论

A. 不同矿物的封闭温度和钾长石的冷却模式

虽然矿物的同位素年龄是否与矿物结晶或重结晶相对应还存在着争议，但是，基本认为与一定封闭温度下冷却有关。$^{40}Ar/^{39}Ar$、裂变径迹（FT）以及 U-Th/He 年龄可能与同构造结晶年龄相对应（Kirschner et al.，1996）。不同矿物有着不同的封闭温度，白云母在$^{40}Ar/^{39}Ar$体系下的封闭温度为 390±45℃（Hames et al.，1994；Leloup et al.，2001），黑云母的封闭温度为 320±40℃（Harrison et al.，1985；Leloup et al.，2001），磷灰石 FT 的封闭温度为 115±15℃（Gleadow et al.，1986；Ketcham et al.，1999），磷灰石 U-Th/He 的封闭温度为 80±20℃（Farley，2000）。

大部分钾长石的冷却历史都可以建模。我们将模型约束在最简单的可能方案之中，考虑了无变化的冷却过程，由 7 个钾长石的结果构成最好的冷却模型稳定地显示两个被等温或缓慢冷却阶段相分割

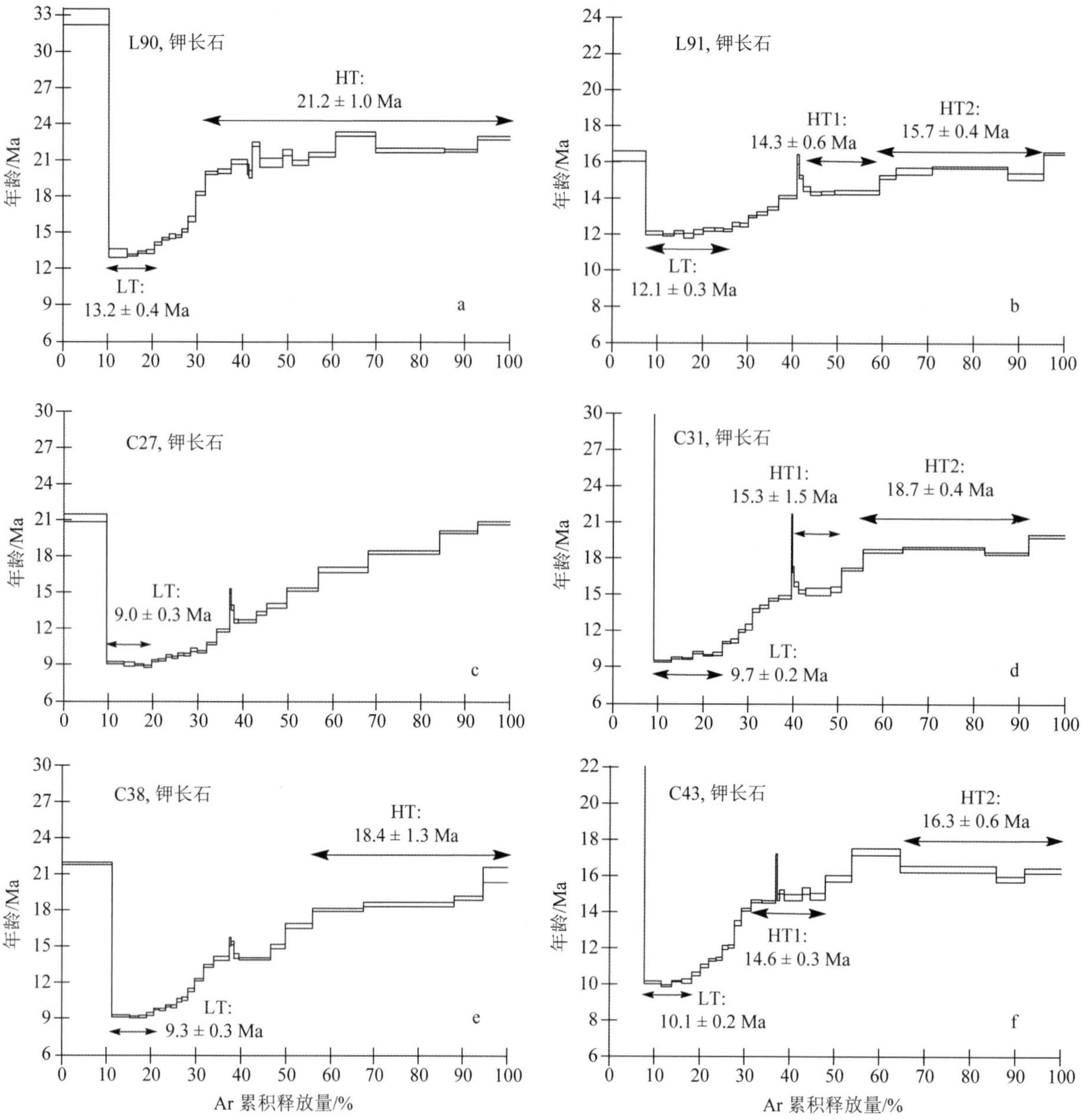

图 8-12 喀喇昆仑断裂带中钾长石 $^{40}Ar/^{39}Ar$ 年龄谱

的快速冷却阶段。最老的冷却事件年龄随钾长石中 HT 年龄在 23~14 Ma 的范围内变动，但这些年龄不能很好地约束一个快速冷却阶段。最年轻的冷却事件具有较好的约束：最北部剖面 I 中样品的快速冷却阶段为 14~11.5 Ma，其他剖面为 11~8 Ma。从图 8-12 中可看出，由于 LT 和 HT 年龄均有假坪，氩的损失可能仅局限于相应阶段，意味着快速冷却就发生在这些阶段。因此，可以用来作为对 LT 和 HT 阶段晶体脱气阶段封闭温度的粗略估计。那么，LT 年龄相应于在 150~300℃冷却，而 HT 年龄（1000~1400℃）相应在 300~450℃冷却。通过不同矿物的同位素年龄与不同的封闭温度的关系，可以构建矿物的冷却历史。从所获得的同位素结果，我们可以建立喀喇昆仑断裂带中变形岩石的冷却历史。

B. 阿伊拉日居山地区走滑变形过程中的冷却历史及快速冷却事件

从喀喇昆仑断裂带的变形构造特征来看，阿伊拉日居山地区不仅显示了 600~400℃ 以上的右旋剪切变形作用，而且也显示了它持续到近表面条件下的变形作用，因此，与剪切带中变形岩石的冷却是同时代的。变形年龄可以从高温及中温甚至低温热年代得到。

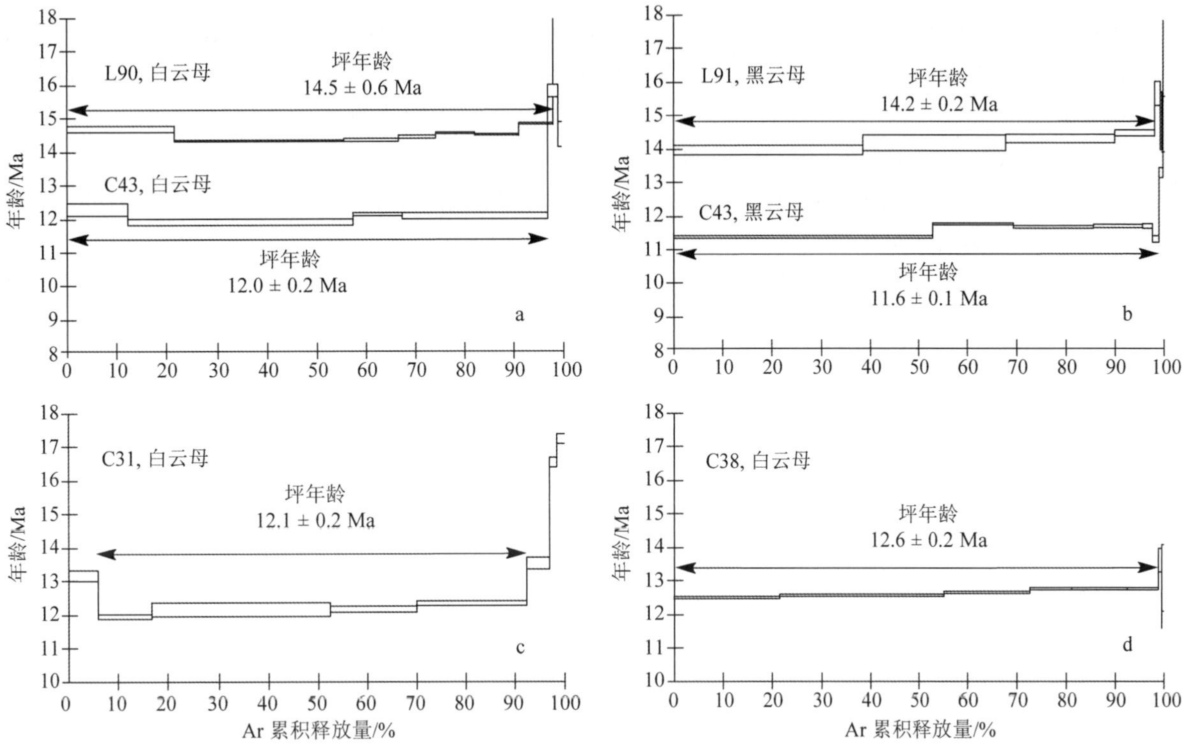

图 8-13　喀喇昆仑走滑断裂带糜棱岩的云母$^{40}Ar/^{39}Ar$年龄谱

（a）早期（早中新世）高温到中温变形阶段的快速冷却事件

阿伊拉日居山地区锆石的 SHRIMP U-Pb 年龄表明了 27~20 Ma 期间沿喀喇昆仑断裂带发生过高温剪切作用和岩浆活动，以及 25~13 Ma 期间的热液事件（李海兵等，2007）。这些年龄与目前钾长石的一些$^{40}Ar/^{39}Ar$年龄非常接近或者相同。然而，这两组年龄有着三种解释：①钾长石年龄由于过剩氩的存在可能会偏老，但是，钾长石年龄谱的高温部分相对平滑，以及不同剖面上的样品年龄的分布局限于 6 Ma（图 8-12），说明过剩氩很少，因此 HT 年龄是有意义的；②钾长石的 HT 年龄可能对应于异常高的封闭温度，但是，这种情况不存在；③岩浆锆石 U-Pb 和钾长石$^{40}Ar/^{39}Ar$ HT 年龄是正确的，并且与期望的封闭温度有关，那么，这暗示着早中新世时期（27~20 Ma），从同构造花岗岩侵位（固相线温度<750℃）（Gardien et al.，1995）到钾长石年龄谱高温部分的封闭温度（400±50℃）间，存在一个快速冷却过程（图 8-12），其冷却速率为 70~48℃/Ma 之间。

27~20 Ma 之后的快速冷却可能是花岗岩侵位之后随即进行的构造剥露作用的结果，这种剥露作用只可能是由于沿喀喇昆仑断裂带的逆冲断裂或正断裂作用所引起的。然而在阿伊拉日居山北部地区，高温到中温条件下（>600~400℃）的各种运动学标志指示为具水平拉伸线理的纯右旋剪切作用。右旋正断裂集中在脆-韧性和脆性变形阶段（低温变形阶段），因此构造剥露阶段与早中新世快速冷却事件不可能同时出现，相反快速冷却可能是浅部高温剪切的结果。由于走滑断裂的剪切热的结果，而导致出现相关的高地热梯度（Leloup et al.，1999），当变形在某地减慢或者停止时，将导致局部快速冷却，并且可能在断裂的其他地方继续变形。这种过程可以解释各种 HT 钾长石年龄之间的差别，因为样品分布在剪切带中的不同地点。Rolland（2001，2002）研究了班公山地区（在研究区北西约 200~350 km 处），与喀喇昆仑断裂带右旋剪切有关的高变质岩的 $P-T$ 环境，认为走滑变形过程中从<800℃（5.5~5 kbar）到 500~300℃（5~2 kbar）存在近等压冷却的过程，说明上地壳变形过程中，当变形局部停止时，就出现快速冷却。因此，从图 8-8 显示出 25~22 Ma 至 21~18 Ma 阶段，存在早期（早中新世）的快速冷却事件。

（b）第二期（中新世中期）中温到低温变形阶段的快速冷却事件

目前，利用不同矿物（白云母、黑云母、LT 钾长石）的$^{40}Ar/^{39}Ar$ 年龄与相对应的不同封闭温度可以确定时间-温度曲线（图 8-14）。在温度接近 400℃时，钾长石 HT 部分及白云母的时间跨度分别为 22~14 Ma 和 15~12 Ma，由于白云母和黑云母年龄之间非常小的差别，说明了快速冷却的存在。在温度 230℃时，钾长石 LT 部分时间跨度分别为 13~12 Ma（北部剖面 I）和 10~9 Ma（其他剖面），因此，在阿伊拉日居山地区北部 15~12 Ma 期间，显示出的冷却速率较大（<80℃/Ma），而南部在 12~10 Ma 期间的冷却速率<52℃/Ma。

从喀喇昆仑韧性剪切带的变形特征来看，变形温度在小于 400℃时，在右旋剪切过程中伴随有较强的正滑作用，这种变形机制造成了中新世中期喀喇昆仑断裂带中变形岩石的快速冷却，同时也暗示了阿伊拉日居山开始快速抬升，并且北部可能早于南部 3~2 Ma。同时，由于山脉抬升过程中伴随着构造剥露作用，因此，中新世中期的快速冷却事件不仅使得阿伊拉日居山快速抬升，而且噶尔盆地也开始形成。

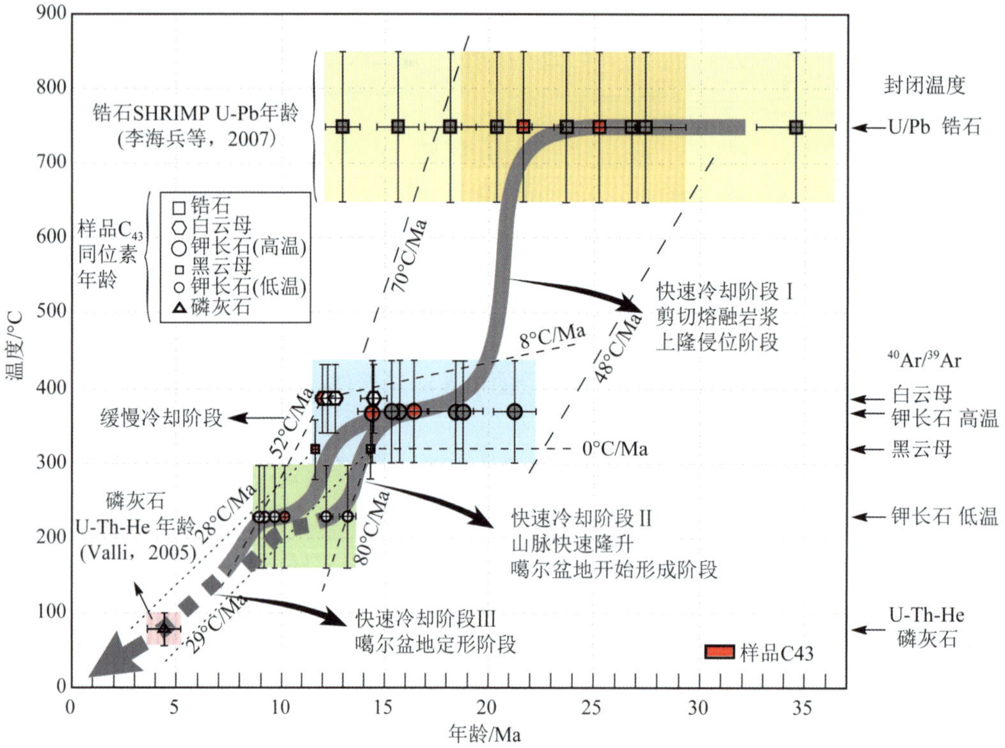

图 8-14 喀喇昆仑断裂带中不同矿物的时间-温度曲线

（据李海兵等，2008）

（c）晚期（中新世晚期以来）低温变形阶段的快速冷却事件

Valli（2005）在阿伊拉日居山剖面 5 地区，在具有右旋正滑变形特征的绿片岩糜棱岩中，获得了磷灰石的 U-Th-He 年龄为 4.4±0.8 Ma，那么，在 9~4 Ma 期间，存在中新世晚期以来的快速冷却事件，从温度 300~200 至 80℃（磷灰石 U-Pb/He 的封闭温度），冷却速率为 29~28℃/Ma。

喀喇昆仑断裂带的变形构造表明，连续的变形作用已经持续到接近表面，因此，与从 27~20 Ma 至 4 Ma 范围内的冷却历史有关，同时也说明具有正断裂作用的右旋剪切至少持续到 4 Ma，这意味着在阿伊拉日居山地区沿喀喇昆仑断裂带的变形作用至少持续了 20 Ma。使得深部物质抬升到近地表，并且，中新世晚期以来，阿伊拉日居山进一步隆升，至 4 Ma 左右，噶尔盆地接受的主要沉积物基本完成。

六、喀喇昆仑断裂带长期右旋走滑速率和隆升速率的估算

从 Landsat 卫星影像图上，可清晰地看到一条河流被喀喇昆仑断裂右行错开，这条河流在印度境内称为印度河，在我国称为狮泉河，该河流被右行错开约 120 km。它能否代表断裂带的最大累积位移量显然值得怀疑，因为没有证据显示这条河流是在喀喇昆仑断裂形成之前就已存在，相反地可能是第四纪冰期后的产物，至少说明最小累积位移量应大于 120 km。阿伊拉日居山地区的隆升与噶尔盆地的形成演化有着成因联系，拉分盆地的形成演化与相邻地形和相关河流下切作用以及主要河流过程的袭夺作用同时存在。从图 8-15 来看。在 15~12 Ma 之前的断裂带缓慢抬升（缓慢冷却）过程中，印度河的下切作用并不显著，而在此之后的快速抬升（快速冷却）过程中，河流穿越喀喇昆仑断裂时，开始深切拉达克地区，并且形成的右旋走滑位错至少为 120 km，那么，这意味着右旋走滑的最小长期平均滑移速率为 9.0±1.0 mm/a。在阿伊拉日居山地区的活动构造研究中，利用废弃的冰债扇形体的右旋错位，以及相对应地表石英的宇宙射线核素（^{10}Be）测年（Chevalier et al.，2005），获得了平均滑移速率为 10.7±0.7 mm/a，这个速率与我们估算值较为接近。

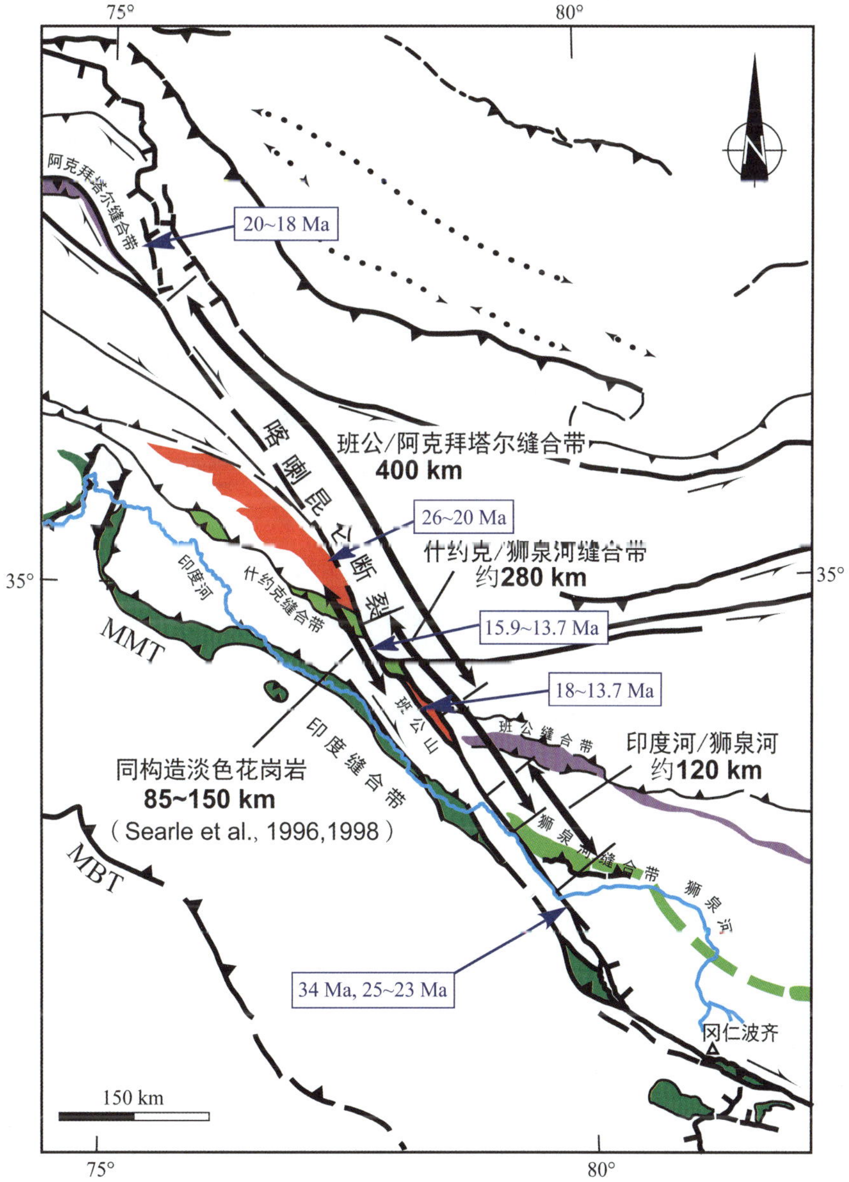

图 8-15 喀喇昆仑断裂两侧可对比的标志物及估算的不同累积位移量
（据李海兵等，2006）

如果认为糜棱岩的形成深度在地下 15~12 km 左右（Scholz，1988），那么，在 15~12 km 以来喀喇昆仑断裂带深部糜棱岩被抬升剥露到地表，这表明长期平均隆升速率为 1.0 mm/a。由于喀喇昆仑断裂带自 15~12 Ma 形成（李海兵等，2007）以来，一直持续着右旋剪切作用，从图 8-16 看，缓慢冷却阶段较短，尤其是第二阶段的快速冷却与第三阶段的快速冷却间的缓慢冷却阶段更短，因此，总体反映出快速冷却过程。也就是说，断裂带右旋走滑过程中总体伴随着快速隆升，1.0 mm/a 的隆升速率基本代表了长期平均隆升速率。

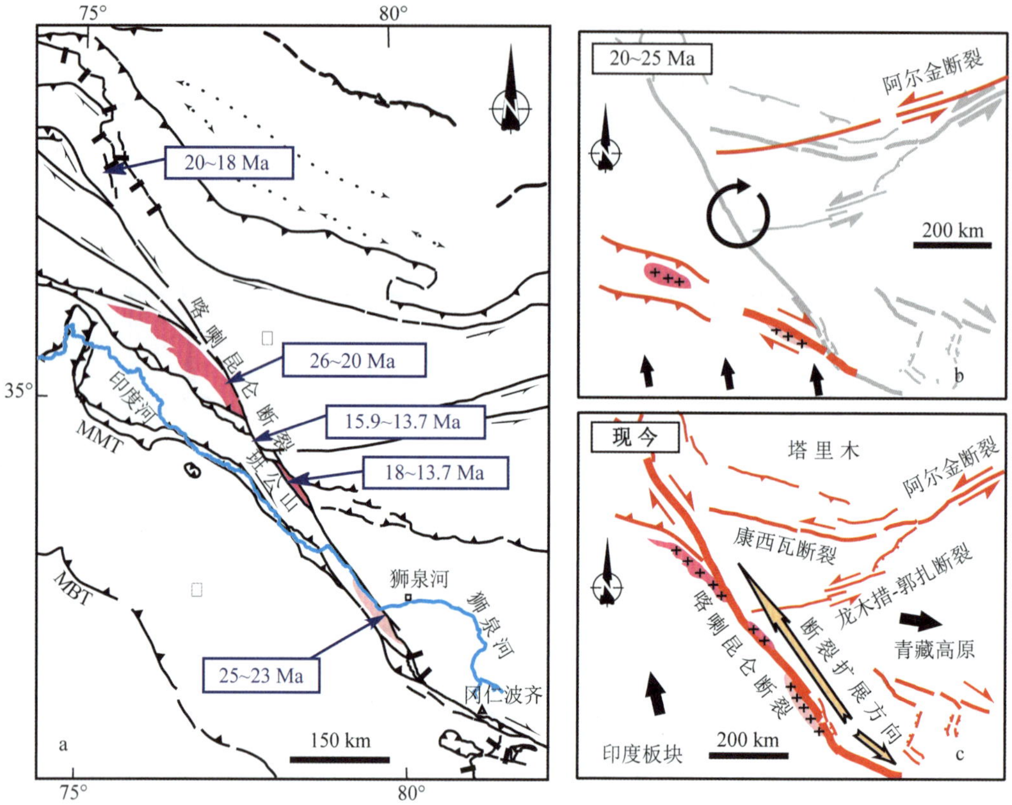

图 8-16 沿喀喇昆仑断裂分布的有关始新世以来岩浆活动的同位素年龄（a）及 25 Ma 以来的构造演化示意图（b，c）

七、青藏高原西部巨型走滑断裂的滑移速率及块体的运动学分析

喀喇昆仑断裂形成以来，其累积走滑位移量至少在 120 km 以上，第四纪以来最小累积位移量 120 km 以上，长期的平均滑移速率为 11 mm/a，该结论表明从印度板块与欧亚大陆碰撞后，青藏高原西部 23~25 Ma 以来产生大规模右旋走滑，使得高原西部物质沿喀喇昆仑断裂这一滑移线向东大规模的挤出，而挤出速率需要通过断裂几何学进行刚性块体运动学分析。高原西部 3 条主要走滑断裂（喀喇昆仑断裂、阿尔金断裂西段的康西瓦断裂以及龙木措-郭扎断裂），分隔着印度-喜马拉雅板块、甜水海地体、西昆仑-塔里木块体及青藏高原（主体）（图 8-17），其中块体间的相互运动及其速率是研究青藏高原西部变形过程的关键。西昆仑逆冲到塔里木块体之上吸收了约 5 mm/a 的近南北向的挤压变形作用，这个速率可以近似代表西昆仑相对于塔里木的运动速率，晚第四纪以来康西瓦断裂的滑移速率为 6.5~10 mm/a，平均速率约为 8 mm/a，它可以代表甜水海地体相对于西昆仑的运动速率，通过它们的矢量计算，可得到塔里木与甜水海地体间的相对运动速率约为 9.8 mm/a，运动方向 N72°左右（图 8-17）。另外阿尔金断裂西段的平均滑移速率约为 20 mm/a，代表的是青藏高原与塔里木间的相互运动速率，经矢量计算可知青藏高原与甜水海地体间的相对运动速率约为 10.1 mm/a，运动方

向约 N248°左右（图 8-17）。由于研究得出喀喇昆仑断裂的长期滑移速率约为 20 mm/a，那么，最后通过矢量计算得出：青藏高原以约 16.2 mm/a 的速率向 N108°方向挤出（图 8-17），它代表高原西部物质向东的挤出速率，并且在 23～25 Ma 或更晚才存在向东的大规模挤出作用。

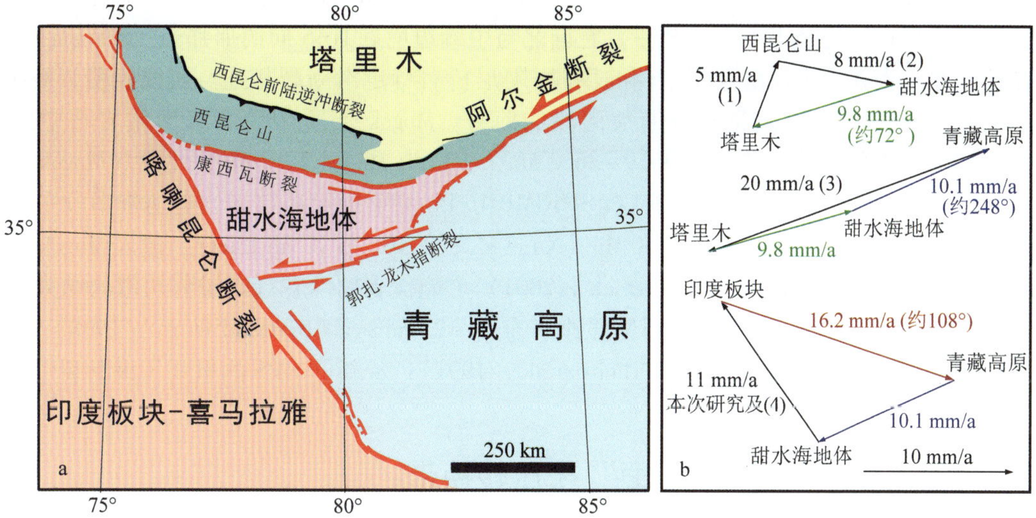

图 8-17 青藏高原西部三个大陆之间的刚性块体运动学分析

a—青藏高原西部块体边界与断裂关系；b—块体间运动矢量分析（图中速率（1）据 Avouac et al.，1993；（2）据 Ding et al.，2004；（3）据 Meriaux et al.，2004；（4）据 Chevalier et al.，2005）

第二节 喜马拉雅其他走滑断裂系

一、恰曼左行走滑断裂（QMF）

由于印度陆块北向运移楔入南亚陆块，在西构造结西侧，形成了一条规模巨大的恰曼左行走滑断裂（见图 8-1），与其相平行的 Ghazab 和 Ornoch-Nal 走滑断裂一起构成沿巴基斯坦和阿富汗边界的喜马拉雅造山带西缘走滑断裂系。该断层系大体呈北北东-南南西走向，延伸长达 800 km，东西宽 20～30 km，北与帕米尔构造结北侧的北倾的帕米尔逆冲断裂带相接，经喀布尔城，向南过莫克兰山脉东端，入阿拉伯海，最后与该海域北侧的莫克兰俯冲带相连。恰曼断裂与阿富汗板块之间以 Makran-Khojak-Pishin 盆地分割，该断裂系切割了代表印度和阿富汗板块之间印度河-雅鲁藏布江缝合带的白垩纪蛇绿岩。恰曼断裂和 Ghazaband 断裂合并到沿 Makran 增生楔的逆冲断裂中，而 Ornoch Nal 断裂则向南沿至阿拉伯海中。上述 3 条左行走滑断裂之中每 1 条的走滑断距并不清楚，但由于印度板块相对西面的阿富汗板块向北运动，推测它们总共的左行走滑距离达到数百千米。恰曼走滑断裂近百年来曾发生 2 次大地震，1892 年地震沿恰曼断裂产生 1 m 的水平位移（Richter，1958），1935 年的大地震（M_s=7.5）发生在 Ghazaband 断裂上（Yeats et al.，1997）。

二、实皆右行走滑断裂系（SJF）

近南-北向的实皆走滑断裂（SJF）位于喜马拉雅造山带东构造结的东侧向南延伸部位，是喜马拉雅东构造结东翼“印支”侧向挤出地体和“印缅”挤压转换带的界限，其东侧为东缅甸高地，西侧为与俯冲有关的白垩纪—新近纪缅甸火山弧和新近纪盆地（Hutchison，1989；Pivnik et al.，1998）。有的学者认为实皆断裂可能曾是中生代的板块边界（Mitchell，1993；Hutchison，1996），由于西缅甸地体和 Sundaland 地体西缘在晚白垩世碰撞，并形成褶皱带及 S 型花岗岩（Hutchison，

1989)。实皆断裂与南边的安达曼海的弧后扩张中心相连（Tapponnier et al., 1986），并伴随 450 km 的右行走滑平移（Curray et al., 1979；Mitchell, 1993）。安达曼海的弧后扩张中心在南面的苏门答腊走滑断裂和北面的实皆断裂之间形成1个拉分盆地，因此认为晚中新世至今的实皆断裂右行走滑与安达曼海的打开有关（Curray et al., 1979；Lee et al., 1995；Hall, 1996）。

位于实皆断裂东侧的是Mogok变质带，它向北与中缅边境近N-S向的那邦-密支那韧性右行走滑剪切带连接，并与大拐弯雅江缝合带东侧的墨脱-阿尼桥右行走滑断裂相连。研究表明，Mogok变质带具明显的右行走滑性质，应是实皆断裂南段的前身。Mogok变质带中高级变质岩石中的黑云母 $^{40}Ar/^{39}Ar$ 测年揭示南段的抬升年龄为25.9~36.2 Ma，中段为16.6~24.2 Ma，北段（Mogok）为16~19.5 Ma（Bertrand et al., 2001）。新的锆石SHRIMP U/Pb测年指示那邦韧性剪切带南段中糜棱岩的变质锆石和岩浆锆石的高温年龄为40~50 Ma（Xu et al., 2010, AGU abstract）。侵入Mogok变质岩中的变形花岗岩的年龄15.8 Ma（Bertrand et al., 2001）可能代表韧性右行走滑剪切带的结束时限。研究还表明，实皆断裂带在最近0.3 Ma的位移速率为10~25 mm/a（Bertrand et al., 1998），11 Ma以来的平均位移速率是18.5 mm/a（Myint Thein et al., 1991），最新的GPS测量揭示该断裂带的滑移速率大约20 mm/a。

三、青藏高原东南缘“印-缅”挤压转换带

喜马拉雅东构造结的东南缘为近N-S走向的“印-缅挤压转换造山带”，它位于东侧的川滇缅挤出地体和西侧的东印度孟加拉湾盆地之间，最大宽度约300 km，延长近2500 km。自西向东，该造山带由如下单元组成：安达曼（Andaman）海沟、安达曼逆冲断裂系、西缅地体（包括若开山脉、Arakan逆冲/右行走滑断裂系和缅中盆地）、S-N向的实皆右行走滑断裂以及Shan-Thai和Sundaland地体（包括Shan scarp和Mogok韧性右行走滑剪切带）。该造山带是一条具向西逆冲堆叠-造山极性的复杂挤压转换造山带。Arakan逆冲/右行走滑断裂系可能是喜马拉雅主边界逆冲断层的南延部分。在该造山带的北侧为位于喜马拉雅造山带东侧南缘的Shilong高原，两者之间的界限为E-W走向、极性朝南的逆冲断裂。

印度板块的东侧是形成掸高原（Shan plateau）地貌的Sundaland陆块（Simons et al., 1999；Michale et al., 2001），该陆块相对于印度板块的运动速率为35 mm/a，相对南中国地块的运动速度为25 mm/a（Socguet et al., 2004）。

第三节　走滑断裂在喜马拉雅造山过程中的重要意义

喜马拉雅造山带的西端和东端分别发育南切巴特（西）构造结（NPS）和南迦巴瓦（东）构造结（NBS），平行喜马拉雅的构造至每个构造结处突然进入一个横向的转换带，东侧转换带向南延伸2000 km和印度尼西亚弧形带相连，形成实皆右行走滑剪切带和印缅褶皱-逆冲带（Guzman-Speziale et al., 1996）。喀喇昆仑断裂位于西构造结的东侧，该断裂东侧的构造单元包括：西昆仑地体、松潘甘孜-甜水海地体、羌塘地体和拉萨地体；西侧为喀喇昆仑地体、拉达克岩浆弧和喜马拉雅地体，喀喇昆仑断裂切割了印度河-雅鲁藏布江缝合带。西构造结的3D模式显示了喀喇昆仑断裂经历了高温-中温的韧性右行走滑和局部熔融到低温斜向正滑移（即从韧-脆性到脆性伸展）的转换变形。喀喇昆仑断裂带糜棱岩化正片麻岩的SHRIMP锆石U-Pb年龄为23.7~34.5 Ma，糜棱岩的白云母和黑云母的 $^{40}Ar/^{39}Ar$ 坪年龄分别为14.5~12 Ma和14.2~11.6 Ma，糜棱岩的钾长石 $^{40}Ar/^{39}Ar$ 坪年龄为21~24 Ma。因此，喀喇昆仑右行走滑断裂形成在约35 Ma，活动在27~25 Ma，在25~14 Ma与同构造岩浆作用同时继续变形，在约14 Ma喀喇昆仑断裂快速隆升，由此冷却至浅部。

自中新世以来喀喇昆仑断裂的累计位移至少120 km，走滑速率7.0~11.0 mm/a，自中生代以来最大位移为480 km。青藏高原西部的三个块体的运动学分析表明：在松潘甘孜-甜水海地体和西昆仑地体之间以及印度陆块与西青藏高原之间的青藏西部物质通过8.8 mm/a的滑移速率被侧向挤出至

118°。120 Ma 以来青藏高原西部构造-动力学的演化模式显示印度和亚洲的碰撞导致西构造结的形成。在西天山和亚洲之间地壳缩短速率为 10~20 mm/a 和位移 300~700 km。喀喇昆仑断裂的形成可能由于兴都库什和帕米尔地体之间的双向俯冲造成（Negredo et al.，2007）。

西构造结西侧的恰曼转换断裂是一条陆内板块边界，以南北向左行走滑断裂和向东逆冲-褶皱带的斜向运动为特征，斜向转换带与 Makran 汇聚带相连接。大洋岩石圈俯冲在 Lut 和阿富汗微板块之间，同时与喜马拉雅汇聚带连接，在那里，印度-巴基斯坦岩石圈是俯冲在欧亚板块之下的（Zaighan et al.，2009）

一、走滑断裂与地体的相对位移

对喀喇昆仑断裂带的累计位移（300~66 km）存在较大的分歧。根据以断裂两侧的地体边界为标志：班公湖缝合带相对阿克拜塔尔缝合带右行位移 400 km，狮泉河缝合带相对约克缝合带右行位移 280 km，累计走滑位移至少在 250~300 km 以上。最新研究还表明，长期平均滑移速率为 10±3 mm/a，晚更新世以来的滑移速率为 10.7±0.7 mm/a。基本上从印度板块与欧亚大陆碰撞后，青藏高原西部约 27 Ma 以来产生大规模走滑，使青藏高原物质沿着这一滑移线以 10 mm/a 速率向东挤出（李海兵，2006）。

二、走滑断裂与构造结的形成

东、西构造结的发育明显受走滑断裂的制约（Burg et al.，1997；Liu et al.，1997；Ding et al.，2001；Xu et al.，2008；Booth et al.，2009）。位于印度板块西犄角与阿富汗陆块之间的西构造结是喜马拉雅中地壳缩短最强烈、震源深度最大和隆升最快地区。地震层析揭示，在西构造结印度岩石圈的舌形岩石圈板片向北深俯冲到兴都库什之下的 300 km 深处（Billington et al.，1977；Vinnik et al.，1977；Chatelain et al.，1980；Bustman et al.，1993；Fan et al.，1994）。不对称的双向深俯冲（Negredo et al.，2007）导致亚洲大陆在该区发生 300~700 km 地壳缩短（Gubin，1960；Burtman，2000；Negredo et al.，2007）和 10~20 mm/a 的缩短速率（Wang et al.，2001）。研究表明，兴都库什岩石圈板片在深俯冲过程中受到印度大陆西北犄角的两条剪切运动相反的走滑断裂带（恰曼左行走滑和喀喇昆仑右行走滑）的制约（Negredo et al.，2007），发生岩石圈板片的撕裂。

西构造结向北推进起始于渐新世—中新世，喀喇昆仑和恰曼走滑断裂形成于中新世—上新世，同时阿尔金断裂和康西瓦左行走滑断裂开始链接，帕米尔继续向北推进，喀喇昆仑左行走滑性质转换为一系列较大规模的正断层和噶尔拉分盆地，同时，强烈隆升使喀喇昆仑断裂上升，累计走滑位移量达到约 250~300 km 以上。10 Ma 以后，喀喇昆仑走滑断裂平均滑移速率达 10~11 mm/a，由于印度板块的向北运移楔入欧亚大陆，使印度西犄角与阿富汗陆块之间的恰曼左行断裂向南延伸达 1000 km 长，最后深入阿拉伯海。GPS 的测量表明恰曼断裂每年走滑速率高达 18 mm/a（Mohadjer et al.，2010）。位于印度东犄角和拉萨地体之间的南迦巴瓦构造结变质杂岩体的西侧为东久-米林剪切带，东侧为阿尼桥-墨脱剪切带。研究表明，55~44 Ma 印度陆块向北插入拉萨地体之下 70 km，并经历了 HP（UHP）变质作用及形成走滑断裂，40~35 Ma 实皆断裂的右行走滑启动，致使印度东犄角相对印度陆块快速向北运动，造成印度河-雅鲁藏布江缝合带的弯曲以及东西侧走滑剪切带的形成，然后南迦巴瓦变质杂岩体向北的不断推进；22~18 Ma 开始，走滑断裂强烈糜棱岩化；6~2 Ma 南迦巴瓦变质杂岩体的浅部地壳形成背形构造（Xu et al.，2017）。

三、走滑断裂与地体侧向挤出

在印度陆块与南亚大陆碰撞时，大规模走滑作用使南亚大陆南部的松潘甘孜和拉萨地体的物质向 SE 方向强烈侧向挤出，印度板块的向北运动明显受制于东、西构造结以南的两条巨大走滑断裂（实皆与恰曼），走滑距离至少 1000 km。沿着上述两条断裂，印度陆块的东、西犄角相对亚洲板块向北运动，并使该处的构造地貌发生巨大的扭转，以及 HP-UHP 变质岩的快速折返到浅部地壳，形成现代东、西构造结的异常地貌景观。在青藏物质大量向东逃逸过程中，在东构造结东侧向SE方向自东向西形成“松潘甘孜挤出地体”“兰坪挤出地体”“保山挤出地体”和“腾冲挤出地体”。

参 考 文 献

李海兵，杨经绥，许志琴，等. 2001. 阿尔金断裂带印支期走滑活动的地质及年代学证据. 科学通报，46(16)：1333~1338.

李海兵，Valli F，刘敦一，等. 2007. 喀喇昆仑断裂的形成时代：锆石SHRIMP U-Pb年龄的制约，科学通报，52(4)：438~447.

李海兵，Valli F，许志琴，等. 2006. 喀喇昆仑断裂带的变形特征及构造演化. 中国地质，33(2)：239~255.

李海兵，Valli F，Arnaud N，等. 2008. 喀喇昆仑断裂带走滑过程中伴随的快速隆升作用：热年代学证据，岩石学报，24(7)：1552~66.

Armijo R, Tapponnier P, Tonglin H. 1989. Late Cenozoic right－lateral strike－slip faulting in southern Tibet. J. Geophys. Res, 94: 2787~2838.

Avouac J P, Peltzer G. 1993. Active tectonics in southern Xinjiang, China: Analysis of terrace riser and normal fault scarp degradation along the Hotan-Qira fault system. J. Geophys. Res, 98: 21, 773~809.

Avouac J P, Tapponnier P. 1993. Kinematic model of active deformation in central Asia. Geophys. Res. Lett, 20(10): 895~898.

Basse J, Courtillot V, Pozzi J P, et al. 1984. Paleomagnetic estimates of crustal shortening in the Himalayan thrusts and Zangbo suture. Nature, 311: 621~626.

Basse J, Courtillot V. 1988. Paleomagnetic maps of the continents bordering the Indian Ocean since the Early Jurassic. Geophys. Res, 93: 11791~11808.

Cherniak D J, Watson E B. 2003. Diffusion in Zircon. In: Hanchar J M, Hoskin P W O, eds. ZIRCON. Mineral Soc Am, 53: 113~143.

Chevalier M L, Ryerson F J, Tapponnier P, et al. 2005. Slip-rate measurements on the Karakorum fault may imply secular variations in fault motion. Science, 307: 411~414.

Ding Guoyu, Jiechen, Qinjian Tian, et al. 2004. Active faults and magnitudes of left-lateral displacement along the northern margin of the Tibetan Plateau. Tectonophysics, 380: 243~260.

Fraser J E, Searle M P, Parrish R R, et al. 2001. Chronology of deformation, metamorphism, and magmatism in the southern Karakoram mountains. Geol Soc Am Bull, 113(11): 1443~1455.

Gapais D. 1989. Shear structures within deformed granites: Mechanical and thermal indications. Geology, 17(12): 1144~1147.

Gapais D. 1989. Les Orthogneiss: Structures, mécanismes de deformation et analyse cinématique, Mem Doc. CAESS, 28: 1~366.

Gates A E, Glover L. 1989. Alleghanian tectono-thermal evolution of the dextral transcurrent hylas zone, Virginia Piedmont, USA, J. Struct. Geol, 11: 407~419.

Gaudemer Y, Tapponnier P, Turcotte D L. 1989. River offsets across active strike-slip faults Ann. Tect., 3: 55~76.

Gebauer D. 1996. A P-T-t-path for an(ultra?) high-pressure ultramafic/mafic rock-association and its felsic country-rocks based on SHRIMP-dating of magmatic and metamorphic zircon domains; example: Alpe Arami(Central Swiss Alps). Am Geophys Union, 309~328.

Gower J W, Simpson C. 1992. Phase boundary mobility in naturally deformed, highgrade quartz-feldspathic rocks: Evidence for diffusional creep. J Struct Geol, 14(3): 301~313.

Hanchar J M, Rudnick R L. 1995. Revealing hidden structures: The application of cathodoluminescence and back-scattered electron imaging to dating zircons from lower crust xenoliths. Lithos, 36: 289~303.

Lacassin R, Valli F, Arnaud N, et al. 2004. Large-scale geometry, offset and kinematics evolution of the Karakorum fault, Tibet. Earth Planet Sci. Lett, 219:255~269.

Lacassin R, Valli F, Arnaud N, et al. 2005. Large-scale geometry, age, decalages cumules et vitesse de glissement long-terme sur la Faille du Karakorum. Parse: thesis, Univercite Paris.

Lee J, Williams I, Ellis D J. 1997. Pb, U and Th diffusion in natural zircon. Nature, 390: 159~163.

Leloup P H, Lacassin R, Tapponnier P, et al. 1995. The Ailao shan-Red River sg=hear zone(Yunnan, China), Tertiary transform boundary of Indochina. Tectonophysics, 251: 3~84.

Le Pichon X, Fournier M. 1992. Joliver L. Kinematics, topography and extrusion in the India-Eurasia collision. Tectonics, 11: 1085~1098.

Liu Q. 1993. Paleoclimates etcontraintes chronologiques sur les montains recents dans L' ouest du Tibet: failles du Karakorum et de Longmu Co-Cozha Co, lacs en pull-apart de Longmu co et de Sumxi Co, PhD, Universite Paris 7.

Matte P, Tapponnier P, Arnaud N, et al. 1996. Tectonics of Western Tibet, between the Tarim and the Indus. Earth Planet Sci. Lett, 142: 311~330.

Molnar P, Tapponnier P. 1975. Cenozoic tectonics of Asia: Effects of continental collision. Science, 189: 419~426.

Molnar P, Tapponnier P. 1978. Active tectonics of Tibet. Geophys. Res. 83: 5361~5375.

Murphy M A, Yin An, Kapp P, et al. 2000. Southward propagation of the Karakorum fault system, southwest Tibet: Timing and magnitude of slip. Geology, 28: 451~454.

Olesen N O. 1987. Plagioclase fabric development in a high-grade shear zone, Jotunheimen, Norway. Tectonophysics, 142: 291~308.

Parrish R R, Tirrul R. 1989. U-Pb age of the Baltoro granite, northwest Himalaya, and implications for zircon inheritance and monazite U-Pb systematics. Geology, 17: 1076~1079.

Passchier C W. 1982. Mylonitic deformation in the Saint Barthelemy Massif, French Pyrenees, with emphasis on the genetic relationship between ultramylonite and pseudotachylyte. GUA Pap. Geol. Ser, 1(16): 1~173.

Passchier C W, Trouw R A J. 1996. Microtectonics. Berlin: Springer-Verlag, 1~289.

Patriat P, Achache J. 1984. India Eurasia collision chronology has implications for crustal shortening and driving mechanism of plates. Nature, 311: 615~620.

Peltzer G, Saucier F. 1996. Present-day kinematics of Asia derived from geologic fault rates. Geophys. Res. 101: 27, 943~956.

Peltzer G, Tapponnier P. 1988. Formation and evolution of strike slip faults, rifts and basins during the India-Asia collision: An experimental approach. J. Geophys. Res, 93: 15, 085~177.

Phillips R J, Parrish R R, Searle M P. 2004. Age constraints on the ductile deformation and long-term slip rates along the Karakoram fault zone, Ladakh. Earth Planet Sci. Lett, 226: 305~319.

Ratschbacher L, Frisch W, Herrman U. et al. 1994. Distributed deformation in southern and western Tibet during and after the India-Asia collision: An experimental approach. J. Geophys. Res, 99: 19917~19945.

Rubatto D, Gebauer D. 1998. Use of Cathodoluminescence for U-Pb Zircon Dating by Ion Microprobe(SHRIMP): some examples from high-pressure rocks of the Western Alps. In: Pagel M, Barbin V, Blanc P, et al, eds. Cathodoluminescence in Geosciences, Berlin: Springer-Verlag, 373~400.

Scholz C H. 1988. The brittle-plastic transition and the depth of seismic faulting. Geologische Rundschau, 77: 319~328.

Searle M P. 1996. Geological evidence against large-scale pre-Holocene offsets along the Karakoram fault: implications for the limited extrusion of the Tibetan Plateau. Tectonics. 15: 171~186.

Searle M P, Crawford M B, Rex A J. 1992. Field Relations, Cheochemistry, Orogin and Emplacement of the Baltoro Granite, Central Karakora Trans. Royal Society, Edinburgh, Earth sciences, 83: 519~538.

Searle M P, Weinberg R F, Dunlap W J. 1998. Transpressional tectonics along the Karakoram fault, northern Ladakh: constraints on Tibetan extrusion and Transtensional Tectonics. Geol. Soc. London Spec. Pub., 135: 307~326.

Simpson C, Wintsch R P. 1989. Evidence for deformation-induced K-feldspar replacement by myemekite. J Metam Geol, 7: 261~275.

Stesky R M. 1978. Mecanisms of high temperature frictional sliding in Westerly granite. Can. J. earth Sci., 15: 361~375.

Tapponnier P, Molnar P. 1977. Active faulting and tectonics in China. Geophys. Res. 82: 2905~2930.

Tapponnier P, Pelther G, Armijo R. 1986. On the mechanism of the collision between India and Asia. In Coward M P, Ries A C(eds.). Collision Tectonics. Geological Society Special Publication, 19: 115~157.

Tapponnier P, Xu Z Q, Roger F, et al., 2001. Oblique stepwise rise rise and growth of the Tibet plateau. Science, 294: 1671~1677.

Tsurumi J, Hosonuma H, Kanagawa K. 2003. Strain localization due to a positive feedback of deformation and myrmekite-forming reaction in granite and aplite mylonites along the Hatagawa Shear zone of NE Japan. J. Struct. Geol., 25: 557~574.

Tullis Y E, Yund R A. 1987. Transition from cataclastic flow to dislocation creep of feldspar: Mechanisms and microstructures. Geology, 15: 606~609.

Valli F. 2005. Décrochements Lithosphériques Dans l'Ouest du Plateau du Tibet: Geométrie, age, décalages cumulés et vitesse de glissement long-terme sur la Faille du Karakorum, Dissertation for the Doctoral Degree. Paris: Université Paris 7.

Vavra G, Gebauer D, Schmid R, et al. 1996. Multiple zircon growth and recrystallization during polyphase Late Carboniferous to Triassic metamorphism in granulites of the Ivrea Zone(Southern Alps): An ion microprobe(SRHIMP) study. Contrib Mineral Petrol, 122: 337~358.

Zhou Y, Xu R H, Yan Y H, et al., 2001. Dating of the Karakorum Strike-slip Fault. Acta Geologica Sinica, 75(1): 10~18.

第九章 喜马拉雅片麻岩穹窿群

片麻岩穹窿（gneiss dome）为Eskola（1949）最早提出，意指中下地壳热动力学过程产生的、与岩浆作用（或混合岩化作用）密切相关的穹窿状构造。其核部通常由花岗质岩石组成，周边为花岗片麻岩，幔部由变形的变质岩所环绕。片麻岩穹窿构造是地壳深层次变动的产物，它几乎出露在所有的折返造山中，反映了所在地区地壳的大幅度抬升（Vanderhaeghe，2004；Whitney et al.，2004）。很多片麻岩穹窿的形成与花岗质岩浆上涌有关，所形成的花岗岩体（或岩基）以无（或弱）组构为特征，并伴随混合岩化作用；而周边的花岗片麻岩是具有面理和线理组构的变形花岗岩；幔部的变质围岩往往强烈变形，发育层叠式褶皱（cascading folds）（图9-1）（Burg et al.，2004；Whitney et al.，2004）。片麻岩穹窿是岩浆（含混合岩化）、变质和变形共同作用的产物，是不同造山过程中特别是折返阶段的重要标志。片麻岩穹窿的成因机制探索已经成为重塑各类造山过程的重要构造元素。

绝大部分片麻岩穹窿的构造组合也被简化为核部（如混合岩和花岗质岩体）和上覆的变质层（如边部的片岩和片麻岩）的双层构造（Stübner et al.，2013）。对于那些还没有出露地表的片麻岩穹窿，其变质的幔部之上还会覆盖有未变质的沉积地层。

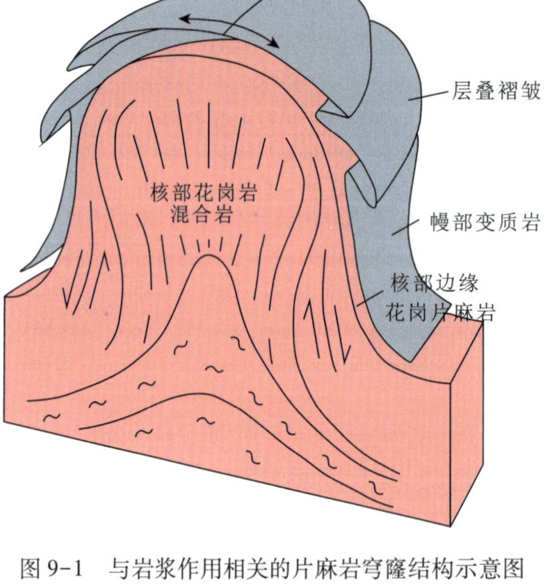

图9-1 与岩浆作用相关的片麻岩穹窿结构示意图

（据Whitney et al.，2004）

核部为花岗岩及混合岩，核部边缘为花岗片麻岩，幔部为变质岩和层叠褶皱

片麻岩穹窿的岩石组合方面，其核部主要为中酸性花岗岩类岩石以及混合岩。核部花岗岩和混合岩可同时形成，也可能是不同期的产物（Eskola，1949）。即使核部主要为花岗岩，也可能包含不同期次的花岗岩，代表早期形成的片麻岩穹窿的核部被后期多次岩体侵入（Yin，2004）。片麻岩穹窿的幔部主要是变质岩，并有很好的分带性。纵然由于片麻岩形成的深度、上覆地层的岩性组合，以及变质时的温压差异等，各个片麻岩穹窿的变质组合和变质级别会有不同程度的差异性，但整体而言，片麻岩穹窿幔部的变质分带还是有一定的规律性。如中国松潘-甘孜造山带雅江地区三叠系西康群中的片麻岩穹窿其幔部的变质由内而外分别为矽线石带、十字石带、红柱石带、石榴子石带、黑云母带和

绢云母-绿泥石带（许志琴等，1992）。类似地，北喜马拉雅 Mabja 片麻岩穹窿的变质分带分别为矿物组合为（矽线石+石榴子石+十字石+黑云母）的矽线石带、矿物组合为（蓝晶石+石榴子石+十字石+黑云母）的十字石带、矿物组合为（石榴子石+黑云母+绿泥石）的石榴子石带和矿物组合为（绿泥石+黑云母）的黑云母带（Lee et al.，2004）。相似的变质分带也存在于帕米尔片麻岩穹窿带内（Schmidt et al.，2011）和法国比利牛斯山 Aston 片麻岩穹窿变质的幔部（Denèle et al.，2009），这些片麻岩穹窿变质分带说明中压巴罗（Barrovian）-巴肯（Buchan）式变质分带是片麻岩穹窿幔部变质的主要特点。

组构特征方面，从片麻岩穹窿核部到边部再到围岩，面理或片麻理呈放射状向外围倾斜（Andresen et al.，2010；Yin，2004）；立体剖面上看，片麻岩穹窿与围岩接触的边部组构多是陡立的，顶部组构则是近水平的，典型的例子有法国 Velay 片麻岩穹窿（Ledru et al.，2001）、埃及东非造山带 Meatiq 片麻岩穹窿（Andresen et al.，2010），以及美国新墨西哥 Burro 山片麻岩穹窿（Amato et al.，2011）。如果片麻岩穹窿的核部以混合岩或花岗质岩石为主，由于岩石的部分熔融作用产生的流动及褶皱效应，露头规模的面理产状将变化多样。如果片麻岩穹窿的顶部和平面上展示的是平整的组构特征（比如水平的流动面理），穹窿的边部展示收缩型组构的可能性就比较小，除非在部分前寒武纪穹窿中（Brun，1980；Collins et al.，1998）。有些片麻岩穹窿核外边由共轭的剪切带构成的主伸展轴与核的边呈切线相交，向核的内部放射状分布；裸露的穹窿核部位置的拉伸线理也呈放射状分布；顶部水平的面理叠置在陡倾的组构之上（Gervais et al.，2004）。在有些片麻岩穹窿的深部，流动面理通道以漏斗状为主，在地表则以穹窿状为主，并且多数情况下在大的片麻岩穹窿内部或边缘会有次级的片麻岩穹窿体出露，或多个片麻岩穹窿呈线状或面状成群出露（Lagarde et al.，1994；Arnold et al.，1995；Vanderhaeghe et al.，1999；Fisher et al.，2004；Gervais et al.，2004；Ayarza et al.，2007）。通常情况下，片麻岩穹窿的核部和边部记录的变形组构是有区别的，核部以岩浆组构为主，边部以亚岩浆组构到塑性变形组构为特征，可归于以下的原因：①岩浆系统通常与围岩解耦，岩浆组构容易被重置；②岩浆组构形成在岩浆房建立之后，几乎不能提供岩浆上升或侵位的信息；③岩浆组构只记录了岩浆结晶后期的应力增量，在限定区域性构造应力上有很大的局限性（Paterson et al.，1998）。相比而言，片麻岩穹窿幔部的塑性变形组构则更容易记录区域性的构造应力及叠加效应，能为区域性的变形提供有价值的信息。此外，岩体的侵位深度越深，其侵位过程中伴随的区域性的塑性变形就更容易叠加到岩浆侵位后期的结晶岩体的外边，并以最后的应力增量的形式保存下来（Paterson et al.，1998；Vernon，2000）。由于岩体侵位过程极为复杂，从早期的岩浆流动组构到岩体结晶后期（或受区域性构造应力叠加）产生的塑性变形组构，以及介于两个端元之间的亚岩浆组构和高温塑性变形组构，所以，需要借助野外观察和室内显微变形分析等多种方式进行综合探索和厘定，进而利用变形组构对片麻岩穹窿形成过程进行很好的揭示。对于变质压力，很多片麻岩穹窿核部比幔部变质岩记录到了更高的压力，甚至可能代表了一个变质地体或造山带中最高的压力，典型的例子如北阿巴拉契亚山（Spear et al.，2002）、希腊纳克索斯（Buick et al.，1989）和加拿大 Thor-Odin 片麻岩穹窿（Norlander et al.，2002）。而温度方面，部分片麻岩穹窿从核部到幔部岩石存在普遍的差异，从蓝晶石到矽线石-堇青石近等温的减压过程，代表快速的隆升剥露或有持续的热量输入（Fayon et al.，2004），而幔部的变质岩石则经历的是高温变质过程，伴随着减压过程的降温冷却效应（Teyssier et al.，2002）。

在分布范围上，片麻岩穹窿普遍出露在世界范围内的折返造山带中（Amato et al.，1994）；形成时间上，从太古宙到现代造山带都有（Schneider et al.，2004；Tinkham et al.，2004）。通过分析和对比全球主要典型片麻岩穹窿的岩石组合、构造特征、形成机制和大地构造背景，结合对中国大陆片麻岩穹窿（群）特征的研究和归纳，发现中国大陆显生宙的片麻岩穹窿（群）从成因机制和构造背景上可以划分为“俯冲型”“碰撞型”和“复合式”三种片麻岩穹窿（群）（许志琴等，2015）。“俯冲型”片麻岩穹窿（群）的形成与大洋岩石圈板片俯冲增生与继后折返造山相关，代表性例子如秦岭片麻岩穹窿；“碰撞型”片麻岩穹窿（群）的形成与碰撞折返造山有关，如北喜马拉雅造山带拉轨岗日片麻岩穹窿（群）和松潘甘孜造山带的雅江和马尔康片麻岩穹窿（群）；“复合式”片麻岩穹窿（群）是指其形成在俯冲和碰撞的叠合作用的构造背景的产物如冈底斯造山带东部林芝片麻岩穹窿代表来自下地壳同时发生的岩浆、变质和变形作用的记录，其最初的形成与雅鲁藏布江新特提斯大洋岩石圈板片向北俯冲到拉萨地体之下有关，并叠加了新特提斯洋关闭后陆-陆碰撞阶段的多期岩浆事件。林芝片麻岩穹窿的出露，表明该地区经历了大幅度的抬升，与新特提斯洋俯冲有关的弧岩浆的根部已经裸露（许志琴等，2015）。

在世界范围内，片麻岩穹窿具有几何学、岩石学和构造学上的相似性，这种相似性已经超越了不同的构造背景和单元。在一个地区片麻岩穹窿通常不是孤立的，而是呈“穹窿群”展布。在造山带中，大多数的片麻岩穹窿，呈平行造山带的线状分布（如北美科迪勒拉和北喜马拉雅片麻岩穹窿群）。片麻岩穹窿平面上长宽比在1∶1~5∶1之间，以椭球形为主。椭球形片麻岩穹窿普遍存在，说明片麻岩穹窿的形态和成因受造山过程中地壳流动力学（包括垂直与侧向流动的相对速率比）的控制（Whitney et al.，2004）。

与片麻岩穹窿有关的地壳垂直流动是造山带和大陆演化中物质和热重新分配的一个重要因素。地壳垂直地壳流动端元往往产生底辟构造或者变质核杂岩构造；而地壳侧向流动端元产生区域性水平面理，而具有侧向和垂直分量的地壳流动可以造成物质的挤出（Ramsay et al.，1987；Beaumont et al.，2001；Rey，2001）。图9-2表示从地壳垂直的底辟流动到地壳侧向的隧道流之间的不同样式，由于两者相对流动速率比值的不同而产生各种构造样式，显示了从垂直流动为主造成的底辟构造，垂直流动为主伴随侧向流动的层叠褶皱（cascading folds）构造，侧向流动为主造成的攀叠褶皱（climbing folds）构造，到侧向流动形成的“隧道流”构造。笔者认为用地壳流动的观点审视片麻岩穹窿的形成机制是重要的思路（许志琴等，2015）。

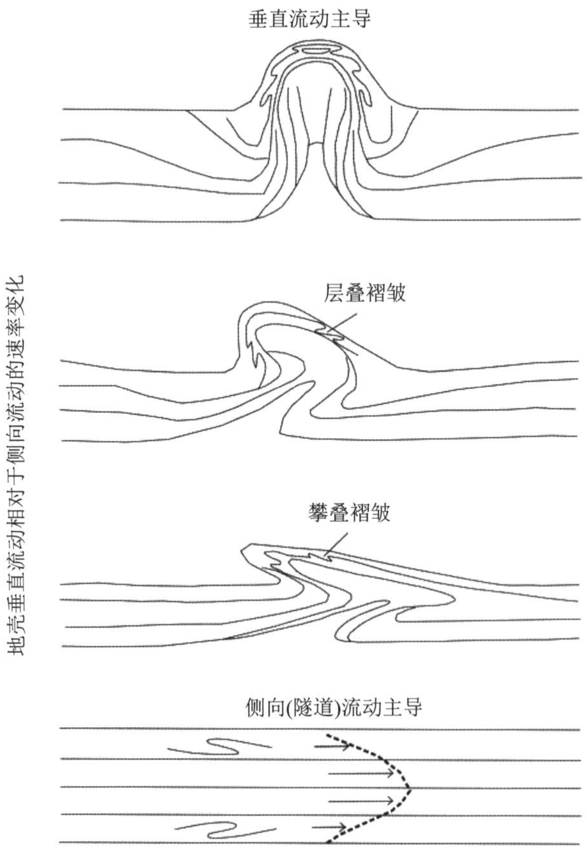

图9-2　地壳的垂直流动和水平流动产生的构造示意图

（据Whitney et al.，2004）

根据地壳垂直和水平流动的函数比而形成不同的构造样式

第一节　喜马拉雅片麻岩穹窿群

在喜马拉雅碰撞造山带中，片麻岩穹窿记录了印度-亚洲板块碰撞汇聚期间地壳增厚、变质作用、局部熔融和折返的演化历史过程，是研究喜马拉雅造山带的重要的构造元素（Jessup et al.，2019）。北喜马拉雅片麻岩穹窿群又称拉轨冈日片麻岩穹窿群，出露在雅鲁藏布江蛇绿岩带与藏南拆离系之间的特提斯喜马拉雅北部，呈不连续的东-西向背形带（Hodges，2000）延伸（图9-3）。在北喜马拉雅片麻岩穹窿群核部的花岗岩和花岗片麻岩通常被解释为与代表高喜马拉雅中下地壳岩石的折返有关（Nelson et al.，1996；Zhang et al.，2004；Lee et al.，2006；Lee et al.，2007；King et al.，2011）。在北喜马拉雅穹窿群中，穹窿核部与THS之间接触界限的是向北剪切的STD（Chen et al.，1990；Lee et al.，2000，2006；Quigley et al.，2006；Larson et al.，2010；King et al.，2011），这种解释也得到沿康马穹窿经度的地球物理资料证实（Nelson et al.，1996）。

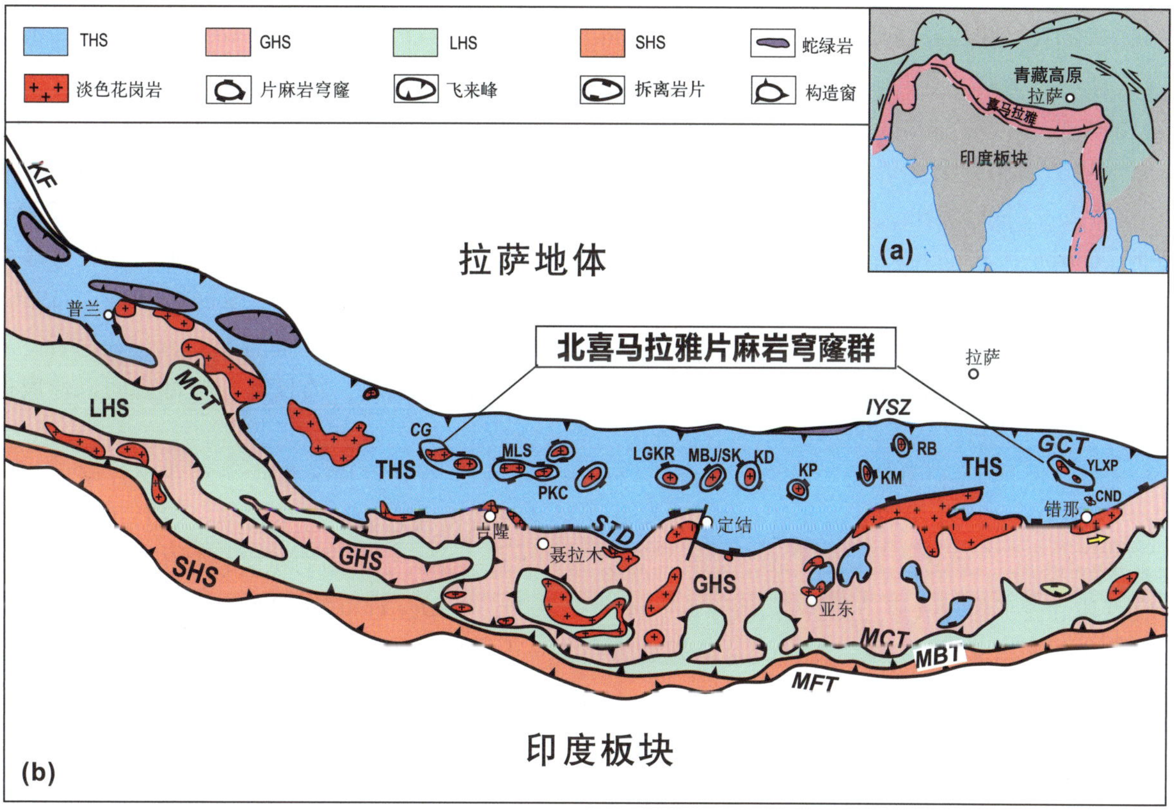

图9-3　北喜马拉雅片麻岩穹窿群分布图

（据Yin，2006，Zeng et al.，2011，Kohn，2014a，Diedesch et al.，2016；Ji et al.，2021；张志等，2007，有修改）

IYSZ—印度河-雅鲁藏布江缝合带；GCT—大反转逆冲断层；THS—特提斯喜马拉雅；GHS—高喜马拉雅；LHS—低喜马拉雅；SHS—次喜马拉雅；STD—藏南拆离系；MCT—主中逆冲断层；MBT—主边界逆冲断层；MFT—主前锋逆冲断层；北喜马拉雅片麻岩穹窿群（自东到西）：YLXB—雅拉香波穹窿（Yardoi）；CND—错那洞穹窿；RM—然巴穹窿（Ramba）；KM—康马穹窿（Kangmar）；KP—康帕穹窿（Kangpa）；KD—库达穹窿（Kuday）；MBJ/SK—马博加/萨凯穹窿（Mabja/Sakya）；LGKR—拉轨康日穹窿（Lhagoi Kangri）；PKC—培库岭穹窿（Peikuco）；MLS—马拉山穹窿（Malashan）；CG—昌贡穹窿（Changgo）

鉴于NHGD在喜马拉雅地区的独特位置及其与GHS的相关性，NHGD一直是对喜马拉雅有直接影响的研究课题，即①如果GHS和NHGD之间有结构性联系，如何体现在穹窿构造之上？②NHGD如何形成又如何折返？③在穹窿核心和幔部岩石之间的构造与地层关系是怎样的？

北喜马拉雅片麻岩穹窿群自西向东包括7个片麻岩穹窿：长贡（Changgo）（Larson et al.，2010）、马拉山（Malashan）（Aoyaet al.，2005；Kawakami et al.，2007；Gao et al.，2013；Gao et al.，2014）拉轨刚日（Lhagoi Kangri）、马博加-萨卡（Mabja-Sakya）（Zhang et al.，2004；Lee et al.，2006；Lee et al.，2007）、坎帕（Kampa）、康马（Kangmar）（Schärer et al.，1986；Lee et al.，2000）和雅拉香波（Yardoi）（Aikman et al.，2008；Zeng et al.，2009，2011，2014；Zhang et al.，2005，2007，2012）等。这些穹窿的核部为古新世—中新世花岗岩体（U-Pb年龄35～10 Ma），其中，长贡片麻岩穹窿的核部由年龄约23.5 Ma的花岗岩组成；马拉山穹窿的核部花岗岩年龄为17.8～16.9 Ma（锆石U-Pb）和28.2 Ma（独居石）；拉轨刚日的核部由震旦纪—寒武纪花岗片麻岩和16.1 Ma花岗岩侵位；马博加-萨卡片麻岩穹窿的核部由震旦纪—寒武纪花岗片麻岩和35～9 Ma的花岗岩侵位；坎帕核部为震旦纪—寒武纪花岗片麻岩和16.1 Ma花岗岩的侵位；雅拉香波片麻岩穹窿的核部为震旦纪—寒武纪花岗片麻岩和44～35 Ma花岗岩的侵位。上述穹窿的花岗岩、混合岩和花岗片麻岩的云母Ar-Ar年龄为11～22 Ma（Larson et al.，2010；Aoya et al.，2005；Gao et al.，2014；Gao et al.，2013；Kawakami et al.，2007；Schärer et al.，1986；Lee et al.，2006；Zhang et al.，2004；King et al.，2011；Lee et al.，2007；Quigley et al.，2008；Quigley et al.，2006；Lee et al.，2000；Aikman et al.，2008；Zhang et al.，2007，2017；Zeng et al.，2011；Zeng et al.，2014；Zeng et al.，2009）。

前人通过上述穹窿中岩石组构和矿物组合研究，记录了早期地壳增厚（D_1）和早期巴罗式变质作用（M_1）被后期高应变、水平拉伸和垂直减薄（D_2）、局部熔融和后构造花岗岩的侵位（Burg et al.，1984c，Chen et al.，1990；Lee et al.，2000，2004；Aoya et al.，2006；Quigley et al.，2006，2008；Larson et al.，2020；Diedesch et al.，2016；Ding et al.，2016）。在北喜马拉雅片麻岩穹窿群内，除个别穹窿核部出露寒武纪花岗岩外，如：康马穹窿（Lee et al.，2000；Schärer et al.，1986）和Kampa穹窿（Quigley et al.，2008），其他穹窿核部主要由新生代淡色花岗岩及二云母花岗岩、片麻岩及片岩组成，边部（即幔部）覆以浅变质的特提斯喜马拉雅岩系，而核部与幔部之间以伸展拆离断层接触（张进江等，2007）

康马、马博加-萨凯和雅拉香波等片麻岩穹窿核部记录了新元古代—寒武纪的花岗片麻岩年龄（560～500 Ma）。上述表明，古新世—中新世同造山的岩体侵位在它们的寄主岩中（马拉山和长贡穹窿；Aoya et al.，2005；Larson et al.，2010）以及新元古代—寒武纪结晶的花岗岩经历了古新世—中新世变质和变形作用（康马和坎帕穹窿；Lee et al.，2000；Quigley et al.，2008）。马博加-萨凯穹窿被解释为经历新元古代—寒武纪花岗片麻岩和古新世—中新世被混合岩化和深熔体注入的两大事件（King et al.，2011）。

巴罗式变质作用的确定是对北喜马拉雅片麻岩穹窿群的重要贡献。在北喜马拉雅穹窿中，幔部最下部的变泥质岩石包含了含十字石和含蓝晶石组合，记录了角闪岩相递进变质作用（Lee et al.，2000；Kawakami et al.，2007；Ding et al.，2016）。大部分的穹窿显示了从核部到幔部的巴罗式变质作用逐步降低的等值线趋势。巴罗式变质作用的温压条件落在压力6～8 kbar和温度550～700℃范围（图9-3）。马博加-萨卡和康马穹窿的石榴子石Lu-Hf年龄表明递进变质作用开始在54 Ma（Smit et al.，2014），而变质锆石和独居石年龄制约了雅拉香波穹窿的递进变质作用时限在48～36 Ma，而在马博加-萨卡和康马穹窿分别为约29 Ma和约24 Ma，马博加-萨卡穹窿的混合岩化作用发生在约35 Ma，用以解释相当于巴罗变质作用峰期条件（Lee et al.，2007）。图9-4为马博加-萨卡（Mabja-Sakya）、康马和雅拉香波片麻岩穹窿的角闪岩相变质沉积岩的P-T-t-D轨迹。

北喜马拉雅片麻岩穹窿群研究始于20世纪80年代，但因工作条件所限，除康马和然巴等少数穹窿外，大部分穹窿的几何学、运动学特征及构造属性尚不明晰，对其成因机制更是争论颇多。其中多数学者认为北喜马拉雅片麻岩穹窿群在喜马拉雅造山早期曾是高喜马拉雅的侧向延续部分，穹窿群的岩石曾经深埋在15～30 km，继后经历了35 Ma的巴罗式变质作用，达到峰期温度550～750℃。这标

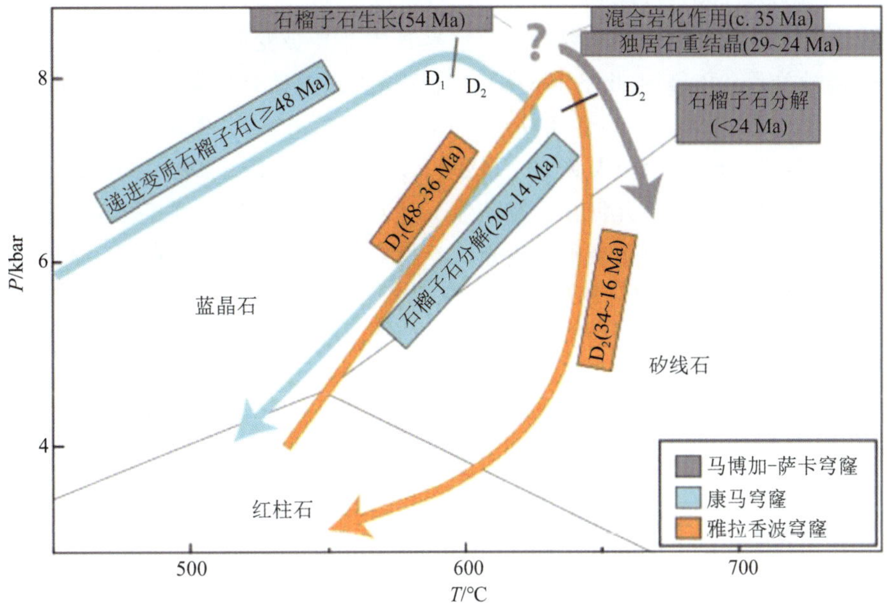

图 9-4 北喜马拉雅片麻岩穹窿群中马博加-萨卡（Mabja-Sakya）、康马（Kangmar）和雅拉香波（Yardoi）穹窿角闪岩相变质沉积岩的 P-T-t-D 轨迹

马博加-萨卡穹窿的轨迹是根据矽线石带样品的 P-T 估计而解释（Lee et al.，2004）；康马穹窿的 P-T 数据来自 Lee et al.，2000；马博加-萨卡和康马穹窿的变质年龄是受 U-Th-Pb 独居石分析（Stearns et al.，2013）和 Lu-Hf 分析（Smit et al.，2014）的制约；马博加-萨卡穹窿的混合岩年龄来自 Lee et al.（2007）；所有雅拉香波穹窿的数据来自 Ding et al.（2016）

志此时由于地壳减薄伴随减压和折返一直持续到 18~14 Ma 以及温度下降到 300~400℃。根据片麻岩穹窿的资料很难区别喜马拉雅中地壳的隧道流挤出（Beaumont et al.，2004），重力塌陷（Burchfiel et al.，1985）或者构造楔模式（Webb et al.，2007）。

目前提出的成因机制大致可分为 3 类：与深部流动变形相关模式、地壳收缩模式和地壳伸展模式。流动变形模式包括底辟、地幔上涌及隧道流模式。底辟（包括热隆模式）认为穹窿由主中央逆冲断层之上深熔岩浆（Harrison et al.，1997）或是伸展减压重融岩浆浮力上升形成（Burg et al.，1984；Le Fort，1986，1987；李德威等，2003）；地幔上涌模式认为穹窿为横向挤压导致的软流物质上涌（Yin et al.，1999a）；与之类似的是隧道流模式（Beaumont et al.，2001，2004），只是后者塑性流动物质为下地壳熔融层。地壳收缩模式认为穹窿发育于逆冲断层断坡或双冲构造（Burg et al.，1984b；Hauck et al.，1998；Wu et al，1998；Makovsky et al.，1999；Yin，2006）；Lee et al.（2000）认为穹窿是地壳收缩与伸展共同作用的产物。但是，这些穹窿在构造样式上与变质核杂岩存在许多相似性，片麻岩与沉积岩系接触界线与藏南拆离系类似（Maluski et al.，1988；Chen et al.，1990；Burchfiel et al.，1992；Pan et al.，1992；王根厚等，1997；Steck et al.，1998；Edwards et al.，1999；李德威等，2003，2004；刘德民等，2003；Zhang et al.，2006），活动时代均为距今 20 Ma 至 13 Ma（Scharer et al.，1986；Hodges，2000；Lee et al.，2000；Yin et al.，2000），所以属伸展构造。随后的大多数研究强调了喜马拉雅片麻岩穹窿形成的复杂性，并导致穹窿模型的多种机制。例如，穹窿的形成通过剪切热诱导的熔融和底辟作用（Harrison et al.，1997）、在一个逆冲断裂上盘中的背形穹窿（Lee et al.，2004）和花岗岩岩浆平流热导致伸展和深熔（Aoya et al.，2005）。喜马拉雅片麻岩穹窿还曾被解释为在中地壳背景下隧道流模型（Nelson et al.，1996；Beaumont et al.，2001；Grujic et al.，2002；Langille et al.，2010）和夹在 MCT、STD 间的印度地壳部分熔融向前陆方向的挤出。平行造山构造的高喜马拉雅和北喜马拉雅片麻岩穹窿群的演化历史表明，韧性中地壳向南流动和穹窿形成是同时和有关的（Lee et al.，2006）。已有研究表明，STD 向北延至特提斯喜马拉雅的北喜马拉雅穹窿群（Chen et al.，1990；Burchfiel et al.，1992；Steck et al.，1998；Edwards et al.，1999；Hodges，

2000；Aoya et al.，2005，2007；Lee et al.，2006；Zhang et al.，2012）。

至于穹窿成因机制不明确的一个重要原因，就是其内部高级变质岩与盖层界线的构造尚不清楚。有的解释为侵位接触关系（Burg et al.，1984b），有人认为是不整合接触（Lee et al.，2000，2004），更多学者则认为是构造不连续面，即拆离断层（Chen et al.，1990；Burchfiel et al.，1992；王根厚等，1997），而且可能就是STD（Steck et al.，1998；Edwards et al.，1999；Hodges，2000）。由此可见，对北喜马拉雅穹窿群穹窿进行几何学、结构学、运动学及年代学的详细研究，探讨其构造属性，并对该类构造进行成因解释，具有重要的理论意义。另外，喜马拉雅造山带中，STD以南的南喜马拉雅由于构造现象发育丰富而得到充分研究，而北喜马拉雅（特提斯喜马拉雅）由于工作条件困难，加之较单调的西藏沉积岩系的覆盖，研究程度较低。但是，北喜马拉雅穹窿群造成了岩浆岩和地壳深部岩石的出露，为研究北喜马拉雅地壳结构提供了方便，与其相关的构造变形为了解该区构造演化历史提供了条件。

由于对喜马拉雅片麻岩穹窿的成因普遍缺乏共识，因而阻碍了造山带准确的热力学模型的建立。在以收缩为主的印度-亚洲大陆碰撞带中，普遍存在与伸展有关的喜马拉雅片麻岩穹顶，看似自相矛盾的两个结构体系却归因于惊人的不同过程。

第二节　喜马拉雅片麻岩穹窿典例解析

一、雅拉香波片麻岩穹窿

雅拉香波穹窿是北喜马拉雅片麻穹窿群中的一个典型构造，其位于穹窿群的最东端、大反转逆冲断层以南约40 km和STD以北约100 km。雅拉香波片麻岩穹窿核部由二云母花岗岩岩体组成，幔部由高级泥质片岩/副片麻岩、正片麻岩组成并为大量淡色花岗岩脉侵位，被三叠纪中级泥质千枚岩/片岩包围。幔部或边缘的岩石是发育渗透状面理的糜棱岩。在此将阐述该穹窿构造的构造样式、构造组成、运动学特征及年代学，并对其构造属性和成因机制进行初步分析。

（1）雅拉香波穹窿的结构单元

雅拉香波片麻岩穹窿由两条拆离断层及被其分割的3个岩石单元组成，两条拆离断层呈环状围绕穹窿出露，我们将外侧（上部）断层称为上拆离断层，内侧（下部）为下拆离断层，被它们分割成3个岩石单元，由外向内（自上而下）分别是：上构造层为低级变质的特提斯喜马拉雅沉积岩系，形成穹窿的上盘；中构造层为中级变质的石榴石片岩和千枚岩，为上盘的底部；下构造层即穹窿核部，为糜棱状片麻岩及侵入其中的花岗岩体（图9-5，图9-6）。

A. 上构造层

低级变质的西藏沉积岩系：构成覆盖雅拉香波穹窿的上盘，与下伏中构造层的界线为上拆离断层。主要为晚三叠世海相碎屑沉积，经低级变质形成板岩或变质砂岩。研究区西南出露早白垩世碎屑沉积岩（K_1）。该单元中另一组成部分是辉绿辉长岩墙，厚几米至几十米，沿沉积岩层侵位并与围岩经受了相同的变质和变形。

本构造层中，除底部的上拆离断层外，穹窿之南、北两侧还发育两条北西西走向正断层，北侧为邛多江断层，倾向北北东，倾角60°，该断层叠加于上拆离断层之上；南侧为哲古错断层，倾向南南西，倾角50°，两者均为脆性正断层，切割关系表明其可能晚于穹窿构造。上构造层变形主要为浅层构造。邛多江断层以北，该岩系位于一轴向南东东的复式向斜南翼（图9-7），岩层层理向北倾斜，倾角35°~70°，形成一系列具宽缓北翼的不对称褶皱，可能是复式向斜的次级褶皱，也可能与本区稍早的向南逆冲有关（Lee et al.，2000）。邛多江断层到哲古错断层之间的上构造层形成一个围绕雅拉香波的穹窿形态，透入性面理置换了沉积层理，面理向穹窿外侧倾伏，倾角15°~35°（图9-5，图9-7）。

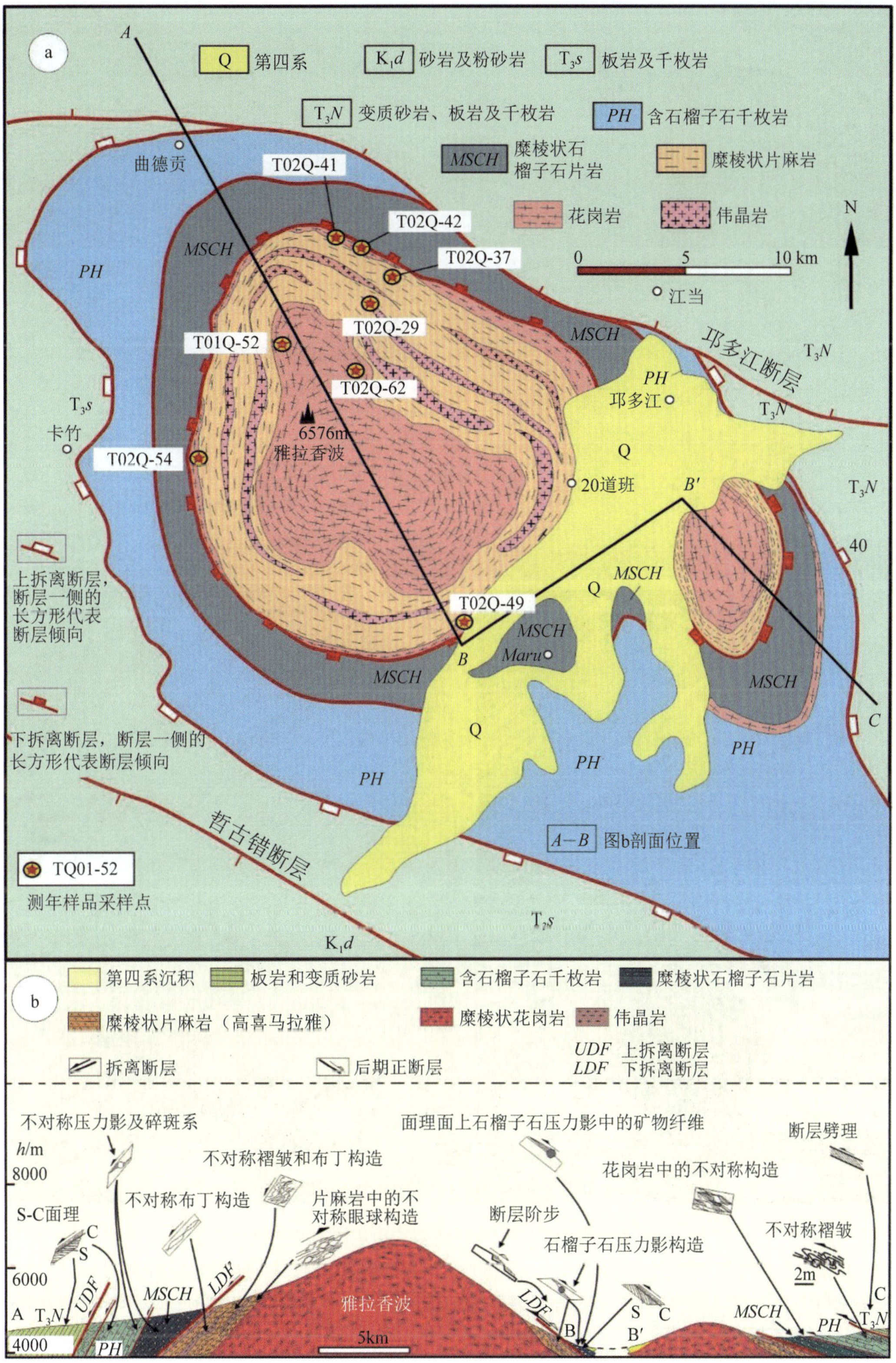

图 9-5　雅拉香波片麻岩穹窿的地质图和剖面图

B. 上拆离断层

发育于穹窿东、南和西侧，北侧被邛多江正断层叠加改造。在穹窿东北的邛多江（图 9-5，图 9-7），断层将上盘板岩、变质砂岩和中构造层石榴子石片岩分开，上、下盘面理产状分别为 30°

图 9-6　雅拉香波片麻岩穹窿的岩石构造单元及运动学标志

a—剖面显示片麻岩穹窿核部的片麻岩及其上的中部单元石榴子石片岩，两者边界为 LDF 的糜棱岩化淡色花岗岩；b—具有典型糜棱岩组构的石榴子石片岩，发育拉伸线理和石榴子石压力影；c—正片麻岩的 S-C 组构，不对称的长石碎斑体系代表早期存在的上盘向南的剪切；d—片麻岩中伟晶岩的布丁构造指示上盘向北西西的正断剪切；e—不对称的石榴子石压力影显示上盘向北北西的剪切；f—穹窿核部不对称褶皱显示叠置在早期伸展上的晚期正断下滑

∠30°和 50°∠50°。断层为 10 m 厚的破碎带，产状 40°∠35°。穹窿东南侧，断层将上盘板岩与下盘千枚岩分开，上盘产状 250°∠15°，构造简单，下盘发育强烈不对称褶皱，褶皱轴面倒向北北西，指示逆冲（图 9-5）。在穹窿西部的卡竹附近，上盘产状为 310°∠25°的板岩叠置于产状为 250°∠38°的含石榴子石千枚岩之上。上述断层均表现为脆性变形，具有明显的断面，形成破碎带或是破劈理发

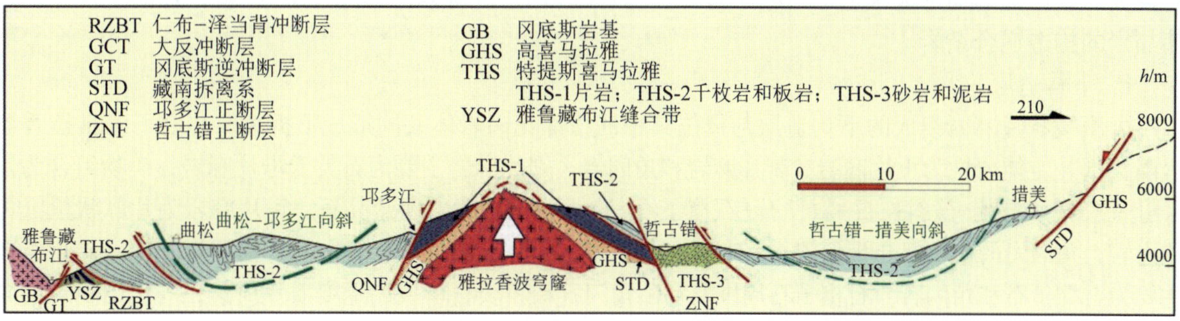

图 9-7 雅拉香波片麻岩穹窿所在的北喜马拉雅剖面图

育带。

C. 中构造层

该构造层位于上、下拆离断层之间，由中级变质的石榴石片岩和千枚岩组成，并被一次级断层划分为两个亚层（M_1 和 M_2）（图 9-5）。

上亚层（M_2）：由千枚岩组成，与上构造层比较，该亚层的岩石中含更多的绢云母和新生石英，并出现少量石榴子石、十字石和钛铁矿等。岩石内发育透入性面理和线理，面理已置换层理。面理和线理主要由绢云母及石榴子石、十字石和钛铁矿等定向排列组成，石英颗粒被拉长而长石形成不对称碎斑系，石榴子石出现旋转构造，说明该亚层经历了韧性剪切变形而形成了千糜岩。

下亚层（M_1）：由石榴子石二云母片岩组成，主要矿物为黑云母、白云母、石英及少量变余长石，并大量发育石榴子石，粒径可达 0.5 cm。强变形导致云母和拉伸石英定向形成透入性面理和线理，并呈现典型的糜棱岩特征，如长石的不对称碎斑系、具有斜交面理的石英条带、S-C 组构和石榴子石的雪球构造等。与上构造层相同，中构造层也发育与构造面理平行的辉绿辉长岩层，上亚层中基本保持了原岩成分与结构，下亚层则变质形成了镁铁质岩层。上构造层中岩墙的平均距离为 120 m，而在此构造层上、下亚层中分别是 50 m 和 30 m，分别指示相对于上构造层 60%～80%的减薄。在穹窿西北部，分割两个亚层的次级断层产状 350°∠55 °，形成千糜岩和石榴子石片岩的直接接触，宽约 10 m 的断层带内岩石强烈揉皱并局部碎裂，断层上盘发育明显的正断层伴随的牵引褶皱。穹窿东南部，断层被一糜棱状粗粒花岗岩层侵位（图 9-6），该花岗岩呈现高温变形特征，其不对称构造指示其与围岩相同的运动学特征，所以可能为同构造侵位。

中构造层原来被认为是一较老的古生代沉积单位（陕西省地质矿产局，1994）。基于下列理由，我们认为其为上盘沉积岩系的变形变质产物：①虽然上、中构造层在上拆离断层处存在变形和变质程度的突变，但总体上呈现向下递增的趋势；②局部可见的残余层理和变余矿物组合表明该岩石单元原岩为砂岩、粉砂岩及泥岩，与特提斯喜马拉雅沉积岩系的主要岩性一致；③本层中辉绿辉长岩墙群的厚度和间距比上盘中的小，且在本构造层向下递减，指示了 60%～80%的强烈减薄，这与变形程度递增相一致。所以，中构造层可能是上盘沉积岩系受拆离断层强烈改造的底部单元。

D. 下拆离断层

该断层为研究区最重要的地质界线（图 9-5，图 9-6），它将下构造层角闪岩相变质的结晶岩石与包括中构造层在内的特提斯喜马拉雅沉积岩系分割开来，故此为穹窿的主拆离断层。该断层环绕穹窿核部发育，向外倾斜，并限定了穹窿的形态。断层绝大部分段落由糜棱状浅色花岗岩层组成，如在穹窿北侧发育厚 5～50 m 的浅色花岗岩脉，主矿物组合为白云母+长石+石英。岩层顶部为一出露地表的光滑平面，底部与下伏糜棱状片麻岩形成平直的界面，顶面和底面及其内的面理平行，向穹窿外侧倾斜，倾角 45°～30°。该岩石经历了极强韧性剪切形成透入性糜棱组构，石英、长石极度拉伸，白云母严格顺面理排列。花岗岩中片麻岩捕虏体也被强烈拉伸并沿线理排列。但在如此强烈的变形岩石中，动态重结晶现象却十分微弱，说明变形发生于高温条件下（浅色花岗岩为同构造侵位）。该拆离断层在穹窿西部的局部地区造成石榴子石片岩与片麻岩的直接接触，并形成片麻岩、石榴子石片岩和伟晶岩的构造混合杂岩。

E. 下构造层

由糜棱状片麻岩组成的下构造层与侵位其中的核部花岗岩体共同形成下拆离断层之下的雅拉香波穹窿核部，主体岩性为正片麻岩、副片麻岩和角闪岩。副片麻岩主要为石英云母片麻岩，矿物组合为黑云母+白云母+石英+微斜长石+斜长石+石榴子石+矽线石，局部出现蓝晶石。正片麻岩为片麻状黑云母花岗岩，角闪岩的矿物组合为角闪石+斜长石+黑云母+石榴子石。片麻岩中发育榴闪岩包体，矿物组合主要为石榴子石和角闪石，石榴子石周围发育由角闪石和斜长石形成的退变质反应边，与定结附近的高喜马拉雅片麻岩中榴闪岩包体相同，可能是退变质的超高压变质岩的残留体（刘树文等，2005）。

F. 核部花岗岩体

雅拉香波片麻岩穹窿的核部为一出露面积约 140 km^2 的二云母花岗岩体（图 9-5）。主矿物组合为石英+斜长石+正长石+白云母+（少量）黑云母，并富含石榴子石和电气石。岩体边部发育由石英和长石拉伸及云母定向排列形成的透入性面理和线理，并发育变形不对称构造，变形透入性向岩体中心减弱，但没有动态重结晶所表现的韧性变形，故边部变形可能是侵位变形。岩体侵入糜棱状片麻岩并切割伟晶岩，而片麻岩糜棱面理与下拆离断层平行、变形一致；核部浅色花岗岩的变形弱于拆离断层中的浅色花岗岩，故核部岩体侵位晚于拆离断层。

（2）线理构造

根据产状，雅拉香波穹窿内发育两组线理。一组为透入性发育于各单元的主导性线理，它们产状一致，具有统一的北北西或南南东倾伏向。另一组透入性较差，仅发育于一些后期面理及断层面，为倾向线理，向穹窿四周外侧倾伏。

A. 各构造层中的透入性主导线理构造

上构造层中的线理由微细的绢云母颗粒定向排列形成，或为褶纹线理，劈理和小断层面上发育擦痕。这些线理在南翼向南南东倾伏，倾伏角较缓；在北翼，除少量南倾岩层发育向南倾伏线理外，其他线理的倾伏向在 340°~30°范围内，其倾伏角随面理倾角的变化而在 80°~10°间变化，主要集中于 55°（图 9-8）。在中构造层，除矿物定向及拉伸线理外，上亚层发育细褶纹线理，下亚层还发育长石碎斑系的结晶尾。极长的石榴子石压力影（可达 10 cm）是下亚层独特的线理。下构造层片麻岩中，线理表现为石英条带，强烈拉伸的长石和云母的定向排列，在角闪岩中表现为角闪石完美的定向排列。雅拉香波穹窿面理产状变化很大，线理倾伏角也随之发生变化，但中、下构造层线理均具有较为统一的倾伏向。在穹窿的西北部，线理倾伏向为 330°~350°；穹窿东南部的倾伏向变化较大，但具有 150°~170°的优选倾伏向（图 9-8）。

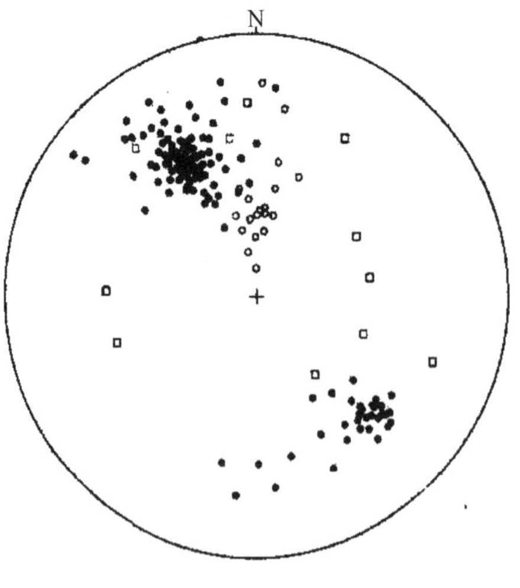

图 9-8 雅拉香波穹窿拉伸线理的下半球投影

空心圈为上构造层线理，实心圆为中、下构造层及核部花岗岩体中的线理，正方形为后期倾向下滑形成的线理

B. 构造层中的后期倾向性线理

在中间层片岩和核部片麻岩中发育两组面理，早期一组为穹窿内主导性韧性剪切糜棱面理，后一组为叠加于糜棱面理之上、透入性较差的脆-韧性面理。在后期面理上发育热擦痕和矿物生长纤维，这些线理顺面理倾向倾伏，即向穹窿四周外侧倾伏（图 9-8）。

C. 断层中的线理

邛多江断层及相关劈理面上发育近向北倾伏的擦痕及热擦痕。上拆离断层内脆性变形形成两组擦痕，较早一组产状与穹窿内主导线理一致，后期顺断层面倾向倾伏，如穹窿西侧邛多江附近，上拆离断层产状 40°∠35°，早期擦痕产状 335°~0°∠10°~20°，与下盘主导线理一致，后期擦痕产状 45°∠32°。主拆离断层和中构造层的次级断层中发育矿物拉伸线理及生长线理，产状与下构造层主导线理相同。

在雅拉香波穹窿东侧，发育有曲松-错那近南北向裂谷，该裂谷切割穹窿的东侧，其向东陡倾的主控正断面上，发育明显的倾滑擦痕。

（3）运动学特征

A. 邛多江断层和哲古错断层

邛多江断层的下盘顶部和上盘底部均发育不对称牵引褶皱，断层面上发育上大下小的钉头痕，密集发育的断层破劈理倾角缓于断层面。断层的上盘为板岩，下盘为千枚岩，擦痕沿断面倾向倾伏，说明邛多江断层为上盘向北下滑的正断层，这与穹窿其他部分上盘向北北西运动的性质有所不同。哲古错断层断面倾向南南西，断层上盘为不变质的早白垩世砂岩，下盘为中侏罗世板岩及变质火山岩，同时形成北为高山、南为盆地的地貌特征，显然为正断层性质。

B. 拆离断层及穹窿内岩石单元

除后期沿面理倾向发育的线理（擦痕）外，雅拉香波穹窿各构造层都发育向北北西或南南东倾伏的线理，但这些线理在不同层次可能代表了不同的变形运动。在下构造层片麻岩中，残存了上盘向南南东的运动学标志，如在平行于北北西—南南东向线理的 *XZ* 面上，发育有片麻岩的不对称眼球构造、长石碎斑系、S-C 组构及大型不对称透镜体等。由于这种运动学特征仅发育于穹窿的最下部单元，而且是残存于片麻岩的局部，故其可能代表北喜马拉雅所经历的向南的运动，可能与喜马拉雅主造山期向南的逆冲推覆体系相关。

除上述片麻岩外，其他各单元，包括核部花岗岩体及片麻岩上部，北北西—南南东向线理所代表的是统一的上盘向北北西的运动，即穹窿西北部为正断性质，而东南部为逆冲性质。运动学标志包括：上拆离断层中脆性断层角砾的排列和钉头痕，中构造层次级断层中糜棱状花岗岩中长石的不对称眼球构造，片麻岩中的小褶皱和布丁构造；所有岩石中的 S-C 组构，长石的不对称碎斑系，石榴子石不对称压力影和旋转构造，石英条带中的斜交面理等（图 9-6，图 9-9）。

研究证明了穹窿东南部下构造层上部及以上各构造层的逆冲性质，其证据除上述宏观和微观的运动学标志外，还有如下的运动学证据。①中构造层石榴子石片岩中，较大石榴子石颗粒在面理面上形成突起，突起的阴影区形成石英和绢云母等纤维矿物沉淀，此处沉淀形成于突起的上侧即反倾向方向（图 9-5，图 9-6，图 9-9）。②中构造层次级断层糜棱状花岗岩中，较大的长石颗粒形成典型的“σ”型碎斑系，其长轴形成 S 面理，尾部与石英条带及云母等一起形成 C 面理，S-C 关系也表明逆冲（图 9-5，图 9-6，图 9-9）。③断层劈理与断层面的关系：此处上拆离断层向东南倾斜，倾角为 20°，紧邻的上盘岩石中发育密集的断层劈理，劈理与断层面倾向相同但倾角为 35°（图 9-5）。④不对称褶皱：同样是在上部拆离断层，下盘紧邻断层处形成向北北西倒伏的不对称褶皱，明显表示向北北西的逆冲。穹窿具有统一的运动学特征及其东南翼具有逆冲运动性质的发现至关重要，因为这些数据除了可以证明穹窿的运动学特征外，并可进一步揭示穹窿的形成机制。

从上述运动学分析可以看出，雅拉香波穹窿内主体产状线理其实代表了穹窿所经历的两期主要构造运动，即前期的上盘向南南东的逆冲推覆（可能是喜马拉雅主造山期的增厚），后期的上盘向北北西的正断式运动（可能是 STD 的运动结果）。这种两期运动，在核部糜棱状片麻岩中运动学标标志所证实（图 9-10）。在此糜棱状岩石中发育有两期剪切面理（C_1 和 C_2），而在同一个长石碎斑的两段，

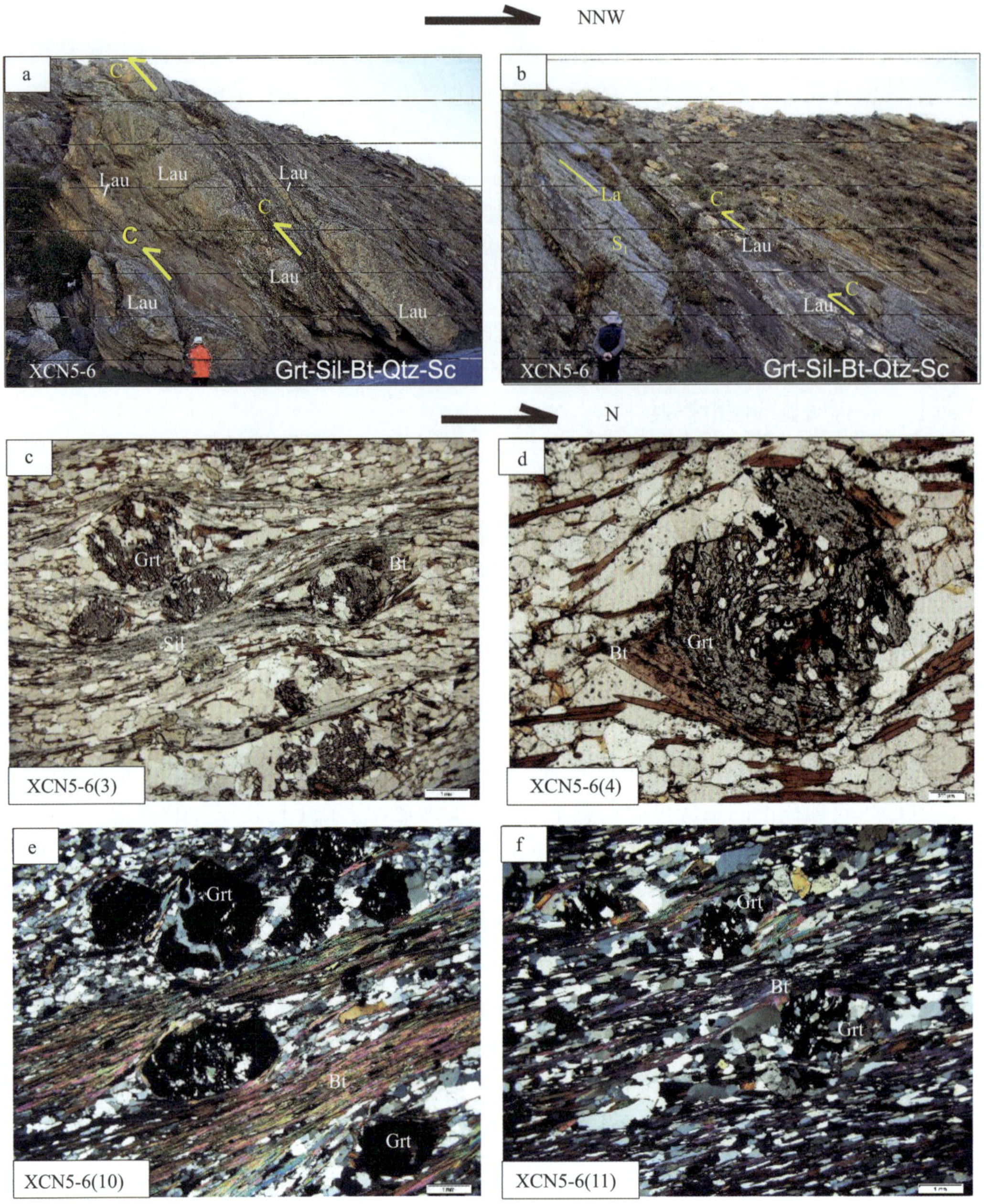

图 9-9　雅拉香波片麻岩穹窿矽线石片岩中早期上盘向南的剪切应变

a、b—野外露头中石榴子石-矽线石-黑云母片岩中平行面理侵位的淡色花岗岩脉的旋转布丁构造和 S-C 组构显示向南剪切应变；c~f—定向薄片的显微构造——“σ”型石榴子石碎斑及不对称压力影构造和石榴子石斑晶内的顺时针旋转的石英包体显示向南剪切应变

形成了两期不同的碎斑系，其中一期代表上盘向 SSE 的剪切，而后一期则为上盘向 NNW 的正断剪切运动。

C. 穹窿的后期垮塌

穹窿内后期脆-韧性面理上发育顺面理向穹窿外侧倾伏的后期线理，表现为擦痕和矿物生长纤维（图 9-6），纤维矿物的生长方向及断层面热擦痕表现出的阶步指示向穹窿外侧的下滑，其他的证据尚有与垮塌相关的褶皱，这种褶皱在穹窿四周均可看到。

（4）雅拉香波穹窿构造形成机制的讨论

对于雅拉香波片麻岩穹窿的成因及演化历史，大部分学者认为是向 NNW 剪切的藏南拆离系引发的，雅拉香波片麻岩穹窿的形成是在继后的核部岩体的岩浆侵位及地壳减压作用导致的穹窿作用，并

图 9-10　穹窿核部糜棱状片麻岩中显示的两期组构及其代表的两期运动

伴随早期研究（张进江等，2007）认为，雅拉香波片麻岩穹窿的构造和运动学特征证明雅拉香波穹窿的形成经历了三期变形：第一期仅保存于穹窿核部，代表上盘向南南东的运动学特征，为早期构造变形，成因可能与喜马拉雅造山主期的增厚有关；笔者认为第二期为统一的上盘向北北西的运动，即北北西向拆离，是穹窿的主期变形；第三期为底辟穹窿及其导致的垮塌作用。第二期变形可能是穹窿内各构造要素的主要成因，后期变形造就了其穹窿形态（图 9-11）。在主期变形中，雅拉香波穹窿具有西北翼正断东南翼逆冲的运动性质，说明穹窿顶部为前穹窿的区域大型韧性滑脱剪切带，由于沿断层拆离，使穹窿具备一些与变质核杂岩相似的构造特征，其中关键的相似性是：①穹窿主体由糜棱状片麻岩和年轻岩体组成，并被低级变质的西藏沉积岩系构造叠置，两者界线为拆离断层；②各单元具有统一的上盘向北北西的运动性质。尽管这种特征可解释为逆冲断坡（Lee et al.，2000），但上盘底部的强烈减薄更符合伸展拆离机制。

这种拆离作用与底辟穹窿机制不同，底辟作用一般不形成拆离断层，运动学特征为穹窿上升导致的向四周的垮塌。这正是雅拉香波穹窿后期的运动特征，即由后期倾向线理代表的向穹窿四周的下滑作用，故此该穹窿后期为底辟穹窿作用为主。当然，雅拉香波穹窿还不能称为变质核杂岩，因其缺少经典变质核杂岩的一些特征，如没有绿泥石化角砾岩和微角砾岩等经典拆离断层岩组合中的脆性构造岩，没有伴生的伸展盆地，拆离断层也不具有低角度特征。这些可能是后期底辟穹窿作用改造所致，经典韧性到脆性断层构造岩组合是由拆离断层持续抬升形成的递进变形组合，而雅拉香波的抬升可能主要由后期底辟所致。研究区的拆离作用可能仅发生于深部，在被穹窿抬升至脆性变形域以前已经停止活动，所以缺少脆性构造岩组合。底辟穹窿也改变了拆离断层原始的低角度性质。另外，这种穹窿作用使得穹窿体产生垮塌性下滑，同时使穹窿接受强烈剥蚀，这可能会使拆离作用形成的一些浅层构造（如盆地）消失。

雅拉香波穹窿主期变形为沿下拆离断层的拆离，而喜马拉雅的拆离作用主要发生于藏南拆离系，所以穹窿的下拆离断层可能是 STD 在北喜马拉雅的出露，理由如下：

1）STD 为分割高喜马拉雅结晶岩系和西藏沉积岩系的大型拆离断层，而雅拉香波穹窿的下拆离

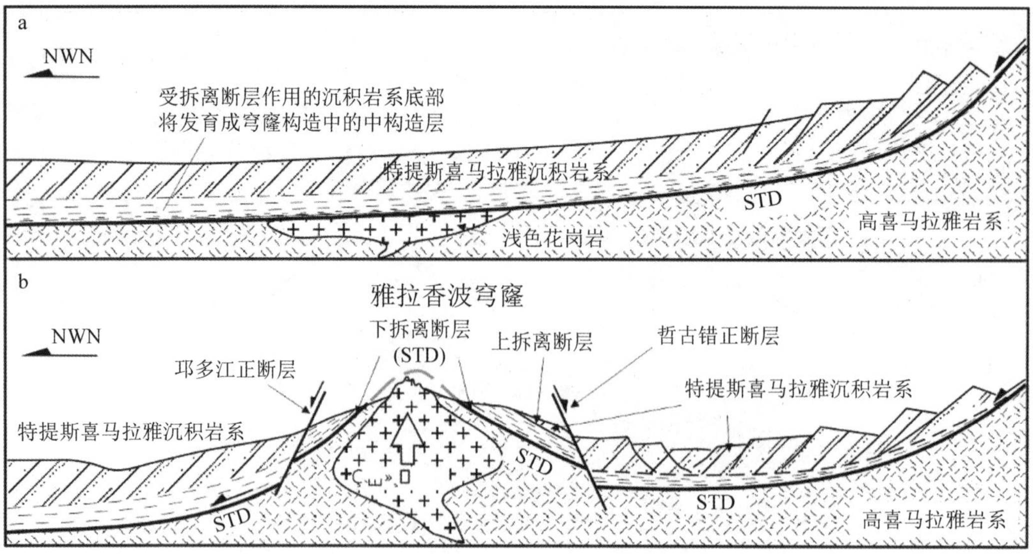

图 9-11 雅拉香波穹窿形成机制假设模式图

（据张进江等，2007）

a—早期沿（可能的）藏南拆离系（STD）发生北北西向拆离；b—后期由于核部岩体侵位及均衡反弹作用导致的穹窿作用

断层也是分割沉积岩系和结晶岩系的构造界线。雅拉香波穹窿发育两条拆离断层，具三层结构（李德威等，2003；隋志龙等，2003），与希腊 Thasos 变质核杂岩（Wawrzenitz et al.，1998）相似。上拆离断层以上为沉积岩系，下拆离断层以下为片麻岩，上、下拆离断层间的中构造层为上盘沉积岩系受拆离断层强烈改造的底部单元，所以下拆离断层为分割结晶基底和沉积盖层的主拆离断层，与喜马拉雅其他地区 STD 的接触关系相同。

2）拆离断层的下盘（下构造层）的岩石组合与高喜马拉雅一致，即片麻岩和角闪岩组合（Zhang et al.，2006）。更重要的是，在定结附近（图 9-1），高喜马拉雅片麻岩中发育超高压铁镁岩包裹体，已被证明为退变质的榴辉岩（刘树文等，2005），而在雅拉香波片麻岩中也发育这样的包裹体，其矿物组合和变质作用与定结处的包裹体相似。

3）雅拉香波下拆离断层与定结处的 STD 有众多相同之处，如两者主剪切面均由糜棱状浅色花岗岩组成，两者均具有上盘向北北西的运动（张进江等，2002；Zhang et al.，2006）。另外，在其他穹窿构造上，顶部拆离断层与 STD 的相似性已被诸多学者证实（如刘德民等，2003）。

4）活动时代上，雅拉香波下拆离断层活动至少从距今 14.5 Ma 之前就已开始，并持续到距今 13 Ma（Zhang et al.，2012），这与定结处 STD 的活动时代（19～13 Ma，Zhang et al.，2006）一致，与其他地区 STD 的活动时代一致（Hodges，2000；Yin et al.，2000；Yin，2006），也与康马穹窿的拆离断层一致（Lee et al.，2000）。上述表明，雅拉香波穹窿的下拆离断层可能是 STD 在北喜马拉雅的出露，所以雅拉香波穹窿早期经历的是沿 STD 向北北西的拆离，该拆离自距今 14.5 Ma 时开始，持续至距今 13.5 Ma 左右（图 9-10）。拆离作用可能会导致上地壳的构造减薄，从而导致减压重融（张进江等，2003；张金阳等，2003），产生冷却年龄为 13.5～12.8 Ma 的二云母花岗岩岩浆，构造减薄的均衡反弹及岩浆的底辟热隆作用（李德威等，2003；张金阳等，2003）形成雅拉香波的穹窿构造形态，并使高喜马拉雅和 STD 出露。

综上所述，雅拉香波穹窿由上、下两个拆离断层分割为 3 个构造层。下拆离断层之下的糜棱状片麻岩和花岗岩体形成穹窿核部，上拆离断层之上的低变质西藏沉积岩系及基性岩墙群形成上构造层。上、下拆离断层间的千糜岩和糜棱状片岩构成中构造层，为上构造层沉积岩系经拆离作用改造的底部单元。穹窿内发育两组线理，代表 3 期构造运动。第 1 组线理具有统一的北北西—南南东倾伏向，在下构造层的下部代表上盘向南南东的运动，为早期构造变形，成因为造山带的增厚；在下构造层上部及其他构造层，该线理代表上盘向北北西的拆离运动。第 2 组线理为晚期线理，向穹窿外侧倾伏，代表穹窿作用导致的垮塌性下滑运动。下拆离断层为主拆离断层，可能是分割高喜马拉雅与西藏沉积岩系的藏南拆离系在北喜马拉雅的出露。雅拉香波早期（距今 14.5 Ma 之前）可能经历了沿藏南拆离系的北北西向拆离，后期（距今约 13 Ma 以后）发生穹窿作用及相关的垮塌。

在雅拉香波穹窿新的 $P-T-t$ 轨迹，表明蓝晶石级巴罗式变质作用（650±30℃ 和 900±100 MPa）发生在早中新世（18~17 Ma）（Wang et al.，2018）。与变形时间和岩浆事件联系的 $P-T-t$ 轨迹，清楚阐明了雅拉香波穹窿时空演化。在 19~17 Ma 与穹窿有关的浅色花岗岩侵位产生同峰期变质作用，向北剪切的变形造成的 S2 面理为后-同峰期变质作用的产物。雅拉香波穹窿拆离剪切带与 STD 的连接被确定；在早中新世，雅拉香波穹窿形成在汇聚的地球动力学背景上的 N-S 向伸展环境，早中新世快速折返在时间上与喜马拉雅造山带的快速隆升是匹配的。

随着对喜马拉雅造山带构造-热历史研究的深入，张进江课题组对雅拉香波穹窿的形成机制进行了重新的认识（Zhang et al.，2012）。认为自印度-欧亚大陆碰撞以来，增厚导致造山的进变质作用，并形成部分熔融的早期淡色花岗岩（42~35 Ma，Zeng et al.，2012）（图 9-12a）。进变质升温和部分熔融作用，在造山带深部地壳形成了一个低密度的塑性层，亦即弱化的造山带根带，有人称之为“隧道流”（Beaumont et al.，2001）。在上覆地壳的载荷和造山带前锋剥蚀卸载的作用下，塑性层自约 35 Ma 开始向南挤出，在喜马拉雅造山带形成大喜马拉雅结晶杂岩；与此同时，塑性层上界的藏南拆离系开始启动（图 9-12b），淡色花岗岩顺 STD 侵位，形成晚渐新世—早中新世的变形花岗岩。塑性层的向南挤出和 STD 的伸展，使上覆地壳减薄并引起的减压作用，从而导致更大量的部分熔融；同时，上覆地壳的减薄导致部分熔融岩浆的上涌，即形成淡色花岗岩的底辟，最终形成包括雅拉香波在内北喜马拉雅片麻岩穹窿（图 9-12c）。

关于雅拉香波的成因机制，许志琴等（2022）提出了进一步的解释：早期向南的剪切来自特提斯喜马拉雅底部大型滑脱带，而晚期向北的剪切与 STD 有关，第三期的穹状变形源自雅拉香波片麻岩穹窿的隆升。

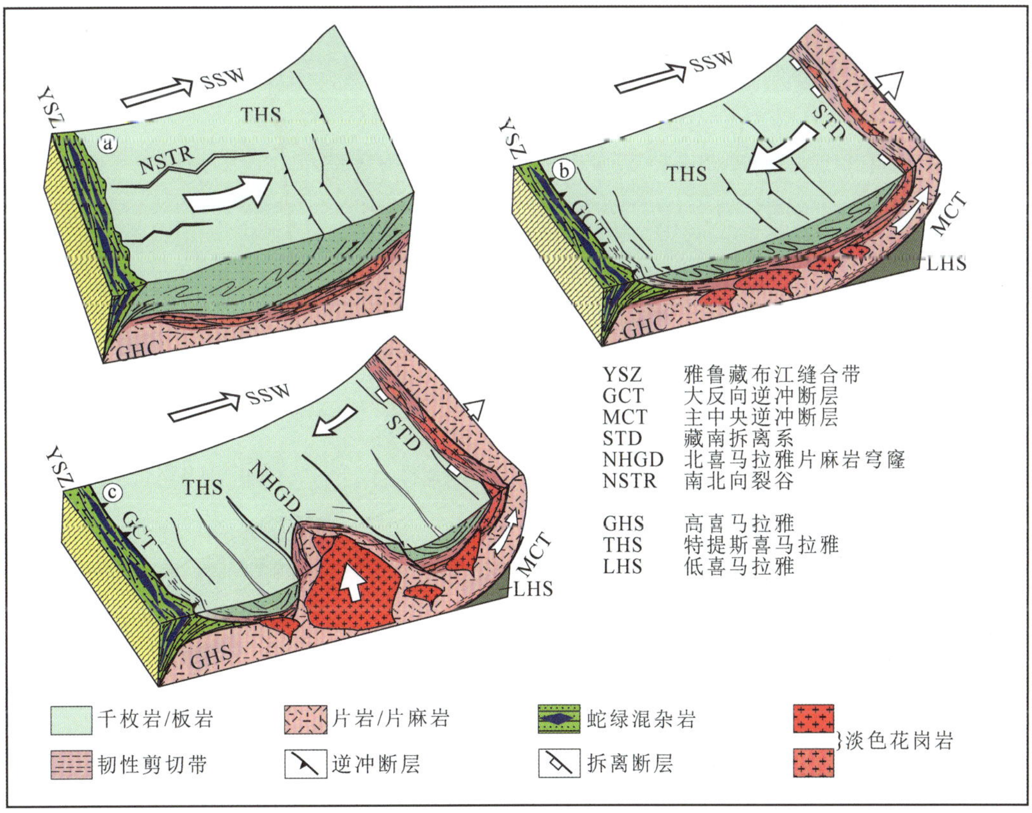

图 9-12　基于雅拉香波提出的北喜马拉雅片麻岩穹窿的形成机制（具体解释见正文）

二、然巴片麻岩穹窿

雅拉香波片麻岩穹窿的形成机制与STD代表的南-北向伸展相关，而然巴片麻岩穹窿则提供了另外一种形成机制，即与以南北走向裂谷系代表的东-西向伸展相关。

（1）然巴片麻岩穹窿的构造组成

然巴片麻岩穹窿位于雅鲁藏布江缝合带附近（图9-3），与雅拉香波穹窿具有相同的结构构造，但其核部片麻岩单元比雅拉香波穹窿薄很多。该穹窿经历了三期变形，但早期的南向逆冲由于片麻岩单元较薄而未被保存。

与雅拉香波片麻岩穹窿相似，然巴片麻岩穹窿由以下岩石-构造单元组成：核心的淡色花岗岩体，由上、下拆离断层分割的上、中、下三个构造层（图9-13，图9-14）。其中，低级变质的特提斯喜马拉雅岩系（板岩和千枚岩）组成上部构造层，上构造层之下为脆性的上拆离断层。

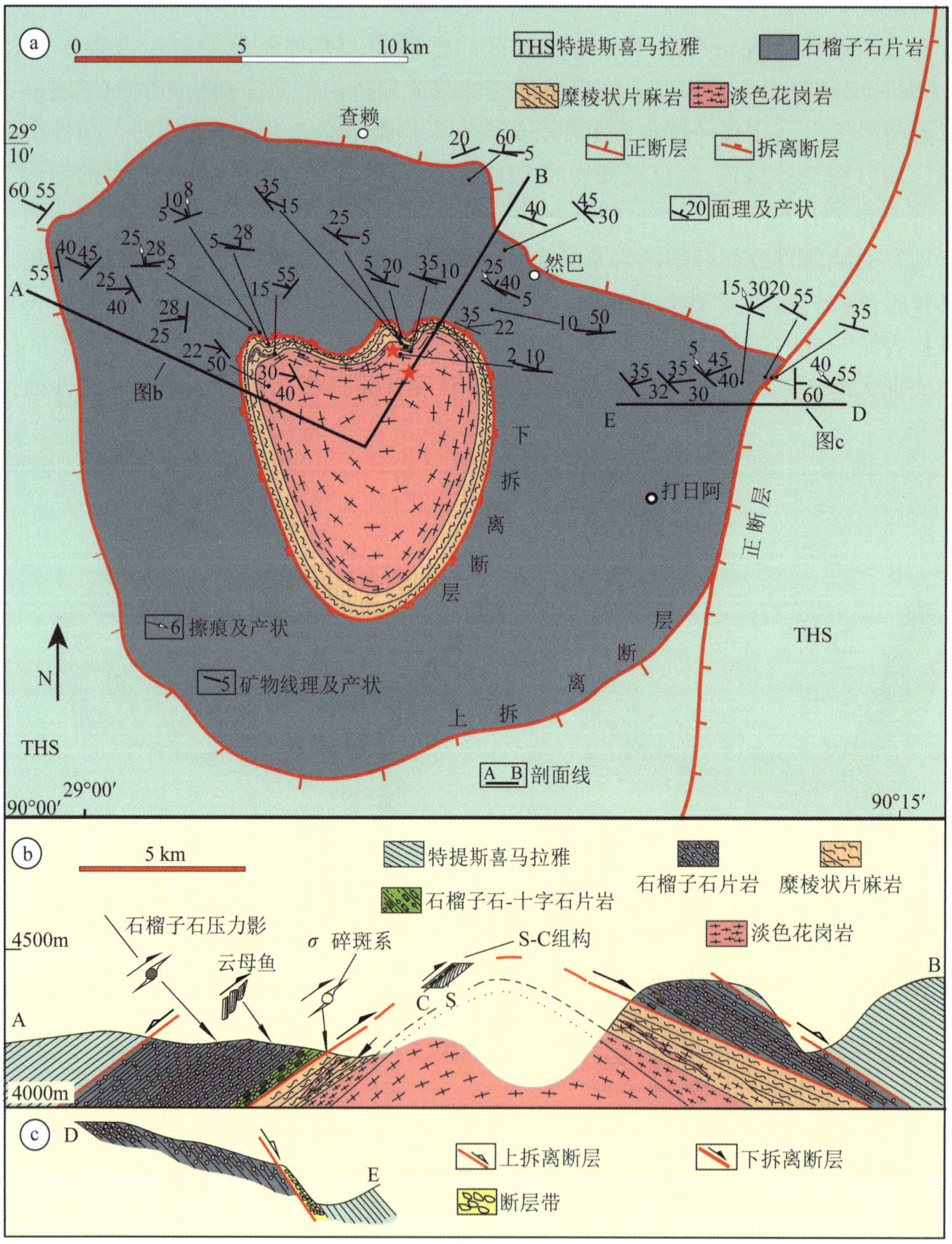

图9-13 然巴穹窿构造地质图（a）及剖面图（b、c）

核部淡色花岗岩体的主要矿物组合为石英+斜长石+正长石+白云母+（少量）黑云母，并富含石榴子石和电气石。岩体边界发育由石英长石拉伸及云母定向排列形成透入性面、线理，产状与围岩相同，但透入性向核心方向减弱，岩体中心部位仅见矿物微弱定向。在围岩接触带发育热接触变质作用，形成大量长 10~15 cm 的红柱石，红柱石斜切面理，但也基本呈现定向排列（图 9-14b），所以核部岩体可能是构造晚期侵位。

图 9-14　然巴片麻岩穹窿野外照片

a—然巴花岗岩体、片麻岩和片岩之间关系；b—中构造层下部的十字石晶体；c—两类拉伸线理（L_1 和 L_2）；d—后期线理（L_3）；e—中构造层基性岩脉形成的布丁构造

A. 中构造层

中构造层主要由片岩组成，主要岩性为钛铁矿-十字石片岩、石榴子石-十字石片岩、红柱石-石榴子石二云母片岩，变质程度由上至下依次递增。该构造层内发育透入性组构，并在其下部出现典型的糜棱岩组构特征。在构造层下部，基性岩脉和浅色花岗岩脉沿面理方向侵位并发生变形而转变为典型的糜棱岩。岩石学的和变质地质研究表明，该构造层可能是经历 STD 拆离剪切的特提斯喜马拉雅岩系底部岩石（Guo et al.，2008）。

B. 下构造层

下构造层与核部淡色花岗岩体一起形成下拆离断层之下的穹窿核部，其主体岩性为斜长角闪片麻岩和副片麻岩，副片麻岩主要为石榴子石-红柱石-二云母片麻岩，矿物组合为黑云母+白云母+石英+斜长石+石榴子石+红柱石。岩石强烈变形，形成糜棱状岩石，呈现由云母富集带和拉伸石英形成的条带状构造；斜长角闪片麻岩主要矿物组合为斜长石+角闪石+黑云母等。穹窿西北侧片麻岩中穿插顺层侵位的伟晶岩脉，矿物组合为石英+长石+白云母+石榴子石，属浅色花岗岩系，发生微弱变形。上述岩石糜棱面理产状与下拆离断层相同，片麻岩与核部浅色花岗岩为侵入接触关系。

C. 上拆离断层

围绕然巴穹窿呈环形发育，将构造层板岩、千枚岩和下盘中构造层的石榴子石片岩分割开来。穹窿西侧上盘板劈理产状为20°∠60°，下盘面理产状为270°∠55°。断层面与下盘片岩面理平行。穹窿东北侧断层倾向北东、倾角20°，并被一近南北走向的脆性正断层所叠加（图9-13c）。该近南北走向正断层向南东东倾斜，倾角约60°，可能属亚东-谷露裂谷系的组成部分。

D. 下拆离断层

该断层为中构造层糜棱状片岩与下构造层糜棱状片麻岩的界线（图9-13）。穹窿东北侧该断层带上出现石英脉碎块与石榴子石片岩、片麻岩混杂现象，断层倾向北北东、倾角15°。穹窿西北侧断层附近发育不对称褶皱以及布丁构造（图9-14e），指示上盘向北西西的正断剪切。

（2）然巴穹窿的构造运动学

A. 线理构造

然巴穹窿内共发育三期线理构造（图9-14，图9-15）：第一期为残留的近南北向拉伸线理；第二期为主期线理，产状近东西向倾伏；第三期为向穹窿四周倾伏的擦痕构造。

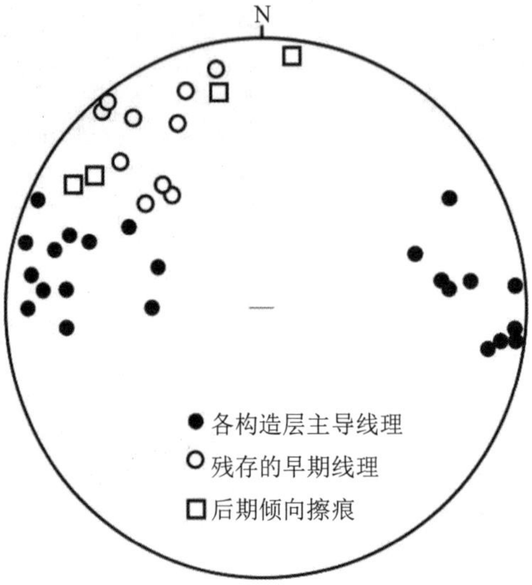

图9-15　然巴穹窿各构造层及核部花岗岩体线理的下半球投影

第一期近南北向的线理在上、中构造层中均可观察到，表现为变质矿物的定向排列、石英的拉伸等（图9-14c）。线理总体为近南北向倾伏，穹窿东侧和东北侧该组线理倾伏向为315°~340°，西北侧倾伏向为320°~350°。

第二期为穹窿各岩石-构造单元透入性主期线理，代表穹窿的主期变形。该组线理在上构造层除表现为变质矿物的定向排列、石英的拉伸等外（图9-14c），还发育褶纹线理；中构造层表现为云母排列、石英拉伸及不对称长石碎斑系尾部及石榴子石压力影等；下构造层副片麻岩中表现为石英条带、强烈拉伸的长石和云母的定向排列等，形成典型的条带状片麻岩，在斜长角闪片麻岩中表现为角闪石的定向排列；核部浅色花岗岩边部该组线理比面理更发育，形成典型的L型构造岩。这期线理总体为近东西向倾伏，在穹窿西北侧倾伏向为265°~285°，东侧和东北侧倾伏向为80°~100°。

第三期为向穹窿四周倾伏的擦痕构造（图9-14d），仅发育在上构造层岩石密集发育的劈理面上，表现为热擦痕和矿物生长纤维，产状沿面理向穹窿外侧倾伏。

第一期和第二期线理在上、中构造层中同时存在（图9-14c），但第二期近东西向倾伏的主导线理明显覆盖了第一期近南北向倾伏的线理。在中构造层，由浅部向深部第二期逐渐变为占绝对主导地位的优势线理，第一期线理则仅为部分残存。下构造层片麻岩和核部花岗岩只发育第二期线理。第三期的倾向擦痕构造只发育于上构造层脆性面理上。这些证据表明了这3组线理发育的先后关系：穹窿早期形成的近南北向线理被主变形期发育的线理所叠加，第三期的擦痕构造则代表后期穹窿的垮塌下滑。

B. 运动学特征

然巴片麻岩穹窿经历了三期变形，分别对应上述三组线理：早期（第1期）变形对应近南北向倾伏的拉伸线理，在*XZ*面上可观察到S-C组构，穹窿西北侧发育向北北西倒伏的紧闭褶皱，指示该期变形为上盘向北北西的构造运动的结果。

第2期为穹窿的主期变形，对应统一的近东西倾伏向线理。穹窿西北部，上、中构造层岩石沿倾伏向为265°~285°的线理方向发育众多运动学标志，如有S-C面理和变质矿物的不对称构造、“Z”形褶皱、石英脉错断及布丁构造、石榴子石压力影及雪球构造、云母晶体书斜构造、长石的不对称碎斑系等；下构造层糜棱状片麻岩中也发育S-C组构、长石的不对称碎斑系。穹窿东北侧线理倾伏向为80°~100°，相同的运动学标志指示上盘向东运动，如大型布丁构造（图9-14e）。所有上述运动学标志均指示上盘向东的运动学特征，在穹窿西北侧表现为向东的逆冲运动，而在穹窿东侧则表现为正断剪切。

核部浅色花岗岩岩体边部发育相同的运动学特征，也指示上盘向东的运动，但变形向中心逐渐减弱，岩体与围岩发生热接触变质作用产生的红柱石切割中、下构造层面理，但也有基本定向（图9-14b），说明核部浅色花岗岩可能是该期变形晚期侵入。

第3期变形为穹窿向外垮塌，对应的线理构造为上构造层及上拆离断层中发育的、透入性较差的顺倾向热擦痕，为后期穹窿向外侧垮塌下滑所致。

（3）然巴穹窿的热年代学

A. 然巴穹窿的构造-热历史

综合野外及镜下观察，然巴片麻岩穹窿明显形成以岩体为中心从内到外变质程度不同，具有区域变质叠加接触变质，并以接触变质为主的变质特征。岩体周围的接触变质晕从内到外依次是：十字石-石榴子石带，典型矿物组合石榴子石、十字石、红柱石、黑云母、白云母、石英及斜长石；红柱石-十字石带，典型矿物组合石榴子石、十字石、红柱石、绢云母、黑云母、斜长石和石英。

前述线理与构造运动学分析证明，巴穹窿至少经历三期变形事件（Zhang et al.，2006；Guo et al.，2008）。D_1阶段（上盘向北北西运动），早期矿物组合表现为变质晶体内部残留，为石榴子石核部、黑云母、绢云母、斜长石、石英及碳质矿物，碳质矿物内部保留早期面理S_1。D_2阶段（上盘向东剪切），早期矿物黑云母及白云母发生褶皱变形，石榴子石边部生长，十字石与红柱石（Ⅰ）结晶生长，之后绢云母及黑云母被完全改造，定向排列形成主面理S_2，为东西伸展叠加热接触变质产物。D_2阶段之后形成红柱石（Ⅱ），红柱石结晶颗粒粗大，无定向排列，明显切穿主面理S_2，为核部淡色花岗岩侵位的热接触变质主期。

根据变泥质岩变质及变形期次（图9-16），可以看出紧邻淡色花岗岩的糜棱状的十字石-石榴子石带泥质岩（R1335）峰期矿物组合是石榴子石边部、十字石、红柱石、白云母、黑云母及斜长石，在中部构造层的红柱石-十字石带泥质岩（R1338，R1339）峰期矿物组合是石榴子石、十字石、黑云母、白云母及斜长石，之后矿物组合是石榴子石、白云母、黑云母、斜长石及红柱石。通过在视剖图（Kawakami et al.，2007）进行平衡矿物组合投图对变泥质岩$P-T$条件进行估计（图9-17），对于十字石-石榴子石带变泥质岩（R1335）峰期矿物组合明显投在视剖图中十字石、红柱石与黑云母平衡共生区域，峰期温压范围大概是530~580℃和300~420 MPa，对于红柱石-十字石带变泥质岩（R1338，R1339）峰期矿物组合投在视剖图中十字石与黑云母平衡共生区域，温压范围大概是550~560℃和350~450 MPa，峰期阶段之后的矿物组合投在黑云母与红柱石平衡共生区域，温压范围大概是500~600℃和200~400 MPa。对于变泥质岩温压的估计，D_2阶段峰期温压范围大概在550~570℃和350~400 MPa，岩石达到的变质深度在13.0~14.8 km，D_2阶段之后温压范围在540~570℃和200~300 MPa，岩石达到的变质深度7.4~11.1 km。可见在然巴穹窿主期变形过程中，经历一个明显的等温降压过程，可以解释为核部岩体的穹窿过程。

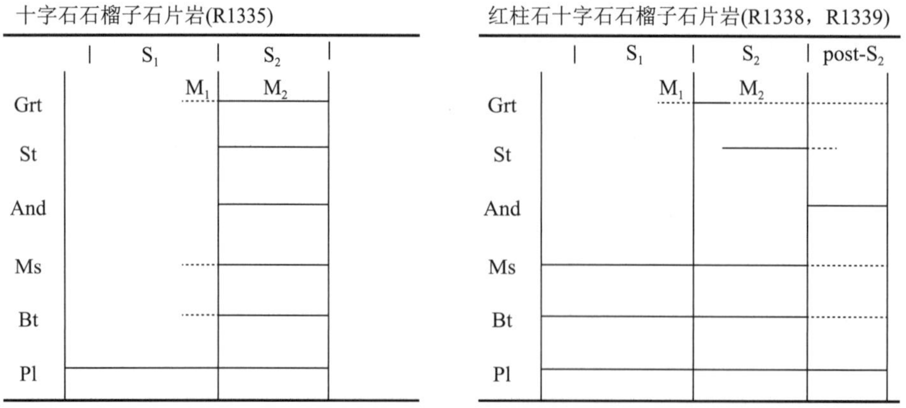

图 9-16　然巴穹窿的变质-变形期次及变质矿物组合

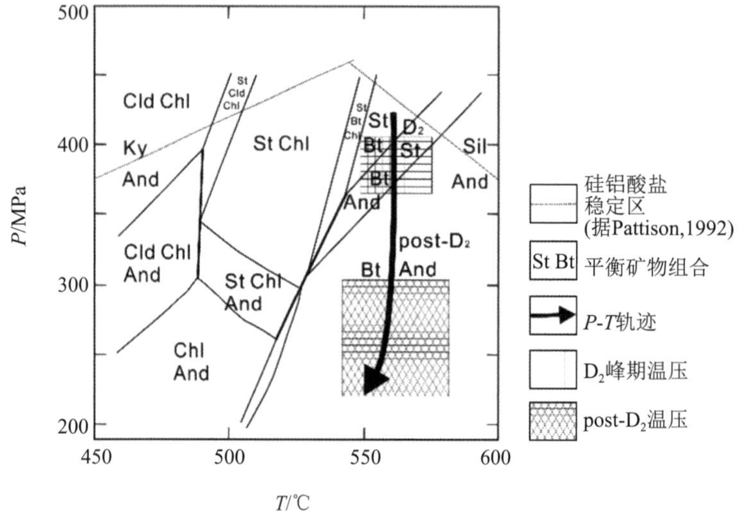

图 9-17　然巴穹窿的变质相图与 $P-T$ 轨迹

（据 Kawakami et al.，2007，有修改）

B. 然巴穹窿的地质年代学

U-Pb 同位素年代学测试表明，然巴穹窿内，除早期与喜马拉雅造山增厚事件相关的花岗岩脉年龄（46~40 Ma）外，与本区第一期构造运动（上盘向北西西拆离）相关的同构造岩脉年龄为 26~21 Ma，而然巴穹窿核心的淡色花岗岩的 U-Pb 年龄则为 9~7 Ma，该岩体的 Ar-Ar 年龄则为约 6 Ma（郭磊等，2007），表现了淡色花岗岩侵位及其导致的穹窿作用。

（4）然巴穹窿构造形成机制的讨论

然巴穹窿早期向北北西的构造运动在除下构造层、核部岩体外，各构造层均有保留，这可能是藏南拆离系向北的拆离作用在特提斯喜马拉雅沉积岩系中的表现。前人在对北喜马拉雅穹窿带中其他穹窿的研究中也报道过类似的运动学特征（Lee et al.，2000，2002；张进江等，2007）。

然巴穹窿各构造层主期构造运动为上盘向东剪切，明显不同于康马、雅拉香波、马拉山、康巴等穹窿的近南北向构造运动（与 STD 等南北向伸展作用相关）。因此，推测该穹窿成因类似于北喜马拉雅穹窿带西部的 Leo Pargil 和 Gurla Mandhata 穹窿（Murphy et al.，2002；Rasmus et al.，2006），可能为青藏高原南北向裂谷系的东西向伸展作用所形成。理由如下：

首先，然巴穹窿构造由高级变质岩和年轻岩体组成并被低级变质岩构造叠置：上拆离断层之上的特提斯喜马拉雅岩系的板岩、变质砂岩形成上盘；下拆离断层之下的斜长角闪片麻岩、副片麻岩及花岗岩体形成下盘；两拆离断层间为强变形的韧性剪切带，为分割结晶基底和盖层沉积的底部或主断层。其主期变形为上盘向东的剪切运动，属东西向伸展构造作用产物。

其次，然巴穹窿现今的形态与主期变形晚期核部浅色花岗岩岩体的侵入有关，可能是主变形后期构造减薄、均衡反弹及岩浆的底辟热隆作用形成，穹窿导致了第3期穹窿向外的垮塌作用。

再次，然巴穹窿在构造位置属于亚东-谷露裂谷带（图9-18），穹窿东侧边界与一南北走向正断层相切（图9-13），该南北向正断层可能是亚东-谷露裂谷带的一部分。

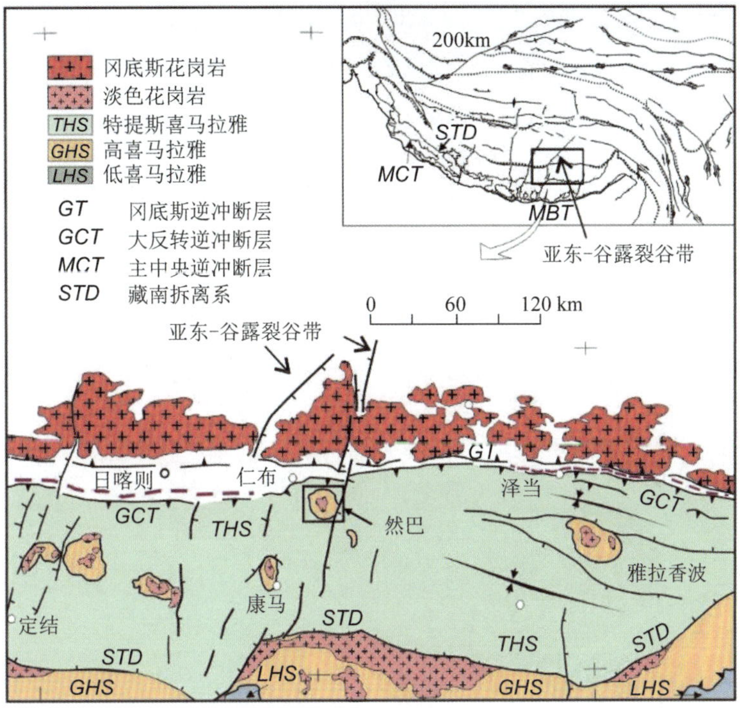

图9-18 然巴片麻岩穹窿与南北走向的亚东-谷露裂谷带的关系

最后，然巴穹窿核部淡色花岗岩，侵位于东西向伸展变形的晚期，其侵位年龄为9~7 Ma（U-Pb），抬升冷却年龄为6 Ma（Ar-Ar），而这些年龄与亚东-谷露南北走向裂谷的活动年代学一致（Guo et al.，2007）。前文的*P-T*计算也证明在D_2（东西向伸展）的中晚期发生了接触变质和等温降压过程。

因此，我们认为然巴片麻岩穹窿内局部保存了较早期上盘向北北西向剪切的变形（可能与STD相关），而其主变形则是与上盘向东的剪切（可能与青藏高原南北走向裂谷系的东西向伸展作用相关）、主变形期后期核部浅色花岗岩侵位，并形成底辟穹窿作用，从而形成然巴片麻岩穹窿，穹窿隆升还导致了其向外的垮塌。总之，然巴片麻岩穹窿的形成演化主要受到东西向伸展和淡色花岗岩底辟作用的控制。

三、错那洞片麻岩穹窿

错那洞穹窿位于北喜马拉雅穹窿群以南的藏南错那县北约20 km（图9-19），属于STD的上盘位置。错那洞片麻岩穹窿可以分为核、幔部分，其中核部包括花岗片麻岩与后期多期次侵入的淡色花岗岩，幔部主要为一套强变质变形石英二云母片岩，外部则主要为浅变质或未变质的砂质板岩，其中核部和幔部均有大量伟晶岩脉无序的穿插。花岗质片麻岩是穹窿核部的主体岩性之一，片麻状构造，近核部的花岗片麻岩具有明显的眼球状片麻理构造（张志等，2017）。穹窿幔部主要由一套强变质变形的二云母片岩组成，从内至外具有明显的变质分带特征，依次为矽线石-石榴子石-二云母片岩、蓝晶石-石榴子石-二云母片岩、石榴子石-十字石二云母片岩、十字石-石榴子石-堇青石二云母片岩、最外部为石榴子石-堇青石二云母片岩（张志等，2017），其中在石榴子石十字石二云母片岩带与十字石石榴子石堇青石二云母片岩带之间夹杂有一条宽 15～20 m 不等的矽卡岩化大理岩带。从上述可以看出穹窿幔部的变质分带特征，属于典型的巴罗-巴肯式变质分带特征。

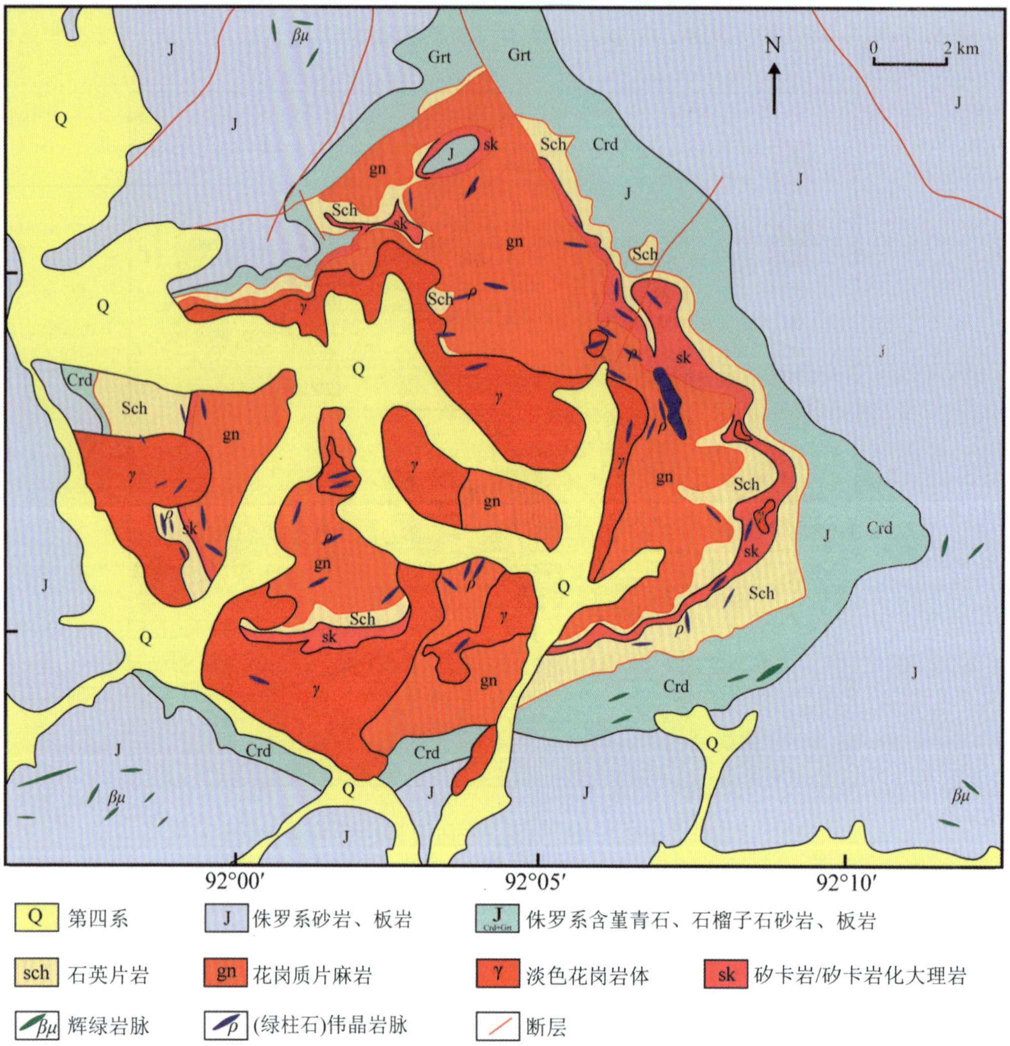

图 9-19　错那洞片麻岩穹窿地质图
（据张志等，2017）

1）错那洞穹窿伟晶岩成岩年龄为 33.7±0.4 Ma，为穹窿中首次发现的早渐新世岩浆活动，该套伟晶岩为过铝质高钾富钠花岗质岩石，具有较高 SiO_2、Al_2O_3 含量，较低的 CaO、MgO、MnO 及 TiO_2 含量，高场强元素及大离子亲石元素均呈现高度变化特征，富集轻稀土元素，亏损重稀土元素。

2）错那洞伟晶岩 Sr 同位素初始值与 Nd 同位素初始值总体均在角闪岩与泥质片麻岩之间，着 Hf（t）值介于 5.4～0.1 之间，经简单的 Sr-Nd 同位素端元混合模拟，表明错那洞早渐新世含绿柱石伟晶岩是角闪岩与泥质片麻岩混熔的结果，其中泥质片麻岩的部分熔融起主导作用，其形成与藏南拆离系的活动密切相关。

3）错那洞早渐新世同构造变形的含绿柱石伟晶岩发现，揭示错那洞穹窿形成至少在早渐新世便已开始。早渐新世已有铍稀有金属的初始富集，而这一初始富集可能是对中新世淡色花岗岩浆活动引起的铍稀有金属巨量堆积的贡献。

结　论

一、与喜马拉雅带内淡色花岗岩对比

前已述及，北喜马拉雅穹窿带是一条平行于造山带展布的由一系列形状不同、规模不一的穹窿所组成，这些穹窿主要位于特提斯喜马拉雅带的中、北部位置，如马拉山穹窿、夏如穹窿、拉轨岗日穹窿、麻布迦穹窿、康马穹窿、然巴穹窿以及雅拉香波穹窿等。而错那洞穹窿则不同，该穹窿出露在THM的南部，紧邻STD，并位于其上盘，表现出富硅、贫铁镁、钙碱性及强过铝值，有明显负Eu异常，大离子亲石元素富集、高场强元素亏损的地球化学性质（林彬等，2016）。吴福元等（2015）曾对喜马拉雅淡色花岗岩进行系统总结，发现以打拉、雅拉香波、然巴、苦堆和更惹等岩体为代表的北喜马拉雅淡色花岗岩具有较高的CaO、Sr含量及轻重稀土比值，且基本不显示Eu的负异常，表现出与加厚地壳来源的埃达克岩极为相似的特征，而与以玛纳斯鲁（Manaslu）为代表的高喜马拉雅淡色花岗岩明显不同，具有低的CaO、Sr含量及轻重稀土比值，且明显的Eu负异常。通过对比研究，我们发现错那洞淡色花岗岩与以玛纳斯鲁（Manaslu）为代表的高喜马拉雅淡色花岗岩的地球化学性质完全一致。因此，我们认为错那洞淡色花岗岩的形成与高喜马拉雅淡色花岗岩可能成因一致，是STD的伸展下滑导致高喜马拉雅减压熔融而成（Guillot et al.，1993，1995；Harrison et al.，1999）。

二、喜马拉雅淡色花岗岩活动时代限定

自20世纪80年代STD被发现以来，一直是研究喜马拉雅的重要内容（Burchfiel et al.，1992；Burg et al.，1984b、c）。该伸展构造主要以韧性变形为特征，尽管热年代学是确定该变形的重要手段，但大多认为淡色花岗岩与STD发育同时，它可以用以制约STD的活动时间（Guillot et al.，1994）。北喜马拉雅穹窿带内淡色花岗岩浆活动强烈影响着与STD相关的中地壳伸展变形（Aoya et al.，2005；Lee et al.，2007），尤其是中新世淡色花岗岩的形成与STD活动密切相关（张宏飞等，2004）。因此，北喜马拉雅穹窿带内的淡色花岗岩与藏南大规模伸展变形之间具有强烈的互馈关系，可以用来限定STD的活动时代（Guillot et al.，1994）。

北喜马拉雅穹窿带内淡色花岗岩岩浆活动经历了长期的演化过程，张宏飞等人（2004）曾对萨迦穹窿内淡色花岗岩进行详细的锆石U-Pb定年研究，结果表明该穹窿的岩浆活动范围为27.5±0.5~14.4±0.2 Ma，这一研究结果将北喜马拉雅淡色花岗岩形成的时间跨度从原有的15~10 Ma扩展到27.5~10 Ma，与马拉山穹窿的基本一致（Aoya et al.，2005）。然而，近些年的研究结果表明北喜马拉雅淡色花岗岩形成的时间跨度更大，如纽库淡色花岗岩体形成于44.8±0.2 Ma（Ding et al.，2005）；麻布迦穹窿内淡色花岗岩的锆石U-Pb年龄范围为35~16 Ma（Lee et al.，2006，2007）；马拉山穹窿含电气石淡色花岗岩形成于28.2 Ma；Kampa穹窿的淡色花岗岩形成于26.8~24.9 Ma（Liu et al.，2016）；然巴穹窿经历了多期岩浆活动事件（44 Ma、28 Ma和8 Ma，Liu et al.，2014）；雅拉香波穹窿内的打拉岩体形成于42 Ma（Aikman et al.，2008；Hou et al.，2012；戚学祥等，2008；曾令森等，2009；吴珍汉等，2014）。由此可见，北喜马拉雅穹窿带内淡色花岗岩形成于44~8 Ma的将长时间内。但是，如此长时间的淡色花岗岩浆并非同一构造事件下形成，至少经历了三期变质变形：①早期（44~35 Ma）为与地壳加厚有关的南北向挤压变形；②随后（28~14 Ma）大规模淡色花岗岩就位与峰期变质、南北向拆离相关；③晚期主要表现为穹窿快速抬升有关的垮塌事件、南北向裂谷形成以及少许淡色花岗岩侵位（Lee et al.，2000，2004，2006；Quigley et al.，2008；Zhang et al.，2012；吴福元等，2015）。Zeng et al.（2014）通过对雅拉香波穹窿内不同期次的淡色花岗岩进行详细的地球化学研究，得到类似的结果，认为地壳缩短增厚向伸展减薄转换的时间为30 Ma。

参 考 文 献

陕西省地质矿产局. 1994. 1∶200 000 地质图(则当、加查幅). 北京: 地质出版社.

中国地质调查局成都地质矿产研究所. 2004. 青藏高原及邻区地质图(1∶1000000). 成都: 成都地图出版社.

陈文, 刘新宇, 张思红. 2002. 连续激光阶段升温 $^{40}Ar/^{39}Ar$ 地质年代测定方法研究. 地质论评, 48(S1): 127~134.

何顺东, 丁林, 吴根耀, 等. 2002. 藏南格仁错地区孜桂错断裂的第四纪活动及其构造意义. 地质科学, 37(1): 8~12.

李德威, 刘德民, 廖群安, 等. 2003. 藏南萨迦拉轨岗日变质核杂岩的厘定及其成因. 地质通报, 22(5): 303~307.

李德威, 张雄华, 廖群安, 等. 2004. 定结县幅、陈塘区幅地质调查新成果及主要进展. 地质通报, 23(5~6): 438~443.

林彬, 唐菊兴, 郑文宝, 等. 2016. 西藏错那洞淡色花岗岩地球化学特征、成岩时代及岩石成因. 岩石矿物学杂志, 35(3): 391~406.

刘德民, 李德威. 2003. 喜马拉雅造山带中段定结地区拆离断层. 大地构造与成矿学, 27(1): 37~42.

刘树文, 张进江, 舒桂明, 等. 2005. 藏南定结铁镁质麻粒岩矿物化学、PTt 轨迹和折返过程. 中国科学 D 辑, 35(9): 810~820.

戚学祥, 曾令森, 孟祥金, 等. 2008. 特提斯喜马拉雅打拉花岗岩的锆石 SHRIMP U-Pb 定年及其地质意义. 岩石学报, 24(7): 1501~1508.

隋志龙, 李德威, 杨巍然, 等. 2003. 藏南拉轨岗日变质核杂岩带的 TM 影像特征. 地球科学, 28: 680~684.

王根厚, 周祥, 曾庆高, 等. 1997. 西藏康马热伸展变质核杂岩构造研究. 成都理工学院学报, (1): 62~67.

王晓先, 张进江, 闫淑玉, 等. 2016. 藏南冲巴淡色花岗岩锆石 U-Pb、白云母 $^{40}Ar/^{39}Ar$ 年代学及其地质意义. 岩石矿物学杂志, 35(2): 242~254.

吴福元, 刘志超, 刘小驰, 等. 2015. 喜马拉雅淡色花岗岩. 岩石学报, 31(1): 1~36.

吴珍汉, 叶培盛, 吴中海, 等. 2014. 特提斯喜马拉雅构造带雅拉香波穹窿构造热事件 LA-ICP-MS 锆石 U-Pb 年龄证据. 地质通报, 5: 595~605.

许志琴, 杨经绥, 李海兵, 等. 2011. 印度-亚洲碰撞大地构造. 地质学报, 85(1): 1~33.

曾令森, 刘静, 高利娥, 等. 2009. 藏南也拉香波穹窿早渐新世地壳深熔作用及其地质意义. 科学通报, 3: 373~381.

张波, 张进江, 郭磊. 2006. 北喜马拉雅穹窿带然巴韧性剪切带石英动态重结晶颗粒的分维几何分析与主要流变参数的估算. 地质科学, 41(1): 158~169.

张金阳, 廖群安, 李德威, 等. 2003. 藏南萨迦拉轨岗日淡色花岗岩特征及与变质核杂岩的关系. 地球科学, 28: 695~701.

张进江, 丁林, 钟大赉, 等. 1999. 喜马拉雅平行于造山带伸展——是垮塌的标志还是挤压隆升过程的产物. 科学通报, 44: 2031~2036.

张进江, 丁林. 2003. 青藏高原东西向伸展及其地质意义. 地质科学, 38(2): 179~189.

张进江, 郭磊, 丁林. 2002. 申扎-定结正断层体系中、南段构造特征及其与藏南拆离系的关系, 科学通报, 47: 738~743.

张进江, 郭磊, 张波. 2007. 北喜马拉雅穹窿带雅拉香波穹窿的构造组成和运动学特征. 地质科学, 42(1): 16~30.

张进江, 杨雄英, 戚国伟, 等. 2011. 马拉山穹窿的活动时限及其在藏南拆离系-北喜马拉雅片麻岩穹窿形成机制的应用. 岩石学报, 27(12): 3535~3544.

张宏飞, Harris N, Parrish R, 等. 2004. 北喜马拉雅萨迦穹窿中苦堆和萨迦淡色花岗岩的 U-Pb 年龄及其地质意义. 科学通报, 49(20): 2090~2094.

Aikman A B, Harrison T M, Ding L. 2008. Evidence for early(>44 Ma) Himalayan crustal thickening, Tethyan Himalaya, southeastern Tibet. Earth and Planetary Science Letters, 274: 14~23.

Andersen T. 2002. Correction of common lead in U-Pb analyses that do not report ^{204}Pb. Chemical Geology, 192: 59~79.

Aoyae M, Wallis S R, Kawakami T, et al. 2007. The Malashan gneiss dome in south Tibet: comparative study with the Kangmar dome with special reference to kinematics of deformation and origin of associated granites. In: Law R D, Searle M P, Godin L. (Eds.), Channel flow, ductile extrusion and exhumation in continental collision zones. Geological Society, London, Special Publications, 268: 471~495.

Aoyae M, Wallis S R, Terada K, et al. 2005. North-south extension in the Tibetan crust triggered by granite emplacement. Geology, 33: 853~856.

Baldwin J A, Hodges K V, Bowring S A, et al. 1998. Continental subduction in the western Himalayan orogen. Geo1. Soc. Amer. Abstracts with Progrems, 30: 269.

Beaumont C, Jamieson R A, Nguyen M H, et al. 2001. Himalayan tectonics explained by extrusion of a low-viscosity crustal channel coupled to focused surface denudation. Nature, 414: 738~742.

Beaumont C, Jamieson R A, Nguyen M H, et al. 2004. Crustal channel flow: 1. Numerical models with applications to the tectonics of the Himalayan Tibetan orogen. Jour. Geophys. Res., 109(B6): Art: No. B06406.

Brookfield M E. 1993. The Himalayan passive margin from Precambrian to Cretaceous times. Sediment. Geol. 84: 1~35.

Burchfiel B C, Chen Z, Hodges K V, et al. 1992. The south Tibetan detachment system, Himalayan orgen, extension contemporaneous with and parallel to shortening in a collisional mountain belt. Geo1. Soc. Amer. Special Paper 269: 1~41.

Burg J P, Bnlnel M, Gapais D, et al. 1984a. Deformation of the crystalline main central sheet in south Tibet(China). Jour. Struct Geol., 6: 535~542.

Burg J P, Chen G M. 1984b. Tectonics and structural zonation of southern Tibet, China. Nature, 311(5983): 219~223.

Burg J P, Guimud M, Chen G M, et al. 1984c. Himalayan metamorphism and deformation in the North Himalayan belt, southem Tibet, China. Earth Planet. Sci. Lett., 69: 391~400.

Chen W, Liu X Y, Zhang S H. 2002a. Continuous laser stepwise heating $^{40}Ar/^{39}Ar$ dating technique. Geological Review, 48(S1): 127~134(in Chinese with English abstract).

Chen W, Zhang Y, Ji Q, et al. 2002b. Magmatism and deformation times of the Xidatan rock series, East Kunlun mountains. Science China Chemistry, 45(1): 20~27.

Chen Z, Liu Y, Hodges K V, et al. 1990. Structural evolution of the Kangmar dome: A metamorphic core complex in southem Xizang(Tibet). Science, 250: 1552~1556.

Coleman M, Hodges K. 1995. Evidence for Tibetan plateau uplift before 14 Myr age from a new minimum age for east-west extension. Nature, 374: 49~52.

Debon F, Le Fort P, Sheppard S M F, et al. 1986. The four plutonic belts of the Transhimalaya—Himalay: A chemical, mineralogical, isotopic, and chronological synthesis along a Tibet-Nepal section. Jour. Petrol., 27: 219~250.

Dèzes P J, Vannay J C, Steck A, et al. 1999. Synorogenic extension: Quantitative constraints on the age and displacement of the Zanskar shear zone(northwest Himalaya). Geological Society of America Bulletin, 111: 364~374.

Ding L, Kapp P, Wan X. 2005. Paleocene-Eocene record of ophiolite obductionand initial India-Asia collision, south central Tibet. Tectonics, 24: 1~18.

Dodson M H, McClelland-Brown E. 1985. Isotopic and palaeomagnetic evidence for rates of cooling, uplift and erosion. In: The Chronology of the Geological Record, 315~325.

Edwards M A, Kidd W S E, Li J, et al. 1999a. The Karo-La decollement, southern Tibet: A Himalayan extensional structure domed by emplacement of the last Miocene Kario-La Granite labs. In: Sobel E, Appel E, Strecker M, Ratschbacher L and Blisniuk P. eds. Terra Nostra 99/2, 14th Himalaya-Karakoram-Tibet Workshop, March 1999, Kloster Ettal Germany: Selbstverlag der Alfred-Wegener-Stiftung, abstract Volume. 39~40.

Edwards M A, Pêcher A, Kidd W S F, et al. 1999b. Southern Tibet detachment system at Khula Kangri, eastern Himalaya: A Large-Area, shallow detachment stretching into Bhutan? The Journal of Geology, 107: 623~631.

Fu J, Li G, Wang G, et al. 2016. First field identification of the Cuonadong dome in southern Tibet: Implications for EW extension of the North Himalayan gneiss dome. International Journal of Earth Science, 106(5): 1581~1596.

Gansser A. 1964. Geology of the Himalayas. London: Wiley Interscience, 1~289.

Guillot S, Le Fort P. 1995. Geochemical constraints on the bimodal origin of high Himalayan leucogranites. Lithos, 35(3~4): 221~234.

Guillot S, Hodges K, Le Fort P, et al. 1994. New constraints on the age of the Manaslu leucogranite: Evidence for episodic tectonic denudation in the central Himalayas. Geology, 22: 559~562.

Guillot S, Pecher A, Rochette P, et al. 1993. The emplacement of the Manaslu granite of Central Nepal: Field and magnetic susceptibility constraints. Geological Society, London, Special Publications, 74(1): 413~428.

Harrison T M, Armstrong R L, Naeser C W, et al. 1979. Geochronology and thermal history of the Coast Plutonic Complex, near Prince Rupert, British Columbia. Canadian Journal of Earth Sciences, 16: 400~410.

Harrison T M, Copeland P, Kidd W F, et al. 1995. Activation of the Nyainqentanghla Shear Zone: Implication uplift of the southem Tibetan Plateau. Tectonic, 14: 658~676.

Harrison T M, Grove M, Kevin D, et al. 1999. Origin and episodic emplacement of the Manaslu intrusive complex, Central Himalaya. Journal of Petrology, 40(1): 3~19.

Harrison T M, Lovera O M, Gmve M. 1997. New insights into the origin of two contrasting Himalayan granite belts. Geology, 25: 899~902.

Hauck M L, Nelson K D, Brown L D, et al. 1998. Crustal structure of the Himalayan orogen at approximately 90° east 1ongtitude from Project INDEPTH deep reflection profile. Tectonics, 17: 481~500.

Hodges K V. 2000. Tectonics of the Himalaya and southern Tibet from two perspectives. Geol. Soc. Amer. Bull., 112: 324~350.

Hodges K V, Parrish R, Housh T, et al. 1992. Simultaneous Miocene extension and shortening in the Himalayan orogen. Science, 258: 1466~1470.

Hodges K V, Parrish R R, Searle M P. 1996. Tectonic evolution of the central Annapurna Range, Nepalese Himalayas. Tectonics, 15(6): 1264~1291.

Hou Z Q, Zheng Y C, Zeng L S, et al. 2012. Eocene-Oligocene granitoids in southern Tibet: Constraints on crustal anatexis and tectonic evolution of the Himalayan orogen. Earth and Planetary Science Letters, 349~350: 38~52.

Hubbard M S, Harrison T M. 1989. $^{40}Ar/^{39}Ar$ constraints on deformation and metamorphism in the Main Central thrust zone and Tibetan Slab, eastern Nepal Himalaya. Tectonics, 8: 865~880.

Hurtado J M, Hodges K V, Whipple K X. 2001. Neotectonics of the Takkhola Graben and implications for recent activity on the South Tibetan Fault System in the centml Nepalese Himalaya. Geol. Soc. Amer. Bull., 113: 222~240.

Kellett D, Godin L, Kellet D A, et al. 2009. Pre-Miocene deformation of the Himalayan superstructure, Hidden valley, central Nepal. Journal of the Geological Society London, 166: 261~275.

Le Fort P. 1975. Himalayas: The collision range, present knowledge the continental arc. Amer. Jour. Sci., 275: 1~44.

Le Fort P. 1986. Metamorphism and magmatism during the Himalayan collision. In: Coward M P and Ries A C. eds. Collision Tectonics. Geo1. Soc. London Spec. Publication, 19: 159~172.

Le Fort P, Cuney M, Deniel C, et al. 1987. Crustal generation of Himalayan 1eucogranites. Tectonophysics 134: 39~57.

Lee J, Hacker B R, Dinklage W S, et al. 2000. Evolution of the Kangmar dome, southern Tibet: Structural, petrologic, and the geomochronologic constraints. Tectonics, 19: 872~895.

Lee J, Hacker B, Wang Y. 2004. Evolution of North Himalayan gneiss domes: structural and metamorphic studies in Mabja Dome, southern Tibet. Jour, Struct. Geol., 26: 2297~2316.

Lee J, McClelland W, Wang Y, et al. 2006. Oligocene-Miocene middle crustal flow in southern Tibet: Geochronology of Mabja Dome. Geological Society London Special Publications, 268: 445~469.

Lee J, Whitehouse M J. 2007. Onset of mid-crustal extensional flow in southern Tibet: Evidence from U/Pb zircon ages. Geology, 35: 45~48.

Li D W, Liu D M, Liao Q A, et al. 2003. Definition and significance of the Lhagoi Kangri metamorphic core complexes in Sa'gya, southern Tibet. Regional Geology of China, 22(5): 303~307(in Chinese with English abstract).

Lin B, Tang J X, Zheng W B, et al. 2016. Geochemical characteristics, age and genesis of Cuonadong leucogranite, Tibet. Acta Petrologica Sinica, 35(3): 391~406(in Chinese with English abstract).

Lister G S, Baldwin S L. 1996. Modelling the effect of arbitrary P-T-t histories on argon diffusion in minerals using the MacArgon program for the Apple Macintosh. Tectonophysics, 253: 83~109.

Liu G, Einsele G. 1994. Sedimentary history of the Tethyan basin in the Tibetan Himalayas. Geology Rundsch, 83: 32~61.

Liu X C, Wu F Y, Yu L J, et al. 2016. Emplacement age of leucogranite in the Kampa Dome, southern Tibet. Tectonophysics, 667: 163~175.

Liu Z C, Wu F Y, Ji W Q, et al. 2014. Petrogenesis of the Ramba leucogranite in the Tethyan Himalaya and constraints on the channel flow model. Lithos, 208: 118~136.

Ludwig K R. 2003. User's Manual for Isoplot 3.00-A Geochronological Toolkit for Microsoft Excel. Berkeley Geochronology Center Special Publish, 71.

Makovsky Y, Klemperer S L, Ratschbacher L, et al. 1999. Midcrustal reflector on INDEPTH wide-angle profiles: An ophiolite slab beneath the India-Asia suture in southem Tibet. Tectonics, 18: 793~808.

Maluski H, Matte P, Brunel M. 1988. $Ar^{39}-Ar^{40}$ dating of metamorphic and plutonic events in the North and High Himalaya belts(southern Tibet—China). Tectonics, 7: 299~326.

McDougall I, Harrison T M. 1999. Geochronology and thermochronology by the $^{40}Ar/^{39}Ar$ method. New York, Oxford University Press, 1~269.

Murphy M A, Harrison T M. 1999. Relationship between leucogranites and the Qomolangma detachment in the Rongbuk Valley, south Tibet. Geology, 27: 831~834.

Nelson K D, Wonman G, Samson S D. 1998. Yadong cmss structure and South Tibetan detachment in the east—centml Himalaya(89-90E). Tectonics, 17: 28~45.

Ortega-Rivera A, Farrar E, Hanes J A, et al. Chronological constraints on the thermal and tilting history of the Sierra San Pedro Mártir pluton, Baja California, México, from U/Pb, $^{40}Ar/^{39}Ar$, and fission-track geochronology. Geological Society of America Bulletin, 109: 728~745.

Pan Y, Kidd W S F. 1992. Nyainqentanghla shear zone, A late Miocene extensional detachment in the southem Tibetan Plateau. Geology, 20: 775~778.

Qi X X, Zeng L S, Meng X J, et al. 2008. Zircon SHRIMP U-Pb dating for Dala granite in the Tethyan Himalaya and its geological implication. Acta Petrologica Sinica, 24(7): 1501~1508(in Chinese with English abstract).

Quigley M C, Liangjun Y, Gregory C, et al. 2008. U-Pb SHRIMP zircon geochronology and T-t-d history of the Kampa Dome, southern Tibet. Tectonophysics, 446: 97~113.

Ratschbacher L, Frisch W, Liu G H. 1994. Distributed deformation in southem and westem Tibet during and after the India-Asia collision. Jour, Geophys, Res., 99: 19917~19945.

Scharer U, Xu R, Allegre C. 1986. U-(Th)-Pb systematics and ages of Himalayan leucogranite8, southem Tibet. Earth, planet, Sci, Lett., 77: 35~48.

Searle M P. 1983. Stratigraphy, structure and evolution of the Tibetan-Tethys zone in Zanskar and the Indus suture zone in the Ladakh Himalaya. Trans. R. Soc. Edinburgh Earth Sci., 73: 205~219.

Searle M P. 1995. The rise and fall of Tibet. Nature, 347: 17~18.

Searle M P, Rex A J. 1989. Thermal model for the Zanskar Himalaya. Journal of Metamorphic Geology, 7: 127~134.

Searle M P, Noble S R, Hurford A J, et al. 1999. Age of crustal melting, emplacement and exhumation history of the Shivling leucogranite, Garhwal Himalaya. Geological Magazine, 136: 513~525.

Searle M P, Parrish R R, Hodges K V, et al. 1997. Shisha Pangma leucogranite, south Tibetan Himalaya: Field relations, geochemistry, age, origin, and emplacement. The Journal of Geology, 105: 295~317.

Seeber L, Pecher A. 1998. Strain partitioning along the Himalayan arc and the Nanga Parbat antiform. Geology, 26: 791~794.

Steck A, Epard J L, Vannay J C, et al. 1998. Geological transect across the Tso Morari and Spilt areas: The nappe structures of the Tethys Himalaya. Eclogae Geologique Helvetiae, 91: 103~121.

Tapponnier P, Peltzer G, Armijo R. 1986. On the mechanics of the collision between India and Asia. Geological Society of London Special Publications, 19: 113~157.

Vidal P, Cocherie A, Le Fort P. 1982. Geochemical investigations of the origin of the Manaslu leucogranite(Himalaya, Nepal). Geochimica Et Cosmochimica Acta, 46(11): 2279~2292.

Viskupic K, Hodges K V, Bowring S A. 2005. Timescales of melt generation and the thermal evolution of the Himalayan metamorphic core, Everest region, eastern Nepal. Contributions to Mineralogy and Petrology, 149(1): 1~21.

Walker J D, Martin M W, Bowring S, et al. 1999. Metamorphism, Melting, and Extension: Age Constraints from the High Himalayan Slab of Southeast Zanskar and Northwest Lahaul. The Journal of Geology, 107(4): 473~495.

Wang X X, Zhang J J, Yan S Y, et al. 2016. Zircon U-Pb and Muscovite $^{40}Ar/^{39}Ar$ chronology of the Chongba leucogranites in south Tibet and its geological implications. Acta Petrologica Et Mineralogica, 35(2): 242~254(in Chinese with English abstract).

Wawrzenitz N, Krohe A. 1998. Exhumation and doming of the Thasos metamorphic core complex(S Rhodope, Greece): Structural and geochronological constraints. Tectonics, 285: 301~332.

Wu F Y, Liu Z C, Liu X C, et al. 2015. Himalayan leucogranite: Petrogenesis and implications to orogenesis and plateau uplift. Acta Petrologica Sinica, 31(1): 1~36(in Chinese with English abstract).

Wu Z H, Ye P S, Wu Z H, et al. 2014. LA-ICP-MS zircon U-Pb ages of tectonic-thermal events in the Yalaxiangbo dome of Tethys Himalayan belt. Geological Bulletin of China, 33(5): 595~605(in Chinese with English abstract).

Xu Z Q, Wang Q, Pêcher A, et al. 2013. Orogen-parallel ductile extension and extrusion of the greater Himalaya in the late Oligocene and Miocene. Tectonics, 32(2): 191~215.

Xu Z Q, Yang J S, Li H B, et al. 2011. On the tectonics of the India-Asia collision. Acta Geologica Sinica, 85(1): 1~33(in Chinese with English abstract).

Yin A. 2000. Mode of Cenozoic east-west extension in Tibet suggesting a common origin of rifts in Asia during the Indo-Asian collision. Journal of Geophysical Research:Solid Earth,105(B9):21745~21759.

Yin A. 2006. Cenozoic tectonic evolution of the Himalayan orogen as constrained byalong-strike variation of structural geometry, exhumation history, and foreland sedimentation. Earth-Science Review, 76: 1~131.

Yin A, Harrison T M. 2000. Geological evolution of the Himalayan-Tibetan Orogen. Annual Review of Earth and Planetary Sciences, 28: 211~280.

Yin A, Harrison T M, Murphy M A, et al. 1999a. Tertiary deformation history of southeastern and southwestern Tibet during the Indo-Asian collision. Geol. Soc. Amer. Bull., 111: 1644~1664.

Yin A, Kapp P A, Murphy M A, et al. 1999b. Significant late Neogene east-west extension in northem Tibet. Geology, 27: 787~790.

Zeng L S, Gao L E, Tang S, et al. 2014. Eocene magmatism in the Tethyan Himalaya, southern Tibet. Geological Society, London, Special Publications, 412(1): 287~316.

Zeng L S, Liu J, Gao L E, et al. 2009. Early Oligocene anatexis in the Yardoi gneiss dome, southern Tibet and geological implications. Chinese Science Bulletin, 54(1): 104~112.

Zhang J J, Guo L, Zhang B. 2007. Structure and kinematics of the Yalashangbo dome in the northern Himalayan dome belt, China. Chinese Journal of Geology, 42(1): 16~30(in Chinese with English abstract).

Zhang J J, Santosh M, Wang X, et al. 2012. Tectonics of the northern Himalaya since the India-Asia collision. Gondwana Research, 21(4): 939~960.

Zhang J J, Yang X Y, Qi G W, et al. 2011. Geochronology of the Malashan dome and its application in formation of the southern Tibet detachment system(STDS) and Northern Himalayan gneiss domes(NHGD). Acta Petrologica Sinica, 27(12): 3535~3544(in Chinese with English abstract).

Zhang J, Guo L, Liu S, et al. 2006. Structural and geochronological studies on the Xainza-Dinggye nrmal fault system and its relationship to south Tibetan Detachment system. Journal of Asian Earth Science(in printing).

第三篇

印度–亚洲大陆碰撞印记

第十章　印度-亚洲大陆碰撞的喜马拉雅沉积印记

大陆碰撞是板块构造学的核心内容之一。世界上许多大型山脉，如现今的喜马拉雅山、阿尔卑斯山、扎格罗斯山等，都是大陆碰撞的产物（Deway et al.，1970）。中国是由许多块体先后聚合形成的，大陆碰撞作用非常普遍，如华夏-扬子碰撞、华南-华北碰撞、拉萨-羌塘碰撞、印度-亚洲碰撞等。因此，研究大陆碰撞作用对深入理解我国的地质-构造演化具有特别重要的意义。

印度-亚洲大陆碰撞是显生宙地球上发生的最重要的大陆碰撞事件之一（Dewey et al.，1988；Yin et al.，2000），它形成了目前世界上最显著的地貌——青藏高原和喜马拉雅山脉，并导致了全球性的气候-环境变化（如亚洲季风、新生代全球变冷等；Raymo et al.，1992；An et al.，2001）。碰撞隆升所引起的环境灾害（如地震、滑坡等）至今仍然影响着青藏高原及周边广大地区。长期以来，印度-亚洲大陆碰撞一直是国内外地学界关注的焦点，也是许多重大科技计划、国际合作项目的核心内容。

印度-亚洲大陆初始碰撞是喜马拉雅造山作用的起点，它对理解大陆碰撞过程、青藏高原隆升的动力学机制、青藏高原陆内变形作用等具有至关重要的意义（吴福元等，2008）。近年来，在地层学、沉积学、古地磁学、岩浆岩石学、变质岩石学、构造地质学等多学科持续研究下，关于印度-亚洲大陆初始碰撞时间方面取得了许多重要的研究进展。但是，激烈的争论仍然存在，不同学者利用不同方法获得的初始碰撞时间差异很大（从 70 Ma 到 34 Ma 不等；Powell et al.，1973；Le Fort，1975；Patriat et al.，1984；Yin et al.，2000；Aitchison et al.，2000，2007；王成善等，2003；莫宣学等，2007；Garzanti，2008；黄宝春等，2010；Najman et al.，2010；van Hinsbergen et al.，2012；Zhang et al.，2012；Wu et al.，2014；DeCelles et al.，2014；Hu et al.，2012，2015，2016a，2016b；Zhuang et al.，2015；Ding et al.，2016；丁林等，2017；朱弟成等，2017；胡修棉等，2017），这直接影响着我们对青藏高原-喜马拉雅地质演化的深入认识。

从沉积作用出发研究板块构造作用的历史可以追溯到板块构造理论的诞生时期（McKenzie et al.，1967；Le Pichon，1968；Morgan，1968）。一些学者尝试性地通过研究沉积盆地、沉积物（岩）来探讨板块构造作用，取得了巨大成功，诞生了沉积大地构造学科（Dewey et al.，1970；Dickinson，1971，1974）。沉积大地构造（或称大地构造沉积学）以板块构造和沉积学的基本原理为其理论基础，探讨各类沉积盆地的大地构造背景、盆地的形成条件和机理以及盆地的发展演化史（柯保嘉，1992）。通过这些研究，建立不同大地构造背景与沉积作用的对应关系，来认识和理解地壳及岩石圈的演化特点和规律，指导人类经济活动。通过沉积作用来研究板块构造作用具有不可替代性，其重要原因在于沉积岩（物）保留了同期板块构造作用的过程，并且这种记录往往是连续且完整的。改革开放以来，我国学者也相继对沉积大地构造学科的发展做出了重要贡献（王鸿祯，1985；余光明等，1990；刘宝珺等，1994；李继亮等，1999；王成善等，2003）。

造山带沉积盆地是大陆动力学研究的重要方面，也是揭示板块构造作用和大陆增生作用的主要切入点（许志琴等，2008）。大陆造山带的原型盆地恢复是造山带研究的难点和前沿科学问题之一。沉积盆地完整地记录了板块边缘动力学过程和构造演化以及造山作用方式和时限（闫臻等，2018）。通过沉积盆地的深入研究，可以动态刻画造山带大陆动力学构造应力、地形地貌、岩石圈性质等要素的演化过程。

本章基于国内外最新研究成果和课题组十多年来在藏南地区（图 10-1）获得的地层学、沉积学资料，从物源变化和沉积盆地演化的角度对印度-亚洲大陆初始碰撞时间进行限定和讨论。基于在青藏高原造山带沉积盆地的研究实践，分别介绍了沉积盆地记录的大陆碰撞、后碰撞、高原垮塌等不同大陆演化阶段的动力学特征。

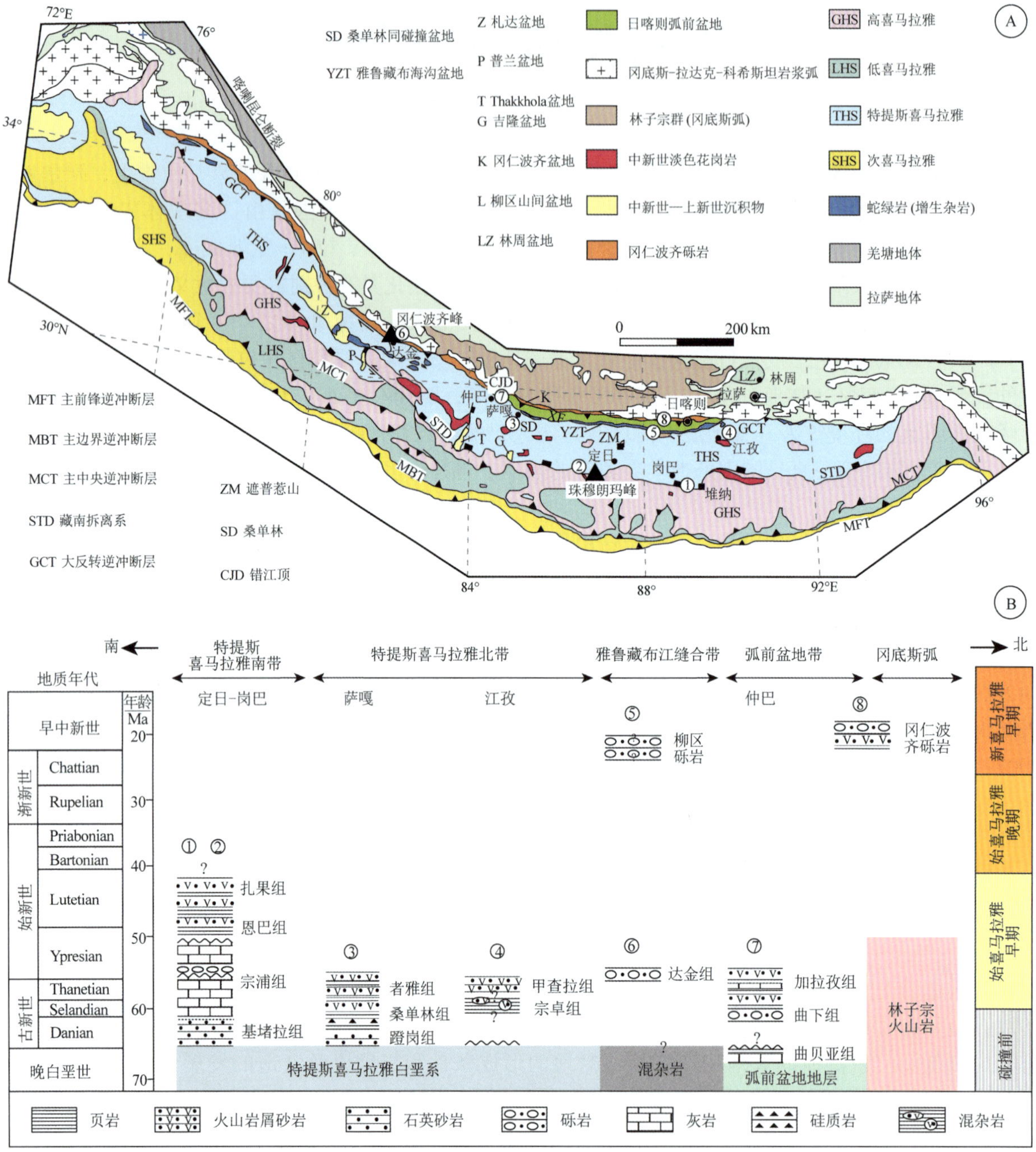

图 10-1　藏南地质简图（A）（修改自 DeCelles，2018b；胡修棉等，2021）和不同地体新生代地层-沉积对比图（B）（据胡修棉等，2017）

第一节　大陆初始碰撞的定义

印度-亚洲大陆初始碰撞时间的争论，在许多情况下是由于争辩双方对于“初始碰撞”的定义不同而造成的。因此，有必要对大陆初始碰撞的定义进行澄清。归纳起来，对于“初始碰撞时间”至少有 3 种定义被采用（图 10-2）：

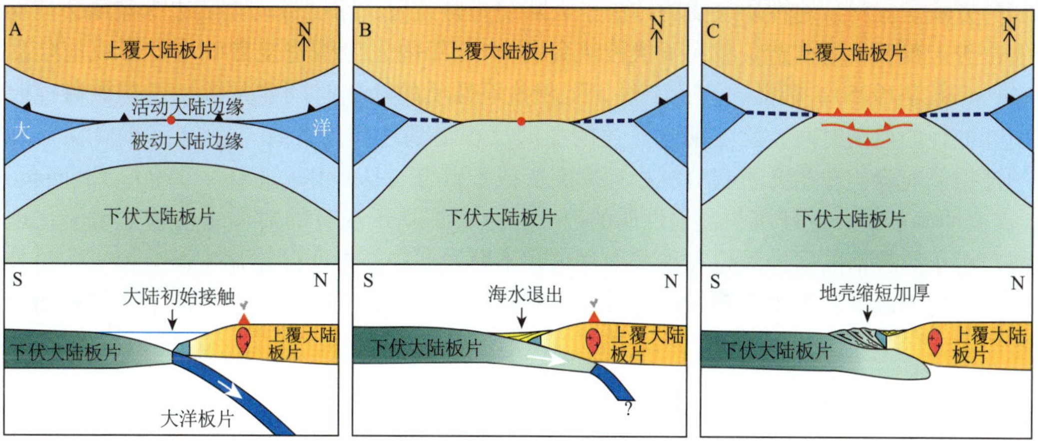

图 10-2　大陆初始碰撞时间的 3 种常用定义示意图

（据胡修棉等，2017）

A—以洋壳消失、俯冲板片的陆壳进入上覆活动大陆边缘海沟作为初始碰撞时间；B—以两个大陆之间海洋消失的时间作为初始碰撞的时间；C—以大陆之间发生强烈构造变形作用的时间作为初始碰撞的时间

1）大陆之间洋壳消失、陆壳与陆壳开始接触的时间（图 10-2A）。对于印度-亚洲大陆碰撞而言，也即印度大陆地壳到达亚洲南缘海沟位置的时间（Beck et al.，1995；Hu et al.，2012，2016b）。

2）大陆之间海洋消失的时间（图 10-2B），也即海相沉积的结束时间（常承法等，1973；Molnar et al.，1977；Searle et al.，1987；Rowley，1996；Aitchison et al.，2007）。

3）大陆之间发生强烈相互作用的时间（图 10-2C），表现为俯冲板块的大陆地壳发生明显的缩短加厚（Molnar et al.，1975）。这种定义认为只有在大陆之间发生强烈的构造变形作用之时才能称之为“碰撞”，而在此之前，在洋壳板片拖拽下的大陆俯冲只能称为“大陆接触”（Mascle et al.，2012），或者有学者称之为软碰撞（van Hinsbergen et al.，2012；丁林等，2017）。

可以看出，不同定义界定的初始碰撞时间明显不同，大陆之间洋壳消失的时间明显早于大陆之间残留海洋消失的时间，更早于俯冲板块地壳缩短加厚的时间。在明确了“初始碰撞时间”的不同定义之后，可以发现，对于印度-亚洲大陆初始碰撞时间的争论实际上并没有想象中的大。

在本书中，我们采用陆壳与陆壳开始接触（第一种定义，图 10-2A）作为初始碰撞。一方面，大陆相互接触，表明二者之间开始发生直接的相互作用，定义为大陆初始碰撞符合板块构造学的基本原理。另一方面，从大洋“俯冲”到大陆“碰撞”，这一定义将洋-陆作用与陆-陆作用明确区分开，简单明了，容易理解。对于海相地层消失、碰撞带地壳加厚和磨拉石的出现，将在“印度-亚洲大陆碰撞过程”一节中进行讨论。实际上，研究大陆初始碰撞时间的目的，就是为了重建印度-亚洲大陆碰撞的过程。如果明确了大陆碰撞的过程和演化，任何关于“大陆初始碰撞”的定义都能在其中找到对应的时间节点。

如果接受陆壳-陆壳接触作为初始碰撞，那么如何来精确约束这一时间呢？我们认为，沉积学方法可以用来精确约束初始碰撞时间。第一种方法是物源方法。印度-亚洲大陆初始碰撞后，印度大陆最边缘抵达活动大陆边缘的海沟位置，开始接受来自上覆亚洲板块的碎屑物质。因此，亚洲大陆碎屑物质最早到达印度大陆北缘的时间，可以精确约束大陆初始碰撞的时间。按照沉积物充填规律，源自亚洲大陆的沉积物将最早沉积到最先抵达海沟位置的印度大陆最北缘-特提斯喜马拉雅深水沉积（印度北缘大陆斜坡-陆隆，如萨嘎桑单林地区）；之后随着盆地不断充填，沉积体系不断向南进积，到达印度大陆北缘的浅海地区（如特提斯喜马拉雅南带的定日-岗巴地区），直至海水完全退出（胡修棉等，2017）。这就合理地解释了为什么特提斯喜马拉雅南带浅海地区（如定日-岗巴地区）物源区改变的时间要比深海地区（萨嘎-江孜地区）要晚得多。因此，在实际运用中，下伏板片浅水地区物源改变和海相结束的时间都仅仅约束的是初始碰撞的上限，比真正的实际碰撞时间可能要晚得多。

第二种方法是沉积盆地性质改变的方法。大陆初始碰撞后，印度被动大陆边缘盆地会向同碰撞盆地转变。由于上覆板块的构造负载，下伏板块会在10万年内发生构造挠曲响应，形成前陆盆地系统（Crampton et al.，1995）。因此，理论上讲，沉积盆地性质的转变时间非常接近于初始碰撞时间。确定周缘前陆盆地的启动时间，除了前文所述的亚洲沉积物到达印度北缘（前渊沉积启动）外，另一个可靠的证据是前隆构造抬升引起的沉积环境突变或不整合（DeCelles et al.，1996；Crampton et al.，1995）。需要明确的是，论证沉积盆地性质的改变，主要是基于现有的对周缘前陆盆地演化理论和模式的理解。由于周缘前陆盆地理论和模式本身也在不断发展中，在实际运用中需要慎重。另外，对沉积环境突变、物源改变和不整合界线等地质现象的解释，并不像通过物源改变限定大陆初始碰撞时间那样直接。

第二节　利用沉积记录精确限定大陆初始碰撞时间

一、利用碎屑物源变化限定初始碰撞时间

利用碎屑物源变化限定初始碰撞时间的关键是在下伏的印度大陆最北缘大陆地壳深水环境确定物源区从印度物源向亚洲物源转变的时间（胡修棉等，2017）。运用这一方法有两个难点：①寻找到记录物源区转变的连续深水地层剖面。由于碰撞带构造作用强烈，早期的沉积记录难以完整保存，连续的深水地层剖面通常难以找到；②准确限定物源区变化的时间。由于深水碎屑岩地层中化石稀少，地层沉积时间难以准确限定。通过近十年来中外学者孜孜不倦的调查和研究，利用碎屑物源变化限定初始碰撞时间在萨嘎地区和江孜地区取得了实质性进展，下面对这两个地区的工作进行系统介绍。

（一）萨嘎地区桑单林剖面

萨嘎地区桑单林剖面（图10-3）是迄今为止特提斯喜马拉雅北带深水环境保存最为完整、研究程度最高的记录物源变化的剖面。李红生（2000）首先报道了桑单林剖面可能存在始新世—中新世放射虫；丁林（2003）创建桑单林组和者雅组，分别指剖面下部的硅质岩-硅质页岩和上部的浊积岩，并报道了地层中发现的古新世放射虫化石组合。之后，桑单林剖面的研究价值得到重视，开展了深化研究，取得了许多重要进展。

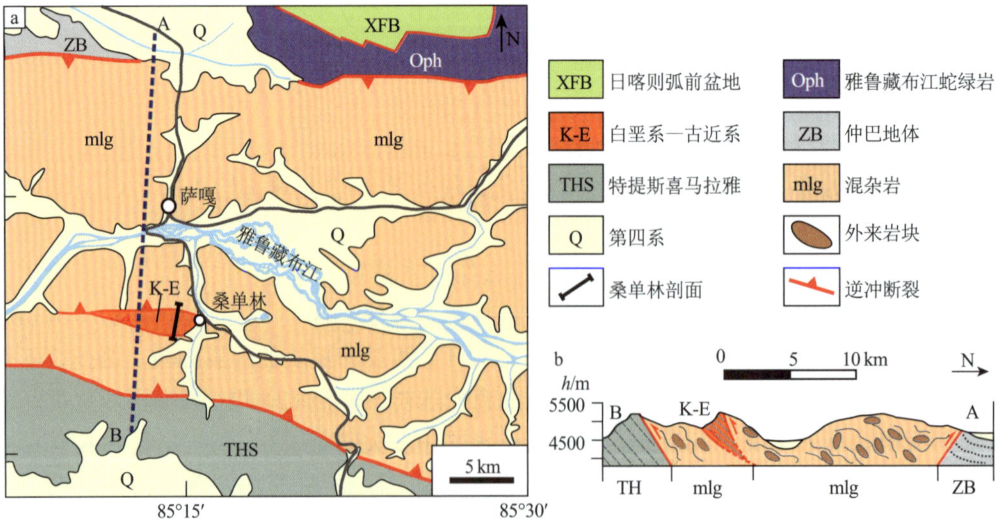

图10-3　萨嘎桑单林地区简化地质图和横穿桑单林剖面的横切剖面图

（据1∶25万萨嘎县幅地质图和我们野外的观察综合；引自Hu et al.，2016b）

1. 岩石地层

桑单林剖面自下而上可划分为3个岩石地层单元（图10-4a，图10-5）：蹬岗组、桑单林组和者雅组（丁林，2003；Ding et al.，2005；Wang et al.，2011；DeCelles et al.，2014），详细的地层柱状图见图10-5。

图10-4　桑单林剖面野外照片

（据胡修棉等，2017）

a—桑单林剖面远观图及标志层；b—第8层砂岩（蹬岗组）；c—第17层石英砂岩与第18层岩屑砂岩整合接触（桑单林组）；d—第26层含钙质超微化石的钙质页岩（者雅组）；e—第27层浊流沉积的岩屑砂岩（者雅组）；f—第30层中顺层分布的滑塌岩块（者雅组）；g—第47层中的凝灰岩夹层（者雅组）

蹬岗组（1~10层）由厚约105 m的浅黄色细粒-粗粒石英砂岩夹灰绿色（风化为浅黄色）粉砂岩和粉砂质页岩组成，在其顶部（第10层）出现厚约60 cm的绿色火山岩屑砂岩。桑单林组（第11~21层）整合沉积于蹬岗组之上，由厚约95 m的紫红色硅质页岩、硅质岩夹石英砂岩、岩屑砂岩

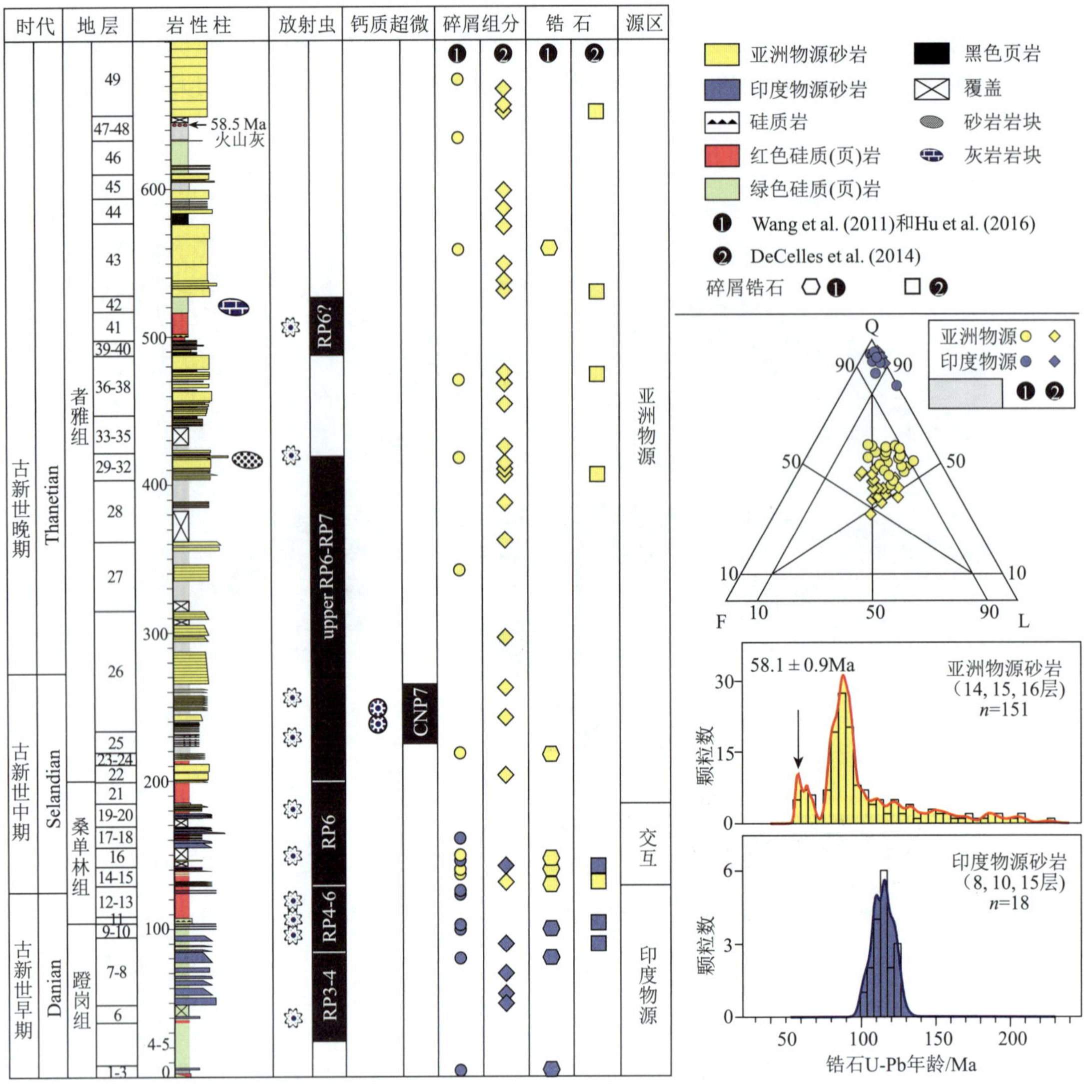

图 10-5　萨嘎桑单林剖面柱状图

（据 Hu et al.，2016b，修改）

显示地层分层、放射虫和钙质超微化石、碎屑组分和碎屑锆石的地层分布以及物源区变化，右下 QFL（Q—石英；K—长石；L—岩屑）和碎屑锆石图显示印度和亚洲物源的明显差异

组成。石英砂岩出现在第 13 层、16 层下部、17 层和 19 层，而岩屑砂岩出现在第 14~15 层、16 层上部、18 层和 22 层。石英砂岩和岩屑砂岩交互出现是桑单林组的独特特征（图 10-4c）。者雅组（22~49 层）整合于桑单林组之上，由厚度大于 500 m 的灰黑色粉砂质页岩、厚层-巨厚层灰绿色岩屑砂岩以及少量的杂色硅质岩组成。

需要说明的是，Wang et al.（2011）将蹬岗组和桑单林组的界线置于第 13 层、第 14 层之间，以亚洲物源的首次出现为标志；而 Ding et al.（2005）和 DeCelles et al.（2014）将其置于第 10/11 层界线之间，以硅质岩的首次出现为标志。为了方便野外识别和对比，本书统一采用后一种意见。

2. 沉积环境

蹬岗组中的砂岩单层厚度几厘米至几米不等，与上下页岩呈突变接触（图 10-4b）。沉积构造包括交错层理、平行层理、正粒序、槽模等。蹬岗组沉积环境被解释为印度北缘下斜坡，其中厚层砂岩为高密度浊流的产物（Wang et al.，2011；DeCelles et al.，2014）。桑单林组紫红色硅质岩、硅质页岩的出现说明古水深大于碳酸盐补偿深度（CCD 面）。桑单林组出现的岩屑砂岩多呈透镜状，与周围的页岩突变接触，具有滑动变形构造，据此推测桑单林组岩屑砂岩经历了广泛的同沉积滑塌变形。者雅组砂岩层中的沉积构造包括正粒序、槽模、沟模、滑塌构造等，主要为浊流沉积产物，背景主体为硅质页岩，沉积于深海环境（Wang et al.，2011；DeCelles et al.，2014）。者雅组上部的粉砂质页岩中常出现砾岩、砂岩、碳酸盐岩外来岩块，为滑塌沉积（图 10-4f）。

总体看来，桑单林剖面为一套深海浊流沉积，背景为深海硅质岩、硅质页岩。桑单林组硅质岩层的出现指示其沉积环境位于 CCD 面之下。

3. 碎屑物源变化

蹬岗组石英砂岩的石英含量超过 98%，磨圆度好，碎屑锆石 U-Pb 年龄主要为早古生代—前寒武纪。另外，在早白垩世（140~120 Ma）出现一个年龄峰，这些特征与特提斯喜马拉雅南带下白垩统古错组岩屑砂岩、古新统基堵拉组石英砂岩一致，表明其物源区为印度大陆北缘（Jadoul et al.，1998；Wang et al.，2011；Hu et al.，2012；Garzanti et al.，2015；J Li et al.，2015）。蹬岗组顶部（第 10 层）岩屑砂岩的岩屑为玄武岩，虽然目前对于这些岩屑的来源尚不清楚，但碎屑锆石年龄分布特征与石英砂岩一致，表明物源区亦为印度北缘(Wang et al.，2011；Garzanti et al.，2015)。桑单林组中石英砂岩的岩石特征和碎屑锆石年龄也表明其物源区为印度大陆（Wang et al.，2011；DeCelles et al.，2014）。

桑单林组和者雅组岩屑砂岩具有与下伏蹬岗组完全不同的岩石学特征，平均碎屑组成为 Qm：F：Lt=41：9：50（Wang et al.，2011）或 44：25：31（DeCelles et al.，2014）。大量的火山岩岩屑（主要为中酸性岩岩屑）和港湾状熔蚀的单晶石英，指示火山岩为主要物源（Wang et al.，2011）。砂岩中的锆石年龄主要分布在 196~180 Ma、125~80 Ma 和 70~54 Ma 三个区间（Wang et al.，2011；Wu et al.，2014；DeCelles et al.，2014），与冈底斯弧的三个主要岩浆活动期一致（Chu et al.，2006；Wen et al.，2008）。另外，这些中新生代碎屑锆石多具有正的 $\varepsilon_{\mathrm{Hf}}(t)$ 值（Wu et al.，2014；Hu et al.，2016b），与冈底斯岩浆锆石一致（Ji et al.，2009；Zhu et al.，2011）。这些证据充分表明，桑单林组和者雅组岩屑砂岩的物源区为亚洲大陆南缘的冈底斯岩浆弧（Wang et al.，2011；Wu et al.，2014；DeCelles et al.，2014；Hu et al.，2016b）。

物源分析结果表明，亚洲大陆的碎屑物质首次出现在第 14 层（Wang et al.，2011；Hu et al.，2016b），桑单林组中石英砂岩和岩屑砂岩交互出现（图 10-4c），表明沉积盆地在这一时期内可同时接受来自印度大陆和亚洲大陆的碎屑物质，其古地理位置被解释为初始碰撞时期的海沟（Hu et al.，2016b）。

另外，桑单林组和者雅组岩屑砂岩中存在大量的碎屑铬尖晶石，Ding et al.(2005) 最初认为这些铬尖晶石来自仰冲的雅鲁藏布江蛇绿岩。但最近的工作表明，元素地球化学组成相似的铬尖晶石在拉萨南缘同时代地层（加拉孜组，Hu et al.，2016a）以及日喀则弧前盆地地层（如昂仁组、帕达那组）也大量存在（Hu et al.，2014）。这表明桑单林组和者雅组中的碎屑铬尖晶石很可能与日喀则弧前盆地的铬尖晶石一样来自拉萨地体。如果事实如此的话，桑单林组和者雅组砂岩内的碎屑铬尖晶石就不能作为该时期雅鲁藏布江蛇绿岩仰冲的证据（Hu et al.，2014，2016a）。

4. 时代约束

（1）生物地层

Ding et al.(2005) 曾报道在蹬岗组（原文称宗卓组）灰岩夹层内发现晚白垩世马斯特里赫特期浮游有孔虫化石组合。然而，根据万晓樵等（2002）论述，灰岩样品采样位置为剖面顶部（参见原文献中插图 2），而不是剖面底部（蹬岗组位于底部）。由于缺乏采样位置的具体信息，加之后续工作中没有在蹬岗组内发现灰岩夹层，这一时代需要进一步验证。

桑单林组和者雅组硅质岩和硅质页岩中产丰富的放射虫，但其时代存在很大争议。丁林（2003）认为放射虫组合的时代为古近纪（RP1~RP7）；李亚林等（2007）在第 11 层发现 Campanian 期放射虫组合，在第 16 层发现早始新世放射虫组合；Chan（2006）在其 S4 层（相当于 11~12 层）内发现 RP5 放射虫，而在其 S5 层（相当于 31~32 层）和 S7 层（相当于 41 层）发现白垩纪中期放射虫组合，在第 29 层附近发现古新世 RP6~RP7 放射虫，因此他们认为桑单林剖面的地层存在多处构造重复。

最近，我们对桑单林剖面的放射虫重新开展了分析鉴定工作，由 Ted Moore 教授合作完成（Hu et al.，2015；图 10-5）。桑单林剖面硅质岩中放射虫化石丰度低，且保存不好。鉴定过程中发现，同一个样品中存在不同时代的化石种属。我们依据最年轻的标准带化石来确定样品的时代，而将老的化石（时代涵盖白垩纪—古近纪）解释为再沉积（Hu et al.，2015）。通常情况下，样品中再旋回的化石占据了一半以上，这可能是造成桑单林剖面放射虫时代争议的一个主要原因。新的放射虫研究结果获得以下几点新认识（Hu et al.，2015）：①蹬岗组第4~9层内放射虫时代为古新世RP3~RP4；②桑单林组（第11~20层）硅质岩和硅质页岩中的放射虫时代为古新世RP4~RP6；③者雅组下部（第25和32层）放射虫化石带可能延伸到古新世RP7；④者雅组中部的红色硅质岩（第41层）与桑单林组中下部硅质岩具有类似的放射虫组合，其时代可能是RP6。如果这个结论可靠的话，意味着在桑单林组和者雅组之间存在部分地层重复。目前在第41层发现的放射虫组合属于RP6，其特征与桑单林组下部化石组合相似（Hu et al.，2015）。然而，二者岩石地层差异明显。因此，桑单林剖面中具体有没有地层的重复（或缺失），还需要进一步野外工作和年代学工作确认。

另外，我们在者雅组底部（第26层，图10-4d）发现了钙质超微化石，由Isabella Raffi鉴定（Hu et al.，2015）。钙质超微化石丰度也很低，但样品中并没有出现再沉积的钙质超微化石。化石清楚地指示其时代为钙质超微带CNP7（*Fasciculithus ulii* 带底部到 *Heliolithus cantabriae* 带底部）（Hu et al.，2015），大致相当于59.93~58.27 Ma（Agnini et al.，2014）。

（2）年代地层

Wang et al.（2011）根据最年轻碎屑锆石年龄认为桑单林组的时代可能为早始新世（<55 Ma），而者雅组上部时代可达中始新世早期（<49 Ma）；但从14~16层获得的新的碎屑锆石数据表明最年轻的峰值为58.1±0.9 Ma（Hu et al.，2015），与Wu et al.（2014）、DeCelles et al.（2014）报道的结果（59~60 Ma）一致，且与生物地层吻合，可能更接近于地层年龄。

DeCelles et al.（2014）在者雅组顶部（第48层；图10-4g）发现了一层凝灰岩，并采用LA-MC-ICP MS对其中的锆石进行了U-Pb测试，其中38颗年轻锆石的加权平均年龄为58.5±0.6 Ma（2σ），为地层时代提供了直接约束。但该层位在亚洲碎屑物质首次出现（第14层）之上500多米。考虑到沉积速率的原因，亚洲物源首次出现应该更早一些。

5. 通过桑单林剖面限定印度-亚洲初始碰撞时间需要讨论的几个问题

（1）桑单林剖面是正常的地层还是混杂岩？

从区域构造来看，桑单林剖面紧邻雅鲁藏布江缝合带，位于泥砂质混杂岩带之中。剖面顶（北）部与混杂岩断层接触，位于向南逆冲断裂的下盘；底（南）部被第四系覆盖，但更南侧仍为混杂岩。因此桑单林剖面是否属于正常地层需要进一步澄清。

我们的实测剖面和野外观察以及DeCelles et al.（2014）详细的地层学和沉积学工作表明，桑单林剖面是一套有序的地层。主要证据包括：①桑单林剖面为一套单斜地层，从下至上产状相对稳定；②岩层产出稳定，侧向上可以追索，没有混杂变形的现象（图10-4b，图10-4e）；③剖面内部存在一些小型的褶皱和断层，但仔细的野外观察发现，它们并未改变地层基本序列；④桑单林剖面部分层位具有外来岩块，但这些含外来岩块的层位位于正常地层之间，表明其为同沉积的滑塌岩块（图10-4f），而非构造混杂岩。

因此，桑单林剖面虽然位于混杂岩之中，但整体可视为一个构造岩片（图10-3），岩片内部层序清晰，无混杂现象。特别是桑单林组中石英砂岩和岩屑砂岩互层的现象非常清楚，完全可以作为研究印度-亚洲大陆碰撞的代表剖面。

（2）桑单林剖面的基底是陆壳还是洋壳？

桑单林剖面是否沉积于印度大陆地壳之上是其能否用来限定初始碰撞时间的关键，因为如果这套地层的基底是洋壳，那么岩屑砂岩的沉积就不能代表亚洲碎屑物质到达印度北缘，就不能用来限定大陆初始碰撞时间（DeCelles et al.，2014）。

以下几点证据表明桑单林剖面极有可能沉积于印度陆壳之上：①蹬岗组的物源区为印度北缘，其中厚层状粗粒砂岩的出现指示浊积扇的中上扇位置，沉积物未经历太长距离的海底搬运，应沉积于印度大陆北缘的斜坡-陆隆环境；②桑单林组内来自印度的石英砂岩和来自亚洲的岩屑砂岩交互出现，表明该时期盆地同时接受来自两侧大陆的浊流沉积，只能是初始碰撞后的海沟环境；③剖面中没有任何洋壳存在的证据，唯一可能与洋壳有关的沉积是桑单林组下部的硅质岩和硅质页岩，但这些硅质岩和硅质页岩与上下浊积岩整合接触，不可能沉积于洋壳之上。退一步讲，即使桑单林剖面的基底是洋壳，也是紧邻大陆的洋壳或过渡壳（Sciunnach et al.，2012）。

（3）桑单林剖面物源变化限定印度-亚洲大陆初始碰撞时间的准确性

桑单林剖面所记录的物源变化能否准确约束印度-亚洲大陆的初始碰撞时间取决于两点：一是桑单林剖面古地理位置距离印度大陆最北缘的距离；二是印度-亚洲大陆的汇聚速率。被动大陆边缘浊积扇如果连接巨大的大陆河流体系（如现今密西西比河、尼罗河、刚果河等；Savoye et al.，2009），可以抵达大洋几百千米之外；如果更远距离的搬运，其物源来自活动造山带才可能（如印度河、恒河-布拉马普特拉河；Curray et al.，2003）。蹬岗组沉积于印度大陆北缘的大陆斜坡-陆隆位置，接近于印度大陆北部边缘。另外，在古新世（约 60 Ma）时期，印度向北的漂移速率为 150±50 mm/a（Copley et al.，2010；van Hinsbergen et al.，2011）。据此估算，亚洲来源碎屑物质的最初沉积时间与印度-亚洲大陆初始碰撞时间之间的差异不会超过 1 Ma。因此，根据放射虫化石（RP6）、钙质超微化石（CNP7）和碎屑锆石最年轻年龄峰（58.1±0.9 Ma）所限定的物源变化时间（Hu et al.，2015）能够准确限定印度-亚洲大陆初始碰撞的时间，这一时间为 59±1 Ma。

（二）江孜地区

在同属于特提斯喜马拉雅北带的江孜地区，大陆碰撞前地层包括维美组、日朗组、甲不拉组和床得组，沉积于印度大陆北缘的斜坡-陆隆位置（王成善等，2000；Li et al.，2005；Hu et al.，2008）。宗卓组被认为是江孜地区最早接受亚洲物源的地质单元（魏玉帅等，2006；蔡福龙等，2008；Cai et al.，2011；孙高远等，2011；Wu et al.，2014），其原因在于宗卓组含有大量的岩屑砂岩岩块。岩屑砂岩被解释为亚洲物源的主要证据有：①岩屑砂岩中含有大量的安山质-流纹质岩屑（魏玉帅等，2006；蔡福龙等，2008）；②岩屑砂岩碎屑锆石 U-Pb 年龄和 Hf 同位素等显示与日喀则弧前盆地非常类似的年龄峰和 Hf 同位素组成（Cai et al.，2011；孙高远等，2011；Wu et al.，2014）。宗卓组的出现大体将印度-亚洲大陆初始碰撞时间限定在古近纪。利用宗卓组限定印度-亚洲初始碰撞时间，还需要对以下几个问题进行澄清和讨论。

1）宗卓组与特提斯喜马拉雅地层的接触关系：地质填图表明宗卓组与特提斯喜马拉雅地层（甲不拉组、桑秀组或维美组）直接接触。但在大部分地区，接触关系为断层，沉积接触仅在少数剖面（如江孜床得剖面；李祥辉等，1999）有报道。如果要利用宗卓组限定初始碰撞时间，必须准确厘定它与特提斯喜马拉雅地层的接触关系。

2）宗卓组的沉积方式：宗卓组不是一套正常沉积的地层，而是一套混杂岩，关于其形成方式是构造混杂还是沉积混杂还存在很多争议（吴浩若等，1982；陈国铭等，1984；高延林和汤耀庆，1984；余光明等，1984；Liu et al.，1996；孙高远等，2011）。如果宗卓组是同沉积滑塌堆积，则可以用于限定印度-亚洲大陆初始碰撞时间；如果是构造混杂岩则不能。因此，对于宗卓组的沉积方式也有必要进一步澄清。

3）宗卓组的时代：宗卓组是混杂岩，其时代难以确定。严格来讲，仅当宗卓组是沉积混杂岩时，其基质的时代方能代表其沉积时间。宗卓组的时代只能通过下伏地层时代和岩块时代大致推测。李祥辉等（1999）和王成善等（2000）等根据宗卓组位于床得组大洋红层之上，而大洋红层的时代为 Santonian-Campanian 早中期（Wan et al.，2005），推测宗卓组的时代为晚白垩世 Campanian 晚期之后；宗卓组的岩块中发现了多门类的化石，时代跨越晚侏罗世、早白垩世、晚白垩世和古新世（吴浩若等，1982；Liu et al.，2002）。李红生（2000）、Liu et al.（2002）等在硅质灰岩块中发现了晚白垩世—晚古新世的放射虫化石，认为沉积时限可能延续到晚古新世。

目前，利用宗卓混杂岩限定印度-亚洲大陆初始碰撞的时间已有一些尝试（Cai et al.，2011；Wu

et al., 2014)，但由于上述问题未得到合理解决，相关的研究工作仍需深入开展。

二、通过沉积盆地性质改变限定初始碰撞时间

该方法的核心是判别同碰撞周缘前陆盆地的启动。在下伏印度大陆板片，前缘隆起（前隆）的出现被用来指示喜马拉雅前陆盆地的启动（Stockmal et al., 1986; Garzanti et al., 1987; Singh, 2003)。上覆板片角度不整合的出现也被用来探讨盆地性质的变化（Ding et al., 2005)。

（一）印度北缘定日-岗巴地区

现今喜马拉雅周缘前陆盆地前渊的宽度大体为250 km，盆地模拟显示初始碰撞时期欠充填周缘盆地前渊宽度为200~250 km（DeCelles et al., 2004)。现今定日-岗巴古近系距离缝合带70~80 km，而特提斯喜马拉雅平均缩短率约为67%（Ratschbacher et al., 1994)，据此可以估算，在印度-亚洲大陆碰撞初期，定日-岗巴地区到海沟的距离大概为210~240 km，与当时前陆盆地前渊的宽度相当。因此，许多学者推测，印度-亚洲大陆初始碰撞时期，定日-岗巴地区位于周缘前陆盆地前隆位置附近（DeCelles et al., 2004, 2014; 丁林等，2009)。

根据物源分析结果，定日-岗巴地区始新统恩巴组已接受亚洲大陆碎屑物质（Najman et al., 2010; Hu et al., 2012; J Li et al., 2015)，说明该地区已经演化为周缘前陆盆地的前渊沉积区（Hu et al., 2012; Zhang et al., 2012)。可以推测，印度-亚洲大陆初始碰撞时期的前隆沉积记录应该保存在恩巴组之下的地层中。通过对定日-岗巴地区上白垩统—始新统详细的地层学和沉积学研究，在恩巴组之下发现3处沉积环境突变和不整合界线，为潜在的前隆位置，下面分别予以论述。

1. 宗浦组与恩巴组界线

宗浦组与恩巴组界线（49~50 Ma）在定日-岗巴地区普遍表现为碳酸盐台地的淹没，界线附近出现铁锰氧化物，指示沉积间断。上覆恩巴组底部古水深明显变大（Hu et al., 2012; J Li et al., 2015)。宗浦组与恩巴组界线处的沉积环境变化与前隆构造抬升导致古水深变浅的趋势相反，因而不能作为前隆出现的沉积响应。

2. 宗浦组内古新世—始新世界线

岗巴地区古新世—始新世界线附近出现一套由碳酸盐岩砾石组成的砾岩层（Zhang et al., 2012; J Li et al., 2015)。砾岩中的砾石不仅包括下伏地层的碳酸盐岩，还有地层中时代缺失的、不整合时期的碳酸盐岩（J Li et al., 2015)。因此，这套砾岩记录了地层侵蚀所形成的平行不整合。最近我们在定日遮普热山地区、亚东堆纳地区，也在相当层位发现了类似的碳酸盐岩砾石层，显示这一地层界线在区域上广性泛存在。碳酸盐岩微相分析表明，砾岩之下的古新统碳酸盐岩地层沉积于开放碳酸盐中缓坡环境，而砾岩之上的始新统碳酸盐岩沉积于局限潟湖环境（J Li et al., 2015)。这表明在界线处发生了明显海退事件，很可能反映了区域构造抬升。

一些学者认为定日-岗巴地区在古新世—始新世界线附近（约56 Ma）出现的这套碳酸盐岩砾岩，记录了印度-亚洲大陆初始碰撞后，前隆隆起导致地貌抬升而形成的不整合（Zhang et al., 2012; J Li et al., 2015)。之后随着前隆向南迁移，这些地区逐步沉降，发育始新统碳酸盐岩缓坡沉积，直到恩巴组亚洲大陆碎屑物质到达，前渊沉积作用开始。

3. 基堵拉组与宗浦组界线

Hu et al. (2012）基于定日地区宗浦组整体为碳酸盐岩缓坡，可能代表前隆迁移之后的盆地沉降，提出宗浦组碳酸盐岩与基堵拉组石英砂岩之间的岩相突变（约62 Ma）可能代表初始碰撞的地层响应。我们最近的野外调查发现，基堵拉组与宗浦组之间为整合接触（Hu et al., 2016b)，由碎屑滨岸沉积过渡为潟湖相碳酸盐沉积，没有明显的沉积环境、古水深的变化，也缺乏不整合标志。因此，这一界线作为前隆出现的可能性也不大。

这里需要特别指出的是，前隆发育与否是识别定日-岗巴地区大陆初始碰撞的地层记录的理论基

础。如果初始碰撞后周缘前陆盆地确实存在前隆隆起，并逐渐向克拉通方向迁移，那么定日-岗巴地区最可能的地层界线为古新世—始新世界线；如果不存在前隆隆起，那么利用这种方法来约束初始碰撞时间就存在问题，这有待于今后进一步研究。

（二）亚洲南缘仲巴-达金地区

亚洲大陆南缘上白垩统—古近系完整保存于仲巴县错江顶地区，包括上白垩统帕达那组、曲贝亚组、古近系曲下组、加拉孜组（刘成杰等，1988）。由于这套地层记录了日喀则弧前盆地消亡和印度-亚洲板块初始碰撞等重要地质信息，长期受到关注（刘成杰等，1988；万晓樵等，2002；贾建称等，2005；Ding et al.，2005；Hu et al.，2016a）。王成善等（2003）最先将错江顶群（曲下组与加拉孜组）与印度-亚洲大陆碰撞联系起来，将其解释为碰撞型三角洲沉积。Ding et al.（2005）识别出上白垩统曲贝亚组与古新统曲下组之间的不整合，并将其作为印度-亚洲大陆的初始碰撞或新特提斯洋壳仰冲的证据。Orme et al.（2015）对萨嘎罗波峰地区白垩纪—古近纪弧前盆地地层进行调查，发现了海相地层之上出现河流相地层，并认为与印度-亚洲大陆碰撞有关；Hu et al.（2016a）对错江顶地区上白垩统—古近系进行了详细的剖面实测和野外沉积学观察，在此基础上，系统开展了底栖大有孔虫生物地层、沉积岩石学、沉积相分析、物源区分析研究工作。结合前人的资料，对这套地层获得以下认识（Hu et al.，2016a）：

1）底栖大有孔虫分析表明，曲贝亚组的时代为 Maastrichtian 晚期，而加拉孜组的时代为古新世 Selandian 晚期至 Thanetian 晚期（底栖大有孔虫带 SBZ3-SBZ5，58.7~55.98 Ma）。考虑到曲下组为扇三角洲快速堆积，且沉积厚度不大，认为曲贝亚组和曲下组之间存在 7~8 Ma 的地层缺失。

2）帕达那组碎屑组分以石英岩屑砂岩，火山岩岩屑为主，曲下组砂岩中石英和长石含量增加，而加拉孜组则为长石岩屑石英砂岩（按 Garzanti，2016 成分分类）。砂岩碎屑组分由“未切割岩浆弧”向“切割弧”的演化（Dickinson，1985），反映了古新世晚期冈底斯弧快速的剥露作用。

3）仲巴地区帕达那组、曲下组和加拉孜组中均发现了大量的碎屑铬尖晶石，其元素地球化学组成类似于昂仁组的碎屑铬尖晶石，不同于雅鲁藏布江蛇绿岩的铬尖晶石。结合古地理位置和岩石的物源区特征，错江顶地区上白垩统—古近系碎屑铬尖晶石来自拉萨地体而并非雅鲁藏布江蛇绿岩套。因此，铬尖晶石研究不支持雅鲁藏布江蛇绿岩在该时期发生了仰冲作用。

综合地层学和物源分析资料，曲贝亚组和之上曲下组之间的不整合很可能是印度-亚洲大陆的初始碰撞引起的（Hu et al.，2016a）。如果这一认识成立，印度-亚洲大陆初始碰撞的时间应早于 58 Ma，但不会早于 65 Ma。初始碰撞发生后，亚洲南缘可能发生隆升和快速剥露作用，导致错江顶地区曲贝亚组和曲下组碎屑组分发生变化（Hu et al.，2016a）。这里需要特别指出的是：许多弧前盆地研究表明，大洋俯冲阶段也可能发生区域的抬升，导致沉积环境突变和不整合的产生（Ando et al.，2005）。今后的工作需要对曲贝亚组和曲下组之间的接触关系进行更详细的工作。

另外，在冈仁波齐地区出露一套浅海粗碎屑岩地层——达金组，其沉积时代为始新世最早期（约 54 Ma）（闫臻等，2005）。地层中包含大量再旋回的沉积岩岩屑，碎屑锆石年龄和 Hf 同位素指示这些碎屑的最初源区为冈底斯。基于此，将达金组解释为前陆盆地楔顶沉积物，碎屑物质可能来自早期的弧前盆地地层（Wang et al.，2015）。如果这一解释得到确认的话，大陆初始碰撞时间将发生在达金组沉积之前（>54 Ma）。

三、喜马拉雅造山带沉积盆地与大陆动力学

喜马拉雅造山带是印度板块与亚洲板块拼贴的产物，完整地记录了新特提斯洋俯冲、印度-亚洲大陆碰撞以及后碰撞造山带垮塌等一系列过程，是研究造山带大陆动力学的“天然实验室”，其所属的一系列盆地也是全球尺度内研究程度相对较高的区域，因此对该造山带沉积盆地的详细剖析对理解沉积盆地与大陆动力学之间的联系有重要意义（表 10-1）。

表 10-1　喜马拉雅造山带大陆碰撞相关的沉积盆地的基本特征

盆地类型与名称		分布特征	形状	时代	顶底界面	沉积环境	物源	构造沉降	基底	相邻地体
被动陆缘盆地	印度北缘被动大陆边缘盆地	平行于缝合带走向分布	宽长形	（?）奥陶纪—古近纪	（?）奥陶系角度不整合为底界；宗浦组顶部不整合为顶界	南带浅海环境，北带侏罗纪—白垩纪为深水环境	印度北缘泛非造山带和板内火山作用	构造沉降曲线平缓、延伸长、斜率小，沉降速率向上呈指数衰减	印度大陆陆壳	北侧是雅鲁藏布江缝合带，南侧为藏南拆离体系分隔的高喜马拉雅带
大洋俯冲相关盆地	日喀则弧前盆地	平行于缝合带走向分布	狭长形	白垩纪—古近纪	底界为冲堆组，顶界为曲贝亚组	深海-半深海→陆棚-三角洲、河流	冈底斯弧和中拉萨地体	由下向上，沉降速率先加快后减慢	洋壳	北侧与冈底斯弧相邻，南侧与雅鲁藏布江蛇绿岩带相邻
	雅鲁藏布海沟盆地	平行于缝合带走向分布	狭长形	晚白垩世	顶底界由于构造作用不明	深水海底扇	冈底斯弧和中拉萨地体	—	基底不明，推测为洋壳	南侧为特提斯喜马拉雅被动陆缘沉积，北侧为俯冲杂岩和雅鲁藏布江蛇绿岩
	林周弧后-弧背叠合盆地	平行于缝合带走向分布	狭长形	晚侏罗世—晚白垩世	底界不明；顶界为设兴组与林子宗群角度不整合	河流-沿岸平原→河流	早期北拉萨，晚期冈底斯弧	由下向上，沉降速率先加快后减慢	冈底斯弧	南侧为冈底斯岩浆弧，北侧为北拉萨地体
同碰撞沉积盆地	桑单林同碰撞海沟盆地	平行于缝合带走向分布	狭长形	古近纪	底界为桑单林组亚洲物源砂岩层开始出现，顶界不明	深海-半深海-浅海-三角洲	冈底斯弧和中拉萨地体	—	印度被动陆缘远端	南侧为特提斯喜马拉雅，北侧为俯冲杂岩和日喀则弧前盆地
后碰撞沉积盆地	冈仁波齐伸展盆地	平行于缝合带走向分布	狭长形	渐新世末期—早中新世	底界为冈仁波齐砾岩与冈底斯弧非整合，顶界冲断不明	曲流河、湖泊-辫状河	冈底斯弧、日喀则弧前盆地、蛇绿岩以及增生楔	—	冈底斯弧或雅鲁藏布江缝合带	北侧与冈底斯弧相邻，南侧与日喀则弧前盆地或雅鲁藏布江缝合带相邻
	柳区山间盆地	平行于缝合带走向分布	狭长形	早中新世	底界为蛇绿岩套，顶界不明	冲积扇-辫状河	雅鲁藏布江缝合带和特提斯喜马拉雅	—	雅鲁藏布江缝合带	北侧为雅鲁藏布江缝合带蛇绿岩，南侧为蛇绿岩、俯冲杂岩、特提斯喜马拉雅
造山带裂谷盆地	札达-吉隆盆地	垂直于缝合带走向分布	狭长形	晚中新世—更新世	前中新世喜马拉雅地体为基底，顶界多为第四系	冲积扇-辫状河、湖泊	物源复杂，来自周围临近的地体	—	相邻地体作为基底	高喜马拉雅、低喜马拉雅、特提斯喜马拉雅、雅鲁藏布江缝合带、冈底斯弧

（据胡修棉等，2021）

第三节　新特提斯洋南缘：印度北缘被动大陆边缘盆地

印度北缘被动大陆边缘盆地位于特提斯喜马拉雅带，从印度西北的赞斯卡地区，一直延伸到中国西藏地区，东西向延伸近1500 km，其北侧边界是雅鲁藏布江缝合带，南侧边界为藏南拆离体系分隔的高喜马拉雅带（Gansser，1964）。特提斯喜马拉雅的基底为前奥陶系碎屑岩、碳酸盐岩。关于特提斯喜马拉雅何时变为被动大陆边缘盆地缺乏统一的认识，一些学者把整个特提斯喜马拉雅作为一个沉积盆地，把底界放到奥陶系与盆地基底的不整合界线处（Garzanti et al.，1986）。如果事实确实如此，这个盆地存在的寿命超过4亿年，是一个超级长寿的沉积盆地。也有一些学者认为只有冈瓦纳大陆中生代时期才是被动大陆边缘盆地（Liu et al.，1994；Willems et al.，1996；Jadoul et al.，1998；Garzanti，1999）。另外一个令人迷惑不解的问题是：长期以来有些学者认为拉萨或者羌塘地体是从印度北缘分裂的，然而在现今特提斯喜马拉雅地体内，至今没有发现明显的裂谷阶段的沉积记录，这需要进一步深入研究。

特提斯喜马拉雅古生代整体为浅水环境沉积，多分布在南带，发育典型的冈瓦纳大陆属性的舌羊齿（*Glossopteris*）植物群、冷水动物群以及晚石炭世冰碛岩（Sun，1993；Jin，2002）。中生代时期，特提斯喜马拉雅显示“南浅、北深”的古地理格局。在特提斯喜马拉雅南带，早侏罗世早期以潟湖-障壁岛沉积的细粒石英砂岩和陆源碎屑岩-碳酸盐岩混合沉积为特征，早侏罗世中期发育灰白色中-厚层生物碎屑灰岩，为碳酸盐岩台地沉积（Han et al.，2016）；早侏罗世晚期—中侏罗世，主要发育深灰色薄层泥灰岩、粒泥灰岩夹鲕粒泥粒灰岩、颗粒灰岩，局部见细粒陆源石英碎屑，为碳酸盐岩缓坡沉积（Han et al.，2016）。中侏罗世主要为暗红色、黄褐色铁质鲕粒砂岩夹黄绿色页岩、灰色钙质页岩，形成于外陆棚环境（Jadoul et al.，1998）；晚侏罗世为黑色、黄绿色含碳酸盐岩质或磷质结核的页岩、粉砂质页岩、粉砂岩夹砂岩，形成于浅水陆棚环境（Jadoul et al.，1998）。早白垩世，南带早期以出现石英砂岩、晚期出现火山岩屑砂岩为特征（Hu et al.，2010）；早白垩世末期—晚白垩世，以广泛发育远洋-半远洋碳酸盐沉积为特征（Willems et al.，1996）。白垩纪晚期—古新世早期，在特提斯喜马拉雅南带出现海水变浅、再旋回石英砂岩广泛发育为标志（Garzanti et al.，2015b），之后富含底栖大有孔虫的碳酸盐岩缓坡一直持续到始新世早期。

特提斯喜马拉雅北带自侏罗纪开始就出现深水相泥质岩夹砂岩地层，偶含火山岩。早侏罗世早期发育泥质粉砂岩、硅质岩、页岩夹玄武岩，为深水盆地沉积（余光明等，1990）。早侏罗世晚期—中侏罗世以灰色、深灰色泥晶灰岩、生物碎屑灰岩以及泥质粉砂岩、页岩为主，为浅海陆棚-碳酸盐岩台地混合沉积（余光明等，1990）。中侏罗世为泥质粉砂岩、粉砂质泥岩夹砂岩、灰岩、玄武岩、火山碎屑岩和硅质岩，形成于浅海陆棚环境（Huet al.，2008）。晚侏罗世—早白垩世早期以石英砂岩与灰黑色页岩互层为特征，为深海下斜坡沉积环境（Hu et al.，2008）。早白垩世晚期主要发育灰黑色页岩夹火山岩屑砂岩，形成于深海斜坡环境。早白垩世—晚白垩世Coniacian期，以深灰色页岩含硅质、钙质页岩、粉砂岩、灰岩为特征，沉积环境为深海斜坡下部-深海盆地（Hu et al.，2008）。晚白垩世主要为紫红色、褐红色泥灰岩、硅质岩、灰岩，为大洋红层沉积，形成于深水盆地环境（Hu et al.，2005）。盆地物源区为印度克拉通北缘的泛非造山带，受早白垩世大陆裂解火山作用和白垩纪末德干大火成岩省的影响。侏罗纪—白垩纪，印度北缘被动大陆边缘盆地构造沉降曲线比较平缓、延伸长、斜率小，沉降速率呈指数衰减，反映盆地以稳定沉降为主（Garzanti et al.，2015）。

第四节　新特提斯洋北缘：大洋俯冲相关沉积盆地

一、日喀则弧前盆地

中生代新特提斯洋向拉萨地体的北向俯冲导致拉萨地体南缘形成日喀则弧前盆地，分布于雅鲁藏布江缝合带中部，东西向延伸约550 km，代表了新特提斯洋俯冲体系的主要可容纳空间，主要接受来自冈底斯岩浆弧和拉萨地体的碎屑物（Einsele et al.，1994；Dürr，1996；Wang et al.，1999）。日喀则弧前盆地的基底是雅鲁藏布江蛇绿岩的玄武岩单元（An et al.，2014；Wang et al.，2017），由下向上依次沉积了白垩纪深水环境的冲堆组、昂仁组和浅海-海陆过渡环境的帕达那组、曲贝亚组（刘成杰等，1988；尹集祥等，1988；Wang et al.，1999），印度-亚洲大陆初始碰撞后继续沉积古近纪曲下组和加拉孜组（Wang et al.，2012；Hu et al.，2016a）。详细的物源分析表明，日喀则弧前盆地的沉积环境及充填历史伴随着新特提斯洋的俯冲而不断演化（An et al.，2014）。冲堆组下段/桑祖岗组沉积时期（120~113 Ma），盆地南北两侧分别沉积了深水硅质岩及浅水碳酸盐岩，缺少陆源碎屑物质输入；冲堆组上段-昂仁组沉积时期（Albian 晚期—Santonian 晚期，113~88 Ma），盆地内广泛发育深水浊流沉积，接受大量陆源碎屑物质，其间物源区不断从冈底斯岩浆弧向北扩展至中拉萨地体；帕达那组沉积时期（Santonian 晚期—Campanian 期，88~70 Ma），盆地充填基本完成，发育陆棚-三角洲-河流相沉积，碎屑物质来自冈底斯岩浆弧及中拉萨地体；而曲贝亚组沉积时（Maastrichtian 期，70~65 Ma），盆地局部发育内陆棚环境，缺少陆源碎屑物质输入。从冲堆组到帕达那组，弧前盆地显示出不断充填、水深逐渐变浅的趋势，Maastrichtian 期由于海平面变化或构造事件导致盆地局部水深加深至浅海环境。而物源的变化则指示了冈底斯岩浆弧及中拉萨地体作为俯冲上盘随着大洋俯冲进行不断抬升-剥蚀的过程，但是白垩纪日喀则弧前盆地主体岩屑物质仍然以火山岩端元为主，为未切割的大陆弧提供主要火山物质（An et al.，2014）。仲巴地区古近纪加拉孜组沉积时期开始出现相对高含量的石英组分，物源分析表明没有新的源区加入，因此很可能代表着冈底斯弧在该时期存在明显的剥露作用，导致大陆弧侵入岩出露地表。

日喀则弧前盆地的发育历史清楚地表明在亚洲大陆南缘存在成熟的“沟-弧-盆”大洋俯冲体系，类似现今东太平洋大陆边缘。令人迷惑不解的是，日喀则弧前盆地和美国西海岸 Great Valley Basin 一样，是发育于洋壳基底之上的弧前盆地。然而洋壳基底上发育弧前盆地的案例在现今大洋普遍缺乏。基底的洋壳玄武岩端元是位于大陆边缘圈捕的洋壳（Einsele et al.，1994）或者新生弧前拉张的洋壳（Dai et al.，2013）还存在很大的争论。类似于日喀则弧前盆地，在雅鲁藏布江缝合带西侧拉达克地区也发育一个 Indus 弧前盆地（Garzanti et al.，1988），今后有必要做进一步对比研究。

二、雅鲁藏布海沟盆地

海沟盆地是俯冲体系的重要沉积储库，记录了上覆板块的剥蚀过程和古地理、古水系演化等信息。近年来在雅鲁藏布江缝合带中段的江孜-萨嘎地区成功识别出多套晚白垩世早期（92~81 Ma）新特提斯洋俯冲海沟盆地，包括甲查拉组、荣马瓦组、罗岗错组（Hu et al.，2020；An et al.，2017；Fu et al.，2018；Metcalf et al.，2019）。通过与日喀则弧前盆地同时代的地层和物源对比，发现东部的甲查拉组、中部荣马瓦组出现拉萨河流域内特征的三叠纪岩浆岩源区，指示拉萨河很可能在晚白垩世就存在（Laskowski et al.，2019）；西部的罗岗错组与其毗邻的日喀则弧前盆地具有相同的源区，指示了沉积物不同的搬运路径（An et al.，2017）。90~80 Ma 雅鲁藏布海沟盆地的出现，一种解释是当时新特提斯洋汇聚速率的突然减少，但现有的古地磁数据并不支持这种可能性（van Hinsbergen et al.，2011；Gibbons et al.，2015）；另一种可能性是源区拉萨地体（包括冈底斯弧和中拉萨）提供了丰富的碎屑物质，尤其是冈底斯东部地区为甲查拉组、荣马瓦组海沟提供物源。低温热年代学数据也表明，日喀则弧前盆地南缘在约 90 Ma 左右出现一次快速冷却事件（Li et al.，2017）。需要特别提及的是，最近大量研究表明，北拉萨地区早在约 90 Ma 很可能就率先隆起（Sun et al.，2017；Lai et al.，2019），可能向南提供碎屑物质，并越过尚没有隆起的冈底斯弧进入到新特提斯洋的海沟盆地中。萨嘎-江孜之间海沟盆地的发现，连同含有大量与海沟盆地类似的砂岩物质的修康俯冲增生杂岩一起，共同说明在雅鲁藏布江缝合带中部发育了小型的增生杂岩（An et al.，2017；Metcalf et al.，2019）。在仲巴以西的阿里地区和仁布以东地区，雅鲁藏布江缝合带缺乏类似的俯冲杂岩、海沟盆地的记录，也没有出现大规模的弧前盆地。在西部取而代之的是出现仲巴地体的古生代—三叠纪变质沉积岩，可能代表一个独立的亲印度北缘的微陆块；在东部则表现为朗杰学地体（深水浊积岩体系）与冈底斯弧的断裂系，间或出现蛇绿岩套物质。这些地质事实表明，白垩纪新特提斯洋在仲巴以西、仁布以东地区主体为侵蚀型的活动大陆边缘，沉积物质堆积的速率小于俯冲消减的速率，因而海沟盆地处于饥饿状态，沉积物得不到保存。

三、林周弧后-弧背叠合盆地

林周盆地位于拉萨市以北堆龙-林周县一带，为一东西向延伸的狭长盆地，其南北两侧分别与冈底斯岩浆弧和北拉萨古生界—下中生界呈断层接触。盆地的基底由于覆盖而不清楚。盆地中出露最老的地层为中-上侏罗统叶巴组火山岩，上侏罗统和下白垩统发育浅海相-陆相碳酸盐岩和碎屑岩沉积。早期的地层在晚白垩世时期发生南北向挤压变形，并在古近纪早期被林子宗火山岩覆盖（He et al.，2007）。

林周盆地的白垩系包括楚木龙组、塔克那组和设兴组。根据塔克那组的大型底栖有孔虫和碎屑岩中最年轻的碎屑锆石年龄，楚木龙组、塔克那组和设兴组的沉积时代被分别约束为140~124 Ma、124~119 Ma和119~90 Ma（BouDagher-Fadel et al.，2017；Wang et al.，2020）。楚木龙组（约500 m）为一套陆相-滨岸相陆源碎屑岩沉积，其顶部发育海侵序列，逐步过渡为滨岸-内陆棚过渡带细砂岩、砂质灰岩和黑色页岩。塔克那组整合沉积于楚木龙组之上，主体由灰黑色、灰色钙质泥岩、泥灰岩和生物碎屑灰岩、砂质灰岩组成，沉积于潟湖环境；其上部转变为灰绿色-紫红色洪泛泥质岩沉积。设兴组沉积于塔克那组之上，以巨厚层砂岩的出现为标志。设兴组主体为一套紫红色陆相碎屑岩沉积，根据内部的岩相变化，地层可被划分为四个岩性段，即下部河流相砂泥岩段、中部海岸平原相泥岩-泥灰岩段、上部河流相砂泥岩段和顶部辫状河相粗碎屑岩段（Leier，2007a，2007b；Wang et al.，2020）。

构造沉降分析显示，林周盆地白垩纪沉积可划分为四个沉降阶段，包括楚木龙组慢速稳定沉降阶段（约40 m/Ma）、塔克那组—设兴组中部快速沉降（约350 m/Ma）、设兴组上部中速沉降（约170 m/Ma）和设兴组顶部构造抬升。物源分析显示，楚木龙组和设兴组中下部的碎屑沉积源自北拉萨的古生代沉积岩和近同时代的火山岩；设兴组上部碎屑岩主要源自冈底斯，少量源自北拉萨；而设兴组顶部碎屑主要再旋回自北拉萨，仅少量为冈底斯火山碎屑（Wang et al.，2020）。

基于地层、沉积、物源和沉降历史资料的综合分析发现，林周盆地被认为记录了拉萨活动大陆边缘由早白垩世伸展向晚白垩世安第斯型造山（挤压）的构造转变（Wang et al.，2020）。楚木龙组顶部的海侵、塔克那组和设兴组中下部的快速沉降和沉积作用记录了区域拉张作用；设兴组上部地层记录了伸展作用结束后的热沉降；设兴组顶部的沉积相变和粗碎屑岩沉积标志着区域挤压作用的开始，之后，拉萨活动陆缘进入安第斯型造山阶段，林周盆地沉积作用结束。

林周盆地所记录的构造转换过程在拉萨地体中西部也有记录。则弄群火山岩、多尼组火山碎屑岩对应于主伸展期；郎山灰岩对应伸展后热沉降期；而达雄组、竟柱山组等陆相砾岩的沉积代表安第斯型造山作用（挤压构造）的开始，其时间大概为92 Ma（Sun et al.，2015；Lai et al.，2019）。

四、桑单林同碰撞沉积盆地

印度-亚洲大陆初始碰撞时间被精确限定在59±1 Ma，主要证据来自萨嘎地区桑单林剖面（Hu et al.，2015）。剖面下部碰撞之前的深水沉积被称之为蹬岗组，被认为属于印度大陆北缘斜坡-盆地过渡沉积，以硅质页岩夹薄-厚层石英砂岩为特征，硅质页岩代表盆地相，石英砂岩代表浊流沉积，物源来自沉积区南侧的印度大陆（Wang et al.，2011；Hu et al.，2015）。蹬岗组之上，出现来自印度来源的石英砂岩和来自亚洲来源的岩屑砂岩交互沉积的现象（桑单林组），这被解释为初始碰撞事件的产物，沉积环境也被限定为同碰撞时期的海沟盆地（Hu et al.，2015）。随后单向的亚洲物源占据了该同碰撞海沟盆地（者雅组），一直持续到者雅组结束。详细的物源数据表明，桑单林组上部和者雅组沉积时期，物质来源与仲巴地区同时期曲下组和加拉孜组一样，来自紧邻的北侧的冈底斯岩浆弧和中拉萨地体，推测水系以垂直海沟的纵向搬运为主（Wang et al.，2011；DeCelles et al.，2014；Wu et al.，2014；Hu et al.，2015）。需要指出的是，桑单林组和者雅组也有学者认为是周缘前陆盆地的前渊沉积（丁林，2003；DeCelles et al.，2014，2018b）。根据前陆盆地的定义，褶皱逆冲带构造的发育是其必备条件，导致下伏板片岩石圈挠曲形成楔形的沉积盆地（Beaumont，1981；DeCelles et al.，1996）。在没有足够证据表明桑单林组和者雅组沉积时期（古新世中晚期）雅鲁藏布造山带发育同期褶皱逆冲带构造之前，我们认为采用构造地理位置原则将其命名为同碰撞海沟盆地更贴切。

在特提斯喜马拉雅定日遮普热山、岗巴宗山和亚东县堆纳地区，始新世底栖大有孔虫灰岩（宗浦组）之上出现一套碎屑岩系，由下部灰绿色页岩夹砂岩的恩巴组和紫红色页岩夹少量砂岩的扎果组组成（李祥辉等，2000；Wang et al.，2002）。恩巴组与下伏宗浦组呈低角度不整合接触，界线处见硬底构造，代表着宗浦碳酸盐岩缓坡的淹没。恩巴组为前三角洲-三角洲前缘环境，扎果组沉积环境主体为三角洲平原。时代很可能延续到45 Ma之后。与基堵拉组砂岩组成差异明显，恩巴和扎果组砂岩组成与桑单林组-者雅组、加拉孜组等类似，含有丰富的中酸性火山岩屑，碎屑组分、碎屑锆石U-Pb年龄和Hf同位素组成显示物源来自亚洲冈底斯弧和中部拉萨。恩巴组—扎果组沉积时期，喜马拉雅山系尚未形成，GCT也没有发育，冈底斯山脉的碎屑物质直接越过雅鲁藏布江缝合带被搬运到特提斯喜马拉雅定日-岗巴-堆纳地区；类似现今的波斯湾地区，通过大陆水系搬运的方式持续接受来自遥远伊朗高原的碎屑物质。

这一阶段的沉积盆地记录保留下来的露头太少，使得对这个阶段沉积盆地演化和大陆动力学的研究有待进一步深入。此外，印度-亚洲同碰撞沉积盆地还存在一些重要问题没有解决，比如海相地层最后消失的确切时代。从现有的资料来看，定日地区海相地层的时代消失的比岗巴地区早，而最晚消失的是堆纳地区，显示出从西向东的穿时退出的特征，这仍需要进一步深入开展生物地层和年代地层的工作。

第五节　喜马拉雅后碰撞沉积盆地

一、冈仁波齐伸展盆地

沿冈底斯岩基南麓分布着一套粗碎屑岩沉积，西起冈仁波齐地区甚至印度河流域（Indus Group可能为冈仁波齐砾岩的相当沉积），东至东构造结附近，延伸超过1300 km。这套地层曾被赋予许多区域性的名称，如秋乌组、大竹卡组、恰布林组、大竹卡砾岩、罗布莎砾岩、冈底斯砾岩等（Aitchison et al.，2002）。在1∶25万地质图中，这套地层被统一定义为大竹卡组；而在许多英文文献中，它被称为冈仁波齐砾岩（Gangrinboche Conglomerate或Kailas Formation）（Aitchison et al.，2002；DeCelles et al.，2011）。

冈仁波齐砾岩常在其北侧与冈底斯岩基及相关的火山岩呈不整合沉积接触，而在南侧位于大反转断裂下盘，与日喀则弧前盆地或俯冲杂岩呈断层接触。由于后期构造破坏严重且遭受不同程度的剥蚀，冈仁波齐砾岩的整体厚度很难确定。在一些地区，其保存的厚度可达2 km（DeCelles et al.，2011；Wang et al.，2013；Leary et al.，2016a）。根据地层中火山灰的锆石年龄以及砂岩中碎屑锆石的最年轻年龄，约束冈仁波齐砾岩的沉积时代为渐新世末期—早中新世（26~18 Ma；Aitchison et al.，2002；DeCelles et al.，2011）。并且，自西向东有整体变年轻的趋势（Leary et al.，2016a）。

尽管冈仁波齐砾岩的岩相沿走向并不完全一致，且由于保存条件的差异以及缺少标志性地层，难以有效地进行区域对比，但根据目前的资料看，冈仁波齐砾岩在垂向上存在系统的演化规律。冈仁波齐砾岩下部发育河湖相沉积（以冈仁波齐地区保存最好），其碎屑物完全来自冈底斯；而上部发育河流相（曲流河-辫状河）沉积，碎屑物质同时来自盆地两侧（北侧冈底斯和南侧日喀则弧前盆地、蛇绿岩以及俯冲杂岩），且南侧物质的比重随时间逐渐增加（DeCelles et al.，2011；Wang et al.，2013；Li et al.，2017）。

冈仁波齐盆地的形成被解释为俯冲的印度板片发生反转、撕裂和断离的结果（DeCelles et al.，2011；Leary et al.，2016a）。在渐新世末期，俯冲到亚洲大陆之下的印度板片发生反转，倾角变陡，引起冈底斯南缘发生短暂的伸展作用，导致了冈仁波齐盆地的形成，部分伸展程度较大的地区甚至出现了巨厚的湖相沉积（DeCelles et al.，2018a）。这一时期，沉积物几乎全来自伸展作用的下盘——冈底斯弧。紧接着，印度板片发生了断离作用，印度和亚洲大陆之间发生“硬碰撞”，导致一系列逆冲断裂的发育和喜马拉雅山脉的全面隆升。因此，南侧的源区开始为冈仁波齐盆地提供碎屑物质。由于印度板片的断离在东西方向上存在差异，导致冈仁波齐砾岩的沉积具有穿时性。随着挤压作用的持续，大部分的冈仁波齐砾岩被卷入大反转断裂的下盘，上地壳在南北向发生了强烈的缩短。

值得注意的是，冈仁波齐砾岩上部的河流相地层沉积于喜马拉雅山脉和冈底斯山脉之间，很可能是雅鲁藏布江最早期的沉积记录。根据初步的古水流测量，冈仁波齐砾岩上部的古水流方向主体向西，与现今水流方向相反。现代雅鲁藏布江的形成应可能更晚，并且发生了流向的反转（Wang et al.，2013）。

二、柳区山间盆地

柳区砾岩主要分布在日喀则地区拉孜至白朗一带，常与雅鲁藏布江蛇绿岩相伴出现，但据 1：25 万区调报道，它在更西部地区也有零星分布。野外构造关系分析显示，柳区砾岩常与南北两侧的地质体呈断层接触关系，仅在少数地点不整合于硅质岩或蛇绿岩之上（Leary et al.，2016b）。在柳区砾岩北侧，日喀则蛇绿岩逆冲其上；而在南侧，逆冲断层上盘包括蛇绿岩、俯冲杂岩和特提斯喜马拉雅沉积岩。柳区砾岩的沉积时代长期存在争议，早期根据地层中发现的植物化石和孢粉化石，认为沉积时代为晚始新世到渐新世（Fang et al.，2006；Wei Lijie et al.，2011），但最近的锆石裂变径迹年龄分析和野外构造关系解析表明，其沉积时代很可能为早中新世，时代比冈仁波齐砾岩略晚（18~16 Ma；Li et al.，2015；Leary et al.，2016b）。

柳区砾岩整体为一套紫红色粗碎屑岩，主要沉积于冲积扇和辫状河环境，显示近源快速堆积的特征（Davis et al.，2002）。由于构造破坏，柳区砾岩的沉积厚度无法恢复，但根据剖面测量，其最大保存厚度可达 2 km。柳区砾岩的砾石成分十分复杂，包括基性岩、超基性岩、硅质岩、岩屑砂岩、石英砂岩、板岩等。物源分析显示，柳区砾岩中同时包含了源自印度、亚洲陆缘和缝合带的碎屑物质（Wang et al.，2010）。

由于柳区砾岩的沉积时代存在争议，它的沉积模式亦未有统一认识。但毫无疑问，柳区砾岩的沉积与印度-亚洲大陆碰撞之后沿雅鲁藏布江缝合带的构造抬升有关（Wang et al.，2010）。Leary et al.（2016b）根据柳区砾岩的沉积特征、主体向北-西北的古水流方向以及物源分析结果提出，柳区砾岩的沉积很可能与早中新世的大反转断裂构造有关，其碎屑物质来源于沉积区南侧的雅鲁藏布俯冲杂岩。

三、札达-吉隆裂谷盆地

藏南地区中新世以来发育一系列走向南北的裂谷系，这些裂谷切穿了雅鲁藏布江缝合带和喜马拉雅造山带，伴随着这些地堑的诞生，发育了一系列裂谷盆地。这些盆地属喜马拉雅造山带最年轻的一批沉积盆地，出露和保存也相对完整。相比较而言，札达盆地、普兰盆地、吉隆盆地和 Thakkhola 盆地研究资料较多。札达盆地充填了厚度>800 m 的陆相沉积，主要由砂岩、粉砂岩、湖相泥灰岩和砾岩，序列上呈现出由粗变细，再变粗的“三明治”结构（Saylor et al.，2009，2010），开始于约 9.2 Ma 并延续到<1 Ma（Saylor et al.，2009，2010）。普兰盆地沉积了厚度>500 m 向上变粗的砂-砾岩沉积，属于冲积扇-辫状河沉积体系，沉积时代约束在 8.7~6.8 Ma（Murphy et al.，2002）。Thakkhola 盆地由约 240 m 厚的 Tetang 组和约 800 m 厚的 Thakkhola 组构成，主要由巨砾岩、砂岩、灰岩、粉砂岩构成，为冲积扇-辫状河沉积体系（Garzione et al.，2003）。沉积开始于 11 Ma，并延续至约 7 Ma 之后（Garzione et al.，2003）。吉隆盆地由约 240 m 厚的旦增珠康组砾岩、约 400 m 厚的沃马组砂岩与砾岩和厚约 32 m 的贡巴组粗砾岩共同组成，由冲积扇演化成湖泊沉积，最后又变为冲积扇沉积环境（Xu et al.，2012），时代约束在约 10.8 Ma 至>1.7 Ma 期间（Xu et al.，2012）。

这些裂谷盆地的出现，不仅可作为造山带垮塌的重要证据；而且由于裂谷盆地这种有利地形助推了冰川和河流的发育以及对造山带的进一步侵蚀与破坏，例如札达盆地中的 Sutlej 河、普兰盆地内的 Maja 河、Thakkhola 盆地中的 Kali Gandaki 河、吉隆盆地内 Trisuli 河的源头段等。此外，造山带相关的信息和物质也大量保存在这些裂谷盆地之中，例如喜马拉雅造山带隆升的古海拔变化过程，甚至一度比现今海拔还高等关键信息就保存在 Thakkhola 盆地和札达盆地的沉积物中（Garzione et al.，2000；Saylor et al.，2009；Huntington et al.，2015）。古水流、砂岩组分等物源分析显示，以上四个新生代裂陷

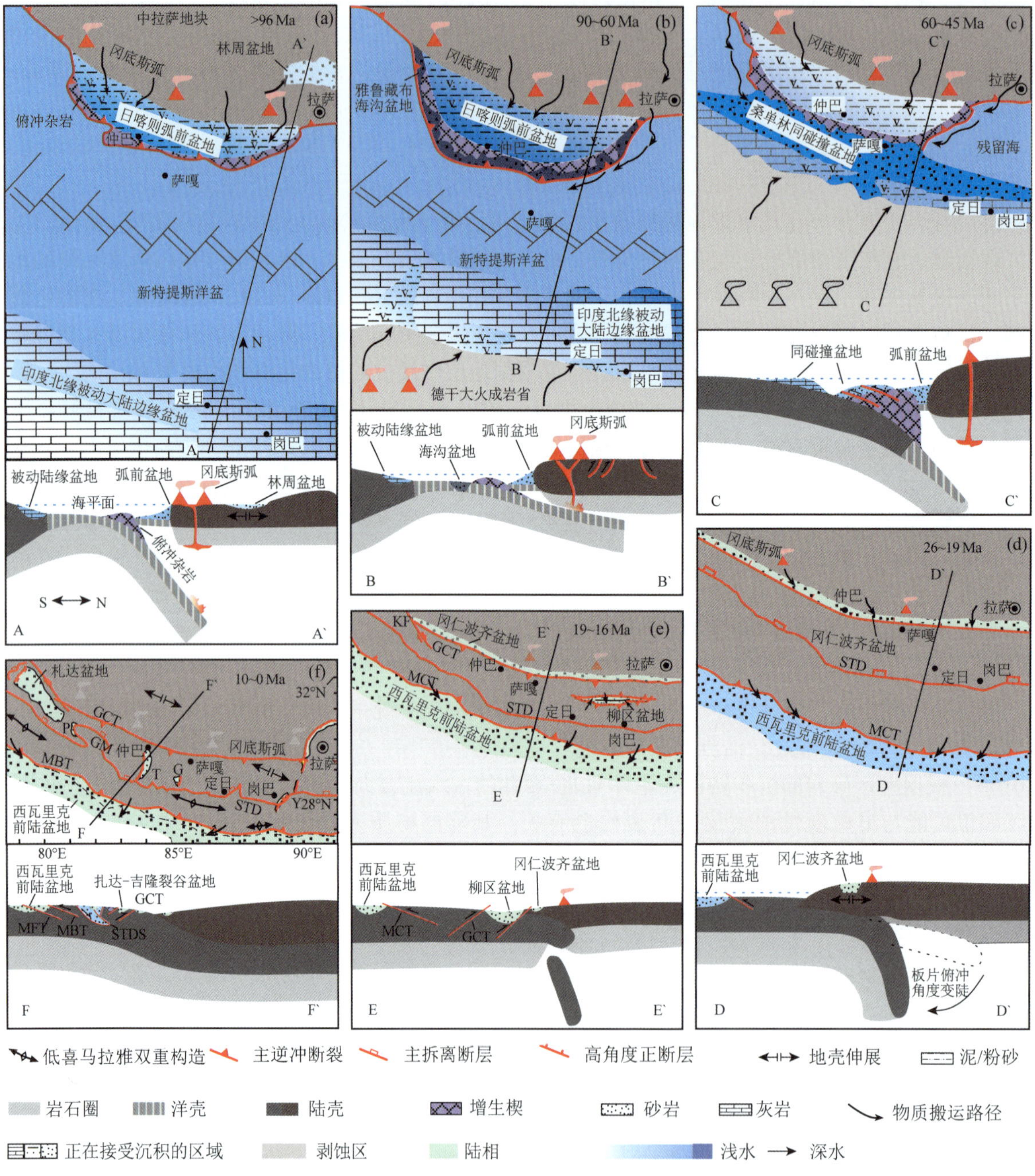

图 10-6　西藏南部晚中生代—新生代以来基于沉积盆地反演的喜马拉雅造山过程

（据 DeCelles et al.，2018b；胡修棉等，2021，有修改）

MCT—主中央逆冲断层；STD—藏南拆离系；MFT—主前锋逆冲断层；GM—纳木那尼核杂岩；MBT—主边界逆冲断层；GCT—大反转逆冲断层；KF—喀喇昆仑断裂；P—普兰盆地；T—Thakkhola 盆地；Y—亚东盆地；G—吉隆盆地

盆地中的沉积物均来自周边喜马拉雅造山带、冈底斯弧、特提斯喜马拉雅、雅鲁藏布江缝合带等构造带的物质再旋回（Murphy et al.，2002；Garzione et al.，2003；Saylor et al.，2010；Xu et al.，2012）。

第六节 喜马拉雅造山带沉积盆地演化与大陆动力学

沉积盆地包含了构造应力、运动学和古环境信息，对于重建所在大陆内部的造山带应力状态具有重要意义（Sundell et al.，2013；DeCelles et al.，2018b）。图 10-6 展示基于沉积盆地反演的喜马拉雅造山带演化过程。

白垩纪—古新世中期，新特提斯洋向北发生俯冲，仅在日喀则弧前盆地的前缘发育小型的增生杂岩，而在西侧阿里地区和东侧山南地区很可能为侵蚀性的活动大陆边缘（图 10-6a）。90～80 Ma 在中部发育海沟盆地，同时发育穿越冈底斯弧的古拉萨河，把碎屑物质搬运到雅鲁藏布海沟盆地（图 10-6b）。约 60 Ma 印度-亚洲大陆发生初始碰撞，桑单林同碰撞沉积盆地持续到始新世中期（约 60～45 Ma），日喀则弧前盆地与桑单林同碰撞沉积盆地共存（图 10-6c）。印度大陆北缘在特提斯洋壳的拖拽下发生俯冲，印度大陆北缘通过刮削进入修康增生杂岩。该时期沉积盆地继承了大洋俯冲阶段的应力，主体为南北向挤压为主。随着特提斯洋壳板片断离的发生，40～30 Ma 进入印度大陆俯冲阶段，喜马拉雅造山带及其周围普遍缺乏沉积记录。

渐新世—中新世时期（图 10-6d），很可能由于俯冲的印度大陆板片发生俯冲角度的变陡，使得平行于雅鲁藏布江缝合带发育拉张型的冈仁波齐盆地，沉积了冈仁波齐砾岩（DeCelles et al.，2011，2018a；Leary et al.，2016a）。冈仁波齐盆地温暖潮湿的古环境表明当时的古海拔较低。同时，逆冲作用在喜马拉雅逆冲带的南部侧面活跃（Hodges，2000；Kohn，2014），沉积物从喜马拉雅逆冲带搬到同期中新世早期前陆盆地系统中。

在西藏西部开始于约 25 Ma 的印度板块断裂，向东发生迁移（DeCelles et al.，2011；Leary et al.，2016a；Webb et al.，2017），印度板块较浅的部分能够再次以较低的角度向北俯冲到西藏下面。地表以发育 GCT 为特征，同时在逆冲带前缘沉积了柳区砾岩（图 10-6e）。

中新世中-晚期，喜马拉雅地区的地壳持续缩短，印度板块向北的逆冲推力使地壳厚得足以均衡地支撑较高的海拔（图 10-6f；Styron et al.，2015）。该时期高原开始垮塌，这导致了平行于冈底斯弧方向扩展的开始（图 10-6f），以及走向南北、拉张方向东西向裂谷盆地的广泛发育（Xu et al.，2012）。

参考文献

蔡福龙，丁林，张清海，等. 2008. 雅鲁藏布江周缘前陆盆地物源分析及构造演化. 岩石学报，24(3)：430～446.

常承法，郑锡澜. 1973. 中国西藏南部珠穆朗玛峰地区构造特征. 地质科学，8(1)：1～12.

陈国铭，李光岑，曲景川. 1984. 西藏南部混杂堆积及其地质意义，喜马拉雅地质. 北京：北京出版社.

丁林. 2003. 西藏雅鲁藏布江缝合带古新世深水沉积和放射虫动物群的发现及对前陆盆地演化的制约. 中国科学 D 辑：地球科学，33：47～58.

丁林，Satybaev Maksatbek，蔡福龙，等. 2017. 印度与欧亚大陆碰撞的时限、方式和过程. 中国科学：地球科学，47(3)：293～309.

丁林，蔡福龙，张清海，等. 2009. 冈底斯—喜马拉雅碰撞造山带前陆盆地系统及构造演化. 地质科学，44(4)：1289～1311.

高延林，汤耀庆. 1984. 西藏南部的构造混杂体，喜马拉雅地质（Ⅱ）. 北京：地质出版社.

胡修棉，王建刚，安慰，等. 2017. 利用沉积记录精确约束印度-亚洲大陆碰撞时间与过程. 中国科学：地球科学，47：261～283.

胡修棉，薛伟伟，赖文，等. 2021. 造山带沉积盆地与大陆动力学. 地质学报，95(1)：139～158.

黄宝春，陈军山，易治宇. 2010. 再论印度与亚洲大陆何时何地发生初始碰撞. 地球物理学报，53(9)：2045～2058.

贾建称，温长顺，王根厚，等. 2005. 西藏仲巴县穷果北部日喀则弧前盆地地层再认识. 西北地质，38(2)：33～39.

柯保嘉. 1992. 构造沉积学. 地球科学进展，2：82～83.

李红生. 2000. 藏南古近纪放射虫岩的发现——一个迟到的发现报告. 第三届全国地层会议论文集. 北京：地质出版社.

李继亮，孙枢，郝杰. 1999. 论碰撞造山带的分类. 地质科学，34(2)：129～138.

李祥辉，王成善，胡修棉，等. 2000. 朋曲组——西藏南部最高海相层位一个新的地层单元. 地层学杂志，24(3)：243～248.

李祥辉，王成善，万晓樵. 1999. 藏南江孜县床得剖面侏罗—白垩纪地层层序及地层划分. 地层学杂志，24(3)：303~309.

李亚林，王成善，胡修棉，等. 2007. 西藏南部始新世早期放射虫动物群及其对特提斯闭合时间的约束. 科学通报，52(12)：1430~1435.

刘宝珺，许效松. 1994. 中国南方岩相古地理图集：震旦纪—三叠纪. 北京：科学出版社.

刘成杰，尹集祥，孙晓兴，等. 1988. 西藏南部日喀则弧前盆地非复理石型海相上白垩统—下第三系. 中国科学院地质研究所集刊，3：134~148.

莫宣学，赵志丹，周肃，等. 2007. 印度-亚洲大陆碰撞的时限. 地质通报，26(10)：1240~1244

孙高远，胡修棉，王建刚. 2011. 藏南江孜县白沙地区宗卓混杂岩：岩石组成与物源区分析. 地质学报，85(8)：1343~1351.

万晓樵，丁林. 2002. 西藏吉隆白垩纪末期浮游有孔虫的发现及其年代意义. 古生物学报，41(1)：89~95.

王成善，李祥辉. 2003. 沉积盆地分析原理与方法. 北京：高等教育出版社.

王成善，李祥辉，胡修棉. 2003. 再论印度—亚洲大陆碰撞的启动时间. 地质学报，77(1)：16~24.

王成善，李祥辉，万晓樵，等. 2000. 西藏南部江孜地区白垩系的厘定. 地质学报，74(2)：97~107.

王鸿祯. 1985. 中国古地理图集说明书. 中国地质科学院地质研究所. 北京：中国地图出版社.

魏玉帅，李祥辉，王成善，等. 2006. 藏南古近纪甲查拉组物源分析及其对印度-欧亚大陆碰撞启动时间的约束. 矿物岩石，26(3)：46~55.

吴福元，黄宝春，叶凯，等. 2008. 青藏高原造山带的垮塌与高原隆升. 岩石学报，24(1)：1~30.

吴浩若，尹集祥，孙亦因. 1982. 西藏南部拉孜县中贝地区的混杂堆积，中国科学院地质研究所，地质科研成果选编. 北京：文物出版社，33~44.

许志琴，李廷栋，杨经绥，等. 2008. 大陆动力学的过去、现在和未来——理论与应用. 岩石学报，24(7)：1433~1444.

闫臻，方爱民，潘裕生，等. 2005. 西藏达金砾岩沉积环境、有孔虫时代及其大地构造意义. 自然科学进展，05：565~571.

闫臻，王宗起，闫全人，等. 2018. 造山带汇聚板块边缘沉积盆地的鉴别与恢复. 岩石学报，34(7)：1943~1958.

尹集祥，孙晓兴，闻传芬. 1988. 西藏南部日喀则地区双磨拉石带磨拉石岩系的地层学研究. 中国科学院地质研究所集刊，3：96~118.

余光明，兰伯龙，王成善. 1984. 西藏江孜地区白垩纪深海中的滑塌堆积和浊流沉积作用. 青藏高原地质文集(15)-岩石，构造地质：13~26.

余光明，王成善. 1990. 西藏特提斯沉积地质. 北京：地质出版社.

朱弟成，王青，赵志丹. 2017. 岩浆岩定量限定陆—陆碰撞时间和过程的方法和实例. 中国科学：地球科学，47(6)：657~673.

Agnini C, Fornaciari E, Raffi I, et al. 2014. Biozonation and biochronology of Paleogene calcareous nannofossils from low and middle latitudes. Newsl Stratigr, 47(2): 131~181.

Aitchison J C, Badengzhu, Davis A M, et al. 2000. Remnants of a Cretaceous intra-oceanic subduction system within the Yarlung-Zangbo suture (southern Tibet). Earth Planet Sci Lett, 183: 231~244.

Aitchison J C, Davis A M, Luo Hui. 2002. New constraints on the India-Asia collision: the lower Miocene Gangrinboche conglomerates, Yarlung Tsangpo suture zone, SE Tibet. Journal of Asian Earth Sciences, 21(3): 251~263.

Aitchison J C, McDermid I R C, Ali J R, et al. 2007. Shoshonites in southern Tibet record Late Jurassic rifting of a tethyan intraoceanic island arc. J Geol, 115(2): 197~213.

An W, Hu X M, Garzanti E. 2017. Sandstone provenance and tectonic evolution of the Xiukang Mélange from Neotethyan subduction to India-Asia collision (Yarlung-Zangbo suture, south Tibet). Gondwana Res, 41: 222~234.

An W, Hu X M, Garzanti E, et al. 2014. Xigaze forearc basin revisited (South Tibet): Provenance changes and origin of the Xigaze Ophiolite. Geological Society of America Bulletin, 126(11~12): 1595~1613.

An Z S, Kutzbach J E, Prell W L, et al. 2001. Evolution of Asian monsoons and phased uplift of the Himalaya-Tibetan plateau since Late Miocene times. Nature, 411(6833): 62~66.

Ando H, Tomosugi T. 2005. Unconformity between the upper maastrichtian and upper paleocene in the hakobuchi formation, north hokkaido, japan: A major time gap within the yezo forearc basin sediments. Cretac Res, 26(1): 85~95.

Beaumont C. 1981. Foreland basins. Geophysical Journal International, 65(2): 291~329.

Beck R A, Burbank D W, Sercombe W J, et al. 1995. Stratigraphic evidence for an early collision between Northwest India and Asia. Nature, 373(6509): 55~58.

BouDagher-Fadel M K, Hu Xiumian, Price G D, et al. 2017. Foraminiferal biostratigraphy and palaeoenvironmental analysis of the mid-Cretaceous limestones in the southern Tibetan plateau. Journal of Foraminiferal Research, 47(2): 188~207.

Cai F L, Ding L, Yue Y H. 2011. Provenance analysis of upper Cretaceous strata in the Tethys Himalaya, southern Tibet: Implications for timing of India-Asia collision. Earth Planet Sci Lett, 305(1~2): 195~206.

ChanSik Lap J. 2006. Paleocene deep-marine sediments in southern central Tibet: Indications of an arc-continent collision. The University of Hong Kong, Hong Kong, 201.

Chu M F, Chung S L, Song B A, et al. 2006. Zircon U-Pb and Hf isotope constraints on the Mesozoic tectonics and crustal evolution of southern

Tibet. Geology, 34: 745~748.

Copley A, Avouac J P, Royer J Y. 2010. India-Asia collision and the Cenozoic slowdown of the Indian plate: Implications for the forces driving plate motions. J Geophys Res, 115, B03410.

Crampton S, Allen P. 1995. Recognition of forebulge unconformities associated with early stage foreland basin development: Example from the North Alpine Foreland Basin. AAPG Bull, 79(10): 1495~1514.

Curray J R, Emmel F J, Moore D G. 2003. The Bengal Fan: morphology, geometry, stratigraphy, history, and processes. Mar Pet Geol, 19: 1191~1223.

Dai Jingen, Wang Chengshan, Polat Ali, et al. 2013. Rapid forearc spreading between 130 and 120 Ma: Evidence from geochronology and geochemistry of the Xigaze ophiolite, southern Tibet. Lithos, 172: 1~16.

Davis A M, Aitchison J C, Luo Hui, et al. 2002. Paleogene island arc collision-related conglomerates, Yarlung-Tsangpo suture zone, Tibet. Sedimentary Geology, 150(3~4): 247~273.

Dewey J F, Bird J M. 1970. Mountain belts and the new global tectonics. J Geophys Res, 75(14): 2625~2647.

DeCelles P G, Giles K A. 1996. Foreland basin systems. Basin Res, 8(2): 105~123.

DeCelles P G, Gehrels G E, Najman Y, et al. 2004. Detrital geochronology and geochemistry of Cretaceous-Early Miocene strata of Nepal: Implications for timing and diachroneity of initial Himalayan orogenesis. Earth Planet Sci Lett, 227(3~4): 313~330.

Decelles P G, Kapp P, Gehrels G E, et al. 2014. Paleocene-Eocene foreland basin evolution in the Himalaya of southern Tibet and Nepal: Implications for the age of initial India-Asia collision. Tectonics, 33(5): 824~849.

DeCelles P G, Kapp P, Quade J, et al. 2011. Oligocene-Miocene Kailas basin, southwestern Tibet: Record of postcollisional upper-plate extension in the Indus-Yarlung suture zone. Geological Society of America Bulletin, 123(7~8): 1337~1362.

DeCelles P G, Castañeda I S, Carrapa B, et al. 2018a. Oligocene-Miocene great lakes in the India-Asia collision zone. Basin Research, 30: 228~247.

DeCelles P G, Leary R J, Kapp P. 2018b. Cenozoic basin evolution in the Indus-Yarlung suture zone and High Himalaya. Tectonics, Sedimentary Basins, and Provenance: A Celebration of William R. Dickinson's Career: Geological Society of America Special Papers, 540: 1~33.

Dewey J F, Shackleton R M, Chang C F, et al. 1988. The tectonic evolution of the Tibetan Plateau. Philosophical Transactions of the Royal Society of London. Series A, Math. Phys Sci, 327: 379~413.

Dickinson W R. 1971. Detrital modes of New Zealand graywackes. Sedimentary Geology, 5(1): 37~56.

Dickinson W R. 1974. Plate tectonics and sedimentation. Special Publication of SPEM, 22: 1~27.

Dickinson W R. 1985. Interpreting provenance relations from detrital modes of sandstones. In: Zuffa G G(Ed.), Provenance of arenites. Dordrecht, Reidel, NATO ASI Series, 148, 333~361.

Ding L, Kapp P, Wan X Q. 2005. Paleocene-Eocene record of ophiolite obduction and initial India-Asia collision, south central Tibet. Tectonics, 24(3)

Ding L, Qasim M, Jadoon I A, et al. 2016. The India-Asia collision in north Pakistan: Insight from the U-Pb detrital zircon provenance of cenozoic foreland basin. Earth Planet Sci Lett, 455: 49~61.

Dürr S B. 1996. Provenance of Xigaze fore-arc basin clastic rocks(Cretaceous, south Tibet). Geological Society of America Bulletin, 108(6): 669~684.

Einsele G, Liu Baojun, Dürr S, et al. 1994. The Xigaze forearc basin: Evolution and facies architecture(Cretaceous, Tibet). Sedimentary Geology, 90(1~2): 1~32.

Fang A M, Yan Z , Pan Y S, et al. 2006. The age of the plan fossil assemblage in the Liuqu Conglomerate of southern Tibet and its tectonic significance. Progress in Natural Science, 16(1): 55~64.

Fu H P, Hu X M, Erica M C, et al. 2018. Upper Cretaceous trench deposits of the Neo-Tethyan subduction zone: Jiachala Formation from Yarlung Zangbo suture zone in Tibet, China. Science China Earth Sciences, 61(9): 1204~1220.

Gansser A. 1964. Geology of the Himalayas. New York: Interscience Publishers JohnWiley and Sons. 289.

Garzanti E, Baud A, Mascle G. 1987. Sedimentary record of the northward flight of India and its collision with Eurasia(Ladakh Himalaya, India). Geodin Acta, 1(4~5): 297~312.

Garzanti E, Raffaele C, Flavio J. 1986. Sedimentary evidence of a Cambro-Ordovician orogenic event in the northwestern Himalaya. Sedimentary Geology, 48(3~4): 237~265.

Garzanti E, Van Haver T. 1988. The Indus clastics: Forearc basin sedimentation in the Ladakh Himalaya(India). Sedimentary Geology, 59(3~4): 237~249.

Garzanti E. 1999. Stratigraphy and sedimentary history of the Nepal Tethys Himalaya passive margin. Journal of Asian Earth Sciences, 17(5~6): 805~827.

Garzanti E. 2016. From static to dynamic provenance analysis—Sedimentary petrology upgraded. Sedimentary Geology, 336: 3~13.

Garzanti E, Hu X. 2015. Latest Cretaceous Himalayan tectonics: Obduction, collison or Deccan-related uplift? Gondwana Res, 28: 165~178.

Garzanti E. 2008. Comment on "When and where did India and Asia collide?" by Jonathan C. Aitchison, Jason R. Ali, and Aileen M. Davis, J. Geophys. Res., 113, B04411, doi:10.1029/2007JB005276.

Garzione C N, DeCelles P G, Hodkinson D G, et al. 2003. East-west extension and Miocene environmental change in the southern Tibetan plateau: Thakkhola graben, central Nepal. Geological Society of America Bulletin, 115(1): 3~20.

Garzione C N, Quade J, DeCelles P G, et al. 2000. Predicting paleoelevation of Tibet and the Himalaya from δ18O vs. altitude gradients in meteoric water across the Nepal Himalaya. Earth and Planetary Science Letters, 183(1~2): 215~229.

Gibbons A D, Zahirovic S, Müller R D, et al. 2015. A tectonic model reconciling evidence for the collisions between India, Eurasia and intra-oceanic arcs of the central-eastern Tethys. Gondwana Research, 28(2): 451~492.

Han Z, Hu X M, Li J, et al. 2016. Jurassic carbonate microfacies and relative sea-level changes in the Tethys Himalaya (southern Tibet). Palaeogeography Palaeoclimatology Palaeoecology, 456: 1~20.

He S D, Kapp P, DeCelles P G, et al. 2007. Cretaceous-Tertiary geology of the Gangdese Arc in the Linzhou area, southern Tibet. Tectonophysics, 433(1~4): 15~37.

Hodges K V. 2000, Tectonics of the Himalaya and southern Tibet from two perspectives. Geol Soc Am Bull, 112: 324~350.

Hu X M, An W, Wang J G, et al. 2014. Himalayan detrital chromian spinels and timing of Indus-Yarlung ophiolite erosion. Tectonophysics, 621: 60~628.

Hu X M, Garzanti E, Moore T, et al. 2015. Direct stratigraphic dating of India-Asia collision onset at the Selandian (middle Paleocene, 59±1 Ma). Geology, 43(10): 859~862.

Hu X M, Jansa L, Wang C S. 2008. Upper Jurassic-Lower Cretaceous stratigraphy in south-eastern Tibet: A comparison with the western Himalayas. Cretac Res, 29(2): 301~315.

Hu X M, Jansa L, Chen L, et al. 2010. Provenance of Lower Cretaceous Wolong Volcaniclastics in the Tibetan Tethyan Himalaya: Implications for the final breakup of Eastern Gondwana. Sedimentary Geology, 223(3~4): 193~205.

Hu X M, Jansa L, Wang C S, et al. 2005. Upper Cretaceous oceanic red beds (CORBs) in the Tethys: occurrences, lithofacies, age, and environments. Cretaceous Research, 26: 3~20.

Hu X M, Sinclair H D, Wang J G, et al. 2012. Late Cretaceous-Palaeogene stratigraphic and basin evolution in the Zhepure Mountain of southern Tibet: Implications for the timing of India-Asia initial collision. Basin Res, 24(5): 520~543.

Hu X M, Wang J G, BouDagher-Fadel M, et al. 2016a. New insights into the timing of the India-Asia collision from the Paleogene Quxia and Jialazi Formations of the Xigaze forearc basin, South Tibet. Gondwana Res, 32: 76~92.

Hu X, Garzanti E, Wang J, et al. 2016b. The timing of India-Asia collision onset-facts, theories, controversies. Earth-Sci Rev, 160: 264~299.

Hu X, An W, Garzanti E, et al. 2020. Recognition of trench basins in collisional orogens: Insights from the Yarlung Zangbo suture zone in southern Tibet. Sci. China Earth Sci., 63: 2017~2018.

Huntington K W, Saylor J, Quade J, et al. 2015. High late Miocene-Pliocene elevation of the Zhada Basin, southwestern Tibetan Plateau, from carbonate clumped isotope thermometry. Geological Society of America Bulletin, 127(1~2): 181~199.

Jadoul F, Berra F, Garzanti E. 1998. The Tethys Himalayan passive margin from late Triassic to early Cretaceous (South Tibet). Journal of Asian Earth Sciences, 16(2~3): 173~194.

Ji W Q, Wu F Y, Chung S L, et al. 2009. Zircon U-Pb geochronology and Hf isotopic constraints on petrogenesis of the Gangdese batholith, southern Tibet. Chem Geol, 262: 229~245.

Jin X C. 2002. Permo-Carboniferous sequences of Gondwana affinity in Southwest China and their paleogeographic implications. Journal of Asian Earth Sciences, 20: 633~646.

Ke B J. 1992. Geotectonic sedimentology. Advance in Earth Sciences, 7(2): 82~83 (in Chinese with English abstract).

Kohn, Matthew J. 2014. Himalayan Metamorphism and Its Tectonic Implications. Annual Review of Earth & Planetary sciences, 42(1): 381~419.

Lai W, Hu X M, Garzanti E, et al. 2019. Early Cretaceous sedimentary evolution of the northern Lhasa terrane and the timing of initial Lhasa-Qiangtang collision. Gondwana Research, 73: 136~152.

Laskowski A K, Orme D A, Cai F L, et al. 2019. The Ancestral Lhasa River: A Late Cretaceous trans-arc river that drained the proto-Tibetan Plateau. Geology, 47(11): 1029~1033.

Le Fort P. 1975. Himalayas: the collided range. Present knowledge of the continental arc. Am J Sci, 275A: 1~44.

Le Pichon X. 1968. Sea-floor spreading and continental drift. Journal of Geophysical Research, 73(12): 3661~3697.

Leary R, Orme D A, Laskowski A K, et al. 2016a. Along-strike diachroneity in deposition of the Kailas Formation in central southern Tibet: Implications for Indian slab dynamics. Geosphere, 12(4): 1198~1223.

Leary R J, DeCelles P G, Quade J, et al. 2016b. The Liuqu Conglomerate, southern Tibet: Early Miocene basin development related to deformation within the Great Counter Thrust system. Lithosphere, 8(5): 427~450.

Leier A L, DeCelles P G, Kapp P, et al. 2007a. The Takena Formation of the Lhasa terrane, southern Tibet: The record of a Late Cretaceous retroarc foreland basin. Geological Society of America Bulletin, 119(1~2): 31~48.

Leier A L, Decelles P G, Kapp P, et al. 2007b. Lower cretaceous strata in the Lhasa Terrane, Tibet, with implications for understanding the early tectonic history of the Tibetan plateau. Journal of Sedimentary Research, 77(9~10): 809~825.

Li G W, Kohn B, Sandiford M, et al. 2015. Constraining the age of Liuqu Conglomerate, southern Tibet: Implications for evolution of the India-Asia collision zone. Earth Planet Sci Lett, 426: 259~266.

Li S, Ding L, Xu Q, et al. 2017. The evolution of Yarlung Tsangpo River: Constraints from the age and provenance of the Gangdese Conglomerates, southern Tibet. Gondwana Research, 41: 249~266.

Li X H, Wang C S, Hu X M. 2005. Stratigraphy of deep-water Cretaceous deposits in Gyangze, southern Tibet, China. Cretac Res, 26(1): 33~41.

Li J, Hu X M, Garzanti E, et al. 2015. Paleogene carbonate microfacies and sandstone provenance(Gamba area, South Tibet): Stratigraphic response to initial India-Asia continental collision. J Asian Earth Sci, 104: 39~54.

Li G W, Kohn B, Sandiford M, et al. 2017. India-Asia convergence: Insights from burial and exhumation of the Xigaze fore-arc basin, south Tibet. Journal of Geophysical Research: Solid Earth, 122(5): 3430~3449.

Liu G H, Einsele G. 1994. Sedimentary history of the Tethyan basin in the Tibetan Himalayas. Geologische Rundschau, 83(1): 32~61.

Liu G H, Einsele G. 1996. Various types of olistostromes in a closing ocean basin, Tethyan Himalaya(Cretaceous, Tibet). Sediment Geol, 104(1~4): 203~226.

Liu J B, Aitchison J C. 2002. Upper Paleocene radiolarians from the Yamdrok mélange, south Xizang(Tibet), China. Micropaleontol, 48(Supplement 1): 145~154.

Mascle G, Pêcher A, Guillot S, et al. 2012. The Himalaya-Tibet collision. Nepal Geological Society and Société Géologique de France, Paris, 264.

McKenzie D P, Parker R L. 1967. The North Pacific: An example of tectonics on a sphere. Nature, 216(5122): 1276~1280.

Metcalf K, Kapp P. 2019. History of subduction erosion and accretion recorded in the Yarlung Suture Zone, southern Tibet. Geological Society, London, Special Publications, 483(1): 517~554.

Molnar P, Tapponnier P. 1975. Cenozoic tectonics of Asia: Effects of a continental collision. Science, 189(4201): 419~426.

Molnar P, Tapponnier P. 1977. The collision between India and Eurasia. Sci AM, 236(4): 30~41.

Morgan W J. 1968. Rises, trenches, great faults, and crustal blocks. Journal of Geophysical Research, 73(6): 1959~1982.

Murphy M A, Yin An, Kapp P, et al. 2002. Structural evolution of the Gurla Mandhata detachment system, southwest Tibet: Implications for the eastward extent of the Karakoram fault system. Geological Society of America Bulletin, 114(4): 428~447.

Najman Y, Appel E, Boudagher-Fadel M, et al. 2010. Timing of India-Asia collision: Geological, biostratigraphic, and palaeomagnetic constraints. J Geophys Res: Solid Earth, 115(B12): B12416 doi:10.1029/2010JB007673.

Orme D A, Carrapa B, Kapp P. 2015. Provenance and geochronology of the upper Cretaceous-lower Eocene western Xigaze Forearc basin, southern Tibet. Basin Res, 27(4): 387~411.

Patriat P, Achache J. 1984. India-Eurasia collision chronology has implications for crustal shortening and driving mechanism of plates. Nature, 311: 615~621.

Powell C M, Conaghan P. 1973. Plate tectonics and the Himalayas. Earth Planet. Sci. Lett. 20(1): 1~12.

Ratschbacher L, Frisch W, Liu G, et al. 1994. Distributed deformation in southern and western Tibet during and after the India-Asia collision. J Geophys Res: Solid Earth, 99: 19917~19945.

Raymo M, Ruddiman W F. 1992. Tectonic forcing of late Cenozoic climate. Nature, 359(6391): 117~122.

Rowley D B. 1996. Age of initiation of collision between India and Asia: A review of stratigraphic data. Earth Planet SciLett, 145(1~4): 1~13.

Savoye B, Babonneau N, Dennielou B, et al. 2009. Geological overview of the Angola-Congo margin, the Congo deep-sea fan and its submarine valleys. Deep-Sea Res II, 56: 2169~2182.

Saylor J E, DeCelles P, Gehrels G, et al. 2010. Basin formation in the High Himalaya by arc-parallel extension and tectonic damming: Zhada basin, southwestern Tibet. Tectonics, 29: TC1004.

Saylor J E, Quade J, Dettman D L, et al. 2009. The late Miocene through present paleoelevation history of southwestern Tibet. American Journal of Science, 309(1): 1~42.

Sciunnach D, Garzanti E. 2012. Subsidence history of the Tethys Himalaya. Earth-Sci Rew, 111: 179~198.

Searle M P, Windley B F, Coward M P, et al. 1987. The closing of Tethys and the tectonics of the Himalaya. Geol Soc Am Bull, 98: 678.

Singh B P. 2003. Evidence of growth fault and forebulge in the late Paleocene(similar to 57.9-54.7 Ma), western Himalayan foreland basin, India. Earth Planet Sci Lett, 216(4): 717~724.

Stockmal G S, Beaumont C, Boutilier R. 1986. Geodynamic models of convergent margin tectonics: transition from rifted margin to overthrust belt and consequences for foreland-basin development. AAPG Bull, 70: 181~190.

Styron R, Taylor M, Sundell K. 2015. Accelerated extension of Tibet linked to the northward underthrusting of Indian crust. Nature Geoscience, 8(2): 131~134.

Sundell K E, Taylor M H, Styron R H, et al. 2013. Evidence for constriction and Pliocene acceleration of east-west extension in the North Lunggar rift region of west central Tibet. Tectonics, 32(5): 1454~1479.

Sun D L. 1993. On the Permian biogeographic boundary between Gondwana and Eurasia in Tibet, China as the eastern section of the Tethys. Palaeogeography Palaeoclimatology Palaeoecology, 100(1~2): 59~77.

Sun G Y, Hu X M, Sinclair H D, et al. 2015. Late Cretaceous evolution of the Coqen Basin(Lhasa terrane) and implications for early topographic growth on the Tibetan Plateau. Geological Society of America Bulletin, 127(7~8): 1001~1020.

Sun G Y, Hu X M, Sinclair H D. 2017. Early cretaceous palaeogeographic evolution of the Coqen basin in the Lhasa Terrane, southern Tibetan plateau. Palaeogeography, Palaeoclimatology, Palaeoecology, 485: 101~118.

van Hinsbergen D J J, Lippert P C, Dupont-Nivet G, et al. 2012. Greater India basin hypothesis and a two-stage Cenozoic collision between India and Asia. Proc Natl Acad Sci, 109(20): 7659~7664.

van Hinsbergen D J J, Steinberger B, Doubrovine P V, et al. 2011. Acceleration and deceleration of India-Asia convergence since the Cretaceous: Roles of mantle plumes and continental collision. J Geophys Res: Solid Earth, 116: B06101.

Wan X Q, Lamolda M A, Si J L, et al. 2005. Foraminiferal stratigraphy of Late Cretaceous red beds in southern Tibet. Cretac Res, 26(1): 43~48.

Wang C S, Li X H, Hu X M, et al. 2002. Latest marine horizon north of Qomolangma(Mt Everest): Implications for closure of Tethys seaway and collision tectonics. Terra Nova, 14(2): 114~120.

Wang C S, Li X H, Liu Z F, et al. 2012. Revision of the Cretaceous-Paleogene stratigraphic framework, facies architecture and provenance of the Xigaze forearc basin along the Yarlung Zangbo suture zone. Gondwana Research, 22(2): 415~433.

Wang C S, Liu Z F, Li X H, et al. 1999. The Xigaze forearc Basin and the Yarlung Zangbo suture zone, Tibet. Beijing: Geological Publishing House(in Chinese with English abstract).

Wang J G, Hu X M, BouDagher-Fadel M, et al. 2015. Early Eocene sedimentary recycling in the Kailas area, southwestern Tibet: Implications for the initial India-Asia collision. Sediment Geol, 315: 1~13.

Wang J G, Hu X M, Garzanti E, et al. 2013. Upper Oligocene-Lower Miocene Gangrinboche Conglomerate in the Xigaze area, southern Tibet: Implications for Himalayan uplift and paleo-Yarlung-Zangbo initiation. The Journal of Geology, 121(4): 425~444.

Wang J G, Hu X M, Garzanti E, et al. 2017. The birth of the Xigaze forearc basin in southern Tibet. Earth and Planetary Science Letters, 465: 38~47.

Wang J G, Hu X M, Garzanti E, et al. 2020. From extension to tectonic inversion: Mid-Cretaceous onset of Andean-type orogeny in the Lhasa block and early topographic growth of Tibet. Geological Society of America Bulletin, 132(11~12): 2432~2454.

Wang J G, Hu X M, Jansa L, et al. 2011. Provenance of the Upper Cretaceous-Eocene deep-water sandstones in Sangdanlin, southern Tibet: Constraints on the timing of initial India-Asia collision. J Geol, 119(3): 293~309.

Wang J G, Hu X M, Wu F Y, et al. 2010. Provenance of the Liuqu Conglomerate in southern Tibet: A Paleogene erosional record of the Himalayan-Tibetan orogen. Sediment Geol, 231(3): 74~84.

Webb A A G, Guo H C, Clift P D, et al. 2017. The Himalaya in 3D: Slab dynamics controlled mountain building and monsoon intensification. Lithosphere, 9(4): 637~651.

Wei L J, Liu X H, Yan F H, et al. 2011. Palynological evidence sheds new light on the age of the Liuqu Conglomerates in Tibet and its geological significance. Science China Earth Sciences, 54(6): 901~911.

Wen D, Liu D, Chung S, et al. 2008. Zircon SHRIMP U-Pb ages of the Gangdese Batholith and implications for Neotethyan subduction in southern Tibet. Chem Geol, 252: 191~201.

Willems H, Zhou Z, Zhang B, et al. 1996. Stratigraphy of the Upper Cretaceous and Lower Tertiary Strata in the Tethyan Himalayas of Tibet(Tingri area, China). Geologische Rundschau, 85(4): 723~754.

Wu F Y, Ji W Q, Wang J G, et al. 2014. Zircon U-Pb and Hf isotopic constraints on the onset time of India-Asia collision. American Journal of Science, 314(2): 548~579.

Xu Y D, Zhang K X, Wang G C, et al. 2012. Extended stratigraphy, palynology and depositional environments record the initiation of the Himalayan Gyirong Basin(Neogene China). Journal of Asian Earth Sciences, 44: 77~93.

Yin A, Harrison M T. 2000. Geologic evolution of the Himalayan-Tibetan orogen. Annu Rev Earth Pl Sc, 28: 211~280.

Zhang Q, Willems H, Ding L, et al. 2012. Initial India-Asia continental collision and foreland basin evolution in the Tethyan Himalaya of Tibet: Evidence from stratigraphy and paleontology. J Geol, 120(2): 175~189.

Zhu D C, Zhao Z D, Niu Y, et al. 2011. The Lhasa Terrane: Record of a microcontinent and its histories of drift and growth. Earth Planet Sci Lett, 301: 241~255.

Zhuang G, Najman Y, Guillot S, et al. 2015. Constraints on the collision and the pre-collision tectonic configuration between india and asia from detrital geochronology, thermochronology, and geochemistry studies in the lower indus basin, pakistan. Earth Planet Sci Lett, 432: 363~373.

第十一章　印度-亚洲大陆碰撞的古地磁印证

古地磁数据为印度-亚洲大陆初始碰撞过程提供了定量约束，在重建不同时期的新特提斯洋的洋-陆格局和初始碰撞过程，以及评估碰撞后地壳缩短量等方面具有独特优势（Najman et al., 2010；Yi et al., 2011；van Hinsbergen et al., 2012）。在过去的研究中，从拉萨地块得到亚洲南缘碰撞前后的古纬度从约 7°N 到约 20°N 不等，而基于特提斯喜马拉雅地体古地磁研究结果，提出的大印度模型则从 0 km 到约 2700 km 不等，进而发展出众多的碰撞模型，如单阶段（Besse et al., 1984；Patzelt et al., 1996；Yi et al., 2011；Meng et al., 2020）、两阶段（van Hinsbergen et al., 2012；Yuan et al., 2020）和三阶段（Jadoon et al., 2022；Yuan et al., 2022）的模型，而多阶段模型中又包含“大印度盆地”模型（van Hinsbergen et al., 2012）和“北印度海”模型（Yuan et al., 2020），这些模型的提出对印度-亚洲碰撞过程的研究既带来了新的挑战，也迎来了新的机遇（van Hinsbergen, 2022）。

本章内容回顾了近年以来新特提斯洋缝合带两侧的古地磁研究，结合最新的岩相学、岩石磁学的研究进展，对一些关键剖面的古地磁结果的争议（如岗巴宗浦溪宗浦组剖面、林周强嘎乡典中组剖面）进行了评述，在此基础上初步得到以下认识：①晚白垩世—古新世（约 71～56 Ma）特提斯喜马拉雅地体与印度大陆之间存在约 1500 km 的古纬度差，而早白垩时期两者的古纬度无显著区别，但这一差距无须解释为“大印度盆地”；②拉萨地块在 74～60 Ma 位于 7°N～10°N（Chen et al., 2010, 2014；Yi et al., 2021；Tong et al., 2022），显著低于早白垩世时约 20°N 的位置，揭示亚洲大陆在碰撞前可能存在 1000 km 以上的南向移动，而印度-亚洲碰撞过程中的陆-陆、弧-陆碰撞则发生在低纬度地区（赤道湿润带以内），低纬度的初始碰撞过程可能大大加剧了硅酸盐风化作用，导致额外的二氧化碳消耗，可能是驱动新生代全球变冷的关键性因素之一；③综合碰撞带两侧的古地磁数据，得到印度-亚洲初始碰撞不晚于约 62 Ma（Yi et al., 2011, 2021），与印度-亚洲碰撞带前陆盆地物源发生交换的时间基本一致（Hu et al., 2015；An et al., 2021）。

第一节　喜马拉雅地体的古位置变化历史

喜马拉雅地体的演化历史可以主要分为 3 个阶段：白垩纪之前的“冈瓦纳阶段”，白垩纪至早古近纪的“大印度阶段”以及印度-亚洲碰撞后的“后碰撞阶段”。虽然最后一个阶段喜马拉雅地体仍然发生 15°～20°的纬向位移，但由于古地磁数据的缺乏及分辨率问题，目前尚不能对其运动历史提供有效制约。本文仅对前两个阶段的喜马拉雅地体的运动历史进行分析和总结。

一、冈瓦纳阶段

冈瓦纳大陆于早古生代聚合完成，并于古生代末期与北方的劳亚大陆发生碰撞，形成地球上距今最近的一个超大陆——盘古大陆（Pangea）。喜马拉雅地体早期的演化可追溯至古老的冈瓦纳大陆。喜马拉雅地体一直被认为是印度大陆的一部分，其冈瓦纳亲缘性似乎是不言自明的。早期的古地磁研究在晚白垩世之前的地层中未能获得具有统计意义的原生剩磁（Appel et al., 1991, 1995；Schill et al., 2003；Crouzet et al., 2003），直到 Torsvik et al.（2009）从印度西北部的 Zanskar 地区奥陶系红层中获得了 6 个采点的古地磁数据，表明特提斯喜马拉雅地体在奥陶纪时很可能位于冈瓦纳大陆北缘。Ran et al.（2012）、Yang et al.（2015）及 Ma et al.（2016）的古地磁结果进一步表明这种彼此连接的状态至少可以延续至早白垩世。据此我们认为奥陶纪至早白垩世期间喜马拉雅的运动历史可以由冈瓦纳大陆的运动学参数（Acton，1999；Torsvik et al.，2012）求得。

二、“大印度”阶段

作为印度大陆的一部分，喜马拉雅地体在早白垩世（约 130 Ma）期间与冈瓦纳大陆分离，自此进入“大印度”的演化阶段。利用白垩纪至古近纪早期的古地磁数据，古地磁学者尝试对碰撞前“大印度”的北向延伸量进行重建。

Besse et al.（1984）通过对定日地区宗浦组古地磁研究，得到特提斯喜马拉雅地体在 56~60 Ma 期间处于 3.0°S±5.3°，由此得到的定日与印度大陆之间的南北向缩短量为 550±650 km，运用“填空”法（“Fill-the-gap” Method），Besse et al.（1984）认为定日与拉萨南缘还存在 400±400 km 的缩短量，意味着大印度总的北向延伸量约为 950 km，与 160 Ma 澳大利亚北缘的 Wallaby-Zenith 断裂限定的位置吻合，这一结果成为早期印度-亚洲于 50 Ma 发生初始碰撞的核心证据之一。然而，该项研究中能分离出原生剩磁的有效采点分别仅有 4 个，后续的研究证明定日地区的重磁化是非常普遍的（Appel et al.，1995；Tong et al.，2008；Liebke et al.，2013；Huang et al.，2015a）。严重的重磁化现象同样存在于尼泊尔的 Manang 地区（Appel et al.，1991）、西喜马拉雅印度北部的 Zanskar 地区（Appel et al.，1995）和巴基斯坦北部的东兴都库什地区（Klootwijk et al.，1994），使得整个特提斯喜马拉雅西部早白垩世以来古地磁数据非常稀少。最近，Meng et al.（2020）报道了扎达波林村附近上白垩统宗山组灰岩的古地磁结果。对宗山组底部（Albian）18 块样品分析显示特提斯喜马拉雅地体的位置在 25.6°S±5.2°，而从宗山组顶部（Maastrichtian）73 块样品获得有效特征剩磁推测特提斯喜马拉雅位于 5.0°N±1.6°，进而计算得到大印度的北向延伸量为约 2700 km。

Patzelt et al.（1996）首次从藏南岗巴地区获得了具有统计意义的原生剩磁记录，得到宗山组（为 71~65 Ma）和宗浦组（63~55 Ma）的古纬度分别为约 5°S 和约 4.0°N，若与印度大陆同时代的古纬度（Acton，1999）进行对比，可得到印度大陆的北向延伸量为分别为约 1900 km 和约 1200 km，与 Besse et al.（1984）的结果存在显著差异。考虑到岗巴宗浦组的年龄的时间跨度为约 8 Ma，而在此期间（63~55 Ma）印度大陆北向漂移速率最高可达约 200 km/Ma，要进一步确定印度大陆北缘的古地理位置，回答“大印度”大小的问题，则有必要对晚白垩世—早古近纪特提斯喜马拉雅海相地层进行更为详细的年代学研究和古地磁研究。

Yi et al.（2011）在西藏南部岗巴地区选择了一套古新世的特提斯喜马拉雅海相沉积进行了磁性地层学和古地磁学的综合研究，通过对宗浦组和基堵拉组上部 675 件样品详细的岩石磁学和古地磁学研究，采用交变退磁与热退磁，或者两者相结合退磁的方法，从大多数样品中分离得到了特征剩磁。这些特征剩磁方向具有双极性特征并通过了倒转检验和褶皱检验，表明它是褶皱前获得的。在详细的生物地层研究的基础上，由 167 层样品构建了采样剖面的磁性地层框架，并将它与标准极性年表的 C24r 到 C27r 相对应，得到宗浦组的年代为 61.8~56.2 Ma。宗浦组的特征剩磁方向按地层归为 33 个采点，分段平均后得到其上部 59~56 Ma 和下部 62~59 Ma 的两个古地磁极分别为 71.6°N，277.8°E（A_{95}=2.5°）和 67.3°N，266.3°E（A_{95}=3.5°）。由此得到特提斯喜马拉雅（参考点：29.3°N，88.5°E）在 62~59 Ma 和 59~56 Ma 分别位于 6.6°N±3.5°和 11.1°N±2.5°，确认了特提斯喜马拉雅在宗浦组沉积期间已到达北半球低纬度地区，进而计算得到印度大陆的北向延伸量为 1500±480 km。易治宇等（2016）重新研究了堆拉地区的上白垩统灰岩，从宗山组下段获得 6 个采点的特征剩磁与该地区宗浦组和宗山组上段结果无显著区别，但统一的负极性特征与宗山组期间地球磁场以正极性为主（70%）的特征不符，表明该地区的晚白垩统地层极有可能遭受了重磁化。基于这一认识，我们对 Patzelt et al.（1996）年宗山组的结果进行了修正，在去除堆拉地区重磁化的结果后利用岗巴地区的特征剩磁重新统计，结果显示特提斯喜马拉雅地块在 71~65 Ma 期间处于约 9°S，进一步计算得到印度大陆的北向延伸量为约 1500 km，与宗浦组的结果（Yi et al.，2011）一致。

然而，Huang et al.（2017a、b）通过对 Yi et al.（2011）古地磁数据的重新分析（主要是针对宗浦组数据的褶皱检验），以及岗巴县城附近的宗山组和宗浦组灰岩详细岩石磁学和岩相学的研究，提出岗巴地区的宗浦组灰岩发生了普遍的化学重磁化。Yi et al.（2017）通过对宗浦组和宗山组（Patzelt et al.，1996）古地磁数据展开了系统的统计分析，重申了先前报道的特征剩磁结果为褶皱前获得，认为该地区灰岩在成岩过程中可能经历了沉积后重磁化。最近，Zhao et al.（2021）通过磁选的方法对 Yi et al.（2011）宗浦溪剖面的灰岩进行了磁性矿物提取，扫描电镜观察结果揭示宗浦溪剖面灰岩的载磁矿物为碎屑磁铁矿和生物成因的磁铁矿，而非经黄铁矿氧化后形成的次生磁铁矿；另外，稀土元素配分模式可以反映碳酸盐岩沉积和成岩流体特点，而酸性及热液环境中通常出现 Eu 的正异常。岗巴宗浦溪剖面灰岩样品显示稀土元素配分模式并无显著的 Eu 异常，且具有较高的 Y/Ho 值，进一步证明宗浦溪剖面未经历明显的热液流体作用。由宗浦溪剖面古地磁结果计算的“大印度”与最近从错那、仲巴以及萨嘎县等地获得的古地磁数据（Meng et al.，2020；Yuan et al.，2020）接近。因此，我们认为岗巴灰岩先前报道的古地磁结果仍然是重建印度-亚洲大陆碰撞过程和约束“大印度”大小的重要参数。

三、是否存在“大印度”盆地?

晚白垩世之前的古地磁结果显示特提斯喜马拉雅地体与印度大陆的古纬度在同一参考点上没有显著区别，而晚白垩世的结果显示两者之间相差约 1500 km。这一结果使得 van Hinsbergen et al.（2012）提出“大印度盆地（Greater India Basin）”的假说，该假说认为喜马拉雅地体在白垩纪之前与印度大陆相连，而在早白垩世期间逐步开始分离，在晚白垩世时在印度大陆北缘形成一个南北宽约 2675±700 km 的洋盆。

然而，根据简单的几何学分析可以发现，上述古纬度的变化并不需要“大印度盆地”的存在。众所周知，板块在球面的运动可以用欧拉运动描述，这一运动可以分解为经向运动、纬向运动和旋转运动，而导致板块上某一点古纬度变化的运动既包含板块的纬向运动外，也包括块体的旋转运动。印度大陆早白垩世以来向北漂移的同时发生约 60°的逆时针旋转，在印度大陆北缘几何尺寸为变量的情况下，这一旋转实际上足以产生任何大小的纬度变化（张也等，2017）。如图 11-1 所示，假定存在一个北向延伸量达约 1500 km 的“大印度”，其观测点与参考点之间的纬度差（Δl_1）在早白垩世时可以远小于 1500 km（如 Yang et al.，2015；Ma et al.，2016；Bian et al.，2019），由于古地磁分辨率的限制，其实际观测的难度将大大增加。由此我们认为，虽然目前已经从特提斯喜马拉雅地体的下白垩统获得了精度较高的古地磁数据，但并不能作为“大印度盆地”存在的证据（张也等，2017）。Meng et al.（2019）基于特提斯喜马拉雅东部错那县拉康组及中部仲巴县 Duobeng 组和 Rilang 组早白垩世沉积岩和火山岩的古地磁研究和更严格的几何学分析，得到大印度大陆在东部（92°E）和中部（84°E）

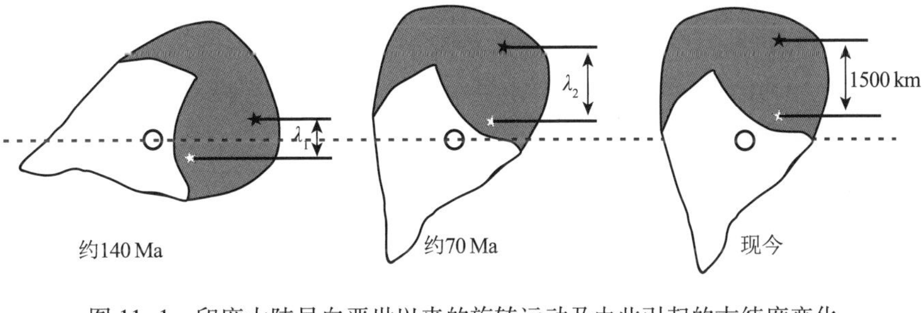

图 11-1　印度大陆早白垩世以来的旋转运动及由此引起的古纬度变化

（印度板块的古方位据 Besse et al.，2002）

λ_1，λ_2 分别代表 140 Ma 和 70 Ma 时刻参考点与观察点的古纬度差

的北向延伸量分别为1950±970 km和2675±720 km，该结果与从岗巴峭壁灰岩得到的结果（Patzelt et al.，1996）及桑秀组火山岩得到的结果（张也等，2019）接近。

最近，Yuan et al.（2020）对特提斯喜马拉雅北带的上白垩统和古新统开展了进一步的古地磁研究，从江孜和萨嘎地区分别获得约75 Ma和约61 Ma的古地磁极，提出“北印度海”（The Northern India Sea）的新模型。这一模型与van Hinsbergen et al.（2012）的“大印度盆地”假说有一定的相似性，但前者强调晚白垩之前即存在一个1000 km左右的“大印度”，喜马拉雅与印度大陆分离的时间为晚白垩世（75~61 Ma）；而后者认为不存在“大印度”陆壳，喜马拉雅与印度分离于早白垩世。从古地磁的角度来看，由于前者所依据的古地磁数据经过了详尽的岩石磁学和岩相学分析并通过了多项野外检验，因而具有较高的可信度。尽管如此，与所有的地球物理模型一样，该模型无疑还需要地质证据的检验。

第二节　碰撞前新特提斯洋的洋-陆格局

一、科希斯坦-拉达克岛弧的古地理位置

科希斯坦-拉达克岩浆弧通常被认为具有洋内岛弧的特征，然而目前对于该岛弧在弧-陆碰撞之前所处的古地理位置的约束仍然非常有限。除了这些重磁化分量外，少数学者报导了一些原生剩磁的结果。Zaman et al.（1999）通过对巴基斯坦北部兴都库什山白垩纪红层（属于科希斯坦岛弧北部的弧沉积物）的研究，除得到Klootwijk et al.（1979）发现的重磁化分量B之外，还在570~680℃之间获得了高温的特征剩磁分量C，该分量通过了褶皱检验，显微观察表明其具有碎屑成因，因而被解释为原生剩磁。由7个采点的正极性分量和5个采点的负极性分量所确定的古纬度分别为2.2°S和1.1°N，这一研究表明科希斯坦岛弧在早白垩至晚白垩期间可能处于赤道附近。最近，Martin et al.（2020）根据早古新世（66~62 Ma）Khardung火山岩的古地磁结果，将科希斯坦-拉达克岛弧的位置约束在8.1°N±5.6°。

二、新特提斯洋残留洋壳的位置

大洋地壳会随着大洋的俯冲消减而消亡，仅在地表板块缝合的地方留下蛛丝马迹。然而，全球地震层析成像资料表明可能存在全地幔对流，即俯冲的洋壳能够穿过440~660 km深度的地幔转换带进入下地幔乃至核幔边界，这些残留的大洋岩石圈通常在地震层析成像上体现为地震波的高速带（Grand et al.，1997；van der Hist et al.，1997）。通过地震波的反演，确定岩石圈乃至地幔深部高速体的位置和几何形状，可以追踪大洋板片的残留，这就为寻找古大洋的残留洋壳提供了可能的手段（van der Hist et al.，1991，1997；van der Voo et al.，1999a、b；Replumaz et al.，2003，2010，2013）。例如，全球层析成像研究表明西伯利亚板块之下约1500~2500 km存在一条南北向的高速异常带，该高速异常带在不同深度的轮廓与西伯利亚南缘轮廓吻合，表明其可能为消亡的蒙古-鄂霍次克洋的大洋残片（van der Voo et al.，1999a）。对印度-亚洲碰撞带之下残留地壳的研究是近年来地球物理研究的热点，全球层析成像资料表明印度亚洲碰撞带下方的软流圈之下存在多个大尺度的高速异常带，被解释为新特提斯洋洋壳及俯冲的印度大陆的残留体（van der Voo et al.，1999b；Raplumaz et al.，2003，2010，2013）。van der Voo et al.（1999b）最早对全球层析成像资料进行解析，提出在印度-亚洲碰撞带之下的地幔岩石圈1100 km之下由北往南存在3条高速异常带，这些长度达到5000 km以上的异常带具有北西—南东向展布的特征，分别被解释为班公-怒江洋、新特提斯洋及洋内俯冲的新特提斯洋残片，其中新特提斯洋残片在75°E至105°E之间成准线性展布，其南界在东、西构造结附近处于约10°N和16°N，而被解释为洋内俯冲部分的新特提斯洋残片的高速体在西构造结附近（约75°E）处于赤道附近（图11-2）。

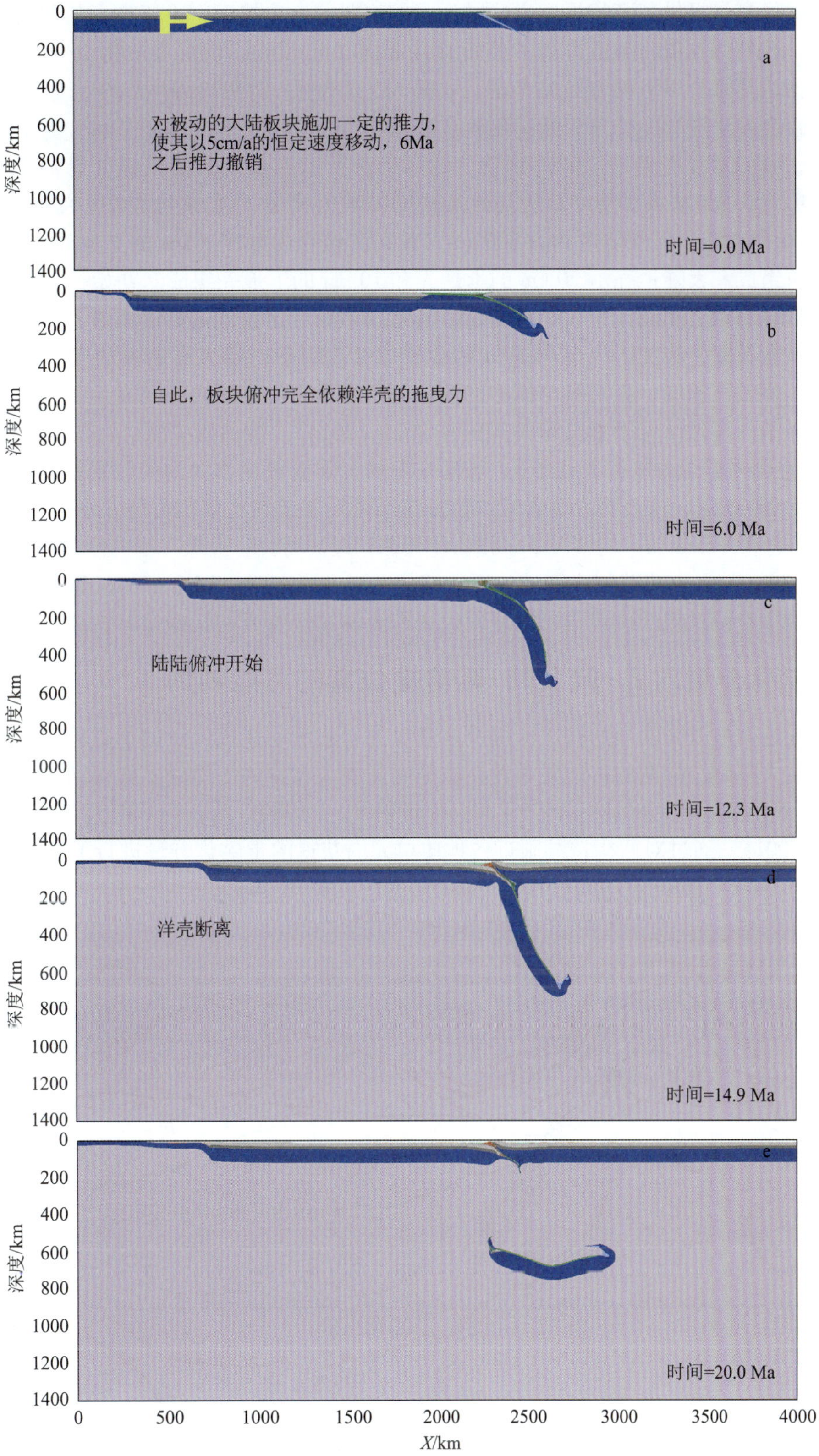

图 11-2　基于动力学数值模拟的板块汇聚、俯冲-碰撞模式图
（据易治宇等，2017）

三、古海沟的位置

地震层析成像资料提供了新特提斯洋残留洋壳的位置信息，然而，由于洋壳从断离到最终就位的运动路径未知，我们并不能将残留洋壳的位置直接等同于陆-陆或者弧-陆初始碰撞时古海沟消失的位置，这一疑虑主要来自以下两方面的考虑：①陆-陆或者弧-陆初始碰撞到洋壳发生断离时，古缝合带的位置是否会发生迁移？②洋壳断离到就位期间是否会发生显著的水平位移？为了对以上两种可能性进行评估，我们对洋壳俯冲、断离到就位的过程进行了初步的数值模拟（易治宇等，2017；图11-2）。我们设计了一组从大洋俯冲至大陆俯冲碰撞的数值模型，模型空间宽度为4000 km，深度为1400 km。模型中的大洋岩石圈宽度约为600 km，其大洋地壳由厚度3 km的上地壳玄武岩和5 km的下地壳辉长岩所组成。大陆地壳由20 km的上地壳和10 km的下地壳组成。初始模型中，俯冲大洋岩石圈与上覆大陆岩石圈之间设计有一个薄弱带，其采用了相对比较低的黏滞系数。模型演化之初，我们在左侧的大陆岩石圈中施加了一个5 cm/a的会聚速度，用于初始大洋俯冲的发生。6 Ma（即会聚300 km）之后，撤销该速度，而后整个模型的演化都是在重力作用下自主的发生。数值模拟方法、初始模型以及边界条件设计详见于李忠海（2014）和Li（2014）。数值模拟的结果表明：①陆-陆或者弧-陆碰撞初期，在俯冲洋壳的拖曳牵引之下，被动一侧的大陆板块在古海沟的位置就地发生俯冲，直至洋壳发生断离及大陆折返，这表明古缝合带的位置在洋壳发生断离之前很可能并不会发生显著的迁移；②在设定一定初速度（5 cm/a）的情况下，残留洋壳在靠近被动大陆边缘一侧的位置处于洋壳断离时缝合带的正下方，这一结果表明残留洋壳的位置能够代表洋壳断离时古缝合带的位置。综合以上两条结论，我们推测现今残留洋壳的位置很可能可以代表古海沟的位置或初始碰撞时古缝合带的位置。

四、重磁化分量对弧-陆及陆-陆碰撞位置的可能制约

西构造结附近碰撞以来强烈的挤压作用及多期次的岩浆活动造成广泛的重磁化，成为该地区古地磁研究的一个重大障碍，早期的古地磁学者在该地区开展了大量的古地磁工作得到基本上都是重磁化的分量（图11-3；Klootwijk et al.，1979；Klootwijk et al.，1980；Appel et al.，1991，1995；Ahmed et al.，2000，2001）。通过对西构造结附近各地质单元内获得的重磁化分量进行了总结，一共得到35

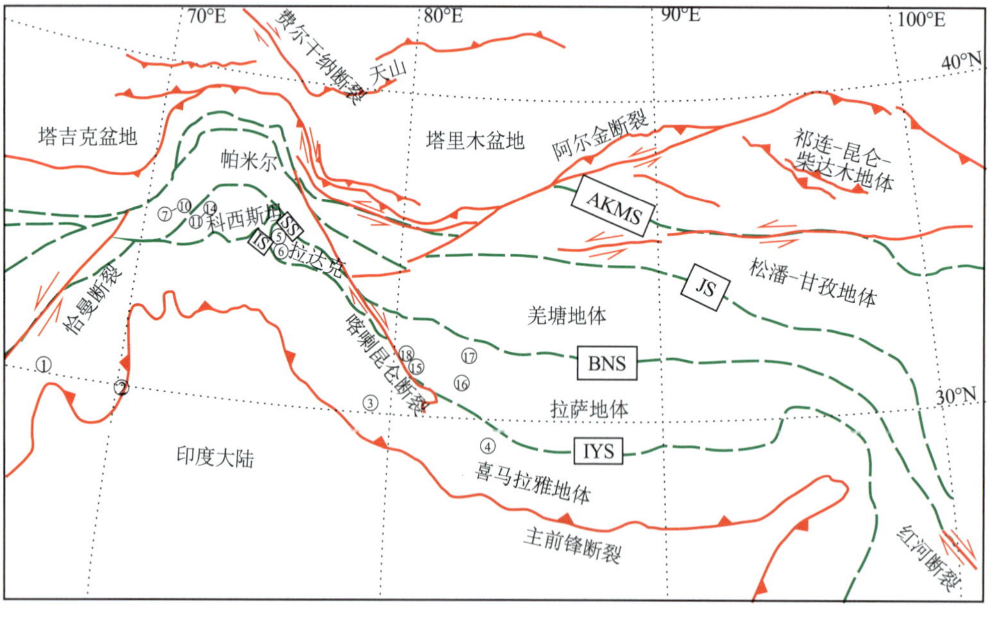

图11-3 青藏高原及其周边地区大地构造简图显示主要的地体边界及断裂系统

（据易治宇等，2017）

IYSZ—印度河-雅鲁藏布江缝合带；BNS—班公湖-怒江缝合带；JS—金沙江缝合带；AKMS—阿尼玛卿-昆仑-木孜塔格缝合带。圆圈内数字显示古地磁数据的分布地点

个重磁化的古地磁极。必须注意的是，尽管这些重磁化的分量给出了具有统计意义的古纬度结果，但大多数仅仅是从少量的样品中获得，大部分的结果所指示的古纬度具有较大的误差范围；此外，早期的研究数据往往是基于比较原始的退磁手段和统计方法且没有经过严格的野外检验，其结果的可靠性尚值得进一步考量；对于这些结果作者往往人为地解释为早古近纪的重磁化，但重磁化的具体时间和机制并没有得到较好的制约。基于这些原因，此处仅对这些结果进行统计分析，而不局限于构造意义的一般讨论。

将所有的重磁化分量所对应的古纬度进行投影并对不同的古纬度出现的频率进行分析，我们可以发现尽管西构造结附近地区不同时代的地层（从晚泥盆世到始新世）很可能遭受了多期的重磁化，但重磁化的古纬度谱一共出现 3 个峰值，分别在 1.5°N、12.5°N 及 23°N 左右，其中又以前两个峰值出现的频度最大（图 11-4）。引起重磁化的原因可谓千差万别，但对造山带而言，由造山作用引起的热异常和流体迁移被认为是非常重要的机制之一（如 McCabe et al.，1983；Jackson et al.，2012），暗示这 3 个位置对西构造结的演化来说可能是几个关键位置。Kloorwijk et al. 曾将赤道附近的重磁化对应于印度-亚洲第一阶段软碰撞的开始，然而最新数据已经表明科希斯坦岛弧与亚洲大陆南缘在碰撞前存在上千千米的距离，因此我们倾向于将前者解释为弧-陆碰撞引起的重磁化。12.5°N 附近的重磁化与亚洲大陆南缘碰撞前的位置吻合，暗示这一期的重磁化很可能是最终陆-陆碰撞引起的重磁化。此外，不论是科希斯坦还是喀喇昆仑地体都存在一期 50～35 Ma 的淡色花岗岩，而视极移曲线显示印度大陆北缘在约 40 Ma 到达约 23°N 地区，这表明最后一组重磁化古纬度的峰值（约 23°N）可能与陆-陆碰撞后地壳加厚重熔导致的岩浆热事件有关（易治宇等，2017）。

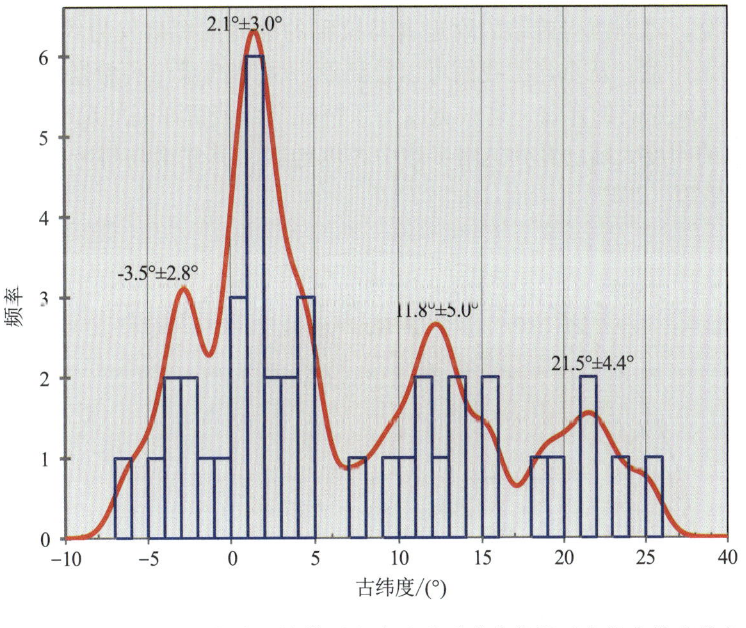

图 11-4　印度-亚洲大陆碰撞带西段古地磁重磁化分量对应的古纬度分布

（据易治宇等，2017）

五、碰撞前的洋陆格局

古地磁数据表明晚白垩世期间（92～80 Ma）拉萨地块的西缘，即亚洲大陆中部的最南缘（约 80° E）处于约 14°N（Ma et al.，2014；Yi et al.，2015），古纬度数据、古磁偏角的分布进一步表明亚洲大陆南缘可能具有北西-南东向展布（约 315°）的准线性特征（Yi et al.，2015）。从科希斯坦岛弧白垩纪红层和火山岩得到的原生剩磁则表明该岛弧在此期间很可能处于近赤道地区（Zaman et al.，1999）。从西构造结附近得到的古地磁重磁化分量具有两组明显的峰值，其中值分别处于约 1°N 和约

12.5°N，分别与古地磁原生分量所指示的科希斯坦-拉达克岛弧及亚洲大陆南缘的古纬度重叠。高精度层析成像资料表明印度大陆及印度洋北部地幔深部约1100~2000 km之间分别存在两条地震波高速带，很可能分别代表消亡的新特提斯洋及其洋内俯冲部分的残留体，其南界在西构造结附近分别处于约16°N和赤道附近，可能代表活动的亚洲大陆边缘及洋内弧南侧古海沟的位置。梳理上述证据时我们可以发现，地震层析成像资料指示的南北两条古海沟位置分别与古地磁原生分量指示的古岛弧及古大陆边缘的位置完全契合，两者一致地指示了弧-陆碰撞和陆-陆碰撞的位置。重磁化古纬度谱的峰值、原生剩磁及层析成像指示的古纬度的重叠很可能进一步支持上述关于弧-陆碰撞与陆-陆碰撞位置的结论（易治宇等，2017）。

综合以上地球物理资料，我们对印度-亚洲大陆碰撞前西构造结附近的新特提斯洋洋陆格局进行了重建（图11-5）。取约85 Ma为时间节点，利用Torsvik et al.（2012）的视极移曲线，我们对欧亚板块、非洲-阿拉伯板块及印度大陆的古地理位置进行了重建；利用上文总结的古地磁数据，我们将科希斯坦-拉达克岛弧和亚洲南缘分别放置于赤道及北纬约14°N附近，参考古地磁数据及残留洋壳的几何特征，重建的岛弧及大陆边缘均具有北西—南东向展布的准线性特征。印度大陆北缘在约85 Ma时大约处于南纬5°~15°之间。现有地球物理资料认为印度大陆在碰撞后下插到欧亚板块之下（Kind et al.，2002；Owens et al.，1997；Zhang et al.，2010；Zhao et al.，1993），其碰撞前的大小远大于现今的尺寸，而从岗巴盆地获得的古地磁结果表明印度大陆的北向延伸量在1500 km以上（Yi et al.，2011；易治宇等，2016）。然而必须指出，由于喜马拉雅内部地壳缩短量的差异，“大印度”的大小在东西两侧也很可能是不同的。根据札达盆地宗山组灰岩最新古地磁结果（Meng et al.，2020），重建碰撞前“大印度”的尺寸为大约2700 km；另一种方法是平衡剖面的研究，通过对跨越喜马拉雅地区的平衡剖面的恢复，得到西构造结的附近喜马拉雅的地壳缩短量仅为约450 km，可能代表“大印度”北向延伸量的最小值。从重建图我们可以看到亚洲大陆南缘与科希斯坦-拉达克岛弧之间存在着一个大小为约1200 km左右的洋盆，这一宽度与新特提斯洋残留洋壳的尺寸吻合，大于普通的边缘海的宽度；快速漂移的印度大陆已经到达南半球中纬度地区，其北缘与科希斯坦-拉达克岛弧距离在2000 km以内（易治宇等，2017）。

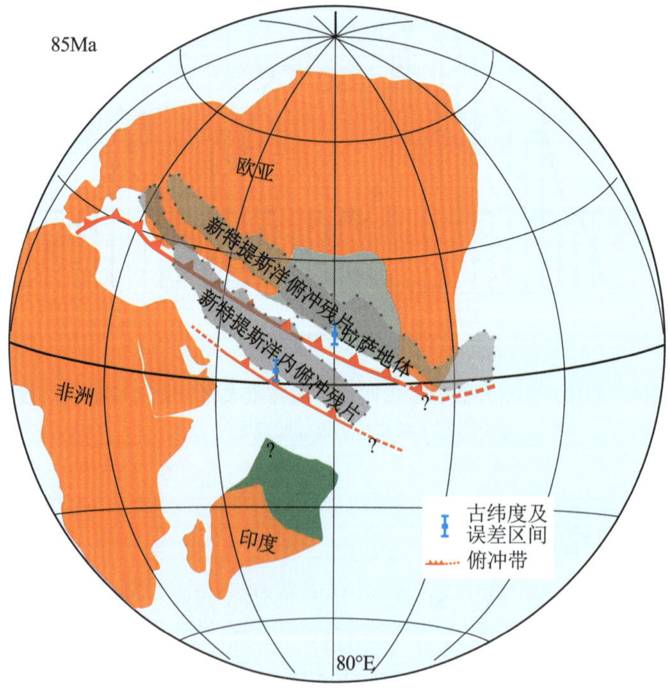

图11-5 印度-亚洲大陆碰撞前的新特提斯洋洋陆格局
（据易治宇等，2017）

第三节　印度-亚洲大陆碰撞的古地磁证据

古地磁学是定量研究板块碰撞时限、位置及构建板块碰撞模型的最理想方法之一。然而，无论是基于印度板块运动速率研究，还是基于稳定印度和亚洲大陆视极移曲线的研究，均不能对印度-亚洲大陆的初始碰撞时间和位置提供直接、有效的约束（吴福元等，2008；黄宝春等，2010）。要用古地磁的方法解答"印度与欧亚大陆何时何地发生初始碰撞"的问题必须从缝合带两侧块体入手，通过拉萨地体和特提斯喜马拉雅地体碰撞前后精细的视极移曲线（APWP）和古纬度变化直接对比来实现。20 世纪 80 年代以来，国内外的古地磁学家对雅鲁藏布江两侧的拉萨地体和特提斯喜马拉雅地体开展了大量的古地磁工作，下面笔者将就印度-亚洲大陆碰撞带碰撞前后的古地磁数据进行总结，并对据此对印度-亚洲大陆的初始碰撞过程进行分析和探讨（图 11-6）。

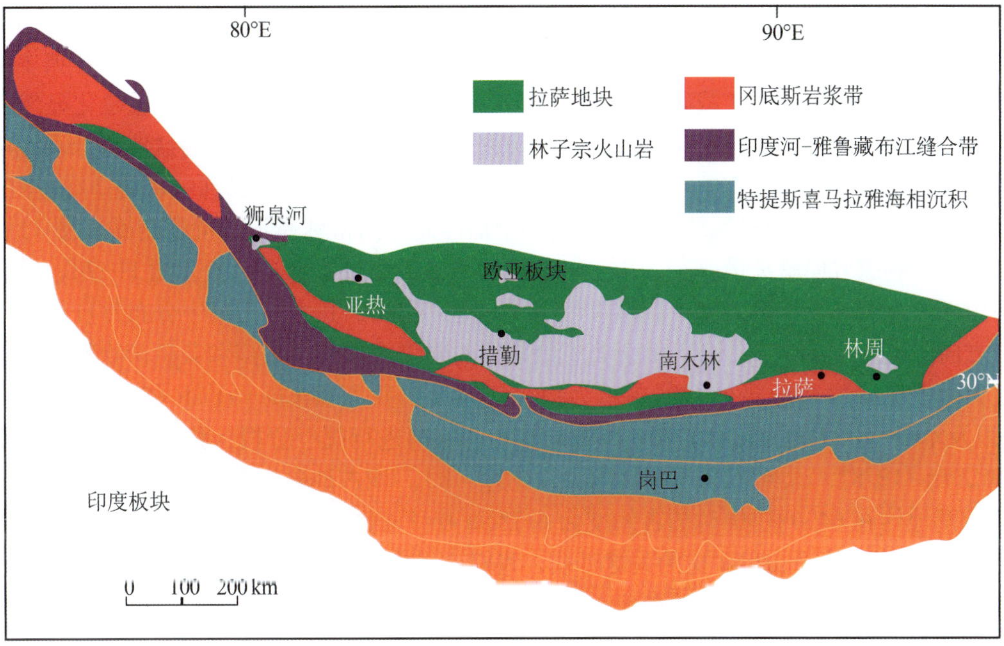

图 11-6　印度-亚洲大陆碰撞带地质简图

拉萨地体的林子宗群火山岩为拉萨地体碰撞前后的古地理位置的研究提供了绝佳的材料，近三十年以来取得了丰硕成果。20 世纪 80 年代初，中-法和中-英联合考察组对拉萨地体晚白垩世沉积岩和古近纪林子宗群火山岩等开展了系统研究，并得出林子宗群火山岩形成时期的古纬度为 13°N～19°N（Achache，1991；Achache et al.，1984；Lin et al.，1988；周姚秀等，1990）。然而，近年来的年代学研究表明林子宗群的时间跨度为约 64～44 Ma（周肃等，2004；董国臣等，2005；He et al.，2007；李皓扬等，2007；Chen et al.，2014）。林子宗群火山岩的平均古地磁结果可能无法回答在约 20 Ma 的林子宗群形成时期，拉萨地体是否发生了显著的古地理位置变化及拉萨地体相应时段具有何种运动模式。针对这一情况，近年来针对林周盆地林子宗火山岩展开了新一轮的古地磁研究（Chen et al.，2010，2014；Dupont-Nivet et al.，2010；Liebke et al.，2010；Sun et al.，2010，2012；Tan et al.，2010；Huang et al.，2013，2015；Cao et al.，2017；梁雅伦等，2017；Yi et al.，2021；Tong et al.，2022），相对于 20 世纪的研究成果，这些新结果无论在分析方法、数据量还是在年代学控制上均有了较大程度的提高，而详细的地层划分和年代学研究则使得本文能够对林子宗群各组及早、晚白垩世的古地磁结果进行单独讨论，现分述如下：

1. 古地磁结果

（1）典中组（64~60 Ma）结果

以往缺乏单独针对典中组的古地磁研究，直到 Chen et al.（2010）首次报道了林周盆地和南木林盆地典中组的研究结果，15 个有效采点平均得到的古地磁极为 66.0°N，284.9°E（A_{95}=8.5°），由此计算得到亚洲大陆南缘相应的古纬度为 6.1°N±8.5°。其后 Chen et al.（2014）对林周盆地典中组展开了进一步采样，得到 12 个采点平均的古地磁极为 63.5°N，266.4°E（A_{95}=9.5°）。林周盆地典中组（64~60 Ma）共 20 个有效采点的平均古地磁极为 66.4°N，262.5°E（A_{95}=6.3°），计算得到欧亚大陆南缘的古纬度为 5.8°N±6.3°，进一步支持了 Chen et al.（2010）典中组的研究结果。Huang et al.（2015）根据对林周盆地典中组的重新研究，认为林子宗群的下部地层可能遭受了重磁化。Huang et al.（2015）的根据包括：①典中组的$^{40}Ar/^{39}Ar$ 年代为 50 Ma，说明该套地层遭受了热重置；②典中组样品为赤铁矿载磁，扫描电镜显示这部分赤铁矿携带次生成因的化学剩磁；③典中组样品的特征剩磁在地理坐标系下与 Dupont-Nivet et al.（2010）年波组和 Huang et al.（2013）帕那组（倾角矫正后）地层坐标系下的结果一致。Huang et al.（2015）的结论至少存在以下问题：①除 Huang et al.（2015）之外，现有典中组的$^{40}Ar/^{39}Ar$ 年龄全部在 69~60 Ma 之间；②Chen et al.（2010，2014）典中组火山岩退磁曲线表明绝大部分为磁铁矿载磁，而非赤铁矿载磁；显然，典中组是否遭受重磁化显然还需要进一步更严格的证明。为进一步确定拉萨地块碰撞前的古地理位置，我们对林周盆地林子宗群典中组火山岩进行了砾石检验。在本研究中，我们从典中组二段的熔岩流夹层中找到一层约 30 m 厚的火山角砾并采集 25 个岩芯样本。通过系统热退磁分析，全部样品分离得到稳定的特征剩磁（图 11-7a~c）。火山角砾的特征剩磁方向呈离散分布，并在 95%置信水平下通过了砾石检验（图 11-7d、e）。同时我们从火山角砾的上覆和下伏熔岩流中获得两个采点的特征剩磁，其方向为集中分布并且与前人获得的特征剩磁方向一致（图 11-7g、h）。结合典中组详细的同位素年代学数据和载磁矿物特征，我们认为林周盆地典中组火山岩所记录的特征剩磁为原生。同时，我们将 Chen et al.（2014），Huang et al.（2015）以及本研究从熔岩流获得的特征剩磁采点平均方向进行统一分析，获得矫正后的平均方向为 D=187.0°，I=−12.8°，a_{95}=5.4°，N=35（图 11-7g、h）。该古地磁极通过了全部可靠性判据（R=7），限定拉萨地体在 64~60 Ma 时的古纬度为 6.7°N±4.4°（图 11-7）。同时考虑到典中组喷发的时段（64~60 Ma）很可能是初始碰撞的关键时期，我们认为典中组的古地磁结果为印度-亚洲大陆初始碰撞位置提供了最直接、最可靠的约束。

（2）年波组（60~50 Ma）结果

目前具有准确年代控制的针对年波组的古地磁研究主要来自 Chen et al.（2010），Sun et al.（2010）和 Liebke et al.（2010）（图 11-8）。Chen et al.（2010）报道了林周盆地和南木林盆地年波组的古地磁研究结果，18 个有效采点平均得到的古地磁极为 71.3°N，291.4°E（A_{95}=6.3°），计算得到拉萨地体相应的古纬度为 11.9°N±6.3°。其后 Chen et al.（2014）对林周盆地进一步补充采样得到 4 个采点古地磁数据，结合 Chen et al.（2010）林周盆地 9 个采样点的古地磁数据平均得到林周盆地共计 13 个有效采点的古地磁极为 69.8°N，268.6°E（A_{95}=6.4°），该组数据通过了褶皱检验且有明确的年代控制，计算得到欧亚大陆南缘在年波组形成期间（60~50 Ma）位于 9.1°N±6.4°（Chen et al.，2014）。Sun et al.（2010）从拉萨西北面的门堆乡的年波组（约 55 Ma）获得 14 采点的平均古地磁极为：73.6°N，274.3°E（A_{95}=7.3°），计算得到欧亚大陆南缘在约 55 Ma 处于 13.0°N±7.3°；而 Liebke et al.（2010）从林周盆地年波组中侵入的岩脉（约 53 Ma）中获得 10 个采点的平均古地磁极为：69.4°N，225.4°E（A_{95}=7.2°），计算得到欧亚大陆南缘位于 13.5°N±7.2°。总之，目前各个独立的研究表明年波组的古地磁结果具有很好的一致性，得到的古纬度值在 10°N~15°N 之间。

（3）帕那组（50~44 Ma）结果

目前帕那组古地磁数据的报道见于 Chen et al.（2010）和 Tan et al.（2010）（图 11-9a，e），另外，根据新的 1∶5 万林子宗火山岩的地质填图（董国臣等，2002，2005），Dupont-Nivet et al.（2010）的所有采点也应该全部来自帕纳组（图 11-9d）。根据 Chen et al.（2010）获得的 6 个帕纳组

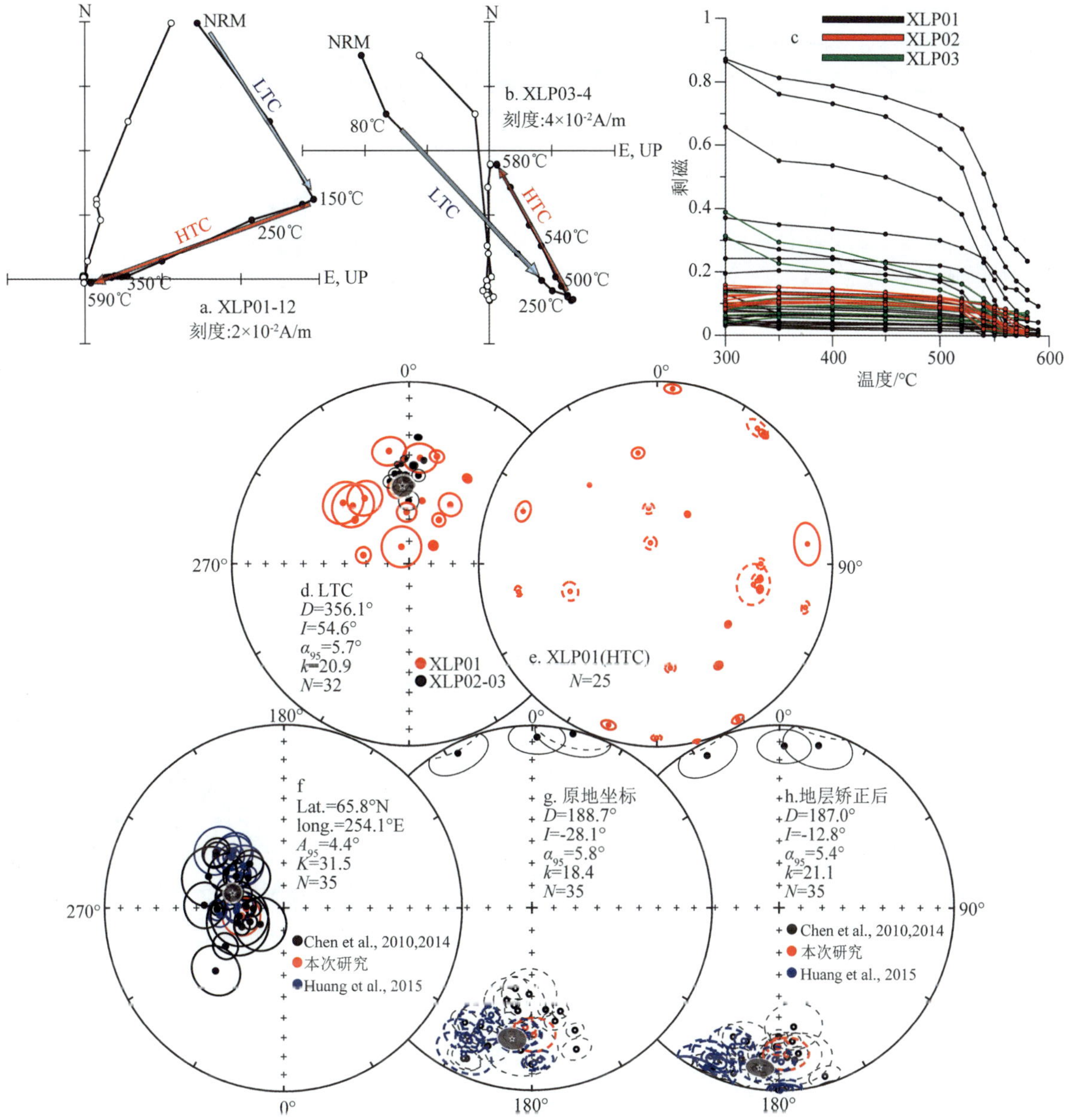

图 11-7　林周盆地典中组典型样品退磁矢量的正交投影图（地理坐标系下）(a、b)（地理坐标系下）、剩磁强度衰减图（c）、砾石检验样品低温分量（d）和特征分量（e）的等面积投影图、所有典中组的虚地磁极（VGP）(f)、采点平均方向的等面积投影图（g、h）

（数据引自 Chen et al., 2010, 2014; Huang et al., 2015; Yi et al., 2021）

LTC—低温分量；HTC—高温分量；D—磁偏角；I—磁倾角；A_{95}/α_{95}—古地磁极/采点平均方向的95%置信区间；K/k—古地磁极/采点平均方向的精度参数；N—采点数

有效的采点和 Chen et al. (2014) 新补采的 12 个帕纳组有效采点的古地磁数据，得到共 18 个采点的平均古地磁极为 68.6°N，232.2°E（A_{95}=5.9°），计算得到欧亚大陆南缘的古纬度为 11.5°N±5.9°。Dupont-Nivet et al. (2010) 从年波村附近帕那组获得 24 个采点的平均古地磁极为 77.6°N，211.3°E（A_{95}=5.0°），计算得到相应古纬度为 22.1°N±5.0°。而 Tan et al. (2010) 报道了古鲁村东南面采石场附近帕那组 9 个采点的古地磁数据，得到相应的古纬度为 33.0°N±5.7°。从以上研究可以看出，目前帕那组的古地磁结果仍存在很大的争议，计算得到欧亚大陆南缘的古纬度从主 10°N 至 33°N 不等，由此也产生了关于印度与欧亚大陆初始碰撞时间和位置以及碰撞后欧亚大陆地壳缩短量的重大分歧（Chen et al., 2010; Dupont-Nivet et al., 2010; Tan et al., 2010）。

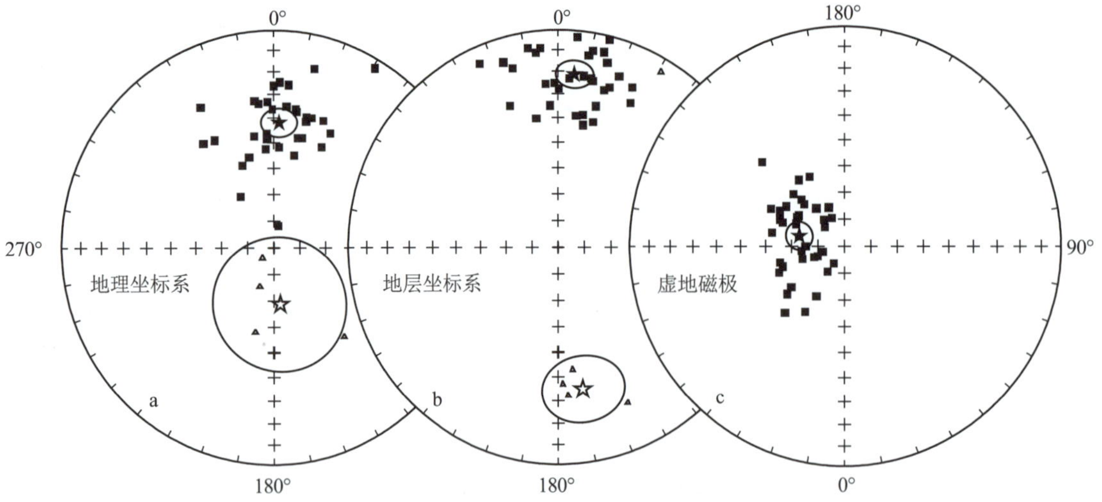

图 11-8 林周盆地年波组古地磁数据等面积投影图

（据 Chen et al.，2010，2014；Liebke et al.，2010；Sun et al.，2010）

实心和空心符号分别代表下半球面和上半球面投影

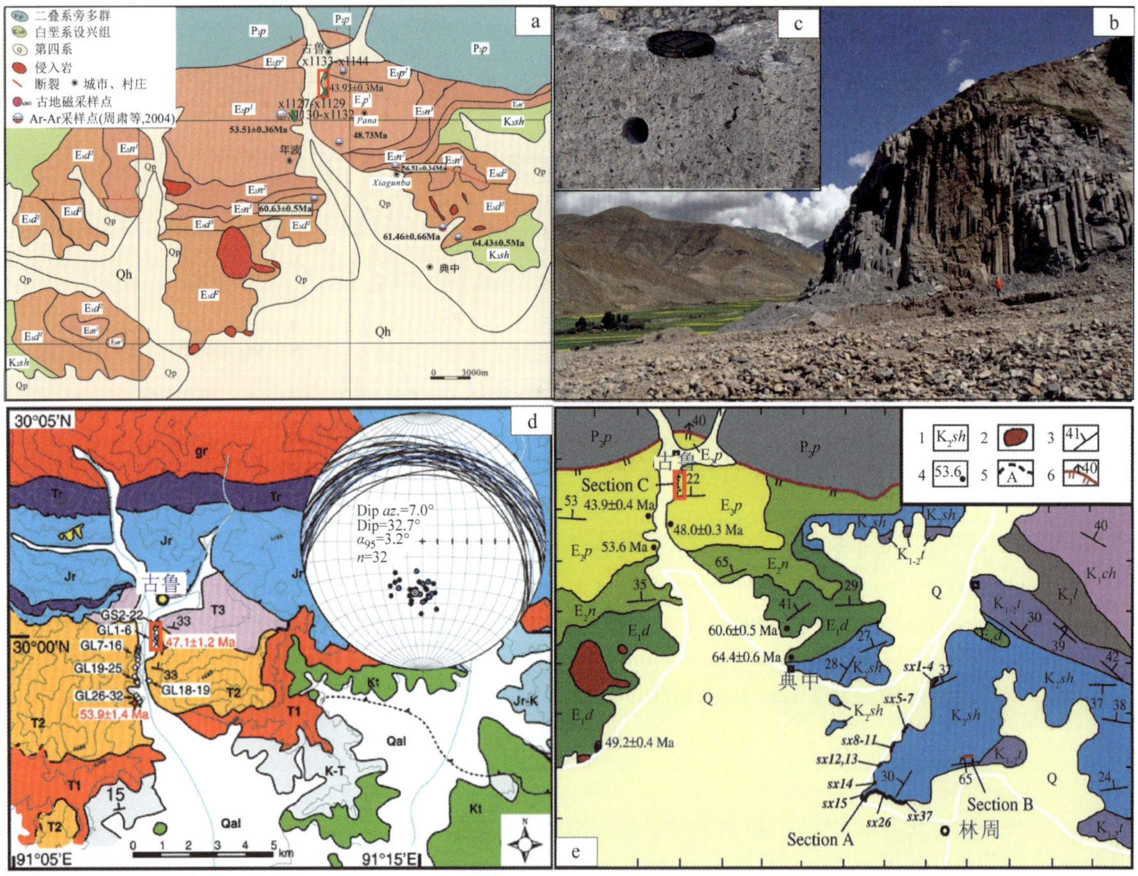

图 11-9 林周盆地林子宗群古地磁采样点分布图及帕那组 1 段上部野外照片

a 引自 Chen et al.（2010，2014），红色点代表 Chen et al.（2010）采样点位置，绿色点代表 Chen 等新补采样品的采点位置；b，c 为帕那组采石场附近全景及局部照片；d 引自 Dupont-Nivet et al.（2010）；e 引自 Tan et al.（2010）。

1—地层单元（如 K_2sh 上白垩统设兴组）；2—侵入岩；3—地层产状；4—K-Ar 和 Ar-Ar 定年；

5—采样剖面；6—逆冲断层及断层面倾角（°）

（4）晚白垩世火山岩结果

Tan et al.（2010）通过对设兴组及其中火山岩夹层的古地磁研究，得到拉萨地体晚白垩世古纬度为约22°N。除此以外，Sun et al.（2012）也从设兴组上部（110~72 Ma）获得17个采点的沉积岩和3个火山岩采点的古地磁数据，得到拉萨地体所处的古纬度为约15°N。由于沉积岩很可能存在一定的倾角变浅，因此目前林周盆地晚白垩世的火山岩结果似乎倾向于支持拉萨地块处于较高纬度的结论。

Yi et al.（2015）通过对亚热盆地和狮泉河盆地系统的$^{40}Ar/^{39}Ar$年代学研究，得到亚热盆地K_{3-2}组（即原来定义的年波组）中部、狮泉河盆地K_{3-1}组（原来定义的典中组）底部和K_{3-2}组底部的年龄分别为79.6±0.7 Ma，92.5±2.9 Ma和92.4±0.9 Ma，表明其喷发时代实则为晚白垩世。在此基础上，通过对两个盆地共38个采点近400件样品详细的岩石磁学和热退磁研究，分别得到了稳定的特征剩磁分量，该分量通过了褶皱检验、倒转检验和砾石检验，因此被解释为原生剩磁。由此从亚热和狮泉河盆地得到两个可靠的古地磁极为别为68.4°N，298.8°E（$A_{95}=2.7°$）和64.1°N，209.0°E（$A_{95}=9.6°$），由此计算得到参考点（31.5°N，80.0°E）古纬度值分别为13.6°N±9.6°和14.2°N±2.7°。新获得的古地磁极表明拉萨地体西缘在90~80 Ma仍处于北半球低纬度地区。通过与稳定亚洲大陆极移曲线的对比，得到亚洲大陆碰撞后的地壳缩短量至少为1100 km。通过进一步分析拉萨地体中部和东部的古地磁结果，本次研究认为拉萨地体东部在碰撞前所处的古纬度为约10°N而不是约20°N，该结果进而倾向于支持更低纬度更早的初始碰撞，这一初始碰撞时间的研究结果与最近在雅鲁藏布江中部发现的前陆盆地物源发生交换指示的时间（Wang et al.，2011；Wu et al.，2014；DeCelles et al.，2014；Hu et al.，2015）吻合；通过综合分析亚洲南缘不同经度位置上的古纬度以及局部位置上缝合带绕竖直轴的旋转量，该研究进一步推断欧亚大陆南缘在碰撞前具有近线性的结构，其走向大体上为NW向（约315°），该推论与地震层析成像资料在印度-亚洲碰撞带之下下地幔深度发现的新特提斯残留洋壳的产状一致；运用“填空法”，得到“大印度”在西构造结附近的北向延伸量与初始碰撞时间的函数，并进一步根据超高压变质作用的年龄推断其北向延伸量为1450±440 km。

（5）早白垩世火山岩结果

假定拉萨与羌塘的碰撞拼合在早白垩世已经完成，大多数学者认为早白垩世拉萨地体的古地磁数据也能够用来约束碰撞前拉萨地体的古纬度（Chen et al.，2012；Sun et al.，2008；van Hinsbergen et al.，2012；Lippert et al.，2014；Yang et al.，2015；Ma et al.，2014）。目前有4个来自早白垩世火山岩的数据，分别来自孙知明等（2008），Chen et al.（2012），Yang et al.（2015）和Ma et al.（2014），其指示拉萨地体在120±10 Ma之间处于15°N~20°N。

2. 欧亚大陆南缘碰撞前的古地理轮廓

（1）现有古地磁数据的分析

林周盆地典中组（64~60 Ma）20个有效采点及年波组37个采点的古地磁数据进行平均后，计算得到欧亚大陆南缘所处古纬度分别为5.8°N±6.3°和12.0°N±4.6°。仔细分析帕纳56个数据采样点的分布（图11-10a、d、e）可以发现，Chen et al.（2013，2014）的采样点主要分布于帕那组上部（图11-9a），根据GPS数据，Dupont-Nivet et al.（2010）的采样点位于帕那组下部（图11-9d），而Tan et al.（2010）的数据没有给出确切的GPS位置，但从采点分布图上可以看出其9个采点基本采自于帕那组1段（E_2p_1）上部的采石场附近（图11-9e），即处于两者之间。三位研究者的采样地层在帕那组1段上部这一地区（即古鲁村东南的采石场附近；图11-9）发生重叠。将上述研究中古地磁方向数据进行等面积投影可以看到，几乎所有位于帕那组1段上部（即采样点发生重叠的区域）的这些数据都具有高的磁倾角（平均磁倾角达55.0°，$N=22$；图11-10a），而位于帕那组其他层位的数据则具有较低的磁倾角（平均倾角为27.5°，$N=34$；图11-10a）。考虑到这两组数据的显著差别以及以下原因，本文认为帕那组1段上部的含角砾凝灰岩有可能是快速喷发的产物，而从此处获得的古地磁数据可能只是地磁场的点记录：①Ar-Ar年代学研究表明帕那组的时代为48~44 Ma，时间跨度仅约4 Ma，厚度却近2000 m；②帕那组1段上部为含角砾凝灰岩，具柱状节理，表明其可能是快速喷发的产物，而帕那组其他层位通常包含多个沉积夹层（如帕那组2段），表明存在多个喷发的旋回；③高磁倾角数据几乎只在帕那组1段上部含角砾凝灰岩中出现，且这部分数据（$N=22$）全部表现为正极性，不包含极性倒转；④帕那组1段上部的古地磁数据在等面积投影图上呈集中分布（$S=10.1$，低于理论的古地球磁场长期变模型所预测的虚地磁极VGP的散度值$S=15$），而帕那组其他层位数据的VGP散度值为12.5，符合该古纬度VGP散度的期望值；⑤帕那组其他层位得到的古地磁数据既包含正极性也包含负极性，表明其可能经历了较长的喷发时间（图11-10b）。

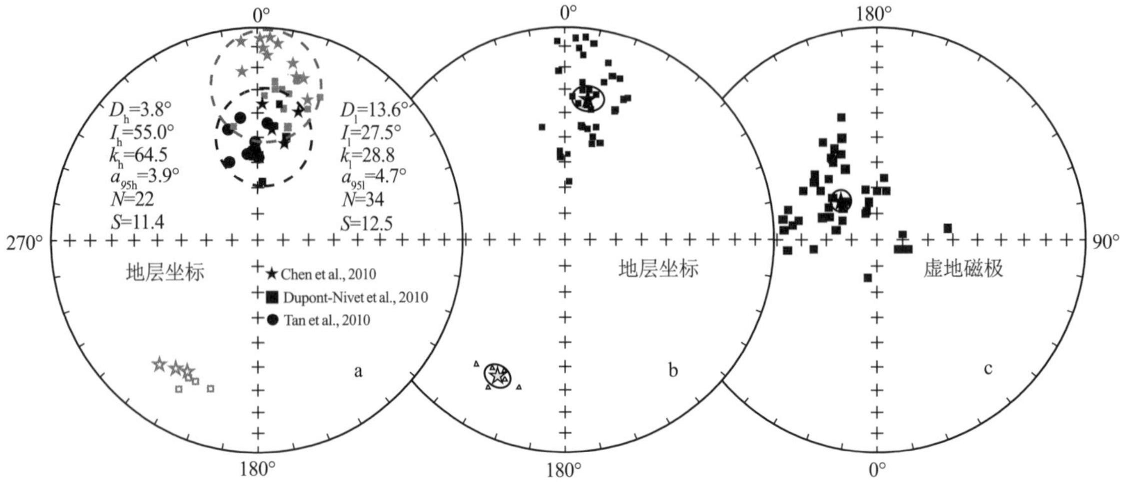

图11-10 林周盆地帕那组古地磁数据等面积投影图

（据Chen et al.，2010，2014；Dupont-Nivet et al.，2010；Tan et al.，2010）

a—地层坐标系下特征剩磁采点平均方向立体投影图，实心/空心符号代表向下/上的磁倾角，深色圆点、方框及五角星代表来自帕那组1段上部流纹质角砾凝灰岩的数据，其平均方向的统计参数用下标“h”表示，浅色符号表示来自帕那组其他层位的数据，其平均方向的统计参数用下标“l”表示；b—去除重复取样采点后的特征剩磁采点平均方向立体投影图；c—去除重复取样采点后的虚地磁极立体投影图

根据以上分析可知，从帕那组得到的高倾角数据很可能只是林子宗群某一阶段快速喷发所记录到的一个地磁场的点记录，而此时地磁场的倾角正处于长期变化过程中一个不同寻常的高值状态，而不同的研究者在这一区域却展开了重复的采样，共取得了多达22个采点的古地磁数据。因此，对这一重复采样的数据必须进行去重复的筛选，才能保证对地磁场的独立抽样。考虑这一情况，我们初步保留了Dupont-Nivet et al.(2010）帕那组上部（采石场附近）8个采点的数据（该部分数据已经进行了去重复筛选），而去除了Tan et al.(2010)，Chen et al.(2010，2014）数据中属于帕那组1段上部的这部分仅包含高倾角的数据，选取Chen et al.(2010，2014）共18个有效采点与Dupont-Nivet et al.(2010）中24个有效采点，共计42个采点平均得到帕那组期间（50~44 Ma）的古地磁极为：74.0°N，223.0°E（$A_{95}=4.0°$），计算得到欧亚大陆南缘所处的古纬度为17.6°N±4.0°（图11-10b，c）。

然而值得注意的是，同样是基于林子宗群的古地磁数据，van Hinsbergen et al.(2012）和Lippert et al.(2014）却给出了完全不同的分析结果。在引入了相对于原文更为严格的数据遴选标准后（如舍弃了k值小于50的火山岩采点、对沉积岩数据进行了进一步的E/I分析以及对长期变进行了更为严格的评估等），他们得到60个采点的平均古地磁极，并由此认为拉萨地体在此期间处于约22°N。相比于我们的分析结果，该项研究的另一不同之处是他们对林子宗上部（帕那组）和下部（典中组和年波组）的数据采取了差别对待的策略，其选择的所有数据均来自林子宗群上部的帕那组，而大部分符合他们设定的遴选标准典中组和年波组的数据却被忽略了，这一人为的疏忽导致古纬度估计的显著差别。

van Hinsbergen et al.(2012）和Lippert et al.(2014）的依据部分来自林周盆地晚白垩世的古地磁数据。Tan et al.(2010）通过对设兴组及其中火山岩夹层的古地磁研究，得到拉萨地体晚白垩世古纬度为约22°N，这一研究被认为支持了van Hinsbergen et al.(2012）的分析结果。然而，该项研究至少存在以下问题：首先，虽然在 Tan et al.（2010）中火山岩和沉积岩特征剩磁平均倾角没有显著区别，但平均偏角却相差约 30°。近期的研究发现 Tan et al.（2010）的“熔岩流”显微镜下为鲕粒状方解石，粒间充填弱分选的石英颗粒并且赤铁矿以他形充填于石英颗粒周缘，这一特征说明所谓的“熔岩流”实际上是沉积成因的砾屑灰岩且其载磁矿物-赤铁矿应为化学成因，很可能记录的为次生剩磁（梁雅伦等，2017）；另外，我们在 2010 年的野外工作中发现 Tan et al.（2010）对剖面 B 的产状存在误判（Yi et al.，2015），这无疑会导致错误的产状校正。除此以外，Sun et al.（2012）也从设兴组上部（110~72 Ma）获得 17 个采点的沉积岩和 3 个火山岩采点的古地磁数据，得到拉萨地体所处的古纬度为约 15°N。对于这一结果，Lippert et al.（2014）也有不同看法。通过对该研究中的沉积数据进行 E/I 校正，Lippert et al.（2014）得到校正后的古地磁结果，结合设兴组下部的沉积岩数据（Tan et al.，2010），这些作者认为拉萨地体在晚白垩世期间古纬度为约 22°N。Cao et al.（2017）对设兴组上部的红层及“熔岩流夹层”的最新研究得到一个古地磁极为 71.0°N，266.4°E，A_{95}=5.3°，得到拉萨地体在 74~64 Ma 期间处于约 11°N，同时他们还发现红层和“熔岩流”记录的倾角没有显著差别。Cao et al.（2017）的沉积岩古地磁方向几乎全部为正极性，符合白垩纪正极性超时（125~80 Ma）的特征，而“熔岩流”所记录的特征剩磁则为负极性。最近笔者在林周盆地考察时，观察到 Cao et al.（2017）的采样剖面的“火山岩”实则为一套近顺层侵位的辉绿岩岩脉，根据其记录的古地磁数据的负极性特征，其侵位的时代应显著晚于红层的沉积时代。此外，梁雅伦等（2017）对林周盆地上白垩统设兴组红层进行了系统的采样，其中 Tan et al.（2010）的 Section A 区域为前人广泛研究剖面（Pozzi et al.，1982；Westphal et al.，1983；Achache et al.，1984；Lin et al.，1988）；马乡地区采点则与前人采样点一致（Westphal et al.，1983；Achache et al.，1984；Sun et al.，2012）。两个地区的岩石磁组构（AMS）均显示为强劈理组构到构造组构的过渡区。在强构造应力作用下，岩石中磁性颗粒的旋转或变形会造成剩磁方向的偏转与离散，从而不再符合地磁场的 Fisher 分布特征（Kligfield et al.，1983）。构造应力造成的碎屑岩磁倾角异常在拉萨地块西部晚白垩世唐杂组和竟柱山组红层的古地磁研究中已被识别（Zhao et al.，2020）。因此，拉萨地块众多晚白垩世红层的古地磁数据需要进一步甄别与筛选。最近，Tong et al.（2022）通过马乡地区设兴组最顶部（74~70 Ma）的火山岩和少量沉积岩的古地磁研究，得到拉萨地块在碰撞前的古纬度为 9.8°N±2.7°。

总的来说，目前从拉萨地体东部（林周盆地、南木林盆地及措勤盆地）得到古地磁结果看起来很多互相矛盾，然而，经过上述分析之后，我们认为现有所有可靠的古地磁数据都倾向于支持拉萨地体在碰撞前处于约 7°N 而不是约 22°N。此外，绝大部分早白垩世的火山岩古地磁结果（Yang et al.，2015；Chen et al.，2012；Bian et al.，2017；Ma et al.，2014）表明亚洲南缘处于较高纬度（约 18°N），典中组的古纬度确实存在约 10°左右的偏低，如何解释这一差别是不可回避的问题。直接从数据层面上解释，意味着拉萨地块在晚白垩世以来发生了约 1000 km 的南向移动，继而在新生代向北漂移，才达到现今的位置。考虑到拉萨地块在早白垩世就已经与亚洲大陆完成拼合，显然这一运动不可能是拉萨地块独立完成的，而这似乎又与主流的全球视极移曲线所预测的欧亚大陆的整体运动是矛盾的。然而，亚洲大陆白垩纪以来的视极移曲线同样存在长期的争论，比如 Cogné et al.（2013）就认为欧亚大陆不是刚性的，在约 50 Ma 时亚洲大陆处于更靠南的位置（大约偏南 10°），这无疑需要亚洲大陆在晚白垩期间发生一定程度的南向移动。此外，最近天山托云盆地的古地磁研究也指示早白垩世—始新世期间磁倾角发生显著降低（Meng et al.，2020），这也与我们计算的拉萨地块南向运动的幅度相当。基于以上考虑，我们初步认为拉萨地块晚白垩世的南向运动很可能是真实的，拉萨地块典中组与早白垩及始新世古地磁结果的差异也是客观存在的。

（2）欧亚大陆碰撞前古地理轮廓的讨论

通过上文对拉萨地体西部、中部和东部得到的古地磁数据的分析，我们可以对 80°~90°E 之间亚洲大陆南缘的古地理轮廓进行重建（图 11-11）。利用不同位置所得到的古地磁极，计算各自经度上以现今缝合带为参考点的古纬度，从而得到拉萨地体南缘的古地理轮廓（图 11-12）。该图揭示拉萨地体在碰撞前为一线性构造，对它进行进一步线性拟合，表明其大致呈北西方向（约 310°）展布。

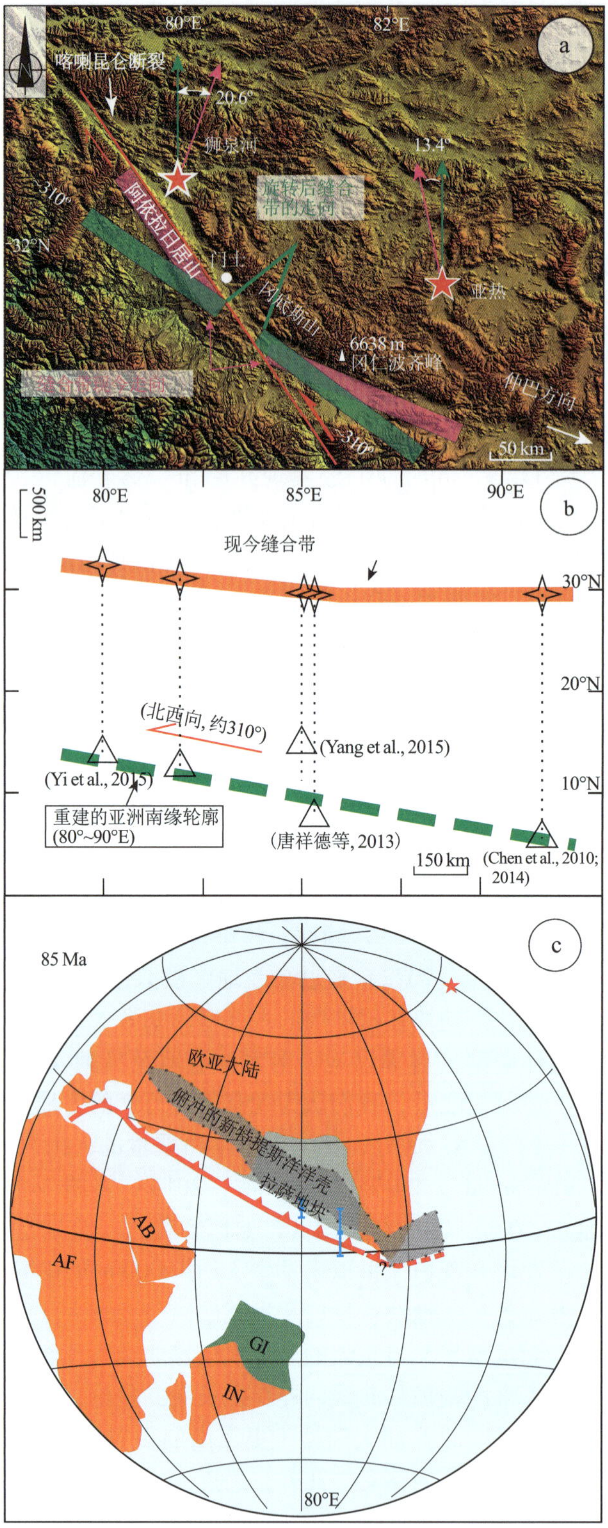

图 11-11　不同空间尺度下亚洲大陆南缘的重建图

（引自 Yi et al.，2015）

a—拉萨地块西缘；b—约 80°E 到 90°E 之间；c—欧亚大陆、非洲-阿拉伯板块。该重建显示碰撞前欧亚大陆南缘具有北西—南东向（约 315°）的准线性结构，与现今缝合带形状形成鲜明对比。a 中亚洲大陆南缘在西构造结附近的形状是通过将旋转记录的古地磁偏角（绿色的实线和箭头），使之与地理北极重合而重建得到；b 中亚洲大陆南缘的轮廓的制约来自 Chen et al.（2010，2012，2014），唐祥德等（2013）及 Yi et al.（2015）；c 中欧亚大陆、非洲、阿拉伯和印度的位置由各自极移曲线（据 Torsvik et al.，2012）确定；红色的星号为欧亚大陆南部轮廓所确定的平面的欧拉极（58°N，170°E），其小圆半径为约 8700 km。

IN—India；GI—Greater India；AB—Arabia；AF—Africa。图中约 1500 km 的“大印度”模型引自 Yi et al.（2011）

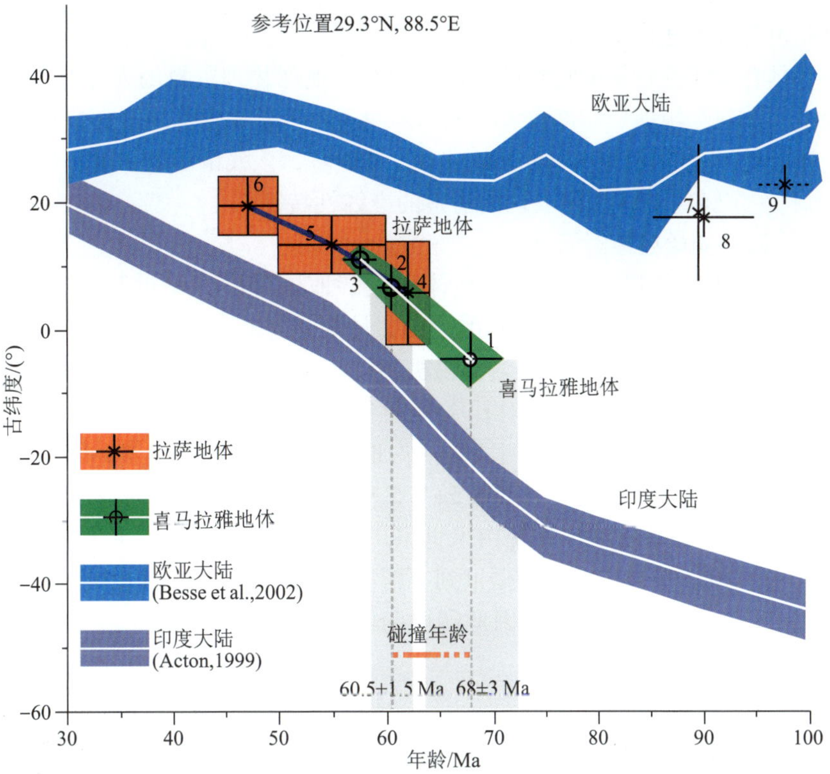

图 11-12　印度大陆、欧亚大陆、喜马拉雅地体以及拉萨地体晚白垩世以来的古纬度对比图

（据 Yi et al.，2011）

1，2，3 分别为宗山组（Patzelt et al.，1996），宗浦组下部和宗浦组上部（Yi et al.，2011）计算结果；4，5，6 分别为拉萨地体的林子宗群的典中组、年波组和帕纳组的分组平均古地磁结果（Chen et al.，2010；Dupont-Nivet et al.，2010；Liebke et al.，2010；Sun et al.，2010）；7，8，9 计算自拉萨地体中晚白垩世的火山岩古地磁结果（Lin et al.，1988；Tan et al.，2010）

在拉萨地体的西段南缘，印度河-雅鲁藏布江缝合带分为南北两支，其北支在西端沿阿伊拉日居山脊（走向方位角约为 335°）出露，以一套蛇绿岩组合为标志，喀喇昆仑断裂在门士附近切过这条蛇绿岩带。再往东该蛇绿岩带走向转向 300°左右，沿冈底斯弧从冈仁波齐山前出露一直到仲巴。从图上看，这条蛇绿岩带的走向具有明显的分段特征。根据 Yi et al.（2015）从狮泉河和亚热盆地得到的晚白垩世火山岩的磁偏角分别为 20. 6°和 346. 9°，这表明这两个盆地很可能在晚白垩世以来分别经历 20. 6°的顺时针旋转和 13. 1°的逆时针旋转。如果将这两个盆地分别对应的缝合带做相应旋转，我们得到一条近似直线的缝合带，其走向为约 315°（图 11-11a）这一独立的重建也表明拉萨地体西缘可能具有近似线性的结构。

为了对整个欧亚大陆南缘碰撞前的古地理轮廓进行评估，我们选择约 85 Ma 为时间节点，将拉萨地体在欧亚大陆中的位置进行了重建（图 11-11c）。对印度以西的地区，板块重建和平衡剖面研究都表明非洲-阿拉伯-欧亚大陆碰撞以来最大的汇聚量仅有 300~400 km（Allen et al.，2004）；因此这一段欧亚大陆的南缘大致可以用约 85 Ma 的古地磁极来约束。对发生强烈变形和地壳缩短的印度河-雅鲁藏布江缝合带，我们用拉萨地体西部和东部的古地磁数据来约束亚洲大陆南缘的位置和形状。这些控制点在球面上近似沿一个以 58°N，170°W 为极点的大圆（半径 8700 km）分布。重建的欧亚大陆南部边界西起现今地中海的北部，向东经过伊朗的最南部直到印度安得拉邦南部。对于亚洲大陆东段（东构造结以东）的南部边界，由于缺乏可靠的晚白垩至古近纪的古地磁记录，目前有效的约束还远远不够。尽管如此，由于该地区目前已经积累大量的白垩纪—新生代的沉积岩数据，这使得我们能够对东南亚各个块体的旋转历史作进一步的分析。李仕虎等（2013）对这些数据的综合分析表明掸泰地块和印支地块分别发生了 20°~80°和约 30°的顺时针旋转。如果将这些块体及对应的新特提斯缝合带反时针旋转 50°，那么现今近南北走向的缝合带将变为北西—南东走向，这表明亚洲大陆东段的南部边界很可能也符合上述模型。

欧亚大陆南缘具有准线性特征的特点可以得到现有的地球物理资料的支持（如 2.2 所述）。地震层析成像研究表明，在现今伊朗、印度次大陆和马来西亚的下方发现下地幔高速异常，该高速异常带被解释为新特提斯洋的洋壳残留（van der Voo et al.，1999），该残留洋壳长度超过 10000 km，大致沿北西-南东向展布，在东经约 110°以西表现出清楚的准线性特征。

3. 印度-欧亚大陆的初始碰撞时间

通过缝合带两侧块体（特提斯喜马拉雅地体和拉萨地体）晚白垩世至古近纪古纬度或者视极移曲线的直接对比，可以对印度与欧亚大陆的初始碰撞时间进行了进一步约束。分别将特提斯喜马拉雅新获得的 62~59 Ma 和 59~56 Ma 两个古地磁极与拉萨地体在典中组（64~60 Ma）和年波组沉积期间（60~50 Ma）的两个古地磁极进行对比，得到参考点的纬向位移分别为 0.5°±7.3°和 1.8°±4.2°，这表明印度-雅鲁藏布江缝合带两侧块体的古地磁极在 60.5±1.5 Ma 古纬度已经重叠，因此印度与欧亚大陆的初始碰撞很可能不晚于 60.5±1.5 Ma。另外，岗巴地区宗山组海相沉积（71~65 Ma）的古地磁结果表明喜马拉雅地体在晚白垩世宗山组沉积期间仍处于 4.7°S±4.4°的位置，而欧亚大陆的南缘（即拉萨地体）在整个晚白垩世到古新世都处于北半球低纬度地区，这意味着 68±3 Ma 时它们之间尚存在 10.8°±7.7°的纬度差，因此印度与欧亚大陆的初始碰撞不可能早于 68±3 Ma（图 11-12；图 11-13）。

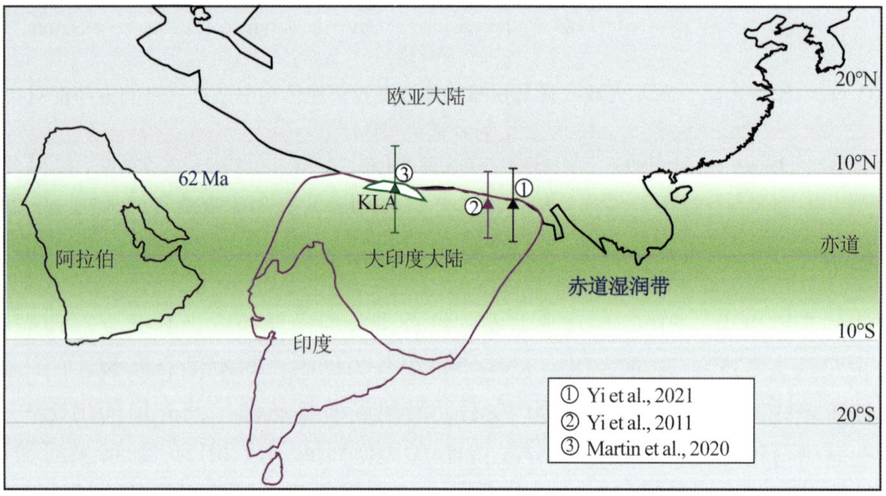

图 11-13　印度-欧亚碰撞带古地理重建显示印度和亚洲在不晚于约 62 Ma 的时间已经发生接触，初始碰撞的位置处于赤道湿润带以内（约 6°N）

（据 Yi et al.，2021）

亚洲南缘的位置重建根据典中组的古地磁数据来自 Chen et al.（2010，2014）；Huang et al.（2015）以及 Yi et al.（2011）；印度北缘的位置重建依据 Yi et al.（2011）；科希斯坦-拉达克岛弧的位置依据 Martin et al.（2020）

我们的结果表明印度-亚洲初始碰撞过程中的陆-陆、弧-陆碰撞均发生在赤道湿润带以内（图 11-13），这一低纬度的初始碰撞过程可能大大加剧了硅酸盐，特别是来自大洋岛弧的基性、超基性岩的风化作用，导致额外的二氧化碳消耗，这可能是驱动新生代全球变冷的关键因素之一。这些认识对于理解印度-亚洲碰撞的构造和气候意义是至关重要的（Yi et al.，2021）。

参 考 文 献

董国臣，莫宣学，赵志丹，等. 2005. 拉萨北部林周盆地林子宗火山岩层序新议. 地质通报，24(6)：9.

黄宝春，陈军山，易治宇. 2010. 再论印度与亚洲大陆的初始碰撞. 地球物理学报，53(9)：2045~2058.

李皓扬，钟孙霖，王彦斌，等. 2007. 藏南林周盆地林子宗火山岩的时代、成因及其地质意义：锆石 U-Pb 年龄和 Hf 同位素证据. 岩石学报，23(2)：493~500.
李仕虎，黄宝春，朱日祥. 2012. 青藏高原东南缘构造旋转的古地磁学证据. 地球物理学报，55(1)：76~91.
李忠海. 2014. 大陆俯冲-碰撞-折返的动力学数值模拟研究综述. 中国科学：地球科学，44(5)：817~841.
梁雅伦，黄宝春，易治宇，等. 2017. 印欧大陆碰撞前亚洲大陆南缘古位置再研究：林周盆地上白垩统红层的古地磁新结果. 地球物理学报，60(5)：14.
潘桂棠，丁俊，等. 2005. 青藏高原及邻区地质图 1：1500000. 成都：成都地图出版社.
孙知明，江万，裴军令，等. 2008. 青藏高原拉萨地块早白垩纪火山岩古地磁结果及其构造意义. 岩石学报，24(7)：6.
唐祥德，黄宝春，杨列坤，等. 2013. 拉萨地块中部林子宗群 Ar-Ar 年代学和古地磁研究结果及其构造意义. 地球物理学报，56(1)：136~149.
吴福元，黄宝春，叶凯，等. 2008. 青藏高原造山带的垮塌与高原隆升. 岩石学报，24(1)：1~30.
易治宇，李忠海，许志琴，等. 2017. 印度-亚洲碰撞带西段初始碰撞过程：古地磁、地震层析成像及数值模拟约束. 地球物理学进展，32(4)：1510~1520.
易治宇，梁雅伦，赵杰，等. 2016. 碰撞前印度大陆北缘古地理轮廓——藏南晚白垩世堆拉灰岩古地磁研究. 地质学报，90(11)：11.
张也，黄宝春，赵千. 2019. 早白垩世存在刚性/准刚性大印度板块的古地磁学新证据. 科学通报，64(21)：2225~2244.
张也，黄宝春. 2017. 特提斯喜马拉雅地块白垩纪古纬度变化对印欧碰撞模式的制约. 中国科学，47(6)：674~683.
周肃，莫宣学，董国臣，等. 2004. 西藏林周盆地林子宗火山岩 $^{40}Ar/^{39}Ar$ 年代格架. 科学通报，49(20)：2095~2103.
周姚秀，鲁连仲，陈显尧. 1990. 西藏古地磁研究与初步探讨. 见：袁学诚，周姚秀，李立等. 喜马拉雅岩石圈构造演化-西藏古地磁与大地电磁研究. 中华人民共和国地质矿产部地质专报. 北京：地质出版社.
Achache J. 1991. Paleogeographic and tectonic evolution of southern Xizang (Tibet) since middle Cretaceous time: New paleomagnetic data and synthesis. Geology of the Himalayas-Papers on Geophysics.
Achache J, V Courtillot, Y X Zhou. 1984. Paleogeographic and tectonic evolution of southern Tibet since middle Cretaceous time: New paleomagnetic data and synthesis. Journal of Geophysical Research, 89(Nb12): 311~339.
Acton. 1999. Apparent polar wander of India since the Cretaceous with implications for regional tectonics and true polar wander. Memoir Geological Society of India, 44:129~175.
Ahmad M N, Fujiwara Y, Paudel L P. 2001, Remagnetization of igneous rocks in Gupis area of Kohistan arc, northern Pakistan. Earth, Planets and Space, 53(5): 373~384.
Ahmad M N, Yoshida M, Fujiwara Y. 2000. Paleomagnetic study of Utror volcanic formation: Remagnetizations and postfolding rotations in Utror area, Kohistan arc, northern Pakistan. Earth, Planets and Space, 52(6): 425~436.
Allen M, J Jackson, R Walker. 2004. Late Cenozoic reorganization of the Arabia-Eurasia collision and the comparison of short-term and long-term deformation rates. Tectonics, 23(2): TC2008.
An W, Hu X, Garzanti E, et al. 2021. New precise dating of the India-Asia collision in the Tibetan Himalaya at 61 Ma. Geophysical Research Letters, 48(2): e2020GL090641.
Appel E, Muller R, Widder R W. 1991. Paleomagnetic results from the Tibetan sedimentary series of the Manang area (North centralepal). Geophysical Journal International, 104: 255~266.
Appel E, Patzelt A, Chouker C. 1995. Secondary palaeoremanence of Tethyan sediments from the Zanskar Range (NW Himalaya). Geophysical Journal International, 122: 227~242.
Besse J, Courtillot V, Pozzi J P, et al. 1984. Paleomagnetic estimates of crustal shortening in the Himalayan thrusts and Zangbo suture. Nature, 311: 621~626.
Besse J, Courtillot V. 2002. Apparent and true polar wander and the geometry of the geomagnetic field over the last 200 Myr. Journal of Geophysical Research, 107(2300): 31.
Bian W, Yang T, Ma Y, et al. 2019. Paleomagnetic and geochronological results from the Zhela and Weimei Formations lava flows of the eastern Tethyan Himalaya: New insights into the breakup of eastern Gondwana. Journal of Geophysical Research: Solid Earth, 124(1): 44~64.
Bian W, Yang T, Ma Y, et al. 2017. New early Cretaceous palaeomagnetic and geochronological results from the far western Lhasa terrane: Contributions to the Lhasa-Qiangtang collision. Scientific Reports, 7(1): 1~14.
Cao Y, Sun Z M, Li H B, et al. 2017. New late Cretaceous paleomagnetic data from volcanic rocks and red beds from the Lhasa terrane and its implications for the paleolatitude of the southern margin of Asia prior to the collision with India. Gondwana Research, 41: 337~351.
Chen J, Huang B, Sun L. 2010. New constraints to the onset of the India-Asia collision: Paleomagnetic reconnaissance on the Linzizong Group in the Lhasa Block, China. Tectonophysics, 489: 189~209.
Chen J, Huang B, Yi Z, et al. 2014. Paleomagnetic and $^{40}Ar/^{39}Ar$ geochronological results from the Linzizong Group, Linzhou Basin, Lhasa Terrane, Tibet: Implications to Paleogene paleolatitude and onset of the India-Asia collision. Journal of Asian Earth Sciences, 96: 162~177.
Chen W, T Yang, S Zhang, et al. 2012. Paleomagnetic results from the early Cretaceous Zenong group volcanic rocks, Cuoqin, Tibet, and their

paleogeographic implications. Gondwana Research, 22(2): 461~469.

Cogné J P, J Besse, Y Chen, et al. 2013. A new late Cretaceous to present APWP for Asia and its implications for paleomagnetic shallow inclinations in central Asia and Cenozoic Eurasian plate deformation. Geophysical Journal International, 192(3): 1000~1024.

Crouzet C, Gautam P, Schill E, et al. 2003. Multicomponent magnetization in western Dolpo (Tethyan Himalaya, Nepal): Tectonic implications. Tectonophysics, 377(1~2): 179~196.

Decelles P G, Kapp P, Gehrels G E, et al. 2014. Paleocene-eocene foreland basin evolution in the himalaya of southern tibet and nepal: Implications for the age of initial india-asia collision. Tectonics, 33(5): 824~849.

Dupont-Nivet G, P C Lippert, D J J van Hinsbergen, et al. 2010. Palaeolatitude and age of the Indo-Asia collision: palaeomagnetic constraints. Geophysical Journal International, 182(3): 1189~1198.

Grand S P, van der Hilst R D, Widiyantoro S. 1997. High resolution global tomography: a snapshot of convection in the Earth. Geological Society of America Today, 7(4).

He S, Kapp P, DeCelles P G, et al. 2007. Cretaceous-Tertiary geology of the Gangdese Arc in the Linzhou area, southern Tibet. Tectonophysics, 433: 15~37.

Hu X, Garzanti E, Moore T, et al. 2015. Direct stratigraphic dating of India-Asia collision onset at the Selandian (middle Paleocene, 59±1 Ma). Geology, 43(10): 859~862.

Huang W, Dupont-Nivet G, Lippert P C, et al. 2013. Inclination shallowing in Eocene Linzizong sedimentary rocks from Southern Tibet: Correction, possible causes and implications for reconstructing the India-Asia collision. Geophysical Journal International, 194(3): 1390~1411.

Huang W, G Dupont-Nivet, P C Lippert, et al. 2015. What was the Paleogene latitude of the Lhasa terrane? A reassessment of the geochronology and paleomagnetism of Linzizong volcanic rocks (Linzhou Basin, Tibet). Tectonics, 34: 594~622.

Huang W, Lippert P C, Jackson M J, et al. 2017. Remagnetization of the Paleogene Tibetan Himalayan carbonate rocks in the Gambaarea: Implications for reconstructing the lower plate in the India-Asia collision. Journal of Geophysical Research: Solid Earth, 122(2): 808~825.

Huang W, Lippert P C, Zhang Y, et al. 2017. Remagnetization of carbonate rocks in southern Tibet: Perspectives from rock magnetic and petrographic investigations. Journal of Geophysical Research: Solid Earth, 122(4): 2434~2456.

Jackson M, Swanson-Hysell N L. 2012. Rock magnetism of remagnetized carbonate rocks: another look. Geological Society, London, Special Publications, 371(1): 229~251.

Jadoon U F, Huang B C, Shah S A, et al. 2022. Multi-stage India-Asia collision: Paleomagnetic constraints from Hazara-Kashmir syntaxis in the western Himalaya. Geological Society of America Bulletin, 134(5~6): 1109~1128.

Kind R, Yuan X, Saul J, et al. 2002. Seismic images of crust and upper mantle beneath Tibet: Evidence for Eurasian plate subduction. Science, 298: 1219~1221.

Kligfield R, Lowrie W, Hirt A, et al. 1983. Effect of progressive deformation on remanent magnetization of Permian redbeds from the Alpes Maritimes (France). Tectonophysics, 98(1~2): 59~85.

Klootwijk C T, Bingham D K. 1980. The extent of greater India, III. Palaeomagnetic data from the Tibetan Sedimentary series, Thakkhola region, Nepal Himalaya. Earth and Planetary Science Letters, 51(2): 381~405.

Klootwijk C T, Conaghan P J. 1979. The extent of Greater India, I. Preliminary palaeomagnetic data from the Upper Devonian of the eastern Hindukush, Chitral (Pakistan). Earth and Planetary Science Letters, 42(2): 167~182.

Klootwijk C T, Conaghan P J, Nazirullah R, et al. 1994. Further palaeomagnetic data from Chitral (Eastern Hindukush): Evidence for an early India-Asia contact. Tectonophysics, 237(1): 1~25.

Li Z H. 2014. A review on the numerical geodynamic modeling of continental subduction, collision and exhumation. Science China Earth Sciences, 57: 47~69.

Liebke U, Appel E, Ding L, et al. 2010. Position of the Lhasa terrane prior to India-Asia collision derived from palaeomagnetic inclinations of 53 Ma old dykes of the Linzhou Basin: constraints on the age of collision and post-collisional shortening within the Tibetan Plateau. Geophysical Journal International, 182: 1199~1215.

Liebke U, Appel E, Ding L, et al. 2013. Age constraints on the India-Asia collision derived from secondary remanences of Tethyan Himalayan sediments from the Tingri area. Journal of Asian Earth Sciences, 62: 329~340.

Lin J, Watts D R. 1988. Paleomagnetic constraints on Himalayan Tibetan tectonic evolution. Philosophical Transactions of the Royal Society of London Series a-Mathematical Physical and Engineering Sciences, 326: 177~188.

Lippert P C, van Hinsbergen D J J, Dupont-Nivet G. 2014, The early Cretaceous to present latitude of the central Lhasa-plano (Tibet): A paleomagnetic synthesis with implications for Cenozoictectonics, paleogeography and climate of Asia, in: Nie, J. S., Hoke, G. D. and Horton, B. K. (editors), Towards an improved understanding of uplift mechanisms and the elevation history of the Tibetan plateau, Geological Society of America Special Paper.

Ma Y, Yang T, Bian W, et al. 2016. Early Cretaceous paleomagnetic and geochronologic results from the Tethyan Himalaya: Insights into the Neotethyan paleogeography and the India-Asia collision. Scientific Reports, 6(1): 1~11.

Ma Y, Yang T, Yang Z, et al. 2014. Paleomagnetism and U-Pb zircon geochronology of lower Cretaceous lava flows from the western Lhasa terrane: New constraints on the India-Asia collision process and intracontinental deformation within Asia. Journal of Geophysical Research: Solid Earth, 119(10): 7404~7424.

Martin C R, Jagoutz O, Upadhyay R, et al. 2020. Paleocene latitude of the Kohistan-Ladakh arc indicates multistage India-Eurasia collision. Proceedings of the National Academy of Sciences of the United States of America, 117(47): 29487~29494.

McCabe C, Van der Voo R, Peacor D R, et al. 1983. Diagenetic magnetite carries ancient yet secondary remanence in some Paleozoic sedimentary carbonates. Geology, 11(4): 221~223.

Meng J, Gilder S A, Li Y, et al. 2020. Expanse of greater india in the late cretaceous. Earth and Planetary ence Letters, 542: 116330.

Meng J, Gilder S A, Wang C, et al. 2019. Defining the limits of greater India. Geophysical Research Letters, 46(8): 4182~4191.

Najman Y, Appel E, Boudagher-Fadel M, et al. 2010. The timing of India-Asia collision: Geological, biostratigraphic and palaeomagnetic constraints. Journal of Geophysical Research, 46: 531~554.

Owens T J, Zandt G. 1997. Implications of crustal property variations for models of Tibetan plateau evolution. Nature, 387: 37~43.

Patzelt A, Li H, Wang J, et al. 1996. Palaeomagnetism of Cretaceous to Tertiary sediments from southern Tibet: Evidence for the extent of the northern margin of India prior to the collision with Eurasia. Tectonophysics, 259: 259~284.

Pozzi J P, M Westphal, Y X Zhou, et al. 1982. Position of the Lhasa Block, South Tibet, during the Late Cretaceous. Nature, 297(5864): 319~321.

Ran B, Chengshan Wang, Xixi Zhao, et al. 2012. Dimension of greater India in the early Mesozoic: Paleomagnetic constraints from Triassic sediments in the Tethyan Himalaya. Journal of Asian Earth Sciences, 53: 15~24.

Replumaz A, Negredo A M, Villasenor A, et al. 2010. Indian continental subduction and slab break-off during Tertiary collision. Terra Nova, 22(4): 290~296.

Replumaz A, S Guillot, A Villasenor, et al. 2013. Amount of Asian lithospheric mantle subducted during the India/Asia collision. Gondwana Research, 24(3~4): 936~945.

Replumaz A, Tapponnier P. 2003. Reconstruction of the deformed collision zone between India and Asia by backward motion of lithospheric blocks. Journal of Geophysical Research: Solid Earth, 108(B6): 1978~2012.

Schill E, Appel E, Godin L, et al. 2003. Record of deformation bysecondary magnetic remanences and magnetic anisotropy in the Nar/Phu valley (central Himalaya). Tectonophysics, 377(1~2): 197~209.

Sun Z M, W Jiang, J Pei, et al. 2008. New early Cretaceous paleomagnetic data from volcanic of the eastern Lhasa Block and its tectonic implications. Acta Petrologica Sinica, 24(7): 1621~1626.

Sun Z, J Pei, H Li, et al. 2012. Palaeomagnetism of late Cretaceous sediments from southern Tibet: Evidence for the consistent palaeolatitudes of the southern margin of Eurasia prior to the collision with India. Gondwana Research, 21(1): 53~63.

Sun Z, Jiang W, Li H, et al. 2010. New paleomagnetic results of Paleocene volcanic rocks from the Lhasa block: Tectonic implications for the collision of India and Asia. Tectonophysics, 490: 257~266.

Tan X, Gilder S, Kodama K P, et al. 2010. New paleomagnetic results from the Lhasa block: Revised estimation of latitudinal shortening across Tibet and implications for dating the India-Asia collision. Earth Planetary Science Letters, 293: 396~404.

Tong Y, Yang Z, Pei J, et al. 2022. New late Cretaceous paleomagnetic results from the Lhasa terrane and their implications for the suturing of India and Eurasia and the closure of the Neo-Tethys Ocean. GSA Bulletin.

Tong Y, Yang Z, Zheng L, et al. 2008. Early paleocene paleomagnetic results from Southern Tibet, and Tectonic Implications. International Geology Review, 50: 546~562.

Torsvik T H, et al. 2012. Phanerozoic polar wander, palaeogeography and dynamics. Earth-Science Reviews, 114(3~4): 325~368.

Torsvik T H, Paulsen T S, Hughes N C, et al. 2009. The Tethyan Himalaya: Palaeogeographical and tectonic constraints from Ordovician palaeomagnetic data. Journal of the Geological Society, 166(4): 679~687.

van der Hilst R D, Widiyantoro S, Engdahl E R. 1997. Evidence for deep mantle circulation from global tomography. Nature, 386: 578~584

van der Hist R, Engdahl R, Spakman W, et al. 1991. Tomographic imaging of subducted lithosphere below northwest Pacific island arcs. Nature, 353(6339): 37~43.

van der Voo R, Spakman W, Bijwaard H. 1999a. Mesozoic subducted slabs under Siberia. Nature, 397(6716): 246~249.

van der Voo R, Spakman W, Bijwaard H. 1999b. Tethyan subducted slabs under India. Earth and Planetary Science Letters, 171(1): 7~20.

van Hinsbergen D J J. 2022. Indian plate paleogeography, subduction, and horizontal underthrusting below Tibet: Paradoxes, controvercies, and opportunities. National Science Review, nwac074.

van Hinsbergen D J J, P C Lippert, G Dupont-Nivet, et al. 2012. Greater India basin hypothesis and a two-stage Cenozoic collision between India and Asia. Proceedings of the National Academy of Sciences, 109(20): 7659~7664.

Wang J, Hu X, Jansa L, et al. 2011. Provenance of the upper Cretaceous-Eocene deep water sandstones in Sangdanlin, Southern Tibet: Constraints on the timing of initial India-Asia Collision. Journal of Geology, 119: 293~309.

Westphal M, Pozzi J P. 1983. Paleomagnetic and plate tectonic constraints on the movement of Tibet. Tectonophysics, 98(1~2): 1~10.

Wu F, Ji W, Wang J, et al. 2014. Zircon U-Pb and Hf isotopic constraints on the onset time of india-asia collision. American Journal of Science, 314(2): 548~579.

Yang T, Ma Y, Bian W, et al. 2015. Paleomagnetic results from the early Cretaceous Lakang formation lavas: Constraints on the paleolatitude of the Tethyan Himalaya and the India-Asia collision. Earth and Planetary Science Letters, 428: 120~133.

Yi Z, Appel E, Huang B. 2017. Comment on "Remagnetization of the paleogene Tibetan Himalayan carbonate rocks in the Gamba area: Implications for reconstructing the lower plate in the India-Asia collision" by Huang et al. Journal of Geophysical Research: Solid Earth, 122(7): 4852~4858.

Yi Z, Huang B, Chen J, et al. 2011. Paleomagnetism of early Paleogene marine sediments in southern Tibet, China: Implications to onset of the India-Asia collision and size of Greater India. Earth and Planetary Science Letters, 309(1-2): 153~165.

Yi Z, Huang B, Yang L, et al. 2015. A quansi-linear structure of the southern margin of Eurasia prior to the India-Asia collision: First paleomagnetic constraints from Late Cretaceous volcanic rocks near the western syntax of Tibet. Tectonics, 34(7): 1431~1451.

Yi Z, Wang T, Meert J G, et al. 2021. An initial collision of India and Asia in the equatorial humid belt. Geophysical Research Letters, 48(9): e2021GL093408.

Yuan J, Deng C, Yang Z, et al. 2022. Triple-stage India-Asia collision involving arc-continent collision and subsequent two-stage continent-continent collision. Global and Planetary Change, 212: 103821.

Yuan J, Yang Z, Deng C, et al. 2020. Rapid drift of the Tethyan Himalaya terrane before two-stage india-asia collision. National Science Review, 008(007): 81~93.

Zaman H, Torii M. 1999. Palaeomagnetic study of Cretaceous red beds from the eastern Hindukush ranges, northern Pakistan: palaeoreconstruction of the Kohistan-Karakoram composite unit before the India-Asia collision. Geophysical Journal International, 136(3): 719~738.

Zhang Z, Klemperer S. 2010. Crustal structure of the Tethyan Himalaya, southern Tibet: New constraints from old wide-angle seismic data. Geophysical Journal International, 181: 1247~1260.

Zhao Q, Huang B, Yi Z, et al. 2021. High-resolution petrographic evidence confirming detrital and biogenic magnetites as remanence carriers in Zongpu carbonates, South Tibet.

Zhao W J, Nelson K D. 1993. Deep seismic-reflection evidence for continental underthrusting beneath Southern Tibet. Nature, 366: 557~559.

第十二章 喜马拉雅造山带的变质作用与构造演化

喜马拉雅造山带位于青藏高原南缘，印度与亚洲大陆在65~50 Ma的碰撞和后续的汇聚形成了这个世界上最大且仍在活动的碰撞造山带。喜马拉雅造山带呈弧形，从位于中国西藏的东构造结（Namche Barwa Syntaxis，南迦巴瓦构造结）到巴基斯坦的西构造结（Nanga Parbat Syntaxis，南迦帕尔巴特构造结）延伸约2500 km（图12-1）。喜马拉雅造山带核部由壮观的变质岩系和其部分熔融形成的淡色花岗岩构成。由于这些岩石形成在一个单一的、已知的造山作用过程中，并没有叠加后期的构造热事件，所以它们构成了一个研究碰撞造山作用的天然实验室。而且，与其他造山带相比，喜马拉雅造山带的变质作用研究有两个大的优势，其一是岩石类型和构造沿造山走向具有一致性，允许我们对造山带的不同部分进行比较研究和发现局部的异常；其二是喜马拉雅造山事件非常年轻有利于对其进行准确的年代学限定。这是因为现有微区和原位定年方法的分析误差一般为2%，对喜马拉雅造山带的构造热事件进行定年可以获得≤1 Ma的有意义年龄。

近二十多年，喜马拉雅造山带的变质作用与构造演化取得了重要进展。在造山带西段发现了大陆深俯冲形成的超高压变质岩，在造山带中、东段发现了印度大陆地壳平缓俯冲形成的高压榴辉岩和高压麻粒岩。高喜马拉雅结晶岩系经历了长期持续的高温（或超高温）和高压变质作用与部分熔融，泥质、长英质和基性岩石在进变质过程中发生脱水熔融形成了不同成分、不同时代和不同类型的花岗岩（Kohn，2014；张泽明等，2017，2018；Zhang et al.，2022）。本章对东喜马拉雅构造结的高压基性麻粒岩、中喜马拉雅的高压榴辉岩和西喜马拉雅的超高压榴辉岩的岩石学特征、变质作用条件、时间与*P-T*轨迹进行了总结，探讨了喜马拉雅造山带变质作用条件与时间的空间变化和淡色花岗岩的成因，建立了造山带变质作用的构造模型。

第一节 喜马拉雅造山带的构造单元和变质作用特征

喜马拉雅造山带主要由3个构造单元组成，从北向南依次是，特提斯喜马拉雅、高喜马拉雅和低喜马拉雅系列（图12-1；Yin et al.，2000）。特提斯喜马拉雅系列的北界为印度河-雅鲁藏布江缝合带，为印度与亚洲大陆之间的新特提斯洋壳残留。特提斯喜马拉雅系列的南界是由一系列剪切带和脆性断层组成的藏南拆离系。藏南拆离系之下的高喜马拉雅岩系构成了造山带的核心。低喜马拉雅系列位于高喜马拉雅岩系之下，二者间界限为主中央逆冲断层。低喜马拉雅系列的下部边界为主边界逆冲断层，其之下是古近系—新近系的前陆盆地（Tertiary Siwaliks）。最南部的逆冲断裂是主前锋逆冲断层。在造山带中-东段，分布于特提斯喜马拉雅系列中部、呈穹窿状产出的中-高级变质岩系被称为北喜马拉雅片麻岩穹窿，或北喜马拉雅变质岩系。

特提斯喜马拉雅系列由新元古代至中生代沉积岩系组成，未变质到低角闪岩相变质。高喜马拉雅系列由元古代至古生代的沉积岩系和不同类型的岩浆岩组成，经历了麻粒岩相到榴辉岩相变质作用。因此，高喜马拉雅岩系是一套高级变质的结晶杂岩。低喜马拉雅系列主要由元古宙的沉积岩系和岩浆岩组成，经历了绿片岩相到角闪岩相变质作用。

喜马拉雅造山带的岩石构造单元具有很好的沿造山带走向连续分布的特征。即LHS、GHS、THS、

MBT、MCT 和 STD 都沿造山带走向连续产出至少 2000 km（图 12-1）。穿过造山带的横剖面显示，低喜马拉雅岩系的叠覆体（Lesser Himalayan Duplex，LHD）产出在造山带的中心部位，其上部的 MCT、GHS 和 THS 呈宽阔的背形样式分布。在某些地区的造山带前缘，THS 和 GHS 形成宽阔的向斜。在造山带内部，所有构造单元和构造边界均向北或北东倾斜。

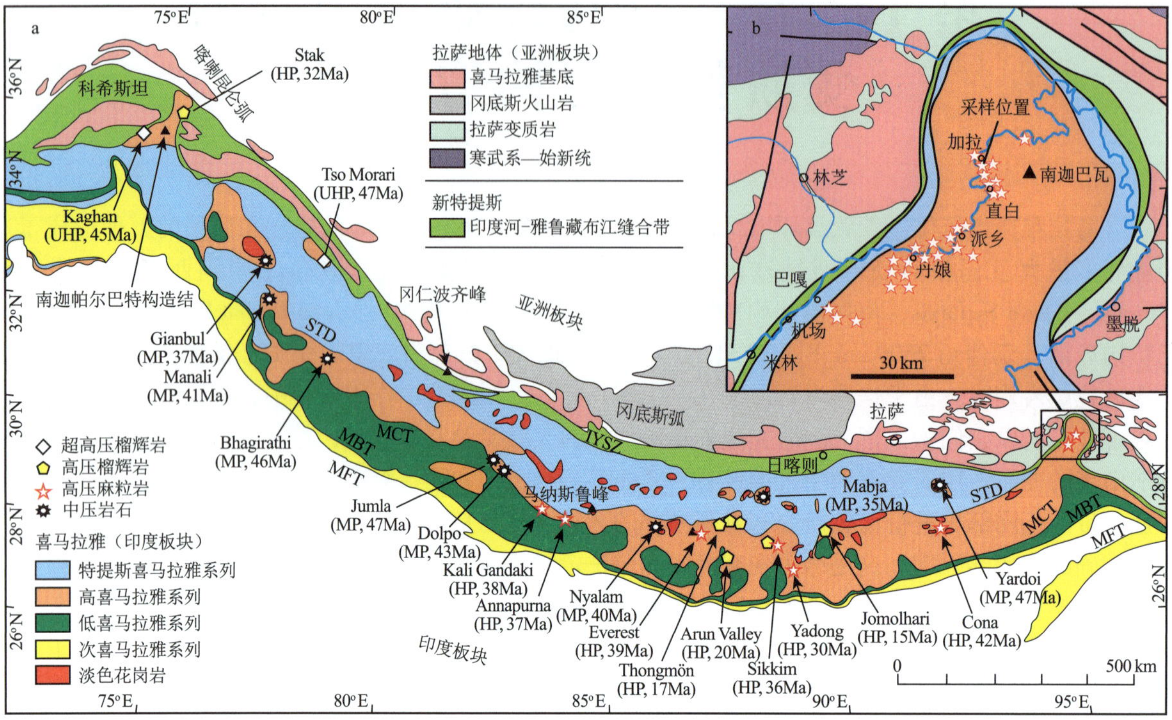

图 12-1 喜马拉雅造山带地质简图（a），东喜马拉雅构造结地质图（b）

（据 Yin et al.，2000；Guillot et al.，2008；Kohn，2014；Ding et al.，2016a；Zhang et al.，2022）

a 中标注了代表性的、具有始新世变质和深熔年龄的超高压（UHP）、高压（HP）和中压（MP）变质岩的位置与年龄。资料来源：Arun Valley（Corrie et al.，2010），Annapurna（Kohn et al.，2011），Bhagirathi（Singh，2019），Cona（Ding et al.，2021），Dolpa（Carosi et al.，2010），Everest（Cottle et al.，2009b），Gianbul（Horton et al.，2015），Jomolhari（Grujic et al.，2011），Jumla（Braden et al.，2017），Kaghan（Kaneko et al.，2003），Kali Gandaki（Iaccarino et al.，2015），Mabja dome（Lee et al.，2007），Manali（Stübner et al.，2014），Namche Barwa Syntaxis（Zhang et al.，2015），Nyalam（Wang et al.，2013，2015a、b），Stak（Kouketsu et al.，2016），Sikkim（Rubatto et al.，2013），Thongmön（Li et al.，2019），Tso Morari（Donaldson et al.，2013），Yadong（Zhang et al.，2017a），Yardoi dome（Ding et al.，2016a、b）。MBT—主边界逆冲断层；MCT—主中央逆冲断层；MFT—主前锋逆冲断层；STD—藏南拆离系。b 中标注有已知高压麻粒岩产出位置

从变质作用角度来看，LHS-GHS-THS 组合构成一个三明治构造，即高级变质的 GHS 夹持在低级变质的 THS 和 LHS 之间（图 12-1）。GHS 的构造厚度可以从 3~5 km 变化到 25~30 km。LHS 的变质程度从下部构造层位到上部构造层位逐渐增高，即底部为绿片岩相的绿泥石带、黑云母带，上部为石榴子石带。GHS 中下部的变质程度也从下向上升高，底部为角闪岩相十字石带和蓝晶石带，核部为麻粒岩相矽线石-钾长石带，并发生强烈部分熔融。在某些地区，STD 压缩或截断了 GHS 的角闪岩相到麻粒岩相等变质，表明 STD 具有明显的位移（Law et al.，2011；Kohn，2014）。但在其他地区，GHS 上部的变质程度向上逐渐降低，表明 STD 具有很小或没有位移（Kohn，2014）。大多数情况下，THS 的变质程度向上降低，表现为从其最下部低角闪岩相变质作用向上过渡到未发生变质。

以前的研究大多认为，喜马拉雅造山带核部经历了典型的巴罗型中压变质作用，发育典型的中压变质相系岩石。在造山带中段的锡金地区，出露有完整的以加热和埋藏变质为特征的变泥质岩系，从下部到上部构造层位，依次出现黑云母带、石榴子石带、十字石带、蓝晶石带、矽线石带和矽线石+

钾长石带岩石（Dasgupta et al.，2004，2009；Anczkiewicz et al.，2014；Sorcar et al.，2014；Gaidies et al.，2015）。Rubatto et al.（2013）也认为锡金地区 GHS 的变泥质岩经历了中压高温变质作用和部分熔融，峰期变质条件为在 800~900 MPa 和约 800℃的矽线石稳定域。但是，以前的研究多采用传统地质温压计估算岩石的变质作用条件。由于受到后期高温变质作用叠加，其矿物成分发生了重置，通过传统温压计获得的通常是温度峰期或退变质期条件，而没有得到压力峰期的变质条件。

近年来的许多研究表明，喜马拉雅造山带中、东段的高喜马拉雅岩系经历了高压麻粒岩相变质作用和部分熔融。泥质和长英质麻粒岩以石榴子石+蓝晶石+黑云母+斜长石+钾长石+石英+熔体共生为特征，白云母普遍缺失或仅作为少量退变质矿物出现，表明白云母已通过脱水熔融分解。基性麻粒岩以石榴子石+单斜辉石+斜长石+石英+金红石+熔体组合为特征。这些高压变质岩普遍叠加了低压麻粒岩相退变质作用，以矽线石、堇青石、斜方辉石等中-低压、高温矿物的出现为特征（Harris et al.，2004；Imayama et al.，2010，2012）。近年来基于相平衡模拟获得的变质条件进一步揭示，高喜马拉雅岩系的变质作用发生在高压条件下。如尼泊尔 Ama Drime Range 地区含蓝晶石矽线石片麻岩的峰期变质条件>1400 MPa 和>850℃（Kali et al.，2010）。尼泊尔中部含蓝晶石片麻岩的峰期变质条件为>1200 MPa 和>800℃，并在进变质过程中发生了白云母和黑云母脱水熔融，之后经历了近等温降压退变质和伴随的熔体结晶过程（Groppo et al.，2012）。Sorcar et al.（2014）认为锡金地区含蓝晶石混合岩形成在>1000 MPa 的高压麻粒岩相条件下，经历了低压麻粒岩相退变质作用。Regis et al.（2014）认为不丹地区含蓝晶石混合岩早期变质压力>1400 MPa，叠加了低压高温麻粒岩相退变质作用。亚东地区含蓝晶石矽线石片岩经历了>1200 MPa 和>850℃的高压、高温麻粒岩相变质作用和进变质熔融，以转熔相蓝晶石和石榴子石的产出为特征，在退变质阶段叠加了中-低压高温麻粒岩相变质作用，以矽线石和堇青石的形成为特征（Zhang et al.，2017a）。

在喜马拉雅造山带中段的尼泊尔东部、锡金和不丹地区陆续报道有麻粒岩化榴辉岩（Lombardo et al.，2000；Groppo et al.，2007；Cottle et al.，2009a；Guillot et al.，2008；Chakungal et al.，2010；Corrie et al.，2010；Grujic et al.，2011；Warren et al.，2011）。Wang et al.（2017）在中国定结地区确证了榴辉岩的存在。在喜马拉雅造山带西段的 Tso Morari（印度西北部）和 Kaghan（巴基斯坦北部）地区，高喜马拉雅系列经历了超高压变质作用，以含柯石英榴辉岩为特征（de Sigoyer et al.，2000；O'Brien et al.，2001；Treloar et al.，2003；Sachan et al.，2004；Parrish et al.，2006；St-Onge et al.，2013）。

第二节　东喜马拉雅构造结的高压基性麻粒岩

在喜马拉雅造山带东端的东喜马拉雅构造结，高喜马拉雅结晶岩系内部的西侧广泛出露典型的高压麻粒岩（图 12-1b）。由于高喜马拉雅结晶岩系分布区的东部和东南部很难到达，这些地区是否产出有高压麻粒岩尚不清楚。高喜马拉雅结晶岩系中的泥质和长英质高压麻粒岩以具有石榴子石+蓝晶石+斜长石+钾长石+黑云母+石英+金红石的峰期变质矿物组合为特征，并普遍含有反条纹长石（或三元长石）（Liu et al.，1997；Ding et al.，1999；Liu et al.，2007；Zhang et al.，2010a，2015；Guilmette et al.，2011；Su et al.，2012；Xiang et al.，2013；Tian et al.，2016，2019，2020）。尽管东喜马拉雅构造结出露有大量的混合岩化基性岩石，包括含石榴石和不含石榴石角闪岩，但由石榴子石、单斜辉石、斜长石、石英和金红石组成的典型高压基性麻粒岩却少有报道（Zhong et al.，1996；Liu et al.，2014；Zhang et al.，2018；Kang et al.，2020）。野外观察表明，高压基性麻粒岩含有丰富的长英质浅色体（图 12-2），呈透镜体产于厚层状的角闪岩中，但二者之间多呈过渡关系，从基性麻粒岩到角闪岩，以石榴子石和单斜辉石含量逐渐减少，角闪石和斜长石含量增加为特征。这表明大多数基性麻粒岩已退变为含石榴石或不含石榴石的角闪岩。类似的，东喜马拉雅构造结的泥质和长英质高压麻粒岩在折返过程中通常转变为低压麻粒岩相或角闪岩相岩石，以矽线石取代蓝晶石，堇青石+斜长石+黑云母取代石榴石为特征（Liu et al.，1997；Ding et al.，1999；Zhang et al.，2010a，2015；

Guilmette et al., 2011; Xiang et al., 2013; Tian et al., 2016)。在这种情况下，我们认为喜马拉雅造山带东端的高喜马拉雅结晶岩系，至少是高喜马拉雅结晶岩系内的西侧，都经历了早期的高压麻粒岩相变质作用和晚期的低压麻粒岩相-角闪岩相退变质作用。广泛分布的含石榴子石角闪岩、含矽线石石榴子石片麻岩和含矽线石石榴子石片岩实际上为早期基性、长英质和泥质高压麻粒岩的退变质产物。

东喜马拉雅构造结的基性麻粒岩由石榴子石、单斜辉石、斜长石、石英、角闪石、斜方辉石、金红石、钛铁矿和榍石组成（图 12-3）。粗粒的石榴子石为变斑晶，其核部富含矿物包裹体，而边部没有矿物包裹体。石榴子石核部的包裹体是细粒的斜长石、石英、角闪石和榍石，石榴子石边缘常被角闪石+斜长石±单斜辉石±斜方辉石形成的后成合晶冠状体所替代。单斜辉石多出现在基质中，其边缘

图 12-2　东喜马拉雅构造结高压基性麻粒岩露头照片

（据 Zhang et al., 2022）

a—混合岩化基性麻粒岩含有大量呈条带状和网状出现的长英质浅色体；b—具有条带状长英质浅色体的混合岩化基性麻粒岩。从图的右侧到左侧，由石榴子石、单斜辉石、斜长石和少量角闪石、石英组成的基性麻粒岩逐渐过渡到由角闪石、石榴子石、斜长石和石英组成的石榴角闪岩。基性麻粒岩和石榴角闪岩中的红色石榴子石颗粒均具有“白眼圈”结构，表明石榴子石被非常细粒的角闪石和斜长石反应边所替代。c—基性麻粒岩中的浅色体条带，其由斜长石、石英、石榴子石和少量角闪石组成

被角闪石取代；单斜辉石也可以作为残留体出现在晚期的角闪石中，非常细粒的单斜辉石出现在石榴子石周围的后成合晶冠状体中，相对粗粒的斜长石为基质矿物，而细粒的斜长石出现在石榴子石周围的后成合晶冠状体中。角闪石可产于石榴子石核部，作为基质单斜辉石周围的冠状体，以及作为石榴子石周围的后成合晶矿物出现。斜方辉石出现在石榴子石及单斜辉石周围的冠状体中。细粒的榍石和金红石作为基质矿物，或在石榴子石和单斜辉石中呈包裹体，并被钛铁矿部分替代。

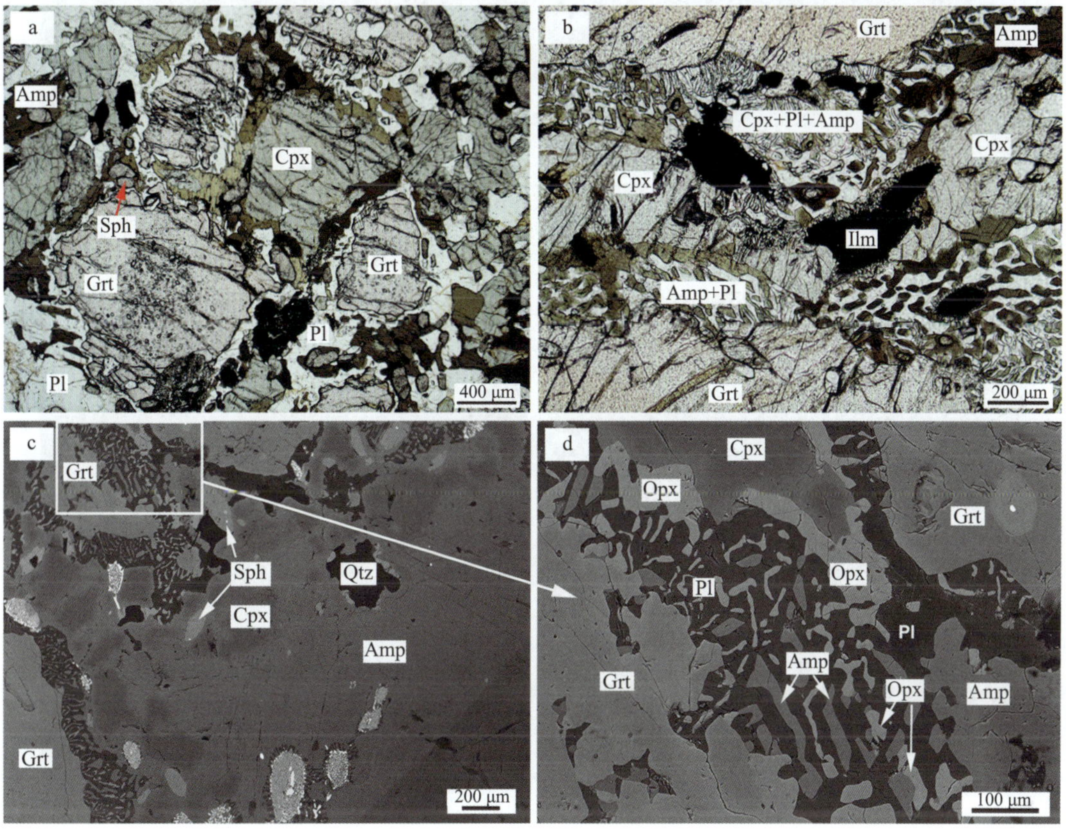

图 12-3 东喜马拉雅构造结基性麻粒岩显微照片（a，b）和背散射图像（c，d）

（据 Zhang et al.，2022）

a—基性麻粒岩由石榴子石、单斜辉石、斜长石、石英、角闪石、榍石和钛铁矿组成。石榴子石被角闪石和斜长石后成合晶冠状体部分替代，单斜辉石边缘被角闪石替代；b—石榴子石被角闪石+斜长石或角闪石+斜长石+单斜辉石的后成合晶冠状体替代，单斜辉石边部被角闪石替代；c，d—基性麻粒岩中的石榴子石被角闪石、斜长石和斜方辉石后成合晶冠状体部分替代，单斜辉石边缘被角闪石或斜方辉石替代。Amp—角闪石；Cpx—单斜辉石；Grt—石榴子石；Ilm—钛铁矿；Opx—斜方辉石；Pl—斜长石；Qtz—石英；Sph—榍石

上述结构特征表明，基性麻粒岩记录了 4 个阶段的矿物组合。进变质组合（M1）为石榴子石核部和其内部的角闪石、斜长石、石英和榍石包体；峰期变质组合（M2）为变斑晶石榴子石（边缘）、基质斜长石、单斜辉石、石英、榍石和金红石。退变质组合（M3）为角闪石+斜长石+单斜辉石+石英+钛铁矿+斜方辉石。这些退变质矿物作为石榴子石的后成合晶产出，或作为基质单斜辉石的冠状体产出。由于基性麻粒岩已局部转化为不含石榴子石和单斜辉石的斜长角闪岩，因此，最晚期的退变质矿物组合（M4）为角闪石+斜长石+石英+黑云母+钛铁矿。

基性高压麻粒岩中的石榴子石富铁铝榴石和钙铝榴石，贫镁铝榴石和锰铝榴石成分，多具有成分环带。从核部到边部，镁铝榴石和钙铝榴石组分增加，铁铝榴石和锰铝榴石组分减少（图 12-4 和图 12-5）。但在石榴子石的最边缘，钙铝榴石成分减少，而铁铝榴石成分增加。镁铝榴石的增加和锰铝榴石的减少是典型的生长环带，表明石榴子石是在进变质过程中生长的（Spear et al.，1990；Spear，1991）。

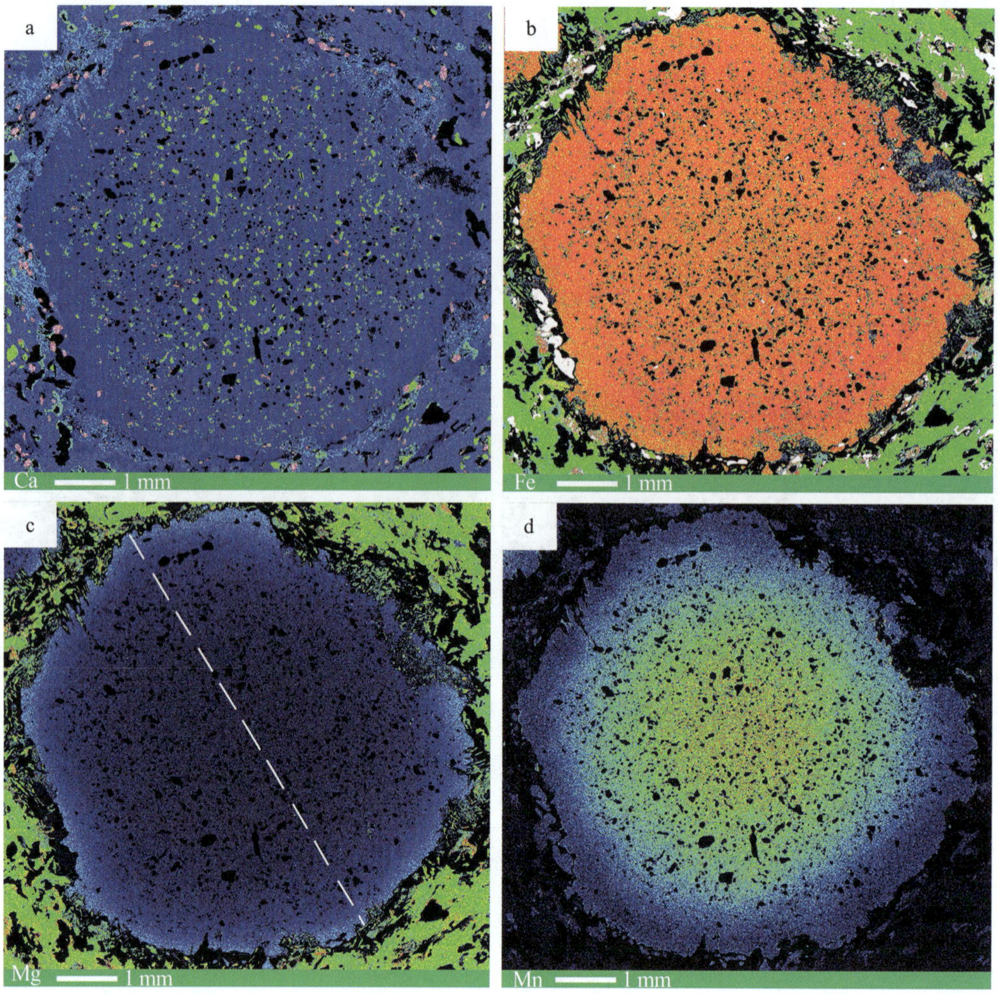

图 12-4　高压基性麻粒岩中石榴子石变斑晶的 Ca（a）、Fe（b）、Mg（c）和 Mn（d）X 射线扫描图

（据 Zhang et al.，2018）

石榴子石具有成分环带，从核到边 Mg 增加，Mn 减少。暖色表示元素浓度较高。图 c 中虚线为图 12-5 中成分剖面的分析位置

基性麻粒岩中的基质单斜辉石具有低的硬玉组分（<1.54），而后成合晶中的单斜辉石具有更低的硬玉组分。基质斜长石的钙长石组分为 0.30~0.45，钠长石组分为 0.54~0.67。后成合晶中的斜长石有较高的钙长石组分 0.60~0.98，很低的钠长石组分 0.02~0.39。基性麻粒岩中的角闪石以高的 CaO 和低的 Na_2O 含量为特征，为钙质角闪石。

Zhang et al.（2022）利用实测的全岩成分（摩尔分数）：SiO_2 52.63%，TiO_2 2.43%，Al_2O_3 8.53%，CaO 12.55%，MgO 6.40%，FeO 9.88%，K_2O 0.34%，Na_2O 2.48%，H_2O 3.84% 和 O_2 0.92%。最新的成分-活度模型和 THERMOCALC 软件对一个基性麻粒岩进行了相平衡模拟。如图 12-6 所示，在 300~2000 MPa 和 500~900℃范围计算出的 P-T 视剖面中，石榴子石出现在 650~1000 MPa 以上，金红石出现在大于约 1150 MPa 的右上角，白云母出现在 1140~2000 MPa 和 500~840℃的左上角，斜方辉石出现在约 300~870 MPa 和 785~900℃ 的右下角。在计算的温压范围内，角闪石可以稳定到 885℃，在大于约 1170 MPa 的左上角斜长石不稳定，而黑云母在 740℃和 1300 MPa 以上分解。在约 710℃、约 300 MPa 和约 645℃、约 870 MPa 之间，体系的固相线为水饱和固相线，具有负斜率，而在约 870 MPa 和约 2000 MPa 之间为水不饱和固相线，并具有不同的斜率。

基于不同矿物组合在 P-T 视剖面中的稳定区域可以限定岩石变质作用的 P-T 条件。如图 12-6a 所示，基性麻粒岩的峰期变质组合（Grt+Cpx+Pl+Qz+Rt+Sph）稳定在 1200~1900 MPa 和 780~900℃，

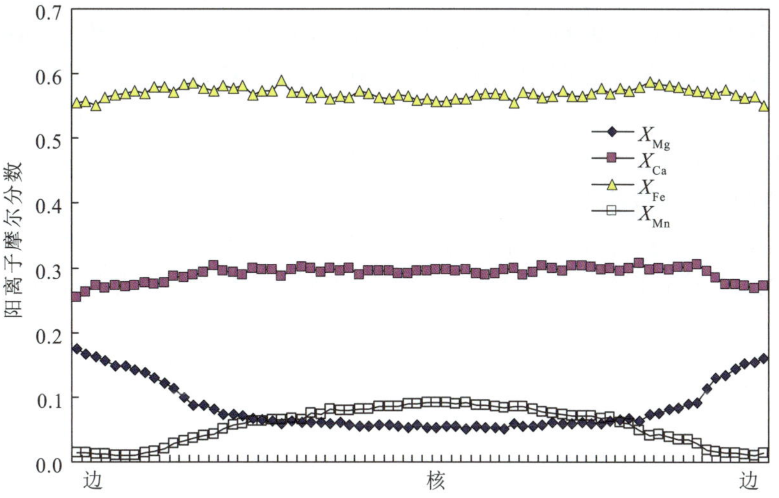

图 12-5　高压基性麻粒岩中石榴子石变斑晶的成分剖面图

（据 Zhang et al.，2018）

X_{Mg}=Mg/(Ca+Mg+Fe+Mn)，X_{Ca}=Ca/(Ca+Mg+Fe+Mn)，X_{Fe}=Fe/(Ca+Mg+Fe+Mn) 和 X_{Mn}=Mn/(Ca+Mg+Fe+Mn)

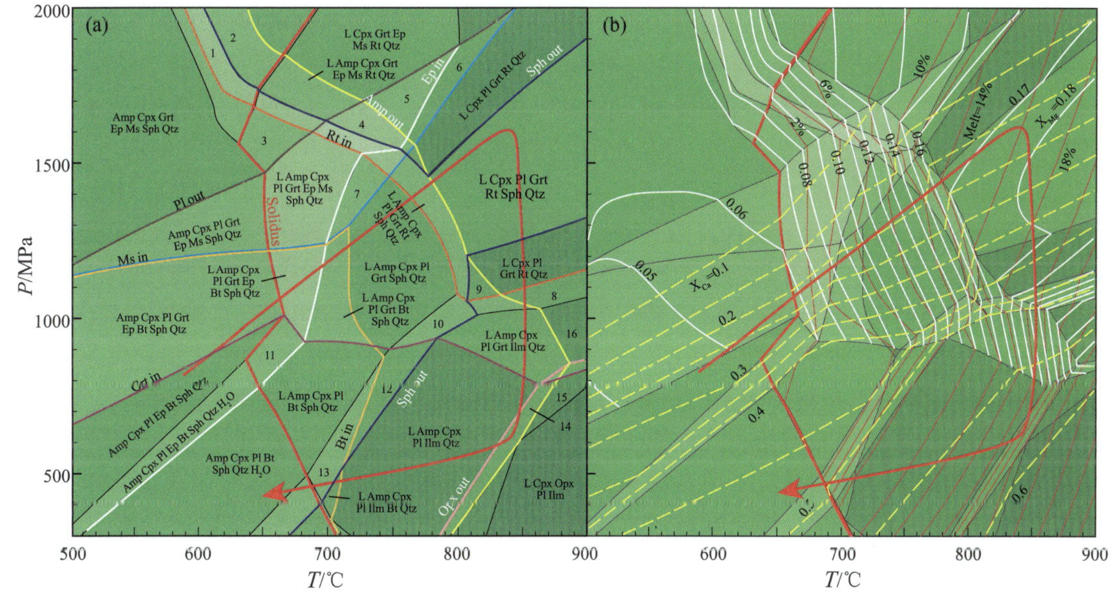

1 Amp Cpx Grt Ep Ms Sph Rt Qtz H_2O　5 L Cpx Pl Grt Ep Ms Rt Qtz　9 L Amp Cpx Pl Grt Rt Qtz　13 L Amp Cpx Pl Ilm Bt Sph Qtz
2 Amp Cpx Grt Ep Ms Rt Qtz H_2O　6 L Cpx Pl Grt Ms Rt Qtz　10 L Amp Cpx Pl Grt Ilm Sph Qtz　14 L Amp Cpx Opx Pl Ilm Qtz
3 L Amp Cpx Grt Ep Ms Sph Qtz　7 L Amp Cpx Pl Grt Ms Sph Qtz　11 L Amp Cpx Pl Ep Bt Sph Qtz　15 L Cpx Opx Pl Ilm Qtz
4 L Amp Cpx Pl Grt Ep Ms Rt Qtz　8 L Cpx Pl Grt Ilm Rt Qtz　12 L Amp Cpx Pl Ilm Sph Qtz　16 L Cpx Pl Grt Ilm Qtz

图 12-6　使用实测全岩成分模拟的高压基性麻粒岩 *P*-*T* 视剖面图

（据 Zhang ct al.，2022）

石榴子石的 X_{Mg}=Mg/(Mg+Fe+Ca) 等值线（缩写为 X_{Mg}，用白色线表示），斜长石的 X_{Ca}=Ca/(Ca+Na+K) 等值线（缩写为 X_{Ca}，用黄色线表示）和熔体含量等值线（红色细线）表示在右图中。红色粗实线为高压基性麻粒岩的变质作用 *P*-*T* 轨迹。Amp—角闪石；Bt—黑云母；Cpx—单斜辉石；Ep—绿帘石；Grt—石榴子石；Ilm—钛铁矿；Ms—白云母；Opx—斜方辉石；Pl—斜长石；Qtz—石英；Rt—金红石；Sph—榍石；L—熔体

并有熔体存在的 *P*-*T* 条件下。退变质组合（Opx+Cpx+Pl+Amp+Qz+Ilm）稳定在 300～800 MPa 和 785～800℃的 *P*-*T* 条件下。在峰期矿物组合稳定域，基性麻粒岩部分熔融形成的熔体体积在 14%～20%之间（图 12-6b）。

基于矿物成分等值线可以进一步限定岩石的变质条件。如上所述，基性麻粒岩中的石榴子石具有生长成分环带，其 X_{Mg}（=Mg/(Mg+Fe+Ca)）从核到边增加。模拟结果表明，石榴子石的 X_{Mg} 等值线具有陡的斜率，随着温度的增加而增加。这表明所研究的基性麻粒岩经历了加热进变质过程（图 12-6b）。石榴子石的最大 X_{Mg}值与斜长石的最小 X_{Ca}（=Ca/(Ca+Na+K)）值相交在 820℃和 1370 MPa 的峰期矿物组合稳定域。考虑到矿物成分在退变质过程中会受到扩散改造，由此估算的变质条件应低于基性麻粒岩的峰期变质条件。

利用传统的温度计与压力计计算了基性麻粒岩的峰期变质条件。使用基质单斜辉石的平均成分、具最高 MgO 含量的石榴子石成分、具最高 Na_2O 含量的斜长石成分，采用 Newton et al.（1982）Grt-Cpx-Pl-Qtz 压力计与 Powell（1985）、Krogh（1988）Grt-Cpx 温度计得到了 1500~1700 MPa 和 840~880℃的峰期变质条件。使用相同的矿物成分，采用 Eckert et al.(1991) Grt-Cpx-Pl-Qtz 压力计与上述 Gt-Cpx 温度计，获得了约 1800 MPa 和 840~870℃的峰期变质条件。尽管由此计算出的峰期变质条件也在模拟得到的 *P-T* 视剖面峰期矿物组合稳定域内（图 12-6），但比利用矿物成分等值线得出的略高，可能更接近基性麻粒岩的峰期变质条件。

最近的岩石学和相平衡模拟研究较好地限定了东喜马拉雅构造结中泥质和长英质岩石的变质条件(Guilmette et al., 2011; Xiang et al., 2013; Zhang et al., 2015; Tian et al., 2016, 2019, 2020)。例如，Guilmette et al.(2011) 研究表明，长英质麻粒岩的峰值变质条件为>1400 MPa 和 825℃，可能高达 1500~1600 MPa 和 850℃，随后减压并冷却至 900 MPa 和 810℃（图 12-7)。Zhang et al.(2015) 研究表明，泥质麻粒岩经历了高压和高温变质作用，峰值变质条件为约 1600 MPa 和约 900℃，峰期后近等温减压至 500~600 MPa 和约 850℃。Tian et al.(2016, 2019) 认为长英质麻粒岩记录了 1500~1600 MPa 和 825~835℃的峰期变质条件。对于变基性岩石，Liu et al.（1997）使用传统地质温压计估算的峰期变质条件为 1700~1800 MPa 和约 890℃，退变质条件为约 500 MPa 和约 850℃；Ding et al.（2001）计算的峰期变质条件为 1400~1500 MPa 和约 800℃，退变质条件为 800~1000 MPa 和 800℃；Liu et al.（2014）获得的峰期变质条件为 1400 MPa 和约 904℃。考虑到角闪石作为峰期变质矿物之一，Zhang et al.(2018) 和 Kang et al.(2020) 对东喜马拉雅构造结的高压基性麻粒岩进行了温压条件估算，获得的温压条件分别为 1400~1550 MPa，780~790℃和 1500~1700 MPa，805~840℃。如上所述，Zhang et al.(2022) 的相平衡模拟表明，高压基性麻粒岩的峰值变质矿物组合稳定在 1200~1900 MPa 和 780~900℃的 *P-T* 条件下（图 12-6）。使用地质温压计计算得出的 *P-T* 条件为 1500~1800 MPa 和 840~880℃。考虑到相平衡模拟和地质温压计的潜在误差，我们认为东喜马拉雅构造结中各种高压麻粒岩具有相似的高压和高温变质条件，即 1500~1700 MPa 和 820~880℃。这表明印度大陆下地壳岩石在碰撞造山过程中至少埋藏到地下 50~55 km。

以往的研究均表明东喜马拉雅构造结的高压麻粒岩记录了一个顺时针的变质作用 *P-T* 轨迹。这些 *P-T* 轨迹大多数以升温升压的早期进变质和随后的等温降压退变质，以及晚期的等压冷却过程为特征（图 12-7；Guilmette et al., 2011; Xiang et al., 2013; Liu et al., 2014; Zhang et al., 2015, 2018; Tian et al., 2016; Kang et al., 2020; Zhang et al., 2018)。这样的变质作用 *P-T* 轨迹是碰撞造山过程中形成的高压和超高压变质岩石的典型特征。

Zhang et al.(2022) 研究表明，基性麻粒岩经历了进变质加热过程，麻粒岩中的石榴子石变斑晶具有明显的生长环带，其特征为从石榴子石核部到边部，MgO 含量增加，MnO 含量减少（图 12-4 和图 12-5)。Zhang et al.(2018) 研究也表明，基性麻粒岩中的粗粒（约 1.5 cm）石榴子石变斑晶具有更明显的生长成分环带，其核部具有更低的 MgO 和更高的 MnO 含量，为升温升压的进变质作用提供了更有利的证据。而且，基性麻粒岩中粗粒石榴子石核部含有角闪石、斜长石、黑云母、石英、钛铁矿等早期进变质矿物包裹体，其限定的进变质条件为约 650℃和约 1000 MPa。此外，Zhang et al.（2015）在相邻的泥质麻粒岩中获得了 950~1280 MPa 和 550~710℃的类似进变质条件。Zhang et al.（2018）利用基性麻粒岩中的退变质角闪石、斜长石、黑云母、石英、钛铁矿和榍石组合获得了 600~700℃和<600 MPa 的退变质条件。Zhang et al.(2022) 研究表明，基性麻粒岩中斜方辉石+单斜

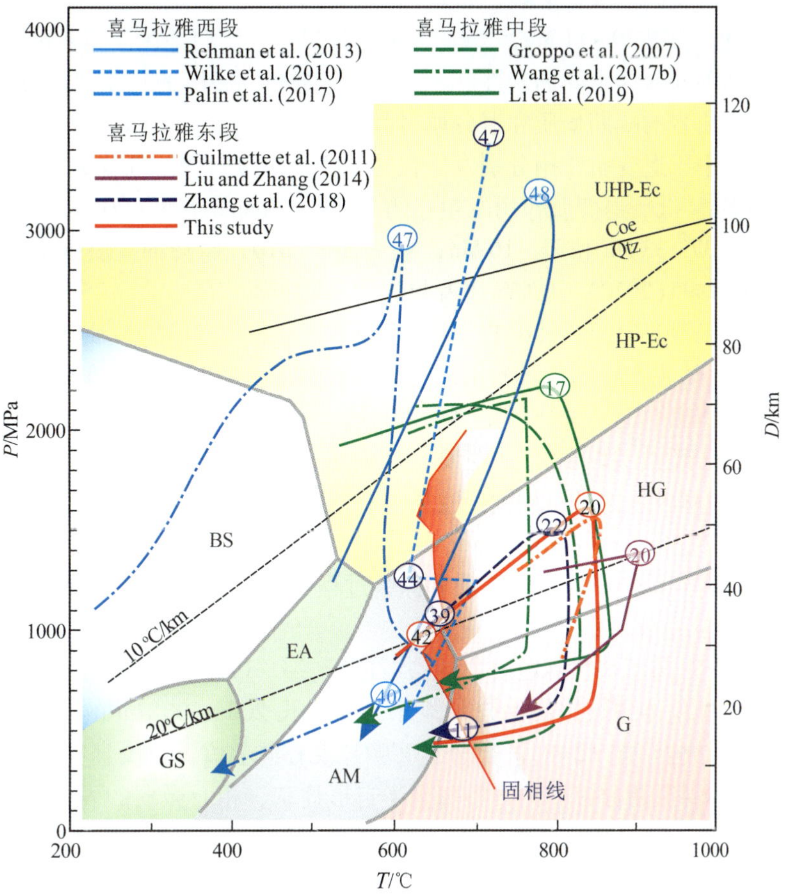

图 12-7　喜马拉雅东段、中段和西段高压麻粒岩、高压和超高压榴辉岩变质 P-T-t 轨迹

（据 Zhang et al.，2022）

变质年龄单位为 Ma。AM—角闪岩相；BS—蓝片岩相；EA—绿帘角闪岩相；G—麻粒岩相；GS—绿片岩相；HG—高压麻粒岩相；HP-Ec—高压榴辉岩相；UHP-Ec—超高压榴辉岩相

辉石+斜长石+角闪石+石英+钛铁矿的早期退变质矿物组合稳定在 785～870℃、300～800 MPa 的 P-T 域中，这表明麻粒岩经历了早期等温降压过程。基于上述结果，我们认为高压基性麻粒岩具有顺时针的变质作用 P-T 轨迹，以早期加热和埋藏进变质，早期的等温降压和晚期的等压冷却过程为特征（图 12-7）。

许多研究者对东喜马拉雅构造结高级变质岩石中的锆石进行了原位定年研究（Ding et al.，2001；Booth et al.，2004，2009；Liu et al.，2007；Xu et al.，2010；Zhang et al.，2012；Tian et al.，2020）。而且，一些研究还同时获得了锆石域的微量元素组成，这使我们能够将锆石 U-Pb 定年结果与变质作用过程有机地联系起来（Zhang et al.，2010，2015，2018；Su et al.，2012；Tian et al.，2020）。Zhang et al.（2010，2015）对东喜马拉雅构造结丹娘和派乡地区 4 个典型的高压泥质麻粒岩中的锆石进行了研究。研究表明，锆石具有变质或深熔过程中形成的幔部和边部，获得了近谐和但可变的 U-Pb 年龄，分别为 39.5～23.8 Ma、35.6～16.3 Ma、43.9～19.4 Ma 和 24.8～7.2 Ma。而且，这些锆石的幔部和边部具有低重稀土元素含量、平坦的 HREE 模式、低 Th/U 值和负 Eu 异常。这是在高压麻粒岩相变质作用和相关部分熔融过程中与石榴子石和斜长石同时生长的变质锆石的典型特征（Corfu et al.，2003；Hoskin et al.，2003；Rubatto，2002；Rubatto et al.，2007；Rubatto et al.，2013）。Zhang et al.（2015）获得了 43.9～7.2 Ma 的锆石 U-Pb 年龄，表明高压泥质麻粒岩经历了超过 30 Ma 的高温变质过程。最近，Tian et al.（2020）认为加拉地区高压泥质麻粒岩中锆石的变质增生边具有 50～13 Ma 的 U-Pb 年龄。此外，在东喜马拉雅构造结石榴角闪岩（退变高压基性麻粒岩）中的变质锆石域中也获得了可变的 U-Pb 年龄，如 Peng et al.（2018）在加拉地区获得的 39~10 Ma，Zhang et al.（2018）在加拉地区获得 39~11 Ma，Kang et al.（2020）在直白地区获得 40~10 Ma。这些数据也表明东喜马拉雅构造结不同地区出露的基性麻粒岩经历了超过 30 Ma 的长期变质过程。但是，对东喜马拉雅构造结中高压麻粒岩的峰期变质和退变质时间有不同的看法。例如：Ding et al.（2001）认为高压麻粒岩相变质作用和中压退变质作用分别发生在约 40 Ma 和约 11 Ma；Liu et al.（2007）认为中压变质作用发生在 33~30 Ma，低压退变质作用发生在约 23 Ma；Zhang et al.（2010）认为高压峰期变质和低压退变质分别发生在 37~33 Ma 和 28~16 Ma；Xu et al.（2010）将峰期变质确定在约 24 Ma，退变质确定在 19~17 Ma；Su et al.（2012）认为高压麻粒岩的峰期变质年龄在 24~25 Ma，随后的角闪岩相退变质作用发生在约 18 Ma；Liu et al.（2014）认为高压基性麻粒岩的峰期变质年龄在约 20 Ma（图 12-7）。Zhang et al.（2015）认为东喜马拉雅构造结高压麻粒岩近峰期以及峰期变质发生在 40~30 Ma，在麻粒岩相条件下的早期和晚期退变质分别发生在 25~15 Ma 和 11~7 Ma。最近，从高压麻粒岩锆石中获得的宽范围变质年龄已经被关联到高温变质、部分熔融和熔体结晶的持续时间。如，Tian et al.（2019）认为高压长英质麻粒岩的进变质到峰变质的持续时间是从约 33 Ma 至约 25 Ma，从折返到熔体结晶的持续时间是从约 24 Ma 至约 8 Ma。Kang et al.（2020）认为石榴子石角闪岩（退变质高压基性麻粒岩）经历了约 40 Ma 到约 20 Ma 的进变质和深熔过程，以及约 20 Ma 到 10 Ma 的退变质和熔体结晶过程。

Zhang et al.（2022）对高压基性麻粒岩中的锆石进行了 U-Pb 定年和成分分析。所研究锆石产于基性麻粒岩的含石榴石浅色体中。锆石为自形至半自形、长 200~300 μm 的柱状。阴极发光图像显示，锆石具有核-幔-边结构（图 12-8）。部分锆石颗粒没有继承核，而仅具有幔-边结构。锆石核部为自形-半自形柱状，具弱振荡分带。锆石幔部呈半自形柱状，相对微弱的发光，具微弱的振荡或补丁状分带。锆石边部表现为暗发光，弱振荡分带或无分带（图 12-8）。对锆石的不同结构域进行 U-Pb 定年，获得了谐和或近谐和的 $^{206}Pb/^{238}U$ 年龄，其变化范围在 137.7~15.3 Ma 之间（图 12-9）。锆石核、幔和边部的 $^{206}Pb/^{238}U$ 年龄分别为 137.7~124.3 Ma（加权平均年龄为 130±3.5 Ma）、41.5~35.6 Ma、34.6~15.3 Ma（图 12-10）。锆石核部稀土含量较高，分异的稀土模式，并具明显的负 Eu 异常（图 12-10）。锆石核部也具有相对较高的重稀土、中稀土（Gd+Tb）和 Y 含量，明显更高的 Th/U 比值（图 12-10）。锆石幔部具有高且变化较大的重稀土和 Y 含量，轻稀土和中稀土含量较低，Th/U 值很低，明显分异的重稀土模式（图 12-10，图 12-11）。锆石边部具有较低的重稀土和 Y 含

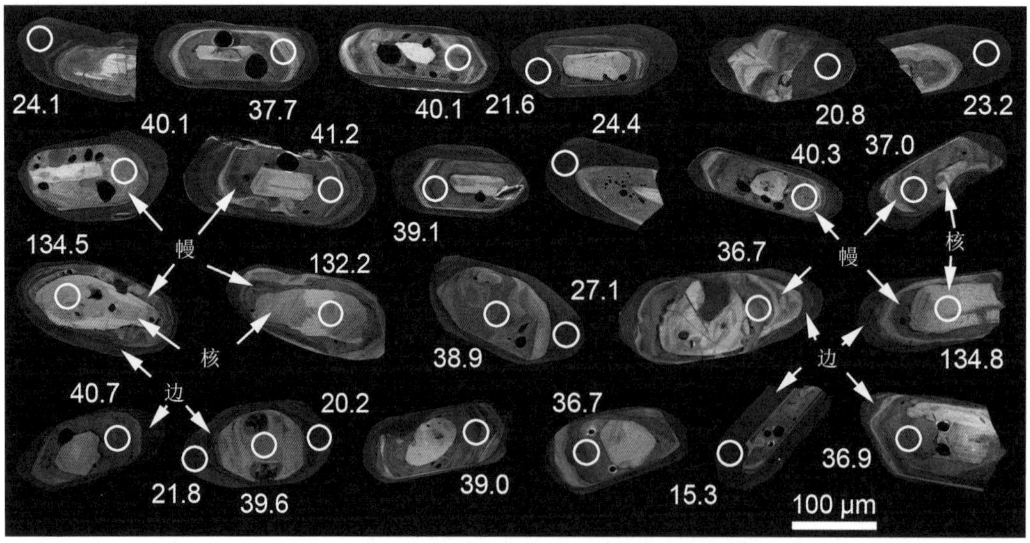

图 12-8　高压基性麻粒岩中锆石阴极发光图像

（据 Zhang et al.，2022）

图中表示了分析点位置和相关年龄（Ma）

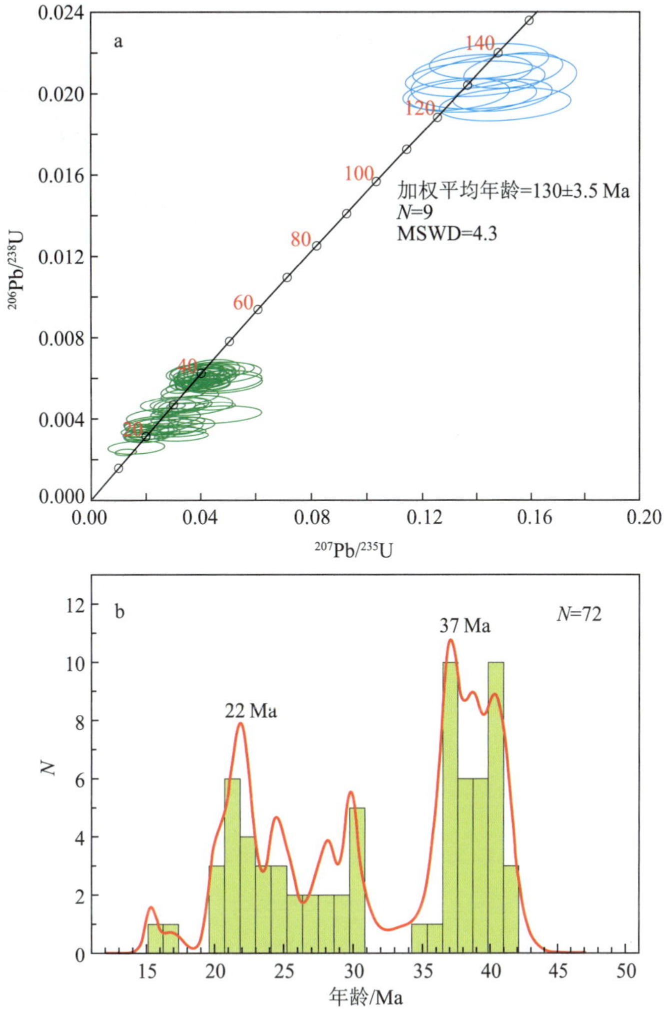

图 12-9 高压基性麻粒岩的锆石 U-Pb 年龄谐和图（a）；
高压基性麻粒岩中变质锆石域年龄频率分布直方图（b）
（据 Zhang et al.，2022）

量，中稀土（Gd+Tb）和 Th/U 值较高，具有较弱分异、平坦甚至亏损的重稀土模式（图 12-10，图 12-11）。而且，锆石幔和边部的重稀土和 Y 含量随年龄的减小而减少（图 12-11），而中稀土（Gd+Tb）含量和 Th/U 值则随年龄的减小而增加（图 12-11）。由于石榴子石是基性麻粒岩中 HREE 和 Y 的主要寄主矿物，而角闪石是 Gd+Tb 的主要寄主矿物（Nehring et al.，2010），因此这些变化与进变质作用和部分熔融过程中的石榴子石生长和角闪石分解相关。所以，基性麻粒岩的进变质和部分熔融可能始于约 42 Ma，一直持续到 20 Ma。随着年龄的减小，Th/U 值明显增加（图 12-11d），很可能表明基性麻粒岩的部分熔融程度逐渐增加。

Peng et al.（2018）和 Zhang et al.（2018）对石榴子石角闪岩（退变质高压基性麻粒岩）中的锆石进行 U-Pb 定年，获得了 39～10 Ma 的相似年龄间隔。Peng et al.（2018）将约 39 Ma 和约 35 Ma 的老年龄解释为始新世岩浆事件，30～10 Ma 年龄段解释为石榴子石角闪岩的变质时间；而 Zhang et al.（2018）认为石榴子石角闪岩在约 39 Ma 至约 22 Ma 期间经历了进变质作用和相关的部分熔融作用，在 22～11 Ma 期间经历了等温减压、冷却退变质和熔体结晶作用（图 12-7）。Zhang et al.（2022）提供的新数据与之前的结论基本一致，即东喜马拉雅构造结石榴子石角闪岩的进变质和部分熔融始于 39～40 Ma，并持续至 20～22 Ma（Zhang et al.，2018；Kang et al.，2020），东喜马拉雅构造结中基性麻粒岩的峰期变质年龄为约 20 Ma（Liu et al.，2014）。此外，现有研究表明，高压麻粒岩的退变质作

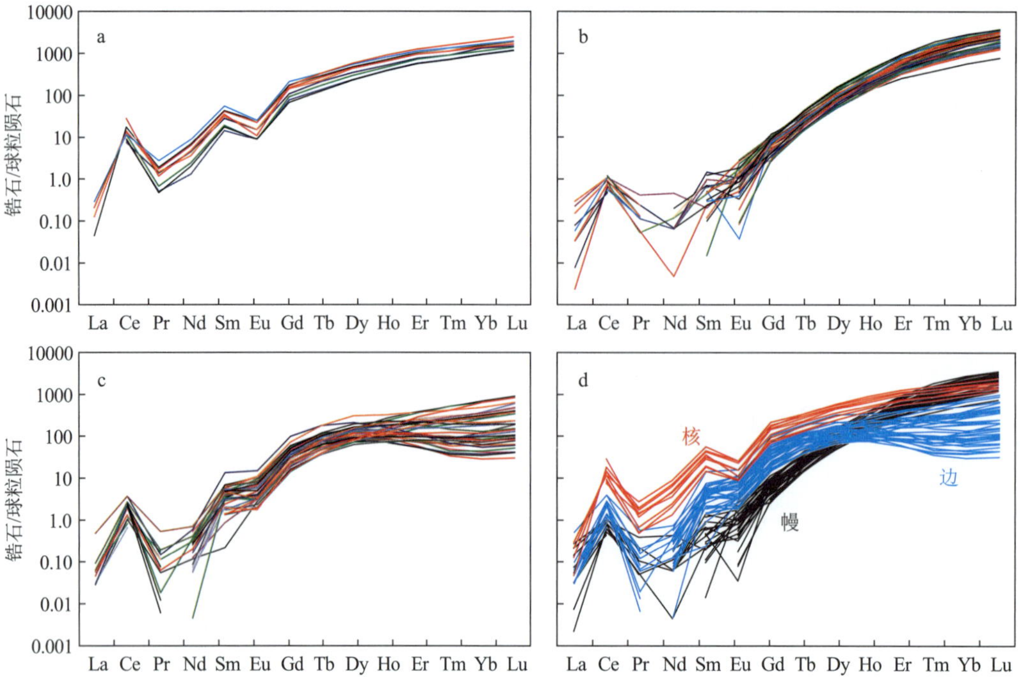

图 12-10　高压基性麻粒岩锆石的核部（a）、幔部（b）、边部（c）以及核部+幔部+边部的球粒陨石标准化稀土元素配分图

（据 Zhang et al.，2022）

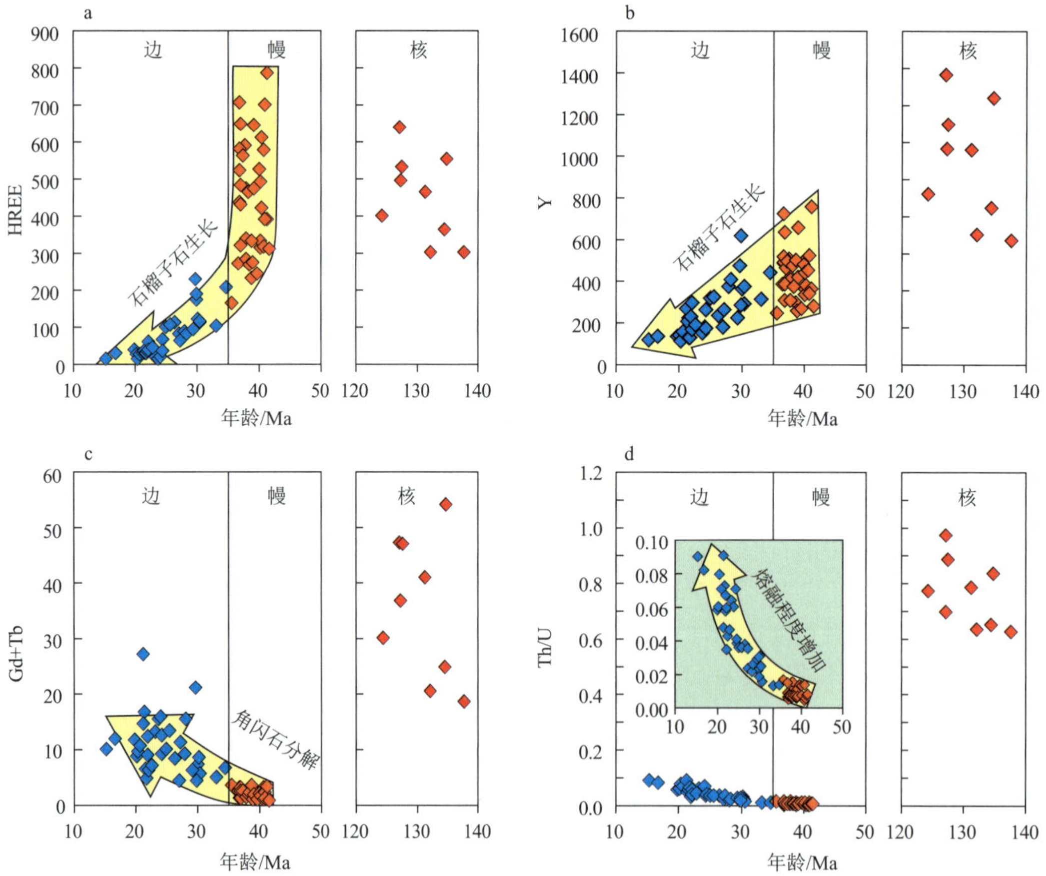

图 12-11　高压基性麻粒岩中锆石 HREE（a）、Y（b）、Gd+Tb（c）和 Th/U 值（d）随年龄变化图

（据 Zhang et al.，2022）

用和熔体结晶作用可能持续到 10~5 Ma，甚至在东喜马拉雅构造结中更晚（Booth et al.，2004，2009；Zhang et al.，2015）。在这种情况下，我们相信东喜马拉雅构造结的高压麻粒岩经历了约 30 Ma 的长期高温变质、部分熔融和熔融结晶过程。这与喜马拉雅造山带中段尼泊尔、锡金和不丹地区高喜马拉雅岩系获得的长期高温变质、部分熔融和熔体结晶过程基本一致，如 32~17 Ma（Searle et al.，2003），33~13 Ma（Cottle et al.，2009a；Kali et al.，2010），37~20 Ma（Kohn et al.，2011），33~18 Ma（Imayama et al.，2012），36~17 Ma（Rubatto et al.，2013）和 40~14 Ma（Wang et al.，2013）。这样的长期变质过程与隧道流模型预测的是一致的。该模型预测 GHS 经历了长时间的麻粒岩相变质作用，高压变质作用（压力最大）发生在约 30 Ma，峰期变质作用（温度最高）发生在约 20 Ma，麻粒岩相退变质发生在约 10 Ma（Jamieson et al.，2004）。

第三节 中喜马拉雅造山带的高压榴辉岩

在喜马拉雅造山带中段，高压榴辉岩或麻粒岩化榴辉岩产出在中国西藏定结的 Ama Drime 地块及附近、锡金北部和不丹西北部（图 12-1）。Lombardo et al.（2000）较详细地描述了 Ama Drime 地块产出的麻粒岩化榴辉岩。这种岩石呈透镜状或薄层状产出在高喜马拉雅结晶岩系的正片麻岩和变质沉积岩中。麻粒岩化榴辉岩由石榴子石、角闪石、黑云母和后成合晶矿物组成。由单斜辉石+斜长石±斜方辉石组成的后成合晶呈绿辉石假象。石榴子石边缘也经常被斜长石+角闪石±单斜辉石±斜方辉石组成的后成合晶冠状体替代。麻粒岩化榴辉岩的峰期矿物组合应为石榴子石+绿辉石+石英+金红石，而麻粒岩相退变质矿物组合为斜长石+角闪石+单斜辉石±斜方辉石。Lombardo et al.（2000）推测的榴辉岩相变质条件为>1.5 GPa 和>600℃，麻粒岩相退变质条件为约 0.7 GPa 和 700℃。他们第一次提出，喜马拉雅造山带存在两种不同类型的榴辉岩，中喜马拉雅造山带的榴辉岩具有相对低的峰期变质压力，但叠加了高温麻粒岩相退变质作用。Groppo et al.（2007）和 Ferrando et al.（2007）通过系统的岩石学研究与相平衡模拟，认为 Ama Drime 地块榴辉岩经历了 4 期变质作用，第一期为高压榴辉岩相，矿物组合是石榴子石+绿辉石（被单斜辉石+斜长石合晶替代）+多硅白云母（被黑云母+斜长石合晶替代），第二期麻粒岩相退变质以石榴子石+单斜辉石+斜方辉石+斜长石+钛铁矿共生为特征，第三期以围绕石榴子石发育的斜长石+斜方辉石冠状体为特征，第四期角闪岩相退变质作用以基质中角闪石+斜长石组合为特征。因此，麻粒岩化榴辉岩具有一个顺时针型的变质作用 $P-T$ 轨迹（图 12-7）。由于榴辉岩相矿物几乎完全消失，榴辉岩相峰期变质条件被推测在>1.5 GPa 和>580℃，早期的麻粒岩相退变质作用被限定在 0.8~1.0 GPa 和>750℃，晚期的麻粒岩退变质作用发生在约 0.4 GPa 和约 750℃条件下，这之后近等压冷却到约 600℃。Lombardo et al.（2016）对东喜马拉雅高压榴辉岩进行了总结，认为其记录了 5 个变质阶段，包括榴辉岩相阶段（P>1.5 GPa 和 T>580℃），两个麻粒岩相变质阶段（P=0.8~1.0 GPa 和 T>750℃；P 约 0.4 GPa 和 T 约 750℃），一个角闪岩相阶段（P=0.4~0.6 GPa 和 T=700℃）和晚期退变质阶段（P<0.4 GPa 和 T<690℃）。

Wang et al.（2017）第一次在 Ama Drime 地块的麻粒岩化榴辉岩中识别出了绿辉石，确证了榴辉岩的存在。绿辉石在石榴子石和锆石中呈包体产出，榴辉岩相矿物组合是石榴子石+绿辉石+多硅白云母+石英+金红石。榴辉岩叠加了强烈的麻粒岩相退变质作用，以单斜辉石、斜方辉石、斜长石和角闪石的产出为特征。相平衡模拟和地质温压计计算表明，榴辉岩相变质条件为 2.0~2.1 GPa 和 720~760℃，麻粒岩相退变质作用发生在 0.7~0.9 GPa 和 750℃条件下。因此，榴辉岩具有近等温降压 $P-T$ 轨迹。

Li et al.（2018）在 Ama Drime 地块东边 Thongmön 地区的高喜马拉雅结晶岩系中发现了新的榴辉岩。榴辉岩呈透镜状或似层状产于副片麻岩中（图 12-12）。在榴辉岩中识别出了早期的进变质过程，其以石榴子石+绿辉石+多硅白云母+角闪石+石英+金红石共生为特征，在进变质到榴辉岩相峰期变质过程中角闪石发生了脱水熔融。早期的高压进变质作用条件为 1.9~2.0 GPa 和 640~660℃，榴辉岩峰期变质条件为>2.1 GPa 和>750℃（图 12-7）。这一地区的榴辉岩也叠加了强烈的麻粒岩相退变质作用，以单斜辉石、斜方辉石、角闪石、黑云母和斜长石的出现为特征。因此，Thongmön 地区的榴辉岩具有一个顺时针型的变质作用 P-T 轨迹，进变质为增温和增压过程，早期退变质为弱升温和显著降压过程，晚期退变质为近等压降温过程（图 12-7）。

关于喜马拉雅造山带中段高压榴辉岩的变质作用时间与过程还存在较大争议。Rolfo et al.（2005）对 Ama Drime 榴辉岩中的锆石进行了 U-Pb SHRIMP 定年，在锆石核部获得了 88～110 Ma 年龄，认为是榴辉岩的原岩年龄，并因此排除了榴辉岩形成在早古生代或前寒武纪的可能性。所定年锆石具有一个薄的边缘，其给出 12～15 Ma 年龄，被解释为榴辉岩的麻粒岩相退变质年龄。Li et al.（2003）通过对 Ama Drime 地块北部高压基性麻粒岩（实际是麻粒岩化榴辉岩）的锆石进行 SHRIMP 定年获得了约 17 Ma 年龄，认为是麻粒岩相变质时间。Groppo et al.（2007）也认为这些年龄代表榴辉岩的麻粒岩相退变质时间。

Cottle et al.（2009）对 Ama Drime 麻粒岩化榴辉岩进行了系统的锆石定年，获得了榴辉岩的原岩年龄为约 986 Ma，榴辉岩围岩片麻岩的原岩年龄为约 1799 Ma。通过独居石和磷钇石 U-Pb 定年将榴辉岩的麻粒岩相退变质和部分熔融年龄限定在<13 Ma。Corrie et al.（2010）通过榴辉岩中的石榴子石和角闪石 Lu-Hf 定年，认为榴辉岩相变质年龄为约 21 Ma，麻粒岩相退变质年龄为 14～15 Ma。Grujic et al.（2011）通过对不丹西北部基性麻粒岩的锆石进行 U-Pb 定年，得出榴辉岩相变质年龄在 14～15 Ma。他们认为以榴辉岩为代表的渐新世加厚下地壳经历了快速的同汇聚折返过程。Warren et al.（2011）对不丹地区麻粒岩化榴辉岩围岩片麻岩中的独居石进行了 U-Th-Pb 定年，获得了 13～21 Ma 年龄。这些年龄与以前获得的麻粒岩化榴辉岩年龄一致，所以认为榴辉岩与围岩一起经历了渐新世的高压变质作用，并作为一个构造岩片逆冲到较早期变质的高喜马拉雅结晶岩系下部构造层位之上。Wang et al.（2017）和 Li et al.（2018）对 Ama Drime 和 Thongmön 地区的榴辉岩进行了锆石 U-Pb 定年，在含榴辉岩相矿物包体的锆石边部域获得了 14～15 Ma 和约 17 Ma 年龄，认为是榴辉岩相变质时间（图 12-12）。Kellet et al.（2014）对 Ama Drime 榴辉岩中的石榴子石进行了 Lu-Hf 定年，获得了 34～38 Ma 年龄，利用锆石 U-Pb 定年，获得了 13～15 Ma 年龄。他们认为榴辉岩相变质作用发生在约 38 Ma，麻粒岩相退变质叠加发生在约 14 Ma。Lombardo et al.（2016）认为，由于强烈的高温麻粒岩相叠加和高压矿物较少保存，高压榴辉岩的变质时间难以确定。榴辉岩中锆石边缘获得的 13～14 Ma 年龄对应麻粒岩相叠加时间，而不是榴辉岩化时间。他们在榴辉岩的锆石中获得了约 90 Ma 年龄，认为可能是榴辉岩的原岩年龄，指示印度大陆东北缘可能经历了白垩纪的基性岩浆作用。

第四节　西喜马拉雅造山带的超高压榴辉岩

在喜马拉雅造山带西段，超高压榴辉岩产出在巴基斯坦的 Kaghan 河谷和印度的 Tso Morari 地块，两个地区相距约 450 km，但都紧邻印度河-雅鲁藏布江缝合带分布（图 12-1）。Kaghan 河谷位于西构造结附近，产出在高喜马拉雅结晶岩系之中的含柯石英榴辉岩由石榴子石、绿辉石、绿帘石、多硅白云母、金红石和柯石英组成，柯石英在绿辉石中以包体形式出现（图 12-13）。O'Brien et al.（2001）认为这里的高喜马拉雅结晶岩系包括两个部分，一部分为由正片麻岩和副片麻岩组成的基底岩石，另一部分为由角闪岩、大理岩、石英和云母片岩组成的古生代—早中生代盖层岩石。榴辉岩呈布丁状产于基底岩系的片麻岩中。在大理岩和变泥质岩，以及在花岗质片麻岩中呈薄层状产出的斜长角闪岩很可能是榴辉岩的退变质产物。Kaneko et al.（2003）认为，Kaghan 河谷超高压变质地块由 3 个单元组成。下部单元主要由副片麻岩和片岩组成，含少量角闪岩透镜体，中部单元主要由长英质片麻岩和大理岩组成，含丰富的榴辉岩层或透镜体，上部单元由石英岩、片岩和大理岩组成。O'Brien et al.（2001）通过地质温压计计算表明，榴辉岩的峰期变质条件为 2.7～2.9 GPa 和 690～750℃。这表明，印度大陆西北缘俯冲到 90～100 km 的地幔深度形成了柯石英榴辉岩。

Rehman et al.（2007，2008，2013）认为 Kaghan 榴辉岩经历了超高压峰期变质和高压榴辉岩相退变质作用，其峰期和退变质条件分别为约 2.9 GPa 和 757～786℃，约 1.8 GPa 和 825±59℃。超高压榴

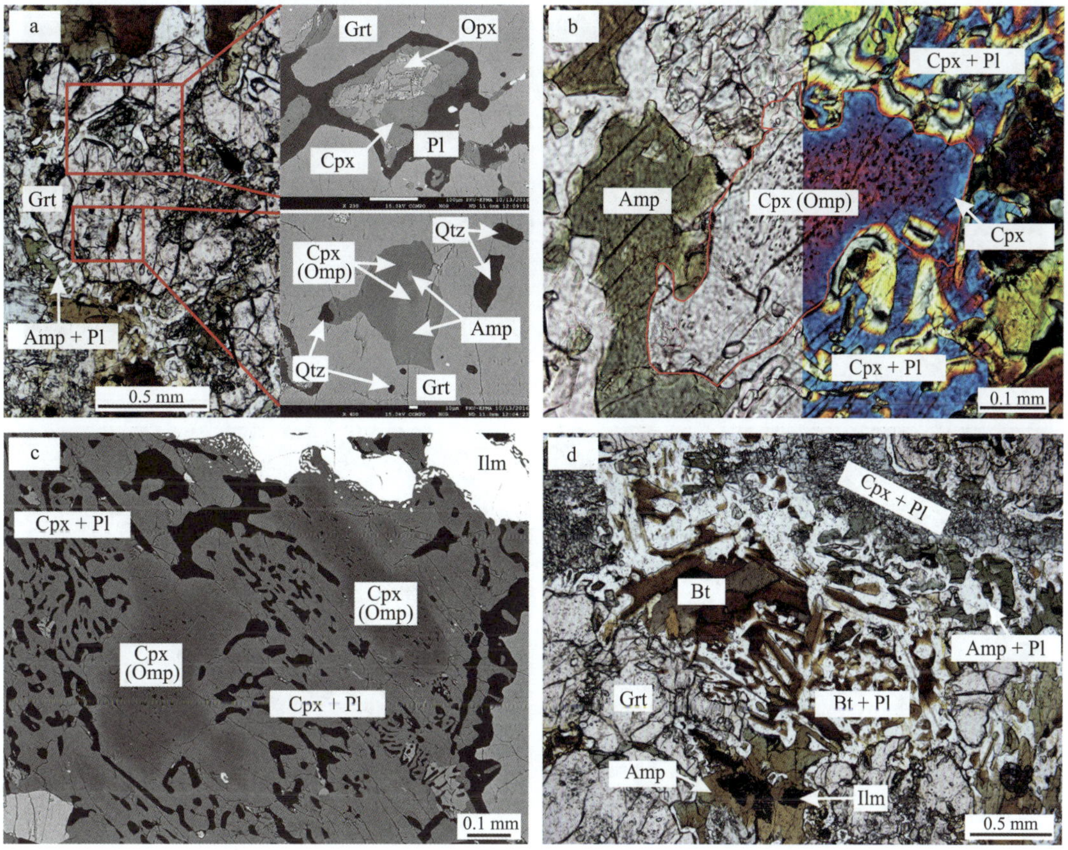

图 12-12　喜马拉雅造山带中东段 Thongmön 高压榴辉岩显微照片

（据 Li et al., 2018）

a—高压榴辉岩由石榴子石和包含的单斜辉石（绿辉石）、角闪石和石英组成。石榴子石被单斜辉石、斜长石和斜方辉石，或角闪石和斜长石组成的后成合晶冠状体替代；b—高压榴辉岩中的单斜辉石（绿辉石）发育由单斜辉石和斜长石组成的冠状体，或被角闪石部分替代；c—高压榴辉岩中残余的单斜辉石（绿辉石）被单斜辉石和斜长石合晶部分替代；d—高压榴辉岩中的多硅白云母被黑云母+斜长石合晶替代。单斜辉石+斜长石替代绿辉石，角闪石+斜长石合晶替代石榴子石。Amp—角闪石；Bt—黑云母；Cpx—单斜辉石；Grt—石榴子石；Ilm—钛铁矿；Omp—绿辉石；Opx—斜方辉石；Pl—斜长石；Qtz—石英

辉岩具有一个顺时针型的 $P-T$ 轨迹，进变质作用为增温与增压过程，退变质为降温与降压过程（图 12-7）。Wilke et al.（2010）研究认为，Kaghan 超高压榴辉岩峰期变质条件为 3.0～3.5 GPa 和 670～750℃，在榴辉岩的退变质过程中叠加了角闪岩相变质作用，其退变质 $P-T$ 轨迹先是一个缓慢降温、快速降压过程，然后是一个近等压升温过程，最后是降温、降压过程（图 12-7）。退变质过程中的升温导致了榴辉岩的低程度部分熔融，形成了含多硅白云母、石英、黝帘石和蓝晶石的浅色体。

Tso Morari 地块位于印度西北部的拉达克地区，其呈穹窿状产出在特提斯喜马拉雅岩系之中（图 12-1）。该块体的下部由元古宙至寒武纪的基底岩石组成，上部是变质的古生代至新近纪沉积岩。奥陶纪的花岗岩和基性岩侵入在基底岩石之中。含柯石英榴辉岩呈布丁状产出在基底和变质沉积岩中。榴辉岩的原岩很可能是形成在特提斯洋和印度大陆边缘过渡环境下的基性岩墙（Guillot et al., 2008）。Tso Morari 地块整体经历了超高压榴辉岩相变质作用（Guillot et al., 2003；Mukherjee et al., 2003；de Sigoyer et al., 2004；Epard et al., 2008）。超高压榴辉岩的矿物组合是石榴子石、绿辉石、多硅白云母、金红石和柯石英。柯石英及其假象在石榴子石和绿辉石中呈包裹体产出。有的榴辉岩中还含有黝帘石、滑石、蓝晶石、菱镁矿、白云石和钠云母等次要矿物。

St-onge et al.（2013）认为 Tso Morari 超高压榴辉岩经历了 4 期变质作用，第一期为高压榴辉岩相进变质作用，发生在约 2.1 GPa 和 535±15℃条件下，第二期超高压榴辉岩峰期变质作用，其变质条

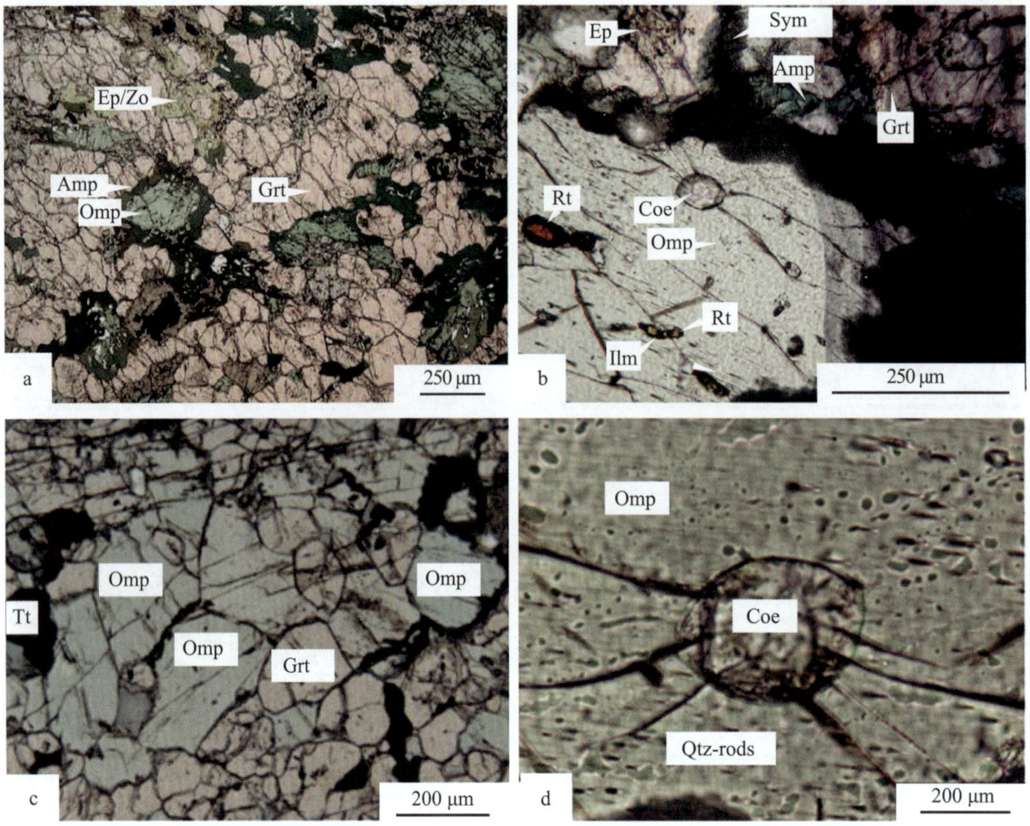

图 12-13　喜马拉雅造山带西段 Kaghan 超高压榴辉岩显微照片

（据 Rehman et al.，2007，2013）

a—超高压榴辉岩由石榴子石、绿辉石和绿帘石组成，部分绿辉石边缘被角闪石，或由单斜辉石+角闪石+石英组成的合晶替代；b—超高压榴辉岩由石榴子石、绿辉石、绿帘石、金红石、钛铁矿和柯石英组成。柯石英呈包裹体产于绿辉石中，发育放射状裂纹。部分石榴子石和绿辉石被单斜辉石+角闪石+石英合晶替代；c—超高压榴辉岩，由石榴子石、绿辉石和榍石组成，部分绿辉石被单斜辉石+角闪石+石英合晶冠状体替代；d—超高压榴辉岩绿辉石中的柯石英包体以及沿包体向外发育的放射状裂纹。绿辉石中含有出溶的石英棒或页片。Amp—角闪石；Coe—柯石英；Ep—绿帘石；Grt—石榴子石；Ilm—钛铁矿；Omp—绿辉石；Qtz—石英；Rt—金红石；Sym—后成合晶；Tt—磁铁矿；Zo—黝帘石

件为 2.6~2.8 GPa 和 630~645℃，第三期高角闪岩相退变质作用发生在 1.3 GPa 和 690±25℃，第四期角闪岩退变质作用发生在约 0.8 GPa 和 705~755℃。Singh et al.（2013）从超高压榴辉岩中识别出 5 阶段矿物组合，并估算了相应的变质条件。前超高压的矿物组合是钙角闪石+绿帘石±钠云母±金红石±磁铁矿，其变质条件为 0.1 GPa 和 500℃，早期超高压变质矿物组合是石榴子石+绿辉石+柯石英+多硅白云母+金红石±钛铁矿，变质条件为>3.3 GPa 和约 750℃，晚期超高压矿物组合是石榴子石+Na-Ca 角闪石+多硅白云母±钠云母±方解石±钛铁矿±榍石，变质条件是约 2.8 GPa 和 700℃，后超高压矿物组合是石榴子石+钙角闪石+钠长石+黑云母+绿帘石±多硅白云母，变质条件是约 1.4 GPa 和 800℃，晚期退变质矿物组合是绿泥石+钠长石+石英+多硅白云母+钙角闪石±绿帘石±黑云母±金红石±榍石±钛铁矿，相应的变质条件是约 0.7 GPa 和 350℃。

Wilke et al.（2015）认为 Tso Morari 超高压榴辉岩的峰期变质作用很可能发生在 4.4~4.8 GPa 和 560~760℃条件下，退变质 *P-T* 轨迹呈 S 形，退变质早期为降温与降压过程，中期叠加了近等压、升温的角闪岩相退变质作用，晚期为降温和降压过程。最近，Palin et al.（2017）基于动力学和岩石学模拟，再造了 Tso Morari 超高压榴辉岩的进变质 *P-T* 轨迹，并估算了峰期变质条件（图 12-7）。他们认为柯石英榴辉岩的峰期变质条件是 2.6~2.8 GPa 和 600~620℃，以前推测的 4.8 GPa 超高压条件是不合理的，可能是矿物化学不平衡导致的错误计算结果。

由于超高压榴辉岩的变质年龄可以揭示大陆碰撞和俯冲的时间和持续过程，所以对上述两地区的榴辉岩进行了较深入的年代学研究，并再造了变质作用的 P-T-t 轨迹。对 Kaghan 河谷榴辉岩，Tonarini et al.（1993）和 Spencer et al.（1996）用 Sm-Nd 和 U-Pb 定年方法获得了 40～50 Ma 的变质年龄。Kaneko et al.（2003）对超高压榴辉岩中的锆石进行了系统的 U-Pb 定年，在含石英包体的锆石幔部域获得了约 50 Ma 的进变质年龄，在含柯石英包体的锆石边缘获得了约 46 Ma 的峰期变质年龄。由此得出印度大陆开始俯冲的时间为 55～53 Ma，俯冲到地幔深度的时间为 46 Ma，即经历了一个快速俯冲过程。Parrish et al.（2006）通过锆石 U-Pb 定年，获得了柯石英榴辉岩的峰期变质年龄为 46 Ma，用榍石和金红石 U-Pb 定年获得了约 44 Ma 的退变质年龄，由此揭示出超高压变质岩经历了快速折返过程，折返速率为 30～80 mm/a。Wilke et al.（2010）通过锆石、榍石和金红石 U-Pb 定年和白云母 Ar-Ar 定年，将榴辉岩的峰期变质年龄限定在约 47 Ma，后榴辉岩相退变质年龄在 41～46 Ma，晚期的角闪岩相至绿片岩相退变质年龄为 32～35 Ma（图 12-7）。由此，他们认为超高压榴辉岩从地幔深度（约 130 km）快速折返到下地壳深度（约 40 km），折返速率为 86～143 mm/a，从下地壳至地壳浅部是一个缓慢抬升过程，抬升速率为 1～2 mm/a。Rehman et al.（2013）通过锆石 U-Pb 定年，在超高压榴辉岩中获得了 250～270 Ma 的原岩年龄，47～49 Ma 的榴辉岩化年龄，45～46 Ma 的峰期变质年龄和约 40 Ma 的角闪岩相退变质年龄（图 12-7）。这进一步表明，Kaghan 河谷柯石英榴辉岩经历了快速俯冲与快速折返过程。

Tso Morari 地块榴辉岩的变质年龄还存在争议。de Sigoyer et al.（2000）通过石榴子石-单斜辉石 Lu-Hf 和 Sm-Nd 定年，独居石 U-Pb 定年和云母 Ar-Ar 定年，将榴辉岩相变质年龄限定在约 55 Ma，将高压退变质年龄限定在 45～48 Ma，将更晚期退变质年龄限定在 29～31 Ma。Leech et al.（2005）通过锆石 U-Pb 定年，获得了约 53 Ma 峰期变质年龄，认为印度与亚洲大陆的初始碰撞发生在约 56 Ma，并经历了快速的陡俯冲过程。Leech et al.（2007）通过各种不同的定年方法，将超高压榴辉岩的峰期变质年龄限定在约 53 Ma，高压退变质年龄限定在 45～50 Ma，将晚期的角闪岩相退变质年龄限定在 29～34 Ma。这些定年结果表明，Tso Morari 超高压榴辉岩经历了快速折返过程。Donaldson et al.（2013）通过锆石年代学研究揭示，榴辉岩中变质锆石 U-Pb 年龄在 37～53 Ma 范围变化，峰期在 43～47 Ma。因此，他们认为 Tso Morari 地块与 Kaghan 河谷超高压榴辉岩的峰期变质年龄是一致的，均发生在约 47 Ma，这两个地区的大陆碰撞也同时发生在约 51 Ma。

第五节　高喜马拉雅结晶岩系的部分熔融与淡色花岗岩成因

野外观察表明，喜马拉雅造山带中、东段的高喜马拉雅岩系经历了强烈的混合岩化作用，各类岩石中都含有丰富的浅色体（图 12-2）。浅色体呈整合和不整合的带状、薄层状、网状和脉状产出。这些原位和源区浅色体的存在清楚地表明，寄主岩石经历了明显的部分熔融。此外，在混合岩化的泥质和长英质麻粒岩中普遍出现含石榴子石和蓝晶石的浅色体。这为部分熔融发生在高压麻粒岩相条件下提供了可靠的岩石学证据。现有的岩石学研究都表明，在东喜马拉雅构造结，高喜马拉雅结晶岩系中的各种类型高压麻粒岩的峰期温度明显超过其固相线，表明这些麻粒岩在进变质过程中经历了部分熔融。对于泥质和长英质麻粒岩，进变质部分熔融主要表现为白云母和黑云母的脱水熔融（Guilmette et al.，2011；Xiang et al.，2013；Zhang et al.，2015；Tian et al.，2016，2019；Liu et al.，2019），对于基性麻粒岩，进变质过程中的部分熔融主要是角闪石的脱水熔融（Zhang et al.，2018；Kang et al.，2020）。Zhang et al.（2022）的相平衡模拟表明，高压基性麻粒岩在进变质和部分熔融过程中角闪石含量明显降低，而石榴子石和熔体含量增加（图 12-14）。这表明基性麻粒岩的部分熔融主要为角闪石的脱水熔融，而在部分熔融早期为绿帘石和黑云母的脱水熔融，在部分熔融晚期斜长石的分解熔融对熔体的生成有较小贡献（图 12-14）。相平衡模拟还表明，基性麻粒岩在约 850℃ 和约 1600 MPa 的峰期变质条件下的部分熔融可产生体积分数约 16% 的熔体（图 12-14）。在东喜马拉雅构造结，泥质和长英质高压麻粒岩在进变质到峰期变质过程中所产生的熔体体积分数可达 20%～30%（Guilmette et al.，2011；Xiang et al.，2013；Zhang et al.，2015；Tian et al.，2016，2019）。这表明高喜马拉雅结晶岩系中各类岩石脱水熔融形成的熔体对喜马拉雅花岗岩的形成有重要贡献。

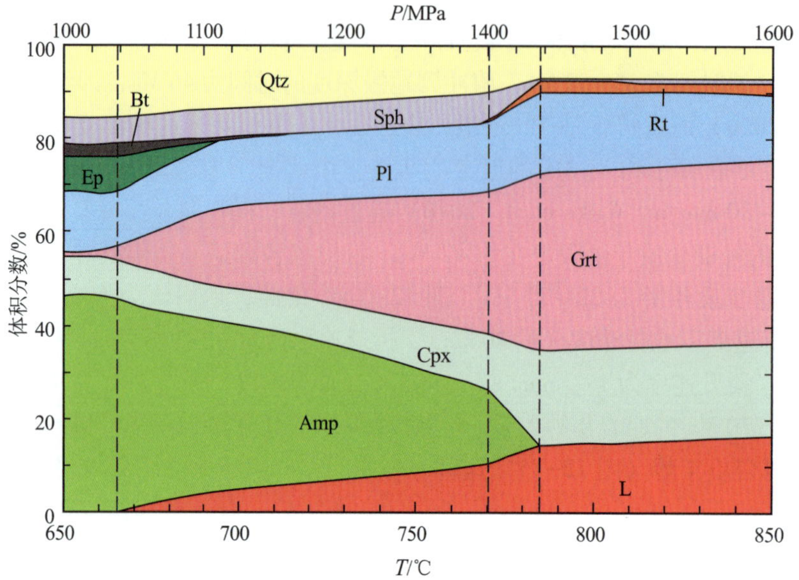

图 12-14 高压基性麻粒岩进变质过程中矿物相含量变化图

（据 Zhang et al.，2022）

Amp—角闪石；Bt—黑云母；Cpx—单斜辉石；Ep—绿帘石；Grt—石榴子石；Pl—斜长石；Qtz—石英；Rt—金红石；Sph—榍石；L—熔体

大多数研究认为，高喜马拉雅结晶岩系变质泥质岩石的强烈部分熔融形成了喜马拉雅淡色花岗岩（Le Fort et al.，1987；Harris et al.，1994；Guillot et al.，1995；Harris et al.，1995；Patiño-Douce et al.，1998；Knesel et al.，2002；Aoya et al.，2005；Guo et al.，2012；Zeng et al.，2012；Weinberg，2016）。但有三种不同的熔融机制：增压过程中的进变质加热熔融（Visonà et al.，2002；Zhang et al.，2004；Groppo et al.，2010；Guilmette et al.，2011），折返过程中的降压熔融（Harris et al.，1994；Harrison et al.，1997；Patiño-Douce et al.，1998；Harris et al.，2004；Viskupic et al.，2005；Guo et al.，2012），以及注水熔融（Knesel et al.，2002；Gao et al.，2014，2017；Weinberg，2016）。事实上，喜马拉雅花岗岩具有可变的全岩化学成分（Guo et al.，2012；Wu et al.，2015），表明它们形成在不同的地质过程中。Gao et al.（2014，2017）认为，泥质片岩的脱水熔融和注水熔融导致喜马拉雅淡色花岗岩的微量元素和同位素组成发生变化。但是我们认为，除了熔融机制不同外，原岩类型的不同、部分熔融程度的不同、熔体混合都会导致喜马拉雅淡色花岗岩的化学成分发生变化。现有研究表明，东喜马拉雅构造结的泥质、长英质和基性岩石均经历了强烈的部分熔融。来自不同原岩的熔体必然具有不同的化学成分。根据地球化学成分，一些研究者认为始新世的高 Sr/Y 花岗岩是喜马拉雅造山带加厚下地壳中角闪岩部分熔融的产物（Zeng et al.，2011；Hou et al.，2012；Liu et al.，2014）。事实上，Guillot et al.（1995）的研究表明，具有不同$^{87}Sr/^{86}Sr$初始同位素比值的喜马拉雅淡色花岗岩起源于两种不同的原岩：二云母淡色花岗岩起源于变质杂砂岩（Sri<0.752 和 $\varepsilon_{Nd}<-15$），电气石淡色花岗岩起源于变泥质岩（Sri>0.752 和 $\varepsilon_{Nd}>-15$）。此外，Gou et al.（2016）认为电气石-白云母淡色花岗岩是白云母脱水熔融形成的，而白云母-黑云母淡色花岗岩主要是高喜马拉雅结晶岩系中泥质和长英质麻粒岩进变质过程中黑云母脱水熔融的产物。因此，高喜马拉雅结晶岩系中泥质、长英质和基性麻粒岩在进变质过程中发生脱水熔融形成了不同成分、不同时代和不同类型的花岗岩（张泽明等，2017，2018；Zhang et al.，2022）。

第六节　喜马拉雅造山带的变质作用与构造演化

喜马拉雅造山带是由印度-亚洲大陆碰撞形成的，起始于60~50 Ma（Yin et al.，2000；Leech et al.，2005；Najman et al.，2010，2017；Meng et al.，2012；Wu et al.，2014；Zhu et al.，2015；Ding et al.，2016a、b）。正如前面描述的，作为大陆碰撞造山作用产物，在喜马拉雅造山带西端产出有超高压以及近超高压岩石，在造山带中部产出有高压麻粒岩和高压榴辉岩，在东喜马拉雅构造结产出有高压麻粒岩（图12-1）。超高压或近超高压榴辉岩产于靠近印度河-雅鲁藏布江缝合带的Kaghan河谷、Stak（巴基斯坦）以及Tso Morari地块（印度西北部）（图12-1）。这些超高压岩石的变质条件为600~770℃和3.0~3.5 GPa（图12-7；Wilke et al.，2010；Rehman et al.，2013；Palin et al.，2017）。这表明印度大陆西北边缘被深俯冲到至少100~120 km的地幔深处（图12-15a）。根据锆石U-Pb定年，他们认为柯石英榴辉岩的榴辉岩相变质作用发生在50~45 Ma，角闪岩相退变质作用发生在45~40 Ma，进变质作用发生在55~50 Ma（Kaneko et al.，2003；Parrish et al.，2006；Rehman et al.，2013；Donaldson et al.，2013；St-Onge et al.，2013）。因此，喜马拉雅西部的超高压岩石经历了快速俯冲和快速折返过程。

在喜马拉雅造山带中段的Khartz（Ama-Drime）、定结和Thongmön，尼泊尔Arun河谷，锡金Kanghendzonga山脉，不丹Jomolhari地块等地区发现有高压榴辉岩（或麻粒岩化榴辉岩）（图12-1）。这些高压基性岩石通常出现在长英质和泥质岩石的薄层、透镜体中，峰值变质P-T条件被限定在22~25 kbar和700~800℃（图12-7；Groppo et al.，2007；Wang et al.，2017；Li et al.，2019）。这表明喜马拉雅造山带中段大陆地壳已增厚至约70 km（图12-15b）。从退变榴辉岩（Li et al.，2003；Grujic et al.，2011；Lombardo et al.，2016；Wang et al.，2017）和保存完好的榴辉岩（Li et al.，2019）中获得了约18~14 Ma的锆石U-Pb年龄。这些年龄被解释为榴辉岩相变质作用（Grujic et al.，2011；Wang et al.，2017；Li et al.，2019）或麻粒岩相叠加时间（Groppo et al.，2007；Lombardo et al.，2016）。Corrie et al.（2010）报道了Arun河谷一个残余榴辉岩的石榴子石Lu-Hf年龄约为20 Ma。Kellet et al.（2014）根据Ama Drime退变质榴辉岩38~34 Ma的石榴子石Lu-Hf年龄和15~13 Ma的锆石U-Pb年龄，认为榴辉岩相变质作用发生在约38 Ma，随后叠加的麻粒岩相发生在15~13 Ma。他们认为，与喜马拉雅西北部的超高压榴辉岩不同，Ama Drime榴辉岩不具有冷俯冲板块快速埋藏和剥露的特征，而是大陆碰撞早期地壳增厚的结果，并在中下部地壳中存在了至少20 Ma。因此，喜马拉雅中部的榴辉岩具有缓慢折返过程，并由于热松弛作用在中地壳叠加了强烈的麻粒岩相退变质作用。这表明喜马拉雅造山带的地壳在晚始新世已经达到至少60 km的厚度。

喜马拉雅中部高压榴辉岩的围岩为长英质和泥质岩石，具有从中、晚始新世到中中新世的变质年龄范围（图12-1；Cottle et al.，2009b；Kohn et al.，2011；Rubatto et al.，2013；Carosi et al.，2015；Iaccarino et al.，2015；Wang et al.，2015a，b；Zhang et al.，2017a）。这表明这些长英质和泥质岩石具有与寄主高压榴辉岩相似的长期变质演化过程，尽管由于强烈的高温退变质作用，其变质条件通常被估计为麻粒岩相或角闪岩相，从而抹去了早期高压榴辉岩相的记录。O'Brien（2018）认为，没有足够的证据表明榴辉岩是通过构造作用混合到GHS的副片麻岩和正片麻岩中的，变质基性岩的榴辉岩化和麻粒岩化是在原位发生的。也就是说，含高压榴辉岩的岩石单元整体经历了榴辉岩相变质作用。此外，许多研究表明GHS可能由具有不同变质历史的岩片（岩石-构造）单元组成，这些岩片被韧性剪切带所分隔（Goscombe et al.，2006，2018；Groppo et al.，2009；Carosi et al.，2010；Chakungal et al.，2010；Grujic et al.，2011；Warren et al.，2011；Montomoli et al.，2013，2015；Larson et al.，2015；Wang et al.，2015b，2016）。由于大多数高压榴辉岩产于STD附近，含高压榴辉岩岩片可能构成了GHS的上部构造单元。

如上所述，现有的研究均表明，东喜马拉雅构造结仅经历了高压麻粒岩相变质作用，变质条件为14~16 kbar和800~900℃，表明东喜马拉雅地壳已经加厚至约50 km深度（图12-15c）。此外，高压

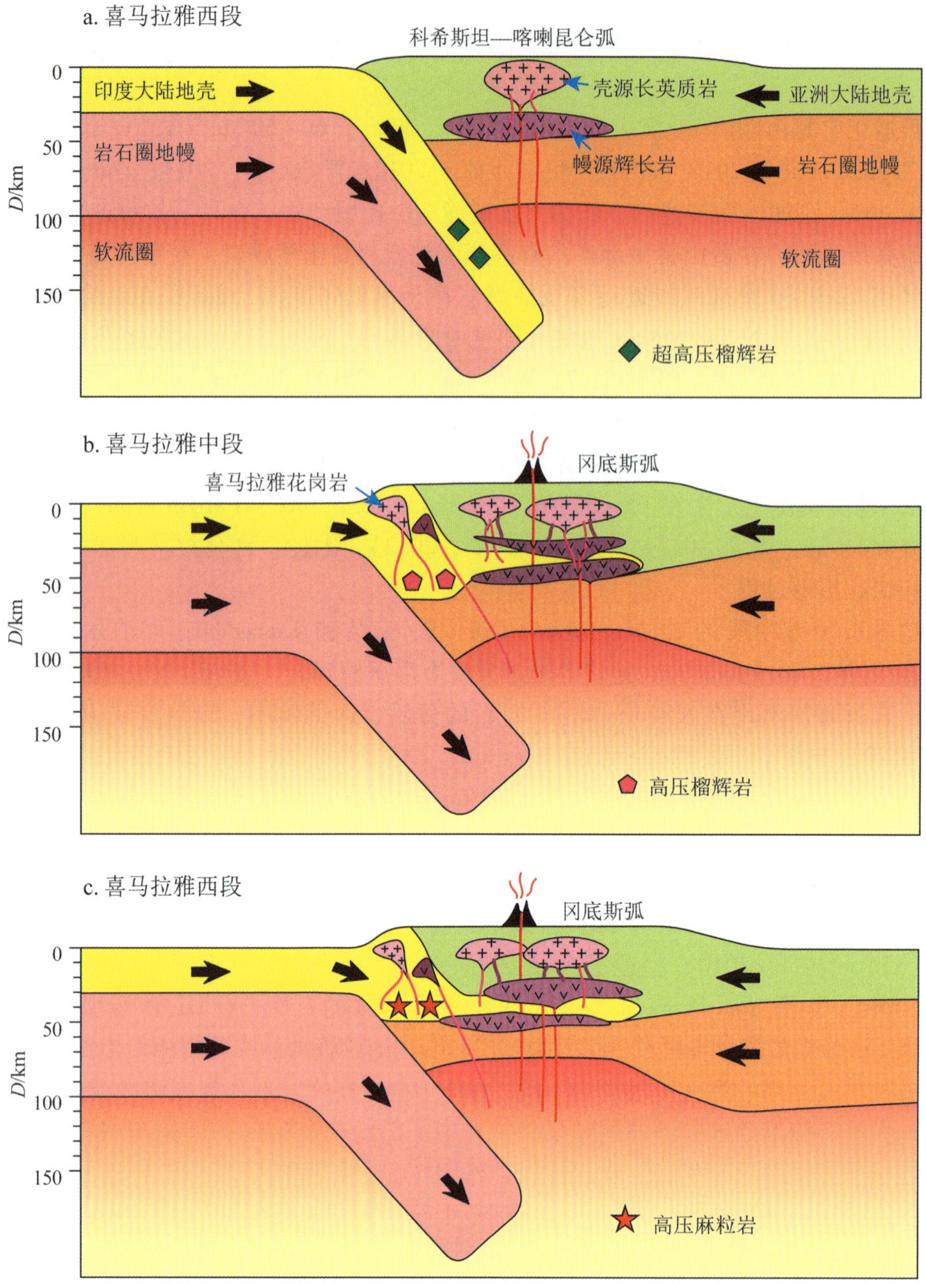

图 12-15　喜马拉雅造山带变质作用与构造演化模式图

（据 Zhang et al.，2022）

a—喜马拉雅西段，印度大陆地壳深俯冲到地幔深度经历了超高压变质作用，同碰撞弧岩浆岩来源于亏损地幔和加厚的新生下地壳的部分熔融；b、c—喜马拉雅中段和东段，印度地壳向冈底斯弧地壳之下俯冲，形成由高压榴辉岩相或高压麻粒岩相岩石组成的加厚下地壳的一部分。喜马拉雅花岗岩起源于加厚的印度地壳，冈底斯弧同碰撞岩浆岩形成于亏损地幔、加厚的新生下地壳和古老（印度）地壳的部分熔融

麻粒岩经历了一个长期的变质演化过程，可能始于约 50 Ma，一直持续到 10～5 Ma，峰期（压力最大）变质作用发生在约 20 Ma（图 12-7）。这表明高压麻粒岩经历了缓慢的埋藏和缓慢的折返过程。与形成在冷俯冲带的西喜马拉雅超高压岩石不同（图 12-15a），喜马拉雅中部和东部的高压榴辉岩和高压麻粒岩在进变质和/或退变质阶段经历了明显的高温变质作用和强烈的部分熔融。这些高压榴辉岩和高压麻粒岩部分熔融产生的大量熔体为喜马拉雅花岗岩的形成提供了重要源区。值得注意的是，东喜马拉雅高压麻粒岩在进变质作用过程中经历了从约 40 Ma 到约 20 Ma 的长期部分熔融（图 12-

7)，这与喜马拉雅花岗质岩浆作用从始新世晚期一直持续到早中新世是一致的（Aikman et al.，2008，2012；Qi et al.，2008；Zeng et al.，2011；Guo et al.，2012；Hou et al.，2012；Wu et al.，2015；Liu et al.，2016）。

现有研究表明，GHS 的变质压力从造山带的西部到东部逐渐降低，从西喜马拉雅的超高压榴辉岩，到中喜马拉雅的高压榴辉岩，再到东喜马拉雅的高压麻粒岩（图 12-1 和图 12-7）。相反，GHS 的变质温度从西向东逐渐升高，从西喜马拉雅的 600~770℃，到中喜马拉雅的 700~800℃，再到东喜马拉雅的 750~900℃（图 12-7）。因此，我们认为随着新特提斯洋的闭合，印度大陆西北缘被深俯冲到至少 100~120 km 的地幔深度（图 12-15a），而在喜马拉雅造山带中部和东部，随着印度与亚洲大陆的碰撞，从深俯冲岩石圈地幔拆离下来的印度大陆地壳平俯冲或底垫到亚洲大陆地壳之下，并构成了喜马拉雅造山带和冈底斯岩浆弧的加厚下地壳。我们认为平俯冲的印度地壳物质构成了冈底斯弧同碰撞壳源花岗岩的源区之一（图 12-15b、c）。

大量研究表明，冈底斯弧与俯冲相关的岩浆岩主要由幔源辉长岩组成，具有明显的亏损地幔地球化学特征，而同碰撞弧岩浆岩则表现出不同程度的 Hf 和 Nd 同位素成分的富集（Chu et al.，2006，2011；Mo et al.，2007，2008；Ji et al.，2009；Wu et al.，2010，2014；Zhang et al.，2010b，2014，2019，2020；Zhu et al.，2011，2018）。俯冲期和碰撞期弧岩浆岩的 Hf 同位素变化被认为是喜马拉雅沉积岩（印度大陆地壳物质）逐渐加入到弧岩浆源区的结果（Chu et al.，2011）。我们推测同碰撞花岗岩是两种熔体混合的产物。这两种熔体分别形成于加厚的新生弧地壳和底垫的印度地壳的部分熔融（图 12-15b、c）。最近的研究表明，冈底斯弧中存在早新生代的 S 型花岗岩（Guo et al.，2012；Zhang et al.，2013；Ma et al.，2017），为冈底斯弧加厚下地壳具有俯冲印度地壳的变质沉积岩提供了有利证据。因此，我们认为来自俯冲印度大陆地壳的熔体导致冈底斯弧早期新生代幔源和壳源岩浆岩的同位素成分富集。与此不同的是，泛喜马拉雅弧西部的科希斯坦和喀喇昆仑弧中的同碰撞花岗岩主要来自新生下地壳的部分熔融，基本上不显示古老地壳的地球化学特征（Ravikant et al.，2009）。这可能是因为深俯冲发生超高压变质的印度地壳并没有参与同碰撞弧岩浆作用（图 12-15a）。

参考文献

张泽明，董昕，丁慧霞，等. 2017. 喜马拉雅造山带的变质作用与部分熔融. 岩石学报，33：2313~2341.

张泽明，康东艳，丁慧霞，等. 2018. 喜马拉雅造山带的部分熔融与淡色花岗岩成因机制. 地球科学，43：82~98.

Aikman A B，Harrison T M，Ding L. 2008. Evidence for early(>44 Ma)Himalayan crustal thickening，Tethyan Himalaya，southeastern Tibet. Earth Planet. Sci. Lett. 274：14~23.

Aikman A B，Harrison T M，Hermann J. 2012. Age and thermal history of Eo-and Neohimalayan granitoids，eastern Himalaya. J. Asian Earth Sci.，51：85~97.

Anczkiewicz R，Chakraborty S，Dasgupta S，et al. 2014. Timing，duration and inversion of prograde Barrovian metamorphism constrained by high resolution Lu-Hf garnet dating：A case study from the Sikkim Himalaya，NE India. Earth Planet. Sci. Lett，407：70~81.

Aoya M，Wallis S R，Terada K，et al. 2005. North-south extension in the Tibetan crust triggered by granite emplacement. Geology，33：853~856.

Booth A L，Chamberlain C P，Kidd W S F，et al. 2009. Constraints on the metamorphic evolution of the eastern Himalayan Syntaxis from geochronologic and petrologic studies of Namche Barwa. Geol. Soc. Am. Bull.，121：385~407.

Booth A L，Zeitler P K，Kidd W S F，et al. 2004. U-Pb zircon constraints on the tectonic evolution of southeastern Tibet，Namche Barwa area. Am. J. Sci.，304：889~929.

Braden Z，Godin L，Cottle J M. 2017. Segmentation and rejuvenation of the Greater Himalayan sequence in western Nepal revealed by in situ U-Th/Pb monazite petrochronology. Lithos，284~285：751~765.

Carosi R，Montomoli C，Langone A，et al. 2015. Eocene partial melting recorded in peritectic garnets from kyanite-gneiss，Greater Himalayan Sequence，central Nepal. In Tectonics of the Himalaya. Special Publications，vol. 412：111~129(eds. Mukherjee，S，Carosi，R，van der Beek，P. A，Mukherjee，B. K，Robinson，D. M.). Geological Society，London，http：//dx. doi. org/10. 1144/SP412. 1.

Carosi R，Montomoli C，Rubatto D，et al. 2010. Late Oligocene high-temperature shear zones in the core of the Higher Himalayan Crystallines (Lower Dolpo，western Nepal). Tectonics，29：TC4029.

Chakungal J, Dostal J, Grujic D, et al. 2010. Provenance of the Greater Himalayan sequence: Evidence from mafic granulites and amphibolites in NW Bhutan. Tectonophysics, 480: 198~212.

Chu M F, Chung S L, O'Reilly S Y, et al. 2011. India's hidden inputs to Tibetan orogeny revealed by Hf isotopes of Transhimalayan zircons and host rocks. Earth Planet. Sci. Lett., 307: 479~486.

Chu M F, Chung S L, Song B, et al. 2006. Zircon U-Pb and Hf isotope constraints on the Mesozoic tectonics and crustal evolution of southern Tibet. Geology, 34: 745~748.

Corfu F, Hanchar J M, Hoskin P W O, et al. 2003. Atlas of zircon textures. Rev. Mineral. Geochem., 53: 469~500.

Corrie S L, Kohn M J, Vervoort J D. 2010. Youngeclogite from the Greater Himalayan Sequence, Arun Valley, eastern Nepal: *P-T-t* path and tectonic implications. Earth Planet. Sci. Lett., 289: 406~416.

Cottle J M, Jessup M J, Newell D L, et al. 2009a. Geochronology of granulitized eclogite from the Ama Drime Massif: Implications for the tectonic evolution of the South Tibetan Himalaya. Tectonics, 28: TC1002.

Cottle J M, Searle M P, Horstwood M S A, et al. 2009b. Timing of midcrustal metamorphism, melting, and deformation in the Mount Everest region of Southern Tibet revealed by U(-Th)-Pb geochronology. J. Geol., 117: 643~664.

Dasgupta S, Chakraborty S, Neogi S. 2009. Petrology of an inverted Barrovian sequence of metapelites in Sikkim, India: Constraints on the tectonics of inversion. American Journal of Science, 309: 43~84.

Dasgupta S, Ganguly J, Neogi S. 2004. Inverted metamorphic sequence in the Sikkim Himalayas: Crystallization history, P-T gradient and implications. Journal of Metamorphic Geology, 22: 395~412.

de Sigoyer J, Chavagnac V, Blichert-Toft J, et al. 2000. Dating the Indian continental subduction and collisional thickening in the Northwest Himalaya: Multichronology of the Tso Morari eclogites. Geology, 28: 487~490.

de Sigoyer J, Guillot S, Dick P. 2004. Exhumation of the Ultrahigh-pressure Tso Morari Unit in Eastern Ladakh(NW Himalaya): A Case Study. Tectonics, 23: TC3003.

Ding H X, Zhang Z M, Dong X, et al. 2016a. Early Eocene(c. 50 Ma)collision of the Indian and Asian continents: Constraints from the North Himalayan metamorphic rocks, southeastern Tibet. Earth Planet. Sci. Lett., 435: 64~73.

Ding H X, Zhang Z M, Hu K M, et al. 2016b. *P-T*-t-D paths of the North Himalayan metamorphic rocks: Implications for the Himalayan orogeny. Tectonophysics, 683: 393~404.

Ding H X, Zhang Z M, Matthew J K. 2021. Long-lived(ca. 22-24Myr)partial melts in the eastern Himalaya: Petrochronologic constraints and tectonic implications. Earth Planet. Sci. Lett, 558: 116764.

Ding L, Zhong D. 1999. Metamorphic characteristics and geotectonic implications of the high-pressuregranulites from Namjagbarwa, eastern Tibet. Science in China Series D: Earth Sciences, 42: 491~505.

Ding L, Zhong D L, Yin A, et al. 2001. Cenozoic structural and metamorphic evolution of the eastern Himalayan syntaxis(Namche Barwa). Earth Planet. Sci. Lett., 192: 423~438.

Donaldson D G, Webb A A G, Menold C A, et al. 2013. Petrochronology of Himalayan ultrahigh-pressure eclogite. Geology, 41: 835~838.

Eckert J O, Newton R C, Kleppa O J. 1991. The ΔH of reaction and recalibration of garnet-pyroxene-plagioclase-quartz geobarometers in the CMAS system by solution calorimetry. Am. Mineral., 76: 148~160.

Epard J L, Steck A. 2008. Structural Development of the Tso Morari Ultra-High Pressure Nappe of the Ladakh Himalaya. Tectonophysics, 451(1~4): 242~264.

Ferrando S, Rolfo F, Lombardo B. 2007. Fluid Evolution from Metamorphic Peak to Exhumation in Himalayan Granulitised Eclogites, Ama Drime Range, Southern Tibet. European Journal of Mineralogy, 19(4): 439~461.

Gaidies F, Petley-Ragan A, Chakraborty S, et al. 2015. Constraining the conditions of Barrovian metamorphism in Sikkim, India: P-T-t paths of garnet crystallization in the Lesser Himalayan Belt. Journal of Metamorphic Geology, 33: 23~44.

Gao L E, Zeng L S. 2014. Fluxed melting of metapelite and the formation of Miocene high-CaO two-mica granites in the Malashan gneiss dome, southern Tibet. Geochim. Cosmochim. Acta, 130: 136~155.

Gao L E, Zeng L S, Asimow P D. 2017. Contrasting geochemical signatures of fluid-absent versus fluidfluxed melting of muscovite in metasedimentary sources: The Himalayan leucogranites. Geology, 45: 39~42.

Goscombe B, Gray D, Foster A. 2018. Metamorphic response to collision in the Central Himalayan orogen. Gondwana Res., 57: 191~265.

Goscombe B, Gray D, Hand M. 2006. Crustal architecture of the Himalayan metamorphic front in eastern Nepal. Gondwana Res., 10: 232~255.

Gou Z B, Zhang Z M, Dong X, et al. 2016. Petrogenesisand tectonic implications of the Yadong leucogranites, southern Himalaya. Lithos, 256~257: 300~310.

Groppo C, Lombardo B, Rolfo F, et al. 2007. Clockwise exhumation path of granulitized eclogites from the Ama Drime range(Eastern Himalayas). J. Metamorph. Geol., 25: 51~75.

Groppo C, Rolfo F, Indares A. 2012. Partial melting in the Higher Himalayan Crystallines of Eastern Nepal: The effect of decompression and

implications for the 'Channel Flow' model. J. Petrol., 53: 1057~1088.
Groppo C, Rolfo F, Lombardo B. 2009. *P-T* evolution across the Main Central Thrust Zone(Eastern Nepal): Hidden discontinuities revealed by petrology. J. Petrol., 50: 1149~1180.
Groppo C, Rubatto D, Rolfo F, et al. 2010. Early Oligocene partial melting in the Main Central Thrust Zone (Arun valley, eastern Nepal Himalaya). Lithos, 118: 287~301.
Grujic D, Warren C J, Wooden J L. 2011. Rapid synconvergent exhumation of Miocene-aged lower orogenic crust in the eastern Himalaya. Lithosphere, 3: 346~366.
Guillot S, Garzanti E, Baratoux D, et al. 2003. Reconstructing the Total Shortening History of the NW Himalaya. Geochemistry Geophysics Geosystems, 4(7): 1064.
Guillot S, Le Fort P. 1995. Geochemical constraints on the bimodal origin of High Himalayan leucogranites. Lithos, 35: 221~234.
Guillot S, Maheo G, de Sigoyer J, et al. 2008. Tethyan and Indian subduction viewed from the Himalayan high-to ultrahigh-pressure metamorphic rocks. Tectonophysics, 451: 225~241.
Guilmette C, Indares A, Hebert R. 2011. High-pressure anatectic paragneisses from the Namche Barwa, Eastern Himalayan Syntaxis: Textural evidence for partial melting, phase equilibria modeling and tectonic implications. Lithos, 124: 66~81.
Guo L, Zhang H F, Harris N, et al. 2012. Paleogene crustal anatexis and metamorphism in Lhasa terrane, eastern Himalayan syntaxis: Evidence from U-Pb zircon ages and Hf isotopic compositions of the Nyingchi Complex. Gondwana Res., 21: 100~111.
Guo Z F, Wilson M. 2012. The Himalayan leucogranites: constraints on the nature of their crustal source region and geodynamic setting. Gondwana Res., 22: 360~376.
Harris N B W, Caddick M, Kosler J, et al. 2004. The pressure-temperature-time path of migmatites from the Sikkim Himalaya. J. Metamorph. Geol., 22: 249~264.
Harris N B W, Massey J A. 1994. Decompression and anatexis of Himalayan metapelites. Tectonics, 13: 1537~1546.
Harris N, Ayres M W, Massey J. 1995. Geochemistry of granitic melts produced during the incongruent melting of muscovite: Implications for the extraction of Himalayan leucogranite magmas. J. Geophys. Res., 100: 15767~15777.
Harrison T M, Lovera O M, Grove M. 1997. New insights into the origin of two contrasting Himalayan granite belts. Geology, 25: 899~902.
Horton F, Lee J, Hacker B, et al. 2015. Himalayan gneiss dome formation in the middle crust and exhumation by normal faulting: New geochronology of Gianbul dome, northwestern India. Geol. Soc. Am. Bull., 127: 162~180.
Hoskin P W O, Schaltegger U. 2003. The composition of zircon and igneous and metamorphic petrogenesis. Rev. Mineral. Geochem., 53: 27~62.
Hou Z Q, Zheng Y C, Zeng L S, et al. 2012. Eocene-Oligocene granitoids in southern Tibet: Constraints on crustal anatexis and tectonic evolution of the Himalayan orogen. Earth Planet. Sci. Lett., 349: 38~52.
Iaccarino S, Montomoli C, Carosi R, et al. 2015. Pressure-temperature-time-deformation path of kyanite-bearing migmatitic paragneiss in the Kali Gandaki valley(central Nepal): Investigation of late Eocene-early Oligocene melting processes. Lithos, 231: 103~121.
Imayama T, Takeshita T, Arita K. 2010. Metamorphic P-T profile and P-T path discontinuity across the far-eastern Nepal Himalaya: Investigation of channel flow models. Journal of Metamorphic Geology, 28: 527~549.
Imayama T, Takeshita T, Yi K, et al. 2012. Two-stage partial melting and contrasting cooling history within the Higher Himalayan Crystalline Sequence in the far-eastern Nepal Himalaya. Lithos, 134~135: 1~22.
Jamieson R A, Beaumont C, Medvedev S, et al. 2004. Crustal channel flows: 2. Numerical models with implications for metamorphism in the Himalayan-Tibetan orogen. J. Geophys. Res., 109: B06407.
Ji W Q, Wu F Y, Chung S L, et al. 2009. Zircon U-Pb geochronology and Hf isotopic constraints on petrogenesis of the Gangdese batholith, southern Tibet. Chem. Geol., 262: 229~245.
Kali E, Leloup P H, Arnaud N, et al. 2010. Exhumation history of the deepest central Himalayan rocks, Ama Drime range: Key pressure-temperature-deformation-time constraints on orogenic models. Tectonics, 29: TC2014.
Kaneko Y, Katayama I, Yamamoto H, et al. 2003. Timing of Himalayan ultrahigh-pressure metamorphism: Sinking rate and subduction angle of the Indian continental crust beneath Asia. J. Metamorph. Geol., 21: 589~599.
Kang D Y, Zhang Z M, Palin R M, et al. 2020. Prolonged Partial Melting of Garnet Amphibolite from the Eastern Himalayan Syntaxis: Implications for the Tectonic Evolution of Large Hot Orogens. J. Geophys. Res. Solid Earth, 125: e2019JB019119.
Kellett D A, Cottle J M, Smit M. 2014. Eocene deep crust at AmaDrime, Tibet: Early evolution of the Himalayan orogen. Lithosphere, 6: 220~229.
Knesel K M, Davidson J P. 2002. Insights into collisional magmatism from isotopic fingerprints of melting reactions. Science, 296: 2206~2208.
Kohn M J. 2014. Himalayan metamorphism and its tectonic implications. Annu. Rev. Earth Planet. Sci., 42: 381~419.
Kohn M J, Corrie S L. 2011. Preserved Zr-temperatures and U-Pb ages in high grade metamorphic titanite: Evidence for a static hot channel in the Himalayan orogen. Earth Planet. Sci. Lett., 311: 136~143.

Kouketsu Y, Hattori K, Guillot S, et al. 2016. Eocene to Oligocene retrogression and recrystallization of the Stak eclogite in northwest Himalaya. Lithos, 240-243: 155~166.

Krogh E. 1988. The garnet-clinopyroxene Fe-Mg geothermometer—reinterpretation of existing experimental data. Contrib. Mineral. Petrol., 99: 44~48.

Larson K P, Ambrose T K, Webb A G, et al. 2015. Reconciling Himalayan midcrustal discontinuities: the Main Central thrust system. Earth Planet. Sci. Lett., 429: 139~146.

Law R D, Jessup M J, Searle M P, et al. 2011. Telescoping of isotherms beneath the south Tibetan detachment system, Mount Everest massif. Journal of Structural Geology, 33: 1569~1594.

Le Fort P, Cuney C, Deniel C, et al. 1987. Crustal generation of the Himalayan leucogranites. Tectonophysics, 134: 39~57.

Lee J, Whitehouse M J. 2007. Onset of mid-crustal extensional flow in southern Tibet: Evidence from U/Pb zircon ages. Geology, 35: 45~48.

Leech M L, Singh S, Jain A K, et al. 2005. The onset of India-Asia continental collision: Early, steep subduction required by the timing of UHP metamorphism in the western Himalaya. Earth Planet. Sci. Lett., 234: 83~97.

Leech M L, Singh S, Jain A K. 2007. Continuous Metamorphic Zircon Growth and Interpretation of U-Pb SHRIMP Dating: An Example from the Western Himalaya. International Geology Review, 49(4): 313~328.

Li D W, Liao Q A, Yuan Y M, et al. 2003. SHRIMP U-Pb zircon geochronology of granulites at Rimana(southern Tibet) in the central segment of the Himalayan orogen. Chinese Sci. Bull., 48: 2647~2650.

Li Q Y, Zhang L F, Fu B, et al. 2019. Petrology and zircon U-Pb dating of well-preserved eclogites from the Thongmön area in central Himalaya and their tectonic Implications. J. Metamorph. Geol., 37: 203~226.

Li Q Y, Zhang L F, Fu B, et al. 2018. Petrology and Zircon U-Pb Dating of Well-Preserved Eclogites from the Thongmön Area in Central Himalaya and Their Tectonic Implications. Journal of Metamorphic Geology. https://doi.org/10.1111/jmg.12457.

Liu F L, Zhang L F. 2014. High pressuregranulites from eastern Himalayan Syntaxis: *P-T* path, zircon U-Pb dating and geological implications. Acta Petrol. Sin., 30: 2808~2820.

Liu X, Liu Q, Fan Y, et al. 2019. Crust anatexis in collisional orogenic belt: constraints form natural observations and experimental investigation on nanogranite inclusions. Earth Sci., 44: 4152~4156.

Liu Y, Yang Z, Wang M. 2007. History of zircon growth in a high-pressure granulite within the eastern Himalayan Syntaxis, and tectonic implications. Int. Geol. Rev., 49: 861~872.

Liu Y, Zhong D. 1997. Petrology of high-pressuregranulites from the eastern Himalayan syntaxis. J. Metamorph. Geol., 15: 451~466.

Liu Z C, Wu F Y, Ding L, et al. 2016. Highly fractionated Late Eocene(~35 Ma) leucogranite inthe Xiaru Dome, Tethyan Himalaya, South Tibet. Lithos, 240~243: 337~354.

Liu Z C, Wu F Y, Ji W Q, et al. 2014. Petrogenesis of Ramba leucogranite in the Tethyan Himalaya and constraints on the channel flow model. Lithos, 208~209: 118~136.

Liu C, Wang R C, Wu F Y, et al. 2019a. Spodumene pegmatites from the Pusila pluton in the higher Himalaya, South Tibet: Lithium mineralization in a highly fractionated leucogranite batholith. Lithos, 358~359: 105421.

Liu Z C, Wu F Y, Liu X C, et al. 2019b. Highly fractionated origin of Himalayan leucogranites: Mineralogical evidence from the Ramba pluton in southern Tibet. Lithos, 340~341: 71~86.

Lombardo B, Rolfo F, McClelland W. 2016. A review of the first eclogites discovered in the eastern Himalaya. Eur. J. Mineral., 28: 1099~1109.

Lombardo B, Rolfo F. 2000. Two contrasting eclogite types in the Himalayas: Implications for the Himalayan orogeny. J. Geodynamics, 30: 37~60.

Ma L, Wang Q, Kerr A C, et al. 2017. Paleocene(c. 62 Ma) leucogranites in southern Lhasa, Tibet: Products ofsyn-collisional crustal anatexis during slab roll-back? J. Petrol., 58: 2089~2114.

Meng J, Wand C S, Zhao X X, et al. 2012. India-Asia collision was at 24°N and 50 Ma: palaeomagnetic proof from southernmost Asia. Sci. Rep. 2, doi: 10.1038/srep00925.

Mo X X, Hou Z Q, Niu Y, et al. 2007. Mantle contributions to crustal thickening during continental collision: Evidence from Cenozoic igneous rocks in southern Tibet. Lithos, 96: 225~242.

Mo X X, Niu Y L, Dong G C, et al. 2008. Contribution of syncollisional felsic magmatism to continental crust growth: A case study of the Paleogene Linzizong volcanic Succession in southern Tibet. Chem. Geol., 250: 49~67.

Montomoli C, Carosi R, Iaccarino S. 2015. Tectonometamorphic discontinuities in the Greater Himalayan Sequence: A local or a regional feature? In Tectonics of the Himalaya. Special Publications, 412: 25~41(eds. Mukherjee, S, Carosi, R, van der Beek, P. A, Mukherjee, B. K, Robinson, D. M.). Geological Society, London.

Montomoli C, Iaccarino S, Carosi R, et al. 2013. Tectonometamorphic discontinuities within the Greater Himalayan Sequence in Western Nepal (Central Himalaya): Insights on the exhumation of crystalline rocks. Tectonophysics, 608: 1349~1370.

Mukherjee B K, Sachan H K, Ogasawara Y, et al. 2003. Carbonate-Bearing UHPM Rocks from the Tso-Morari Region, Ladakh, India: Petrological Implications. International Geology Review, 45(1): 49~69.

Najman Y, Appel E, Boudagher-Fadel M, et al. 2010. Timing of India-Asia collision: Geological, biostratigraphic, and palaeomagnetic constraints. J. Geophys. Res., 115: B12416.

Najman Y, Jenks D, Godin L, et al. 2017. The Tethyan Himalayan detrital record shows that India-Asia terminal collision occurred by 54 Ma in the Western Himalaya. Earth Planet. Sci. Lett., 459: 301~310.

Nehring F, Foley S F, Holtta P. 2010. Trace element partitioning in the granulite facies. Contrib. Mineral. Petrol., 159: 493~519.

Newton R C, Perkins D. 1982 Thermodynamic calibration of geobarometers based on the assemblages garnet-orthopyroxene (clinopyroxene)-plagioclase-quartz. Am. Mineral., 67: 203~222.

O'Brien P J, Zotov N, Law R, et al. 2001. Coesite in Himalayan eclogite and implications for models of India-Asia collision. Geology, 29: 435~438.

O'Brien P J. 2018. Eclogites and other high-pressure rocks in the Himalaya: a review. In Himalayan Tectonics: A Modern Synthesis. Special Publications, vol. 483(eds. Treloar, P. J, Searle, M. P.). Geological Society, London.

Palin R M, Reuber G S, White R W, et al. 2017. Subduction metamorphism in the Himalayan ultrahigh-pressure Tso Morari Massif: An integrated geodynamic and petrological modelling approach. Earth Planet. Sci. Lett., 467: 108~119.

Parrish R R, Gough S J, Searle M P, et al. 2006. Plate velocity exhumation of ultrahigh-pressure eclogites in the Pakistan Himalaya. Geology, 34: 989~992.

Patiño-Douce A E, Harris N B W. 1998. Experimental constraints on Himalayan anatexis. J. Petrol., 39: 689~710.

Peng T, Zeng L S, Gao L E, et al. 2018. Metamorphic P-T path and SIMS zircon U-Pb dating of amphibolite of the Namche Barwa Complex, southeast Tibet, China. Lithos, 320~321: 454~469.

Powell R. 1985. Regression diagnostic and robust regression in geothermometer/geobarometer calibration: The garnet-clinopyroxene geothermometer revisited. J. Metamorph. Geol., 3: 231~243.

Qi X X, Zeng L S, Meng X J, et al. 2008. Zircon SHRIMP U-Pb dating for Dala granite in the Tethyan Himalaya and its geological implication. Acta Petrol. Sin., 24: 1501~1507.

Ravikant V, Wu F Y, Ji W Q. 2009. Zircon U-Pb and Hf isotopic constraints on petrogenesis of the Cretaceous-Tertiary granites in eastern Karakoram and Ladakh, India. Lithos, 110: 153~166.

Regis D, Warren C J, Young D, et al. 2014. Tectono-metamorphic evolution of the Jomolhari massif: Variations in timing of syn-collisional metamorphism across western Bhutan. Lithos, 190~191: 449~466.

Rehman H U, Kobayash K, Tsujimori T, et al. 2013. Ion microprobe U-Th-Pb geochronology and study of micro-inclusions in zircon from the Himalayan high and ultrahigh-pressure eclogites, Kaghan valley of Pakistan. J. Asian Earth Sci., 63: 179~196.

Rehman H U, Yamamoto H, Kaneko Y, et al. 2007. Thermobaric Structure of the Himalayan Metamorphic Belt in Kaghan Valley, Pakistan. Journal of Asian Earth Sciences: 29(2): 390~406.

Rehman H U, Yamamoto H, Khalil M A K, et al. 2008. Metamorphic history and tectonic evolution of the Himalayan UHPeclogites in Kaghan Valley, Pakistan. J. Mineral. Petrol. Sci., 103: 242~254.

Rolfo F, McClelland W, Lombardo B. 2005. Geochronological Constraints on the Age of the Eclogite-facies Metamorphism in the Eastern Himalaya. Geologie Alpine, Memoire H. S. 44, 20th Himalaya Karakorum Tibet Workshop, Abstract Volume, 170.

Rubatto D. 2002. Zircon trace element geochemistry: partitioning with garnet and the link between U-Pb ages and metamorphism. Chem. Geol., 184: 123~138.

Rubatto D, Chakraborty S, Dasgupta S. 2013. Timescales of crustal melting in the Higher Himalayan Crystallines (Sikkim, Eastern Himalaya) inferred from trace element-constrained monazite and zircon chronology. Contrib. Mineral. Petrol., 165: 349~372.

Rubatto D, Hermann J. 2007. Zircon behaviour in deeply subducted rocks. Elements, 3: 31~35.

Sachan H K, Mukherjee B K, Ogasawara Y, et al. 2004. Discovery of coesite from Indus suture zone(ISZ), Ladakh, India: Evidence for deep subduction. European Journal of Mineralogy, 16: 235~240.

Searle M P, Simpson R L, Law R D, et al. 2003. The structural geometry, metamorphic and magmatic evolution of the Everest massif, High Himalaya of Nepal-South Tibet. Journal of the Geological Society, 160: 345~366.

Singh P, Saikia A, Pant N C, et al. 2013. Insights into the P-T Evolution Path of Tso Morari Eclogites of the North-Western Himalayas: Constraints on the Geodynamic Evolution of the Region. Journal of Earth System Science, 122(3): 677~698.

Singh S. 2019. Protracted zircon growth in migmatites and in situ melt of Higher HimalayanCrystallines: U-Pb ages from Bhagirathi valley, NW Himalaya, India. Geoscience Frontiers, 10: 793~809.

Sorcar N, Hoppe U, Dasgupta S, et al. 2014. High-temperature cooling histories of migmatites from the High Himalayan Crystallines in Sikkim, India: Rapid cooling unrelated to exhumation? Contrib. Mineral. Petrol., 167: 957.

Spear F S. 1991. On the interpretation of peak metamorphic temperatures in light of garnet diffusion during cooling. J. Metamorph. Geol., 9:

379~388.

Spear F S, Kohn M J, Florence F, et al. 1990. A model for garnet and plagioclase growth inpelitic schists: Implications for thermobarometry and P-T path determinations. J. Metamorph. Geol., 8: 683~696.

Spencer D A, Gebauer D. 1996. Shrimp Evidence for a Permian Protolith Age and a 44 Ma Metamorphic Age for the Himalayan Eclogites Upper Kaghan, Pakistan: Implications for the Subduction of Tethys and the Subdivision Terminology of the NW Himalaya. 11th Himalaya-Karakorum -Tibet Workshop, 147.

St-Onge M R, Rayner N, Palin R M, et al. 2013. Integrated pressure-temperature-time constraints for the Tso Morari dome(Northwest India): Implications for the burial and exhumation path of UHP units in the western Himalaya. J. Metamorph. Geol., 31: 469~504.

Stübner K, Grujic D, Parrish R R, et al. 2014. Monazite geochronology unravels the timing of crustal thickening in NW Himalaya. Lithos, 210~211: 111~128.

Su W, Zhang M, Liu X H, et al. 2012. Exact timing of granulite metamorphism in the Namche-Barwa, eastern Himalayan syntaxis: New constrains from SIMS U-Pb zircon age. Int. J. Earth Sci., 101: 239~252.

Tian Z L, Brown M, Zhang Z M, et al. 2020. Contrasting CW and CCW tectono-metamorphic belts in the eastern Himalayan syntaxis: Quantification of P-T-t paths and tectonic interpretation. Gondwana Res., 79: 1~26.

Tian Z L, Zhang Z M, Dong X. 2016. Metamorphism of high-Pmetagreywacke from the Eastern Himalayan syntaxis: Phase equilibria and P-T path. J. Metamorph. Geol., 34: 697~718.

Tian Z L, Zhang Z, Dong X. 2019. Constraining the age of high-pressure metamorphism of paragneisses from the Eastern Himalayan Syntaxis using zircon petrochronology and phase equilibria. In HP-UHP Metamorphism and Tectonic Evolution of Orogenic Belts. Special Publication, 474 (eds. Zhang, L. F, Zhang, Z. M, Schertl, H. P, Wei, C. C.). Geological Society, London, doi: https://doi.org/10.1144/SP474.5.

Tonarini S, Villa I M, Oberli F, et al. 1993. Eocene Age of Eclogite Metamorphism in Pakistan Himalaya: Implications for India Eurasia Collision. Terra Nova, 5(1): 13~20.

Treloar P, O'Brien P, Parrish R, et al. 2003. Exhumation of early Tertiary, coesite-bearing eclogites from the Pakistan Himalaya. Journal of the Geological Society of London, 160: 367~376.

Viskupic K, Hodges K V, Bowring S A. 2005. Timescales of melt generation and the thermal evolution of the Himalayan metamorphic core, Everest region, eastern Nepal. Contrib. Mineral. Petrol., 149: 1~21.

Visonà D, Lombardo B. 2002. Two-mica and tourmaline leucogranites from the Everest-Makalu region(Nepal-Tibet). Himalayan leucogranite genesis by isobaric heating? Lithos, 62: 125~150.

Wang J M, Rubatto D, Zhang J J. 2015a. Timing of partial melting and cooling across the Greater Himalayan Crystalline Complex(Nyalam, Central Himalaya): In-sequence thrusting and its implications. J. Petrol., 56: 1677~1702.

Wang J M, Zhang J J, Wei C J, et al. 2015b. Characterising the metamorphic discontinuity across the Main Central Thrust Zone of eastern-central Nepal. J. Asian Earth Sci., 101: 83~100.

Wang J M, Zhang J J, Liu K, et al. 2016. Spatial and temporal evolution of tectonometamorphic discontinuities in the central Himalaya: Constraints from P-T paths and geochronology. Tectonophysics, 679: 41~60.

Wang J M, Zhang J J, Wang X X. 2013. Structural kinematics, metamorphic P-T profiles and zircon geochronology across the Greater Himalayan Crystalline Complex in south-central Tibet: Implication for a revised channel flow. J. Metamorph. Geol., 31: 607~628.

Wang Y H, Zhang L F, Zhang J J, et al. 2017. The youngesteclogite at central Himalaya: P-T path, U-Pb zircon age and their tectonic implication. Gondwana Research, 41: 188~206.

Warren C J, Grujic D, Kellett D A, et al. 2011. Probing the depths of the India-Asia collision: U-Th-Pb monazite chronology of granulites from NW Bhutan. Tectonics, 30: TC2004.

Weinberg R F. 2016. Himalayan leucogranites and migmatites: Nature, timing and duration of anatexis. J. Metamorph. Geol., 34: 821~843.

Wilke F D H, O'Brien P J, Altenberger U, et al. 2010. Multi-stage reaction history of different eclogite types from the Pakistan Himalaya and implications for exhumation process. Lithos, 114: 70~85.

Wilke F D H, O'Brien P J, Schmidt A, et al. 2015. Subduction, peak and multi-stage exhumation metamorphism: Traces from one coesite-bearing eclogite, Tso Morari, Western Himalaya. Lithos, 231: 77~91.

Wu F Y, Ji W Q, Liu C Z, et al. 2010. Detrital zircon U-Pb and Hf isotopic data from the Xigaze fore-arc basin: Constraints onTranshimalayan magmatic evolution in southern Tibet. Chem. Geol., 271: 13~25.

Wu F Y, Ji W Q, Wang J G, et al. 2014. Zircon U-Pb and Hf isotopic constraints on the onset time of India-Asia collision. Am. J. Sci., 314: 548~579.

Wu F Y, Liu Z C, Liu X C, et al. 2015. Himalayan leucogranite: Petrogenesis and implications to orogenesis and plateau uplift. Acta Petrol. Sin., 31: 1~36.

Xiang H, Zhang Z M, Dong X, et al. 2013. High-pressure metamorphism and anatexis during thesubduction of Indian continent: Phase equilibria modeling of the Namche Barwa complex, Eastern Himalayan Syntaxis. Acta Petrol. Sin., 29: 3792~3802.

Xu W C, Zhang H F, Parrish R, et al. 2010. Timing of granulite-facies metamorphism in the eastern Himalayan syntaxis and its tectonic implications. Tectonophysics, 485: 231~244.

Yin A, Harrison T M. 2000. Geologic evolution of the Himalayan-Tibetan orogen. Annu. Rev. Earth Planet. Sci., 28: 211~280.

Zeng L S, Gao L E, Dong C Y, et al. 2012. High-pressure melting of metapelite and the formation of Ca-rich granitic melts in the Namche Barwa Massif, southern Tibet. Gondwana Res., 21: 138~151.

Zeng L S, Gao L E, Xie K J, et al. 2011. Mid-Eocene high Sr/Y granites in the Northern Himalayan Gneiss Domes: Melting thickened lower continental crust. Earth Planet. Sci. Lett., 303: 251~266.

Zhang H F, Harris N B W, Parrish R R, et al. 2004. Causes and consequences of protracted melting of the mid-crust exposed in the North Himalayan antiform. Earth Planet. Sci. Lett., 228: 195~212.

Zhang Z M, Ding H X, Dong X, et al. 2019. Formation and evolution of the Gangdese magmatic arc, southern Tibet. Acta Petrol. Sin., 35: 257~294.

Zhang Z M, Ding H X, Palin R M, et al. 2020. The lower crust of the Gangdese magmatic arc, southern Tibet, implication for the growth of continental crust. Gondwana Res., 77: 136~146.

Zhang Z M, Ding H X, Palin R M, et al. 2022. On the origin of high-pressure mafic granulite in the Eastern Himalayan Syntaxis: Implication for the tectonic evolution of the Himalayan orogen. Gondwana Res, 104: 4~22.

Zhang Z M, Ding H X, Tian Z L, et al. 2018. High-temperature metamorphism, anataxis and tectonic evolution of a mafic granulite from the Eastern Himalayan Orogen. J. Earth Sci., 29: 1010~1025.

Zhang Z M, Dong X, Santosh M, et al. 2012. Petrology and geochronology of the Namche Barwa Complex in the eastern Himalayan syntaxis, Tibet: Constraints on the origin and evolution of the north-eastern margin of the Indian Craton. Gondwana Res., 21: 123~137.

Zhang Z M, Dong X, Xiang H, et al. 2013. Building of the deep Gangdese arc, south Tibet: Paleocene plutonism and granulite-facies metamorphism. J. Petrol., 54: 2547~2508.

Zhang Z M, Dong X, Xiang H, et al. 2014. Metagabbros of the Gangdese arc root, south Tibet: Implications for the growth of continental crust. Geochim. Cosmochim. Acta, 143: 268~284.

Zhang Z M, Xiang H, Dong X, et al. 2015. Long-lived high-temperature granulite-facies metamorphism in the Eastern Himalayan orogen, south Tibet. Lithos, 212~215: 1~15.

Zhang Z M, Xiang H, Dong X, et al. 2017. Oligocene HP metamorphism and anatexis of the Higher Himalayan Crystalline Sequence inYadong region, east-central Himalaya. Gondwana Res., 41: 173~187.

Zhang Z M, Zhao G C, Santosh M, et al. 2010a. Two-stages of granulite-facies metamorphism in the eastern Himalayan syntaxis, South Tibet: Petrology, zircon geochronology and implications for the subduction of Neo-Tethys and the Indian continent beneath Asia. J. Metamorph. Geol., 28: 719~733.

Zhang Z M, Zhao G C, Santosh M, et al. 2010b. Late Cretaceous charnockite with adakitic affinities from the Gangdese batholith, southeastern Tibet: Evidence for Neo-Tethyan mid-oceanic ridge subduction? Gondwana Res., 17: 615~631.

Zhong D, Ding L. 1996. Discovery of high-pressure basic granulites in Namjagbarwa area, Tibet. Chin. Sci. Bull., 41: 87~88.

Zhu D C, Wang Q, Chung S L, et al. 2018. Gangdese magmatism in southern Tibet and India-Asia convergence since 120 Ma. In Himalayan Tectonics: A Modern Synthesis. Special Publication, vol. 483(eds. Treloar, P. J., Searle, M. P.). Geological Society, London, doi: https://doi.org/10.1144/SP483.14.

Zhu D C, Wang Q, Zhao Z D, et al. 2015. Magmatic record of India-Asia collision. Sci. Rep. 5, 14289. https://doi.org/10.1038/srep14289.

Zhu D C, Zhao Z D, Niu Y L, et al. 2011. The Lhasa terrane: record of a microcontinent and its histories of drift and growth. Earth Planet. Sci. Lett., 301: 241~255.

第十三章 喜马拉雅大地震及地震机制

板块构造理论的基础是刚性块体运动学，其运动主要反映在板块边界上，世界上大部分的地震、火山以及新生的山脉都发生在板块边界上。然而，大陆构造用刚性板块运动学的理论不能解释大陆内部复杂的弥散型构造变形和强烈的地震活动。地震活动是构造变形作用的反映，不同的地震活动反映出不同的构造特征，尤其是大陆内部地震。

自 2001 年发生在东昆仑山的 M_s 8.1 级强震揭开了 21 世纪全球强震的序幕（Zhang Peizhen et al.，2013）以来，全球强震频发，并造成了巨大的人员伤亡和财产损失。2004 年印度尼西亚苏门答腊地震（M_w 9）及其伴随的海啸、2008 年汶川地震（M_s 8.0）、2010 年海地地震（M_s 7.0）、2010 年玉树地震（M_s 7.0）、2011 年日本发生的 M_w 9.0 级地震及其伴随的海啸、2015 年尼泊尔地震（M_s 8.1）等强震造成了几十万人的死亡。人们越来越意识到认识地震是当前人类社会的重大课题，同时也是关键的科学问题和社会问题，需要认识地震的发生规律，尤其是需要认识大陆内部地震的发生规律，因为，大陆内部地震造成了全球主要的地震灾害（Zhang Peizhen et al.，2013）。

虽然全球大多数（约 85%）地震集中在板块边界上，有少数（约 15%）地震主要分布在与板块边界关系不大的大陆内部（图 13-1），但是目前还没有可靠的方法来准确地预测地震的时间、地点和震级。从地震分布特征（图 13-1）来看，板块边界上的地震主要分布在大洋板块俯冲带、洋中脊和转换断层地区，具有明显的线状分布、分布范围小、断层滑动类型单一等特征，分布有规律。而大陆内部地震呈面状分布、分布范围广，主要分布在青藏高原及邻区，分布规律不明显，虽然分布近乎混乱，但仍然存在一定的规律性（Zhang Peizhen et al.，2013；Deng Qidong et al.，2014）（图 13-2）。对于由构造环境决定的地震活动来说，地震类型、大小和分布特征都与构造变形的形式相关。

长达 2500 km 的巨型弧形喜马拉雅构造带是一条经常发生 $M_w \geqslant 8$ 级大地震的逆冲断裂带。过去几个世纪至现今在喜马拉雅地区发生的破坏性大地震的认识，对评估人口密集地区未来的地震活动性具

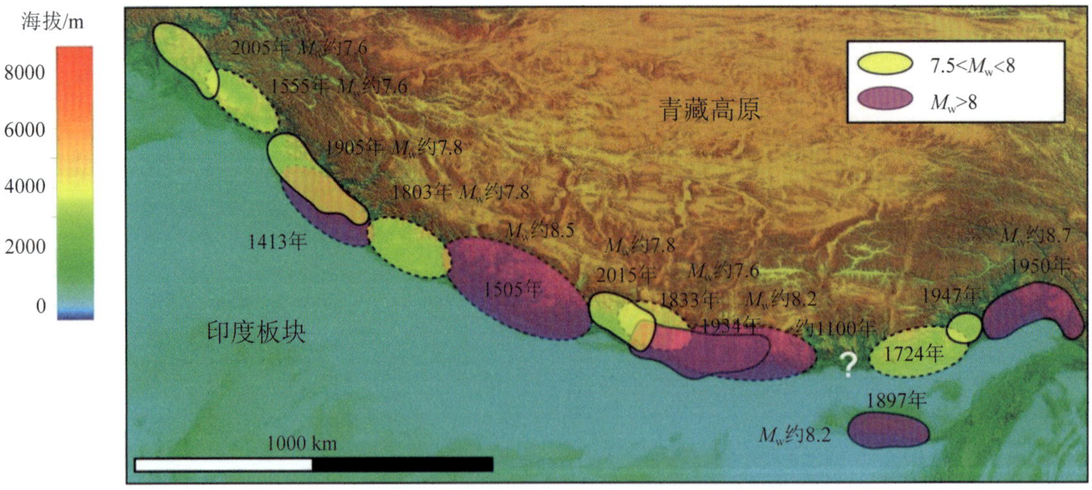

图 13-1 喜马拉雅主逆冲断裂带的大地震事件时空分布略图

（据 Avouac，2003；Mugnier et al.，2013，有修改）

已知或推测的喜马拉雅构造带 $M_w \geqslant 7.5$ 大地震的破裂范围平面展布

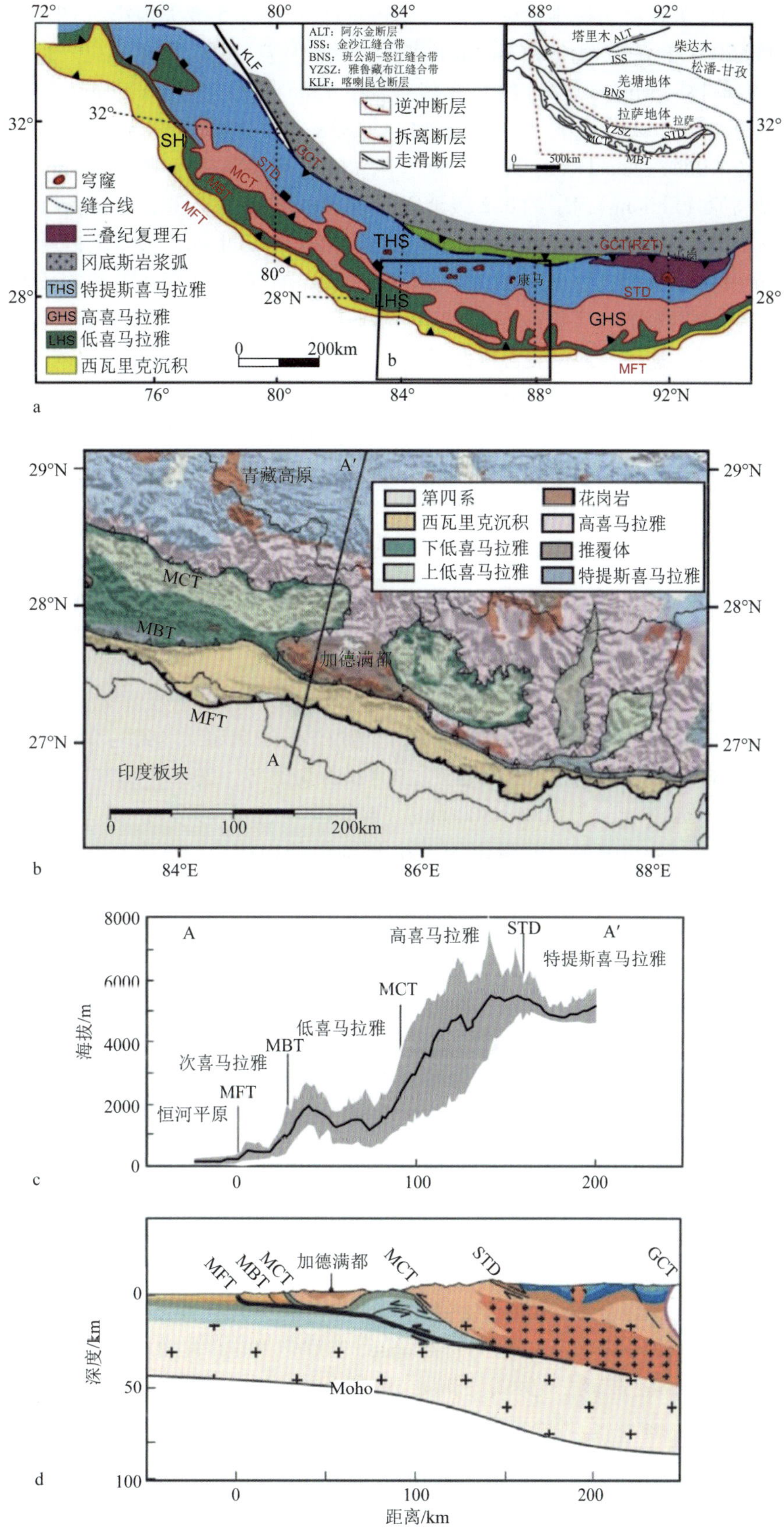

图 13-2　喜马拉雅构造带构造地质略图及地形-地质剖面图

a—喜马拉雅地质简图（据 Yin et al.，2006，有修改）；b—尼泊尔中部和东部的地质图；c—以 AA’ 区为中心的 50 km 宽范围内的平均、最大和最小海拔高度地形剖面；d—穿过加德满都盆地的构造剖面图（Avouac，2007）

有重要意义。有记录以来在喜马拉雅地区至少发生过 9 次 $M_w \geqslant 7.5$ 级大地震（图 14-1），从构造带西侧到东侧分别为 2005 年克什米尔（Kashmir）M_w 7.6 级地震、1905 年康格拉（Kangra）M_w 7.8 级地震、1803 年阿尔莫拉（Almora）M_w 约 7.8 级地震、1505 加瓦尔（Gharwal）M_w 约 8.5 级地震、2015 年尼泊尔/廓尔喀（Gorkha）M_w 约 7.8 级地震、1833 年加德满都（Kathmandu）M_w 约 7.6 级地震、1934 年尼泊尔（Bihar-Nepal）M_w 约 8.2 级地震、1950 年察隅/阿萨姆（Assam）M_w 约 8.7 级地震和 1897 年西隆高原（Shilong）M_w 约 8.2 级地震（Pandey et al.，1988；Chander，1989；Ambraseys et al.，2000；Ambraseys et al.，2003；Ambraseys et al.，2004；Bilham，1995，2004，2019；Bilham et al.，2001；Bilham et al.，2005；Wallace et al.，2005；Martin et al.，2010；Szeliga，2010）（图 13-1）。其中，1950 年察隅/阿萨姆 M_w 8.7 级地震（Couduurier-Curveur et al.，2020）是世界上有史以来记录到的最大的陆内型地震。这些大地震震源机制解表明其中的一个节面倾向北或北东，一般具有缓倾角（<10°~20°，或 30°），代表了印度板块向喜马拉雅之下的低倾角俯冲（Avouac，2003）。这些大地震往往产生较大的地表形变，地震断裂面的走向与喜马拉雅山脉的走向一致，其主压应力轴随山脉向南凸出同步呈放射状向南凸出，指示垂直于山脉弧的逆冲挤压作用（Molnar et al.，1989）。2015 年尼泊尔廓尔喀（Gorkha）M_w 约 7.8 级地震是自 1950 年以来喜马拉雅带上发生的最大震级地震，是典型的喜马拉雅低角度逆冲断裂型大地震。

第一节　喜马拉雅地震构造背景

喜马拉雅碰撞造山带呈 EW 向，长约 2500 km、宽 300~500 km，是始新世以来，印度板块和欧亚板块碰撞并持续挤压形成的巨型向 S 凸出的弧形造山带（Powell et al.，1973；Burg et al.，1984；Yin et al.，2000；Hodges，2000；Tapponnier et al.，2001；许志琴等，2006，2007），是青藏高原的南边界，它不仅累计地壳缩短量大，为 2000~3000 km（Molnar et al.，1975），而且大地震频发，是除了环太平洋板块边界带外又一重要的具有发生 $M_w \geqslant 8$ 级地震的构造带，是研究碰撞造山作用和陆内大地震活动的最佳实验场。

喜马拉雅造山带经历了强烈的地壳水平缩短和垂向加厚作用，形成了平行于造山带的一系列大型逆冲断裂带和正断裂系（Gansser，1964；Burchfiel et al.，1992；LeFort，1975；Yin et al.，2006；许志琴等，2007）（图 13-2），从北向南分别为：藏南拆离系，它是一条向北缓倾的大型伸展构造（低角度正断层系），分布在喜马拉雅最高峰山链北侧，是特提斯喜马拉雅带与高喜马拉雅结晶岩系的分界；在最高峰山链南侧分布 3 条逆冲断裂带，北侧的为主中央逆冲断层，它构成高喜马拉雅结晶岩系和低喜马拉雅岩系的分界，北倾 30°~45°；主中央逆冲断层的南侧为主边界逆冲断层，构成低喜马拉雅岩系和次喜马拉雅岩系的边界，它由一系列北倾的逆冲断裂构成，在一些地点，主边界逆冲断层使前古近系逆冲到第四系之上（Nakata，1989）；最南侧的一条为主前锋逆冲断层，它构成地表能够看到的印度板块与青藏地块的分界，是次喜马拉雅岩系和恒河沉积平原的界限，使得新生界的西瓦里克组逆冲到恒河平原第四纪沉积之上（Niand Barazangi，1984）（图 13-2）。地表这 3 条近平行、北倾的逆冲断裂带向下延伸在地壳深部统一汇集于一个低角度逆冲断层或滑脱面上，即主喜马拉雅逆冲断层（图 13-2）（Brown et al.，1996；Avouac，2007；Elliott et al.，2016）。其中，MCT 活动时限为 20~15 Ma（Hubbard et al.，1989；Elliott et al.，2016），MBT 的活动开始于 11~7 Ma（Burbank et al.，1996；Elliott et al.，2016），MFT 是活动断裂，伴随着一系列现今主要的大地震活动，STD 活动时限 20~15 Ma（Carosi et al.，1998；Hodges，2000；Yin et al.，2000；Searle et al.，2003）。总之，喜马拉雅碰撞造山带形成一个向南扩展的前展式逆冲推覆构造带，即从主中央逆冲断裂，到主边界逆冲断裂，再到主前缘逆冲断裂，活动是依次向南发展，起始时间逐渐变新（Gansser，1964；LeFort，1975；Yeats et al.，1992），是一个地壳尺度的喜马拉雅增生楔（Davis et al.，1983；Avouac，2007）。

喜马拉雅地震主要由 MHT 的活动而发生。我们可以从区域微震分布推断断裂的闭锁区域或者孕震区，以及非震蠕滑区域（图 13-3）。加德满都地区的局部地震监测（Pandey et al.，1995，1999）显示了强烈的微震活动（图 13-3）。大多数事件集中在高山区前端以下 5~30 km 深度的狭窄区域。初步观测表明，当海拔超过 3500 m 时，地震带突然向北终止（图 13-3），这表明由于地形的影响，地震活动性带出现了一些隔断效应（Avouac，2003）。该区域具有明显的微震活动，与水准测量中记录的高隆升率一致（Jackson et al.，1994），并且非常靠近根据大地形变建模确定的蠕变带尖端。这种相关性表明，微震活动是由闭锁断裂带下倾端附近的应力累积触发的（Cattin et al.，2000；

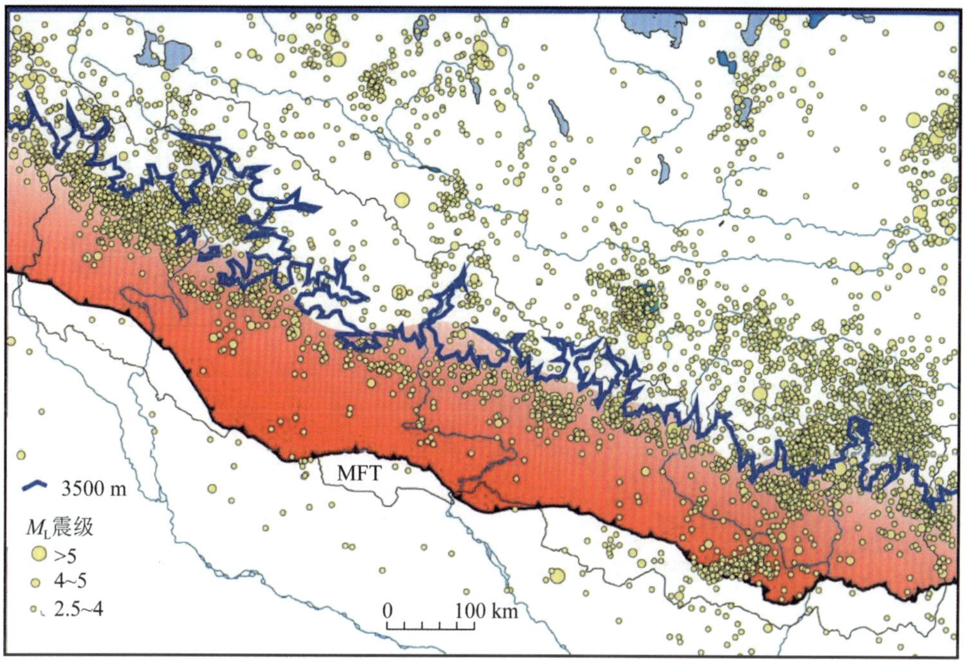

图 13-3 尼泊尔地区 1995~1999 年期间微震分布

（据 Pandey et al.，1999）

蓝色线沿着海拔 3500 m 的等高线。该区北部的地震活动主要与藏南活跃的正断层有关。在这条线以南，由于南北向挤压，地震活动可能是由震间应变所触发（Pandey et al.，1995；Pandey et al.，1999）。红色区域代表断裂闭锁部分断面在地表的投影，微震活动相对弱（Avouac，2007）

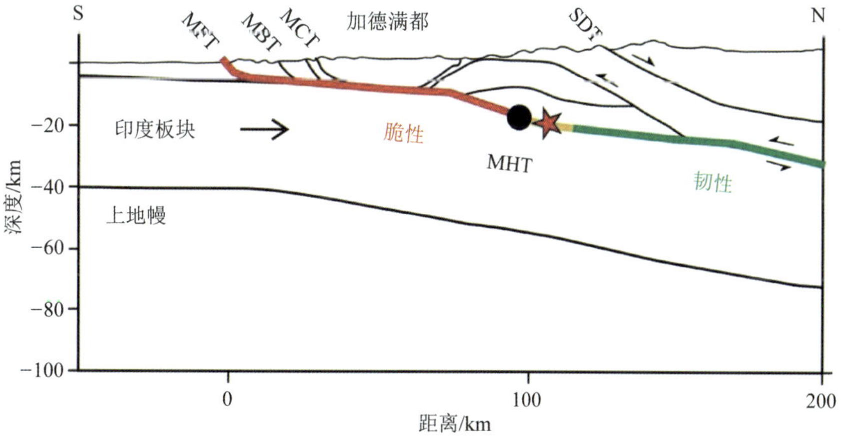

图 13-4 尼泊尔中部构造示意剖面图

（据 Mugnier et al.，2013）

红色线条代表脆性变形带，是地震破裂段，也就是断裂闭锁段；黄色线条代表脆-韧性转换带；绿色线条代表韧性变形带，是非地震蠕滑段（Berger et al.，2004）。黑点和红色星形分别代表位错顶端（Bettinelli et al.，2006）和大地震震源（Avouac et al.，2001）

Bollinger et al.，2004）。地震活动截止点与特定高程（3500 m）的对应关系可以简单地解释为垂直应力增加导致应力张量变化，从而在震间应力累积期间，偏应力不再受到影响，甚至不再减小。MHT的闭锁区域往往分布在断裂带上部的断坪-段坡段、非震蠕滑区域分布在断裂深部的断坪-段坡段（图 13-4）。喜马拉雅地震破裂是可变性的。沿 MHT 的横向和正面范围受到沿喜马拉雅弧的许多流变和几何条件的限制，可以导致各种形式的断层破裂（图 13-5），地震成核位置不同，伴随不同震级的地震，其破裂规模也不同。

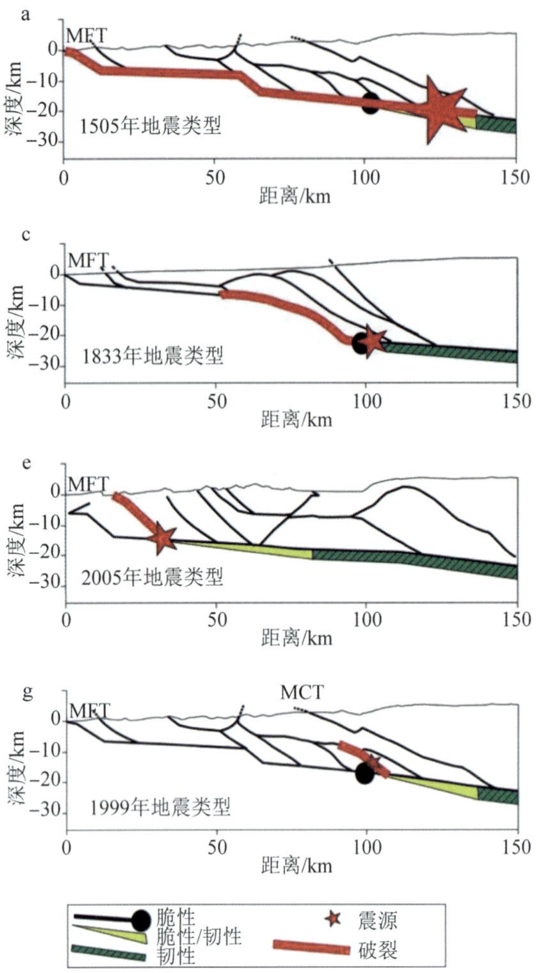

图 13-5　喜马拉雅构造带不同类型的断层破裂示意图

（据 Mugnier et al.，2013）

a—巨型地震；b—大地震；c—断坡及上断坪盲破裂；d—下断坪盲破裂；e、f—逆冲断裂重新活化破裂至地表；g—上覆双冲构造断裂活化；h—MHT 上部平台破裂，前缘断坡重新活化（或无）

第二节　喜马拉雅地震活动

与印度板块内部几乎完全没有地震形成对比的是，地震活动围绕着板块边缘，在青藏高原内活动频繁。喜马拉雅山脉内的大多数地震发生在较浅的深度（<30 km）；深地震表明印度板块在弧的末端下沉到地幔中。在喜马拉雅山脉中部和西藏下方的陆陆碰撞中，深度超过 40 km 的地震相对罕见，这表明贝尼奥夫-瓦达提带不存在，这是海洋板块碰撞的特征。

喜马拉雅山麓以南的印度板块和藏南之间的汇聚速度很重要，因为它限制了喜马拉雅的地震发生提供速率。平均汇聚速度为 17 mm/a 的喜马拉雅主冲断带（分隔印度板块和欧亚板块的逆冲断层）

长 2000 km，宽约 100 km，地震力矩的累积速率约为 1020（N·m）/a，相当于 M_w 7.3 级地震释放的能量。在 10 年内，能够累积足够的时间触发 M_w 8 级的地震，在一个世纪内可以触发 M_w 8.6 级的地震。在仅 350 年的时间里，如果喜马拉雅山没有发生其他地震，就需要一次 M_w 9 级的地震来释放喜马拉雅山汇聚带累积的 4 m 缩短（假设产生 2000 km 长的破裂）。

然而，这种滑动的释放速率在空间和时间上是不均匀的，并且在任何时刻沿着喜马拉雅弧的大部分地区都存在着地震滑动赤字。地震必须发生来缓解这种不断增长的滑动赤字。除了一个例外，即蠕变，或非震滑移，并在下面讨论。大型地震能更有效地释放积累的滑移赤字，因为它们的大破裂面积（约 100 km×50 km）允许大量的滑移（≥5 m）。M_w 6 级地震发生 30 次才能与 M_w 7 级释放的能量相匹配，发生 1000 次才能与 M_w 8 级地震释放的能量相匹配。因此，虽然 Himalaya 每天都发生许多 $M_w \leq 4$ 级的小震，但实际上只有最大的地震可以使印度板块滑到青藏高原南部边缘之下。自 1600 年以来，Himalaya 只发生过两次 $M_w>8$ 级地震：1934 年（M_w 8.4）和 1950 年（M_w 约 8.6）。第三次大地震发生在 1897 年不丹以南的 Shillong Plateau 下部（M_w 8.2）。Himalaya 自 1600 年以来发生的 8 次地震震级（M_w）都在 7~8 级，其中 6 次发生在 1900 年以来（1905 年、1936 年、1947 年、2005 年，2015 年有 2 次）。1800 年以前的历史记录可能是不完整的，但是鉴于 19 世纪报纸、行政报告和旅行者的报道对该地区的报道相当完善，几乎没有理由认为 1800 年以后发生了 7 级以上的地震。

喜马拉雅地区有三种类型的浅层地震活动（图 13-6）。印度-青藏高原汇聚作用导致高原下方应变集中，从闭锁的低角度逆冲向稳定的非震蠕变过渡。在这个地区每天发生小地震（$M_w<3$）伴随着偶尔的 M_w 4~5 级有感地震（图 13-4a）。频率更低的（每 10~20 年）M_w 6~7 级地震由北倾的逆断层破裂产生。然而更罕见的是，大地震不完全破裂的低角度逆冲断层（图 13-6b）。以 2015 年 Gorkha 7.8 级地震为例，这些地震在过渡带附近释放应变，并将其转移到破裂终点。据推测，具有这种机制的地震发生在 1803 年、1833 年、1905 年、1916 年、1936 年和 1947 年。在一次大地震中，整个喜马拉雅山脉很少向南滑动（图 13-6c）。在这些大地震中，北部的弹性应变耗尽，并作为地壳的延伸完全消散，同时在主前锋逆冲带发生地表破裂。这些大地震（最近一次发生在 1950 年）有能力释放不完全破裂所产生的上倾残余应变（Mensin et al.，2016；Bilham et al.，2017）。

图 13-6 所示的地震破裂共同吸收了印度-欧亚汇聚，图中没有说明发生在印度板块俯冲位置的地震。这些中深度地震产生于印度向下俯冲到西藏南部边缘之下所产生的弯曲和挤压应力。此类地震的一个例子是 1988 年 8 月 21 日在尼泊尔-印度东南部加德满 50 km 深都发生的 M_w 6.8 级乌代布尔地震。此外，从 Gangetic 平原沉积物的位错可以识别出几条北向的、次喜马拉雅断层，这些断层似乎对喜马拉雅和藏南的地震活动影响不大（Dasgupta et al.，1987）。其中最活跃的是穿过不丹西部走向 NNW 的 Kopili 剪切带，这里可能发生了 1943 年 Brahmaputra Valley M_w 约 7 级地震。

喜马拉雅逆冲断层以下的印度板块的历史地震很难与低角度逆冲断层地震区分开来，即使有大规模破坏的报道，有时还伴随着长时间余震序列的报道。由于这个原因，一些历史地震包括与主前缘断层的滑动或破裂无关的地震。

第三节　喜马拉雅大地震

喜马拉雅弧形逆冲构造带，已知发生过至少 9 次 M_w 7.5 级以上大地震。自 19 世纪末以来，喜马拉雅地区发生了 4 次破坏性地震（Ambraseys et al.，2000；Ambraseys et al.，2004；Hough et al.，2005）：1897 年西隆（Shillong）M_w 8.1 级地震，但并未真正沿喜马拉雅山脉发生；1905 年 Kangra M_w 7.8 级地震，引发了 Dehradun 以北 7.0 级地震；1934 年比哈尔-尼泊尔（Bihar-Nepal）M_w 8.2 级地震；以及 1950 年 M_w 8.5 级阿萨姆地震。1934 年比哈尔-尼泊尔地震的确切位置和规模仍然相当不确定，这次地震是研究区最近发生的大型历史事件（Chen et al.，1977；Pandey et al.，1988）。长期地震资料表明，在逆冲断层上可能发生了 4.1×10^{21} N·m 左右的地震矩，相当于 M_w 8.4 级地震（Molnar，1984）。水准测量数据显示，前陆的宏观地震强度和沉降表明这次地震沿着弧的走向破裂了 250~

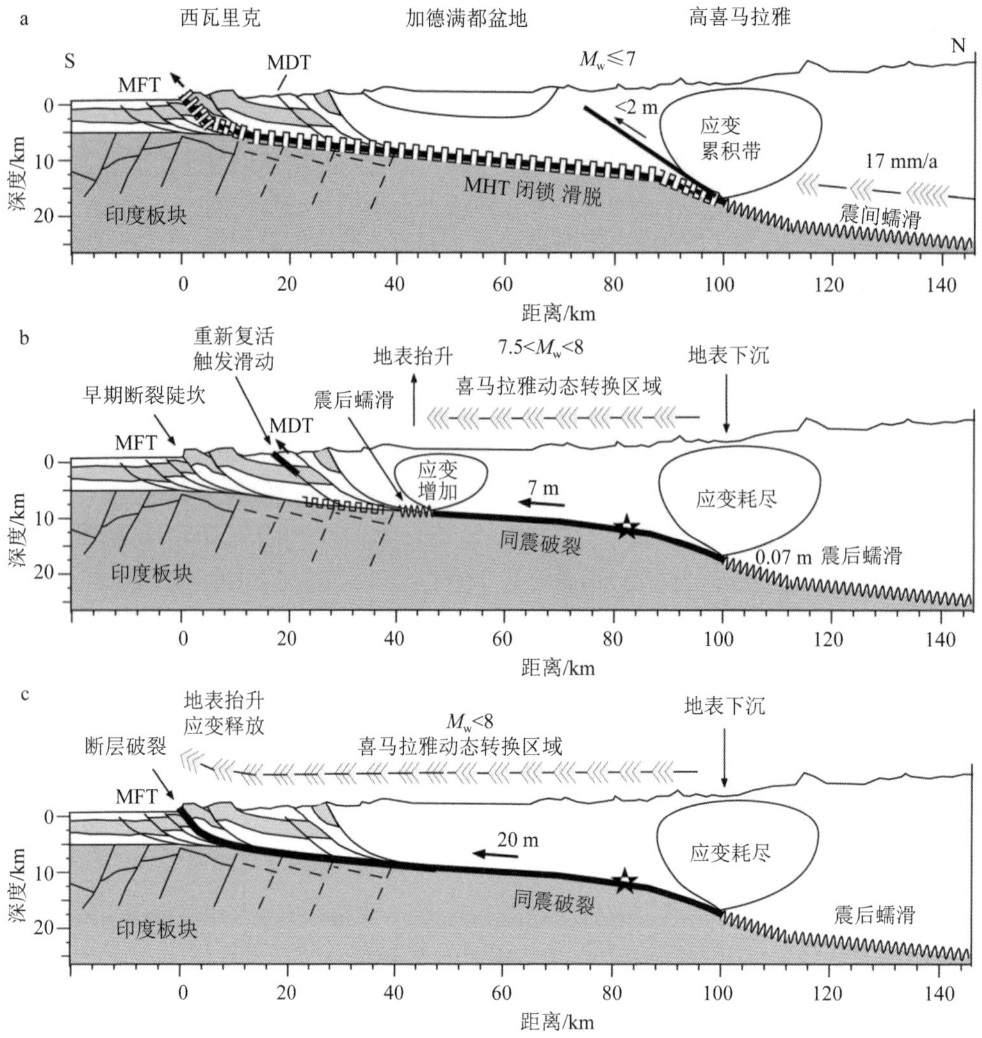

图 13-6　喜马拉雅地震滑动的几何学特征

（据 Bilham，2019；剖面据 Mencin et al.，2016）

方形波表示闭锁，粗线表示破裂带，正弦波表示非震蠕滑。a—震间应变累积区是微震和偶尔的中等地震的发生地，这些地震以高水平逆冲断层的形式出现。b—2015 年戈尔喀（Gorkha）7.8 级地震中的不完全破裂，以及随后诱发的震后蠕变（4 min 至 4 a）。主前锋逆冲断层上未发生滑动，但主 Dun 逆冲断层上记录了触发的表面滑动。InSAR（干涉合成孔径雷达）图像显示，这是以沿走向 26 km 的衰减蠕变形式发生的，在约 5 km 以下没有滑动。几周后，下滑的幅度增加到了≥5 cm，然后停止（Elliott et al.，2016）。c—大地震（例如 1505 年和 1950 年 $M_w \geq 8.6$）中发生的完全破裂。这些偶尔会激活 MFT 南部的盲冲断层

300 km（Bilham et al.，1998）（图 13-1）。没有证据表明破裂破坏了地表（Chander，1989；Lave' et al.，2005），并且破裂的北向传播范围没有被约束。

历史记录表明，加德满都过去曾多次遭受严重地震（Rana，1935；Pant，2002）。据报道，重大破坏发生在 1225 年、1344 年、1408 年、1681 年和 1833 年。1833 年的地震 M_w 约为 7.7 级，1934 年地震（Bilham，1995）再次沿该部分的西段破裂，但加德满都的破坏程度表明，这是一次稍小或更遥远的地震。1255 年的地震是一场重大灾难，导致阿卜哈加·马拉国王死亡，加德满都山谷约三分之一的人口死亡（Pant，2002）。关于 1344 年的事件知之甚少，这可能导致了国王阿里·马拉的死亡（Pant，2002）。在评估这些历史地震时，应该注意的是，加德满都山谷中建于 15 世纪中期之后的一些宫殿和寺庙在 1934 年地震之前一直完好无损。这些建筑有很深的地基（最深可达 15 m），并由木框架加固，以防剧烈震动。巴克塔普尔的湿婆神庙就是这样一座建筑，建于 1458 年，但在 1934 年被

完全摧毁（Pandey et al.，1988）。其他一些在14世纪末或15世纪初建造得不那么坚固的寺庙幸存下来，直到1934年被摧毁，这表明1681年和1408年的地震规模小于1934年的地震。在此基础上，与1934年的地震震级类似或更大的地震的时间间隔可能在100~475年之间。

在20世纪的喜马拉雅大地震中，1905年的Kangra事件可能与1934年的事件最为相似（图13-1）。最近对地震波形的重新分析表明，面波震级在7.5~8.2级之间，估计值越低，可能性越大（Ambraseys，2000）。

1934年和1905年地震发生地点之间的区域是一个800 km长的地震空区。最近一次使其东部断裂的事件可能是1833年的事件。1803年，喜马拉雅山脉西部发生了一次大地震（Oldham，1883b）。Ambraseys et al.（2003）估计这次地震的震级（M_w）为7.5级，但可能被低估，特别是因为由于当时该地区的政治局势，历史数据难以解释（Bilham et al.，2005）。这次地震可能使德拉敦和尼泊尔西部之间的弧段断裂，其瞬间震级可能高达7.8级或8级（Bollinger，2002）。再回到过去，历史记录表明1505年发生了一次“巨大”地震，Ambraseys et al.（2003）估计震级为8.2级，但可能大于8.5级（Bilham et al.，2005）。这些地震都没有造成已知的地表破裂。事实上，2005年喀什米尔盆地以东喜马拉雅山前带破裂的M_w 7.6级地震（Avouac et al.，2006）是喜马拉雅山大地震地表破裂的唯一例子。地表破裂延伸了约75 km，测量到的平均同震滑动为4 m。由于哈扎拉构造带的特殊背景，此次地震沿着相对陡峭的扇形断层破裂，与地表地质具有复杂的几何关系（Avouac et al.，2006）。

古地震调查表明，MFT实际上只有在更大的地震中才会破裂。根据这些研究，Himalaya可能发生过其他震级高达M_w 8.8级的地震。沿着尼泊尔的喜马拉雅山麓，有证据表明MFT沿走向相距240 km的位置在1100年发生了17（+5/-3）m的滑动事件（Nakata et al.，1998；Upreti et al.，2000；Lave' et al.，2005）。在Kumaon和加瓦尔喜马拉雅山脉也发现了类似事件的证据，其大约发生在1413年（Kumar et al.，2006）。事实上，这些古构造可能与1505年的历史性地震有关（Ambraseys et al.，2003），据推测，这次地震沿喜马拉雅前缘从尼泊尔西部到Garwhal破裂，距离可能超过800 km。如果是这样的话，这一事件的规模可能接近M_w 9级。Feldl et al.（2006）也认同这种极大事件的可能性，这就需要有一个相当长的时间间隔（一千年左右）。

一、19世纪前的历史地震（喜马拉雅地区仪器时代前地震）

喜马拉雅历史地震记录主要来自两个信息来源：档案文件、报纸和旅行者日记（Iyengar et al.，1999；Bilham 2004），以及古地震相关点位的探槽挖掘，例如地表液化或地震的偏移。1897年之前的地震大多是通过有感的描述而得知的。根据记录中的破坏程度，结合Mercalli表（麦加利地震烈度表）、MSK表（Medvedev-Sponheuer-Karnik地震烈度表）或EMS表（欧洲地震烈度）（Grünthal，1998）能够获取地震烈度。在这些烈度的空间分布可用的情况下，可以估计地震量级。

（一）1505年加瓦尔地震（M_w 8.8±0.1）

1505年6月6日黎明，一系列大地震震动了喜马拉雅山弧的近四分之一和西藏南部从德拉敦以东到尼泊尔的Thakola地堑的毗连部分（图13-7）。地震破坏了西藏和尼泊尔塔科拉地堑地区的几座寺院，以及加德满都以北西藏南部的村庄，但在加德满都没有地震记录。

1505年的地震与所有大地震一样，由主震和余震组成。假设单边传播，550 km长的破裂传播脉冲可能只需4分钟即可从古格到达塔科拉，反之亦然。Ambraseys et al.（2003）估计该事件的最小震级为8.2级，并且Bilham et al.（2005）基于烈度标度关系，对于大地震饱和，因此是最小估计。假设破裂区域长450~550 km，宽100 km，有10~15 m的同震滑动，1505年地震作为单次破裂的实际震级（M_w）更有可能是8.7~8.9级。接近或超过M_w的明显余震7.8级，以及许多较小的地震，预计会在如此大的滑动事件之后发生。

（二）1555年9月克什米尔地震（M_w 7.8±0.2）

这次破坏性地震包括一次主震和多次余震。地震发生在午夜前后，斯利那加的许多房屋倒塌，一

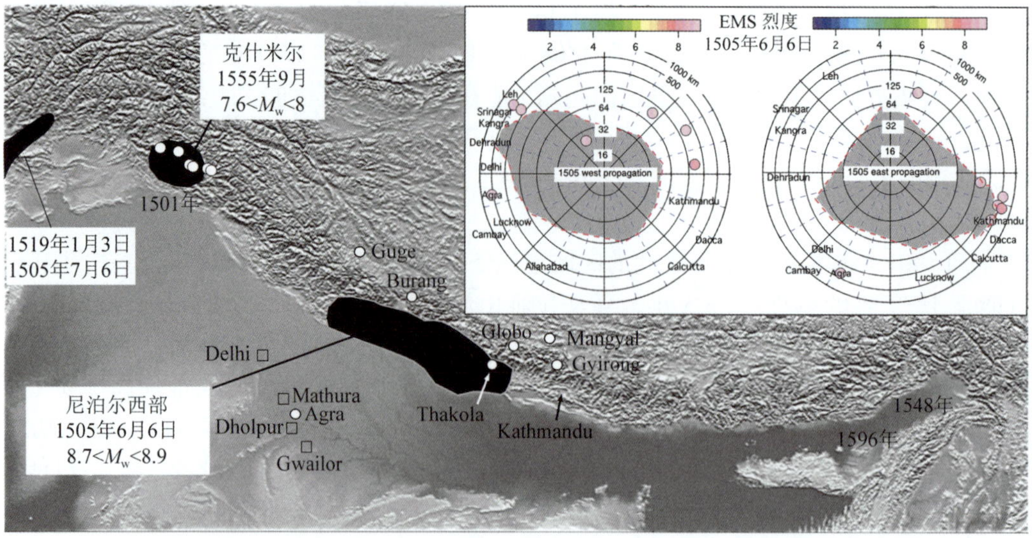

图 13-7 16 世纪喜马拉雅大地震的发生位置以及 1505 年 6 月 6 日和 1555 年地震造成的损坏报告

（据 Bilham，2019）

聚集在推断破裂带附近的白色圆圈（黑色阴影）表示符合报告；空心方块是有效性可疑的报告

些房屋倾覆入河，并伴有地面裂缝（Iyengar et al.，1998；Ambraseys et al.，2003）。

Ambraseys et al.（2003）确定了 1555 年克什米尔山谷地震中的 6 个点位（图 13-7），尽管其中一半的精确坐标存在很大的不确定性。如果 6 个位置都被正确识别，并具有大约 8 的烈度，则它们与长度为 170 km 的 NW-SE 走向破裂一致。如果地震发生在 Zanskar 或 Pir Pinjal 山脉下方的逆冲断层上，假设宽度为 50~100 km 且滑移为 2~5 m，其震级将为 M_s 7.8~8.2 级。如果不考虑 Baramula 和 Maru Pergam，其余站点沿走向的空间分布为 80 km，据此估算的震级将降低到 M_w 7.8 级，如果破裂很陡，则震级可能低至 M_w 7.6 级，并且破裂区域的宽度缩小，类似于 2005 年克什米尔地震。Mugnier et al.(2017) 认为这更有可能，并且大地震可能不发生在克什米尔下方的拆离区域，而是在陡倾的逆冲断层上容纳了 NW-SE 方向的缩短。大地测量数据排除了 Pir Pinjal NE 边缘下方局部应变集中的可能性。

1555 年地震目前没有已知的地表破裂，但 Shah（2013，2015）描述了绘制在 Pir Pinjal NE 侧翼的逆冲断层，该断层可能是 1555 年地震的发生地。另一种解释是，赞斯卡山脉下方的北倾逆冲断层可能在 1555 年发生滑动，其表面破裂随后被杰赫勒姆的快速沉积掩埋。克什米尔山谷中唯一值得注意的地表断层是巴尔波拉反向断层，该断层向西南倾斜，估计滑动率较低（<1 mm/a），并且过去 1000 年没有滑动（Martin et al.，2010）。

由于可用的观测数据很少，而且目前还尚未发现古地震相关地表破裂的证据，因此 1555 年地震的可能震级（M_w 7.6~8.2）的分布范围很广。

（三）1714 年不丹地震（M_w 8.0±0.5）

1714 年 5 月 4 日，在不丹和阿萨姆邦有震感报告。Hetényi et al.(2016) 探讨了不丹地震的细节，他们根据五份有感报告和轻微地表破裂（1642~1836 年）（Le Roux-Malloufet al.，2016）两侧的探槽，得出 M_w 为 8.0±0.5 的估计值，该次地震位置见图 13-8。

二、19 世纪地震

19 世纪，历史记载经历了记录、描述和研究的地震数量急剧增加（图 13-9）。

（一）1803 年阿尔莫拉地震（M_w 7.8±0.2）

1803 年 9 月 1 日震中位于 Uttarkashi（当时的 Barahat）附近的 Gharwa。地震导致教堂时钟加尔各

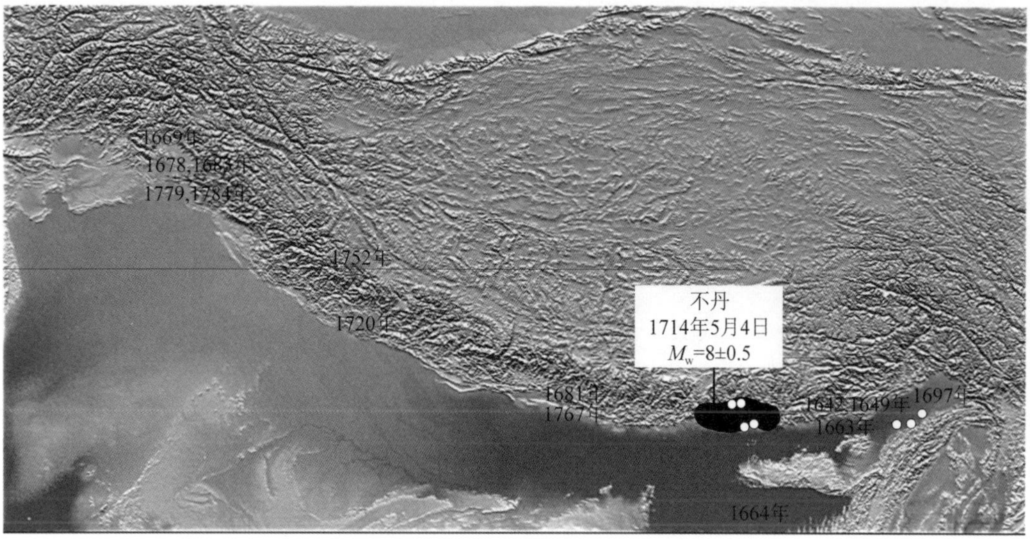

图 13-8　1714 年 M_w = 8. 0±0. 5 不丹地震位置

（据 Hetényi et al. ，2016；Bilham，2019）

震中的北侧和东侧有感。白色圆圈为破裂带探槽的位置（Bilham，2019）

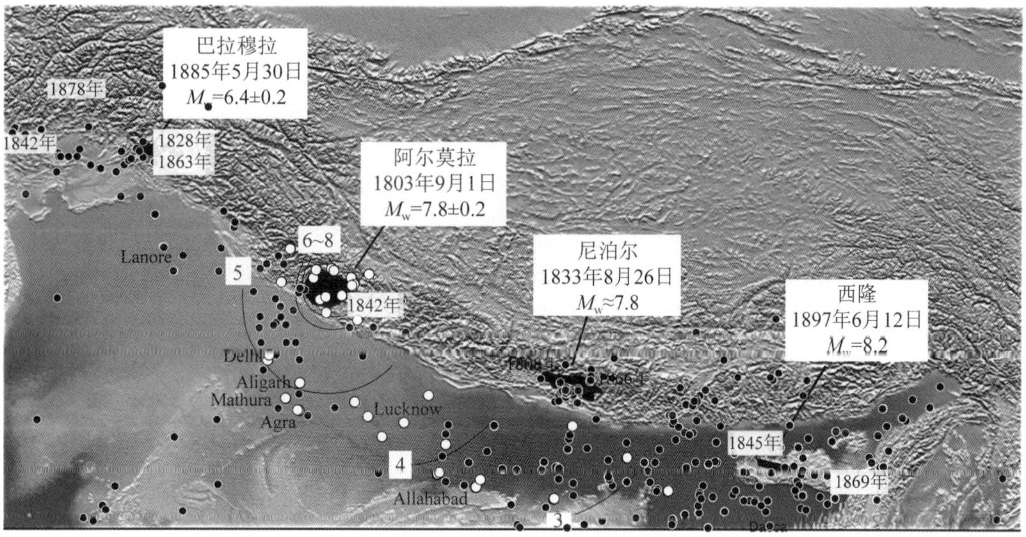

图 13-9　19 世纪喜马拉雅的大地震分布

（据 Bilham，2019）

红色数字为烈度值。1803 年破裂及其有感报告（白色圆圈）的大致位置，以及 Martin et al. （2010）报道的 19 世纪所有有感报告（黑点）的位置（Bilham，2019）

答的 01 : 35 停止，水池的晃动导致鱼被扔到岸上。位于 Aligarh 和 Agra 之间的 Mathura 出现广泛的裂缝和液化。德里 Qtub Minar 的四柱圆顶被摧毁。克什米尔斯利那加的几座房屋和 Khanqah-e-Moalla 清真寺的尖顶倒塌，且出现了地裂缝（Ahmad et al. ，2009）。

考虑到最强震动的位置和破裂的可能区域，1803 年地震的传播方向可能是从 NW 到 SE。根据 Szeliga et al.（2010）分析，震中与 1991 年 Uttarkashi 地震的震中重合（30. 7°N，78. 7°E），该位置在 1803 年地震种报告的破坏最多。推测破裂带为 MHT 的不完全破裂，在 MFT 以北 20～50 km 处终止上倾。在推断的破裂南部边缘附近的 3 个观测烈度值达到 6～8，这与 MFT 破裂产生的滑动一致（图 13-10）。

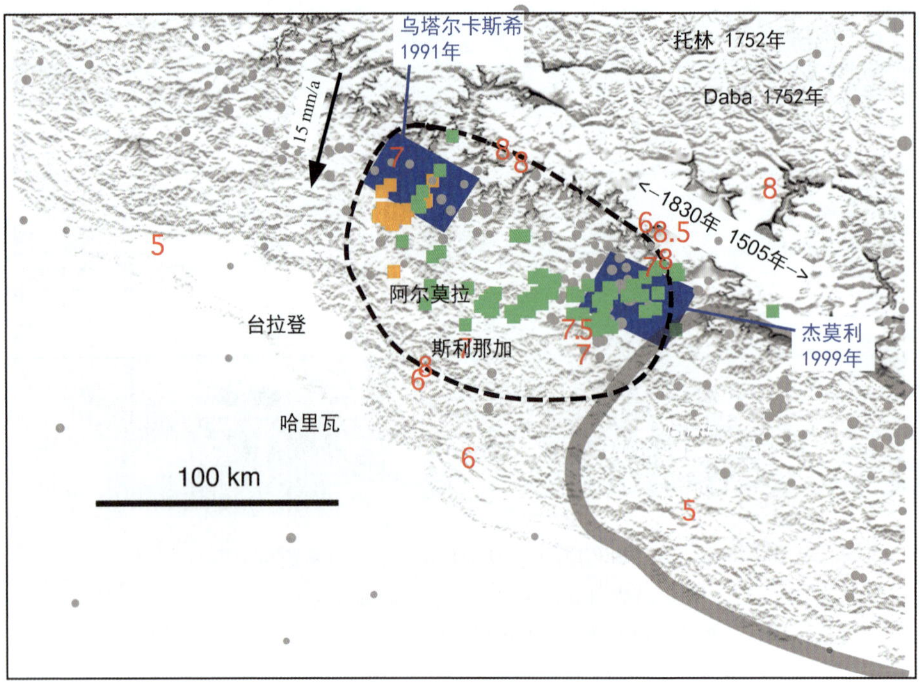

图 13-10　1803 年地震的推断震中区域（虚线）

（据 Rajendranet al.，2013）

红色数字为 EMS 观测烈度值，紫色斜体文字为 1803 年之后修复的寺庙；蓝色阴影为 1991 年 Uttarkashi 地震和 1999 年 Chamoli 地震的破裂区，橙色和绿色方块分别表示两个区域烈度≥7 的有感位置（Bilham，2019）

（二）1833 年尼泊尔地震（M_w 约 7.8）

1833 年 8 月 26 日（当地时间 23：00），尼泊尔发生 M_w 7.8 级地震。震中位置的不确定性在很大程度上是由于缺乏尼泊尔东部的记录。先后有人提出震中位于恒河平原下方（Oldham，1883）、尼泊尔西部（Seeber et al.，1981）或加德满都北/东北（Bilham，1995；Szeliga et al.，2010）、东北（Thapa，1997）和东部（Ambraseys et al.，2004）。地震之前发生了两次震感明显的前震。地震之后发生了高频余震，在几周后衰减到低频。1835 年发生了明显的余震，震级可能为 M_w<6.5。1833 年和 2015 年烈度观测结果进行比较（图 13-11）显示，两次地震极其相似（Martin et al.，2015；Mencin et al.，2016）

在巴格马蒂河左岸 Gothatar 村，最近的松散沉积物变形（图 13-12A）显示。在上部，软沉积物变形影响了 30 cm 厚的淤泥层；在下部，三个液化的砂层穿过未变形层（图 13-11B、C）其走向为 N150°E-N165°E（图 13-6D）。从软沉积物变形层中获取的两个炭屑样品的 ^{14}C 年代测定校准年龄（Mugnier et al.，2011）为 1812~1893 年以及 1832~883 年之间（Stuiver et al.，1998；Reimer et al.，2004）。因此，该处软沉积物变形和液化砂层是在 1833 年地震事件期间形成（Mugnier et al.，2011，2013）。

（三）1885 年克什米尔地震（M_w 6.4±0.2）

1885 年 5 月 30 日当地时间 02：45 地震停止了斯利那加的居民时钟。地震对克什米尔山谷的定居点造成了巨大的结构性破坏，造成 3000 人死亡。5 月 30 日开始的严重冲击在第一个小时内发生了 6 次，随后又发生了 19 次，在 37 小时内发生了 25 次冲击，之后的几天里，它们以每 24 小时 3~4 次的速度持续。它们逐渐变得不那么频繁，但偶尔会很严重，并且在之后的 12 个月内发生频率较低（Collet，1898）。

杰赫勒姆河附近出现大面积地表裂缝，掩埋了巴拉穆拉以南山上的拉里杜拉村 40 名居民，这条

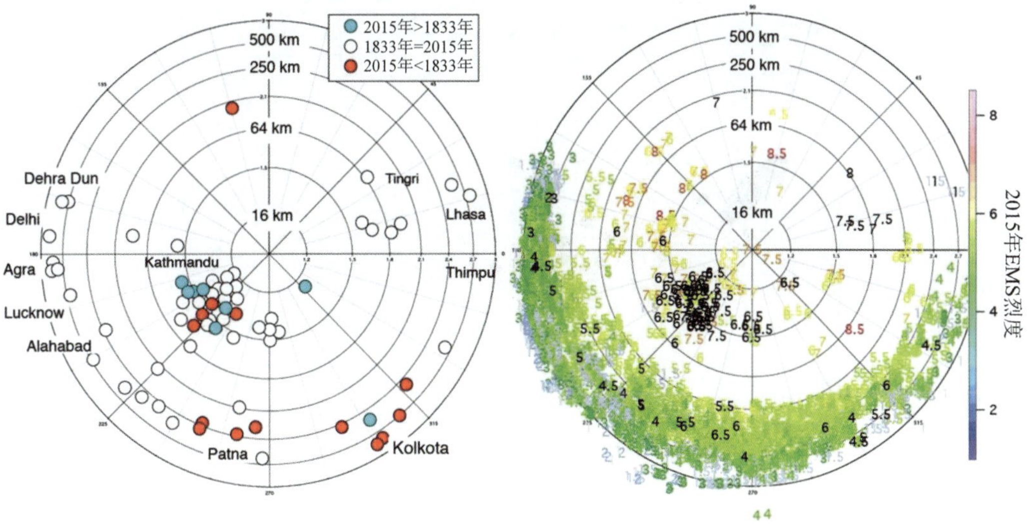

图 13-11　1833 年和 2015 年地震烈度分布的极坐标图

（据 Mencin et al.，2016）

左图显示了在 1833 年和 2015 年对其烈度进行评估的那些位置；而右侧的图用黑色数字对所有 1833 年地震观测值进行编号，用彩色数字对 2015 年地震观测值进行编号

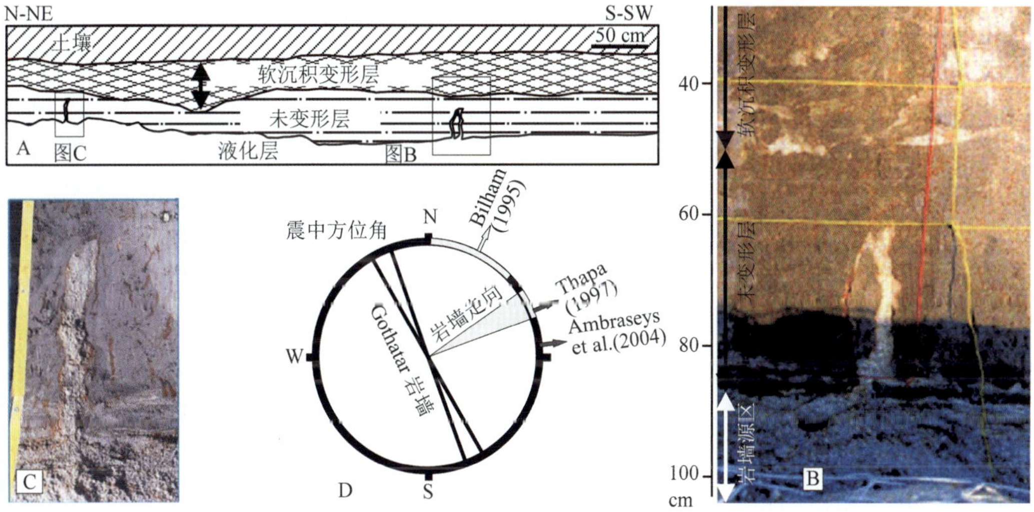

图 13-12　巴格马蒂河沉积物中的地震岩

（据 Mugnier et al.，2013）

A—探槽剖面；B—从顶部到液化层的剖面，可见液化砂层和软沉积物变形层；C—液化层的细节；D—Bilham（1995）、Thapa（1997）、Ambraseys et al.（2004）分别推断的 1833 年震中方位角和液化砂层的比较

裂缝穿过 Patan-Baramulla 路（现今位置不明确），位错量为 30～60 cm（Neve，1928）。Martin et al.（2010）和 Ambraseys et al.（2004）分别列出了 20 和 37 个可以量化地震有感影响的位置，其中一些如图 13-13 所示。根据这些烈度数据估计地震的震级为 M_w 6.3～6.6 级。

（四）1897 年西隆地震（M_w 8.2）

1897 年 6 月 12 日的西隆地震位于喜马拉雅山以南 100 km 处。这是近 4 个世纪以来印度最大的地震。由于是首次被地质和大地测量学者详细研究的印度大地震，因此具有重要意义。地震发生在长时间降雨后的晴朗午后，因此许多人都在户外，这解释了相对较低的死亡人数。地震对加尔各答造成轻

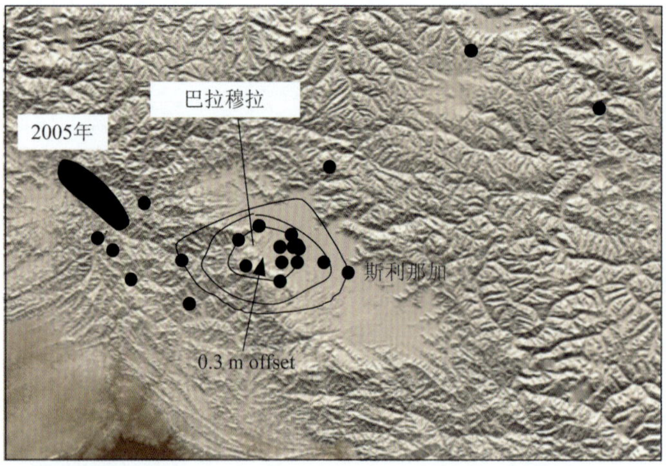

图 13-13　1885 年克什米尔地震和有感位置

（据 Bilham，2019）

实心圆圈显示了 Baramulla 周围 EMS 烈度 5、6 和 7 的等值线

微破坏。

地震并未发生在西隆高原南缘的突出的北倾逆冲断层——Dhauki 断层上，而是沿一条斜穿过高原北缘的 SSW 倾盲冲断层发生破裂，震后该断层被命名为 Oldham 断层。大地测量数据显示该断层在 6~31 km 深度之间发生了 25 m 的滑动，沿走向延伸超过 80 km（Englet al.，2015）。

断层的表面投影位置对应于高原北坡上的一条陡坡（Clark et al.，2008；England et al.，2015）。断层西侧 Jhira 附近，在 1897~1908 年间形成一个数千米长、500 m 宽的同震湖泊（Marr，1900；Playfair，1909）。Brahmaputra 河谷的南北延伸和轻微沉降排除了 1897 年高原以北地表破裂的可能性（Rajendran et al.，2004；Bilham，2006；England et al.，2015）。

三、20 世纪以来的地震

1900 年以来，由于地震仪器密度和精度的提高，M_w>7 的地震位置、深度以及精确震级估算成为可能。自此，喜马拉雅山（和其他地方）每世纪记录的地震数量增加了 1000 多倍。20 世纪发生的两次大地震（图 13-14）是 4 个世纪以来最大的：1934 年（M_w 8.4）和 1950 年（M_w≥8.6），而且由于人口密度的增加和居住方式的变化，喜马拉雅地震开始伴随着数千人死亡。

（一）1905 年康格拉地震（M_w 7.8）

地震发生在 1905 年 4 月 4 日（当地时间早上 6 点），由于当地居民在家中，且没有前震，康格拉河谷及周边地区有 20000 人死亡。康格拉地震具有 M_w 7.8 的仪器震级（Ambraseys et al.，2000）。第 5 版国际地震目录将其重新评估为 M_w 7.9±0.1（http：//www.isc.ac.uk/iscgem/），震中位于 32.597°N、76.916°E。

Middlemiss（1905，1910）编写了两份关于地震的详细描述，其中描述了 Dharmsala 附近的地表裂缝（Szeliga et al.，2017）。地震对康格拉河谷的沟渠造成了相当大的破坏，并摧毁或损坏了几座坚固的桥梁和古迹，Jawalmukhi 寺甲烷渗漏明显增加（Baduwi，1905（乌尔都语）在 Szeliga et al.，2017 的电子增刊中翻译）。

Middlemiss（1910）在 Dehra Dun 附近发现了第二个高烈度区域，震中可能接近于 Malik et al.（2015）（图 13-15）描述的位于康格拉河谷断层（32.359°N，76.025°E~32.088°N，76.443°E）附近的达兰萨拉（Dharmsala）。然而，如果康格拉地震完全是由于在这条 60 km 长的走滑断层上滑动，必须滑动超过 20 m 才能解释 M_w 7.8 级地震，但该报道在 32.372°N、76.012°E 处确定的断层的位错

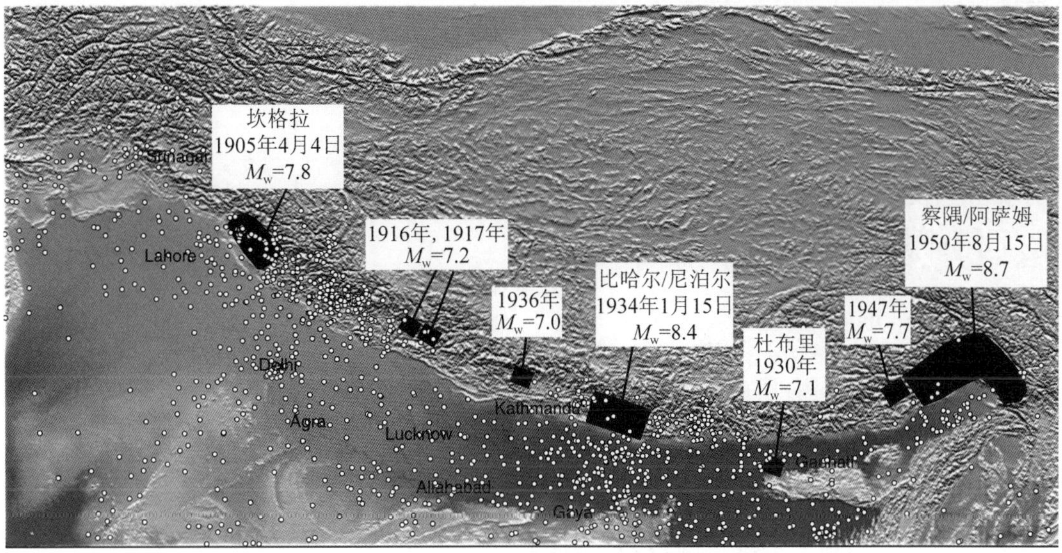

图 13-14　20 世纪有感地震报告（点）分布
（据 Bilham，2019）
包括 M_w 7 级以上大地震和两次 M_w>8 的大地震

量为 10 m，假设该位错对应于 1905 年的右旋滑动，其震级将为 M_w≤7.6 级。大地测量数据显示康格拉河谷断层同震右旋滑动不超过 0.1±0.6 m（Szeliga et al.，2017），大部分变形（1.3±0.3 m 至 5.1 m 的逆冲）是由 Jawalamucki 逆冲断层（近平行于 MFT）造成的。若将逆冲断层和康格拉河谷走滑断层之间进行 50%~66%的划分，可以折中这两个观察结果。

（二）1934 年尼泊尔地震（M_w 8.4）

1934 年 1 月 15 日（当地时间下午 2：43），尼泊尔比哈尔邦（27.55°N，87.09°E）发生 M_w 8.4 级地震。由于恒河平原遭受巨大破坏，因此在震后的半个世纪地震震中被认为在印度比哈尔省（Gutenberg et al.，1954）。1934 年仪器重新定位的震中位于珠穆朗玛峰以南约 10 km 处（图 13-16），27.55°N，87.09°E（Chen et al.，1977）。地震造成尼泊尔以外大约 10500 人死亡，尼泊尔的死亡人数超过 8500（Pandey et al.，1988）。恒河以北 5 km 处的 Kesariya 佛塔（26.334°N，84.855°E）由于地震而高度降低了 7~23 m。

使用倾角 20°，推导出 1.1×10^{28}dyn·cm 的地震矩。然而，使用更浅、更可能的 5°倾角，与最近的震源机制和当前对后退几何学的认识一致，地震的地震矩计算为 4.1×10^{28} dyne·cm，产生的震级为 M_w 8.4 级（Molnar et al.，1983；Molnar et al.，1984）。假设破裂面积为 130×100 km^2，地震中的平均位错为 10 m。

在没有地表破裂（Auden，1935）、丰富的余震数据以及地震前后的水平大地测量学的情况下，1934 年地震的破裂范围难以更精确估计。图 13-16 中根据破裂上方和附近的最大感觉烈度描绘了三种可能的破裂情况（Bilham，2019）。

通过对 MTF 的两条分支断层的古地震探槽研究，Bollinger et al.（2014）得出尼泊尔东部晚全新世地震的复发间隔可能介于 750±140~870±350 a 之间。

（三）1950 年察隅/阿萨姆地震（M_w 8.7）

1950 年 8 月 15 日（当地时间 19：39）察隅地震是印度次大陆发生的最大地震（图 13-17）。地震从晚上 7 点 39 分开始，持续了 5 分钟，导致了多次山洪和滑坡，滑坡堵塞了支流导致下游当地河

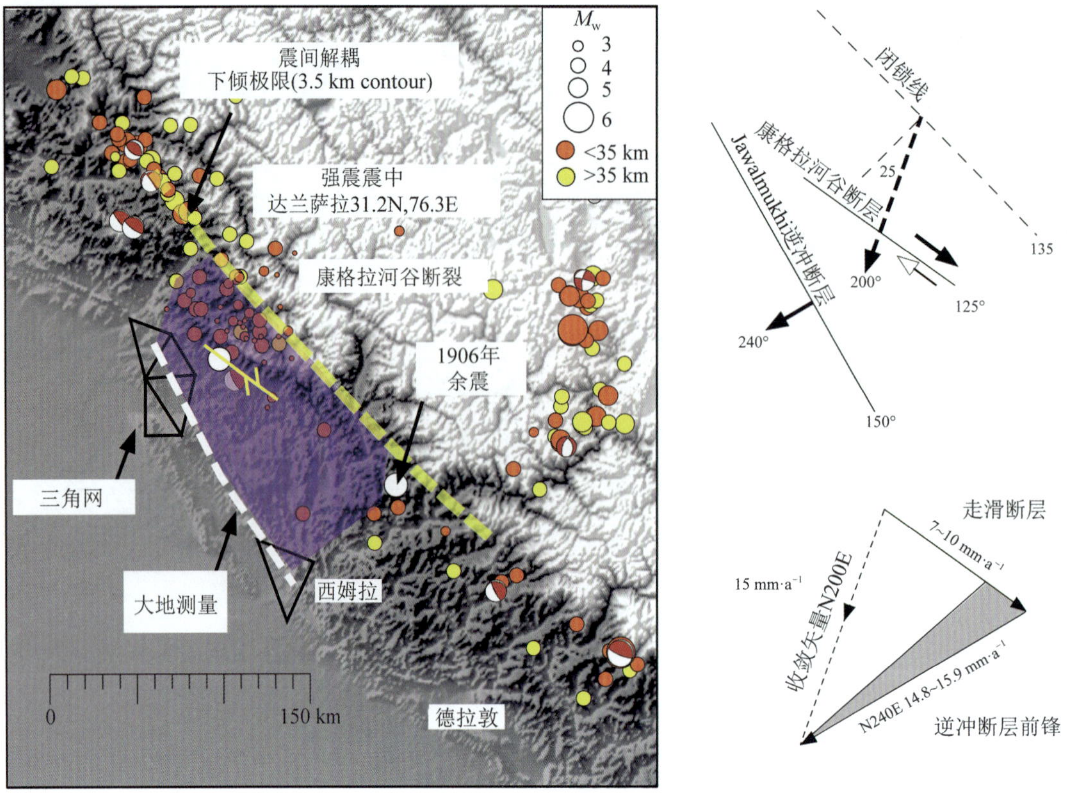

图 13-15　紫色阴影为 1905 年康格拉地震的破裂边界

（据 Bilham，2019）

箭头为 GPS 收敛向量（15 mm/a）。康格拉河谷断层和逆冲断层之间的滑移分量比例从 50%到 66%不等，这取决于当前活动的逆冲推覆带走向

流短暂干涸（Kingdom-Ward，1952，1953，1955）。Mathur（1953）估计地震引起的滑坡体积为 47 km^3，这导致向雅鲁藏布江注入大量泥沙（Sarker et al.，2006）。

地震研究揭示了主要的逆冲分量和次要的走滑分量（Ben-Menahem et al.，1974；Molnar et al.，1983）。断裂的复杂性与其所处位置——喜马拉雅东构造结相吻合，该处为印度板块东部转换边界北端与喜马拉雅山脉的交汇处。由于交通不便且人口稀少，1950 年阿萨姆地震在发生时没有得到很好的记录，并且目前仍然是喜马拉雅地区所有大地震中研究最少的一次。直到最近，还没有证据表明地震使地表破裂。

对其烈度的观察主要局限于西南方向狭窄区域，并且由于厚层沉积物会放大震动，异常烈度的分布不能提供破裂传播方向的可靠指示（Tandon，1954）。然而，由于震中位于 96.5°E 附近，目击者报告的长时间震动可能发生在向西破裂传播期间，一小部分破裂向南传播。

最近的研究显示，重新评估的余震和滑坡的空间分布约 330 km 长、100 km 宽。断层陡坎和阶地很可能证明了 1950 年地震在 Mishmi 断层和 MFT 上至少有 200 km 长的地表破裂（图 13-18，图 13-19）。在两个关键地点（Wakro 和 Pasighat），MT 上的同震地表位错似乎是 MFT 上的两倍多（7.6±0.2 m 与 >2.6±0.1 m）（图 13-20，图 13-21）（Coudurier-Curveur et al.，2020）。

（四）2005 年克什米尔地震（M_w 7.6）

1950 年地震后的下一次大地震发生在喜马拉雅最西端。地震发生在 2005 年 10 月 8 日当地时间早上 8 点 40 分，由于许多简陋的学校被占用，死亡人数达到 86000 人。

2005 年地震（34.49°N，73.63°E）震源深度 15 km，破裂双向传播在地表产生 75 km 长的破裂带

a

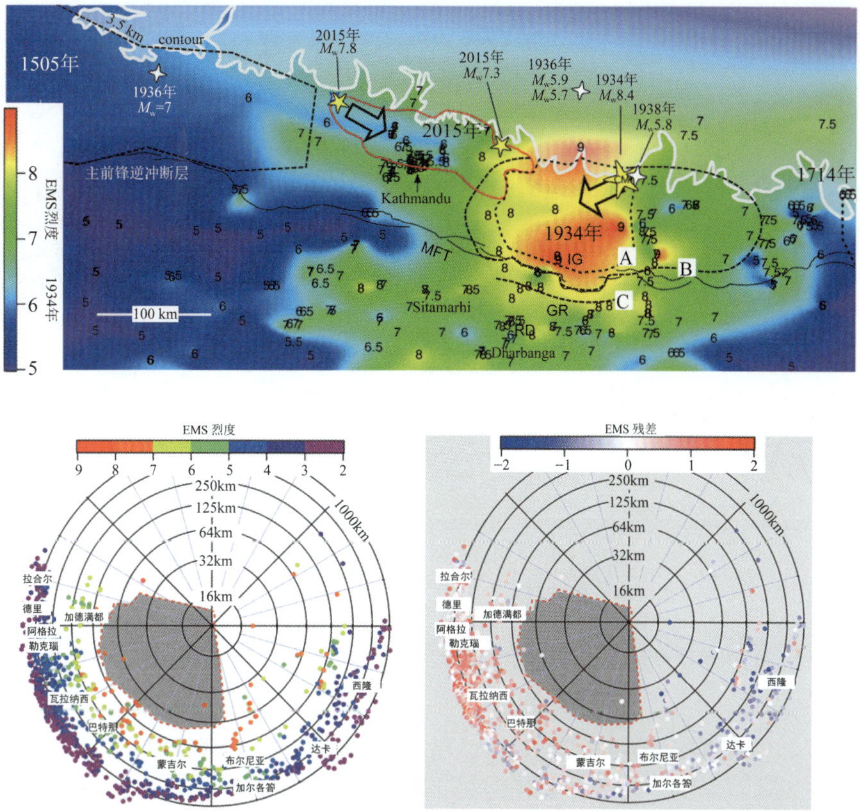

b

图 13-16　1934 年 M_w 8.4 级地震破裂范围（a 中虚线；Ambraseys et al.，2004；Martin et al.，2010）以及 1505 年、1714 年和 2015 年破裂带中观察到的烈度。震中星形的大小对应于主震位置的不确定性

1934 年地震的各个震中位置用字母表示：RD 据 Dunn et al.，(1939)，GR 据 Gutenberg et al.（1949），CM 据 Chen et al.(1977)。白色星形描绘了地震后四年内 M_w>5.7 的余震（ISC/GEM v.5）。A、B 和 C 为 1934 年地震的三个可能破裂区域。箭头显示推断的破裂传播方向。极坐标图（a 下）揭示了与 a 区域中破裂传播相关的 SW 向方向性。恒河沉积物中的放大部分是导致 SW 的正残差的部分原因，但推测 SE 象限在所有距离处没有放大是由于向 SW 的方向性引起的。b 为 1934 年尼泊尔地震后印度比哈尔省“坍塌带”的场景。Sitamarhi（位于 26.58°N，85.48°E）长期以来被认为邻近 1934 年地震的震中。典型的裂缝长 80 m，宽 2.5 m，顶部 1 m 以内充满沙子（Dunn et al.，1939）。断裂以南恒河平原的沉积物液化过程中发生了广泛的砂土液化

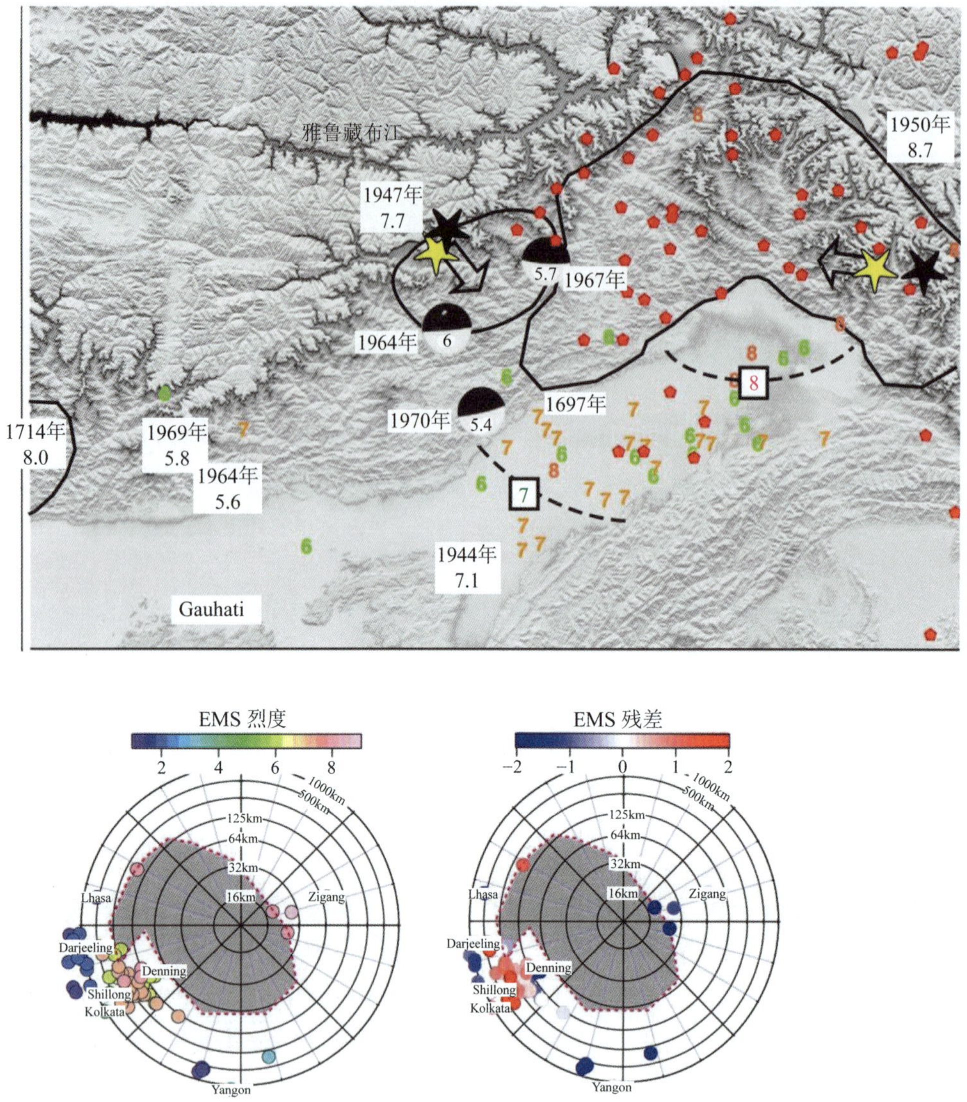

图 13-17　1950 年 $M_w = 8.7$ 地震推断的破裂带和传播方向

（据 Bilham，2019）

黄色和黑色星形为主震位置，分别来自 ISC/GEM v.5 和 Chen et al. （1977）。红色五边形是 1950 年前 100 余震（ISCGEM）。黑色数字为震级，彩色数字为烈度值。虚线为 1950 年地震破裂带的 EMS 烈度等值线，高烈度值也受到雅鲁藏布江河谷沉积物放大的影响

（图 13-22～图 13-25），走向 NW-SE，NE 倾，倾角 30°，平均滑移量 4.2 m，地下和地表最大滑移量分别为 14 m 和 8 m（Avouac et al.，2006；Pathier et al.，2006）。与上述倾角通常小于 6°的地震相比，2005 年地震的倾角异常陡。克什米尔山谷下方的大地速度场未表明存在闭锁-蠕滑的局部转变，这将导致陡倾的破裂，除非它在较深深度（>30 km）成核（Bilham，2019）。Jayangondaperumal 和 Thakur（2008）对查谟地区 Tangdhar、Uri、Rajouri 和 Punch 的地表裂缝和液化特征分析。从地震诱发的地面裂缝推导出的主压应力方向为 N10°，而发震断层走向为 330°，即该次滑动为具有走滑运动分量的西南向逆冲。

Kondo et al.（2008）在 2005 年地表破裂的中间部分（Nisar Camp）进行了古地震探槽挖掘（图 13-26）。断层带切割了全新世晚期河流沉积物，记录了 2005 年和倒数第二次事件，其中 2005 年的地震事件产生了 5.4 m 的位错，倒数第二次地震显示了类似的滑移量，平均地震复发间隔为约 2 ka。

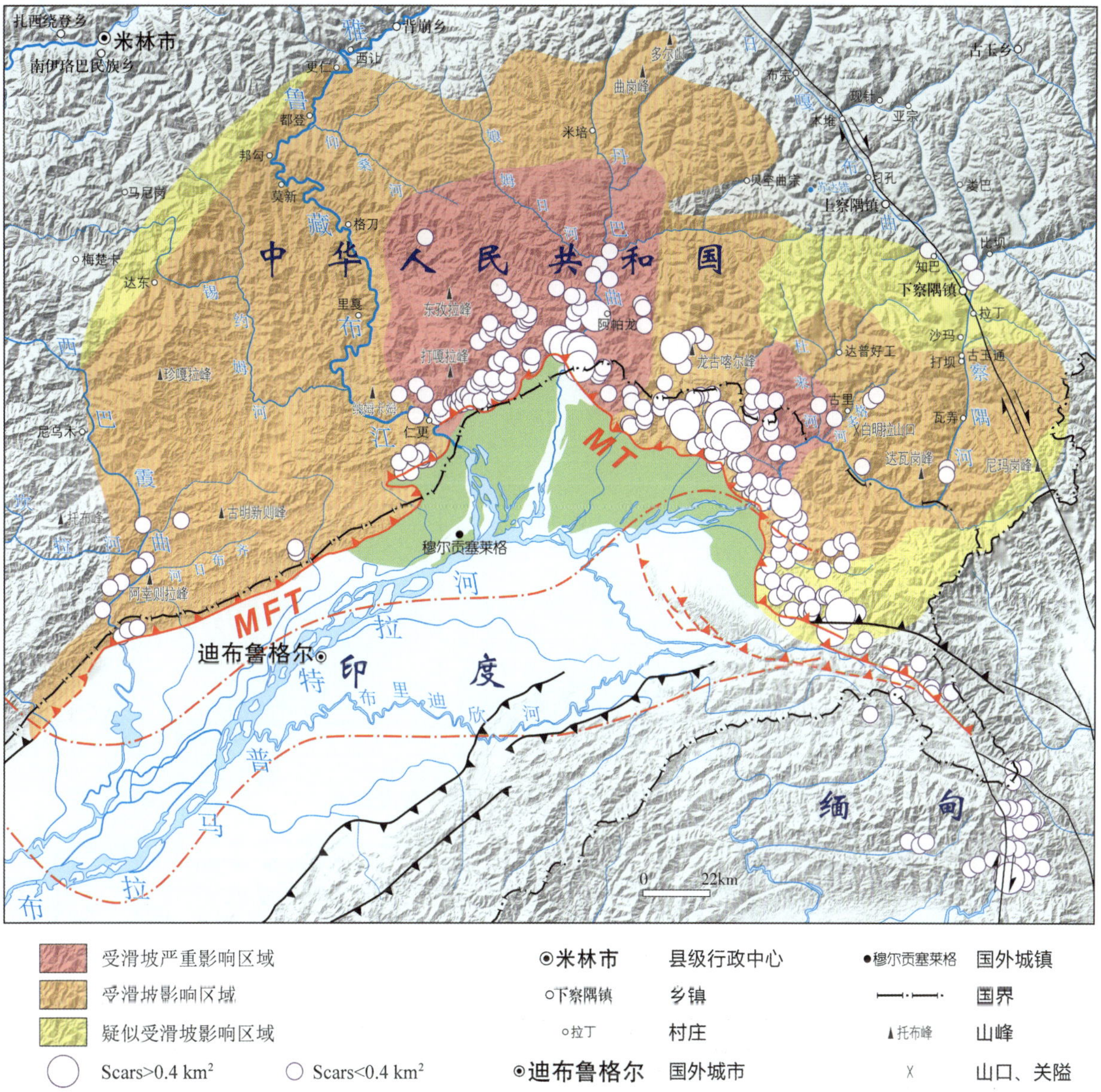

图 13-18　1950 年山体滑坡和泥石流

1950 年推断的地震地表破裂以红色标出。五角星为主震震中位置。白色圆圈对应于 451 个滑坡。被泥石流沉积物破坏的地区（MFT 和 MT 以南）以绿色勾勒。浅红色、橙色和黄色区域是具有不同程度坡度破坏的山区，来自震后航测（Ramachandra Rao，1953；Ben-Menahem et al.，1974，Coudurier-Curveur et al.，2020）

（五）2015 年尼泊尔廓尔喀地震（M_w 7.8）

地震发生在加德满都时间 2015 年 4 月 25 日中午 12：11，对城市和尼泊尔中部造成了相当大的破坏。地震在周末假期中午的时候，造成了相对较低的人员伤亡（9000 人死亡，22000 人受伤）。加德满都的大多数混凝土结构建筑幸免于难，但仍产生一些小裂缝。山谷外破裂带上方村庄的原石堆砌结构的建筑普遍倒塌（Bilham，2015），许多古老的砖石寺庙倒塌。

震中位于 MHT 西边缘（N 28.15°，E 84.71°）靠近 Barpak（图 13-27），破裂以 3 km/s 的速度向东和向南传播。地震导致加德满都和山脉之间的喜马拉雅地区以约 1 m/s 的速度向南抬升（Avouac et al.，2015；Galetzka et al.，2015；Lay et al.，2017）。详细的地震分析表明，几个区域依次滑动（Fan et al.，2015；Kumar et al.，2017），一系列下倾破裂表明板块界面底部粗糙部位快速滑动，而 MHT 上倾部分更平滑地向南和向东滑动（Yue et al.，2017）。尽管沿北边缘的大部分次级地震是逆冲型

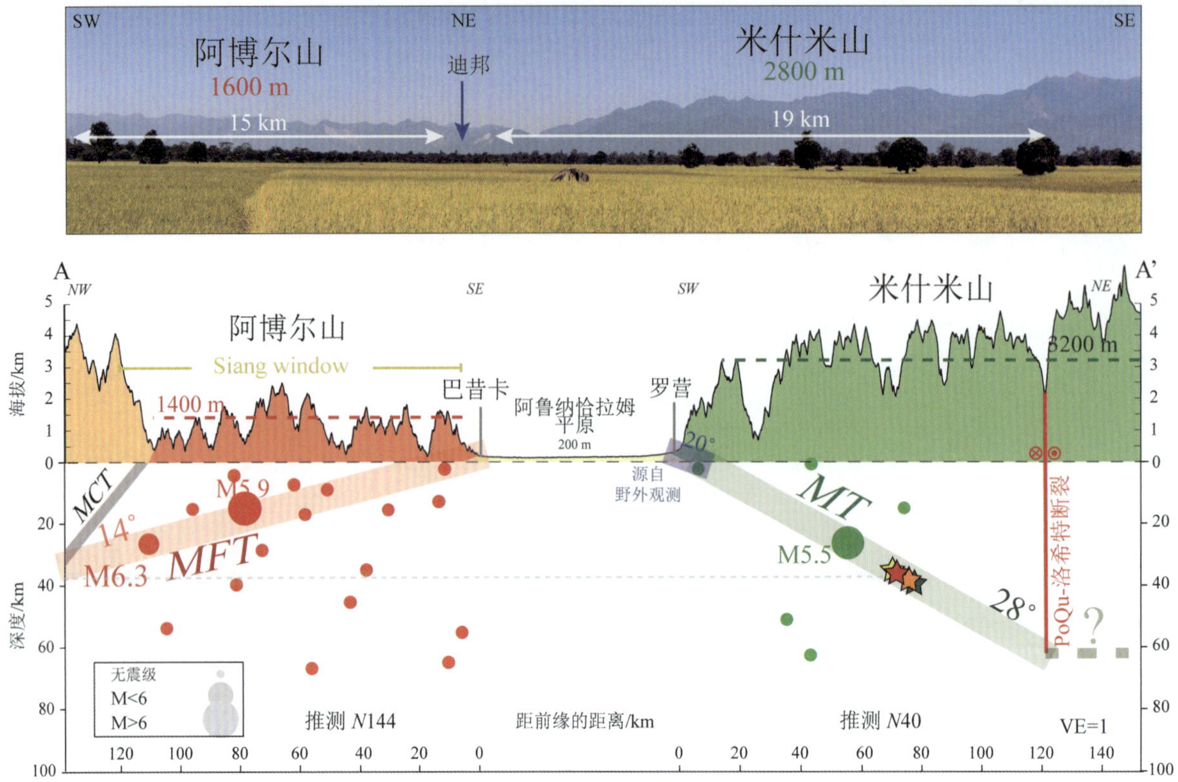

图 13-19 东喜马拉雅山脉的地形和构造

（据 Coudurier-Curveur et al.，2020）

上图为米什米山（东）和阿博尔山（西）之间急剧下降的北向视图。下图为阿博尔/米什米构造的剖面。阿博尔山和米什米山下 25 次重新定位的余震的预测深度分别用红色和绿色点表示。MFT 和 MT 逆冲断层的倾角（分别为红线和绿线）与地表断裂位置和倾角一致

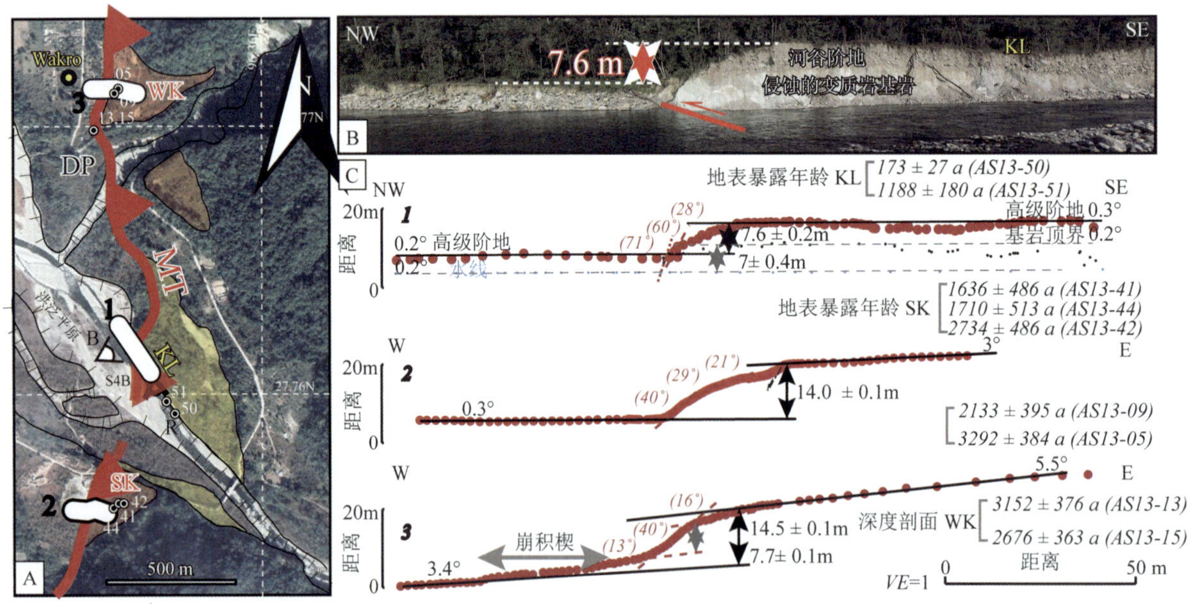

图 13-20 Wakro 附近 Mishmi 断层（MT）地表破裂与垂直位错

（据 Coudurier-Curveur et al.，2020）

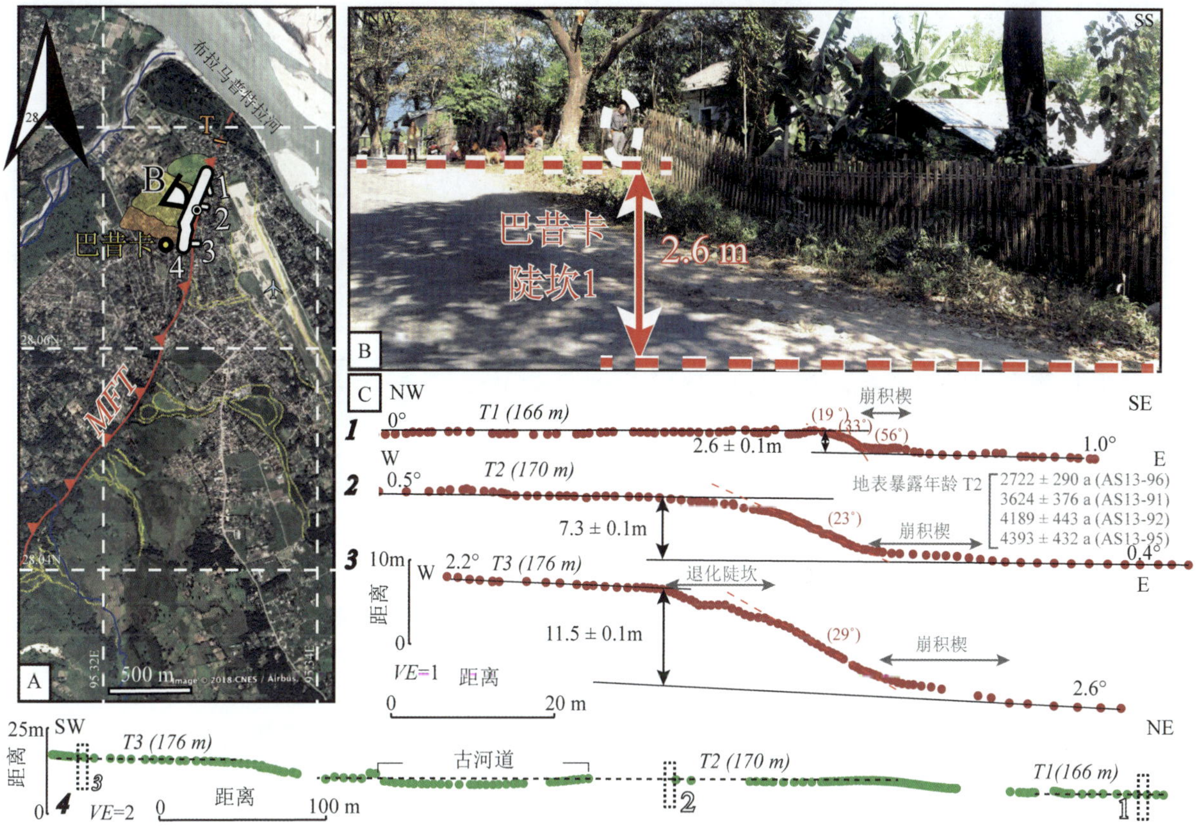

图 13-21　Pasighat 附近的 MFT 地表断裂变形
（据 Coudurier-Curveur et al.，2020）

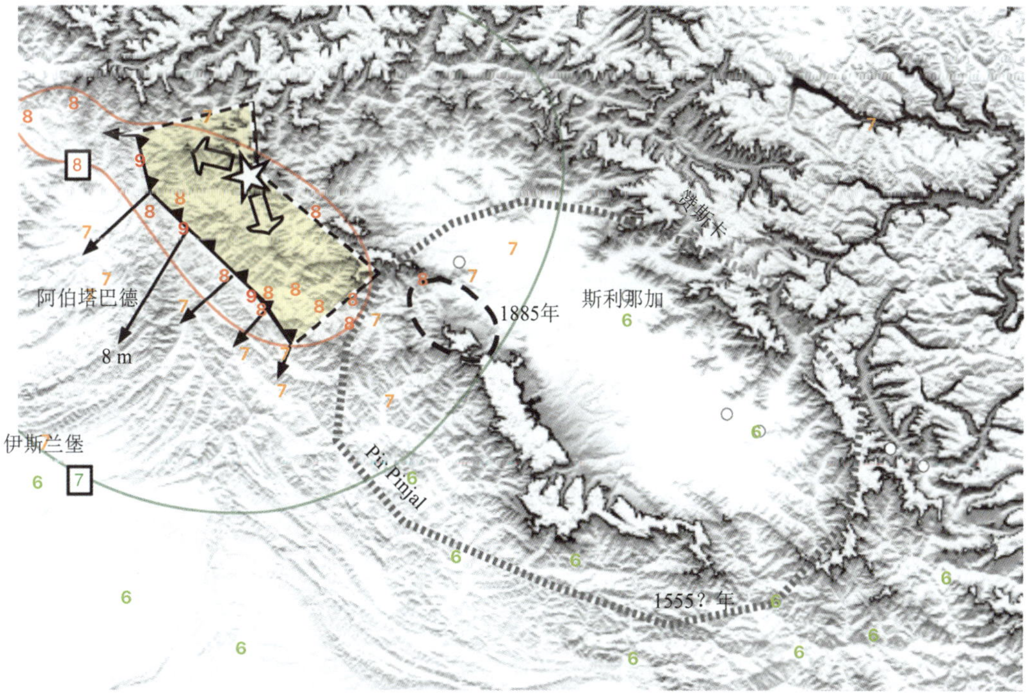

图 13-22　2005 年克什米尔地震的地下传播（空心箭头）和表面滑移（实心箭头）
最大表面滑移量为 8 m（Avoac et al.，2006），烈度值为彩色数字（Martin et al.，2010）

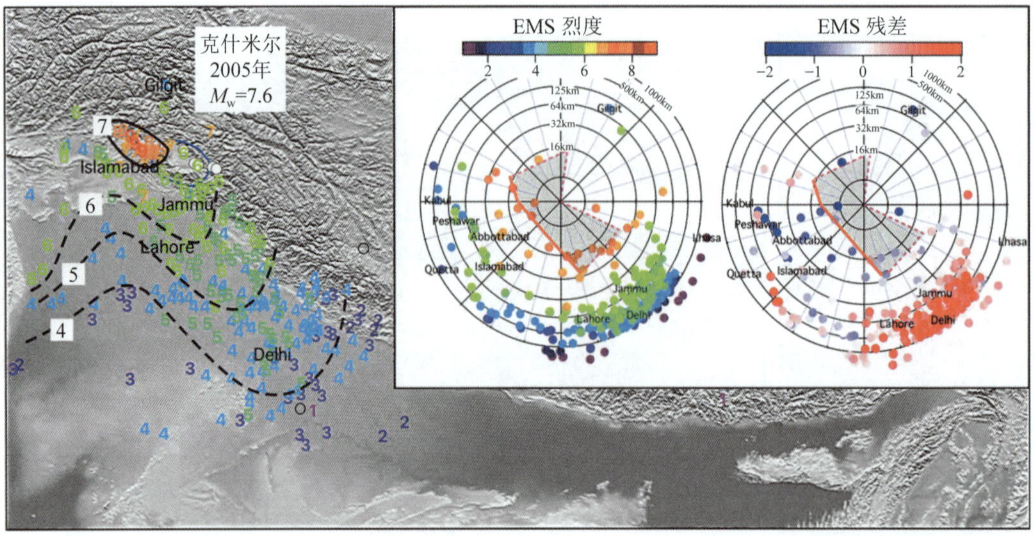

图 13-23　2005 年克什米尔地震的极坐标图

（据 Bilham，2019）

圆圈表示距震源的距离以对数增加。由红色虚线包围的灰色区域表示推断的地下破裂，该破裂是双向和上倾的。红色实线表示地表破裂。在旁遮普和恒河盆地的厚沉积覆盖区，远场烈度放大了 1～1.5 倍

图 13-24　2005 年克什米尔地震断层陡坎

（据 Bilham，2019）

该点位于穆扎费拉巴德以东。在背景中可以看到地震引发的山体滑坡

地震，但破裂传播期间最后一个次级事件为走滑（Kumar et al.，2017）。位于尼泊尔北部 Terai 平原的 MFT 没有发生滑移（没有产生同震地表破裂），但在 MFT 以北的 Main Dun 断层上触发了 5 cm 的滑动，且在主震后的 3 个月内，在那里和破裂的南边缘之间继续发生几十毫米的滑动（Mencin et al.，2016）。

破裂带上方和周围的 InSAR 和 GPS 数据显示加德满都市的所有震前水平面在震后都表现为 SSW 倾，倾角小于 1°。InSAR 数据显示，拆离断层上方的地表位移部分大于 7 m，平均滑移量约为该量的一半（Elliott et al.，2016；Lindsey et al.，2015；Wang et al.，2015；McNamara et al.，2017）。加德满都以北和以东 10 km 的喜马拉雅山基底岩石中新的南北向应变梯度峰值为 5×10^{-4}。GPS 数据显示，

图 13-25　2005 年克什米尔地震地表破裂照片

（据 Kaneda et al.，2008）

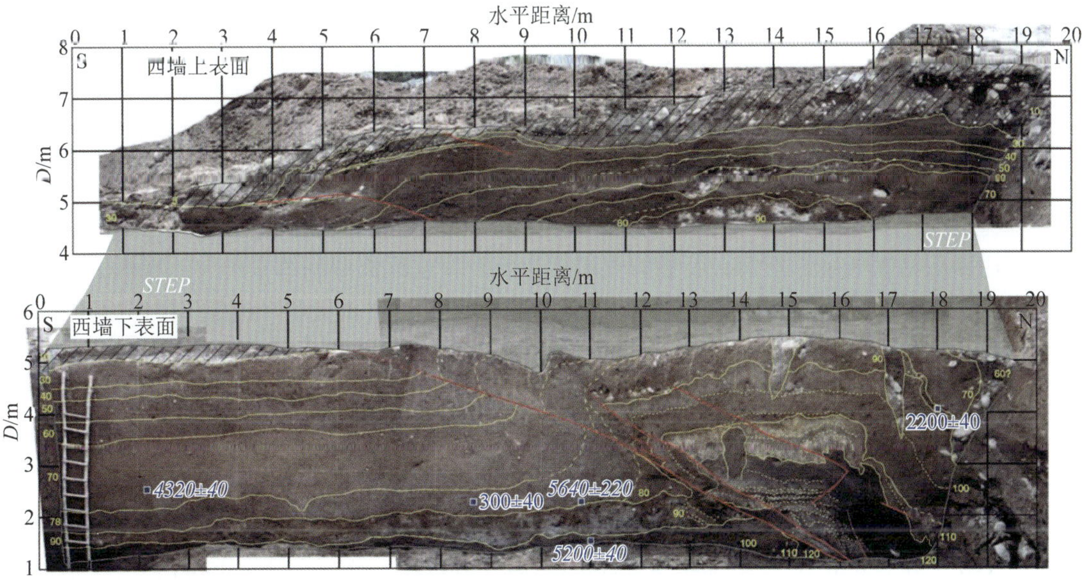

图 13-26　地震探槽拼图

（据 Kondo et al.，2008）

网格间隔为 2 m。红线表示断层，黄色数字表示地层单元。蓝色字为放射性碳日期（yr BP）。图中可以识别两个断层事件，包括 2005 年克什米尔地震。倒数第二个事件形成了单元 90 下方地层的累积垂直位移和单斜变形、单元 80 的崩塌沉积物以及生长地层单元 70 的增厚

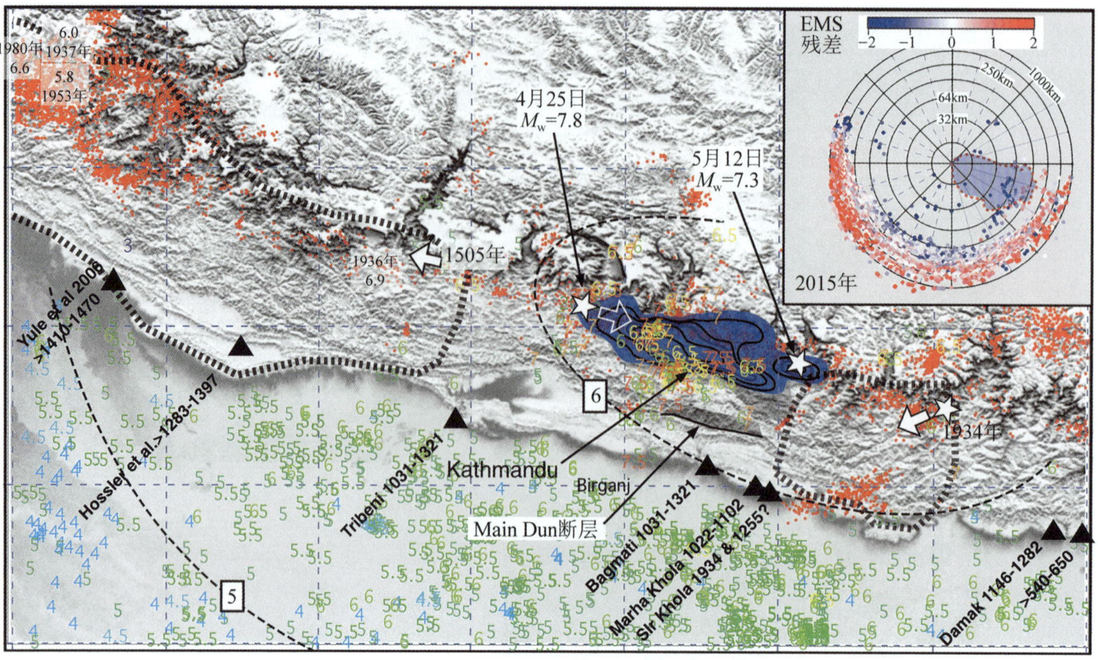

图 13-27 2015 年廓尔喀地震破裂分布图（ISC/GEM v. 5）
（据 Bilham，2019）

EMS-98 烈度来自 Martin et al.（2015）。极坐标图显示了位于破裂上方由衰减参数预测的异常低残差范围（蓝色阴影）（Szeliga et al.，2010）。1995~1999 年的微地震活动显示为红点。古地震探槽由三角形表示（Wesnousky et al.，2018）

在震后 3~6 个月内，破裂带北侧出现 10 cm 的滑动，南侧部分地区也出现滑动（Gualandi et al.，2017；Mencin et al.，2016）。破裂带南部、东部和西部没有明显的震后滑动或蠕变，这对于评估未来大地震的前景尤为重要（Mencin et al.，2016）。

2015 年 4 月 25 日的地震与 1833 年加德满都的地震非常相似，最简单的解释是 2015 年地震是 1833 年地震的重演。2015 年地震的平均滑移量约为 3.5 m，近似于 1833 年地震后累积的 182 年滑移差。

第四节　地震机制的探究

大地震由断层活动产生，然而，断层的变形行为与破裂过程长期制约着对大地震机制的认识和地震预报的进行。因此，“断层作用”的研究是目前地学界关注的“重大科学问题”（Huntington et al.，2018）。青藏高原是全球大陆内部地震最活跃的地区之一，其中包括青藏高原南缘的喜马拉雅前陆逆冲带和青藏高原北部的松潘甘孜-巴颜喀拉地体边界带。

自 1505 年有地震记录以来，在喜马拉雅前陆逆冲断裂带发生 7.5 级以上地震 8 次，其中最大的有 1950 年的察隅地震（阿萨姆地震）（M_s=8.7）、2005 年的喜马拉雅克什米尔地震（M_s=7.6）和 2015 年 4 月 25 日尼泊尔地震（M_s=7.8）。1950 年 8 月 15 日 22 时 9 分 34 秒察隅-墨脱发生 8.6 级地震，震中：N28.290°，E96.657°（Chen Wangping et al.，1977）；震源深度：35 km；该次地震破坏范围长约 330 km，宽约 100 km（Coudurier-Curveur et al.，2020）。最远有感距离 1200~1300 km。10 度极震区大致沿南迦巴瓦峰东南坡、雅鲁藏布江拐弯下游河谷，以墨脱至里嘎间为中心呈北东向椭圆形，长轴 90 km，短轴 54 km（游泽李等，1991）。极震区内房屋全部倒塌，山崩地裂十分严重，雅鲁藏布江多处堵塞断流。地震造成西藏地区死亡 3300 多人；印度阿萨姆地区死亡 1500 多人。它是有记录以来最大的大陆内部地震。

2005 年 10 月 8 日 03 时 50 分 38 秒在喜马拉雅克什米尔发生 7.6 级地震，震中：N34.460°，E73.580°（伊斯兰堡东北方 95 km 穆扎法拉巴德附近），震源深度：19.1 km，死亡人数：巴基斯坦官方公布 87350 人，印控克什米尔地区造成 1400 人死亡。该次地震的发震断层既不是 MFT，也不是 MBT，而是位于次喜马拉雅的 Balakot-Bagh 断层（Parsons et al.，2006）。地震形成了约 70～110 km 的地表破裂带，地表最大垂直位移量约 7 m（Avouac et al.，2006；Powali et al.，2020）。

2015 年 4 月 25 日尼泊尔地震（M_s=8.1）由于这次地震断裂分布在低喜马拉雅和高喜马拉雅之下，发震断裂向北延伸至我国境内断层处于更深部位以及可能逐渐转变为韧性断裂（MHT 从脆性断层转变为韧性剪切带）。因此，对我国境内的影响相对较小。

喜马拉雅地震认识的最终目的是了解下一次破坏性大地震可能发生在哪里？以及震级多大？令人痛心的是，我们还不知道下一次破坏性大地震将发生在哪里？目前，喜马拉雅山三分之二的地区可能会在一次或多次大地震中破裂（Bilham，2019），尽管我们没有关于未来地震发生时间的信息。Ader et al.（2012）认为，如果喜马拉雅构造带最大震级不小于 M_w 8.5 级的话，每 400 年应该发生 3 个 M_w 8.5 级以上地震，而如果最大震级为不小于 M_w 8.0 级的话，则每 70 年发生 3 个 M_w 8.0 级以上地震。显然，历史地震记录中同震级地震的个数低于上述推算。历史地震记录过去 500 年仅发生过 1 次 M_w 8.5 级以上地震（1950 年 M_w 8.7 察隅地震），所以可能还缺 1～2 次震级相当的地震。虽然这种估算还有待进一步检验，但是，不排除未来喜马拉雅构造带发生 M_w 8.5 级甚至更大地震的可能性（Bollinger et al.，2015；刘静等，2015；Bilham，2019；李海兵等，2021）。

大陆内部发育弥散型的构造变形与地震活动，而不只是在块体边缘。显然，这与刚体板块动力作用与变形主要在边界发生的板块构造原理不相符，那么，大陆内部为什么发生这种变形？其动力机制是人们长期研究和探讨的科学问题。大陆包含了自地球早期形成至现今的不同陆块岩石圈块体的拼贴组合，是历经长期发展演化的复杂拼合体。因此，大陆构造具有其自身的复杂性。

从青藏高原大陆构造变形的特征来看，连续变形或弥散型变形地区，往往地势起伏大，主要发生小地震；变形主要集中在周缘的刚性块体，其地势起伏小，相对平坦，但往往在边界带可发生 M 7 级以上的强地震，甚至 M 8 级以上大地震。虽然 GPS 观测资料只反映近二十年时间段的运动特征，以年为时间尺度，但是结合活动断裂的分布和地震活动性特征，可以基本反映出以百年到万年时间尺度的地壳变形行为（Zhang Peizhen et al.，2003，2013）。青藏高原现今的 GPS 速度场分布已显示出不同的区域分布着不同的速度场（图 13-28），因此，反映出不同区域具有不同的地壳变形行为。

青藏高原现今地壳变形和地震活动具有明显的分区块特性，根据不同的大陆构造变形特征可分为四大主要区块（李海兵等，2001）（图 13-29）：①青藏高原北部为“盆岭构造挤压区块”，主要发育一系列逆冲断裂形成的盆岭构造，地势起伏大，表现为以连续变形为特征的上地壳挤压缩短变形构造，主要发生 M 7 级或以下逆冲型地震，在大型走滑断裂上可发生 M 8 级以上大地震；②青藏高原中北部为“巴颜喀拉地块向东挤压构造区块”，以准刚性块体整体向东运动为主要特征，总体地势平缓，变形主要集中在四个边界区域，东部边界龙门山地区为强烈挤压变形区域，西部边界以伸展变形为主，南北边界以走滑变形为主，由于具有弱的顺时针旋转特征，北边界滑移速率大，东边界水平挤压作用强烈，均可发生 M 8 级以上大地震；③青藏高原中部腹地为“羌塘地块向东挤出构造区块”，东部主要以块体向东南方向运动为特征，变形主要分布在两侧走滑边界，可发生 M 7 级以上强震，偶可发生 M 8 级大震，中-西部的块体内部以一系列正断裂和走滑断裂组合的弥散型变形为特征，由东部块体向东/东南挤出运移过程中，牵引西部上地壳物质不连续向东运移或拉断所造成，地势起伏大，以发生的 M 7 级以下地震为主；④高原南部为“藏南东西向伸展构造区块”，以南北向裂谷系为主要变形特征，地势起伏大，沿裂谷系可发生 M 7 级以上正断型强震。南部边界逆冲构造带是整个青藏高原发生 M 8 级大地震的主要区域。青藏高原这种分区块的地壳变形形式和不同的地震活动是大陆构造变形的重要特征。

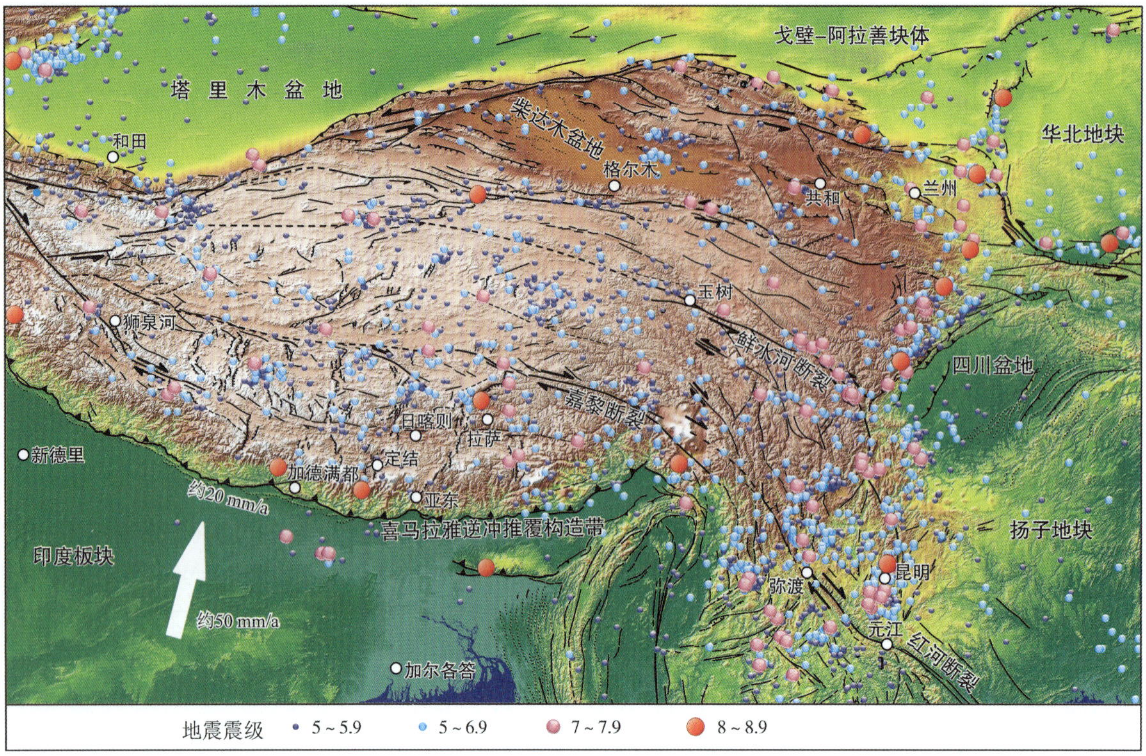

图 13-28　青藏高原地震分布图

（据 Tapponnier et al.，2001）

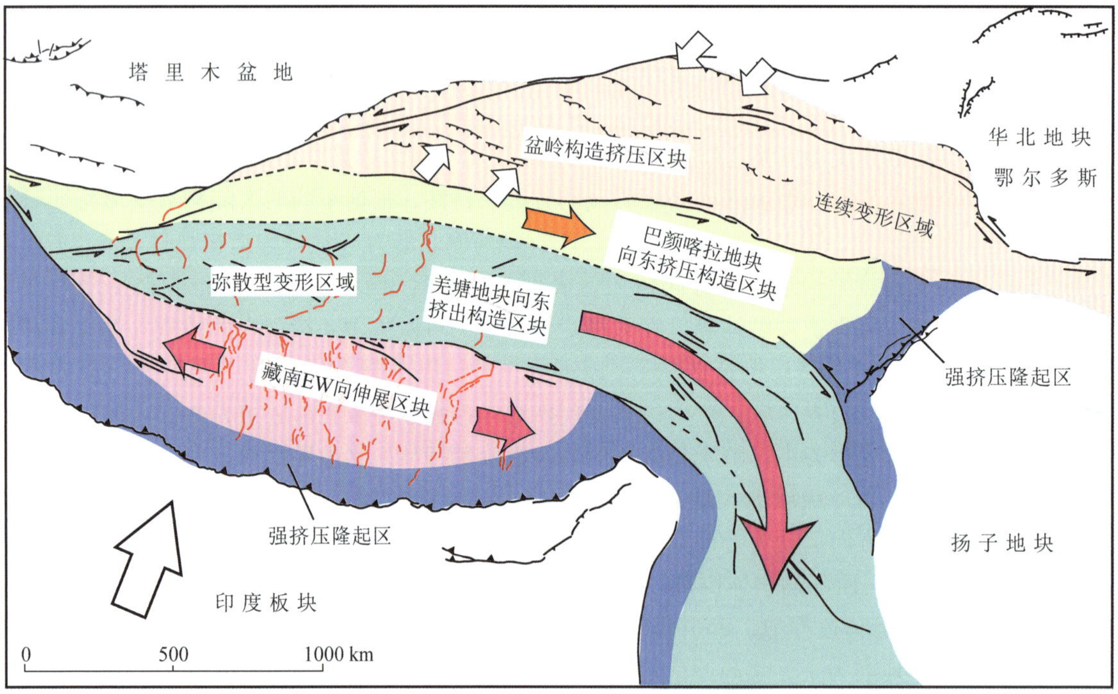

图 13-29　青藏高原现今构造变形分区

参 考 文 献

李海兵，潘家伟，孙知明，等. 2021. 大陆构造变形与地震活动——以青藏高原为例. 地质学报，95(1)，194～213.

刘静，纪晨，张金玉，等. 2015. 2015 年 4 月 25 日尼泊尔 Mw 7. 8 级地震的孕震构造背景和特征. 科学通报，60：2640～2655.

许志琴，杨经绥，李海兵，等. 2006. 青藏高原与大陆动力学—地体拼合、碰撞造山以及高原隆升的深部驱动力. 中国地质，33：221～238.

许志琴，杨经绥，李海兵，等. 2007. 造山的高原. 北京：地质出版社.

Ader T，Avouac J，Liu-Zeng J，et al. 2012. Convergence rate across the Nepal Himalaya and interseismic coupling on the Main Himalayan Thrust：Implications for seismic hazard. J Geophys Res，117：B04403.

Ahmad B，Bhat M I，Bali B S. 2009. Historical record of earthquakes in the Kashmir Valley. Himalayan Geology，30(1)：75～84.

Ambraseys N，Bilham R. 2000. A note on the Kangra earthquake of 4 April 1905. Curr Sci，79：46～50.

Ambraseys N，Douglas J. 2004. Magnitude calibration of north Indian earthquakes. Geophys J Int，159：165～206.

Ambraseys N，Jackson D. 2003. A note on early earthquakes in northern India and southern Tibet. Curr Sci，84：571～582.

Auden J B. 1935. Traverses in the Himalaya. Records of Geological survey of India，69：123～167.

Avouac J P. 2003. Mountain building，erosion，and the seismic cycle in the Nepal Himalaya. Adv Geophys，46：1～80.

Avouac J P. 2007. Mountain building：From earthquakes to geological deformation. Dynamic processes in extensional and compressional settings. Treatise Geophys，6：377～439.

Avouac J P，Ayoub F，Leprince S，et al. 2006. The 2005 Mw 7. 6 Kashmir earthquake：Sub-pixel correlation of ASTER images and seismic waveforms analysis. Earth Planet Sci Lett，249：514～528.

Avouac J P，Bollinger L，Lavé J，et al. 2001. Le cycle sismique en Himalaya. Comptes Rendus de l'Académie des Sciences-Series IIA-Earth and Planetary Science，333(9)：513～529.

Avouac J P，Meng Lingsen，Wei Shengji，et al. 2015. Lower edge of locked Main Himalayan Thrust unzipped by the 2015 Gorkha earthquake. Nature Geoscience，DOI:10. 1038/NGEO2518.

Ben-Menahem A，Aboudi E，Schild R. 1974. The source of the great Assam earthquake：An intraplate wedge motion. Phys Earth Planet Inter，6：109～131.

Berger A，Jouanne F，Hassani R，et al. 2004. Modelling the spatial distribution of present-day deformation in Nepal：how cylindrical is the Main Himalayan Thrust in Nepal?. Geophysical Journal International，156(1)：94～114.

Bettinelli P，Avouac J，Flouzat M，et al. 2006. Plate motion of India and interseismic strain in the Nepal Himalaya from GPSand DORIS measurements. J Geodesy，80：567～589.

Bilham R，Ambraseys N. 2005. Apparent Himalayan slip deficit from the summation of seismic moments for Himalayan earthquakes，1500-2000. Curr Sci，88：1658～1663.

Bilham R，Blume F，Bendick R，et al. 1998. Geodetic constraints on the translation and deformation of India：Implications for future great Himalayan earthquakes. Curr Sci，77：213～229.

Bilham R，Gaur V K，Molnar P. 2001. Himalayan seismic hazard. Science，293：1442～1444.

Bilham R，Mencin D，Bendick R，et al. 2017. Implications for elastic energy storage in the Himalaya from the Gorkha 2015 earthquake and other incomplete ruptures of the Main Himalayan Thrust. Quaternary International，462：3～21.

Bilham R. 1995. Location and magnitude of the 1833 Nepal earthquake and its relation to the rupture zones of contiguous great Himalayan earthquakes. Curr Sci，69：101～128.

Bilham R. 2004. Earthquakes in India and the Himalaya：Tectonics，geodesy and history. Ann Geophys，47：839～858.

Bilham R. 2006. Comment on "Interpreting the style of faulting andpaleoseismicity associated with the 1897 Shillong，northeast India，earthquake" by CP Rajendran et al. Tectonics，25(2).

Bilham R. 2015. Raising Kathmandu. Nature Geoscience，8(8)，582～584.

Bilham R. 2019. Himalayan earthquakes：a review of historical seismicity and early 21st century slip potential. Geological Society London Special-Publications，483(1)：SP483. 16.

Bollinger L，Avouac J，Cattin R，et al. 2004. Stress buildup in the Himalaya. J Geophys Res，109：B11405.

Bollinger L，Sapkota S N，Tapponnier P，et al. 2014. Estimating the return times of great Himalayan earthquakes in eastern Nepal：Evidence from the Patu and Bardibas strands of the Main Frontal Thrust. Journal of Geophysical Research：Solid Earth，119(9)：7123～7163.

Bollinger L，Tapponnier P，Sapkota S. 2015. Balance and deficit of seismic slip in central Nepal：Implication for a repeat of the 1344 earthquake in Nepal. J Nepal Geol Soc，48：25.

Bollinger L. De' formation del'Himalaya du Ne' pal，PhD Thesis，200，400 pp，University of Paris-Sud XI.

Brown L D，Zhao W，Nelson K D，et al. 1996. Bright spots，structure，and magmatism in southern Tibet from INDEPTH seismic reflection profiling. Science，274(5293)：1688～1690.

Burbank D W, Beck R A, Mulder T. 1996. The Himalayan foreland basin. In: Yin A, Harrison T M, eds. The Tectonics of Asia. New York: Cambridge University Press.

Burchfiel B C, Chen Z, Hodges K V, et al. 1992. The South Tibet Detachment System, Himalayan orogen: Extension contemporaneous with and parallel to shortening in a collisional mountain belt. Geol Soc Am Spec Pap, 269: 1~41.

Burg J P, Chen G M. 1984. Tectonics and structural zonation of southern Tibet, China. Nature, 311: 219~223.

Carosi R, Lombardo B, Molli G, et al. 1998. The South Tibetan detachment system in the Rongbuk valley, Everest region. Deformation features and geological implications. J Asian Earth Sci, 16: 299~311.

Cattin R, Avouac J P. 2000. Modeling mountain building and the seismic cycle in the Himalaya of Nepal. Journal of Geophysical Research: Solid Earth, 105(B6): 13389~13407.

Chander R. 1989. Southern limits of major earthquake ruptures along the Himalaya between longitudes 75° and 90° E. Tectonophysics, 170: 115~123.

Chen W P, Molnar P. 1977. Seismic moments of major earthquakes and the average rate of slip in Central Asia. JGeophys Res, 82: 2945~2969.

Clark M K, Bilham R. 2008. Miocene rise of the Shillong Plateau and the beginning of the end for the Eastern Himalaya. Earth and Planetary Science Letters, 269(3~4): 337~351.

Coudurier-Curveur A, Tapponnier P, Okal E, et al. 2020. A composite rupture model for the great 1950 Assam earthquake across the cusp of the East Himalayan Syntaxis. Earth and Planetary Science Letters, 531: 115928.

Dasgupta S, Mukhopadhyay M, Nandy D R. 1987. Active transverse features in the central portion of the Himalaya. Tectonophysics, 136(3~4): 255~264.

Davis D, Suppe J, Dahlen F A. 1983. Mechanics of fold and thrust belts and accretionary wedges. J Geophys Res, 88: 1154~1172.

Dunn J A, AudeN J B, Ghosh A M N, et al. 1939. The Bihar-Nepal Earthquake of 1934. Memoirsof the India Geological Survey, 73.

Elliott J R, Jolivet R, Gonzúlez P J, et al. 2016. Himalayan megathrust geometry and relation to topography revealed by the Gorkha earthquake. Nature Geoscience, 9(2): 174~180.

England P, Bilham R. 2015. TheShillong Plateau and the great 1897 Assam earthquake. Tectonics, 34(9): 1792~1812.

Fan W, Shearer P M. 2015. Detailed rupture imaging of the 25 April 2015 Nepal earthquake usingteleseismic P waves. Geophysical Research Letters, 42(14): 5744~5752.

Galetzka J, Melgar D, Genrich J F, et al. 2015. Slip pulse and resonance of Kathmandu basin during the 2015 Mw 7. 8 Gorkha earthquake. Nepal imaged with space geodesy, submitted to Science.

Gansser A. 1964. The Geology of the Himalayas. New York: Wiley Interscience.

Grünthal G, Levret A. 1998. European macroseismic scale 1998(EMS-98) cahiers du centre Européen de géodynamique et de séismologie 15. Centre Européen de géodynamique et de séismologie, Luxembourg.

Gualandi A, Avouac J P, Galetzka J, et al. 2017. Pre-and post-seismic deformation related to the 2015, Mw 7. 8 Gorkha earthquake, Nepal. Tectonophysics, 714: 90~106.

Gutenberg G, Richter C F. 1950. Seismicity of the earth and associatedphenomenaHafner, New York.

Hetényi G, Le Roux-Mallouf R, Berthet T, et al. 2016. Joint approach combining damage and paleoseismology observations constrains the 1714 AD Bhutan earthquake at magnitude 8±0. 5. Geophysical Research Letters, 43(20): 10, 695~10, 702.

Hodges K V. 2000. Tectonics of the Himalaya and southern Tibet from two perspectives. Geol Soc Amer Bull, 112: 324~350.

Hough S E, Bilham R, Ambraseys N, et al. 2005. Revisiting the 1897 Shillong and 1905 Kangra earthquakes in northern India: Site response, Moho reflections and a triggered earthquake. Current Science, 1632~1638.

Hubbard M S, Harrison T M. 1989. ^{40}Ar/^{39}Ar age constraints on deformation and metamorphism in the Maïn Central Thrust zone and Tibetan Slab, eastern Nepal Himalaya. Tectonics, 8: 865~880.

Iyengar R N, Sharma D. 1998. Earthquake History of India in Medieval Times: Roorkee. Central Building Research Institute.

Iyengar R N, Sharma D, Siddiqui J M. 1999. Earthquake history of India in medieval times. Indian Journal of history of science, 34: 181~238.

Jackson M, Bilham R. 1994. Constraints on Himalayan deformation inferred from verticalvelocity fields in Nepal and Tibet. J Geophys Res, 99: 13897~13912.

Kingdom-ward F. 1953. The Assam Earthquake of 1950. Geographical Journal, 119: 169~182.

Kingdom-ward F. 1955. The aftermath of the Assam Earthquake of 1950. Geographical Journal, 121: 290~303.

Kingdom-ward J. 1952. My Hill So Strong. Jonathan Cape, London.

Kondo H, Nakata T, Akhtar S S, et al. 2008. Long recurrence interval of faulting beyond the 2005 Kashmir earthquake around the northwestern margin of the Indo-Asian collision zone. Geology, 36: 731~734.

Kumar A, Singh S K, Mitra S, et al. 2017. The 2015 April 25 Gorkha(Nepal) earthquake and its aftershocks: implications for lateral heterogeneity on the Main Himalayan Thrust. Geophysical Journal International, 208(2): 992~1008.

Kumar S, Wesnousky S G, Rockwell T K, et al. 2006. Paleoseismic evidence of great surface rupture earthquakes along the Indian Himalaya. J

Geophys Res, 111: B03304.

Lavé J, Yule D, Sapkota S, et al. 2005. Evidence for a great medieval earthquake(approximate to 1100 AD)in the Central Himalayas, Nepal. Science, 307: 1302~1305.

Lay T, Ye L, Koper K D, et al. 2017. Assessment ofteleseismically-determined source parameters for the April 25, 2015 MW 7.9 Gorkha, Nepal earthquake and the May 12, 2015 MW 7.2 aftershock. Tectonophysics, 714: 4~20.

Le Roux-Mallouf R, Ferry M, Ritz J F, et al. 2016. First paleoseismic evidence for great surface-rupturing earthquakes in the Bhutan Himalayas. Journal of Geophysical Research: Solid Earth, 121(10): 7271~7283.

LeFort P. 1975. Himalayas-collided range-present knowledge of continental arc. Am J Sci, A275: 1~44.

Lindsey E O, Natsuaki R, Xu X, et al. 2015. Line-of-sight displacement from ALOS-2 interferometry: Mw 7.8 Gorkha Earthquake and Mw 7.3 aftershock. Geophysical Research Letters, 42(16): 6655~6661.

Malik J N, Sahoo S, Satuluri S, et al. 2015. Active fault and paleoseismic studies in Kangra valley: Evidence of surface rupture of a great Himalayan 1905 Kangra earthquake(Mw 7.8), Northwest Himalaya, India. Bulletin of the Seismological Society of America, 105(5): 2325~2342.

Marr J E. 1903. The scientific study of scenery. Methuen & Company.

Martin S, Szeliga W. 2010. A catalog of felt intensity data for 570 earthquakes in India from 1636 to 2009. BullSeismol Soc Amer, 100: 562~569.

Martin S S, Hough S E, Hung C. 2015. Ground motions from the 2015 Mw 7.8 Gorkha, Nepal, earthquake constrained by a detailed assessment of macroseismic data. Seismological Research Letters, 86(6): 1524~1532.

Mathur L P. 1953. Assam earthquake of 15th August 1950—A short note on factual observations. A compilation of papers on the Assam earthquake of August, 15(1950): 56~60.

Mencin D, Bendick R, Upreti B N, et al. 2016. Himalayan strain reservoir inferred from limited afterslip following the Gorkha earthquake. Nature Geoscience, 9(7): 533~537.

Middlemiss C S. 1905. Preliminary account of the Kangra earthquake of 4th April 1905. Rec. Geol. Surv. India, 32: 258~294.

Middlemiss C S. 1910. The Kangra earthquake of 4th April, 1905. Geological survey of India.

Molnar P, Chen W P. 1983. Focal depths and fault plane solutions of earthquakes under the Tibetan plateau. Journal of Geophysical Research: Solid Earth, 88(B2): 1180~1196.

Molnar P, Deng Q. 1984. Faulting associated with large earthquakes and the average rate of deformation in Central and Eastern Asia. J Geophys Res, 89: 6203~6227.

Molnar P, Lyon-Caent H. 1989. Fault plane solutions of earthquakes and active tectonics of the Tibetan Plateau and its margins. Geophysical Journal International, 99(1): 123~153.

Molnar P, Tapponnier P. 1975. Cenozoic tectonics of Asia: Effects of a continental collision. Science, 189: 419~426.

Mugnier J L, Gajurel A, Huyghe P, et al. 2013. Structural interpretation of the great earthquakes of the last millennium in the central Himalaya. Earth-Science Reviews, 127: 30~47.

Mugnier J L, Huyghe P, Gajurel A P, et al. 2011. Seismites in the Kathmandu basin and seismic hazard in central Himalaya. Tectonophysics, 509(1~2): 33~49.

Mugnier J L, Jouanne F, Bhattarai R, et al. 2017. Segmentation of the Himalayan megathrust around the Gorkha earthquake(25 April 2015) in Nepal. Journal of Asian Earth Sciences, 141: 236~252.

Nakata T. 1989. Active faults of the Himalaya of India and Nepal. In: Malinconico Jr L L, Lillie R, eds. Tectonics of the Western Himalayas. Geol Soc Amer, 243~264.

Nakata T, Kumura K, Rockwell T. 1998. First successful paleoseismic trench study on active faults in the Himalaya. Eos Trans. AGU, 79(45): 459~486.

Neve E F. 1928. A Crusader in Kashmir. Seeley, Service&Co., London.

Ni J, Barazangi M. 1984. Seismotectonics of the Himalayan collision zone: Geometry of the underthrusting Indian plate beneath the Himalaya. Journal of Geophysical Research: Solid Earth, 89(B2): 1147~1163.

Oldham T. 1883. Catalog of Indian Earthquakes. MemoirGeol Surv India, 19: 163~215.

Pandey M R, Molnar P. 1988. The distribution of intensity of the Bihar-Nepal earthquake of 15 January 1934 and bounds on the extent of the rupture zone. J Nepal Geol Soc, 5: 23~45.

Pandey M R, Tandukar R P, Avouac J P, et al. 1999. Seismotectonics of the Nepal Himalaya from a local seismic network. Journal of Asian Earth Sciences, 17(5-6): 703~712.

Pandey M, Tandukar R, Avouac J, et al. 1995. Interseismic strain accumulation on the Himalayan crustal ramp(Nepal). Geophys Res Lett, 22: 751~754.

Pandey P, Rawat R S. 1999. Geochemistry and tectonic setting of the Amritpur Granite Series, Kumaun Lesser Himalaya, India. Journal of Geological Society of India(Online archive from Vol 1 to Vol 78), 54(1): 83~90.

Pant M R. 2002. A step toward a historical seismicity of Nepal. Adarsa, 2: 29~60.

Pathier E, Fielding E J, Wright T J, et al. 2006. Displacement field and slip distribution of the 2005 Kashmir earthquake from SAR imagery. Geophysical research letters, 33(20).

Playfair Alan. 1909. The Garos. D. Nutt.

Powell C M, Conaghan P J. 1973. Plate tectonics and the Himalayas. Earth Planet Sci Lett, 20: 1~12.

Rajendran C P, Rajendran K, Duarah B P, et al. 2004. Interpreting the style of faulting and paleoseismicity associated with the 1897 Shillong, northeast India, earthquake: Implications for regional tectonism. Tectonics, 23(4).

Rajendran C P, Rajendran K, Sanwal J, et al. 2013. Archeological and historical database on the medieval earthquakes of the central Himalaya: Ambiguities and inferences. Seismological Research Letters, 84(6): 1098~1108.

Ramachandra Rao, M B. 1953. A compilation of papers on the Assam earthquake of August 15, 1950. Cent. Board Geophys, 1.

Rana B J B. 1935. Nepalako mahabhukampa(1990 sala)Nepal's Great Earthquake. Katmandu: Nepal Ko Maha Bhukampa Jorganesh Press.

Reimer P J, Baillie M G L, Bard E, et al. 2004. IntCal04 terrestrial radiocarbon age calibration, 0–26 cal kyr BP. Radiocarbon, 46, 1029~1058.

Sarker M H, Thorne C R. 2006. Morphological response of the Brahmaputra–Padma–Lower Meghna river system to the Assam earthquake of 1950. John Wiley & Sons.

Searle M P, Godin L. 2003. The South Tibetan Detachment system and the Manaslu leucogranite: A structural re–interpretation and restoration of the Annapurna–Manaslu Himalaya, Nepal. J Geol, 111: 505~523.

Seeber L, Armbruster J G. 1981. Great detachment earthquakes along the Himalayan Arc and long–term forecasting. Earthq Predict, 259~277.

Shah A A. 2013. Earthquake geology of Kashmir Basin and its implications for future large earthquakes. International Journal of Earth Sciences, 102(7): 1957~1966.

Shah A A. 2015. Kashmir basin fault and its tectonic significance in NW Himalaya, Jammu and Kashmir, India. International Journal of Earth Sciences, 104(7): 1901~1906.

Stuiver M, Reimer P J, Bard E, et al. 1998. INTCAL98 radiocarbon age calibration, 24, 000–0 cal BP. Radiocarbon, 40(3): 1041~1083.

Szeliga W, Bilham R. 2017. New Constraints on the Mechanism and Rupture Area for the 1905 Mw 7. 8Kangra Earthquake, Northwest Himalaya. Bulletin of the Seismological Society of America, 107(5): 2467~2479.

Szeliga W, Hough S, Martin S, et al. 2010. Intensity, magnitude, location, and attenuation in India for felt earthquakes since 1762. Bull Seismol Soc Amer, 100: 570~584.

Tandon A N. 1954. Study of the great Assam earthquake of August 1950 and its aftershocks. MAUSAM, 5(2): 95~137.

Tapponnier P, Xu Z Q, Roger F, et al. 2001. Geology–oblique stepwise rise and growth of the Tibet Plateau. Science, 294: 1671~1677.

Thapa G S. 1997. In: Department of Mines and Geology(Ed.), Microseismic Epicenter Map of Nepal Himalaya and Adjoining Region(Kathmandu, Nepal).

Upreti B N, Nakata T, Kumahara Y, et al. 2000. The latest active faulting in southeast Nepal:Proceedings of the Hokudan International symposium and School in active faulting. Hyogo Japan: Awaji Island, 533~536.

Wallace K, Bilham R. 2005. Surface deformation in the region of the 1905 Kangra Mw=7. 8 earthquake in the period 1846–2001. Geophys Res Lett, 32: L15307.

Wang K, Fialko Y. 2015. Slip model of the 2015 Mw 7. 8 Gorkha(Nepal)earthquake from inversions of ALOS–2 and GPS data. Geophysical Research Letters, 42(18): 7452~7458.

Wesnousky S G, Kumahara Y, Nakata T, et al. 2018. New observations disagree with previous interpretations of surface rupture along the Himalayan Frontal Thrust during the great 1934 Bihar–Nepal earthquake. Geophysical Research Letters, 45(6): 2652~2658.

Yeats R S, Nakata T, Farah A, et al. 1992. The Himalayan frontal fault system. Ann Tecton, Spec Iss, 6: 85~98.

Yin A, Dubey C S, Kelty T K, et al. 2006. Structural evolution of the Arunachal Himalaya and implications for asymmetric development of the Himalayan orogeny. Curr Sci, 90: 195~206.

Yin A, Harrison T M. 2000. Geologic evolution of the Himalayan–Tibetan orogen. Ann Rev Earth Planet Sci, 28: 211~280.

Yue H, Simons M, Duputel Z, et al. 2017. Depth varying rupture properties during the 2015 Mw 7. 8 Gorkha(Nepal)earthquake. Tectonophysics, 714: 44~54.

Zhang P Z, Deng Q D, Zhang G M, et al. 2003. Strong earthquakes and active blocks in continental China. Science in China(Series D), 33: 12~20(in Chinese).

Zhang P Z, Deng Q D, Zhang Z Q, et al. 2013. Active faults, earthquake hazards and associated geodynamic processes in continental China(in Chinese). Science in China(Series D), 43: 1607~1620(in Chinese).

第十四章　喜马拉雅的隆升与剥蚀

由于印度-亚洲板块新生代碰撞，形成了平均海拔近 5000 m 青藏高原，并造就了有“世界屋脊”之称的喜马拉雅山链。而解析高原的隆升剥露历史，对于揭示碰撞造山的运动学过程和动力学机制有着重要的意义。同时，高原的隆升剥露过程也深刻影响到了全球和区域气候、海洋化学的变化以及生物演化（Molnar et al.，1993，2010；Burbank et al.，1996，2003；An et al.，2001；Tapponnier et al.，2001；Spicer，2017；Deng et al.，2019）。长期以来，前人对于青藏高原隆升过程和动力学机制开展大量的研究，存在不少争议。对其隆升过程的认识：早期阶段，根据古生物化石（高山栎，三趾马等；施雅风等，1964；李吉均等，1979）、钾质火山岩活动时间（Turner et al.，1993）、断裂活动（Harrison et al.，1995）等判断青藏高原隆升形成时间为 13~3 Ma。随后，Chung et al.（1998）提出青藏高原的东西隆升差异性，东部早（约 40 Ma）西部晚（约 20 Ma）。Tapponnier et al.（2001）提出了在印度亚洲初始碰撞之后，青藏高原逐渐由南向北生长；相继的氧同位素古高程研究结果为该模型提供了进一步的佐证（Rowley et al.，2006）。Wang et al.（2008）根据沉积记录和低温热年代学数据提出高原是由中部向外不断扩展而形成，得到不少学者认同（Rohrmann et al.，2012；Li Y et al.，2015；Li et al.，2016）。而最近几年，在青藏高原中部班公-怒江缝合带区域的尼玛县、伦坡拉盆地发现的鱼类、棕榈科等动植物生物化石（Wu et al.，2017；Deng et al.，2019；Su et al.，2020）指示青藏高原中部在约 26 Ma 之前仍然处于相对较低海拔（至少<2500 m）。Ding et al.（2014，2022），Fang et al.（2022）以及 Xiong et al.（2022）提出青藏高原中部在始新世—渐新世期间呈现“两山夹一谷”的形态。此外，青藏高原隆升的动力学机制也存在不少争论，如：印度板块的底垫、地壳连续褶皱变形、地壳熔融增厚，高原下地壳流等（Tapponieer et al.，2001；Li Y et al.，2015）。

作为青藏高原最为关键的藏南喜马拉雅地区，其隆升和形成才最终确立了现今青藏高原的形成。如前文所述，喜马拉雅造山带主要（由北至南）包含特提斯喜马拉雅、高喜马拉雅、低喜马拉雅和次喜马拉雅（图 14-1）。特别是位于高原南缘喜马拉雅山脉（主要包含高喜马拉雅和低喜马拉雅）是全球构造与气候作用最为强烈的地区，成为探讨新生代以来构造与气候耦合及其对地貌塑造作用的天然实验室；定量研究其隆升时间、幅度和过程是揭示地球深部结构、地表变形、剥蚀和气候变化之

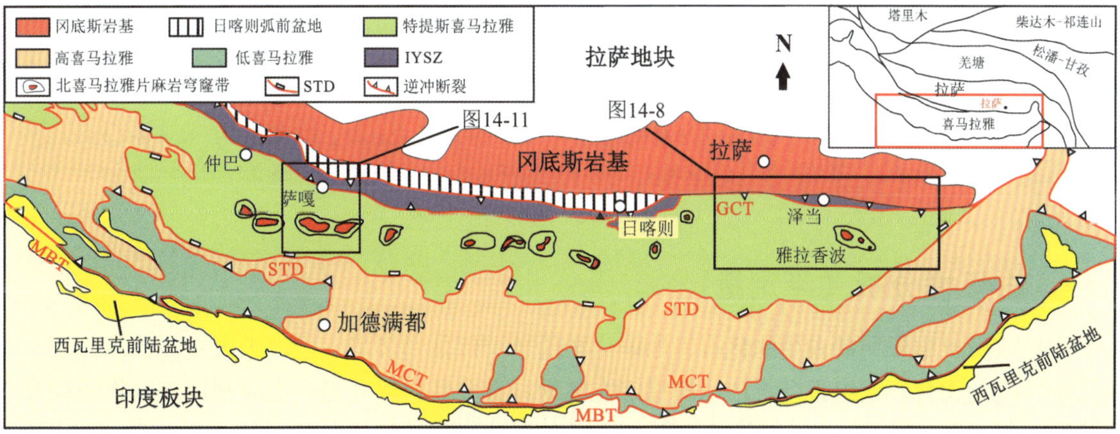

图 14-1　喜马拉雅地质简图

（据 Li et al.，2015，有修改）

GCT—大反转逆冲断层；STD—藏南拆离系；MCT—主中央逆冲断层；MBT—主边界逆冲断层；IYSZ—印度河-雅鲁藏布江缝合带

间相互关联性这一地球系统科学基本问题的关键。因此，喜马拉雅地区隆升和剥蚀过程备受关注，而近二三十年来，也取得很大进展和成果（Harrison et al.，1993；Thiede et al.，2013；Huntington et al.，2014；Ding et al.，2017；Ingalls et al.，2017；Spicer et al.，2020）。

第一节　喜马拉雅地区古高程

关于喜马拉雅山脉隆升历史的也存在很多争论（Spicer et al.，2020），整理后主要存在两种观点（Xu et al.，2020）：①渐进式隆升假说（Intermediate Stepwise Hypothesis），该假说认为喜马拉雅山在始新世开始隆升，但是前期抬升较为缓慢，直到中新世（Miocene）才开始快速隆升继而达到现在的高度（Ding et al.，2017）。②晚期隆升假说（Late Orogeny Hypothesis），认为喜马拉雅直到上新世（Pliocene）中期才达到现有高度（Xu et al.，1973；Chen et al.，2020）。而面对喜马拉雅山脉隆升过程的上述争论，主要由于不同研究者的研究区域和解析其古高程估算方法的不同。早期，有不少学者利用构造或岩浆等替代性指标研究高原隆升，但随着研究深入，由于各自成因的多解性，而可靠性有待商榷。如 Harrison et al.（1992）提出青藏高原（包含喜马拉雅地区）东西向伸展主要在 9~7 Ma 期间活动，认为当时高原已隆升到最大高度，由于重力失稳向开始垮塌。但是印度-亚洲的南北向挤压亦可在喜马拉雅地区形成东西向伸展，因此伸展断裂活动代表高原隆升指标，有所欠缺。同样，相关钾质岩浆活动由于自身成因多解性，也不能算是可靠的指标（Turner et al.，1993；Chung et al.，1998；王成善等，2009）；再如，下文用于探讨剥蚀速率的热年代学，本身直接反映的是岩石温度变化速率，用于探讨隆升时，应注意转换对接条件和其他观测数据的限定。

目前来看，直接限定古高程的方法得到不断发展，大部分也被应用在喜马拉雅的隆升研究上（图 14-2；表 14-1），具体主要的研究方法，介绍如下：

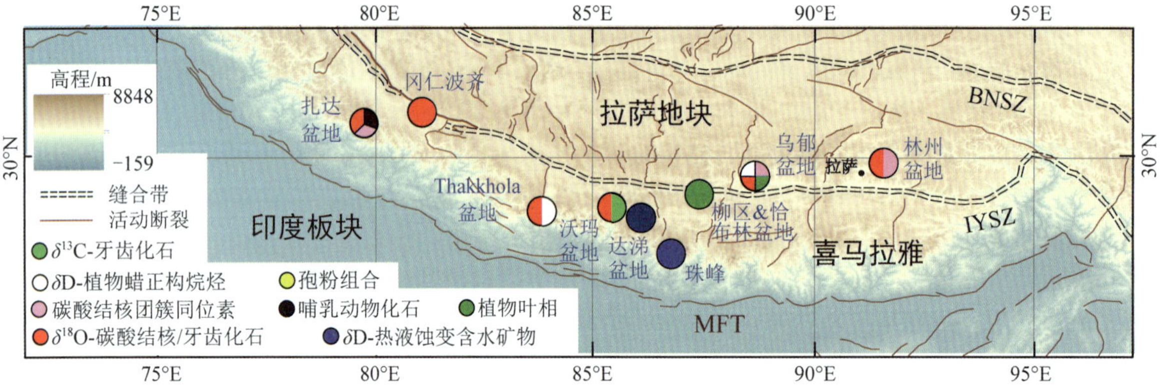

图 14-2　青藏高原高程估算盆地分布

（据 Li L. et al.，2019，有修改）

MFT—主前锋逆冲断层；IYSZ—印度河-雅鲁藏布江缝合带；BNSZ—班公-怒江缝合带；数据引自 Li et al.（2019），Chen et al.（2020）等。乌郁盆地位于南木林；沃玛盆地位于吉隆；达涕盆地位于聂拉木

一、古环境分析（半定量）

利用地质历史中保留的古生物化石、地球化学信息，评估古环境，进而半定量估算古高程。其主要是采用特定动物化石或组合分析法，即特定古动物具有独特生存环境，进而利用古动物类型物进行推算高程。如自 20 世纪 70~80 年代开始前人陆续在喜马拉雅地区的扎达、沃玛（吉隆）、达涕（聂拉木）等盆地内发现大量的福氏三趾马，作为晚中新世高原形成的一个特征化石记录，认为晚中新世（约 7 Ma）喜马拉雅山脉高程为 2500~3000 m，随后快速上升约 2000 m 至现今高度（Deng et al.，2012；邓涛等，2015；表 14-1）。

表 14-1　喜马拉雅地区古高程估算统计表

地 点	时代/Ma	研究方法	研究对象	高程/m		资料来源
				古高程	现高程	
柳区	约 50	叶相分（CLAMP）	植物化石	900±900	约 4200	Ding et al.，2017
恰布林	23~21	叶相分（CLAMP）	植物化石	约 2300	约 4100	Ding et al.，2017
冈仁波齐	26~23	古环境分析（稳定同位素 ^{13}C，^{18}O）	土壤钙质结核	约 4500	4500~4700	DeCelles et al.，2011
扎达盆地	8~2.5	同位素 $\delta^{18}O$ 分析（热动力学模型）	腹足壳体化石	>6000	约 4800	Saylor et al.，2009
	8~2.5	同位素 $\delta^{18}O$ 分析（热动力学模型）	腹足壳体化石	5200~7000	约 4800	Murphy et al.，2009
	4.2~3.1	古环境分析（稳定同位素 ^{13}C）	动物牙齿化石	>2500	约 4200	Wang et al.，2013
	4.2~3.1	$^{13}C-^{18}O$ 团簇同位素	动物牙齿化石	3585±1077	约 4200	Wang et al.，2013
	9~4	$^{13}C-^{18}O$ 团簇同位素	土壤钙质结核	5400±500	约 4800	Huntington et al.，2015
塔口拉盆地（Thakkhola）	11~<7	同位素 $\delta^{18}O$ 分析（经验模型）	土壤钙质结核	3800±480~6300±330	约 4000	Garzione et al.，2000a
	8~7	同位素 $\delta^{18}O$ 分析（经验模型）	土壤钙质结核	5450±897	约 4000	Garzione et al.，2000b
	8~7	稳定同位素 $\delta^{18}O$（热动力学模型）	土壤钙质结核	5700 +1410/−730	约 4000	Rowley et al.，2001
沃玛盆地（吉隆）	8~7	同位素 $\delta^{18}O$ 分析（热动力学模型）	土壤钙质结核	5850 +1410/−730	约 4200	Rowley et al.，2001
	7~3.2	古环境分析（稳定同位素 $\delta^{13}C$）	动物牙齿化石	2900~3400	约 4200	Wang et al.，2006，2008
	7.2~3.2	同位素 $\delta^{2}D$ 分析（正构烷烃）	沉积物	2500±800	约 4200	Chen et al.，2020
达涕盆地（聂拉木）	约 7	古环境分析（动物化石组合）	三趾马化石	2400~2900	约 4900	邓涛等，2015
珠峰	17~16	同位素 $\delta^{2}D$ 分析	含水矿物	5400±350	约 5200	Gébelin et al.，2013
希夏邦马峰	上新世	古环境分析 植物共存分析（CoA）	高山栎化石	约 2500	约 5500	徐仁，1981
	上新世	古环境分析 植物共存分析（CoA）	孢粉/植物化石	2500~3500	约 5500	Zhu et al.，2007

二、古植物化石组合分析

古植物化石组合分析方法主要包含最接近的现代类群法（NLRs）和共存分析法（CoA）（Mosbrugger et al.，1997；姜高磊等，2015）。早在 20 世纪 80 年代中法青藏高原联合科考时期，徐仁（1981）在希夏邦马峰北坡发现高山栎化石，利用共存分析法研究认为该地在上新世中晚期的海拔可能为 2500 m 左右，在之后的 2~3 Ma 间快速抬升约 3000 m。随后，Zhou et al.（2007）同样利用该方法系统对希夏邦马上新世沉积和南木林乌郁盆地已发表的孢粉、植物化石数据进行了重新分析，认为希夏邦马化石点在上新世时期的古高程为 2500~3500 m，随后快速抬升至现今高度，与徐仁（1981）

观点相近；而认为南木林乌郁盆地在中新世的古高程为 2500～3000 m（表 14-1），与 Spicer et al.（2003）的分析结果（4000～5000 m）有所差别。

三、稳定同位素法（$\delta^{13}C$ 和 $\delta^{18}O$）。

早期 Quade et al.（1989，1993）分别对位于巴基斯坦和尼泊尔地区喜马拉雅西瓦利克（Siwalik）前陆盆地的地层开展碳氧同位素研究，认为在晚中新世（7.4～7 Ma）碳氧同位素有明显变化，指示该区植物由 C3 植物（树、灌木）转为 C4 植被（草），这种转变被认为是主要是气候变化指示，既南亚季风增强所致，但是后续这种生态环境转变也被认为是地貌隆升的贡献。再如 Wang et al.（2006，2008，2013）对喜马拉雅的沃玛（吉隆）、扎达盆地内食草动物（马、犀牛、鹿、牛类等）牙齿化石的碳同位素（$\delta^{13}C$）分析，推断其所食植物类型并对比现代相关植物（C3-C4 植物）生活环境认为吉隆的沃玛盆地在晚中新世—上新世期间海拔为 2900～3400 m；而西部的扎达盆地在上新世时应高于 2500 m（表 14-1）。此外，DeCelles et al.（2011）根据冈仁波齐盆地中的碳酸盐岩的碳氧同位素（$\delta^{13}C$ 和 $\delta^{18}O$）分析，并对比现代地表土壤碳酸盐岩的同位素，提出冈仁波齐地区在渐新世末期—早中新世（26～23 Ma）已经接近现今海拔（表 14-1）。

四、植物结构和形态分析（定量）

一些植物或其器官的形态、功能特征随着海拔的增高会产生特征的变化，以此可用来估算古高程。Wolfe（1993）等提出植物叶面形态-结构对温度敏感，相关学者根据现代不同海拔的植物叶面和结构研究，先后建立叶边分析法（Ieaf-margin analyses；Wolfe et al.，1998），后期完善后被称为叶相分析（CLAMP）（Spicer et al.，2003）。McElwain（2004）根据叶面气孔分布特征和形态与高程关系，建立了叶面气孔密度和气孔指数法（Stomatal density of leaves）。Spicer et al.（2003）青藏高原南部的中新世南木林的乌郁盆地的植物化石叶形等研究，提出中新世该盆地区域海拔已隆升至现代高程（约 4000 m）。Ding et al.（2017）利用叶相分析法（CLAMP）对喜马拉雅北部地区的恰布林和柳区盆地内植物化石开展研究，其结果认为始新世的柳区盆地在当时位于相对较低海拔，而到了中新世早期（23～21 Ma，恰布林盆地）其海拔以上升至约 2300 m，随后快速隆升至现今高度（表 14-1；图 14-3）。受到化石保存程度影响，气孔密度分析法在喜马拉雅地区目前应用较少。

五、定量同位素分析法

主要根据大气中同位素（如 O、H）受到高程/温度变化影响，轻重同位素可产生高程/温度分馏效应，建立氧同位素-高程经验性关系或热动力学模型，推算古高程（Chamberlain et al.，2000；Rowley et al.，2001）。具体方法包含：①氧同位素（$\delta^{18}O$）经验模型法；②氧同位素（$\delta^{18}O$）热动力学模型法；③碳氧“团簇/二元同位素”温度计法（Clumped-isotope themometer）；④氢同位素（$\delta^{2}D$）法。

1）氧同位素（$\delta^{18}O$）经验模型法是利用现代地表水或降水中的氧同位素（$\delta^{18}O$）值与高程的关系投图，拟合两者关系的最佳曲线，建立两者关系的方程，进而利用保存在地质历史时期的地表水中的氧同位素值（如化石、钙质结核等）求解该方程，计算古高程。Garzione et al.（2000a）最早利用该方法，结合喜马拉雅地区西南部的 Kali Gandaki、Seti 河以及新德里降水的氧同位素，建立了该区氧同位素河高程的经验方程（1）：

$$\delta^{18}O=(-2.61\times10^{-7}\pm0.84\times10^{-7})h^2-(0.0013\pm0.0005)h-(6.00\pm0.69) \quad (1)$$

式中：h 为高程。

同时 Garzione et al.（2000a、b）对喜马拉雅西南的塔口拉（Thakkhola）盆地开展古高程研究，认为该盆地在中中新世（11～7 Ma）时，接近现今高程（表 14-1）。

由于该方法存在地域性的局限，Garzione et al.（2000a）的经验方程并不适用于整个青藏高原。随后，丁林等（2009）以位于青藏高原羌塘中部的中央分水岭为界，把高原划分为藏南和藏北 2 个分

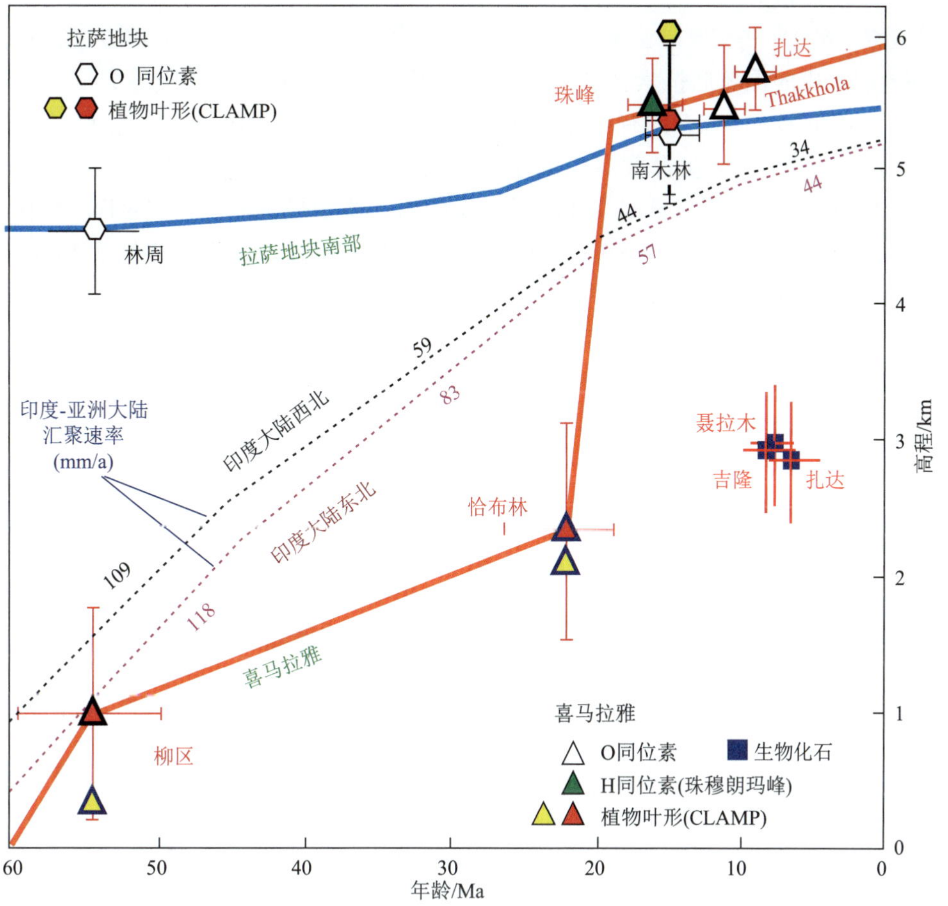

图 14-3　喜马拉雅地区新生代古高程演化

（修改自 Ding et al.，2017）

区，并利用分布在高原的 239 个现代河流样品氧同位素，建立了两个分区的经验方程：

藏南：　$\delta^{18}O(SMOW)=5E-0.7h^2-0.0052h-1.4432$　（2）

藏北：　$\delta^{18}O(SMOW)=1E-0.7h^2-0.0023h-2.8996$　（3）

式中：$\delta^{18}O$（SMOW）为相对于标准平均海洋水（SMOW）的 $\delta^{18}O$ 值，h 为高程，E 为校正量。

2）氧同位素（$\delta^{18}O$）热动力学模型法：Rowley et al.（2001）利用大气冷凝过程的热动力学模拟方程，并限定水汽随高程升高影响降水中的氢氧同位素分馏递变相关变量参数，如相对湿度（*RH*）、初始温度（*T*）以及水汽团低海拔的 $\delta^{18}O$ 值等，建立高程（h）与 Δ（$\delta^{18}O$）的热动力学关系曲线。并结合前人同位素数据，评估了喜马拉雅地区的塔口拉（Thakkhola）盆地和吉隆沃玛盆地的古高程，认为在晚中新世（10~8 Ma）两个地区海拔已接近现今高度。此外，Saylor et al.（2009）和 Murphy et al.（2009）均利用该方法对扎达盆地晚中新世—上新世的古高程进行计算，认为在该时段扎达盆地海拔已高达 5000~6000 m（表 14-1）。

3）碳氧“团簇/二元同位素”温度计法（Clumped-isotope themometer）：由于温度同样存在同位素分流效应，因此，仅仅利用氧同位素，很难辨析是气候变化还是高程变化的影响结果。加州理工大学 John Eiler 教授研究组在 2004 年，利用矿物晶格中 $^{13}C-^{18}O$ 热键分布（与温度相关，$\Delta47$）限定碳酸盐（方解石）生成时的古温度（±1℃），可利用该温度与区域的温度/高程梯度，估算进行古高程，该方法可适当排除气候变化的影响（Eiler，2007）。Wang et al.（2013）和 Huntington et al.（2015）采样该方法对分别对扎达盆地上新世（4.2~3.1 Ma）和晚中新世—早上新世（9~4 Ma）的古高程进行估算，由于对温度校正等因素的不同，两个学者对两个时段高程分别为 3585±1077 m 和 5400±500 m，存在一定差别（表 14-1）。

4）氢同位素（δ^2D）法与氧同位素高程效应相同，随高程上升，重氢（δ^2D）值不断分馏降低，从而使降水和地表水中的重氢同位素持续减少。而高等植物叶片的脂类物质等会记录大气降水中的δ^2D值，故而可利用沉积物中保存的有机物质（如正构烷烃）的δ^2D值，反推当时大气降水中的δ^2D值，进而估算古高程。该方法在青藏高原的东部贡嘎山、北部西昆仑、以及中部伦坡拉均有报道（Spicer et al.，2020）。最近 Chen et al.（2020）首次叶蜡正构烷烃氢同位素（δ^2D）和甘油二烷基甘油四醚（GDGTs）两种温度计，推断晚中新世至上新世中期吉隆盆地盆底海拔约 2.5 km（表 14-1），而周围山体海拔超过 3.6 km，在上新世中期之后吉隆盆地仍需快速隆升约 1.5 km。

同时，部分含水矿物中的水也可保存当时大气降水中重氢（δ^2D）元素含量，进而也可以利用其估算古高程。Gébelin et al.（2013）报道了珠穆朗玛峰山下的藏南拆离系内的变质岩中含水矿物中的δ^2D值，并转换为$\delta^{18}O$值，认为喜马拉雅山在早中新世晚期（17~16 Ma）已经达到现今高度，约为 5400±350 m。

此外，还可以利用火山熔岩的封闭气孔形态计算古高程。该方法根据熔岩流喷发至地表时，其上表面岩浆气体受当时大气压，向深部其内气体所受压强为大气压和静岩压力之和。因此可通过统计不同深度的气孔形态计算古气压，而高程与大气压密切相关，进而推算其古高程。如 Sahagian et al.（2002）对科罗拉多高原中新世以来的火山岩气孔统计，推算了该高原的隆升历史。但是目前青藏高原地区尚未有该方法的应用。

Xu et al.（2020）结合该团队收集数据和 GenBank 上已发表的物种序列数据，收集到 14 个科、1628 个两栖爬行动物的多基因序列片段数据，涉及 182 个喜马拉雅山区物种，占该地区记录物种的 60%左右。通过对喜马拉雅山两侧的两栖爬行动物物种调查，利用构建物种演化树，结合时间校正点以及物种分布信息，探讨喜马拉雅地区分布的两栖爬行动物的时空动态演化格局（图 14-4）。发现喜马拉雅地区现生两栖爬行动物的多样性最早从古新世（Paleocene）已开始积累。并认为“就地成种”事件和“区域间扩散”事件的变化趋势基本一致，在早期较为缓慢，而在渐新世（Oligocene）末到中新世（Miocene）早期，物种累积速率加快。在中新世中期（约 15 Ma）左右，喜马拉雅地区物种累积速率达到最高峰，之后开始呈现下降趋势。因此该动物演化研究支持“渐进式隆升假说”。

综上所述，不同方法或不同地区（甚至同种方法对同一地区）估算的喜马拉雅地区隆升高度存在不小差别（表 14-1）。如扎达、沃玛等盆地的不同研究者结果差别显示，氧同位法得出的古高程明显偏高，可能受该系列方法中得出的大气降水中的$\delta^{18}O$值是更高流域或者降水气团所在的高程有关。

图 14-4 喜马拉雅山脉南北两侧两栖爬行动物分布简图

（据 Xu et al.，2020，有修改）

同时，同位素体系还可能受到后期沉积、构造、成岩作用等对原有同位素改造的影响，以及区域古气候自身变化的影响等。而如古环境分析等半定量存在误差相对较大，且在利用古生物组合或特定生物推演古环境时，还应注意生物自身的适应性和特化性（Deng et al.，2019）。而解决喜马拉雅地区是在中中新世还是上新世达到现今高程的争论，需要进一步深入工作，可对已有方法进行核查以及改进，如提高限定相对较好的碳氧“团簇/二元同位素”温度计法的应用范围（由于该方法测试周期长，技术要求高，尚未广泛推广）；再如加强玄武岩气孔古高程法、宇宙核素法等新方法的应用。总之，加强多种方法手段相结合、相互验证，区分局部效应，综合探讨刻画喜马拉雅的隆升历史。

第二节　喜马拉雅地区隆升剥蚀历史

青藏高原隆升过程伴随着剥蚀作用，大量硅酸盐岩石风化，降低大气中 CO_2 的含量，很可能导致新生代全球变冷（Dupont-N et al.，2007）。同时，大量物质从喜马拉雅地区搬运至南侧海盆（阿拉伯海、孟加拉湾），改变全球海洋化学成分等（Molnar et al.，2010）。目前研究高原隆升剥蚀过程主要集中使用热年代学方法（百万年尺度；Reiners et al.，2018；Malusa et al.，2019），宇宙核素法（万年—千年尺度；Burbank et al.，1996；Lupker et al.，2012，2017）和高原周缘沉积盆地记录（Burbank et al.，1996；Najman et al.，2008，2012；Wang et al.，2014）。

一、热年代学限定的喜马拉雅隆升剥蚀历史

近年来，热年代学方法（如云母 Ar-Ar、锆石、磷灰石的裂变径迹和 U-Th/He）已被广泛应用于造山带隆升、剥蚀过程的研究（Reiners et al.，2018；Malusa et al.，2019）；不少学者在青藏高原也开展了相关研究（Li et al.，2016）。如高原南缘的喜马拉雅山脉（Thiede et al.，2013；图 14-5），东北缘的昆仑山-祁连山（Clark et al.，2010；Wang et al.，2017；Liu et al.，2017），西北缘的西昆仑（Cao et al.，2015；Li et al.，2019）和西构造结帕米尔地区（Cao et al.，2013；Sobel et al.，2013），东缘的龙门山（Wang et al.，2012；Tian et al.，2014）以及藏南冈底斯岛弧带（Copeland et al.，1995；Rohrmann et al.，2012；Li et al.，2016；Ge et al.，2017）。具体对于喜马拉雅地区，相关研究多集中（高-低）喜马拉雅山脉地区，但主要仅反映了喜马拉雅造山带中新世以来的相关记录（Burchfiel et al.，1992；Yin，2006；Webb et al.，2007；Thiede et al.，2013）。而特提斯喜马拉雅地体，云母 Ar-Ar 多用来限定区内断裂活动时间（Yin，2006；Dunkl et al.，2011）；而对于低温热年代学研究来说，由于该区大部分为（变）沉积盖层，相关矿物分选难、数据解释相对复杂等因素，目前相关研究程度相对较低（袁万明等，2002；Li et al.，2015，2018；Shen et al.，2016）（图 14-5）。

二、高喜马拉雅的剥蚀历史

如前所述，高喜马拉雅是由主中央逆冲断层和 STD 所围限的元古宙—早寒武世的变质基底以及入侵其内的古生代—中生代—中新世的花岗岩（Parrish et al.，1996）的杂岩体。前人对该区已开展了大量的研究工作，探讨其隆升时限和动力学机制。在高喜马拉雅和低喜马拉雅区，前人发表了大量（2000 多个数据）的热年代学数据（图 14-5；Li et al.，2016，2018）。整体上，高喜马拉雅的冷却年龄比较年轻，大多数小于 15 Ma（Li et al.，2016），且大部分样品分布在穿越喜马拉雅山脉南北向河谷内（图 14-4）。相对较小的热年代学年龄主要受高温中下地壳物质在近地表处的自身热冷却以及地表快速剥蚀的影响（Brawn，2012；Thiede et al.，2013）。当然，对于气候和构造在高喜马拉雅地形地貌的塑造过程中所起到主、次作用依旧存在争论（Thiede et al.，2013；Wang et al.，2014；Whipple，2014）。

Thiede et al.（2013）收集了喜马拉雅地区的 1100 多个热年代学数据（磷灰石、锆石裂变径迹和白云母 Ar-Ar 年龄），并利用蒙托卡罗算法对该区做了 1D 的热模拟，系统的计算了整个喜马拉雅地区 10 Ma 以来的剥露速率。Whipp et al.（2007）通过喜马拉雅地区 3D 模拟发现高喜马拉雅地的上地

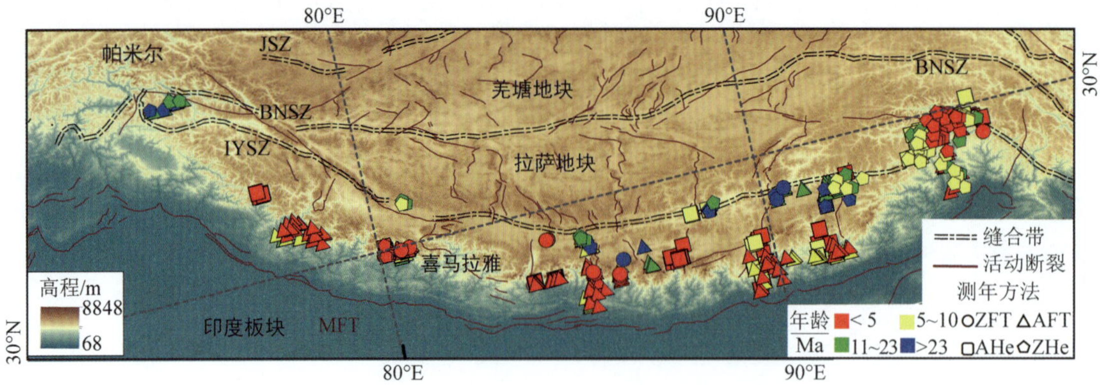

图 14-5　喜马拉雅构造简图以及低温热年代学数据分布图

（据 Li et al.，2016，2018，有修改）

A—西构造结地区；B—喜马楷尔地区；C—尼泊尔喜马拉雅；D—不丹喜马拉雅；E—东构造结地区；MFT—主前锋逆冲断层；IYSZ—印度河-雅鲁藏布江缝合带；BNSZ—班公-怒江缝合带；JSZ—金沙江缝合带

壳的地热场变化主要集中的南北向的 1 维分布上，因此 Thiede 和 Ehlers 的 1D 热模拟分析基本可以反映出高喜马拉雅的剥蚀特征。此外，最近几年在高喜马拉雅地区又有不少新的数据报道（Shen et al.，2018；Dong et al.，2020），但高喜马拉雅的年龄趋势变化不大，因此估算的剥蚀速率和分布趋势基本变化不大。

该研究认为高喜马拉雅与其北侧的特提斯喜马拉雅和南侧的低喜马拉雅相比，在最近 10 Ma 以来具有明显的较高的剥露速率（1~3 mm/a），而特提斯喜马拉雅和低喜马拉雅的剥露速率均小于 1 mm/a（图 14-6；Thiede et al.，2013）。

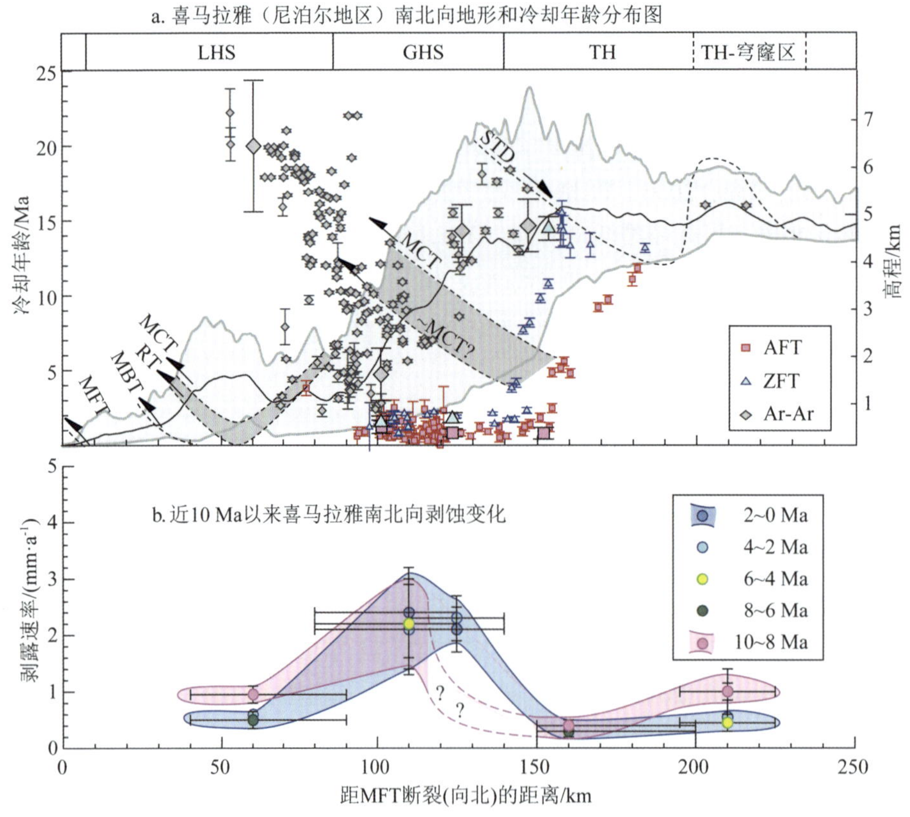

图 14-6　高喜马拉雅（南北向）冷却年龄（a）以及剥露速率（b）分布图

（据 Thiede et al.，2013，有修改）

而沿喜马拉雅弧形造山带方向，自西向东呈现出以下特点：在近 4 Ma 以来的剥露速率相较其 10~8 Ma 期间明显增加，前者是后者近 4 倍；局部如不丹和喜马楷尔喜马拉雅地区却呈现反向特征（图 14-7）；另外，东、西构造结地区在约 4 Ma 以来呈现出最高的剥露速率（可高达约 4 mm/a；图 14-7）。

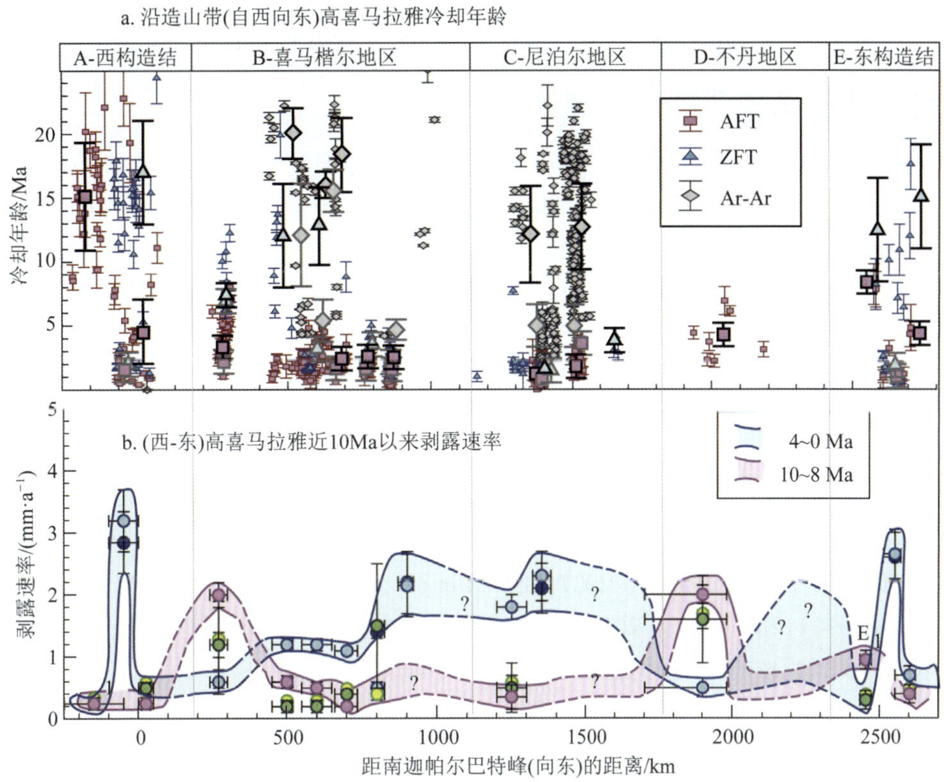

图 14-7　高喜马拉雅（自西向东）冷却年龄（a）以及剥露速率（b）分布图

（据 Thiede et al.，2013，有修改）

而<4 Ma 以来高喜马拉雅较高的剥露速率，多数学者归因于高喜马拉雅下部地壳存在“断坪-断坡-断坪”（flat-ramp-flat）的逆冲断裂构造（Hermanetal.，2010；Robertetal.，2011；Thiede et al.，2013）。这种构造使上部高喜马拉雅结晶岩沿断坡快速抬升，进而形成了相对更大的地形高差，而导致加速侵蚀。但是这种“断坪-断坡”构造的具体形态、具体延展宽度等依旧不清。这就造成观测和模型之间的不吻合：如在尼泊尔地区低温数据显示快速剥露区域宽度可达 70~80 km（图 14-6A），而根据报道的“断坪-断坡”模型其能影响快速抬升的地表宽度仅为 40 km。因此，也有学者认为该区由于印度洋季风的增强，进而增加该区的降雨量而导致较高的剥蚀速率（Bookhagen et al.，2010），或是与增强的冰川作用相关（Scherler et al.，2010；Godard et al.，2012）。此外，值得一提的是在喜马拉雅的不丹和西喜马楷尔地区，显示在 10~8 Ma 时期的剥蚀速率明显高于 4 Ma 以来，与高喜马拉雅的主体特征相反。而现今地貌显示，这两个地区均呈现相对较低的高差平面（low-relief surface），这可能与喜马拉雅横向的剥蚀差异性有关（Grujic et al.，2006）或横向的构造（如 MCT 的分布）差异有关（Robert et al.，2011）。

而在喜马拉雅构造东、西构造结地区，由于受强烈构造挤压、地表大型河流深切和山岳冰川作用，分别形成了南迦巴瓦峰（7782 m）和雅鲁藏布江大峡谷（2880~200 m）、南迦帕尔巴特峰（8125 m）和印度河峡谷（2900~200 m）的巨大落差地貌组合（最大高差>6000 m），成为全球研究构造、气候、剥蚀相互作用的最为典型热点地区（Zeitler et al.，2001，2014；Wang et al.，2014；Whipple，2014）。Burg et al.（1998）提出喜马拉雅东构造结在约 16 M 达到变质作用峰期，在 3.5~3.2 Ma 经历快速剥露（约 10 mm/a），在约 2.2 Ma 后剥露速率降至 3~5 mm/a。随后，Zeitler et al.（2014）总结了东构造结地区的变质、变形和年代学工作，提出在 10~5 Ma 期间快速抬升了 5 km。而

Wang et al.(2014)根据紧邻雅江大拐弯上游的河床沉积楔记录，认为该区应该在约 2.5 Ma 经历快速的构造抬升，近年来在喜马拉雅南侧的沉积物也记录该信号（Bracciali et al.，2016；Najman et al.，2019）。而在西构造结，Schneider et al.(2001)根据该区的深熔作用，认为在 15~10 Ma 该构造结经历了穹窿化，开始快速隆升。Zeitler et al.(2001)总结西构造结地质、地貌和地球物理等资料，提出该区至少在 1~3 Ma 内平均剥蚀速率应为约 5 mm/a，局部可高达 12 mm/a（Burbank et al.，1996）。

三、特提斯喜马拉雅的隆升剥蚀历史

而研究相对薄弱的特提斯喜马拉雅地体（TH），代表印度大陆北部的被动大陆边缘沉积盆地类型（Liu et al.，1994），其北以雅鲁藏布江缝合带为界，南部边界为藏南拆离系（图 14-2），主要由元古宙到始新世的弱变质/非变质碎屑岩和碳酸盐岩组成。由于其内发育一系列的逆冲褶皱构造，又被称为特提斯喜马拉雅逆冲褶皱带（Yin，2006）；该系列逆冲带在始新世（约 50 Ma）开始活动，持续活动至约 17 Ma，直到 11~9 Ma 停止活动（Ratschbache et al.，1994；Yin，2006）。此外，其内同时发育北喜马拉雅穹窿带（图 14-2），主要由中高级变质岩、45~10 Ma 的浅色花岗岩为核心组成。最近的热年代学研究认为东部穹窿主要隆升发生在 14~10 Ma（图 14-8；Zhang et al.，2012；Li G et al.，2015）。而南界的藏南拆离系，活动时间主要为 23~18 Ma（Yin，2006）；但其东段地区在 13~11 Ma 仍有活动（Xu et al.，2013）。综上所述，对该区构造演化过程，前人的研究着重集中在区内主要的一些边界断裂以及穹窿的活动上，仅开展了少量的低温热年代学研究，且主要分布在特提斯喜马拉雅带的北部（袁万明等，2002；刘超等，2007；Dunkl et al.，2011；Li et al.，2015，2018）。

Dunkl et al.(2011)和 Li et al.(2015)对特提斯喜马拉雅北带的东部地区开展了系统的低温热年代学工作（图 14-8，图 14-9）。根据已发表的热年代学数据显示，在泽当南侧的特提斯喜马拉雅北带，锆石 U-Th/He（ZHe）年龄 9.4±0.7~69.9±5.1 Ma，磷灰石裂变径迹（AFT）年龄 8.7±1.5~22.5±2.4 Ma，而封闭温度最低的磷灰石 U-Th/He（AHe）年龄 3.8±0.2~47.9±2.1 Ma（图 14-8；Dunkl et al.，2011；Li et al.，2015）。根据热历史模拟结果，基本呈现出在始新世阶段和中中新世以来具有相对较高的冷却/剥蚀速率，而渐新世相对稳定，剥蚀速率最低。如假设地温梯度为 20~30℃/km 时，该区始新世剥蚀速率大约为 0.15~0.4 mm/a，而渐新世—中中新世剥蚀速率为 0.04~0.1 mm/a；中中新世以来为 0.15~0.3 mm/a。

此外，Dunkl et al.(2011)报道该区的 21 个 K-Ar 年龄，为 14.2±0.5~106.5±3.3 Ma。从上述冷却年龄来看，最老的年龄为白垩纪（K-Ar 72~107 Ma；ZHe 约 70 Ma），很可能是记录了新特提斯洋板块俯冲期间，其上盘增生楔不断逆冲抬升的过程。

因此整理上看，特提斯喜马拉雅北带，主要记录了始新世和中中新世以来两个主要相对快速抬升剥蚀阶段（图 14-10）。始新世的冷却年龄以及低温热年代学热历史模拟结果（图 14-10），显示始新世的冷却，则可能是特提斯喜马拉雅由于地壳加厚的区域性抬升的结果，因为该区存在指示始新世加厚的深熔作用（如雅拉香波花岗岩穹窿，约 44 Ma 花岗岩；Aikman et al.，2012；Zeng et al.，2011）；当然，也可能是同期特提斯喜马拉雅逆冲褶皱带活动所致（Ding et al.，2005；Ratschbacher et al.，1994；Yin et al.，2000）。总之，古新世—始新世冷却事件，应该主要与印度-亚洲新生代初始和持续性碰撞相关，而持续碰撞使得大套特提斯喜马拉雅沉积序列形成一系列叠瓦状逆冲褶皱系和上地壳的深熔作用，进而导致该区地壳加厚和抬升。而该区最显著的冷却阶段是中新世（图 14-10），该冷却阶段应与邻近的区域性大型断层——大反转逆冲断层活动相关，该断裂系活动时间为 20~15 Ma（Quidelleur et al.，1997）。

此外，在泽当的罗布沙地区的样品，其 AFT 年龄分布为 8.7±1.5~10.7±1.4 Ma，热历史模拟结果均显示一致冷却历史（自 6~5 Ma 开始快速冷却），而该区位于错那地堑范围内（图 8-9），因此该系列样品主要反映了错那地堑形成过程（Li et al.，2015）。另外，在特提斯喜马拉雅北带分布着一系列片麻岩穹窿，而泽当南部出露就是雅拉香波穹窿，Zhang et al.(2012)报道该穹窿的拆离断层 Ar-Ar 年龄为约 14 Ma，而穹窿从核部到边部的 AFT 年龄为 9~11 Ma（Li et al.，2015）。基于上述数据的

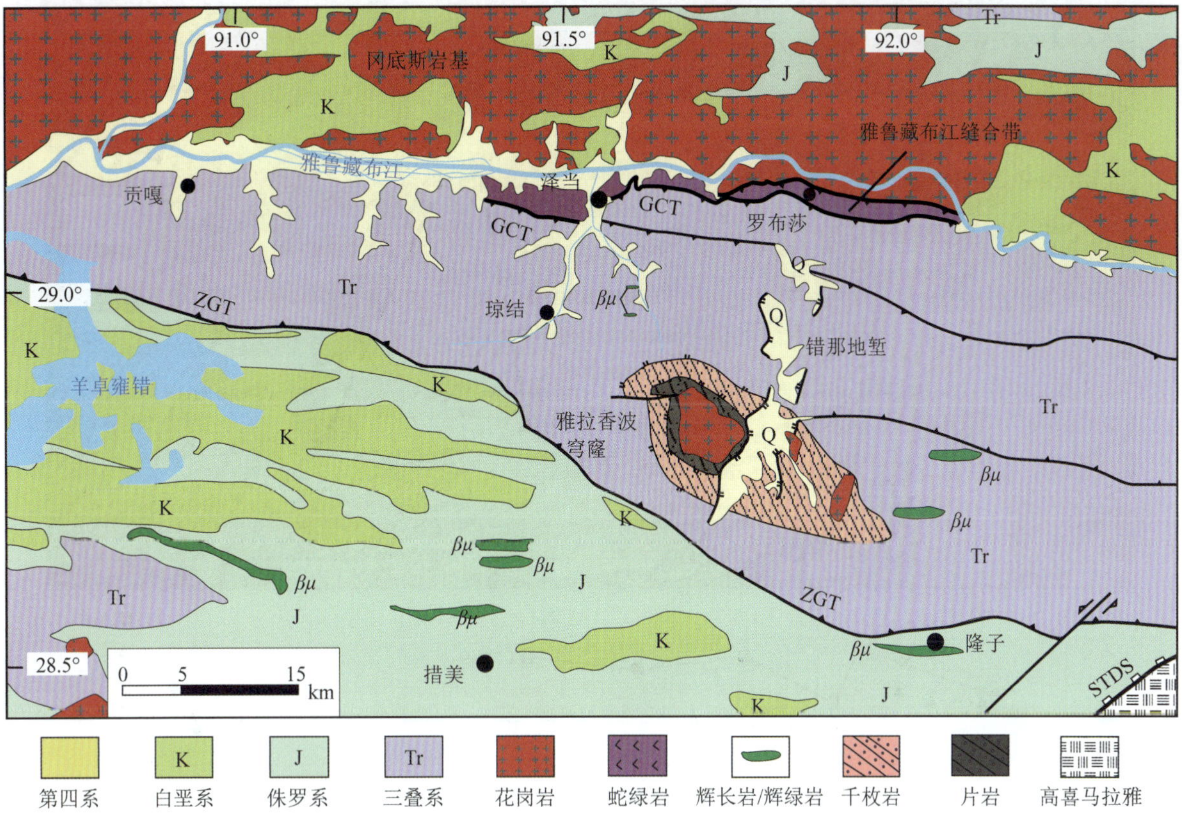

图 14-8　泽当地区特提斯喜马拉雅北带构造简图

（据 Li et al.，2015，有修改；图区位置见图 14-1）

GCT—大反转逆冲断层；ZGT—仲巴-江孜断裂系

热历史模拟显示，该穹窿存在 14~10 Ma，6~4 Ma 两个快速冷却阶段；前者可能代表该穹窿最后形成阶段，后者同样可能受到错那裂谷（图 14-8，图 14-9）形成的影响（Li et al.，2015）。

在特提斯喜马拉雅西部的萨嘎地区，主要出露三叠纪—新生代的沉积地层，其中包含桑单林的晚白垩纪—始新世的沉积序列，南部被一系列的晚新生代花岗岩侵入（图 14-11；Ding et al.，2005；Lee et al.，2000；Kawakami et al.，2007；Shen et al.，2016）。

Li et al.(2018) 报道了相关一系列低温热年代学数据（主要包含 ZHe 和 AFT 数据）。数据显示 ZHe 年龄为 37~18 Ma，AFT 年龄为 13~7 Ma（图 14-11；Li et al.，2018）。从数据分布来看，该区域以仲巴-江孜逆冲断裂（ZGT）为界，北侧为雅鲁藏布江缝合带混杂带区域，刚好位于雅鲁藏布江流域，所有年龄相对年轻、均一，如锆石 U-Th/He 年龄分布在晚渐新世—早中新世（26~18 Ma），而 AFT 年龄集中在中中新世（13~9 Ma）（图 14-12）。而南侧的特提斯喜马拉雅的 ZHe 年龄相对较老，为晚始新世—早渐新世（37~33 Ma）。两块区域呈现不同的冷却年龄分布特征（图 14-12）。

其热历史模拟结果也同样呈现出差异性，在仲巴-江孜逆冲断裂（ZGT）北侧整体上具有统一的冷却历史，均显示在中-晚中新世（13~5 Ma）明显的快速冷却阶段（图 14-13）。而南侧的地区虽然缺乏模拟结果，但根据其冷却年龄应显示相对较老（古新世—渐新世）的冷却历史，与则当地区早期冷却历史相同。

其中，ZGT 断裂北侧地区，如果参考现今该区的地温梯度（约 30℃/km；Hu et al.，2000），该区可能在中新世以来剥蚀大于 4 km 的厚度，而这部分剥蚀的岩层可能包括该区晚新生代的前陆盆地沉积盖层（Ding et al.，2005；Wang et al.，2011）或逆冲在该区之上的岩席（Li et al.，2018）。而该区记录相对年轻的快速冷却历史，与则当地区相似，并且其北侧临近 GCT，由位于雅鲁藏布江流域内；因此该区很可能反映了 GCT 活动后由于地形抬升，加速区域河流侵蚀剥露的过程。而南侧地区

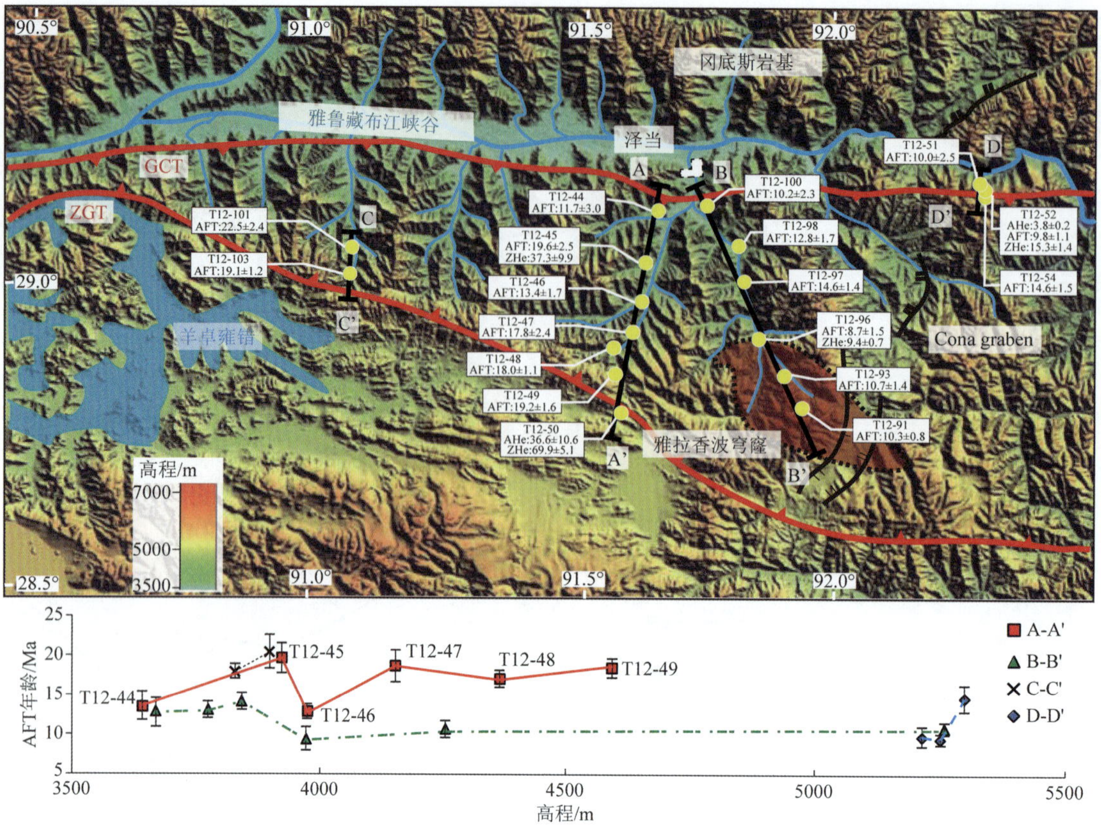

图 14-9 泽当地区特提斯喜马拉雅数字高程图（DEM，数据来自 SRTM 90 m）以及低温热年代学数据分布图

（据 Li et al.，2015，有修改）

GCT—大反转逆冲断层；ZGT—仲巴-江孜断裂系

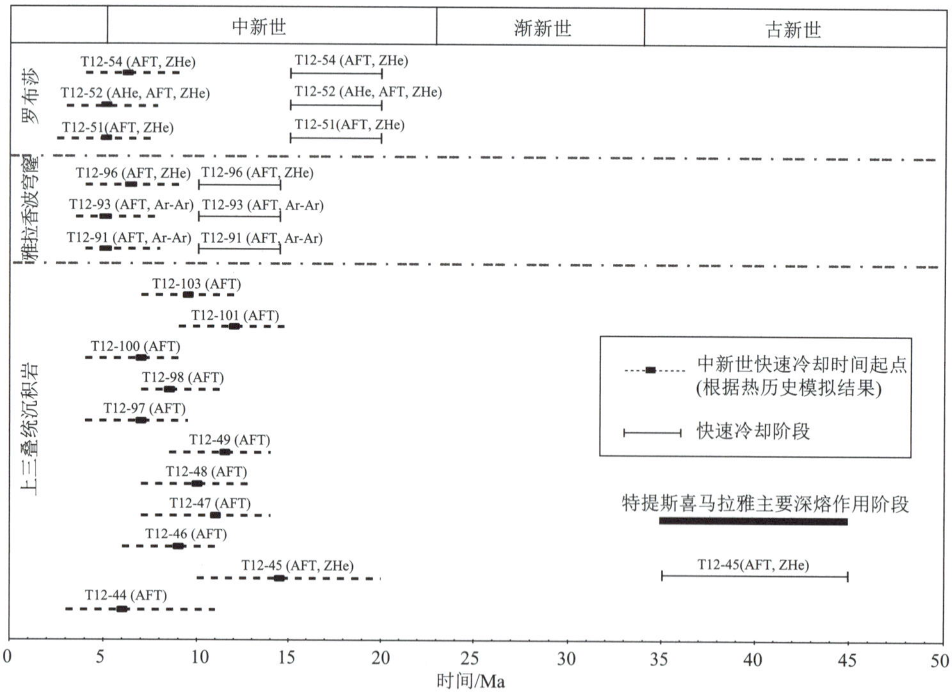

图 14-10 泽当地区特提斯喜马拉雅北带内相对快速冷却时间起点

（据 Li et al.，2015，有修改）

该区显示两个相对快速冷却/剥蚀阶段，分别为始新世和中新世以来

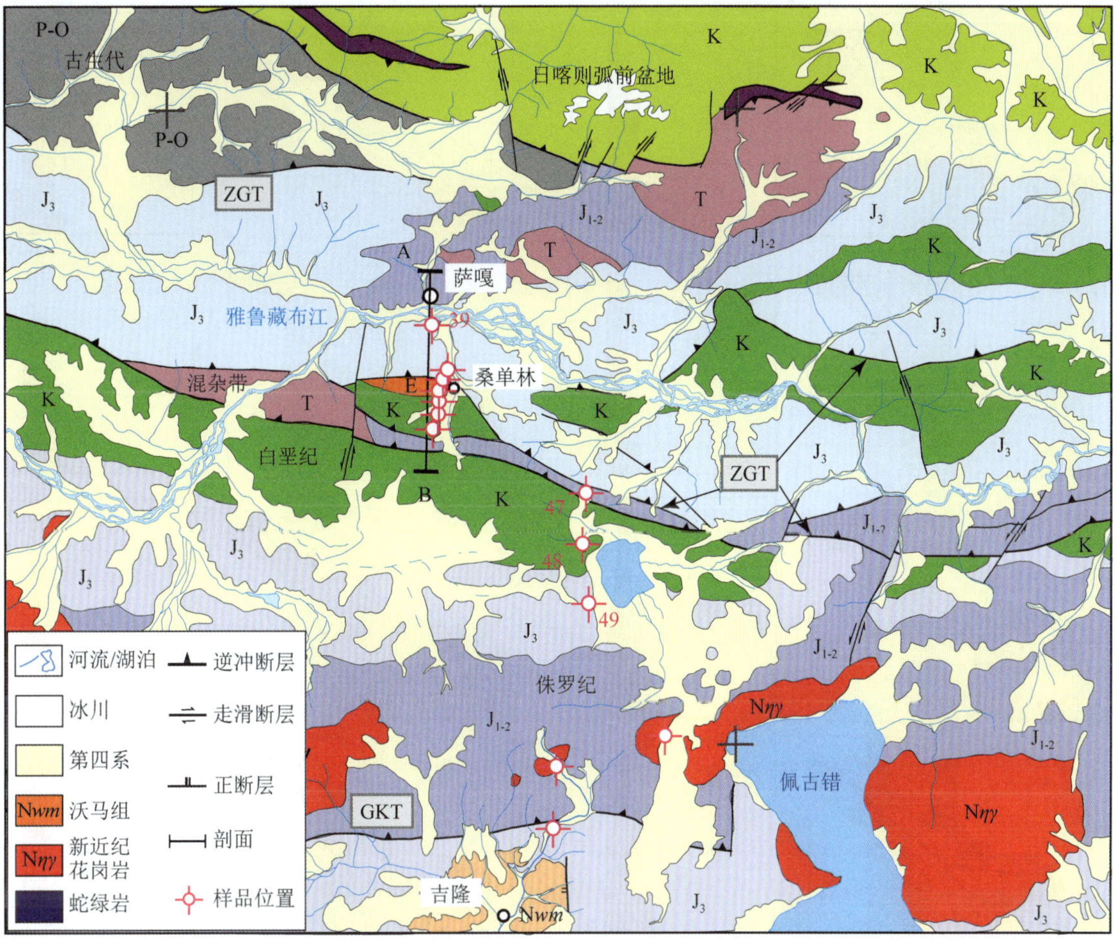

图 14-11　萨嘎地区特提斯喜马拉雅地质简图以及低温热年代学样品分布图

（据 Li et al.，2018，有修改；图区位置见图 14-1）

GCT—大反转逆冲断层；GKT—吉隆-康马断裂系；ZGT—仲巴-江孜断裂系。K—白垩系；J_3—上侏罗统；J_{1-2}—中-下侏罗统；T—三叠系；P-O—二叠系—奥陶系

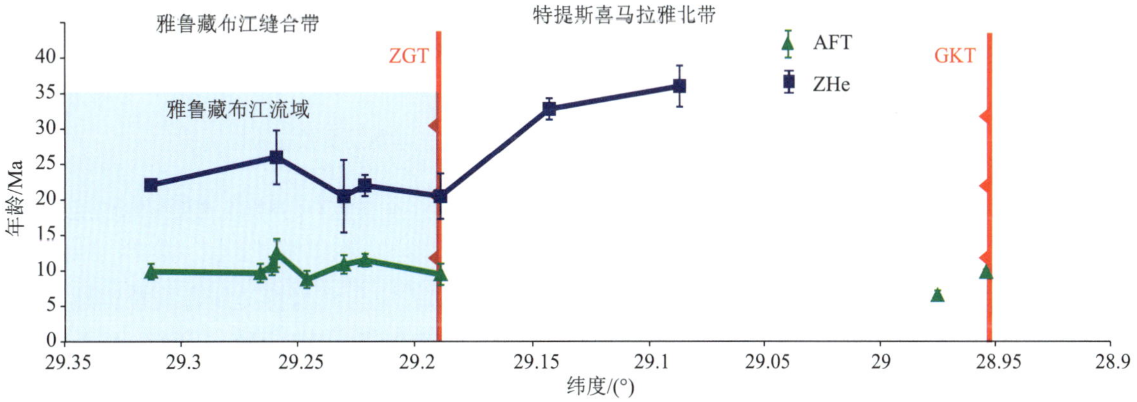

图 14-12　萨嘎-吉隆地区特提斯喜马拉雅低温热年代学年龄-纬度投图

（据 Li et al.，2018，有修改）

GKT—吉隆-康马断裂系；ZGT—仲巴-江孜断裂系

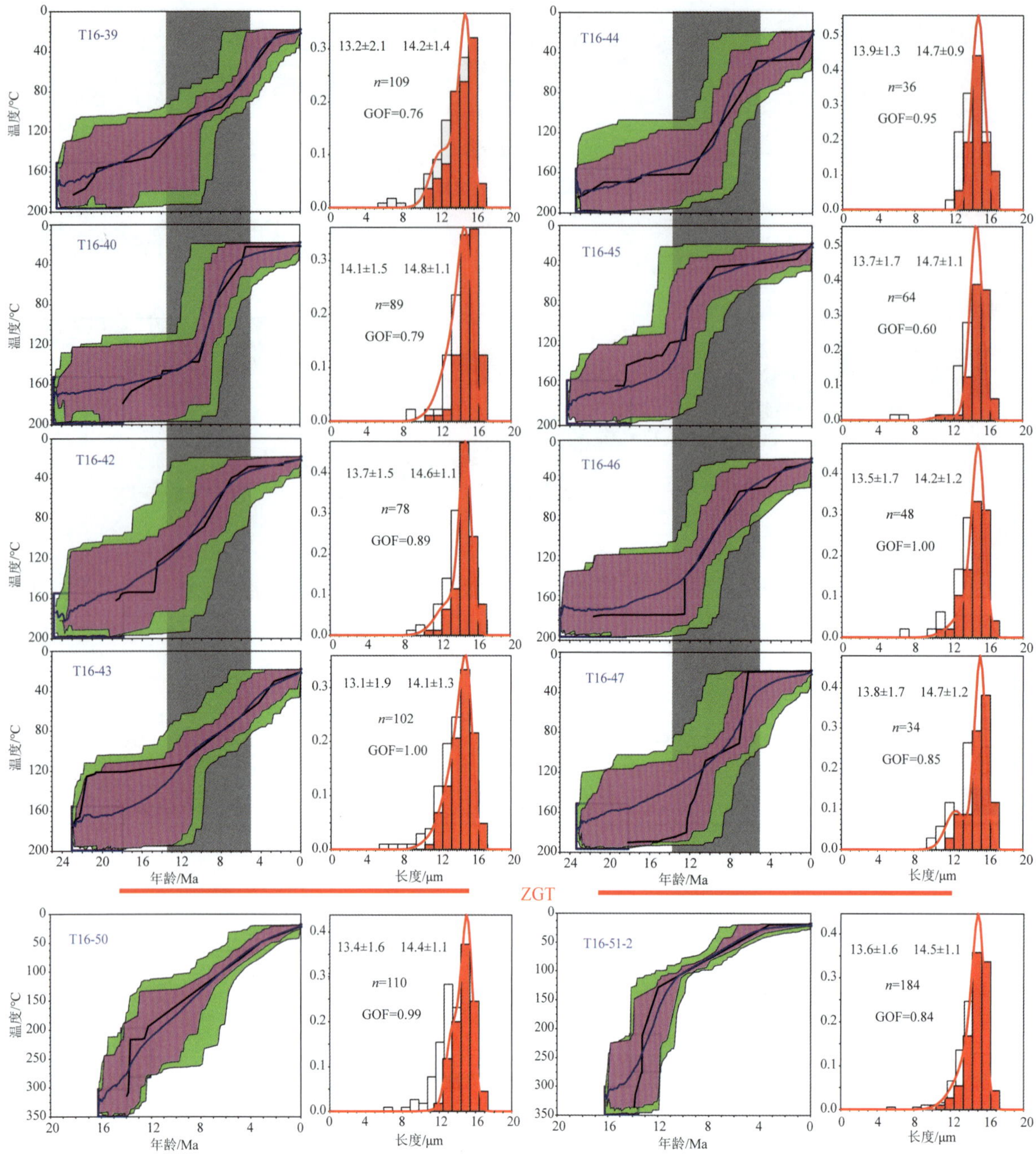

图 14-13 萨嘎-吉隆地区特提斯喜马拉雅低温热年代学热历史数据模拟结果

（据 Li et al.，2018，有修改）

以仲巴-江孜断裂（ZGT）分界呈现不同的热历史，该断裂北侧具有统一的中新世（12～8 Ma）的快速冷却历史

由于未受到或受到很小 GCT 活动影响，记录早期始新世的冷却，应与泽当特提斯喜马拉雅地区相同，可能受到印度亚洲早期碰撞过程中，特提斯喜马拉雅逆冲褶皱带活动所致（Ding et al.，2005；Ratschbacher et al.，1994；Yin et al.，2000），或者特提斯喜马拉雅由于地壳加厚（深熔作用）的区域性抬升的结果（Aikman et al.，2012；Zeng et al.，2011）。另外，而南侧特提斯喜马拉雅内侵入有晚新生代的花岗岩体，其热历史模拟显示 16～12 Ma 阶段的快速冷却历史（图 14-13），应该指示岩体侵入近地表自身冷却和片麻岩穹窿隆升剥露过程。

Shen et al.（2016）报道了特提斯喜马拉雅西南吉隆地区沃玛盆地（晚中新世，8～2 Ma）内的碎屑裂变径迹数据，显示两个年龄峰值：37～41 和 15～18 Ma，指示该区可能经历的始新世、中新世的两个阶段的相对快速抬升和剥露。这与 Li et al.（2015，2018）对特提斯喜马拉雅地区岩石的低温年代学结果基本相吻合。

综上所述，特提斯喜马拉雅地体主要记录了始新世和中新世两个时期的相对快速隆升；主要受控于新生代以来印度和亚洲碰撞汇聚的影响，在该区发育大量的逆冲褶皱作用（Ratschbacher et al.，1994；Yin et al.，2000）；同时，加之印度地壳俯冲叠置作用，该区早始新世—渐新世地壳加厚抬升明显，造成了该区普遍始新世—早渐新世的冷却历史。而中新世的相对快速冷却，主要集中在特提斯喜马拉雅北部靠近 GCT 附近，以及特提斯喜马拉雅内北喜马拉雅片麻岩穹窿带。分别受控于断裂活动及其之后的河流下切影响和片麻岩穹窿隆升。

四、宇宙核素法限定喜马拉雅的剥蚀速率

自 20 世纪 80 年代后期以来，宇宙成因核素方法得到发展，主要通过测定表面岩石中的宇宙成因核素（^{10}Be、^{26}Al 等）的含量来计算其暴露期间的平均剥蚀速率（Lal，1991；孔屏等，2007）。该方法可以限定十万—万年尺度的剥蚀速率。Burbank et al.（1996）利用^{10}Be 和^{26}Al 核素法，对喜马拉雅西构造结南迦帕尔巴特峰附近沿印度河基岩剖面开展研究，估算该区约 65 ka 以来的剥蚀速率为 2～12 mm/a；进而推算该区隆升速率为 2～5 mm/a；随后，Leland et al.（1998）又细化讨论上述结果，该区上段老的河谷（>7 ka）侵蚀速率相对低（1～6 mm/a），而下段年轻时段（<7 ka）侵蚀速率较高（9～12 mm/a）。Lal et al.（2004）利用^{10}Be 核素方法首次测定了青藏高原全新世以来的剥蚀速率，在高原北部的剥蚀速率为 0.06～2 mm/a；而高原南部拉萨附近的样品指示该区具有极低的剥蚀速率（0.03 mm/a）。

随后，在喜马拉雅地区更多以河流阶地的原地（in situ）宇宙核素^{10}Be，计算不同阶地年龄（暴露年龄），结合不同阶地高差，从而计算河流侵蚀速率。如 Pratt-Sitaula et al.（2005）对尼泊尔喜马拉雅中央地带 Marsyandi 河的河流阶地的^{10}Be 和^{26}Al 暴露/埋藏年龄研究，估算出了万年尺度高喜马拉雅河段下切速率段的下切速率为 7 mm/a，低喜马拉雅河段的下切速率为 1.5 mm/a。Scherler et al.（2014）以及 Kapannusch et al.（2020）利用宇宙核素剥露年龄法，研究了喜马拉雅西北加瓦尔（Garhwal）地区的亚穆纳河流域的河流阶地，计算该区近 3 万年以来平均侵蚀速率分别为>5 mm/a 和>2 mm/a。该方法更多反映了小区域尺度的短周期侵蚀速率，且一般极易受到当地的地形（滑坡）、冰川覆盖等作用影响。

同时，还可以利用河流砂的^{10}Be 含量估算流域内千年—万年尺度的平均剥蚀速率（Brown et al.，1995）。如 Godard et al.（2012）利用尼泊尔喜马拉雅的 Marsyandi 河现代河沙的^{10}Be 研究，认为上游的高喜马拉雅地区受冰川影响，平均侵蚀速率最高可达约 5 mm/a（大部分为 3～4 mm/a）。而向下游逐渐变小为 0.5～2 mm/a，与 Pratt-Sitaula et al.（2005）结果基本一致。Lupker et al.（2012）对喜马拉雅山前恒河流域的河沙^{10}Be 含量研究结果指示恒河的喜马拉雅流域的剥蚀速率为 0.5～2.4 mm/a（平均为 1.3 mm/a），明显高于恒河南侧流域（印度克拉通）0.007 mm/a 的剥蚀速率。随后，Lupker et al.（2017）对雅鲁藏布江-布拉马普特河流域的碎屑^{10}Be 研究发现，整个流域内支流流域的剥蚀速率变化极大（0.03～>4 mm/a），整个河流流域平均剥蚀速率为 0.7～1.2 mm/a。在整个东构造结的平均剥蚀速率为 2～5 mm/a，其核心南迦巴瓦峰附近可高达 4～28 mm/a；东构造结上游地区平均剥蚀速率为 0.04～0.2 mm/a；该河流东构造结下游（以南）各支流平均剥蚀速率为 0.7～4 mm/a（图 14-14）。基本可以与热年代学计算的百万年尺度剥蚀速率进行对比。

最近，Lenard et al.（2020）利用^{10}Be 和 Sr-Nd 同位素对孟加拉沉积扇沉积物的古侵蚀速率研究，认为在约 6.2 Ma 以来喜马拉雅地区百万年尺度平均剥蚀十分稳定，范围为 0.8～1.3 mm/a，与现今尺度的约 1 mm/a 十分接近（图 14-14）；并以此认为晚新生代气候变化对整体喜马拉雅地区的剥蚀速率变化影响不大。

综合上述，宇宙核素数据显示整体高喜马拉雅地区具有相对较高的千年—万年尺度剥蚀速率 2～5 mm/a；侵蚀速率最高地区集中在构造-地表作用最为活跃的喜马拉雅东、西构造结地区，可达 4～

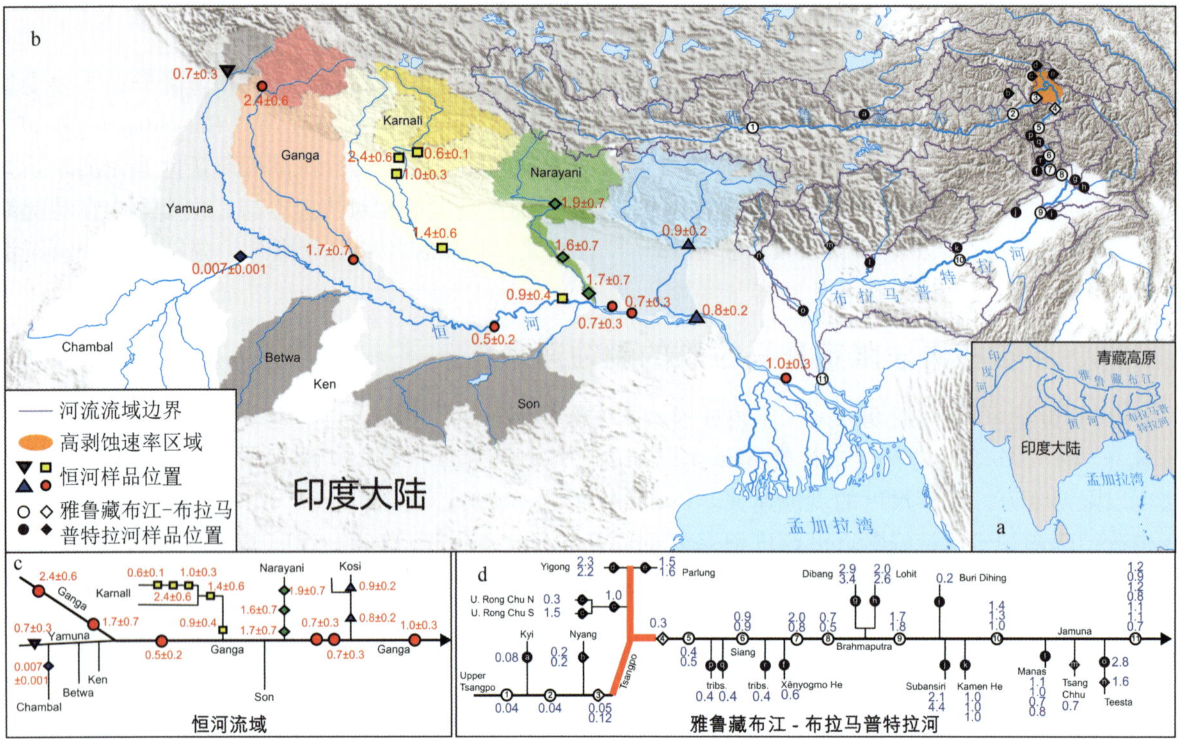

图 14-14 基于现代河沙^{10}Be 含量计算的喜马拉雅中东部地区河流流域平均剥蚀速率（mm/a）分布图，包含恒河和雅鲁藏布江-布拉马普特河流域

（据 Lupker et al.，2012，2017，有修改）

a—区域河流见图；b—恒河和雅鲁藏布江-布拉马普特拉河流域^{10}Be 样品位置和部分侵蚀速率；c—恒河流域各支流侵蚀速率；d—雅鲁藏布江-布拉马普特河流域各支流侵蚀速率

>10 mm/a。而高原内部的特提斯喜马拉雅地区相对较低，为<0.2 mm/a；低喜马拉雅地区比高原内部相对较高，为<2 mm/a。整体喜马拉雅地区平均剥蚀速率为约 1 mm/a。大体上可以与热年代学计算出的百万年尺度剥蚀速率相对应。由于该方法所限，局部反映较高异常剥蚀速率，明显高于长时间尺度速率（Abrahami et al.，2016），可能主要受该区冰川覆盖、山体滑坡等诸多因素影响。

五、沉积记录的喜马拉雅隆升剥蚀史

高原山脉隆升过程，大量物质汇入周围的盆地，因此作为“汇”区的周缘沉积盆地保存有大量完整的山脉隆升剥蚀记录，研究盆地沉积过程，探讨区域盆山耦合作用，是揭示造山带演化和高原隆升剥蚀重要手段。而对于喜马拉雅地区，前人在其山前前陆盆地锡瓦利克盆地、孟加拉沉积扇以及印度河沉积扇（图 14-15）等地区开展了大量研究工作（White et al.，2002；Bernet et al.，2005；Najman et al.，2008，2012，2019；Lang et al.，2016；Zhou et al.，2020），为研究喜马拉雅隆升和剥蚀历史，提供了有力的证据。

前人通过海相碳酸盐沉积物研究，建立了 Sr 同位素地质历史时期的长周期演化曲线（McArthur et al.，2012）。Richter et al.（1992）认为新生代以来海水^{87}Sr/^{86}Sr 值从约 40 Ma 开始显著增大（图 14-16），可能受到印度-亚洲大陆碰撞造山影响，造成大量陆源风化剥蚀后搬运至海洋，而改变了同期海水^{87}Sr/^{86}Sr 值。而在 20~15 Ma 之间增加幅度最大（图 14-16）主要是由于喜马拉雅在该阶段快速剥蚀有关。

在喜马拉雅山前盆地研究方面，如 White et al.（2002）通过印度西北区 Kangra 地区西瓦利克前陆盆地的岩石学，Sr-Nd 同位素以及碎屑云母 Ar-Ar 等物源分析，在约 17 Ma 前后盆地物源有明显的转

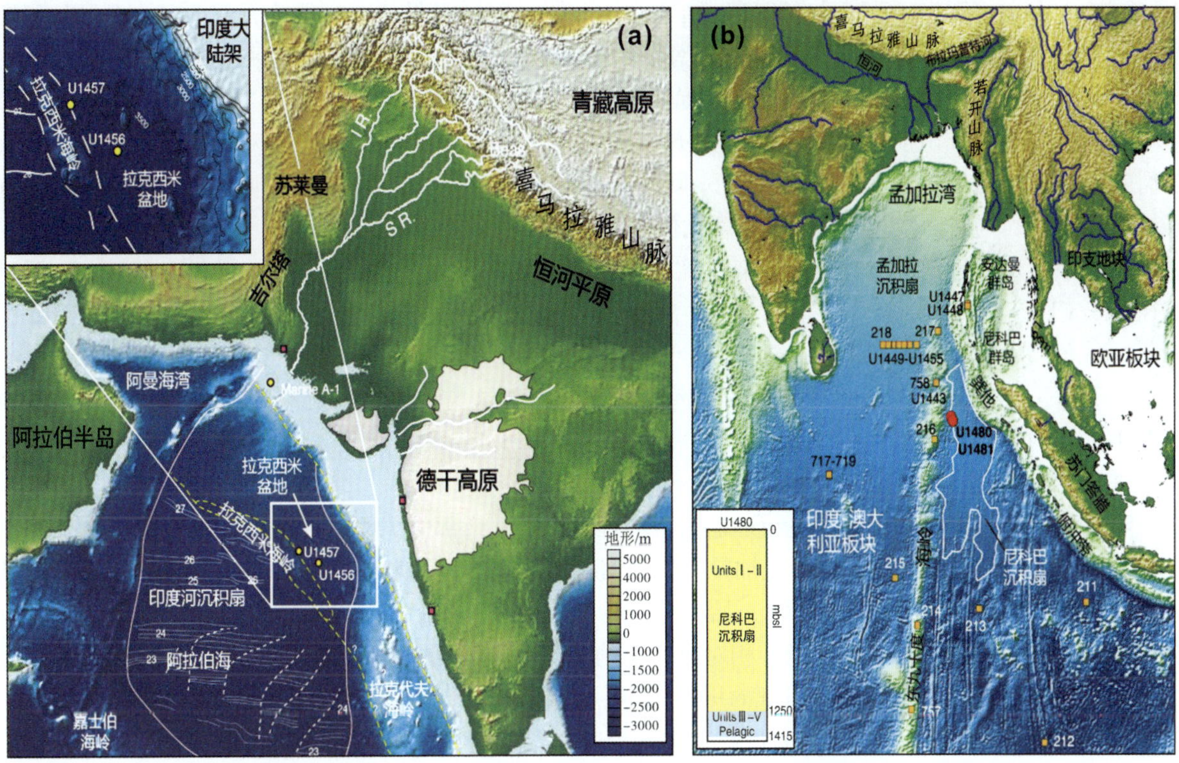

图 14-15　喜马拉雅南侧阿拉伯海的印度河沉积扇（a）和北印度洋的孟加拉沉积扇（b）以及 ODP&IODPD 孔位

（据 McNeill et al.，2017；Zhou et al.，2020，有修改）

IR.—印度河；SR.—粟特莱杰河；KK—喀喇昆仑；NP—南迦帕尔巴特峰；TH—特提斯喜马拉雅

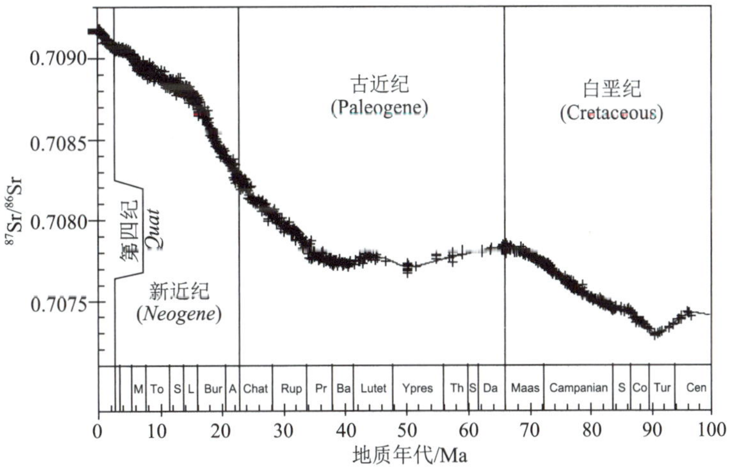

图 14-16　近 100 Ma 以来古海水 $^{87}Sr/^{86}Sr$ 值变化曲线

（引自 McArthur et al.，2012）

变，并认为在 21～17 Ma 期间高喜马拉雅结晶基底岩石快速剥露，主要受控与边界断层 STD 和 MCT 活动影响；在约 17 Ma 之后，STD 停止活动，而 MCT 向南递进发育，是南部低喜马拉雅低变质沉积岩体被快速剥露。对 Najman et al.（2009）进一步对该盆地进行研究同样提出 17～16 Ma 高喜马拉雅剥露速率明显减小，并认为低喜马拉雅在 9～6 Ma 经历快速剥露。

Chirouze et al.（2012，2013）分别对喜马拉雅山前中尼泊尔地区和东部的 Kemeng 流域的西瓦利克沉积物进行了 Nd 和 Hf 同位素和碎屑热年代学分析，中-晚中新世期间喜马拉雅具有较高的剥蚀速率，可达1~4 mm/a。Lang et al.(2016) 结合磁性地层、碎屑云母 Ar-Ar、锆石双测年（U-Pb 和裂变径）等技术，对紧邻喜马拉雅东构造结南部的前陆盆地研究认为东构造地区在 7~5 Ma 急剧增加（增加 5~10 倍），而约 5 Ma 之后东构造结剥蚀速率可高达 5 mm/a 以上。

而对于喜马拉雅山前以南的孟加拉湾 Surma 盆地，Najman et al.(2008) 对进行了生物年代学、碎屑裂变径迹、白云母 Ar-Ar 测年以及 Sr 同位素地球化学研究，认为喜马拉雅造山带自约 38 Ma 就开始快速隆升，与古海洋 $^{87}Sr/^{86}Sr$ 同位素比值在约 40 Ma 以来快速增高相对应。Bracciali et al.(2016) 进一步对该盆地新近纪地层开展了详细系统的碎屑矿物分析（如金红石 U-Pb，云母 Ar-Ar，锆石裂变径迹-ZFT 等），认为喜马拉雅东构造结在约 3 Ma 以来快速剥蚀（>4 mm/a），剥蚀厚度可达 >12 km。值得一提的是，Worm et al.(1998) 根据磁性地层学研究孟加拉三角洲沉积序列在至少约 3.5 Ma 以来具有稳定且较高的沉积速率，达约 1.2 mm/a。这与上述喜马拉雅地区现今和晚新生代的百万年尺度的平均剥蚀速率（约 1 mm/a）相对应（Lenard et al.，2020），当然两者具体关联关系还有待进一步解释。

随之，对于东喜马拉雅之南更为远端的孟加拉湾以及其南部的沉积扇地区（图 14-15a），McNeill et al.(2017) 总结了位于北印度洋孟加拉-尼科巴沉积扇（图 14-15b）的一系列 IODP 钻探记录，显示沉积速率自约 9.5 Ma 和约 2.5 Ma 开始具有显著增加（图 14-17），这与同时期喜马拉雅山前的西隆（Shilong）高原的起始和加速隆升相对应，而约 2.5 Ma 以来的加速沉积也可能与喜马拉雅东构造结在该时段快速剥蚀相关（Bracciali et al.，2016）。Najman et al.(2019) 利用 IODP-354（图 14-15b）在孟加拉沉积扇岩心，开展碎屑矿物裂变径迹和 U-Pb、Ar-Ar 测年工作，并结合沉积间隔时间（lag time），发现有 17~14.5 Ma 以及<3.76 Ma—至今两个阶段分别对应早-中中新世高喜马拉雅快速剥露和更新世喜马拉雅东构造结的快速抬升事件。此外，如图 14-17a，b 的大洋钻探所示，部分沉积记录显示从约 20~18 Ma 沉积速率已有开始突增的趋势，可能反映同期喜马拉雅地区的；最近，Song et al.(2021) 根据对东经九十度海岭北部 IODP-758（图 14-15b）岩心样品的粘土矿物和 Sr-Nd 同位素分析，认为该沉积扇记录了喜马拉雅造山带在中新世早期（约 22 Ma）和中新世晚期（约 8 Ma）的两期隆升剥蚀事件。

同样，在西构造结以南远端的印度沉积扇地区（图 14-15a），Clift et al.(2019) 根据 IODP (U1456-1457) 岩心的 Nd 和碎屑锆石 U-Pb 分析，认为在 17~9.5 Ma 时期，印度沉积扇主要接受喜玛拉北侧的喀喇昆仑、科希斯坦岛弧的物质。而在 8~7 Ma 之后，特别是在<1.9 Ma 之后，喜马拉雅物质明显增加，说明自约 8 Ma 以来西喜马拉雅经历快速剥蚀。结合该区沉积速率等资料，作者同时认为 15.3~8.3 Ma 之间西喜马拉雅地区经历相对稳定的剥蚀。此外，碎屑锆石指示在 3.4~3.0 Ma 西构造结明显加速剥蚀。之后 Zhou et al.(2020) 对该 IODP 样品开展碎屑裂变径迹，并根据其沉积间隔时间（lag time）认为在 15~9 Ma 期间西喜马拉雅地区平均剥蚀速率可为 1.1~1.4 mm/a，而在 7~5.7 Ma 期间具有最高的剥蚀速率>10 mm/a；随后，该区平均剥蚀速率降至 2.3~1.6 mm/a。

整体上，沿喜马拉雅山前盆地的研究中，利用碎屑低温热年代学（锆石裂变径迹，ZFT）的最小沉积间隔时间（lag time），认为中-东喜马拉雅地区自中中新世（16~13 Ma）基本保持稳定的剥蚀速率，为 1~2 mm/a（Bernet et al.，2006；Chirouze et al.，2013；Lang et al.，2016），可能在尼泊尔地区有所降低（Chirouze et al.，2012）。而如上所述，在喜马拉雅中西部的碎屑云母 Ar-Ar 的最小沉积间隔时间指示自早中新世高喜马拉雅剥蚀相对减小（White et al.，2002；Najman et al.，2009），但是西构造结的结果却又指示该区自早中新世（约 18 Ma）以来剥露速率呈现逐渐增加趋势（Najman et al.，2003；Chirouze et al.，2015），与东构造结基本一致（Lang et al.，2016）。而相对远源的海底沉积扇沉积记录（印度河和孟加拉湾沉积扇），反映更多为区域平均信号，虽与山前盆地略有差别，但也基本数据吻合。总结上述数据可以看出，在喜马拉雅整体地区自早中新世（20~15 Ma）之间已开始相对快速的抬升和剥蚀作用，而随后的晚中新世（8~6 Ma）和晚上新世—更新世以来的两次加速抬升和剥蚀尤为显著。

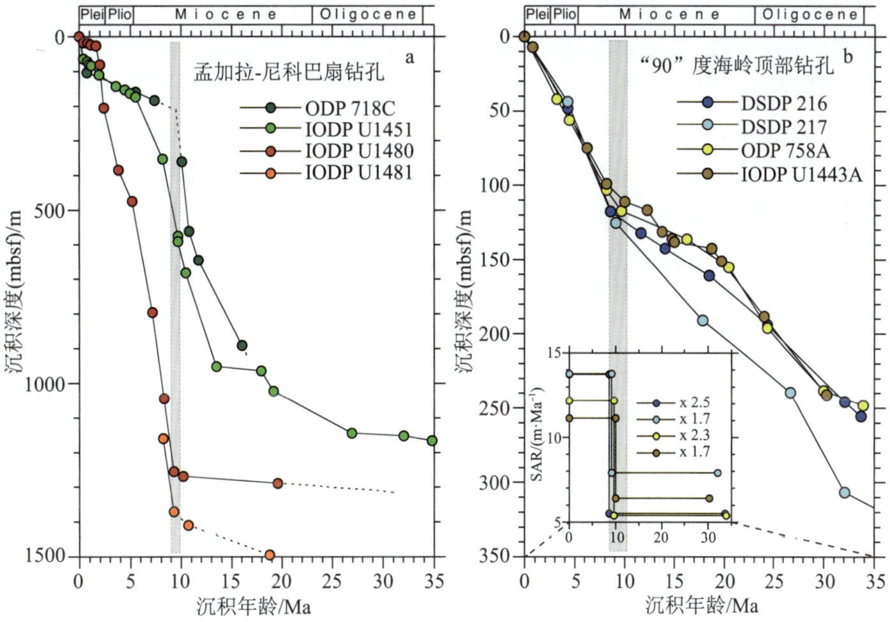

图 14-17 印度洋大洋钻探相关的沉积年龄-沉积深度图解

(引自 McNeill et al., 2017)

a—孟加拉沉积扇(718C 和 U1451)和尼科巴(U1480 和 U1481)沉积扇钻探剖面的年龄(生物-地磁地层年代)-深度关系图;

b—印度洋“90”度海岭区域钻探剖面的年龄-深度关系图;其中插图为 10~9 Ma 之间沉积速率(SAR)变化曲线。

mbsf—(meter below seafloor)海底面之下的深度

第三节 小 结

喜马拉雅的隆升剥蚀过程,如上文所述,前人开展了大量的研究,利用不同方法进行限定,如古动物、植物叶片、同位素(碳、氧、氢)、热年代学、宇宙核素以及山前沉积记录等,对其隆升阶段已有相对清晰的认识,如特提斯喜马拉雅经历始新世和中新世两阶段明显的隆升;高喜马拉雅自早中新世开始挤出抬升(约 20 Ma),在 15~10 Ma 加速抬升,而低喜马拉雅和次喜马拉雅地区相继自中中新世开始快速抬升。当然,沿造山带横向上局部稍有差异;但总体上看,喜马拉雅地区主要抬升和剥蚀阶段发生在中新世,自早中新世(20~15 Ma)起始,先后又经历了晚中新世(8~6 Ma)和晚上新世—更新世以来(<4 Ma)两阶段快速剥蚀阶段。20~8 Ma 高喜马拉雅的平均剥蚀剥露速率(1~2 mm/a),而特提斯喜马拉雅和低喜马拉雅的剥露速率均小于 1 mm/a。在晚上新世以来,高喜马拉雅平均剥蚀速率有所增加,可达 2~3 mm/a;特别是东、西构造结地区平均剥蚀速率可达约 5 mm/a;特提斯喜马拉雅的剥蚀速率则更为降低至<0.3 mm/a。而宇宙核素计算的千年-万年尺度剥蚀速率指示喜马拉雅山脉为 2~5 mm/a;侵蚀速率最高地区集中东、西构造结地区,可达约 4~>10 mm/a。而高原内部的特提斯喜马拉雅地区相对较低<0.2 mm/a;低喜马拉雅地区比高原内部相对较高,<2 mm/a。上新世以来,整体喜马拉雅地区平均剥蚀速率变化不大,约为 1 mm/a。

此外,对喜马拉雅具体隆升幅度和绝对高程的限定,依旧存在很大争议。如对喜马拉雅山脉(高-低喜马拉雅)的形成,目前主要为两种观点:①认为中新世(>8 Ma)喜马拉雅山脉已隆升至现今高度(Ding et al., 2017; Xu et al., 2020);②晚上新世—更新世(<4~3 Ma)开始快速隆升并很快到达当前高度(Wang et al., 2014; Chen et al., 2020)。而特提斯喜马拉雅地区位于喜马拉雅地体的最上层位,因此它早于或同步于高喜马拉雅的隆升,但由于后期强烈剥蚀(Li et al., 2015),缺乏渐新世—中新世沉积记录,因此对其古高程限定依旧不足。

从研究手段来看,虽然已有开展了几十年的研究,但依旧有不少新方法在喜马拉雅地区的应用不足；如特提斯喜马拉雅地区的低温热年学研究相对较少，存在很多空白；同时，很多方法受研究对象限制以及技术本身缺陷，在喜马拉雅地区应用尚待进一步开展。因此，有待进一步技术发展和详细的野外调查，多方法相结合，对喜马拉雅隆升和剥蚀过程进行限定和解析。最后，研究喜马拉雅地区的隆升剥蚀，应与周边地区以及青藏高原其他区域进行对比（图 14-18），并结合不同地质事件，相互印证和限定，并且厘定不同区域局部效应、不同方法的局限性，为解析整体青藏高原的形成和隆升过程及其机制提供更为精细的数据和资料。

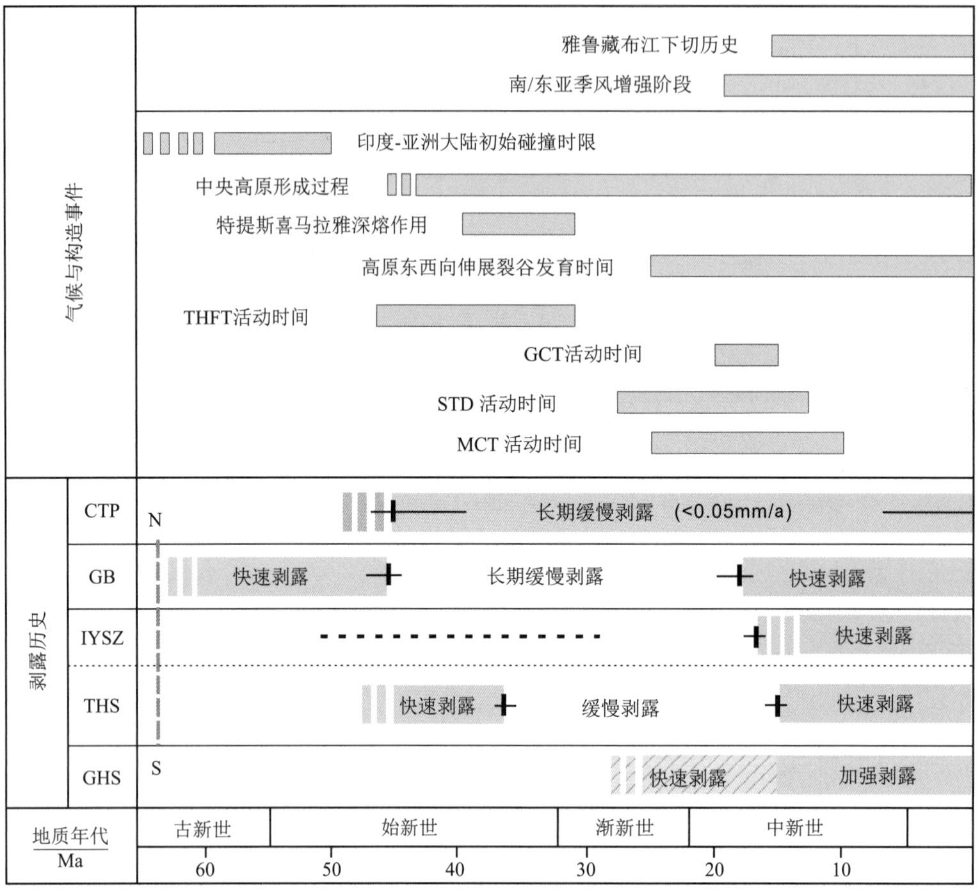

图 14-18　青藏高原中南部各地质单元隆升剥露阶段和相关构造、气候事件

（据 Li et al.，2015，有修改）

显示高原各单元隆升存在差异性，基本呈现为由中部向四周扩展的模式；而中新世以来是青藏高原形成的主要时期。CTP—青藏高原中部；GB—冈底斯（拉萨地块）；NTP—青藏高原北部；THS—特提斯喜马拉雅；GHS—高喜马拉雅；THFT—特提斯喜马拉雅逆冲褶皱带；MCT—主边界断裂；STD—藏南拆离系

此外，精确刻画喜马拉雅的隆升和剥蚀过程、进而了解造山带演化历程，固然重要，但是揭示造山带内在深层的驱动机制才是最终目的。喜马拉雅地区作为当今地球上持续活跃的造山带之一，塑造了世界海拔最高的山脉，其隆升受到印度和亚洲持续汇聚的挤压以及印度大陆岩石圈的底垫等影响，如特提斯喜马拉雅受印度-亚洲大陆碰撞影响，早期（<50 Ma）发育一系列逆冲褶皱带，地壳加厚，进而产生该区深熔作用，导致该区开始隆升，而后期的强烈隆升，基本受控于其下部的高喜马拉雅的中新世挤出。因而，对高/低喜马拉雅隆升的机制备受关注，前人提出不同的模型（本书其他章节已有介绍），如①由于印度大陆板块俯冲的上部的地壳物质与下部岩石圈拆离，而形成以增生楔形式挤出的“楔状挤出模型”（wedge extrusion，Chemenda et al.，2000）；②由地表快速剥蚀诱导之下，深部中下地壳的高温（黏度相对较低）物质受重力作用挤出的“下地壳流模型”（channel flow，Beaumont et al.，2001）；③受边界断层逆冲断层控制形成逆冲岩片的“构造楔模型”（tectonic wedging model，Yin，2006）；④“双冲模型”，在“构造楔模型”的基础上认为除去边界断层外，挤出体内部发育一系列叠置的逆冲构造（Duplexing model，Webb et al.，2017）。这些模型均与高喜马拉雅地区的边界断层（如 MCT，STD）密切相关，这些断层主要活动时间在 24～13 Ma 之间，反映了高喜马拉雅该时段的隆升。显然，构造活动对长时间尺度的隆升启到重要作用；但同期南亚季风的形成和增强进而加速地表侵蚀，也可能发挥了不磨灭的作用（Molnar et al.，2010）。近年来，对喜马拉雅东西构造结地区地球物理研究发现：其核部有明显的高温低速体不断向地表上涌，补偿地表因河流下切/冰川侵蚀的快速剥蚀，使该区达到深部和地表作用动态平衡状态，如该区地形相对稳定，河流的裂点稳定不迁移，被称为“构造结模型”（Zeitler et al.，2001，2014）。当然也同样存在如受强烈构造挤压地壳双重褶皱（duplex fold）模型（Burg et al.，2008）等不同观点和认识。可预期，随观测数据不断积累，还会有更多、更新的模型和观点涌出；当今地球科学的发展已进入系统体阶段，因此，利用多学科、深部动力学作用和地表过程相结合，综合探究造山带演化已成为共识；而最终以建立和完善多学科联合、多圈层相互作用（深部核幔、岩石圈+地表生物圈、水圈和大气圈）的综合地球系统模型为目标，帮助我们理解我们赖以生存的地球的形成和演化。

参考文献

丁林，许强，张利云．2009．青藏高原河流氧同位素区域变化特征与高度预测模型建立．第四纪研究，29(1)：1～12.

姜高磊，张克信，徐亚东．2015．青藏高原古高程定量恢复研究进展．地球科学进展，30(3)：334～345.

孔屏．2002．宇宙成因核素在地球科学中的应用．地学前缘，9(3)：41～48

孔屏，那春光．2007．青藏高原的剥蚀与构造抬升．第四纪研究，27(1)：1～5.

李吉均，文世宣，张青松，等．1979．青藏高原隆起的时代，幅度和形式的探讨，中国科学 A 辑，6：608～616.

刘超，王国灿，王岸，等．2007．喜马拉雅山脉新生代差异隆升的裂变径迹热年代学证据．地学前缘，14(6)：273～281.

施雅风，刘东生，1964．希夏邦马峰地区科学考察初步报告，科学通报，10(928)：2.

王成善，戴紧根，刘志飞，等．2009．西藏高原与喜马拉雅的隆升历史和研究方法：回顾与进展，地学前缘，16(3)：1～30.

徐仁．1981．大陆漂移与喜马拉雅山上升的古植物学证据．中国科学院青藏高原综合考察队编．青藏高原隆升的时代、幅度和形式．北京：科学出版社.

袁万明，王世戚，杨志强，等．2002．北喜马拉雅带构造活动的裂变径迹定年证据．核技术，25(6)：1～6.

Abrahami Rachel，van der Beek Peter，Huyghe Pascale，et al. 2016. Decoupling of long-term exhumation and short-term erosion rates in the Sikkim Himalaya. Earth and Planetary Science Letters，433：76～88.

An Z S，Kutzbach J E，Prell W L，et al. 2001. Evolution of Asian monsoons and phased uplift of the Himalaya-Tibetan Plateau since late Miocene times. Nature，411(6833)：62～66.

Beaumont C，Jamieson R A，Nguyen M H，et al. 2001. Himalayan tectonics explained by extrusion of a low-viscosity crustal channel coupled to focus surface denudation. Nature，414：738～742.

Bracciali L，Parrish R，Najman Y，et al. 2016. Plio-Pleistocene exhumation of the eastern Himalayan syntaxis and its domal “pop-up”. Earth-Sci. Rev.，160：350～385.

Braun J，van Der Beek P，Valla P，et al. 2012. Quantifying rates of landscape evolution and tectonic processes by thermochronology and numerical modeling of crustal heat transport using PECUBE. Tectonophysics，524：1～28.

Brown E T，Stallard R F，Larsen M C，et al. 1995. Denudation rates determined from the accumulation of in situ-produced 10Be in the luquillo experimental forest，Puerto Rico. Earth Planet. Sci. Lett. https://doi. org/10. 1016/0012-821X(94)00249-X.

Burbank D W，Derry L，France-Lanord C. 1993. Lower Himalayan detrital sediment delivery despite an intensified monsoon at 8 Ma. Nature，364：48～50.

Burbank D W，Leland J，Fielding E，et al. 1996. Bedrock incision，rock uplift，and threshold hillslopes in the northwestern Himalaya. Nature，379：505～510.

Burg J P，Nievergelt P，Oberli F，et al. 1998. The Namche Barwa syntaxis：Evidence for exhumation related to compressional crustal folding. J. Asian Earth Sci.，16：239～252.

Cai F，Ding L，Leary R J，et al. 2012. Tectonostratigraphy and provenance of an accretionary complex within the Yarlung-Zangpo suture zone，southern Tibet：Insights into subduction-accretion processes in the Neo-Tethys. Tectonophysics，574～575：181～192.

Cao K，Wang G C，van derBeek P，et al. 2013. Cenozoic thermo-tectonic evolution of the northeastern Pamir revealed by zircon and apatite fission-track thermochronology. Tectonophysics，589：17～32.

Carrapa B, Orme D, DeCelles P, et al. 2014. Miocene burial and exhumation of the India–Asia collision zone in southern Tibet: Response to slab dynamics and erosion. Geology, G35350, 35351.

Chamberlain C P, Poage M A. 2000. Reconstructing the paleotopography of mountain belts from the isotopic composition of authigenic minerals. Geology, 28: 115~118.

Chirouze F, Bernet M, Huyghe P, et al. 2012. Detrital thermochronology and sediment petrology of the middle Siwaliks molasses along the Muksar Khola section in eastern Nepal. J. Asian Earth Sci. , 44: 94~106.

Chirouze F, Huyghe P, Chauvel C, et al. 2015. Stable Drainage Pattern and Variable Exhumation in the Western Himalaya since the Middle Miocene. The Journal of Geology, 123: 1~20.

Chirouze F, Huyghe P, van der Beek P, et al. 2013. Tectonics, exhumation, and drainage evolution of the eastern Himalaya since 13 Ma from detrital geochemistry and thermochronology, Kameng Riversection, Arunachal Pradesh. Geol. Soc. Am. Bull. , 125: 523~538.

Chung S, Lo C H, Lee T Y, et al. 1998. Diachronous uplift of the Tibetan plateau starting 40Myr ago. Nature, 394: 769~773.

Clark M K, Farley K A, Zheng D, et al. 2010. Early Cenozoic faulting of the northern Tibetan Plateau margin from apatite(U–Th)/He ages. Earth and Planetary Science Letters, 296(1): 78~88.

Clift P D. 2006. Controls on the erosion of Cenozoic Asia and the flux of clastic sediment to the ocean, Earth Planet. Sc. Lett. , 241: 571~580.

Clift P D, Zhou P, Stockli D F, et al. 2019. Regional Pliocene exhumation of the Lesser Himalaya in the Indus drainage. Solid Earth, 10: 647~661.

Copeland P, Harrison T M, Pan Y, et al. 1995. Thermal evolution of the Gangdese batholith, southern Tibet: A history of episodic unroofing. Tectonics, 14(2): 223~236.

Dai J, Wang C, Hourigan J, et al. 2013. Exhumation History of the Gangdese Batholith, Southern Tibetan Plateau: Evidence from Apatite and Zircon(U–Th)/He Thermochronology. The Journal of Geology, 121(2): 155~172.

DeCelles P, Kapp P, Quade J, et al. 2011. Oligocene–Miocene Kailas basin, southwestern Tibet: Record of postcollisional upper–plate extension in the Indus–Yarlung suture zone: Geological Society of America Bulletin, 123(7~8): 1337~1362.

Deng Tao, WangXiaoming, Wu Feixiang, et al. 2019. Review: Implications of vertebrate fossils for paleo–elevations of the Tibetan Plateau. Global and Planetary Change, 174: 58~69.

Ding L, Kapp P, Cai F L, et al. 2022. Timing and mechanisms of Tibetan Plateau uplift. Nature Reviews Earth and Environment. https://doi.org/10. 1038/s43017–022–00318~4.

Dupont–N G, Krijgsman W, Langereis C G. 2007. Tibetan plateau aridification linked to global cooling at the Eocene–Oligocene transition. Nature, 445: 635~638.

Garzanti Eduardo, Vezzoli Giovanni, Ando Sergio, et al. 2004. Sand petrology and focused erosion in collision orogens: the Brahmaputra case. Earth and Plant Science Letters, 220: 157~174.

Garzione C N, Dettman D L, Quade J, et al. 2000a. High times on the Tibetan Plateau: Paleoelevation of the Thakkhola graben, Nepal, Geology 28: 339~342.

Garzione C N, Quade J, DeCelles P G, et al. 2000b. Predicting paleoelevation of Tibet and the Himalaya from delta O–18 vs altitude gradients in meteoric water across the Nepal Himalaya. Earth and Plant Science Letters, 183: 215~229.

Ge Y, Dai J, Wang C, et al. 2017. Cenozoic thermo–tectonic evolution of the Gangdese batholith constrained by low–temperature thermochronology. Gondwana Researchj, 41: 451~462.

Godard V, D W Burbank, D L Bourlès, et al. 2012. Impact of glacial erosion on 10Be concentrations in fluvial sediments of the Marsyandi catchment, central Nepal, J. Geophys. Res. , 117: F03013.

Harrison T, Copeland P, Kidd W. 1995. Activation of the Nyainquentanghla shear zone: Implications for uplift of the southern Tibetan Plateau, Tectonics, 14: 658~676.

Huntingkon K W, Saylor J, Quade J, et al. 2015. High late Miocene–Pliocene elevation of the Zhada Basin, southwestern Tibetan Plateau, from carbonate clumped isotope thermometry. Geological Society of America Bulletin, 127(1~2): 181~200.

Lal D. 1991. Cosmic ray labeling of erosion surface: in situ nuclide production rates and erosion models. Earth Planet Sci Lett, 104: 424~439.

Lal D, Harris N B W, Sharma K K, et al. 2003. Erosion history of the Tibetan Plateau since the last interglacial: Constraints from the first studies of cosmogenic ^{10}Be from Tibetan bedrock. Earth and Planetary Science Letters, 217(1~2): 33~42.

Leland J, Reid M R, Burbank D W, et al. 1998. Late Pleistocene history of bedrock incision and differential uplift along the Indus River near Nanga Parbat, Pakistan Himalaya, from 10Be and 26Al exposure age dating of bedrock straths: Earth and Planetary Science Letters, 154: 93~105.

Lenard Sebastien J P, Lavé Jérôme, France–Lanord Christian, et al. 2020. Steady erosion rates in the Himalayas through late Cenozoic climatic changes. Nature Geoscience, 13: 448~452.

Li G, Kohn B, Sandiford M, et al. 2016. Synorogenic morphotectonic evolution of the Gangdese batholith, South Tibet: Insights from low–temperature thermochronology. Geochemistry, Geophysics, Geosystems, 17(1): 101~112.

Li G, Kohn B, Sandiford M, et al. 2017. India–Asia convergence: Insights from burial and exhumation of the Xigaze fore–arc basin, south Tibet.

J. Geophys. Res. Solid Earth, 122, doi:10. 1002/2017JB014080.

Li G, Kohn B, Sandiford M, et al. 2018. Post-collisional exhumation of the Indus-Yarlung suture zone and Northern Tethyan Himalaya, Saga, SW Tibet. Gondwana Research, 64: 1~10.

Li G, Sandiford M, Fang Aimin, et al. 2019. Multi-stage exhumation history of the West Kunlun orogen and the amalgamation of the Tibetan Plateau. Earth and Planetary Science Letters, 528: 1~14.

Li G, Tian Y, Kohn B P, et al. 2015. Cenozoic low temperature cooling history of the Northern Tethyan Himalaya in Zedang, SE Tibet and its implications. Tectonophysics, 643: 80~93.

Li Y, Wang C, Dai J, et al. 2015. Propagation of the deformation and growth of the Tibetan-Himalayan orogen: A review. Earth-Science Reviews, 143(0): 36~61.

Liu D, LiH, Sun Z, et al. 2017. AFT dating constrains the Cenozoic uplift of the Qimen Tagh Mountains, Northeast Tibetan Plateau, comparison with LA-ICPMS Zircon U-Pb ages. Gondwana Research, 41: 438~450.

Liu G, Einsele G. 1994. Sedimentary history of the Tethyan basin in the Tibetan Himalayas, Geologische Rundschau, 83: 32~61.

Lupker M, Blard Pierre-Henri, Lavé Jérôme, et al. 2012. ^{10}Be-derived Himalayan denudation rates and sediment budgets in the Ganga basin. Earth Planet. Sci. Lett., 333~334: 146~156.

Lupker M, Lavé Jérôme, France-Lanord Christian, et al. 2017. ^{10}Be systematics in the Tsangpo-Brahmaputra catchment: the cosmogenic nuclide legacy of the eastern Himalayan syntaxis. Earth Surf. Dyn., 5: 429~449.

Malusa, Fitzgerald. 2019. Fission-Track Thermochronology and its Application to Geology. Springer. ISBN978-3-319-89419-5, Switzerland.

McArthur J M, Howarth R J, Shields G A. 2012. Strontium Isotope Stratigraphy. In: The Geologic Time Scale 2012, eds: Gradestein F et al. Springer.

McNeill L C, Dugan B, Backman J, et al. 2017. Understanding Himalayan erosion and significance of the Nicobar Fan. Earth Planet. Sci. Lett., 475: 134~142.

Molnar P, Boos W R, Battisti D S. 2010. Orographic controls on climate and caleoclimate of Asia: Thermal and mechanical roles for the Tibetan Plateau. Annu Rev Earth Planet Sci, 38: 77~102.

Mosbrugger V, Utescher T. 1997. The coexistence approach-A method for quantitative reconstructions of Tertiary terrestrial palaeoclimate data using plant fossils. Palaeogeography, Palaeoclimatology, Palaeoecology, 134: 61~86.

Murphy A M, Saylor J, Ding L. 2009. Late Miocene topographic inversion in southwest Tibet on intergrated paleoelevation reconstructions and structural history. Earth and Plant Science Letters, 282: 1~9.

Orme D A. 2017. Burial and exhumation history of the Xigaze forearc basin, Yarlung suture zone, Tibet. Geoscience Frontiers. doi. org/10. 1016/j. gsf. 2017. 11. 011.

Parrish R R, Hodges K. 1996. Isotopic constraints on the age and provenance of the Lesser and Greater Himalayan sequences, Nepalese Himalaya. Bulletin of the Geological Society of America, 7(8): 904~911.

Pratt-Sitaula B, D W Burbank, A Heimsath, et al. 2004. Land-scape disequilibrium on 1000-10, 000 year scales Marsyandi River, Nepal, central Himalaya, Geomorphology, 58(1~4): 223~241.

Ratschbacher L, Frisch W, Liu G, et al. 1994. Distributed deformation in southern and western Tibet during and after the India-Asian collision: Journal of Geophysical Research, 99, 19, 917~19, 945.

Reiners P W, Carlson R W, Rene P R, et al. 2018. John Wiley & Sons, Inc., Hoboken, USA.

Rohrmann A, Kapp P, Carrapa B, et al. 2012. Thermochronologic evidence for plateau formation in central Tibet by 45 Ma. Geology, 40(2): 187~190.

Sahagian D, Proussevitch A, Carlson W. 2002. Timing of Colorado Plateau uplift: initial constraints from vesicular basalt-derived paleoelevations. Geology, 30: 807~810.

Saylor J E, Quade J, Dellman D L, et al. 2009. The Late Miocene through present paleoelevation history of southwestern Tibet. American Journal of Science, 309: 1~42.

Scherler D, Bookhagen B, Strecker M R. 2014. Tectonic control on 10Be-derived erosion rates in the Garhwal Himalaya, India. J. Geophys. Res., Earth Surf., 119: 83~105.

Scherler D, Bookhagen B, Wulf H, et al. 2015. Increased late Pleistocene erosion rates during fluvial aggradation in the Garhwal Himalaya, northern India. Earth Planet. Sci. Lett. 428: 255~266.

Shen T, Wang G, Leloup P, et al. 2016. Controls on Cenozoic exhumation of the Tethyan Himalaya from fission-track thermo-chronology and detrital zircon U-Pb geochronology in the Gyirong basin area, southern Tibet. Tectonics, 1000(35): 2.

Sobel E R, Chen J, Schoenbohm L M, et al. 2013. Oceanic-style subduction controls late Cenozoic deformation of the Northern Pamir orogen. Earth Planet. Sci. Lett., 363: 204~218.

Song Zehua, Wan Shiming, Colin Christophe, et al. 2021. Paleoenvironmental evolution of South Asia and its link to Himalayan uplift and climatic change since the late Eocene. Global and Planetary Change, 200, doi. org/10. 1016/j. gloplacha. 2021. 103459.

Spicer R A, Tao S, Valdes P J, et al. 2020. Why the 'Uplift of the Tibetan Plateau' is a myth. National Science Review, nwaa091.

Spicer R A. 2017. Tibet, the Himalaya, Asian monsoons and biodiversity—In what ways are they related? Plant Diversity, 39(5): 233~244.

Su T, Spicer R A, Wu Fei-Xiang, et al. 2020. A Middle Eocene lowland humid subtropical "Shangri-La" ecosystem in central Tibet. Proc. Natl Acad. Sci. USA, 117: 32989~32995.

Tapponnier P, Xu Z Q, Roger F, et al. 2001. Oblique stepwise rise and growth of the Tibet Plateau. Science, 294: 1671~1677.

Thiede R C, Ehlers T A. 2013. Large spatial and temporal variations in Himalayan denudation. Earth Planet. Sci. Lett., 371~372: 278~293.

Tian Y, Kohn B P, Hu S, et al. 2014. Post-orogenic rigid behavior of the eastern Songpan-Ganze terrane: Insights from low-temperature thermochronology and implications for intracontinental deformation in central Asia. Geochemistry, Geophysics, Geosystems. doi: DOI 10.1002/2013GC004951.

Turner S, Hawkesworth C, Liu J, et al. 1993. Timing of Tibetan uplift constrained by analysis of volcanic rocks, Nature, 364(6432): 50.

Wang C, Dai J, Zhao X, et al. 2014. Outward-growth of the Tibetan Plateau during the Cenozoic: A review. Tectonophysics, 621(0): 1~43.

Wang C, Li X, Liu Z, et al. 2012. Revision of the Cretaceous-Paleogene stratigraphic framework, facies architecture and provenance of the Xigaze forearc basin along the Yarlung Zangbo suture zone. Gondwana Research, 22(2): 415~433.

Wang C, Zhao X, Liu Z, et al. 2008. Constraints on the early uplift history of the Tibetan Plateau. Proceedings of the National Academy of Sciences, 105(13): 4987~4992.

Wang E, Kamp P J J, Xu G, et al. 2015. Flexural bending of southern Tibet in a retro foreland setting: Scientific Reports, 5, p12076, doi:10.1038/srep12076.

Wang Y, Deng T, Biasatti D. 2006. Ancient diets indicates ignificant uplift of southern Tibet after ca. 7 Ma. Geology, 34: 309~312.

Wang Y, Kromhout E, Zhang C F. 2008. Stable isotopic variations in modern herbivore tooth enamel, plants and water on the Tibetan Plateau: Implications for paleoclimate and paleoelevation reconstructions. Palaeogeography, Palaeoclimatology, Palaeoecology, 260: 359~374.

Wang Y, Xu Y F, Khawaja S, et al. 2013. Diet and environment of amid-Pliocene fauna from southwestern Himalaya. Paleo-elevation implications, 376: 43~53.

Whipple K X. 2014. Can erosion drive tectonics? Science, 346: 918~919.

Worm H U, Ahmed A M M, Ahmed N U, et al. 1998. Large sedimentation rate in the Bengal delta: magnetostratigraphic dating of Cenozoic sediments from northeastern Bangladesh. Geology, 26(6): 487~490.

Wu F X, Miao D S, Chang M M, et al. 2017. Fossil climbing perch and associated plant megafossils indicate a warm and wet Central Tibet during the late Oligocene. Sci. Rep., 7: 878.

Wu F Y, Ji W Q, Liu C Z, et al. 2010. Detrital zircon U-Pb and Hf isotopic data from the Xigaze fore-arc basin: Constraints on Transhimalayan magmatic evolution in southern Tibet. Chemical Geology, 271(1~2): 13~25.

Xiong Z, Liu X, Ding L F, et al. 2022. The rise and demise of the Paleogene Central Tibetan Valley. Science advances, 8 (6): eabj0944.

Xu Z, Wang Q, Pêcher A, et al. 2013. Orogen-parallel ductile extension and extrusion of the Greater Himalaya in the late Oligocene and Miocene. Tectonics, 32: 191~215.

Yin A. 2006. Cenozoic evolution of the Himalayan Orogen as constrained byalongstrike variations of structural geometry, exhumation history, and foreland sedimentation. Earth Sci. Rev., 76: 1~134.

Zeitler P K, Koons P O, Bishop M L, et al. 2001. Crustal reworking at Nanga Parbat, Pakistan: Evidence for erosional focusing of crustal strain. Tectonics, 20: 712~728.

Zeitler P K, Meltzer A S, Brown L, et al. 2014, Tectonics and topographic evolution of Namche Barwa and the easternmost Lhasa block, Tibet, in Nie, J., Horton, B. K., and Hoke, G. D., eds., Toward an Improved Understanding of Uplift Mechanisms and the Elevation History of the Tibetan Plateau. Geological Society of America Special Paper, 507: 23~58.

Zhang J, Santosh M, Wang X, et al. 2012. Tectonics of the northern Himalaya since the India-Asia collision. Gondwana Research, 21(4): 939~960.

Zhou P, Carter A, Li Y, et al. 2020. Slowing rates of regional exhumation in the western Himalaya: fission track evidence from the Indus Fan. Geological Magazine, 157: 848~863.

Zhou Z K, Yang Q S, Xia K. 2007. Fossils of Quercus sect. Heterobalanus can help explain the uplift of the Himalayas. Chinese Science Bulletin, 52(2): 238~247.

Zhu D C, Zhao Z D, Niu Y, et al. 2011. The Lhasa Terrane: Record of a microcontinent and its histories of drift and growth. Earth and Planetary Science Letters, 301(1~2): 241~255.

第四篇

喜马拉雅造山动力学

第十五章　喜马拉雅造山带深部结构与物理状态

印度-亚洲板块碰撞后，印度板块仍以44~50 mm/a的速率向北推进，插入亚洲大陆之下，造成1500 km的南北向缩短量被吸收，形成2倍于正常地壳厚度的巨厚陆壳体（平均厚度70~80 km），以及印度与西伯利亚板块之间南北2000 km、东西3000 km巨大范围的新生代陆内变形域（Molnar，1975；Yin et al.，2000），促使青藏高原形成和喜马拉雅隆升，大量物质沿东西构造结向南东及南西逃逸（Tapponnier et al.，2001）。人们为了解释青藏高原的地壳增厚机制，提出过一些具有代表性的地球动力学模型，但截至目前，对于青藏高原的隆升及其造山机制，仍然没有得到一个统一认识。

关于印度板块插入亚洲大陆之下的物理状态已经有四种代表性的地球动力学模型进行诠释：①印度岩石圈整体向北以低角度长距离俯冲到亚洲大陆之下，形成所谓的双层地壳，而后又在重力均衡作用下进行地壳物质的调整（Argand，1924；Powell，1973；1986；Beghoul et al.，1993）；②印度板块以高角度向北俯冲于青藏高原之下，然后超高压变质岩折返回浅部地壳（Coward，1985；Replumaz et al.，2004）；③印度大陆和亚洲大陆的地壳同时发生缩短和增厚（Dewey，1970；England，1986）；④印度岩石圈俯冲到西藏下方的软弱下地壳并与其同化，或者青藏高原的下地壳先转变为榴辉岩，然后拆沉进入地幔（Zhao et al.，1987；Nelson et al.，1996）。

喜马拉雅造山带是认识陆陆碰撞的窗口，其深部结构与物理状态可为青藏高原隆升的地球动力学机制提供重要约束（Argand，1924；Yin et al.，2000；Tapponnier et al.，2001；Royden et al.，2008）（图15-1）。在喜马拉雅造山带的两端，一对构造结（南迦帕尔巴特和南迦巴瓦）十分引人注目，它们看上去都弯曲环绕在各自的垂向轴上，形成与众不同的碰撞造山带格局（Burg et al.，1998）。东、西构造结的地质界限和构造格架发生急剧转折，而且区域内地震事件频发（Priestley et al.，2008）。这里是构造应力最强、隆升和剥蚀最快、新生代变质和深熔作用最强的地区之一（Liu et al.，1997；Ding et al.，2001；许志琴等，2008；Booth et al.，2009），对研究印度-亚洲陆-陆碰撞极其重要。

对于喜马拉雅的形成机制，近些年来虽也提出了包括楔状挤出（Grujic et al.，1996）、隧道流（Jamieson et al.，2004）、构造楔（Yin，2006）在内的众多模型，但单一模型的解释仍不能很好协调整个喜马拉雅的造山过程。事实上，印度板块与欧亚板块的碰撞很可能存在时空差异性，其碰撞时限和过程受到两大板块的原始位置、印度板块移动速度、俯冲角度和样式、边界几何学以及岩石圈流变学等多方面的制约（许志琴等，2011）。近些年来，国内外地球物理学家对喜马拉雅各区段的地球物理深部探测研究积累了一些新结果和新发现，提供了印度与欧亚碰撞存在分段差异性的各方面证据。笔者认为这种沿喜马拉雅表现出显著的东西向差异不仅局限于地壳和上地幔顶部，而且可以扩展到整个岩石圈尺度。印度地壳的俯冲行为与下伏印度岩石圈地幔在一定程度上是解耦和拆离的，在研究印度板块俯冲前缘的性质时应将地壳和岩石圈地幔分开讨论。

关于印度板块俯冲前缘的位置和几何形态还存在不同观点，这可能与剖面的位置、观测技术、数据质量、反演方法等多种因素相关。印度板块前缘何去何从仍是一个尚未完全解决的问题。还有待考证的问题至少还包括：①究竟是印度地壳与上地幔一起越过雅鲁藏布江缝合带，还是地壳没越过而上

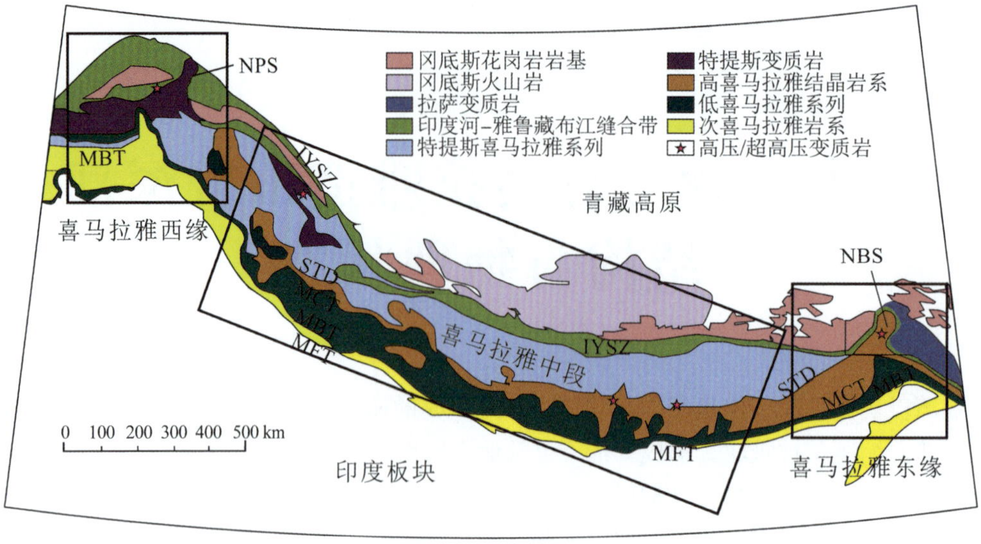

图 15-1 喜马拉雅造山带地质概略图

(据 Zhang et al., 2015, 有修改)

NPS—南迦帕尔巴特构造结; NBS—南迦巴瓦构造结; IYSZ—印度河-雅鲁藏布江缝合带; STD—藏南拆离系; MCT—主中央逆冲断层; MBT—主边界逆冲断层; MFT—主前锋逆冲断层

地幔越过,或是上地壳没越过而下地壳和上地幔越过此条界限?②印度板块岩石圈地幔和地壳俯冲前缘的位置和几何形态还有待形成共识;③印度-亚洲碰撞沿喜马拉雅东西向的地壳、上地幔顶部、整个岩石圈尺度表现显著的纵横向差异仍是个主要未解之谜;④青藏高原南部中地壳的低阻层是否形成“地壳流”而联通,以及三维空间展布和成因等。

本章分成三节,将分别从喜马拉雅造山带的中段(以下简称中喜马拉雅)、西缘和东缘三个部分来探讨其深部结构与物理状态。前两节分别综述前人在中喜马拉雅和喜马拉雅西缘进行的宽频地震、主动源地震和大地电磁探测的代表性研究成果。第三节将介绍作者及所在研究团队在喜马拉雅东缘开展的宽频地震和大地电磁综合探测工作,以及对南迦巴瓦构造结形成机制和动力学模型的探讨。

第一节 中喜马拉雅深部结构研究综述

早在 20 世纪 20 年代,Argand(1924)就提出印度大陆向亚洲大陆俯冲导致喜马拉雅山形成的双层地壳说,但这一接近现代认识水平的观点却由于缺乏相应证据在当时遭到许多地质学家的反对。后来,Ni et al.(1983)利用区域地震台网数据提供了青藏高原地壳和上地幔结构的第一手信息。他们认为印度板块在青藏高原南部发生了俯冲,而北部上地幔则被横波衰减带覆盖,推断了软流圈的存在。

1980 至 1982 年,中法国际合作调查项目“喜马拉雅地质构造、地壳和上地幔的形成和演化”开启了喜马拉雅地球科学探索的序幕(姜枚等,1994)。项目获得的可控震源地震数据揭示西藏南部呈现巨厚地壳,局部地区超过 70 km(Hirn et al., 1984)。

1985 年,中英国际合作项目“青藏高原地学大断面”开展。研究表明,青藏高原的南北地壳结构存在明显差异,其中藏南地壳具有厚度大、活动性强、热流值高等特征(吴功建等,1990)。

1991 年,中国和美国科学家合作启动了国际西藏和喜马拉雅深剖面综合研究项目(简称 INDEPTH)。该项目布设了一条约 300 km 的长剖面,始于喜马拉雅山脊,横穿喜马拉雅和西藏高原南部并一直延伸至拉萨地体中心（赵文津等，2001）。1994~1995 年综合开展了近垂直入射共中心点反射（CMP）、广角反射、宽频地震、大地电磁和地表地质等工作（简称 INDEPTH-Ⅱ）。1995~1998 年，又陆续进行了宽频地震探测和大地电磁探测（INDEPTH-Ⅲ），用于加强对地下深部流体的探测。

INDEPTH 项目的综合地球物理观测获得了两个重要发现：①地震反射剖面显示在雅鲁藏布江南部及其附近地壳深部存在一个明显向北倾斜的反射层（赵文津等，1997）。这个特征被命名为主喜马拉雅逆冲断层，解释为印度大陆地壳上、下地壳之间的滑脱面；②在亚东-谷露裂谷以北的中地壳存在一条低阻低速的部分熔融层（Kind et al.，1996），并且与地震剖面观察到的负极性“亮点”对应，表明地壳深度 15~20 km 处存在流体（Nelson et al.，1996；Brown et al.，1996）。

此后穿越喜马拉雅造山带的宽频地震等深部探测工作不断开展，又相继出现了较多能够刻画印度-欧亚大陆碰撞边缘深部壳幔结构的地球物理资料。本节将列举近 30 年来中喜马拉雅的宽频地震、主动源地震和大地电磁探测工作，并综述其主要研究成果。

一、中喜马拉雅地区宽频地震探测和壳幔结构

由于地处印度板块与欧亚板块的碰撞接触带，喜马拉雅山的深部结构和物理状态一直是地学研究热点。INDEPTH 计划开始后的 20 年间，中外地球物理学家在喜马拉雅造山带及其周缘地区又开展了大量宽频地震探测。表 15-1 以不同测线位置、测线代码、完成单位以及文献来源分别列出了这些工作，同时绘出了它们的台站分布（图 15-2）。根据测线布设方向的不同，本小节将对这些台站归为两类进行讨论。第一部分为横跨喜马拉雅造山带的南北向测线（例如 Hi-CLIMB 剖面、INDEPTH 剖面等），另一部分为平行于喜马拉雅造山带布设的东西向测线（例如 TIBET-31N 剖面和 IMR-CAGS 剖面）。

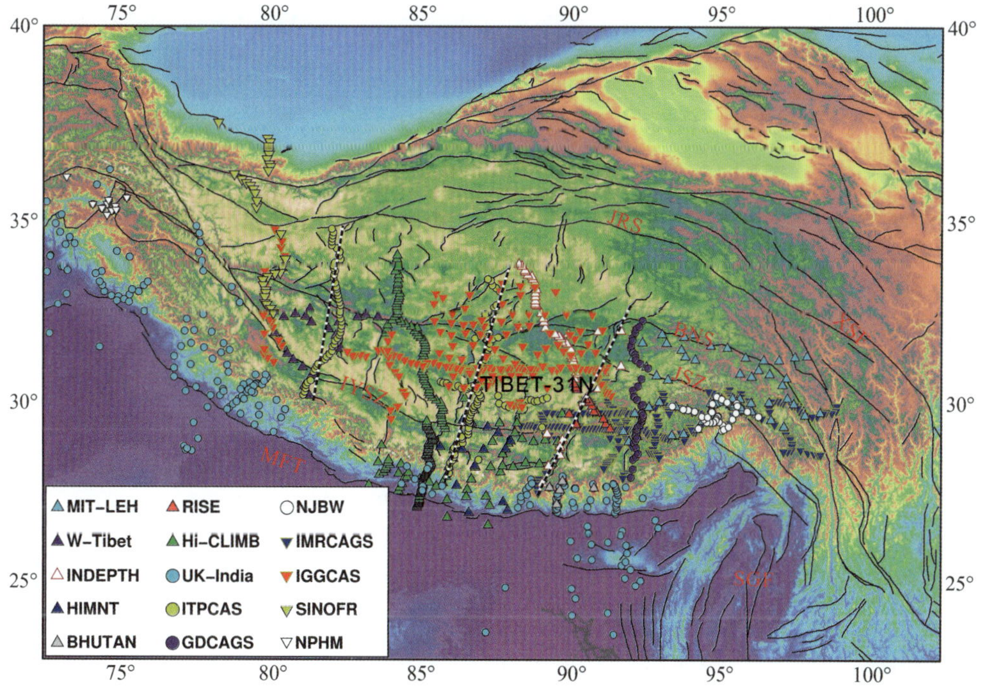

图 15-2 喜马拉雅造山带及其邻区宽频地震台站分布图

左下图例为测线符号和对应代码（参考 Liang et al.，2016 和滕吉文等，2019），三条代表性南北向测线用黑色虚线标识；缝合带和大型活动断层用黑色实线标示（据 Taylor et al.，2003）。MFT—主前锋逆冲断层；IYSZ—印度河-雅鲁藏布江缝合带；JSZ—嘉黎剪切带；BNS—班公湖-怒江缝合带；SGF—实皆断裂；JRS—金沙江断裂；XSF—鲜水河断裂

表 15-1 喜马拉雅造山带及其邻区的宽频地震探测工作列表（据不完全统计）

测线位置	测线代码	完成单位	文献来源
西藏东南缘	MIT-LEH	美国麻省理工学院、美国利哈伊大学、成都地质和矿产资源所	Sol et al. (2007)；Peng et al. (2016)
西藏西部	W-Tibet	印度国立地球物理研究所、俄罗斯莫斯科地球物理研究所等	Rai et al. (2006)；Oreshin et al. (2008)；Kanna et al. (2017)
西藏中东部	INDEPTH	中国地质科学院、美国康奈尔大学、美国锡拉丘兹大学等	Kind et al. (2002)；Tilmann et al. (2003)；Kumar et al. (2006)
中喜马拉雅	HIMNT	美国科罗拉多大学	Schulte-Pelkum et al. (2005)
喜马拉雅中东部	BHUTAN	美国得克萨斯大学、美国普林斯顿大学、不丹地质调查局	Velasco et al. (2007)
西藏拉萨周边	RISE	北京大学	金戈等（2009）
藏南东经 84°	Hi-CLIMB	中国地质科学院、美国俄勒冈大学、美国伊利诺伊大学、尼泊尔矿山地质部	Nabelek et al. (2009)；Wittlinger et al. (2009)
中喜马拉雅及西缘	UK-India	英国剑桥大学、美国斯坦福大学、印度国立地球物理研究所	Priestley et al. (2019)；Rai et al. (2006)；Caldwell et al. (2013)
藏南地区	ITPCAS	中国科学院青藏高原所、德国波茨坦地学中心、印度国立地球物理研究所	Zhao et al. (2010)；Guo et al. (2018)
冈底斯东经 92°	GDCAGS	中国地质科学院	Shi et al. (2015)
西藏南迦巴瓦地区	NJBW	中国地质科学院	Peng et al. (2016)
中喜马拉雅及东缘	IMRCAGS	中国地质科学院	Shi et al. (2020)
西藏中部	IGGCAS	中国科学院地质与地球物理研究所	Chen Y. et al. (2015)；Zhang et al. (2014)；Liang et al. (2016)
西藏西部	SINOFR	中国地质科学院、法国科研中心地球科学研究所等	Wittlinger et al. (2004)
西藏南迦帕尔巴特地区	NPHM	美国麻省理工学院	Meltzer et al. (2001)；Hanna et al. (2013)

（一）横跨中喜马拉雅的南北向宽频地震剖面

横跨中喜马拉雅造山带最为著名的剖面之一是在 2002~2006 年期间由国土资源部与美国国家科学基金的国际合作项目完成的 Hi-CLIMB 地震剖面。这是当时仅有的一条能够完整地对喜马拉雅造山带及其邻区的深部构造进行研究的天然地震探测剖面（姜枚等，2009）。该剖面位于北纬 27°~35°、东经 82°~88°的区域，从喜马拉雅山南麓的印度至尼泊尔边界一直延伸到青藏高原腹地。

Hi-CLIMB 剖面在尼泊尔境内依次穿过喜马拉雅主前锋逆冲断层、主边界逆冲断层、主中央逆冲断层等（图 15-3）。MFT 是前陆盆地形变沉积岩中的主断裂。MBT 分隔前陆盆地与低喜马拉雅，其下盘是锡瓦利克阶沉积岩，上盘是低喜马拉雅的中等变质沉积岩。MCT 下盘是低喜马拉雅的中等变质岩，上盘是深度变质岩石。藏南拆离系的主拆离面在高喜马拉雅结晶岩系和特提斯喜马拉雅沉积岩之间。

对 Hi-CLIMB 剖面地震数据进行接收函数反演，得到各台站下的垂向速度结构，然后插值投影到与印度河-雅鲁藏布江缝合带相垂直的一条剖面上，建立了剖面下方的二维地壳上地幔速度模型（图 15-3b）。剖面的速度分布具有典型三层结构：上地壳（5.70~6.7 km/s）、下地壳（6.50~7.25 km/s）和上地幔顶层（>7.75 km/s）。

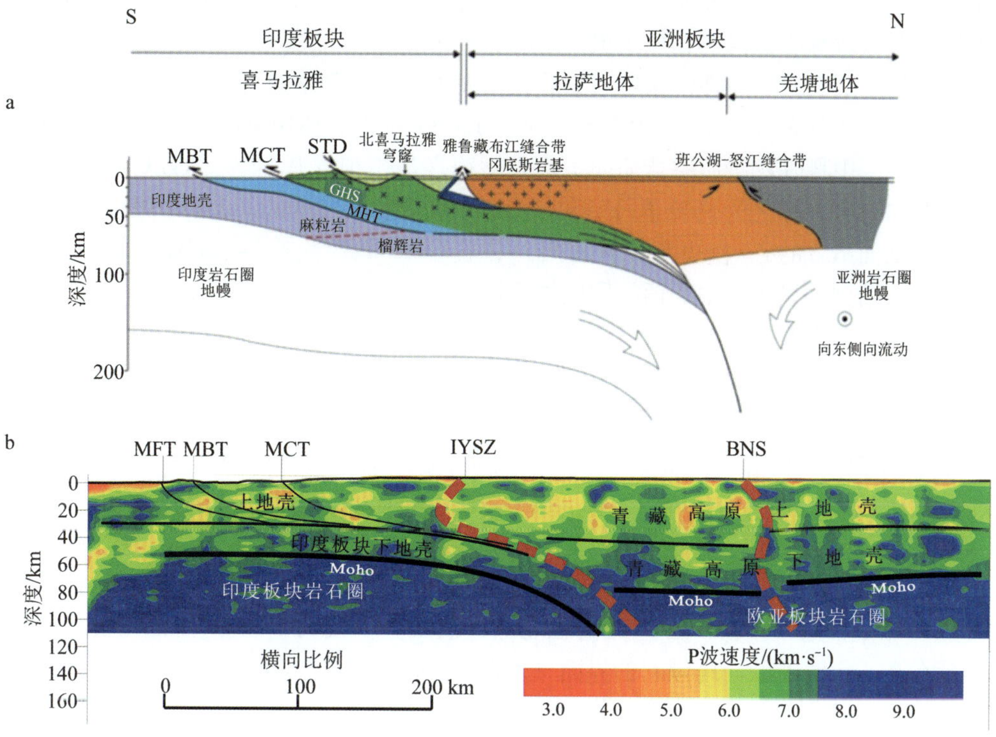

图 15-3　越过中喜马拉雅的地质剖面和 Hi-CLIMB 剖面下方的壳幔速度结构

a—地质剖面，据 Searle et al.（2011）修改；b—接收函数反演结果，图中黑色粗线代表莫霍界面，黑色中等粗线为上地壳与下地壳的界面，黑色细线代表逆冲断裂分布，红色虚线代表拉萨地体的南界、北界及其深部延伸。STD—藏南拆离系；MCT—主中央逆冲断层；MBT—主边界逆冲断层；MFT—主前锋逆冲断层；MHT—主喜马拉雅逆冲断层；GHS—高喜马拉雅；IYSZ—印度河-雅鲁藏布江缝合带；BNS—班公湖-怒江缝合带断裂

图中显示沿剖面各地块的上地壳速度普遍较小，厚度自南向北呈现出较大的起伏，MCT 以南地区的厚度为 30 km，而在 MCT 与 IYSZ 之间逐渐增大，并在 IYSZ 下部为 35 km。在 IYSZ 以北的拉萨地块层厚继续增大，约为 40 km。剖面南端地表浅部的低速体与印度大陆北缘恒河平原的较厚沉积相对应，而 MCT 以北地区的高速体则可能与深部物质在构造活动过程中沿缝合带向地壳浅部运移有关。

下地壳在 IYSZ 以南部分以 20 km 的等厚层状介质由南向北逐渐加深，至 IYSZ 下部底部埋深可达 60 km，并且往北有进一步加深的趋势。MHT 是 INDEPTH 项目所发现的位于喜马拉雅山下方 20 km 附近的强反射界面（赵文津等，1997）。由于 IYSZ 以北及其拉萨地块南缘的下地壳具有良好的连续性，因此很可能代表了印度板块的下地壳。印度下地壳大致在措勤一带以较大的倾角插入上地幔，该层在 IYSZ 南侧的顶界面与 MHT 相对应。

第三层上地幔相比其上覆地壳的速度形成强烈对比。根据这一明显差异能很好地勾画出印度、欧亚两大陆板块及其喜马拉雅造山带下部的壳幔分界面（莫霍面）的起伏形态。在 IYSZ 北侧附近莫霍面急剧加深，表明印度板块与欧亚板块的真正对接部位很可能在 IYSZ 北侧的拉萨地块之下。

横越喜马拉雅的 Hi-CLIMB 地震层析剖面揭示印度岩石圈板块向北以特殊样式超深俯冲于青藏高原之下，即：印度岩石圈俯冲板片的上部往北缓倾、中部直立向下以及下部往南翻转的几何学样式（钱辉等，2007）。喜马拉雅的地幔地震层析图像中还揭示了中下地幔范围内残存了若干高速异常体。这说明岩石圈板片俯冲到地幔深部后，一部分成为拆沉的化石残片，一部分在碰撞的过程中折返上来，折返上来的板片保存了大量地幔动力学的信息。根据接收函数反演和地震层析结果综合分析，推测印度大陆的地壳部分向欧亚大陆俯冲的北界应在措勤一带附近。IYSZ 可能为浅部向南倾而深部向北倾的深大断裂，并切穿整个地壳延伸至上地幔。

许志琴等（2006）依据横穿喜马拉雅的 Hi-CLIMB 地震层析资料认为印度岩石圈板片以 15°~20°

倾角俯冲至雅鲁藏布江缝合带以北 400 km 之远的唐古拉山之下 300 km 深处，其中切割印度岩石圈板片的垂向低速异常被解释为被高热物质组成的地幔剪切带。

除了 Hi-CLIMB 剖面，国内外多家单位随后又布设了多条宽频地震探测剖面穿越了中喜马拉雅造山带。这几条剖面从西到东分别是：ITPCAS 剖面、HIMNT 剖面、INDEPTH 剖面和 GDCADS 剖面。

2005~2007 年，中科院青藏所主持完成了两条横跨喜马拉雅（代号为“ITPCAS”）的宽频地震探测剖面，由西向东分别称之为“羚羊-I”和“羚羊-II”剖面。Zhao et al.(2010）利用 P 波和 S 波接收函数获得了剖面下方的壳-幔边界（莫霍面）和岩石圈-软流圈边界（LAB）图像。该研究发现从喜马拉雅东构造结到塔里木盆地的西缘印度岩石圈正在向青藏高原之下俯冲，而且印度-亚洲板块的碰撞模型在东西方向上发生了变化。

在 ITPCAS 剖面西线（图 15-4a）下方，印度板块的 LAB 深度从南部大约 120 km 很快加深到位于拉萨地体的 200 km，并一直延伸到金沙江缝合带（JRS）。而对于 ITPCAS 剖面中线（图 15-4b)，印度板块的 LAB 界面从南向北逐渐加深，直到班公湖-怒江缝合带（BNS）才达到 200 km（Zhao et al.，2010）。东线是由中美合作的 PASSCAL 项目数据（Kosarev et al.，1999）和后期观测的 INDEPTH 剖面（Kumar et al.，2006）相接而成。东线的接收函数偏移成像结果显示，410~660 km 界面具有较好的连续性（图 15-4c）。这表明至少在该区域，俯冲的印度岩石圈并没有整体穿透西藏下方的地幔过渡带（Kind et al.，2002）。在青藏高原北缘，东线和中线的 LAB 界面都在发生了明显错断，而东线则显示存在一个清晰的向南倾斜的界面（ALM），Kind et al.(2002）将其解释为向南俯冲的亚洲岩石圈地幔。

由以上结果可以看出印度岩石圈地幔向亚洲地壳之下的俯冲模式在这三条剖面上都有所不同。西线为印度板片向北远程平板俯冲（Owens et al.，1997），直到与欧亚岩石圈相接；中线主要表现为中远距离低角度俯冲；而东线则为中距离的平板俯冲，且俯冲前缘可能在 BNS 附近出现板块断离，而且与高原北部向南俯冲的欧亚岩石圈并没有相接。总的来说，在中喜马拉雅，印度岩石圈地幔的俯冲距离从西向东逐渐缩短，俯冲板片的形态和角度也发生了相应变化（但这种变化只限定在已有剖面及其相邻地区涵盖的区域内）。事实上，印度-亚洲板块的碰撞模型在东西方向的差异性也在随后布设的 HIMNT 剖面和 GDCADS 剖面上得到印证。

中喜马拉雅（东经 86°~88°范围）的印度下地壳似乎在西藏下方至少俯冲至雅鲁藏布江缝合带处，并发生榴辉岩化。例如，HIMNT 剖面中印度下地壳发生榴辉岩化可能导致其体量减少，但密度却上升了至少 6%（Schulte-Pelkum et al.，2005）。不过，这种榴辉岩化只在高喜马拉雅和雅鲁藏布江缝合带之间散乱分布，并很可能受到含水流体含量变化的影响。在这一区域，由于快速的俯冲作用而导致的低温环境最初阻止了榴辉岩的转变，使高喜马拉雅在榴辉岩于其北部形成之前就已经得到了剧烈抬升。随着下地壳随后升温达到温度平衡，榴辉岩可能转变为雅鲁藏布江缝合带以北的低密度麻粒岩。该研究还表明，在高喜马拉雅以南的中上地壳内存在一个明显的滑脱层，向南延伸约 100 km。位于该区域北部和东部的 INDEPTH 结果（Kind et al.，2002）也支持榴辉岩层的存在。他们认为，在印度河-雅鲁藏布江缝合线以北发现存在一个位于莫霍面之上的“doublet”转换层，对应于下地壳的高速层。转换层在更北边大约北纬 31°处才逐渐消失。Nabelek et al.(2009）也证实由榴辉岩化所引起的“doublet”转换层在 Hi-Climb 剖面的南拉萨地体内是存在的，而且认为其上盘发育一条近水平的中地壳低速层可以解释为与 MHT 相连的韧性变形的“导管”，这样可以有效协调印度上地壳由于板块运动所产生的剪切应力的传递。但是，他们认为该低速层相对较薄，并不能形成严格意义上的“管道流”（channel flow）（Beaumont et al.，2004）。

在中喜马拉雅的加瓦尔至锡金之间（东经 78°至 85°范围），远震接收函数的研究结果表明：莫霍面从恒河平原沉积地层之下的大约 40 km 处开始逐渐加深，向北延伸到特提斯喜马拉雅山脉之下大约可达 80 km（Priestley et al.，2019）。其中在加瓦尔喜马拉雅地区，横穿喜马拉雅的接收函数剖面（Caldwell et al.，2013）对中上地壳的次级构造、断裂有着更为精细的刻画，他们认为低喜马拉雅的莫霍面近乎水平，深度在 35~45 km 之间，而北侧的高喜马拉雅的莫霍面逐渐加深到 50 km 以上。加

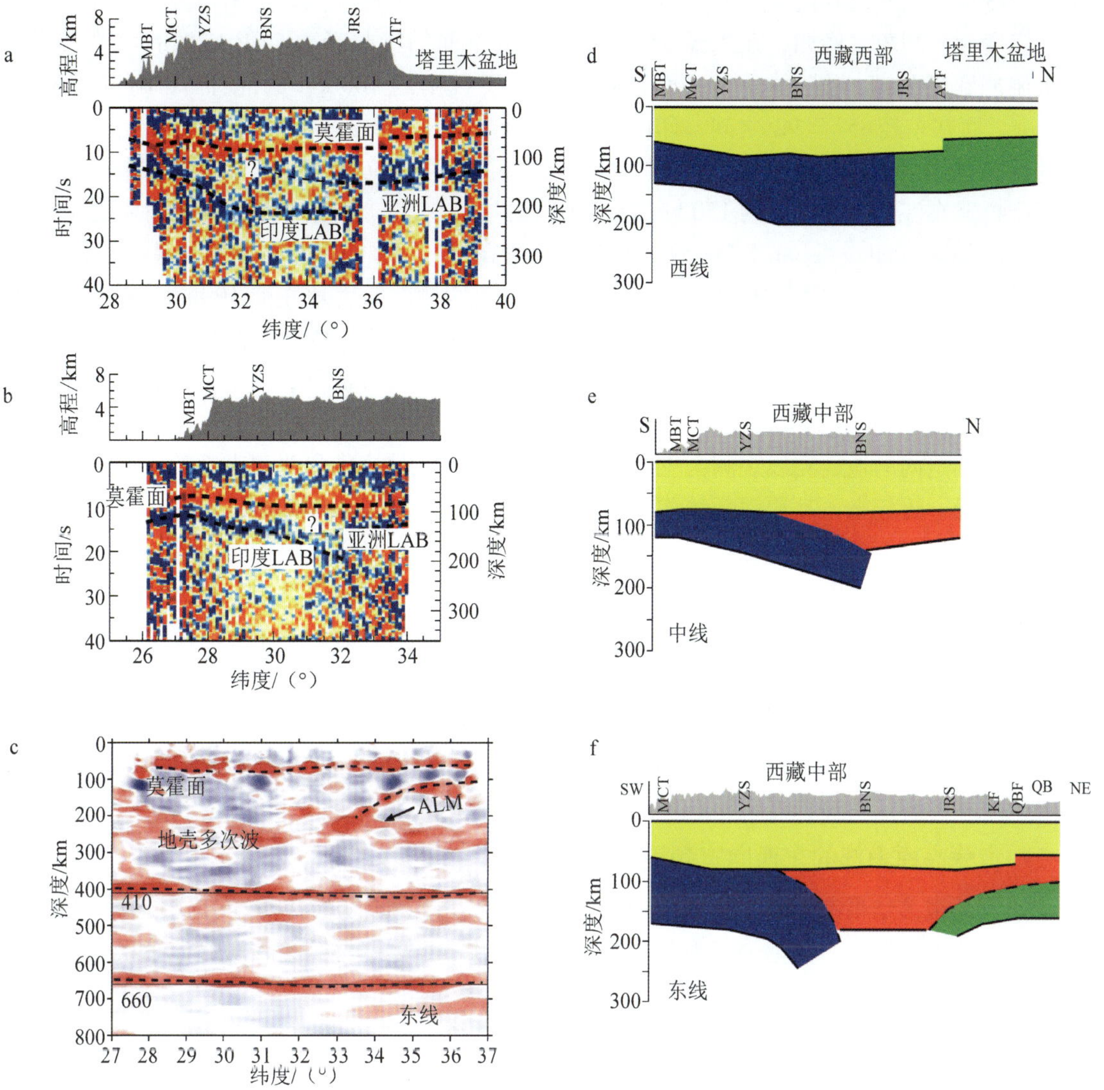

图 15-4　由 ITPCAS 和 INDEPTH 剖面所揭示的印度和亚洲岩石圈碰撞模型

a，b 剖面分别为 ITPCAS 西线和中线的 S 波接收函数结果，引用自 Zhao et al.(2010)，c 剖面为 INDEPTH 东线的接收函数偏移成像结果，引自 Kind et al.(2002)；d，e，f 分别为西线、中线和东线对应的印度和亚洲岩石圈碰撞模式，蓝色表示印度地幔岩石圈、绿色表示亚洲地幔岩石圈、红色表示二者的碰撞区，上述三条剖面的位置在图 15-2 中用黑色虚线做了标识。断裂和构造：YZS—雅鲁藏布江缝合带；KF—昆仑断裂；ATF—阿尔金断裂；QBF—柴达木盆地断裂；QB—柴达木盆地；ALM—亚洲岩石圈地幔；其他简称见图 15-2 图注

瓦尔喜马拉雅的印度地壳相比其两侧要浅一些：相比东经 78°附近的剖面在喜马拉雅之下的莫霍面要浅 10~20 km（Rai et al.，2006）；而比东侧尼泊尔和锡金段的喜马拉雅地壳要薄约 10 km。

在尼泊尔中部地区，莫霍面也是从印度恒河盆地下 40 km 缓慢下降到喜马拉雅山脉下约 50 km 处。但从主前锋冲断层以北约 150 km 处开始，印度地壳在喜马拉雅山之下的俯冲角度加大，一直到雅鲁藏布江缝合带以北 70 km 处（Nabelek et al.，2009）。相比其西侧加瓦尔喜马拉雅，该区段印度地壳的俯冲角度似乎要更陡一些。

而在东经 92°横跨喜马拉雅中东段的南北向剖面（代号为 GDCAGS）中，Shi et al.(2015) 认为印度下地壳向北平板俯冲至拉萨地体之下，其俯冲前缘接近北纬 31°线。但是，印度板块的岩石圈地幔与其上覆的印度下地壳在特提斯喜马拉雅下方约 60 km 处发生分离，并以低角度俯冲至拉萨地体之下，其俯冲前缘可能越过北纬 31°线。印度岩石圈地幔的前缘板片可能发生回转或者拆沉，并导致了拉萨地体下方软流圈的上涌。

关于印度地壳结构及其前缘位置的问题，上述研究表明在中喜马拉雅造山带内仍表现出沿构造走向发生一定变化的现象。例如，在东经 85°，Hi-Climb 剖面的接收函数 CCP 成像的结果表明，印度地壳并未俯冲到班公湖-怒江缝合带，而是终止于 BNS 以南约 100 km 的北纬 31°附近（Nabelek et al.，2009）。而在东经 85°至 92°之间，印度地壳相对而言具有较统一的平板俯冲距离，可能都从喜马拉雅山的前陆盆地（厚度约 40 km）一直向北延伸到特提斯喜马拉雅之下（厚度约 80 km），其前缘可能到达了雅鲁藏布江缝合带以北约 150 km 处。在尼泊尔中东部，印度地壳的莫霍面向北呈现缓慢变陡的形态（Schulte-Pelkum et al.，2005），但在锡金的高喜马拉雅山下其莫霍面却呈叠瓦状（Acton et al.，2011）。中部加瓦尔喜马拉雅的印度地壳要比其东西两侧的印度地壳薄 10 km 左右。此外，很多宽频地震结果都发现了在印度地壳顶部的 MHT 冲断面。总的来说，MHT 基本从低喜马拉雅山以下 6~8 km 处向北缓慢倾斜，一直延伸到特提斯喜马拉雅以下 20~25 km 处，但这些构造的性质沿中喜马拉雅的走向也有所不同（Priestley et al.，2019）。

上述以南北走向的地震测线观测为主的研究结果表明：喜马拉雅和西藏南部的深部结构表现出显著的东西向差异。近年来，高原深部结构的东西向差异逐渐被重视。例如，Li et al.（2008）对印度和青藏高原进行了大尺度的层析成像，结果表明：在东经 72°~92°的范围内，印度岩石圈在青藏高原之下向北俯冲的前缘位置从西向东逐渐变短，俯冲角度也呈现“平-陡-平”的变化（图 15-5）。最近，Chen M et al.（2015）利用基于谱元法的伴随法层析成像（Adjoint Tomography）构建了一个大范围的东亚岩石圈速度模型。该模型显示在西藏中南部沿东西向剖面的中段存在一个大范围的“T”型高波速结构，解释为早期沉陷的岩石圈在上地幔的遗迹，岩石圈下沉到软流圈引起的拖拽力使印度大陆岩石圈持续俯冲，并使西藏岩石圈缩短和增厚（Chen et al.，2017）。这说明沿喜马拉雅东西向的差异性不仅局限于地壳和上地幔顶部，而且可以扩展到岩石圈尺度。

（二）青藏高原南部的东西向宽频地震剖面

尽管前人的很多结果都证实了沿印度-亚洲板块碰撞边界上印度板片俯冲方式具有显著的横向变化，但是上述研究所采用的数据仍以南北向剖面为主，并不足以严格约束青藏高原下伏的印度大陆岩石圈沿东西向的几何形态变化特征。

2009~2019 年，中国科学院地质与地球物理研究所在拉萨地体中部沿北纬 31°线布设了一条 600 km 长的宽频地震剖面（代号为 IGGCAS 台阵中的东西向剖面或称图 TIBET-31N 剖面）。Chen et al.（2015）利用这条剖面数据获得了 SKS 震相到时和横波分裂参数的细节变化特征。研究结果表明，SKS 震相到时和横波分裂参数的东西向变化呈现出与地表南-北向裂谷分布高度相关的分段性：东段（申扎-定结裂谷以东），SKS 到时最晚，横波分裂时差最小（约 0.2 s）；中段（申扎-定结裂谷以西，尼玛-定日裂谷以东地区），SKS 到时最早，横波分裂时差中等（约 0.5 s）；西段（尼玛-定日裂谷以西），SKS 到时较晚，分裂时差最大（约 0.7 s）。据此，他们提出了印度岩石圈板片撕裂和断离的动力学模型，即：印度岩石圈板片在向北俯冲过程中，俯冲角度存在东陡西缓的差异，并认为这种差异造成了俯冲板片沿着藏南发育的南北向裂谷带撕裂和断离，从而导致板片俯冲距离东近西远的结果。

Liang et al.（2016）基于 TIBET-31N 剖面以及青藏高原中南部大量宽频地震台数据进行了有限频走时层析成像研究，获取了青藏高原中南部的三维上地幔速度结构图像。研究结果表明：在东经 88°以西，印度大陆岩石圈以 40°的高角度向北延伸至 BNS 缝合带以南，且角度自西向东变陡，可能反映了印度大陆岩石圈在俯冲过程中发生拆沉-断离过程；在东经 89°附近存在一个南北走向的显著低速异常，延伸深度超过 300 km 并穿过俯冲的印度岩石圈，将藏南上地幔顶部的低速和藏北上地幔大范围的低速异常连通，说明印度大陆岩石圈在亚东-谷露裂谷西侧发生撕裂，引起软流圈物质上涌，并联通了高原南部和藏北的大范围低速区域。

为了进一步揭示印度岩石圈及地壳结构在东西方向上的差异性，中国地质科学院在喜马拉雅中段北缘布设了两条平行于雅江缝合带的密集台站测线（代号为 IMRCAGS，测线分布位置见图 15-2）。接收函数的研究结果表明，东经 86°~95°之间的藏南下方的印度下地壳发生了减薄和局部沉陷（Shi

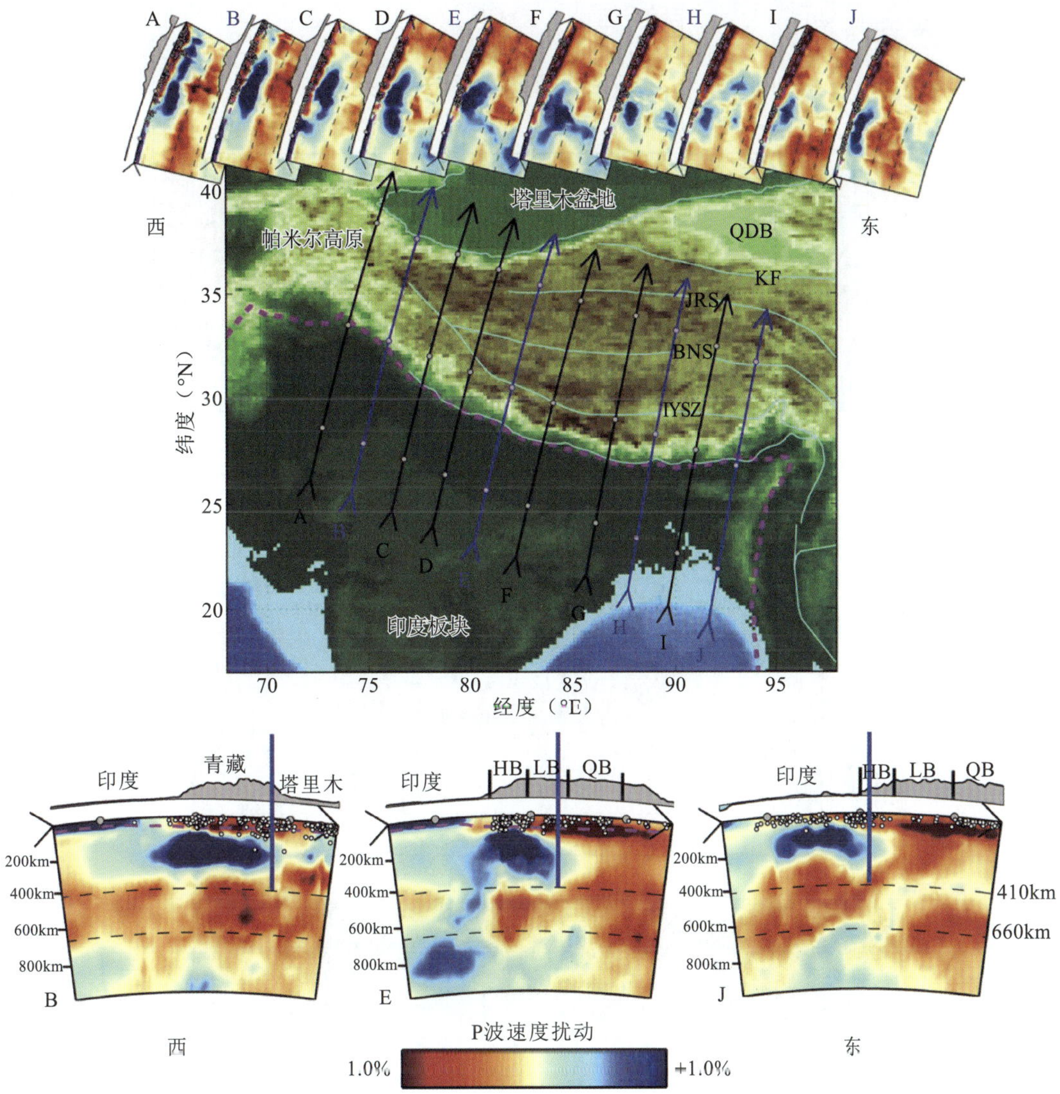

图 15-5　沿印度-亚洲板块碰撞边界上印度板片俯冲方式的横向变化

上图的每个横剖面中，灰色的圆圈代表地震，洋红色的虚线代表莫霍面，在每个子图顶部的灰色阴影代表地形，黑色的虚线代表 410 km 和 660 km 的地震速度间断面。下图横剖面 B、E、J 的位置如中间地形图所示，蓝色的粗线显示了印度俯冲的北部前缘。HB—喜马拉雅地体；LB—拉萨块体；QB—羌塘块体；QDB—柴达木盆地；KF—昆仑断裂；JRS—金沙江缝合带；BNS—班公湖-怒江缝合带；IYSZ—印度河-雅鲁藏布江缝合带

et al.，2020）。图 15-6A、B 显示了垂直放大 5 倍的两条东西向接收函数剖面（剖面 A 在北侧，剖面 B 在南侧）和对应的重力曲线（位于接收函数剖面上方）。接收函数剖面中，根据振幅的正同相轴界面（黑色实线）基本勾画出了东经 86°~95°莫霍面的大致形态（其中虚线为推断的界线）。印度下地壳（ILC）的顶部深度和莫霍面深度在接收函数剖面上用黑色五角星显示，这些数据与前人发表过的相应位置的结果具有较好的一致性，由西向东分别为东经约 85°（Nabelek et al.，2009）、约 87°（Schulte-Pelkum et al.，2005）和约 90°（Kind et al.，2002）。

图 15-6C 展示了印度下地壳及莫霍面沿东西方向上显著的横向变化。在 B 剖面西段，莫霍面深度为 65~70 km，这与沿东经 85°的 Hi-CLIMB 剖面所确定的莫霍面深度是一致的（Nabelek et al.，2009；Wittlinger et al.，2009）。在当惹雍错裂谷（TYG）下方，莫霍面开始急剧加深，直到地下约 90 km 处。此深度为研究区内的最大莫霍面深度，距离剖面最西端约 250 km。在朋曲-申扎裂谷（PXG）以西，接收函数剖面上的莫霍转换界面是缺失的。这有两种可能原因：①速度间断面缺失；

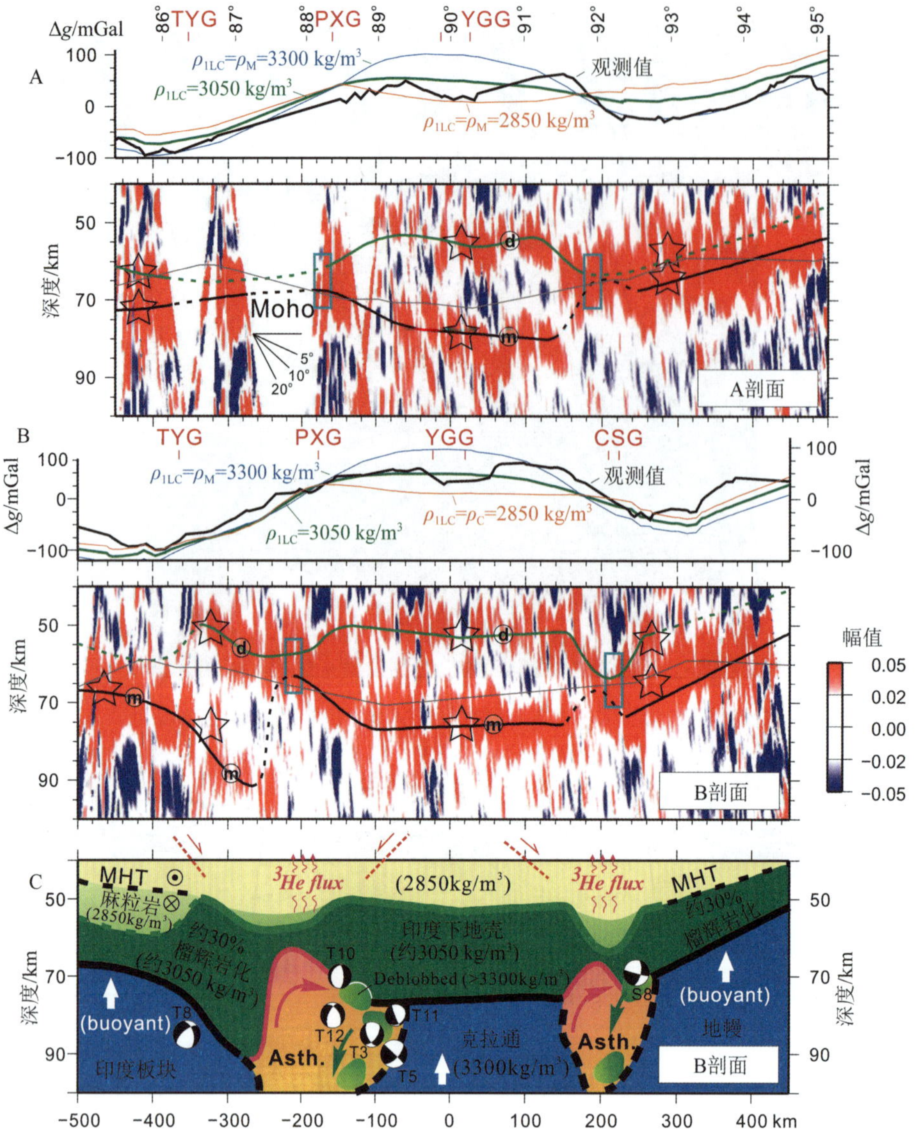

图 15-6　由 IMRCAGS 东西向剖面揭示藏南下方的印度下地壳具有不均一性和局部下沉减薄特征

（据 Shi et al.，2020）

A—接收函数 A 剖面和对应的重力数据曲线（位于上方）；TYG—当惹雍错裂谷；PXG—朋曲-申扎裂谷；YGG—亚东-谷露裂谷；B—接收函数 B 剖面和对应的重力数据曲线（位于上方），接收函数剖面中的青色矩形框表示所推测的印度下地壳最薄的位置，细灰色线是 CRUST1.0 模型提供的莫霍深度；CSG—错那-桑日裂谷；C—基于 B 剖面绘制的地质解释卡通图，主要特征为印度下地壳局部减薄并沉陷；图中实线为清楚观察到的界面，虚线为推断的边界，粉红线代表推测的印度中/下地壳与软流圈直接接触带或 LAB（岩石圈-软流圈边界），箭头表示相对运动方向，北纬 28.5°～30.5°地震的震源机制也投影到剖面上

②界面很陡而无法利用接收函数 CCP 成像得到。缺失的莫霍面在 PXG 下方再次出现，但莫霍面深度却跃变到约 65 km。从 PXG 往东一直到错那-桑日裂谷（CSG），接收函数 B 剖面上的莫霍面是近水平的，深度约为 75 km 并向东延伸 280 km 左右。在 CSG 下方，莫霍面再次出现错断，然后逐渐变浅至约 55 km（此处位于 b 剖面的最东端）。北侧的接收函数 A 剖面的结果与 B 剖面相似，也在相应位置出现了两处莫霍面的缺失区段。只不过 A 剖面在 PXG 以西缺少较密集的台站数据覆盖，因此成像结果不是很清晰。A 剖面与 B 剖面的区别在于 A 剖面的中间近水平的莫霍面区段更窄一些（跨度从西到东仅为 220 km）。而且，A 剖面相对要更深一些，并向北倾斜 5°左右。

据不完全统计，近 20 年来国内外有超过 23 家大学或科研机构，在喜马拉雅造山带及其邻区的各区段共布设了约 15 条宽频地震测线或台阵。其中绝大部分为横跨喜马拉雅造山带的南北向剖面，只有近年来布设了少量几条东西向剖面。远震资料对刻画喜马拉雅造山带地壳和上地幔的深部结构比较有效。总的来说，中喜马拉雅造山带的壳幔结构相比东西两端而言相对简单，在构造走向方向上具有一定的可对比性。在中喜马拉雅，印度岩石圈正向青藏高原之下俯冲，但俯冲的角度、样式和距离在东西方向上发生了变化。在东经 82°~92°范围内，印度岩石圈地幔的俯冲样式呈现“平板俯冲-低角度俯冲-平板俯冲且前缘翻转或拆离断裂”的变化特征，而俯冲距离从西向东则逐渐缩短。印度板块的岩石圈地幔与其上覆的印度下地壳很可能是解耦的。印度地壳可能都至少从喜马拉雅的前陆盆地（厚度约 40 km）一直向北延伸到特提斯喜马拉雅之下（厚度约 80 km）。印度下地壳在特提斯喜马拉雅下方约 60 km 处发生分离，并以低角度俯冲至拉萨地体之下，其俯冲前缘可能位于北纬 31°线附近。而且，部分区域的印度下地壳发生了榴辉岩化，并因此形成了接收函数剖面上的“doublet”转换层。上述差异可能是印度岩石圈板片沿着藏南发育的南北向裂谷带撕裂和断离的结果。而且，最近利用东西向宽频地震剖面数据进一步揭示了藏南岩石圈撕裂窗上方的印度下地壳的确具有局部下沉和减薄的特征。

二、中喜马拉雅地区主动源地震探测和地壳结构

用于地壳深部结构研究的主动源地震探测技术主要有宽角反射、折射地震剖面法和深地震反射剖面法等。相比宽频地震探测，主动源地震观测可揭露更为精细的地壳结构、莫霍面变化以及深部构造格架。

青藏高原的主动源地震探测始于 1977 年，当时中国科学院地球物理研究所从亚东到当雄实施了一条长达 460 km 的人工地震测深剖面。近 30 年来，我国又相继布设了多条横跨喜马拉雅的主动源地震深部探测剖面（图 15-7）。表 15-2 以不同测线位置、测线代码、完成单位以及文献来源分别列出了这些工作。根据剖面所在区域的不同，本小节将对这些台站归为三类进行讨论，分别为西部剖面（例如 HKT 剖面），中部剖面（例如 CZ 剖面和 XTS 剖面）和东部剖面（例如 LZ 剖面）。

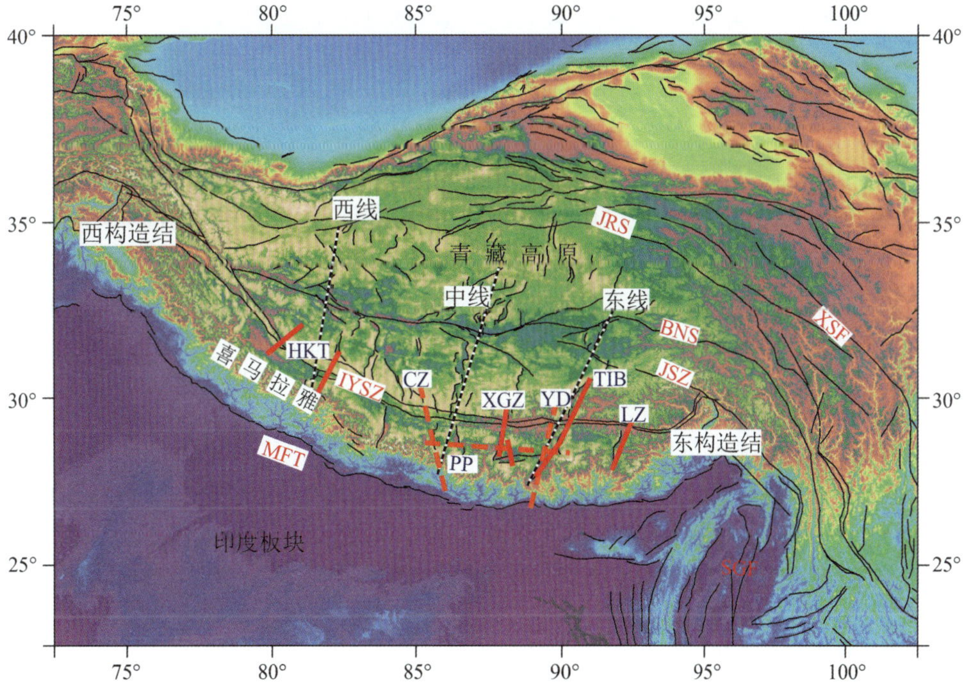

图 15-7　中喜马拉雅的主动源地震深部探测剖面分布图

图中宽角折射、反射地震测线用棕红色粗虚线标识，深地震反射剖面用绿色粗实线标识，具体测线信息见表 15-2，测线代码在图中用蓝色字符标识；三条代表性宽频地震南北向测线位置用黑色虚线标识；缝合带和大型活动断层由黑色实线标示（Taylor et al.，2003），其代码名称见图 15-2 图注

表 15-2 中喜马拉雅造山带的主动源地震深部探测剖面工作列表（据不完全统计）

测线位置	测线代码	完成单位	文献来源
亚东-当雄	YD	中国科学院地质与地球物理研究所	Teng et al. (1983)
中喜马拉雅 90°E	TIB	INDEPTH 项目组	赵文津等（1997）；Hauck et al.（1998）；Brown et al. (1996)
错勤-樟木	CZ	中国科学院地质与地球物理研究所	Zhang et al. (2011)
中喜马拉雅 28°N	PP	中国科学院地质与地球物理研究所、中国地质科学院、法国巴黎物理研究所、法国巴黎第六大学等	Hirn et al. (1984)；Zhang et al. (2004)
中喜马拉雅 81°E	HKT	中国地质科学院地质研究所、吉林大学等	Gao et al. (2016)；Guo et al. (2018)
中喜马拉雅 88°E	XGZ	中山大学、中国地质科学院地质研究所等	Guo et al. (2017；2018)
中喜马拉雅 92°E	LZ	中山大学、中国地质科学院地质研究所等	Dong X. et al. (2020)

（一）横跨中喜马拉雅西部的主动源地震剖面

2010 年至 2019 年，高锐院士所在科研团队横跨喜马拉雅和雅鲁藏布江缝合带实施了多条深反射地震剖面，揭示出印度板块和欧亚板块的俯冲碰撞变形的行为及其深部过程。

在中喜马拉雅造山带的西部区域，中国地质科学院地质研究所依托 Sinoprobe 项目完成了两段总长约 210 km 的深地震反射剖面（简称 HKT 剖面）。剖面分为 A、B 两段，均依次穿过喜马拉雅、喀喇昆仑、雅鲁藏布江，到达冈底斯地体。其中，剖面 A 长度约 110 km，位于阿里地区噶尔县境内，大致呈东北—西南走向，横跨喀喇昆仑断裂东南段的阿伊拉日居山。剖面 B 长度约 100 km，位于阿里地区普兰县境内，沿东经约 81.5°近南北走向穿过雅鲁藏布江蛇绿岩带。

HKT 剖面的探测结果（图 15-8）表明，深反射 Moho 面深度在 70~75 km，并不支持法国学者先前所提出的在横过雅鲁藏布江缝合带下方出现 10~20 km 的 Moho 面错断的结论（Hirn et al.，1984）。MHT 以倾角大约 19°向北倾斜延伸至雅鲁藏布江缝合带之下约 60 km 处，说明印度地壳厚度自南向北逐渐变薄（从喜马拉雅山前的 42 km 减薄至雅鲁藏布江缝合带之下 14 km），即在地壳尺度下平俯冲至雅鲁藏布江缝合带之下（Gao et al.，2016）。他们根据 MHT 之上发育的多重构造叠置的强反射，提出了一种新的陆陆碰撞变形机制，即地壳尺度的构造叠置作用（Duplexing）导致俯冲板块的地壳物质顺着 MHT 从底部向上部运移，使得印度俯冲地壳厚度变薄、喜马拉雅地壳加厚，同时揭示印度地壳的很大一部分在缝合带附近增生到上覆的造山楔中，只有一小部分在亚洲地体更北的下方。

（二）横跨中喜马拉雅中部的主动源地震剖面

横跨中喜马拉雅的中部区域包含多条主动源探测剖面。早在 1977 年，中国科学院地球物理研究所在青藏高原南部首次开展了深地震测深探测：从亚东到当雄实施了一条长达 460 km 的人工地震测深剖面（YD 剖面）。该剖面呈近南北走向，并且垂直于洛扎-错那断裂、雅江断裂和当雄断裂（Teng et al.，1983）。研究结果表明，在雅鲁藏布江以北地区，莫霍面深度为 70~73 km，而南部地区的深度仅为 45~68 km，说明地壳厚度由北向南递减，而且莫霍面有一定范围的错断。研究还发现青藏高原地壳中存在约 5.47 km/s 的低速层。

INDEPTH 计划在中喜马拉雅东经 90°区段开展了以深反射地震方法为主的地震探测工作，包括 INDEPTH-Ⅰ和 INDEPTH-Ⅱ两条近南北向的剖面（TIB 剖面）。国内外学者对 TIB 地震剖面提出了各自的分析和推断。Brown et al. (1996) 发现地震剖面中在 MHT 消失处以北存在“亮点”构造，解释为在亚东-谷露裂谷北部 15~18 km 深处可能存在流体或岩浆，并推测可能是由于地壳增厚导致的西藏地壳部分熔融。赵文津等（1997）认为藏南地壳的增厚机制相对复杂：不同的地段发生的构造作

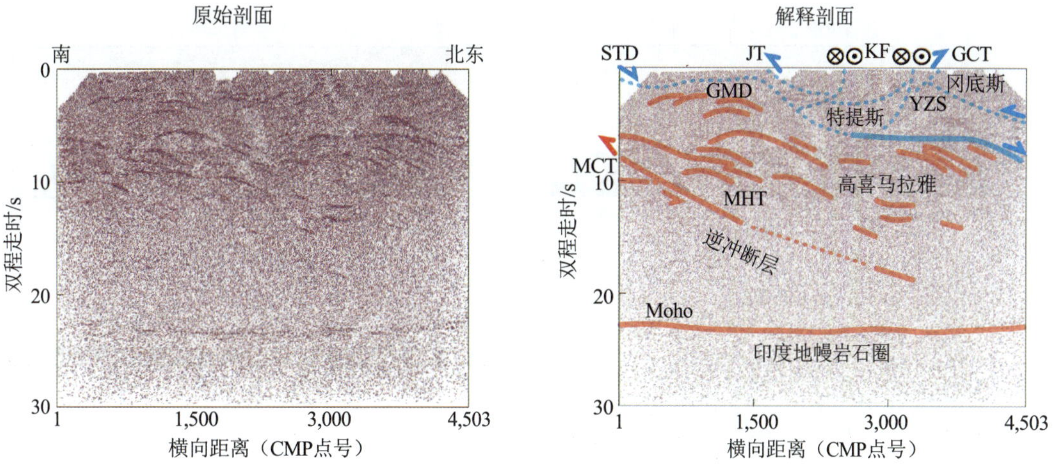

图 15-8　HKT 深反射地震叠前时间偏移剖面及其解释图

（据 Gao et al.，2016，有修改）

（a）图为未解释的原始剖面；（b）图为解释剖面，实线是根据地震反射界面特征的解释，虚线是从地表地质或反射剖面推断的解释，蓝色表示的是在 STD 及其上盘的主要结构，红色表示的是莫霍面、MCT、MHT 和结晶基底上的弧形反射面。STD—藏南拆离系；JT—Jungbwa 断裂；KF—喀喇昆仑断裂；GCT—大反转逆冲断层；GMD—纳木阿尼滑脱层

用也不一样。比如在雅江缝合带附近的地壳增厚有可能是印度大陆俯冲引起的，或是下地壳的部分熔融体等物质向上侵入引起。地壳增厚的因素多种多样，不能做简单化的解释。Hauck et al.（1998）则认为俯冲的印度地壳顶部滑脱层在北纬 28.6°、深度 45 km 处有明显的北倾反射带，推断在滑脱层中有一个大的向北倾斜的斜坡构造。至于印度大陆地壳是否俯冲到雅江缝合带以北，当时尚无直接证据可以证明。

Zhang et al.（2004）利用藏南从佩古错到普莫雍错的一条近东西向的宽角反射地震剖面（PP 剖面）得到了该剖面下的地壳结构。研究结果表明，地壳中存在显著的地震速度不均匀，莫霍面深度西部约 71 km，中部约 76 km，东部约 74 km，其边界与藏南活动构造带相对应；上地壳底部有一个低速层，深度为 20~30 km；上地壳中较低的速度和地表三个活动构造带的存在，说明西藏南部上地壳分层，地壳增厚和地壳物质的东西向逃逸是同时发生的，伴随着印度和欧亚板块之间的碰撞和挤压。

Zhang et al.（2011）对整个青藏高原的宽角地震剖面进行汇编整理，利用克里金插值方法得到了青藏高原地下的三维地壳结构。其中包括了三条位于中喜马拉雅的三条剖面（图 15-9），分别是 YD 剖面（Teng et al.，1983）、CZ 剖面和 PP 剖面（Zhang et al.，2004）。研究结果表明：青藏高原的上地壳纵波速度值为 5.8~6.2 km/s，厚 20 km；中地壳纵波速度为 6.3~6.7 km/s，厚 20~30 km；下地壳的纵波速度为 6.8~7.3 km/s，厚 20~30 km。在大约东经 90°的边界两侧，地壳厚度具有非常明显的东西差异。而且在雅鲁藏布江缝合带两侧，地壳结构也发生了显著变化。

Guo et al.（2017）利用横跨喜马拉雅中部的两个深地震反射剖面得到了深层地下结构的图像。这两个剖面沿南北向延伸约 120 km，并在雅鲁江缝合带附近这两个剖面重叠了约 40 km 长度。剖面的南部覆盖了特提斯喜马拉雅山脉的狭长地带，北部覆盖了雅江缝合带和冈底斯岩浆带。剖面整体图像清晰地显示了西藏下方印度地壳的几何形状及其俯冲板片的空间变化特征（图 15-10）：MHT 于 14~15 s 开始，可连续追踪至 28 s；MHT 之上发生叠置的多重逆冲构造，而冈底斯的下地壳呈现弱反射特征；印度下地壳高角度（俯冲角度约为 45°）俯冲于雅鲁藏布江缝合带下，穿过莫霍面进入地幔，与亚洲岩石圈地幔缝合。

由中部地震剖面解释得到的莫霍面可以看成是印度下地壳和拉萨下地壳的基底，其结构大致连续地贯穿中部 XGZ 剖面，并向地幔缝合线的南北向倾斜。印度地壳的绝大部分物质向南被拉萨刚性地体所阻挡，或通过构造叠置作用沿韧性剪切带向其上覆地层运移。显然，俯冲的印度地壳的前缘也在

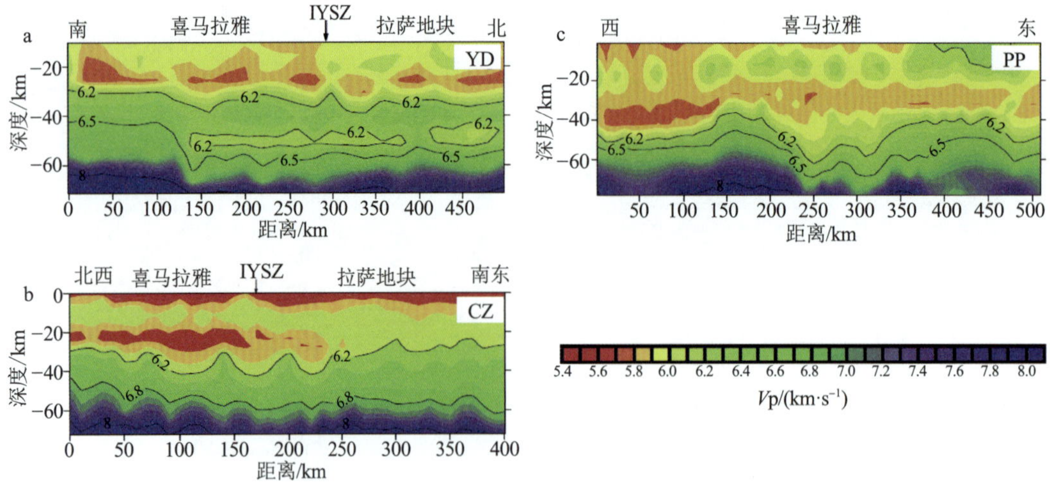

图 15-9 喜马拉雅中部区段的三条宽角反射剖面下方的地壳纵波速度结构

（据 Zhang et al.，2011，有修改）

a—YD 速度剖面；b—CZ 速度剖面；c—PP 速度剖面；IYSZ—印度河-雅鲁藏布江缝合带

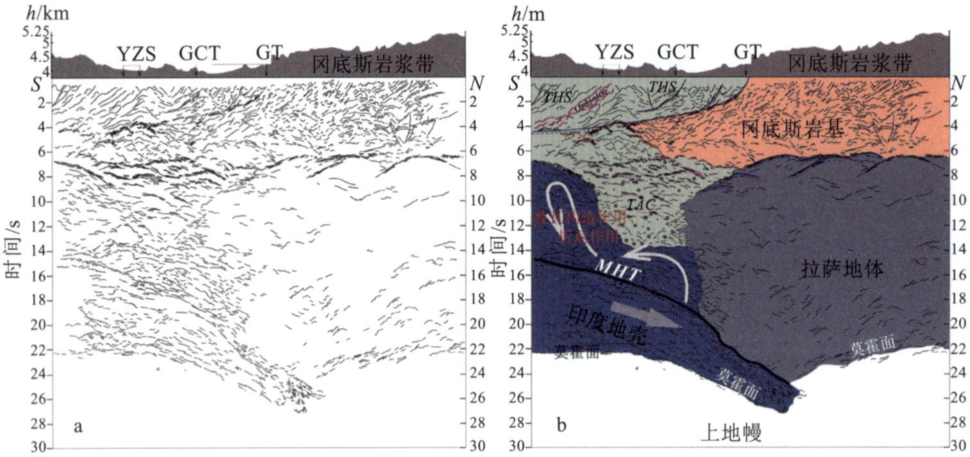

图 15-10 中部 XGZ 剖面的处理剖面及其解释剖面图

（据 Guo et al.，2017）

a—反射面主要特征示意图；b—反射地震剖面解释图。YZS—雅鲁藏布江缝合带；GCT—大反转逆冲断层；GT—冈底斯逆冲断层；THS—特提斯喜马拉雅；TAC—特提斯增生杂岩体；MHT—主喜马拉雅逆冲断层

向上移动，而不是直接向下。这一结构特征为俯冲的印度地壳正在向地表折返的地质现象提供了新的证据支持。

与西部剖面不同，中部剖面并没有发现印度板块向北的平俯冲结构。从解释剖面可以看到，两个大陆的莫霍面与下地壳相向倾斜碰撞，碰撞面呈近于直立样式。地壳 6~7 s 深度处存在构造滑脱层或拆离层，使上地壳与下地壳拆离，碰撞呈现“鳄鱼口”式构造样式。印度大陆下地壳以高角度俯冲在雅江缝合带之下，在冈底斯前缘沉入上地幔，而上地壳并没有卷入俯冲。冈底斯地体的下地壳具有部分熔融特征，6 s 附近出现亮点反射，其下方的地壳表现为明显的弱反射结构，而且与大地电磁探测获得的低电阻率异常范围吻合。

印度岩石圈向西藏南部俯冲，而大陆物质由于地壳浮力抵抗俯冲，在一定程度上促进了喜马拉雅主逆冲断层的形成。在陆-陆碰撞过程中，该逆冲断层可能作为下地壳和上地壳之间的壳内韧性拆离断层发生解耦变形。结果，印度板块的下地壳被拖到西藏南部之下，印度地壳的其余部分剥离，并沿着喜马拉雅主冲断经历了自上而下的构造叠置，从而促成了喜马拉雅造山带的快速隆起，形成上地壳逆冲和下地壳高角度俯冲的这种“鳄鱼口”式的构造模式。

Guo et al.(2018）对喜马拉雅西部的 HKT 剖面和中部的 XGZ 剖面进行了对比分析。研究结果表明：印度地壳结构几何形状存在显著的东西向变化，说明俯冲的印度板块向东倾斜变陡，并发生壳幔解耦，同时伴随着俯冲印度地壳的前缘发生撕裂。从印度板块地壳的俯冲距离来看，这两条剖面似乎都只是刚刚越过雅江缝合带，而并没有像传统观点所认为的向北部西藏下方延伸了较长距离。这两条剖面的对比结果还表明，如果地壳尺度的多重构造叠置作用驱动了俯冲的印度地壳的向上转移，那么这种构造叠置作用的程度从喜马拉雅西部到中部应当逐渐减小。该地区地壳和地幔岩石圈的解耦，以及各板块跨时期的隆升导致的板块撕裂和随后的向东倾斜，显然对这些事件起着关键的控制作用。

（三）横跨中喜马拉雅东部的主动源地震剖面

位于雅江缝合带东部 92°E 处的一个深地震反射偏移剖面的结果表明：印度板块在向北俯冲时可能会经历变薄以及俯冲角逐渐减小，印度的下地壳也只是在有限程度上穿透了拉萨地体（Dong X et al.，2020)。在喜马拉雅 88°E 的深地震反射剖面中发现的反射特征表明，活跃的岩浆侵入和强烈的岩浆活动是下地壳增厚和拉萨地体形成的可能因素。在 92°E 地震反射剖面的南段 5~16 s 范围内存在北倾的反射体相对平缓的倾角偏移，即喜马拉雅地壳由南向北变薄，或造山带内存在一个巨大的斜坡构造，说明构造叠置是喜马拉雅造山带东部地壳增厚的主要机制。

上述对比结果呈现出俯冲的印度地壳前缘的几何差异：沿雅鲁藏布江缝合带横向，印度板块不均一俯冲的深部过程。结合莫霍结构的变化，这些观测结果表明，与喜马拉雅中部相比，喜马拉雅西部经历了更早、更强烈的地壳尺度的多重构造叠置作用。

从这三条剖面的对比来看，印度板块地壳的俯冲角度沿喜马拉雅由西向东逐渐发生变化（图 15-11)。深地震反射探测结果显示位于中喜马拉雅造山带西部（81°E）有一个相对平坦的下地壳和莫霍面（Gao et al.，2016)。而 Guo et al.(2017）根据深反射地震资料发现印度的俯冲角度在喜马拉雅中部（88°E）约为 45°。印度板块的俯冲角度在喜马拉雅东部（92°E）呈现出斜坡式俯冲，俯冲角度由约 25°增加为>50°（Dong X et al.，2020)。

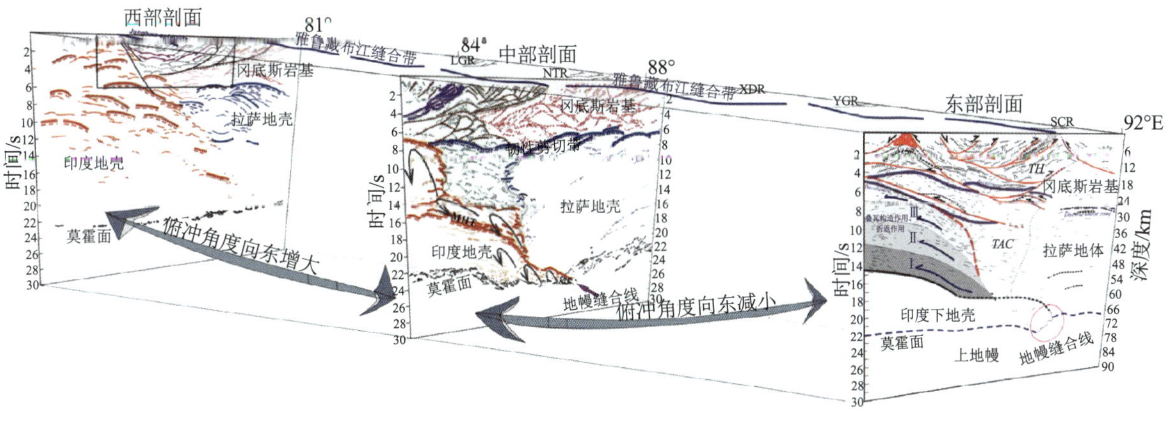

图 15-11　从中喜马拉雅西部到东部，印度-亚洲板块碰撞带从地表到深处的地壳尺度结构变化示意图

（据 Dong X et al.，2020，有修改）

从左至右依次为中喜马拉雅西部 HKT、中部 XGZ 和东部 LZ 剖面的深地震反射剖面解释图

综上所述，7 条位于中喜马拉雅的主动源地震探测剖面在一定程度上揭露了更为精细的地壳结构、莫霍面变化以及地壳深部构造格架。通过划分西部剖面，中部剖面和东部剖面，对比分析后得到以下几点认识：①西部剖面（例如位于 81°E 的 HKT 剖面）具有地壳尺度平俯冲和下地壳减薄的多重构造叠置模式；②中部剖面（例如位于 88°E 的 XGZ 剖面）呈现出上地壳逆冲和下地壳高角度俯冲的“鳄鱼口”式构造模式；③东部剖面（例如位于 92°E 的 LZ 剖面）则是构造叠置加上岩浆侵入的斜坡

式俯冲构造模式。在中喜马拉雅，印度地壳的俯冲角度和距离在东西方向上也发生了变化。上述剖面中，印度地壳的俯冲角度呈现“平坦—约45°—由25°增大到50°”的变化特征；而对于俯冲距离而言，西部和中部剖面似乎都只是刚刚越过雅鲁藏布江缝合带，而东部剖面可能到达了北纬30度附近。上述结果表明，印度地壳的俯冲行为与下伏印度岩石圈地幔存在差异，说明在一定程度上两者可能发生了解耦。

三、中喜马拉雅地区大地电磁探测和深部电性结构

国内地球物理工作者（袁学诚等，1987；吴功建等，1991；孔祥儒等，1996）很早便开展了青藏高原的大地电磁法二维探测工作。为了深入研究青藏高原的壳幔电性结构特征，中、美、加三方依托INDEPTH计划开展了大地电磁探测项目（简称INDEPTH-MT）。该项目的主要目标是：在横跨喜马拉雅和雅江缝合带的藏南地区，取得多条剖面的深部电性结构资料，以配合深反射地震等方法进行综合解释（赵文津等，2001），并确认在青藏高原地壳内部是否存在广泛的低速高导层。迄今为止，INDEPTH-MT已完成13条总长度5000多千米的二维探测剖面工作。

INDEPTH-MT探测揭示了高阻的印度大陆地壳前缘在雅江缝合带附近遇到中地壳的高导层；高导层南界位于雅江缝合带南端，上顶面位于10～20 km处；顶部埋深似乎与地震反射界面相吻合（Brown et al.，1996）。研究表明青藏高原的中下地壳确实普遍存在高导体：高原南部的巨厚地壳是热的、软弱的、塑性的，甚至具有较强的流变性（Unsworth et al.，2005），推测与局部熔融和热液流体有关（Francheteau et al.，1984）。

（一）横跨中喜马拉雅的大地电磁二维探测剖面

表15-3列出了INDEPTH计划开始后的20年间在喜马拉雅造山带及其周缘地区所开展的大地电磁二维剖面探测工作（图15-12）。

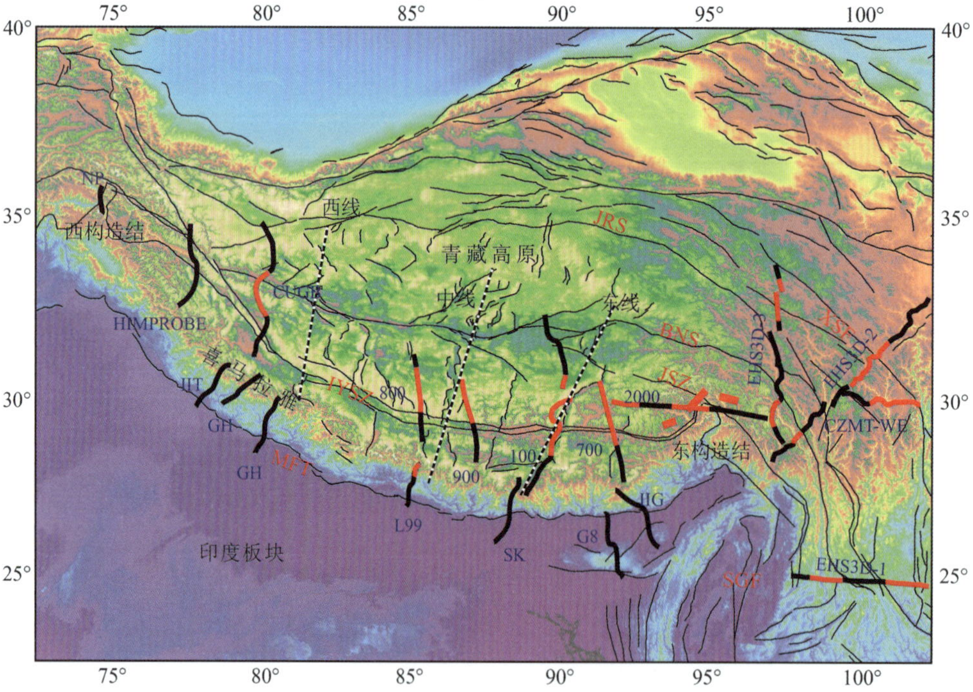

图15-12 喜马拉雅造山带及其邻区大地电磁二维剖面及壳内高导体分布图

大地电磁测线用黑色粗线标识，其中红色部分代表测线下方具有中下地壳的高导体（据Lin et al.，2017），指示可能为部分熔融状态，由此基本勾勒出了藏南及青藏高原东南缘的壳内低阻体分布；测线代码在图中用蓝色字符标识；图15-2中三条代表性宽频地震南北向测线位置用黑色虚线标识；缝合带和大型活动断层由黑色实线标示（Taylor et al.，2003），其代码名称见图15-2图注

表 15-3　喜马拉雅及其邻区大地电磁剖面探测工作列表（据不完全统计）

测线位置	测线代码	完成单位	文献来源
西构造结	NP	美国加利福尼亚大学	Park et al.（2000）
喜马拉雅西缘	HIMPROBE	印度地磁研究所、瓦迪亚喜马拉雅研究所	Gokarn et al.(2002)；Arora et al.(2007)
加瓦尔喜马拉雅	GH	瓦迪亚喜马拉雅研究所	Unsworth（2010）
加瓦尔喜马拉雅	IIT	印度理工学院	Israil et al.(2008)
尼泊尔喜马拉雅	L99	法国构造成像实验室	Lemmonier et al.(1999)
锡金喜马拉雅	SK	印度地球物理研究所	Patro et al.（2009）
印度西隆高原	G8	印度地磁研究所	Gokarn et al.(2008)
喜马拉雅中东部	IIG	印度地磁研究所	Unsworth（2010）
藏南地区	100	INDEPTH-MT 项目组	Unsworthet al.(2005)
亚东-谷露裂谷	200	INDEPTH-MT 项目组	Li et al.(2003)
藏南地区	700、800	INDEPTH-MT 项目组	Spratt et al.(2005)
雅鲁藏布江缝合带东缘	2000	中国地质大学（北京）	魏文博等（2009）
藏南地区	900	中国地质大学（北京）	叶高峰等（2007）
喜马拉雅中西部	CUGB	中国地质大学（北京）	金胜等（2007）
东构造结邻区	EHS3D	中科院地质与地球物理研究所	Bai et al.(2010)

由于地形条件和国界所限，横跨喜马拉雅的大地电磁剖面并不多。从西到东，这些剖面分别为加瓦尔喜马拉雅测线（GH 和 IIT 测线）（Israil et al.，2008）、尼泊尔喜马拉雅（L99 测线）（Lemmonier et al.，1999）和锡金喜马拉雅（SK 测线）（Patro et al.，2009）。以上剖面都将印度前陆盆地未固结的沉积物解释为一个低阻区。主边界逆冲断层和主前锋逆冲断层则处于活动板块汇聚边缘，Israil et al.(2008) 和 Patro et al.（2009）的电阻率模型显示，向北倾斜的高导体可能是由这些逆冲断层下盘的俯冲沉积单元造成。Gokarn et al.(2002) 在西瓦里克喜马拉雅也发现了类似的结构。而在剖面北部，可以观察到电阻率普遍较高，这与该地段发育有较高级别的变质岩和火成岩有关。在这三个剖面上都观察到了主喜马拉雅逆冲断层附近的壳内高导体。尼泊尔和加瓦尔测线的结果均表明，该导体在空间上与 10~20 km 深处的一个重大地震活动区吻合。据推测，这可能与地壳流体的存在有关（Lemmonier et al.，1999）。

在喜马拉雅造山带北部的广大藏南地区，最早由中法合作进行的大地电磁研究得到了藏南地电结构（袁学诚等，1987）。INDEPTH 项目利用宽频周期（范围为 0.01~1000 s）和长周期（范围为 10~10000 s）大地电磁对这一区域的地电结构进行了更深入研究。从 85°E 到 95°E 的三条剖面（Chen et al.，1996；Unsworth et al.，2005；Spratt et al.，2005）都证实了中法研究中发现的中地壳高导体的存在，并确定了其分布范围和几何结构。INDEPTH-MT 的 100 线、700 线和 800 线的三条剖面均显示藏南地区高导体的南界位于雅江缝合带（图 15-13 所示为 IYSZ）的南端。导体的顶部界面与地震反射界面较为吻合（Brown et al.，1996），这为中地壳具有较高的流体含量这一观点提供了支持。然而，仅靠大地电磁结果并不能确定流体的性质（Li et al.，2003），需要利用地震反射数据来确定振幅和偏移距的关系，到底流体是含水的还是部分熔融的（Makovsky et al.，1999）。在这类分析中，反射系数是在入射角范围内测量的。考虑到西藏南部地壳内的高温和高流体含量，这些条件下足以发生部分熔融。Chen et al.(1996) 最初描述的 INDEPTH 100 号测线位于亚东-谷露裂谷（约东经 90°）处，推测部分熔融的存在可能与该地区的裂谷带有关。

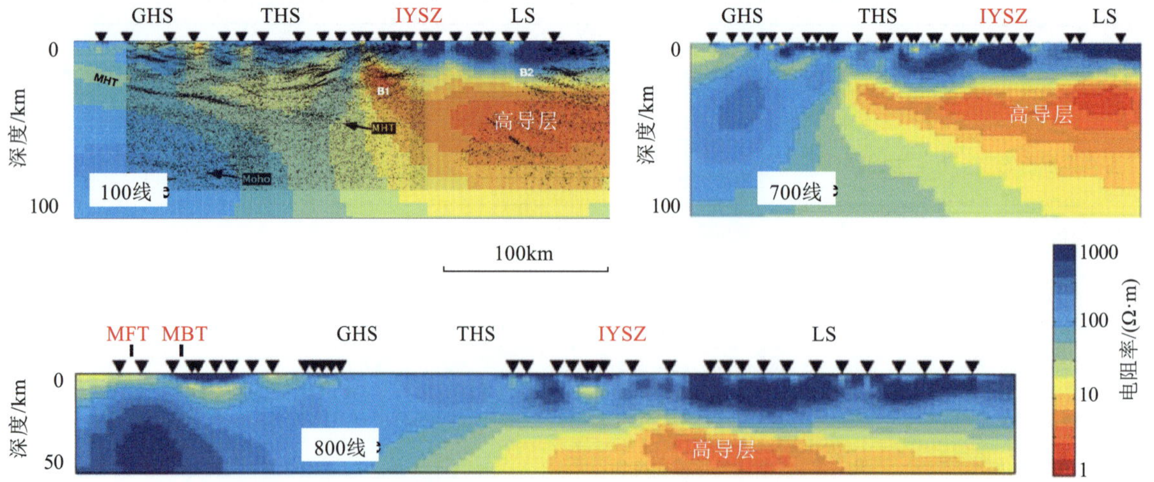

图 15-13　中喜马拉雅造山带大地电磁 100 线、700 线和 800 线的二维反演结果

（据 Unsworth et al.，2005，有修改）

GHS—高喜马拉雅；THS—特提斯喜马拉雅；LS—拉萨地体；IYSZ—印度河-雅鲁藏布江缝合带；

MFT—主前锋逆冲断层；MBT—主边界逆冲断层

2001 年，在裂谷之外还进行了 INDEPTH 700 线和 800 线大地电磁测深剖面（图 15-13）。两条剖面都显示出与裂谷剖面大致相似的电阻率结构，这表明流体的中地壳层是中喜马拉雅造山带的普遍特征，而不仅仅是由于裂谷作用（Unsworth et al.，2005）。INDEPTH 200 线（Li et al.，2003）穿过当雄地堑（亚东-谷露裂谷的一部分），表明低电阻率并不局限于裂谷。这些低电阻率的观测结果可以解释为流体含量升高，并为利用地壳流动来解释喜马拉雅造山带构造的地球动力学模型提供了支持（Beaumont et al.，2001）。Unsworth et al.（2005）对西藏南部观测到的地壳电阻率进行了定量研究，认为藏南中地壳（20~30 km）内存在低黏度的低阻层（熔融百分比为 5%~14%），其黏度相比围岩有约一个数量级的降低。这样来看，在青藏高原北部和东部，有可能产生大规模向南和向东的地壳流（Clark et al.，2000）。不过，也有地质学家对高原内部大规模地壳流的观点提出了质疑（Kohn，2008）。

以上位于藏南中喜马拉雅造山带附近的大地电磁研究表明，印度-亚洲大陆的碰撞在青藏高原南部和喜马拉雅形成了一个中地壳的低阻层，其上顶面埋深位于地下 10~20 km 处。上述低阻层可能与壳内局部熔融和热液流体的作用有关，并符合这种力学性质强度的差异，即：允许在地质时间尺度上地壳流的发生。

但是从三维空间展布看，藏南中下地壳高导体的几何形态和分布特征十分复杂。为了进一步了解壳内高导体的空间展布以及确定藏南是否存在大规模的地壳物质流，后续研究还需对印度-亚洲大陆碰撞带进行地震和大地电磁的综合研究，来探索与形变有关的三维构造，并进一步约束地球动力学模型。

（二）中喜马拉雅地区大地电磁三维探测和电性结构

近年来，大地电磁三维反演和解释技术已发展成熟。为了克服二维剖面数据在空间覆盖和处理解释上的局限性，中国地质大学（北京）在 SinoProbe 项目的资助下完成了大地电磁标准网的三维阵列观测实验。截至 2013 年底，共完成 1099 个大地电磁测深点，覆盖喜马拉雅地体北部、拉萨地体、以及羌塘地体南部的广大区域，并对其中 102 个宽频和长周期的联合测点进行了大地电磁三维反演（Zhang et al.，2017）。

反演获得的青藏高原岩石圈三维电性结构模型表明，青藏高原岩石圈的电性结构在水平方向和垂向上的变化都十分强烈（图 15-14）。从不同深度的三维切片结果看，青藏高原内部的中下地壳的确广泛分布高导体，但是这些高导体的几何分布形态十分复杂。与东向逃逸的连续管道流模型不同，这些壳内高导体更多地表现为具有南北向延伸的特征。高原内部的上地幔导电性最好的两个区域分别位于羌塘地体南部和拉萨地体中部，并有可能在更深处发生汇聚。结果还显示，俯冲的印度板块主要表现为高阻特征，电性结构模型反映出该高阻体的前缘在高原西部已俯冲至班公湖-怒江缝合带下方，而在高原中部其前缘则止于拉萨地体中部。造成这一现象的原因可能与印度岩石圈板片在青藏高原下方发生撕裂有关。

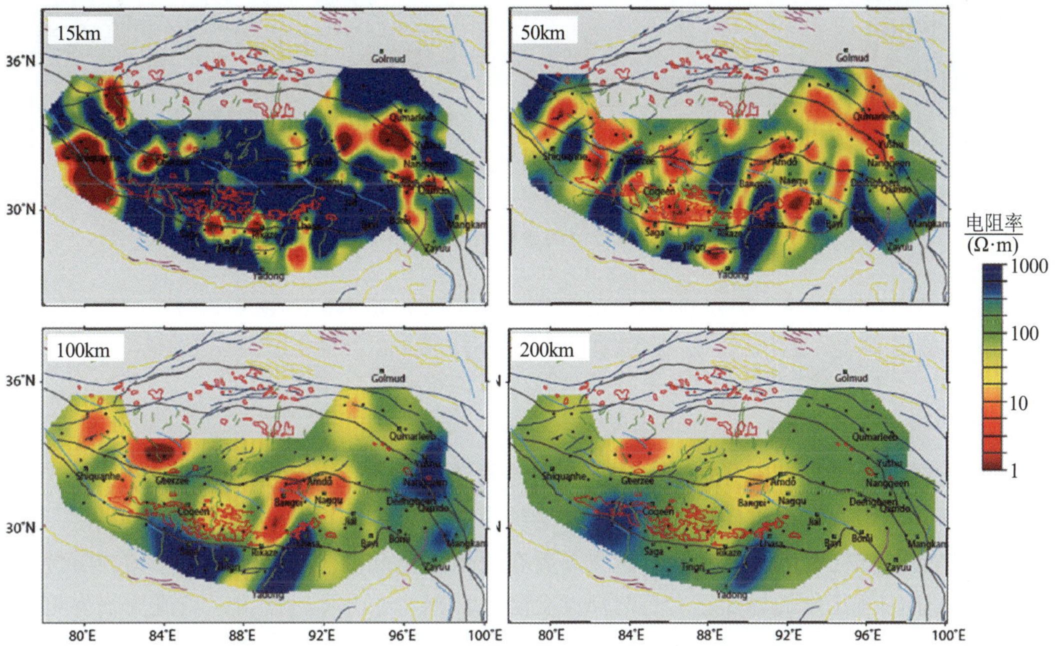

图 15-14　青藏高原南部岩石圈三维电性结构模型深度切片图
（据 Zhang et al.，2017）

在大地电磁三维电性结构的研究方面，董浩等人还对青藏高原中南部地表变形的构造成因进行了深入研究（Dong H et al.，2020）。这一模型揭示了南北走向的正断层系统和北西/南东向的共轭走滑断层系统这两种地表变形模式相对应的区域存在着显著的地壳电导率结构差异：即拉萨地体和羌塘地体正断层系统下的下地壳高电导率异常，以及班公湖-怒江缝合带附近共轭走滑区的高阻异常特性。

该研究通过实验校准的电导率-熔体组分约束关系，获得了青藏高原中部的下地壳流变学分布。与共轭走滑带较“硬”的下地壳相比，南北正断层区域下方的地壳明显较为软弱（黏度差高于一个数量级）。研究表明，在印度板块向北俯冲造成的南北向主应力作用下，拉萨地体软弱下地壳的弱流变性可能导致区域的东西向伸展，从而促进了青藏中部南北向“裂谷带”的形成；而班公湖-怒江缝合带附近的较硬而脆的地壳则在南北向应力的作用下发生了剪切破坏，形成了共轭走滑带，并可能进一步加强青藏物质的东向挤出和逃逸（图 15-15）。而这两种流变学构造在应力背景下的综合作用最终将青藏高原中部的地表变形塑造成当今的复杂格局。

总的来说，与上述大地电磁观测结果相关的科学问题有：①藏南高导体的空间展布和成因；②青藏高原向东南运移的地壳流是否存在？③青藏高原南北走向的正断层系统和北西/南东向的走滑断层系统的成因；④印度岩石圈板片俯冲前缘的位置和几何形态；⑤拉萨地体软弱中下地壳的弱流变性如何协调印度-亚洲碰撞造山和地壳增厚？

对于第一个科学问题来说，大地电磁数据可以提供电阻率的分布图像。电阻率对温度和高导电相的物质特别敏感，例如水、熔融体、硫化物或石墨，因此电阻率的测量可以用来约束地壳和地幔的流变性。在碰撞造山地区广泛存在部分熔融体和含水盐溶液这两种流体类型，它们的电阻率都远低于围岩的电阻率。流体的规模、电阻率值的大小以及几何分布都将控制岩层的整体电阻率。藏南地区地壳

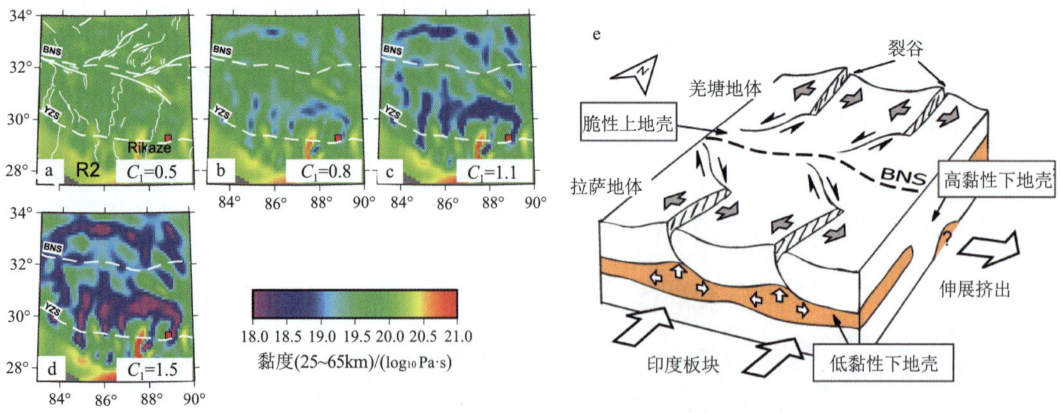

图 15-15　利用电导率计算的青藏高原中部中下地壳粘度分布

（据 Dong H et al.，2020，有修改）

a~d—利用 Liu et al.（2016）公式计算的黏度，系数 C_0=2.0，C_1 的变化范围为 0.5~1.5 之间。
BNS—班公湖-怒江缝合带；YZS—雅鲁藏布江缝合带；e—西藏中部“伸展挤压”动力学过程示意图，
橙色阴影显示了高导下地壳异常及可能的软弱构造（低黏度）分布

低电阻率带的发现，促进了对部分熔融体物理性质的研究。在实验室适当的温压条件下，含水花岗质熔融体的电阻率与藏南大地电磁探测数据所推断的结果是吻合的（Gaillard et al.，2004）。

但是，流体含量如何影响流变性呢？这就需要在流体含量和温度不同时对岩石的力学性质进行实验室测量。随着熔融体比例的增加，岩石的强度会降低。Arzi（1978）指出，当流变临界熔融体百分比（RCMP）达到20%左右时，岩石的强度发生显著降低，岩石基本上变成了液体。但要注意，这些实验一般是在相对较高的应变速率下进行的，其结果必须外推到大陆变形特征低得多的应变速率上。一些研究提供了地壳和上地幔岩石的电学和力学性质之间的 RCMP 经验关系（Renner et al.，2000）。岩石强度在 RCMP 处其变化可能是几个数量级，而最大的绝对变化发生在熔融体百分数从 0% 到 10% 的变化范围。对于花岗岩和细晶石熔融体，这种低熔融体百分数的强度损失可能超过一个数量级（Rosenberg et al.，2005）。

另外，地壳物质流动可能是陆-陆碰撞过程中的一个重要环节。截至目前，已提出了两种不同的流动模式。第一类是壳内放射性物质的加热可能导致增厚地壳内的中地壳发生熔化，并可能形成一个在特定条件下水平运移的弱化层。如果结合垂向抬升和地表侵蚀作用，则可能会导致原来熔化的中地壳岩石暴露在地表（Beaumont et al.，2001，2004）。然而，并非所有喜马拉雅和喀喇昆仑的地质研究都支持这种“管道流”的观点。研究者认为变形是通过脆性而非韧性过程发生的（例如 Kohn，2008）。另一种地壳流动类型认为高原的隆起可能产生伴随着刚性上地壳块体的挤压并向外流动（Clark et al.，2000）。这种下地壳流动在水压作用下加厚了邻近地区的地壳，但是地壳流通道没有到达地表。例如，在东构造结周边开展的 EHS3D 大地电磁探测项目观测到在地壳 20~40 km 范围内存在两条巨大的高导异常带（Bai et al.，2010）：一条从拉萨地块沿雅江缝合带向东延伸，环绕东构造结向南转折，最后通过腾冲火山；另一条从羌塘地体沿金沙江-鲜水河断裂带向东延伸，在四川盆地西缘向南转折，最后通过小江断裂和红河断裂之间的川滇菱形块体。不过，近年来有较多的研究结果却并不支持大规模东向逃逸的连续管道流模型，认为藏南壳内的高导体更多地表现为具有近南北向延伸的特征（Klemperer，2006；Kohn，2008）。

印度大陆与欧亚大陆持续汇聚缩短形成了青藏高原南部一系列近南北走向的地堑和裂谷带。这些南北向构造的形成机制仍然存在广泛争议。地壳受到近南北向的压应力和东西向的拉应力，而拉应力造成的地壳伸展很可能造成地壳的局部弱化（Dong H et al.，2015）。青藏高原南部南北向裂谷带中，处于东侧的亚东-谷露裂谷带规模最大，调整吸收了青藏高原南部 80°E-90°E 之间大部分的东西向伸展量。研究发现，中下地壳高导体受到印度岩石圈板片高角度俯冲或者拆沉的影响而发生局部形变，导致上地壳出现脆性断裂从而形成了错那裂谷带。亚东-谷露裂谷和错那裂谷的形成机制可能具有相同的深部动力源。

在印度岩石圈板片俯冲前缘几何特征的探讨中，大地电磁探测也发挥了一定作用。例如，Xie et al.(2016) 完成了一条沿 92°E 南起隆子、北至聂荣的近南北向宽频 MT 剖面。研究结果表明，雅鲁藏布江缝合带至 30.8°N 区间，中地壳存在一高导层，并由此推测印度地壳北缘止于约 30.8°N。这一结果与 Shi et al.(2015) 的地震结果基本一致。

从大地电磁三维观测所获得的三维电性结构空间展布看，新证据表明藏南中下地壳高导体可能更多地表现为南北向延伸特征，上地幔的大规模高导体在深处发生汇聚，其结果支持俯冲的印度岩石圈板片在东-西向不同位置处发生撕裂的动力学模型，并认为其前缘在高原西部以低角度俯冲至班公湖-怒江缝合带下方，而在高原中部则以高角度止于拉萨地体中部地区。拉萨地体软弱下地壳的弱流变性可能导致该区域的东西向伸展，从而促进了青藏中部南北向“裂谷带”的形成。

第二节　喜马拉雅西缘深部结构研究综述

在喜马拉雅造山带的西缘，由于地势起伏大、野外工作条件的限制，宽频地震和大地电磁探测工作开展得都较少。本节将综述近 20 年来在喜马拉雅造山带西缘开展的宽频地震和大地电磁探测工作，并介绍相关研究结果。

一、喜马拉雅西缘的宽频地震探测剖面

2001 年，中国地质科学院与法国国家科研中心在叶城至狮泉河沿线布设了 49 台宽频地震仪（测线代号为 SINOFR)，用于探测青藏高原西部的深部构造（图 15-16）。

Wittlinger et al.(2004) 利用接收函数 CCP 偏移方法获得了该剖面下方的地壳上地幔的结构图像。

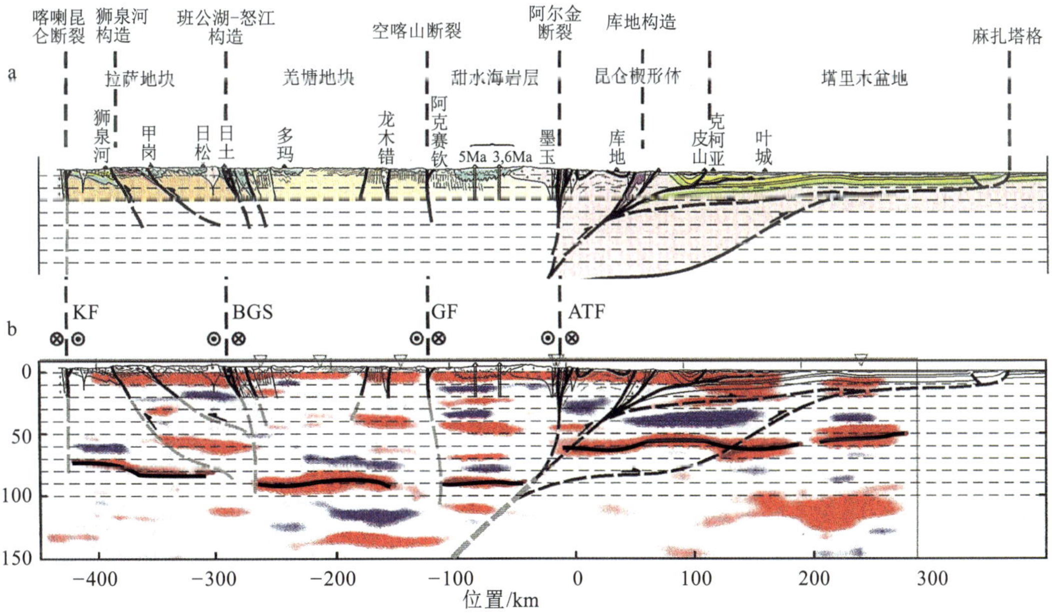

图 15-16　喜马拉雅西缘的 SINOFR 测线接收函数剖面及解释图

（据 Wittlinger et al., 2004，有修改）

a—沿东经 79°的南北向测线的构造剖面；b—该测线下方的高频（0.1~1 Hz）接收函数 CCP 叠加剖面及其解释图，其中空三角形为台站的投影位置，蓝色和红色代表负值和正值的 Ps 转换波振幅，黑色实线为莫霍面的下划线，黑色虚线为断裂或构造界线

结果表明，接收函数Ps波转换界面所指示的莫霍面深度在喀喇昆仑断裂以北为50 km左右，然后持续加深到班公湖-怒江缝合带下方约80 km的深度。越过班公湖-怒江缝合带后，莫霍面约有10 km的突变，而且走势相对平坦，平均地壳厚度可达90 km；而阿尔金断裂以北的塔里木盆地下方的莫霍面只有50~60 km。塔里木板块以约45°角向南插入西藏西北部地区，下插深度约300 km。

2002~2003年，印度国立地球物理研究所等单位合作在SINOFR测线以西布设了一条包含17个宽带地震台的南北向测线（代号为LADAKH）。测线沿着恒河平原向北穿过喜马拉雅山脉，一直延伸到拉达克喀喇昆仑西南侧。Rai et al.（2006）对该剖面数据进行了接收函数反演，结果表明：印度岩石圈的莫霍面在喜马拉雅以南的德里地区约为40 km，然后逐渐向北加深，直到喀喇昆仑断裂下方达到75 km。如果结合Wittlinger et al.（2004）的结果，可以发现印度莫霍面在西藏西部一直具有较好的连续性。这表明印度地壳可能穿过了班公湖-怒江缝合带，甚至有可能向北延伸到了位于喜马拉雅西北和拉达克附近的阿尔金断裂下方。

Oreshin et al.（2008）对LADAKH测线同时进行了SKS横波分裂和接收函数反演研究。横波分裂结果显示在测线南部和北部具有差异。在南部，各向异性的快波方向与喜马拉雅走向一致，可以解释为受印度岩石圈北东向运动的影响。而在北部，快波方向则指向东西方向，这可能与现今已消失的俯冲带的残余构造有关。接收函数反演显示上地幔200 km以上存在夹于两个高速层之间的低速层结构。该结构可能代表平俯冲模式下的地幔岩石圈和印度板块的地壳。印度板块的岩石圈可能沉入了低速的地幔中，而低速层可能代表速度较低的地幔残余。该剖面结果还表明在中地壳深度并不存在连续低速层，因此地壳通道流模型在高原西部不太可能成立。

Kanna et al.（2017）研究了喜马拉雅西缘和拉达克地区下方的上地幔顶部Pn波和Sn波速度的横向变化以及印度板块莫霍面的倾角变化特征。总的来说，喜马拉雅下方的Pn波（8.37±0.07 km/s）和Sn波（4.70±0.1 km/s）速度值要明显高于拉达克地区（7.73±0.08和4.33±0.09 km/s）。研究结果表明，印度地壳在喜马拉雅山下以2.5°的较小角度俯冲，在剖面中段俯冲角度突然变陡（可能增大到6.6°），但在拉达克下方继续以一个低角度3.8°俯冲。

喜马拉雅西构造结位于喜马拉雅造山带的最西北端，地处昆仑山、喜马拉雅山脉及兴都库什造山带的交汇之地。由于地形极其复杂，人迹罕至，地球物理工作开展非常困难，因此这里的深部探测资料相对偏少。

已有的地质和地球物理研究表明，位于西构造结的印度-欧亚大陆碰撞区域内存在两个汇聚的俯冲带，其中印度岩石圈向北俯冲至兴都库什山脉之下，而亚洲岩石圈则向南俯冲至帕米尔高原之下，俯冲达到400~500 km深度（图15-17）。Negredo et al.（2007）推测印度岩石圈板片极有可能在碰撞早期（44~48 Ma）发生了撕裂。当岩石圈板片撕裂后，西印度板块继续向北运动，其北部边界到达现在的兴都库什地区，并在那里才开始俯冲（俯冲开始的年龄约为8 Ma）。

事实上，除了在喜马拉雅东构造结，西构造结也发现了出露的高压/超高压变质岩。西构造结的大尺度层析成像资料提供的这种撕裂式岩石圈舌形板片深俯冲模式正好为西构造结超高压变质岩石的快速折返提供了深部背景。杨经绥等（2009）认为印度板块岩石圈向北俯冲受到恰曼右行走滑断裂和喀喇昆仑右行走滑断裂的制约（图15-17b），这两条反向走滑断裂使西喜马拉雅物质相对两侧向北推进和挤压，并在帕米尔地区受阻，发生了撕裂岩石圈板片的深俯冲，从而在55~50 Ma形成了超高压变质岩石。

在南迦帕尔巴特地区，Meltzer et al.（2001）利用密集台阵的地震记录观测到在地块中央存在集中的低速异常（相对围岩降低了10%以上），并一直延伸到地壳深部（图15-18b）。他们把这一显著的低速异常带解释为深层温度的升高。这是因为根据大地电磁（Park et al.，2000）和岩石学资料，基本排除了裂缝孔隙度或孔隙压力显著升高的可能性。低速异常延伸到整个地壳，表明物质进入南迦帕尔巴特地块的主要流动路径是从深部而不是沿浅层剥离。地震面波层析成像结果也支持南迦帕尔巴特壳内存在低速带这一证据（Hanna et al.，2013）。

南迦帕尔巴特高耸的地形可能与其下方薄的、热的和软弱的地壳有关。上述特征与Zeitler et al.

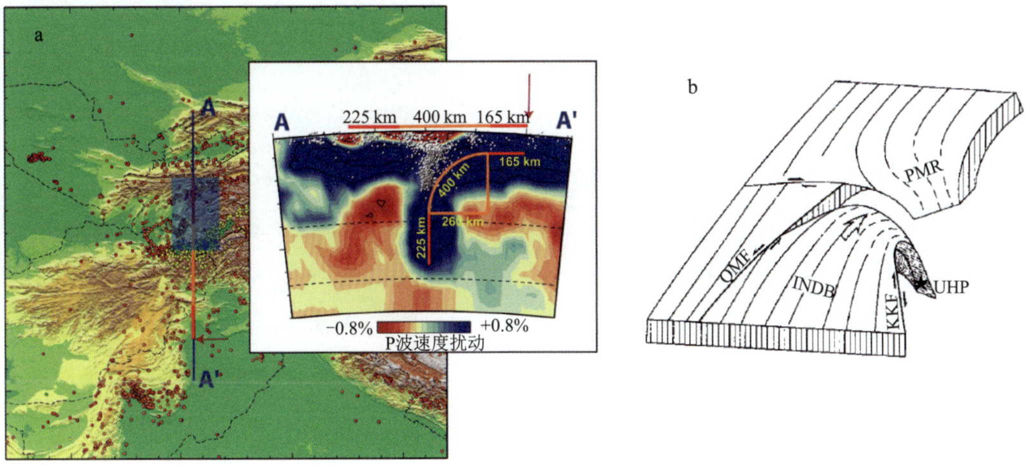

图 15-17 喜马拉雅西构造结的 P 波层析成像模型及地球动力学解释图

a—沿东经 70°剖面位置和与之对应的层析成像结果（据 Negredo et al.，2007）；b—超高压变质带受反向走滑断裂制约的撕裂式岩石圈舌形板片深俯冲模式（据杨经绥等，2009）；PMR—帕米尔；INDB—印度陆块；QMF—恰曼断裂；KKF—喀喇昆仑断裂；UHP—超高压变质岩

（2001）针对喜马拉雅构造结地区的基岩变质作用提出的热侵蚀模型相类似。该模型指出，位于地壳深部的热物质经向上快速减压熔融并运移至地表，造成了地壳较浅部位的热结构发生变化，从而有利于南迦帕尔巴特的快速崛起。

在喜马拉雅造山带西缘，宽频地震和大地电磁探测工作都相对偏少。远震接收函数结果表明，印度莫霍面在西藏西部具有较好的连续性：从喀喇昆仑断裂以北的 50 km 左右持续加深到班公湖-怒江缝合带下方约 80 km。莫霍面在越过班公湖-怒江缝合带后约有 10 km 的突变，且走势相对平坦，地壳厚度可达 90 km。

二、喜马拉雅西缘的大地电磁探测剖面

HIMPROBE 项目对喜马拉雅西北部进行了包括远震接收函数（Rai et al.，2006）和大地电磁（Gokarn et al.，2002；Arora et al.，2007）的综合探测。其中，大地电磁数据发现位于俯冲的印度板块顶部有倾斜的低阻体分布（Arora et al.，2007）。在雅鲁藏布江缝合带以北，中地壳呈现低阻特征（Gokarn et al.，2002；Arora et al.，2007），同样可以解释为部分熔融。但喜马拉雅西北部所需要的壳内熔融量要少于西藏南部。因此，如果喜马拉雅西部的汇聚速度低于喜马拉雅中部，通过较缓慢的地壳增厚产生了较少量的熔融，那么这一观测结果就可以得到较好解释。

位于喜马拉雅西缘的南迦帕尔巴特地区的电性结构与中喜马拉雅截然不同。在喜马拉雅西构造结，有证据表明快速的隆升侵蚀和壳内变形相结合，这种结构被描述为“构造瘤”模型（Zeitler et al.，2001）。该模型认为，西构造结的中下地壳内富含热的、具有柔弱性质的流变物质，并通过一条高应变的通道向上运移。运移过程中发生了脱水、液化和降压熔融等作用，并近乎垂向挤出至中上地壳。而且，在上地壳浅层 5~10 km 发生韧性-脆性转换，并受制于构造结两侧的剪切带在侵蚀和对流作用的驱动下快速抬升至地表（图 15-18d）。

事实上，在南迦帕尔巴特地区可以观测到显著的热异常以及地壳浅层的温度升高现象（Craw et al.，2005）。这种热构造与来自地壳深部经历了高级变质期的片麻岩的快速折返密切相关。地震观测也表明，在地壳浅部存在脆性断裂与韧性断裂的过渡带，有着与高地形相联系的低速区带，并且具有剥蚀速度快、地热梯度高、变质及冷凝时间短等特征（Meltzer et al.，2001）。南迦帕尔巴特的大地电磁剖面（图 15-18c）表明，该区域内存在一个中地壳导体，但并不是处在快速抬升的南迦帕尔巴特峰的正下方（Park et al.，2000）。这些特征和现象与 Zeitler et al.（2001）针对喜马拉雅构造结地区的

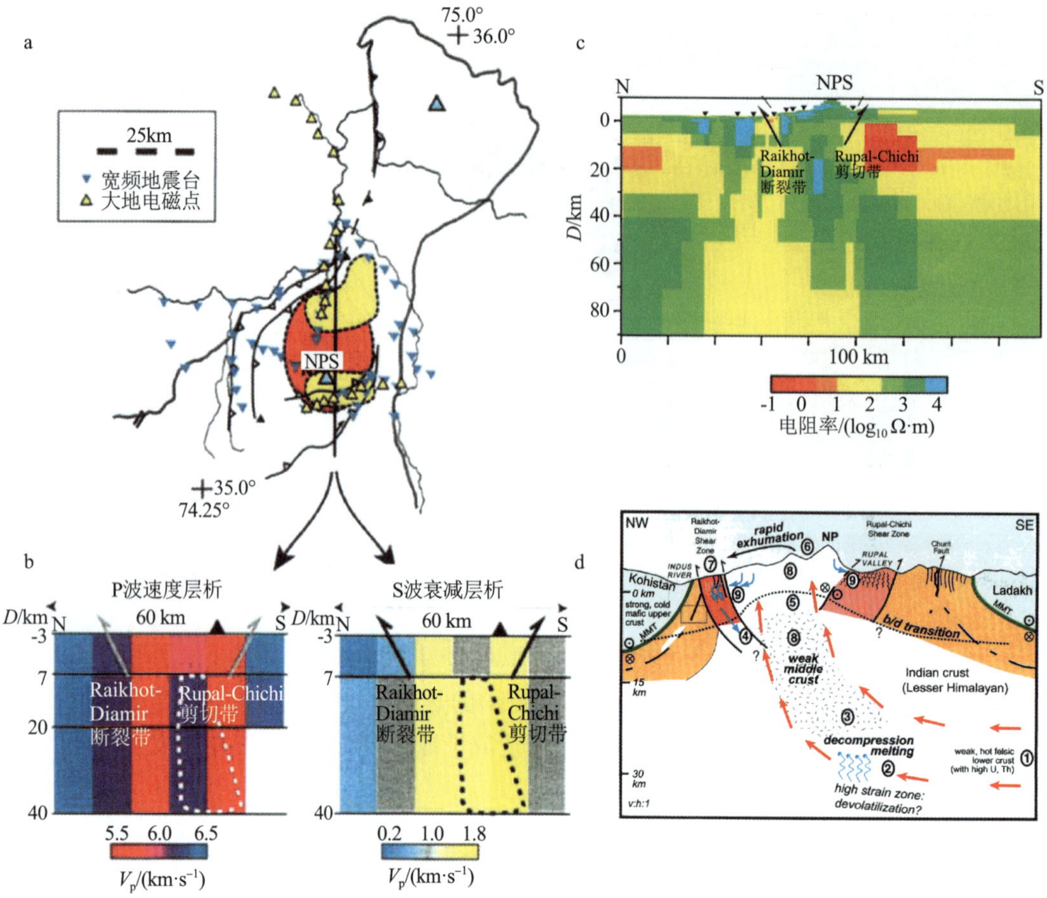

图 15-18 西藏南迦帕尔巴特的地震层析和大地电磁结果及地质模型解释

a—位于南迦帕尔巴特的地震台站、大地电磁测点分布图，图中显示了中地壳 P 波速度低值异常区域（红色部分）和中地壳 S 波衰减高值区域（黄色部分）；NPS—南迦帕尔巴特构造结；b—南北向断面的层析成像结果（据 Meltzer et al.，2001），左图为 P 波速度结构，右图为 S 波衰减结构；c—大地电磁法反演获得的二维电阻率断面图（据 Parket al.，2000）；d—“构造瘤”模型的解释图，图中注释详见 Zeitler et al.(2001)

基岩变质作用提出热-力-侵蚀模型相类似，是深部热物质快速抬升至地表造成在大陆地壳相对较浅部结构发生普遍变化的结果。这种快速变形为流体的运移提供了有效的动力机制。

印度板块岩石圈在西构造结向北俯冲受到恰曼右行走滑断裂和喀喇昆仑右行走滑断裂的制约，呈现撕裂式岩石圈舌形板片深俯冲模式。而在南迦帕尔巴特地区，地震层析和大地电磁结果表明这里存在近垂向延伸的壳内低速低阻带，解释为中下地壳内富含热的、具有柔弱性质的流变物质。它们通过一条高应变的通道向上运移，并发生了脱水、液化和降压熔融等作用，并近乎垂向挤出至中上地壳。这些特征与 Zeitler et al.(2001) 提出的热-力-侵蚀模型相类似，是深部热物质快速抬升至地表并导致浅部结构发生普遍变化的结果，而且这种快速变形为流体的运移提供了有效的动力机制。

第三节 喜马拉雅东缘地球物理联合探测和深部结构

印度河-雅鲁藏布江缝合带的轨迹向东延至东构造结，形成以蛇绿岩和混杂堆积为特征的反 U 形的印度河-雅鲁藏布江大拐弯缝合带，分割拉萨地体与南迦巴瓦变质体。区内由南向北划分为印度地体、雅鲁藏布江缝合带和拉萨地体三个构造单元。构造结核部变质地体为印度大陆高喜马拉雅岩系，其外侧为欧亚大陆岩系。组构运动学的研究认为：南迦巴瓦变质体受制于东侧右行走滑和西侧左行走滑这两条走滑断裂相对喜马拉雅地体向北推移，并深深插入拉萨地体之下（许志琴，2008）。南迦巴瓦地区还被认为是中国 20 多条主要高压-超高压变质带之一，其核部变质体中很早就被报道含有大片高压麻粒岩（钟大赉等，1995），而且近些年来又在南迦巴瓦相继发现了代表（超）高压变质作用的石榴辉石岩（张泽明等，2007；Guilmette et al.，2011；Zhang et al.，2015），揭示出印度板块向欧亚板块之下的深俯冲，并在古近纪发生了多期次的深熔作用。40 Ma 以来，印度板块持续快速地向北推进，形成了沿实皆断裂（SGF）分布的大型右行走滑断裂系，并同时造成了雅鲁藏布江缝合带在东构造结的逐渐弯曲（Xu et al.，2012）。

虽然近些年来对南迦巴瓦构造结的构造格架和岩石学研究都有了一定认识，但由于南迦巴瓦地区地形地势复杂，通行条件不便，地球物理的研究程度还相当低，一直缺少对该区深部结构约束的地球物理证据。2009~2015 年，中国地质科学院和中国地质大学（北京）围绕南迦巴瓦开展了宽频地震和大地电磁探测工作。本节利用这 6 年间在南迦巴瓦所积累的宝贵地球物理探测资料，分别采用天然地震体波走时三维层析成像、远震接收函数分析和大地电磁三维反演等地球物理数据处理和解释技术，对构造结的地壳上地幔结构进行了综合研究，相互印证，互为补充，以探讨喜马拉雅东缘南迦巴瓦构造结的形成机制和动力学模型。

（一）远震 P 波层析成像和壳幔三维速度结构

位于喜马拉雅东缘的南迦巴瓦构造结，由于受制于复杂的地形条件，宽频地震的研究程度相对较低，仅麻省理工学院（MIT）、利哈伊学院（Lehigh）和成都地质和矿产资源所的合作项目在藏东南布设了宽频地震台阵（Lev et al.，2006；Sol et al.，2007；Yao et al.，2010；Li et al.，2008；Wei et al.，2013）。但该计划的台站主要分布在南迦巴瓦构造结北部区域，难以清晰地揭示构造结正下方的壳幔结构。为此，笔者在南迦巴瓦峰周边进一步开展了宽频地震流动台站的布设和观测。通过新增加的观测数据并结合邻近地区已有数据进行远震 P 波层析成像来探讨其地球动力学机制。

用于层析成像的宽频带地震数据由两部分组成：一部分来自收集的 2003~2004 年期间在青藏高原东南部完成的宽频带地震探测数据，另一部分来自 2010~2013 年笔者在南迦巴瓦地区采集的宽频带地震观测数据，其中该地震观测具有更密的台站分布（图 15-19a），其间共布设三分量地震台站 35 台，台站间距约 15 km，观测采用美国 Ref-Tek130 地震仪，配备 STS-2 和 Trillium-40 检波器。

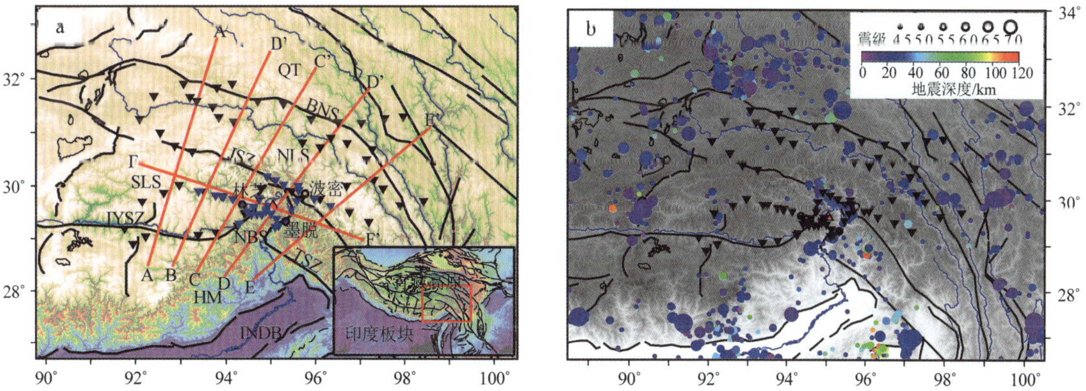

图 15-19　喜马拉雅东缘宽频地震台站分布及地震活动性分布

a—包括 35 个新布设台站（蓝色三角）以及 45 个来自 Lehigh 项目的已有台站（黑色三角）；红色三角代表南迦巴瓦峰，缝合带和大型活动断层由黑色实线标示（据 Taylor et al.，2003；Xu et al.，2012）；IYSZ—印度河-雅鲁藏布江缝合带；TSZ—提定缝合带；JSZ—嘉黎剪切带；BNS—班公湖-怒江缝合带；SGF—实皆断裂。主要地质单元：QT—羌塘地体；NLS—北拉萨地体；SLS—南拉萨地体；HM—喜马拉雅地体；NBS—南迦巴瓦构造结；INDB—印度板块；b—研究区 1970~2015 年发生的 4.5 级以上的地震事件分布图，地震数据来自中国地震台网中心，圆圈大小代表震级大小；色标显示地震发生的深度，红色表示深源地震，蓝色表示浅源地震

（1）远震 P 波层析成像及结果讨论

如图 15-20 所示，南迦巴瓦构造结及其邻区的从 40 km 到 260 km 的 4 张纵波速度扰动水平深度

切片的图像。40 km 切片图中，南迦巴瓦构造结（NBS）位于雅江缝合带东缘的反 U 形走滑剪切带之间，为印度板块的高喜马拉雅岩系，外侧为南拉萨地体（SLS），地表广泛发育冈底斯花岗岩；北拉萨地体（NLS）南起嘉黎断裂（JSZ），向北一直延伸到班公湖-怒江缝合带（BNS）。地壳中的 40 km 切片图显示：在 NBS 附近广泛存在较连续的低速带，并且环南迦巴瓦展布。相比之下，高速异常在研究区西部地区占主导。100 km 深度切片显示了类似的特征：高速异常在西部占主导而低速异常主要分布在东部地区。这可能表明俯冲带下印度板片俯冲的形态发生了较大变化。更深层的切片图（180 km 和 260 km）的特性变化更为复杂，并显示一种可能的与浅部相反的结构特征：即西部转变为低速异常而在东部则为高速异常。

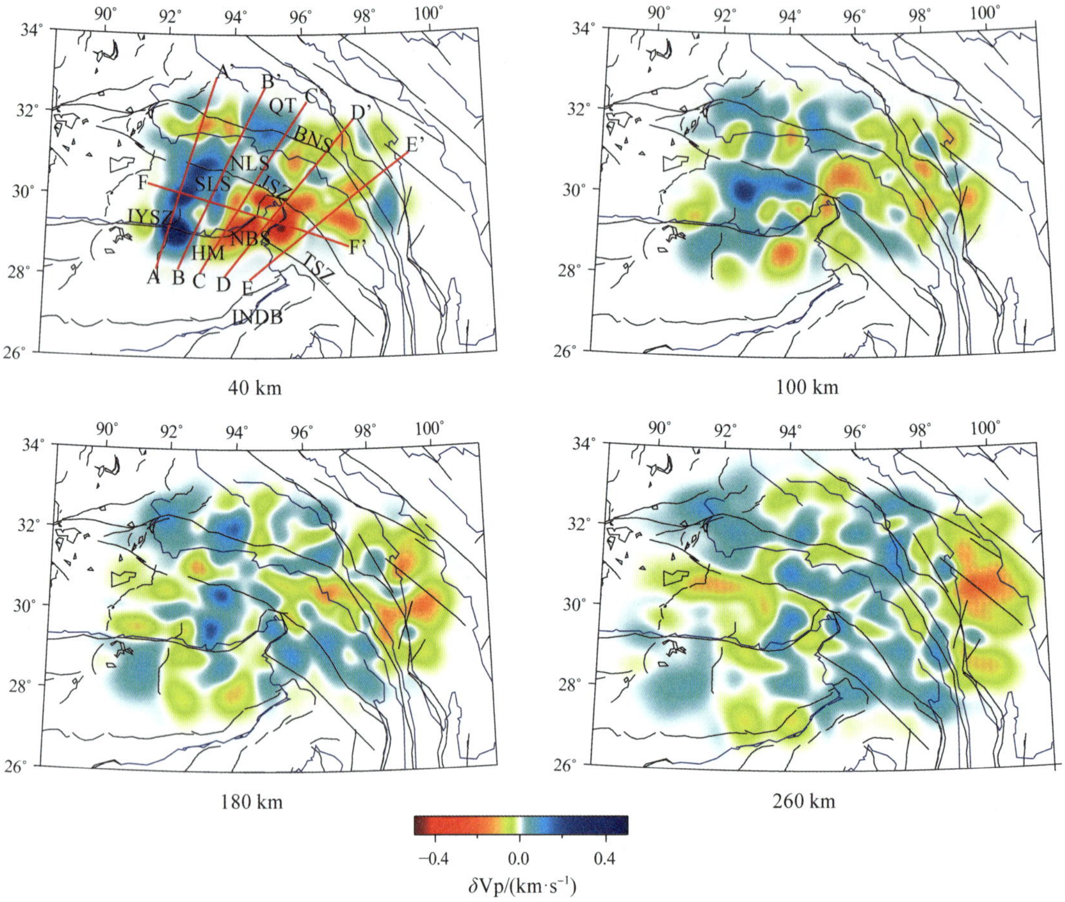

图 15-20　喜马拉雅东缘远震 P 波层析结果深度切片图

切片深度标示于每张图下方，红色和蓝色分别代表低速和高速扰动，速度扰动色标在底部标示；黑色线为缝合带和大型活动断层，名称见图 15-19 图注

通过研究区地震数据的综合分析可获得较准确的莫霍界面（Artemieva et al.，2013），但是对于 NBS 的研究程度而言，缺乏足够资料准确确定其莫霍界面形态。因此，这里采用 CRUST1.0 作为初始模型并反演莫霍界面，而莫霍界面的调整可能影响了浅层结构的恢复。解决这一问题的一个有效的途径是对远震、近震甚至主动源地震（如宽角折射和宽角反射）资料走时进行联合反演。就本研究而言，讨论的重点主要集中在 NBS 的深层结构上。

为了进一步搞清 NBS 及其邻区的深部壳幔结构以及印度板片的俯冲形态，沿 SW-NE 向（AA′-EE′）和 NW-SE 向（FF′）共作了 6 条剖面（图 15-21）。其中沿 SW-NE 向的 5 个剖面（AA′-EE′）均南起喜马拉雅地体（HM），通过拉萨地体，最后穿过班公湖-怒江缝合带（BNS）到达羌塘地体（QT）（剖面位置见图 15-19a）。最西边的剖面（AA′）展示了高速的印度岩石圈板片（标记为印度板片①）平俯冲于拉萨地体之下直到延伸至 BNS。相比之下，印度板块在 BB′剖面中以较高的角度沿

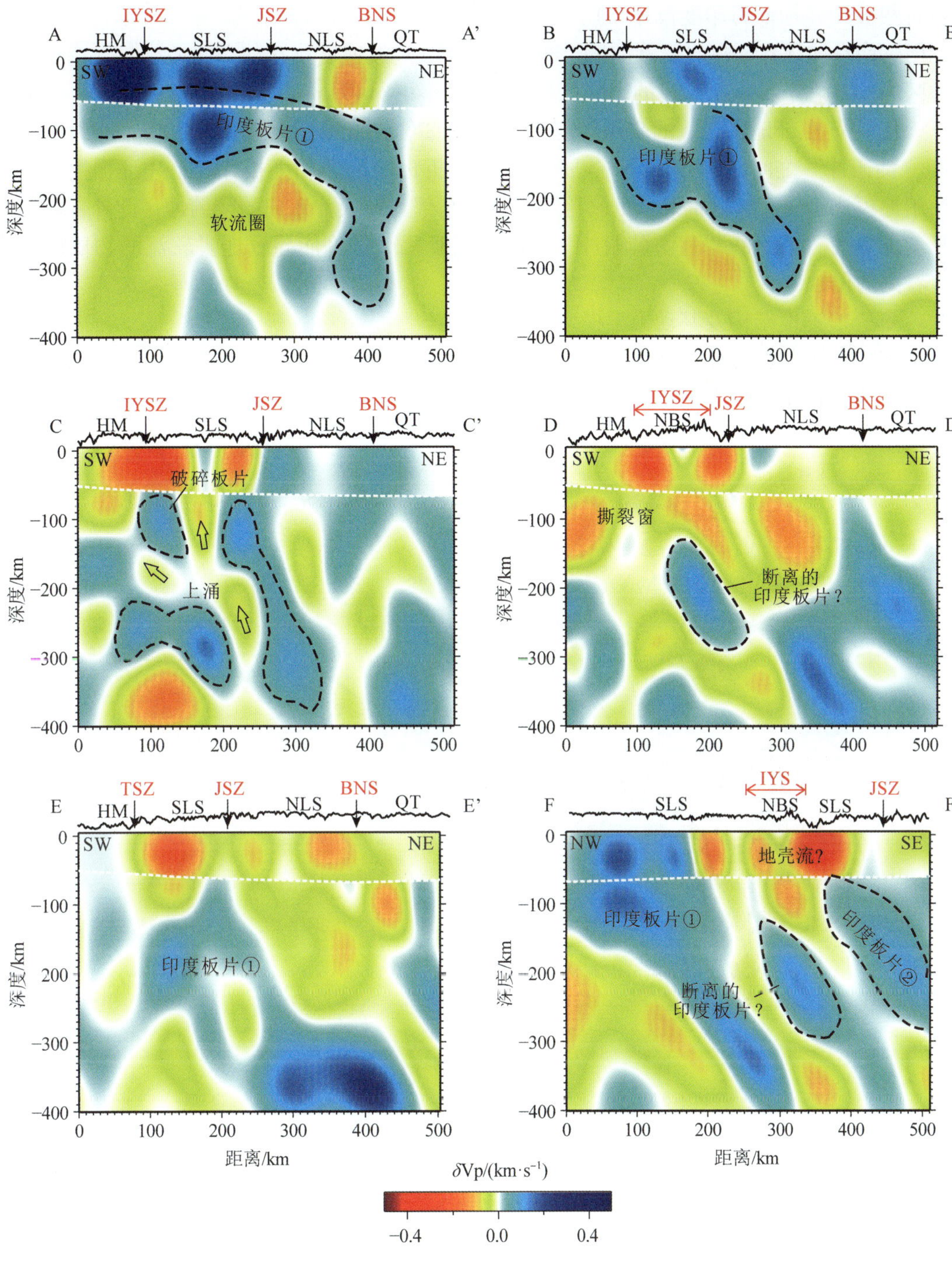

图 15-21　喜马拉雅东缘远震 P 波层析结果垂直剖面图

6 条剖面位置如图 15-19a 所示，红色和蓝色分别代表低速和高速扰动，速度扰动色标在底部标示；地形，缝合带和大型活动断层标示于剖面图上方，名称见图 15-19 图注；白色点线代表变化的莫霍面，黑色虚线圈出了印度俯冲板块以及可能的分离的板片碎块

北东向俯冲，这可能表明板片的俯冲形态向东有从低角度向较高角度变化的趋势。在中间的 CC′剖面中，印度板片可能发生断离，具有破碎的特征，其间存在上涌的低速异常带。在南拉萨地体之下具有多个高速异常体。此外，高速异常也出现在羌塘地体之下，但该区域由于缺乏足够的分辨率难以保证该高速异常的可靠性（Peng et al.，2016）。穿过构造结的 DD′剖面显示在 NBS 之下具有相对高速的异常，解释为拆离的印度板片。而低速异常出现在板片的撕裂窗口并向浅部延伸，这可能表明热的软流圈地幔物质向上运移并通过撕裂窗口使 NBS 的地壳变热。东边的剖面（EE′）揭示了在上地幔的高

速印度岩石圈板片（标记为印度板片②）。

沿北西—南东向横穿南迦巴瓦峰的 FF′剖面也表现出 P 波速度扰动的空间差异。在南迦巴瓦构造结西部地区的 SLS 之下，显示高速的印度板片①分布于深度 140 km 以上，对应于平俯冲的印度板片。相比之下，在 NBS 东部地区之下的高速印度板块似乎向东陡俯冲至上地幔>240 km 的深度。在“平俯冲”和“陡俯冲”之间，在 NBS 下方可能存在一个拆离的高速印度板片。上述证据揭示了复杂的印度板块俯冲模式：构造结西部北向的平俯冲，但在东部却转换为东向的陡俯冲。此外，印度板块的板碎似乎就发生在“平俯冲”和“陡俯冲”之间的过渡区。这可能导致地幔软流圈物质的上涌以及对上覆岩石圈的侵蚀。

（2）深部壳幔速度结构及其动力学模型

采用密集台站的纵波层析成像结果可总体描述为：印度板块在喜马拉雅东缘呈现复杂的从平俯冲向陡俯冲过渡的差异性三维俯冲样式（图 15-22）。

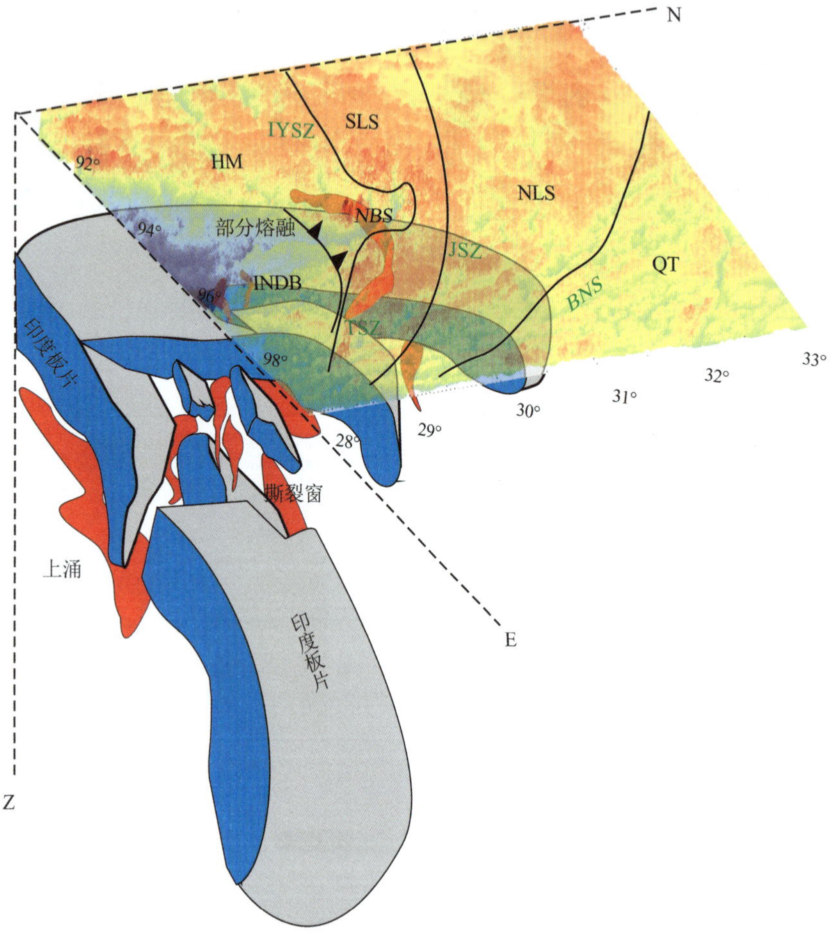

图 15-22　喜马拉雅东缘深部结构的三维卡通模型

地形图位于模型地表位置，图中包括研究区内缝合带和大型活动断裂，名称见图 15-19 图注；
在深部结构模型中，蓝色所示高速的印度俯冲带板片，低速区用红色标示

印度板片在研究区西部发生平俯冲并可能延伸至 BNS。尽管在西藏中东部亦有少量陡俯冲的模型存在（Replumaz et al.，2004；Li et al.，2008），这一平俯冲的模式与中喜马拉雅造山带的大部分地震学证据是一致的（Nelson et al.，1996；Owens et al.，1997；Tilmann et al.，2003；Zhou et al.，2005；Lei et al.，2014）。而相比而言，印度板片在 NBS 以东地区以高角度样式向东俯冲，这与该区域更大尺度的已有模型结果是相符的（Li et al.，2008；Lei et al.，2014）。值得注意的是，地震活动分布图（图 15-19b）也显示研究区东部和西部地震活动性的差异：NBS 以西地区地震活动较弱，但

在 NBS 东部却有大量地震事件分布。这一地震活动的特征很可能与该地区俯冲板片的空间差异性密切相关。

喜马拉雅东缘的远震 P 波三维层析成像结果揭示了喜马拉雅造山带东缘复杂的深部结构及印度板块从“平俯冲”向“陡俯冲”转换的差异俯冲样式和破碎结构。NBS 以西，显示印度板片是平俯冲形态。相比之下，印度板片在 NBS 东部却是向东俯冲的高角度俯冲样式。这种差异俯冲模式使得印度板片在 NBS 下方发生板片撕裂，导致热的软流圈地幔可能通过 NBS 下方的撕裂窗口上涌，产生壳内部分熔融向上挤出从而使南迦巴瓦快速隆升并最终形成 NBS。

相比其他层析结果，该项研究更侧重于在喜马拉雅的局部区段内，特别是在 NBS 地区布设了密集的台站，着重了解印度板块“平俯冲”和“陡俯冲”之间过渡带的深部结构。研究结果提供了新的认识：岩石圈板片的撕裂致使低速物质在 NBS 下方上涌，这可能最终导致了南迦巴瓦的隆升。对这一地区的动力学数值模拟结果认为，在差异性俯冲模式下很可能在其间形成破碎带（Li et al.，2013），符合这里的动力学模型。

在喜马拉雅西构造结，由于印度板块陡俯冲其板片撕裂也有可能出现（Negredo et al.，2007；Yang J S et al.，2009）。这些结果表明喜马拉雅东、西构造结之间具有相似的结构特征（Burg et al.，1998；Ding et al.，2001；许志琴等，2008；Booth et al.，2009）。为了解俯冲板片破碎的原因，需要考虑在该地区做大尺度的地球动力学模拟研究。印度板块是以小倾角（小于 30°）或者近水平的样式向北俯冲（Huang et al.，2006；Li et al.，2008；Hung et al.，2011；Xu et al.，2011），比以向东（或北东）俯冲的缅甸板块小得多（倾角约 60°）（Li et al.，2008；Lei et al.，2014）。在这种构造背景下，应该出现强烈的伸展，从而可能导致俯冲带板片的最终撕裂。

根据接收函数和大地电磁的数据一维联合反演的结果，笔者发现在南迦巴瓦的地壳和上地幔都存在低阻、低速层（彭淼等，2012）。基于三维的深部结构模型，认为南迦巴瓦构造结的形成与板片撕裂和诱发的软流圈地幔上涌有关。这些热地幔物质可能首先进入地壳深部，导致岩石的部分熔融，然后进一步“挤出”至地表，从而最终导致南迦巴瓦的快速隆升。

喜马拉雅东缘的三维概念模型（图 15-22）显示了俯冲碰撞带下盘板片的横向变化，而这在特提斯造山带的是一个普遍的现象。例如：喜马拉雅造山带（Li et al.，2008；Replumaz et al.，2014），Zagros 造山带（Agard et al.，2011），Aegean-Anatolia 造山带（Jolivet et al.，2013；Gessner et al.，2013）以及阿尔卑斯造山带（Barruol et al.，2011）等。基于对土耳其西南部的地壳演化、岩石圈结构和地形动力学研究，Gessner et al.（2013）发现穿过 Hellenide 和 Anatolide 带的俯冲岩石圈板片是不均一的，其结构在垂向发生陡然变化：Aegean 下方为高速的、冷的、高密度的俯冲板片，而西安纳托利亚下方却为低速的、热的、活跃的软流圈。因此在西安纳托利亚之下应存在撕裂窗口，导致热的软流圈地幔上涌而形成世界上最大的变质核杂岩，即曼德列斯地块。基于这种比较，笔者认为喜马拉雅东缘的横向差异性俯冲、板片撕裂和地幔上涌的模式与 Aegean-Anatolia 过渡区的俯冲模型具有较好的一致性。

（二）远震接收函数和地壳结构特征

用于接收函数研究的宽频地震数据主要由两部分组成：一部分是从美国地震学研究联合会（I-RIS）收集到的地震数据，该数据来自 2003~2004 年在南迦巴瓦及其周边地区完成的 Lehigh 宽频带地震探测项目，本研究优选了研究区域内的 13 个台站（图 15-23 黑色三角标示）。另一部分数据来自在南迦巴瓦地区实施的宽频带地震台观测所获取的地震记录（图 15-23 蓝色三角标示）。期间共布设三分量地震台站 35 台，该台网观测具有更密的台站分布。此外，还使用了国家测震台网西藏林芝地方台的地震记录（郑秀芬等，2009）。

（1）南迦巴瓦地壳厚度 H 和 V_p/V_s 计算结果

对南迦巴瓦及其周边的 48 个宽频地震台站数据进行了接收函数提取，并利用 $H-\kappa$ 叠加分析计算地壳厚度和波速比。在 $H-\kappa$ 叠加过程中，结合研究区的实际情况，选取该区地壳平均 P 波速度为

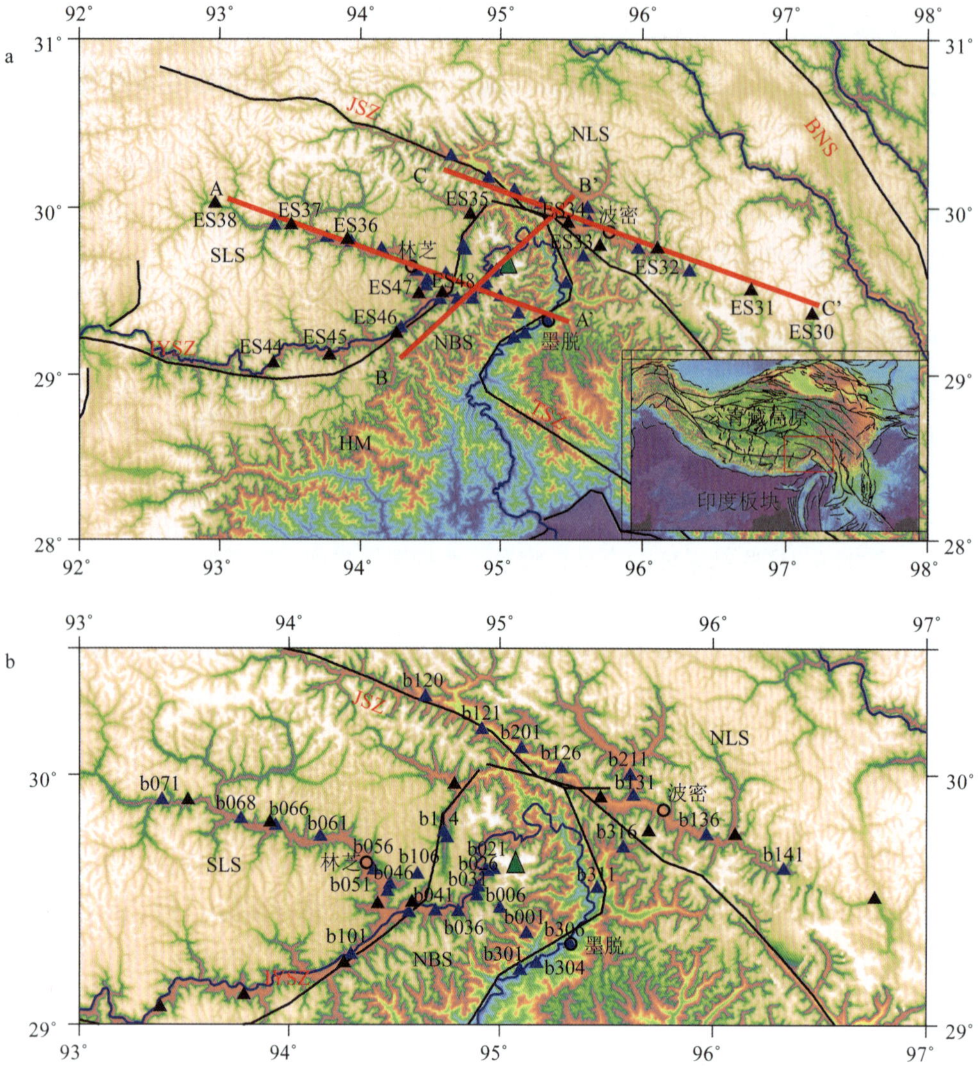

图 15-23 南迦巴瓦构造结宽频地震流动台站位置分布图

本研究共使用 48 个宽频带台站，包括 13 个来自 Lehigh 项目的台站（黑色三角）和 35 个新布设的南迦巴瓦台阵（蓝色三角），绿色三角代表南迦巴瓦峰，缝合带和大型活动断层由黑色实线标示（据 Taylor et al.，2003；Xu et al.，2012）；IYSZ—印度河-雅鲁藏布江缝合带；TSZ—提定缝合带；JSZ—嘉黎剪切带；BNS—班公湖-怒江缝合带。主要构造单元：NLS—北拉萨地体；SLS—南拉萨地体；HM—喜马拉雅地体；NBS—南迦巴瓦构造结

6.47 km/s。将计算结果列于表 15-4。

表 15-4 南迦巴瓦各台站下方地壳厚度（*H*）、波速比（*κ*）及相应误差（d*H* 和 d*κ*）

台站代码	接收函数总数	做 H-κ 叠加分析的接收函数数量	H/km	κ	dH/km	dκ
LINZ	168	121	60.48	1.788	0.081	0.009
b001	61	5	61.79	1.676	0.050	0.003
b006	60	47	59.54	1.729	0.091	0.005
b011	33	22	63.58	1.682	0.089	0.002
b016	22	12	57.55	1.770	0.101	0.006
b021	215	147	61.99	1.713	0.090	0.005
b026	53	18	62.67	1.708	0.102	0.008

续表

台站代码	接收函数总数	做 $H-\kappa$ 叠加分析的接收函数数量	H/km	κ	dH/km	dκ
b031	417	161	56. 53	1. 760	0. 077	0. 005
b036	34	25	56. 06	1. 721	0. 037	0. 004
b041	388	42	58. 44	1. 738	0. 031	0. 003
b046	35	7	59. 75	1. 732	0. 048	0. 004
b051	55	31	57. 51	1. 830	0. 043	0. 003
b056	35	27	61. 75	1. 809	0. 107	0. 007
b061	261	120	63. 43	1. 730	0. 066	0. 003
b066	45	31	63. 63	1. 715	0. 057	0. 005
b068	84	74	70. 51	1. 721	0. 131	0. 003
b071	77	40	65. 39	1. 801	0. 109	0. 004
b106	321	237	61. 57	1. 721	0. 161	0. 009
b114	50	40	60. 38	1. 696	0. 134	0. 009
b121	321	193	66. 55	1. 742	0. 093	0. 008
b120	38	18	64. 02	1. 672	0. 125	0. 009
b126	67	54	68. 26	1. 691	0. 067	0. 005
b131	118	97	72. 98	1. 670	0. 157	0. 013
b136	75	60	69. 05	1. 710	0. 106	0. 006
b141	75	59	68. 08	1. 752	0. 087	0. 004
b201	128	106	71. 36	1. 729	0. 059	0. 004
b211	281	221	71. 43	1. 670	0. 113	0. 011
b304	59	14	57. 53	1. 659	0. 096	0. 004
b301	56	11	56. 53	1. 714	0. 105	0. 008
b316	49	14	71. 96	1. 667	0. 156	0. 012
ES30	261	102	69. 63	1. 801	0. 019	0. 005
ES31	160	47	70. 57	1. 732	0. 021	0. 006
ES32	133	63	65. 70	1. 784	0. 064	0. 008
ES33	212	96	71. 16	1. 642	0. 017	0. 006
ES34	215	110	70. 19	1. 705	0. 038	0. 009
ES35	253	87	62. 02	1. 724	0. 031	0. 007
ES36	417	104	63. 07	1. 743	0. 015	0. 004
ES37	340	131	65. 07	1. 812	0. 027	0. 008
ES38	388	53	65. 88	1. 669	0. 031	0. 008
ES44	335	105	64. 51	1. 807	0. 026	0. 009
ES45	142	61	62. 04	1. 794	0. 043	0. 009
ES46	135	75	62. 92	1. 660	0. 046	0. 008
ES47	45	27	62. 05	1. 723	0. 028	0. 004
ES48	261	134	62. 01	1. 741	0. 042	0. 008

注：台站 b101，b116，b206，b306，b311 未提取到足量高质量接收函数，未予列入。

（2）南迦巴瓦地壳结构特征及其解释

利用 CRUST2. 0 全球模型数据（Bassin et al.，2000）给出了区域性地壳厚度分布（图 15-24），

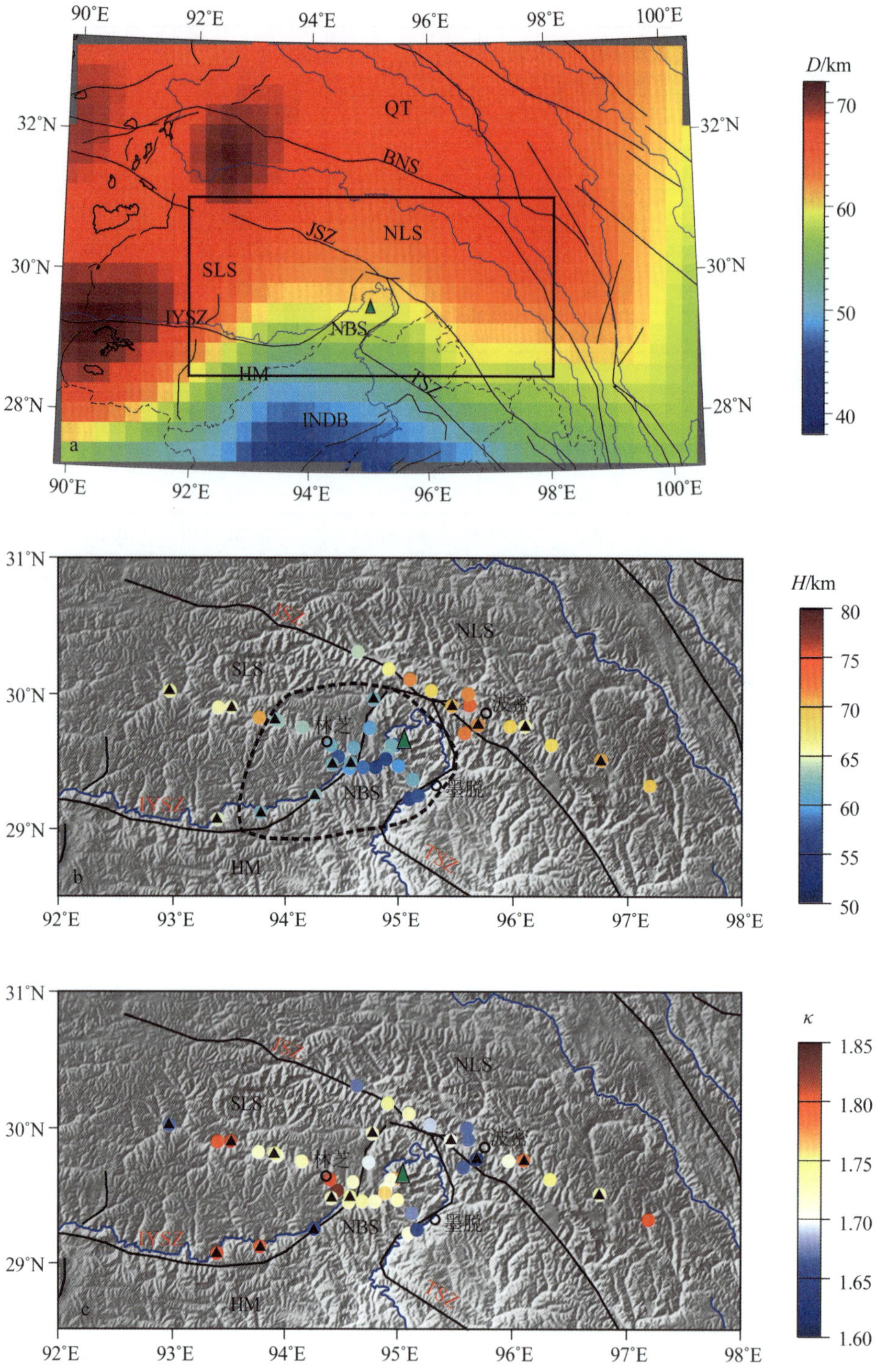

图 15-24　南迦巴瓦构造结及其邻区莫霍面深度和波速比分布图

a—CRUST2.0 全球模型在研究区的地壳厚度分布（据 Bassin et al.，2000）；b—莫霍面深度分布；c—V_p/V_s 波速比分布；缝合带和大型活动断层由黑色实线标示，名称见图 15-23 图注

其特征如下：①地壳厚度横向变化较大，整体呈现南薄北厚的分布特征，其中印度板块（INDB）地壳薄，青藏高原地壳增厚；②地壳厚度在南迦巴瓦构造结（NBS）地区（图 15-24a 矩形框内）发生急剧变化，莫霍面深度等值线呈反“V”形展布，NBS 刚好位于“V”形转折处。

根据 H-κ 叠加法的计算结果（表 15-4）计算得到该地区平均地壳厚度为 64.03 km，平均 V_p/V_s 波速比值为 1.728。接收函数 H-κ 叠加进一步揭示了南迦巴瓦构造结地区密集台站下方的地壳厚度和波速比分布（图 15-24b、c）。结果显示，地壳厚度分布特征总体上与 CRUST2.0 全球模型有较好的一致性，莫霍面深度的区域分布特征明显且变化剧烈，呈现出构造结西端和北端厚而中间薄的上隆形态（图 15-24b 黑色虚线所示）。

地壳上隆区最薄处位于雅江缝合带南侧的南迦巴瓦构造结（NBS）核部地区，如 b016，b031，b036 和 b041 等台站，地壳厚度约 57 km，其中 b036 台站下方的地壳厚度最小，仅 56.06 km。地壳最厚处位于北拉萨地块（NLS）波密西侧的 b131 台站，达到 72.98 km。该区域内的其他台站，如 b316，ES33，b131 和 b211 台站下方的地壳厚度均达到 71 km，这显然比缝合带南侧的构造结核部地区的地下莫霍面深 14 km 左右，说明 NBS 莫霍面由南向北快速增厚的剧烈变化。莫霍面由南向北在 ES35 和 b201 台站处发生突变，地壳增厚约 9~10 km。位于南拉萨地块（SLS）的部分台站（如 ES38，ES37 和 b068）也具有较深的莫霍面，均超过 65 km；而向东延伸各台站的莫霍面逐渐变浅，经过林芝直到 NBS 核部地区，地壳减至最薄。这一变化表明 NBS 莫霍面由西向东快速减薄的剧烈变化。莫霍面由西向东在 b068 和 b066 台站处发生突变，地壳减薄 6~7 km。

在此基础上，进一步采用朱露培教授提出的共转换点（CCP）叠加成像方法（Zhu，2000）获得了 NBS 下方的地壳结构图像（图 15-25）。AA′剖面和 BB′剖面分别从 NW-SE 向和 SW-NE 向穿过南迦巴瓦构造结。从成像图 AA′剖面可以看出，由西向东的地壳结构发生较大变化：西侧剖面南拉萨地体之下具有双地壳的结构，而中段莫霍面开始出现明显错断，过渡到东侧剖面（林芝至墨脱段）莫霍面则相对较清晰。而且，一个较为突出的特征是：南迦巴瓦构造结之下的地壳厚度迅速减薄至 55 km 左右，呈现隆起的构造形态。BB′剖面更为明显地展示了 NBS 之下的隆起构造，其南侧喜马拉雅（HM）地体和北侧北拉萨（NLS）地体的地壳都比 NBS 厚 5~10 km，这与采用 H-κ 叠加获得的结果也较为一致，都指示该区域内的地壳结构发生较大横向变化，尤其是 NBS 核部之下的地壳迅速减薄，呈现隆起的构造形态。

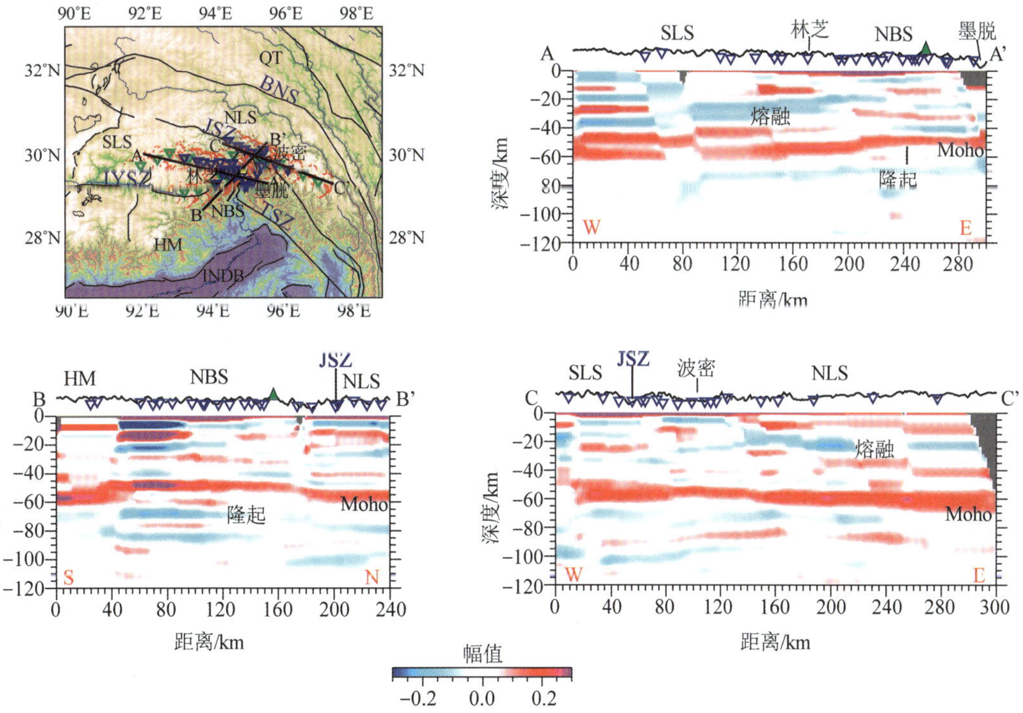

图 15-25　喜马拉雅南迦巴瓦构造结接收函数 CCP 叠加剖面

图中左上角显示了各 CCP 叠加剖面（AA′，BB′和 CC′）的位置和穿透点的分布（红点所示）；其他为接收函数 CCP 叠加剖面图；剖面上方标识的缝合带、大型活动断层以及主要构造单元名称见图 15-23 图注

NBS 地区地壳平均波速比 κ 分布在 1.642~1.830 之间，大部分台站下方的 κ 都接近平均值

1.728。但位于 NBS 以西 SLS 地块内的 b071（κ=1.801），ES37（κ=1.812），ES44（κ=1.807）和 b051（κ=1.830）等台和位于 NBS 北东的 NLS 部分台站（例如 ES30 和 ES32）的平均波速比普遍达到 1.8，均表现为高波速比异常。接收函数共转换点（CCP）叠加成像图也同样显示在这两部分区域的中地壳内存在稳定的负幅值带，表明 NBS 西侧和北侧地壳内含有低速高波速比的物质。

前文讨论的 P 波层析成像结果（Peng et al.，2016）虽然从较大尺度揭示了印度俯冲板片在喜马拉雅 NBS 发生角度转换和板片撕裂，但对于 NBS 地壳结构的分辨能力却是有限的。而接收函数方法可以为进一步深入刻画了喜马拉雅 NBS 正下方的地壳结构提供新证据。

基于对 H-κ 叠加结果和 CCP 叠加成像剖面的分析，笔者认为构造结核部地壳具有莫霍面上隆的构造形态。关于莫霍面上隆的成因，通过综合分析层析结果，发现在印度岩石圈板片撕裂窗中存在高密度、高波速的巨型岩石圈撕裂残片沉入了上地幔软流圈，而该残片正好位于 NBS 核部地区的正下方。由于重力失衡导致了类似下地壳的拆沉作用（高山等，2009）的发生，引起上覆岩石圈减薄和地壳伸展，从而最终导致了构造结核部的上隆构造。从这个角度考虑，正好解释了在 NBS 核部变质体中出露的大片高压麻粒岩（钟大赉等，1995）和石榴辉石岩（张泽明等，2007），它们很可能是 NBS 下地壳拆沉的岩石残片经历了（超）高压变质作用后折返至地表。

接收函数所揭示的展布于 NBS 西侧和东北侧的壳内低速、高波速比异常不仅符合上述地球物理场的观测结果，而且与前文讨论的远震 P 波层析所获得的壳内低速层位置也相一致（Peng et al.，2016）。笔者认为该低速、高波速比异常是由壳内熔融体引起的，其一是因为板片撕裂较易引起软流圈地幔热物质通过撕裂窗口上涌，当到达地壳深度时，随着温-压的变化使之逐渐转变成为部分熔融状态。其二是因为 NBS 可以看作是一局部刚性体被其西侧和北侧的柔性物质环绕的动力学模型，而并不是纯粹的地球"热点"（汤懋苍等，1998）。正是由于其北部的力学性质较弱，才使 NBS 呈现向北突出的弧状构造特征。

利用接收函数 H-κ 叠加方法获得了研究区莫霍面深度和平均波速比值分布。研究表明：南迦巴瓦地区的平均地壳厚度为 64.03 km，地壳厚度介于 60.48~66.55 km 之间；平均波速比为 1.728，主要集中在 1.696~1.742。NBS 地壳厚度横向变化剧烈，构造结西端和北端厚而中间薄，NBS 核部莫霍面呈现上隆构造形态，东西向上隆幅度为 6~7 km，南北向的上隆超过 9~10 km。NBS 核部地壳上隆减薄可能由高密度、高波速的岩石圈撕裂残片拆沉到上地幔软流圈后重力失衡所致，与印度板片的撕裂和幔源热物质的上涌有关。

（三）大地电磁三维探测和地壳电性结构

为配合宽频地震探测，在国家自然科学基金"大地电磁和天然地震走时资料三维联合反演及应用研究（2014—2017）"和地调项目"青藏高原碰撞及大陆动力学-青藏高原东部及东南部地球物理探测（2011—2013）"项目资助下，从 2011 年下半年开始至 2015 年结束，在西藏林芝市围绕南迦巴瓦峰共完成大地电磁法 83 个测点的观测。

大地电磁法探测选用 V5-2000 仪器系统，为了获得尽可能大深度范围内的地电信息，采用单点张量观测方式进行野外数据采集，即在每个测点测量两个相互正交的电场、磁场分量。观测大地电磁信号的频段范围为 320~0.00034 Hz。测量点位置见图 15-26。

利用大地电磁三维共轭梯度反演算法（Lin et al.，2011）对南迦巴瓦构造结地下的电性结构进行电阻率三维成像。由于大量测点的 XX 和 YY 模式资料以及垂直磁场的资料的信噪比不够好，因而只对 XY 和 YX 模式的视电阻率和相位资料进行联合反演。三维反演过程中，对地下空间进行 46×73×52（分别指向 X，Y 和 Z 方向）的三维网格剖分。采用均匀半空间作为初始模型，并且通过对不同的初始模型的反演试验选取最佳的初始模型背景值为 310 Ω·m。正则化因子（λ）在 0.001 和 100 之间调整进行反演试验，数据拟合差（RMS）的迭代终止阈值设置为 1.0。当采用 310 Ω·m 作为初始模型，λ 设置为 0.07 时，经过反演迭代 127 次后 RMS 降到 1.57。

从 5 km 至 40 km 的 MT 三维反演电阻率水平切片（图 15-27）可以看出南迦巴瓦构造结中上地壳

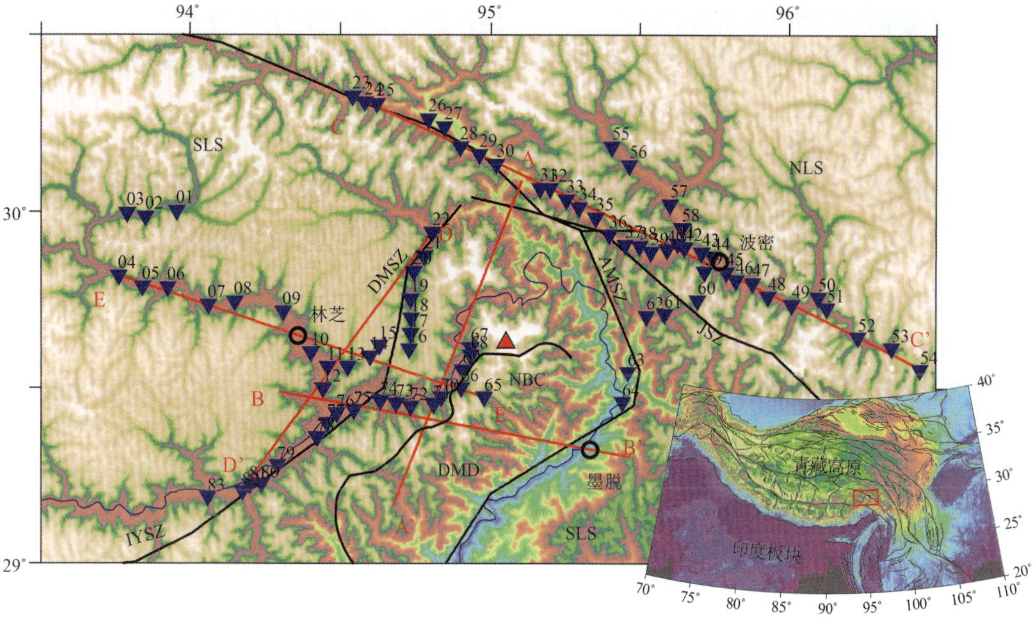

图 15-26　南迦巴瓦地区大地电磁法探测测点分布图

大地电磁测点如图中蓝色三角所示，图中断裂、构造划分据 Taylor et al.，(2003) 和 Xu et al.，(2012)。IYSZ—印度河-雅鲁藏布江缝合带；DMSZ—东久-米林剪切带；AMSZ—阿尼桥-墨脱剪切带；JSZ—嘉黎剪切带；NBC—南迦巴瓦变质体；DMD—多雄拉变质穹窿；SLS—南拉萨地体；NLS—北拉萨地体

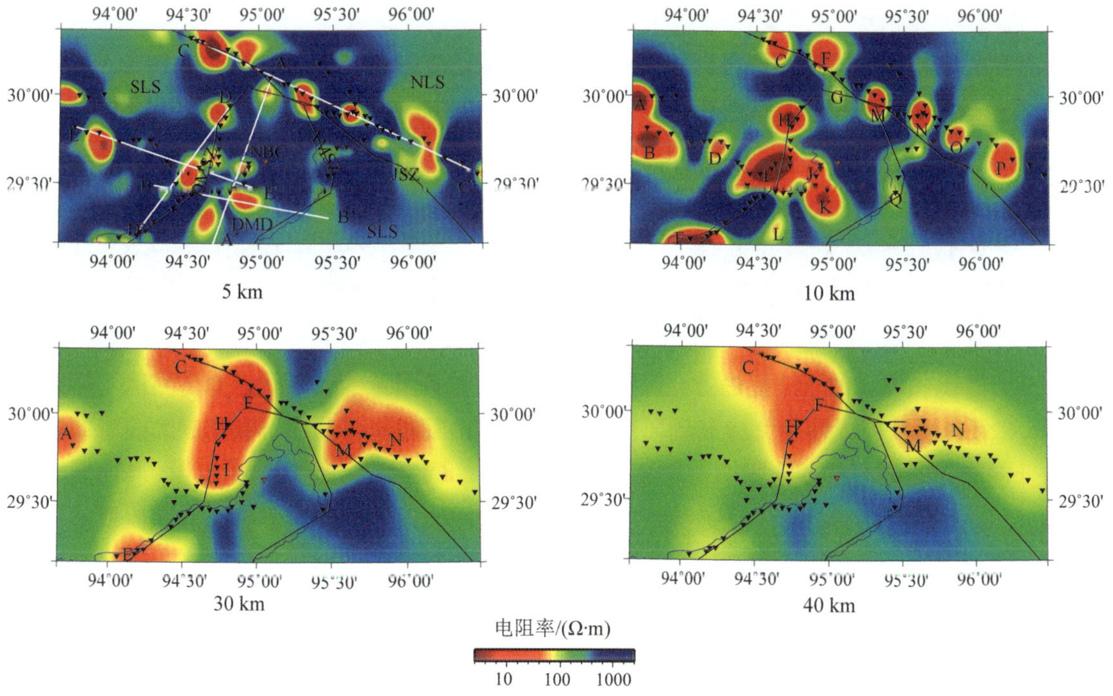

图 15-27　南迦巴瓦地区大地电磁三维反演电阻率深度切片图

（据 Lin et al.，2017）

图中白色直线代表剖面位置见图 15-26，切片深度标示于每张图下方，红色和蓝色分别代表低阻和高阻，电阻率色棒在最下方标示；缝合带、大型活动断层和主要构造单元在 5 km 切片图标示，名称见图 15-26 图注

的电阻率结构横向变化较大。5 km 切片图显示，相对较低的电阻率异常区块（<30 Ω · m）环绕南迦巴瓦展布，且呈现不连续的串珠状分布特征；10 km 切片图显示的低阻异常分布特征与 5 km 切片图的基本相似，只是异常区块开始变得相对连续。30 km 和 40 km 切片图指示这种低阻异常带环绕南迦巴瓦构造结分布的特征在中地壳更为明显和连续。

通过对反演的三维电阻率模型的垂直剖面进行分析可以进一步了解南迦巴瓦构造结下方的壳内电性结构（图 15-28）。沿 NE-SW 向作了两条垂直断面（AA′和 DD′），沿 NW-SE 向作了三条垂直断面（BB′，CC′和 EE′）。每条垂直剖面都显示 60 km 以上深度范围内的电阻率分布图。

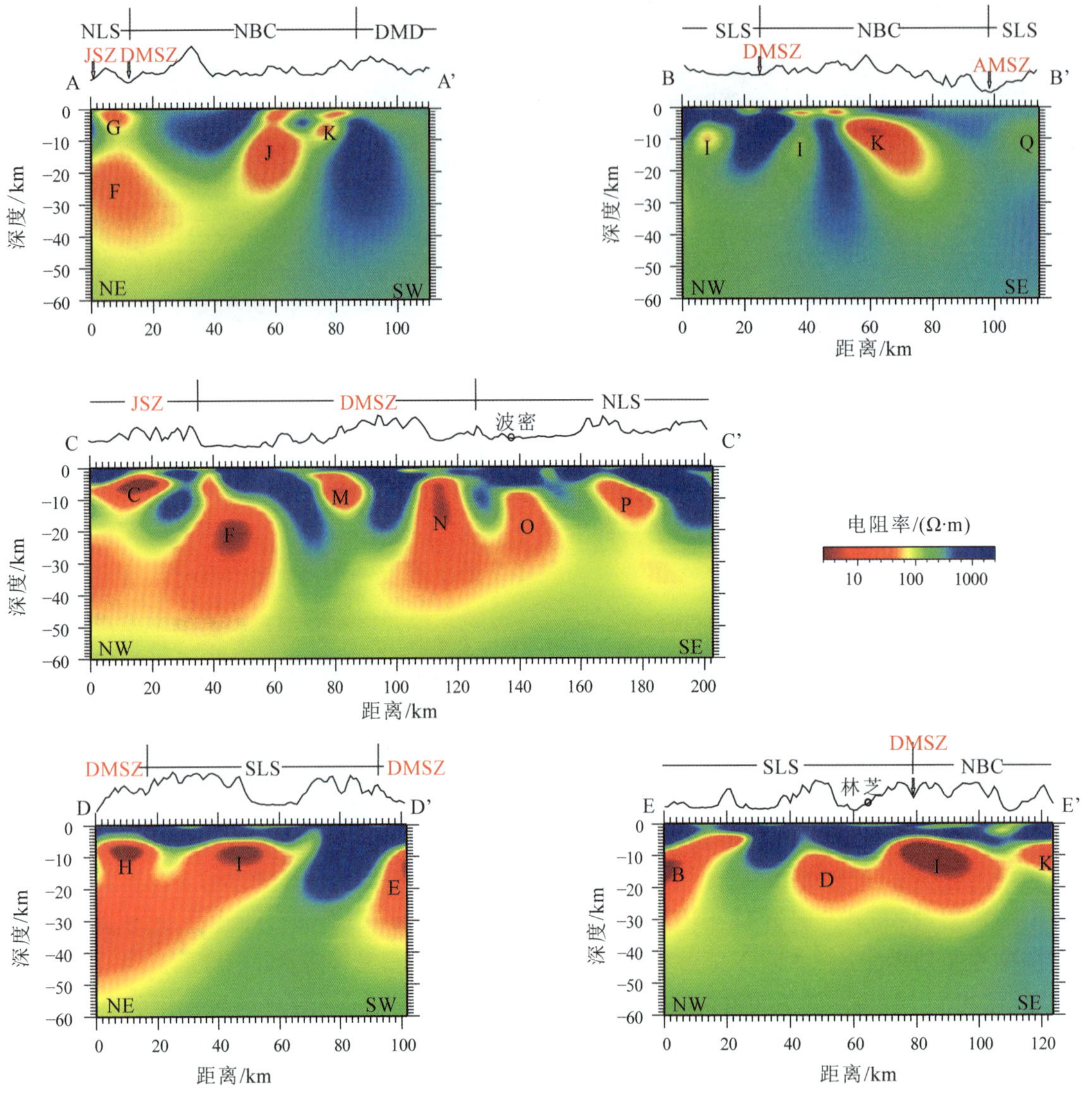

图 15-28 南迦巴瓦地区大地电磁三维反演电阻率剖面图

5 条剖面位置如图 15-26 所示，红色和蓝色分别代表低阻和高阻，色棒在右侧标示。地形、缝合带、大型活动断层以及主要构造单元标示于剖面图上方，名称见图 15-26 图注

AA′剖面始于北拉萨地体（NLS），穿过南迦巴瓦变质体（NBC），直到多雄拉变质穹窿（DMD）。NLS 的壳内岩石圈的电阻率普遍较低，其中上地壳包含一个高导体 G（约 30 Ω · m），其下方 15 km 以下的中下地壳具有范围更大的低阻异常区 F（约 20 Ω · m）。高导异常区 F 向中上地壳延伸直到南迦巴瓦变质体的南部地区，并与 NBC 上地壳的高导异常体 J 和 K 基本连通。其中异常 K 更接近于地表并且大致位于 NBC 与 DMD 的构造边界处。DMD 的壳内结构与 NLS 和 NBC 存在巨大差异，呈现相对高阻的特征。BB′剖面始于南迦巴瓦西侧的南拉萨地体（SLS），穿过 NBC 后到达南迦巴瓦东侧的

南拉萨地体。在 SLS 的浅地表（5 km 以浅）表现为高阻，但下方均分布有小规模的低阻异常体 I 和 Q，其中心埋深大约为 10 km。但与南迦巴瓦东侧的南拉萨地体不同，西侧的 SLS 的中下地壳具有较大范围的低阻分布。BB′剖面的 NBC 下方 20 km 以浅发育较大规模的高导体 K，其电阻率最低达到 10 Ω · m。该高导体与 10 km 深处的高导体 I 似乎连通，并一直延伸至南迦巴瓦以西的广大地区（如图 15-27 中 10 km 切片）。除了在 AMSZ 下方出现一处条带状的中低阻异常区域 Q 以外，研究区东南的 SLS 的地壳表现为相对高阻特征。CC′剖面依次穿过嘉黎断裂（JSZ）和东久-米林剪切带（DMSZ）后到达北拉萨地体。该剖面的中上地壳的低阻体分布广泛，从西至东依次包括：高导体 C（<10 Ω · m），高导体 F（<10 Ω · m），高导体 M（约 10 Ω · m），高导体 N（<10 Ω · m），高导体 O（约 20 Ω · m）以及高导体 P（约 20 Ω · m）。其中，位于 DMSZ 下方的高导体 F 和 N 从上地壳一直延伸到中下地壳，很可能与环绕南迦巴瓦构造结分布的低阻体 H 和 M 连通（如图 15-27 中 30 km、40 km 切片）。DD′剖面大致位于 DMSZ 的位置，仅中间穿过一部分南拉萨地体。从 DD′剖面可以看出，南迦巴瓦西侧的壳内低阻带（I、H 和 F）分布十分稳定且连续，可以一直延伸到 SLS 北部下地壳的 50 km，而剖面南部的高导体 E（约 10 Ω · m）的埋深这相对较浅，最多延伸至地下 35 km 处。EE′剖面从南拉萨地体穿过 DMSZ 后到达 NBC，该剖面上地壳高导体发育，包括 B（<10 Ω · m）、D（约 20 Ω · m）、I 和 K，但它们向下延伸有限，均不超过地下 30 km。

从以上电性特征分析可以看出，南迦巴瓦地区地壳的电性结构十分复杂，具有很强的横向不均匀性。南迦巴瓦构造结下方的地壳内含有大规模的高导体，这些高导体主要分布于 NBC 西侧和东北侧的中下地壳，并且具有环绕 NBC 展布的特征。这一电性结果不仅与壳内低速体，与远震 P 波层析所观测到的位置基本吻合。而且，接收函数 H-κ 叠加所获得的高波速比异常的观测结果也是一致的，说明南迦巴瓦构造结的地壳内的确存在一条环绕南迦巴瓦展布的低阻、低速、高波速比的异常带。Bai et al.（2010）利用在东构造结及周围地区实施的大地电磁剖面观测，发现在青藏高原东南缘存在两条巨大的中下地壳低阻异常带，因此提出了“双地壳流+边界剪切”变形的地壳流模型。其中一条低阻带从拉萨地块沿雅鲁藏布江缝合带向东延伸，环绕喜马拉雅南迦巴瓦构造结向南转折。本研究结果环绕南迦巴瓦构造结展布的壳内低速体分布特征与之基本一致，因此不仅支持地壳流模型，而且为地壳物质流在南迦巴瓦构造结下方的空间运移和分布特征提供了更为详尽的证据。

由于构造结核部出露高压/超高压变质岩片，岩石学的研究认为它们来自深部地幔（张泽明等，2007；Xu et al.，2012）。笔者推断壳内低速体很可能对应于南迦巴瓦中下地壳内的熔融体。这一推断基于两点认识：一是来自南迦巴瓦构造结的 P 波层析成像结果（Peng et al.，2016），该项研究揭示了印度俯冲板片在喜马拉雅东缘发生角度转换和板片撕裂，其中发现的南迦巴瓦构造结西侧和东北侧具有壳内低速体与壳内低速体的区域范围和分布位置较为一致。由于板片撕裂，较易引起软流圈地幔热物质通过撕裂窗口上涌，当到达地壳深度时由于温压的变化成为部分熔融状态。其二是因为笔者认为南迦巴瓦构造结并不是纯粹的地球“热点”区域（汤懋苍等，1998），事实上在南迦巴瓦构造结撕裂窗口存在高密度、高波速的巨型岩石圈撕裂残片沉入上地幔软流圈，而该残片正好位于南迦巴瓦构造结核部地区的正下方。因此，南迦巴瓦构造结可以看作是一局部刚性体被其西侧和北侧的柔性物质围绕的物理结构模型。正是由于北部的力学性质较弱，才使构造结呈向北突出的弧状构造特征，这与地质构造和地表观测结果是吻合的。

那么这里的高压（超高压）变质岩石是如何快速抬升至地表的？南迦巴瓦变质体又究竟是如何形成的？地质学家提出了许多不同的动力学模型，其中主要包括：楔形挤出（Burchfiel et al.，1985；Grujic et al.，1996）；地壳缩短（Burg et al.，1998；Burg et al.，2008）；重力垮塌和地幔上隆（张进江等，2003）、构造楔入（Yin，2006；Webb et al.，2007）、channel flow 模式（Jamieson et al.，2004）以及“Tectonic aneurysm（构造瘤）”模型（Koons et al.，2002；Zeitler et al.，2001）等。其中，构造瘤模型是针对西构造结的形成机制提出来的，该模型认为，构造结下地壳内富含热的、具有柔弱性质的流变物质，这些物质通过一条高应变区的通道向上运移，并发生脱水、液化、降压熔融等作用，近垂向挤出至中上地壳，在地下 5~10 km 发生韧性-脆性转换，并受制于构造结两侧的剪切带在侵蚀和对流作用的驱动下快速抬升至地表。

南迦巴瓦地区大地电磁探测揭示地壳内具有热的、柔性的下地壳的电性特征，而且南迦巴瓦地质体下方的中上地壳的低阻体 I、J 和 K 与下地壳环南迦巴瓦构造结低阻带相连通，可以解释为熔融物质向上的挤出的通道，因而符合构造瘤模型的假设条件。该模型能较好的解释南迦巴瓦的高压（超高压）变质岩的快速隆升机制。这也说明南迦巴瓦变质体的形成应该与西构造结的高压变质岩的快速抬升机制有类似之处。

利用喜马拉雅东缘布设的 83 个大地电磁测点的资料进行三维反演获得了南迦巴瓦构造结地壳的三维电性结构。研究结果表明：在南迦巴瓦地区的上地壳至中下地壳存在显著的电性结构差异，而近地表的电阻率模型与地下热结构存在一定关联。南迦巴瓦附近的电阻率模型显示上地壳导电性较差，而其下部的中下地壳导电性较好，在 13 ~ 17 km 深处存在含水熔融的累积，并存在快速减压熔融所需的局部相互联通的通道或者大规模的逆冲断层系。构造瘤（Tectonic aneurysm）模型（Zeitler et al.，2001）可能是解释高压变质岩迅速折返机制的一个较为理想的动力学机制。地表剥蚀过程和局部构造作用可能在南迦巴瓦的形成演化中都起到了至关重要的作用。

参考文献

高山，章军锋，许文良，等. 2009. 拆沉作用与华北克拉通破坏. 科学通报，54(14)：1962 ~ 1973.

姜枚. 2009. 造山的高原:青藏高原及其邻区的宽频地震探测与地壳上地幔结构. 北京：地质出版社.

姜枚，吕庆田. 1994. 中，法两国联合进行青藏高原天然地震探测地壳结构的研究. 地球物理学报，37(3)：412 ~ 413.

金戈，陈永顺，巴桑次仁. 2009. 拉萨地区及其周边的地震活动性研究. 地球物理学报，52(12)：3020 ~ 3026.

孔祥儒，王谦身，熊绍柏. 1996. 西藏高原西部综合地球物理与岩石圈结构研究. 中国科学(D 辑)，26(4)：308 ~ 315.

彭淼，谭捍东，姜枚，等. 2012. 利用接收函数和大地电磁数据联合反演南迦巴瓦构造结中部地区壳幔结构. 地球物理学报，55(7)：2281 ~ 2291.

钱辉，姜枚，Wang-Ping C，等. 2007. 青藏高原吉隆-鲁谷(Hi-Climb)层析成像与印藏碰撞的消减作用. 地球物理学报，50(5)：1427 ~ 1436.

汤懋苍，钟大赉，李文华，等. 1998. 雅鲁藏布江“大峡弯”是地球“热点”的证据. 中国科学(地球科学)，28(5)：463 ~ 468.

滕吉文，杨顶辉，田小波，等. 2019. 青藏高原深部地球物理探测 70 年. 中国科学：地球科学，49：1546 ~ 1564.

魏文博，金胜，叶高峰，等. 2009. 藏南岩石圈导电性结构与流变性—超宽频带大地电磁测深研究结果. 中国科学(D 辑:地球科学)，39(11)：1591 ~ 1606.

吴功建，高锐，余钦范，等. 1991. 青藏高原"亚东—格尔木地学断面"综合地球物理调查与研究. 地球物理学报，34(5)：552 ~ 562.

吴功建，肖序常. 1990. 青藏高原亚东—格尔木地学断面. 地质学报，63(4)：293.

许志琴，蔡志慧，张泽明，等. 2008. 喜马拉雅东构造结—南迦巴瓦构造及组构运动学. 岩石学报，24(7)：33 ~ 46.

许志琴，杨经绥，李海兵，等. 2011. 印度-亚洲碰撞大地构造. 地质学报，85(1)：1 ~ 33.

许志琴，杨经绥，李海兵，等. 2006. 青藏高原与大陆动力学——地体拼合、碰撞造山及高原隆升的深部驱动力. 中国地质，33(2)：221 ~ 238.

杨经绥，许志琴，张建新，等. 2009. 中国主要高压-超高压变质带的大地构造背景及俯冲/折返机制的探讨. 岩石学报，25(7)：1529 ~ 1560.

叶高峰，金胜，魏文博，等. 2007. 西藏高原中南部地壳与上地幔导电性结构. 地球科学(中国地质大学学报)，(04)：491 ~ 498.

袁学诚，王式，李立，等. 1987. 青藏高原地壳上地幔形成与演化的地球物理研究. 物探与化探，11(1)：3 ~ 13.

张进江，季建清，钟大赉，等. 2003. 东喜马拉雅南迦巴瓦构造结的构造格局及形成过程探讨. 中国科学(D 辑)，33(4)：373 ~ 383.

张泽明，郑来林，王金丽，等. 2007. 东喜马拉雅构造结南迦巴瓦岩群中的石榴辉石岩—印度大陆向欧亚板块之下俯冲至 80 ~ 100 km 深度的证据. 地质通报，26(1)：1 ~ 12.

赵文津，INDEPTH 项目组. 2001. 喜马拉雅山及雅鲁藏布江缝合带深部结构与构造研究. 北京：地质出版社.

赵文津，Nelson K D，徐中信，等. 1997. 雅鲁藏布江缝合带的双陆内俯冲构造与部分熔融层特征—INDEPTH 项目结果的初步综合. 地球物理学报，40(3)：325-336.

郑秀芬，欧阳飚，张东宁，等. 2009. “国家数字测震台网数据备份中心”技术系统建设及其对汶川大地震研究的数据支撑. 地球物理学报，52(5)：288 ~ 293.

钟大赉，丁林. 1995. 西藏南迦巴瓦峰地区发现高压麻粒岩. 科学通报，40(14)：1343.

Acton C E，Priestley K，Mitra S，et al. 2011. Crustal structure of the Darjeeling-Sikkim Himalaya and southern Tibet. Geophysical Journal International, 184(2): 829~852.

Agard P, Omrani J, Jolivet L, et al. 2011. Zagros orogeny: A subduction-dominated process. Geological Magazine, 148 (5-6): 692~725.

Argand E. 1924. La Tectonique de l'Asie. Proc. 13th Int. Geol. Congr., 7: 171~372.

Arora B R, Unsworth M J, Rawat G. 2007. Deep resistivity structure of the northwest Indian Himalaya and itstectonic implications. Geophysical Research Letters, 34(4): 545~559.

Artemieva I M, Thybo H. 2013. EUNAseis: A seismic model for Moho and crustal structure in Europe, Greenland, and the North Atlantic region. Tectonophysics, 609: 97~153.

Arzi A A. 1978. Critical phenomena in the rheology of partially melted rocks. Tectonophysics, 44(1~4): 173~184.

Bai D, Unsworth M J, Meju M A, et al. 2010. Crustal deformation of the eastern Tibetan Plateau revealed by Magnetotelluric imaging. Nature Geoscience, 3(5): 358~362.

Barruol G, Bonnin M, Pedersen H, et al. 2011. Belt-parallel mantle flow beneath a halted continental collision: The Western Alps. Earth and Planetary Science Letters, 302(3~4): 429~438.

Bassin C G L, Laske G, Masters G G. 2000. The current limits of resolution for surface wave tomography in North America. Eos Transactions American Geophysical Union, 81(48): F897.

Beaumont C, Jamieson R A, Nguyen M H, et al. 2001. Himalayan tectonics explained by extrusion of a low-viscosity crustal channel coupled to focused surface denudation. Nature, 414(6865): 738~742.

Beaumont C, Jamieson R A, Nguyen M H, et al. 2004. Crustal channel flows: 1. Numerical models with applications to the tectonics of the Himalayan-Tibetan orogen. Journal of Geophysical Research(Solid Earth), 109(B6): B06406.

Beghoul N, Barazangi M, Isacks B L. 1993. Lithospheric structure of Tibet and western North America: Mechanisms of uplift and a comparative study. Journal of Geophysical Research Solid Earth, 98(B2): 1997~2016.

Booth A L, Chamberlain C P, Kidd W S F, et al. 2009. Constraints on the metamorphic evolution of the eastern Himalayan syntaxis from geochronologic and petrologic studies of Namche Barwa. Geological Society of America Bulletin, 121(3~4): 385~407.

Brown L D, Zhao W, Nelson K D, et al. 1996. Bright Spots, Structure, and Magmatism in Southern Tibet from INDEPTH Seismic Reflection Profiling. Science, 274(5293): 1688~1690.

Burchfiel B C, Royden L H. 1985. North-south extension within the convergent Himalayan region. Geology, 13(10): 679.

Burg J P, Nievergelt P, Oberli F, et al. 1998. The Namche Barwa syntaxis: Evidence for exhumation related to compressional crustal folding. Journal of Asian Earth Sciences, 16(2): 239~252.

Burg J P, Schmalholz S M. 2008. Viscous heating allows thrusting to overcome crustal-scale buckling: Numerical investigation with application to the Himalayan syntaxes. Earth and Planetary Science Letters, 274(1~2): 189~203.

Caldwell W B, Klemperer S L, Lawrence J F, et al. 2013. Characterizing the Main Himalayan Thrust in the Garhwal Himalaya, India with receiver function CCP stacking. Earth and Planetary Science Letters, 367: 15~27.

Chen L H, BookerJ R, Jones A G, et al. 1996. Electrically conductive crust in southern Tibet from INDEPTH magnetotelluric surveying. Science, 274(5293): 1694~1696.

Chen M, Niu F, Liu Q, et al. 2015. Multiparameter adjoint tomography of the crust and upper mantle beneath East Asia: 1. Model construction and comparisons. Journal of Geophysical Research(Solid Earth), 120(3): 1762~1786.

Chen M, Niu F, Tromp J, et al. 2017. Lithospheric foundering andunderthrusting imaged beneath Tibet. Nature Communications, 8: 15659.

Chen Y, Li W, Yuan X, et al. 2015. Tearing of the Indian lithospheric slab beneath southern Tibet revealed by SKS-wave splitting measurements. Earth and Planetary Science Letters, 413: 13~24.

Clark M K, Royden L H. 2000. Topographic ooze: Building the eastern margin of Tibet by lower crustal flow. Geology, 28(8): 703~706.

Coward M P, Butler R. 1985. Thrust tectonics and the deep structure of the Pakistan Himalaya. Geology, 13(6): 417~420.

Craw D, Koons P O, Zeitler P K, et al. 2005. Fluid evolution and thermal structure in the rapidly exhuming gneiss complex of Namche Barwa-Gyala Peri, eastern Himalayan syntaxis. Journal of Metamorphic Geology, 23(9): 829~845.

Dewey J F, Bird J M. 1970. Mountain belts and the new global tectonics. Journal of Geophysical Research, 75(14): 2625~2647.

Ding L, Zhong D, Yin A, et al. 2001. Cenozoic structural and metamorphic evolution of the eastern Himalayan syntaxis(NamcheBarwa). Earth and Planetary Science Letters, 192(3): 423~438.

Dong H, Wei W, Jin S, et al. 2020. Shaping the surface deformation of central and south Tibetan Plateau: Insights from Magnetotelluric array data. Journal of Geophysical Research(Solid Earth), 125(9): e19206.

Dong X, Li W, Lu Z, et al. 2020. Seismic reflection imaging of crustal deformation within the eastern Yarlung-Zangbo suture zone. Tectonophysics, 780: 228395.

Dong Z, Tang J, Unsworth M, et al. 2015. Electrical resistivity structure of the upper mantle beneath Northeastern China: Implications for rheology and the mechanism of craton destruction. Journal of Asian Earth Sciences, 100: 115~131.

England P, Houseman G. 1986. Finite strain calculations of continental deformation: 2. Comparison with the India-Asia Collision Zone. Journal of Geophysical Research(Solid Earth), 91(B3): 3664~3676.

Francheteau J, Jaupart C, Jie S X, et al. 1984. Highheat flow in southern Tibet. Nature, 307(5946): 32~36.

Gaillard F, Scaillet B, Pichavant M. 2004. Evidence for present-day leucogranite pluton growth in Tibet. Geology, 32(9): 801~805.

Gao R, Lu Z, Klemperer S L, et al. 2016. Crustal-scale duplexing beneath the Yarlung Zangbo suture in the western Himalaya. Nature Geoscience, 9(7): 555~560.

Gessner K, Gallardo L A, Markwitz V, et al. 2013. What caused the denudation of the Menderes Massif: Review of crustal evolution, lithosphere structure, and dynamic topography in southwest Turkey. Gondwana Research, 24(1): 243~274.

Gokarn S G, Gupta G, Rao C K, et al. 2002. Electrical structure across the Indus Tsangpo suture and Shyok suture zones in NW Himalaya using magnetotelluric studies. Geophysical Research Letters, 29(8): 1251.

Gokarn S G, Gupta G, Walia D, et al. 2008. Deep geoelectric structure over the lower Brahmaputra Valley and Shillong Plateau, NE India using magnetotellurics. Geophysical Journal International, 173(1): 92~104.

Grujic D, Casey M, Davidson C, et al. 1996. Ductile extrusion of the Higher Himalayan Crystalline in Bhutan: Evidence from quartz microfabrics. Tectonophysics, 260(1): 21~43.

Guilmette C, Indares A, Hébert R. 2011. High-pressure anatectic paragneisses from the Namche Barwa, Eastern Himalayan Syntaxis: Textural evidence for partial melting, phase equilibria modeling and tectonic implications. Lithos, 124(1~2): 66~81.

Guo X, Gao R, Zhao J, et al. 2018. Deep-seated lithospheric geometry in revealing collapse of the Tibetan Plateau. Earth-Science Reviews, 185: 751~762.

Guo X, Li W, Gao R, et al. 2017. Nonuniform subduction of the Indian crust beneath the Himalayas. Scientific Reports, 7: 12497.

Hanna A C, Weeraratne D S. 2013. Surface wave velocity structure of the western Himalayan syntaxis. Geophysical Journal International, 194(3): 1866~1877.

Hauck M L, Nelson K D, Brown L D, et al. 1998. Crustal structure of the Himalayan orogen at 90°east longitude from Project INDEPTH deep reflection profiles. Tectonics, 17(4): 481~500.

Hirn A, Nercessian A, Sapin M, et al. 1984. Lhasa block and bordering sutures-a continuation of a 500-km Moho traverse through Tibet. Nature, 307(5946): 25~27.

Huang J, Zhao D. 2006. High-resolution mantle tomography of China and surrounding regions. Journal of Geophysical Research, 111(B9): B09305.

Hung S H, Chen W P, Chiao L Y. 2011. A data-adaptive, multiscale approach of finite-frequency, traveltime tomography with special reference to P and S wave data from central Tibet. Journal of Geophysical Research(Solid Earth), 116(B6): B06307.

Israil M, Tyagi D K, Gupta P K, et al. 2008. Magnetotelluric investigations for imaging electrical structure of Garhwal Himalayan corridor, Uttarakhand, India. Journal of Earth System Science, 117(3): 189~200.

Jamieson, Rebecca A. 2004. Crustal channel flows: 2. Numerical models with implications for metamorphism in the Himalayan-Tibetan orogen. Journal of Geophysical Research(Solid Earth), 109(B6): B06407.

Jolivet L, Faccenna C, Huet B, et al. 2013. Aegean tectonics: Strain localisation, slab tearing and trench retreat. Tectonophysics, 597~598: 1~33.

Kanna N, Prakasam K S, Gupta S. 2017. Seismic Character of Moho Beneath the NW Himalaya and Ladakh Inferred from Regional Earthquakes Travel Time Data. Pure and Applied Geophysics, 174(3): 835~847.

Kind R, Ni J, Zhao W J, et al. 1996. Evidence from Earthquake Data for a Partially Molten Crustal Layer in Southern Tibet. Science, 274(5293): 1692~1694.

Kind R, Yuan X, Saul J, et al. 2002. Seismic Imagesof Crust and Upper Mantle Beneath Tibet: Evidence for Eurasian Plate Subduction. Science, 298(5596): 1219~1221.

Klemperer S L. 2006. Crustal flow in Tibet: Geophysical evidence for the physical state of Tibetan lithosphere, and inferred patterns of activeflow. Geological Society of London Special Publications, 268(1): 39~70.

Kohn M J. 2008. P-T-t data from central Nepal support critical taper and repudiate large-scale channel flow of the Greater Himalayan Sequence. Geological Society of America Bulletin, 120(3~4): 259~273.

Koons P O, Zeitler P K, Chamberlain C P, et al. 2002. Mechanical links between erosion and metamorphism in Nanga Parbat, Pakistan Himalaya. American Journal of Science, 302(9): 749~773.

Kosarev G, Kind R, Sobolev S, et al. 1999. Seismic Evidence for a Detached Indian Lithospheric Mantle Beneath Tibet. Science, 283: 1306~1309.

Kumar P, Yuan X, Kind R, et al. 2006. Imaging the colliding Indian and Asian lithospheric plates beneath Tibet. Journal of Geophysical Research (Solid Earth), 111: B06308.

Lei J, Li Y, Xie F, et al. 2014. Pn anisotropic tomography and dynamics under eastern Tibetan plateau. Journal of Geophysical Research (Solid Earth), 119: 2174.

Lemonnier C, Marquis G, Perrier F, et al. 1999. Electrical structure of the Himalaya of central Nepal: High conductivity around the mid-crustal ramp along the MHT. Geophysical Research Letters, 26(21): 3261~3264.

Lev E, Long M D, van der Hilst R D. 2006. Seismic anisotropy in Eastern Tibet from shear wave splitting reveals changes in lithospheric deformation. Earth and Planetary Science Letters, 251(3~4): 293~304.

Li C, van der Hilst R D, Meltzer A S, et al. 2008. Subduction of the Indian lithosphere beneath the Tibetan Plateau and Burma. Earth and Planetary Science Letters, 274(1~2): 157~168.

Li S, Unsworth M J, Booker J R, et al. 2003. Partial melt or aqueous fluid in the mid-crust of Southern Tibet? Constraints from INDEPTH magnetotelluric data. Geophysical Journal International, 153(2): 289~304.

Li Z H, Xu Z, Gerya T, et al. 2013. Collision of continental corner from 3-D numerical modeling. Earth and Planetary Science Letters, 380: 98~111.

Liang X, Chen Y, Tian X, et al. 2016. 3D imaging of subducting and fragmenting Indian continental lithosphere beneath southern and central Tibet using body-wave finite-frequency tomography. Earth and Planetary Science Letters, 443: 162~175.

Lin C H, Tan H D, Tong T. 2011. Three-dimensional conjugate gradient inversion of magnetotelluric full information data. Applied Geophysics, 8(1): 1~10.

Lin C, Peng M, Tan H, et al. 2017. Crustal structure beneath Namche Barwa, eastern Himalayan syntaxis: New insights from three-dimensional magnetotelluric imaging. Journal of Geophysical Research(Solid Earth), 122(7): 5082~5100.

Liu L, Hasterok D. 2016. High-resolution lithosphere viscosity and dynamics revealed by magnetotelluric imaging. Science, 353(6307): 1515~1519.

Liu Y, Zhong D. 1997. Petrology of high-pressure granulites from the eastern Himalayan syntaxis. Journal of Metamorphic Geology, 15(4): 451~466.

Makovsky Y, Klemperer S L. 1999. Measuring the seismic properties of Tibetan bright spots: Evidence for free aqueous fluids in the Tibetan middle crust. Journal of Geophysical Research(Solid Earth), 104(B5): 10795~10825.

Meltzer A, Sarker G, Beaudoin B, et al. 2001. Seismic characterization of an active metamorphic massif, Nanga Parbat, Pakistan Himalaya. Geology, 29(7): 651~654.

Molnar P, Tapponnier P. 1975. Cenozoic Tectonics of Asia: Effects of a Continental Collision: Features of recent continental tectonics in Asia can be interpreted as results of the India-Eurasia collision. Science, 189(4201): 419~426.

Nabelek J, Hetenyi G, Vergne J, et al. 2009. Underplating in the Himalaya-Tibet collision zone revealed by the Hi-CLIMB experiment. Science, 325(5946): 1371~1374.

Negredo A M, Replumaz A, Villaseñor A, et al. 2007. Modeling the evolution of continental subduction processes in the Pamir-Hindu Kush region. Earth and Planetary Science Letters, 259(1~2): 212~225.

Nelson K, Zhao W J, Brown L, et al. 1996. Partially Molten Middle Crust Beneath Southern Tibet: Synthesis of Project INDEPTH Results. Science, 274: 1684~1688.

Ni J, Barazangi M. 1983. High-frequency seismic wave propagation beneath the Indian Shield, Himalayan Arc, Tibetan Plateau and surrounding regions: highuppermost mantle velocities and efficient Sn propagation beneath Tibet. Geophysical Journal International, 72(3): 665~689.

Oreshin S, Kiselev S, Vinnik L, et al. 2008. Crust and mantle beneath western Himalaya, Ladakh and western Tibet from integrated seismic data. Earth and Planetary Science Letters, 271(1~4): 75~87.

Owens T J, Zandt G. 1997. Implications of crustal property variations for models of Tibetan plateau evolution. Nature, 387(6628): 37~43.

Park S K, Mackie R L. 2000. Resistive(dry?) lower crust in an active orogen, Nanga Parbat, northern Pakistan. Tectonophysics, 316(3): 359~380.

Patro P K, Harinarayana T. 2009. Deep geoelectric structure of the Sikkim Himalayas(NE India) using magnetotelluric studies. Physics of the Earth and Planetary Interiors, 173(1~2): 171~176.

Peng M, Jiang M, Li Z-H, et al. 2016. Complex Indian subduction style with slab fragmentation beneath the Eastern Himalayan Syntaxis revealed by teleseismic P-wave tomography. Tectonophysics, 667: 77~86.

Powell C M. 1986. Continental underplating model for the rise of the Tibetan Plateau. Earth and Planetary Science Letters, 81(1): 79~94.

Powell C M, Conaghan P J. 1973. Plate tectonics and the Himalayas. Earth & Planetary Science Letters, 20(1): 1~12.

Priestley K, Ho T, Mitra S. 2019. The crustal structure of the Himalaya: A synthesis. Geological Society of London Special Publications, 483(1): 483~516.

Priestley K, Jackson J, McKenzie D. 2008. Lithospheric structure and deep earthquakes beneath India, the Himalaya and southern Tibet, Geophys. J. Int., 172: 345~362.

Rai S S, Priestley K, Gaur V K, et al. 2006. Configuration of the Indian Moho beneaththe NW Himalaya and Ladakh. Geophysical Research Letters, 33(15): T43A-1376.

Renner J, Evans B, Hirth G. 2000. On the rheologically critical melt fraction. Earth and Planetary Science Letters, 181(4): 585~594.

Replumaz A, Capitanio F A, Guillot S, et al. 2014. The coupling of Indian subduction and Asian continental tectonics. Gondwana Research, 26(2): 608~626.

Replumaz A, Kárason H, van der Hilst R D, et al. 2004. 4-D evolution of SE Asia's mantle from geological reconstructions and seismic tomography. Earth and Planetary Science Letters, 221(1~4): 103~115.

Rosenberg C L, Handy M R. 2005. Experimental deformation of partially melted granite revisited: implications for the continental crust. Journal of Metamorphic Geology, 23(1): 19~28.

Royden L, Burchfiel B, van der Hilst R D. 2008. The Geological Evolution of the Tibetan Plateau. Science, 321: 1054~8.

Schulte-Pelkum V, Monsalve G, Sheehan A, et al. 2005. Imaging the Indian subcontinent beneath the Himalaya. Nature, 435(7046): 1222~1225.

Searle M, Elliott J, Phillips R, et al. 2011. Crustal-lithospheric and continental extrusion of Tibet. Journal of the Geological Society, 168(3): 633~672.

Shi D, Klemperer S L, Shi J, et al. 2020. Localized foundering of Indian lower crust in the India-Tibet collision zone. Proceedings of the National Academy of Sciences of the United States of America, 117(40).

Shi D, Wu Z, Klemperer S L, et al. 2015. Receiver function imaging of crustal suture, steep subduction, and mantle wedge in the eastern India-Tibet continental collision zone. Earth and Planetary Science Letters, 414: 6~15.

Sol S, Meltzer A, Bürgmann R, et al. 2007. Geodynamics of the southeastern Tibetan Plateau from seismic anisotropy and geodesy. Geology, 35(6): 563~566.

Spratt J E, Jones A G, Nelson K D, et al. 2005. Crustal structure of the India-Asia collision zone, southern Tibet, from INDEPTH MT investigations. Physics of the Earth and Planetary Interiors, 150(1): 227~237.

Tapponnier P, Xu Z, Roger F, et al. 2001. Oblique Stepwise Rise and Growth of the Tibet Plateau. Science, 294: 1671~1677.

Taylor M, Yin A, Ryerson F J, et al. 2003. Conjugate strike-slip faulting along the Bangong-Nujiang suture zone accommodates coeval east-west extension and north-south shortening in the interior of the Tibetan Plateau. Tectonics, 22(4): 1044.

Teng J W, Sun K Z, Xiong S B, et al. 1983. Deep seismic reflection waves and structure of the crust from Dangxung to Yadong on the Xizang Plateau(Tibet). Physics of the Earth & Planetary Interiors, 31(4): 293~306.

Tilmann F, Ni J. 2003. Seismic Imaging of the Downwelling Indian Lithosphere Beneath Central Tibet. Science, 300(5624): 1427~1426.

Unsworth M J, Jones A G, Wei W, et al. 2005. Crustal rheology of the Himalaya and Southern Tibet inferred from magnetotelluric data. Nature, 438(7064):78~81.

Unsworth M. 2010. Magnetotelluric Studies of Active Continent-Continent Collisions. Surveys in Geophysics, 31(2): 137~161.

Velasco A A, Gee V L, Rowe C, et al. 2007. Using Small, Temporary Seismic Networks for Investigating Tectonic Deformation: Brittle Deformation and Evidence for Strike-Slip Faulting in Bhutan. Seismological Research Letters, 78(4): 446~453.

Webb A A G, Yin A, Harrison T M, et al. 2007. The leading edge of the Greater Himalayan Crystalline complex revealed in the NW Indian Himalaya: Implications for the evolution of the Himalayan orogen. Geology, 35(10): 68~71.

Wei W, Zhao D, Xu J. 2013. P-wave anisotropic tomography in Southeast Tibet: New insight into the lower crustal flow and seismotectonics. Physics of the Earth and Planetary Interiors, 222: 47~57.

Wittlinger G, Farra V, Hetényi G, et al. 2009. Seismic velocities in Southern Tibet lower crust: a receiver function approach for eclogite detection. Geophysical Journal International, 177(3): 1037~1049.

Wittlinger G, Vergne J, Tapponnier P, et al. 2004. Teleseismic imaging of subducting lithosphere and Moho offsets beneath western Tibet. Earth and Planetary Science Letters, 221(1~4): 117~130.

Xie C L, Jin S, Wei W B, et al. 2016. Crustal electrical structures and deep processes of the eastern Lhasa terrane in the south Tibetan plateau as revealed by magnetotelluric data. Tectonophysics, 675(1): 168~180.

Xu Q, Zhao J, Pei S, et al. 2011. The lithosphere-asthenosphere boundary revealed by S-receiver functions from the Hi-CLIMB experiment. Geophysical Journal International, 187(1): 414~420.

Xu Z, Ji S, Cai Z, et al. 2012. Kinematics and dynamics of the Namche Barwa Syntaxis, eastern Himalaya: Constraints from deformation, fabrics and geochronology. Gondwana Research, 21(1): 19~36.

Yang J S, Xu Z Q, Zhang J X, et al. 2009. Tectonic setting of main high-and ultrahigh-pressure metamorphic belts in China and adjacent region and discussion on their subduction and exhumation mechanism. Acta Petrologica Sinica, 25(7): 1529~1560.

Yao H, van der Hilst R D, Montagner J-P. 2010. Heterogeneity and anisotropy of the lithosphere of SE Tibet from surface wave array tomography. Journal of Geophysical Research(Solid Earth), 115(B12): B12307.

Yin A. 2006. Cenozoic tectonic evolution of the Himalayan orogen as constrained by along-strike variation of structural geometry, exhumation history, and foreland sedimentation. Earth Science Frontiers, 76(1~2): 1~131.

Yin A, Harrison T M. 2000. Geologic evolution of the Himalayan-Tibetan orogen. Annual Review of Earth and Planetary Sciences, 28: 211~280.

Zeitler P K, Koons P O, Bishop M P, et al. 2001. Crustal reworking at Nanga Parbat, Pakistan: Metamorphic consequences of thermal-mechanical coupling facilitated by erosion. Tectonics, 20(5): 712~728.

Zhang L. 2017. A Review of Recent Developments in the Study of Regional Lithospheric Electrical Structure of the Asian Continent. Surveys in Geophysics, 38(5): 1043~1096.

Zhang P Z, Shen Z, Wang M, et al. 2004. Continuous deformation of the Tibetan Plateau from global positioning system data. Geology, 32(9): 809~812.

Zhang Z, Deng Y, Teng J, et al. 2011. An overview of the crustal structure of the Tibetan plateau after 35 years of deep seismic soundings. Journal of Asian Earth Sciences, 40: 977~989.

Zhang Z, Teng J, Yingkang L I, et al. 2004. Crustal structure of seismic velocity in southern Tibet and east-westward escape of the crustal material—An example by wide-angle seismic profilefrom Peigu Tso to Pumoyong Tso. Science in China(Series D), 47(6): 500~506.

Zhang Z, Wang Y, Houseman G A, et al. 2014. The Moho beneath western Tibet: Shear zones and eclogitization in the lower crust. Earth and Planetary Science Letters, 408: 370~377.

Zhang Z, Xiang H, Dong X, et al. 2015. Long-lived high-temperature granulite-facies metamorphism in the Eastern Himalayan orogen, south Tibet. Lithos, s 212~215: 1~15.

Zhao J, Yuan X, Liu H, et al. 2010. The boundary between the Indian and Asian tectonic plates below Tibet. Proceedings of the National Academy of Sciences of the United States of America, 107(25): P. 11229~11233.

Zhao W L, Morgan W J. 1987. Injection of Indian crust into Tibetan lower crust: A two-dimensional finite element model study. Tectonics, 6(4): 489~504.

Zhou H W, Murphy M A. 2005. Tomographic evidence for wholesale underthrusting of India beneath the entire Tibetan plateau. Journal of Asian Earth Sciences, 25(3): 445~457.

Zhu L. 2000. Crustal structure across the San Andreas Fault, southern California from teleseismic converted waves. Earth and Planetary Science Letters, 179(1): 183~190.

第十六章　印度-亚洲大陆碰撞动力学数值模拟

板块汇聚边界主要包括大洋俯冲带和大陆碰撞造山带。一般而言，大陆碰撞伴随着大洋俯冲的完结而开始，因此，大洋俯冲样式对于后续的大陆俯冲和碰撞具有一定的控制作用。

大洋俯冲带可以分为正常角度（或高角度）俯冲以及平俯冲（低角度俯冲）两种。对于高角度俯冲而言，俯冲板块在上地幔顶部的倾斜角度一般大于30°（Turcotte et al.，2002）。而平俯冲一般意味着比较小的俯冲角度以及汇聚板块间比较强的耦合作用。在自然界中，平俯冲大约占全球俯冲带的10%，并主要分布在环太平洋俯冲带，其中最为典型的是太平洋板块向南美洲板块的俯冲（Gutscher et al.，2000a，2000b；Lallemand et al.，2005）。同时，有研究认为，平俯冲样式还可能广泛存在于地球的早期历史，并对太古宙和元古宙的大陆增生产生巨大的作用（Vlaar，1983，1985；Abbott et al.，1994）。但是，关于平俯冲的形成原因目前仍然存在着广泛的争论，主要观点如下：①密度比较小的特殊地块（海山、洋中脊和洋底高原等）的俯冲，②上覆板块的快速相向运动，③汇聚板块间的静水吸附力，④玄武岩向榴辉岩相变的延迟，⑤俯冲带的弧度等（Gutscher et al.，2000b）。同时，许多物理模拟（Chemenda et al.，2000；Martinod et al.，2005；Espurt et al.，2008）和数值模拟（van Hunen et al.，2002a，2002b，2004）也对平俯冲的发生机制进行了一定的研究。van Hunen et al.(2004）认为，平俯冲的发生不一定需要低密度的地块俯冲，其他的因素也可以起到重要的作用，例如，上覆板块的速度以及俯冲板块的强度等。

大陆（边缘）通常紧接着大洋俯冲的完结而开始俯冲，主要驱动力在于已经俯冲的大洋板块的“拉力”和来自洋中脊的“推力”。在大陆碰撞的早期阶段，最重要的事件之一是高压-超高压变质岩石的形成和折返。全球目前已经确认的超高压变质带有20余处（Liou et al.，2004），这意味着大陆地壳的物质可以深俯冲至100 km以下，经历超高压变质作用，而后折返至地表。该俯冲-折返的过程得到了很多物理模拟（Chemenda et al.，1995，1996；Boutelier et al.，2004）和数值模拟（Beaumont et al.，2001，2009；Burov et al.，2001；Toussaint et al.，2004b；Burg et al.，2005；Gerya et al.，2008；Yamato et al.，2007，2008；Warren et al.，2008a，2008b；Li et al.，2009；Li et al.，2011）工作的证实。大陆深俯冲的构造样式既可以是单向俯冲（上覆板块不俯冲），也可以是双向俯冲（两个汇聚板块同时相向俯冲）(Faccenda et al.，2008；Pope et al.，1998；Tao et al.，1992；Warren et al.，2008a)，以及其他一些可能样式，例如构造增厚、板片拆沉等（Li，2014）。高压-超高压岩石的折返模式主要可分为以下类型：①在俯冲带入口处形成一个薄弱带，而后俯冲的地壳岩片整体折返(Chemenda et al.，1995，1996；Toussaint et al.，2004b；Li et al.，2009)；②俯冲带中高压-超高压物质的韧性挤出（Beaumont et al.，2001；Warren et al.，2008a)；③俯冲带中低黏滞系数物质的旋转流动，并从不同的深度折返至地表（Burov et al.，2001；Gerya et al.，2002；Stöckhert et al.，2005；Yamato et al.，2007；Warren et al.，2008a)。这些数值模型对促进我们对大陆深俯冲及碰撞造山动力学的理解具有重要意义。

第一节　二维数值模拟

为了深入探讨印度-亚洲大陆碰撞相关的大陆俯冲-碰撞动力学问题，我们应用二维数值模型对低角度和高角度俯冲样式下的高压-超高压岩石的折返特征进行对比研究。首先我们将介绍所采用的数值模拟方法以及数值模型的设计，然后展示我们的数值模拟结果，最后是数值模型在喜马拉雅造山带的应用以及对印藏俯冲碰撞造山作用的启示。

一、数值模型设计

对于板块俯冲碰撞相关的动力学数值模型，一般对三组控制方程进行求解，包括斯托克斯流体动力学方程、物质守恒方程以及热量守恒方程。本书中，对这些方程在不规则的欧拉网格节点上采用有限差分算法进行离散化和近似求解。数值模拟的基本方法可见 Gerya（2010），具体的控制方程、流变模型及参数等可见 Li et al.（2011，2013），在此不做详细介绍。

我们采用了大尺度（4000 km×670 km，图 16-1）的动力学数值模拟，从大洋俯冲到大陆边缘的俯冲，再到大陆碰撞。模型的上边界以及侧面边界均为自由滑动（free-slip）的边界条件，下边界为渗透性边界（Gerya et al.，2008；Li et al.，2010，2011）。在俯冲板块的左侧添加了一个向右的固定速度（V_x），以模拟俯冲作用的“推力”。

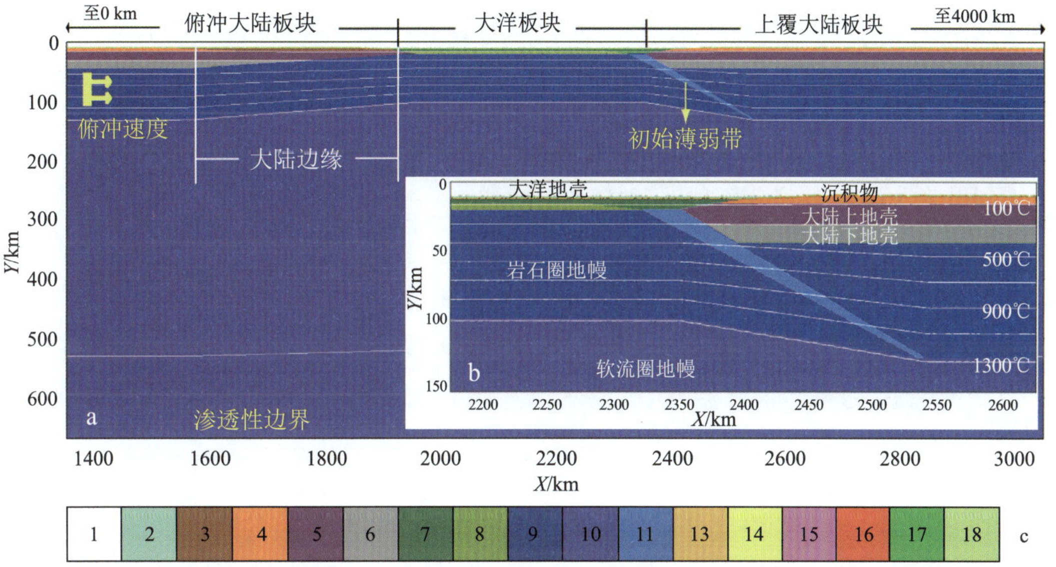

图 16-1 数值模型初始设计和边界条件

a—模型的主要部分（1700 km×670 km），边界条件用黄色表示，白色线是等温线；b—俯冲带特征，模型中颜色代表不同的岩石组成；c—岩性色标：1—空气，2—水，3、4—沉积物，5—大陆上地壳，6—大陆下地壳，7—海洋上地壳，8—海洋下地壳，9—岩石圈地幔，10—软流圈地幔，11—地幔薄弱带，13、14—沉积物部分熔融，15—大陆上地壳部分熔融，16—大陆下地壳部分熔融，17—海洋上地壳部分熔融，18—海洋下地壳部分熔融

大陆地壳的厚度为 35 km，其中包含了 6 km 的沉积物，14 km 的上地壳，以及 15 km 的下地壳。大陆岩石圈地幔的厚度为 85 km，大陆软流圈地幔的厚度为 540 km。大洋地壳的厚度为 8 km，大洋岩石圈地幔的厚度为 82 km，大洋软流圈地幔的厚度为 570 km。初始模型的俯冲带设计为一个薄弱带，采用了湿橄榄岩的流变学性质，而其他部分的地幔采用干橄榄岩的流变学性质。该薄弱带的初始倾角体现了先期大洋俯冲带的俯冲角度，不同的倾角将导致后期不同的俯冲、碰撞模式。岩石的流变性质取决于物质组成、温度、压力以及应变率，既包含了韧性变形，也包含了塑性变形。不同岩性的流变性质来源于岩石物理实验（Ranalli，1995）。

大陆岩石圈的初始温度场特征为（图 16-1）：大陆的表层空气（≤10 km）为 0℃，25 km 处为 250℃，45 km 处为 400℃，岩石圈地幔底部（130 km）为 1300℃（Turcotte et al.，2002），中间的温度采用线性插值。大洋岩石圈的初始温度场为：表层空气（≤10 km）为 0℃，岩石圈地幔底部（100 km）为 1300℃。软流圈地幔的温度梯度为 0.5℃·km^{-1}。温度边界条件为：上边界为固定温度 0℃，侧面边界为绝热边界条件，底部为渗透性边界（Li et al.，2011）。

二、平俯冲参考模型

该模型采用了较小的初始薄弱带角度（$\theta=10°$），板块的汇聚速率为 $V_x=5$ cm/a。其他模型参数如图 16-1 所示。

从初始阶段开始，相对强度比较大的海洋岩石圈沿着低角度的薄弱带俯冲到上覆板块岩石圈地幔的底部（图 16-2a）。俯冲板块和上覆板块紧密耦合在一起。然后，俯冲板块稍微向上弯曲，并近水平的插入上覆岩石圈底部的薄弱带中（图 16-2b、c）。持续的平俯冲过程，将产生俯冲板块的向后翻转，以及俯冲板块前缘的拆沉（图 16-2）。平俯冲带的空间尺度可达数百至 1000 km。

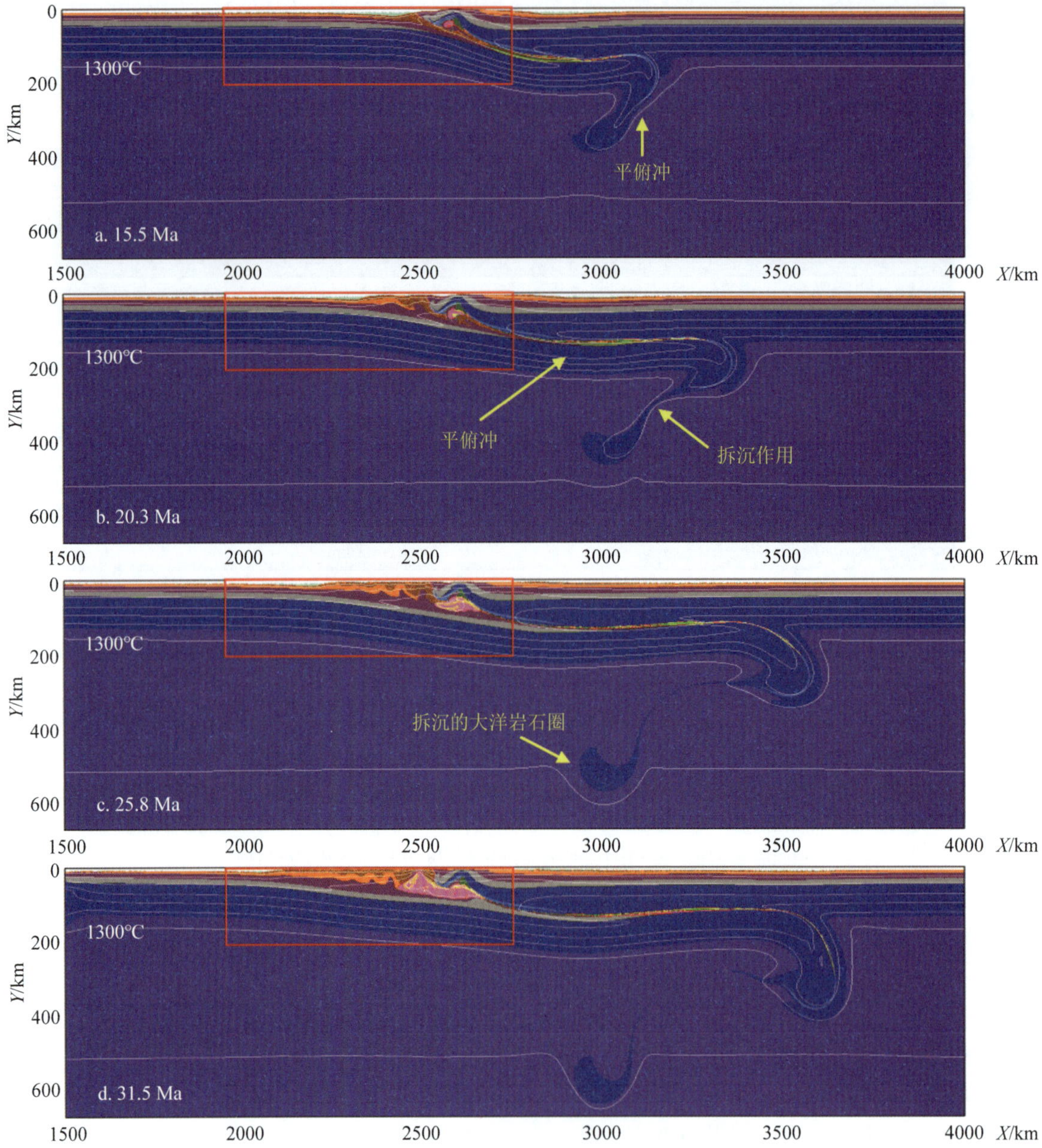

图 16-2 大尺度平俯冲模型

颜色代表岩石类型（见图 16-1）。演化时间如图中所示。白线代表温度场

随着大洋俯冲的完结，大陆边缘开始沿着低角度的大洋俯冲带进行俯冲（图 16-3a），达到峰值压力条件为 1~2.5 GPa（图 16-3b、c；P-T 轨迹）。而后，俯冲板块主体与上覆大陆板块开始碰撞，

伴随着一系列逆冲断裂带的产生（图 16-3b~d）。部分熔融首先发生在上覆板块末端的穹窿下部，峰值温度条件为 600~800℃（图 16-3b、c，*P-T* 轨迹）。持续的大陆物质进入俯冲带，最终导致这些部分熔融岩石的侵出。最后，高压高温（HP-HT）变质岩石折返至地表，并于缝合带附近形成一个穹窿结构（图 16-3d）。同时，在前陆部分形成一个 300~400 km 的褶皱逆冲断裂带。*P-T* 轨迹显示，折返至地表的岩石的峰值压力和温度条件分别为<2.5 GPa 和 600~800℃。这意味着这些岩石形成于<80 km 的深度范围内，属于高压变质岩的范畴。

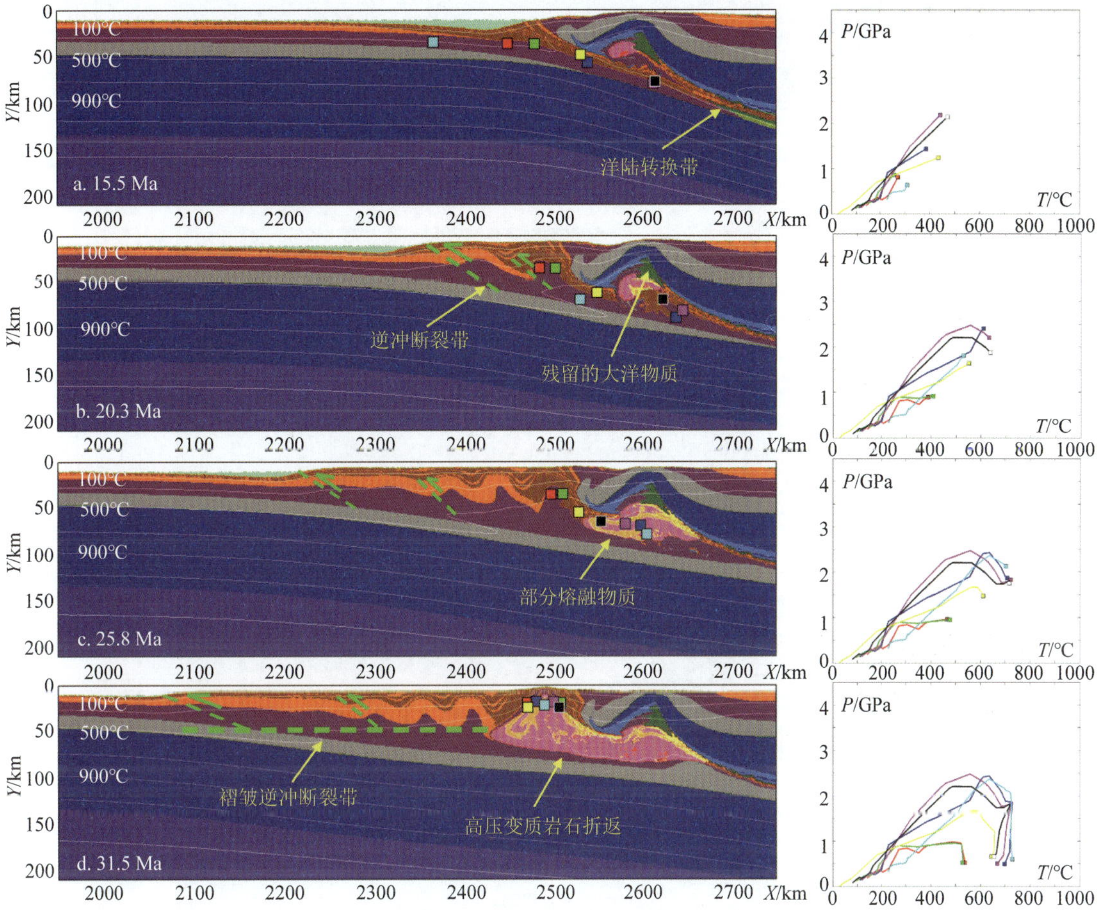

图 16-3　平俯冲模型中的俯冲碰撞带结构（如图 16-2 红方框所示）

颜色代表岩石类型（如图 16-1）。演化时间如图中所示。白线代表温度场。不同颜色的小方块代表了温度和压力的示踪点，*P-T* 轨迹如右图所示，这些小方块的颜色不代表岩石属性，只是为了方便确认

三、高角度俯冲参考模型

该模型采用了较大的初始薄弱带角度（$\theta=30°$），板块的汇聚速率为 $V_x=5$ cm/a。其他模型参数如图 16-1 所示。

从初始阶段开始，相对强度比较大的海洋岩石圈沿着高角度的薄弱带俯冲到上覆板块岩石圈地幔的底部（图 16-4a）。大洋板块持续的俯冲至软流圈中，在地幔楔中引发了小尺度的地幔对流（图 16-4b），该地幔对流进而引起了两汇聚板块的解耦，从而形成了高角度的俯冲模式（图 16-4c）。

在高角度俯冲模型中，大陆边缘物质沿着高角度的大洋俯冲带俯冲于 100 km 以下（图 16-5a），伴随着俯冲带入口处中上地壳的拆离以及一系列逆冲断层的形成（图 16-5a、b）。在俯冲带下部的一部分大陆地壳物质插入岩石圈地幔的底部（图 16-5b）。这种地幔羽在 Currie et al.（2007）以及 Li et al.（2009）中有着详细的研究。同时，深俯冲于软流圈地幔中的大洋地壳和大陆地壳物质也会形成

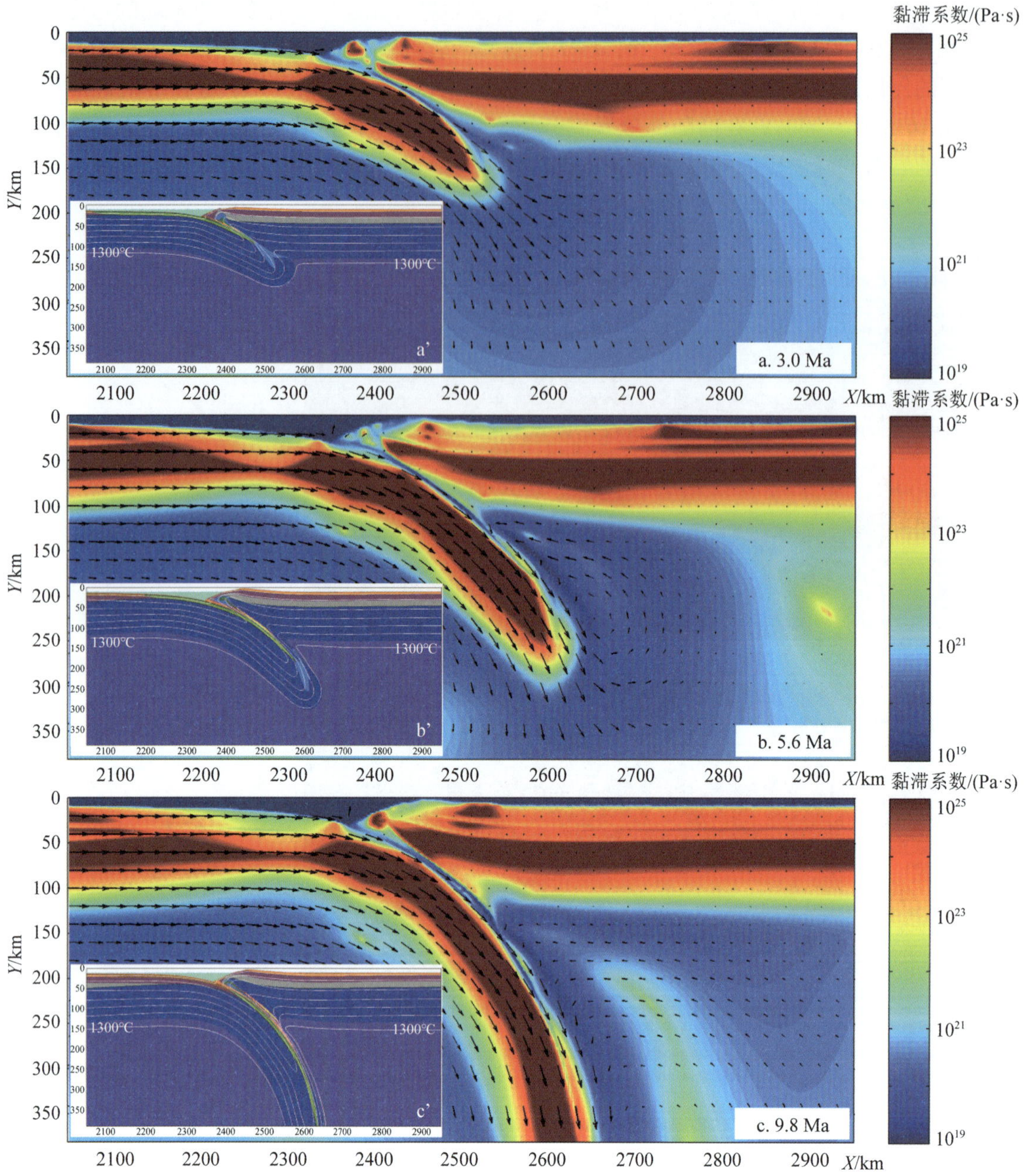

图 16-4　高角度俯冲模型的初始阶段演化

图中显示了数值模型的黏滞系数场，不同的颜色代表了有效黏滞系数的强度，如右侧色标所示。黑色的箭头代表了速度场。内附的小图显示了相同区域的物质场以及等温线

一些部分熔融的地幔羽，垂直的向上运移至岩石圈地幔的底部（图 16-5b、c）。随着俯冲作用的继续进行，积累在俯冲带中的部分熔融物质向上挤出至地壳深度（图 16-5b、c），然后超高压岩石在浮力的作用下折返至地表，并形成一个穹窿结构（图 16-5c）。这些超高压岩石主要在缝合带附近展布，同时在前陆地区形成 300~400 km 的褶皱逆冲断裂带（图 16-5c）。温压轨迹显示了折返至地表岩石的峰值压力温度条件分别为 2.5~4 GPa 和 600~800℃，这意味着这些超高压岩石形成于大于 100 km 的深度而后折返于地表。

四、平俯冲模型下不同的板块汇聚速率

这一部分的两个模型均采用了平俯冲模型的初始设计，而后变换为不同的板块汇聚速率，其中高

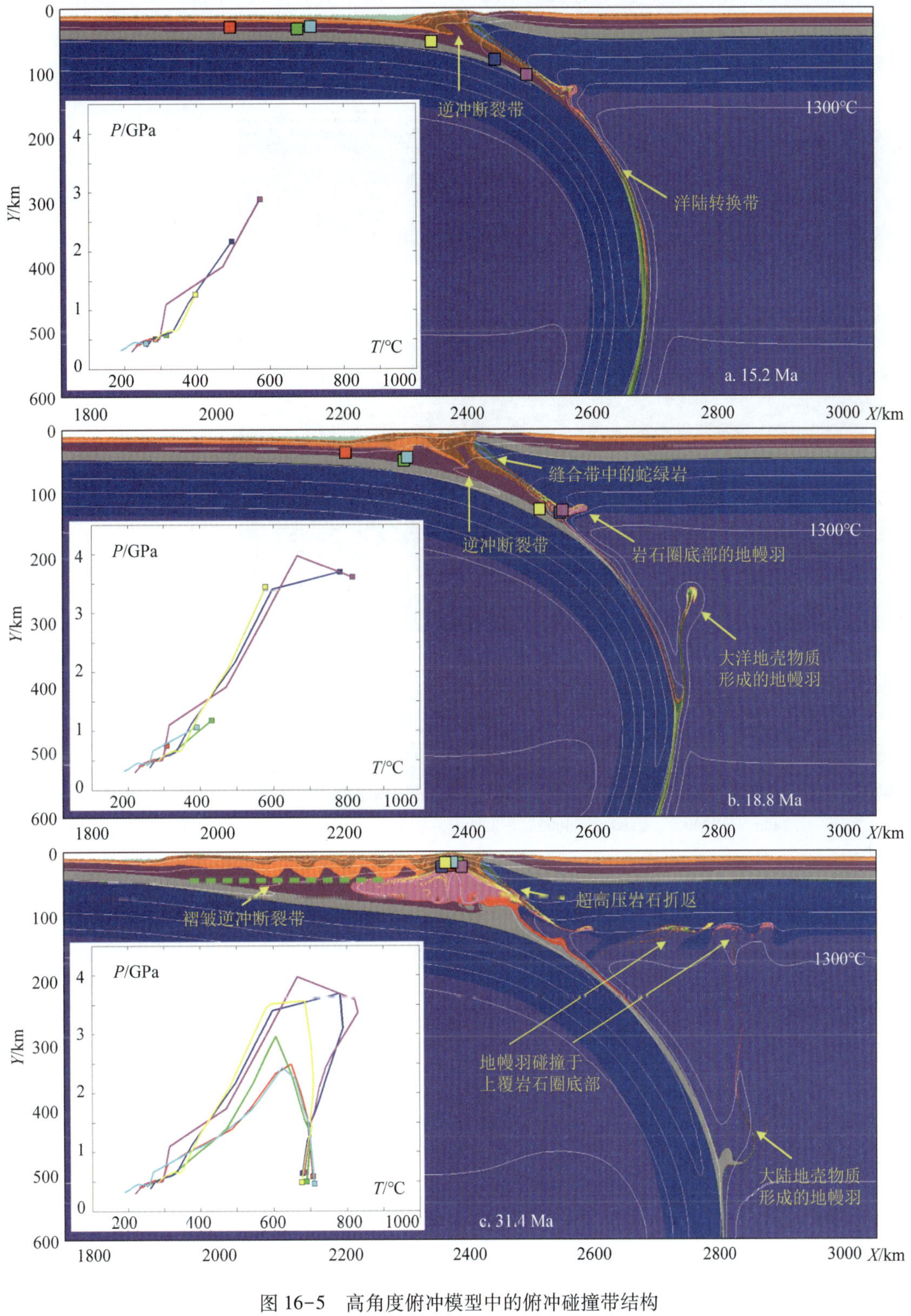

图 16-5　高角度俯冲模型中的俯冲碰撞带结构

颜色代表岩石类型（如图 16-1）。演化时间如图中所示。白线代表温度场。不同颜色的小方块代表了温度和压力的示踪点，P-T 轨迹如各角图所示

汇聚速率模型（图 16-6）中，$V_x = 10$ cm/a；低汇聚速率模型（图 16-7）中，$V_x = 2.5$ cm/a。

首先，在快速汇聚模型中（图 16-6），大洋和大陆板块相继快速插入上覆岩石圈的底部。俯冲板块的前端形成“翻转”结构（图 16-6a、b），这与平俯冲参考模型（图 16-2）的结果类似。俯冲过

程经历了 15 Ma（或 1500 km），在该过程完结之后，已经俯冲至上覆岩石圈底部的大陆地壳物质逐渐部分熔融，而后向上挤出并折返于地表（图 16-6c、d）。温压轨迹显示了折返岩石的峰值压力温度条件分别为 2.5~4 GPa 和 600~800℃。

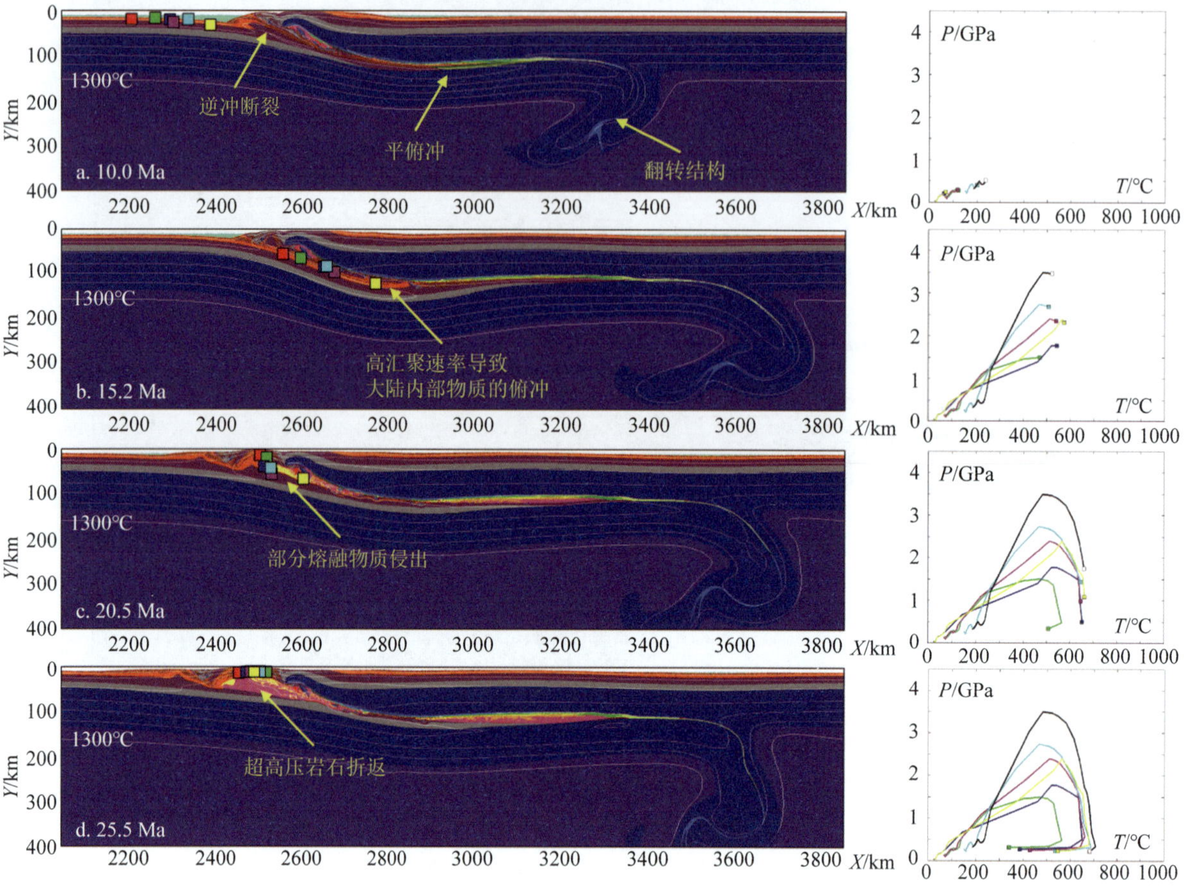

图 16-6　高汇聚速率的平俯冲模型中的俯冲碰撞带结构

颜色代表岩石类型（如图 16-1）。演化时间如图中所示。白线代表温度场。不同颜色的小方块代表了温度和压力的示踪点，P-T 轨迹如右图所示，这些小方块的颜色不代表岩石属性，只是为了方便确认

在缓慢汇聚模型中（图 16-7），大洋板块的俯冲引发了上覆板块的弯曲和变形，并最终一起俯冲，从而形成了双向的俯冲碰撞模式（图 16-7a）。俯冲带中的岩石经历了部分熔融作用，并折返到地壳深度处，于缝合带的左边形成一个超高压岩石的穹窿构造（图 16-7c、d）。同时，缝合带右侧的中下地壳物质也发生了部分熔融作用（图 16-7c、d）。温压轨迹显示了折返岩石的峰值压力温度条件分别为 2.5~4 GPa 和 700~800℃。

五、高角度俯冲模型下不同的板块汇聚速率

这一部分的两个模型均采用了高角度俯冲模型的初始设计，而后变换为不同的板块汇聚速率，其中高汇聚速率模型（图 16-8）中，V_x = 10 cm/a；低汇聚速率模型（图 16-9）中，Vx = 2.5 cm/a。

在快速汇聚模型中（图 16-8），大陆板块紧接着大洋板块俯冲至岩石圈地幔的底部（图 16-8a）。而后俯冲带底部的大陆地壳物质从俯冲板片拆离，并插入上覆岩石圈底部的地幔楔中，形成一个水平展布的部分熔融的地幔羽（图 16-8a~c）。同时，另一个部分熔融的地幔羽形成于深俯冲的板块，并垂直向上运动，直至与上覆岩石圈的底部相碰撞（图 16-8c、d）。在板块的汇聚结束后（1500 km 的缩短，15 Ma），上覆岩石圈底部地幔羽中的部分熔融大陆地壳物质向上挤出，并折返于地表，形成一个穹窿构造（图 16-8d）。P-T 轨迹（图 16-8）显示，折返岩石的峰值压力温度条件分别为 3~4 GPa

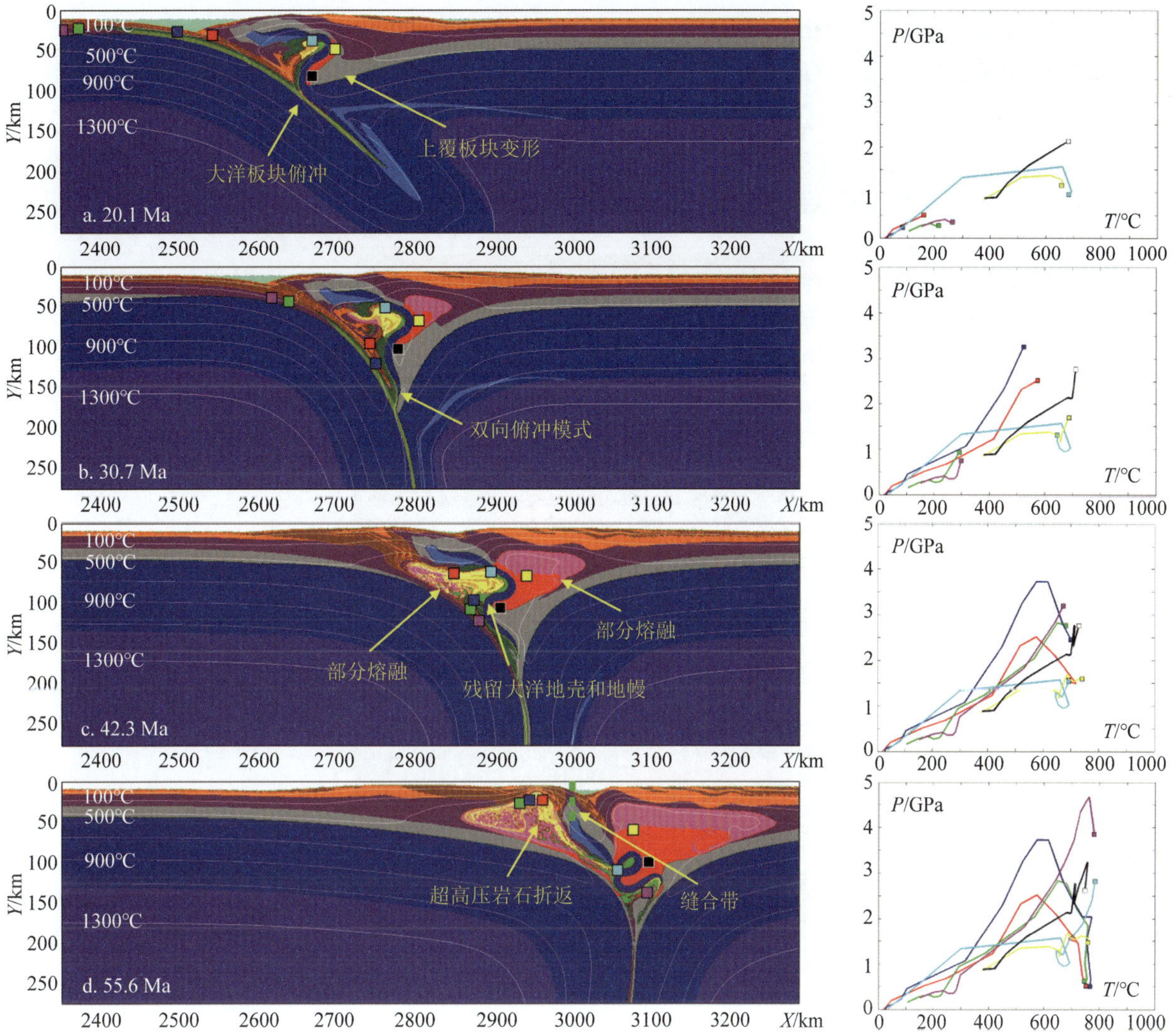

图 16-7 低汇聚速率的平俯冲模型中的俯冲碰撞带结构

颜色代表岩石类型（如图 16-1）。演化时间如图中所示。白线代表温度场。不同颜色的小方块代表了温度和压力的示踪点，*P-T* 轨迹如右图所示，这些小方块的颜色不代表岩石属性，只是为了方便确认

和 600~800℃。

在缓慢汇聚模型中（图 16-9），大陆边缘物质同样俯冲至岩石圈底部>100 km 的深度（图 16-9a）。俯冲带入口处的大陆中上地壳物质拆离，并形成一系列的逆冲断裂（图 16-9a~d）。随着持续的大陆俯冲，俯冲带中积累的部分熔融岩石向上挤出至地壳深度（图 16-9c、d）。*P-T* 轨迹（图 16-9）显示，折返岩石的峰值压力温度条件分别为 2~4 GPa 和 600~800℃。

数值模型对比研究显示，高速汇聚模型（图 16-8）中，上覆岩石圈底部形成了非常大的地幔羽，同时地表所形成的碰撞带比较窄。而缓慢汇聚模型（图 16-9）形成了比较小的地幔羽和比较宽的碰撞带。但是，这两个模型中，都伴随着超高压岩石的形成和折返。

六、数值模型对于印度-亚洲板块俯冲碰撞过程的启示

喜马拉雅造山带是世界上最大的也是最新的造山带，为研究大陆俯冲碰撞作用提供了非常重要的证据，前人也进行了非常多的工作，提供了很多地质（Tapponnier et al.，2001；Kind et al.，2002；DiPietro et al.，2004；Leech et al.，2005；Yin et al.，2006，2009；Royden et al.，2008）和地球物理（van der Voo et al.，1999；Negredo et al.，2007；Li et al.，2008；Nabelek et al.，2009）方面的观测

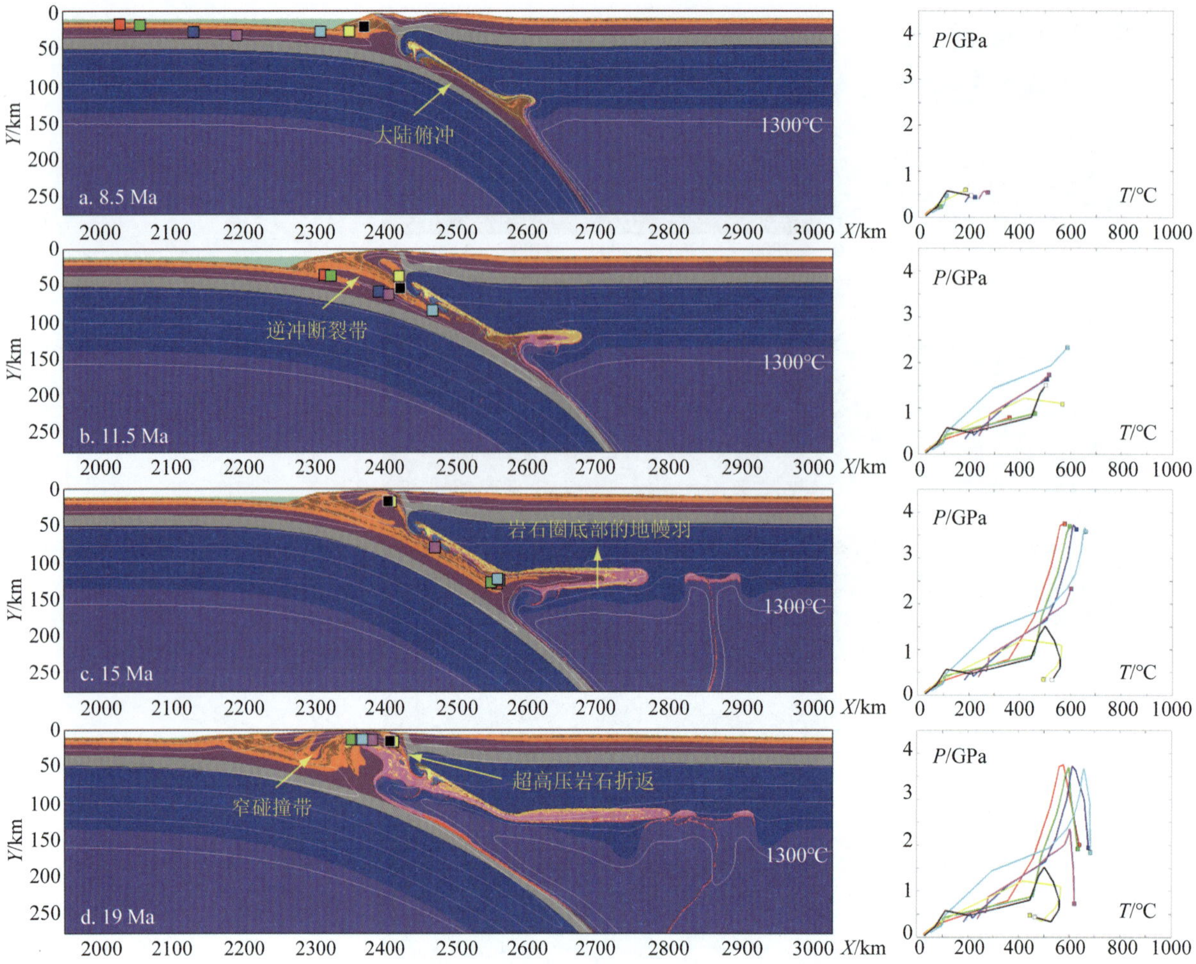

图 16-8　高汇聚速率的高角度俯冲模型中的俯冲碰撞带结构

颜色代表岩石类型（如图 16-1）。演化时间如图中所示。白线代表温度场。不同颜色的小方块代表了温度和压力的示踪点，P-T 轨迹如右图所示，这些小方块的颜色不代表岩石属性，只是为了方便确认

资料。喜马拉雅造山带主要是由印度板块向欧亚板块的俯冲碰撞而形成，前人提出了多种俯冲碰撞模式，主要可归纳为两个端元模型：一是，印度板块以低角度斜插入欧亚板块之下，并达到比较远的地方（例如，羌塘地块和拉萨地块交界处），该观点最先由 Argand 于 1924 年提出并得到了很多人的支持（Nelson et al.，1996；Owens et al.，1997；Zhou et al.，2005）。另一种观点认为，印度板块以高角度俯冲在欧亚板块之下，也得到了一些地质地球物理观测的支持（Mattayer，1986；Replumaz et al.，2004；Negredo et al.，2007）。同时也有人认为，印度板块俯冲模式可能是上述两种模式的综合，在不同的地区是不同的模式（Chemenda et al.，2000；Leech et al.，2005），或者在不同的俯冲阶段有不同的俯冲样式（Oreshin et al.，2008；Guillot et al.，2008）。高压-超高压变质岩出露于喜马拉雅造山带多个不同部位，因此我们对前人的研究进行总结，完成了喜马拉雅地区高压-超高压变质岩的位置图（图 16-10），图件显示，超高压变质岩只有在西喜马拉雅构造结附近出露（Kaghan 块体和 Tso Morari 块体）。而在广大的中东部地区，只有高压变质岩石露头的记录。

（一）平俯冲参考模型与中喜马拉雅的对比

在喜马拉雅中部地区，大部分的地球物理剖面显示，印度板块近水平的俯冲于亚洲板块之下，形成低角度俯冲岩石（Nelson et al.，1996；Owens et al.，1997；Huang et al.，2000；Schulte-Pelkum et al.，2005；Zhou et al.，2005；Nabelek et al.，2009）。在中喜马拉雅这片广大的地区，出露了多处高

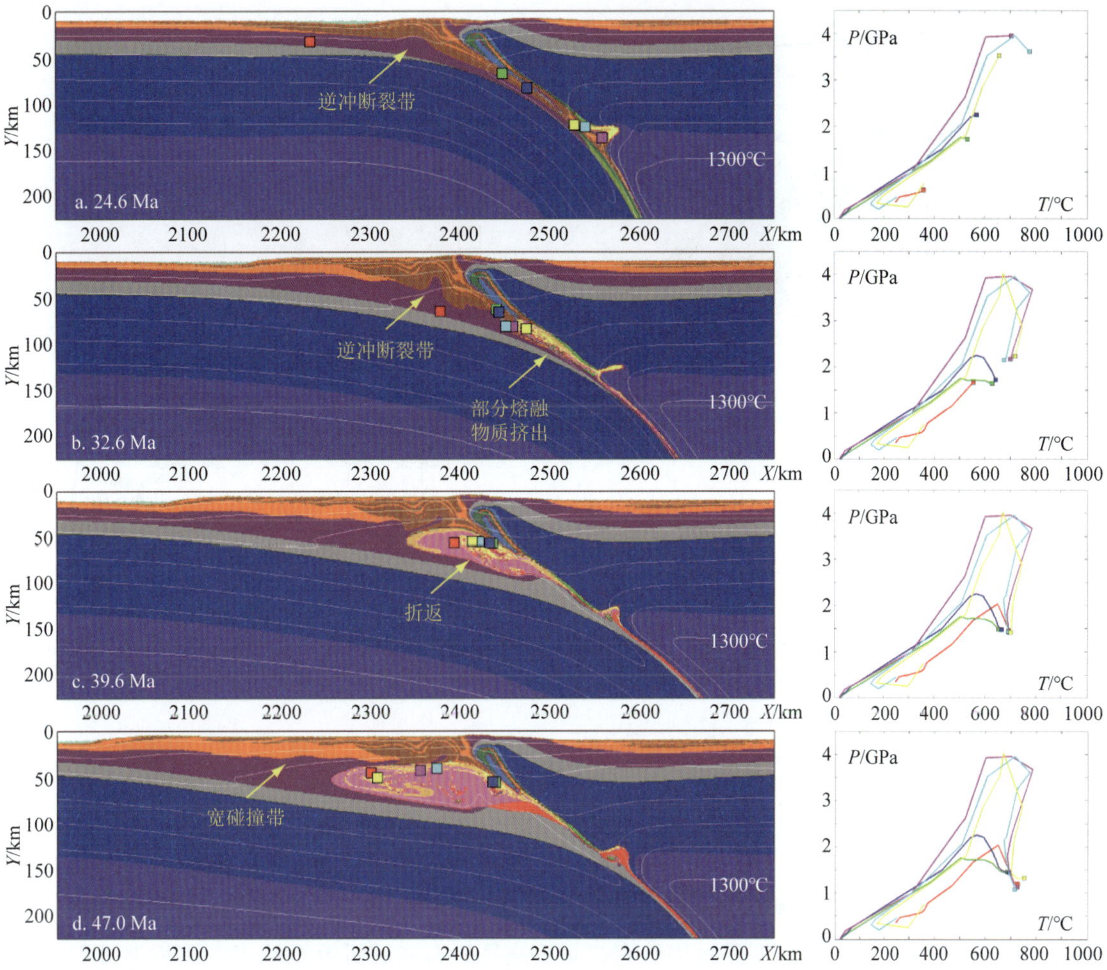

图 16-9　低汇聚速率的高角度俯冲模型中的俯冲碰撞带结构

颜色代表岩石类型（如图 16-1）。演化时间如图中所示。白线代表温度场。不同颜色的小方块代表了温度和压力的示踪点，P-T轨迹如右图所示，这些小方块的颜色不代表岩石属性，只是为了方便确认

压变质块体，然而以柯石英为代表的超高压变质岩至今尚未发现（Guillot et al.，2008）。在我们的平角度俯冲模型中（图 16-3），俯冲下去的大陆地壳岩石只有从<80 km 的深度折返至地表，从而只能形成高压变质带，这一点也是与喜马拉雅中部地区的特征相吻合的。同时，平俯冲数值模型和喜马拉雅中部的地球物理剖面还有其他的一些共同特征，例如，俯冲板块的“翻转”结构（van der Voo et al.，1999），拆沉的俯冲岩石圈残余（van der Voo et al.，1999），以及前陆地区的系列逆冲断裂带（Yin et al.，2006）。总而言之，平俯冲模型与喜马拉雅中部的结构是比较吻合的，包括：①地球物理剖面所指示的深部结构，②超高压变质岩石的缺失，③俯冲带前陆地区的地壳结构等。

（二）高角度俯冲参考模型与西喜马拉雅的对比

在喜马拉雅西部地区，大部分的地球物理剖面显示，印度板块高角度俯冲于 Hindu Kush 之下（Roecker，1982；van der Voo et al.，1999；Negredo et al.，2007）。超高压岩石出露于西喜马拉雅构造结附近的 Kaghan 和 Tso Morary 地区，源岩是印度板块的大陆边缘物质（Guillot et al.，2008）。对于 Kaghan 块体，其含柯石英岩石的峰值变质条件为 3.0±0.2 GPa 和 770±50℃（O'Brien et al.，2001），以及无柯石英的岩石变质条件为 2.4±0.2 GPa 和 610±30℃（Lombardo et al.，2000）。对于 Tso Morary 地块，Mukheerjee et al.（2003，2005）测定其峰值温压条件为>3.5 GPa 和>750℃。这些数据都显示了印度大陆物质俯冲至大于 100 km 的深度，而后折返到地表。

高角度俯冲的数值模型（图 16-5）显示了超高压变质岩石的形成和折返，模型结果与西喜马拉

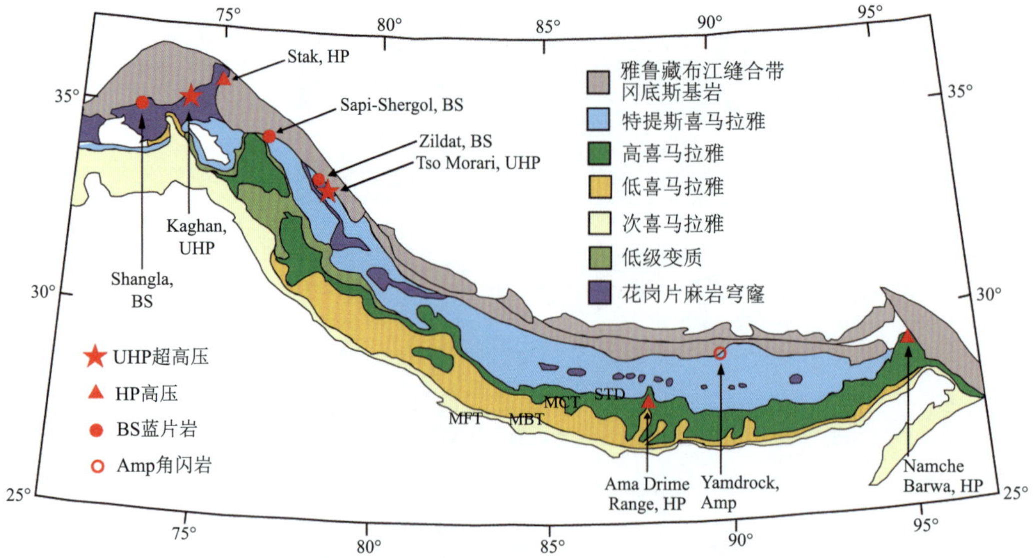

图 16-10　喜马拉雅碰撞造山带的构造背景

（据 Ding et al.，2001；Guillot et al.，2003，2008；Di Pietro et al.，2004；Zhang et al.，2007；Yang et al.，2009）

红色的四种符号（五角星、三角形、实心圆、空心圆）代表了不同变质岩石露头的位置及变质程度

雅构造结有着紧密的一致性，例如①超高压变质岩石主要分布在缝合带附近，呈穹窿状（Epard et al.，2008），②岩石类型主要为大陆边缘的中上地壳，以及③峰值变质条件为 2.5~4 GPa 和 600~800℃（图 16-5）。

（三）快速低角度俯冲与超高压岩石折返

高汇聚速率的低角度俯冲模型显示仍然有少量超高压岩石能够折返至地表，该折返过程发生在汇聚停止之后（图 16-6）。Guillot et al.（2003）认为，喜马拉雅的缩短速率①大洋俯冲阶段为 18 cm/a（>55 Ma），②大陆俯冲阶段为 18~2.5 cm/a（55~50 Ma），③大陆碰撞阶段为 2.5~2.0 cm/a（50~25 Ma），以及④稳定碰撞阶段为约 2.0 cm/a（25~0 Ma）。这表明，在大陆俯冲阶段，俯冲速率从 18 cm/a 快速的减少到 2.5 cm/a，这也意味着数值模型中 10 cm/a 的快速汇聚速率也是有可能的。因此这种快速俯冲的低角度模型也是有可能形成超高压岩石折返的。

（四）印度/亚洲俯冲碰撞的两种可能的模式

通过上述观测数据与数值模拟结果的对比，我们提出了喜马拉雅造山带的两种可能的俯冲碰撞模式。

（1）“空间差异性俯冲碰撞模式”

该模式主要是基于前文喜马拉雅和数值模型的对比研究，揭示印度-亚洲碰撞初期，西喜马拉雅地区主要是高角度俯冲占主导，而中东部地区以低角度俯冲占主导。地质构造图（图 16-10）也显示了西喜马拉雅和中喜马拉雅地区在构造、岩石以及变质程度方面的明显差异性。

（2）“时间差异性俯冲碰撞模式”

关于印度板块初始碰撞的形态，及其与亚洲板块的碰撞时限等问题现在仍然有着广泛的争议（Guillot et al.，2003；Ali et al.，2005）。一个重要的推测是，印度大陆边缘在西喜马拉雅地区首先开始俯冲，而后逐渐延伸至中东喜马拉雅（Treloar et al.，1991；Rowley，1996）。基于这个推测以及我们的数值模型，我们得出另一种可能的模式，那就是时间差异性俯冲碰撞模式。印度板块在西喜马拉雅地区首先开始俯冲，俯冲速度大，容易形成一定的超高压岩石折返。而中东喜马拉雅地区开始俯冲相对较晚，俯冲速度相对较小，所以主要形成高压岩石的折返。

从现今的研究程度来看，这两种模式都是可能的。这里我们需要强调的是，像喜马拉雅如此巨大的俯冲碰撞造山带，无论空间还是时间上的差异性都是非常可能的，这也意味着要想得出一个统一的简单模式是比较困难的，因此也就需要投入更多更细致的工作，同时三维的地球动力学数值模拟是探讨该问题的一个很有力的手段。

第二节 三维数值模拟

上文中的数值模型均是二维模型，即假设汇聚板块的宽度无限大，或者沿俯冲带走向（第三维方向）的变形很小，可以忽略不计。二维模型可以用于研究大陆俯冲隧道过程的基本动力学特征，抑或是研究大陆碰撞带内部（远离造山带边缘）的基本变形。最近的三维大洋俯冲带的数值模型揭示了俯冲板块中部和侧向边缘的不同动力学特征（Li et al.，2012）。同时，在自然界中所有的汇聚大陆板块都有侧向边界，并与周围的大洋板块或其他大陆板块相邻（图 16-11）。例如，特提斯构造带作为地球上最大的板块俯冲-碰撞造山带之一，它沿走向呈现一种陆-陆碰撞和洋-陆俯冲的相间结构，西起欧洲的阿尔卑斯陆-陆碰撞造山带，经过地中海复杂的板块俯冲带，向东延伸至西亚的扎格罗斯（Zagras）陆-陆碰撞造山带及其东部的马库元（Makran）洋-陆俯冲带，再继续向东至喜马拉雅陆-陆碰撞造山带，而后与东印度洋板块向东南亚之下的洋-陆俯冲带相连。这种大洋俯冲和大陆碰撞沿走向的空间转换控制着特提斯构造带深部结构及动力学特征沿走向强烈的变化，也控制着其中每个造山带侧向边缘和造山带腹地不同的浅层地质特征和深部结构（Hatzfeld et al.，2010；Yin，2006，2010；Xu et al.，2012；Li et al.，2013）。对于这种典型的三维问题，一般需要应用三维数值模拟方法进行研究（Li et al.，2013；Li et al.，2015；Li et al.，2016）。

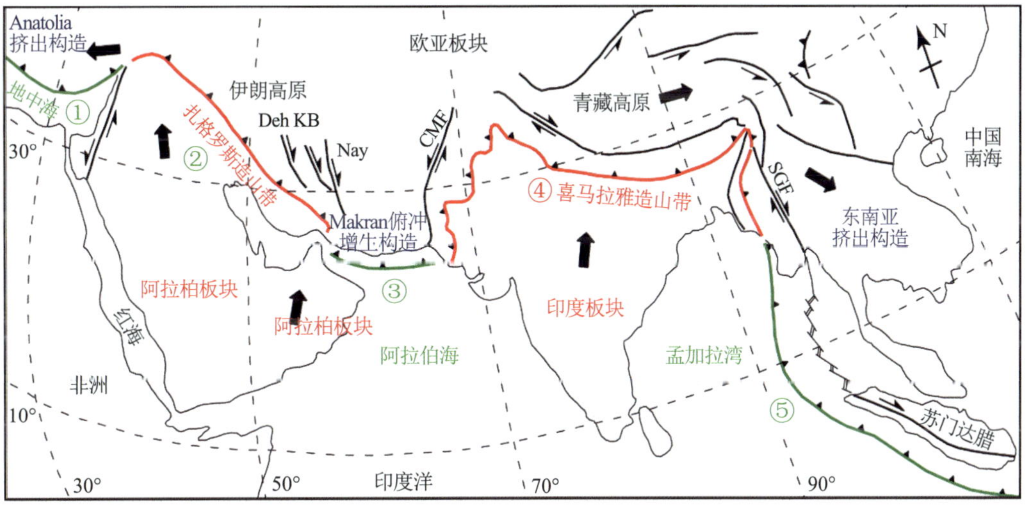

图 16-11 中-东特提斯构造简图

（据 Li et al.，2013，有修改）

一、初始模型设计

基于要研究的洋-陆俯冲和陆-陆碰撞沿走向转换的动力学背景，我们设计了一组三维大尺度、高分辨率动力学数值模型（图 16-12）。初始模型中，上覆板块是一个均一的大陆板块，而俯冲板块沿走向平分为两个部分，一侧为均一的大洋板块，而另一侧长度为 450 km 的大洋板块之后与大陆板块相连。大陆板块的上地壳厚度为 20 km，下地壳厚度为 15 km；而大洋板块的上地壳玄武岩厚度为 3 km，下地壳辉长岩厚度为 5 km。值得注意的是，在地壳表面之上，与自由滑动的模型顶界面之间，设计有一层相对高黏滞度的伪空气层，其与上地壳的接触面用以模拟地形起伏面，该地形起伏面包含了近似的剥蚀和沉积作用（如 Li et al.，2013）。对于大陆岩石圈的温度结构，地表是 0℃，岩石圈底部为约 1325℃，其间采用线性插值的方法。大洋岩石圈的年龄约为 30 Ma。岩石圈之下的软流圈地幔的温度梯度为 0.5℃/km。

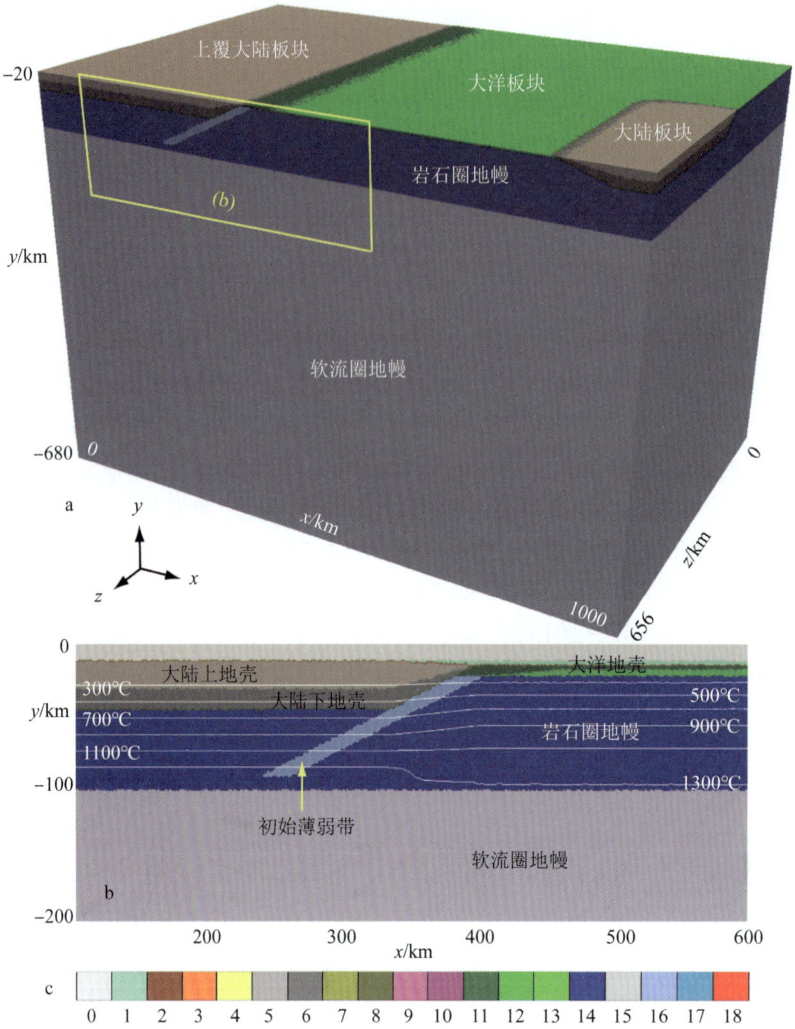

图 16-12　三维初始数值模型设计

a—三维初始模型，空间尺度为 1000 km×680 km×656 km，分辨率为 2 km×2 km×2 km。为了更加清楚的显示内部结构，最顶层的 20 km 被剪切掉。b—二维剖面结构，其位置如 a 中的黄色方框所示。c—颜色代表不同的岩石类型：0—伪空气层；1—水；2、3—沉积物；4—部分熔融沉积物；5、6—大陆上、下地壳；7、8—水化的大陆上、下地壳；9、10—部分熔融的大陆上、下地壳；11、12—大洋上、下地壳；13—部分熔融的大洋地壳；14—岩石圈地幔；15—软流圈地幔；16、17—水化、蛇纹石化的地幔；18—部分熔融的地幔。水化的和部分熔融的岩石类型在初始模型中不存在，将随着模型的演化而产生

对于数值模型的速度边界条件，顶部（$y=0$）和前后两个侧面（$z=0$ 和 $z=656$ km）是自由滑动边界。底部边界是渗透性边界，采用近无限深度的外部自由滑动边界条件（Li et al.，2013），在模型底边界（680 km）之下的 200 km 处，满足自由滑动条件（Gerya，2010；Li et al.，2016）。与普通的自由滑动边界条件相同，外部自由滑动条件也将满足计算区域内的物质守恒。模型的左右两个边界是汇聚边界，自初始条件开始，两个边界之间的汇聚速率为 5 cm/a；在 10 Ma 到 15 Ma 之间，伴随着大陆俯冲碰撞的发生，汇聚速率逐渐减低至 2.5 cm/a；而后保持 2.5 cm/a 的汇聚速率不变。

对于数值模型的温度边界条件，模型顶部为固定温度（0℃）；四周的侧面边界条件为水平方向温度梯度为零（即零热流）。底部边界采用的是外部边界固定温度条件，在模型底边界（680 km）之下的 200 km 处，假设一个固定的地幔温度，这样就可以使得在底部渗透边界处，温度和热流都可以据模型演化而动态调整（Gerya，2010；Li et al.，2016）。

二、三维数值模型结果

（一）参考模型

数值模拟结果显示在洋-陆俯冲带和陆-陆碰撞带产生了差异巨大的演化特征。在大陆碰撞带，先期俯冲的大洋岩石圈板块在碰撞后发生断离，断离深度约为 150 km，断离时间为 18 Ma 左右（图 16-13a）。本文中，板块断离的判定准则为，俯冲板块岩石圈的物质场错断一定距离（>10 km），其间被软流圈物质充填。板块断离后，残留的俯冲板块向上弯曲，造成大陆板块俯冲角度变小，并推动了俯冲大陆地壳的折返以及部分熔融物质在上覆岩石圈底部的积聚（图 16-13b）。在大洋俯冲一侧，海沟持续的后撤，伴随着俯冲大洋板块的脱水，以及地幔楔中的水化和部分熔融作用。同时，大洋海沟的后撤产生了弧后的伸展以及边缘海盆地的拉张（图 16-13c）。

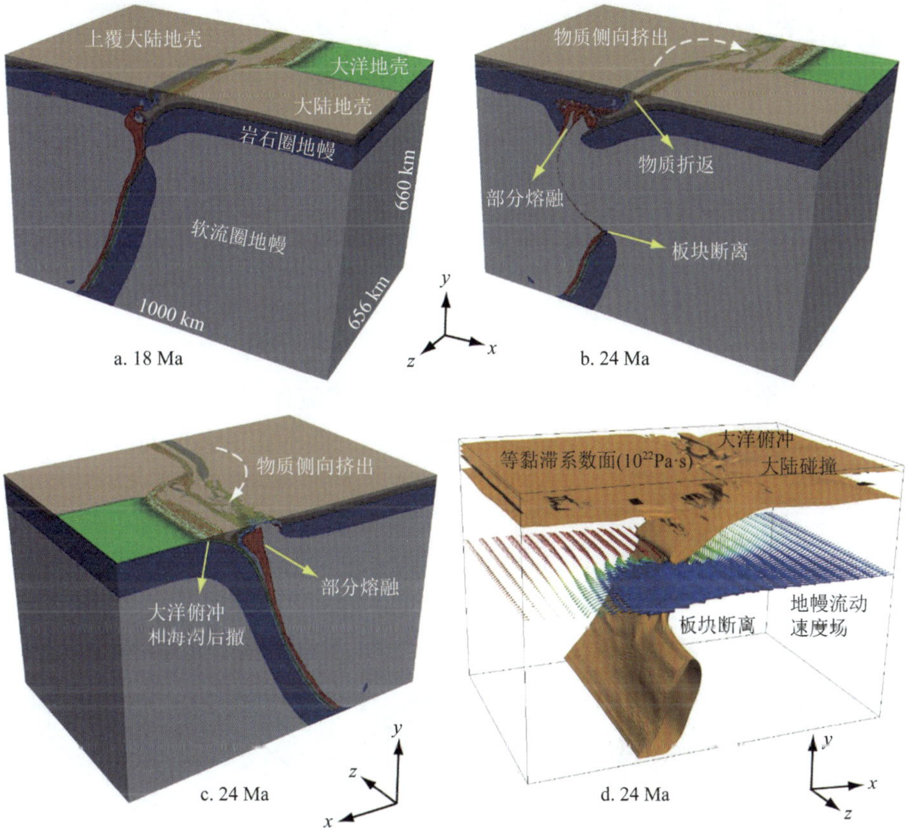

图 16-13　参考数值模型结果

（修改自 Li et al.，2013）

a，b—大陆碰撞一侧的模型演化；c—大洋俯冲一侧的模型演化；d—等黏滞系数面和速度场分别展示三维模型的内部结构和地幔流动特征

三维数值模型显示了沿走向的空间差异性俯冲碰撞模式，该模式造成了上覆地壳物质从大陆碰撞一侧向大洋俯冲一侧逃逸（图 16-13b、c）。同时，造成了深部结构的巨大差异性，导致周围的地幔物质穿过板块的断离窗口，从板下地幔进入地幔楔中，而后从大陆俯冲带向大洋俯冲带侧向流动（图 16-13d）。并且，深部地幔流动的方向与地表物质的挤出方向一致。

（二）不同的流体-熔体渗透速率

为了探讨流体-熔体的渗透速率对于俯冲-碰撞过程的影响，我们建立了两个新的数值模型，其中一个采用渗透速率 V_y（percolation）= 5 cm/a，另一个采用渗透速率 V_y（percolation）= 0。

把流体-熔体的渗透速率从参考模型中的 V_y（percolation）= 10 cm/a 降低至 5 cm/a，三维模型的大尺度演化模式变化不大，大洋板块一侧持续俯冲进入地幔之中，而大陆俯冲碰撞一侧发生俯冲板块的断离，伴随着俯冲引发的部分熔融作用以及上覆地壳物质的侧向挤出（图 16-14）。但是，相对于参考模型中 18 Ma 时、150 km 深度处的板块断离（图 16-13a），降低渗透速率，导致板块断离的时间较晚（约 22 Ma），并且深度较大（约 200 km）（图 16-14a）。

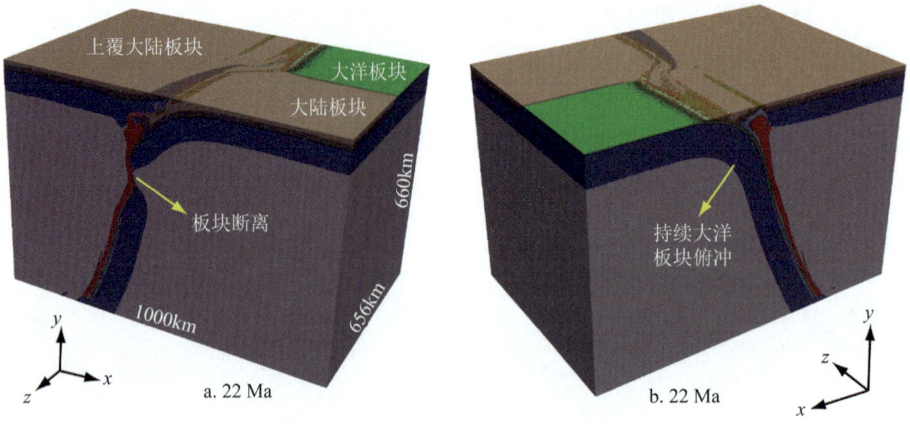

图 16-14　降低流体-熔体渗透速率的数值模拟结果

该模型中流体-熔体的向上渗透速率 V_y（percolation）= 5 cm/a。

a—大陆碰撞一侧的模型演化结果；b—大洋俯冲一侧的模型演化结果

进而，为了探讨一个流体-熔体活动的端元模型，我们将流体-熔体的渗透速率降低为零，即模型中包含了脱水作用，但是脱出的水只能随固体一起运移，而不发生向上的渗透。数值模拟结果显示，大陆碰撞一侧的板块断离的时间和深度进一步增大，达到 26 Ma 和 300 km 左右（图 16-15a）。同时，由于俯冲和上覆大陆板块之间较强的耦合作用，上覆岩石圈地幔也有向下俯冲的趋势，从而倾向于形成一种双向对冲碰撞模式（图 16-15a）。

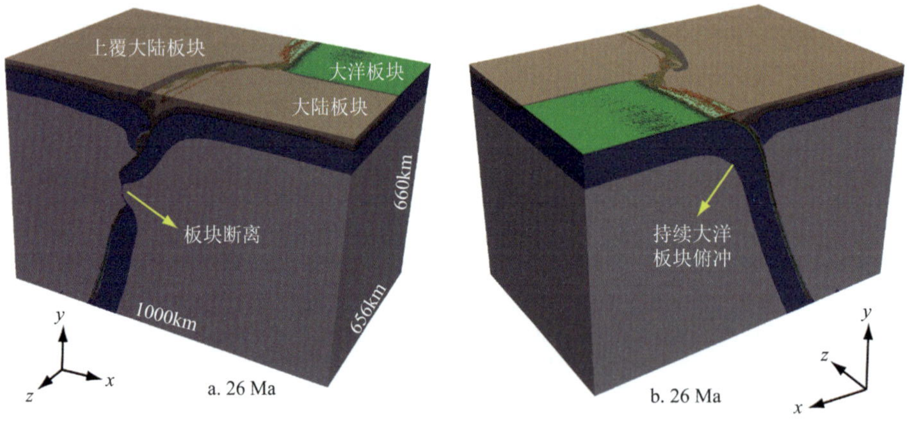

图 16-15　流体-熔体渗透速率为零的数值模拟结果

该模型中流体-熔体的向上渗透速率 V_y（percolation）= 0。

a—大陆碰撞一侧的模型演化结果；b—大洋俯冲一侧的模型演化结果

为了进一步对比研究流体-熔体活动的作用，我们又设计了一个无流体-熔体活动的模型，即在参考模型中（图 16-13）取消所有关于水的活动以及部分熔融作用的计算，从而成为一个单纯的热动力学模型。数值模拟的结果显示，该模型中大陆碰撞一侧虽然也能最终发生板块的断离（图 16-16a），但时间更晚（35 Ma）并且深度更大（400~500 km）。由于缺少流体和熔体的润滑作用，汇聚板块之间具有强烈的耦合作用，从而无论洋-陆俯冲带还是陆-陆碰撞带，上覆岩石圈地幔都会被拖曳而向下俯冲，从而形成一种双向对冲碰撞模式（图 16-16）。

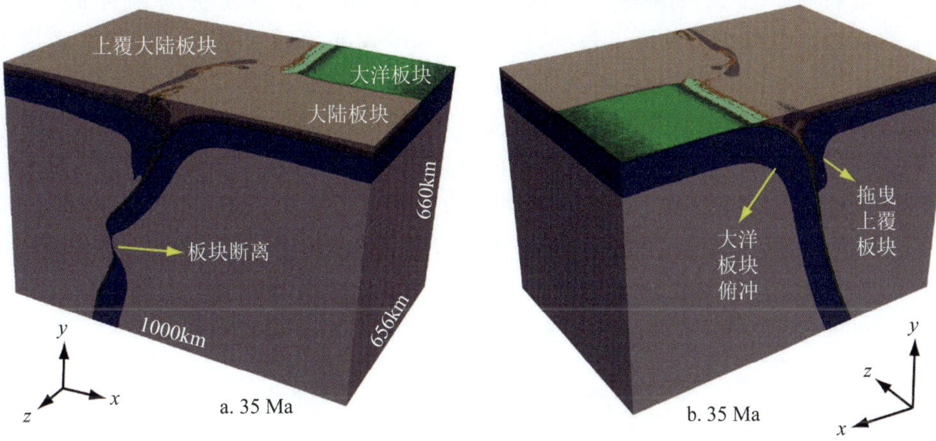

图 16-16　无流体-熔体活动的数值模拟结果

该模型中取消了所有流体和熔体活动的计算。

a—大陆碰撞一侧的模型演化结果；b—大洋俯冲一侧的模型演化结果

（三）不同的俯冲大陆板块几何形态

自然界中，大陆板块往往具有横向不均一性，其中一个最显著的特征在于几何形态的复杂性，这对于大陆俯冲和碰撞的过程及地质响应具有重要的影响。基于要研究的不同形态大陆板块俯冲-碰撞动力学背景，我们进一步设计了两组三维高分辨率的动力学数值模型（图 16-17）。初始模型中，上覆板块是均一的大陆板块，而俯冲板块沿走向平分为两个部分，一侧为均一的大洋板块，而另一侧的大洋板块之后与大陆板块相连。两组模型的区别在于大陆俯冲板块的形态，一组模型中采用方形大陆俯冲板块（图 16-17a），而另一组模型中采用楔形大陆俯冲板块（图 16-17b）。尽管几何学形态不同，但所有大陆板块的上地壳厚度为 20 km，下地壳厚度为 15 km。大洋板块的上地壳玄武岩厚度为 3 km，下地壳辉长岩厚度为 5 km。岩石物性参数与前文中的模型相同。

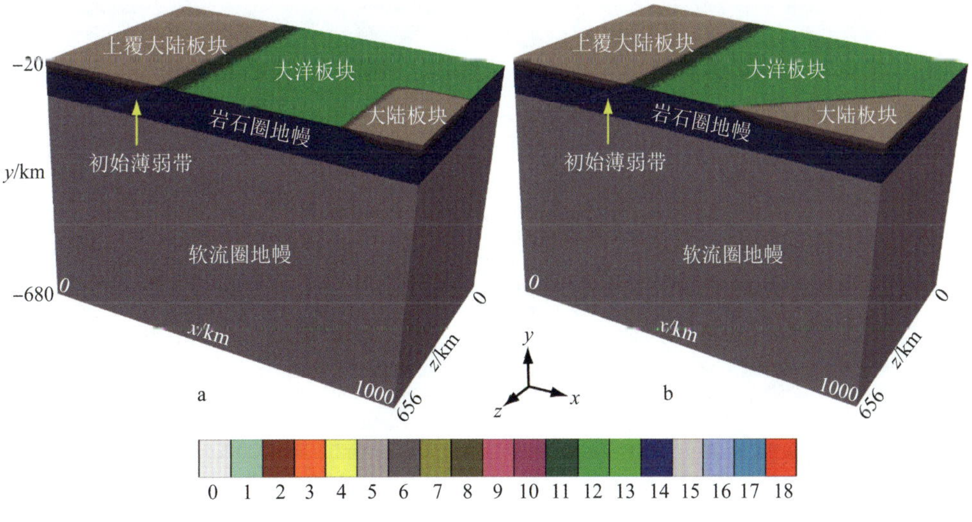

图 16-17　初始模型对比

a、b—分别为方形大陆板块俯冲和楔形大陆板块俯冲的三维初始模型，模型的空间尺度为 1000 km×680 km×656 km，分辨率为 2 km×2 km×2 km。为了更加清楚的显示内部结构，最顶层的 20 km 被剪切掉。颜色代表不同的岩石类型，色标同图 16-12

方形大陆板块俯冲-碰撞的初始模型如图 16-17a 所示，两个大陆板块之间的大洋板块的长度约为 450 km，板块的汇聚速率保持 4 cm/a 不变。该模型的演化结果揭示大洋俯冲带和大陆碰撞带产生了差异巨大的演化特征。在大陆碰撞带，大陆岩石圈紧随着大洋板块的俯冲而进入俯冲隧道（图 16-18a），但是由于大陆地壳的密度较小，因此伴随着大陆俯冲的进行，一些地壳物质会从俯冲板块拆离并发生折返（图 16-18c）。同时，先期俯冲的大洋板块在碰撞后发生断离，断离深度约为 150 km，断离时间为 20 Ma 左右（图 16-18c）。板块断离后，残留的俯冲板块向上弯曲，造成大陆板块俯冲角度变小，并进一步推动了俯冲大陆地壳的折返（图 16-18e）。在大洋俯冲一侧，海沟持续的后撤，伴随着俯冲大洋板块的脱水，以及地幔楔中的水化和部分熔融作用（图 16-18b、d、f）。同时，大洋海沟的后撤产生了弧后的扩张，进而促进了上覆地壳物质从陆-陆碰撞一侧向洋-陆俯冲一侧逃逸。

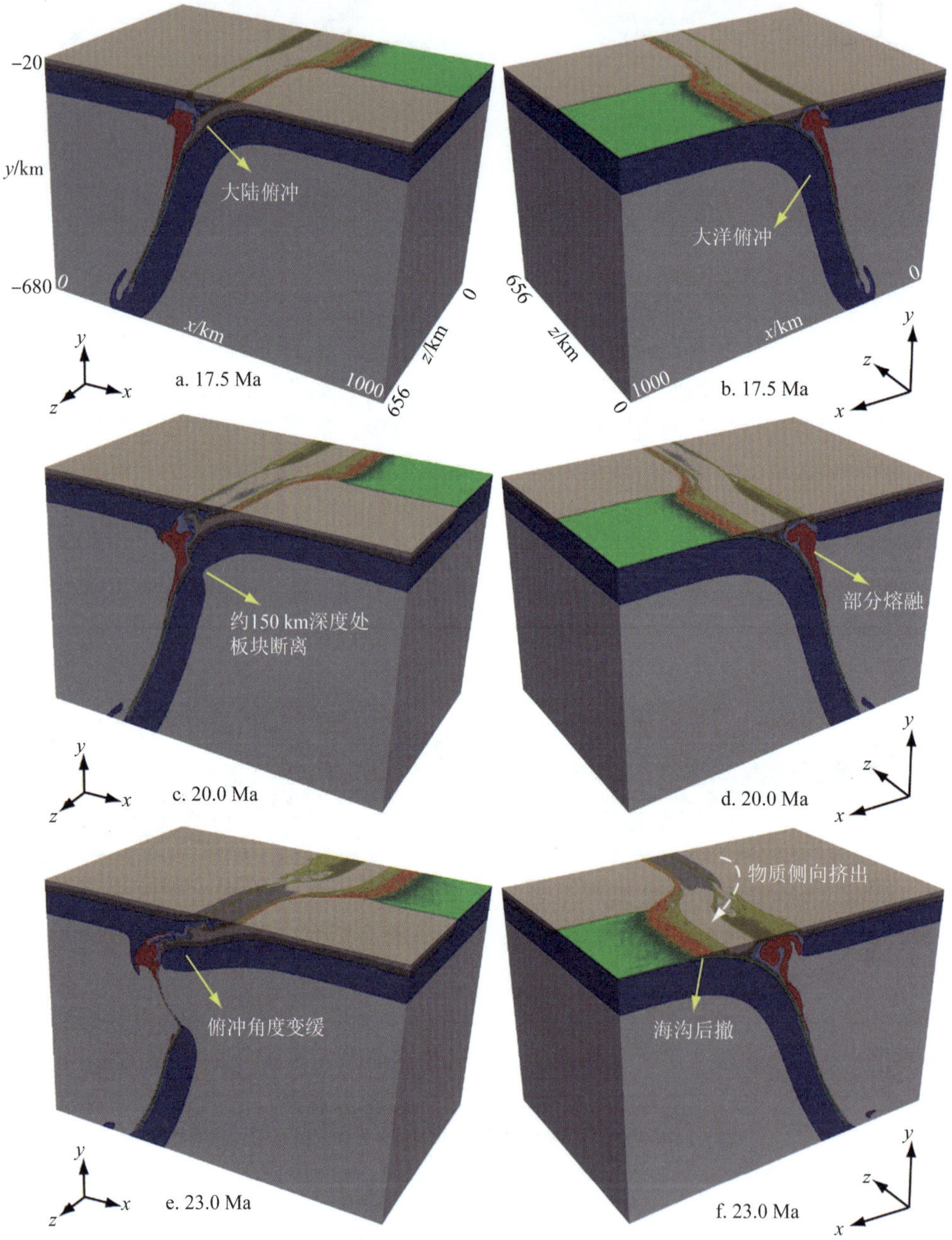

图 16-18　方形大陆板块俯冲-碰撞数值模型

a，c，e—大陆碰撞一侧的模型演化；b，d，f—大洋俯冲一侧的模型演化楔形大陆板块俯冲-碰撞的初始模型如图 16-17b 所示，两个大陆板块之间的大洋板块的长度在模型侧面的最窄处约为 250 km，在模型中部的最宽处约为 600 km。与方形大陆板块汇聚模型相同，板块的汇聚速率仍然保持 4 cm/a 不变。该楔形大陆板块俯冲-碰撞的数值模拟结果也揭示了大洋俯冲一侧和大陆碰撞一侧截然不同的演化特征。大洋板块持续的俯冲到地幔之中，伴随着俯冲板块的脱水以及地幔楔的部分熔融。同时，由于海沟的后撤导致上覆岩石圈的伸展以及弧后的扩张（图 16-19b、d、f）。在大陆碰撞一侧，俯冲的大陆地壳物质从不同的深度处折返（图 16-19a）。楔形大陆板块的犄角持续的深俯冲，直至 250~300 km 深度处发生断离（图 16-19c），而后俯冲大陆板块的角度变缓，并逐渐转变为低角度下插模式（图 16-19e）。楔形大陆板块与方形大陆板块俯冲的主要差别在于，前者楔形板块犄角处的大陆板块较窄，相对容易的俯冲到较大的深度，而后发生物质的折返以及板块的断离（图 16-18，图 16-19）。

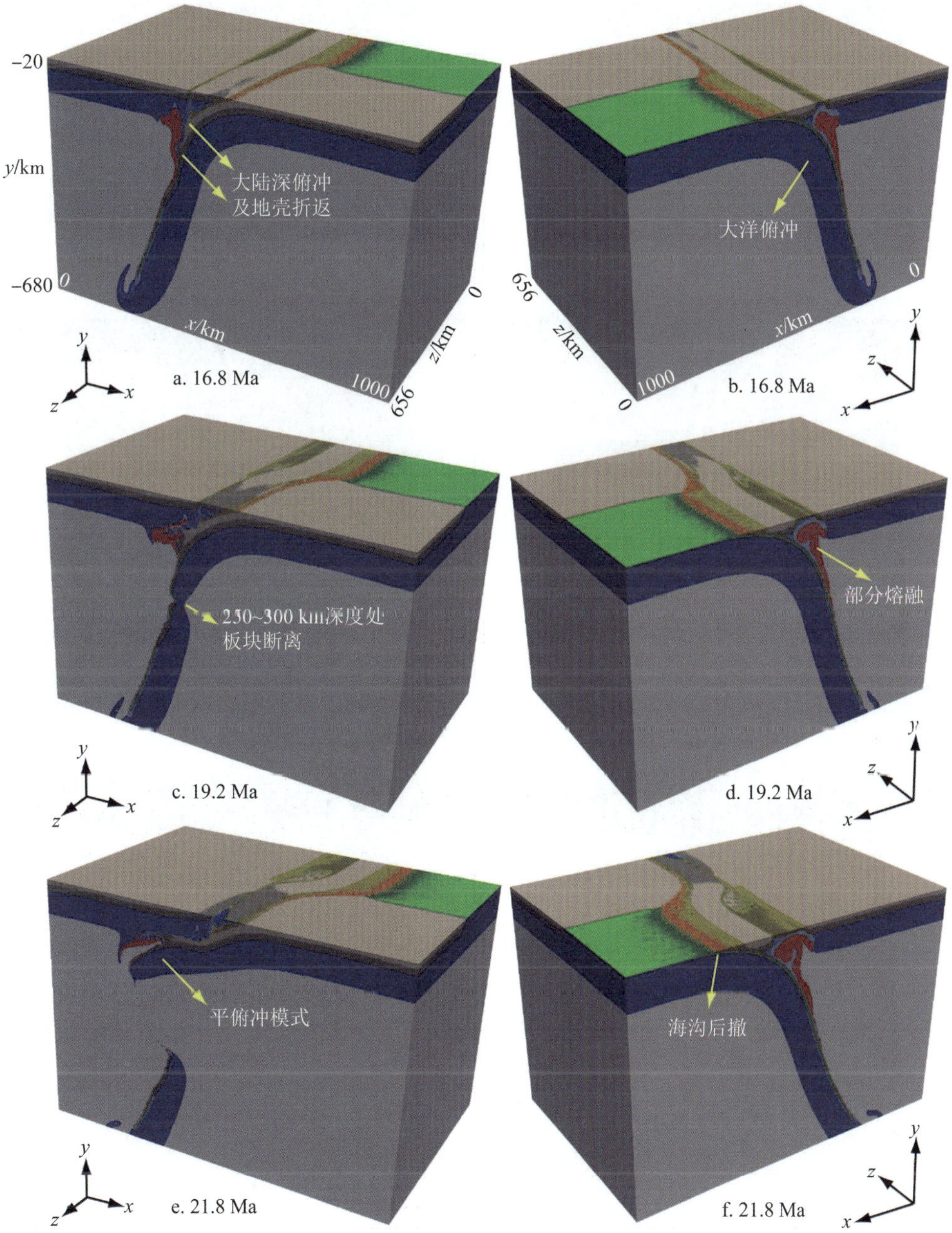

图 16-19　楔形大陆板块俯冲-碰撞数值模型

a，c，e—大陆碰撞一侧的模型演化；b，d，f—大洋俯冲一侧的模型演化

图 16-18 和图 16-19 中两种不同形态大陆板块的俯冲-碰撞模型揭示二者在大尺度动力学方面具有一定的共性，都展示了大洋板块俯冲的连续性以及大陆碰撞之后俯冲板块的断离。但是，二者在大陆板块深俯冲、岩石折返及板块断离的深度方面又具有很大的差异性。为了进一步揭示这种深部结构的差异性，我们将模型内部结构的演化进行对比（图 16-20），该图中只显示大洋板块和大陆板块的地壳物质，而过滤掉地幔物质，从而能够更加清晰地展示模型深部结构的演化特征。

从两个模型内部结构演化的对比发现，方形大陆板块的俯冲和断离深度较浅，可知板块的初始断离深度约为 150 km，并从模型侧面边缘向洋-陆转换带快速扩展。而后大陆板块俯冲角度变缓，从而

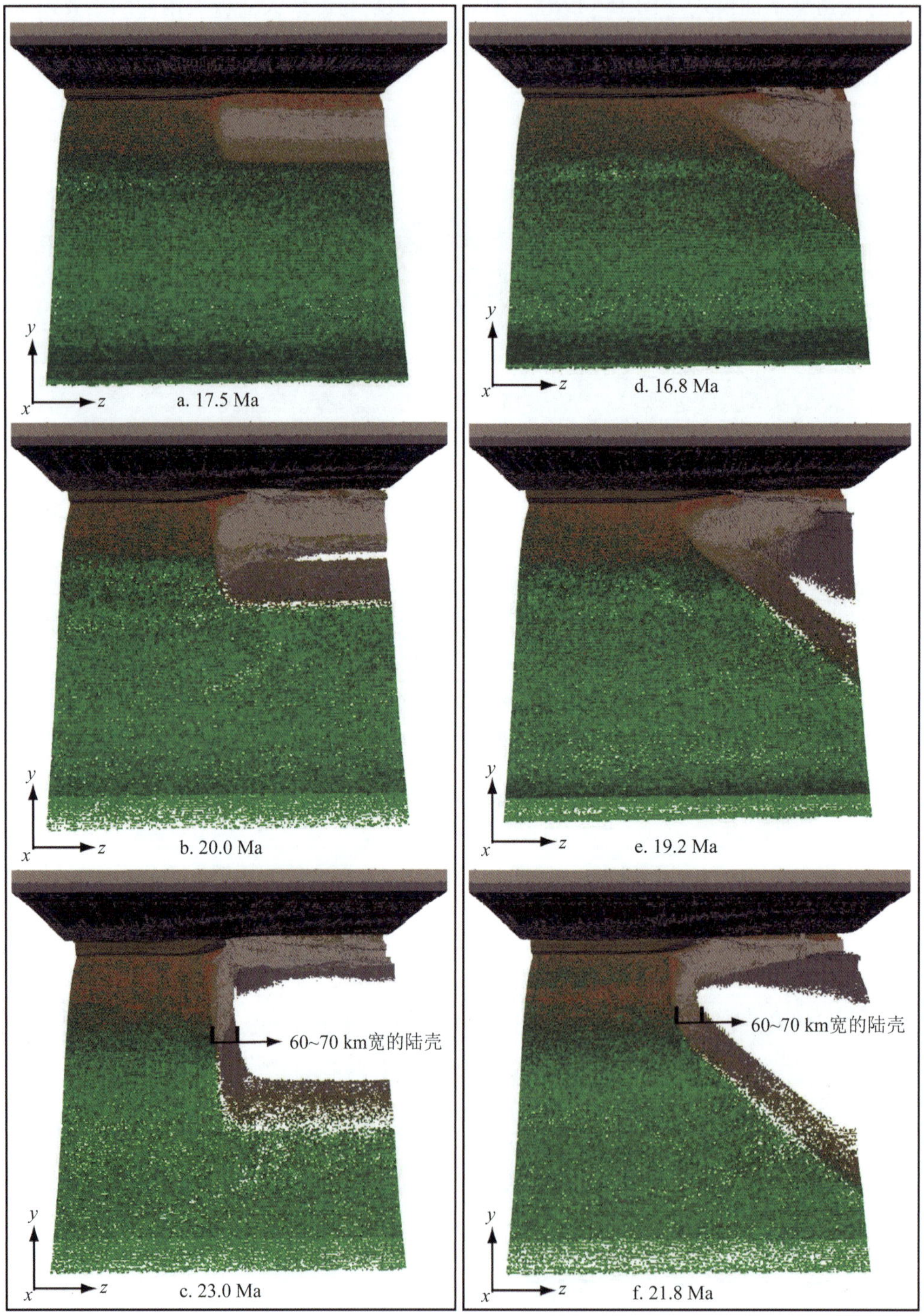

图 16-20 方形和楔形大陆板块俯冲-碰撞模型的内部结构演化对比

a~c—方形大陆板块俯冲碰撞模型；d~f—楔形大陆板块俯冲碰撞模型

形成一个断离窗口（图 16-20a~c）。在楔形大陆板块的俯冲-碰撞模型中，犄角处的大陆板块可以俯冲至更大的深度处，而后发生断离（250~300 km）。断离窗口沿着楔形的俯冲大陆板块向内并向上扩展，从而中部洋-陆转换区域的大陆俯冲和板块断离的深度较浅（图 16-20d~f）。但是两个模型都显示，板块断离并非沿着洋壳和陆壳的转换带而发生，而是在大陆板块内部的一定位置处，从而俯冲的大洋板块可以拖拽一定宽度（60~70 km）的大陆边缘板块持续向下俯冲（图 16-20）。

方形和楔形大陆板块俯冲-碰撞模型的对比发现，在汇聚速率等其他条件一定的情况下，楔形俯冲板块的前端（即比较窄的大陆板块）更容易俯冲到比较大的深度（图 16-20），而后才发生断离，这很大程度上归功于与之相邻的侧向大洋板块的牵引。在模型总宽度一定的情况下，如果大陆板块的宽度较小，那么大洋板块相对较宽；进而俯冲洋-陆板块所受到的牵引力较大，而负浮力的积累较小，从而可以俯冲到相对较大深度处。该实验结果表明，大陆板块的俯冲、断离和折返不仅受控于自身所在的二维垂向剖面的应力演化，而且受控于三维空间中相邻板块的作用力。

三、地质对比和启示

扎格罗斯-喜马拉雅大陆碰撞造山带及其邻区的大洋俯冲带显示了陆-陆碰撞和洋-陆俯冲的相间结构（图 16-21a），这种大地构造特征成为控制该区域板块汇聚动力学的关键。针对该构造背景，我们建立了一系列三维大尺度、高分辨率的数值模型，探讨洋-陆俯冲和陆-陆碰撞沿走向的转换动力学。模型结果显示了强烈的沿走向的差异性，大洋俯冲带中，岩石圈板块持续的俯冲进入地幔之中；而在大陆碰撞一侧，俯冲板块在一定深度处发生断离。在板块汇聚速率相同的情况下，板块断离的深度与俯冲带流体-熔体的活动具有负相关关系（Li et al.，2015）。在含流体-熔体模型中，断离深度随着流体-熔体渗透速度 V_y（percolation）的减小，而逐渐增大：V_y（percolation）= 10 cm/a、5 cm/a、0 cm/a 时，对应的断离深度依次是大约 150 km、200 km 和 300 km。在无流体-活动模型中，板块断离深度最大，达到 400~500 km。其动力学机制在于，流体-熔体活动可以很大程度的降低周围岩石的流

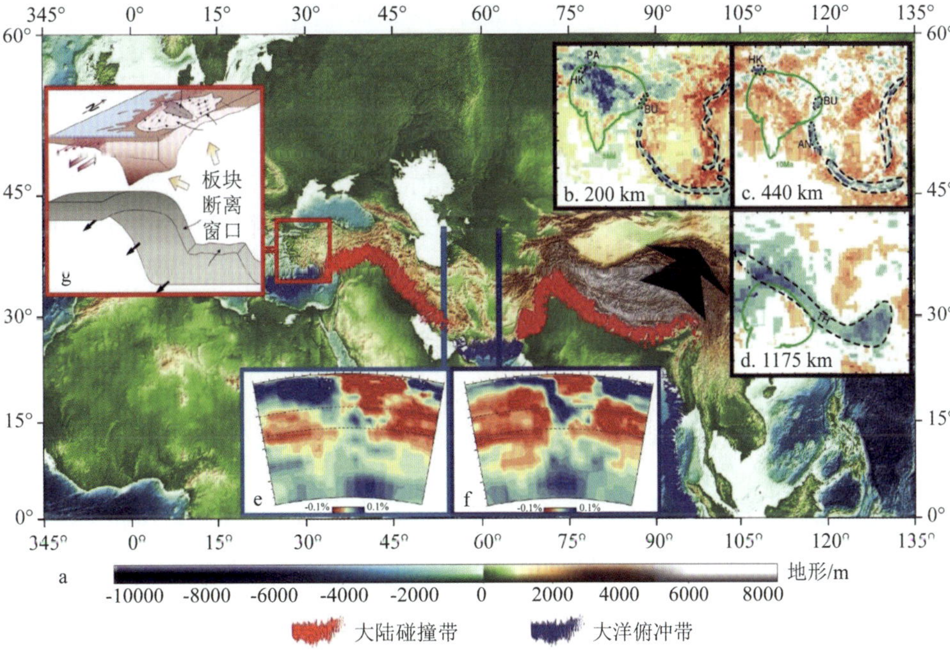

图 16-21　中-东特提斯构造带的大地构造特征及深部结构

（据 Li et al.，2015，有修改）

a—中-东特提斯构造带及邻区地形，其中红色涂抹线表示大陆碰撞边界，蓝色涂抹线代表大洋俯冲边界；b~d—喜马拉雅-东印度洋板块汇聚边界的深部结构层析成像结果（Replumaz et al.，2014）；e~f—分别指示扎格罗斯大陆碰撞带及其东部的马库元大洋俯冲带的深部结构层析成像结果（Amaru，2007），剖面位置如图中浅蓝色和深蓝色直线所示；g—安纳托利亚地区的深部结构（Gessner et al.，2013）

变强度，造成俯冲板块上部及地幔楔黏滞系数的减小，同时能够降低俯冲板块和上覆板块之间的耦合作用。在俯冲大洋板块拉力一定的情况下，流变强度的降低将对板块断离产生促进作用，从而使得俯冲板块在较早的时间以及较浅的深度处发生断离。

流体-熔体活动对俯冲-碰撞带的表层和深部构造样式产生了很大的影响，但沿走向的巨大差异性是所有模型中共存的。这种走向差异性促使周围地幔物质发生复杂的流动，从板下地幔穿过板块断离窗口进入地幔楔，而后从大陆碰撞带向大洋俯冲带侧向运移。这种绕过大洋俯冲板块侧向边缘的地幔流动，可以促使地幔变形以及地幔矿物发生晶格优选定向，进而产生地震波各向异性（Li et al.，2014），并能够通过地震台站在地表进行观测（例如，Wang et al.，2008）。同时，深部的地幔流动方向与浅部物质从造山带向俯冲带的侧向逃逸方向是大体一致的，这也显示了二者之间可能存在一种相互促进的关系。

模型所展示的大尺度深部结构特征与中-东特提斯构造带具有很好的相似性，在此我们进行三组对比。首先，对于喜马拉雅大陆碰撞造山带及东部的东印度洋大洋板块俯冲带，层析成像的结果表明，在浅部（例如，200 km 深度处），大陆碰撞带和大洋俯冲带都显示了高地震波速的俯冲板块的存在（图 16-21b）；但是，到一定深度处（如 440 km），喜马拉雅带的高速体缺失，意即该处俯冲板块发生断离（图 16-21c）；而到很深的位置处（如 1175 km），存在沿走向连续的高速体，解释为先期俯冲的特提斯大洋板块（图 16-21d）。这种三维空间结构与我们的数值模型相吻合，即大陆碰撞一侧发生俯冲板块的断离，形成一个断离窗口，而大洋俯冲板块具有垂向的连续性。而后，对于扎格罗斯大陆碰撞造山带及其东部的马库元大洋俯冲带，前人的深部探测的结果也揭示大陆碰撞带板块断离的可能存在（图 16-21e），但相邻的大洋俯冲带却显示连续的大洋俯冲板块高速体（图 16-21f），从而也显示该区域的深部结构和动力学特征与数值模型结果的相似性。最后，在扎格罗斯造山带西部的安纳托利亚地区，也存在深部结构沿走向的巨大差异性（图 16-21g）。基于我们的数值模型可见，大洋俯冲和大陆碰撞沿走向的空间转换是该地区大地构造特征的主控因素。

自然界中的超高压变质岩石往往出露于造山带的一端，而非沿整个造山带展布，例如：喜马拉雅造山带的西构造结附近、阿尔卑斯造山带的西南端，挪威的西部片麻岩省，以及秦岭-大别造山带东部的大别和苏鲁地区（Liou et al.，2004）。这种分布特征与大陆俯冲板块的几何形态可能具有一定的关联。对于喜马拉雅造山带而言，前人推测印度板块的西缘可能率先与亚洲碰撞，而后逐渐向喜马拉雅腹地拓展（Rowley，1996；Treloar et al.，1991）。同时，整个喜马拉雅造山带已经发现的超高压变质岩石都集中于造山带的西缘，而整个喜马拉雅腹地并无超高压岩石发现（Yin，2006；Li et al.，2011）。在这种构造背景下，即使印度-亚洲汇聚的速率保持恒定（如数值模型），由于其侧面大洋俯冲板块的拖曳，西喜马拉雅地区印度板块也能够俯冲到比较大的深度，从而相对容易形成超高压变质岩。同时，前人的数值模拟结果也表明，在较高的板块汇聚速率下，大陆岩石圈更容易俯冲至比较大的深度（Li et al.，2011），因此如果伴随印度-亚洲大陆碰撞的进行，汇聚速率降低，那么将进一步导致率先高速俯冲碰撞的西喜马拉雅地区相对于后期慢速俯冲的喜马拉雅腹地更容易产生大陆深俯冲和超高压折返。

我们的数值模型提供了俯冲板块沿走向差异性的一个端元模型，即大陆板块和大洋板块相邻，这也是新特提斯构造带的典型状况。如果对此进行拓展，可以联想到，在自然界中，汇聚的大陆板块（也包含某些大洋板块）可能沿走向不是均一属性的，因此在碰撞的过程中就会造成深部结构及表层造山过程的差异性，这可以为地质、地球物理观测的解译提供一定的思路。

参考文献

Abbott D, Drury R, Smith W H F. 1994. Flat to steep transition in subduction style. Geology, 22: 937~940.

Ali J R, Aitchison J C. 2005. Greater India. Earth-Sci. Rev., 72: 169~188.

Amaru M L. 2007. Global travel time tomography with 3-D reference models. Geologica Ultraiectina, 274: 49~79.

Argand E. 1924. La tectonque de l'Asie. Proc. Int. Geol. Cong., 7: 171~372.

Bird P. 1978. Initiation of intracontinental subduction in the Himalaya. J. Geophys. Res., 83: 4975~4987.

Beaumont C, Fullsack P, Hamilton J. 1994. Styles of crustal deformation in compressional orogens caused by subduction of the underlying lithosphere. Tectonophysics, 232: 119~132.

Beaumont C, Jamieson R A, Butler J P, et al. 2009. Crustal structure: A key constraint on the mechanism of ultra-high-pressure rock exhumation. Earth Planet. Sci. lett., 287: 116-129.

Beaumont C, Jamieson R A, Nguyen M H, et al. 2001. Himalayan tectonics explained by extrusion of a low-viscosity crustal channel coupled to focused surface denudation. Nature, 414: 738~742.

Bittner D, Schmeling H. 1995. Numerical modeling of melting processes and induced diapirism in the lower crust. Geophys. J. Int., 123: 59~70.

Boutelier D, Chemenda A I, Jorand C. 2004. Continental subduction and exhumation of high-pressure rocks: Insights from thermo-mechanical laboratory modeling. Earth Planet. Sci. lett., 222: 209~216.

Burg J P, Gerya T V. 2005. The role of viscous heating in Barrovian metamorphism of collisional orogens: Thermomechanical models and application to the Lepontine Dome in the Central Alps. J. Metamorph. Geol., 23: 75~95.

Burov E, Jolivet L, Le Pourhiet L, et al. 2001. A thermomechanical model of exhumation of high pressure(HP) and ultra-high pressure(UHP) metamorphic rocks in Alpine-type collision belts. Tectonophysics, 342: 113~136.

Chemenda A I, Mattauer M, Bokun A. 1996. Continental subduction and a mechanism for exhumation of high-pressure metamorphic rocks: New modelling and field data from Oman. Earth Planet. Sci. lett., 143: 178~182.

Chemenda A I, Mattauer M, Malavieille J, et al. 1995. A mechanism for syn-collisional rock exhumation and associated normal faulting: Results from physical modeling. Earth Planet. Sci. lett., 132: 225~232.

Chemenda A I, Burg J P, Mattauer M. 2000. Evolutionary model of the Himalaya-Tibet system: geopoem based on new modelling, geological and geophysical data. Earth Planet. Sci. lett., 174: 397~409.

Clauser C, Huenges E. 1995. Thermal conductivity of rocks and minerals, in: Ahrens, T. J., (Ed.), Rock physics andphase relations. American Geophysical Union, Reference Shelf 3, Washington D. C., 105~126.

Currie C A, Beaumont C, Huismans R S. 2007. The fate of subducted sediments: A case for backarc intrusion and underplating. Geology, 35 (12): 1111~1114.

Ding L, Zhong D, Yin A, et al. 2001. Cenozoic structural and metamorphic evolution of the eastern Himalayan syntaxis(Namche Barwa). Earth Planet. Sci. lett., 192: 423~438.

DiPietro J A, Pogue K R. 2004. Tectonostratigraphic subdivisions of the Himalaya: A view from the west. Tectonics, 23: TC5001.

Epard J L, Steck A. 2008. Structural development of the Tso Morari ultra-high pressure nappe of the Ladakh Himalaya. Tectonophysics, 451: 242~264.

Espurt N, Funiciello F, Martinod J, et al. 2008. Flat subduction dynamics and deformation of the South American plate: Insights from analog modeling. Tectonics 27: TC3011.

Faccenda M, Gerya T V, Chakraborty S. 2008. Styles of post-subduction collisional orogeny: Influence of convergence velocity, crustal rheology and radiogenic heat production. Lithos, 103: 257~287.

Gerya T V, Stöckhert B, Perchuk A L. 2002. Exhumation of high-pressure metamorphic rocks in a subduction channel: A numerical simulation. Tectonics, 21(6): 1056.

Gerya T V, Stöckhert B. 2006. Two-dimensional numerical modeling of tectonic and metamorphic histories atactive continental margins. Int. J. Earth Sci., 95: 250~274.

Gerya T V, Yuen D A. 2003a. Characteristics-based marker-in-cell method with conservative finite-differences schemes for modeling geological flows with strongly variable transport properties. Phys. Earth Planet. Inter., 140: 293~318.

Gerya T V, Yuen D A. 2003b. Rayleigh-Taylor instabilities from hydration and melting propel cold plumes at subduction zones. Earth Planet. Sci. lett., 212: 47~62.

Gerya T V, Perchuk L L, Burg J P. 2008. Transient hot channels: Perpetrating and regurgitating ultrahigh-pressure, high-temperature crust-mantle associations in collision belts. Lithos, 103: 236~256.

Gessner K, Gallardo L A, Markwitz V, et al. 2013. What caused the denudation of the Menderes Massif: Review of crustal evolution, lithosphere structure, and dynamic topography in southwest Turkey. Gondwana Research, 24: 243~274.

Guillot S, Garzanti E, Baratoux D, et al. 2003. Reconstructing the total shortening history of the NW Himalaya. Geochem. Geophys. Geosyst., 4(1). doi:10. 1029/2002GC000484.

Guillot S, Replumaz A, Hattori K, et al. 2007. Initial geometry of western Himalaya and ultrahigh pressure metamorphic evolution. J. Asian Earth Sci., 30: 557~564.

Guillot S, Mahéo G, de Sigoyer D, et al. 2008. Tethyan and Indian subduction viewed from the Himalayan high-to ultrahigh-pressure metamorphic rocks. Tectonophysics, 451: 225~241.

Gutscher M A, Maury R, Eissen J P, et al. 2000a. Can slab melting be caused by flat subduction? Geology, 28(6): 535~538.

Gutscher M A, Spakman W, Bijwaard H, et al. 2000b. Geodynamics of flat subduction: Seismicity and tomographic constraints from the Andean margin. Tectonics, 19(5): 814~833.

Hacker B R, Ratschbacher L, Webb L, et al. 1998. U/Pb zircon ages constrain the architecture of the ultrahigh-pressure Qinling-Dabie Orogen, China. Earth Planet. Sci. Lett., 161: 215~230.

Hacker B R, Ratschbacher L, Webb L, et al. 2000. Exhumation of ultrahigh-pressure continental crust in east central China: Late Triassic-Early Jurassic tectonic unroofing. J. Geophys. Res., 105, B6: 13339~13364.

Hatzfeld D, Molnar P. 2010. Comparisons of the kinematics and deep structures of the Zagros and Himalaya and of the Iranian and Tibetan plateaus and geodynamic implications. Review of Geophysics, 48, 2009RG000304.

Huang W C, Ni J F, Tilmann F, et al. 2000. Seismic polarization anisotropy beneath the central Tibetan Plateau. J. Geophys. Res., 105, B12: 27979~27989.

Ji S, Zhao P. 1993. Flow laws of multiphase rocks calculated from experimental data on the constituent phases. Earth Planet. Sci. Lett., 117: 181~187.

Kind R, Yuan X, Saul J, et al. 2002. Seismic Images of Crust and Upper Mantle Beneath Tibet: Evidence for Eurasian Plate Subduction. Science, 298: 1219~1221.

Kirby S H. 1983. Rheology of the lithosphere. Rev. Geophys. Space Phys., 21: 1458~1487.

Kirby S H, Kronenberg A K. 1987. Rheology of the lithosphere: selected topics. Rev. Geophys., 25: 1219~1244.

Lallemand S, Heuret A, Boutelier D. 2005. On the relationships between slab dip, back-arcstress, upper plate absolute motion, and crustal nature in subduction zones. Geochem. Geophys. Geosyst., 6(9): Q09006.

Leech M L, Singh S, Jain A K, et al. 2005. The onset of India-Asia continental collision: Early, steep subduction required by the timing of UHP metamorphism in the western Himalaya. Earth Planet. Sci. Lett., 234: 83~97.

Li C, van der Hilst R D, Meltzer A S, et al. 2008. Subduction of the Indian lithosphere beneath the Tibetan Plateau and Burma. Earth Planet. Sci. Lett., 274: 157~168.

Li Z, Gerya T V. 2009. Polyphase formation and exhumation of HP-UHP rocks in continental subduction zone: Numerical modelling and application to the Sulu UHP terrane in eastern China. J. Geophys. Res., 114: B09406.

Li Z H. 2014. A review on the numerical geodynamic modeling of continental subduction, collision and exhumation. Science China: Earth Sciences, 57: 47~69.

Li Z H, Di Leo J F, Ribe N M. 2014. Subduction-induced mantle flow, finite strain and seismic anisotropy: Numerical modeling. Journal of Geophysical Research: Solid Earth, 119: 5052~5076.

Li Z H, Gerya T V, Burg J P. 2010. Influence of tectonic overpressure on P-T paths of HP-UHP rocks in continental collision zones: Thermomechanical modelling. J. Metamorph. Geo., 28: 227~247.

Li Z H, Liu M, Gerya T. 2016. Lithosphere delamination in continental collisional orogens: A systematic numerical study. Journal of Geophysical-Research: Solid Earth, 121: 5186~5211.

Li Z H, Ribe N M. 2012. Dynamics of free subduction from 3-D Boundary-Element modeling. Journal of Geophysical Research: Solid Earth, 117: B06408.

Li Z H, Shi Y L. 2016. Constraints of 3-D plate geometry on the dynamics of continental deep subduction. Chinese Journal of Geophysics, 59(8): 2806~2817.

Li Z H, Xu Z Q, Gerya T V. 2011. Flat versus steep subduction: contrasting modes for the formation and exhumation of high-to ultrahigh-pressure rocks in continental collision zones. Earth and Planetary Science Letters, 301: 65~77.

Li Z H, Xu Z Q, Gerya T V, et al. 2013. Collision of continental corner from 3-D numerical modeling. Earth and Planetary Science Letters, 380: 98~111.

Li Z H, Xu Z Q. 2015. Dynamics of along-strike transition between oceanic subduction and continental collision: Effects of fluid-melt activity. Acta Petrologica Sinica, 31(12): 3524~3530.

Liou J G, Tsujimori T, Zhang R Y, et al. 2004. Global UHP Metamorphism and Continental Subduction/Collision: The Himalayan Model. Int. Geol. Rev., 46: 1~27.

Lombardo B, Rolfo F, Compagnoni R. 2000. Glaucophane and barroisite eclogites from the upper Kaghan Nappe; implications for the metamorphic history of the NW Himalaya, in: Khan, M. A., Treloar, P. J., Searle, M. P., Jan, M. Q. (Eds.), Tectonics of the Nanga Parbat syntaxis and the western Himalaya. Geol. Soc. Spec. Pub., 170: 411~430.

Martinod J, Funiciello F, Faccenna C, et al. 2005. Dynamical effects of subducting ridges: insights from 3-D laboratory models. Geophys. J. Int., 163: 1137~1150.

Mattayer M. 1986. Intracontinental subduction, crust-mantle decollement and crustal stacking wedge in the Himalayas and other collisional belts, in: Coward, M. P., Ries, A. C. (Eds.), Collision Tectonics. Geol. Soc. Lond. Spec. Pub., 19: 37~50.

Molnar P. 1988. A review of geophysical constraints on the deep structure of the Tibetan Plateau, the Himalaya and the Karakoram, and their tectonic implications. Philos. Trans. R. Soc. Lond., A 326: 33~88.

Mukheerjee B, Sachan H K, Ahmad T. 2005. A new occurrence of microdiamond from Indus Suture zone, Himalata: a possible origin, in: Memoire, H. S. (Ed.), Special extended Abstract Volume. Géologie Alpine, 44: 136.

Mukheerjee B, Sachan H K, Ogasawaray Y, et al. 2003. Carbonate-bearing UHPM rocks from the Tso-Morari Region, Ladakh, India: petrological implications. Int. Geol. Rev., 45: 49~69.

Nabelek J, Hetenyi G, Vergne J, et al. 2009. Underplating in the Himalaya-Tibet Collision Zone Revealed by the Hi-CLIMB Experiment. Science, 325: 1371~1374.

Negredo A M, Replumaz A, Villasenor A, et al. 2007. Modeling the evolution of continental subduction processes in the Pamir-Hindu Kush region. Earth Planet. Sci. Lett., 259: 212~225.

Nelson K D, Zhao W, Brown L D, et al. 1996. Partial molten middle crust beneath southern Tibet: Synthesis of project INDEPTH results. Science, 274: 1684~1688.

O'Brien P, Zotov N, Law R, et al. 2001. Coesite in Himalayan eclogite and implication for models of India-Asia collision. Geology, 29: 435~438.

Oreshin S, Kiselev S, Vinnik L, et al. 2008. Crust and mantle beneath western Himalaya, Ladakh and western Tibet from integrated seismic data. Earth Planet. Sci. Lett., 271: 75~87.

Owens T J, Zandt G. 1997. Implications of crustal property variations for models of Tibetan plateau evolution. Nature, 387: 37~43.

Pope D, Willett C. 1998. Thermal-mechanical model for crustal thickening in the central Andes driven by ablative subduction. Geology, 26(6): 511~514.

Ranalli G. 1995. Rheology of the Earth, Deformation and flow processes in geophysics and geodynamics(second ed.). Chapman & Hall.

Ranalli G, Murphy D C. 1987. Rheology stratification of the lithosphere. Tectonophysics, 132: 281~295.

Replumaz A, Karason H, van der Hilst R D, et al. 2004. 4-D evolution of SE Asia's mantle from geological reconstructions and seismic tomography. Earth Planet. Sci. Lett., 221: 103~115.

Roecker S W. 1982. Velocity structure of the Pamir-Hindu Kush region: Possible evidence of subducted crust. J. Geophys. Res. 87, B2: 945~959.

Rowley D B. 1996. Age of initiation of collision between India and Asia: A review of stratigraphic data. Earth Planet. Sci. Lett., 145: 1~13.

Royden R H, Burchfiel B C, van der Hilst R D. 2008. The Geological Evolution of the Tibetan Plateau. Science, 321: 1054~1058.

Schmidt M W, Poli S. 1998. Experimentally based water budgets for dehydrating slabs and consequences for arc magma generation. Earth Planet. Sci. Lett., 163: 361~379.

Schulte-Pelkum V, Monsalve G, Sheehan A, et al. 2005. Imaging the Indian subcontinent beneath the Himalaya. Nature, 435: 1222~1225.

Shemenda A I. 1993. Subduction of the lithosphere and back arc dynamics: Insights from physical modelling. Journal of Geophysical Research, 98, B9: 16167~16185.

Stöckhert B, Gerya T V. 2005. Pre-collisional high pressure metamorphism and nappe tectonics at active continental margins: a numerical simulation. Terra Nova, 17: 102~110.

Tao W, O'Connell R. 1992. Ablative subduction: A two-sided alternative to the conventional subduction model. J. Geophys. Res., 97, B6: 8877~8904.

Tapponnier P, Xu Z, Roger F, et al. 2001. Oblique Stepwise Rise and Growth of the Tibet Plateau. Science, 294: 1671~1677.

Toussaint G, Burov E, Jolivet L. 2004a. Continental plate collision: Unstable vs. stable slab dynamics. Geology, 32(1): 33~36.

Toussaint G, Burov E, Avouac J P. 2004b. Tectonic evolution of a continental collision zone: A thermomechanical numerical model. Tectonics, 23: TC6003.

Treloar P J, Corward M P. 1991. Indian Plate motion and shape: Constraints on the geometry of the Himalayan orogen. Tectonophysics, 191: 189~198.

Turcotte D L, Schubert G. 1982. Geodynamics: Application of continuum physics to geological problems. New York, John Wiley, 450.

Turcotte D L, Schubert G. 2002. Geodynamics, second ed. Cambridge Univ. Press.

Van Hunen J, van den Berg A P, Vlaar N J. 2002a. The impact of the South-American plate motion and the Nazca Ridge subduction on the flat subduction below South Peru. Geophys. Res. Lett., 29(14): 1690.

Van Hunen J, van den Berg A P, Vlaar N J. 2002b. On the role of subducting oceanic plateaus in the development of shallow flat subduction. Tectonophysics, 352: 317~333.

Van Hunen J, van den Berg A P, Vlaar N J. 2004. Various mechanisms to induce shallow flat subduction: A numerical parameter study. Phys. Earth Planet. Inter., 46: 179~194.

van der Voo R, Spakman W, Bijwaard H. 1999. Tethyan subducted slabs under India. Earth Planet. Sci. Lett., 171: 7~20.

Vlaar N J. 1983. Thermal anomalies and magmatism due to lithospheric doubling and shifting. Earth Planet. Sci. Lett., 65: 322~330.

Vlaar N J. 1985. Precambrian geodynamical constraints, in: Tobi, A. C., Touret, J. L. R. (Eds.), The deep Proterozoic crust in North Atlantic Provinces. Reidel Publ. Co.: 3~20.

Wang C Y, Flesch L, Silver P, et al. 2008. Evidence for mechanically coupled lithosphere in central Asia and resulting implications. Geology, 36: 363~366.

Warren C J, Beaumont C, Jamieson R A. 2008a. Modelling tectonic styles and ultra-high pressure(UHP) rock exhumation during the transition from oceanic subduction to continental collision. Earth Planet. Sci. lett., 267: 129~145.

Warren C J, Beaumont C, Jamieson R A. 2008b. Formation and exhumation of ultra-high pressure rocks during continental collision: Role of detachment in the subduction channel. Geochem. Geophys. Geosyst., 9(4): Q04019.

Willingshofer E, Sokoutis D. 2009. Decoupling along plate boundaries: Key variable controlling the mode of deformation and the geometry of collisional mountain belts. Geology, 37: 39~42.

Xu Z, Ji S, Cai Z, et al. 2012. Kinematics and dynamics of the Namche Barwa Syntaxis, eastern Himalaya: Constraints from deformation, fabrics and geochronology. Gondwana Res., 21: 19~36.

Xu Z, Zeng L, Liu F, et al. 2006. Polyphase subduction and exhumation of the Sulu high-pressure-ultrahigh-pressure metamorphic terrane. Geol. Soc. Am. Spec. Paper, 403: 93~114.

Yamato P, Agard P, Burov E, et al. 2007. Burial and exhumation in a subduction wedge: Mutual constraints fromthermomechanical modeling and natural P-T-t data(Schistes Lustres, western Alps). J. Geophys. Res., 112: B07410.

Yamato P, Burov E, Agard P, et al. 2008. HP-UHP exhumation during slow continental subduction: Self-consistent thermodynamically and thermomechanically coupled model with application to the Western Alps. Earth Planet. Sci. lett., 271: 63~74.

Yang J S, Xu Z Q, Zhang J S, et al. 2009. Tectonic setting of main high-and ultrahigh-pressure metamorphic belts in China and adjacent region and discussion on their subduction and exhumation mechanism. Acta Petrol. Sinica, 25(7): 1529~1560.

Yin A. 2006. Cenozoic tectonic evolution of the Himalayan orogen as constrained by along-strike variation of structural geometry, exhumation history, and foreland sedimentation. Earth-Sci. Rev., 76: 1~131.

Yin A. 2010. Cenozoic tectonic evolution of Asia: A preliminary synthesis. Tectonophys., 488: 293~325.

Zhang Z M, Zheng L L, Wang J L, et al. 2007. Garnet pyroxenite in the Namjagbarwa Group-complex in the eastern Himalayan tectonic syntaxis, Tibet, China: Evidence for subduction of the Indian continent beneath the Eurasian plate at 80-100 km depth. Geol. Bull. China, 26(1): 1~12.

Zhou H W, Murphy M. 2005. Tomographic evidence for whole scale underthrusting of India beneath the entire Tibetan plateau. J. Asian Earth Sci., 25: 445~457.

Zhu G, Gerya T V, Yuen D A, et al. 2009. 3-D Dynamics of hydrous thermalchemical plumes in oceanic subduction zones. Geochem. Geophys. Geosyst., 10: Q11006.

第十七章　喜马拉雅造山动力学

喜马拉雅是全球陆-陆碰撞造山带的典例（Dewey et al.，1970，1973）。喜马拉雅的年轻和壮观，使其成为研究全球造山带的各种地质特征、造山过程和造山动力学的理想场所（Yin，2006）。喜马拉雅造山带研究历史已超过200年，40年前人们开始注视喜马拉雅造山动力学（包括几何学、运动学和动力学）的研究，提出各种模式，并引发了激烈的争论。因为这些模式往往具有局部性，很难评估每个模式的全面性、有效性或把它们准确地应用到其他的造山带的可能性（Yin，2006）。

Yin（2006）综述了喜马拉雅造山带演化过程中的主要模型。①新生代前喜马拉雅原始形态的模型：ⓘ简单的大陆边缘，ⓘⓘ盆地分割，ⓘⓘⓘ增生地体；②高喜马拉雅侵位运动学模型；③喜马拉雅变质作用倒转模型：ⓘ变质作用倒转的运动学模型，ⓘⓘ变质作用倒转的热模型，ⓘⓘⓘ变质作用倒转的热力学模型；④新生代喜马拉雅深熔作用；⑤低喜马拉雅逆冲带发育模式；⑥北喜马拉雅片麻岩穹窿模式；⑦喜马拉雅构造结的形成机制；⑧南北向裂谷演化模式；⑨喜马拉雅整体演化模式等。从各个视角讨论喜马拉雅造山动力学，给予人们莫大的启迪。

本专著围绕“亚洲/印度碰撞前新特提斯洋盆演化”“喜马拉雅造山带构造格架的重塑”和“印度/亚洲碰撞的印记”等重要篇章，进行了新的研究，并针对喜马拉雅造山动力学的一些关键问题，提出新模型：包括新特提斯洋盆的地幔柱模式、特提斯喜马拉雅地壳缩短的驱动模式、高喜马拉雅挤出的三维运动学、高喜马拉雅的深熔模式、北喜马拉雅片麻岩穹窿成因、东-西构造结嵌入模型以及喜马拉雅岩石圈俯冲等模型，提出一系列新的认知。

第一节　印度大陆北漂模式

穿越时空的隧道，在距今200~60 Ma之间，印度大陆与欧亚大陆之间还是一片汪洋，称之为新特提斯大洋。印度板块三叠纪开始从冈瓦纳超大陆解体，随后在白垩纪开始北漂的历程，至60 Ma左右开始与欧亚洲大陆碰撞，由此喜马拉雅山崛起，青藏高原隆升，大量物质向两侧逃逸，2000 km范围亚洲大陆内部的巨大弥散变形和70~80 km巨厚地壳的形成。印度大陆早白垩世以来的北漂过程中还发生由东西向南北旋转运动及由此引起的印度板块的古纬度变化（Besse et al.，2003）。印度大陆的北漂存在两种不同的模式：大印度北漂的模式（为大多数学者观点）和“大印度盆地”的北漂模式（van Hinsbergen et al.，2012）（图17-1）。前者随着新特提斯洋盆的俯冲到闭合，北漂的大印度与欧亚大陆碰撞；后者认为白垩纪之前为大印度北漂；晚白垩世时期喜马拉雅微陆块与印度主大陆分离，间隔大印度盆地，两陆块同时北漂；50 Ma期间喜马拉雅微陆块先与欧亚大陆软碰撞；25~20 Ma期间印度主大陆与欧亚大陆硬碰撞（van Hinsbergen et al.，2012）。

此外，Yuan et al.(2020）认为不存在“大印度盆地”陆壳，提出“北印度洋”的新模型，是喜马拉雅微陆块与印度主大陆分离于早白垩世的结果。由于沿着喜马拉雅微陆块和印度主大陆之间的主中央逆冲断层一直没有发现代表洋壳残片的蛇绿岩，这一模式被野外地质学家所质疑。

我们认为在考虑印度大陆北漂的同时，还应考虑新特提斯洋-陆格局的复杂化，包括：①在新特

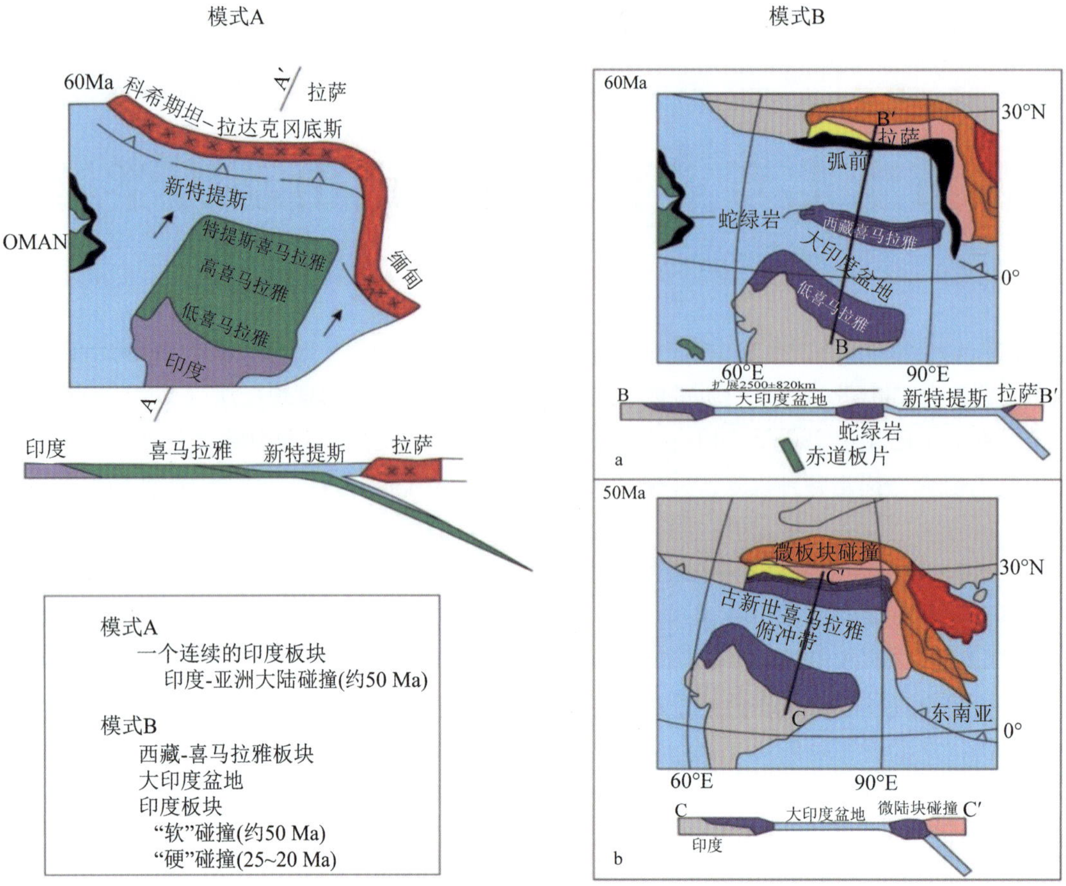

图 17-1　印度和印度板块向北漂移的再造模型

模型 A 显示具有广阔的大陆边缘的单个印度连续板块，将低喜马拉雅、高喜马拉雅和特提斯喜马拉雅合并为一个板块，以及约 50 Ma 发生印度-亚洲大陆碰撞。模型 B（据 van Hinsbergen et al.，2012），展示了一个分离的西藏-喜马拉雅微板块（THS+GHS），中间有一个海洋，称之为“大喜马拉雅盆地”，将其与主要的印度板块分开。该模型涉及 50 Ma 的“软碰撞”（a）和 25～20 Ma 的“硬碰撞”（b）

提斯洋盆消减过程终是否存在洋内俯冲到洋-陆碰撞？时限和方式是什么？②印度和亚洲汇聚速率的差异性变化？

第二节　新特提斯洋的地幔柱模式

印度河-雅鲁藏布江蛇绿岩代表了新特提斯洋盆的残片，是新特提斯洋闭合和印度/亚洲大陆碰撞的产物。自杨经绥及其团队在印度河-雅鲁藏布江蛇绿岩中发现地幔橄榄岩和铬铁矿中的来自深地幔的金刚石等深部矿物（Yang et al.，2014，2015），引起人们高度的关注，开始从空间维度上考虑大洋岩石圈深部的活动过程，对蛇绿岩铬铁矿的深部成因和侵位机制提出新的模式（图 17-2）。①杨经绥及其团队提出了铬铁矿在深部开始形成，经地幔柱和地幔对流携带到浅部的侵位模式（Yang et al.，2014，2015），并得到了许多国际同行的认可和支持（Rollinson，2015；Das et al.，2015，2017；Liou et al.，2014；Dilek et al.，2018）。认为深俯冲板片滞留在地幔过渡带后，其中的壳源放射性物质生热导致岩石熔融和脱水，元素从矿物中释放并随地幔柱上涌，在过渡带顶部由于物化条件的改变而结晶，结晶过程中则会包裹来自深部（>14 GPa）、低氧逸度环境中形成的 UHP 和强还原性矿物，并随地幔柱和地幔对流继续运移至浅部地幔。②日本学者提出了铬铁矿先在浅部形成，再深俯冲到地幔过渡带，经历了超高压环境改造后，再经地幔对流循环到浅部的成因模式（Arai et al.，2013），并得到了澳大利亚学者的支持（Griffin et al.，2016）。深部循环的铬铁矿保存有 UHP 的特征，可通过地幔对流与浅部成因的铬铁矿共存于洋脊、岛弧或者弧后盆地。③Zhou et al.（2014）除了认同洋中脊对流可以携带深部形成的金刚石等超高压强还原矿物到浅部地幔，还提出金刚石由深部到浅部的板片断离侵位模式，即由于俯冲板片断裂，软流圈地幔通过断裂的缺口上涌，携带俯冲带中金刚石等超高压变质矿物进入 SSZ 地幔楔，加入浅部形成的铬铁矿。但以上无论何种构造演化模型，目前都仍然处于初步的探索阶段，仍然需要更多的地质学证据予以证实或证伪。另一方面，蛇绿岩中金刚石的成因和超高压铬铁矿的形成和侵位机制也引起全球同行的关注，许多人开始思考和探讨这个新问题（Coleman，2014；Yamamoto et al.，2009；Moe et al.，2018），开展了高温高压的模拟实验和计算机数字模拟等多途径的探讨和提出新的解释模型（Wu et al.，2016；Zhang et al.，2017；Butler et al.，2017）。尤其最近澳大利亚学者提出了地幔柱模型，认为金刚石等超高压矿物在全球蛇绿岩中普遍存在，表明大洋岩石圈中的超高压矿物可能都源自地幔过渡带，由于地幔柱的上侵将它们携带至浅部洋壳（Doucet et al.，2021），支持了 Yang et al.（2014，2015）提出的成因模型。该研究认为印度河-雅鲁藏布江缝合带发育了中三叠世和侏罗白垩纪洋岛型玄武岩（Yang et al.，2015；Liu et al.，2021），表明新特提斯洋内保留了地幔柱岩浆活动，暗示这些地幔柱活动可能改造了中生代以来的蛇绿岩地幔橄榄岩导致深地幔的金刚石等异常矿物保存在蛇绿岩中，因此，铬铁矿的富集是否与这些地幔柱活动有关都是值得思考的开放性问题。

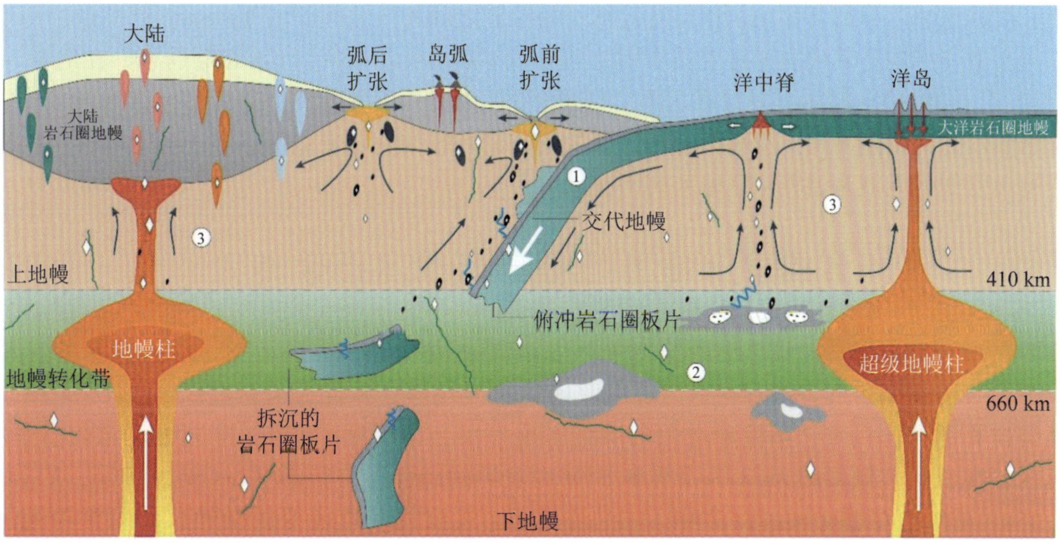

图 17-2　地球地幔中金刚石和铬铁矿形成模式

（据 Yang et al.，2021）

壳源物质（洋壳和陆壳）与大洋岩石圈随板片俯冲进入地幔，可达地幔过渡带甚至下地幔深度。阶段①：古俯冲事件使得再循环岩石圈物质进入地幔深部，不仅造就了地幔内部不同尺度的不均一性，且使地幔中普遍存在由俯冲物质脱水/熔融形成的熔/流体。阶段②：金刚石可在约 150 km 或更深的深部地幔中从含碳流体中结晶形成。蛇绿岩型金刚石来源于俯冲下去的有机碳，其形成后被高压铬尖晶石捕获。阶段③：含金刚石的铬尖晶石可由地幔柱上涌携带至浅部，并与其他铬尖晶石（未含金刚石）一起构成豆荚状铬铁矿，并最终出现在洋脊或俯冲带构造环境。部分金刚石亦可被与地幔柱活动相关的金伯利岩、钾镁煌斑岩和科马提岩等岩浆携带就位于大陆地壳中

第三节 特提斯喜马拉雅地壳缩短的驱动模式

众所周知，喜马拉雅古近纪变形记录常被中新世以来的变形强烈叠加或抹去，根据主中央逆冲断层和藏南拆离系在24~16 Ma的活动记录，前人曾提出的各类高喜马拉雅挤出模式：包括楔状挤出（Burchfiel et al.，1985）、地壳隧道流（Nelson et al.，1996；Beaumont et al.，2001；Chemenda et al.，1995，2000）、构造楔（Yin，2006；Webb et al.，2007）和双重构造（He et al.，2015）等，并不能适用始喜马拉雅期（Eohimalayan event）（始新世—渐新世）的地壳缩短和深熔作用。

特提斯喜马拉雅中的显生宙地层组成向南的古近纪薄皮褶皱-冲断系统已经得以确认（Le fort，1996；Murphy et al.，2003；Ratschbacher et al.，1994；Wiesmayer et al.，2002），通过沿褶皱-断裂带的面理生长的伊利石或侵入的淡色花岗岩的$^{40}Ar/^{39}Ar$年龄测定，将特提斯褶皱-冲断带的形成年龄限定在56~45 Ma（Ratschbacher et al.，1994；Wiesmayer et al.，2002）。因此，藏南拆离系STD作为中新世特提斯喜马拉雅和高喜马拉雅的边界，无论从时间、运动学和驱动力上都无法解释对其上盘特提斯喜马拉雅始新世地壳缩短的制约。本专著中我们对东喜马拉雅研究表明，始喜马拉雅的地壳缩短受底部滑脱带（也就是特提斯喜马拉雅滑脱带，THD）制约，位于高喜马拉雅顶部有4 km宽的THD，伴随高级变质作用和局部熔融并形成于约50 Ma，具有自北向南的剪切指向，并制约特提斯喜马拉雅的地壳缩短和加厚（见图4-2）。在特提斯喜马拉雅滑脱剪切带，之上叠置向北剪切的藏南拆离系，表明特提斯喜马拉雅滑脱带是藏南拆离系的前身，这是对喜马拉雅构造格架新的诠释，无疑具有重要的意义。根据尼泊尔中部高喜马拉雅与特提斯喜马拉雅之间的向北倾斜的Kalopani韧性逆冲剪切带同样具有向南剪切指向，其代表递进变质作用的独居石年龄发生在48~41 Ma和折返事件在约41~30 Ma（Carosi et al.，2016）。暗示喜马拉雅东部（错那-洛扎一带）发现的特提斯喜马拉雅滑脱带可向西延伸，与尼泊尔的特提斯喜马拉雅和高喜马拉雅之间的韧性逆冲剪切带链接。至于特提斯喜马拉雅滑脱剪切带的向西如何延展是值得今后研究的问题。

第四节 高喜马拉雅三维运动学模式

长期以来，垂直喜马拉雅造山的应变矢量主控了造山带的二维运动学。前人揭示的喜马拉雅造山带中垂直于造山带的带线理构造为近南北向的拉伸线理，并且与中新世以来STD和MCT之间的高喜马拉雅的挤出以及喜马拉雅造山的向南扩展有关，为印度-亚洲碰撞二维运动矢量的标志。但实际上，在以向北倾斜的MCT为下界和STD为上界的高喜马拉雅中（LeFort，1996；Yin et al.，2000；Yin，2006；Guillot et al.，2008），记录了两个主要的新生代变质事件：始新世中期—渐新世（45~23 Ma）的始喜马拉雅变质作用，即在中压和高压麻粒岩相条件下，形成在喜马拉雅中-西部（Searle et al.，1992；Hodges et al.，1994；Vance et al.，1999）和喜马拉雅东构造结（Ding et al.，1999；Zhang et al.，2010），以及在角闪岩相条件下，在中新世（23~14 Ma）形成的新喜马拉雅退变质作用（Searle et al.，1992；Walker et al.，1999；Hodges，2000）。这两种伴随垂直于造山带方向拉伸线理的变质作用分别与GHS的俯冲（深埋/地壳加厚）和中地壳岩石向南折返有关（Searle et al.，2003；Yin，2006；Searle et al.，2008）。另外，尼泊尔中部的高喜马拉雅下部的U-Pb锆石和独居石年代学以及构造分析，揭示了GHS下部的垂直造山的挤出和MCT是同时发生在43~21 Ma。表明垂直造山带的变形-变质的二维运动学产生于中始新世以来的造山过程。

然而，平行造山带方向（即近东—西向）也已经被记载在GHS的上部，包括在藏南聂拉木（Brun et al.，1985）、尼泊尔中部（Pêcher et al.，1991；Coleman，1996）、Garhwal（Pêcher et al.，1991；Coleman，1996）和西喜马拉雅的Ladakh地区（Epard et al.，2004）；平行造山的韧性拆离带还被发现在横跨STD的穹窿的顶部，例如，在西藏西南部的Gurla Mandhata地区（Murphy et al.，2002），印度西北部的Leo Pargil穹窿（Thiede et al.，2006）和尼泊尔的Ama Drime地块（Jessup et al., 2008; Langille et al., 2010)。但是，平行造山带的韧性变形的时限、方式、机制和对于 GHS 折返的意义尚不清楚。

我们在藏南的野外观察揭示了在 GHS 上部存在具有平行造山带拉伸线理的缓倾糜棱岩带（Xu et al., 2016）。并发现东喜马拉雅拆离带（错那和亚东）发育上盘向东的剪切指向，西喜马拉雅（普兰）存在上盘向西的剪切指向，而中喜马拉雅的拆离带（聂拉木和吉隆）同时存在上盘向东和向西的剪切指向，表明 GHS 上部的拆离带具有东西向伸展性质。在高喜马拉雅上部拆离带中指示平行造山带伸展的糜棱岩的变质锆石 SHRIMP U-Pb 年龄分别在 28~26 Ma（亚东）、30 Ma（聂拉木）和 22~15 Ma（普兰），代表了变质锆石的变质年龄。黑云母和白云母的$^{40}Ar/^{39}Ar$冷却年龄在亚东剪切带为 13~11 Ma，与 STD 的冷却年龄相当。结合前人研究，认为平行造山带伸展的初始时限标志 GHS 从地壳埋深/加厚至折返的转换。在一个加厚的地壳中，由于侧向地壳厚度梯度变化，在晚渐新世—中新世的喜马拉雅汇聚造山过程中产生平行造山带的重力坍塌，这种构造剥蚀作用触发并增强了中新世 GHS 中的部分熔融和挤出作用。最近的研究表明，尼泊尔高喜马拉雅上部平行造山带伸展拆离带的独居石 U-Pb 年龄获得 42.1~22 Ma，代表拆离带的变形年龄。综合大量样品的 U-Pb 锆石和独居石年代学与构造分析，揭示了 GHS 上部的平行造山带伸展、下部的垂直造山的挤出和 MCT 是同时发生在 43~21 Ma。

平行造山的伸展变形的发现与垂直造山带的一系列上盘向南的逆冲断层和上盘向北拆离的 STD 的时空关系和驱动机制的解释完善了喜马拉雅三维运动学的模式（图 17-3）。

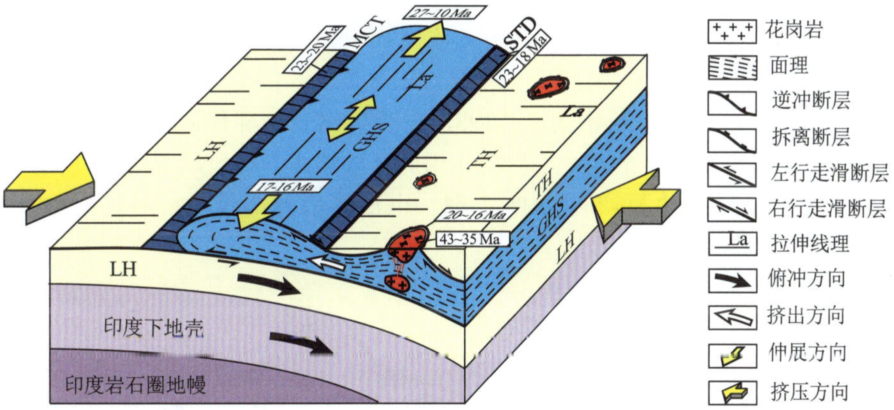

图 17-3　高喜马拉雅的三维构造模型

THS—特提斯喜马拉雅；GHS—高喜马拉雅；LHS—低喜马拉雅；STD—藏南拆离系；MCT—主中央逆冲断层；GHTS—高喜马拉雅逆冲系；GHD—高喜马拉雅拆离系（平行于造山带）

第五节　STD 的运动性质、剪切转换及演化模式

Gansser（1964）首先将特提斯喜马拉雅和高喜马拉雅之间的边界看成为主要的构造边界（另见 Wang et al., 1975; Seeber et al., 1981）。Burg et al.(1984) 首先阐明了这条边界的运动学，认为其为一条上盘向北剪切的拆离带。Burchiel et al.(1992) 将其称之为藏南拆离系，藏南拆离系将特提斯喜马拉雅的低级变质至未变质沉积岩与 GHS 的高级变质岩分开（Burg et al., 1984; Burchfiel et al., 1992）。STD 的活化受到 23~19 Ma 变形淡色花岗岩（Yin, 2006 及其参考文献）或 30~19 Ma 变质事件（La Roche et al., 2016）的限制。Edwards et al.(1997) 获得了西藏洛扎地区 Khula Kangri 花岗岩的结晶年龄为 12.5±0.4 Ma，该花岗岩侵入 STD 并限制了 STD 的最终运动时间。STD 的北向正滑曾被解释为重力滑动（Burg et al., 1984）、地形荷载（Burchiel et al., 1985）、向南的中地壳韧性流（Yin, 1989）、向南的中地壳隧道流（Beaumont et al., 2001; Hodges et al., 2001）驱动的结果。

但是，有关特提斯喜马拉雅和高喜马拉雅之间的区域性地质边界的时限、运动学和构造意义至今尚存在争论。

关键的焦点是，STD 中自南向北（即正向剪切）和自北向南（逆冲剪切）的两种剪切指向在喜马拉雅造山带的某些地区都已发现，然而表明早期为向南剪切（或逆冲剪切）（Burg et al.，1984；Burchfiel et al.，1992；Patel et al.，1993；Vannay et al.，1996；Carosi et al.，1998；Godin et al.，2001；Grujic et al.，2002；Wiesmary et al.，2002；Finch et al.，2014）。在 Zanskar 剪切带中 STD 的顶部发现，上盘向西南剪切的逆冲断层被后期上盘向东北的正向剪切所叠加（Finch et al.，2014）。这种明显的剪切反转模式是否反映了后期正向剪切叠加的早期逆冲剪切之上，还是剪切带内甚至在 GHS 中运动学的时空变化，仍有待检验。

因此，追索 STD 的前身、运动性质的剪切转换，以及在整个喜马拉雅构造演化特别是在早期演化中的意义，是本书有关喜马拉雅构造重建的主要内容之一。

第六节　高喜马拉雅深熔模式

作为深熔作用的产物的淡色花岗岩，广泛出露在高喜马拉雅上部（Dietrich et al.，1981；Le Fort et al.，1987a，Burchfiel et al.，1992；Guillot et al.，1993；Hodges et al.，1996；Wu et al.，2015）或特提斯喜马拉雅底部（Xu et al.，in press）。长期以来，高喜马拉雅淡色花岗岩被认为形成于 22～23 Ma 到 12～13 Ma，最年轻（小于 4 Ma）的出露在东、西构造结；但是，近十年来早于 40 Ma 的北喜马拉雅片麻岩穹窿淡色花岗岩的发现引起广泛的关注（Ding et al.，2010；Zeng et al.，2011；Wu et al.，2015）。

淡色花岗岩究竟如何形成？Le Fort et al（1987a）曾提出“熨斗模式”，认为由于主中央逆冲断层的逆冲致使下部冷的低喜马拉雅单元产生变质作用而释放流体，导致局部熔融（图 17-4）。但此模式无法解释为什么淡色花岗岩主要产在 GHS 上部？也没能解释印度/亚洲碰撞早期淡色花岗岩的形成。

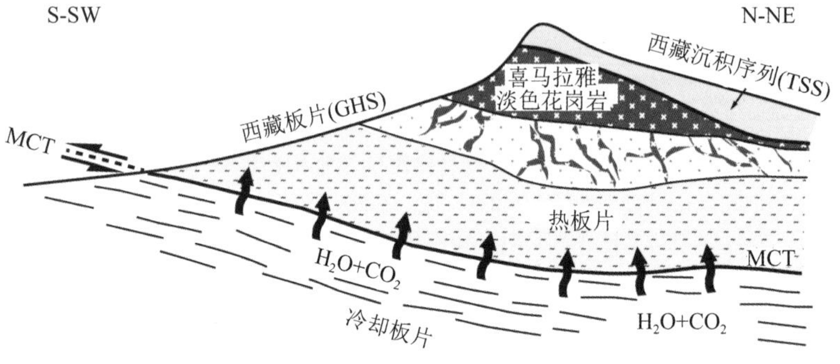

图 17-4　GHS 底部逆冲断层产生的熨斗模式
（据 Le Fort et al.，1987，有修改）

大多数研究认为，高喜马拉雅变质泥质岩石的强烈部分熔融形成了喜马拉雅淡色花岗岩（Le Fort et al.，1987；Harris et al.，1994；Guillot et al.，1995；Harris et al.，1995；Patiño-Douce et al.，1998；Knesel et al.，2002；Aoya et al.，2005；Guo et al.，2012；Zeng et al.，2012；Weinberg，2016）。一系列淡色花岗岩成因模式被提出，如：高 Sr/Y 淡色花岗岩形成于 GHS 加厚下地壳的局部熔融（Zeng et al.，2011）；沿 STD 母岩浆的高分异形成（Wu et al.，2015）、软流圈地幔上涌形成（Gao er al.，2020）以及变基性岩部分熔融的贡献（Hou Z Q et al.，2012）。围绕局部熔融的形成有三种不同的熔融机制：增压过程中的进变质加热熔融（Visonà et al.，2002；Zhang et al.，2004；Groppo et al.，2010；Guilmette et al.，2011），折返过程中的降压熔融（Harris et al.，1994；Harrison et al., 1997; Patiño-Douce et al., 1998; Harris et al., 2004; Viskupic et al., 2005; Guo et al., 2012), 以及注水熔融 (Knesel et al., 2002; Gao et al., 2014, 2017; Weinberg, 2016)。

我们认为，除了熔融机制不同之外，原岩类型的不同、部分熔融程度的不同以及熔体混合都会导致喜马拉雅淡色花岗岩的化学成分发生变化。现有研究表明，东喜马拉雅构造结的泥质、长英质和基性岩石均经历了强烈的不同程度的部分熔融。根据地球化学成分，一些研究者认为始新世的高 Sr/Y 花岗岩是喜马拉雅造山带加厚下地壳中角闪岩部分熔融的产物 (Zeng et al., 2011; Hou et al., 2012; Liu et al., 2014)。事实上，具有不同 $^{87}Sr/^{86}Sr$ 初始同位素比值的喜马拉雅淡色花岗岩起源于两种不同的原岩：二云母淡色花岗岩起源于变质杂砂岩 (Sri<0.752 和 $\varepsilon_{Nd}<-15$)，电气石淡色花岗岩起源于变泥质岩 (Sri>0.752 和 $\varepsilon_{Nd}>-15$) (Guillot et al.; 1995)。此外，Gou et al. (2016) 认为电气石-白云母淡色花岗岩是白云母脱水熔融形成的，而白云母-黑云母淡色花岗岩主要是高喜马拉雅结晶岩系中泥质和长英质麻粒岩进变质过程中黑云母脱水熔融的产物。

变质作用与局部熔融关系的研究表明：始喜马拉雅 (45~23 Ma) 进变质作用，在中压和高压麻粒岩相条件下形成 (Searle et al., 1992; Hodges et al., 1994; Vance et al., 1999; Ding et al., 1999; Zhang et al., 2010)，新喜马拉雅退变质作用 (23~14 Ma) 在角闪岩相条件形成下 (Searle et al., 1992; Walker et al., 1999; Hodges, 2000)。张泽明 (2010) 认为，在始喜马拉雅递进变质和新喜马拉雅退变质早期，产生高温和高压下的脱水熔融，在印度大陆地壳俯冲与折返过程中，各种地壳岩石经历了长期持续的高温变质和脱水熔融，熔体混合、混染和分离结晶作用形成了复杂的 S+I 花岗岩，包括：泥质麻粒岩的白云母和黑云母脱水熔融；基性麻粒岩的角闪石脱水熔融。因此，高喜马拉雅的部分熔融机制与方式是与长期大陆俯冲、地壳加厚、持续高温高压变质和脱水熔融有关 (图 17-5)。

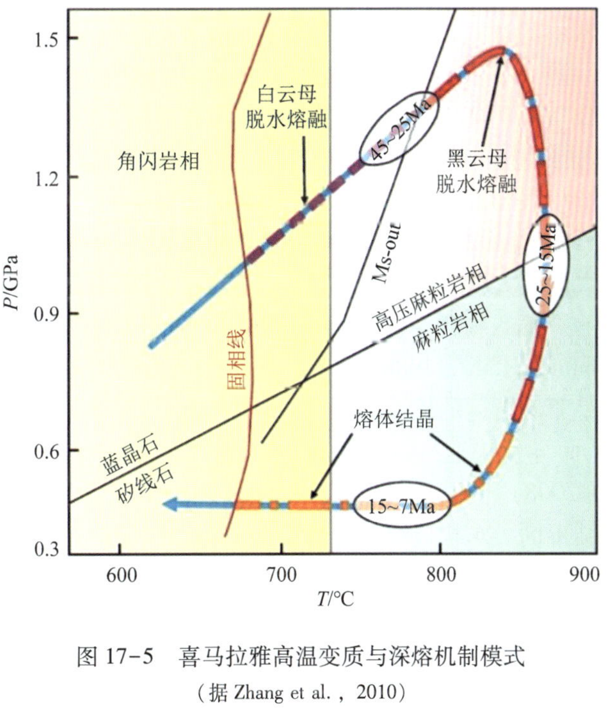

图 17-5 喜马拉雅高温变质与深熔机制模式

(据 Zhang et al., 2010)

第七节 喜马拉雅东-西构造结嵌入模式

喜马拉雅的东、西构造结是喜马拉雅山脉在东、西两端的地质界线、构造格架和地貌水系发生急剧转折的地区，也是构造应力最强、隆升和剥蚀最快以及新生代变质和深熔作用最强烈的地区。表面看来，东、西构造结是小印度板块嵌入大亚洲板块的结果，但是它们的成因机制是不同的。

西构造结：位于科希斯坦（Kohistan）-拉达克（Ladakh）弧地体之间的西构造结变质杂岩体的基本构造格架是以两条相向倾斜的逆冲剪切带呈共轭产出，两者之间的核部变质体呈现南北向背形构造，因此把这一对共轭逆冲剪切带及夹持地块定义为地壳尺度的“弹出”结构（Pop-up）（Edwards et al.，1996），根据剪切带中同构造花岗岩的结晶年龄和白云母冷却年龄为约 10 Ma（Schneider et al.，1998，1999a，1999b），挤出构造形成在晚中新世喀喇昆仑走滑断裂所制约的地壳范围的穹窿构造基础上，上新世—更新世时西构造结核部产生麻粒岩相变质作用和深熔作用，变质地体在深部“垂向挤出”机制的制约下上隆，形成由上述两条共轭逆冲剪切带形成的垂向“弹出”构造（Pop-up），叠置在中新世穹窿之上（见图6-35）。自从发现西构造结的两条共轭的逆冲剪切带以及核部形成的同期背形褶皱构造，提出西构造结存在一个地壳范围的背形“弹出”构造（Koons，1990）。这一构造适应西构造结的上隆位移、快速冷却、年轻的深成作用和深部基底的折返。这样的背形“弹出”构造与双向收敛的造山模式是一致的，研究表明花岗岩与剪切带存在着变形带与局部熔融的关联。背形挤出结构表明构造结遭受到 W-E 或 NW-SE 向的地壳缩短，被认为是适应在 NW 向喜马拉雅同轴弯曲的平行弧运动的差异结果。西构造结的挤出-背形结构以及广泛的深熔变质作用完全可以用向上流动“构造动脉瘤”来解释。构造动脉瘤的发育使地壳物质的快速折返增加了热梯度，将脆性-韧性转变移至较浅的深度，导致减压部分熔融，并允许中、下地壳岩石快速挤出至地表（Zeitler et al.，2001b；Koons，2002；Booth et al.，2009）。

与西构造结不同，东构造结变质杂岩体的构造格架表现为周边受雅鲁藏布江大拐弯缝合带的制约，与北侧的冈底斯白垩纪岩浆弧体隔开，并不像西构造结那样嵌入增生岩浆弧体的内部。东构造结变质杂岩内部由一系列 NE-SW 向逆冲岩片和挤出岩片组成，两侧分别受伸展转换型的走滑剪切带（西侧的“东久-米林”左行剪切带和东侧的“阿尼桥-墨脱”右行剪切带）制约。上述结构显示了印度板块基底在东构造结部位的嵌入形式显示了以向北的水平挤出为主，并伴随构造结内部的斜向（NW-SE 向）地壳缩短和加厚，是一种明显的挤压转换机制。这是与西构造结的“垂向挤出”完全不同的成因机制。锆石 SHRIMP 测年表明东构造结的东、西两侧走滑剪切带造成的变形变质事件从 30 Ma 开始，因此东构造结的侧向转换挤出机制是南迦巴瓦地壳物质向北俯冲到拉萨地体之下的主要缘由。有关东构造结的构造模式曾提出如下几类：①大陆缩短下地壳尺度的褶皱作用（Burg et al.，1998；1999）：该模型基于地壳缩短的二维有限元模型，地质数据和有限元模拟结果的相似性使得作者认为地壳挠曲可能是对大规模大陆缩短的基本回应，是造山的有效过程；②插入犄角：东构造结被认为是印度板块东部边缘的“插入犄角”（Koons，1995）。强烈变形主要位于插入板块的原始犄角，并随时间向北深入（Tapponnier et al.，1986；Royden et al.，1997；Enlow et al.，1998）；③构造动脉瘤：该模型假设侵蚀作用是驱动折返的最重要参数之一，当中、下地壳岩石足够脆弱时，可以产生侧向流动和/或向上流动，从而导致快速折返（Beaumont et al.，2001；Zeitler et al.，2001b；Koons et al.，2002；Royden et al.，2008）。

我们认为，与西构造结不同，东构造结具有受走滑剪切带制约的地壳挤压收缩并向北插入犄角的特征，同时伴随广泛的变质和深熔作用，因此可以用具有侧向流动（即向北斜向流动）的构造动脉瘤模式来解释（见图6-35），东、西构造结的形成不仅表现为成因机制上有斜向挤出和垂向挤出的动脉瘤机制的差别，而且东构造结侧向挤出的时间要比西构造结垂向挤出时间早约 20 Ma。看来喜马拉雅东构造结比西构造结形成要早，是否意味印度/亚洲碰撞时间在喜马拉雅东端比西端要早，还有待于古地磁证据的诠释。

第八节　北喜马拉雅片麻岩穹窿的早喜马拉雅期的收缩-伸展模式

片麻岩穹窿构造是地壳深层次变动的产物，它几乎出露在所有的折返造山中，反映了所在地区地壳的大幅度抬升。片麻岩穹窿是岩浆（含混合岩化）、变质和变形共同作用的产物，片麻岩穹窿的成因机制探索已经成为重塑各类造山过程的重要构造元素。在特提斯喜马拉雅单元北部出露的以花岗岩为核部和变质岩为幔部的近东-西向花岗片麻岩穹窿群（即北喜马拉雅片麻岩穹窿群）的形成，显示了喜马拉雅造山带与其他造山带：如松潘甘孜古特提斯造山带和阿尔金-祁连-秦岭始特提斯造山带（Xu et al.，2015，2016，2020；2022）一样，似乎片麻岩穹窿群是在折返造山过程中的一道亮丽的风景。

巴罗式变质作用的确定是对北喜马拉雅片麻岩穹窿群的重要贡献。在北喜马拉雅穹窿中，幔部最下部的变泥质岩石包含了含十字石和含蓝晶石组合，记录了角闪岩相进变质作用（Lee et al.，2000；Kawakami et al.，2007；Ding et al.，2016）。大部分的穹窿显示了从核部到幔部的巴罗式变质作用逐步降低的等值线趋势。巴罗式变质作用的温压条件：压力 6～8 kbar 和温度 550～700℃。马博加-萨卡和康马穹窿的石榴子石 Lu-Hf 年龄表明进变质作用开始在约 54 Ma（Smit et al.，2014），而变质锆石和独居石年龄制约了雅拉香波穹窿的进变质作用时限在约 48～36 Ma，而马博加-萨卡穹窿的混合岩化作用发生在约 35 Ma，用以解释相当于巴罗变质作用峰期条件（Lee et al.，2007）。北喜马拉雅片麻岩穹窿群中大部分穹窿的几何学、运动学特征及构造属性尚不明晰，对其成因机制更是争论颇多。其中多数学者认为北喜马拉雅片麻岩穹窿群在喜马拉雅造山早期曾是高喜马拉雅的侧向延续部分，穹窿群的岩石曾经深埋在 15～30 km，继后经历了 35 Ma 的巴罗式变质作用，达到峰期温度 550～750℃。这标志此时由于地壳减薄伴随减压和折返一直持续到 18～14 Ma 以及温度下降到 300～400℃。目前提出的成因机制大致可分为 3 类：①深部流动变形相关模式、②地壳收缩模式和③地壳伸展模式。深部流动变形模式包括底辟、地幔上涌及隧道流模式，其中底辟（包括热隆模式）模式认为穹窿由主中央逆冲断层之上深熔岩浆（Harrison et al.，1997）或是伸展减压重融岩浆浮力上升形成（Burg et al.，1984；Le Fort，1986，1987；李德威等，2003）；地幔上涌模式认为穹窿为横向挤压导致软流圈物质上涌（Yin et al.，1999a）；与之类似的是隧道流模式（Beaumont et al.，2001，2004），只是后者塑性流动物质为下地壳熔融层；地壳收缩模式认为穹窿发育于逆冲断层断坡或双冲构造的上盘（Burg et al.，1984b；Hauck et al.，1998；Wu et al，1998；Makovsky et al.，1999；Yin，2006）；Lee et al.（2000）认为穹窿是地壳收缩与伸展共同作用的产物。但是，这些穹窿在构造样式上与变质核杂岩存在许多相似性，片麻岩与沉积岩系接触界限与藏南拆离系相类似（Maluski et al.，1988；Chen et al.，1990；Burchfiel et al.，1992；Pan et al.，1992；王根厚等，1997；Steck et al.，1998；Edwards et al.，1999；李德威等，2003，2004；刘德民等，2003；Zhang et al.，2006），活动时代均为距今 20～13 Ma（Scharer et al.，1986；Hodges，2000；Lee et al.，2000；Yin et al.，2000），所以属伸展构造。随后的大多数研究强调了喜马拉雅片麻岩穹窿形成的复杂性，并导致穹窿模型的多种机制。例如，穹窿的形成通过剪切热诱导的熔融和底辟作用（Harrison et al.，1997）、在一个逆冲断裂上盘中的背形穹窿（Lee et al.，2004）和花岗岩岩浆平流热导致伸展和深熔（Aoya et al.，2005）。喜马拉雅片麻岩穹窿还曾被解释为在中地壳背景下隧道流模型（Nelson et al.，1996；Beaumont et al.，2001；Grujic et al.，2002；Langille et al.，2010）和夹在 MCT 和 STD 间印度地壳部分熔融向前陆方向的挤出。平行造山的高喜马拉雅和北喜马拉雅片麻岩穹窿群的演化历史表明，韧性中地壳向南流动和穹窿形成是同时和有关的（Lee et al.，2006）。而较多学者认为特提斯喜马拉雅的北喜马拉雅穹窿带是 STD 向北延伸的结果（Chen et al.，1990；Burchfiel et al.，1992；Steck et al.，1998；Edwards et al.，1999；Hodges，2000；Aoya et al.，2005，2007；Lee et al.，2006；Zhang et al.，2012）。

我们通过东喜马拉雅错那-洛扎一带的研究表明，特提斯喜马拉雅底部寒武纪—奥陶纪岩系中存在 4 km 厚向南剪切的特提斯喜马拉雅滑脱带，其形成在 50～40 Ma 的始喜马拉雅期。这条向南剪切的滑脱带与特提斯喜马拉雅显生宙地层组成向南的古近纪薄皮褶皱-冲断体系伴随（Le fort，1996；Murphy et al.，2003；Ratschbacher et al.，1994；Wiesmayer et al.，2002），而特提斯褶皱冲断带的形成年龄限定在 56～45 Ma（Ratschbacher et al.，1994；Wiesmayer et al.，2002）。新的研究表明，雅拉香波和错那洞片麻岩穹窿的南缘分别存在近东西向的向南剪切的弧形逆冲断裂：隆子逆冲断裂和洛扎逆冲断裂，这些逆冲断裂为特提斯喜马拉雅古近纪薄皮褶皱-冲断体系的组成部分。再者，雅拉香波片麻岩穹窿中发现的向南剪切的早期变形、以及雅拉香波片麻岩穹窿的核部为震旦纪—寒武纪花岗片麻岩和44~35 Ma花岗岩的侵位，康马和马博加-萨凯等片麻岩穹窿核部记录了古新世—中新世同造山的岩体侵位在它们的寄主岩中（马拉山和长贡穹窿；Aoya et al.，2005；Larson et al.，2010）以及新元古代—寒武纪结晶的花岗岩经历了古新世—中新世变质和变形作用（康马和坎帕穹窿；Lee et al.，2000；Quigley et al.，2008），因此马博加-萨凯穹窿可被解释为经历新元古代—寒武纪花岗片麻岩和古新世—中新世被混合岩化和深熔体注入的两大事件（King et al.，2011）。

因此发育于逆冲断层断坡或双重构造的上盘北喜马拉雅片麻岩穹窿群应该与特提斯喜马拉雅早期（古新世）地壳收缩阶段的滑脱-褶皱-逆冲模式相匹配。也符合片麻岩穹窿是地壳收缩过程诱发的穹状伸展构造产物的推断。

第九节　印度季风与喜马拉雅隆升关系模式

一段时间以来，人们已经认识到固体地球的构造演化对于包围它的大气和海洋具有重要的影响。山脉的隆升、大洋和盆地的开合控制了全球大范围的水和空气的循环，反过来又影响区域的气候（Molnar et al.，1993）。因此，很容易理解为什么抬升的高原和山脉可以扰乱大气环流（Manabe et al.，1974；Kitoh，2004），同样，大洋的开合可以将暖流转移到高纬度地区，影响了区域或全球的气候变化可以超过百万年或更大的时间尺度，亚洲季风系统被称为最引人注目的例子。

地表的过程对固体地球科学的演化有重要的影响，与降雨有关并可能由于河流、冰川和地形引起的侵蚀，可能会移动正在发生构造驱动而上升的大量岩石，这个过程允许将深埋的高级变质岩石带到地表。据了解，由于剥蚀和沉积物的转移与气候变化的密切相关，降雨模式的变化应该对造山带构造的时限和几何学有重要的影响（Sinclair et al.，2005；Wobus et al.，2005）。

南亚季风是指亚洲南部的季风（以印度半岛为典型），又称“印度季风”。一般认为其形成原因受行星风带的季节移动、海-陆热力差异和地形因素的影响。当前，喜马拉雅山脉和青藏高原的形成受气候调节的问题和印度板块俯冲动力学的强烈影响已经引起高度重视（Beaumont et al.，2001；Carrapa et al.，2014），青藏高原和喜马拉雅地形隆升、北半球或全球气候变化、和印度季风的起因已经成为重要的科学问题。然而，气候与板块俯冲动力学如何相互影响？又是谁先谁后？“鸡和蛋”的挑战限制了我们对“气候-侵蚀-构造”的相互作用能力的理解！

人们早已认识到在碰撞环境下的喜马拉雅造山过程中存在大量逆冲断裂体系，然而，理解喜马拉雅中应力调节的最大贡献应该是藏南拆离系的发现（Burchfield et al.，1992），因此，高喜马拉雅的中地壳角闪岩相岩石的折返被认为是藏南拆离系和主中央逆冲断层夹持的高喜马拉雅的地壳隧道流在约23~17 Ma向南挤出的结果（Searle et al.，2005；Godin et al.，2006；Hodge，2006），这一模式受到广泛的注视。

20世纪90年代早期，人们试图将碰撞构造演化和8 Ma左右的季风强度联系起来（Kroon et al.，1991；Prell et al.，1992）。大量研究表明，强季风发生要比原来的认识老的多，可能从始新世开始，在早中新世到中中新世加剧，随后中中新世到上新世气候干燥，12~8 Ma期间本质上是干的，而不是季风强降雨期（Clift et al.，2018）。Clift（2008b）认为，南亚季风是喜马拉雅屏障效应的产物，这为在整个早中新世夏季降雨强度如此之大的原因提供了新的解释；沿着与喜马拉雅走向的快速折返和侵蚀时期与最潮湿的气候时间有关，沿高喜马拉雅大部分中地壳物质的折返基本上与早-中中新世的气候变化引发强季风期是同期的，并使地表更具有侵蚀性（图17-6）。

但是最近人们认识到，沿高喜马拉雅的走向产生的折返时限与相伴随的构造实际上是穿时的，Webb et al.（2017）认为，沿喜马拉雅山脉走向的STD的运动停止时间是东、西较老，而中部偏新（从西构造结快速冷却的25~20 Ma，向中东部的15 Ma呈波形迁移），这种趋势恰好与喜马拉雅前陆

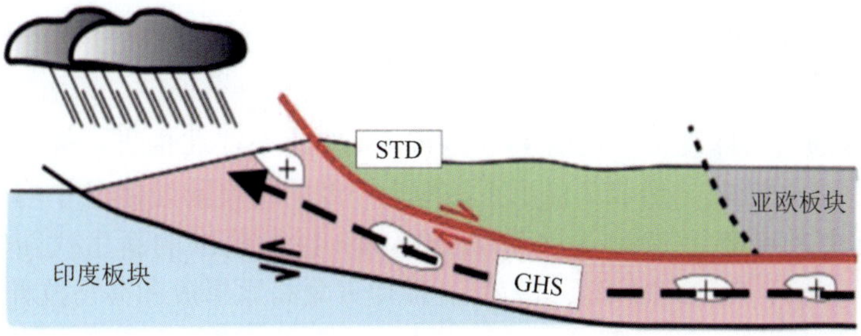

图 17-6 高喜马拉雅中地壳隧道流模式

Siwalik 盆地物质的冷却时间存在向造山带中心年轻化的趋势十分类似。

Clift et al.（2018）回顾了南亚季风的历史，推测 24 Ma 时为强烈降雨期、15 Ma 为峰值湿润期和 8 Ma 为干燥期。这些年龄段恰与青藏高原-喜马拉雅的隆升和海水退出有关。特别是中新世的喜马拉雅隆升对北上的夏季季风和降雨提供了一个突然的构造屏障，使自西向东的气流发生偏转，这种情况可能一直持续到今天（Molnar et al.，1993）。

Webb（2017）强调：印度-亚洲大陆碰撞前缘和陆内的变形受印度板块的俯冲板片动力学控制，经历板片拆离侧向扩展，构造过程沿走向变化，造成喜马拉雅弧形山系（图 17-7），用以解释中新世碰撞缓慢、不对称喜马拉雅弧曲率的加大以及南亚季风加强。所以，喜马拉雅山的抬升无疑形成向北流动的印度季风的阻挡，因此，高原和喜马拉雅的抬升时间及其沿喜马拉雅走向的变化对于我们事关重要。

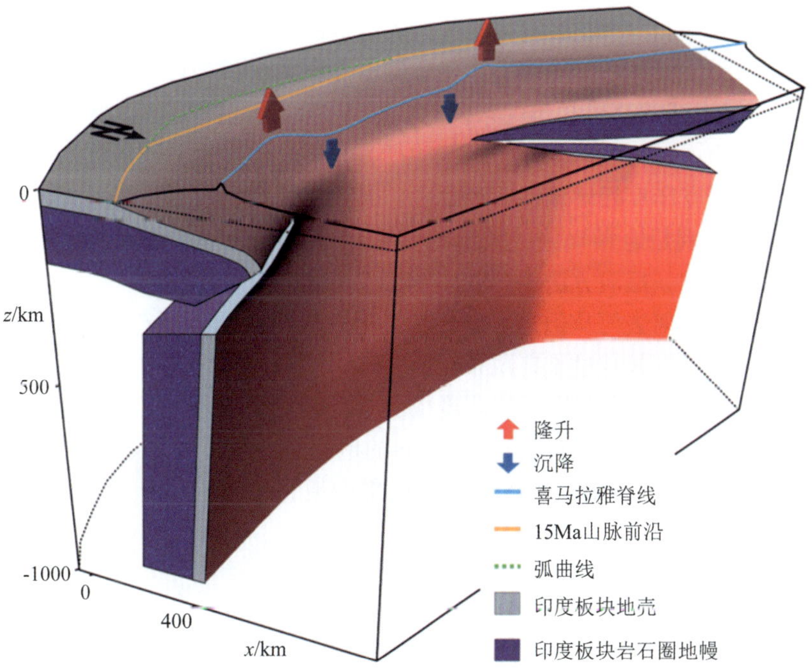

图 17-7 印度板片断离从喜马拉雅体系两端向中心的侧向扩展三维模式显示横跨喜马拉雅的西-东侧板片拆离的侧向扩张的三维图示

（据 Clift et al.，2018，有修改）

红色阴影代表下降的印度板块的上表面。板片拆离通过俯冲板片释放激发的垂直牵引力影响地形演化，从而释放动力黏度，并增加板坯保持附着的相邻区域的垂直载荷（取决于板坯与地幔的黏度比），从而可能产生动态下沉。这导致从边缘向链中心的隆起波，可能是在早期下沉事件之后。板片脱离的横向传播也使造山带弯曲，如此处所示并在书中进行了解释。东喜马拉雅的曲率更紧反映了这里板块脱离的较慢的传播

第十节 印度岩石圈俯冲模式

印度-亚洲大陆碰撞后，印度板块仍以44~50 mm/a的速率往北推进，插入亚洲大陆之下，造成1500 km的南北向缩短量被吸收，形成2倍于正常地壳厚度的巨厚陆壳体（平均厚度70~80 km），以及印度与西伯利亚板块之间南北2000 km、东西3000 km巨大范围的新生代陆内变形域（Molnar et al.，1975；Gansser，1964；Powell et al.，1973），促使青藏高原形成和喜马拉雅隆升，以及大量物质沿东西构造结向南东及南西的逃逸（Tapponnier et al.，2001）。这是在亚洲大陆不动的假设前提下进行的探讨。人们为了解释青藏高原的地壳增厚机制，提出过一些具有代表性的地球动力学模型，但截至目前，对于青藏高原的隆升及其造山机制，仍然没有得到一个统一认识。关于印度板块插入亚洲大陆之下的物理状态已经有四种代表性的地球动力学模型进行诠释：

1）印度岩石圈整体向北以低角度长距离俯冲到亚洲大陆之下，形成所谓的双层地壳，而后又在重力均衡作用下进行地壳物质的调整（Argand，1924；Powell et al.，1973；Powell，1986；Beghoul et al.，1993）。

2）印度板块以高角度向北俯冲于青藏高原之下，然后超高压变质岩折返回浅部地壳（Coward et al.，1985；Replumaz et al.，2004；Guillot et al.，2008）。

3）印度大陆和亚洲大陆的地壳同时发生缩短和增厚（Dewey et al.，1970；England et al.，1986）。

4）印度岩石圈俯冲到西藏下方的软弱的下地壳，并与其同化或者青藏高原的下地壳先转变为榴辉岩，然后拆沉进入地幔（Zhao et al.，1987；Nelson et al.，1996；Kay et al.，1991）。

自20世纪70年代以来，中国地球物理学家们以及与法、英和美等国的国际合作，在青藏高原进行了多种类型的地球物理探测，包括喜马拉雅中段大地电磁探测、喜马拉雅天然地震探测和喜马拉雅主动源地震探测等，取得了大量的刻画喜马拉雅和青藏高原的深部壳幔结构的地球物理资料。

印度-亚洲大陆碰撞造成沿喜马拉雅的东西向包括地壳、上地幔顶部、整个岩石圈尺度表现显著的差异，因此，我们认为：①由于印度地壳的俯冲行为与下伏印度岩石圈地幔存在差异，在一定程度上是解耦和拆离的，在研究印度板块俯冲前缘的性质时将地壳和岩石圈地幔分开讨论；②关于印度板块岩石圈地幔和地壳（特别是地壳）俯冲前缘的位置和几何形态还存在不同观点，这可能与剖面的位置、观测技术、数据质量、反演方法等多种因素相关。

因此，印度板块前缘的何去何从仍是一个尚未完全解决的问题。还有待考证的问题至少还包括：①究竟是印度地壳与上地幔一起越过雅鲁藏布江缝合带，还是地壳没越过而上地幔越过，或是上地壳没越过而下地壳和上地幔越过此条界限？②印度板块岩石圈地幔和地壳俯冲前缘的位置和几何形态还有待形成共识；③印度-亚洲碰撞沿喜马拉雅东西向的地壳、上地幔顶部、整个岩石圈尺度表现显著的纵-横向差异仍是个主要未解之谜；④青藏高原南部中地壳的低阻层是否形成“地壳流”而联通，以及三维空间展布和成因等。

1. 高喜马拉雅挤出的三维模式

作为喜马拉雅造山带变质核的高喜马拉雅杂岩带，是以高级变质岩石、普遍的深熔反应以及高温韧性变形为主要特征。高喜马拉雅是以位于底面的向北倾斜的主中央逆冲断层和位于顶面的藏南拆离系所夹持的喜马拉雅造山带变质核，GHS的挤出是印度陆块岩石圈向北俯冲于亚洲板块之下的结果（Le Fort，1996；Yin et al.，2000；Yin，2006；Guillot et al.，2008）。长期以来，人们把注意力集中在垂直喜马拉雅造山的剪切运动矢量——近南北向的拉伸线理之上，使高喜马拉雅挤出机制与隧道流模式的提出均基于二维空间的基础上，并指出STD和MCT之间的中地壳岩石的向南折返发生在中新世（Yin，2006；Searle et al.，2003；Searle et al.，2008）。自1996年以来，喜马拉雅-青藏高原构造的一种新解释“隧道流和韧性挤出”被提出，并引起广泛的注意。这一理论的是利用中-下地壳的隧道流来解释青藏高原的向外生长（Clark et al.，2000；Beaumont et al.，2001；Royden，1996；Shen F et al.，2001），并根据夹持高喜马拉雅的藏南拆离系和主中央逆冲断层形成的同时性，以及低黏度的隧道造成的韧性挤出作为基点（Grujic et al.，1996；Wu et al.，1998；Vannay et al.；2001；Jamieson et al.，1992，2004）。隧道流的理论也遭到许多地学家的质疑，表现为“楔状挤出”和“构造楔”的提出。“楔形挤出”的模式将高喜马拉雅看成为一个刚性的楔体（Burchfiel et al.，1985；Grujic et al.，1996），而“构造楔”模式认为STD早期为MCT分支逆冲断裂，高喜马拉雅的前缘曾在15～20 km被剥蚀，使之呈楔形体（Yin，2006；Webb et al.，2007；Webb et al.，2011）。

高喜马拉雅上部平行造山的拉伸线理在中喜马拉雅的聂拉木（Brun et al.，1985）、西喜马拉雅的Gurla Mandhata（Murphy et al.，2002）、中尼泊尔（Pecher，1991；Colemen，1996）、拉达克（Epard et al.，2004）、Leo Pargil穹窿（Thiede et al.，2000）和Ama Drime地块（Jessup et al.，2008；Langille et al.，2010）被发现，但是平行造山带的拉伸线理是否在高喜马拉雅普遍存在、它的形成的时限、动力学机制以及在高喜马拉雅折返中的作用一直不得理解。

（1）平行高喜马拉雅山脉的E-W向伸展式构造的确定

沿着高喜马拉雅带从东到西（错那-亚东-聂拉木-吉隆-Manaslu（尼泊尔）-普兰）1500 km范围内，近水平的剪切带和平行山脉的渗透性拉伸线理在高喜马拉雅岩片上部广泛发现（见图5-15）（Xu et al.，2007；2013）。野外观察、显微构造分析和来自剪切带糜棱岩化片麻岩中的石英晶格优选方位的电子背散射衍射测量结果表明，近水平的剪切带具有东部（错那、亚东）物质向东流动、西部（普兰）物质向西流动以及中部（聂拉木-吉隆-尼泊尔玛纳斯鲁）物质向东或向西流动的“伸展式流动”规律，并且根据石英普遍存在<c>高温（>650℃）滑移组构特征，说明“韧性伸展式流动”形成在>15 km深部的高温状态。平行高喜马拉雅的近E-W向伸展式流动的时限已经通过SHRIMP和LA-MC-ICP-MS的锆石测年确定，在东部（亚东）和吉隆（中部）的糜棱岩化片麻岩中锆石变质环带的年龄为28～26 Ma，西部（普兰）为22～15 Ma。亚东糜棱岩化片麻岩的黑云母和白云母$^{40}Ar/^{39}Ar$冷却年龄为13～11 Ma（Xu et al.，2013）。

（2）激发高喜马拉雅物质挤出的早期深熔作用

在特提斯喜马拉雅单元中曾发现由高喜马拉雅前寒武纪高级变质岩石组成的变质基底，它们以穹窿形式出现，形成拉轨岗日变质穹窿带，并与浅变质早古生代—中生代盖层之间存在一条20～16 Ma形成的拆离系，推测为藏南拆离系的向北延伸。新的研究表明，在拉轨岗日变质穹窿带中发现43～35 Ma形成的淡色花岗岩，表明在此阶段地壳加厚和局部熔融在渐新世已经开始，并可能导致中下地壳物质的弱化和软化，以及产生高级变质作用和高温韧性变形，高喜马拉雅的挤出由此启动。

平行喜马拉雅造山带流动的发现使高喜马拉雅的二维运动学模式发展为三维。研究表明，渐新世的局部熔融导致GHS中地壳中下部物质产生弱化和升温的效应，促进高喜马拉雅岩片开始挤出；在晚渐新世至中新世由于侧向地壳的增厚，平行造山带的重力垮塌造成平行山脉的伸展式韧性流动（Xu et al.，2013）。中新世时产生高喜马拉雅大规模挤出（见图17-3）。

2. 高喜马拉雅的三维挤出过程

在尼泊尔西部的高喜马拉雅和特提斯喜马拉雅之间的STD主要表现为与下滑作用有成因联系的早古生代地层中缓倾的面理和上部侏罗纪盖层中的大型同斜褶皱，高喜马拉雅与低喜马拉雅之间MCT的上部具有宽阔的韧性逆冲域，Carosi（2010）曾提出在高喜马拉雅的下部存在一条高温的韧性逆冲剪切带（TSZ），独居石测年26 Ma代表TSZ形成的时代。韧性逆冲剪切带具有向南和南西扩展和迁移的趋势，并老于STD（23～17 Ma）和MCT（24～20 Ma）（Godin，2006）的形成时代。尼泊尔喜马拉雅Beni-Jamson南北向地质剖面的观察表明，韧性逆冲域几乎占据整个的高喜马拉雅（除最顶部的花岗片麻岩外），各种显微构造特征均显示逆冲指向朝南，并伴随倒转变质作用（矽线石-蓝晶石-石榴子石-黑云母），推测大规模的逆冲型剪切域起始位置应在GHS上部，形成时间应早于26 Ma。表明韧性逆冲剪切带形成早于高喜马拉雅的挤出时代（24～17 Ma）（图17-8）。

与前人提出的模式不同，笔者认为高喜马拉雅岩片的挤出经历如下阶段：

1）局部熔融阶段：45～33 Ma的中地壳局部熔融导致地壳增厚，并在GHS中产生高级变质、深

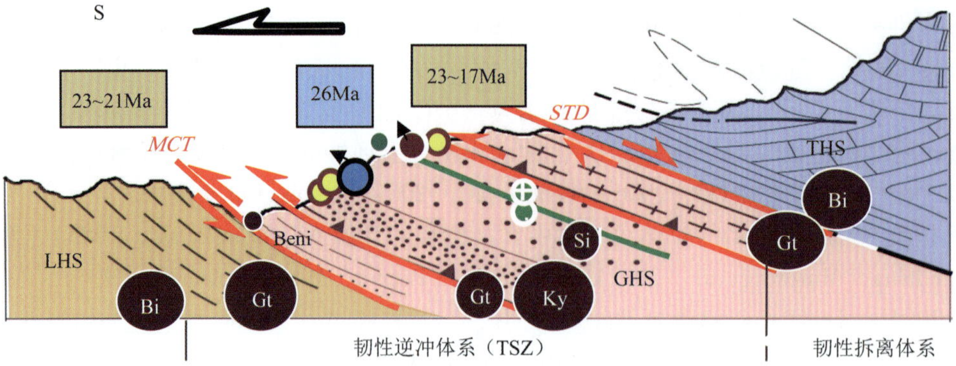

图 17-8　西尼泊尔喜马拉雅变质-构造剖面

显示老的韧性剪切带（TSZ）起始早于 26 Ma（独居石测年，Carosi，2010），并逐渐向南迁移，
早于 STD 和 MCT 的（23~17 Ma）的形成（Godin，2006）。
THS—特提斯喜马拉雅；GHS—高喜马拉雅；LHS—低喜马拉雅；STD—藏南拆离系；MCT—主中央逆冲断层；
Bi—黑云母；Gt—石榴子石；Sll—矽线石；Ky—蓝晶石

熔作用和高温韧性变形，开始热挤出。此反应可能与深部 MHT 活动有关。

2）韧性逆冲作用：具有向南剪切指向的韧性逆冲剪切带在大约>26 Ma 形成于 GHS 上部，并向南（下部）逐渐扩张和迁移，构成具有一定规模的韧性逆冲剪切域。

3）在 27~22 Ma，由于侧向地壳增厚梯度变化及平行山脉的重力裂陷在韧性逆冲剪切域的上部产生近 E-W 向伸展型韧性剪切带。

4）高喜马拉雅的挤出阶段：在 23~17 Ma，MCT 的逆冲和 STD 的拆离同时发生，促使 GHS 的快速挤出，并在印度大陆北缘形成特提斯喜马拉雅、高喜马拉雅和低喜马拉雅三个构造单元。

继后，在 10~5 Ma，先后产生 MBT 和 MFT，次喜马拉雅单元形成。

作为喜马拉雅造山带变质核的高喜马拉雅岩片，是以高级变质岩石、普遍的深熔反应以及高温韧性变形为主要特征，显示热碰撞造山的典型特征。

研究表明，受藏南拆离系和 MCT 夹持的高喜马拉雅同时具有垂直造山和平行造山的运动矢量，MCT 和 STD 分别活动在 23~17 Ma 和 23~21 Ma（Godin，2006），而平行造山的韧性伸展构造起始于 28~26 Ma，主要活动于 25~17 Ma（Xu et al.，2013）。尼泊尔-喜马拉雅的研究表明，一条具有向南剪切指向的韧性逆冲型剪切带占据高喜马拉雅岩片的大部分空间，其初始活动时间早于 26 Ma，并向南（下部）逐渐扩张和迁移，结束于 21 Ma，构成具有一定规模的韧性逆冲剪切域。笔者建立高喜马拉雅的 3-D 挤出模式，并提出局部熔融阶段：①45~33 Ma 的中地壳局部熔融导致地壳增厚，并在 GHS 中产生高级变质、深熔作用和高温韧性变形；②早于 26 Ma 期间，具有向南剪切指向的韧性逆冲剪切带形成于 GHS 上部，并向南（下部）逐渐扩张和迁移；③27~22 Ma，在 GHS 的上部产生近 E-W 向韧性伸展型剪切带；④在 23~17 Ma 高喜马拉雅的挤出阶段。INDEPTH 资料显示，THD，MCT，MBT 和 MFT 的依次向南传播与深部的 MHT 有关。

参 考 文 献

崔军文，朱红，武长得，等. 1992. 亚东-格尔木 GGT，青藏高原岩石圈变形及其动力学. 北京：地质出版社.
潘桂棠，李兴振，王立全，等. 2002. 青藏高原及邻区大地构造单元初步划分. 地质通报，21(11)：701~707.
潘桂棠，莫宣学，侯增谦，等. 2006. 冈底斯造山带的时空结构及演化. 岩石学报，22(3)：521~533
许志琴，杨经绥，李海兵，等. 2007. 造山的高原—青藏高原的地体拼合、碰撞造山及隆升机制. 北京：地质出版社.
Acharyya S K. 1980. Structural framework and tectonic evolution of the eastern Himalaya. Himalayan Geology，10：412~439.
Auden J B. 1935. Traverses in the Himalaya. Records of Geological Survey of India，69：123~167.

Avouac J P. 2003. Mountain building, erosion, and the seismic cycle in the Nepal. Advances in Geophysics, 46: 1~80.

Beaumont C, Jamieson R A, Nguyen M H, et al. 2001. Himalayan tectonics explained by extrusion of a low-viscosity crustal channel coupled to focused surface denudation. Nature, 414: 738~742.

Beaumont C, Jamieson R A, Nguyen M H. 2004. Crustal channel flows: 1. Numerical models with applications to the tectonics of the Himalayan -Tibetan orogen. Journal of Geophysical Research, 109(B06406): 1~29.

Beaumont C, Nguyen M H, Jamieson R A, et al. 2006. Crustal flow modes in large hot orogens. Special Publications, 268: 91~145.

Bijwaard H, Spakman W. 1998. Closing the gap between regional and global travel time Tomography. Journal of Geophisical Research Solid Earth, 103(12): 30055~30078.

Bird P. 1991. Lateral extrusion of lower crust from under high topography, in the isostatic limit. Journal of Geophysical Research, 96: 10275~10286.

Brookfield M E. 1993. The Himalayan passive margin from Precambrian to Cretaceous times. Sedimentary Geology, 84: 1~35.

Brun J P, Burg J P, Ming C C. 1985. Strain trajectories above the Main Central Thrust(Himalaya)in southern Tibet. Nature, 313: 388~390.

Burchfiel B C, Chen Z, Hodges K V, et al. 1992. The South Tibetan Detachement System, Himalayan orogen: Extension contemporaneous with and parallel to shortening in a collisional mountain belt. Geological Society of America Special Paper, 269: 1~41.

Burchfiel B C, Royden L H. 1985. North-south extension within the convergent Himalayan region. Geology, 13(10): 679~682.

Burg J P, Chen G M. 1984. Tectonics and structural formation of southern Tibet, China. Nature, 311: 219~223.

Burg J P, Nievergelt P, OberliF, et al. 1998. The Namche Barwa syntaxis, evidence for exhumation related to compressional crustal folding. J. Asian Earth Sc., 16: 239~252.

Carosi R, Lombardo B, Musumeci G, et al. 1999. Geology of the Highter Himalayan Crystallines in Khumbu Himal(eastern Nepal). Journal of Asian Earth Sciences, 17: 785~803.

Carosi R, Montomoli C, Rubatto D, et al. 2010. Late Oligocene high-temperature shear zones in the core of the Higher Himalayan Crystallines (Lower Dolpo, western Nepal). Tectonics, 29(4): TC4029.

Clark M K, Royden L H. 2000. Topographic ooze: Building the eastern margin of Tibet by lower crustal flow. Geology, 28(8): 703~706.

Coleman M E. 1996. Orogen-parallel and orogen-perpendicular extension in the central Nepalese Himalayas. Geo. Soc. Am. Bull., 298: 553~571.

Cottle J M, Jessup M, Newell D, et al. 2009. Geochronology of granulitized eclogite from the Ama Drime massif: implications for the tectonic evolution of the South Tibetan Himalaya. Tectonics, 28(1): TC1002.

Daniel C G, Hollister L S, Parrish R R, et al. 2003. Exhumation of the Main Central Thrust from lower crustal depths, Eastern Bhutan Himalays. Journal of Metamorphic Geology, 21: 317~334.

DeCelles P G, Robinson D M, Zandt G. 2002. Implications of shortening in the Himalayan fold-thrust belt for uplift of the Tibetan plateau. Tectonics, 21(6): 1062.

Dewey J F, Bird J M. 1970. Mountain belts and new global tectonics. Journal of Geophysical Research, 75: 2625~2685.

Dewey J F, Burke K. 1973. Tibetan, Variscan and Precambrian basement reactivation: products of continental collision. Journal of Geology, 81: 683~692.

Di Pietro J A, Pogue K R. 2004. Tectonostratigraphic subdivisions of the Himalaya: a view from the west. Tectonics, 23: TC5001.

Epard J L, A Steck. 2004. The Eastern prolongation of the Zanskar shear zone (Western Himalaya). Eclogae Geologicae Helvetiae, 97: 193~212.

Godin B. 2006. The Linear Model of Innovation The Historical Construction of an Analytical Framework. Science, Technology, & Human Values, 31(6): 639~667.

Godwin-Austen H H. 1864. Geological notes on part of the NorthWestern Himalayas. Quarterly Journal of Geological Society of London, 20: 383~387.

Grujic D, Casey M, Davidson C, et al. 1996. Ductile extrusion of the Higher Himalayan Crystalline in Bhutan: Evidence from quartz micro-fabrics. Tectonophysics, 260: 21~43.

Grujic D, Hollister L S, Parrish R R. 2002. Himalayan metamorphic sequence as an orogenic channel: insight from Bhutan. Earth and Planetary Science Letters, 198(1~2): 177-191.

Guillot S G, de Sigoyer M J, Hattori K H, et al. 2008. Tethyan and Indian subduction viewed from the Himalayan high-to ultrahigh-pressure metamorphic rocks. Tectonophysics, 451: 225~241.

Hodges K V, Whipple K X, Hurtado J M. 2001. Himalayan neotectonics may imply active southward extrusion of Tibetan middle crust. Eos, Transactions, American Geophysical Union, 81(48): 1094.

Hooker J D. 1854. Himalayan Journals 2(London).

Jamieson R A, Beaumont C, Medvedev S, et al. 2004. Crustal channel flows: 2. Numerical models with implications for metamorphism in the Himalayan-Tibetan orogen. Journal of Geophsical Research, 109(B6): 1~24.

Jamieson R A, Beaumont C, Nguyen M H, et al. 2006. Provenance of the Greater Himalayan Sequence and associated rocks: Predictions of channel flow models. Geological Society, London, Special Publications, 268: 165~182.

Jamieson R A, Culshaw N G, Wodicka N, et al. 1992. Timing and tectonic setting of Grenvillian metamorphism-Constraints from a transect along Georgian Bay, Ontario. Journal of Metamorphic Geology, 10: 321~332.

Jessup M J, Newell D L, Cottle J M, et al. 2008. Orogen-parallel extension and exhumation enhanced by denudation in the trans-Himalayan Arun River gorge, Ama Drime Massif, Tibet-Nepal. Geology, 36: 587-590.

Johnson M R W. 2002. Shortening budgets and the role of continental subduction during the India Asia collision. Earth Science Reviews, 59: 101~123.

Kosarev G, Kind R, Sobolev S V, et al. 1999. Seismic Evidence for a Detached Indian Lithospheric Mantle Beneath Tibet. Science, 283(5406): 1306~1309.

Kumar G. 1997. Geology of Arunachal Pradesh. Bangalore: Geological Society of India, 217.

La Touche T D. 1883. Notes on the geology of the Aka Hills, Assam. Records of Geological Survey of India 18: 121~124.

Laubscher, J. P., 1961. Ein Fernschubhypothese der Jurafaltung. Ecologae Geologae Helvetiae, 54: 221~282.

Lahiri A. 1941. Geology of Buxa Duras. Quarterly Journal of Geological Society of London, 13: 1~62.

Langille J M, Jessup M J, Cottle J M, et al. 2010. Kinematic evolution of the Ama Drime detachment: Insights into orogen-parallel extension and exhumation of the Ama Drime Massif, Tibet-Nepal. J. Struct. Geol., 32: 900~919.

Law R D, Searle M P, Godin L. 2006. Channnel Flow, Ductile Extrusion and Exhumation in Continental Collision Zones. Geological Socoety Special Publication: 1~613.

Le Fort P. 1996. Evolution of the Himalaya, in The Tectonics of Asia. Cambridge University Press, New York, 95~106.

Mallet F R. 1875. On the geology and mineral resources of the Darjiling district and the Western Duars. Memoir of Geological Survey of India, 11: 1~50.

Murphy M A, Yin A, Kapp P, et al. 2002. Structural evolution of the Gurla Mandhata detachment system, southwest Tibet: Implications for the eastward extent of the Karakoram fault system, Geol. Soc. Am. Spec. Pap., 114: 428~447.

Negredo A M, Replumaz A, Villaseñor A, et al. 2007. Modeling the evolution of continental subduction processes in the Pamir-Hindu Kush region. Earth and Planetary Science Letters, 259: 212~225.

Nábelek J, Hetényi G, Vergne J, et al. 2009. Underplating in the Himalaya-Tibet Collision Zone Revealed by the Hi-CLIMB Experiment. Science, 325: 1371~1374.

Pecher A. 1978. Deformations et metamorphisme associes a une zone de cisaillement. Example dugrand chevauchement central himalayen (MCT), transversale des Annapurna et du Manaslu, Nepal, PHD Grenoble, 310.

Pecher A. 1989. The metamorphism in Central Himalaya. Metam. Geol., 7: 31~41.

Pilgrim G E. 1906. Notes on the geology of a portion of Bhutan. Records of Geological Survey of India, 34: 22~30.

Pêcher A. 1991. The contact between the Higher Himalaya crystallines and the Tibetan sedimentary series: Miocene large scale dextral shearing. Tectonics, 10: 587~598.

Royden L H. 1996. Coupling and decoupling of crust and mantle in convergent orogens: implications for strain partitioning in the crust. Journal Geophysics Research, 101: 17679~17705.

Searle M P, Godin L. 2003. The South Tibetan Detachment and the Manaslu Leucogranite: A structural reinterpretation and restoration of the Annapurna-Manaslu Himalaya, Nepal. Chicago Journals, 111(5): 503~523.

Searle M P, Law R D, Godin L, et al. 2008. Defining the Himalayan Main Central Thrust in Nepal. Journal of the Geological Society, 165: 523~524.

Searle M P, Szulc A G. 2005. Channel flow and ductile extrusion of the high Himalayan slab-the Kangchenjunga-Darjeeling profile, Sikkim Himalaya. Journal of Asian Earth Sciences, 25: 173~185.

Searle M P, Waters D J, Rex A J, et al. 1992. Pressure, temperature, and time constraints on Himalayan metamorphism from eastern Kashmir and western Zanskar. J. Geol. Soc., London, 149: 753~773.

Shen F, Royden L H, Burchfiel B C. 2001. Large-scale crustal deformation of the Tibetan plateau. Jounal of Geophysical Research, 106: 6793~6816.

Singh S, Chowdhary P K. 1990. An outline of the geological framework of the Arunachal Himalaya. Journal of Himalayan Geology, 1: 189~197.

Steck A. 2003. Geology of the NW Indian Himalaya. Eclogae Geologicae Helvetiae, 96: 147~213.

Tapponnier P. 1976. Slip-line field theory and large-scale continental tectonics. 264(25): 319~324.

Thakur V C, Rawat B S. 1992. Geological map of western Himalaya, 1 : 1000000. Wadia Institute of Himalayan Geology, Dehra Dun, India.

Thiede R C, Arrowsmith J R, Bookhagen B, et al. 2006. Dome formation and extension in the Tethyan Himalaya, Leo Pargil, northwest India. GSA Bull., 118: 635~650.

Tilmann F, Ni J, INDEPTH seismic team. 2003. Seismic imaging of the downwelling Indian lithosphere beneath central Tibet. Science, 300:

1424~1427.

Valdiya K S. 1988. Tectonics and evolution of the central sector of the Himalaya. Philos. Trans. Royal Soc. London, A326: 151~175.

Vander Voo R, Spakman W, Bijwaard H. 1999. Tethyan subducted slabsunder India. Earth and Planetary Science Letters, 171: 7~20.

Vannay J C, Grasemenn B. 1998. Inverted metamorphism in the High Himalaya of Himachal Pradesh(NW India): Phase equilibra versus thermobarometry. Schweizerische Mineralogische und Petrographische Mitteilungen, 78: 107~132.

Vannay J C, Grasemann B. 2001. Himalayan inverted metamorphism and syn-convergence extension as a consequence of a generalshear extrusion. Geological Magazine, 138(3): 253~276.

Webb A G, An Yin, Harrison T M, et al. 2007. The leading edge of the Greater Himalayan Crystalline complex revealed in the NW Indian Himalaya: Implications for the evolution of the Himalayan orogen. Geology. 35(10): 955~958.

Webb A G, Schmitt A K, He Dian, et al. 2011. Structural and geochro-nological evidence for the leading edge of the Greater Himalayan Crystalline complex in the central Nepal Himalaya. Earth and Planetary Science Letters, 304: 483~495.

Wu C D, Nelson K D, Wortman G, et al. 1998. Yadong cross structure and South Tibetan detachment in the east central Himalaya(89°-90°E). Tectonics, 92: 28~45.

Xu Z Q, Ji S C, Cai Z H, et al. 2012. Kinematics and dynamics of the Namche Barwa Syntaxis, eastern Himalaya: Constraints from deformation, fabrics and geochronology. Gondwana Res., 21: 19~36.

Xu Z Q, Wang Q, Pêche A, et al. 2013. Orogen-parallel ductile extension and extrusion of the Greater Himalaya in the late Oligocene and Miocene. Article first published online: 29 APR, DOI: 10. 1002/tect. 20021.

Xu Z Q, Yang J S, Li H B, et al. 2007. Orogenic Plateaux—Terrane Amalgamation, Collision and Uplift in the Qing-hai-Tibet Plateau. Geological Pubishing House, 1~458. (in Chinese).

Yin A. 2006. Cenozoic tectonic evolution of the Himalayan orogen as constrained by along-strike variation of structural geometry, exhumation history, and foreland sedimentation. Earth Sci. Rev., 76: 1~131.

Yin A, Harrison T M. 2000. Geologic evolution of the Himalayan-Tibetan Orogen, Annu. Rev. Earth Planet. Sci., 28: 211~280.

Zhao W, Project INDEPTH Team. 1993. Deep seismic reflection evidence for continental underthrusting beneath southern Tibet. Nature, 366: 557~559.

致　　谢

《喜马拉雅造山动力学》专著的出版，是二十余年来，以许志琴、杨经绥院士为首的科研团队，在喜马拉雅的野外艰苦实践和不断研究的创新成果。我们感谢科学技术部、国家自然科学基金委和中国地质调查局等有关单位的经费支持，尼泊尔 Santa Man Rai 教授、美国加利福尼亚大学洛杉矶分校尹安教授、加拿大蒙特利尔大学工学院嵇少丞教授和德国柏林自由大学 A. Alexander G. Webb 教授等对本专著的出版提供了大力支持和帮助。在此表示衷心的感谢！

附录　英文缩写

本专著中使用的缩写包括：

CPO：晶格优选定向（crystallographic preferred orientation）

EBSD：电子背散射衍射（electron backscatter diffraction）

E-MORB：富集型洋中脊玄武岩（enriched mid-ocean ridge basalt）

GCT：大反转逆冲断层（Greater Counter Thrust）

GHS：高喜马拉雅（Greater Himalayan Sequence），英文也称为 Greater Himalayan Crystalline Complex（GHC）

GT：冈底斯逆冲断层（Gangdese Thrust）

HFSE：高场强元素（High field strength elements）

HREE：重稀土元素（heavy rare earth elements）

IBM：伊豆小笠原-马里亚纳（Izu-Bonin-Mariana）

IYMZ：印度河-雅鲁藏布江混杂岩带（Indus-Yarlung Zangbo mélange zone）

IYSZ：印度河-雅鲁藏布江缝合带（Indus-Yarlung Zangbo suture zone）

KSZ：Kalopani 剪切带（Kalopani shear zone）

LHS：低喜马拉雅（Lesser Himalayan Sequence）

LILE：大离子亲石元素（large ion lithophile elements）

LREE：轻稀土元素（light rare earth elements）

MBT：主边界逆冲断层（Main Boundary Thrust）

MCT：主中央逆冲断层（Main Central Thrust）

MFT：主前锋逆冲断层（Main Frontal Thrust）

MHT：主喜马拉雅逆冲断层（Main Himalayan Thrust）

MOR：洋中脊（mid ocean ridge）

MORB：洋中脊玄武岩（mid-ocean ridge basalt）

MREE：中稀土元素（medium rare earth elements）

NHGD：北喜马拉雅片麻岩穹窿群（North Himalayan gneiss domes）

N-MORB：正常型洋中脊玄武岩（normal mid-ocean ridge basalts）

OIB：洋岛玄武岩（ocean island basalts）

REE：稀土元素（rare earth elements）

SHS：次喜马拉雅（Sub-Himalayan Sequence）

SSZ：俯冲带上方（supra-subduction zone）

STD：藏南拆离系（South Tibet Detachment）

THD：特提斯喜马拉雅滑脱带（Tethyan Himalayan Decollement）

THS：特提斯喜马拉雅（Tethyan Himalayan Sequence）

T_{RD}：Re 亏损的模式年龄

UHP：超高压（ultrahigh-pressure）

越过喜马拉雅

喜马拉雅之巅

尼泊尔喜马拉雅安纳普尔纳峰

喜马拉雅8000 m以上山峰

喜马拉雅东构造结——南迦巴瓦峰

从喜马拉雅山脉南侧看世界奇峰

尼泊尔喜马拉雅的安纳普尔纳山犹如威武的城堡融入冰雪世界

喜马拉雅的多情湖和卓木拉日峰

喜马拉雅山的夜晚

喜马拉雅主中央逆冲断层(MCT)之微观世界
(据Carosi et al., 2010)

2012年12月在尼泊尔喜马拉雅野外考察

2011年秋许志琴和杨经绥团队在西藏阿里

2011年8月在西藏扎达东波野外画素描